F. COSSONNET

BOTANIQUE SIMPLIFIÉE

ACOTYLÉDONES.	**8**
MONOCOTYLÉDONES. .	**35**
DICOTYLÉDONES	**175**
	218 FAMILLES

NOTICES sur les Caféiers, les Cafés, les Thés, les Cèdres du Liban, les Céréales, le Jardin des Apothicaires à Paris, le Jardin-Potager de Versailles, l'École d'Horticulture, l'Oranger Grand-Connétable, les Pêches de Montreuil, les Polypiers-Éponges, les Pommes de terre, les Raisins de Thomery, la Reine des Fleurs, les Roseraies, le Saule de Sainte-Hélène, le Sucre de Canne, le Sucre de Betterave, le Tabac et une Bibliographie Botanique.

A. MALOINE & FILS, ÉDITEURS
27, RUE DE L'ÉCOLE-DE-MÉDECINE, 27
═ PARIS 1923 ═

BOTANIQUE SIMPLIFIÉE

FR. FR. COSSONNET

F. COSSONNET

BOTANIQUE SIMPLIFIÉE

ACOTYLÉDONES.	**8**
MONOCOTYLÉDONES.	**35**
DICOTYLÉDONES	**175**
	218 FAMILLES

NOTICES sur les Caféiers, les Cafés, les Thés, les Cèdres du Liban, les Céréales, le Jardin des Apothicaires à Paris, le Jardin-Potager de Versailles, l'École d'Horticulture, l'Oranger Grand-Connétable, les Pêches de Montreuil, les Polypiers-Éponges, les Pommes de terre, les Raisins de Thomery, la Reine des Fleurs, les Roseraies, le Saule de Sainte-Hélène, le Sucre de Canne, le Sucre de Betterave, le Tabac et une Bibliographie Botanique.

A. MALOINE & FILS, ÉDITEURS
27, RUE DE L'ÉCOLE-DE-MÉDECINE, 27
PARIS 1923

LA BOTANIQUE

La partie la plus intéressante. de l'histoire naturelle est certainement la Botanique, qui a pour objet l'étude des végétaux, elle apprend à connaître leur organisation, leurs fonctions, leurs propriétés, à les distinguer entre eux, à les classer.

Les végétaux sont des corps organisés pour se nourrir et se reproduire mais privés du sentiment et de la faculté de se mouvoir à volonté.

Linné a nettement exprimé la gradation de l'histoire naturelle en ces termes :

Le Minéral a l'existence.
La Plante a l'existence et la vie.
L'Animal a l'existence, la vie, la sensibilité
et le mouvement.
L'Homme a l'existence, la vie, la sensibilité,
le mouvement et la pensée.

LA BOTANIQUE SOURCE DE BONHEUR

« La Botanique est une science agréable à cultiver.
« Heureux ceux qui peuvent trouver le temps et les
« moyens de s'y adonner, car ce sera pour eux : une
« source de bonheur. Mais, généralement on court
« après d'autres distractions, sans se douter qu'on
« trouve dans l'étude de la Nature, en même temps
« et plaisir et bonheur ; plaisir toujours nouveau
« dont on ne saurait se lasser, bonheur si vrai, qu'il
« dure toute la vie.

« Si vous avez vraiment l'amour de la Botanique,
« vous ne traversez pas une prairie, vous ne suivez
« pas la haie d'un chemin sans être en communica-
« tion intime, je dirai presque en conversation avec
« les plantes qui sont autour de vous ; vous les
« saluez du regard si vous les connaissez, sinon vous
« vous arrêtez aussitôt et les interrogez avec em-
« pressement et plaisir.

« Comme vous vous trouvez heureux en compa-
« rant votre ardeur à l'air d'indifférence et d'ennui
« du promeneur oisif ! Ces douces satisfactions épu-
« rent l'âme, tout en tenant l'activité de l'imagination
« en haleine ; et en même temps que les courses
« botaniques donnent la santé du corps, elles contri-
« buent à la santé du cœur et de l'esprit (Germain
de Saint-Pierre, *Dict. de Botanique*, 1870, p. p. 150 et
530).

HISTORIQUE

Tournefort est incontestablement le père de la Botanique Française. Il caractérisa le premier d'une manière rigoureuse et précise : Les Genres et les Espèces. Son système en 22 classes et 118 sections rendait la Botanique facile et pour ainsi dire populaire.

En 1694, Tournefort, classant d'après la forme et le caractère de la fleur, de la nature du fruit et des graines détermine 698 genres 10.146 espèces.

En 1709, Antoine de Jussieu succède à Tournefort comme professeur de botanique au Jardin des Plantes de Paris, Sébastien Vaillant restant sous-démonstrateur comme au temps de Tournefort.

En 1716-1717, Ant. de Jussieu herborisant en Espagne et en Portugal avec son frère Bernard, Vaillant ouvrit le cours et c'est lui, qui dans son discours d'ouverture du 10 juin 1717, démontra d'une manière irréfutable : l'existence des sexes dans les végétaux et expliqua clairement le phénomène de la fécondation des plantes, fait physiologique soupçonné jusqu'alors par Bobart, Burckhard, Camerarius, Geoffroy, Grew, Millington, Ray et Zaluzian, mais nié par le plus grand nombre.

Vaillant publia : *Discours sur la structure des fleurs, leurs différences et l'usage de leurs parties.*

Paris, 1717, in-4°, discours réimprimé en latin avec le français en regard sous le titre : *Sermo de structura florum.* Leyde, 1718, in-4°.

Puis vint Linné, qui en 1737, établit son système sexuel en 24 classes d'après les organes de fructification des Végétaux (les étamines et le pistil). Par ses nombreux travaux, il fit faire de grands progrès et donna l'élan à la science de la botanique, qu'il enseigna pendant quarante années, dont trois ans à Stockolm et trente-sept à Upsal où il est mort en 1778 (1).

En 1753, Linné réduisit heureusement la désignation de la plante à deux mots, le genre et l'espèce : *Rosa-Gallica ;* avant lui, on y employait plusieurs lignes. Ensuite vinrent Bernard de Jussieu, Michel Adanson et Lamarck qui préparèrent le terrain pour une nouvelle classification.

C'est à Antoine-Laurent de Jussieu, élève de son oncle Bernard, que revient l'honneur d'avoir fixé le classement des végétaux en *Méthode Naturelle* basée premièrement sur le germe ou embryon des plantes et en second lieu sur des principes invariables. C'est lui qui découvrit autour de l'ovaire ou pistil, les trois modes d'insertion des pétales et des étamines qu'il

1. Le système de classification de Linné basé sur le nombre des étamines, après avoir eu un succès considérable est aujourd'hui complètement abandonné, il avait l'inconvénient de réunir dans une même classe, des plantes d'une organisation souvent fort différente.

dénomma : *Epigyne, Périgyne,* et *Hypogyne,* selon leurs attaches : *sur, autour ou sous* l'organe femelle.

Ant.-Laurent de Jussieu posa les bases de sa classification en 1774, en réorganisant les plantations du Jardin des Plantes de Paris et publia son *Genera-plantarum* en 1789 divisant les végétaux en trois classes et cent familles : Acotylédones 6 familles, Monocotylédones 16 familles, Dicotylédones 78 familles et c'est ainsi que la *Méthode Naturelle* fut proclamée.

Augustin de Candolle a assuré le triomphe et la mise en pratique de la *Méthode Naturelle.* Son immense travail, qu'il a commencé en 1816 et qu'il poursuivit jusqu'à sa mort en 1841, a été continué par ses fils et petits-fils et achevé par eux en 1906.

La classification botanique des dicotylédones commençant par la famille des Renonculacées est universellement adoptée. Elle constitue véritablement le perfectionnement de la *Méthode Naturelle*.

« Les grands travaux de de Candolle marquent dans « la botanique une époque nouvelle : Tournefort « ayant constitué la science, Linné lui ayant donné « une langue, les deux Jussieu ayant fondé la Méthode, « de Candolle a développé toutes les parties de cette « science, avec son art d'observation, sa manière sûre, « ses idées nettes et sa logique parfaite (P. Flourens, 19 déc. 1842, *Eloge d'Augustin-Pyramus de Candolle*).

NOTRE CLASSIFICATION DES 218 FAMILLES

Nous avons adopté, à la fois, la Méthode Naturelle de Laurent de Jussieu et l'ordre botanique du Jardin des Plantes de Paris, commençant par les Acotylédones pour finir par les Gymnospermes, avec l'arrangement de de Candolle pour les Dicotylédones, mais nous avons puisé le plus largement dans l'immense travail de Th. Durand, directeur du Jardin Botanique de Bruxelles (1), qui a réussi à grouper d'une manière très pratique les différents noms employés pour désigner un même genre de plante. Trop souvent, chaque auteur a voulu créer sans tenir compte de ses devanciers, de sorte qu'une même plante a pu recevoir plusieurs noms, ce qui ne facilite pas l'étude des végétaux. La seule modification importante que nous nous soyons permis d'apporter dans notre classification a été d'unifier complètement la terminaison des noms de famille en simplifiant au mieux. Nous n'avons nullement en ceci l'intention d'apporter une réforme à l'étude de la Botanique, mais seulement le désir de contribuer à rendre plus facile les recherches. Ainsi, connaissant le nom d'une plante, de suite on pourra trouver à quelle famille elle appartient et quelles sont ses sœurs, de même pour les familles voisines.

ACOTYLEDONES OU CRYPTOGAMES : 8 FAMILLES
PLANTES SANS FLEURS NI GRAINES APPARENTES

N°ˢ 1 à 3. Thallophytes, plantes sans racines et sans feuilles : Alguacées, Champignonacées, Lichénacées.

    4 à 5. Muscinées, plantes sans racines et avec feuilles : Moussacées, Hépaticacées.

    6 à 8. Filicinées, plantes avec racines et avec feuilles : Fougéracées, Lycopodiacées, Equisétacées.

MONOCOTYLÉDONES : 35 FAMILLES

N°ˢ 1 à 11. Epigynes, avec fleurs à pétales et étamines insérés sur l'ovaire.

    12 à 22. Périgynes, avec fleurs à pétales et étamines insérés autour de l'ovaire.

    23 à 35. Hypogynes, avec fleurs à pétales et étamines insérés sous l'ovaire.

DICOTYLEDONES : 175 FAMILLES

N°ˢ 1 à 63. Thalamiflores, avec fleurs à pétales distincts insérés à la base de l'ovaire.

    64 à 106. Caliciflores, avec fleurs à pétales et étamines insérés sur le tube du calice.

    107 à 136. Corolliflores, avec fleurs à pétales soudés insérés à la base de l'ovaire.

    137 à 172. Monochlamidées, avec fleurs sans pétales, en boule, en chaton, en spirale, etc., etc.

    173 à 175. Gymnospermes (graines nues), avec fleurs sans style ni stigmate.

1. Th. Durand, *Index generum phanerogamorum*, Bruxelles, 1888, in-8°, XXII-723 pages.

ACOTYLÉDONES ou CRYPTOGAMES : 8 FAMILLES

PLANTES SANS FLEURS NI GRAINES APPARENTES

Famille	N°	Famille	N°	Famille	N°	Famille	N°
Alguacées	1	Equisétacées	8	Hépaticacées	5	Lycopodiacées	7
Champignonacées	2	Fougéracées	6	Lichénacées	3	Moussacées	4

MONOCOTYLÉDONES A FLEURS VISIBLES : 35 FAMILLES

Famille	N°	Famille	N°	Famille	N°	Famille	N°
Alismacées	29	Dioscoréacées	11	Liliacées	13	Hapalacées	19
Amaryllisacées	9	Eriocaulacées	31	Mayacacées	17	Restiacées	33
Aroïdacées	26	Flagellariacées	20	Musacées	5	Stémonacées	12
Broméliacées	6	Graminacées	35	Naiadacées	30	Taccacées	10
Burmanniacées	2	Hémodoracées	7	Orchidacées	3	Triurisacées	28
Centrolépisacées	32	Hydrocharisacées	1	Palmacées	22	Typhacées	25
Commélinacées	18	Irisacées	8	Pandanacées	23	Xyrisacées	16
Cyclanthacées	24	Joncacées	21	Phylidracées	15	Zingibéracées	4
Cypéracées	34	Lemnacées	27	Pontédéracées	14		

DICOTYLÉDONES A FLEURS VISIBLES : 175 FAMILLES

Famille	N°	Famille	N°	Famille	N°	Famille	N°
Acanthacées	131	Cruciféracées	12	Lentibulariacées	126	Sabiacées	60
Acéracées	57	Cucurbitacées	83	Linacées	36	Salicacées	169
Amarantacées	139	Cupuliféracées	168	Loasacées	80	Salvadoracées	114
Anacardiacées	61	Cyrillacées	49	Lobéliacées	99	Samydacées	79
Annonacées	3	Cytinacées	146	Loganiacées	117	Santalacées	158
Apocynacées	115	Datiscacées	85	Loranthacées	157	Sapindacées	55
Araliacées	89	Diapensiacées	105	Lythracées	77	Sapotacées	110
Aristolochacées	147	Dichapetalacées	46	Magnoliacées	4	Sarraceniacées	9
Asclépiadacées	116	Dilléniacées	2	Malpighiacées	38	Saxifragacées	67
Balanophoracées	159	Dipsacées	94	Malvacées	33	Scrofulacées	134
Balsamopsiacées	161	Diptérocarpacées	31	Mélastomacées	76	Sélagonacées	133
Batisacées	142	Droséracées	69	Méliacées	45	Simarubacées	42
Bégoniacées	84	Ébénacées	111	Mélianthacées	58	Solanacées	123
Berbéridacées	7	Élatinacées	27	Ménispermacées	6	Stackhousiacées	52
Bignoniacées	129	Éléagnacées	136	Monimiacées	151	Staphyléacées	59
Bixacées	18	Empétracées	171	Monotropacées	103	Sterculiacées	34
Borraginacées	121	Épacrisacées	104	Moringacées	63	Styracées	112
Bruniacées	71	Éricacées	102	Myoporacées	132	Tamaricacées	26
Burséracées	44	Euphorbiacées	160	Myricacées	166	Théacées	30
Cactacées	86	Ficoïdacées	87	Myristicacées	150	Thymélacées	154
Calycanthacées	5	Frankéniacées	23	Myrsinacées	109	Tiliacées	35
Calycéracées	95	Fumariacées	11	Myrtacées	75	Trémandracées	20
Campanulacées	100	Gentianacées	118	Népenthacées	145	Turnéracées	81
Candolléacées	97	Géraniacées	40	Nyctaginacées	137	Urticacées	162
Canellacées	17	Gesneracées	128	Nymphéacées	8	Vacciniacées	101
Capparisacées	13	Goudéniacées	98	Ochnacées	43	Valérianacées	93
Caprifoliacées	91	Guttiféracées	29	Olaracées	47	Verbénacées	135
Caryophyllacées	24	Haloragéacées	72	Oléacées	113	Violacées	46
Casuarinacées	167	Hamamélisacées	70	Ombelliféracées	88	Vitisacées	54
Célastracées	50	Hippocastanacées	56	Onagracées	78	Vochysiacées	22
Cératophyllacées	172	Hippocratéacées	51	Orobanchacées	125	Zygophyllacées	39
Chénopodiacées	140	Humiriacées	37	Papavéracées	10		
Chlaenacées	32	Hydrophyllacées	120	Passifloracées	82		
Chlorantacées	149	Hypéricacées	28	Pédalinacées	130		
Cistacées	15	Ilicacées	48	Pénéacées	155		
Columelliacées	127	Illécébracées	138	Phytolaccacées	141		
Combrétacées	74	Juglandacées	165	Pipéracées	148		
Composacées	96	Labiacées	135	Pittosporacées	19		
Connaracées	64	Lacistémacées	170	Plantaginacées	136		
Convolvulacées	122	Lauriacées	152	Platanacées	163		
Coriariacées	62	Léguminacées	65	Plombaginacées	107		
Cornacées	90	Leitnériacées	164	Padostémacées	144		
Crassulacées	68	Lennoacées	106	Polémoniacées	119		

DICOTYLÉDONES-GYMNOSPERMES : Coniféracées 174 | Cycasacées 175 | Gnétacées 173

Les chiffres indiquent l'ordre du classement botanique. Les 16 familles dicotylédones 160 à 175 sont à fleurs unisexuées ou diclines (à 2 fils).

PROGRESSION DES FAMILLES

Quelques familles sont faciles à reconnaître : Les Borraginacées sont presque toutes poilues à fleurs bleues. Parmi les Coniféracées : Les Cèdres et les Mélèzes ont les feuilles courtes et groupées en faisceaux. Les Pins ont les feuillles longues par deux, trois, ou cinq dans une même gaine. Les Sapins ont les feuilles courtes, isolées autour des branches. Les Cypéracées, plantes des lieux humides, donnant un fourrage très dur, ont des tiges pleines, souvent anguleuses, sans nœud, avec feuilles engainantes rarement fendues. Les Graminacées ont des tiges rondes avec nœuds (1) d'où partent les feuilles engainantes à la base, mais fendues dans toute la longueur. Les Labiaçées sauf 3 : Brunelle, Bugle et Toque, sont toutes aromatiques, à tiges carrées, avec fleurs terminales ou à la base des feuilles. Parmi les familles laiteuses : Campanulacées, Euphorbiacées, Papavéracées et dans les Composacées : la tribu des Chicoriées ou Semi-Flosculeuses. Un beau sapin : l'Araucaria a des branches verticillées, c'est à-dire partant du même niveau autour du tronc et par étages, il en est de même en

1. Une exception : l'*Aira-cærulea* n'a pas de nœud.

tout petit pour les Rubiacées, qui se collent aux vêtements lorsqu'on passe trop près des haies. Les familles aquatiques : Cératophyllacées, Elatinacées, Equisétacées, et Myriophyllacées ont également des feuilles verticillées.

LE ROLE ET LES FONCTIONS DE LA FLEUR

La fleur se compose de l'ensemble des organes destinés à former le fruit. Le fruit contiendra les graines pour la reproduction de l'espèce. Les étamines et l'ovaire ou pistil sont des organes essentiels... Le calice et les pétales sont des organes protecteurs... Le calice protège l'ovaire et les pétales... Les pétales protègent les étamines et le style... Les divisions du calice sont des sépales. Le calice de la rose a toujours cinq sépales verts. On remarque que les nombres 3 et 6 dominent chez les monocotylédones comme les nombres 4 et 5 dominent chez les dicotylédones, tant en sépales que pétales ou étamines.

LES ORGANES REPRODUCTEURS
DES PLANTES
LES ÉTAMINES : ORGANES MALES

Lorsqu'une fleur simple s'épanouit, on voit au milieu des pétales : des aiguilles plus ou moins longues, selon la grosseur de la fleur. Ces aiguilles sont des étamines toujours surmontées de deux petites logettes contenant le pollen (poudre très fine), ces logettes sont nommées : Anthères.

L'OVAIRE OU PISTIL :
ORGANE FEMELLE

Au centre des étamines sur un petit renflement, on aperçoit une aiguille plus forte et plus courte que les autres : c'est le style, qui se divise à son extrémité en plusieurs branches, ces divisions sont des stigmates toujours gluants au moment favorable et prêts à recueillir le pollen pour le transporter dans l'ovaire, afin d'y féconder les ovules, qui deviendront des fruits, puis des graines. Quelques fleurs ont plusieurs styles, mais d'autres n'en ont pas, c'est alors que les stigmates reposent sur l'ovaire.

Dans les fleurs pendantes : le style est plus long que les étamines. Les insectes sont nécessaires pour le transport du pollen aux stigmates de certaines fleurs. Celles-ci contiennent un nectar destiné à attirer les insectes : observez les bourdons, ils s'enfarinent de pollen pour le transporter sur d'autres fleurs.

Chez les figuiers, c'est un insecte tout spécial : le cynips qui se charge de la caprification.

LES FLEURS
SONT HERMAPHRODITES
OU UNISEXUELLES

Les hermaphrodites portent sur la même fleur : les organes mâles et femelles et c'est le plus grand nombre, plus des trois quarts des végétaux à fleurs.

Les unisexuelles portent les organes mâles sur une fleur, et les organes femelles sur une autre. Les unisexuelles se divisent en : 1° Monoïques ; 2° Dioïques; 3° Polygames.

LES PLANTES
A FLEURS MONOÏQUES

Ces plantes ont les fleurs mâles et les fleurs femelles distinctes et séparées sur le même pied.

LES PLANTES A FLEURS DIOÏQUES

Ces plantes ont les fleurs mâles et les fleurs femelles sur des pieds différents et séparés.

Dans cette section, tous les végétaux dioïques à fleurs mâles, n'ayant que des étamines, ne portent ni fruits, ni graines.

LES PLANTES
A FLEURS POLYGAMES

Ces plantes possèdent en même temps : des fleurs hermaphrodites et des fleurs unisexuelles, soit sur un pied, sur deux pieds et même sur trois pieds différents.

LES PLANTES
A FLEURS COMPOSÉES

Les fleurs de cette grande famille, qui comprend 13 tribus, 836 genres et 10.200 espèces, sont plus difficiles à étudier, que les fleurs simples.

La fleur composée est un assemblage de petites fleurettes très distinctes ayant chacune cinq étamines, réunies sur un disque commun soit de forme plate, soit concave, soit convexe, et que l'on appelle capitule. Au moment de la fécondation, les extrémités des étamines se soudent et couvrent la fleur composée, mais d'une certaine manière, laissant libre le tube de chaque fleurette, par lequel passera l'organe femelle (le style). C'est ainsi que chaque fleurette aura sa graine distincte. Ce phénomène est facile à observer à l'œil nu, sur deux grandes fleurs de cette famille : 1° sur l'Héliantus ou Soleil, on y pourra compter autant de fleurettes, autant de graines, et sur l'Artichaut où l'on peut voir les étamines groupées autour des petites fleurettes, surtout après cuisson (sur ce qu'on appelle le foin).

Il y a deux siècles Tournefort et Vaillant dépensèrent beaucoup de temps pour étudier et grouper les fleurs composées dont ils formèrent trois divisions : 1° Radiées, 2° Flosculeuses, 3° Semi-Flosculeuses.

Depuis, les travaux de Cassini et de Payer n'ont fait que confirmer ces longues et patientes recherches.

Actuellement, les plantes à fleurs Radiées ou Corymbifères forment neuf tribus comprenant : Achillée, Agérate, Anthémis, Armoise, Arnica, Aster, Bident, Calendula, Callistephus, Camomille, Chrysanthème, Cinéraire, Dahlia, Doronic, Erigeron, Eupatoire, Filago, Gnaphale, Hélénie, Hélianthus, Immortelle, Inule, Marguerite, Matricaire, Pâquerette, Petasite, Pyrèthre, Reine-Marguerite, Santoline, Séneçon, Serratule, Soleil, Solidago, Souci, Tagète, Tanaisie, Topinambour, Tussilage, Vernonie, Villadinia, Zinnia, etc., etc.

Les plantes à fleurs Flosculeuses ou Cynarocéphales forment trois tribus comprenant : Arctotis, Artichaut, Bardane, Bleuet, Cardon, Cardoncelle, Carline, Carthame, Centaurée, Centrophylle, Chardon, Cirse, Cyanus, Cynara, Echinops, Gazania, Gerbera, Jacée, Mutisia, Onoporton, Rapontique, Serratule, Sibyle, Xeranthème, etc., etc.

Les plantes à fleurs Semi-Flosculeuses ou Chicoriées (plantes laiteuses), ne forment qu'une tribu comprenant : Barkhausie, Catananche, Chicorée, Crépis, Epervière, Hyoseris, Laiteron, Laitue, Lampsane, Picris, Pissenlit, Podosperme Porcelle, Romaine, Salsifis, Scarole, Scorsonère, Tolpis, etc., etc.

LES FLEURS DOUBLES
SONT GÉNÉRALEMENT STÉRILES

Les fleurs doubles sont produites par des métamorphoses d'étamines transformées en pétales.

Ces métamorphoses sont souvent dues à des terrains très substantiels. Pour obtenir des graines de fleurs doubles, il serait nécessaire d'avoir recours à l'hybridation artificielle, comme nous l'indiquons ci-après, mais la réussite reste incertaine, l'organe femelle, étant toujours très délicat, se trouve contrarié par l'abondance des pétales

LA FÉCONDATION ARTIFICIELLE

Le pollen peut être transporté en évitant l'humidité. Lorsque les Palmiers-Dattiers mâles sont trop éloignés des Dattiers femelles, la fécondation est quelquefois opérée artificiellement.

Ainsi dans certaines localités de l'Algérie le Marabout allait de jardin en jardin, avec une échelle et une fleur de Dattier mâle, opérer la fécondation moyennant une rétribution de trente centimes par palmier (avant 1914).

Dans nos serres on féconde de cette manière les Vanilliers, les Melons, etc., etc.

L'HYBRIDATION ARTIFICIELLE
DES FLEURS DU MÊME GENRE

L'Hybridation ou métissage ou croisement consiste à apporter le pollen d'une espèce sur le pistil d'une espèce différente avant qu'il ne soit déjà fécondé. Pour cette opération, il faut d'abord enlever les anthères de la fleur que l'on veut hybrider en choisissant le moment où les stigmates sont aptent à être fécondés, c'est-à-dire visqueux, et y promener d'une main légère le pinceau portant le pollen étranger, surtout par temps sec au milieu de la journée.

Ensuite, il est nécessaire de protéger la fleur pendant quelques jours contre les insectes et l'humidité avec un tissu léger laissant pénétrer l'air et la chaleur.

C'est avec ce système que nos rosiéristes sont parvenus depuis un siècle à obtenir des milliers de variétés. En 1800, on ne connaissait à Paris que 100 sortes de roses, aujourd'hui Gravereaux, le grand rosiériste-amateur possède à sa Roseraie de L'Hay plus de 9000 variétés différentes.

L'Hybridation se fait avec un égal succès sur les Bégonia, Bromélia, Géranium, Gesnéria, Gloxinia, Orchidée, Pétunia, vigne, etc., etc.

Pour hybrider nos orchidées, on rapporte du Brésil, des pollens entre deux verres de montre, gommés hermétiquement sur les bords afin d'éviter l'air et l'humidité, de cette manière le pollen peut même se conserver utilement d'une année sur l'autre.

LES DIVISIONS DES VÉGÉTAUX

On divise toutes les plantes en **3** classes, **218** familles, **650** tribus, se subdivisant en genres, espèces et variétés. Parmi les **218** familles, **97** n'ont pas de tribus, **13** familles n'ont qu'un seul genre, **40** n'en possèdent que **2**, **3** ou **4**, et **44** de **5** à **39** genres. Par contre **121** des grandes familles se partagent les **650** tribus. Si nous additionnons les genres et espèces des **210** familles qui portent des fleurs visibles, nous trouvons :

Monocotylédones......................	**1.585** genres,	**19.570** espèces.
Dicotylédones.........................	**6.820** »	**87.549** »
Soit au total.....................	**8.405** genres,	**107.119** espèces.

Quant au nombre des variétés, il se chiffrerait par centaines de mille. Prenons pour exemple dans la famille des Rosacées la VIIIe tribu comprenant le seul genre Rosa avec **55** espèces de rosiers et **9.000** variétés de roses. Dans la Xe tribu de la même famille, le genre Cognassier compte **4** espèces et **30** variétés cultivées, le genre Pyrus se divise en **50** espèces de poiriers, pommiers, alisiers, cormiers et sorbiers. Dans les poiriers on ne compte pas moins de **564** variétés cultivées et **636** dans les pommiers.

ACOTYLÉDONES OU CRYPTOGAMES 8 FAMILLES

	TRIBUS	GENRES	ESPÈCES		TRIBUS	GENRES	ESPÈCES
Alguacées	5	912	11.685	Hépaticacées	4	164	3.965
Champignonacées	19	1.939	66.620	Fougeracées	8	149	7.920
Lichénacées	3	190	4.580	Lycopodiacées	6	544	1.122
Moussacées	5	397	14 067	Equisétacées		20	71

(Total : **4.315** genres, **110.000** espèces)

MONOCOTYLÉDONES 35 FAMILLES

	TRIBUS	GENRES	ESPÈCES		TRIBUS	GENRES	ESPÈCES
Alismacées	2	13	55	Liliacées	23	205	2.300
Amaryllisacées	5	65	740	Mayacacées		1	7
Aroïdacées	8	105	900	Musacées		5	53
Broméliacées	3	38	525	Naïadacées	8	16	126
Burmanniacées	3	10	50	Orchidacées	5	370	5.000
Centrolépisacées		6	32	Palmacées	7	129	1.100
Commélinacées	3	26	300	Pandanacées		2	84
Cyclanthacées	2	6	44	Phylidracées		3	3
Cypéracées	6	66	2.200	Pontédéracées		5	36
Dioscoréacées		9	170	Rapatacées		6	22
Eriocaulacées		6	338	Restiacées		20	243
Flagellariacées		3	7	Stémonacées		3	7
Graminacées	13	315	3.500	Taccacées		2	10
Hémodoracées	4	27	125	Triurisacées		2	16
Hydrocharisacées	4	14	46	Typhacées		2	16
Irisacées	3	57	770	Xyrisacées		2	47
Joncacées		8	209	Zingibéracées	3	36	470
Lemnacées		2	19				

DICOTYLÉDONES 175 FAMILLES

	TRIBUS	GENRES	ESPÈCES		TRIBUS	GENRES	ESPÈCES
Acanthacées	5	134	1.500	Cruciféracées	10	188	1.550
Acéracées		3	88	Cucurbitacées	8	86	633
Amarantacées	3	50	450	Cupuliféracées	3	10	420
Anacardiacées	2	57	430	Cyrillacées		3	7
Anonacées	5	63	450	Cytinacées	2	7	27
Apocynacées	3	124	1.035	Datiscacées		3	4
Araliacées	5	51	375	Diapensiacées	2	6	9
Aristolochacées		5	225	Dichapétalacées		3	54
Asclépiadacées	7	204	1.700	Dilléniacées	3	18	227
Balanophoracées	8	16	37	Dipsacées		5	157
Balanopsacées		1	8	Diptérocarpacées		17	182
Batisacées		1	1	Droséracées		6	109
Bégoniacées		3	425	Ebénacées		6	250
Berbérisacées	2	20	105	Elatinacées		2	25
Bignoniacées	4	55	500	Eléagnacées		3	31
Bixacées	4	36	180	Empétracées		3	4
Borraginacées	4	77	1.235	Epacrisacées	2	26	325
Bruniacées		10	45	Ericacées	5	53	1.080
Burséracées		13	275	Euphorbiacées	6	212	3.000
Cactacées	2	15	1.139	Ficoïdacées	3	24	445
Calycanthacées		2	5	Frankéniacées		3	32
Calycéracées		3	23	Fumariacées		7	136
Campanulacées		32	550	Gentianacées	4	49	575
Candolléacées		5	105	Géraniacées	7	26	986
Canellacées		4	6	Gesnéracées	4	83	980
Capparisacées	2	36	355	Goudéniacées		12	210
Caprifoliacées	2	14	240	Guttiféracées	5	28	370
Caryophyllacées	3	37	1.100	Haloragéacées		9	85
Casuarinacées		1	23	Hamamélisacées		19	40
Célastracées		39	300	Hippocastanacées		2	16
Cératophyllacées		1	3	Hippocratéacées		5	165
Chénopodiacées	12	83	520	Humiriacées		4	32
Chlaenacées		7	15	Hydrophyllacées	4	17	130
Chloranthacées		4	34	Hypéricacées	3	8	240
Cistacées		4	71	Ilicacées		4	181
Columelliacées		1	2	Illécébracées	4	20	90
Combretacées	2	18	280	Juglandacées		5	35
Composacées	13	836	10.200	Labiacées	8	142	2.700
Connaracées	2	14	170	Lacistémacées		1	16
Convolvulacées	5	76	870	Lauriacées	4	42	900
Coriariacées		1	3	Léguminacées	24	434	7.000
Cornacées		10	80	Leitnériacées		2	3
Crassulacées		15	485	Lennoacées		3	4

	TRIBUS	GENRES	ESPÈCES
Lentibulariacées		4	203
Linacées	4	15	235
Loasacées		13	115
Lobeliacées	2	28	540
Loganiacées	3	34	365
Loranthacées	2	13	520
Lythracées	2	33	365
Magnoliacées	4	14	86
Malpighiacées	4	53	600
Malvacées	4	65	800
Mélastomacées	13	133	2.500
Méliacées	4	38	550
Mélianthacées		3	10
Menispermacées	4	62	255
Monimiacées	2	23	150
Monotropacées		9	12
Moringacées		1	3
Myoporacées		5	78
Myricacées		1	40
Myristicacées		1	90
Myrsinacées	3	24	550
Myrtacées	6	87	2.100
Népenthacées		1	31
Nyctaginacées	3	25	220
Nymphéacées	3	8	35
Ochnacées	3	12	160
Olacacées	4	63	277
Oléacées	4	19	300
Ombelliféracées	9	180	1.400
Onagracées		23	330
Orobanchacées		12	150
Papavéracées	3	19	94
Passifloracées	5	27	295
Pédalinacées	4	15	46
Pénéacées		4	20
Phytolaccacées	3	21	55
Pipéracées	2	11	1.025
Pittosporacées		10	90
Plantaginacées		3	203
Platanacées		1	6
Plombaginacées	2	8	235
Podostémacées	4	23	116
Polémoniacées		8	150
Polygalacées		17	498
Polygonacées	6	30	750
Portulacacées		18	145

	TRIBUS	GENRES	ESPÈCES
Primulacées	5	25	315
Protéacées	7	52	950
Renonculacées	5	30	680
Résédacées		6	43
Rhamnacées	5	42	475
Rhizophoracées	3	17	50
Rosacées	10	79	1.000
Rubiacées	25	378	4.500
Rutacées	7	103	782
Sabiacées		4	40
Salicacées		2	178
Salvadoracées		3	8
Samydacées	4	20	160
Santalacées	4	28	200
Sapindacées	14	122	950
Sapotacées	9	40	400
Sarracéniacées		3	10
Saxifragacées	6	87	650
Scrofulacées	12	167	2.000
Sélagonacées		9	140
Simarubacées	2	34	110
Solanacées	5	72	1.500
Stackhousiacées		2	21
Staphyléacées		4	16
Sterculiacées	8	51	730
Styracées		7	235
Tamarisacées	3	5	45
Théacées	6	42	310
Thymélacées	3	38	400
Tiliacées	7	51	470
Trémandracées		3	27
Turneracées		6	85
Urticacées	8	110	1.560
Vacciniacées	2	27	230
Valérianacées		9	275
Verbénacées	8	65	740
Violacées	4	25	270
Vitisacées	2	11	439
Vochysiacées		7	130
Zygophyllacées		18	110

DICOTYLÉDONES GYMNOSPERMES

	TRIBUS	GENRES	ESPÈCES
Coniféracées	4	34	300
Cycasacées	2	9	83
Gnétacées		3	36

BOTANIQUE SIMPLIFIÉE

'A la suite de chaque famille, figurent les principaux genres et espèces usuels. Les noms en caractères italiques sont les types des tribus ; les **650** tribus terminées en ÉES se retrouvent à leur place alphabétique.

On remarque que les noms des **218** *familles* ont tous la même terminaison en ACÉES, tandis que ceux des *tribus* sont toujours terminées en ÉES.

FAMILLES

Abaca Musa-textilis, Bananier, plante qui fournit le chanvre de Manille. · Musacées.
Abama Plante des marais à tige rigide, 150-200°, feuilles lisses, fleurs en grappes, 5 espèces. Liliacées.
Abatiées 3ᵉ tribu de la famille des Samydacées, 3 genres, 7 espèces : Abatia, Aphacrema, Raleighia.
Abécédaire ou Cresson de Para ou Spilanthe, pl. rampante à saveur brûlante, fleurs panachées. Composacées.
Abecelia ou Zelcova Arbuste feuilles dentelées, 70 à Paris, arbre au Japon, petits fruits, 4 espèces. Urticacées.
Abélia Arbuste des rochers, 70-140, feuilles ovales, fleurs blanches ou rose-pâle, 10 espèces. Caprifoliacées.
Abelmose de l'Arabe : Ab-el-mosch, c'est la ketmie musquée ou Ambrette, graines à odeur d'ambre. Malvacées.
Aberia ou **Dovyalis** Arbuste de serre — 150 à Paris — épineux, donne un fruit à pépins, 8 espèces. Bixacées.
Abies du Grec : Abin, Abios — qui vit longtemps — le sapin vit plusieurs siècles. Coniféracées.
Abies ou Sapin grand arbre de forêt ou d'ornement, fruits en cônes cylind. à écailles minces, 20 esp. Coniféracées.
Abies ou Sapin feuilles courtes et raides, solitaires sur les rameaux, le sapin souffre de l'élagage. Coniféracées.
Abies ou Sapin la résine sort de l'écorce et non du bois; dans le pin elle sort du bois et de l'écorce. Coniféracées.
Abiétinées 1ʳᵉ tribu de la famille des Coniféracées, 16 genres, 152 espèces : Araucaria, cèdre, pin, sapin, taxodium, etc.
Abobra Plante vivace, grimpante, 8 à 10ᵐ, fleurs verdâtres, jolis fruits écarlates, une espèce. Cucurbitacées.
Abobrées 2ᵉ tribu de la famille des Cucurbitacées, 4 genres, 69 espèces: Abobra, Cayaponia, Dicaelospermum, Selysia.
Abrami Aleurite-Cordata. Arbre du Japon, donne huile très siccative. Euphorbiacées.
Abricot fruit ovale, jaune, à gros noyau, s'emploie surtout pour confitures, grand marché à Avignon. Rosacées.
Abricot du Japon fruit du diospyros ; c'est le kaki qui doit se manger blet, aspect tomate ou pomme. Ebénacées.
Abricotier Arbre fruitier, fl. rosées, 33 var. sont cultivées en France, se greffe en écusson sur prunier. Rosacées.
Abricotier de St-Domingue Arbre des Antilles, 15-20ᵐ, à gros fruits : Mammea, 5 espèces. Guttiféracées.
Abricotin Variété d'abricot à petit fruit rond, coloré du côté du soleil, des environs de Paris. Rosacées.
Abrignon (Huile d') ou de Briançon, tirée des amandes du Prunus-Brigantiaca. Rosacées.
Abroma Arbuste du Bengale, fleurs pourpre-foncé ; la racine est employée, la tige est textile, 3 esp. Sterculiacées.
Abronia-umbellata Plante ayant le port de la Valériane, fleurs odorantes, roses, en bouquets. Nyctaginacées.
Abrus precatorius Jequirity, grains d'Amérique, rouge vif ou pourpre pâle. Léguminacées.
Absinthe Artemisia-absinthium : d'Artemise, surnom de Diane, déesse de la Chasse dans les forêts. Composacées.
Absinthe Armoise amère, plante 60-90°, feuilles vertes et blanches, fl. jaunes, 150 esp., 200 variétés. Composacées.
Absinthe marine Sanguenite, Santoline, petit Cyprès, garde-robe, joli petit feuil. argenté, 8 esp. Composacées.
Absinthe pontique Plante cultivée, 50°, petites f. cotonneuses en dessous, odeur forte, petite abs. Composacées.
Abutilon 1839 Arbuste 60 à 120°, à feuilles trilobées, dentées ou en cœur, fl. en clochettes, 80 esp. Malvacées.
Acacia Linné en dénommant Robinia notre acacia, a donné le nom d'acacia à un autre genre de la 23 tribu.
Acacia blanc (Pseudo) Robinier à fl. blanches en grappe, 1601 à Paris, par Jean Robin, 6 esp. 15 var. Léguminacées.
Acacia catéchu Mimosa de l'Inde, arbre de 6 à 8ᵐ, produit le cachou du commerce. Léguminacées.
Acacia commun de nos promenades, originaire de l'Amérique du Nord, Robinia, Robinier. Léguminacées.
Acacia de Constantinople Mimosa Julibrissin, arbre très ornemental, fleurs roses, Albizzia. Léguminacées.
Acacia jaune (faux) Cytise à fleurs jaunes en grappes pendantes, faux ébénier, 10 variétés. Léguminacées.
Acacia rose ou de Chine, Robinier à fleurs roses en grappes pendantes, 3 variétés. Léguminacées.
Acacia de Sibérie Caragana frutescens, arbrisseau 200°, feuilles à 4 folioles. Léguminacées.
Acacia (vrais) Botrycephalæ, Farnesia, Filicinæ, Gummiferæ, Phyllodinæ, Pulchellæ, Vulgares, 23 tribu. Léguminacées.

Acacie de Farnèse Mimosa à épines ou Casse du Levant, à boules jaunes, 1656 en Europe, Cassie, Cassier. Léguminacées.

Acaciées 23ᵉ tribu de la famille des Léguminacées, 1 genre : Acacia, 500 espèces (Le Robinia est de la 5ᵉ tribu!).

Acadières Grosses noisettes ou Avelines, provenant de la Cadière à 22 km. de Toulon (Var). Cupuliféracées.

Acajou (bois d') Bois ferme et dur pouvant se scier en lames très minces. Mahogany en Anglais. Méliacées.

Acajou (faux) Arbre cultivé aux Antilles, 10-15ᵐ, donne la pomme et la noix d'acajou ou Cajou. Anacardiacées.

Acajuba occidentalis Cassuvium-pomiferum, donne la noix d'Acajou comestible, fruit double curieux. Anacardiacées.

Acalyphe Plante à fleur rouge comme longue chenille, queue de renard, Ricinelle, 220 espèces. Euphorbiacées.

ACANTHACEES 131ᵉ famille des Dicotylédones, 5 tribus, 134 genres, 1.500 espèces (du grec: Aigu, Epine, Pointe).

ACANTHACÉES Principaux genres et espèces : *Acanthe*, Adhatoda, Aphelandra, Asystatia, Barleria, Blepharis, Calophanes Crossandra, Cyrtanthera, Dianthera, Dicliptera, Dischistocalyx, Ebermaiera, Elytraria, Eranthemum, Fittónia, Geissomeria Goldfussia, Hemigraphis, Hexacentris, Hygrophila, Hypoestes, Jacobinia, *Justicia*, Lepidagathis, Mendoncia, Meyenia, *Nelsonia*, Peristrophe. Porphyrocoma, Pseuderanthemum, *Ruellia*, Sanchezia, Stenandrium, Strobilanthes, *Thunbergia*, Whitfeldia. Les mots en caractères italiques sont les types des tribus.

Acanthe se nomme aussi : Branc-ursine, grande Berce, Patte d'ours, Pied d'ours, fe. vert-sombre. Acanthacées.

Acanthe belle plante à grandes feuilles ornementales (chapiteau corinthien). Acanthus 15 espèces. Acanthacées.

Acanthe épineuse, plante 80ᴬ, feuilles très découpées, dentées, fleurs de 50-70ᵉ en épi couleur safran. Acanthacées.

Acanthées 4ᵉ tribu de la famille des Acanthacées, 6 genres, 50 espèces.

Acanthopanax arbuste, feuilles digitées; composées de 5 folioles, fleurs en ombelles, 8 espèces. Araliacées.

Acanthophœnix-crinita palmier-phœnix ornemental, feuilles pennées comme plume d'oiseau. Palmacées.

Acanthorhiza palmier à feuilles en éventail ou Flabelliformes comme Chamaerops, 3 espèces. Palmacées.

Acer ou Erable Sycomore, pseudo-platanus, arbre d'avenue, bois pour luthiers, 84 espèces. Acéracées.

ACERACEES 57ᵉ famille des Dicotylédones, 3 genres, 88 espèces (fort, rebelle : qui résiste).

ACERACEES principaux genres et espèces : Acer-érable, Dobinea, Negundo, Sycomore.

Acéraille Erable champêtre ou petit érable, Auzerole, bois chaud, bois de poule. Acéracées.

Acéranthus à deux feuilles, Epimède, Bonnet d'évêque, pl. de rocaille, 8-10ᵉ, fleurs blanches, 2 espèces. Berbérisacées.

Acère ou Aceras orchidée à fleurs vert-jaunâtre et raies brunes, Pantine, une espèce. Orchidacées.

Acérées ou Acérinées anciennes dénominations des Acéracées.

Acetabulaire algue curieuse, c'est une plaque mince sur tige comme un petit parasol. Alguacées.

Achania ou Malvavicus belle mauve, feuilles en cœur, grandes fleurs rouges, 6 espèces. Malvacées.

Achar ou Achard, condiment composé de bourgeons de chou palmiste ou de bambou avec piment et vinaigre.

Acharia plante à feuilles trilobées, petites fleurs vertes, fruit capsulaire, une espèce. Passifloracées.

Achariées 4ᵉ tribu de la famille des Passifloracées, 3 genres, 3 espèces : Acharia, Ceratiosicyos, Guthriea.

Ache des chiens Aethusa-cynapium, petite ciguë, pl. 0ᵐ50, faux persil, mauvaise odeur, une espèce. Ombelliféracées.

Ache des marais pl. 50-60ᵉ, Ache d'eau, Berle, céleri sauvage, Eprault, Sium, 6 espèces. Ombelliféracées.

Ache des montagnes Levisticum-officinal, Livèche. Plante 150-190ᵉ, à fleurs jaunâtres, une espèce. Ombelliféracées.

Achillée ou mille feuilles, plante des chemins, fossés, pelouses, fleurs blanches en ombelles, 100 espèces. Composacées.

Achillée cultivée, plante 50-80ᵉ, feuilles dentées en scie, fleurs en ombelles, 31 variétés à Paris. Composacées.

Achimène du Mexique, plante 30ᴬ à feuilles ovales, dentées, Cyrilla, Locheria, Trevirana, 20 espèces. Gesnéracées.

Achnanthe Algue minuscule de la tribu des Diatomées, forme les pelotes de mer. Alguacées.

Achras-mammosa arbre, donne un fruit excellent : la sapote doit se manger blette. 2 espèces. Sapotacées.

Achyranthes Plante 60-90ᵉ à feuilles ondulées, pourpres ou dorées, fl. en épi, Centrostachys, 12 espèces. Amarantacées.

Acinos-vulgaris Thym des ânes, Tue-loup, Basilic sauvage, Calaminthe, Clinopodium. Labiacées.

Acnida-cannabina Grande plante vivace ayant l'aspect du chanvre, mais en touffe. Malvacées.

Acokanthera Arbuste 60ᵉ, feuilles brunes, épaisses, fleurs blanches odorantes, Toxicophlœa, 3 espèces. Apocynacées.

Aconit ou Napel Pl. 100-140ᵉ à feuilles alternes, fl. bléues ou blanches, casque de Jupiter, char de Vénus. Renonculacées.

Acore ou Galanga des marais, plante aromatique, 60-90ᵉ, feuilles longues et étroites, fl. en épi, 2 espèces. Aroïdacées.

Acorées de la 1ʳᵉ tribu de la famille des Aroïdacées, 2 genres, 3 espèces : Acorus, Gymnostachys.

Acorus-calamus pl. aquatique, aromatique, 100-130ᵉ, feuilles de 2ᵉ de largeur, le rhizome est employé. Aroïdacées.

Acotylédones Pl. sans fl. ni graines apparentes (Jussieu) ou Cryptogames (Linné). Semences sans cotylédons.

ACOTYLÉDONES OU CRYPTOGAMES, 8 FAMILLES

PLANTES SANS FLEURS NI GRAINES APPARENTES

| Alguacées | 1 | Equisétacées | 8 | Hépaticacées | 5 | Lycopodiacées | 7 |
| Champignonacées | 2 | Fougèracées | 6 | Lichenacées | 3 | Moussacées | 4 |

Acotylédones cellulaires : Algues, Champignons, Lichens, Mousses, Hépatiques.

Acotylédones vasculaires : Fougères, Lycopodes, Equisatacées ou Prêles.

Acrasiées groupe de la famille des champignonacées : Acrase, Cenonie, Dictyostele, Guttulines, Polysphondyle, etc.

Acroclinium ou Hélipterum, plante à fleurs paraissant sèches, immortelle rhodanthe, 5o espèces. — Composacées.

Acrocomia spherocarpa, palmier de serre chaude à Paris, cocos à fruits ronds. — Palmacées.

Acrogènes (par Brongniart) les Fougères, Hépatiques, Lycopodes, Mousses et Prêles (opposés Amphigènes).

Acrospores champignon dont les spores prennent naissance à la surface de la cellule mère, 6 espèces. — Champignonacées.

Acrostic à cornes d'Elan, fougère curieuse par 2 fe. coriaces naissant au collet, racine comestible. — Fougéracées.

Acrostichum-Thelipteris petites fougères des endroits humides. — Fougéracées.

Actea ou Actée Plante des bois, 40-60e, feuilles comme la vigne, fl. blanches, fruits charnus, petites baies. — Renonculacées.

Actée à épi se nomme aussi chasse-punaises, Christophorine, herbe sans couture, 2 espèces. — Renonculacées.

Actinidia chinensis Plante grimpante, aspect de la vigne, grandes feuilles, fleurs jaunes, 8 espèces. — Théacées.

Actinolepis plante 15-20e, feuilles opposées, dans le haut alternes, fleurs jaunes, 2 tons, 6 espèces. — Composacées.

Actinorhythis palmier de serre chaude à Paris. — Palmacées.

Actinostrobinées de la 2e tribu de la famille des *Coniféracées*, 3 genres, 19 espèces : Actinostrobus, Callitris, Fitzroya.

Adansonia ou Baobab, arbre à gros fruits 20 à 40e de longueur, le plus gros des arbres, 2 espèces. — Malvacées.

Adenanthera pavonina, belle plante avec fleurs blanc et jaune, crête de paon, pois corail. — Léguminacées.

Adenanthérées 21e tribu de la famille des *Léguminacées*, 10 genres, 50 espèces.

Adénocarpe Plante des endroits arides, 10-60e, fleurs jaunes en grappes comme cytise, 9 espèces. — Léguminacées.

Adénogramme ou Léonie où Stendélie, plante des pays chauds, Afrique australe, 7 espèces. — Ficoïdacées.

Adénophora Plante d'ornement, 60-80e, fleurs campanule odorante, Floerkea, 13 espèces. — Campanulacées.

Adenostyles Plante des montagnes, rochers ; feuilles blanches deux faces, fleurs en capitule, 5 esp. — Composacées.

Adenostylis Orchidée de Java se nomme aussi Zeuxine, Monochilus, 16 espèces. — Orchidacées.

Adhatoda ou Justicia 1669 Arbrisseau, 2-4m, grandes feuilles aiguës, fleurs en épi, 110 esp. — Acanthacées.

Adiantum ou Capillaire, fougère à feuillage très élégant, tige cheveux, des endroits humides. — Fougéracées.

Adlumia Fumeterre grimpante à vrilles, feuilles alternes, fleurs rose-tendre, une espèce. — Fumariacées.

Adonide ou Adonis Plante 20-25e, Anémone, goutte de sang, œil de faisan, 6 espèces. — Renonculacées.

Adonis-Vernalès Plante dont la tige et les feuilles sont employées comme la digitale. — Renonculacées.

Adoxe ou Adoxa Petite plante des bois, vivace, 10-12e avec 5 fleurs odeur de musc, fruits à noyau, 1 esp. — Caprifoliacées.

Adragante (gomme) provient de l'Astragalus-gummifer, arbre feuilles composées, fleurs jaunes. — Léguminacées.

Adromischus Cotylédon du Mexique ou Courantia ou Echeveria ou Ombilicus. — Crassulacées.

Adventices (plantes) celles qui poussent spontanément, surtout les graminées apportées par le vent.

Adventives (racines) qui ne partent pas du pied de la plante : ficus, fraisier, lierre, philodendron, urostigmate, etc. etc.

Adyseton saxatile Alysse des rochers, 20-25e à duvet grisâtre, fleurs jaunes, corbeille d'or. — Cruciféracées.

Aechmea Plante à belles feuilles comme l'ananas, fleurs jaunâtres en panicule, 40 espèces. — Broméliacées.

Aegle-Marmelos petit arbre épineux, feuilles trifoliolées, gros fruit comestible. — Rutacées.

Aegilops ou Triticum Blé sauvage du midi de la France, 20-50e, épi ovale. — Graminacées.

Aegopode Pied de chèvre, plante des près, bois, 50-70e, fleurs blanches en ombelle, 2 espèces. — Ombelliféracées.

Aeonium ou Sempervivum petit artichaut pour mosaïques, lettres, dessins, fleurs sur tige. — Crassulacées.

Aerides orchidée de l'Indo-Chine, ne vit qu'en serre chaude humide. — Orchidacées.

Aeschynanthus Plante ligneuse en suspension fe. épaisses charnues, belles fl. rouge-écarlate, 65 esp. — Gesnéracées.

Aeschynomène plante à feuillage animé comme la sensitive, fleurs blanches, 43 espèces. — Léguminacées.

Aesculus ou Marronnier d'Inde, en 1615 à Paris, par Bachelier. Arbre d'avenue, 14 espèces. — Hippocastanacées.

Aethionème du mont Liban, plante 20e, feuilles alternes, fleurs rose-lilacé, 40 espèces. — Cruciféracées.

Aethusa-cynapium, petite ciguë, faux-persil, plante vénéneuse, mauvaise odeur, une espèce.   Ombelliféracées.

Afoutin Bois de fer du Dahomey extrêmement dur, trop difficile à scier, Borassus. Une espèce.   Palmacées.

Afzelia arbre de l'Afrique tropicale, son bois donne de l'acajou, graisses comestibles, 10 espèces.   Léguminacées.

Agallochum ou Aquilaria, arbre à gomme-résine très odorante, bois d'aigle, 3 espèces.   Thymelacées.

Agames ou Acotylédones : plantes dont on ne voit pas les organes de reproduction (Lamarck).

Agapanthe pl. fe. radicales, Hampe 75-80ʳ à jolies fleurs bleues ou blanches, inodores, 3 espèces.   Liliacées.

Agar-Agar Gélose tirée d'une algue du Japon, le Gelidium-corneum, mousse de Jafna ou de Ceylan.   Alguacées.

Agaric Champignon avec chapeau feuilleté en rayons à l'intérieur, 1312 espèces ou variétés.   Champignonacées.

Agaric-comestible Champignon de couche, campestris, edulis, de Paris, le seul cult. avec la truffe, 27 esp.   Champignonacées.

Agaric parasol ou potiron jusqu'à 35ᵉ de haut avec large chapeau couleur bistrée et taches.   Champignonacées.

Agaricus-Campestris ou champignon de Paris, forme boule, cultivé en cave ou ancienne carrière.   Champignonacées.

Agaricus-geotropus produit sur le sol des anneaux ou cercles de fées.   Champignonacées.

Agathea petite marguerite bleu-ciel, Aster du cap, Détris, Félicia, 50 espèces.   Composacées.

Agathis bel arbre de l'Australie comme l'Araucaria, Dammara, 4 espèces.   Coniféracées.

Agathosma Bucco dans les feuilles de Buchu, pl. 130ᵉ, fleurs blanches aromatiques, 100 espèces.   Rutacées.

Agati de Cochinchine ou Fayotier produit petit haricot dolique à fleurs pourpres.   Léguminacées.

Agati ou Sesbania plante textile, grosse filasse, donne des fibres pour chapeaux, papier de riz, 30 esp.   Léguminacées.

Agaty-Nellite Arbuste de Madagascar à très belles fleurs, à suc gommeux, graines comestibles.   Léguminacées.

Agavé du grec : Magnifique, vulgairement à tort Aloës, fil d'aloès ou de pitte (Algérie).   Amaryllisacées.

Agavé Cette plante n'a jamais de tige ; l'Aloès en grandissant a une tige.   Amaryllisacées.

Agavé grosse plante en rosette feuilles charnues, épaisses, feuilles de 15 à 20 kilos chacune.   Amaryllisacées.

Agavé fleurit et meurt la 8ᵉ année au Mexique, vers la douzième à Nice, 50 espèces.   Amaryllisacées.

Agavé sa fleur qui atteint jusqu'à 6ᵐ, comme un arbre, se développe en 2 ou 3 semaines.   Amaryllisacées.

Agave-ferox belle plante, mais avec épines dangereuses, feuilles vert-foncé.   Amaryllisacées.

Agave-Salmiana au Mexique produit le Pulque, boisson des Indiens, tirée par incision la 8ᵉ année.   Amaryllisacées.

Agave-Sisalana donne le chanvre de Sisal ou Hennequen ou Rigida.   Amaryllisacées.

Agavées 4ᵉ tribu de la famille des *Amaryllisacées*, 7 genres, 148 espèces.

Agérate ou Célestine, plante très rustique, à tige velue, à fleurs bleues en boules compactes.   Composacées.

Ageratum du grec Ageratos : qui ne vieillit pas, qui dure longtemps, 25 espèces.   Composacées.

Aglaia plante de Java et de Chine donne des fruits comestibles.   Méliacées.

Aglaonema plante de serre, 100ʳ, aspect du dracœna, 10 espèces.   Aroïdacées.

Aglaonémées de la 5ᵉ tribu de la famille des *Aroïdacées*, 3 genres, 17 espèces : Aglaodorum, Aglaonema, Dieffenbachia.

Agnante pyramidale Cornutia. Arbrisseau 2,50-3ᵐ, feuilles ovales, fleurs bleues en grappe, 8 espèces.   Verbenacées.

Agneau de Scythie ou de Tartarie : Racines du Cibotium-Barometz, s'emploient comme l'amadou.   Fougéracées.

Agnostus-Sinnatus ou Stenocarpus, arbre de 5-6ᵐ, grandes fe. luisantes, fl. écarlate-orangé, 14 esp.   Proteacées.

Agnus-Castus Vitex, arbrisseau 2ᵐ50, branches comme osier, fleurs blanches ou bleues.   Verbenacées.

Agonis Arbuste 2ᵐ, feuilles forme lance, alternes, fleurs en capitules serrés, 12 espèces.   Myrtacées.

Agraphis-nutans Scille penchée, Jacinthe des bois, feuilles étroites, charnues, fleurs bleues.   Liliacées.

Agrassole Groseiller épineux, arbrisseau 50-80ʳ, produit groseilles à maquereau.   Saxifragacées.

Agrimonia Plante 100-130ᵉ, fournissant beaucoup de fleurs, en épis, Amonia, Aremonia, 10 espèces.   Rosacées.

Agripaume ou cardiaque ou queue de Lion, plante 80-120ʳ des chemins, fleurs roses, fruits poilus.   Labiacées.

Agropyrum Blé sauvage, sa racine traçante est employée comme le chiendent, 32 espèces.   Graminacées.

Agrostemme Coquelourde, gitage, lychnide, nielle des blés, silène, viscaria.   Caryophyllacées.

Agrostide Agrostis (nom grec du chiendent), donne un bon fourrage fin, 100 espèces.   Graminacées.

Agrostidées 8ᵉ tribu de la famille des *graminacées*, 45 genres, 729 espèces.

Aiglantine Aquilegia vulgaris ou Ancolie ou Galantine ou Manteau royal, 8 esp., 50 variétés.   Renonculacées

Aigle impériale Fougère, Pteris, plante des bois, paturages, 5-15ᵉ.   Fougéracées.

Aigrelier Alisier terminal, alisier des bois, alisier faux, arbre des montagnes, Crataegus.   Rosacées.

Aigremoine Pl. des chemins, des bois, fleurs jaunes en épi, fruits à aiguillons crochus, Agrimonia 10 esp.   Rosacées.

Aigrettes Graines des chardons, des pissenlits, des séneçons que le vent se charge de semer.   Composacées.

Aigrin jeune poirier ou pommier issu de graine pour le greffage, sinon fruits aigres.   Rosacées.

Aiguille de berger Scandix, cerfeuil à aiguillettes, fleurs blanches, fruits très longs, 12 espèces.   Ombelliféracées.

Aiguillons des rosiers et non des épines s'enlèvent sans entamer l'écorce.   Rosacées.

Ail blanc ou Allium Pl. 40-70ᶜ, condimentaire, le bulbe ou tête d'ail contient 10-12 gousses ou Caïeux, 4 esp.   Liliacées.

Ail des bois ou des Ours, 15-25ᶜ, ail des vignes à fleurs roses : aillet, aillot.   Liliacées.

Ail des chiens Ail à toupet-muscari plante 5-10ᵉ à fleurs bleues, charnues, en grappe.   Liliacées.

Ail doré ou Moly Allium-aureum 20-30 ; ses fleurs sont d'un très beau jaune doré.   Liliacées.

Ail rouge ou Rocambole, très employé au XVIIIᵉ siècle, échalote d'Espagne.   Liliacées.

Ailante ou Ailanthus glandulose, vernis du Japon grand arbre, chaque foliole a deux glandes, fl. jaunât.   Simarubacées.

Ailante ou Ailanthus introduit de Chine par le Père d'Incarville en 1751, 4 espèces.   Simarubacées.

Ailes ou Samares fruits ailés de l'Ailante, Frêne, Hirea, Orme, Paliurus, Tulipier, Sycomore, etc., etc.

Aimez-moi ou ne m'oubliez pas, Myosotis, plantes à petites fleurs bleues des Alpes, 40 espèces.   Borraginacées.

Aira elegans, Canche, plante des sables, 20-40 ᵉ. Aira ou Florinia ou Fussia, 6 esp.   Graminacées.

Airelle ou Myrtille, arbuste 50-60ᶜ, petites baies rouges, puis noires, comestibles, Vaccinium 110 esp.   Vacciniacées.

Airopsis millet du midi, plante des sables, 5-20ᶜ, à épillets luisants, 1 espèce.   Graminacées.

Aitonia du Cap Arbuste 150-180ᶜ, toujours vert, fleurs rougeâtres, fruit en vessie, curieux, 1 espèce.   Sapindacées.

Aïzoïdées 2ᵉ tribu de la famille des *Ficoïdacées*, 8 genres, 49 espèces.

Aïzoon des Canaries plantes à petites feuilles rondes, charnues, fleurs roses ou rouges.   Ficoïdacées.

Ajonc-marin Genêt sauvage, épineux, haut 100ᶜ, pousse sans culture, lande, jonc marin. Ulex. 12 esp.   Léguminacées.

Ajuga Bugle rampante, Ivette. Petite plante 10-15ᶜ comme myosotis, sans odeur, 30 espèces.   Labiacées.

Ajuroïdées 8ᵉ tribu de la famille des Labiacées, 9 genres, 151 espèces.

Akebia Arbuste ou liane grimpante ; s'enroule de droite à gauche, beau feuillage, 5 feuilles, 4 espèces.   Berberisacées.

Akebia Quinata Arbuste japonais vigoureux, feuillage léger, fleurs brun foncé.   Berberisacées.

Akene ou Achaîne Fruit qui ne s'ouvre pas à la maturité, comme chataigne, gland, marron, noix, noisette, fraise, sarrazin.

Alao Feuilles de Baobab en poudre, employées dans la cuisine des nègres.   Malvacées.

Alaterne Rhamnus, Bourg-épine, nerprun, arbre ou arbuste, petites feuilles, petites baies.   Rhamnacées.

Alaterne Arbuste et Arbrisseau à feuilles persistantes, non épineux, donne graines d'Avignon.   Rhamnacées.

Albergier Abricotier non greffé ; le fruit fournit d'excellentes confitures.   Rosacées.

Albergier ou brugnonnier Arbrisseau produisant des fruits à chair jaune, peau lisse, noyau libre.   Rosacées.

Albertées 16ᵉ tribu de la famille des Rubiacées, 9 genres, 22 espèces

Albizzia julibrizzin Acacia de Constantinople, variété de mimosa très rustique, 1745 en Europe.   Léguminacées.

Albuca Plante 70-120 ᵉ, feuilles longues, étroites, fleurs blanches, panachées, en épi, 30 espèces.   Liliacées.

Alcali-végétal Plante marine qui produit la soude du commerce, Salsola.   Chenopodiacées.

Alcanna ou Lansonia Arbre de l'Arabie, de la Perse ; ses feuilles donnent le Henné, une espèce.   Lythracées.

Alcea-Rosea Alcée, rose trémière, passe-rose, plante élevée, 120-200ᶜ, vient de Syrie, 15 espèces.   Malvacées.

Alchimille Plante à feuilles velues pour rocailles, petites fleurs verdâtres. Pied de Lion, 40 espèces.   Rosacées.

Alcool tiré de l'agave, avoine, betterave, canne à sucre, érable, froment, maïs, merise, orge, palmier, poire, pomme, pomme de terre, prune, quetsch, riz, seigle et surtout du vin, etc., etc.

Alcornoque, Bowdichia virgilioides, plante à écorce amère, nauséeuse, faux ipéca, 2 esp.   Léguminacées.

Aldrovandia Plante aquatique, 20-30ᶜ, très fournie en feuilles, fleurs blanches carnivores, une espèce.   Droseracées.

Alearia ou Shawia-paniculata arbuste à feuillage clair, fleurs aspect aster, 85 espèces.   Composacées.

Alectoire à crinière Lichen a thalle noir de Franchard.   Lichenacées.

Alène ou Silène Nielle des blés, pl. vénéneuse, gerzeau, lamprette mierge, 26 variétés à l'état sauvage.   Caryophyllacées.

Alerus-mobilis Plante de Cuba, Mexique, barométrique et sismique (Nowach).

Aletris Arbuste à tige droite avec grandes feuilles, fleurs blanches ou rouges, 8 espèces.   Hémodoracées.

Aleurites lactifère Arbre couvert de poils blancs. Produit une gomme liquide dont on fait la laque.   Euphorbiacées.

Aleurites Triloba Arbre qui donne l'huile de Bancoul et l'huile d'Éléococca.   Euphorbiacées.

Alfa Stipa-tenacissima, sparte, plante fibreuse, 40-75ᶜ, ayant l'aspect du jonc, 100 espèces.   Graminacées.

Alfalfa de l'Argentine Petite graine en spirale comme celle de la luzerne.   Léguminacées.
Alfredia-carduus Chardon épineux, en couper les fleurs avant maturité, 30 espèces.   Composacées.
Algarobe fruit de Prosopis-indiflora en gousse allongée ou arquée, 16 espèces.   Léguminacées.
ALGUACÉES 1ʳ famille des Acotylédones, 5 tribus, 912 genres, 11655 espèces (du latin Alga, Algidus : Froid).
ALGUACÉES Principaux genres et espèces : Achnanthe, Actinice, Ambulatoire, Bacille, Bactérie, Bangie, Batrachosperme, Biddulphie, Botrydiun, Bryopsis, Carragheen, Caulerpa, Cénobe, Cerame, Chantransie, Chara, *Chlorophyce*, Conferve, Conjugué, Coralline, Coscinodice, Cosmarium, Cryptonémie, Cymbelle, *Diatome*, Dictyote, Draparnaldie, Eunotie, *Floridée*, Fragilaire *Fucus*, Gelide, Gelidium, Gigartine, Gomphomène, Halidrys, Himantide, Hydrodictye, Labellaire, Laminaire, Melosire, Meriste, *Myxophice*, Navicule, Nemale, Nitelle, Nostoc, Odontide, Pandorine, Pelvétie, Pheospore, Porphyra. Rhodomèle, Rhodophycées, Rhodyménie, Rivulaire, Sargasse, Schizonème, Siphon, Spirogyne, Squamare, Stephanosphore, Striatelle, Surirelle, Thorée, Udotea, Ulve, Varec, Vaucherie.
Algues Végétaux à consistance membraneuse et gélatineuse, sont les premières plantes.   Alguacées.
Algues se reproduisent au moyen de Spores, Zoospores, Zygospores.   Alguacées.
Algues marines sont : bleuâtres, vertes, brunes, ou rouges, selon la profondeur où elles vivent.   Alguacées.
Aliboufier Arbrisseau formant buisson, feuilles ovales, grandes fleurs blanches, 60 espèces.   Styracées.
Aliboufier Styrax. Benjoin, par incisions sur la tige, on obtient le baume.   Styracées.
Alisier Aria, Aubépine, Azerolier ; son bois est très résistant, feuilles dentées, fr. baies ovales.   Rosacées.
Alisier blanc Sorbus-aria ou crataegus-aria, allouchier, allier, drouiller, à l'état sauvage, 4 variétés.   Rosacées.
Alisma 1° Plantain d'eau ; 2° à tiges submergées ; 3° fausse renoncule. 10 espèces.   Alismacées.
ALISMACÉES 29ᵉ famille des monocotylédones, 2 tribus, 13 genres, 55 espèces (du grec : Plantin d'eau).
ALISMACÉES Principaux genres : Actinocarpus, *Alisma*, Burnatia, *Butome*, Butomopsis, Caldesia, Damasone, Echinodore Elisma, Fluteau, Helanthium, Hydroclée, Limnocharis, Limnophyton, Lophiocarpus, Sagittaire, Wisneria.
Alismées 1ᵉ tribu de la famille des Alismacées, 9 genres, 50 espèces ou variétés.
Alkekenge Cerise de Juif, herbe à cloche, pl. 30-40ᵉ, feuilles cotonneuses, fleurs jaunâtres.   Solanacées.
Alkekenge Physalis du Pérou, Coqueret, fruit rouge ou jaune enveloppé du calice, 30 espèces.   Solanacées.
Allamanda purgative Arbuste grimpant, feuilles en verticille, fleurs jaune-clair, Orelia, 12 espèces.   Apocynacées.
Alleluia Oxalis, surette commune, acatoselle, on en tire le sel d'oseille, 205 espèces.   Géraniacées.
Alleria-lucida arbuste de serre, 140-160ᵉ, feuilles opposées, luisantes ; fl. rouge-foncé, Halleria, 8 esp.   Scrofulacées.
Alliaire ou **Allioria** Sisymbrium barbarée, Herbe à l'ail, plante des chemins, 50-70ᵉ, 90 espèces.   Crucifèracées.
Alliance Sorbier des oiseleurs, Cochène, se greffe sur néflier, fruits nombreux baies rouges.   Rosacées.
Alliées 15ᵉ tribu de la famille des Liliacées, 25 genres, 382 espèces.
Allium Ail, au pluriel Ails ou Aulx, était très employé par les soldats romains, bulbe d'ail.   Liliacées.
Allium-ampeloprasum Ail d'Orient ou faux-poireau, plante 60-70ᵉ à gros bulbe.   Liliacées.
Allium-ascalonium Echalote, plante 20ᵉ à racine bulbeuse, feuilles cylindriques, fleurs roses.   Liliacées.
Allium-cepa Oignon, plante alimentaire à racine bulbeuse, odeur forte, fait pleurer.   Liliacées.
Allium-fistulosum Ciboule, plante potagère, à racine bulbeuse, plus petite que l'échalote.   Liliacées.
Allium-moly Ail, pl. potagère composée de 10-12 Caïeux ou gousses sous enveloppes tête d'ail, 4 esp.   Liliacées.
Allium-porrum Poireau ou Porreau, plante alimentaire, diuritique par excellence.   Liliacées.
Allium-schœnoprasum cive, civette ou ciboulette, plante condiment., fe. cylindriques 10-15ᵉ fleurs roses.   Liliacées.
Allium-scorodoprasum Rocambole ou échalote d'Espagne, ou ail rouge, plante alimentaire.   Liliacées.
Alloplectus Plantes à feuilles épaisses, veloutées, à belles nervures, fleurs rouge-éclatant, 30 espèces.   Gesnéracées.
Allosure Allosurus, petite fougère crispée, pousse sur les rochers.   Fougéracées.
Allouchier Alisier blanc, allier, drouiller, bois dur à grain fin pour tabletterie.   Rosacées.
Alnus ou **Aune** Verne ou Vergne, arbre droit, élevé, pousse dans les lieux humides, 14 espèces.   Cupulifèracées.
Alocasia Plante à grandes feuilles épaisses en forme de lance, 20 espèces.   Aroïdacées.
Aloès ou **Aloë** Plante grasse avec tige, feuilles de 20-30ᵉ, belles fleurs tubes rouges en épis, 85 espèces.   Liliacées.
Aloès d'Algérie ou Agavé, on retire de ses feuilles une filasse : fil d'Aloès ou de Pitte, 50 espèces.   Amaryllisacées.
Aloès socotrin Aloès des Indes, plante purgative (amer comme chicotin) de l'île Socotora, fl. rouge-verd.   Liliacées.
Aloès umbellata Plante grasse, très vigoureuse avec tige, feuilles épaisses, fleurs tubes en ombelle.   Liliacées.

Aloinées 8e tribu de la famille des Liliacées, 5 genres, 189 espèces.

Alonzoa Arbuste 30-80ᶜ, à longue tige, feuilles aiguës, fleurs rouges en grappe terminale, 6 espèces. — Scrofulacées.

Alopécurus Vulpin, faux succotrin, fleur en forme de petit goupillon, 20 espèces, 40 variétés. — Graminacées.

Alopécurus Indicus, petit millet de Chine ou d'Afrique, plante alimentaire, sorgho. — Graminacées.

Aloysia Plante 50ᶜ, Verveine à trois feuilles, Lippia, citronelle fleurs odorantes, 90 espèces. — Verbenacées.

Alpes (plantes des des hautes montagnes du monde entier ; région alpestre des montagnes moins élevées.

Alpinia Petit galanga, plante 90-120ᶜ, à racines aromatiques condimentaires, 45 espèces. — Zingibéracées.

Alpiste ou Chiendent d'Espagne, plante 60-90ᶜ, feuilles étroites, fleurs en épi, cylindriques. — Graminacées.

Alpiste des Canaries, Phalaris, la graine donne du lustre au plumage des pigeons. — Graminacées.

Alpiste Chiendent plante cultivée à feuilles rayées de jaune, fleurs de couleurs purpurines. — Graminacées.

Alprella Lustric, grand chiendent à fleurs en pompon. — Graminacées.

Alquifoux ou **Agrifous** Houx, arb. 3-4ᵐ toujours vert, baies rouge vif, épine de christ; Gréou, grand pardon. — Ilicacées.

Alsine-media Arenania, Stellaria, Morgeline, Sabline, mouron à fleurs blanches, le bon, 160 espèces. — Caryophyllacées

Alsinées 2ᵉ tribu de la famille des Caryophyllacées, 16 genres, 411 espèces.

Alsodeiées 3ᵉ tribu de la famille des Violacées, 7 genres, 52 espèces.

Alsophila-australis (Bois qui aime) fougère arborescente à gr. développement 18-20ᵐ; à Nice 50-90 velue. — Fougéracées.

Alstonia-coastricta (écorce d') Arbre à suc laiteux des pays chauds, écorce de Dita. — Apocynacées.

Alstrëmere du Chili Lis 40-50ᶜ à fleurs rose et jaune, pointillé pourpre. — Amaryllisacées.

Alstroemériées 3ᵉ tribu de la famille des Amaryllisacées, 4 genres, 103 espèces.

Alternanthera Plante naine pour bordures ou mosaïque à feuillage coloré, 20 espèces. — Amarantacées.

Althaea-rosea Hibiscus guimauve, rose trémière, passe-rose, rose d'outre-mer, 15 espèces. — Malvacées.

Althénie Plante aquatique submergée des étangs maritimes du midi, fleurs sans spathe, 2 espèces. — Naiadacées.

Aluyne ou **Alvine** Armoise commune à feuilles blanchâtres, fleurs pendantes jaune-soufre. — Composacées.

Alysse ou **Alyssum** Corbeille d'argent, corbeille d'or, simple ou compacte, feuilles blanchâtres, 100 esp. — Cruciféracées.

Alyssinées 2ᵉ tribu de la famille des Cruciféracées, 19 genres, 379 espèces.

Alyssum-maritima Petite plante, 10-15ᶜ à fleurs blanches en boules, pousse partout même montagne. — Cruciféracées.

Alyssum-saxatile Plante 20-30ᶜ, à fleurs jaunes : corbeille d'or, thlaspi jaune. — Cruciféracées.

Alyxia ou **Ginopogon** Arbuste 50ᶜ toujours vert, à suc laiteux, petites feuilles, 31 espèces. — Apocynacées.

Amadouvier Bolet du chêne, du hêtre, etc., dont on fait l'amadou, et non l'agaric; Boletus 272 esp. ou var. — Champignonacées.

Amandier Amygdalus, arbre fruitier; les fleurs poussent avant les feuilles, 5 variétés. — Rosacées.

Amanite bulbeuse et amanite fausse oronge, sont les plus mauvaises du genre Amanita, 33 espèces. — Champignonacées.

Amanite rougeâtre petit champignon comestible, oronge vineuse, chapeau uni, odeur agréable. — Champignonacées.

Amanite vaginée petit champignon comestible à l'état frais cueilli : coucoumelle. — Champignonacées.

Amarante Belle plante ornementale, fleur en forme d'épi ou crête de coq ou panache, 50 espèces. — Amarantacées.

AMARANTACEES 139ᵉ famille des Dicotylédones, 3 tribus, 50 genres 450 esp. (la fleur qui ne se flétrit pas).

AMARANTACEES Principaux genres et espèces : Achyranthe, Achyropsis, Acnide, Aerua, Alternanthera, *Amarante*, Amarantine, *Celosie* ou Crête de coq, Centema, Chamisson, Cladothrix, Cyathula, Deeringia, Froelichia, *Gomphrène*, Guilleminea, Hebanthe, Henonia, Hermbstaedtia, Irésine, Mogiphanes, Pandiaka, Philoxerus, Pleuropetalum, Psilostachys, Psilostrichum, Ptaffia, Ptitotus, Pupalia, Queuë de renard, Sericocoma, Telanthera, Tolides, Trichinium, Xerandra. Les mots en caractères italiques sont les types des tribus.

Amarantées 2ᵉ tribu de la famille des Amarantacées, 31 genres, 211 espèces ou variétés.

Amarantine ou Tolidès, fleur rouge violacée en bouton, ou blanche. — Amarantacées.

Amarantus-caudatus fleur en queue de renard ou queue de rat, longue fleur cramoisie. — Amarantacées.

Amarelle Gentiane d'Allemagne, servait à teindre les œufs en bleu, à Pâques. — Gentianacées.

Amarou Plante nuisible des blés: gesse sans feuilles, nielle, pied d'oiseau; saponaire des vaches, camomille.

Amaryllées 2ᵉ tribu de la famille des Amaryllisacées, 49 genres, 435 espèces.

Amaryllis Plante bulbeuse avec belle fleur en cornet de 6 pétales roses ou rosés, une espèce. — Amaryllisacées.

Amaryllis formosissima ou Lis Saint-Jacques, fleur d'un beau rouge pourpre en croix, Sprekelia. — Amaryllisacées.

AMARYLLISACÉES 9ᵉ famille des monocotylédones, 5 tribus, 65 genres, 740 espèces (du Grec Amarusso : Je brille).

AMARYLLISACEES Principaux genres et espèces : *Agave, Alstroemereria, Amaryllis,* Ammocharis, Apodolirion, Barbacenia, Beschorneria, Bomarea, Bonapartea, Bravoa, Brunswigia, Buphane, Callipsyche, Calostemma, Chlidantus, Clivia, Coburgia, Cooperia, Crinum, Curculigo, Cyrtanthus, Doryanthes, Elisena, Empodium, Euhypoxis, Eucharis, Fabricia, Fourcroya, Galanthe, Gethyllis, Griffinie, Hemanthus, Hessea, Himantophyllum, Hippeastrum, Hymenocallis, *Hypoxis,* Ianthe, Jonquille, Leucoium, Liriope, Lycoris, Molineria, Narcisse, Nerine, Niveole, Pancrais ou Pancratium, Papiria Perce-neige, Phaedranassa, Polianthes, Sprekelia, Stenomesson, Sternbergia, Strumaria, Urceolina, *Vellozia,* Zephyranthe.

Amberboa Centaurée odorante, 30-60ᶜ, fleurs d'un jaune citron, ambrette jaune. Composacées.

Ambre jaune ou Succin, résine fossile qui coulait jadis des troncs d'arbres, époque tertiaire.

Ambre jaune en grec Elektron d'où vient le mot Electricité.

Ambrette ou Ketmie musquée, plante couverte de poils blancs, graines à odeur d'ambre. Malvacées.

Ambrette Plante 50-70ᶜ, donne petites graines grises pour parfumeurs, odeurs de musc. Composacées.

Ambrevade ou Cajanus-indicus, plantes à graines comestibles, pois d'Angole pour volaille, une espèce. Léguminacées.

Ambrine ou Botrys Belle plante 40-50ᶜ, fleurs en épis, odeur agréable, Ambrina, Botrydium. Chénopodiacées.

Ambrosiacées Ancienne famille comprise maintenant dans les composacées.

Ambrosie Plante annuelle odorante, arôme du thé, thé du Mexique, Chenopodium-Ambrosioides. Chénopodiacées.

Ambrosie à feuilles d'armoise, 2ᵉ amb. maritime, 3ᵉ amb. à feuilles très velues. Composacées.

Ambrosine ou Ansérine, épinard sauvage, Bon Henri, thé du Mexique. Chenopodiacées,

Ambulatoria Algue minuscule des bords de la Méditerranée. Alguacées.

Amelanchier Arbrisseau non épineux, feuilles ovales, fleurs blanches, fruits noirs, 4 espèces. Rosacées.

Amentacées Ancienne famille ; comprenait les arbres à fleurs disposées en chatons, en queue de chat.

Amethyste Plante 30-40ᶜ à rameaux opposés, fleurs bleues réunies par 3, odorantes, une espèce. Labiacées.

Amehrstiées 16ᵉ tribu de la famille des Léguminacées, 24 genres, 110 espèces.

Amicia Arbrisseau élégant, 200ᶜ à rameaux flexibles, fleurs jaunes, 4 espèces. Léguminacées.

Amidon Matière amylacée, retirée du blé, des chataignes, fèves, haricots, lentilles, maïs, marrons, pommes de terre, riz, etc.

Amidonnier Variété de blé barbu : épéautre donnait très peu de son. Graminacées.

Amirolle éclatante Arbrisseau 140 200ᶜ toujours vert, feuilles ovales, luisantes, 2 espèces. Sapindacées.

Ammaniées 1ᵉ tribu de la famille des Lythracées, 6 genres, 52 espèces.

Ammi Visnaga, plante qui pousse près de la mer, Herbe aux cure-dents, fleurs blanches, 7 esp. Ombelliféracées.

Ammi-anethifolium Plante 50-60ᶜ, aspect du Fenouil, petites fleurs en ombelles, graines aromatiques. Ombelliféracées.

Amminées 5ᵉ tribu de la famille des ombelliféracées, 91 genres, 378 espèces.

Ammobium Plante couverte de poils soyeux argentés, 50ᶜ, fleurs blanches, 2 espèces. Composacées.

Ammoniacées Ancienne famille de plantes comprises aujourd'hui dans les composacées.

Ammophila Arundo-arenaria, plante 50-80ᶜ, feuilles enroulées presque piquantes, 4 espèces. Graminacées.

Amomon Petit arbuste à baies rouges, morelle, faux-piment, oranger des cordonniers. Solanacées.

Amomum-subulatum Fournit le cardamome du Bengale, fruit à côtes 2-4ᶜ camphré, Elettria, une esp. Zingibéracées.

Amomum-zerumbet Plante de serre, 65ᶜ, feuilles alternes, fleurs jaunâtres en épis. Zingibéracées.

Amordica ou Luffa Plante grimpante 5-6ᵐ fleurs jaunes, fruit 20-30ᶜ, éponge végétale, 7 espèces. Cucurbitacées.

Amorpha Arbuste à feuilles composées de très petites folioles ; faux indigo, 8 espèces. Léguminacées.

Amorpha-canescens Arbuste à fleurs bleues l'été et l'automne, pour haies et palissades. Léguminacées.

Amorphophallées De la 4ᵉ tribu de la famille des Aroïdacées, 8 genres, 43 espèces.

Amorphophallus au Japon, cette plante a des tubercules comestibles ; 1819 à Bordeaux, fruits jaunes. Aroïdacées.

Amorphophallus Plante 80ᶜ, tige mouchetée, feuilles palmées tachetées, fleurs violettes, 15 espèces. Aroïdacées.

Amote ou Camote Batatas-édulis, patate des colonies, comestible, forme allongée, goût de navet. Convolvulacées.

Amour en Cage Coqueret, Physalis, fruit rouge enveloppé d'une chemise : du calice, 30 espèces. Solanacées.

Amour (graines d') ou Blé d'amour : Gremil pl. à petites fleurs bleues en cornet, colorant rouge. Borraginacées.

Amourette Briza-media, brise tremblante, tremblette, langue de femme. Graminacées.

Amourette Saxifrage-umbrosa, feuilles en rosette, fleurs légères sur longue tige. Saxifragacées.

Amourette (bois d') du Mimosa-tennifolia ; on en fait de belles cannes. Léguminacées

Amourette d'Egypte Réséda, plante cultivée, 15-40ᶜ, fleurs jaunâtres en épis, 30 espèces. Résédacées

Ampélidacées Ancien nom de la famille des Vitisacées, 2 tribus, 11 genres, 439 espèces.

Ampélidées 1e tribu de la famille des Vitisacées, 10 genres, 395 espèces.

Ampélopsis (du grec : vigne) vigne-vierge, arbuste grimpant, baies noires, garnit très vite, 13 espèces. Vitisacées.

Ampélopsis-veitchii Plante grimpante avec vrilles, feuilles vertes, puis pourpres. Vitisacées

Amphiblemma ou Melastome, feuilles en cœur, velues, fleurs pourpre-clair, 3 espèces. Melastomacées.

Amphicarpaea Plante grimpante, 200ᶜ, apportée du Japon, 7 espèces. Léguminacées

Amphicome Belle plante 40ᶜ, feuilles composées comme frêne, grandes fleurs rose-carné, 2 espèces. Bignoniacées

Amphigènes (par Brongniart) Les Algues, Champignons et Lichens (opposés acrogènes).

Amplexicaule (feuille) qui en croissant embrasse la tige comme celles du Chardon et du Pavot.

Amsonia Plante vivace à fleurs bleu-pâle introduite en France par And. Michaux, 4 espèces. Apocynacées.

Amygdalées Ancienne tribu des Rosacées ; comprenait : abricotier, amandier, cerisier, pêcher, prunier.

Amygdalus-nana Amandier nain à fleurs simples ou doubles, variété feuilles argentées. Rosacées.

Amygdalopsis Prunus-triloba, variété de prunier donnant des fleurs doubles. Rosacées.

Amyris Protium, Icica, arbre produisant une gomme résine et bois encens, 50 espèces. Burseracées.

Amyris Opobalsamum, produit le baume de la Mecque ou de Judée, Commiphora, 45 espèces. Burseracées

Anacamptis Orchidée des prairies à petites fleurs en épis rose-vif. Orchidacées.

ANACARDIACEES 61e famille des Dicotylédones, 2 tribus, 57 genres, 430 espèces, (fruit en forme de cœur).

ANACARDIACEES Principaux genres et espèces : Acajuba, Anacardium, Anaphrenium, Astronium, Bouca, Botryceras, Buchanania, Campnosperma, Cassuvium, Comoclada, Cotinus, Dracontomelum, Drepanospermum, Faguetia, Gluta, Holigarna, Lentisque, Lithraea, *Mangifera*, Manguier, Mauria, Melanochyla, Melanococca, Melanorrhœa, Metopium, Odina, Parishia, Pentaspadon, Pistachier, Pleiogynium, Poupartia, Protorhus, Quebrachia, Rhus, Schinopsis, Schinus, Semecarpus, Sorindeia, *Spondias*, Sumac, Swintoria, Tapiria, Tapirira, Terebinthus, Thyrsodium Trichoscypha, Turpinia.

Anacardium occidentale Faux-Acajou, arbre 10-15ᵐ, donne la pomme et la noix d'Acajou. Anacardiacées.

Anacharis ou Elodea, plante submergée, feuilles dentées finement, fleurs blanc-rosé, 8 espèces. Hydrocharisacées.

Anacyclus Radiatus, Anthémis pourpre 25-50ᶜ à fleurs jaunes et brunâtres, disque jaune, 10 espèces. Composacées

Anagallis-arvensis Faux-mouron, à feuilles de lin, menuchon : fleur rouge mâle, bleue femelle. Primulacées.

Anagyris Arbrisseau, 2-3ᵐ, toujours vert, bois puant, feuilles 3 folioles, fleurs jaunes, 3 espèces. Léguminacées.

Ananas originaire de l'Amérique centrale, grandes feuilles épaisses, fruit excellent, 6 espèces. Broméliacées.

Ananas 1733, en France, les deux premiers à Louis XV, le 24 décembre 1735 à maturité. Broméliacées.

Ananas de Cayenne ou Ananas Barot ; a partout une grande réputation, feuilles épineuses. Broméliacées.

Ananas du Japon On retire de ses feuilles le chanvre Ponolama, fleurs en épi compacte. Broméliacées.

Ananassa Cochinchinensis, variété d'ananas à très belles feuilles, fleurs d'un beau rouge. Broméliacées.

Anarrhinum plante vivace du midi, feuilles en rosette, fleurs violacées, 11 espèces. Scrofulacées.

Anastativa-hierochuntina Rose de Jericho, sur les sables de Syrie, Jérose, Rose de Marie, Hygrométrique. Crucifèracées.

Anastatique Plante annuelle 10ᶜ, à feuilles velues, petites fleurs blanches, une espèce. Crucifèracées.

Ancholorium Plante à feuilles rigides, fleurs violettes sur longue tige, Encholirion, 6 espèces. Broméliacées.

Anchuse Buglosse, Orcanette, 120-140ᶜ, grandes feuilles, fleurs bleues, colorant rouge, 30 espèces. Borraginacées.

Ancolie Aquilegia, aiglantine, gant de Bergère, manteau royal, fleurs bleues ou rosées, 8 espèces. Renonculacées.

Ancolie de Californie Plante à fleurs forme aéroplane, en cornet, légère et très élégante. Renonculacées.

Andira Arbre de l'Amérique du sud, Angélin, bois dur rouge foncé, 18 espèces. Léguminacées.

Andrachne Arbre vénéneux des pays chauds, les feuilles sont caustiques, 10 espèces. Euphorbiacées.

Andrachnée Arbousier, à grand feuillage, écorce rouge-vineux, arbre de corail. Ericacées.

Andréaées 5e tribu de la famille des Moussacées.

Andrewsie ou Bartonia Arbrisseau 160-200ᶜ toujours vert, feuilles lances, fl. blanches réunies, 2 esp. Gentianacées.

Androcée Organe mâle de la fleur, ensemble des étamines, une seule étamine ou plusieurs.

Andromeda Arbuste à petites feuilles, belle fleur en grappe comme raisin, une seule espèce. Ericacées.

Andromeda-arborea Lis de la vallée en arbre, arbuste à feuilles persistantes, fleurs blanches. Ericacées.

Andromédées 2e tribu de la famille des Ericacéee, 16 genres, 182 espèces.

Andromédie Plante des marais tourbeux, 20-40ᶜ, à fleurs rose pâle. Ericacées.

Andropogon en France, plante 50-70ᶜ, feuilles à poils, tiges à nœuds violacées.   Graminacées.
Andropogon Vetiver, chiendent des Indes, à racines parfumées, plante monoïque.   Graminacées.
Andropogon est employé aux Indes pour falsifier l'essence de rose.   Graminacées.
Andropogon Sorghum, Sorgho ou gros millet, plante alimentaire des pays chauds.   Graminacées.
Andropogonées 2ᵉ tribu de la famille des graminacées, 29 genrés, 423 espèces.
Androsace Plantes des montagnes et rochers, de 5 à 25ᶜ, velue, une fleur au sommet, 46 espèces.   Primulacées.
Androsème Plante des forêts, 50-60ᶜ, à fleurs jaunes ou rougeâtre, fruit noir luisant.   Hypericacées.
Andryale Plante des sables à duvet mou jaunâtre, fleurs jaune-pâle, 6 espèces.   Composacées.
Anemiopside ou Anemia Plante vivace rampante, tiges rouges à stolons comme les fraisiers, une esp.   Pipéracées.
Anémone Apportée des Indes au XVIIᵉ siècle par Bachelier, 85 espèces, 35 variétés cultivées à Paris.   Renonculacées.
Anémone-hépatique Plante printanière, 10-15ᶜ, à fleur bleue ou violette, dans les bois humides.   Renonculacées.
Anémone du Japon Plante 30-80ᶜ, à fleurs blanches, roses, rouges, 14 variétés cultivées.   Renonculacées.
Anémone de mer ou Actinie : animal ayant l'aspect d'un végétal.
Anémone des prés ou Pulsatille noire, grosse racine noirâtre, pl. 20-30ᶜ, fleurs en cloche violet foncé.   Renonculacées.
Anémonées 2ᵉ tribu de la famille des Renonculacées, 6 genres, 172 espèces.
Aneth Anethum, fenouil batard, plante annuelle aromatique, entre dans les marinades.   Ombelliféracées.
Anette Gesse, Marcasson, gland de terre, plante à tubercule, fleurs rose vif.   Léguminacées.
Angélique Plante trisannuelle, 140-200ᶜ à tige creuse aromatique, fleurs en ombelle, 5 espèces.   Ombelliféracées.
Angélique épineuse Aralia-Spinosa, fleurs en ombelle brun-rouge, on dit aussi Angélique en arbre.   Araliacées.
Angélique sauvage Berce, Frenelle, Heracleum, Sphondyle, Panais des vaches, Patte de loup, Podagraire.   Ombelliféracées.
Angélonie de Caracas Plantes 60 touffue, feuilles opposées dentées, fleurs bleu lilas en grappe.   Scrofulacées.
Angiocarpes Champignons qui portent leurs semences à l'intérieur du réceptacle (Persoon, 1801).
Angiospermes Plantes dont la graine est renfermée dans un fruit, un péricarpe ; opposées gymnospermes.
Angophora Arbre de l'Australie voisin de l'Eucalyptus, s'acclimate en France, 4 espèces.   Myrtacées.
Angraecum-Faham Orchidée parasite, thé de l'île Bourbon, on en retire la Coumarine.   Orchidacées.
Anguillariées 19ᵉ tribu de la famille des Liliacées, 8 genres, 32 espèces.
Angusture (écorce d') du Galipea-febriguga, arbre toujours vert, aspect du palmier, fleurs blanches.   Rutacées.
Angusture (fausse) écorce de Strychnos-nux-vomica, on en extrait la brucine et la strychnine.   Logoniacées.
Anigozanthe Plante 60ᶜ, rameaux cotonneux, fleurs jaunes panachées en panicule sur tiges, 8 espèces.   Hémodoracées.
Anil ou Anir Indigoféra-Suffruticosa ou indigo, anil de l'Inde ; donne le bleu-végétal.   Léguminacées.
Anis en arbre Schinus-molle en Espagne, faux poivrier à graines rouges, la feuille sent le poivre.   Anacardiacées.
Anis étoilé Illicium, Badiane, 1588 en Angleterre, 1790 en France, Badanier, 6 espèces.   Magnoliacées.
Anis vert Boucage, Plante vivace, odorante dans toutes ses parties, fleurs blanches.   Ombelliféracées.
Anis vert Pimpinella, 1557 en Europe, pour confiseurs, liqueurs, parfums, pharmacie.   Ombelliféracées.
Anisacanthus du Mexique, arbuste 70-120ᶜ, feuilles opposées linéaires, fleurs écarlates, 3 espèces.   Acanthacées.
Anisophyliées 3ᵉ tribu de la famille des Rhizophoracées, 2 genres, 6 espèces : Anisophyllea, Combretocarpus.
Ankalaki ou Maloukang (beurre d') tiré d'un Polygala butyracea.   Polygalacées.
Annulaire genre de la famille des Equisétacées. Ce genre est depuis longtemps éteint, on ne le retrouve que dans les
     fossiles du terrain dévonien ou permien.
Anoma ou Moringa arbre ayant l'aspect du saule, donne l'huile de Ben, 3 espèces.   Moringacées.
Anomatheca juncea Plante 40-60ᶜ, feuilles engainantes, fleurs rose vif en épi.   Irisacées.
Anona-Chérimolia Petit arbre fruitier, feuillage aromatique, fle. verdâtres, fruits épineux parfumés.   Anonacées.
Anona-Triloba Arbuste à tige velue, rude au toucher, fleurs d'un pourpre-pâle, fruits agréables.   Anonacées.
ANONACÉES 5ᵉ famille des Dicotylédones, 5 tribus, 63 genres, 450 espèces (du latin annona : aliment).
ANONACÉES Principaux genres et espèces : Alphonsea, Anaxagorea, Anona, Artobotrys, Asimina, Attier, Bocagea,
     Cachimann, Cananga, Cherimolier, Clathrospermum, Corossolier, Cymbopetalum, Duguetea, Ellipeia, Goniothalamus,
     Guatteria, Habzelia, Hexalobus, Melodorum, Mezzettia, *Miliusa*, *Mitrephora*, Monodora, Orophea, Oxandra, Oxymitra,
     Polyalthia, Popowia, Rollinia, Saccopetalum, Trigyneia, *Unona*, *Uvaria*, *Xylopia*.
Anones Gros fruits des colonies : de l'Attier, Cachiman, Chérimolier, Carossolier, Asimina.   Anonacées.

Ansérine Argentine Potentille, jolies feuilles argentées, bien découpées, au bord des fossés.   Rosacées.
Ansérine à balai, Belle à voir, Belvedère, les feuilles se mangent comme l'épinard.   Chénopodiacées.
Ansérine Bon-Henri Epinard sauvage, feuilles en fer de flèche ou patte d'oie triangulaire.   Chénopodiacées.
Ansérine pourprée à feuilles d'Arroche, plante vigoureuse, 100ᶜ, beau feuillage.   Chénopodiacées.
Antennaria Dioïca, petite plante, 10ᶜ bordure, mosaïque, feuilles argentées, fleur sur tige, pied de chat.   Composacées.
Antennaria Gnaphalium, immortelle de Virginie, tige 50ᵃ feuilles linéaires, 10 espèces.   Composacées.
Anthémidées 7ᵉ tribu de la famille des Composacées, 49 genres, 700 espèces.
Anthemis Marguerite en arbre, 60-90ᵃ, l'une des plantes produisant le plus de fleurs, 70 espèces.   Composacées.
Anthemis-nobilis Camomille romaine, plante 30-40ᵃ, fleurs en petites marguerites.   Composacées.
Anthères organes mâles de la fleur. Logettes contenant le pollen à l'extrémité des étamines.
Anthères dans certains cas les étamines n'ont pas de filet, les logettes reposent autour du renflement.
Antheric Anthericum, Phalangère, pl. curieuse, 30-50ᵃ en suspension, liliago, araignée, 50 espèces.   Liliacées.
Antheridies et Antherozoïdes Organes de reproduction des acotylédones ou cryptogames.
Anthobolées 3ᵉ tribu de la famille des Santalacées, 3 genres, 17 espèces : Anthobolus, Champereia, Exocarpus.
Anthocercis Arbuste 70-130ᶜ à petites feuilles comme le buis, fleurs jaunes à tube brun, 18 espèces.   Solanacées.
Anthocérées 2ᵉ tribu de la famille des Hépaticacées, 3 genres : Anthocère, Dendrocère, Notothyle, 103 espèces.
Antholides Gomphrène, plante 30-40ᵃ, tige et feuilles velues, fleur immortelle violette.   Amarantacées.
Antholyza Plante de serre tempérée, craint l'humidité, belles fleurs du rose au rouge vif, 14 espèces.   Irisacées.
Anthonome du pommier Petit Charançon brun noirâtre de 5 à 6 millimètres, on le détruit par le sulfate de fer.
Anthosperme d'Ethiopie, Arbuste 140-150ᵃ, toujours vert, petites feuilles à odeur d'ambre.   Rubiacées.
Anthospermées 23ᵉ tribu de la famille des Rubiacées, 22 genres, 118 espèces.
Anthoxanthum Flouve odorante, fait mieux en paturage, plante 30-40ᶜ, 4 espèces.   Graminacées.
Anthacnose de la vigne, champignon qui attaque les feuilles, le sarment et les grappes. Charbon.   Champignonacées.
Anthrisque Anthriscus-Vulgaris, cerfeuil sauvage des bois, persil d'âne, fleurs blanches, 10 espèces.   Ombelliféracées.
Anthuriées de la 1ʳᵉ tribu de la famille des Aroïdacées, 1 genre, 200 espèces.
Anthurium Plante à belles feuilles sur tige 60-90ᵃ ; fleur curieuse, langue rouge sortant de la feuille.   Aroïdacées.
Anthyllis Arbuste 120-150ᶜ, à feuilles argentées soyeuses, fleurs jaunes ou blanches, 20 espèces.   Léguminacées.
Anthyllis-vulnéraire Trèfle jaune des sables, 20-60ᶜ, bon fourrage, craint le froid.   Léguminacées.
Antiaris ou Antiar Grand arbre de Java à suc laiteux, Upas-antiar, poison, 6 espèces.   Urticacées.
Antichorus ou Corchorus, corète textile, Jute, 1725 en France, 30 espèces.   Tiliacées.
Antigonon leptopus plante de serre, originaire du Mexique, fleurs rose vif.   Polygonacées.
Antinoria Faux Agrostis, plante des endroits humides, 10-30ᶜ, fleurs vertes, 2 espèces.   Graminacées.
Antirrhinées 6ᵉ tribu de la famille des Scrofulacées, 8 genres, 179 espèces.
Antirrhinum Muflier, Gueule de Loup, Mufle de veau, Pantoufle, fleurs variées, 25 espèces.   Scrofulacées.
Antolidés Amarantoïde violette ou Delidès, Hetolidès, plante 30-80ᶜ, bouton de bachelier.   Amarantacées.
Antonine ou Epilobe, plante ligneuse, 100-150ᶜ, aspect osier, fleurs rouges ou blanches, 60 espèces.   Onagracées.
Anubiadées de la 5ᵉ tribu de la famille des Aroïdacées, 1 genre, 3 espèces : Anubias.
Aotus Plante ayant l'aspect d'une bruyère, 5 à 60 ᵃ, glanduleuse, fleurs jaunes, 19 espèces.   Léguminacées.
Apalanche vert, primos, ilex, feuilles velues, dentelées, baies rouges, maté, Houx.   Ilicacées.
Apeiba arbre de la Guyane, on en obtient du feu en frottant 2 morceaux l'un contre l'autre.   Tiliacées.
Apéibées 4ᵉ tribu de la famille des Tiliacées, 3 genres, 9 espèces : Ancistrocarpus, Apeiba, Glyphea.
Apéritives (racines) : asperge, céleri, fenouil, persil, ruscus.
Apétales (fleurs) ou Monochlamidés avec une seule enveloppe comme Daphnés, Lis, Tulipes, etc., etc.
Aphanes ou Alchimille, plante des moissons, tige étalée, rameuse, petites fleurs verdâtres, 40 espèces.   Rosacées.
Aphaniées 4ᵉ Tribu de la famille des Sapindacées, 5 genres, 16 espèces.
Aphelandra Plante 100ᶜ, feuilles panachées, fleurs en épi carré, 25ᶜ magnifiques, 56 espèces.   Acanthacées.
Aphelexis ou Helichrysum, plante 30-60ᶜ feuilles blanches et soyeuses, fleurs jaunes.   Composacées.
Aphyllanthes Plante des lieux arides, aspect du jonc, feuilles en gaines brunes, fleurs bleues, une esp.   Liliacées.
Aphylle ou Gerbère, plante qui n'a pas de feuille : Cuscute, Rhipsalis, Orobanche, Veronique aphylle, etc., etc.

Apicra plante grasse vert sombre, feuilles cylindriques, dures, raides, courtes fleurs verdâtres, 7 esp.   Liliacées.

Apiol Huile provenant des graines de persil, petroselinum-sativum.   Ombelliféracées.

Apios-tuberosa Plante grimpante, 2-3ᵐ feuilles composées, 7 folioles, fleurs pourpres, Wistaria.   Léguminacées.

Apium qui pousse dans l'eau : Ache, Berle, Celeri, éprault, Livèche, Persil, Sium, 15 espèces.   Ombelliféracées.

APOCYNACEES 115ᵉ famille des Dicotylédones, 3 tribus, 124 genres, 1035 espèces, (ennemi des chiens).

APOCYNACÉES Principaux genres et espèces : Acokanthera. Adenium, Aganosma, Alafia, Allamanda, Alstonia, Alyxia, Ambelania, Amsonia, Anechites, Angadenia, Anodendron, Apocynum, Arduina, Aspidosperma, Baissea, Beaumontia, Cameraria, *Carissa*, Ceratites, Carpodinus, Cerbera, Cercocama, Chavannesia, Chariomma, Chilocarpus, Chonemorpha, Clitandra, Collophora, Condylocarpon, Couma, Coupoui, Cupirana, Dendrocharis, Dipladenia, Diplorhynchus, Dipladenia, Dyera, Ecdysanthera, *Echites*, Elytropus, Epigynum, Forsteronia, Geissospermum, Gynapogon, Hancornia, Hasseltia, Holarrhena, Hunteria, Ichnocarpus, Isonema, Kickxia, Kopsia, Lacmellia, Landolphia, Laseguea, Laubertia, Laurier-rose, Leuconotis, Lochnera, Lyonsia, Macrosiphonia, Malonetia, Mandevilla, Mascarenhcsia, Melodinus, Micrechites, Mitozus, Nerium, Ochrosia, Odontadenia, Ophioxylon, Pachypodium, Parameria, Parsonsia, Pervenche, *Plumeria*, Pottsia, Prestonia, Rauwolfia, Rhabdadenia, Rhazya, Rhigospira, Rhodocalyx, Rhynchodia, Roupellia, Secondatia, Skytanthus, Socotora, Stemmadenia, Stipecoma, Strophanthus, Taberna, Tabernemontana, Temnadenia, Thevetia, Thyroma, Trachelospermum, Urceola, Urechites, Vahea, Vallaris, Vallesia, Vinca, Voacanga, Willoughbeïa, Wrightia, zygodia (Les mots en caractères italiques sont les types des tribus).

Apocynum ou **Apocyn** Arbuste 200ᵉ, petites feuilles, fleurs roses ou blanches, attrape-mouche, 5 esp.   Apocynacées.

Apocynum-cannabinum ou Carpodinus donne un chanvre indien, fl. roses à suc mielleux, 4 esp.   Apocynacées.

Aponogeton Plante aquatique, à tubercules comestibles, fleurs blanches en épi, odeur suave.   Naïadacées.

Aponogétonées 2ᵉ Tribu de la famille des Naïadacées, 1 genre, 23 espèces.

Apoo (toile d'été) ortie cotonneuse, plante textile de la Chine, vivace, donne belle toile.   Urticacées.

Aposeris Plante des montagnes, bois, 10-20ᵉ, feuilles tombantes, fruits ovales, Hyoseris, 4 espèces.   Composacées.

Apothecies Organes femelles des lichens contenant des sports reproducteurs (Par Acharius 1810).   Lichenacées.

Appetit Civette, Ciboulette, plante condimentaire cylindrique, se mange en vert.   Liliacées.

Apriera Plante charnue, comme petit artichaut pour dessins, mosaïques.   Crassulacées.

Aptosimées 2ᵉ tribu de la famille des Scrofulacées, 3 genres, 17 esp. : Anticharis, Aptosimum, Peliostomum.

Aquifoliacées Ancienne famille comprise maintenant dans les Ilicacées.

Aquilaria Arbre à gomme résineuse et odorante comme la Myrrhe, Agallochum, 3 espèces.   Thymélacées.

Aquilariées 3ᵉ tribu de la famille des Thymelacées, 3 genres, 7 espèces : Aquilaria, Gyrinops, Gyrinopsis.

Aquilegia Delphinium, Ancolie, Aiglantine, 60-100ᵉ, fleurs en clochettes gracieuses, 8 espèces.   Renonculacées.

Aquiline Pteris, fougère commune avec fronde bordée comme un ourlet.   Fougéracées.

Arabidées 1ʳᵉ tribu de la famille des Cruciféracées, 25 genres, 450 espèces.

Arabette crispée, 2º du Caucase, 3º des sables, petites plantes très rustiques.   Cruciféracées.

Arabis Alpina Arabette, petite plante en bordure, à fleurs blanches, corbeille d'argent.   Cruciféracées.

Aracées ancienne dénomination de la famille des aroïdacées.

Arachide Pistache de terre, Cacahuète en espagnol, on en tire l'huile blanche, 7 espèces.   Léguminacées.

Arachide Arachis-hypogea, la tige portant les fruits est couchée sur le sol ou en terre.   Léguminacées.

Arachide Plante ayant de 40 à 60ᵉ, se cultive au Brésil, au Sénégal, par grandes quantités.   Léguminacées.

Arach Alcool fait avec la sève des palmiers à sucre.   Palmacées.

Arack ou **Arrak** ou Rack, alcool de riz des Indes Orientales.   Graminacées.

Araignée (Patte d') Nigelle, plante 10-30ᵉ, fleur blanc-bleuâtre, cumin noir, poivrette, 23 espèces.   Renonculacées.

Araignée (toile d') Anthericum ou Phalangère en suspension, Liliago, 50 espèces.   Liliacées.

Aralia Arbuste et petit arbre portant quelques feuilles très découpées de 30-70ᵉ, 33 espèces.   Araliacées.

Aralia Papyrifera, c'est avec la moelle de cette plante qu'on fait le papier de riz.   Araliacées.

ARALIACÉES 89ᵉ famille des Dicotylédones, 5 séries, 51 genres, 375 espèces (Lierre Hedera : la plante qui s'attache).

ARALIACÉES Principaux genres et espèces : Acanthopanax, Apiopetulum, *Aralia*, Arthrophyllum, Astrotriche, Brassaiopsis, Cuphocarpus, Cussonia, Delarbrea, Didymopanax, Eremopanax, Eschweileria, Fatsia, Gilibertia, *Hedera* ou Lierre, Helwingia,

Heptapleurum, Macropanax, *Mackinlaya*, Meryta, Oreopanax, *Panax*, Paratropia, Pentapanax, *Plerandra*, Polyscias Pseudopanax, Sciadophyllum, Trevesca, Tupidanthus.

Aralie épineuse Angélique à tige épineuse de la Caroline, petites fleurs, odeur agréable.   Araliacées.

Araliées 1e série de la famille des Araliacées, 9 genres, 50 espèces.

Araucaria Bidwilli, bel arbre d'ornement, feuilles lances, piquantes, branches verticillées.   Coniféracées.

Araucaria Cookii, Colonnaire, arbre à feuilles longues, en queue de rat.   Coniféracées.

Araucaria Cunninghamii, arbre à feuilles opposées comme celles de l'if mais rugueuses.   Coniféracées.

Araucaria Excelsa et glauca, arbre d'ornement à feuilles carrées, piquantes.   Coniféracées.

Araucaria Imbricata du Chili, 1796, arbre d'ornement à feuilles charnues piquantes.   Coniféracées.

Araucariées de la 1re tribu de la famille des Coniféracées, 2 genres, 14 espèces : Agathis, Araucaria.

Araujia ou Physianthus, plante ligneuse grimpante, 4-5m, fleurs blanches odorantes, 14 espèces.   Asclépiadacées.

Arbois Bois d'Arc, cytise des Alpes, ses branches sont flexibles, bois d'ébène vert.   Léguminacées.

Arborescent qui a presque la forme, le caractère, le port d'un arbre.

Arbousier Arbutus unedo, arbrisseau à fruit ayant l'aspect de la fraise, feuilles alternes, 10 espèces.   Éricacées.

Arbousier Arbutus Uva Ursi ou raisin d'ours ou busserole arbuste toujours vert.   Ericacées.

Arbousier d'Amérique Symphoria, arbuste avec fleurs en cloche, de la Caroline, 6 espèces.   Caprifoliacées.

Arbre, végétal ligneux avec branches, dont le tronc s'élève à plus de 3-4m, chêne, érable, platane, pommier, etc.

Arbre d'Amour Cercis, arbre à feuilles rondes, gainier, fleurs roses avant les feuilles, 4 espèces.   Léguminacées.

Arbre d'Argent Protée argentée, feuilles argentées et soyeuses, l'écorce a beaucoup de tannin.   Protéacées.

Arbre aveuglant aux Iles Moluques ; ne pas dormir dessous : Excoecaria-agallocha, 30 espèces.   Euphorbiacées.

Arbre à calebasses Crescentia cujete à larges feuilles, Amphiteina, 15 espèces.   Bignoniacées.

Arbre à castor Magnolia bleu, apporté en Europe en 1688, quinquina de Virginie.   Magnoliacées.

Arbre à chapelet Arbre saint ; Azedarack à noyaux percés, Lotier à feuilles de frêne, une espèce.   Méliacées.

Arbre du Ciel Arbre de Gordon, arbre aux 40 écus, Gingko-Biloba, 1788 en France, une espèce.   Coniféracées.

Arbre à cire Myrica-cerifolia, 1699 en Europe, produit une cire sortant des fruits.   Myricacées.

Arbre de corail Erythrina les branches sont chargées de fleurs de corail du plus bel effet, 45 espèces.   Léguminacées.

Arbre de Cythère ou Spondias dulcis, arbre fruitier, prunier Moubin, donne aussi une résine, 5 esp.   Anacardiacées.

Arbre du diable Hura crepitans ou Sablier, arbuste à graines en capsule s'ouvrant avec bruit, 3 esp.   Euphorbiacées.

Arbre du diable Morisonia-americana, Arbre de l'Amérique centrale, racines en massue, 4 espèces.   Capparisacées.

Arbre de fortune ou Fortythie : arbre de 5m à Paris, fleurs jaune d'or, 2 espèces.   Oléacées.

Arbre aux fraises Arbousier ou fraises en arbre, Busserole, fruit : aspect de la fraise, 10 espèces.   Ericacées.

Arbre à franges Arbre de neige, Chionante de Virginie, l'écorce de la racine est vulnéraire, 2 esp.   Oléacées.

Arbre à grives Arbre de Rouen, Sorbier des oiseleurs, fruits : baies rouges. Aucuparia.   Rosacées.

Arbre au pauvre homme Ulmus campestris, feuillage très fourni, abritant bien.   Urticacées.

Arbre de Judée, de Judas, Cercis couvert de fleurs roses avant les feuilles rondes, 4 espèces.   Léguminacées.

Arbre à la migraine Premna-scandens, les feuilles sur la tête arrêtent la migraine.   Verbénacées

Arbre de Moïse Mespilus-pyracantha, buisson ardent (Cathédrale d'Aix), épineux, 2 variétés.   Rosacées.

Arbre d'or Arbre du Canada, Rhododendron-maximum à fleurs blanches ou roses.   Ericacées.

Arbre à pain Artocarpus-incisa, grandes feuilles, fruit rond épineux très nourrissant.   Urticacées.

Arbre aux perles Symphorine, arbuste en buisson, fleurs : petites baies d'un blanc d'ivoire, 6 esp.   Caprifoliacées.

Arbre à perruque Rhus-Cotinus, Sumac, Fustet, Fustic, on en tire la fustine, fleurs en panache.   Anacardiacées.

Arbre qui pleure Caesalpinia-pluviosa, bois rouge, bois à teinture.   Léguminacées.

Arbre aux 40 écus Ginkgo-biloba, arbre d'ornement, fe. éventail, fruit comme grosse cerise, une esp.   Coniféracées.

Arbre de la Reine Peuplier balsamifère, en France en 1740, venant du Canada, bourgeons odorants.   Salicacées.

Arbre de la Sagesse Bouleau blanc à petites feuilles, pousse dans les pays froids, Betula, 35 espèces.   Cupuliféracées.

Arbre à soie Asclépias, plante à tige, jusqu'à 2m, graines, aigrettes soyeuses, 60 espèces.   Asclépiadacées.

Arbre de soie Acacia de Constantinople, mimosa-julibrissin, fleurs pourpres, ou roses soyeuses.   Léguminacées.

Arbre du sort ou Peragut ou Clerodendron, Arbuste 100c, feuilles en cœur, duvetées, fleurs blanches.   Verbenacées.

Arbre à suif Stillingia sebifera, arbre produisant un corps gras.   Euphorbiacees.

Arbre aux Tomates Solanum-Betaceum, Cyphomandra arbrisseau 3^m à Paris, fruit forme œuf. Solanacées.

Arbre à la Vache Galactodendron-utile à suc laiteux obtenu par incision de l'écorce. Urticacées.

Arbre de vie Thuïa du Canada, en France sous François Ier, Arbre de Paradis. Coniféracées.

Arbre du Voyageur ou Ravenala ou Urania, arbriss. 3-4^m, fe. réservoir en éventail, fl. en grappes, 2 esp. Musacées.

Arbrisseau entre l'arbre et l'arbuste, ramifié dès la base ou grimpant de 2 à 5^m, aubépine, lilas, vigne, glycine, troëne, etc.

Arbrisseau (sous) plante à base ligneuse : Bruyère, douce-amère, lavande, romarin, rue, sauge, thym, etc.

Arbuste plante ligneuse qui donne du bois jusqu'à 180^c : Aucuba, chèvrefeuille, fusain, groseiller, houx, ronce, rosier, etc.

Arbutées 1^c tribu de la famille des Ericacées, 3 genres, 40 espèces : Arbutus, Arctostaphylos, Pernettya.

Arbutus ou Arbousier Arbuste toujours vert produisant un fruit ayant l'aspect de la fraise. Ericacées.

Archangélique ou Angélique plante 150-200 à tige creuse aromatique, fleurs blanches en Ombelle. Ombelliféracées.

Archegone Organe femelle des Conifères et de certaines acotylédones : fougères, mousses hépatiques.

Archontophœnix-cunninghamii Palmier à feuilles penniséquées comme le Seafortia. Palmacées.

Arctium ou Bardane ou Rappa, plante commune à grandes feuilles, oreille de géant, 7 espèces. Composacées.

Arctostaphylos Arbuste couché à petites feuilles comme le cotoneaster, baies rouges, 15 espèces. Ericacées.

Arctotide Plante de serre tempérée, feuilles cotonneuses, fleurs panachées. Arctotis 30 espèces. Composacées.

Arctotidées 10e tribu de la famille des Composacées, 17 genres, 232 espèces.

Arctotis-grandis Plante avec feuillage comme chou, fleurs blanc-pur sur tige. Composacées.

Ardisia-crispa Arbrisseau à feuilles crépues de 40-50^c, fruit rouge corail d'une grande durée. Myrsinacées.

Arduinie Arbuste de serre, épineux, toujours vert, 60^c, fleurs blanches, odorantes, Carissa. Apocynacées.

Areca-Catechu Produit un cachou noix d'Arec, rentre dans le Betel, noisette d'Inde. Palmacées.

Areca-Oleracea ou Euterpe, Chou-palmiste, une partie des jeunes feuilles est comestible : le bourgeon. Palmacées.

Areca-Sapida Superbe palmier, feuilles pennées roussâtres, 1852 en fleurs à Golfe Juan. Palmacées.

Arécées 1re tribu de la famille des Palmacées, 76 genres, 474 espèces.

Arées de la 7^c tribu de la famille des Aroïdacées, 14 genres, 137 espèces.

Aremonia ou Amonia ou Agrimonia, dont l'écorce est employée, Aigremoine, 10 espèces. Rosacées.

Arenaire Sabline à feuilles de lin, 2^c à feuilles de mélèze, plante 10-15^c, rocailles. Caryophyllacées.

Arenaria Sabline de Mahon, plante miniature 5^c formant gazon, fleurs blanches. Caryophyllacées.

Arenbergia Plante à tige glauque, feuilles ovales, fleurs rose pâle en cymes, 2 espèces. Gentianacées.

Arenga ou Areng Palmier, fournit : baleine, crin végétal, fécule et sucre, Indes, Indo-Chine, 7 espèces. Palmacées.

Arequier Areca-Catechu, produit le cachou des pharmaciens ? Arec-betel, noix d'arec. Palmacées.

Aretia-Vitaliana Plante grêle des montagnes ou rochers, 10^c, fleurs jaune-orangé, Douglasia. Primulacées.

Argalou Paliurus, Arbre à épines, 2-3^m, chapeau d'évêque, fruit à 3 noyaux, 2 espèces. Rhamnacées.

Argan Arbrisseau 240-260^c, épineux, feuilles soyeuses, fleurs verdâtres, une espèce. Sapotacées.

Argan (Huile d') retirée de l'Argania-Sideroxylon du Maroc, comestible. Sapotacées.

Arganier Arbre ou arbrisseau épineux, les chèvres recherchent ses feuilles au Maroc. Sapotacées.

Argel-Cynanchum Plante grimpante, 30-60^c, feuilles épaisses, imite Séné, Salenostemma, 1 espèce. Asclépiadacées.

Argémone ou pavot épineux du Mexique, à fleurs jaunes, donne huile purgative, 8 espèces. Papavéracées.

Argémone-platyceras Chardon-bénit à feuillage bleuâtre, fleurs blanches, plante vénéneuse, Argeiras. Papavéracées.

Argentine Plante des fossés 20-25^c, feuilles argentées, faux-fraisier, anserine, potentille, fleurs jaunes. Rosacées.

Argentine Cerastium, petite plante cotonneuse en bordure, fleurs blanches, 45 espèces, 115 variétés. Caryophyllacées.

Argentine Cynoglosse, à feuilles de lin, Nombril de Vénus, langue de chien, 68 espèces. Borraginacées.

Argousier Hippophaë, Griset, arbre et arbuste à petites feuilles argentées, baies jaunes, une espèce. Eléagnacées.

Argusia Arbuste de serre, tiges droites, feuilles velues, fleurs blanches, odeur de muguet, 100 espèces. Borraginacées.

Argyranthemum Chrysanthème frutescent, plante 30-50^c, fleurs marguerites. Composacées.

Argyreia Plante grimpante à grandes feuilles de 20-25^c, fleurs rose-foncé, 30 espèces. Convolvulacées.

Argyrolobium Petite cytise 10-30^c a feuilles soyeuses blanchâtres, fleurs jaunes, 50 espèces. Léguminacées.

Argyropsis Candida, Amaryllis blanche, plante bulbeuse, fleur légère. Amaryllisacées.

Aria ou Sorbus ou Allouchier 4 variétés à l'état sauvage qui maintenant se cultivent, Alisier. Rosacées.

Aricoma Polymnia edulis, 1861, ou Alymnia ou Polymniastrum, 12 espèces. Composacées.

Ariopsidées de la 6e tribu de la famille des Aroïdacées, 1 genre, 2 espèces : Ariopsis de l'Himalaya.

Arisarum Arum commun du midi, fleur pourpre ou verdâtre, 3 espèces. — Aroïdacées.

Aristée Plante du Cap, 100-120 feuilles 70-80ᶜ forme épée, jolie fleur bleue en épi, 20 espèces. — Irisacées.

Aristella Faux-Brome, plante des endroits incultes, 50-90° fleurs verdâtres. — Graminacées.

ARISTOLOCHACÉES 147ᵒ famille des Dicotylédones, 5 genres, 225 espèces (d'Aristote, le meilleur).

ARISTOLOCHACÉES Principaux genres et espèces : Aristoloche, Asaret-Asarum, Bragantia, Diplolobus, gymnolobus, Heterotropa, Holostylis, Lobbie, Polyanthera, Serpentaire, Siphisia, Thottea, Vanhallia.

Aristoloche Plante liane à grandes feuilles longues ou rondes, fleurs gobe-mouche. — Aristolochacées

Aristoloche-labiosa du Brésil, à grandes fleurs blanchâtres terminées en pointes, mauvaise odeur. — Aristolochacées.

Aristoloche-siphon à grandes feuilles presque rondes, 12 nervures, fleurs en forme de pipe. — Aristolochacées.

Aristotelia ou Friesia ou Maqui du Chili, 1779, Arbuste de serre, feuilles dentées, fleurs blanches, 7 esp. — Tiliacées.

Armarinte ou Cachrys, plante à 5 côtes, fleurs jaunes, fruit renflé, 8 espèces. — Ombelliféracées.

Arméniaca Abricotier, arbre fruitier, originaire de l'Arménie, 33 variétés cultivées. — Rosacées.

Arméria-maritima Gazon d'Espagne, en bordure, petite fleur rose sur tige. — Plombaginacées.

Armoise d'Artemisia, surnom de Diane, plante à feuilles vertes et blanches en dessous, 150 espèces. — Composacées.

Armoise Plante élevée, 60-100ᶜ, pousse partout sur décombres, talus, fossés, à la montagne Génipi. — Composacées.

Arnica Souci des Alpes, tabac de montagne, plante velue, 20-60ᶜ à fleurs jaunes, 10 espèces. — Composacées.

Arnique Doronicum-montanum, plantain des Vosges, doronic, fleur sur tige, 15 espèces. — Composacées.

Arnoseris Petite plante des champs, 10-20ᶜ, fleurs d'un jaune-pâle, une espèce. — Composacées.

AROÏDACÉES 26e famille des monocotylédons, 8 tribus, 105 genres, 900 espèces (du grec aron, arum ; eidos, ressemblance).

AROIDACÉES Principaux genres et espèces : Acorus, Aglaonema, Alocasia, Amorphophallus, Anadendron, Anthurium, Anubias Ariopsis, Arisaema, Arisarum. *Arum*, Biarum, Bucephalandra, Caladium, *Calla*, Cercestis, Chamaecladon, *Colocasia* ou Chou-Caraïbe, Cryptocoryne, Culcasia, Cyllenium, Cyrtosperma, Dieffenbachia, Dracontium, Dracunculus, Epipremum, Gonatopus, Gouet, Helicophyllum, Heteropsis, Homalomena, Hydrosme, Ischarum, Lagenandra, *Lasia*, *Monstera*, Montrichardia, Nephthytis, Orontium, Peltandra, *Philodendron*, Pied-de-Veau, Pinellia, *Pistia*, *Pothos*, Rhaphidophora, Richardia, Sauromatum, Schismatoglottis, Scindapsus, Serpentaire, Spathiphyllum, Spathicarpa, Staurostigma, spirogyne, Stylochiton, Symplocarpus, Syngonium, Taccarum, Theriophonum, Tornelie, Typhonium, Urospatha, Xanthosoma, Zala, Zamioculcas, Zantedeschia, Zomicarpa.

Aroïdées 7ᵒ tribu de la famille des Aroïdacées, 27 genres, 166 espèces.

Aroïdées plantes sans calice ni corolle, une feuille roulée en cornet. — Aroïdacées.

Arolle ou Pinus Cembra, 1746 en France, 5 aiguilles dans la gaîne. — Coniféracées.

Aromatiques (espèces) feuilles d'absinthe, Hysope, Menthe, origan, romarin, sauge, serpolet, thym.

Aronia-floribunda Amélanchier, Arbrisseau épineux, couvert de fleurs au printemps, 4 espèces. — Rosacées.

Aronicum-scorpioïdes Arnica, tige 30-40ᶜ, à feuilles dentées, fleurs jaunes. — Composacées.

Arpophyllum-Giganteum belle orchidée de la Jamaïque et du Mexique. — Orchidacées.

Arracacia ou **Arracacha** ou Pentacrypta plante à racine comestible, 12 espèces. — Ombelliféracées.

Arrête-bœuf Bugrane, Bograne, Ononis, Mache noire, tige épineuse et fortes racines, 60 espèces. — Léguminacées.

Arrhenaterum-Bulbosum petit chiendent panaché en bordure, 3 espèces. — Graminacées.

Arrhostoxylum ou Ruellia, tige velue ainsi que les feuilles, fleurs rouges magnifiques. — Acanthacées.

Arroche d'Australie Plante fourragère cultivée dans les terrains saumâtres. — Chénopodiacées.

Arroche blanche Belle-Dame, Prude-femme, Irible, pl. 150-180ᶜ, fleurs blanc-sale, Arrode, Erode. — Chénopodiacées.

Arroche des champs Atriplex-hortensis, plante cultivée 15-20ᶜ, Bonne-Dame, Fallette, Chou d'amour. — Chénopodiacées.

Arroche de mer Atriplex-halimus, plante ligneuse des sables de mer, 60-150ᶜ, f. grises, fleurs violettes. — Chénopodiacées.

Arroche puante Chenopodium olidum, plante des chemins, décombres, 20-40ᶜ, feuilles et fl. blanchâtres. — Chénopodiacées.

Arrow-root Fécule tirée du Maranta-arondinacea des Antilles. — Zingibéracées.

Arrow-root de l'Inde tiré des racines du Curcuma (flèche racine) guérissait les blessures des flèches. — Zingibéracées.

Artanema ou Diceros, plante couchée à fleurs frangées bleu-pâle en épi, 4 espèces. — Scrofulacées.

Artémisia ou Armoise : absinthe, aurone, citronnelle, genipi ou genepi, etc., 150 espèces, 200 variétés. — Composacées.

Artémisia-contra ses capitules fleuries donnent le semen-contra. — Composacées.

Artémisia-draconculus Estragon, plante 50-70°, condimentaire en salade.]   Composacées.

Artémisia-maritima plante ligneuse 10-30° feuillage gris argent très fin, fleurs bouton d'or.   Composacées.

Astéroïdées 3° Tribu de la famille des Composacées, 102 genres, 1677 espèces. Asters.

Arthamite ou Cyclamen ou pain de pourceau, plante bulbeuse 20-25° fleurs variées 12 espèces.   Primulacées.

Arthrolobe Plante des champs du Midi, petites fleurs jaunes, gousse anguleuse.   Léguminacées.

Arthropodium Plante à vrille, 65°, grandes feuilles, fleurs blanches nombreuses, 8 espèces.   Liliacées.

Arthrostemma Petit arbuste de serre à feuilles de pariétaire velues, fl. roses, Heteronoma, 7 espèces.   Mélastomacées.

Artichaut Cynara scolymus, produit un légume comestible, du XVI° siècle en France, 6 espèces.   Composacées.

Artichaut de Bretagne serré ; Artichaut de Laon pointes en l'air.   Composacées.

Artichaut d'Espagne ou de Jérusalem, patisson, petite courge d'ornement.   Cucurbitacées.

Artichaut (petit) joubarbe des toits, sert à faire des dessins, lettres, mosaïques, 30 variétés cultivées.   Crassulacées.

Artichaut sauvage Onopordon, chardon aux ânes, fleurs roses, fruit petit artichaut, 15 espèces.   Composacées.

Artocarpées 5° tribu de la famille des Urticacées, 24 genres, 768 espèces.

Artocarpus Arbre à pain, produit un fruit très nourrissant, Jaca, Jaquier, 40 espèces,   Urticacées.

Arum Gouet, plante vénéneuse 40-90°, jolie fleur en cornet à un seul pétale 20 espèces   Aroïdacées.

Arum-esculentum Calla, ses racines sont comestibles en Océanie, Chou caraïbe, 1 espèce.   Aroïdacées.

Arum (grand) Colocasia, plante à grandes et belles feuilles ornementales jusqu'à 70°, 6 esp. 173 variétés.   Aroïdacées.

Arum d'Italie Plante des fossés, 30-40°, à feuilles panachées, à fleurs jaunes, étamines sans filet.   Aroïdacées.

Arundinaria Plante très ornementale, 2-3ᵐ, feuillage élégant, Thamnocalamus 24 espèces.   Graminacées.

Arundodonax Canne de Provence, 2-8ᵐ, employée pour arbri, clôture, panier, tuteur, 6 espèces.   Graminacées.

Arundophalaris Ruban 50-60°, Chiendent panaché pour garniture de gerbes 10 espèces.   Graminacées.

Arundo-phragmites Plante des étangs, marais, 80-200°, roseau à balais, 3 espèces.   Graminacées.

Arundo-scriptoria Beesha 120-200°, le calamus des écrivains aux Indes, Ochlandra, 3 espèces.   Graminacées.

Asa-fœtida Gomme résine tirée des Férula, Peucedanum-scorodos, 1687 en France ; Silphium.   Ombelliféracées.

Asagræa plante du Mexique dont les fruits et graines donnent la poudre des Capucins, Sabadille.   Liliacées.

Asaret ou **Asarum** Cabaret, nard sauvage, dissipait l'ivresse, feuilles rondes, 13 espèces.   Aristolochacées.

Ascidie ou **urne** feuille ou fleur en godet, cornet, outre ou urne : Cephalotus, Nepenthes, Sarracenia, etc., etc...

ASCLÉPIADACÉES 116° famille des Dicotylédones, 7 tribus, 204 genres, 1700 esp. (De l'école ou descendant d'Esculape).

ASCLÉPIADACÉES Principaux genres et espèces : Amblystigma, Amphistelma, Anisotome, Araujia. Asclépias, Astephanus, Atherandra, Barjonia, Barrovia, Blepharodon, Boucerosia, Brachylepis, Brachystelma, Calostigma, Calotropis, Camptocarpus, Caralluma, Caruncularia, Centrostemma, *Ceropegia*, Chthamalia, Cordylogyne, Cryptolepis, Cryptostegia, Curroria, Cyathostelma, *Cynanchum*, Daemia, Decabelone, Dichaelia, Dictyanthus, Diplolepis, Ditchidia, Ditassa, Dittoceras, Domptevenin, Dregea, Duvalia, Echidnopsis, Ectadiopsis, Enslenia, Eriopetalum, Eustegia, Exolobus, Fimbristemma, Fischeria, Fockea, Genianthus, Glossonema, Gomphocarpus, Gongronema, *Gonolobus*, Gymnanthera, gymnema, Hemidesmus, Hemipogon, Heterostemma, Hockea, Holostemma, Hoodia, Hostea, Hoya, Huernia, Husnotia, Hutchinia, Ibatia, Jasminanthes, Jobinia, Kanahia, Kerbera, Lachnostoma, Lagenia, Lasiostelma, Leptadenia, Lugonia, Macroscepis, Macropetalum, Madorosperma, *Marsdenia*, Matelea, Metaplexis, Metastelma, Microloma, Microstemma, Nephradenia, Oianthus, Orthesia, Oxypetalum, Oxystelme, Pentanura, Pentaphragma, Pentarrhinum, Pentasacme, Pentatropis, Pentopetia, Pergularia, *Periploca*, Philibertia, Physianthys, Pieranthus, Podanthes, Quaqua, Raphionacme, Raphistemma, Rhynchostigma, Riocreuxia, Roulinia, Sarcocodon, Sarcolobus, Sarcostemma, Schistogyne, Schizoglossum, Schubertia, *Secamone*, Sisyranthus, *Stapelia*, Stephonotis, Streptocaulon, Tacazzea, Tassadia, Toxocarpus, Trichocaulon, Trichosandra, Turrigera, Tylophora, Verlotia, Vincetoxicum, Xysmalolium.

Asclépiade En Europe en 1629, plante 80-140 fleurs odorantes en ombelle 63 espèces.   Asclépiadacées.

Asclépias-Cornuti Plante 120°, belles fe., fleurs roses en touffe. Herbe à l'ouate, aigrettes soyeuses.   Asclépiadacées.

Asclépias-tuberosa Plante très belle avec fleurs jaune orangé, suc laiteux âcre et amer.   Asclépiadacées.

Ascomycètes Groupe de la famille des Champignonacées, Discomyce, Périsporiées, Pyrénomyce.

Ascyrum Plante vivace rustique 80-90°, feuilles opposées fleurs jaunes par trois.   Hypéricacées.

Asimina-triloba Petit arbre avec belles feuilles, fleur pourpre-noirâtre, fruit à noyau aspect banane.   Anonacées.

Aspalathe donne le bois d'ébène vert ou olivâtre sombre, Sarcophyllus.   Léguminacées.

Aspalathe-cilié Arbuste de serre 130°, feuilles très découpées, fleurs jaunes. Léguminacées.

Asparagées 2ᵉ tribu de la famille des Liliacés, 4 genres, 115 espèces: Asperge, Danaë, Ruscus, Semele.

Asparaginées Anciennement famille. Maintenant forme la 2ᵉ tribu des Liliacées. Liliacées.

Asperelle ou **Alpiste** ou riz bâtard, plante des marécages, donne une graine au besoin comestible. Graminacées.

Asperge du turc : Konchkonmaz ; la plante où l'oiseau ne perche pas, 110 espèces. Liliacées.

Asperge Plante alimentaire, ce sont les bourgeons ou turions que l'on mange, Argenteuil 1822. Liliacéer.

Asperge plumosus Plante d'ornement toujours verte, beau feuillage très léger élégant. Liliacées.

Asperge sauvage Asparagus amarus; plante ligneuse, vivace, toujours verte (Nice). Liliacées.

Asperge-springeri Plante d'ornement toujours verte, pour suspension, rocaille. Liliacée.

Aspergilles petits champignons microscopiques, moisissures des confitures, sirops et autres substances. Champignonacées.

Asperugo Rupette couchée, plante des chemins, 20-60°, pointe piquante, fleurs bleues, 1 esp. Borraginacées.

Asperula-Hexaphylla Plante à fleurs blanches légères, aspect du Gypsophile. Rubiacées.

Asperule ou **Petit muguet** Pl. odorante, 20° à fleurs bleues ou blanches, reine des bois, 90 espèces. Rubiacées.

Asphodèle Plante à longue tige, 80-120°, bâton de Jacob, bâton royal, Crinale américaine, 7 espèces. Liliacées.

Asphodelées 13ᵉ tribu de la famille des Liliacées, 38 genres, 300 espèces.

Aspic (huile d') tirée de Lavandula-spica, plante cultivée 20-50°, fleurs violettes en longs épis. Labiacées.

Aspic d'**Outre-mer** Millet long, Alpiste, donne du brillant aux plumes des pigeons. Graminacées.

Aspidistra-Japonica Pl. n'ayant qu'une longue feuille toujours verte, fl. groseille sur la racine, 3 esp. Liliacées.

Aspidistrées 6ᵉ tribu de la famille des Liliacées, 4 genres, 8 esp. : Aspidistra, Gonioscypha, Rohdea, Tupistra.

Aspidium (bouclier) fougère à feuilles rigides, cassantes, fougère mâle. Fougéracées.

Aspidosperma Arbre de l'Argentine et du Brésil, donne le bois de Quebracho (Brise hache) 35 esp. Apocynacées.

Asplénium Doradille, Capillaire noir, sur les vieux murs, rochers; orne bien, feuilles pleines. Fougéracées.

Asprèle Asperelle, Prèle, plante des champs, des ruisseaux, queue de cheval 71 espèces. Equisétacées.

Asprella-Histrix Plante des prairies et d'ornement, fleurs en épi étalé. Graminacées.

Assa-fœtida Gomme résine tirée de la Ferule-persique, 1687 en France. Ombelliféracées.

Assaisonnement des salades. : Ail, cerfeuil, ciboulette, civette, échalote, estragon, oignon, pimprenelle, poivron, etc...

Assonia ou Dombeya, plante ligneuse sensible au froid, à grandes feuilles velues, 30 espèces. Sterculiacées.

Astelia-Banksii Plante de serre, Hamelinia avec belles feuilles. Liliacées.

Aster Plante très fournie en buisson, petite marguerite d'automne, 250 espèces, 350 Variétés Composacées.

Aster de **Chine** Reine-marguerite, plante à fleurs simples et doubles, Callistephus, 30 variétés. Composacées.

Asteracanthe ou Hydrophila ou Tenoria, arbuste à feuilles rondes, 20 espèces. Acanthacées.

Asteriscus ou Odontospermum, plante des chemins à nombreuses fleurs jaunes, 9 espèces. Composacées.

Astéroïde des Alpes Buphthalmum frutescens, pl. à feuilles blanches, soyeuses, grandes fl. jaunes. Composacées.

Astéroïdées 3ᵉ tribu de la famille des Composacées, 102 genres, 1677 espèces.

Astérolinosyris. Plante d'ornement, aster à fleurs roses jaunes. Composacées.

Asterolinum-Stellatum. — Lysimaque à feuilles de lin, très petites fleurs blanches, 4 espèces. Primulacées.

Astilbe ou **Spirée** Pl. à racines vivaces, 60-80°, fe. très découpée, fl. très légères en panicules, 6 esp. Saxifragacées.

Astragale Arbuste à tige droite, 100°, sa racine donne du bois de réglisse, fleur bleu-violet. Léguminacées.

Astragalus-gummifer. — Produit la gomme adragante de Sassa. Astragalus 900 esp. 1300 variétés. Léguminacées.

Astrantia ou Sanicle femelle, plante 60°, feuilles palmées, petites fl. blanc rougeâtre en boules 6 esp., Ombelliféracées.

Astrapaea ou Dombeya, Arbuste à grandes feuilles velues, fleurs rose pourpre, 30 espèces. Sterculiacées.

Astrocarpus Plante des champs sablonneux, fleurs étalées en étoile, 2 espèces. Résédacées.

Astroniées 12ᵉ tribu de la famille des Melastomacées, 4 genres, 50 espèces.

Asystasia Belle plante, feuilles ovales, fleurs panachées en grappe, tube jaune, 25 espèces. Acanthacées.

Ataccia-Cristata ou Tacca, plante de serre, beau feuillage, fleurs noir violacé en coupe. Taccacées.

Atalantia Arbuste épineux toujours vert feuilles coriaces, fleurs blanches en grappe 12 espèces. Rutacées.

Athamante de Crète, plante des rochers, 10-40°, feuilles en triangle très divisées, fleurs blanches, 2 esp. Ombelliféracées.

Athanasie Plante aspect fougère avec fleurs jaunes (dure longtemps : immortalité) 40 espèces. Composacées.

Ather-gui ou Atar de rose, c'est en Perse l'essence de rose. Rosacées.

Asthérospermées 2ᵉ tribu de la famille des Monimiacées, 8 genres, 76 espèces.

Athrotaxis Arbre de l'Australie, de la tribu des Taxodiées, 3 espèces. Coniféracées.

Athyrium (sans porte) fougère femelle qui pousse à l'ombre, sous bois. Fougéracées.

Atractyle Plante des rochers, 10-20ᶜ, feuilles dentées, fleurs pourpres, 5 espèces. Composacées.

Atragène Clematis des Alpes, pl. ligneuse peu grimpante, des buissons, rochers, fl. violettes ou jaunes. Renonculacées.

Atraphaxis épineux petit arbuste touffu à écorce blanche, petites feuilles ovales, fl. rosées, 17 espèces. Polygonacées.

Atriplex-Halimus Plante ligneuse en buisson, 70-150ᶜ, petites feuilles argentées, fleurs bleues. Chénopodiacées.

Atriplex-Hortensis Bonne Dame, plante potagère, 15-20ᶜ, fleurs verdâtres, Arroche, Fallette. Chénopodiacées.

Atriplicées 2ᵉ tribu de la famille des Chénopodiacées, 8 genres, 33 espèces.

Atropa ou **Atropine** tirée de la belladone, pl. vénéneuse, 70-90ᶜ à baies noires, fl. brun violacé, 2 espèces. Solanacées.

Atropées 2ᵉ tribu de la famille des Solanacées, 6 genres, 89 espèces.

Attalea-funifera Arbre du Brésil ; on en tire le Piassava pour balais comme du Raphia. Palmacées.

Attier ou **Anona** Arbre des Antilles, donne l'Anone-pomme-cannelle, feuilles insecticides, 50 espèces. Anonacées.

Attier Corossol ou Cherimolia, fruit goût d'orange et cannelle, Cœur-de-bœuf Anonacées.

Attrape-main Gaillet-Gratteron, plante grimpante, se colle aux vêtements. Rubiacées.

Attrape-mouche Apocyn, Arum, Dionée, Dionaea, Mimulus-moschatus, Ricin, Silène, etc., etc.

Aubépine Cratægus-oxyacantha, arbre et arbrisseau épineux, à belles fleurs blanches ou roses, 65 esp. Rosacées.

Aubergine Plante alimentaire, donne fruit allongé, 15-25ᶜ, violet-foncé, Melongène, 6 variétés. Solanacées.

Aubergine blanche non comestible, plante aux œufs pour ornement, contient Solanine. Solanacées.

Aubier Bois imparfait, partie tendre de l'arbre, sous l'écorce qui n'a pas eu le temps de durcir.

Aubifoin ou Centaurée-bleuet, fleurit dans les blés en juin, plante nuisible, tige rude et velue. Composacées.

Aubours ou Cytise, faux-ébénier, petit arbre, feuilles à 3 folioles, fleurs jaunes en grappes. Léguminacées.

Aubrietia Alyssum-Deltoïdea, petite plante en bordure 5ᶜ, à fleurs bleu pâle ou roses, 7 espèces. Cruciféracées.

Aucuba Arbuste toujours vert, 80-130ᶜ, feuilles coriaces, panachées, 5 espèces. Cornacées.

Aucuba espèces femelles : Augustifolia, Longifolia, Picta, Punctata, Latimaculata. Cornacées.

Aucuba Japonica Arbuste, porte des petites baies rouges tout l'hiver, 1783 en Europe. Cornacées.

Augusture (fausse) du Vomiquier ou Strychnos nux-vomica. Loganiacées.

Augusture (vraie) Bonplandia, Cusparia, Galipea, Lasiostema, arbres du Brésil. Rutacées.

Aulnée ou **Aunée** Inula-helenium, plante 80-140ᶜ, grandes feuilles 40-50ᶜ, odeur un peu camphrée. Composacées.

Aune ou **Alnus** Vergne, Verne, arbre droit et élevé, pousse dans les lieux humides, 14 espèces. Cupuliféracées.

Aune noir Rhamnus-frangula, Bourgène ou Bourdaine, arbuste et arbrisseau petites feuilles. Rhamnacées.

Aurantiacées anciennement famille, maintenant réunie à la famille des Rutacées.

Aurantiées 7ᵉ tribu de la famille des Rutacées, 15 genres, 97 espèces, dont Citrons et Oranges.

Auriculaire Champignon dont le chapeau a la forme d'une oreille aplatie. Champignonacées.

Auricule ou Oreille d'Ours, Primevère, feuilles ondulées à poils, fleurs jaunes. Primulacées.

Aurinia-Saxitilis Alysse, petite plante de rocaille, à fleurs jaunes, corbeille d'or. Cruciféracées.

Aurone mâle Artemisia-abrotanum, plante ligneuse, 170ᶜ à odeur de citron. Composacées.

Aurone femelle Santoline, plante argentée en bordure, petit cyprès, fleurs jaunes, 8 espèces. Composacées.

Auzerole Erable champêtre, aceraille, bois de poule, bois chaud, bois pour meubles. Acéracées.

Avant-Pâques Tulipe sauvage, tige 20-40ᶜ, fleur jaune, odeur agréable. Liliacées.

Avelanéde Gland du Quercus-Velani employé pour le tannage des cuirs et une teinture noire. Cupuliféracées.

Avelinier (d'Avellino près Naples), Coudrier, noisetier, grand arbrisseau. Cupuliféracées.

Avenées 9ᵉ tribu de la famille des Graminacées, 23 genres, 290 espèces. Avena : Avoine.

Avenella-flexnosa Plante des Alpes, 30-40ᶜ avec petits épillets comme l'Aira. Graminacées.

Averrhoa carambola Arbre des pays chauds à fruits comestibles ; cerises de cythère. Géraniacées.

Avicennia Arbre à fruits des pays chauds, donne le mangle blanc et une résine. Verbenacées.

Avicenniées 8ᵉ tribu de la famille des Verbenacées, 1 genre, 4 espèces : Avicennia ou Bontia.

Avignon (semences d') graines d'un arbuste des haies : le Nerprun. Rhamnacées.

Avocat fruit de l'Avocatier, arbre originaire du Mexique, beau feuillage vert foncé, 100 espèces. Lauriacées.

Avocatier Persea, poirier avocat ; son fruit a la forme poire et goût de noisette, jusqu'à 500 grammes.	Lauriacées.
Avoine ou Avena Plante alimentaire très nourrissante d'une grande utilité, 50 esp. 21 var. cultivées.	Graminacées.
Avoine Plante cultivée, tige 50-100ᶜ à feuilles engainantes, de Hongrie, d'Orient, etc.., etc..	Graminacées.
Avoine (folle) bord des chemins, dans les blés, qui envahit, étant plus rustique, poils soyeux.	Graminacées.
Avoine molle et laineuse : Houque des prés, bon fourrage, blanchard velouté, Holcus, 8 espèces.	Graminacées.
Avoira ou Elaeis palmier des Antilles, Guyane, avec épines longues et aiguës, fr. charnus, ovales, dorés.	Palmacées.
Avron folle avoine, Boufle, Coquiole, Pied de mouche, Avena-pilosa. Avoine-Boufle.	Graminacées.
Axillaires (fleurs) qui naissent au point où la feuille se joint à la tige comme les Labiées.	
Aya-Pana Eupatorium-triplinerva, on en fait le thé de l'Amazone, plante aromatique, 50-70ᶜ.	Composacées.
Ayard Erable à feuilles d'obier dans le Dauphiné, arbre des montagnes.	Acéracées.
Ayenia ou Dayène délicate, plante ligneuse, 20-25ᶜ, feuilles en cœur, fleurs pourpres, 15 espèces.	Sterculiacées.
Azadirachta-indica Arbre de Java, de son écorce on retire la Margosine.	Méliacées.
Azaléa 1808 en Europe, les feuilles disparaissent sous les fleurs à la floraison.	Ericacées.
Azalée Arbuste et arbrisseau d'ornement, très décoratif, fleurs variées.	Ericacées.
Azanche mot espagnol : figuier sauvage, les fleurs des figuiers sont à l'intérieur des fruits.	Urticacées.
Azara Microphylla, arbuste 2ᵐ à petites feuilles rondes comme buis, odeur de vanille.	Bixacées.
Azarero ou Cerasus de Portugal, arbrisseau à feuilles persistantes comme laurier, fleurs blanches.	Rosacées.
Azedarach Melia grand arbre, arbre saint, margousier, noyaux percés pour chapelets.	Méliacées.
Azedarach-melia Arbuste de serre 70-100ᶜ, à Paris, fleurs lilas en panicule, fruits vénéneux.	Méliacées.
Azerolier ou Cratægus, arbre à épines, produit petites pommettes rouges ou jaunes à 2 noyaux, néflier.	Rosacées.
Azier à l'asthme ou Nonatelia officinalis, plante de la Guyane dont les feuilles sont employées.	Rubiacées.
Azolla Plante aquatique minuscule, 5 genres, 32 espèces.	Lycopodiacées.

B

Baca Ficus-sycomorus, duquel tombe un latex au printemps, le vrai sycomore.	Urticacées.
Baccharis-Halimifolia Senecon en arbre, 2-3ᵐ, fe. ovales avec points blancs, fl. blanches, Bacchante.	Composacées.
Baccifère malus Pommier de Sibérie, couvert de fleurs au printemps, fruits grosseur cerise.	Rosacées.
Bacile Crithmum-maritimum, plante des bords de la mer, Perce-pierre, aspect fenouil, 1 espèce.	Ombelliféracées.
Bacillaria ou Diatome, ou bacille ou bacterie ou microbe (H. de Toni, en 1894), 42 genres, 1990 esp.	Alguacées.
Bacinet nom vulgaire de la Renoncule-âcre, c'est le bouton-d'or des chemins, fossés.	Renonculacées.
Backhousia Arbrisseau feuilles ovales acuminées, fleurs blanches en cymes, 4 espèces.	Myrtacées.
Bacove Nom de la figue-banane à la Guyane, du Musa-sapientum.	Musacées.
Bactéridies ferments végétaux souvent confondus avec les champignons.	Alguacées.
Bactériées Groupe de la famille des Alguacées.	
Bactris major Nouvelle espèce de palmier de serre chaude à Paris.	Palmacées.
Badamier Terminalia, amandier de la Martinique, donne l'huile d'horlogerie.	Combretacées.
Badamier de Chine Arbre produisant une résine laque pour vernir les meubles.	Combretacées.
Badianier Illicium, donne l'anis étoilé dont on fait l'anisette, entre dans l'encens, 6 espèces.	Magnoliacées.
Badianier Arbrisseau 3-4ᵐ, toujours vert, feuilles fermes, fleurs jaunâtres, de Chine, Japon.	Magnoliacées.
Baeckea Arbrisseau, feuilles lancéolées-linéaires, petites fleurs blanches en ombelle, 60 espèces.	Myrtacées.
Baérie dorée Plante 40ᶜ, feuilles opposées, linéaires, fleurs jaunes d'or sur tige, 8 espèces.	Composacées.
Bagasse (bois de) du Bagassa-Guianensis pour teinture et charpente, 3 espèces.	Urticacées.
Bagasse Résidu broyé des cannes à sucre, après le passage au moulin.	Graminacées.
Bagatelle (Roseraie de) au bois de Boulogne, belle collection de roses, à voir au mois de juin.	
Baguenaudes fruits légers, tels ceux du Colutea, Physalis, Staphylea, etc., etc.	
Baguenaudier plante ligneuse 70ᶜᵐ et arbrisseau 3-4ᵐ, Colutea, arbre à vessies, 3 espèces.	Léguminacées.
Baguette d'artifice Massette, Typha, plante d'eau douce, quenouille, 120-180ᶜ, 10 espèces.	Typhacées.

Baguette d'or ou Rameau d'or, giroflée à fleurs doubles jaune-rouille. Crucifèracées.

Baie fruit charnu avec pépins ou petits noyaux, Asperge, groseille, laurier, lierre, raisin, sureau, troëne, etc., etc.

Balanites Arbuste épineux, feuilles alternes, fleurs en cymes, fruit oléagineux purgatif, 2 espèces. Simarubacées.

BALANOPHORACÉES 159ᵉ fam. des Dicotylédones, 8 tribus, 16 genres, 37 esp. (qui porte des glands).

BALANOPHORACÉES Principaux genres et espèces : *Balanophore*, Céphalophyton, Corynée, *Cynomore*, *Dactylanthe*, Hachettea, *Héloside*, *Langsdorffia*, Lathrophytum, *Lophophyte*, *Mystropetale* Ombrophytum, Rhopalocnemis, *Sarcophyte*, Scybalium, Thonningia. Plantes parasites, charnues, sur d'autres végétaux.

Balanops Arbre de la Nouvelle-Calédonie et de l'Australie tropicale, 8 espèces. Balanopsacées.

BALANOPSACÉES 161ᵉ fam. des Dicotylédones, 1 genre : Balanops, 8 esp. (de gland) 1822 par Richard.

Balantium Fougère en arbre, comme Alsophila, Cyathea, Dicksonia, Culcita. Fougéracées.

Balata Mimusops, arbre produisant la gutta-percha rouge très fine, 30 espèces. Sapotacées.

Balauste (fleurs de) du Balaustier : grenadier sauvage, se nomme aussi Miouganier, une espèce. Lythracées.

Baldingera Faux-roseau, chiendent, ruban fromenteau, plante 80-120ᶜ, endroits humides, 10 espèces. Graminacées.

Bale ou Bâle ou Balle Capsule qui sert d'enveloppe au grain de l'épi (dictionnaire de l'Académie 1877).

Baleine végétale tirée du palmier : Arenga saccharifère, 7 espèces. Palmacées.

Bâles ou glumelles ou paillettes : enveloppes des grains d'avoine, blé, orge, seigle, etc., etc.

Balisier ou **Canna** les feuilles poussent en cornet, puis se développent. Zingibéracées.

Balisier plante vivace, à racines bulbeuses, feuilles engaînées à la base, 30 espèces. Zingibéracées.

Baliveau Arbre réservé dans une coupe en forêt pour le laisser grossir.

Ballote noire ou Marrube 40-70ᶜ, avec petites fleurs mauves ou rosées,. Labiacées.

Balsamier de la Mecque ou Amyris opobalsamum, produit un suc blanc résineux à odeur très pénétrante. Burséracées.

Balsamier polygame Arbrisseau toujours vert, petites feuilles odorantes, petites fleurs blanches. Burséracées.

Balsamine Impatiens, plante 90-140ᶜ, à tige carrée, Jalousie, N'y touchez pas, 225 espèces. Géraniacées.

Balsamine Camelia, belle espèce à fleurs extra-doubles, unies et panachées, projetant les graines. Géraniacées.

Balsaminées 7ᵉ tribu de la fam. des géraniacées, 3 genres, 227 esp. : Hydrocera, Impatiens, Trimorphopetalum.

Balsamita-suaveolens plante 80-100ᶜ, feuilles ovales à fleurs blanches ou jaunes, odorantes, Pyrethe. Composacées

Balsamodendron ou Commiphora, arbre, produit la myrrhe ou Baume de la Mecque ou de Judée, 45 esp. Burseracées.

Bambarra (Beurre de) ou de Chi provient du palmier Elaeis-guinensis, 2 espèces. Palmacées.

Bambou Bambusa, roseau géant, 1730 en Europe, pour cages, échelles, outils, meubles, 45 espèces. Graminacées.

Bambou noir Arbrisseau à tige creuse avec nœuds saillants, feuilles lisses, touffues. Graminacées.

Bambusées 13ᵉ tribu de la famille des Graminacées, 23 genres, 180 espèces.

Banane Aux Antilles la banane est nommée figue, la grosse figue café. Musacées.

Banane En France, la banane mûrit rarement à Beaulieu, Eze, Saint-Jean, Villefranche. Musacées.

Banane rose, c'est l'espèce inférieure, aux Antilles on la donne aux animaux. Musacées.

Bananier ou musa plante de 4-5ᵐ ; ne produit qu'un régime, on coupe au ras du sol, 20 espèces. Musacées.

Bananier ou musa le roi des végétaux, régime jusqu'à 160-180, fruits excellents, farineux, sucrés. Musacées.

Banarées 2ᵉ tribu de la famille des Samydacées, 3 genres, 16 espèces : Banara, Kuhlia, Pyramidocarpus.

Bancoulier Aleurites, on tire de ses noix une huile très siccative : Bancoul, 3 espèces. Euphorbiacées.

Banère Arbuste 150-180, feuilles petites verticillées, petites fleurs panachées pendantes. Rubiacées.

Bangiées groupe de la famille des Alguacées, 2 genres : Bangie et Porphyre.

Baniane des Pagodes ou sacrée, Illicium-Religiosum, arbre à fruit odorant, Badiane, 6 espèces. Magnoliacées.

Banistérie cotonneuse Arbrisseau grimpant, feuilles ovales, grandes fleurs jaune clair. Malpighiacées.

Banistériées 2ᵉ tribu de la famille des Malpighiacées, 13 genres, 231 espèces.

Banksia Arbre d'Australie avec fleurs forme goupillons, Parc Thuret à Antibes. Protéacées.

Banksia Arbrisseau 2ᵐ50-3ᵐ à Paris, feuilles en scie, petites fleurs jaunes ou bleu-violet. Protéacées.

Banksia (roses) Petites roses blanches ou jaunes en France par Boursault en 1819, roses de mai. Rosacées.

Banksiées 7ᵉ tribu de la famille des Protéacées, 2 genres, 65 espèces : Banksia, Dryandra.

Baobab Le plus grand des arbres ; son fruit comestible a la forme d'un concombre, 30ᶜ, 2 espèces. Malvacées.

Baobab Adansonia, à Grand-Galargues (Sénégal) âgé de 6000 ans, 30ᵐ de circonférence. Malvacées.

Baptisia-tinctoria Plante 60-80ᶜ à fleurs jaunes ou blanches en grappe.   Léguminacées.

Baptisia-Australis Plante d'ornement à grandes fleurs bleu-tendre, Podalyria.   Léguminacées.

Baquois ou Vaquois, Barrotia, on fait des nattes avec les fibres des feuilles, fruits charnus.   Pandanacées.

Baquois Pandanus-utilis, pousse en spirale, feuilles comme phormium, fleurs odorantes.   Pandanacées.

Barbadine Passiflora, plante grimpante, fleur en couronne, fruit comme un œuf, 175 espèces.   Passifloracées.

Barbarée ou Erysimum Herbe de la Sainte-Barbe, graines en tubes fins et serrés, velar, julienne.   Cruciféracées.

Barbe de bouc Tragopogon, salsifis bâtard des prés, fleurs jaunes, plante laiteuse.   Composacées.

Barbe de bouc Spiraea-Aruncus, plante de montagne, racines odeur forte, fleurs blanches.   Rosacées.

Barbe de capucin Cichorium-intybus, chicorée blanchie, étiolée en cave, dans le sable humide, 3 esp.   Composacées.

Barbe de capucin Nigella-Cœrula, nielle à fleurs bleues, Barbeau.   Renonculacées.

Barbe de capucin Usnea-barbata, lichen qui avait la vertu de faire croître les cheveux.   Lichenacées.

Barbe de chêne Nom vulgaire du champignon comestible : clavaire jaunâtre, clavaria, 138 espèces.   Champignonacées.

Barbe de Jupiter 1ᵉ Anthyllis, 2ᵉ Joubarbe, 3ᵉ Rhus-Cotinus, 4ᵉ Valériane.

Barbe de Moine Cuscute, plante parasite sans feuilles, enlace et étouffe ses voisines, 80 espèces.   Convolvulacées.

Barbe de Renard Astragale en buisson, 30-40ᶜ, feuilles composées, argentées, fleurs en grappes.   Léguminacées.

Barbe de vache Nom vulgaire du champignon comestible : Hydne sinué, Hydnum, 91 esp. ou variétés.   Champignonacées.

Barbeau Bleuet cyanus arvensis, plante des moissons, nuit au blé, casse lunettes, centaurée.   Composacées.

Barbon Andropogon du midi, épillets à 2 fleurs, une seule fertile.   Graminacées.

Barbotine Semences amères d'une armoise, soit Aurone ou Santoline.   Composacées.

Barbouquine Plante à tige basse, velue, feuilles dentées à la base, fleurs jaunes.   Composacées.

Bardane ou Lappa Plante 100-140ᶜ, à grandes feuilles, fleurs roses, ses capitules collent aux habits, 7 esp.   Composacées.

Bardanette Tragus-racemosus, pl. 10-20ᶜ, couchée à la base, fe. courtes, fl. violacée en grappe, 1 esp.   Graminacées.

Bardeau Viburnum-lantana, viorne cotonneuse, fleurs blanches en corymbe.   Caprifoliacées.

Barigoule ou Boulingoule Champignon comestible du genre Hypophyllum (Paulet), 11 espèces.   Champignonacées.

Barkeria de Skinner, magnifique variété d'orchidée, fleurs lilas pourpre, Epidendrum.   Orchidacées.

Barkhausie Plante des champs, fossés, sables, 10-80ᶜ, fleurs jaunes, 7 variétés.   Composacées.

Barkhausie Plante cultivée, Crépide jaune, rose ou rouge, comme marguerites, 150 espèces.   Composacées.

Barnadesia ou Turpinia arbrisseau épineux en buisson, 1842 en France, fleurs purpurines, 10 esp.   Composacées.

Barosma Produit les feuilles de Bocco, Bucco, Buchu du Cap de Bonne Espérance, Diosma. 15 esp.   Rutacées.

Barringtoniées 5ᵉ tribu de la famille des Myrtacées, 5 genres, 68 espèces, fruits en bonnet carré.

Barrotia Baquois ou Vaquois, produit le Kawia-Ka-utter, feuilles à bords épineux, 50 espèces.   Pandanacées.

Bartonia arbrisseau, 160-200 toujours vert, feuilles lance, fleurs blanches, 40 espèces.   Loasacées.

Bartonie dorée Plante étalée, tige blanche, feuilles rudes, grandes fleurs jaune doré.   Loasacées.

Bartsie Plante des montagnes de 10-30ᶜ, vivace : feuilles ovales dentées, fleurs violettes, 60 espèces.   Scrofulacées.

Baselle Plante bisannuelle grimpante à tige rouge ou blanche, feuilles en forme de cœur, une espèce.   Chénopodiacées.

Basidiobole Champignon parasite des vers à soie, Basidiophore, une espèce.   Champignonacées.

Basidiomycètes groupe de la famille des Champignonacées, parasites des végétaux.

Basilée ponctuée Eucomis, plante bulbeuse à grandes feuilles, fleurs en gros épis de 15 à 18ᶜ.   Liliacées.

Basilic cultivé plante 30ᶜ tige droite velue, feuilles en cœur, dentées, fleurs blanches ou purpurines.   Labiacées.

Basilic ou Ocimum Plante condimentaire, était la plante sacrée des Indous (Petit Roi), 45 esp.   Labiacées.

Bassia Illipé, on retire de ses noix une matière grasse le beurre de Galam.   Sapotacées.

Bassinet Bouton d'or, grenouillette, patte de loup, renoncule grimpante, 30 variétés.   Renonculacées.

Batatas edulis Patate douce, plante grimpante, des pays chauds, tubercules comestibles.   Convolvulacées.

Batatas ou Jalapa Plante du Mexique, dont la racine est le Jalap, substance purgative. Ipomea.   Convolvulacées.

Batate ou Patate se cultive en Algérie et commence à se répandre en France, tubercules comestibles.   Convolvulacées.

Batavia variété de laitue, feuilles tendres, bords ondulés sensibles au froid.   Composacées.

Batidée ou Batis Arbre du Brésil, des îles Sandvic et de la Floride, f. opposées, fl. en chaton, 1 esp.   Batisacées.

BATISACÉES 142ᵉ famille des Dicotylédones, un genre Batis (de l'oiseau : Rouge-gorge), par Payer.

Bâton d'argent Julienne des jardins ou Arragone, tiges droites, 60-80ᶜ, velues, fleurs odorantes.   Cruciféracées.

Bâton blanc C'est le Manihot-Utilissima de la Guyane pour faire le tapioca. — Euphorbiacées.

Bâton du diable Cirsium, plante à tige épineuse à fleurs roses, Cnicus, Eriolepis. — Composacées.

Bâton de Jacob ou Baton royal, Asphodèle blanc, plante à tige longue 120-160ᶜ, 7 espèces. — Liliacées.

Bâton de St-Jacques Ornithogale pyramidale, plante 60-90ᶜ, fleurs blanc-pur en étoile. — Liliacées.

Bâton de St-Jacques ou rose à bâton : rose trémière, plante 120-200ᶜ, fl. de toutes nuances, 15 esp. — Malvacées.

Bâton de St-Jean Persicaire du Levant, cordon de Cardinal, Monte-au-Ciel. — Polygonacées.

Batrachosperme Plante brunâtre des eaux douces, aspect du frai de grenouille. — Alguacées.

Bauce Fagus-sylvatica, Hêtre, Fayard, Foyard, Foutan, selon la province, 15 espèces. — Cupuliféracées.

Baudrier de Neptune ou Laminaire plante marine jusqu'à 200-250ᶜ de long sur 5-7ᶜ de large. — Alguacées.

Bauère Arbrisseau à feuilles de garance, 150-200ᶜ, fleurs panachées pendantes, 3 espèces. — Saxifragacées.

Bauhinia divaricata Arbuste de serre, 130-150ᶜ, feuilles en cœur, fleurs blanches en grappes. — Léguminacées.

Bauhinia porrecta Plante 40, tige ondulée, belles feuilles bilobéés, comme ailes de papillon, Phanera. — Léguminacées.

Bauhiniées 15ᵉ tribu de la famille des Léguminacées, 3 genres, 148ᵉ espèces : Bandeirea, Bauhinia, Cercis.

Baume ou Menthe commune, mentha-sativa, il existe plusieurs variétés. — Labiacées.

Baume Calaba ou Focot, résine du Calophyllum-Tacamahaca, fruits rouges à noyau. — Guttiféracées.

Baume coq ou Menthe-coq, Tanaisie aromatique, Pyrèthre, fleurs jaunes. — Composacées.

Baume de Gurgum oléo-résine tirée par incision d'un grand arbre de la famille des — Diptérocarpacées.

Baume des jardins Balsamite, plante 60-90ᶜ, feuilles ovales, dentées, grisâtres, fl. jaunes, Pyrèthre. — Composacées.

Baume lotus Lotier odorant à quatre ailes, fleurs pourpres, presque noires. — Léguminacées.

Baume de la Mecque ou de Judée de l'Amyris opobalsamum ou Gileadensis ou Balsamodendron. — Burséracées.

Baume du Pérou Mélilot, plante 70ᶜ, feuilles 2 folioles, fleur bleu pâle, odeur forte, fruit en spirale. — Léguminacées.

Baume du Pérou tiré du Myroxylon-pedicellatum par inc. du tronc et décoction de br. et de l'écorce. — Léguminacées.

Baume de Tolu tiré du Myrospermum, Toluifera balsamum (Loureira : Euphorbiacées). — Léguminacées.

Baumier du Canada Sapin à tige lisse, on en retire la résine épinette ou térébenthine de Gilead. — Coniféracées.

Bdellium Gomme-résine tirée du Balsamodendron-africanum ou Heudelotia. — Burséracées.

Béatsonia plante vivace à feuilles de pourpier, thé de l'île Sainte-Hélène, 1 espèce. — Frankeniacées.

Beaufortia Arbrisseau à feuilles opposées en croix, fleurs rouge-vif autour des tiges, 13 espèces. — Myrtacées.

Beaumontia grandiflora. — Plante à grandes fleurs blanches magnifiques, vient de la Malaysie. — Apocynacées.

Bec de cigogne Pelargonium, fe. opposées, 5 pétales 3 grands et 2 petits, Pelargos : Cigogne, 175 esp. — Géraniacées.

Bec de grue Géranium, feuilles alternes, 5 pétales égaux, 10 étamines. Geranos : Grue, 110 espèces. — Géraniacées.

Bec de héron Erodium, feuilles alternes, 5 pétales et 5 étamines, Erôdios : Héron, 160 espèces. — Géraniacées.

Bec d'oiseau Cucubalus-bacciferus, plante des haies à fleurs blanc vert, une espèce. — Caryophyllacées.

Bec d'oiseau Pied d'alouette des Jardins, éperon de chevalier fleur d'Ajax, fleur royale, 25 Variétés. — Renonculacées.

Bec de perroquet Aloès-variegata, plante avec feuilles sur 3 rangs, fleurs roses. — Liliacées.

Bec de perroquet fleur de Strelitzia ou Heliconia ou Bikaï, plante de serre, 5 espèces. — Musacées.

Beccabunga ou Véronica ou Cresson de chien, les fe. excitantes peuvent être mangées au printemps. — Scrofulacées

Beckea effilée Arbuste 70-140ᶜ, feuilles persistantes comme Myoporum, petites fleurs blanches. — Myrtacées.

Bedeguar Excroissance moussue sur les églantiers par piqûre d'insecte : Le Diplopède.

Bedeguar ou **Bedegar** Galle de Rosa-canina à la suite de la piqûre du Cynips-rosac.

Beesha des Indes Arundo-Scriptoria de Linné, Calamus des écrivains, Ochlandra, 3 espèces. — Graminacées.

Befaria-paniculata Arbuste d'orangerie, 120-140ᶜ, velu, fe. persistantes, fleurs blanc rosé, odorantes. — Ericacées.

Bégonia Bertini et tuberculeux, belles plantes cultivées pour massifs et pots, 420 espèces. — Bégoniacées.

Bégonia se reproduit en bouture avec les nervures des feuilles. 32 espèces cultivées à Paris. — Bégoniacées.

BÉGONIACÉES 84ᵉ famille des Dicotylédones, 3 genres, 425 espèces (Michel Begon, intendant des Antilles, 1638-1710).

BÉGONIACÉES Trois genres : Bégonia, Hillebrandia et Bégoniella, ce dernier anormal.

Behen blanc Lychnis-dioïca ou Compagnon blanc, le seul des œillets à fleurs unisexuelles. — Caryophyllacées.

Behen blanc Silène-inflata, Cucubale, plante 20-50ᶜ, à fleurs blanches, une espèce. — Caryophyllacées.

Behen rouge ou Valeriane rouge ou Centranthe ou barbe de Jupiter. — Valerianacées.

Behen rouge Staticé-latifolia, belle plante, 50-60, feuilles en rosette, Saladelle, Limonium. — Plombaginacées.

Bejaria ou Befaria Arbuste 100-140ᶜ à fe. persistantes ovales, fl. rose-pourpre, odorantes, 15 espèces. Éricacées.
Belah ou Tamar Noms arabes de la datte du Phenix dactylifera ou Palmier-Dattier. Palmacées.
Belamcanda plante bulbeuse 35-45ᶜ, Iris de Chine tigré, fleurs jaune-pourpré taches rouges. Irisacées.
Belladone Atropa, produit baies noirâtres ; on en extrait l'atropine, poison violent, une ou 2 espèces. Solanacées.
Belladone plante 100-120ᶜ, feuilles molles à odeur désagréable, fleurs pourpres, fruits d'abord verts. Solanacées.
Bella Sombra ou Belsombra, Phytolacca, arbre à bois léger grandes fe., donne beaucoup d'ombrage. Phytolaccacées.
Belle en chemise Calla-Aethiopica, Arum cultivé, Richardia ou Zantedeschia, 6 espèces. Aroïdacées.
Belle Dame rouge Atriplex-hortensis, plante 120-160ᶜ, feuilles alternes, follette. Chénopodiacées.
Belle de jour Convolvulus-tricolor, ipomée, liseron ; plante grimpante, fleurs tricolores. Convolvulacées.
Belle d'un jour Asphodèle et Hémérocalle ; la fleur a peu de durée. Liliacées.
Belle de nuit du Pérou Feuilles en cœur, fl. blanches, jaunes, rouges ou panachées sur le même pied. Nyctaginacées.
Belle de nuit Mirabilis-Jalapa ; plante à longues fleurs odorantes blanches et violettes 12 espèces. Nyctaginacées.
Belle de nuit Œnothera, Onagre, belles fleurs jaunes communes, sur talus. Onagracées.
Belle d'onze heures Ornithogale, s'ouvre à onze heures et se ferme à quinze heures. Liliacées.
Belle toute nue Colchique d'automne, petite plante des prairies, fleurs roses. Liliacées.
Bellevallia de Rome, plante du midi, endroits incultes, 20-40ᶜ, fleurs blanchâtres. Liliacées.
Bellidiastrum l'une des 250 espèces d'aster à fleurs blanches. Composacées.
Bellis-Perennis Paquerette, pl. des gazons, fossés, 10ᶜ, très commune mais toujours belle. 9 espèces. Composacées.
Belvédère Ansérine à balai, plante 120-140ᶜ, velue, feuilles étroites, fleurs en grappe. Chénopodiacées.
Belvisiées 6ᵉ tribu de la famille des Myrtacées, 9 genres, 15 espèces.
Bengale (rosiers) de Chine, 1771 par William Kee, en Angleterre, 1793 à Paris. 35 Variétés. Rosacées.
Bénincasa-cerifera Courge verte, longue, dite courge à la cire. Cucurbitacées.
Ben Nom des graines oléagineuses du Moringa-aptera : arbre aspect du saule. Moringacées.
Ben de Judée ou Benjoin, baume du Styrax-Benzoin Dryander. Styracées.
Ben-magnum ou Noisette purgative, fruit du Jatropha-multifida. Euphorbiacées.
Ben-oléifère du Moringa, produit l'huile de Ben pour horlogerie et parfumerie. Moringacées.
Benjoin ou Benzoin-Styrax, Aliboufier, arbre à gomme résine très odorante de Siam, Sumatra. Styracées.
Benjoin (faux) extrait du Terminalia-augustifolia : arbre à gomme résine. Combrétacées.
Benjoin (faux) extrait du Lindera ou Daphnidium, arbre à gomme et baies. Lauriacées.
Benoîte ou Geum, plante des chemins, 30-50ᶜ à fleurs jaunes et cultivée : fleurs écarlates 30 espèces. Rosacées.
Benthamia Arbuste toujours vert, 120-180ᶜ, à Paris ; fe. ovales, fl. jaunâtres, fruit comme fraise ; 25 esp. Cornacées.
Bérardie Plante des montagnes, 2-15ᶜ, feuilles simples, cotonneuses, fleurs blanchâtres. Composacées.
Berbérées 2ᵉ tribu de la famille des Berbérisacées, 13 genres, 139 espèces.
Berberis-Darwini Epine-vinette, vinettier, arbuste épineux, fleurs jaune orangé, en grappes. Berbérisacées.
Berberis-illicifolia Arbuste ou arbrisseau à feuilles de houx, fruits rouges. Berbérisacées.
BERBÉRISACÉES 7ᵉ famille des Dicotylédones, 2 tribus, 20 genres, 105 espèces (idée de barbare, qui pique).
BERBÉRISACÉES Principaux genres et espèces : Aceranthus, Achlys, Akebia, Berberidopsis, *Berberis*, Bongardia Boquila,
     Caulophyllum, Decaisnea, Diphylleia, Epimedium, Epine-Vinette, Gymnospermium, Holbaellia, Jeffersonia, *Lardizabala*
     Leontice, Mahonia, Nandina, Parvatia, Podophyllum, Stauntonia, Vancouveria.
Berce (grande) Heracleum, Angélique sauvage, Branc-ursine, Sphondile, pl. 150 250, velue, fl. blanches. Ombelliféracées
Berceau de la vierge, Clématite flammula, plante grimpante, fleurs odorantes en cymes. Renonculacées.
Berchemia Plante à jolies petites feuilles comme Clématite, Oноplea, 12 espèces. Rhamnacées.
Beref ou Jambosse, graines de courges du Sénégal pour faire l'huile à savon. Cucurbitacées.
Bergamotier Produit un citron forme boule, dont on tire l'essence de Bergamotte. Rutacées.
Bergenia-bifolia Saxifrage à feuilles épaisses et larges, fleurs rose-foncé en cloche. Saxifragacées.
Berkheya plante à feuilles radicales, aspect chardon, fleurs jaunes ou bleu-violacé, 70 espèces. Composacées.
Berle Sium, Ache d'eau, plante des mares et ruisseaux. 40-60ᶜ, 6 espèces. Ombelliféracées.
Berlue Digitale, 80-120ᶜ, gantelée, queue de loup, seterelle, pisse-lait, 18 espèces. Scrofulacées.
Bermudienne Plante naine à petites fleurs bleu ciel, ou violettes ou jaunes, Sisyrinchium 50 espèces. Irisacées.

Berteroa Plante 20-30ᵉ d'un vert grisâtre, feuilles velues, fleurs blanches, fruits plats aux bords. — Cruciféracées.

Bertholletia ou Châtaignier du Brésil, on en tire l'huile de Para, donne la noix du Brésil. 2 esp. — Myrtacées

Bertolonia Van-Houtteï, petite plante de serre avec feuilles de plusieurs nuances, 9 espèces. — Mélastomacées.

Bertoloniées 8ᵉ tribu de la famille des Melastomacées, 7 genres 29 espèces. —

Berule. Sium-augustifolium, Berle à feuilles étroites, plante des ruisseaux 40-50ᶜ cresson sauvage. — Ombelliféracées.

Beschorneria Belle plante en rosette aspect Agave 80-90ᵉ, fleurs roses sur hampe 150, 3 espèces. — Amaryllisacées.

Besleria-incarnata Plante de serre, feuilles opposées, crénelées, fleurs rouge-incarnat. — Gesnéracées.

Bessera Petite plante bulbeuse à feuilles longues, fleurs rouge-minium du Mexique, une esp. — Liliacées.

Betel-Piper Plante de serre, grimpante, feuilles en cœur, 7 nervures, petites fleurs en épi. — Pipéracées.

Betel-Piper Mélange : 1° feuilles de chavica ; 2ᵉ noix d'arec ; 3° choux ; 4° résine de gambir ou gambier.

Bétille ou Charme ou Charpe arbre touffu à écorce blanchâtre, feuilles dentées, plissées, 12 esp. — Cupuliféracées.

Bétoine-aquatique Epiaire des Marais, ortie morte, fleurs roses tachées de blanc. — Labiacées.

Bétoine ou Betonica Stachys à longues feuilles, fleurs mauves, roses ou blanches, plante des bois, 40-60ᶜ. — Labiacées.

Bétoine-cultivée Pl. 30ᵉ, fl. en goupillon sur longues tiges velues, Stachys 170 espèces 200 variétés. — Labiacées.

Bétoine des montagnes Arnica, plantain des Alpes, tabac des Vosges, pl. à fleurs jaunes, Doronicum. — Composacées.

Betoum d'Algérie Pistacia Pistachier d'Atlantique, se greffe sur Lentisque, 8 espèces. — Anacardiacées.

Bette ou Poirée Beta, cicla, carde, plante potagère très employée en Provence, 5 variétés. — Chénopodiacées.

Betterave plante à racine pivotante charnue peut devenir très grosse, fleurit la 2ᵉ année. — Chénopodiacées.

Betterave ou Beta Rapa Produit alcool, sucre 1802. Achard, 1ᵉ fabrique de sucre, 15 variétés. — Chénopodiacées.

Betterave rouge Beta rubra qui se fait cuire pour manger en hors-d'œuvre ou salade. — Chénopodiacées.

Betula ou Bouleau Arbre des pays froids, les espèces à écorces blanches sont très décoratives, 35 esp. — Cupuliferacées.

Bétulées 1ᵉ tribu de la famille des Cupuliféracées, 2 genres, 49 espèces : Aune, bouleau.

Bétulinées Ancienne famille ; comprenait : aune, bouleau, verne. (Betula ville d'Espagne).

Beurre de cacao Provient des graines du Theobroma cacao non terré, 1649 en Europe. — Sterculiacées.

Beurre de Galam Provient des noix du Bassia-butyracea arbre de l'archipel indien. — Sapotacées.

Beurre de karité Provient du Butyrospermum ou Micadania, une seule espèce. — Sapotacées.

Beurre de palme du palmier Avoira ou Elaeis-guyanensis, se nomme aussi Alfonsia. — Palmacées.

Beurre végétal provient de la pulpe du Persea-gratissima. — Lauriacées.

Bibacier Eriobotrya, arbre à fruits comestibles, néflier du Japon, 1784 en Europe, fleurit en hiver à Nice. — Rosacées

Bicorne Cornes du Diable, Martynia à trompe, plante 40ᶜ, feuilles opposées, rondes, 10 espèces. — Pédalinacées.

Bicuiba (cire de) Provient des graines du Myristica-Bicuhyba (Brésil). — Myristicacées.

Bidens atrosanguinea Dalhia de Zimapan, plante 40-50ᶜ, feuilles opposées, fleurs violet foncé. — Composacées.

Bident ou Bidens Plante des étangs, fossés, marécages, fleurs en capitules, 50 espèces. — Composacées.

Bière Boisson fermentée à base d'orge et de houblon, les Egyptiens employaient le blé.

Bifora-testiculata petite Coriandre à fleurs blanches, à odeur fétide en vert, — Ombelliféracées.

Bigaradier On le cultivait pour la fleur, produit une petite orange amère : chinois. — Rutacées.

Bigarreautier Arbre plus développé que le cerisier, fruit gros et ferme, 37 variétés. — Rosacées.

Bigelowia-graveolens Plante d'ornement 50-60ᶜ, fleur jaune d'or forme plume, Forestiera. — Oléacées.

Bignone Bignonia-radicans ou Jasmin de Virginie, fleur rouge orangé en trompette. — Bignoniacées.

Bignonia Arbrisseau grimpant à beau feuillage à fleurs rouges, ou jaunes, ou orangées 120 espèces. — Bignoniacées.

Bignonia-berceau Arbrisseau grimpant, sarmenteux, couvre les tonnelles, murs ; gousses longues. — Bignoniacées.

Bignonia ou Tecoma Arbrisseau grimpant, fleurs orangées en tube à mettre le doigt, trompette. — Bignoniacées.

BIGNONIACÉES 129ᵉ famille des Dicotylédones ; 4 tribus, 55 genres, 500 esp. : Bignon J. P. 1662-1743, ami de Tournefort.

BIGNONIACÉES Principaux genres et espèces : Adenocalymma, Amphicome, Amphilophium, Anemopaegma, Argilia, Arthrophyllum, *Bignonia*, Calampelis, Catalpa, Calebassier, Colea, Couralia, *Crescentia*, Cuspidaria, Cybistax, Delostoma, Diplanthera, Distictis, Dolichandrone, Dombeya, Eccremocarpus, Fridericia, Haussmannia, Heterophragma, Icaranda, Incarvillea, *Jacaranda*, Jasmin de Virginie, Kizelia, Lundia, Macfadyena, Newbouldia, Nyctocalos, Oroxylum, Pandorea, Parmentiera, Phyllarthron, Pithecoctenium, Rhigozum, Schlegelia, Stereospermum, Tabebuia, *Tecoma*, ou Tecomaria, Tourretia, Tynanthus, Zeyheria.

Bignoniées 1ᵉ tribu de la famille des Bignoniacées, 22 genres, 261 espèces.

Bihaï ou Héliconia Pl. de serre 130ᵉ à grandes feuilles, aspect Bananier, fl. jaune-rouge et vert 25 esp. Musacées.

Billardiera 1810 Arbuste sarmenteux grimpant, feuilles velues, fleurs verdâtres, fruit violet, 10 esp. Pittosporacées.

Billbergia vittata Plante à fleurs rouge-carmin au centre des feuilles charnues. Broméliacées.

Bimbrelle ou Mauret des bois, Airelle; arbuste à fleurs en grelots blanc-rose, 110 espèces. Vacciniacées.

Biota ou Thuya Arbre et arbuste toujours vert, bois cèdre blanc, odeur camphrée, 4 espèces. Coniféracées.

Biota Plante en buisson, Aster corymbosus avec quantité de fleurs. Composacées.

Bisaille Pois gris, vesce, destinés à la nourriture des animaux et surtout aux moutons. Léguminacées.

Bisannuelle (Plante) qui produit tige et feuilles la première année, fleurs et graines la deuxième, racine pivotante.

Biscutella plante des rochers en rosette à fleurs jaunes, Lunetière, 5 espèces. Cruciféracées.

Biserrula Plante à petites fleurs blanches ou bleuâtres, gousse bordée de dents, une espèce. Léguminacées.

Bistorte racine deux fois tordue, Feuillotte, Renouée, Serpentaire, épi rose et blanc, pousse partout. Polygonacées.

Bitter Boisson préparée avec écorce d'orange, gentiane, quassia-amara, rhubarbe, etc., etc.

Bittera-febrifuga Picraena excelsa ou quassier jaune de la Jamaïque, bois amer. Simarubacées.

Bixa-Orellana Arbrisseau 4-5ᵐ de ses graines est tiré le Rocou, matière colorante, Urécu au Brésil. Bixacées.

BIXACÉES 18ᵉ famille des dicotylédones, 4 tribus, 36 genres, 180 espèces.

BIXAXÉES Principaux genres et espèces, Amoreuxia, Aphloia, Azara : *Bixa*, Carpotroche, Cochlospermum, Dendrastylis, Dowyalis, Erythrospermum, Euryanthe, *Flacourtia*, Hydnocarpus, Kiggelaria, Laetia, Ludia, Mayna, Myroxilon, *Oncoba* Pangium, Prockiopsis, Rocouyer, Ryania, Scolopia, Tisonia, Trimerioc, Xylosma.

Bixées 1ʳᵉ tribu de la famille des Bixacées : 3 genres, 20 espèces : Amoreuxia, Bixa, Cochlospermum.

Black-rot Phoma-viticola, maladie de la vigne, se combat avec sels de cuivre, Phoma 238 espèces. Champignonacées.

Blad ou Blat en langue d'oc : Blé, Froment ; Bladet petit blé, du bas-latin : Bladum. Graminacées.

Blakées 11ᵉ tribu de la famille des Melastomacées, 2 genres, 45 espèces : Blakea, Topobea.

Blanc de champignon Produit le champignon de couche, Agaric champêtre, 27 espèces en Europe. Champignonacées.

Blanc du rosier Maladie du rosier, se traite par le [soufre ou l'eau salée. Champignonacées.

Blanchette ou Boursette, mâche, valerianelle, se mange en salade, 40 variétés. Valérianacées.

Blandfordia Plante à hampe pourprée, feuilles longues rubanées, fleurs rouge orange, 4 espèces. Liliacées.

Blattaire Verbascum, Molène, détruisait les blattes, mites, etc., 100 espèces. Scrofulacées.

Blé Triticum, Froment, tige 4 à 5 feuilles engaînantes, haut. 100-150ᵉ, 15 espèces 700 variétés. Graminacées.

Blé La production annuelle sur toute la terre est de 900 millions d'hectolitres. Graminacées.

Blé La consommation annuelle en France est de 125 millions d'hectolitres. Graminacées.

Blé barbu Plusieurs variétés de froment ont des pointes sur l'épi, comme l'orge. Graminacées.

Blé de Guinée ou de Cafrerie ou gros mil : la graine de Sorgho alimentaire. Graminacées.

Blénoir Fagopyrum, Sarrasin, plante à tige rouge, haut. de 40-50ᵉ, fleurs rosées, 2 espèces, 4 variétés. Polygonacées.

Blé de Turquie Zea, Maïs, vient d'Amérique, haut. 130-250ᵉ, feuilles engaînantes, une espèce. Graminacées.

Blé de vache Mélampyre, rougeole, mauvaise plante des blés, 9 espèces. Scrofulacées.

Blechnum fougère des endroits humides, persistante pendant l'hiver. Fougéracées.

Bletia-Hyacintrina Orchidée à feuilles plissées, bordée de blanc, fleurs rosées en grappes. Orchidacées.

Blette ou Blitum Plante 40-50ᵉ, feuilles alternes, fleurs en épi corail ou rougeâtre, fruit comme fraise. Chénopodiacées.

Blettissure ou Blet État de maturité de certains fruits : kakis, nèfles, olives, certaines poires, sorbes, etc., etc...

Bleu indigo tiré de l'Indigofera-Polyphylla des Indes, fleurs roses (actuellement tiré d'un minéral). Léguminacées.

Bleuet ou Bluet Cyanus, Centaurée, jolie fleur bleue dans les blés et cultivée, nuisible au blé. Composacées.

Bleuet vivace Centaurée des bois, montagnes, Jacée ; plante 30-40ᵉ, feuilles cotonneuses. Composacées.

Blumenbachia plante chargée de soie, feuilles opposées, fleurs en grappe, 12 espèces. Loasacées.

Boba ou Bobea ou Bobua Bombu Arbre de Ceylan ; c'est le Symploca-alstonia, petit arbre, petites fl. Styracées.

Bobartia Plante 60ᵉ, feuilles longues, linéaire, fleurs jaune orangé entourée d'une bande verte, 6 espèces. Irisacées.

Bocage Bouquet d'arbres sans être taillés, pour l'agrément des yeux dans une propriété.

Bocco ou Bucco ou Buchu (feuilles de) du Barosma, du Cap de Bonne-Espérance, 15 espèces. Rutacées.

Bocconia Plante, tige verte, 90-130ᵉ à grandes feuilles très découpées, petites fleurs blanches, 4 espèces. Papavéracées.

Boehmeria-Nivea Ramie ; arbuste 2^{m}50 ; on en tire des fils brillant comme la soie.   Urticacées.

Bois partie dure des végétaux ligneux, les couches concentriques peuvent indiquer l'âge du végétal.

Bois d'Abeille Couleur rouge du Balata-Mimusops, Sapota-Muelli.   Sapotacées.

Bois d'Acajou d'Australie, de l'Eucalyptus, donne des tons : du sang au noyer satiné, 140 esp. 200 var.   Myrtacées.

Bois d'Acajou du Congo, du Pterocarpus-erinaceus, bois de corail, Ezigo.   Léguminacées.

Bois d'Acajou de la Côte d'Ivoire, du Carapa-touloucouna, Santal rouge.   Méliacées.

Bois d'Acajou de Cuba, le plus lourd ; Acajou à planches de Swietenia-Mahogany.   Méliacées.

Bois d'Acajou femelle du Cedrela-odorata, bois de cedra léger, poreux, saveur amère.   Méliacées.

Bois d'Acajou Mahogany du Swietenia des Antilles, Colombie, Honduras, Mexique.   Méliacées.

Bois d'Acajou du Sénégal ou Cail cedra du Carapa-touloucouna, du Khaya, Caïl.   Méliacées.

Bois d'Acanette Bois épineux, en cuisine donne la couleur rose au beurre d'écrevisses.   Composacées.

Bois d'Acossais Bois Baptiste, bois à la fièvre, bois sanglant, Hypericum-Sessilifolium.   Hypéricacées.

Bois d'Acouma ou Acoumat, du Bumalda salicifolia, arbre du Japon et de l'Himalaya.   Staphyléacées.

Bois d'Acouma Homalium racemosum, arbre toujours vert, petites fleurs blanc-verdâtre.   Samydacées.

Bois d'Agalloche de l'Excoecaria-agallocha, aveuglant (à tort, bois d'aloès).   Euphorbiacées.

Bois d'Agara ou d'Agra, ou bois de senteur à odeur agréable, de Chine et Japon.

Bois d'Agatis ou Agouti de l'Æschynomene grandiflora ou Rueppelia.   Léguminacées.

Bois d'Agatis ou Agouti du Vitex-divaricata.   Verbénacées.

Bois d'Aigle de Sumatra, de l'Aquilaria-agallocha et Malaccensis, Aguilla, Ophispermum.   Thymélacées.

Bois d'Aloès ! de l'Aloëxylum-agallochum de la Cochinchine, bois aromatique, une espèce.   Thymélacées.

Bois d'Amaranthe Bois rouge du Brésil du Caesalpinia-cristata.   Léguminacées.

Bois d'Amaranthe Violet du Copaïfera-bracteata et pubiflora, purpurhart.   Léguminacées.

Bois d'Amboine Flindersia-Amboineusis ou Arbor-sadulifera des îles Moluques, jaune moucheté.   Méliacées.

Bois Amer Quassia-Amara de Surinam, (Carissa Apocynacées).   Simarubacées.

Bois d'amourette ou de Lettres du Brosimum-pinatinera, arbre de la Guyane, du Mexique.   Urticacées.

Bois d'amourette du Mimosa-tennifolia ; on en fait des cannes, manches d'ombrelles.   Léguminacées.

Bois d'amourette de l'Amanoa, très foncé, rayé en travers, pour cannes et ombrelles 6 espèces.   Euphorbiacées.

Bois d'Andrevolo Vouacapou ; arbre de 20 m., de la Guyane, épi de blé, Andira 18 espèces.   Léguminacées.

Bois d'Angelin de la Guyane, Andira, Acapu, Vakapu, Vouacapou, arbre de 20 m.   Léguminacées.

Bois d'Angélique Rouge pâle de la Guyane, du Dycorisia-paraensis, Dicorynia.   Léguminacées.

Bois d'Angico Angika, brun veiné du Piptadenia-rigida, Pithecolobium.   Léguminacées.

Bois d'Anis Anis étoilé de l'Illicium-anisetum, Badanier de la Chine.   Magnoliacées.

Bois d'Anis (odeur d'anis) du Persea-gratissima : Avocatier, de l'octea-pichurim, Ahuaca.   Lauriacées.

Bois d'Arc ou Arbois, Cytise des Alpes ; ses branches sont flexibles.   Léguminacécs.

Bois d'Arc Maclura-aurantiaca. arbuste épineux à belles feuilles, fruit forme orange. Une espèce.   Urticacées.

Bois d'Aspalath Bois des Antilles, de l'Aspalatus ebenus, Brya ebenus, Ebouy.   Léguminacées.

Bois de Bagasse du Bagassa-guianensis pour teinture et charpente.   Urticacées.

Bois de Bahama Caesalpinia vesicaria ou bois de la Jamaïque.   Léguminacées.

Bois de Bahia Bois rouge du Caesalpinia-cristata.   Léguminacées,

Bois à Balai du Bouleau, de la bruyère, du genêt, du sorgho.

Bois blancs Aune, bouleau, cerisier, fusain, marronnier, peuplier, pin, sapin, saule, sequoia, tilleul, etc.,   etc.

Bois de Boco de Coco, bois de fer, du Bocoa-prouasensis pour archets de violon.   Léguminacées.

Bois de Bœuf du Casuarinæ ou Filao grand arbre aspect du sapin 23 espèces.   Casuarinacées.

Bois de Bouc de Cabris, de Chenilles, du Clérodendron-Heterophyllum.   Verbenacées.

Bois de Boulogne à Paris 846 hectares 5 arcs 39 centiares par Alphand de 1853 à 1858.

Bois du Brésil ou de Fernambouc du Caesalpinia-echinata pour lutherie et teinture.   Léguminacées.

Bois Brise Hache ou Quebracho du Schinopsis pour tan et teinture, 4 espèces.   Anacardiacées.

Bois caca de corne fétide, puant, de l'acacia-farnesiana, à l'île Bourbon.   Léguminacées.

Bois caca ou de corne fétide, des Breynia, Cappari, Coprosma, Sterculia.

Bois de calembac ou calembar, bois jaspé, plumage de l'aigle, de l'Asie ou du Mexique. 3 espèces.   Thymélacées.

Bois de calembouc (faux) Excœcaria-agallocha, donne un bois d'aloës ! parfumé.   Euphorbiacées.

Bois de calembour de l'Aloexylum-agallochum de la Cochinchine, une espèce.   Thymélacées.

Bois de Calliatour de Coromandel, du Pterocarpus-santaliorus, à odeur de rose, brun foncé.   Léguminacées.

Bois de cam ou Corail dur, de Sierra-Leone, du Baphia-nitida.   Léguminacées.

Bois de Camagoon de Manille, du Diospyros-multiflora pour meubles.   Ebénacées.

Bois de campêche Bois rouge à teinture de l'Haematoxylon, arbre de 12 à 14 m. fl. jaunâtres. Une esp.   Léguminacées.

Bois de campêche Croît aux Antilles, Brésil, Honduras, Mexique et Nicaragua.   Léguminacées.

Bois de Cartan du Centrobolium-robustum de la Guyane anglaise.   Léguminacées.

Bois de Cèdre du commerce, ce sont des Callitris ou Thuya du Canada.   Coniféracées.

Bois de Cèdre des boîtes à cigares : cedrela-odorata, cedrel, bois odorant.   Méliacées.

Bois de chat bois de zèbre à rayures noires, d'un astronium du Brésil.   Anacardiacées.

Bois de chatousieux bois jaune avec dessin rouge et violet, d'un Pterocarpus-suberosus.   Léguminacées.

Bois chaud Erable champêtre, Aceraille, Auzerole ou petit érable.   Acéracées.

Bois de chien Ceanothus-americanus, arbuste en buisson 150, feuilles velues, fleurs blanches.   Rhamnacées.

Bois de citron des ébénistes, de couleur jaune de l'Erithalis-fructicosa.   Rubiacées.

Bois de cocobolo Coccoloba, arbre de la Floride, du Mexique, bois incorruptible, 80 espèces.   Polygonacées.

Bois de cora ou bois de Nicaragua : Caesalpinia-brasiliensis.   Léguminacées.

Bois de corail de l'Erythrina-corallodendron, à cause de ses graines.   Léguminacées.

Bois de corail ou Santal rouge d'Afrique, d'un Pterocarpus-erinaceus, Ezigo.   Léguminacées.

Bois de corail dur ou bois de Cam d'un Baphia-nitida de Sierra-Leone.   Léguminacées.

Bois de corail dur ou Santal rouge d'un Pterocarpus-indicus de Birmanie.   Léguminacées.

Bois de corail tendre ou Santal rouge des Antilles du Pterocarpus-Draco.   Léguminacées.

Bois de cordonnier Buis de Maracaïbo : zapatero pour navettes et mètres pliants.   Euphorbiacées.

Bois de couleuvre Racine de l'ophioxylon ou Rauwolfia-serpentinum.   Apocynacées.

Bois de Coumarou de la Guyane, Coumarouna, grand arbre, parfum du foin coupé, 8 espèces.   Léguminacées.

Bois de Courbaril de l'Astronium-fraxinifolium ou Myracodruon de Rio de Janeiro.   Anacardiacées.

Bois de Courbaril de l'Hymenaea-courbaril, Algarroba, Justaby.   Léguminacées.

Bois courbé Hêtre mouillé et chauffé d'un côté : meubles et surtout sièges de Vienne.   Cupuliféracées.

Bois de Cuba Bois jaune, provient d'un mûrier, Chlorophora-tinctoria.   Urticacées.

Bois cuir Dirca des marais, arbuste 150?, feuilles jaunâtres, fleurs blanc verdâtre 2 espèces.   Thymelacées.

Bois de cygne Fusanus-cygnorum, Mida-spicatum, Santalum, Eufusanus de l'Australie.   Santalacées.

Bois dentelle Lagetta-lintearia arbre des Antilles, 10m écorce vésicante, fleurs en panicule.   Thymélacées.

Bois de Diababul ou Babus du mimosa-arabica qui donne la gomme arabique.   Léguminacées.

Bois durs Acacia, buis, bulu, celtis, charme, châtaignier, chêne, cormier, diospyros, ébène, épine, érable, frène, hêtre houx, noyer, olivier, orme, poirier, pommier, robinier, etc., etc.

Bois d'Ebène Blanc, des îles Mascareignes, des Diospyros-mélanide et malacapaï.   Ebénacées.

Bois d'ébène du Calabar, du Gabon, de Lagos, du Diospyros-dendo, d'un beau noir.   Ebénacées.

Bois d'ébène de Coromandel, bois rayé du Diospyros-hirsuta- Camagoon.   Ebénacées.

Bois d'ébène de l'île Maurice, du Diospyros-tesselaria, très noir.   Ebénacées.

Bois d'ébène de Madagascar où il y a 24 espèces de Diospyros.   Ebénacées.

Bois d'ébène des Moluques, d'un Maba-ébénus ou Ferreola ou Holochilus.   Ebénacées.

Bois d'ébène de Mozambique (dit du Portugal) pour clarinettes et flûtes.   Ebénacées.

Bois d'ébène du Sénégal, Bois du Congo, d'un Dalbergia-melanoxylon.   Léguminacées.

Bois d'ébène vert bois d'un vert olivâtre sombre d'un Aspalathus ou Sarcophyllus.   Léguminacées.

Bois d'écaille vrai grenadille, bois de Gayac, couleur noyer foncé.   Zygophyllacées.

Bois de fer de l'Afrique du Sud : de l'Oléa-laurifolia, dur comme l'ébène, Olea.   Oléacées.

Bois de fer des Antilles, des Agiphila, Colubrina, Fagara, Rhamnus-ellipticus.

Bois de fer de l'Argentine et Paraguay (Aspidosperma, Apocynacées) Quebracho, Schinopsis.   Anacardiacées.

Bois de fer de Bornéo Eusideroxylon-zutageri ou Billiontembaga, Bihania. Une espèce.	Lauriacées.
Bois de fer du Brésil, Apuleia-ferrea, Caesalpinia-ferrea, bois à teinture rouge.	Léguminacées.
Bois de fer de Ceylan (Mesua-ferrea Guttiféracées) Mimusops-hexandra, Na, Palou.	Sapotacées.
Bois de fer de Chine, (Aspalathe, Léguminacées) d'un Bambou.	Graminacées.
Bois de fer du Dahomey, Afoutin, Ronier ou palmier-éventail, Borassus, une espèce.	Palmacées.
Bois de fer des Etats-Unis, Ostrya-virginica, dur comme le charme.	Cupuliféracées.
Bois de fer de la Guadeloupe, du Sideroxylon-tenax et inermis.	Sapotacées.
Bois de fer des Guyanes, des Nectandra-rodioci, Robinia panacoco, Sideroxylon-inermis.	
Bois de fer de l'Indo-Chine, Baryxylum-lim ou liem, Dalbergia.	Léguminacées.
Bois de fer de Juda, Malaisie (Coccoloba-gridifolia, Polygonacées) Cossignia-pinnata.	Sapindacées.
Bois de fer de Madagascar le Mesua et Tacamahaca Calophyllum, Casse les scies.	Guttiféracées.
Bois de fer de la Malaisie Cossignia-pinnata, Coccoloba-gridifolia, Fagara-pterola.	
Bois de fer de la Martinique Chionantina-cariboca, donne un bois très dur, Chionanthus.	Oleacées.
Bois de fer de la Nouvelle Zélande Metrosideros-lucida, Metrosideros-tomentosa.	Myrtacées.
Bois de fer de Perse, Kashmir du Parrotia arbre à petits fruits comme noisette, 2 espèces.	Hamamelisacées.
Bois de Fernambouc d'un Caesalpinia-echinata pour lutherie et teinture.	Léguminacées.
Bois de Férole du Ferolia ou Parinarium, bois satiné, bois marbré de la Guyane, 40 espèces.	Rosacées.
Bois frisés Amboine, Bouleau de Norvège, Campêche, Ebène du Mexique, Frêne, if, noyer loupé, orme loupé, thuya, Vermeil.	
Bois de Gaïac Diospyros (Ebénacées) Dipterix et schotia (Léguminacées) Porlieria.	Zygophyllacées.
Bois de Garo de Malacca nommé à tort bois d'Aloës, Arbre à gomme-résine.	Thymelacées.
Bois gentil Daphné-Lauréole, plante d'ornement à feuilles persistantes.	Thymelacées.
Bois de Grenadille Anthyllis à feuilles argentées, soyeuses en dessous.	Léguminacées.
Bois d'Hicory ou Hickory, bois des Indes, pour canne à pêche, noyer blanc, 12 espèces.	Juglandacées.
Bois d'Hispanille Erithalis, Espenille, bois jaune à odeur de citron, 5 espèces.	Rubiacées.
Bois d'Iris d'Australie ;d'un brun-violet-uni pour éventails, pipes, tabletterie.	
Bois de la Jamaïque Caesalpinia-vesicaria ou bois de Bahama.	Léguminacées.
Bois jaune du Fustic-chlorophora-tinctoria, bois du Brésil, de Cuba, de Tampico.	Urticacées.
Bois jaune de Hongrie ou du Tyrol, jaune-verdâtre, veiné brun du Rhus-Cotinus, une espèce.	Anacardiacées.
Bois joli variété de prunus-padus, fleurs en longues grappes, fruit amer.	Rosacées.
Bois à Lardoire Evonymus ou Fusain, sa graine est carrée, d'où : bonnet de prêtre, 45 espèces.	Célastracées.
Bois de lettres Amanoa ou Amassoa, des pays chauds, teinte rouge.	Euphorbiacées.
Bois de lettres Brosimum-piratinera, amourette moucheté, Brésil, Guyane, Mexique.	Urticacées.
Bois de lettres marbré Machaerium-Schomburgkii de la Guyane.	Léguminacées.
Bois de lettres Bois d'amourette du Mimosa tenuifolia ou Lithoxilon.	Léguminacées.
Bois Lézard de chat, de couleuvre, de muscade, de serpent, de tigre, du Piratinera-Guyanensis.	Urticacées.
Bois de loupe d'un Thuia ou Callitris au Frènela.	Coniféracées.
Bois de Macajouba de l'Acajuba-occidentalis du Cassuvium-pomiferum.	Anacardiacées.
Bois de Nazareno d'un arbre de Santa-Maria (Brésil).	
Bois Nephrétique Unguis-cati : ongle de chat, mimosa du Mexique.	Léguminacées.
Bois de Nicaragua ou de Cora : Caesalpinia-Bresiliensis.	Léguminacées.
Bois noir Acacia ou mimosa Lebbek (abri pour le café) Albizzia, Jurema.	Léguminacées.
Bois d'Occoumé ou d'Okoumé, d'un arbre résineux du Congo, nuancé rouge, remplace l'acajou.	Burseracées.
Bois d'Or Carpinus-ostrya, charme, houblon du Canada et bois très dur.	Cupuliféracées.
Bois de Palissandre Jacaranda-brasiliensis ou Icarenda ou Kordelestris.	Bignoniacées.
Bois de Palissandre Dalbergia-latifolia de l'Inde, Dalbergia-Nigra de Madagascar.	Léguminacées.
Bois de Palissandre de Madagascar, Dalbergia-Boroni.	Léguminacées.
Bois Palmiste Epi de blé, de l'Andira-inermis ou Vouacapoua.	Léguminacées.
Bois de Panacoco Bois de fer, bois de perdrix du Robinia-prouasensis.	Léguminacées.
Bois de Panama Quillaja saponaria ; arbre du Brésil, Chili, Pérou, Mexique.	Rosacées.

Bois de Pataoua ou Patawa de la Guyane pour manches de parapluies. Palmacées.

Bois de Pavage à Paris, bois de fer du Tonkin, Karri, Jarrah, Pitchpin, Teck, Pin des Landes, Pin du Nord, Sapin, etc.

Bois de perdrix ou de Boco, de coco, bois de fer, Bocoa-prouasensis, Inocarpus. Léguminacées.

Bois de perdrix ou d'Angelin de la Guyane, arbre de 20^m, l'Andira-vouacapoua. Léguminacées.

Bois de perdrix ou de Panacoco, du Robinia-prouasensis ou Bocoa. Léguminacées.

Bois de pérébéa du Brésil, d'un beau jaune, 5 espèces. Urticacées.

Bois de Perpignan Celtis-Australis, Micocoulier, grand arbre, donne petites baies noires, 50 espèces. Urticacées.

Bois de piment du Dicypellium-caryophyllatum du Brésil, donne la Cannelle-girofle, une espèce. Lauriacées.

Bois de poule Erable champêtre, feuilles dentelées, arrondies, fleurs vert-jaunâtre. Acéracées.

Bois puant Anagyris, Capparis, Cassia-fœtida, Coprosma, Mauritania, Olax-Zeylanica, Sterculia.

Bois punais Cornouiller sanguin, son bois est rouge en hiver. Cornacées.

Bois de réglisse racines de Glycyrrhiza glabra, 100-120e à Paris, petites feuilles. Léguminacées.

Bois résineux Araucaria, Biota, Cèdre, Cyprès, Epicea, Genevrier, If, Mélèze, Pin, Sapin, Thuya. Coniféracées.

Bois de Rhodes blanc jaunâtre, dont on retire une essence de rose, Cordia. Borraginacées.

Bois de rose d'Afrique occidentale: Baphia-nitida, Barwood, Camwood. Léguminacées.

Bois de rose d'Australie: Dysoxylum. Fraseranum, Mahogany, Penal-cedar. Méliacées.

Bois de rose du Brésil : Physocalymma-floribonda, à odeur de rose, une espèce. Lythracées.

Bois de rose des Canaries; Rhodorhiza-scaparia, sert à falsifier l'essence de rose. Convolvulacées.

Bois de rose de Cayenne : Bursera-altissima à odeur d'encens. Burseracées.

Bois de rose du Chili : Colliguaja-odorifera. Euphorbiacées.

Bois de rose du Congo. Bois de corail, Pterocarpus-erinaceus. Ezigo. Léguminacées.

Bois de rose de la Guyane : Dicypellium, à odeur de poivre, une espèce. Lauriacées.

Bois de rose femelle de la Guyane : Acrodiclidium-chrysophyllum, Sassafras. Lauriacées.

Bois de rose mâle de la Guyane : Licaria de couleur jaune pâle, sassafras de Cayenne, une espèce. Lauriacées.

Bois de rose de la Jamaïque : D albergia-latifolia-nigra. Léguminacées.

Bois de rose de la Martinique : Cordia-myxa, Cordia-gerascantum, Sebestena. Borraginacées,

Bois de rose de Madagascar : Dalbergia-nigra, bois de palissandre. Léguminacées.

Bois de rose de l'Océanie : Thespesia-populnea, à odeur de rose poivrée. Malvacées.

Bois de rose de Virginie : d'un Génévrier, d'un Picea-Sitkaensis. Coniféracées.

Bois rouge ou bois de campêche du Mexique, de l'Haematoxylon, arbre de 12-14 m., une espèce. Léguminacées.

Bois rouge Bois de Bahia du Caesalpinia-cristata. Léguminacées.

Bois rouge de Fernambouc du Caesalpinia-echinata. Léguminacées.

Bois de la Sainte Croix Le gui du chêne; on croyait qu'il guérissait l'épilepsie, 30 espèces. Loranthacées.

Bois de Saint François Bois industriel avec dessins en ailes d'oiseaux. Léguminacées.

Bois de Sainte Lucie du cerisier mahaleb, odeur agréable ; on en fait des pipes et bois de Palissandre. Rosacées.

Bois de Sainte Marthe Bois rouge brun veiné d'un Caesalpinia du Mexique et du Nicaragua. Léguminacées.

Bois de Saint Martin du Vouacapoua, Paccouri, Andira ou bois de perdrix très foncé. Léguminacées.

Bois de Santal blanc de Bombay, de la Chine, du Siam, du Santalum-album. Santalacées.

Bois de Santal blanc à odeur d'iris et de rose, il va au fond de l'eau. Santalacées.

Bois de Santal Citrin, bois jaune utilisé en ébénisterie et en parfumerie. Santalacées

Bois de Santal rouge, à odeur d'iris du Pterocarpus-indicus, donne la Santaline. Léguminacées,

Bois de Sappan ou du Japon, bois rouge orange du Caesalpinia-Sappan. Léguminacées,

Bois satiné des Anglais du Chloroxylon, Swietenia de Ceylan (Cause la Dermatite). Méliacées.

Bois satiné des Anglais du Zanthoxylum-flatum de St Dominique. Rutacées.

Bois satiné de la Guyane, du Ferolia-Ferolier, Parinarium, 40 espèces. Rosacées.

Bois sent bon Myrica, Galé, cirier de la Louisiane, 1690 en Europe, 40 espèces. Myricacées.

Bois de senteur bois d'Agra ou d'Agara à odeur agréable utilisé en parfumerie, vient de la Chine.

Bois sudorifiques (les quatre) Gayac, Santal, Sassafras, Squine, (Salsepareille).

Bois de tamarin du Tamarindus jaune à grandes veines, une espèce. Léguminacées.

	FAMILLES
Bois tambour Mithridatea, Tambourissa, Ambora, Madagascar et Java, fruit 15ᶜ, 16 espèces.	Monimiacées.
Bois de Tampico Bois jaune clair du chlorophora-tinctoria.	Urticacées.
Bois de Tatajuba ou Tatayouba, de couleur roussâtre du Pekea-tuberculosa, Rhizobolus.	Théacées.
Bois de Teck d'Afrique, d'un brun sombre de l'Oldfieldia-africana, Sierra-Leone, une espèce.	Euphorbiacées.
Bois de Teck d'Annam, de couleur brune, mauvaise odeur, du Tectona-grandis.	Verbenacées
Bois de Teck de Bangkok et de Birmanie, 225 fr. le m. c. de 800 kg. avant 1914.	Verbenacées.
Bois de Teck de Java, 180 fr. le mètre cube, avant 1914, durée du pavage à Paris 6 ans 4 mois.	Verbenacées.
Bois de Teck de Nouvelle-Zélande, bois dur, odeur désagréable du Vitex-littoralis.	Verbenacées.
Bois trompette du Cecropia-peltata, bois très léger ; fruit goût de framboise.	Urticacées.
Bois violet bois royal des Anglais, d'un Dalbergia de Brésil.	Léguminacées.
Bois de violette d'un acacia. Homalophylla, Homalobus, du sud de l'Australie, odeur de violette.	Léguminacées.
Bois violon du Macaranga ou Mappa ou Pachystemon Arbre d'Asie, d'Australie, 80 espèces.	Euphorbiacées.
Boissielle ou Platylobium scolopendium arbuste à petites feuilles, fleurs jaunes tachées.	Léguminacées.
Boîte à savonnette fruit du mouron rouge s'ouvrant en deux parties.	Primulacées.
Boldea ou **Boldus** ou **Peumus** arbuste 60ᶜ fe, opposées, fruit aromatique avec noyaux, une espèce.	Monimiacées.
Boldo ou **Boldu** plante du Chili à fleurs jaunes aromatiques, Cryptocaria ou Bellota, 45 espèces.	Lauriacées.
Boldoa fragrans plante du Mexique et du Chili, feuil. compacte, fruit aromatique et comest., une esp.	Nyctaginacées.
Bolet du bouleau du chêne, du hêtre, etc., dont on fait l'amadou.	Champignonacées,
Bolet de l'olivier est phosphorescent, poison violent.	Champignonacées.
Boletus ou **Bolet** genre de Champignons ayant 327 espèces ou variétés.	Champignonacées.
Boltonia aster, 70-140 avec quantité de fleurs en parasol, 12 espèces.	Composacées.
Bombarde Salsifis des prés, plants en rosette, laiteuse, fleur jaune sur longue tige.	Composacées.
Bombax Arbre épineux à grandes fleurs écarlates, le fruit contient un coton soyeux, 27 espèces.	Malvacées.
Bombaxées 4ᵉ tribu de la famille des Malvacées, 22 genres, 86 espèces.	
Bonapartea 1813 Dasylirion, feuilles longues 80ᶜ, rigides ou retombantes, fleur 3-4ᵐ, 50 espèces.	Liliacées.
Bonapartea ou Géminiflore ou Littæa, plante à feuilles radicales épineuses en épée.	Amaryllisacées.
Bonapartea ou Tillandsia, plante à feuilles rigides, cylindriques ou hérissées, fleurs vàriées.	Broméliacées.
Bonaveria Plante 20-40ᶜ à fleurs jaunes en ombelle, gousse à bec courbe, une espèce.	Léguminacées.
Bonduc Cæsalpinia, Chicot du Canada, arbrisseau grimpant, Guilandina.	Léguminacées.
Bon-Henri Anserine, épinard sauvage 50-60ᶜ, feuilles en triangle, Agathophyton, grand calice.	Chénopodiacées.
Bonne-Dame Arroche des jardins, Atriplex hortensis, plante cultivée, 15-20ᶜ, 20 espèces.	Chénopodiacées.
Bonnet de Cocu genêt de teinturier, herbe à jaunir, nombreuses tiges de 30ᶜ, fleurs jaunes.	Léguminacées.
Bonnet d'Evêque Chapeau d'évêque, Epimedium, petite plante, graines en tube, 9 espèces.	Berbérisacées.
Bonnet de prêtre ou Bonnet carré, Fusain, son fruit a 4 ou 5 cornes, 45 espèces.	Célastracées.
Bonnet turc ou turban, variété de potiron à côtes, Giraumont, comestible.	Cucurbitacées.
Bonnetiées 6ᵉ tribu de la famille des Théacées : 8 genres, 44 espèces.	
Boradille Asplenium adiantum, petite fougère à tige noire des endroits sombres	Fougéracées.
Borasse ou **Borassus** Beau palmier avec feuilles en éventail ; on en tire le Jeggery, une espèce.	Palmacées.
Borassées 5ᵉ tribu de la famille des Palmacées : 6 genres, 23 espèces.	
Borbone crénelée Plante d'orangerie 80-90ᶜ, fleurs brun-jaunâtre.	Léguminacées.
Boribori Uvaria odorata ou Canang des Moluques, à odeur pénétrante, donne l'huile de Macassar.	Anonacées.
Borkhausie ou Crepis, plante des champs et cultivée, fleurs marguerites, 150 espèces.	Composacées.
Boronie Boronia, plante 40 60ᶜ, feuilles aromatiques, fleurs en cône souvent rubis, 58 espèces.	Rutacées.
Boroniées 4ᵉ tribu de la famille des Rutacées : 17 genres, 146 espèces.	
Borragées 4ᵉ tribu de la famille des Borraginacées : 60 genres, 787 espèces	

BORRAGINACÉES 121ᵉ famille des Dicotylédones : 4 tribus, 77 genres, 1.235 espèces (de l'arabe : père de la sueur).

BORRAGINACÉES Principaux genres et espèces : Alkanna, Amsinckia, Anchusa, Arnebia, Asperule, *Bourrache*, Bourreria, Buglosse, Caccinia, Cerinthe, Cochranea, Coldenia, Consoude, *Cordia*, Cynoglosse, Echinospermum, Echium, *Ehretia*, Eritrichium, Gremil, Halgania, *Héliotrope*, Hippoglossum, Lappula, Lindefolia, Lithospermum, Lobostemon,

Lycopside, Macromeria, Macrotomia, Melinet, Meratia, Mertensia, Moritzia, Myosotis, Nonnea, Omphalode, Onosma, Orcanette, Osmodium, Paracaryum, Pectocarya, Pulmonaire, Rapette, Rindera, Rochefortia, Rochelia, Solenanthus, Symphytum, Tournefortia, Trichodesma, Trigonotis, Varronia, Viperine.

Borrichia ou Diomedea arbuste couvert d'un duvet court, blanc-argenté, fe. lancés, fl. jaunes, 3 esp. Composacées.

Borye-acuminée Arbuste 130-150, petites fleurs blanches de peu d'effet, Forestiera. Oléacées.

Bosquet Petit bois, bouquet d'arbres, tonnelle avec plantes grimpantes.

Boswellia-thurifera, arbre à parfum 5-7ᵐ, fournit l'oliban par incision. Burséracées.

Botanique du grec botaniké, de botané : Plante, Herbe.

Botanique science qui a pour objet l'étude des végétaux, à les distinguer et à les classer.

Botaniques (jardins) 1533 à Ferrare, 1543 à Pise, 1546 à Padoue, 1577 à Leyde, 1597 à Montpellier, 1598 à Paris, Oxford 1632.

Botaniste celui qui étudie la botanique, qui est savant en botanique.

Botrychium Lunaria, petite fougère de montagne, 5-20ᶜ, une seule fe., sporanges sur deux rangées. Fougéracées.

Botrys Ansérine, plante 30-60ᶜ, feuilles alternes, fleurs en épis verdâtres. Chénopodiacées.

Botrytis-basidiobolus produit la muscardine, maladie des vers à soie, Botrytis, 73 esp. ou Variétés. Champignonacées.

Botrytis-tenella et Isaria-densia : champ. qui combattent le ver blanc (Lemoult, 1890) Isaria, 16 esp. Champignonacées.

Boucage Carum, plante de 20-30ᶜ, fleurs blanches en ombelle des pâturages, 60 espèces. Ombelliféracées.

Boucage Pimpinella-anisum, Anis vert pour confiseurs, liqueurs, parfums. Ombelliféracées.

Boufarif d'Algérie Très grande culture de fleurs pour parfums, à 34 kil. d'Alger.

Bougainvillea Arbrisseau grimpant, épineux, fleurs jaunes, bractées violacées, 8 espèces. Nyctaginacées.

Bougueria plante vivace du Pérou, feuilles linéaires, blanchâtres, fleurs sur tige, une espèce. Plantaginacées.

Bouillard Betula, Bouleau blanc, bouleau à balais, bouleau verruqueux. Cupuliféracées.

Bouillard Peuplier blanc de Hollande, Ypréau, Franc-Picard, Populus. Salicacées.

Bouillon blanc Verbascum, Molène, plante à feuilles veloutées, fleurs jaunes en épi, 100 espèces. Scrofulacées.

Bouillon noir Lappa, Bardane, oreille de géants : grandes feuilles sur décombres, 7 espèces. Composacées.

Boule d'argent Philadelphus arbrisseau belles feuilles, fleurs en boule, Seringa, 12 espèces. Saxifragacées.

Boule de neige Viburnum-stérilis-opulus, Roses des Gueldres, Viorne obier, Caillebotte. Caprifoliacées.

Boule de neige ou Viorne obier, arbuste 150-180ᶜ des lieux humides, fleurs blanches en boule. Caprifoliacées.

Boule d'or Trollius-japonica, plante nouvelle, fleurs en boutons d'or. Renonculacées.

Boule à vinaigre baie de l'Hippophaë, Argousier, petit arbuste des dunes, Chalef, une espèce. Eléagnacées.

Bouleau Betula, Biès, Bouillard, arbre de la sagesse, fait le cuir russe, 35 espèces. Cupuliféracées

Bouleau Arbre élancé à écorce blanche, petites feuilles, des pays froids. Cupuliféracées.

Bouleau à papier 1750 en Europe, avec l'écorce on faisait du papier. Cupuliféracées.

Boulet de canon fruit du Couroupita-guyanensis arbre, fe. alternes, graines amandes d'Hudos. Myrtacées.

Boulingrin tapis de verdure de forme arrondie, oblongue ou ovale, souvent en talus.

Bouquet de mai ou Cochonnet : rameau court avec fleurs (œil à bois), des arbres fruitiers à noyau.

Bouquet de la mariée : roses Banksia, petites fleurs blanches, roses de mai, 7 Variétés. Rosacées.

Bouquet parfait ou tout fait, Dianthus, œillet de poète, barbu, jalousie. Caryophyllacées.

Bourbonnaise Lychnis-viscaria, splendens, petite plante à bordure, rocaille, fleurs pourpres. Caryophyllacées.

Bourdaine Rhamnus-frangula, Bois à poudre, Bourgène, Nerprun, Aune noir, arbrisseau. Rhamnacées.

Bourdon-St-Jacques Rose trémière, rose de mer, rose d'outre-mer (de Syrie), 20 Variétés. Malvacées.

Bourg-épine Nerprun, Noirprun; Quemot, arbrisseau toujours vert, fruit purgatif, raisin de chèvre. Rhamnacées.

Bourgène Rhamnus-frangula, arbuste 150ᶜ, à feuilles très découpées, baies noires. Rhamnacées.

Bourgeons ou œils, ou boutons, d'où sortiront en temps voulu : tiges, branches, feuilles, fleurs et fruits.

Bourgeons de sapin du Pin sylvestre, Pin du Nord, dont on fait les charpentes, écorces écailleuse. Coniféracées.

Bourgogne Onobrychis-sativa, sainfoin, esparcette, donne bon fourrage, 70 espèces. Léguminacées.

Bourrache Plante 30-60, feuilles avec poils, belles fleurs bleues, Borrago, 3 espèces. Borraginacées.

Bourrache de l'Arabe : Abou-ra-ch : père de la sueur, plante orginaire d'Afrique. Borraginacées.

Bourrache bâtarde Anchusa, Buglosse, langue de bœuf à fleurs bleues, 30 espèces. Borraginacées.

Bourreau des arbres Celastrus-scandens, plante grimpante qui étouffe les arbres, 75 espèces. Célastracées.

Boursault Salix-caprea, Saule Marsault, arbre ou arbuste feuilles grises, petites fleurs blanches.   Salicacées.

Bourse à Judas Lepidium, Passerage des champs, 40-50', graines noires, 80 espèces.   Cruciféracées.

Bourse à Pasteur Bourse à berger, Capselle, Tabouret, Thlaspi, fleurs blanches, odeur d'ail, 8 esp.   Cruciféracées.

Boursette Doucette, Mâche, plante potagère, se mange en salade, 40 variétés.   Valérianacées.

Bousserole ou Busserole Arbousier, arbrisseau produisant un fruit aspect de fraise, 10 espèces.   Ericacées.

Boussingaultia plante grimpante, à tubercule, feuilles ovales, charnues, petites fl. blanches en épi, 10 esp.   Chénopodiacées.

Boussingaultiées 12ᵉ tribu de la famille des Chénopodiacées, 2 genres, 11 esp. Anredera, Boussingaultia.

Bouton d'argent Achillée, mille feuilles, feuilles très divisées, fleurs blanches, Ptarmica, 100 espèces.   Composacées.

Bouton de bachelier Amarantoïde, plante 30ᶜ, fleurs immortelles violet luisant.   Amarantacées.

Bouton d'or Renoncule âcre, plante vénéneuse, bords des fossés, grenouillette, 30 variétés.   Renonculacées.

Bouton rouge Gainier du Canada, la feuille a une pointe, la fleur plus petite que le cercis.   Léguminacées.

Bouture petite branche mise en terre pour la reproduction : géranium, giroflée, œillet et beaucoup d'arbres.

Bouvardia 1794 Arbuste à rameaux velus, feuilles persistantes, fleurs en tube, très décoratives, 17 esp.   Rubiacées.

Boviste Champignon géant qui atteint jusqu'à 0 m. 40 de diamètre, Bovista, 14 espèces.   Champignonacées.

Bowiea Plante volubile, 100', fleurs en grappe de 15ᶜ, du Cap de Bonne Espérance, 1 esp.   Liliacées.

Boyau pollinique organe femelle de la fleur, c'est le tube par où le pollen descend dans l'ovaire.

Brabeium ou Brabyla Arbrisseau à feuilles verticillés, fleurs par 3 ou 4, surmontées de bractées, 1 esp.   Protéacées.

Brachychiton (kiki) Arbre à feuilles persistantes, produit une noix comme le kola, allée de Monte-Carlo.   Sterculiacées.

Brachycome Plante à feuilles linéaires, petites fleurs bleues centre brun ou fleurs blanches, 45 esp.   Composacées.

Brachylobus Nasturtium, plante des fossés, ruisseaux, à feuilles dentées, fleurs jaune vif, 90 espèces.   Cruciféracées.

Brachypode Brachypodium, plante des bois, buissons 50-80', fleurs en épi comme orge, 6 espèces.   Graminacées.

Brachysème Arbuste 120-140', feuilles alternes ovales, fleurs d'un rouge éclatant, 14 espèces.   Léguminacées

Bractée Membrane porte graines de certaines plantes, comme le Tilleul à infusion.

Bractées Petites feuilles florales qui touchent les fleurs : Bougainville, Ornithogale, Poincettia, Ruellie, Sauge, Tilleul, etc.

Bragalou de Montpellier Plante sans feuilles, aspect du jonc, fleurs blanches ou rougeâtres.   Liliacées.

Brahea Palmier avec feuilles en éventail, argentée-bleuâtre, d'un très bel effet, 4 espèces.   Palmacées.

Branc-Ursine Heracleum, Berce, Angélique sauvage, Acanthe molle, pl. 100-150, velue, fl. blanches.   Ombelliféracées.

Branc-Ursine sauvage, chardon des marais, des prés humides, 50-150ᶜ, langue de bœuf.   Composacées.

Branches gourmandes des arbres à fruit : les branches de l'année qui ne portent que des feuilles.

Brassia-Verucosa orchidée avec fleurs de forme bizarre du Brésil, Mexique.   Orchidacées.

Brassica Chou, moutarde, navet, brocoli, choux-fleur, chou-rave, 85 espèces.   Cruciféracées.

Brassicées 5ᵉ tribu de la famille des Cruciféracées : 11 genres, 202 espèces.

Braya Plante couchée des endroits humides, feuilles divisées, fruits dressés, 15 espèces.   Cruciféracées.

Brayera ou Hagenia, arbre penché 7 à 8 mètres de l'Abyssinie, produit le kousso, 1 espèce.   Rosacées.

Brayette Primevère des jardins, plante 10-20', fleurs en bouquet souvent jaunes.   Primulacées.

Brède Variété de morelle des pays chauds, se mange comme épinard.   Solanacées.

Brède Epinard des colonies avec les feuilles les plus diverses.   Solanacées.

Brésillet d'Amérique ou Caesalpinia-echinata donne teinture beau rouge, Bois de Fernambouc.   Léguminacées.

Brésillet du Japon, plante grimpante, fleurs jaunes, aux Indes donne le bois de Sappan, 40 espèces.   Léguminacées.

Brésine ou Zinnia de la Louisiane, plante 50ᶜ nombreuses fleurs en capitule, rayons rouges, centre jaune.   Composacées.

Brindonier Garcinia-Indica, on tire de ses graines le beurre de Kokum.   Guttiféracées.

Brise ou Briza ou Amourette tremblante, remue toujours, langue de femme, prairie, gazon, 12 esp.   Graminacées.

Brocoli Brassica, chou-fleur vert, généralement plus petit que le blanc, 7 variétés.   Cruciféracées.

Brodiée Plante bulbeuse, 15-25' feuilles linéaires aiguës, fleur bleu-violet, Hookera, 36 espèces.   Liliacées.

Brôme Bromus, plante des champs, chemins, prés, murs, soutient les talus, 40 espèces.   Graminacées.

Brôme dressée Lawn-grass, donne un fourrage dur et peu estimé, se mélange au gazon anglais.   Graminacées.

Brôme faux seigle Plante annuelle, donne un mauvais fourrage, mais la graine est recherchée des volailles.   Graminacées.

Brôme stérile Epi comme l'avoine, pousse sur les murs, bords des chemins.   Graminacées.

Bromélia Plante épineuse, feuilles charnues, fruit ananas à couronne comestible, 5 espèces.   Broméliacées.

BROMÉLIACÉES 6' famille des Monocotylédones : 3 tribus, 38 genres, 525 espèces (Bromel, botaniste suédois, ami de Linné).

BROMÉLIACÉES Principaux genres et espèces : Aechmea, Ananas, Billbergia, Bonapartea, Brocchinia, *Bromelia*, Canistrum. Caraguata, Catopsis, Chevaliera, Cryptanthus, Dyckia, Encholirion, Guzmania, Hechtia, Hohenbergia. Hoplophytum, Karatas, Lamprococcus, Macrochordium, Neumannia, Nidularium, *Pitcairnia*, Portea, Pourretia, Puya Quesnelia, Rhodostachys, Schlumbergeria, Sodiroa, Streptocalyx. *Tillandsia*.

Broméliées 1re tribu de la famille des Broméliacées : 26 genres, 161 espèces.

Brosimum Arbre à la vache, par incision, on en tire un lait épais, Piratinera, 10 espèces.   Urticacées.

Brou de noix Enveloppe charnue de la noix comestible, donne une teinture et une liqueur.   Juglandacées.

Brouillard Gypsophile, plante à tiges très légères, petites fleurs blanches, 55 espèces.   Caryophyllacées.

Broussailles Plantes ligneuses barrant le passage : ronce, viornes, etc... abritent le gibier.

Broussin Loupe, excroissance sur le tronc des arbres, celui de l'Erable est recherché par les tablettiers.

Broussonetia Murier à papier, arbre à fe. bien découpées, trilobées 1751 en France, pieds mâles, 3 esp.   Urticacées.

Browallia Plante 50-60ᵉ à fleurs violet-pâle et tube jaune, 1735 en France, 6 espèces.   Solanacées.

Brownea Arbrisseau 2-3ᵐ, fe. composées, 10-12 folioles, gros bouquet de fleurs roses et pourpres, 8 esp.   Léguminacées.

Brownlowiées 1' tribu de la famille des Tiliacées : 8 genres, 13 espèces.

Brucea ou **Brucée** Arbre d'Abyssinie 4-5ᵐ à écorce grisâtre, feuilles composées de 9 à 13 folioles.   Simarubacées.

Bruche Coléoptère qui dépose son œuf sur les fleurs des lentilles, puis l'œuf éclot dans la graine.

Brugmansia ou Datura arborea, tige à bois mou 150-250, fleurs en entonnoir.   Solanacées.

Brugnon Fruit à noyau entre la pêche et la prune, c'est une variété de pêche.   Rosacées.

Brugnonnier ou **Albergier** Produit des fruits à peau lisse et noyau libre, variété de pêcher.   Rosacées.

Brugnonnier ou **Persequier** Produit des fruits à peau lisse et noyau adhérent, aspect de grosse prune.   Rosacées.

Brunella-vulgaris ; petite plante dans les gazons, feuilles opposées, fleurs violettes.   Labiacées.

Brunfelsia Arbuste 100ᵉ toujours vert ; fleurs blanches, longues, odeur suave, 20 espèces.   Solanacées.

Brunia Arbuste d'orangerie, 120-130', feuilles laineuses, fleurs en boules, 10 espèces.   Bruniacées.

BRUNIACÉES 71' famille des Dicotylédones, 10 genres, 45 espèces (de Bruniacum, Bruniato, ville de Sardaigne).

BRUNIACÉES Principaux genres ; Andouinia, Berardia, Berzelia, Brunia, Heterodon, Linconia, Lonchostoma, Raspalia, Staavia, Thamnea, Tittmannia, plantes aspect Bruyères du cap de Bonne Espérance.

Brunswigia toxicaria Amaryllis vénéneuse à petites fleurs rose tendre en ombelle.   Amaryllisacées.

Bruyère Erica plante ligneuse à fleur rose-violacé dans les bois et cultivée, 400 espèces.   Ericacées.

Bryanées 2ᵉ tribu de la famille des Moussacées, avec une terminale pendante.

Bryone Plante envahissante, tige velue. Couleuvrée, pousse sur les haies, fruits rouges vénéneux, 8 esp.   Cucurbitacées.

Bryone Plante grimpante, navet du diable, rave de serpent, vigne blanche, racine vivace pivotante.   Cucurbitacées.

Bryonopside Plante grimpante à vrilles, feuilles alternes, palmées, fruits écarlates, 2 espèces.   Cucurbitacées.

Bryophyllum ou Kalanchœ tige charnue 60', feuilles composées, fleurs pendantes panachées, 4 esp.   Crassulacées.

Bryopsis Algue marine verte, elle couvre les rochers qui émergent à mer basse.   Alguacées.

Bubinga Bois de rose du Congo, bois de corail d'un Ptérocarpus-erinaceus.   Léguminacées.

Bucail Sarrasin, blé noir à tige rouge, fleurs blanches ou rosées, 2 espèces.   Polygonacées.

Bucanephyllon Plante vivace aimant l'eau, 30-60', feuilles en cornet ou capuchon.   Sarracéniacées.

Bucera ou **Fœnum-graecum** Senegrain, Trigonelle, plante à fleurs blanchâtres, 60 espèces.   Léguminacées.

Buchu ou **Bucco** Diosma ; arbuste à fleurs blanches ou roses en cône.   Rutacées.

Bucklandia 1878 arbre ayant l'aspect du peuplier, feuilles d'un beau vert, 2 espèces.   Hamamélisacées.

Buddleia 1824 Arbrisseau élancé, feuilles grises, fleurs tubes en longues grappes jaunes ou lilas, 70 esp.   Loganiacées.

Buettneria Buttnerie ou Pentaceros des pays chauds, plante épineuse, feuilles alternes, 55 espèces.   Sterculiacées.

Buettneriées 7ᵉ tribu de la famille des Sterculiacées : 11 genres, 128 espèces.

Buffonie Plante des lieux secs du Midi, fleurs à 4 pétales et 4 étamines, 6 espèces.   Caryophyllacées.

Bugle rampante Ajuga, Ivette, petite plante comme Myosotis, tige carrée, sans odeur agréable.   Labiacées.

Buglosse Anchusa, Orcanette, plante 50-100' à grandes feuilles velues, fleurs bleues, 30 espèces.   Borraginacées.

Buglosse sauvage : Lycopside, plante à feuilles velues, petites fleurs bleues, 4 espèces.   Borraginacées.

Bugnot Pensées à grandes macules sur fleurs variées ; pensées et violettes, 150 espèces, 250 variétés.   Violacées

Bugrane Ononis, arrête-bœuf, plante à tige épineuse, fortes racines, fleurs roses, 60 espèces.   Léguminacées

Buis en arbre Bois très dur et très lourd, il reste au fond de l'eau, 1770 de Mahon.   Euphorbiacées.

Buis d'Espagne Arbrisseau jusqu'à 5-6ᵐ, pousse droit sans loupes, recherché des luthiers.   Euphorbiacées.

Buis exotiques Papri dans l'Inde, bois jaune, pousse lentement, pour tourneurs.   Euphorbiacées.

Buis nain Buis d'Artois, plante 20-50ᶜ toujours verte pour bordures, dessins, Ozanne.   Euphorbiacées.

Buisson (de buis) Arbustes ou arbrisseaux touffus à la base, derrière lesquels on peut se cacher ; épines, ormeaux, ronces.

Buisson ardent Mespilus-pyracantha, arbre de Moïse à baies rouges ou oranges même en hiver, 2 esp.   Rosacées.

Buisson de Malabar Ixore, plante très fournie, fleurs écarlates ou jaunes, Siderodendron, 135 espèces.   Rubiacées.

Bulbe ou Caïeux du grec : Bolbos, Oignon ; germe de certaines plantes que l'on abrite en hiver, principalement des Liliacées.

Bulbine Plante 70ᶜ, tige comme poireau à fleurs jaunes, 23 espèces   Liliacées.

Bulbocodium Crocus rouge, plante bulbeuse, fleurs violettes avant la feuille linéaire, 1 espèce.   Liliacées.

Bulbonac Lunaire ou Monnaie du Pape, satin blanc, fleurs blanches soyeuses, 2 espèces.   Crucifèracées.

Bullées (feuilles) de forme ondulée comme le Chou Milan, la Mauve crépue, on dit aussi feuilles cloquées, crispées.

Bulliarde de Vaillant, plante grasse des marécages, 20-50ᶜ, feuilles opposées.   Crassulacées.

Bulu Boulou Bambou à bois très dur, donne des étincelles sous la hache qui le coupe.   Graminacées.

Bumélia Arbuste, 200ᶜ, très petites feuilles, fleurs à l'aisselle des feuilles, fruits à noyau, 20 espèces.   Sapotacées.

Buméliées 6ᵉ tribu de la famille des Sapotacées : 4 genres, 57 espèces ; Bumelia, Dipholis, Imbricaria, Mimusops.

Bunias Cameline, plante oléagineuse, on fait : huile à brûler, peinture, savon noir, 4 espèces.   Crucifèracées.

Bunias ou Cakile Crambe maritime, à feuilles charnues, fleurs lilas, 2 espèces.   Crucifèrasées.

Bunium ou Carvi Plante des prés, des bois humides 30-60ᶜ, fleur en cœur renversé.   Ombellifèracées.

Bupariti Sterculia à feuilles de platane, arbre de 8 à 10ᵐ, fleurs peu apparentes.   Sterculiacées.

Buphthalmum cordifolium Plante vivace, feuilles en cœur, 40ᶜ, grandes fleurs jaunes en cimes.   Composacées.

Buphthalmum frutescens Plante ligneuse, feuilles blanches soyeuses, grandes fleurs jaunes.   Composacées.

Buphthalmum speciosum Plante 100ᶜ, grandes feuilles, belles fleurs jaunes.   Composacées.

Bupleurum Arbuste petite taille, très vigoureux, à feuilles perfoliées, Isophyllum, 10 esp. 60 variétés.   Ombellifèracées.

Bupleuvre Arbust 150ᶜ à feuilles rondes persistantes, fleurs jaunes, perce-feuille.   Ombellifèracées.

Burchellia 1818 Arbuste 70-120ᶜ, feuilles en cœur, coriaces ; fleurs coccinées d'un bel effet, une espèce.   Rubiacées.

BURMANNIACÉES 2ᵉ famille des Monocotylédones : 3 tribus, 10 genres, 50 espèces (Burmann J. hollandais, 1706-1779).

BURMANNIACÉES Principaux genres et espèces. Apteria, Arachnites, Bagnisia, *Burmannia*, Campylosiphon, *Corsia*, Cyanotis, Dichtyostegia, Geomitra, Gymnosiphon, Maburnia, *Thismia*.

Bursaria 1793 Arbuste épineux 120-150ᶜ, petites feuilles luisantes, petites fleurs blanches, 2 espèces.   Pittosporacées.

Bursera Arbre des Antilles donne une résine jaune à odeur de citron ; Carana ou Caragne.   Burséracées.

BURSÉRACÉES 44ᵉ famille des Dicotylédones : 13 genres, 275 espèces (de Burser, médecin et botaniste, 1603-1689.

BURSÉRACÉES Amyris, Balsamodendron, Boswellia, Bursera, Canarium, Colophonia, Commiphora, Crepidospermum, Garuga, Hedwigia, Icica, Icicopsis, Libanus, Protium, Santiria, Triomma.

Burtonia Plante 40-60ᶜ, aspect de la bruyère, fleurs en épi rouge écarlate, 8 espèces.   Léguminacées.

Busserole Arbutus uva-ursi. Raisin d'ours, arbuste toujours vert, fruits rouges, 10 espèces.   Ericacées.

Butea frondosa Arbre produisant la gomme laque, nommée Quino du Bengale.   Léguminacées.

Butome en ombelle ; jonc fleuri, plante 100ᶜ, à fleurs roses, variété panachée, une espèce.   Alismacées.

Butomées 2ᵉ tribu de la famille des Alismacées : 4 genres. 10 espèces : Butomopsis, Butomus. Hydrocleis, Limnocharis.

Butomus-Umbellatus Plante aquatique 50ᶜ, fleurs en ombelle sur tige de 90 à 100ᶜ.   Alismacées.

Buttonia Plante originaire de l'Afrique australe, feuilles opposées, grandes fleurs, une espèce.   Scrofulacées.

Butyrospermum On extrait de ses cotylédons le beurre de Karité et une gutta, une seule espèce.   Sapotacées.

Buxées 3ᵉ tribu de la famille des Euphorbiacées : 6 genres, 30 espèces.

Buxerolle ou Busserole Arbousier, arbre et arbrisseau à fruits rouges comme fraise, 10 espèces.   Ericacées.

Buxus ou Buis ; ses feuilles servent à frauder le houblon pour la bière, 20 espèces.   Euphorbiacées.

Byttneria ou Buettneria ou Pantaceros, plante à aiguillons, feuilles alternes, fl. en cymes, 55 espèces.   Sterculiacées.

C

Caa Au Brésil, c'est le Maté-Yerba, le thé de l'Amérique du Sud. Ilicacées.
Cabaret Asarum, Nard sauvage, plante basse à belles feuilles rondes, velues, 13 espèces. Aristolochacées.
Cabaret des oiseaux Cardère, chardon à bonnetier, laitue aux ânes, feuilles-réservoirs, 13 espèces. Dipsacées.
Cabombées 1ʳᵉ division de la famille des Nymphéacées : 2 genres, 4 espèces : Brasenia, Cabomba.
Cabosse Fruit du Théobroma-cacao, baie charnue de 12 à 20ᶜ de longueur. Sterculiacées.
Cabrillet Arbuste de serre, 60-70ᶜ, feuilles ovales, fleurs blanches ou purpurines. Borraginacées.
Cabus (chou) Le choux cabus sert spécialement à faire la choucroute, grosse espèce à feuilles lisses. Cruciféracées.
Cacahuéte (mot espagnol) Arachide, Pistache de terre, amande ronde et longue, 7 espèces. Léguminacées.
Cacalia-Alpinia Adenostyles, plante des montagnes, rôchers, feuilles cotonneuses, fleurs pourpres. Composacées.
Cacalia-Sagittata Plante de 100ᶜ avec feuilles triangulaires en flèche ; fleur écarlate ou orange. Composacées.
Cacao ou Cabosse, fruit du Cocaoyer, on en retire une huile qui devient le beurre de cacao. Sterculiacées.
Cacaoyer ou Théobroma, 1649 en Europe, 1684 à la Martinique, par Dacosta, fleurs inodores. Sterculiacées.
Cacaoyer Arbre de 8 à 10ᵐ, feuilles alternes, fleurs rougeâtres, fruits en capsule de 30 à 40 amandes. Sterculiacées.
Caccinia-glaba Plante 60 à 70ᶜ, feuilles ovales, rudes ; fleurs bleues ou roses. Borraginacées.
Cachibou (Baume) ou Chibou ou cochon, tiré du Symphonia arbre appelé aussi Chrysopia. Guttiféracées.
Cachiman Cœur de bœuf des Antilles, arbre à gros fruits : l'Anone en cœur, saveur agréable, 50 esp. Anonacées.
Cachiri Liqueur enivrante de la Guyane tirée du Jatropha-Curcas, donne aussi le Manioc. Euphorbiacées.
Cachou Tiré de l'Areca-catechu, Arequier ; c'est une gomme résine. Palmacées.
Cachou tiré du Cassuvium ; employé en confiserie, pharmacie, teinture. Anacardiacées.
Cachou ou Gambir tiré de l'Ourouparia, plante grimpante 2-3ᵐ, Uncaria. Rubiacées.
Cachou tiré du Mimosa-catechu, arbre de l'Inde, 6 à 8ᵐ. Léguminacées.
Cachou tiré du Pterocarpus, arbre qui fournit le bois de Santal rouge. Léguminacées.
Cachou de Bengale Provient du mimosa-suma, arbre jusqu'à 10ᵐ. Léguminacées.
Cachou de Birmanie et Ceylan ; provient du mimosa-catechu, arbre de 6 à 8ᵐ (Chu : Suc). Léguminacées.
Cachrys Plante à grandes feuilles, fleurs en ombelle, fruit aspect noisette, 8 espèces. Ombelliféracées.
CACTACÉES 86ᵉ famille des Dicotylédones : 2 tribus, 15 genres, 1139 espèces (du grec Cactus plante épineuse).
CACTACÉES Principaux genres et espèces : Cactus Cereus ou cierge, *Echinocactus*, Echinocereus, Echinopsis, Epiphyllum, Figuier de Barbarie, Hariota, Lepismium, Leuchtembergia, Mamillaria, Melocactus, Nopal, *Opuntia*, Pereskia, Phyllocactus, Pilocereus, queue de souris, Rhipsalis, plantes charnues, épineuses sans feuilles.
Cactus ou Cactier Nom souvent donné aux Opuntia et à d'autres plantes charnues : Cereus, Nopal, etc. Cactacées.
Cade (huile de) Extraite d'une espèce de Genevrier-oxycedrus, à fruits rouges, l'huile vient du bois. Coniféracées.
Cadia-varia Arbrisseau 250-300ᶜ, feuilles composées 20-25 folioles, fleurs blanches, puis roses. Léguminacées.
Caduques (feuilles) qui sèchent et tombent chaque année à l'automne ; opposées, persistantes.
Caesalpinia Arbre du Brésil et de la Jamaïque, son bois teint en rouge, 40 espèces. Léguminacées.
Caesalpiniées 2ᵉ division de la famille des Léguminacées, 7 tribus, 79 genres, 930 espèces.
Café fruit du caféier en grosses gousses, s'ouvrant à maturité, 1615 à Venise, 1654 à Marseille. Rubiacées.
Café (faux) Astragale, Cassier, Chicorée, Gombo ou Ketmie, Lupin, etc.
Café négre Faux café avec le fruit du Cassia-fœtida comme la Chicorée. Léguminacées.
Caféier ou Coffea Arbrisseau toujours vert de 4 à 8 m., tiges cylindrique, fl. blanc rosé en cyme, 30 esp. Rubiacées.
Caféier 1710 à Amsterdam, 1713 à Paris, 1720 à la Martinique, par de Clieu, 1724 à la Guadeloupe. Rubiacées.
Caféier Arbrisseau de serre à Paris 350ᶜ, belles feuilles à 18 nervures, tribu des ixorées. Rubiacées.
Cahuchu Caoutchouc Siphonia ou Hevea, 9 espèces. Euphorbiacées.
Caïeux Le bulbe ou tête d'Ail est formé de dix à douze caïeux ou gousses. Liliacées.
Caillebotte ou Viorne-Obier, boule de neige, rose de Gueldre, fleurs blanches en boule. Caprifoliacées.
Caille-lait Galium verum, Gaillet nain à jolies fleurs jaunes, odeur agréable. Rubiacées.

Caïmitier Chrysophyllum, arbre des Antilles, Brésil, fruit comestible estimé, 60 espèces.   Sapotacées.

Cainça ou Chiococca-anguifuga plante de l'Amérique équatoriale dont la racine est employée.   Rubiacées.

Cajanus-indicus ou pois d'Angole, petit arbuste à graine comestible et fourragère, 1 espèce.   Léguminacées.

Cajeputi Mélaleuca, arbre à écorce blanche feuilletée, donne l'huile de Cajeput.   Myrtacées.

Cajophora Plante grimpante, feuilles couvertes de poils brillants, fleurs rouges, 12 espèces.   Laosacées.

Cakile maritime Crambe bunias, plante des dunes à feuilles charnues, Roquette de mer, 2 espèces.   Cruciféracées.

Cakilinées 9ᵉ tribu de la famille des Cruciféracées : 12 genres, 48 espèces.

Cal de foin Assemblage de 21 bottes de foin, d'où Calvanier, ouvrier agricole.

Calaba Calophyllum arbre produisant les noix de Galba ou de Mohu, 35 espèces.   Guttiféracées.

Calabar (fève de) graine aspect du Haricot, du Physostigma, liane d'Afrique à grandes feuilles, 1 esp.   Léguminacées.

Caladium esculentum. Plante introduite en 1766 du Brésil, grandes et belles feuilles colorées, 173 var.   Aroïdacées.

Caladium-via Dans toutes nos colonies cette plante a des tubercules comestibles. Tallo.   Aroïdacées.

Calamagrostis ou roseau panaché, tige 60-90, feuilles rubanées de blanc jaunâtre.   Graminacées.

Calamagrostis Les feuilles semblent des rubans; donne un fourrage grossier, 135 espèces.   Graminacées.

Calaminthe Plante 40ᶜ, fleurs bleu pâle, lilas, roses; graine odeur agréable, 40 espèces.   Labiacées.

Calamites Arbre fossile du terrain houiller ayant l'aspect du sapin.   Gnétacées.

Calampelis scabra ou Eccremocarpe grimpant, fleurs rouge-orangé brillant, 3 espèces.   Bignoniacées.

Calamus-Roseau des écrivains, Arundo-scriptoria, Beesha, Ochlandra, fleur en ombelle, 3 espèces.   Graminacées.

Calamus rotang Rotin, Palmier à tiges grêles ayant 150 à 200 mètres de longueur, 200 espèces.   Palmacées.

Calanchoe (ou Kal.) des Moluques; pl. à tige charnue, 60ᶜ, feuilles composées, fleurs panachées, 36 esp. Crassulacées.

Calandrinia Petite plante, fleurs sur tiges souvent rouge violet, étamines dorées, 65 espèces.   Portulacées.

Calandrinie ou Talinum étalé; plante 50ᶜ, feuilles épaisses, petites fleurs sur tiges, 14 espèces.   Portulacées.

Calanthe Plante de serres à grandes feuilles plissées, fleurs blanches sur hampe de 60-90ᶜ, 40 espèces.   Orchidacées.

Calanthus ou Alloplectus, plante à feuilles veloutées, belles nervures, fleurs rouge éclatant, 30 esp.   Gesnéracées.

Calathea ou Galanga zebrée, plante 40-60ᶜ, feuilles larges, veloutées, rayées, fleurs panachées, 60 esp. Zingibéracées.

Calathide ou Capitule. C'est le réceptacle de toutes les fleurs de la famille des composacées.

Calcéolaire Petite plante de semis; ses fleurs ont l'aspect d'un sabot ou de la fraise.   Scrofulacées.

Calcéolariées 4ᵉ tribu de la famille des Scrofulacées : 1 genre, 120 espèces, Calcéolaire.

Calebasse ou Lagenaria gourde des pèlerins, d'un grand usage aux pays chauds, 1 espèce.   Cucurbitacées.

Calebassier Crescentia-cujete, arbre du Brésil, produisant des Calebasses, 15 espèces.   Bignoniacées.

Calectasiées 11ᵉ tribu de la famille des Liliacées : 3 genres, 3 espèces: Baxteria, Calectasia, Kingia.

Calendula (de Calande); fleurit tous les mois; souci à fleurs jaune-orangé, 10 espèces.   Composacées.

Calendulées 9ᵉ tribu de la famille des Composacées : 8 genres, 115 espèces.

Calépina de Corvin Plante 20-30ᶜ des marais, à fleurs blanches, Crambe, 1 espèce.   Cruciféracées.

Calice enveloppe extérieure de la fleur : composée de sépales, le calice de la rose a cinq sépales.

Caliciflores 2ᵉ Division des Dicotylédones; fleurs à pétales et étamines insérés sur le calice (De Candolle).

Calicule petites bractées au-dessous du Calice, simulant un deuxième calice dans l'œillet barbu, la mauve, etc.

Californie ou Globe du Soleil, Eschscholtzie, plante 30-40ᶜ, fleur à pétales, 15 espèces.   Papavéracées.

Calimeride Aster-incisus, plante remontante 40-70ᶜ, fleurs blanches, disque jaune.   Composacées.

Calisaya et Carabaya. Variétés de Quinquina jaune (Carabaya, province du Pérou).   Rubiacées.

Calla ou Arum Chou-calle, Plante à feuilles engainantes, fruits rouges, 1 espèce.   Aroïdacées.

Calla d'Ethiopie Richardia 60-100ᶜ, Zantedeschia, Arum cultivé, fleurs blanches, 1687 du Cap, 6 esp.   Aroïdacées.

Calla des Marais 30-50ᶜ; Arum sauvage à fleurs jaunes, plante vénéneuse.   Aroïdacées.

Calliandra ou Anneslea ou Clelia ou Codonandra, arbre élevé, des Antilles, 100 espèces.   Léguminacées.

Callicarpa 1790 (beau fruit), arbuste à feuilles velues, fleurs rouges en grappe, baies rouge vif, 30 esp. Verbenacées.

Callichroa Plante 15-20ᶜ, feuilles en rosette, fleurs jaunes, disque brun, 12 espèces.   Composacées.

Callicome Arbuste 100-120ᶜ, feuilles dentées, cotonneuses en dessous, fleurs blanchâtres, 1 espèce.   Saxifragacées.

Calliopsis ou Coreopsis-tinctoria, tige rameuse, 70-90ᶜ, feuilles opposées, fleurs jaunes, disque brun.   Composacées.

Callirhoe Plante hérissée 80-90ᶜ, feuilles alternes palmées, fleurs violet-pourpre, 7 espèces.   Malvacées.

Callistachys (bel épi) Arbuste de serre, feuilles lances en verticille, fleurs jaunes en épi, 26 esp. — Léguminacées.

Callistemma-hortensis, Reine Marguerite, Aster de Chine, plante rustique, Callistephus, 1 espèce. — Composacées.

Callistemma ou Scabiosa ou Pterocephalus, pl. 30-60, fleur en pompon sur longue tige. — Dipsacées.

Callistemon 1800 Arbre avec fleur en goupillon, graines sur branches, à Antibes et à Nice, 11 espèces. — Myrtacées.

Callistemon Arbuste de serre, très décoratif, avec fleurs en épis compacts comme goupillon à Paris. — Myrtacées.

Callistephus Aster de Chine, Reine-Marguerite annuelle très rustique, 1 esp.,144 variétés, cult. à Paris. — Composacées.

Callitriche Plante aquatique, étoile d'eau, petites feuilles, très petites fleurs, 2 espèces. — Haloragéacées.

Callitris Quadrivalvis arbre du nord de l'Afrique à bois très dur pour meuble (Thuia). — Coniféracées.

Callixène ou Luzuriaga, Sceau de Salomon grimpant à petit feuillage, 3 espèces. — Liliacées.

Calloïdées 3ᵉ tribu de la famille des Aroïdaçées ; une espèce : Calla.

Callune Calluna, bruyère commune, 40-60ᶜ, feuilles sur 4 rangs, fleurs roses, une espèce. — Ericacées.

Calodracon Plante 100-120ᶜ, feuilles rouges ou panachées, fleurs pourpres. — Liliacées.

Calomeria Humée élégante, plante 150-180ᶜ, feuilles alternes odorantes, fleurs rouges, une espèce. — Composacées.

Calonyction Ipomée épineuse, plante grimpante, fleur en entonnoir, 7-8ᶜ rose ou lilacé. — Convolvulacées.

Calophanes ovatus plante, tige couchée, feuilles ovales, velues, fleurs bleues. — Acanthacées.

Calophyllées 4ᵉ tribu de la famille des Guttiféracées : 5 genres, 56 espèces.

Calophyllum ou Tacamahaca de Bourbon donne résine et baume de Calaba, fruits rouges. — Guttiféracées.

Calothamnus 1803 Arbuste de serre, 100ᶜ à Paris, avec belles fleurs écarlate aspect bruyère, 23 espèces. — Myrtacées.

Calotropis gigantea Plante de l'Afrique tropicale à belles fleurs roses et pourpres, 3 espèces. — Asclépiadacées.

Caltha Plante des fossés, étangs, à feuilles engainantes, fleurs au sommet, 9 espèces. — Renonculacées.

Caltha des marais Cocusseau, ganille, populage, souci des marais, 30 , fleurs jaunes. — Renonculacées.

Caltha palustris Plante aquatique, 50ᶜ à feuilles arondies acres, fleurie au printemps. — Renonculacées.

Calycandra ou Cordyla, arbre du centre de l'Afrique tropicale, une espèce. — Léguminacées.

CALYCANTHACÉES 3ᵉ famille des Dicotylédones : 2 genres, 5 espèces (du grec Kalux, calice ; anthos, fleur).

CALYCANTHACÉES Calycanthus, Chimonanthus ou Meratia, Pompadoura, arbustes originaires du Japon.

Calycanthus Arbre aux quatre épices, faux giroflier, arbrisseau 250-350ᶜ, aromatique, 3 espèces. — Calycanthacées.

Calycanthus Arbuste 2ᵐ à belles feuilles, fleurs grenat, forme étoile, odeur melon. — Calycanthacées.

Calycanthus Arbre aux anémones, Pompadoura, arbuste à belles feuilles, fleurs presque noires. — Calycanthacées.

CALYCÉRACÉES 95ᵉ famille des Dicotylédones : 3 genres, 23 espèces (du grec Kalux, ou du latin calix : Calice).

CALYCÉRACÉES Acanthosperma ou Acicarpha, Boopis, Calycera ou Leucocera, de l'Amérique australe.

Calycotome ou Spartium, arbuste épineux 90-150ᶜ à fleurs jaunes, 4 espèces. — Léguminacées.

Calydermos ou Nicandra plante du Pérou à fleurs bleu-clair violacé, une espèce. — Solanacées.

Calyptranthes-aromatica Arbrisseau produisant des clous de girofle de l'Amérique Tropicale. — Myrtacées.

Calystegia Plante grimpante 3-4ᵐ, belle de nuit, lis des haies, suc laiteux, liseron double, 8 espèces. — Convolvulacées.

Camanioc Cassave douce, manihot palmata, dont on tire le tapioca. — Euphorbiacées.

Camara ou Lantana, arbuste 70-130ᶜ, feuilles rudes, 45 espèces, 53 variétés. — Verbenacées.

Camarine Empetrum ; petit arbuste toujours vert, aspect de bruyère, fleurs blanches ou roses 1 espèce. — Empétracées.

Camassia esculenta Plante bulbeuse 40-60ᶜ à fleurs bleues en épi ; Phalangium comestible, 2 espèces. — Liliacées.

Cambium Liquide ou sève sous l'écorce des arbres qui soude les greffes, sorte de gélatine végétale.

Camelée à 3 coques Arbuste à feuilles persistantes, Cneorum à fleurs jaunes, 2 espèces. — Simarubacées.

Cameline Myagrum, Bunias, plante oléagineuse, on en fait de l'huile, 5 espèces. — Cruciféracées.

Camelinées 4ᵉ tribu de la famille des Cruciféracées : 13 genres, 51 espèces.

Camellia Vers 1739, le père Camelli l'apporta en Espagne ; le double est de 1794, 16 esp , 700 variétés. — Théacées.

Camellia En France, ce n'est qu'en 1798, que le premier Camellia fut apporté à la Malmaison.

Camellia Arbuste ou arbrisseau toujours vert, fleur comme la rose, mais charnue, sans odeur. — Théacées.

Cameraria 2 espèces du Mexique, contiennent un suc très vénéneux. — Apocynacées.

Camerisier Petit chèvrefeuille des bois non grimpant, fleurs rose jaunâtre, Camécerisier. — Caprifoliacées.

Camiri ou Bancoulier Aleurites-moluccana, dont on retire une huile purgative. — Euphorbiacées.

Cammarum Aconit à grandes fleurs bleu-clair ou bleu-verdâtre de juillet à septembre. — Renonculacées.

Camomille Matricaire, œil de vache, la camomille sauvage est la plus active, fleur en capitule.   Composacées.
Camomille puante Anthemis-cotula ou maroute pour poudre insecticide, odeur désagréable.   Composacées.
Camomille romaine Plante 10-30ᶜ, vivace et très odorante, fleurs blanches, Anthemis-nobilis.   Composacées.
Camote ou Amote Racines comestibles de Batatas-edulis: Patate de forme allongée.   Convolvulacées.
Campagnol Nom vulgaire de l'Oronge vraie, chapeau rouge, Amanita, 33 espèces.   Champignonacées.
Campanille à feuilles de lierre : Wahlenbergia, plante à tiges grêles, fleurs bleues, plante des bois.   Campanulacées.
Campanula-rapunculus Raiponce, phyteuma, plante à racines comestibles, fleurs violettes.   Campanulacées.
CAMPANUI ACÉES 100 famille des Dicotylédones : 32 genres, 550 espèces (du latin campana : cloche).
CAMPANULACÉES Adenophora, Campanula, Canarina, Cephalostigma, Codonopsis, Cyananthus, Jasione, Leptocodon, Lightfootia, Merciera, Michauxia, Microcodon, Ovilla, Pentaphragma, Pernettya, Phyteuma, Platicodon, Podanthus, Prismatocarpus, Raiponce ou Raponculus, Roella, Schultesia, Siphocodon, Specularia, Symphyandra, Trachelium, Wahlenbergia.
Campanule Plante d'ornement 5 à 150ᶜ, couverte de fleurs, 250 espèces, 50 variétés cultivées à Paris.   Campanulacées.
Campêche (bois de) Haematoxylon ou bois rouge employé en teinture, une espèce.   Léguminacées.
Campelia ou Zanonia Plante 70ᶜ persistante, feuilles engainantes, fleurs blanches, une espèce   Commelinacées.
Campernelle Narcisse, grande jonquille, odeur fleur d'oranger.   Amaryllisacées.
Camphorosm a Plante ligneuse couchée, velue, à odeur de camphre, fleur blanchâtre, 5 espèces.   Chénopodiacées.
Camphorosmées 3ᵉ tribu de la famille des Chénopodiacées ; 5 genres, 17 espèces.
Camphre Substance tirée du bois du Camphrier d'abord sous forme de poudre grise, ensuite raffiné.
Camphrier Dryobalanops-camphora de l'archipel Indien, Kurpura, arbre 30-40ᵐ.   Dipterocarpacées.
Camphrier du Japon Cinnamomum-camphora, 1675 en France, arbre feuilles comme laurier.   Lauriacées.
Campsis ou Tecoma Bignone, plante ligneuse à belles fleurs rouges en trompette.   Bignoniacées.
Campylobotrys Plante 80ᶜ, belles feuilles comme bibacier, Hoffmannia, Higginsia, 20 espèces.   Rubiacées.
Canaigre Rumex-hymenosepalus ; ses racines contiennent du tannin.   Polygonacées.
Cananga Arbrisseau grimpant, feuilles alternes, baies charnues, 3 espèces.   Anonacées.
Cananga-odorata Arbre dont les fleurs donnent l'Ylang-Yland ; 1864 en Europe.   Anonacées.
Canarina-campanulata 1696 Tige 100-150ᶜ, feuilles molles dentées, fleurs pendantes jaune, une espèce.   Campanulacées.
Canavalia ou Canavali, Dolichos, haricot des Colonies à gousses ailées, fleurs blanc et rouge, 12 espèces.   Léguminacées.
Canchalagua ou Chironia ; plante à feuilles de lin, belles fleurs rouges ou pourpres, 16 espèces.   Gentianacées.
Canche Aira-elegans, plante gazonnante, feuilles luisantes. donne un fourrage dur, 16 espèces.   Graminacées.
Candollea 1823 ou Hibbertia arbuste touffu, feuilles luisantes fleurs jaunes, 90 espèces.   Candolléacées.
CANDOLLÉACÉES 97 famille des Dicotylédones 5 genres, 105 espèces (du botaniste Aug-Pyr. De Candolle, 1778-1841).
CANDOLLÉA CÉES : Candollea, Forstera, Levenhookia, Oréostylidium, Phyllachne, Stylidium.
Caneficier Cassia-fistula, arbre de 8 à 10ᵐ produit la casse en bâton.   Léguminacées.
Caneficier-batard Nom vulgaire de la Casse-bicapsulaire, feuilles, fleurs et gousses laxatives.   Léguminacées.
CANELLACÉES 17 famille des Dicotylédones : 4 genres, 6 espèces (de Canella : Cannelle blanche).
CANELLACÉES Asteriastigma, Canella, Cinnamodendron, Cinnamosma, Winterana.
Canistrum pl. de serre à feuilles épaisses, radicales, fleurit rarement, 4 espèces.   Broméliacées.
Canna Balisier, plante d'ornement, fruit en boule, canne d'Inde, faux[s]crier, 30 espèces, 147 variétés.   Zingibéracées.
Canna Edulis, plante alimentaire des Antilles et du Brésil, donne fécule de Tolomane.   Zingibéracées.
Canabine ou Chanvre de Crête donne une teinture jaune pour la soie (Asie).   Datiscacées.
Cannabinées 3ᵉ tribu de la famille des Urticacées, 2 genres, 3 espèces : Chanvre. Houblon.
Cannabis ou Chanvre, plante jusqu'à 3ᵐ, racine pivotante, feuilles velues, fleurs verdâtres, 1 espèce.   Urticacées.
Canne de jonc Massette ou Typha, plante 120-180ᶜ d'eau douce, fleurs baguette d'artifice, 10 espèces.   Thyphacées.
Canne de Provence Arui de-derax, plante de 4 à 8ᵐ, très employée pour paniers, clôtures, toitures, 6 esp.   Graminacées.
Canne de Ravenne Erianthus, plante aspect Gynerium, plumeaux gris bleuâtre, 17 espèces.   Graminacées.
Canne à sucre Plante de 2 à 5ᵐ, tige à nœuds bien nets. feuilles longues 1 à 2ᵐ, larg. 6 à 10ᵐ.   Graminacées.
Canne à sucre Saccharum ; 1420 à Madère, 1503 aux Canaries, 1520 à St.-Domingue, 12 espèces   Graminacées.
Canne à sucre Production en 1900 : 2.760.000 tonnes ; Betteraves : 5.570.000 tonnes (Licht).

Canneberge Oxycoccos, Airelle, *Coussinette* ; arbuste des bois, petites baies *noires*. Vacciniacées.

Cannées 3ᵉ tribu de la famille des Zingibéracées : 1 genre, 30 espèces : Canna ou Balisier.

Cannelle blanche Ecorce du Winterana. Canella des Antilles et de Colombie. Canellacées.

Cannelle giroflée Provient du Dicypallium-caryophyllatum, du Brésil, une espèce. Lauriacées.

Cannellier Petit arbre toujours vert, feuilles opposées à 5 nervures en long, 2 espèces. Canellacées.

Cannellier de Ceylan Cinnamomum, son écorce est la cannelle, arbre de 6 à 10ᵐ toujours vert, 130 esp. Lauriacées.

Cannevelle Canne de Provence, roseau à quenouilles, Arundo-donax, 6 espèces. Graminacées.

Cantaloup Melon à grosses côtes verruqueuses, qualité supérieure, 37 variétés cultivées. Cucurbitacées.

Cantaloup Cantaluppi, à 20 km. de Rome, c'est là d'où les melons tirent leur nom. Cucurbitacées.

Cantua Arbuste 130-160ᵐ, feuilles comme buis, fleurs rouges tubuleuses, pointillées en grappe, 7 esp. Polémoniacées.

Caoutchouc Substance blonde ou brunâtre provient du suc laiteux d'arbres des pays tropicaux.

Caoutchouc 1736. La Condamine appela l'attention sur la Siphonia-Cahuchu. Euphorbiacées.

Caoutchouc : Collophora, Couma, Hancornia, Landolphia, Urceola, Vahea. Apocynacées.

Caoutchouc : Curcas, Eucommia, Hevea, Jatropha, Micrandra, Siphonia. Euphorbiacées.

Caoutchouc : Ficus antique, f. Castilloa, f. des Indes, f. religieux, f. urostignia, racines aériennes. Urticacées.

Caoutchouc provenant des Calotropis et Cryptostégie. Asclépiadacées.

Caoutchouc de liane provenant des Landolphia-ovariensis, plus de 100 m. Apocynacées.

Caoutchouc de liane provenant de Microchites-nepoensis de l'Annam, du Parameria. Apocynacées.

Capanea tige et feuilles velues, fleurs carmin pendantes, longues tiges, 6 espèces. Gesnéracées.

Capestrina Isonandra, produit un suc laiteux : la Gutta-percha, 8 espèces. Sapotacées.

Capillaire Fougère à tige très fine comme un cheveu, petites feuilles, Adiantum, cheveu de Vénus. Fougèracées.

Capillaires (tiges) Comme certaines asperges, une fougère, la renoncule aquatique, racines ou vaisseaux capillaires.

Capitule Toutes les fleurs de la famille des Composacées sont en capitule, assemblage à peine visible.

Capitule Fleurs en Soleil : Chrysanthème, Gaillarde, Marguerite ; toutes les composées-radiées.

Capitule Fruits en forme de boule (réunion d'akènes) : Bardane, Platane, etc., etc.

Capparées 2ᵉ tribu de la famille des Capparisacées : 20 genres, 233 espèces.

CAPPARISACÉES 13ᵉ famille des Dicotylédones : 2 tribus, 34 genres, 355 espèces (du grec Capparis même arbuste).

CAPPARISACÉES : Boscia, Cadaba, *Caprier*, Chilocalyx, *Cleome*, Cleomella, Corymandra, Crataeva, Dactylène, Gynandropsis, Isomeris, Merua, Morisonia, Niebuhria, Oxystylis, Physostemon, Polanisia, Ritchiea, Stixis, Thylachium, Wislizenia.

Capre Bouton de la fleur du caprier, cueilli en vert et mis au vinaigre. Capparisacées.

Caprier ou **Capparis** Arbuste épineux couché ou pleureur, feuilles rondes, fleurs rosées, 135 espèces. Capparisacées.

Caprification Piqûre de la figue par un insecte : le cynips, les fleurs étant encloses dans les fruits.

Caprification Action de piquer et mettre un peu d'huile dans les figues pour avancer la maturité.

Caprifiguier figuier sauvage, qui abrite le cynips et de là il fructifie les figuiers voisins, 3 variétés. Urticacées.

CAPRIFOLIACÉES 91ᵉ famille des Dicotylédones : 2 tribus, 14 genres, 240 espèces (qui grimpe comme la chèvre, feuille).

CAPRIFOLIACÉES : Abelia, Adoxa, Alséuosmia, Boule de neige, Chèvrefeuille, Diervilla, Laurier-tin, Leycesteria, Linnea, *Lonicera*, Mancienne, Obier, Perichymenum, *Sambucus ou Sureau*, Symphorine, Triosteum, Viburnum-viorne, Weigelia, Xylosteum.

Capselle Plante des chemins, 20-40ᶜ, petites fleurs blanches, Bourse à Pasteur, 8 espèces. Cruciféracées.

Capsicum Piments-poivrons rouges ou jaunes pour condiments, 20 espèces, 50 variétés. Solanacées.

Capsicum-frutescens Poivre rouge, Poivre de Cayenne, arbuste 40-60ᶜ, fruit rouge allongé, luisant. Solanacées.

Capuchon Casque, Coqueluchon, Aconit napel, plante vénéneuse, Madriette, tue-loup. Renonculacées.

Capucine Tropaeolum, plante couchée ou grimpante, Pagarille, vient du Pérou en 1684, 40 espèces. Géraniacées.

Capucine Plante à feuilles rondes, fleurs jaune-orange, calice prolongé en éperon, 52 variétés cultivées. Géraniacées.

Caquilier Cakyle maritime, plante des sables, feuilles alternes, charnues, fleurs lilas, 2 espèces. Cruciféracées.

Caracan Eleusine caracana et indica, pl. à graines comestibles, peut remplacer le riz, 6 espèces. Graminacées.

Caracolle Phaseolus caracalla, haricot à fleurs lilas jaunâtre. Léguminacées.

Caragana Arbuste épineux, petites feuilles, fleurs jaunes, arbre aux pois, 15 espèces. Léguminacées.

Caragne gomme résine provenant de l'écorce de l'Elemi ou Icica-carana. Burséracées.

Caraguata-cardinalis Grosse plante, feuilles charnues en scie, à fleurs rouges, aspect bizarre. Broméliacées.

Caraguata de Cayenne plante charnue, feuilles en courroies, fleurs blanches sur hampe, 15-20ʳ. Broméliacées.

Carama Lantana pseudothea, plante du Brésil dont les feuilles servent de Thé. Verbenacées.

Carambolier ou Pommier de Goa, arbrisseau de l'Inde à fruits comestibles étant cuits; feuilles rondes. Géraniacées.

Carambolier ou Averrhoa, arbre de 4 à 5 ᵐ; les fruits donnent l'acide oxalique, 3 espèces. Géraniacées.

Carapa Arbre produisant l'huile de Touloucouna ou de Crab, 6 espèces. Méliacées.

Carapa (beurre de) retiré des graines du Crabwood de la Guyane. Méliacées.

Cardamine pratensis Pl. 30-40ᶜ, Cresson des prés, Cresson amer, fl. violacées, pousse dans les marais. Crucifèracées.

Cardamome Fruit de l'Elettaria où Amomum repens, condiment (Curry), une espèce. Zingibéracées.

Cardamomes Graines en gousses, forme irrégulière; saveur très forte, de Ceylan et Malabar. Zingibéracées.

Cardère Dipsacus-fullonum, cardon à carder, plante piquante à tige élevée, 140ᵛ, 13 espèces. Dipsacées.

Cardère Chardon à foulon, 100-140ᵛ, feuilles opposées formant réservoir, fl. purpurines. Dipsacées.

Cardiaque Agripaume, Leonurus-Cardiaca, Lamium, 70-90ᵛ, fleurs roses, 10 espèces. Labiacées.

Cardinale bleue Lobelia, mercure végétal, plante odeur rance, vénéneuse, en bordure. Lobéliacées.

Cardiopetalum Plante à parfum de la Guyane, yari-yari, pour lignes à pêche, Duguetea, 12 espèces. Anonacées.

Cardiospermum Plante grimpante, 150ᵛ, graines noires, pois de cœur, de merveille, comestibles! 10 esp. Sapindacées.

Cardon ou **Cynara** Plante potagère épineuse à larges f. 100ᶜ, fl. comme l'artichaut, 6 var. comestibles. Composacées.

Cardoncelle ou **Carduncellus** Carthame, Centaurée laineuse, Chardon béni, fleurs bleues, 14 espèces. Composacées.

Carduacées (fleurs) ou Flosculeuses ou Cynarocéphales, 2e division des composacées, comprend 3 tribus.

Carduus-marianus Chardon-Marie cultivé, 100ᵛ, feuilles longues et panachées. Composacées.

Carex Plante des lieux humides, mauvais fourrage trop dur, tiges pleines, 500 espèces. Cypéracées.

Carex-arenaria Laiche des sables, Oyat des dunes avec racines traçantes, consolide le sable. Cypéracées.

Carex-Japonica Petite plante en bordure, jolies feuilles panachées. Cypéracées.

Cari ou **Curry** (poudre de) où rentre le Curcuma cardamone, une espèce. Zingibéracées.

Carica ou **Papaya** Arbre à melon, qui produit la Papaïne : Pepsine végétale, fruit 20ᵛ. Passifloracées.

Caricées 6ᵉ tribu de la famille des Cypéracées : 4 genres, 838 espèces.

Carie du blé par un Ustilago, on prévient par le sulfatage des semences. Champignonacées.

Carie des céréales Tilletia, découvert par Tulasne, blé noir, fourvre. Champignonacées.

Carillon Campanule à grosses fleurs, plante très ornementale. Campanulacées.

Corinde ou Cardiosperme plante grimpante, graines noires, pois de merveille, 10 espèces. Sapindacées.

Carissa ou **Arduinia** Arbuste épineux, 120ᵛ à Paris, petites feuilles rondes, fl. blanches, 22 espèces. Apocynacées.

Carissées 1ʳᵉ tribu de la famille des Apocynacées, 23 genres, 128 espèces ou variétés.

Carline ou **Carlina** Chardonnerette à feuilles dentées, épineuses, fleurs jaunâtres, Chardouse, 14 esp. Composacées.

Carline à feuilles d'Acanthe Plante des Alpes. Donne une fleur énorme et superbe. Composacées.

Carludovica Palmier à feuilles en éventail d'un port élégant, Pritchardia, 7 espèces. Palmacées.

Carludovicées 1ʳᵉ tribu de la famille des Cyclanthacées : 5 genres, 40 espèces.

Carludovique Plante textile dont on fait les chapeaux de Guayaquil, de Panama, 34 espèces. Cyclanthacées.

Carmantine Justicia-velutina, arbrisseau toujours vert, fleurs roses, Ecbolie. Acanthacées.

Carmichœlia-Australis Arbuste de serre, 130ᵛ, feuilles étroites, longues, Lotus. Léguminacées.

Carnouba (cire de) provenant de la feuille de Copernicie et de l'Iriarte des Andes. Palmacées.

Caroba Arbre du Brésil à feuilles opposées, fleurs bleues ou violettes en grappes. Bignoniacées.

Carolinea insignis ou Pachira du Maroni, arbre à feuilles digitées, 7 folioles, fleurs blanches. Malvacées.

Caroncule excroissance charnue sur certaines graines : Euphorbe, Ricin, etc., etc.

Carotte Daucus, plante potagère, 20-40ᵛ, à fleurs blanches en ombelle, 20 espèces, 28 variétés cultivées. Ombelliféracées.

Carotte sauvage Goviette, mauvaise plante dans les céréales, Chirouis, faux Chervi, Girouille. Ombelliféracées.

Caroube ou **Carouge** fruit du Caroubier, pousse longue parfois cintrée. Léguminacées.

Caroubier Ceratonia, arbre produisant des gousses dont les animaux sont friands, une espèce. Léguminacées.

Caroubier Importé en France par les Sarrasins dans la presqu'ile Saint-Hospice d'abord ; Algaroba. Léguminacées.

Carouge à Miel ou fève de Pythagore, ses gousses contiennent une pulpe sucrée. Léguminacées.

Carpelles Petits fils autour de l'ovaire des fleurs, parfois roulés et pliés, organes femelles.

Carpelles Enveloppes de l'ovaire ou gynécée qui grandissent avec le fruit, la pomme a 5 Carpelles.

Carpelles La Fraise, la Framboise, la Mure, etc... sont formées par une réunion de Carpelles.

Carpenteria-californica Arbuste 70ᶜ à feuilles persistantes, tribu des Hydrangées, une espèce. Saxifragacées.

Carpinus ou Charme Arbre des forêts pour l'ind., formes de chauss. comme chauff. ne pétille pas, 12 esp. Cupuliféracées.

Carpocapse ou Pyrale C'est le ver des pommes et des poires véreuses (dépose ses œufs sur les fleurs).

Carragaheen Chondrus-crispus, variété d'algue, mousse d'Islande, mousse perlée. Alguacées.

Carragaheen Fucus-crispus sert à préparer une sorte de gelée alimentaire. Alguacées.

Cartesia ou Stokesia Plante 30-50ᶜ, feuilles alternes épineuses à la base, fleurs bleues, une espèce. Composacées.

Carthame Centaurée laineuse, Chardon bénit, Safran-bâtard, colorant rosé, rouge végétal. Composacées.

Carthame Donne deux colorants : jaune et rouge, rouge pour fard, fleurs artificielles, porcelaine. Composacées.

Carthame Faux safran, graine de perroquet, quenouillette laineuse, grosses fleurs rouges, 20 espèces. Composacées.

Carthamus-tinctorius Plante 50-60ᶜ à feuilles piquantes sur les bords, fard végétal, fleurs jaune-doré. Composacées.

Carvi-ou-Carum Anis des Vosges, plante aromatique, 30-50ᶜ, entre dans le Kummel. Ombelliféracées.

Carya-alba Noyer blanc d'Amérique, Hickory, arbre très rustique, noix pacanes, 12 espèces. Juglandacées.

Carya-amara Arbre à bois brun clair, noyer amer, feuilles à 7 ou 9 folioles. Juglandacées.

Caryocar ou Pekea ou Rhizobolus, arbre de la Guyane produit le beurre de Peki, 11 espèces. Théacées.

Caryolopha Buglosse, plante 80-90ᶜ, fleurs en grappe bleu-céleste, Anchuse. Borraginacées.

CARYOPHYLLACÉES 24ᵉ famille des Dicotylédones : 3 tribus, 37 genres, 1.100 espèces (noix, feuille)

CARYOPHYLLACÉES Principaux genres et espèces : Acanthophyllum, Agrostemma, *Alsina*, Arenaria, Brachystemme, Brouillard, Buffonia, Cerastium, Cerdia, Cherleria, Colobanthus, Cucubalus, Dianthus, Drymaria, Drypis, Githago, Gouffeia, Gypsophila, Holosteum, Honckenya, Lychnis, Moehringia, Morgeline-Mouron blanc, Nielle, Œillet, *Polycarpea*, Sagine, Saponaire, Schiedea, *Silène*, Sphaerocoma, Spergula, Spergularia, Stellaria, Tunica, Velezia, Viscaria.

Caryophyllus ou Syzygium Arbre qui produit les clous de girofle, 10.000 clous pour un kilo. Myrtacées.

Caryopse fruit sec où l'enveloppe se confond avec la graine : avoine, froment, maïs, orge, riz, seigle.

Caryoptéridées 6ᵉ tribu de la famille des Verbénacées : 5 genres, 11 espèces :

Caryoptéris Arbre de Chine et Japon, à Paris, arbuste à fleurs bleues en panicule, 5 espèces. Verbénacées.

Caryoptéris-mongolica Arbuste de serre, feuilles aromatiques, fleurs bleues en verticilles. Verbénacées.

Caryota Arbuste à Paris, feuilles curieuses comme si elles étaient coupées avec ciseaux. Palmacées

Caryota Palmier de l'Inde, dont le tronc donne un Sagou, feuilles carrées, bilobées, plissées. Palmacées.

Caryota Palmier à tronc lisse, feuilles en palmes doubles, aspect papier, 9 espèces. Palmacées.

Cascara-sagrada Ecorce du Rhamnus purshiana. Rhamnacées.

Cascarille (poudre de) provient de l'écorce du Croton-eleutheria des Antilles, Chacrille, faux quinquina. Euphorbiacées.

Caséaire Arbre des régions tropicales à feuilles comestibles, Valentinia, Crateria. Samydacées.

Caséariées 1ʳ tribu de la famille des Samydacées : 5 genres, 97 espèces : Caséaria, Eucerea, Lunaria, Osmelia, Samyda.

Casimiroa edulis Arbre 4-6ᵐ, feuil. persistantes 5 folioles coriaces, fl. jaunâtres, fruit 5 noyaux Mexique. Rutacées.

Casque de Jupiter Aconitum-variegatum, char de Vénus, plante vénéneuse, fl. en Casque. Renonculacées.

Cassave amère Manihot utilissima, pulpe de manioc, desséchée à l'état de gâteau. Euphorbiacées.

Cassave douce Manihot palmata, fécule fine, couac ou moussache pour le tapioca. Euphorbiacées.

Casse Diffère de la gousse par une cloison qui sépare chaque graine. Léguminacées.

Casse en bâtons des Antilles. Fruit du Canéficier, longueur 50 à 70ᶜ forme du cigare. Léguminacées.

Casse-bosse Lysimachis-vulgaris, plante des endroits humides, les fleurs teignent les cheveux en blond. Primulacées.

Casse-lunettes Centaurea-cyanus, Bleuet, plante annuelle des moissons, fleurs bleues. Composacées.

Casse-lunettes Euphrasia-officinalis, plante parasite des blés, fleurs bleuâtre avec un œil, 20 espèces. Scrofulacées.

Casse-museau Viburnum roseum, plante grimpante envahissante, fleurs boule de neige. Caprifoliacées.

Casse-pierre Pariétaire des murailles tige rouge 20-40ᶜ, feuilles velues, fleurs brunâtres, 8 espèces. Urticacées.

Casse-pierre Saxifrage granulée-mignonnette pour haie épineuse ; employée contre la gravelle. Saxifragacées.

Cassia Arbuste 120ᶜ à Paris, feuilles composées de 16 folioles, 260 espèces 460 variétés. Léguminacées.

Cassia-acutifolia Donne le Séné de la pulte (impôt), gousse ovale, feuilles orientales, séné de la ferme. Léguminacées.

Cassia-fistula Cathartocarpus du Caneficier des Antilles, des Indes, grand arbre aspect du noyer.   Léguminacées.
Cassia-floribunda arbuste de serre à Paris, donne nombreuses fleurs jaune d'or.   Léguminacées.
Cassia-obovata Donne le Séné d'Alep, de Barbarie, d'Espagne, du Sénégal, de la Thébaïde, de Tripoli.   Léguminacées.
Cassie des parfumeurs Mimosa-farnesiana, épineux, fleurs boules jaunes Cassie à Grasse, Cassier.   Léguminacées.
Cassiées 14e tribu de la famille des Léguminacées : 13 genres, 490 espèces : Cassia, Ceratonia, etc.
Cassier Arbre d'ornement, Mimosa épineux, fleurs en boules jaunes, 23e tribu.   Léguminacées.
Cassier du Levant ou Acacie de Farnèse, Mimosa épineux, 1656 en Europe.   Léguminacées.
Cassine ou Maurocenia Cerisier des Hottentots, arbuste à feuil. ovales ; les luthiers empl. son bois.   Célastracées.
Cassinia Plante aspect de la Bruyère : Anachloema, Apalochlamys, 18 espèces.   Composacées.
Cassipourea ou Legnotis, plante des pays chauds, de la tribu des Légnotidées,3 espèces.   Rhizophoracées.
Cassissier Ribes-nigrum, arbuste produisant la groseille noire pour liqueurs, 6 variétés.   Saxifragacées.
Cassissier ou **Cassis** Avec les feuilles on fait un thé dans le Nord et en Belgique.   Saxifragacées.
Cassolette Julienne des jardins, Arragone, Bâton d'Argent, tiges 60-90e velues.   Cruciféracées.
Cassuvium Arbre à bois très dur (Acajou), il produit aussi un cachou, une huile, 8 espèces.   Anacardiacées.
Cassythées 3e tribu de la famille des Lauriacées : 1 genre, 30 espèces : Calodium ou Volutella.
Castanea (de Kastana, Ville de Grèce, Thessalie) Châtaigne nourriture de la Corse et de la Sardaigne   Cupuliféracées.
Castanea Châtaignier, grand arbre produisant les châtaignes ou marrons. 2 espèces.   Cupuliféracées.
Castanea Fagus-sativa, arbres à écorce fendillée, feuilles fortement dentées; Hetre 15 espèces.   Cupuliféracées.
Castanopsis Châtaignier, de l'Asie tropicale, le dessous des feuilles est doré 25 espèces.   Cupuliféracées.
Castanospermum Arbre toujours vert, à feuilles composées, fleurs jaunes, gousses à 4 graines, 2 esp.   Léguminacées.
Castilloa-élastica Arbre du Nicaragua donnant jusqu'à 25 kilos de gomme par récolte, 3 espèces.   Urticacées.
Casuarina Grand arbre toujours vert à rameaux pleureurs, aspect du sapin, 1812.   Casuarinacées.
CASUARINACÉES 167e famille des Dicotylédones, un genre, 23 espèces (feuilles comme les plumes du Casoar).
CASUARINACÉES Casuarina ou Cylindrace ou Filao de l'Inde.
Catabrosa aquatica Plante 40-60e du bord des eaux, feuilles arrondies au sommet, une espèce.   Graminacées.
Cataire ou Cataria ou Chataire-nepeta, plante à fleurs violettes, herbe aux chats.   Labiacées.
Cataleptique Dracocéphale de Virginie, plante 80-90, tige carrée, fl. roses en grappe sur 4 rangs, 30 esp.   Labiacées.
Catalpa Arbre à grandes feuilles, par 3 ou 5, fleurs blanches en juillet, fruits en gousses, 1726, 6 espèces. Bignoniacées.
Catananche ou Cupidone. Plante velue 40-70e, feuilles étroites, longues, fleurs aspect du bluet, 4 espèc. Composacées.
Catchup Condiment anglais à base de champignons. gingembre, macis, etc.
Catepuce Euphorbe-épurge; plante bisannuelle 85-90e donne huile d'épurge.   Euphorbiacées.
Catesbaées 9e tribu de la famille des Rubiacées : 5 genres, 20 espèces.
Catha edulis Petit arbuste toujours vert foncé, luisant : les Arabes en font un thé, une espèce.   Célastracées.
Catharanthus roseus Pervenche du Cap, plante rameuse à fleurs rose-foncé.   Apocynacées.
Cathartique Nerprun purgatif, épine noire, arbrisseau épineux, fleurs blanchâtres.   Rhamnacées.
Catherine Ronce bleue des fossés, plante à tiges rampantes en broussaille, 600 variétés en France.   Rosacées.
Cattleya bulbeuse Belle espèce d'orchidée à fleur violet pourpré, se cultive en pot.   Orchidacées.
Caucalinées 8e tribu de la famille des Ombelliféracées : 13 genres, 89 espèces.
Caucalis ou Causalide Plante 20-60e à feuilles divisées comme carottes, fleurs blanches, fruits épineux. Ombelliféracées.
Caulinia Plante des canaux. rivières, à feuilles flottantes (monoïque).   Naïadacées.
Cavacucchu Ecorce à fièvre, variété de quinquina du Pérou, chinchona, cinchona.   Rubiacées.
Cay-cay (beurre de) Est retiré des graines de l'Irvingia-Oliveri, Cochinchine.   Simarubacées.
Cayeux ou Bulbe. Germe ou racine en boule formé de plusieurs peaux emboîtées.
Ceanothus Arbuste en buisson 50-150, floraison en boules : bleue, rose, blanche, 40 espèces.   Rhamnacées.
Cearia ou Pancratium, Lis mathiole, plante des sables, 20-50, fleurs blanches, 12 espèces.   Amaryllisacées.
Cecropia-peltata donne un bois très léger, fruit à goût de framboise.   Urticacées.
Cédrat Fruit du cédratier, l'écorce seule est employée confite dans le sucre.   Rutacées.
Cédratier Citrus-medica, arbre produisant un citron énorme pour confiseurs.   Rutacées.
Cèdre ou Cedrus Grand arbre majestueux qui a des chapelets de cellules à résine, 3 espèces.   Coniféracées.

Cèdre jaune Bois de commerce, Thuya excelsa du Canada, Etats-Unis.   Coniféracées.
Cèdre du Liban Larix-cedrus, 1683 en Europe, bel arbre à branches horizontales, feuilles en faisceau.   Coniféracées.
Cèdre de Montigny-Lencoup, planté en 1734 par Aubé, 8^{m}30 de circonférence à la base (Seine-et-Marne). Coniféracées.
Cèdre de Noisy-le-Roy Planté en 1734 ! 7^{m}10 de circonférence à la base (Seine-et-Oise).   [Coniféracées.
Cèdre de Paris Planté en 1734, par Bernard de Jussieu, 3^{m}70 de circonférence au Jardin des Plantes. Coniféracées.
Cèdre de Virginie Cèdre rouge, Genèvrier de Virginie, le Cèdre à crayons, baies bleuâtres.   Coniféracées.
Cèdre de Vrigny Planté en 1734, par Duhamel, 8^m de circonférence à la base (Loiret).   Coniféracées.
Cédrela odorata Bois d'acajou femelle, bois de cedra léger, poreux ; saveur amère, fleurs blanc-jaunâtre. Méliacées.
Cédrela Sinensis 1862 en France, arbre ayant aspect du vernis du Japon, fleurs blanches, odorantes.   Méliacées.
Cedrelées 4e tribu de la famille des Méliacées ; 3 genres, 34 espèces : Cedrala ou Cedrus, Chloroxylon, Flindersia.
Cédronelle Plante 80-100e, feuilles par 3, fleurs en grappe blanc-violacé du Mexique, 4 espèces.   Labiacées.
CÉLASTRACÉES 50e famille des Dicotylédones : 39 genres, 300 espèces (du grec Kelastron, mêmes plantes).
CÉLASTRACÉES Caryospermum, Cassine, Catha, Celastrus, Denhamia, Eleodendron, Evonymus ou Fusain, Glossopetalum,
    Glyptopetalum, Gymnosporia, Kokoona, Kurrimia, Leucocarpon, Lophopetalum, Maytenus, Microtropis, Mortonia,
    Myginda, Perrottetia, Pleurostylia, Polycardia, Pterocelastrus, Putterlickia, Rhacoma, Schefferia, Trygonocarpus,
    Vimmeria.
Célastre Catha-edutis, arbuste de l'Arabie dont les feuilles sont recherchées, une espèce.   Célastracées.
Celastre Arbuste en buisson toujours vert, petites fleurs blanches, fruit rouge.   Célastracées.
Celastrus-scandens Arbrisseau grimpant, bourreau des arbres, étouffe son voisin, fl. blanchâtres, fr. 3 corn. Célastracées.
Céleri cultivé Apium graveolens, plante 30-50e se mange cuit et en salade : 10 variétés.   Ombelliféracées.
Céleri des marais Ache odorante, Berle, Céleri sauvage, Eprault, Livèche.   Ombelliféracées.
Céleri-rave ou Céleri-navet, cultivé pour le pied et non pour les tiges : 5 variétés.   Ombelliféracées.
Célestine Agérate du Mexique, plante à fleurs violettes ou bleus, 25 espèces.   Composacées.
Cellulaires (plantes) qui n'ont que des cellules : Algues, Champignons, Lichens, Mousses et Hépatiques.
Cellulaires (plantes). Certaines Acotylédones ; les Vasculaires sont les Monocotylédones, les Dicotylédones, les Fougères,
    Lycopodes et Prêles.
Célosia ou **Celosie** Plante à feuilles aiguës, 40-60e, fleur en épi, Amarantine, Crête de coq, 35 espèces. Amarantacées.
Célosiées 1re tribu de la famille des Amarantacées : 5 genres, 48 espèces.
Celsia-arcturus Plante avec grande tige 70e, fleurs très fines, légères, jaune clair.   Scrofulacées.
Celtidées 2e tribu de la famille des Urticacées : 9 genres, 120 espèces.
Celtis australis Micocoulier de Provence ; grand arbre ; produit petit fruit noir à noyau, 1656, 50 espèc. Urticacées.
Cenia Plante 15-20e, fleurs jaunes ou blanches, Lancisia, 8 espèces.   Composacées.
Cénobiées Groupe de la famille des Alguacées : 11 genres.
Centaurée Plante cultivée pour ses fleurs et plante des prairies, 350 espèces. 20 var. cult. à Paris. Composacées.
Centaurée Cyanus Bleuet, la jolie fleur bleue que nous trouvons dans les blés, Barbeau, 30-70e.   Composacées.
Centaurée-Jacée Plante de prairie et cultivée à fleurs rose-violacé, considérée comme bon fourrage.   Composacées.
Centaurée (petite) Erythræa, herbe à la fièvre, pl. en rosette. 30-60e, fl. roses ou blanches, 25 espèces. Gentianacées.
Centauridium Plante 60-80e, feuilles alternes, fleurs jaunes, aspect Arnica.   Composacées.
Centenille Plante 20-40e des champs, des bois, tiges grêles, très petites fleurs.   Primulacées.
Centradenia Petit arbuste, feuilles ovales, nervures rouges, fleurs rose lilas, Plagiophyllum, 4 esp. Mélastomacées.
Centranthus-ruber Valériane rouge cultivée 50-80e et sur les murs, talus, kentranthus.   Valérianacées.
CENTROLÉPISACÉES 32e famille des Monocotylédones : 6 genres, 32 esp. (du grec Kentron, aiguillon ; lepis, écaille).
CENTROLÉPISACÉES : Alepyrum, Aphelia, Brizula, Centrolepis, Gaimardia, Juncella, Trithuria, pl. de l'Australie, aspect
    Scirpus.
Centrophylle Kentrophyllum-lanatum, plante des chemins, tige velue, fleurs jaunes.   Composacées.
Centropogon Plante de serre 100-120e, grandes feuilles, fleurs beau rouge, 90 espèces.   Lobéliacées.
Centrostemma Plante de serre volubile, feuille oblongue, fleurs blanches en ombelle, Hoya, 50 esp.   Asclépiadacées.
Cep ou cépage Une vigne est d'un bon ou mauvais cépage, les cépages de Bordeaux, etc.   Vitisacées.
Cèpe Champignon comestible ; se récolte sous les Chênes-truffiers, Boletus-edulis.   Champignonacées.

Cepée Touffe de tiges partant de la même souche servant parfois à la multiplication.

Céphalanthera Plante des bois 30-60ᶜ, feuilles étroites, fleurs blanches ou roses, 10 espèces. Orchidacées.

Céphalanthus Arbuste de l'Amérique du Nord, Bois bouton ou bois de marais, 6 espèces. Rubiacées.

Céphalanthus Arbuste 130-160ᶜ en buisson, grandes feuilles, fleurs blanches en houppe. Rubiacées.

Cephalaria-scabiosa Plante à tige 250ᶜ, fleur en pompon jaune, blanche, bleuâtre. Dipsacées.

Cephalotaxus Arbuste toujours vert à fe. plates opposées, baies vertes, vient du Japon, 1848, une esp. Coniféracées.

Ceraiste-cotonneuse Cerastium, plante velue 10-20ᶜ, des champs et cultivée, 45 espèces, 115 variétés. Caryophyllacées.

Céraminées Groupe de la famille des Alguacées, petites plantes très fines et très élégantes.

Cerastium-tomentosum Petite plante en bordure, 15-20', feuilles argentées, fleurs blanches. Caryophyllacées.

Cerasus Cerisiers 35 variétés ; Bigarreautiers 37 variétés ; Griottiers 4 variétés ; Guigniers 13 variétés. Rosacées.

Cerasus ou Lauro-cerasus Laurier amande ou La-cerise, arb. toujours vert, arb. et arbris. 1576 à Vienne. Rosacées.

Cératiées genre de la famille des champignonacées, 26 espèces.

Ceratocéphale Plante des moissons, graines terminées en longues cornes. Renonculacées.

Ceratogonum ou Oxygonum plante annuelle, petites fleurs à étamines bleues, 7 espèces. Polygonacées.

Ceratonia ou Caroubier arbre fr. d'une gr. valeur pour les Kabyles et les animaux domestiques, une esp. Léguminacées.

CÉRATOPHYLLACÉES 172ᵉ famille des Dicotylédones, un genre, 3 espèces, 10 variétés (Corne, feuille).

CÉRATOPHYLLACÉES : Un seul genre : Ceratophyllum ou Dichotophyllum ou Cornifle avec fruit épineux.

Ceratophyllum submersum Cornifle, herbe aquatique submergée sans racines, Dichotophyllum. Ceratophyllacées.

Ceratozamia du Mexique Pl. de serre à tige courte, fe. de 20 à 24 paires de folioles aiguës, 6 esp. Cycasacées.

Cerbère des Indes Arbuste de serre, feuilles ovales comme laurier, grandes fl. blanc et rouge. 4 esp. Apocynacées.

Cercidiphyllum Arbre du Japon ; à Paris, arbuste d'ornement à feuilles caduques, 2 espèces. Magnoliacées.

Cercis ou Gainier Arbre à feuilles rondes, la fleur rose avant la feuille, Arbre de Judée, 4 espèces. Léguminacées.

Cercodia ou Gonocarpus arbuste à tige rameuse, rude, petites fleurs vert rougeâtre, 46 espèces. Holoragéacées.

Céréales (de **Cérès**) Alpiste, avoine, blé, chènevis, maïs, mil, millet, orge, panis, riz, sarrazin, sègle, sorgho.

Cereus (cierge) Pl. à tige droite, charnue, épineuse, cotelée, sans fe., fl. rouge, donne figues, 220 esp. Cactacées.

Cerfeuil Anthriscus-cerefolium ; plante d'assaisonnement pour salade, fleurs blanches, 10 espèces. Ombelliféracées.

Cerfeuil bulbeux Chacrophyllum à racines comestibles comme la carotte, feuilles larges, fl. blanches. Ombelliféracées.

Cerfeuil des fous Chaerophyllum, pl. des chemins, des décombres, petites fl. blanches en ombelle. Ombelliféracées.

Cerfeuil musqué ou d'Espagne ; myrrhis-odorata à feuilles de fougère, cicutaire odorante, 4 esp. Ombelliféracées.

Cerfeuil scandix Cerfeuil à aiguillettes, peigne de Vénus, petites fleurs blanches. Ombelliféracées.

Cerinthe Plante velue de montagne, à fleurs bleues tachées de pourpre, 4 espèces, 10 variétés. Borraginacées.

Cerisaie Plantation de cerisiers, doit être abritée de certains vents. Rosacées.

Cerise Fruit du cerisier ; on fait avec la cerise sauvage, la merise : le Kirsch. Rosacées.

Cerise en chemise Physalis, fruit comme une cerise, mais jaune, goût acre, Coqueret. 30 espèces. Solanacées.

Cerisier Arbre fruitier très rustique, petites fleurs comme la rose, 35 variétés. Rosacées.

Cerisier de Cayenne Arbre fruitier des régions chaudes, Eugenia-Michelii, donne cerise carrée. Myrtacées.

Cerneaux fruit du Noyer avant maturité, pour dessert, confiture. Juglandacées.

Ceropegia ou Systrepha ; arbuste de serre volubile, feuilles ovales, fleurs brunes pendantes, 56 esp. Asclépiadacées.

Céropégiées 6ᵉ tribu de la famille des Asclépiadacées : 12 genres, 114 espèces.

Cerosie (cire de) Provient des tiges de canne à sucre, Saccharum officinale. Graminacées.

Ceroxylon des Andes, de ses feuilles palmées coule la cire de palmier, Beethovenia, 5 espèces. Palmacées.

Cercifis ou Salsifis Plante bisannuelle à racine comestible, fleurs violettes, Tragopogon, 50 espèces. Composacées.

Cervaire Plante des coteaux secs, fruit convexe, petit bord ailé. Ombelliféracées.

Cervoise Ancien nom de la bière, de *cervisia* : vin de Cérès, blé, orge. Graminacées.

Césalpiniées 2ᵉ division de la famille des Léguminacées : 7 tribus, 80 genres, 930 espèces.

Cestreau ou Galant de nuit ; arbuste 200-250 toujours vert, fleurs blanches ou violacées. Solanacées.

Cestrinées 4ᵉ tribu de la famille des Solanacées : 12 genres, 246 espèces.

Cestrum ou Cestreau Habrothamnus, arbris. toujours vert, 2 à 3ᵐ, fl. rouges frangées en tube, 100 esp. Solanacées.

Ceterach Officinale, herbe dorée, fougère des murs, rochers 5-15ᶜ, doradille, capillaire. Fougéracées.

Cetraire ou cetraria variété de lichen d'Islande employé dans l'alimentation, mousse des rennes. Lichénacées.
Cévadille petite orge sur le bord des chemins, voleur, queue de souris. Hordeum. Graminacées.
Cevadille ou Sabadille poudre proven. des fruits et grain. de l'Asagraca officinalis, poud. des capucins. Liliacées.
Chablis Nom donné aux arbres de reserves cassés ou renversés par le vent.
Chadec ou Schaddeck, ou pampelmousse, très gros fruit couleur citron, citrus-decumana. Rutacées.
Chaenomeles-cognassier Arbrisseau épin., feuil. dent., fl. rouges ou roses, 4 esp. Rosacées.
Chaenostoma Arbuste en buisson, petites feuilles épineuses, fleurs très petites rose-lilas, 26 espèces. Scrofulacées.
Chaerophyllum Cerfeuil, Anthriscus. Scandia-cerefolium, fleurs blanches, 36 espèces. Ombelliféracées.
Châgne Chêne dans le centre de la France, chêne commun, chêne blanc, quercus, 300 espèces. Cupuliféracées.
Caillet'a ou Dichapetalum ou Leucosia su Symphyllanthus, plante des régions tropicales. Dichapetalacées.
Cairturus Plante ligneuse des lieux secs, Leonurus, fleurs rouges, queue de lion, cardiaca, 10 espèces. Labiacées.
Chalef Hippophae, Argousier, arbre et arbuste à feuilles argentées, baies jaunes, une espèce. Eléagnacées.
Chalef à fruits comestibles Goumi des Japonais, arbuste avec petites baies rouges, olivier sauvage. Eléagnacées.
Chamaecerasus Faux cerisier, arbuste à fleurs blanches en ombelle, chevrefeuille de Tartarie. Caprifoliacées.
Chamaecerisier Cerisier nain, arbuste touffu ; donne des petits fruits rouges ou noirs. Caprifoliacées.
Chamaecyparis ou Retinospora, Cyprès de Lawson, moins rustique que les autres cyprès, 4 espèces. Coniféracées.
Chamaedorea ou Collinia ou Nunnezia, petit palmier du Mexique, Panama 60 espèces. Palmacées.
Chamaelanciées 1re tribu de la famille des Myrtacées : 11 genres, 157 esp., aspect de certaines bruyères.
Chamaemeles Arbrisseau velu, feuilles alternes, fleurs en grappes. une espèce. Rosacées.
Chamaemelum Plante de rocaille, feuillage velu, grisâtre, fleurs jaunes en boutons, Anthemis. Composacées.
Chamaenerium Plante 80-120°, petites feuilles, Laurier de Saint-Antoine, osier fleuri, Epilobium. Onagracées.
Chamaepence Carduus à 2 épines, plante 50-80°, feuilles blanches en dessous, fleurs pourpres. Composacées.
Chamaepithys Ajuga, Bugle rampante, Herbe de Saint-Laurent, Yvette, petite plante des prairies, 30 esp. Labiacées.
Chamaerops (ka) Arbre et arbuste, avec feuilles en éventail, petits fruits noirs, 2 espèces, 8 variétés. Palmacées.
Chamaerops humilis ou palmier nain avec ses feuilles on fait des cordages, le crin végétal, du papier. Palmacées.
Chamagnostis Plante des sables 2-5e à un épi ; mignonnette, famine, poil de chat, une espèce. Graminacées.
Chambucle Carie du blé, cloque, fourvre, blé noir, mauvaise odeur, Tilletia, 10 espèces. Champignonacées.
Chame-cerisier Chèvrefeuille en arbre, produit des petits fruits rouges ou noirs. Caprifoliacées.
Chamerisier des haies Lonicera-xylostoum, Chèvrefeuille des haies, soriau, camerisier de Tartarie. Caprifoliacées.
Champaca ou Michelia, arbre à parfum, 1779 en Europe, fleurs jaunes, 12 espèces. Magnoliacées
Champignon vient d'un bas latin : Campinolius, campinio ; de Campus : Champ.
Champignon (blanc de) Taches blanchâtres, servant à la reproduction de l'Agaric comestible, 3 variétés. Champignonacées.
Champignons de couche Le seul cultivé (avec la truffe), c'est l'Agaricus-psalliota-campestris. Champignonacées.
Champignons Végétaux mous, spongieux, poussant très rapidement ; peu sont comestibles. Champignonacées.
CHAMPIGNONACÉES 2ᵉ famille des Acotylédones 19 tribus 1.939 genres 66.620 espèces (Saccardo 1913).
CHAMPIGNONACÉES. Principaux genres ayant au moins 10 espèces (Saccardo et Mussat 1901). Acladium 10 espèces, Acremonium 10 espèces, Acrothecium 10, *Aecidium 190*, Aetalium 10, *Agaricus 1.312*, Alphitomorpha 11, Amanita 33, Amphisphaeria 20, Arcyria 46, Arthonia 16, Ascobolus 64, Ascochyta 49, Ascomyces 17, Ascophora 23. Ascopora 27, Aspergillus 26, Asterina 60, Astoroma 33, Athella 10, Auricularia 20, Bacillus 127, Bacterium 44, Bjerkandera 12, *Boletus 272*, Botryosphaeria 17, Botrytis 73, Bovista 14, Bulgaria 12, Byssus 28, Caeoma 167, Calicium 15, Calloria 37, Calosphaeria 10. Camarosporium 10, Cantharellus 34, Capnodium 17, Cenangium 67, Cephalosporium 10, Ceratostoma 26, Cercospora 43, Chaetomium 15, Chaetostroma 12, Cheilaria 11, Chytridium 33, Cionium 15, Cladosphaeria 13, Cladosporium 22, Clasterosporium 11, Clathrus 22, *Clavaria 138*, Clitocybe 10, Coleosporium 16, Coniothyrium 19, Cordyceps 10, Corticium 64, Cortinarius 28, Coryne 10, Coryneum 16, Craterium 25, Cribraria 12, Cryptospora 19, Cryptosporium 23, Cucurbitaria 36, Cyathus 17. Cylindrosporium 12, Cyphella 14, Cytispora 13, Cytospora 19, Dacylium 30, Daedalea 33, Darluca 10, Dasyscypha 14, Dematium 30, Depazea 72, Dermatea 41, Diaporthe 33, Diatrype 64, Diderma 56, Didymium 66, Didymosphaeria 23, Didymosporium 10, Diplodia 107, Discella 22, *Dothidea 284*, Dothiora 12, Elaphomyces 12, Elvella 25, Entyloma 14, Epochnium 10, Erysibe 59, Erysiphe 29, Entypa 13, Excipula 37, Exidia 21, Exoacus 16, Exosporium 11, Favolus 10, Fuligo 17, Fungoïdes 12, Fungus 13, Fusarium 50, Fusidium 36, Fusisporium 71, Ganoderma 16, Geaster 22, Geoglossum 25,

Gibbera 10, Gloeosporium 47, Gnomonia 35, Graphium 20, Gymnosporium 42, Helicoma 15, Helminthosporium 84 Helotium 179, *Helvella 59*, Hendersonia 114, Heterosphoeria 10, Humaria 29, Hydnum 91, Hydrophora 10, Hydrophorus 10, Hymenoscypha 19, Hymenula 18, Hypochnus 16, Hypocrea 34, Hypomyces 15, Hypophyllum 11, *Hypoxylon 92*, Hysterium 168, Hysterographium 14, Isaria 16, Lachnea 12, Lachnella 61, Lachnum 42, Lasiosphaeria 16, Lecidea 28, Lecythea 17, Lentinus 14, Leocarpus 12, Leotia 24, Lepiota 17, Leptosphaeria 121, Leptospora 13, Leptostroma 29, Leptothrix 20, Leptothyrium 18, Leucoloma 18, Libertella 11, Licea 33, Lichen 16, Lophiostoma 94, Lophium 13, Lycogala 23, *Lycoperdon 152*, Macrosporium 12, Marasmius 16, Massaria 37, Malampsora 29, Melanconis 17, Melanconium 12, Melanomma 26, Meliola 25, Melogramma 32, Menispora 15, Merisma 18, Merulius 56, Micrococcus 80, Microthyrium 11, Mollisia 88, Monilia 17, Morchella 16, *Mucor 73*, Mycenastrum 13, Myrothecium 13, Myxosporium 12, Naemaspora 11, Naevia 10, Nectria 104. Nemaspora 15, Nidularia 24, Niptera 36, Octaviania 10, Octospora 29, Oidium 42, Ombrophila 12, Oogaster 12, Oospora 12, Opegrapha 13, *Patellaria 102*, Penicillium 25, Perichaena 13, Periconia 39, Peridermium 11, Perisporium 18, *Peronospora 59*, Pestalozzia 21, Pezicula 13, *Peziza 1.430*, Phacidium 70, Phallus 55, Phialea 21, *Phoma 238*, Phragmidium 29, Phyllachora 31, Phyllosticta 50, Physarum 142, Pilobolus 12, Pleospora 107, Plicaria 17, Pluteus 10, Polyactis 29, Polycistis 16, *Polyporus 219*, Polystictus 12, Propolis 18, Protomyces 24, Pseudopeziza 10, Psilonia 27, *Puccinia 286*, Pyrenopeziza 15, Ramularia 39, Reticularia 47, Rhabdospora 20, Rhaphidophora 35, Rhaphidospora |13, Rhizomorpha 29, Rhizopogon 15, Rhytisma 31, Roestelia 13, Russula 12, Rutstrœmia 10, Schmitzomia 14, Scleroderma 16, Sclerotium 59, Selenosporium 18, Septonema 13, Septoria 170, Sepultaria 10, Sistotrema 33, Sordaria 48, Sorosporium 12, Sphaerella 146, *Sphaeria 2047*, Sphaerocarpus 17, Sphaerocista 16, Sphaeronaema 57, Sphaeropsis 159, Splanchnomyces 21, Sporidesmium 66, Sporocadus 16, Sporocybe 16, Sporotrichum 36, Spumaria 10, Stachylidium 11, Stagonospora 12, Stemonitis 69, Stemphylium 11, Stereum 39, Stictis 78, Stigmatea 22, Stilbospora 14, Stilbum 62, Streptococcus 10, Taphrina 27, Teichospora 19, Thelephora 186, Tilletia 10, Tomentella 14, Torrubia 16, Torula 90, Trametes 18, Trematosphaeria 16, *Tremella 81*, Trichia 95, Trichobasis 39, Tricholoma 17, Trichopeziza 11, Trichosphaeria 14, Trichothecium 14, Trichila 24, Tryblidium 17, Tuber 38, Tubercularia 38, Tympanis 38, *Uredo 388*, Urocystis 12, Uromyces 70, *Ustilago 74*, Valsa 273, Venturia 14, Vermicularia 17, Verticillium 13, Vibrio 23, Xerocarpus 12, Xylaria 27, Xylographa 10, Xyloma 62.

Chandelle Massette, Typha augustifolia, canne de jonc, quenouille, roseau cigare, 10 espèces.	Typhacées.
Chanterelle ou Girole, Champignon comestible jaune à côtes saillantes, Cantharellus, 35 espèces.	Champignonacées.
Chanvre Plante textile, oléagineuse ; ses graines sont recherchées par certains oiseaux : Chènevis.	Urticacées.
Chanvre Le chanvre femelle porte les graines, 140-150°, feuilles composées, Cannabis, une espèce.	Urticacées.
Chanvre d'Anjou Qualité supérieure recherchée pour les cordages de la marine, mauvaise odeur.	Urticacées.
Chanvre de Calcutta Jute. Corchorus-textilis; on en tire une filasse très fine.	Tiliacées.
Chanvre de Crête ou Datisca Cannabina, plante à feuilles alternes, fl. verdâtres, donne teinture jaune.	Datiscacées.
Chanvre indien Sommités fleuries d'une variété de chanvre, médicament dangereux, haschisch.	'Urticacées.
Chanvre de Sisal Retiré des tiges de l'Agave-rigida ou Sisalana ou Hennequen.	Amaryllisacées.
Chanvrière endroit où l'on rouit le chanvre pour le décortiquer, d'où Cannebière.	
Chapeau d'Evêque Epimedium-alpinum, petite plante basse à belles feuilles.	Berbérisacées.
Chapelière Petasite commune, plantes à feuilles 10-12° sur talus, décombres, Nardosmia, 13 espèces.	Composacées.
Char de Vénus Aconit-napel, capuchon, plante vénéneuse.	Renonculacées.
Chara (Ka) Plante aquatique submergée, verte, tige grêle 10-90°, lustre d'eau feuilles verticillées.	Alguacées.
Charagées (Ka) groupe de la famille des Algues: Chara, Lichnothamme, Nitelle, Tolypelle.	
Charagne fétide (Cha) Plante à odeur désagréable, à rameaux verticillés, herbe à écurer.	Alguacées.
Charbon des céréales Uredo segetum, s'évite par le sulfatage des semences.	Champignonacées.
Charbon de la vigne Anthracnose causée par le phoma-vitis, se combat au sulfate de fer.	Champignonacées.
Charbonnière Brunelle, plante vivace à tige carrée, fleur en épi long, 3 espèces.	Labiacées.
Chardon aux ânes Onopordon, plante 80-160°, belles feuilles d'acanthe, fleurs roses, 15 espèces.	Composacées.
Chardon bénit ou Etoilé, Cnicus, chausse-trape; fleurs jaunes, Cirsium.	Composacées.
Chardon des champs Carduus, 50-100°, chardon penché, épineux; fleurs rouges, Alfredia, 30 espèces.	Composacées.
Chardon des foulons Dipsacus-ferox, plante épineuse élevée, 120-150°, Cardère, peigne, 13 espèces.	Dipsacées.
Chardon (graines de) Pour le chardonneret, qui fréquente les chardons: de là son nom.	Composacées.
Chardon-Marie Plante cultivée, feuilles longues et panachées; fleurs pourpres.	Composacées.

Chardon-Marie Silybum, plante 40-120°, feuilles veinées de blanc, fleurs roses, une espèce.   Composacées.
Chardon-Roland Eryngium, Panicaut, Levrault, à 100 têtes, feuilles argentées, fleurs bleues, 100 esp.   Ombelliféracées.
Chardonnerette Chardouse, Carline, Loque ; plante des chemins 30-60° à fleurs jaunâtres, 14 espèces.   Composacées.
Chardonnette (fleurs de) variété de Cardon dont la fleur servait de présure.   Composacées.
Chariéis ou Kaulfussia amelloïdes, plante annuelle, tige rameuse 18-22°, fleurs bleu azuré, une espèce.   Composacées.
Charme Carpinus, arbre forestier, tronc lisse, fl. en chatons, son bois pour chauffage et industrie, 12 esp.   Cupuliféracées.
Charmille Petits charmes en allée, haie, labyrinthe, perspective, portique, etc.   Cupuliféracées.
Chartolepis-schizo Plante cultivée, Centaurée à aigrette plumeuse.   Composacées.
Chasse-bosses Lysimaque, plante 60-90° à petites feuilles rondes et fleurs jaunes, 65 espèces.   Primulacées.
Chasse-diable Hypericum perforatum, Mille pertuis, plante à fleurs jaunes.   Hypéricacées.
Chasse-punaises Actée à épi ; plante des bois 40-60°, feuilles comme vigne, fl. blanches, fr. charnus, 2 esp.   Renonculacées.
Chasse-taupes Datura-Stramoine, pomme du diable, épineuse, fl. blanches en cornet, 12 espèces.   Solanacées.
Chasselas Beau raisin de table, celui de Thomery est le plus réputé provenant de Fontainebleau.   Vitisacées.
Châtaigne Fruit du châtaignier avec cloisons intérieures, grande ressource en Corse, 27 variétés.   Cupuliféracées.
Châtaigne d'eau Myriophylle, plante des marais, feuilles verticillées, fleurs bleu ciel en épi, 18 esp.   Haloragéacées.
Châtaigne d'eau Trapa, plante aquatique, feuilles nageantes, fruit à 4 épines, comestible, Macre, 3 esp.   Onagracées.
Châtaigne de Terre Bunion bulbeux, plante 30-50° des bois humides, fleurs en cœur, Terre noix, Suron.   Ombelliféracées.
Châtaignier Castanea, arbre forestier produit la châtaigne ou marron comestible, 2 esp.   Cupuliféracées.
Chataire ou Cataire, ou Nepeta, plante à feuilles blanchâtres, fleurs violettes, 130 espèces.   Labiacées.
Chater Rose trémière, écossaise, plante bisannuelle jusqu'à 2m50, 20 variétés.   Malvacées.
Chatons (fleurs en) en queue de chat : Bouleau, Châtaignier, Chêne, Noisetier, Noyer, Peuplier, Pin, Sapin, Saule, etc.
Chaulmoogra (Huile de) retirée des graines du Gynocardia-odorata ou Chilmoria, une espèce.   Bixacées.
Chaume tige creuse avec nœuds ou articulations du blé et au autres graminacées.   Graminacées.
Chaume Partie de la tige qui reste après l'enlèvement de la moisson, avoine, blé, orge, seigle.   Graminacées.
Chausse-trape, Chardon bénit ou étoilé, pique-queue, fleurs jaunes, Cirsium.   Composacées.
Chavagne Plante aquatique submergée, verte; tige grêle, Herbe à grenouilles.   Alguacées.
Chavanon Catalpa rustique, à très grandes feuilles de 0m50.   Bignoniacées.
Chavica Plante grimpante, sa feuille rentre dans le bétel.   Pipéracées.
Chayotte Sicyos-edulis, à Cuba : Chocho, Choucroute, Chouchou, Chayota, plante grimpante grandes fe.   Cucurbitacées.
Chayotte Sechium édulis nouveau légume forme allongée, parfois à côtes, épineux, une espèce.   Cucurbitacées.
Cheilanthe Petite fougère des rochers du midi, sporanges en petits cercles.   Fougéracées.
Cheimatobie ou Phalène des poiriers et pommiers, petit papillon qui pond dans les fleurs.
Cheiranthus Giroflée, Cocardeau, Julienne, Muret, Ravenelle, Violier, 12 espèces.   Cruciféracées.
Chélidoine du grec Kélidoine (Hirondelle); contient un suc blanc ; réveil matin, felougue, une espèce.   Papavéracées.
Chélidoine (Ké) Eclaire, Grande éclaire, pl. commune à fleurs jaunes; pousse sur les mnrs, chemins.   Papavéracées.
Chélidoine (petite) Renoncule-ficaire, petite éclaire, à fl. jaune, billonée, clair bassin, éclairette, gannille.   Renonculacées.
Chélone (Ké) Galane 80-120°, fleurs en petites clochettes ou en épi, blanches ou pourpres, Tortue, 4 esp.   Scrofulacées.
Chélonées (Ké) 7e tribu de la famille des Scrofulacées ; 27 genres, 262 espèces.
Chenarde Colchique d'automne, plante des prés, nuisible, à fleur lilas clair.   Liliacées.
Chêne Quercus, Rouvre, grand arbre forestier; son bois pour chauffage et industrie, 300 espèces.   Cupuliféracées.
Chêne Arbre très rameux, écorce dure et raboteuse, produit des glands (cupule: coupe).   Cupuliféracées.
Chêne à Kermès Garouille, arb. où vit une var. de cochenille, Avaux, Conchille, Arbuste au Vermillon.   Cupuliféracées.
Chêne-liège Quercus-suber, arb. du Var, de l'Alg., Esp., Italie ; Leuge, Rusque, Surier, encre de Chine   Cupuliféracées.
Chêne noir d'Amérique ou Catalpa longissima fournit un bois très riche en tannin.   Bignoniacées.]
Chêne-vert Quercus-ilex ou Chêne yeuse, à feuilles persistantes, épineuses, donne des petits glands.   Cupuliféracées.
Cheneste Arbrisseau vigoureux 150-180°, grandes feuilles ovales, fleurs bleu indigo.   Solanacées.
Chènevière Endroit où l'on cultive et prépare le Chanvre (d'où la Cannebière de Marseille).   Urticacées.
Chènevis Graines du Chanvre pour gros oiseaux ; on en tirait l'huile pour le savon, Cannabis une esp.   Urticacées.
Chenille Scorpiurus ; plante grimpante ou rampante, fleurs jaunes, fruit hérissé, 5 variétés cultivées.   Léguminacées.

Chenilles Larves d'insectes nuisibles ; en détruire les œufs en bague sur les branches d'arbres.

Chénolées (Ké) 6ᵉ tribu de la famille des Chénopodiacées : 9 genres, 70 espèces.

CHÉNOPODIACÉES (Ké) 140ᵉ famille des Dicotylédones : 12 tribus, 83 genres, 520 espèces (oie, pied).

CHÉNOPODIACÉES Principaux genres et espèces : Acroglochin, Agathophyton, Agriophyllum, Ambrina, Anabasis, Anisacantha, Ansérine. Arroche, Arthrocnemum, *Atriplex*, Axyris, *Baselle*, Beta, Bette, Blette-Blitum, Botridium, *Boussingaultia*, *Camphorosma, Chelone, Chenopode, Corispermum*, Cornulaca, Epinard, Eurotia, Halanthium, Halimocnemis, Halocharis, Halogeton, Haloxylon, Kali, Kochia, Monolepis, Noea, Obione, Oreobliton, Petrosimonia, *Polycnemum*, Pohogodia, Rhayodia, *Salicorne, Salsola, Sarcobatus*, Sclerolena, Spinacia, Soude, *Suaeda*, Teloxys, Threlkeldia, Ullucus.

Chénopodiées 1ʳ tribu de la famille des Chénopodiacées, 12 genres, 93 espèces.

Chénopodium Ansérine, épinard sauvage, plante des fossés, décombres, à l'état jeune, farineuse — Chénopodiacées.

Chénostome Plante 20-30ᵉ, feuilles opposées, fleurs blanc rose ou rougeâtre. — Scrofulacées.

Chérimolier Arbre ; donne au Brésil, au Mexique, le fruit l'Anone, grosseur du poing. — Anonacées.

Chérimolier Petit arbre fruitier, feuillage aromatique ; fruit parfumé — Anonacées.

Cherlerie Plante des Alpes ; fleurs à très petits pétales échancrés — Caryophyllacées.

Chérophylle Plante des chemins, bois, décombres, 40-100ᵉ, Cerfeuil des fous. — Ombellifères.

Chervis ou Berle Sium ou Sisarum, Cherouis, Girolle, plante alimentaire, racine 15-20ᵉ 6 espèces. — Ombelliféracées.

Chevalier d'onze heures Pourpier à grande fleur, plante 15-20ᵉ, feuilles charnues. — Portulacées.

Chevalon Jacée des prairies, Centaurée-jacea, comme Bleuet, Chevalot, Creconille, Pereole. — Composacées.

Chevelure dorée Chrysocoma-comaurea, arbuste 60-70ᵉ, tiges nombreuses, fleur jaune-doré, 1731. — Composacées.

Cheveux d'amour Nigelle de Damas à fl. bleu-pâle, cheveux de Vénus, barbe de Capucin, fl. d'araignée. — Renonculacées.

Cheveux du diable Cuscute, plante sans feuilles, enlace et étouffe les autres plantes, teigne, 80 esp. — Convolvulacées.

Cheveux de Vénus Nigelle de Damas, pattes d'araignée, fl. bleu-pâle, fe. découpées, herbe toute épice. — Renonculacées.

Chèvrefeuille Lonicera-caprifolium, pl. ligneuse, grimpante, jolies fl., en tube, odeur agréable, 100 esp. — Caprifoliacées.

Chèvrefeuille d'Arcadie ou Diervilla ou Weigela, Arbuste chargé de fleurs ; Calyptrostigma, 7 esp. — Caprifoliacées.

Chevrier Variété de Haricot-flageolet restant vert à l'état sec. — Léguminacées.

Chiche (pois) Pl. 50ᵉ, tiges velue, gousses à deux graines bossues ou carrées, 7 espèces. — Léguminacées.

Chicon Laitue romaine, plante potagère pour salade, feuilles longues, 10 variétés. — Composacées.

Chicorée Barbe de capucin ; on l'obtient artificiellement, en cave, dans le sable, écoubette, 3 espèces. — Composacées.

Chicorée Barbe de capucin : Cichorium-intybus ou chicorée sauvage, cheveux de paysan. — Composacées.

Chicorée blanche ou endive, plante potagère à feuilles très découpées. — Composacées.

Chicorée à café Grosse racine blanche, fleurs bleues, 1772 en Hollande, 1801 en France, 4 variétés. — Composacées.

Chicorée Caféi-forme 1771, avril dans le Mercure de France, 1801 première fabrique par Guiraud à Omhaing (Nord).

Chicorée frisée Cichorium crispum, plante comestible pour salade ou à cuire ; 16 variétés. — Composacées.

Chicorée sauvage Pour salade verte, Cichorium intybus, fleurs bleues, 6 variétés cultivées. — Composacées.

Chicorée scarole Pour salade d'automne et d'hiver, chicorée blanche, 8 variétés. — Composacées.

Chicorée Witloof ou endive, Cichorium endivia, plante comestible pour salade, 3 espèces. — Composacées.

Chicoriées 13ᵉ tribu de la famille des Composacées, 61 genres, 1.000 espèces.

Chicoriées (fleurs) 3ᵉ division des composacées ; ne comprend qu'une tribu : la 13ᵉ et dernière. — Composacées.

Chicoriées ou Semi-flosculeuses (fl.) n'ont que des demi-fleurons : chicorée, laitue, pissenlit, salsifis, etc. — Composacées.

Chicot du Canada Gymnocladus ; grand arbre ; produit un faux café de gourgane, une espèce. — Léguminacées.

Chicot du Canada Caesalpinia, Bonduc ; arbuste grimpant, fleurs blanches en grappes, Chiquier. — Léguminacées.

Chicotin (amer comme) Aloès des Indes, de l'île Socotora ; Sucotrin, Soccotrin, Aloès lucide, purgatif. — Liliacées.

Chiendent (gros) Cynodon-dactylon, pied de poule, forme de la fleur, gros fourrage, 4 espèces. — Graminacées.

Chiendent des Indes Andropogon, Vetiver à racines parfumées, éloigne les insectes. — Graminacées.

Chiendent officinal Triticum-repens, plante vivace (de chien, qui en mange). — Graminacées.

Chiendent panaché Phalaris-arundinacea, à longues feuilles, garnit les gerbes. — Graminacées.

Chiendent rampant Agropyrum-repens, petit chiendent à épi, des boutiques, laitue de chien. — Graminacées.

Chiendent des sables Carex-arenaria, oyat des dunes, laiche des sables, longues racines. — Cypéracées.

Chigomier Plante grimpante produisant un beurre végétal : le chiguito ou chichito. — Combrétacées.

Chile du Mexique Fruit du piment corail, poivre long rouge vif, capsicum-annuum. Solanacées.

Chilianthus Arbuste 180ᵉ avec duvet, feuilles lancés opposées, petites fleurs blanches en épis 4 espèces. Loganiacées

Chiliophyllum globosum plante poilue, feuilles palmées,fleurs jaunes en capitule, globuleux, 1 esp. Composacées.

Chimonanthe Arbuste, 150-250ᵉ, dont les fleurs répandent une odeur agréable, Meratia, 2 espèces. Calycanthacées.

China-grass Ortie de Chine argentée, racine blanche, plante textile et fourragère. Urticacées.

Chincapin Castanea pumila, Petit Châtaignier à petites feuilles, petits fruits plus doux que l'ordinaire. Cupuliféracées.

Chinois Fruit du bigaradier ; petite orange amère, étant confite, est comestible. Rutacées.

Chiococca ou **Siphonandra-racemosa**, de ses racines on extrait la Caïnça. Rubiacées.

Chiococcées 15ₑ tribu de la famille des Rubiacées, 11 genres, 30 espèces.

Chionanthe de Virginie Arbre à franges, arbre de neige ; arbrisseau 2 à 4ᵐ, fleurs blanches, 2 espèces. Oléacées.

Chiratia ou Aubletia ou Sonneratia. Arbuste beau feuillage, fleurs odorantes, 6 espèces. Lythracées.

Chirita Plante à feuilles épaisses, velues, fleurs roses, ou lilas, ou bleues, 36 espèces. Gesnéracées.

Chironie Plante délicate à feuilles de lin, petites fleurs rose-pourpre, 16 espèces. Gentianacées.

Chironiées 2ᵉ tribu de la famille des gentianacées : 31 genres,288 espèces.

CHLAENACÉES (Klé) 32ᵉ famille des Dicotylédones : 7 genres, 15 espèces, (du grec chlaina : tunique).

CHAENACÉES : Plantes de Madagascar : Leptolène,Rhodolène,Sarcolène,Schizolène, Scleroolène Xerochlamys, Xylolène.

Chlamidophora ou **Cotule**, plante annuelle à feuilles linéaires, souvent à 3 dents, fl. jaunes. Composacées.

Chlidanthus Plante bulbeuse à feuilles étroites, fleurs jonquilles à odeur d'encens, Coléophyllum, 3 esp. Amaryllisacées.

Chloanthées 3ᵉ tribu de la famille des Verbenacées : 14 genres, 48 espèces.

Chlora ou **Chlore** Plante 25-30ᵉ, feuilles soudées, fleurs jaunes en grappe, des lieux incultes, 2 espèces. Gentianacées.

CHLORANTHACÉES 149ᵉ famille des Dicotylédones : 4 genres, 34 espèces (du grec chloros, vert ; anthos, fleur).

CHLORANTHACÉES : Ascarina, Chloranthus, Circeaster, Hedyosme, Peperidia Stropha, Tafalla, pl. d'Asie arom.

Chlore perfoliée Chlora, plante des bois, pâturages ; 20-50ᵉ, feuilles vert foncé, fleurs jaunes. Gentianacées.

Chloridées 10ᵉ tribu de la famille des Graminacées ; 28 genres, 162 espèces.

Chlorophycées 1ʳᵉ tribu de la famille des Alguacées : Algues vertes, 227 genres, 3052 espèces.

Chlorose Jaunisse des feuilles lorsque des racines rencontrent un mauvais terrain.

Chloroxylon Arbre à bois satiné, fournit une résine aromatique, 1 espèce de Ceylan. Méliacées.

Chocho ou **Chayote** Sechium-edule,nouveaulégume,12-15ᵉ forme allongée,parfois à côtes,épineux, 1 esp. Cucurbitacées.

Chœrophyllum ou mieux **Chaerophyllum**,cerfeuil sauvage ou persil d'âne,pl. des chemins fl. blanches. Ombelliféracées.

Choin ou **Schœnus** Plante des marais 20-50ᵉ, tige à graines noires à la base, feuilles 3 faces,70 espèces. Cypéracées.

Choisya Arbuste 120-180ᵉ de forme arrondie, feuillage d'un vert luisant, fleurs blanches, 1 espèce. Rutacées.

Choléra Maladie de la vigne, oïdium, 1847 en France. oïdium 42 espèces ou variétés. Champignonacées.

Chondrilla (Kon) Plante des champs arides, 60-120ᵉ,tige à poils durs recourbés, fruit aigrette, 22 esp. Composacées.

Chondrodendron Grande liane du Brésil, la racine donne le Pareira-brava (vrai) 4 espèces. Menispermacées.

Chondrus crispus ou Chicorée de mer,carragéen,algue rouge-brun ou pourpre foncé, com. en Irlande. Alguacées.

Chorda (corde) algue cylindrique vert-olivâtre, jusqu'à 6ᵐ, les pêcheurs lui donnent le nom de filin. Alguacées.

Chorisia Bombax Arbre très épineux, feuilles alternes composées, fleurs roses ou pourpres, 3 esp. Malvacées.

Chorizema illicifolium Arbuste à feuilles comme petit houx, fleurs jaunes en grappes, Orthotropis. Léguminacées.

Chou d'amour Atriplex hortensis, Arroche, Bonne-Dame, une variété à tige et feuilles rouges. Chénopodiacées.

Chou ou **Brassica** Plante potagère à feuilles bullées ou lisses, 85 espèces, 79 variétés cultivées à Paris. Cruciféracées.

Chou de Bruxelles Petit chou comestible de la grosseur d'une noix, sur tige, 50-80ᵉ, 3 variétés cultiv. Cruciféracées.

Chou cabus gros chou à feuilles lisses très employé pour la choucroute, 24 variétés. Cruciféracées.

Chou caraïbe Colocasia-esculenta, plante à grandes et belles feuilles ornementales, 6 espèces. Aroïdacées.

Chou caraïbe Xanthosoma sagittifolium ; les jeunes pousses sont comestibles. Aroïdacées.

Chou de chien Mercuriale sauvage, foirolle des lapins, plante nuisible, pousse partout, 6 espèces. Euphorbiacées.

Chou-fleur blanc Plante potagère, ce gros légume est un groupe de fleurs avortées, 25 variétés. Cruciféracées.

Chou-fleur vert Brocoli ; plante potagère d'hiver, bon légume de fleurs non groupées, 9 variétés. Cruciféracées.

Chou fourrager Pour donner aux vaches de la verdure en hiver, 6 variétés, Brassica-vaccina. Cruciféracées.

Chou frisé panaché. de diverses nuances ; nouvelle plante décorative pour massif. Cruciféracées.

Chou-lah de la Chine. Suif provenant de Stillingia-Sebifera, Gymnostillingia, 13 espèces.   Euphorbiacée.

Chou-marin Crambé maritime, plante 30-40', à feuilles charnues, fruit, 2 parties, 20 espèces.   Cruciféracées.

Chou de Milan Petit, hâtif, fort bon, frisé-pommé, tête blanche, de l'arrière saison, feuil. bullées 22 var.   Cruciféracées.

Chou navet ou Rutabaga, cultivé comme racine fourragère d'hiver, plante du Nord, 10 variétés.   Cruciféracées.

Chou palmiste Bourgeon terminal de l'Areca, de l'Euterpe, de l'Oreodoxa, goût d'artichaut.   Palmacées.

Chou pommé ou Cabus rouge, 5 variétés cultivées ; blanc 12 variétés, Brassica-capitata.   Cruciféracées.

Chou-rave Plante alimentaire, aspect du navet, donne son produit hors terre, 5 variétés.   Cruciféracées.

Chouchou ou chocho ou Choucroute, à la Réunion et aux Indes. Sechium-edule, Chayotte, pl. gr. 1 esp.   Cucurbitacées.

Choucroute Conserve de chou-cabus d'Allemagne, ou chou quintal à feuille lisse.   Cruciféracées.

Christhmun ou Critmum maritimum, perce-pierre, pl. feuilles cylindriques se confient au vinaigre.   Ombelliféracées.

Christophine Sechium-edule ; c'est la Chayotte du Mexique, nouveau légume épineux, parfois à côtes.   Cucurbitacées.

Christophorine Plante 50', feuilles alternes, petites fleurs blanches en épi ovale.   Renonculacées.

Chrysanthème (fleur d'or), belle plante à feuilles découpées, 90 espèces, 230 variétés dont 33 à Paris.   Composacées.

Chrysanthème des blés Plante nuisible avec jolie fleur dorée, zizanie, marguerite des moissons, 1 esp.   Composacées.

Chrysanthème de Chine en Fr. par le cap. Blancard, de Marseille, en 1789, fl. simpl donnent des graines.   Composacées.

Chrysanthèmes à grandes fl. ou géants par Cordonnier de Bailleul en 1886, une seule fl. par pied, sans gr.   Composacées.

Chrysanthemum Anthemis ou Marguerite en arbre, plante très fournie, en buisson, 70 espèces.   Composacées.

Chryseis californica Plante touffue 30-40', feuilles alternes très découpées, fl. jaunes sur tiges.   Papavéracées.

Chrysobalan fruit de l'icaquier ou prunier d'Amérique, arbrisseau 2-3ᵐ fr. à noyau comme prune.   Rosacées.

Chrysobalanées 1ᵉ tribu de la famille des Rosacées : 12 genres 178 espèces.

Chrysocome 1731 Aster à tiges nombreuses, fl jaunes ou pourpres ou dorées, chevelure dorée.   Composacées.

Chrysogone de Virginie, plante d'ornement 0,35, fleurs jaunes, Diotostephus, 6 espèces.   Composacées.

Chrysophyllées 2ᵉ tribu de la famille des Sapotacées : 5 genres, 70 espèces.

Chrysophyllum Arbre de serre à Paris, grandes feuilles 80', avec 100 nervures, 60 espèces.   Sapotacées.

Chrysophyllum ou Caïmitier, arbre des Antilles et du Brésil, feuillage soyeux et jaune-doré.   Sapotacées.

Chrysopsis Villosa Plante d'ornement, aspect aster à belles fleurs jaunes.   Composacées.

Chrysosplenium Plante délicate, feuilles dentées, fleurs jaunâtres en cyme, dorine, 45 espèces.   Saxifragacées.

Chrysostemma ou Coréopsis, tige grêle 60-70, feuilles opposées, fleurs jaunes, disque brun, 55 espèces.   Composacées.

Chrysothemis Pl. de serre 60', fe. ovales opposées, fleurs rouge-orangé en ombelle, Tussacia, 5 esp.   Gesnéracées.

Chytridinées groupe de la famille des Champignonacées : 33 espèces.

Cibotium Princeps, fougère en arbre jusqu'à 5 et 6 mètres, croissance très lente.   Fougéracées.

Ciboule Allium fistulosum, plante 20', croît en touffes, fleurs roses, 3 variétés cultivées.   Liliacées.

Ciboulette ou Civette Allium schœnoprasum, pl. condimentaire, fe. cylindriques, fl. roses, panachées.   Liliacées.

Cicca-disticha Fruit d'un Phyllanthus, rafraîchissant ; on en fait des confitures.   Euphorbiacées.

Ciceudie Petite pl. 3-10ᵉ des bois, mares, tige grêle, fleurs roses ou jaunes, une espèce.   Gentianacées.

Cicer-arietinum Pois chiche, très en faveur en Corse, Espagne, et notre midi.   Léguminacées.

Ciche ou Cicer ou Chiche, Cicérole, pl. 50ʳᵉ tige velue, gousses à 2 graines carrées, bossues, 7 espèces.   Léguminacées.

Cichorium ou Chicorée ; plante potagère, 3 genres, nombreuses variétés.   Composacées.

Cicutaire cicuta Ciguë aquatique 90-120', marais, fossés humides, poison violent, 6 espèces.   Ombelliféracées.

Cidre Boisson nourrissante et hygiénique provenant du jus fermenté des pommes et poires.   Rosacées.

Cierge Cereus du Mexique, plante épineuse sans feuilles, fleurs rouges, produit des figues, 220 esp.   Cactacées.

Cierge de Notre-Dame Molène, bouillon blanc, bonhomme, feuilles veloutées, fleurs sur tige, 100 esp.   Scrofulacées.

Ciguë d'eau Phellandrium, Ciguë-phellandra, œnanthe, fenouil d'eau, fl. blanches, 20 espèces.   Ombelliféracées.

Ciguë (grande) Conium-maculatum, 160-180', faux cerfeuil, tige tachetée, fleurs blanches, 2 espèces.   Ombelliféracées.

Ciguë (petite) Aethusa-cynapium, 10-60', faux-persil, odeur désagréable, 7 folioles, fl. blanche, une esp.   Ombelliféracées.

Ciguë vireuse Cicuta-virosa, cicutaire ; odeur repoussante, 80-140', aquatique, fl. blanche, 6 espèces.   Ombelliféracées.

Cimicifuga ou Actæa à grappes, ses fruits ressemblent à ceux du sureau, plante vénéneuse.   Renonculacées.

Cimicifuga cordifolia Actée, belle plante 120', feuillage beau vert, fleurs blanches en épis.   Renonculacées.

Cinarocéphales (fleurs) qui ont des fl. en tête comme l'artichaut, bardane, bleuet, centaurée, chardon.   Composacées.

Cinchona Quinquina (de la Comtesse Cinchon, épouse d'un vice-roi du Pérou), 36 esp., 86 variétés. Rubiacées.
Cinchona Arbre de 10-15ᵐ ; son écorce donne la poudre des Jésuites, 1639 à Rome, 1640 en Espagne. Rubiacées.
Cinchona Arbre à quinquina, cultivé à Java depuis 1850, quina-quina.| Rubiacées.
Cinchona ou Calisaya Carabaya (Province du Pérou), var de quinquina jaune, écorce du Pérou, Pavon. Rubiacées.
Cinchonées 2ᵉ tribu de la famille des Rubiacées : 41 genres, 254 espèces.
Cinéraire à feuilles de platane, arbuste 150-200ᶜ à Nice, feuilles veloutées, fleurs jaunes. Composacées.
Cinéraire hybride Plante 20-60ᶜ, grandes fleurs toutes nuances pour corbeilles ou pots, 290 variétés. Composacées.
Cinéraire maritime Plante 25ᶜ, feuillage blanc très découpé, fleurs jaunes, bordures, murs, mosaïque. Composacées.
Cinnamomum Cannellier de Ceylan, son écorce est la cannelle, arbre ou arbuste toujours vert, 130 esp. Lauriacées.
Cionura ou Marsdenia Arbuste de serre, 40ᶜ à Paris, à fleurs pourpres, Harrisonia, 55 espèces. Asclépiadacées.
Cipura ou Marica Plante de serre, feuilles 100-130ᶜ ; fleurs d'un bleu magnifique, 4 espèces. Irisacées.|
Circée ou circaea Plante des bois humides 40-60ᶜ, fleurs blanches ou rosées en grappe, 6 espèces. Onagracées.
Cirier de la Louisiane, arbuste et arbrisseau. fe. avec points jaunes, les fruits donnent un kilo de cire. Myricacées.
Ciron ou Keiroun, petite mouche qui pond le Ver de l'olive, faire une recolte hâtive.
Cirre ou Cirrhe Filament végétal ou vrille des plantes grimpantes ou palissées.
Cirrhopetalum Orchidée à belles fleurs en grappes épaisses ou en ombelles, 30 espèces. Orchidacées.
Cirse acaule Cirsium, petit chardon à racines traçantes sans tige ; plante nuisible. Composacées.
Cirse lancéolé Cirsium, chardon jusqu'à 200ᶜ avec feuilles en fer de lance, fleurs pourpres. Composacées.
Cissampélidées 3ᵉ tribu de la famille des Menispermacées : 7 genres, 28 espèces.
Cissus du Japon Plante 80ᶜ, avec feuilles panachées comme Maranta, liane des voyageurs. Vitisacées.
Cissus quinquefolia Vigne vierge, arbrisseau sarmenteux à vrilles, Cagratia, Eucissus. Vitisacées.
CISTACÉES 15ᵉ famille des Dicotylédones : 4 genres, 71 espèces (corbeille, panier).
CISTACÉES : Ciste, Fumanopse, Halimium, Hélianthème, Hudsonie, Ladanium. Lechea, Ledonia, Stephanocarpus.
Ciste ou cistus Plante d'ornement et des forêts, feuilles opposées argentées, fl. 5 pétales, 25 espèces. Cistacées.
Ciste-ladanifère petit arbuste de Chypre et de Crète produisant une gomme-résine, le Ladanum. Cistacées.
Citharexylum Arbuste à feuilles très étroites à Paris, Arbre du Brésil et Mexique : 20 espèces. Verbénacées.
Citriobatus arbrisseau épineux buissonnant, petites fe. raides, petites fl. jaune-pâle, petites baies. Pittosporacées.
Citron Fruit du Citronnier ou Limonier de forme oblongue, couleur jaune serin. Rutacées.
Citronnelle Aurone mâle ; Artemisia, plante 100-140ᵃ à odeur de citron, tige rougeâtre, fleurs jaunes. Composacées.
Citronnelle Melissa-officinalis, plante en buisson, feuilles dentées, velues, fleurs blanches petites. Labiacées.
Citronnelle Verveine odorante, Lippia, plante 80-120ᶜ, très petites fleurs blanc-violet, 1784. Verbénacées.
Citronnier ou Citrus Petit arbre à fruits très sucrés et très employés, 5 espèces, 88 variétés (Risso). Rutacées.
Citronnier doux Citrus limetta, utilisé par l'industrie des parfums. Rutacées.
Citrouille Citrullus-Potiron, le plus gros légume ; jusqu'à 75 kilog, 3 espèces, 6 variétés. Cucurbitacées.
Civette Allium-Schœnoprasum ; plante potagère 15ᶜ, feuilles cylindriques, fleurs roses panachées. Liliacées.
Civette ou ciboulette Plante basse en touffe, se mange crue avec hors-d'œuvre, omelette, salade. Liliacées.
Cladanthus Plante 50-60ᶜ feuilles alternes vert foncé, fleurs jaunes odorantes, une espèce. Composacées.
Cladium plante des endroits humides, tige 80-120, robuste, arrondie, 33 espèces. Cypéracées.
Cladonie crénelée, Lichen en cornet dont se nourrissent les rennes et autres animaux. Lichenacées.
Cladractis amareusis. Arbre à bois rouge brun foncé, à fleurs blanches, 2 espèces. Léguminacées.
Clagnet Plante 100-120ᶜ, Digitale pourpre, Berlue, gants de Bergère, Digitalis, 18 espèces. Scrofulacées.
Clair-bassin Plante 50-60ᶜ, tiges grêles, fleurs jaunes compactes et bombées. Renonculus-bulbosus. Renonculacées.
Clandestine Lathraea, plante des bois et lieux ombragés, parasite, fl. violettes en grappes, 3 esp. Orobanchacées.
Clarkie élégante Plante 60ᶜ, rameuse, feuilles lances, à fleurs roses, ou lilas, ou blanches. Onagracées.
Clasterosporium Champignon parasite du Laurier-cerise et d'autres plantes, 11 espèces. Champignonacées.
Claudinette Narcisse des poètes, fleur blanche, centre jaune bordé de rouge. Amaryllisacées.
Clausena Arbuste de serre 200ᶜ à Paris, arbre des pays chauds, Cookia, 15 espèces. Rutacées.
Clavaire Champignon comestible, Barbe de chêne, buisson, pied de coq, tripette 38 esp. ou variétés. Champignonacées.
Clavalier Zanthoxylum à feuilles de frêne, arbrisseau à épines, fleurs odorantes, fruits noirs, 8 esp. Staphyléacées.

Clavija ou Théophrasta Arbuste à beau feuillage très décoratif. Horta ou Zacintha, 25 espèces.   Myrsinacées.

Claytonia Pourpier comestible de l'Amérique du sud, remontant, 20 espèces.   Portulacées.

Claytonia tuberosa espèce originaire de Sibérie avec tubercule alimentaire.   Portulacées.

Clef de montre Lunaire, herbe aux écus, médaille de Judas, monnaie du pape, 2 espèces.   Cruciféracées.

Cleistocactus Plante charnue, Cereus très épineux, fleurs rouges, Echinopsis.   Cactacées.

Clématidées 1e tribu de la famille des Renonculacées : 2 genres, 69 espèces. Clématite, Naravelia.

Clématite Plante ligneuse grimpante, 66 espèces, 98 variétés cultivées, petites et grandes fleurs.   Renonculacées.

Cléome Plante 100-120e, feuilles alternes, fleurs violet-pourpre, fruit silique, Mozambé, 90 espèces.   Capparisacées.

Cléomées 1e tribu de la famille des Capparisacées : 11 genres, 134 espèces.

Cléonie de Portugal Plante 15-20e, feuilles dentées à bractées, fl. violettes piquées de blanc, 1 esp.   Labiacées.

Clérodendron 1790 Arbuste en buisson à grandes feuilles, fleurs en entonnoir rosées, 70 espèces.   Verbenacées.

Clethra Plante 150e à grandes feuilles velues, fleurs blanches en épi, odorantes, 26 espèces.   Ericacées.

Cleyera Japonica Plante de serre avec fleurs en beau panache, Hoferia toujours vert, fruit rouge vif.   Théacées.

Cliantelle Chrysanthème des Indes, à fleurs compactes ou tuyautées.   Composacées.

Clianthus Arbrisseau à feuilles pennées, à fleurs rouges centre noir ou pourpre, Donia, 2 espèces.   Léguminacées.

Cliffortia Arbuste 100-130e à feuilles en cœur épineuses, fleurs jaunâtres ou blanches, 10 espèces.   Rosacées.

Clinopode Plante du bord des bois, petit basilic sauvage, Acinos, Calamintha.   Labiacées.

Clinospores Champignons qui se développent en parasites sur d'autres végétaux comme une poussière.   Champignonacées.

Clintonia Herbe à tiges flexibles, 10-15e, feuilles alternes, fleurs aspect papillons, Downingia, 5 esp.   Lobéliacées.

Clitocybe nébuleux Petit champignon comestible, petit chapeau pointu, 10 espèces.   Champignonacées.

Clitopile orcelle Petit champignon comestible, forme godet, Clitopilus, une espèce.   Champignonacées.

Clitoria-ternatea Plante grimpante à fleurs blanches ou bleues, graines purgatives, Nauchea.   Léguminacées.

Clivia ou Imantophyllum, plante à longues feuilles radicales, fleurs écarlates, 3 espèces.   Amaryllisacées.

Clochettes des blés Petit liseron, bedille, campanette, manchettes de la Vierge, sur les chemins.   Convolvulacées.

Clou de Dieu Plante aquatique, sparganium, ruban d'eau, rubanier rameux, 6 espèces.   Typhacées.

Clou de Girofle C'est la fleur du giroflier cueillie avant maturité, 10.000 dans un kilog.   Myrtacées.

Clusia rosea ou Figuier maudit, arbrisseau des Antilles produisant un suc résineux.   Guttiféracées.

Clusiées 1e tribu de la famille des Guttiféracées : 10 genres, 114 espèces.

Clutia ou Cluytia Arbre toujours vert à feuilles lances, petites fleurs blanchâtres, Altora, 28 espèces.   Euphorbiacées.

Clypeola Petite plante à fleurs blanches en boule. à odeur, Bergeretia, Orium, 8 espèces. ...   Cruciféracées.

Cneorum-tricoccum Arbuste à feuilles persistantes, Camelée à 3 cornes, fl. jaunes, fr. rouge vif, 2 esp.   Simarubacées.

Cnestidées 2e tribu de la famille des Connaracées : 7 genres, 37 espèces.

Cnicus-benedictus Chardon béni, feuilles à nervures blanches, fleurs jaunes.   Composacées.

Cnidium ou Selinum, plante 80-120e, fleurs blanches en ombelle de 20 à 30 rayons, 25 espèces.   Ombelliféracées.

Cniquier ou Bonduc, ou Chicot ; Arbrisseau grimpant 7 à 9m, fleurs blanches en tube, 40 espèces.   Léguminacées.

Cobaea ou Cobée Pl. grimpante, vigoureuse, belles fl. d'abord vertes en clochettes, puis violettes, 5 esp.   Polémoniacées.

Coburgia Plante à feuilles en ruban, fl. sur hampe 90e en ombelles blanches puis rose pâle, 19 esp.   Amaryllisacées.

Coca du Pérou Erythroxylon arbuste dont la fe. est très employée : cocaïne (Rada au Brésil) 100 esp.   Linacées.

Cocagne Pastel broyé et réduit en petit pain pour faire une teinture bleue.   Cruciféracées.

Cocardeau Giroflée quarantaine ou des fenêtres et non des grosses espèces.   Cruciféracées.

Coccigrue 1o Pezize lenticulaire, 2e Helvelle, 3o Lycopardon, 4e Merule.   Champignonacées.

Coccinia-indica Plante grimpante à fleurs blanches, petits fruits rouges, Céphalandra.   Cucurbitacées.

Coccoloba Arbre du Mexique et Floride produisant la gomme Kino, raisinier à grappes, 80 espèces.   Polygonacées.

Coccoloba-pudescens Pl. 140e à Paris, avec grandes feuilles rondes de 70e, rudes, velues en parachute.   Polygonacées.

Coccolobées 5e tribu de la famille des Polygonacées : 5 genres, 100 espèces.

Cocculées 2e tribu de la famille des Menispermacées : 13 genres, 38 espèces 1816 en Europe, 1845 à Nice.

Cocculus Arbrisseau toujours vert, 4m, écorce lisse, avec grandes fe. fermes, comme laurier, 10 espèces.   Menispermacées.

Cocculus des Indes produit les Coques du Levant, noyaux blanch. avec poison qui stupéfie les poissons.   Menispermacées.

Coccus Variété de chêne vert à graines écarlates, Coccinea de l'Amérique du Nord.   Cupuliféracées.

Cochène Sorbier des oiseleurs ; son bois est recherché par les sculpteurs et tourneurs.   Rosacées.

Cochet Pissenlit, dent de lion, chopine, salade de taupe, couronne de moine, 10 espèces.   Composacées.

Cochlearia Cranson, Raifort, plante à grandes feuilles, luisantes, fleurs blanches, odeur forte, 20 esp.   Cruciféracées.

Cochlearia de Bretagne Grand raifort, moutarde d'All. ou des Capucins, Cranson, Radis de cheval.   Cruciféracées.

Cochliostema Plante de serre 80-130ᵉ feuilles radicales, fl. odorantes, bleu-violacé, une espèce.   Commelinacées.

Cochylis Teigne des vignes de la Champagne, Tordeuse (Lépidoptère).

Coco (beurre de) retiré des noix de Coco-nucifera, Cocotier, huile de Coco.   Palmacées.

Cocoïnées 6ᵉ tribu de la famille des Palmacées : 13 genres, 232 espèces.

Cocos Plante avec feuilles fines et légères, l'arête au-dessous de la palme, 36 espèces.   Palmacées.

Cocotier Grand arbre 20-25ᵐ produisant des noix de Coco en régime de 6-7-8-12.   Palmacées.

Cocotier (vers du) Ryncophorus-ferrugineus ou Rhynchophorus ou Calandra-palmarum.

Cocriste Cocréte Rhinanthe, crête de coq ; plante à fleurs jaunes des prairies, Tartarelle, 3 espèces.   Scrofulacées.

Cocusseau Plantes des marais à fleurs jaunes, caltha, populace, giron, ganille, 9 espèces.   Renonculacées.

Codiaeum Arbuste de serre chaude, superbes feuilles panachées, fleurs mâles en grappe, 4 espèces.   Euphorbiacées.

Cœlogyne-cristata Superbe orchidée, très jolies fleurs, Chelonanthera ou Neogyne.   Orchidacées.

Cœsalpinie des corroyeurs Les gousses produisent du tannin, Caesalpinia bois rouge de la Jamaïque.   Léguminacées.

Cœur de bœuf des Antilles Cachiman, arbre à gros fruit ; l'anone en cœur, custard-apple, Corossol.   Anonacées.

Cœur de Marie Dielytra, plante cultivée 60-70ᵉ, fleurs roses en cœur pendantes, Dicentra, 13 espèces.   Fumariacées.

Cœuret Variété de cerisier dont le fruit est appelé cœur.   Rosacées.

Coffea ou cafeier arbrisseau toujours vert 2 à 6ᵐ, belles feuilles, fruits en grosses gousses, 30 espèces.   Rubiacées.

Coffea odorata ou Ixora, arbrisseau à feuilles comme Ficus elastica, fl. blanc rosé en panicule, 135 esp.   Rubiacées.

Cognassier Cydonia, arbre fruitier, fleurs rosées, fruits employés en sirop et confiture. 4 esp. 30 var.   Rosacées.

Coing ou cognasse Fruit du cognassier, odeur forte étant mûr, pour gelée et confiture, Cotignac.   Rosacées.

Coing de Chine Fruit du Diospyros ; c'est le kaki qui doit se manger étant blet.   Ebénacées.

Coir Déchets de fibres de noix de coco, employé par les jardiniers.   Palmacées.

Coïx ou larmes de Job Plante dont les graines servent à faire des chapelets, colliers, perles grises, 4 esp.   Graminacées.

Cola ou Kola ou Gourou (noix de) du Kola acuminata, arbre du Soudan, Siphoniopsis, 11 espèces.   Sterculiacées.

Colchique Narcisse d'automne, Œil des prés, petite plante à fleur lilas-rose, bordure, 30 espèces.   Liliacées.

Colchique ou Chiennée, ou fleur d'Agrippine, ou Mort aux Rats ou tue chien, suc laiteux vénéneux.   Liliacées.

Colchique Safran bâtard, flammé, veilleuse, plante purgative, lis vert, fleur en entonnoir.   Liliacées.

Colchiquées 18ᵉ tribu de la famille des Liliacées : 4 genres, 42 espèces : Colchique, Bulbocode, Mérendère, Synsiphon.

Coleonema Arbuste de serre 80ᵉ, couvert de petites glandes, feuilles alternes, fl. roses odorantes, 4 esp.   Rutacées.

Coleus Plante à feuilles panachées vertes, rougeâtres, brunes, fleurs en grappes, aspect ortie, 60 espèces.   Labiacées.

Coleus-Marie Guillot Belle variété à feuillage grenat flammé-carmin bordé vert.   Labiacées.

Colle du Japon Agar-agar, tirée d'une Algue : genidium-corneum, mousse de Jafna ou de Ceylan.   Alguacées.

Collémées 2ᵉ tribu de la famille des Lichenacées.

Collerette Henri IV Scolopendrium-Walaïsu, une variété de fougère.   Fougeracées.

Collerette de la Vierge Stellaire-holostée, langue-d'oiseau, petite plante des haies, alsine.   Caryophyllacées.

Colletia-ferox Arbuste à feuilles piquantes, opposées en croix, fleurs blanches, fruit à noyau.   Rhamnacées.

Colletiées 4ᵉ tribu de la famille des Rhamnacées : 6 genres, 33 esp. : Adolphia, Colletia, Discaria, Retanille, Talguena, Trevea.

Collinia ou Chamaedorea petit palmier du Mexique et Panama, 60 espèces.   Palmacées.

Collinsia Plante 20-30ᵉ, feuilles ovales, fleurs panachées blanches et roses, 14 espèces.   Scrofulacées.

Collinsonia Plante 33-60ᵉ, feuilles dentées en scie, nombreuses fleurs jaunes, 4 espèces.   Labiacées.

Collomia Plante de 20-30ᵉ, feuilles alternes, linéaires, fleurs rouges en tube, Courtoisia, 11 espèces.   Polémoniacées.

Collophore ou Couma, arbre à caoutchouc du Brésil où on le nomme Sorveira, 5 espèces.   Apocynacées.

Colocasia plante d'ornement à grandes et belles feuilles jusqu'à 70ᵉ, 6 espèces.   Aroïdacées.

Colocasia Dans toutes nos colonies, cette plante porte des tubercules comestibles, chou caraïbe.   Aroïdacées.

Colocasiées 6ᵉ tribu de la famille des Aroïdacées : 13 genres, 80 espèces.

Colombine plumeuse Pigamon à feuilles d'ancolie, plante 70-90ᵉ, fleurs en aigrette.   Renonculacées.

Colombo (racine de) du Chasmanthera palmata, arbuste grimpant de l'Afrique tropicale.   Ménispermacées.

Colomeria plante à petites fleurs retombantes sur longue tige, Humea, une espèce.   Composacées.

Colophane jaune Résidu de l'essence de térébenthine tirée du pin, pour archet de violon.   Conifèracées.

Coloquinelle Fruit d'ornement, fausse orange ou à côtes, non comestible, chicotin, concombre amer.   Cucurbitacées.

Coloquinte Aubergine blanche, non comestible, forme d'œuf ou en pointe, odeur forte, Colocynthis, 3 esp. Cucurbitacées.

Colquhounia Arbrisseau du Népaul et de l'Himalaya, feuilles blanches-cotonneuses, fl. rouge vif, 4 esp. Labiacées.

Colquhounia à Paris, arbuste de serre à feuilles opposées, gauffrées, fleurs rouge orange.   Labiacées.

Colsmannia Anchuse de l'Asie-Mineure à fleurs bleues, onosma, maharanga, podonosma, 70 esp.   Borraginacées.

Columelle organe femelle de la fleur, colonne centrale de l'ovaire : dans les malvacées, euphorbes, ombellifères, etc., etc.

Columellia Arbrisseau toujours vert de l'Amérique du Sud, feuilles opposées, deux étamines.   Columelliacées.

COLUMELLIACÉES 127, famille des Dicotylédones, 1 genre, 2 espèces : Columellia ou Uluxia (de Columelle l'an 42
   ap. J.-C.).

Columnea Plante de serre, 50ᶜ, tiges grêles, feuilles velues, dentées, fleurs rouge vif, 60 espèces.   Gesnéracées.

Columnées 2ᵉ tribu de la famille des Gesnéracées : 9 genres, 158 espèces.

Colutea Arbrisseau, fleur orangé, produit une petite vessie, Baguenaudier, 3 espèces, 8 variétés.   Léguminacées.

Colvillea flamboyant Arbuste de serre, belles feuilles et fleurs rouge-cocciné en grappe, une espèce.   Léguminacées.

Colymbea l'une des 10 espèces d'Araucaria-pyramidal à rameaux étagés et verticillés.   Conifèracées.

Colza Plante 60-90ᶜ cultivée pour sa graine, donne l'huile d'éclairage et pour savon.   Crucifèracées.

Comaret plante des marais tourbeux riche en tannin, fleurs en cimes rouges.   Rosacées.

COMBRÉTACÉES 74ᵉ famille des Dicotylédones, 2 tribus : 18 genres, 280 espèces (Combretum, mot employé par Pline)

COMBRÉTACÉES Anogeissus, Badanier, Buchenavia, Cacoucia, *Combretum,* Conocarpus, *Gyrocarpus,* Illegera, Poirvea,
   Quisqualis, Rudbeckia, Sparattanthelium, Terminalia, Thiloa.

Combrétées 1ʳᵉ tribu des Combretacées, 15 genres, 268 espèces.

Combretum Arbuste sarmenteux 220-250ᵗ, feuilles en pointe, fleurs rouge vif en grappe, 140 espèces.   Combrétacées.

Comète Variété de Reine Marguerite avec fleurs ébouriffées, curieuses. Callistephus.   Composacées.

COMMELINACÉES 18 famille des Monocotylédones : 3 tribus, 26 genres, 30 espèces (de J. Commelin, botaniste
   hollandais, 1629-1692).

COMMELINACÉES Aneilema, Athyrocarpus, Buforrestia, Callisia, Cartonema, Coleotrype, *Commelina,* Cyanotis, Dalzellia,
   Dichorisandra, Dictyospermum, Éphémère, Floscopa, Forrestia, Héterocarpus, Misère, Palisota, *Pollia,* Polyspatha,
   Tinantia, *Tradescantia,* Zébrina, Zygomènes.

Comméline A racines tubéreuses, tiges articulées 40-50ᶜ, fleurs bleues ou blanches ou jaunes, 88 espèces. Commélinacées.

Commélinées 2ᵉ tribu de la famille des Commelinacées : 4 genres, 150 esp. : Aneilema, Cochliostema, Commelina, Polyspatha.

Compagnon blanc Lychnis-melandrium, petit œillet blanc des moissons, à fleurs unisexuelles.   Caryophyllacées.

COMPOSACÉES 96 famille des Dicotylédones : 13 tribus, 836 genres, 10.200 espèces (à fleurs composées).

COMPOSACÉES Principaux genres et espèces : Absinthe, Achillée, Actinelle, Actinomeris, Adenocaulon, Adenophyllum,
   Adenostemma, Adenostyles, Agathea, Ageratum, Alomia, Ambrosia, Amellus, Anacyclus, Andryala, Angianthus, Antennaria,
   Anthemis, Aplotaxis, Arctium, *Arctotis,* Armoise, Arnica, Aronicum, Arnoseris, Artemisia, Artichaut, Aspilia, *Aster,* Astericus,
   Athanasia, Atractylis, Aunée, Baccharis, Bahia, Balsamite, Barbe de Capucin, Bardane, Barkhausia, Barnadesia, Bellis,
   Bellium, Berardia, Bidens, Bigelovia, Biotia, Blepharispermum, Blephorodon, Bleuet, Blinvillea, Blumea, Boltonia,
   Borrichia, Brachycome, Brickellia, Cacalia, Calea, *Calendula,* Calimeris, Calliopsis, Calliostrum, Calocephalus, Calotis,
   Camomille, Cardon, Carduncellus, Carduus, Carlinia, Carpesia, Carthamus, Cassinia, Catananche, Celestine, Cenotus,
   Centaurée, Centratherum, Chaptalia, Chardon, Chenactis, *Chicorée ou Chicorium,* Chondrille, Chrysanthellum, Chrysanthemum,
   Chrysogonum, Chrysopsis, Chrysoscome, Chrysostemma, Cinéraire, Cirsium, Clibadium, Cnicus, Columellea, Conyse, Coreopsis,
   Cosmos, Cota, Cotonnière, Cotula, Crassocephalum, Crepidium, Crepis, Crupina, Cupidone, Cyanopis, Cyanus, *Cynara,*
   Dahlia, Delairea, Dent de lion, Detris, Dicoma, Dimorphanthes, Dimorphoteca, Diplostelma, Diplostephium, Diotis,
   Distasis, Ditrichum, Doronicum, Drepania, Dysodia, Echinops, Edelweiss, Elephantopus, Eleutheranthea, Emilia, Encelia,
   Enhydra, Epaltes, Epervière, Eremanthus, Eremosis, Erigeron, Eriocephalus, Eriostemon, Erlangea, Escarole, Estragon,
   Ethulia, *Eupatorium* ou Eupatoire, Evax, Farfugium, Filago, Flaveria, Franseria, Gaillardia, Galactite, Galatella, Gamolepis,
   Gazania, Geigeria, Gerbera, Géropogon, Gnaphalium, Gnephosis, Grindelia, Guizotia, Gutierrezia, Gymnanthemum,

Gymnolonnia,Gymnopsis,Gymnosperma,Haplopappus,*Heleniam*,*Helianthus*,Helychrysum,Heliopsis,Helipterum,Helminthia, Heterospermum, Hieracium, Humea, Hyalis, Hymenatherum, Hypocheris, Hyoseris, Immortelle, *Inula*, Iphiona, Jacea, Jacobea, Jaumea, Jurinea, Kegelia, Kleinia, Krigia, Lactuca ou Laitue, Laiteron, Lampourde, Lappa, Lapsana, Lasiospermum, Layia, Léontodon, Leontopodium, Lepidophyllum, Leucanthemum, Leucopsis, Leuzea, Leyssera, Liaburn, Liatris, Ligularia, Linosyris, Lipocheta, Lychnophora, Lycoseris, Madia, Marguerite, Matricaire, Melampodium, Melanthera, Michauxia, Micropus, Microseris, Mieria, Mikania, Montanea, Mulgedium, *Mutisia*, Myriocephalus, Nardosmia, Nassauvia, Neja, Odontospermum, Œillet d'Inde, Olearia, Oliganthes, Oligocarpus, Omalocline, Onopordon, Onoseris, Othonna, Oxyura, Pacourina, Pâquerette, Parthenium, Pas-d'Ane, Pectis, Perezia, Petasite, Phagnalon, Phymaspermum, Picnomon, Picridium, Picris, Pinardia, Piptocarpa, Piqueria, Pissenlit, Plagius, Pluchea, Podocoma, Podolepis, Podosperme, Podotheca, Porcelle, Prenanthes, Pterocolon, Pteroma, Pterotheca, Pulicaria, Pyrethrum, Rhagadiolus, Rhaponticum, Rhynchospermum, Rafinesquia, Relhania, Rigiapappus, Robertia, Rudbeckia, Santavinia, Santolina, Saussurea, Scarole, Sclerocarpus, Sclerophyllum, Scolymus, Scorzonère, Senecillis, *Senecio ou Senecon*, Scriola, Serratula, Sibylum, Siderantus, Siegesbeckia, Silphium, Soleil, Solidago, Soliva, Souci, Soyeria, Sparganophorus, Spilanthes, Stebe, Stenactis, Stevia, Strophopappus, Symphyopappus, Tagète, Tanacetum, Tanaisie, Taraxacum, Telekia, Tessaria, Tetracarpum, Thrincia, Talpis, Topinambour, Tragopogon, Tricholine, Tridax, Tripteris, Trixis, Troximon, Tussilage, Tyrimnus, Urospermum, Ursinia, Vanillosmopsis, Venidium, *Vernonia*, Verbesma, Vermifuga, Verge d'Or, Vicoa, Viguiera, Villanova, Vittadinia, Volutarella, Wedelia, Werneria, Willemetia, Wulffia, Xanthisma, Xanthium, Xanthocephalum, Xenocarpus, Xeranthemum, Ximenesia, Xipholepis, Yungia, Zacintha, Zaluzenia, Zarabellia, Zexmenia, Zinnia.

Composée (feuille) de plusieurs folioles comme Ailanthus, lupin, marronnier, oxalis, robinier, sorbier, trèfle, etc., etc.

Comptonia ou Liquidambar, arbuste 90e à feuilles de Ceterach pointillées (comme petite fougère).   **Myricacées**.

Conanthérées 4· tribu de la famille des Hémodoracées : 6 genres, 12 espèces.

Concombre plante à tige rampante ou grimpante, poilue, munie de vrilles, fruits allongés, 20-30e, 26 var. Cucurbitacées.

Concombre ou cucumis se consomme en hors d'œuvre ou en salade; le cornichon est un petit concombre. Cucurbitacées.

Concombre sauvage Momordica. Ecballium, concombre d'âne, fl. jaunes, baies verdâtres, Elaterium.   Cucurbitacées.

Condaminées 4· tribu de la famille des Rubiacées : 9 genres, 45 espèces.

Condiments Ail, Aneth, Anis, Badiane, Basilic, Cannelle, Cardamone, Cari, Carvi, Cerfeuil, Ciboule, Ciboulette, Civette, Concombre, Coriandre, Corne de Cerf, Cornichon, Cumin, Curcuma, Curry, Dictame, Echalotte, Estragon, Fenouil, Fenu- grec, Gingembre, Girofle, Illicium, Laurier, Lavande. ·Macis, Marjolaine, Moutarde, Muscade, Oignon, Origan, Persil, Piment, Pimprenelle, Poivre, Poivron, Rocambole, Romarin, Sarriette, Sauge, Senegrain, Thym, Trigonelle, Vanille.

Condurango (Ecorce de) du Gonolubus, pl. liane laiteuse à feuilles épaisses, empoisonnait les flèches. Asclépiadacées.

Conduru Bois de rose de Bahia, du Physocalymma, dessins en tulipe, une espèce.   Lythracées.

Cône Fruit du pin, sapin, le cône du pin maritime a 126 écailles ligneuses.   Coniféracées.

Cône du pin à écailles épaisses ayant une petite partie saillante au sommet de l'écaille.   Coniféracées.

Cône rubis Borosnia, plante d'ornement, sa fleur est d'abord en cône, 58 espèces.   Rutacées.

Cône du sapin les écailles se détachent isolément; l'épicea cône allongé, le mélèze ovale, écailles minces. Coniféracées.

Confervées groupe de la famille des Alguacées. 17 genres, souvent des eaux douces et stagnantes.

Conidies (poussières) Corps reproducteurs secondaires des Cryptogames (Sprengel).

Coniféracées Fruit en cône, d'où le nom de la famille ; arbres résineux à feuilles persistantes, toujours vertes.

Coniféracées On retrouve des Conifères fossiles dans les terrains houillers.

CONIFÉRACÉES 174· famille des Dicotylédones : 4 tribus, 34 genres, 300 espèces (cône, porter ; qui porte des cônes).

CONIFÉRACÉES Principaux genres et espèces : *Abies*, Actinostrobus, Agathis, Araucaria, Arolle, Athrotaxis, Beaumier du Canada, Biota, Callitris, Calocedrus, Caryotaxus, Cèdre ou Cedrus, Cephalotaxus, Chamoecyparis, Cryptomeria, Cunninghamia, *Cupressus ou Cyprès*, Dacrydium, Dammara, Dombeya, Epicea, Fitzroya, Frenela, Genevrier, Gingko, Glyptostrobus, Heyderia, If, Juniperus, Larix, Lawsonniana, Libocedrus, Mélèze, Oxycedrus, Phylloclade, Picea, Pin ou Pinus, Pinaster, Pitchpin, Platycladus, *Podocarpus*, Prumnopitys, Pseudotsuga, Retinospora, Sabina, Salisburia, Sapin, Sapinette, Sciadopytis, Sequoia, Strobus, Sylvestre, Taeda, Taxode ou Taxodium, *Taxus*, Tetraclinis, Thuya, Thuyopsis, Torreya, Tsuga, Washingtonia, Wellingtonia.

Conium ou Ciguë Plante fétide à tige maculée de pourpre, fl. blanches, fruit à 5 côtes saillantes, 2 esp. Ombelliféracées.

Conjuguées groupe de la famille des Alguacées : 18 genres.

CONNARACÉES 64e famille des Dicotylédones : 2 tribus, 14 genres, 170 espèces (du grec Konnaros, arbrisseau épineux),

CONNARACÉES Agelea, Bernardinia, Byrsocarpus, Cnestidium, *Cnestis, Connarus,* Ellipanthus, Manotes, Omphalobium.
    Pseudoconnarus, Robergia, Rourea, Roureopsis, Tacniochlaena, Tricholobus, Troostwyckia.

Connarées 1º tribu de la famille des Connaracées : 7 genres, 133 espèces.

Connées (feuilles) Soudées par leur base comme celles des chardons à foulon, chèvrefeuille, chlore, etc...

Conobea-Borealis Petite plante, feuilles opposées. fleurs bleues ou blanches, abondantes.   Scrofulacées.

Conocarpus Arbre de la Jamaïque 10ᵐ, feuilles coriaces, fleurs en capitule, fruit à noyau en cône.   Combrétacees.

Conocéphalées 6ᵉ tribu de la famille des Urticacées : 6 genres, 100 espèces.

Conoclinium ou Hebeclinium variété d'Eupatoire 40-50ᵉ à fleurs violetées avec poils.   Composacées.

Conopodium Plante à tige nue dans le bas, à fleurs blanches en ombelle, de 8 à 12 rayons.   Ombelliféracées.

Conospermées 2ᵉ tribu de la famille des Protéacées : 2 genres, 42 espèces : Conospermum ou Isomerum, Synaphea.

Conostylées 2ᵉ tribu de la famille des Hémodoracées : 7 genres, 56 espèces.

Conringie Plante des champs, fleurs blanchâtres, fruit en alène, 6 espèces.   Cruciféracées.

Consoude Symphytum, plante 140ᵉ à grandes feuilles 60ᵉ, oreilles d'âne, fleurs roses, 17 espèces.   Borraginacées.

Contrayerva (racines de) ou Dorstenia, plante curieuse à feuilles ovales crénelées, fleurs sur tiges 25-30ᵉ. Urticacées.

Contrayerva blanc du Mexique, du Psoralea pentaphylla, contre poison, Rhynchodium.   Léguminacées.

Contrespalier Arbrisseaux fruitiers en ligne horizontale ou en basse-tige en face de l'espalier.

Convalaria Maïalis Muguet de mai, petite plante 10-30º à jolies fleurs blanches en clochettes, une esp. Liliacées.

Convalariées 5ᵉ tribu de la famille des Liliacées : 4 genres, 4 espèces : Convallaria, Reineckea, Speirantha, Theropogon.

CONVOLVULACÉES 122º famille des Dicotylédones : 5 tribus, 36 genres, 870 espèces (de Rouler, qui s'enroule).

CONVOLVULACÉES Alona, Argyreia, Batatas, Belle de jour, Breweria, Calystegia, Cladostyles, *Convolvulus, Cressa, Cuscute,*
    Dichondra, Dicranostyles, Dolia, Ericybe, Evolvulus, Exogonium, Falkia, Ipomea, Jacquemontia, Jalap, Lepistemon,
    Lettsonia, Liseron, Maripa, Mina-lobata, *Nonala,* Patate, Petrea, Pharbite, Polymeria, Porana, Quamoclit, Rivea, Scamonée,
    Turbille, Volubilis, Wilsonia.

Convolvulées 1ᵉ tribu de la famille des Convolvulacées : 25 genres, 760 espèces.

Convolvulus Plante grimpante ou traçante à fleurs en clochettes, liseron, belle de jour, 160 espèces.   Convolvulacées.

Convolvulus batatas Plante grimpante, donne des tubercules comestibles : les patates, fleurs en cornet. Convolvulacées.

Convolvulus floridus et scoparius, arbre des Canaries, donnant un bois de rose.   Convolvulacées.

Conyse ou Conyza Arbuste 100-130ᵉ, toujours vert, feuilles luisantes, petites fleurs jaunes, 60 espèces. Composacées.

Cookia ou Clausena arbuste de serre 60-90ᵉ toujours vert, fleurs blanches odorantes, 15 espèces.   Rutacées.

Cooperia atamasco pl. 20-25ᵉ, feuilles étroites, fleurs blanches évasées, Sceptranthus.   Amaryllisacées.

Copahu Oléo-Résine saveur âcre tirée du Copaïfera officinalis et du Copaïfera-Jacquini, Guibourtia.   Léguminacées.

Copaïfera on en obtient l'oléo-résine par incision du tronc de l'arbre vivant.   Léguminacées.

Copal Gomme-résine provenant de l'Hymenea-verrucosa de Madagascar et d'Amérique.   Léguminacées.

Copalchi (écorce de) du Croton niveus, arbrisseau du Mexique, 3ᵐ.   Euphorbiacées.

Copalier ou Courbaril ou Hymenaea arbre de la Guyane, 8 espèces.   Léguminacées.

Copalme-liquidambar Arbre à feuilles palmées, sécrète un baume très odorant : Styracine, Karabé, 2 esp. Hamamélisacées.

Copayer ou Copaïfera arb. ou arb. de serre chaude, f. alternes, petites fl. donne le baume de Copahu. Léguminacées.

Copernicia Cérifère, bois jaune rougeâtre, dur, on recueille sur ses feuilles la cire de Carnauba, 6 esp. Palmacées.

Copernicia Palmier à feuilles en éventail ou flabelliformes, donne au Brésil la cire de Carnauba. Palmacées.

Coprah (huile de) tirée de l'amande desséchée et concassée de la noix de coco, Cocotier, 36 espèces. Palmacées.

Coprin variété de champignons qui se développent sur les fumiers, puis se changent en liquide noir. Champignonacées.

Coprosma Arbrisseau toujours vert, 3ᵐ, à belles feuilles ovales épaisses, vertes ou panachées, 35 esp. Rubiacées.

Coprosma-incida Bel arbuste, 100ᵉ à Paris, fe. rondes, petites fl. blanc-verdâtre, fruits à 2 noyaux. Rubiacées.

Coque du Levant fruit de l'Anamirta-Cocculus ou Chlaenandra de l'Asie (Picrotoxine).   Ménispermacées.

Coquelicot Rhoeas Papaver, plante à tige droite couverte de poils, belle fleur rouge, petit pavot. Papavéracées.

Coquelourde Anémone pulsatille, petite plante 20-25ᵉ herbe du vent, fleur en cloche, fleur de pâques. Renonculacées.

Coquelourde Lychnis viscaris, œillet de Dieu, passe-fleur, rose du ciel, tiges et feuilles cotonneuses. Caryophyllacées.

Coquelourde Agrostemme, plante 65ᵉ, tiges velues, cumin noir, nielle d'Espagne.   Caryophyllacées.

Coqueluchon Capuchon, plante 100-140°, fleurs bleues ou blanches, aconit, casque. Renonculacées.

Coquemollier théophrasta, arbre à fruits ronds, Cainitier, de la tribu des Chrysophyllées. Sapotacées.

Coqueret Physalis du Pérou, Alkekenge, fruit jaune ou rouge enveloppé dans son calice, 30 espèces. Solanacées.

Coquesigrue Rhus-cotinus, Fustet, arbre à perruque, arbuste à feuilles rondes. Anacardiacées.

Coquesigrue Ononis-natrix, plante vivace 10-50°, des endroits incultes, fleurs jaunes, mâche blanche. Léguminacées.

Coquette ou cyclamen pl. bulbeuse, f. radicales fl. sur tiges, 15-25°, les porcs sont friands du bulbe, 12 esp. Primulacées.

Coquito du Chili Jubea spectabilis, Cocos à feuilles pennées, Micrococos, Molinea, une espèce. Palmacées.

Corail Renouée douce, plante rampante à fleurs rouge-vif, crépinette, trainasse. Polygonacées.

Coralline petite plante marine 10°, d'abord rose ou pourpre, puis se couvre de carbonate de chaux. Alguacées.

Coralline Alyssum jaune, petite plante en bordure, corbeille d'or. Cruciféracées.

Corallinées groupe de la famille des Alguacées : 6 genres.

Corallodendron Erythrina, arbre de corail, les fleurs crête-de-coq avant les feuilles, 1771 en France. Léguminacées.

Corallorhiza Ophrys des montagnes, feuilles roulées, petites fleurs pendantes blanchâtres. Orchidacées.

Corbeille d'argent Arabis, petite plante en bordure à fleurs blanches, Alyssum. Cruciféracées.

Corbeille d'or Alyssum saxatile, petite plante en bordure à fleurs jaune-doré éclatant. Cruciféracées.

Corchorus ou kerria Arb. à tiges sans épines, donnent des petit. roses jaun. (nommé ainsi à tort), 2 esp. Rosacées.

Corchorus olitorius Corète potagère, donne aussi une filasse ou chanvre de Calcutta. Tiliacées.

Corchorus textilis Plante textile, on en tire le jute ou filasse brillante, Antichorus, 30 espèces. Tiliacées.

Cordia Arbrisseau de serre, feuilles persistantes, fleurs grandes, crispées, rouge-orange, 180 espèces. Borraginacées.

Cordiées 1° tribu de la famille des Borraginacées, 5 genres, 205 espèces.

Cordon de Cardinal Persicaire du Levant 2-3', feuilles alternes, fleurs roses ou carmin. Polygonacées.

Cordon pistillaire, organe de la fleur, protecteur des boyaux polliniques, par où passe le Pollen allant dans l'ovaire.

Cordon et losange Tailles des pommiers et poiriers horizontalement le long des allées. Rosacées.

Cordyline ou Dracæna indivisa ou Dragonnier, petit arbre 4-5ᵐ comme plumeau, fleurs jaunes, 10 esp. Liliacées.

Coreopsis Plante tige droite, grêle, fleurs jaunes, les graines ont l'aspect de punaises, 55 espèces. Composacées.

Corète comestible Corchorus-olitorius, 1640 en France, mauve de Judée, brède malabare. Tiliacées.

Corète (faux) Rhodotypus-kerrioïdées, arbuste à palisser, fleurs blanches, 1 espèce. Rosacées.

Corète ou kerria Corchorus, plante ligneuse, sans épine, petites roses jaunes en quantité, 2 espèces. Rosacées.

Corète textile Corchorus-capsularis, 1725 en France, donne le jute pour corde et filet de pêche. Tiliacées.

Coriandre Coriandrum, plante 90° pour sauce, en vert odeur désagréable, sèche bonne odeur 2 espèces. Ombelliféracées.

Coriaria Redoul, Coriaire, arbuste pour haies, feuilles à tannin et teinture, 3 espèces. Coriariacées.

CORIARIACÉES 62' famille des Dicotylédones : 1 genre, 3 espèces (de cuir qui sert au tannage du cuir).

CORIARIACÉES : un seul genre : Coriaria ou Heterocladus ou Heterophylleia ou Redoul, plante très vénéneuse.

Coride de Montpellier Arbuste très rameux, fleurs abondantes bleues ou rouges en épi, 1 espèce. Primulacées.

Coridées 4° tribu de la famille des Primulacées, une espèce : Coris ou Coride.

Corinde Plante grimpante à vrilles, 140°, feuilles alternes, fleurs en grappes blanc-vert, 155 espèces. Sapindacées.

Coris des Alpes Petite plante 10-20° à feuilles un peu charnues, fleurs rose-bleuâtre, aspect Thym, 1 esp. Primulacées.

Corispermées 4e tribu de la famille des Chénopodiacées : 3 genres, 15 espèces. Agriophyllum, Anthochlamys, Corispermum.

Cormier Sorbus-domestica, arbre à feuil. rondes produit une petite poire : la corme com. étant blette. Rosacées.

CORNACÉES 90' famille des Dicotylédones : 16 genres, 80 espèces (de Corne : fruit en forme de Corne).

CORNACÉES : Alangium, Aucuba, Aucubaphyllum, Benthamia, Camptotheca, Cornouiller, Corokia, Curtisia, Davidia, Garrya, Griselinia, Kaliphora, Mastixia, Melanophylla, Nyssa, Stylidium, Toricellia.

Cornaret Martynia, plante curieuse par ses graines en tête de bélier, carpoceras, 10 espèces. Pédalinacées.

Corne d'abondance Fedia-cornucopia, plante 20 25°, fleurs comme valériane, 1 espèce. Valérianacées.

Corne de cerf Chicorée frisée de Rouen à feuilles très découpées pour salade ou à cuire, 16 variétés. Composacées.

Corne de cerf Plantain-coronope, pied de Corneille, feuilles allongées, fleurs sur tiges. Plantaginacées.

Corneille Lysimaque, plante 120-140°, feuilles par 3 ou 4, fleurs jaunes. Primulacées.

Corne du diable Graines curieuses du Martynia, ou cornaret, bicorne, griffe de chat, 10 espèces. Pédalinacées.

Cornichon Cucumis-minor, concombre avant sa maturité pour condiment. Cucurbitacées.

Cornifle Ceratophyllum submersum, petite plante aquatique, fruit corné noir, 3 espèces.   Cératophyllacées.

Cornouille ou corne, fruit du cornouiller, pour confiture, 6 variétés.   Cornacées.

Cornouiller femelle Sanguin, cornus, bois punais, arbuste produisant des petits fruits à noyau.   Cornacées.

Cornouiller mâle Bois dur, on en fait des cannes, manches d'outils et de parapluies, 25 espèces.   Cornacées.

Cornuelle plante aquatique nageante à fruit comestible : châtaigne d'eau, Trapa, Macre, 3 espèces.   Onagracées.

Cornutia Agnante, arbuste à tige carrée, feuilles opposées, fleurs bleues en grappe, 8 espèces   Verbénacées.

Corokia Petit arbuste 50-70ᵉ petites feuilles comme cotonéaster, toujours vertes, fleurs jaunes, 2 esp.   Cornacées.

Corolle L'ensemble des pétales qui forment la fleur et qui protègent les organes de reproduction.

Corolle Rideaux du lit nuptial de la fleur (Linné 1746, Sponsalia plantarum).

Corolliflores 3ᵉ division des Dicotylédones : fleurs à pétales soudés insérés au-dessous de l'ovaire (De Candolle).

Coronille Arbrisseau de 2-3ᵐ à fleurs jaunes ou rosées, aspect du genêt, luzerne en arbre, 20 espèces.   Léguminacées.

Coronopus plante à feuilles rugueuses, couchées, petites fleurs blanches, 6 espèces.   Cruciféracées.

Corossol ou Cherimolia, produit la pomme cannelle ; à Paris, arbuste tige velue.   Anonacées.

Corossolier Anona-muricata, donne un gros fruit, parfum de la cannelle et de l'orange.   Anonacées.

Corozo Ivoire végétal, provient du Phytelephas-macrocarpa, on en fait des boutons, 3 espèces.   Palmacées.

Corozo (huile de) provient de l'Alfonsio-monteca del Corozo, comme Elaeis melanococca, 2 espèces.   Palmacées.

Correa Arbuste à tige velue, feuilles arrondies, fleurs en tube, jaunes ou rouges, 5 espèces, 8 variétés.   Rutacées.

Corrigiola Plante à tiges nombreuses, couchées, feuilles épaisses, petites fleurs blanches, 6 espèces.   Illecebracées.

Corroyère ou Coriaria, ou Redoul, arbuste pour haies, feuilles pour tannin et teinture, 3 espèces.   Coriariacées.

Corsiées 3ᵉ tribu de la famille des Burmaniacées : 2 genres, 2 espèces : Arachnites, Corsia du Chili et Guinée.

Corticium Champignon formant des plaques sur les écorces d'arbres, 65 espèces.   Champignonacées.

Cortusa Plantes à feuilles velues 20-30ᵉ, fleurs sur tige blanches ou rouges en ombelle, 2 espèces.   Primulacées.

Coryanthe Belle orchidée, fleur énorme couleur chocolat, 5 espèces.   Orchidacées.

Corydale plante 30ᵉ avec fleurs en grappes pendantes, graines noires, luisantes, 100 espèces.   Fumariacées.

Corydalis plante rameuse ou grimpante, fleurs jaunes, pétale supérieur en éperon (alouette).   Fumariacées.

Corylées 2ᵉ tribu de la famille des Cupuliféracées : 4 genres, 25 espèces : Carpinus, Corylus, Ostrya. Ostryopsis.

Corylopsis Arbuste ayant l'aspect du Noisetier, fleurs en grappes de la Chine et Japon, 4 espèces.   Hamamélisacées.

Corylus-Avellina Noisetier, coudrier, avelinier, arbrisseau fruitier, variété à feuilles pourpres, 7 esp.   Cupuliféracées.

Corymbifère ou **Radiée** (fleur) Assemblage symétrique de très petites fleurs ou fleurons au centre de la fleur.

Corymbifères ou **Radiées** (fleurs) comme Marguerite : fleurons au centre et demi-fleurons tout autour en couronne.

Corymbifères ou **Radiées** Première division des Composacées ; comprend neuf tribus sur les 13 de cette famille.

Corynephorus Plante des sables maritimes 20-30ᵉ, feuilles rudes, enroulées, petits épillets, 2 espèces.   Graminacées.

Corynocarpus Arbuste toujours vert, joli feuil. lisse, fr. comestible comme prune, amande vénéneuse.   Myrsinacées.

Corypha ou **Livistona** Arbre, feuil. en éventail sur longue tige, on en tire des fibres, fruit forme olive.   Palmacées.

Coryphées 3ᵉ tribu des Palmacées : 17 genres, 87 espèces, à feuilles en éventail.

Cosmanthe Plante 30-35ᵉ poilue, feuilles alternes, fleurs bleu pâle, roulées en crosse.   Hydrophyllacées.

Cosmidium Plante 70-80ᵉ, feuilles opposées, fleurs en capitule sur tiges, Thelesperma, 5 espèces.   Composacées.

Cosmos Plante 70-200ᵉ, feuilles opposées, grandes découpures fines, fleurs rouge-violet, 10 espèces.   Composacées.

Cossigniées 11ᵉ tribu de la famille des Sapindacées : 3 genres, 6 espèces : Cossignia, Delavaya, Llagunoa.

Costus (racines de) ou Banksea ou Gissanthe ou Hellenia ou Jacuanga ou Planera de l'Himalaya, 27 esp.   Zingibéracées.

Coto (écorce de) 1873 en Europe, du Palicourea-densiflora ou Colladonia ou Galvania de l'Amér. trop.   Rubiacées.

Coton Duvet qui enveloppe les graines du Cotonnier et sort de la capsule à maturité.   Malvacées.

Coton (huile de) On emploie à Marseille les graines d'Egypte et du Levant, Gossypium.   Malvacées.

Coton à Nice Stephanotis floribunda, pl. grimp., fl. blanches, fruit vert avec coton, Jasminantes, 14 esp.   Asclépiadacées.

Cotonéaster Arbuste couché pour rocaille, à petites feuilles rondes toujours vertes, fruits rouges.   Rosacées.

Cotoneanter Arbrisseau 3ᵐ ; plusieurs sortes de feuilles et de fleurs blanches ou roses, 18 espèces.   Rosacées.

Cotonnier arborescent Arbrisseau de 5 à 6ᵐ, à Paris 0,50 ; grandes fleurs jaunes à cœur noir.   Malvacées.

Cotonnier ou **Gossypium** Arbuste 160-200ᵉ, donne le meilleur coton, fleurs élégantes jaunâtres, 32 esp.   Malvacées.

Cotonnier herbacé Pl. annuelle 50-55ᵉ en Egypte, Perse, Asie-Mineure, Malte, Madras et l'Amérique.   Malvacées.

Cotonnière Gnaphale d'Orient, 1629 en Europe, Immortelle cotonneuse, Filago, 10 espèces.   Composacées.

Cotula Plante des Alpes et des champs, 5-10°, gazonnante, fleurs jaunes, graines nues, 40 espèces.   Composacées.

Cotylédon Organe simple ou double, servant de nourriture première au germe de certaines plantes.

Cotylédon Le Blé a un cotylédon ; le haricot, le pois en ont deux, quand le germe prend racine.

Cotylédon Plante grasse 25-30°, feuilles arquées, épaisses ; petites fleurs rouge vif, 75 espèces.   Crassulacées.

Cotylet Cotylédon-umbilicus-nombril de Vénus ; plante à feuilles rondes, fleur jaunâtre en grappe,   Crassulacées.

Cou de chameau Narcisse des jardins, des Poètes, Genette, Jeannette.   Amaryllisacées.

Couac ou Couaque ou Cassave ; c'est la pulpe desséchée du manioc pour le tapioca.   Euphorbiacées.

Coucou Narcisse des prés, Aïault, Chaudron, Jeannette jaune, Marteau, Porion ou Porillon.   Amaryllisacées.

Coucou Primevère officinale, fleurit en avril dans les prairies, fleurs jaunes.   Primulacées.

Coucoumelle Nom vulgaire de l'Amanite vaginée, champignon comestible, Amanita, 33 espèces.   Champignonacées.

Coucourdon ou gourde, à Nice la foire aux Coucourdons ; le dimanche après Carnaval

Coucourrelle ou Kurbis, courge blanche comestible d'Italie.   Cucurbitacées.

Coudrier Corylus, Noisetier, arbrisseau produisant les noisettes, fleurs en chatons, 7 espèces.   Cupuliféracées.

Couepi ou Acia Arbre de la Guyane, produit une amande amère non comestible, Acioa, 30 espèces.   Rosacées.

Coulants ou Stolons, racines adventives du fraisier servant à la reproduction, aux potentilles.   Rosacées.

Couleuvrée Bryonia-dioica sa racine : navet du diable, pl. grimpante sur les haies, fruits rouges, 8 esp.   Cucurbitacées.

Coulure de la Vigne lorsque le pollen ne peut féconder le pistil : cause pluie ou brouillard.

Couma Collophora, arbre de Brésil produisant un caoutchouc : Sorveira, 5 espèces.   Apocynacées.

Couma ou Coumier arbre de la Guyane 10ᵐ écorce grise donne une résine, fl. roses ; fr. comestibles.   Apocynacées.

Coumarouna Arbre de la Guyane, Dipterix-odorata, Taralea, donne la fève Tonka, 8 esp.   Léguminacées.

Coupoui Acica, arbre de la Guyane nommé aussi Cupirana, fruits à noyau, 2 espèces.   Apocynacées.

Courbaril ou Caroubier de la Guyane ou Hyménée, produit le Copal tendre ou gomme animé, 8 esp.   Léguminacées.

Courge brodée Potiron rugueux, avec excroissances donne parfois de beaux dessins, Patisson, Giraumon.   Cucurbitacées.

Courge ou Calebasse Pl. grimpante, grandes fe., fl. en entonnoir blanches ou jaunes, fruits très variés.   Cucurbitacées.

Courge ou Potiron Cucurbita-citrouille, de forme allongée ou ronde, 10 espèces, 24 variétés.   Cucurbitacées.

Couronne des blés Lychnis, nielle, silène, œillet de Dieu, à fleurs roses, noyelle, sifflet.   Caryophyllacées.

Couronne impériale Fritillaire, tulipe des prés, pintade, damier de Perse, 1570 en France, 40 esp. 50 var.   Liliacées.

Couronne de Saint-Jean Armoise commune sur les talus, les décombres, les fossés.   Composacées.

Couroupita Guyanensis arbre fc. alternes, fl. en grappes, graines oléagineuses, amandes d'Andos, 9 esp.   Myrtacées.

Courroies de Saint-Jean Lierre terrestre, glechoma, petite pl . fl. viol., rondelette, rondette, terrette.   Labiacées.

Courtilières ennemies du jardinier ; on les éloigne avec la naphtaline en poudre.

Couscous Aliment des Arabes préparé avec semoule ou blé ou orge ou millet d'Afrique : le Sorgho et de la Viande.

Cousine ou Coussinet Myrtille, arb. des bois, 30-60°, fl. rosée verd., baies noires, maurettes, 110 esp.   Vaccinacées.

Coussarées 20ᵉ tribu de la famille des rubiacées : 2 genres, 130 espèces : Coussarea, Faramea ou Tetramerium.

Cousso ou Kousso Fl. du koussotier, arb. de l'Abyssinie 7-8ᵐ, Brayera-anthelminthica, une esp.   Rosacées.

Coutarea de Cayenne Arbuste de serre à fl. rose-foncé, 1819 en France, quinquina de Cumana, 15 esp.   Rubiacées.

Crambé maritime Chou-marin, ch. de mer, 30-40° fl. bl. sujet aux pucerons et tiquets, comest., cakile.   Cruciféracées.

Crampons Attaches du Lierre sur les arbres et sur les murs ; également pour Ficus-repens, Varech.

Craniolaria Plante 40-50°, fe. opposées, fl. violacées en grappe, à odeur de vanille, fr. en corne, 2 esp.   Pédalinacées.

Cranson ou Cran Cochlearia, pl. des sables de mer, 10-80°, fl. blanches ou roses, raifort. 20 esp.   Cruciféracées.

Crapaud Animal très utile dans un jardin potager ; les Anglais en achètent pour cet usage.

Crapaudine Pulmonaire du chêne, plante velue 30-40°, fleurs en cyme bleues ou violacées.   Borraginacées.

Crapaudine Sideritis-Hyssopifolia, plante 15°, petites feuilles opposées, fleurs comme réséda.   Labiacées.

Crapaudine Galeopsis à fleurs rouges, chambreule, ortie rouge, sarriette sauvage.   Labiacées.

Crassula Cotylédon élevé, feuilles charnues, une variété est rampante, pour bordures, rocailles.   Crassulacées.

Crassula en arbre Arbuste de serre, 100° à Paris à feuilles charnues, opposées, fleurs rouges.   Crassulacées.

CRASSULACÉES 68ᵉ famille des Dicotylédones : 15 genres, 485 espèces (de Crassus, épais : feuilles épaisses).

CRASSULACÉES Bryophyllum, Bulliardie, Cotylédon, Crassula, Cubéria, Echeveria, Joubarbe, |Kalanchœ, Kitchingia,

Macrosepalum, Monanthes, Ombilic, Orpin, Rhodiola, Rochea, Sedum, Sempervivum, Spheritis, Tillea, Umbilicus, Vermiculaire.

Crataegus (de Kratos : force, bois résistant) Alisier, Aubépine, Azerolier, Buisson ardent, Photinia.   Rosacées.

Craterelle Variété de champignon noirâtre en entonnoir, trompette des morts, corne.   Champignonacées.

Cratoxylées 2ᵉ tribu de la famille des Hypéricacées : 2 genres, 14 espèces : Cratoxylon ou Ancistrolobus, Eliaea.

Crémospermées 3ᵉ série de la famille des Cucurbitacées, comprend 5 tribus, 17 genres, 79 espèces.

Crépis ou Crépide Plante cultivée, fleurs de Marguerite, blanche ou rose, ou rouge, bisannuelle ; 150 esp. Composacées.

Crépis des bois champs, prés, rochers, lieux arides, 14 variétés à fl. jaunes ou blanches, Hieracium.   Composacées.

Créquier Prunier sauvage ou Cerisier des haies ; fruits : crêques ou fourderaines.   Rosacées.

Crescentia-cujete Arbre à gros fruits ligneux comme les calebasses, on en fait des objets de ménage.   Bignoniacées.

Crescentiées 4ᵉ tribu de la famille des Bignoniacées : 4 genres, 28 espèces: Crescentia, Kigelia, Phyllarthron, Schlegelia.

Cressa Plante 10-15ᵉ des ravins, petites feuilles ovales, petites fleurs jaunes, une espèce.   Convolvulacées.

Cressées 4ᵉ tribu de la famille des Convolvulacées : 3 genres, 5 espèces : Cressa, Hillebrandtia, Wilsonia.

Cresson alénois Lépidium-sativum, plante 50ᵉ, comestible, fl. blanches en boule, 6 var. cultivées à Paris. Cruciféracées.

Cresson de cheval ou salade de chouette : Veronica-beccabunga, cresson de chien, comest. au printemps. Scrofulacées.

Cresson (faux) Roripe, plante des endroits humides 20-40', feuille du milieu très divisée.   Cruciféracées.

Cresson de fontaine Nasturtium officinale, pousse dans l'eau, la santé du corps, 8 var. cult. à Paris.   Cruciféracées.

Cresson de Para Spilanthes oleracea, abécédaire, plante rampante à saveur brûlante, fleurs panachées. Composacées.

Cresson du Pérou d'Inde, Tropoeolum-majus, grande capucine du Pérou 1684, à feuilles rondes.   Géraniacées.

Cresson des Prés Cardamine pratensis, plante 30-40ᵉ à fleurs roses, comestible.   Cruciféracées.

Cresson des ruines Lépidium-latifolium. Passerage 80-120ᵉ, fleurs blanches en boule.   Cruciféracées.

Cressonnière Lieu où l'on cultive le cresson ; il faut une eau courante et propre, 1ᵉ en 1812 à Saint-Léonard (Oise).

Crête de coq Célosie, plante à fleurs grenat ou panachées en épi velouté, passe velours, 35 espèces.   Amarantacées.

Crête de coq Rhinanthe, cocriste, plante parasite des moissons, des prés; fleurs jaunes en épi, 3 espèces. Scrofulacées.

Cretelle des prés Cynosurus-cristatus, produit un bon fourrage, tige fine, Falona, Phalona.   Graminacées.

Crève chien Morelle noire, pl. grimpante ou à tige rameuse, fl. blanches, fruits noirs, Baume tranquille. Solanacées.

Crin d'ours Fétuque des prés, vert foncé, pour gazon et bordure, excellent fourrage.   Graminacées.

Crin végétal Fibres tirés de l'Arenga, du Bactris, du Chamaerops nain, Algérie et Maroc.   Palmacées.

Crin végétal Fibres tirés de l'Agave, fils d'aloès ou de pitte en Algérie.   Amaryllisacées.

Crinole d'Afrique ou Agapanthe ; plante 60-80ᵉ à fleurs bleues ou blanches en ombelle, tubéreuse, 3 esp. Liliacées.

Crinum Plante bulbeuse 120ᵉ, grosse avec larges feuilles, fleurs blanches, 60 espèces.   Amaryllisacées.

Crithmum-maritimum Fenouil marin, perce-pierre, plante charnue, f. comestibles, criste, une esp.   Ombelliféracées.

Crocus sativus Safran, petite plante 10-20ᵉ, fl. grandes, violettes ou pourprées, fruit en capsule, 67 esp. Irisacées.

Croisette Galium-cruciata, plante des bois, prés, 30-80ᵉ vert clair, fleurs jaunes.   Rubiacées.

Croix de Jérusalem Lychnis chalcedonica, croix de Malte, plante 80-100ᵉ, fl. rouge-vermillon ou roses. Caryophyllacées.

Croix de Malte Tribulus, plante à tiges couchées, fleurs jaunes ou blanches, fruit épineux en croix. Zygophyllacées.

Croix de Saint-Jacques Lis Saint-Jacques, belle plante, fleurs veloutées pourpre-foncé avec croix rouge. Amaryllisacées.

Crompire Topinambour, Artichaut du Canada, de Jérusalem, Tertifle, 6 variétés cultivées à Paris.   Composacées.

Crosne du Japon Stachys-affinis, racine com., goût d'artichaut, 1882 en France par Pailleux de Crosnes. Labiacées.

Crossandra Arbuste de serre 70ᵉ, feuilles ovales ondulées, fleurs jaune safran en épi, Polythrix, 5 esp. Acanthacées.

Crotalaire Plante à tige cotonneuse, feuilles émoussées, petites fleurs pourpres, gousses pendantes. Léguminacées.

Crotalaire effilée Plante textile, 1700 en France, donne une sorte de jute brillant, gousses enflées, poilues. Léguminacées.

Croton Plante de serre à beau feuillage parfois panaché, fruit à 3 graines, 530 espèces.   Euphorbiacées.

Croton (graines de) du Tiglium officinal, petit arbre du Pérou, petits pignons d'Inde, cascarille.   Euphorbiacées.

Croton sebiferum ou arbre à suif, produit une cire à bougie, Stillingia fleurs en épi, 13 espèces.   Euphorbiacées.

Croton des teinturiers ou Crozophora ou Tournesol, donne teinture bleue. Maurelle, Gabbéré, 6 esp. Euphorbiacées.

Croton Tiglium Les graines donnent l'huile de croton des droguistes, des petits pignons d'Inde.   Euphorbiacées.

Crotonées 6ᵉ tribu de la famille des Euphorbiacées, 132 genres, 1740 espèces.

Crowea Arbuste de serre 70-90ᵉ à feuilles de saule, fleurs d'un beau rose, 3 espèces.   Rutacées.

Crozophora Croton-tinctorium, plante des Alpes à feuilles grisâtres, 6 espèces.   Euphorbiacées.

Crucianella Plante des endroits incultes 10-40°, 3 variétés à fleurs jaunâtres, caille-lait.   Rubiacées.

Cruciféracées ou Crucifères, plante dont la fleur a 4 pétales en croix, d'où son nom.

CRUCIFÉRACÉES 12e famille des Dicotylédones : 10 tribus, 188 genres, 1550 espèces (du latin crucis, croix ; fero, je porte).

CRUCIFÉRACÉES Principaux genres et espèces : Aethionema, Alliaire, *Alyssum*, Anastatica, Anchonium, Arabette, *Arabis*, Aubrietia, Barbarea, Berteroa, Biscutella, Blennodia, Brachiolobos, *Brassica*, Braya, Bunias, *Cakile*, *Cameline*, Capsella, Cardamine, Cheiranthus, Chorispora, Chou, Clypeole, Cochlearia, Colza, Conringia, Coronopus, Crambe, Cranson, Cremolobus, Cresson, Crithmum, Dentaire, Diplotaxis, Dipterygium, Dontostemon, Draba, Drave, Enarthrocarpe, Erophile, Eruca, Erucastre, Erysimum, Ethionema, Eutrema, Farsetia, Fosselinia, Giroflée, Heldreichia, Héliophila, Hesperis, Hexuptera, Hutchinsia, Iberidella, Iberis, Ionopsidium, *Isatis*, Julienne, Kernera, *Lepidium*, Lunaire, Lunetière, Malcolmia, Mathewsia, Matthiola, Menonvillea, Morettia, Moricandia, Moricria, Moutarde, Myagrum, Nasturtium, Navet, Navette, Neslie, Parrya, Passerage, Pastel, Peltaria, Petrocalle, Radis, Raifort ou *Raphanus*, Rapistrum, Ravenelle, Roquette, Roripe, Schizopetalum, Senebière, Sinapis, *Sisymbrium*, Smelowskia, Stanleya, Stenopetalum, Sterigma, Streptanthus, Subulaire, Syrenia, Tabouret, Teesdalia, Tétracme, Thelypodium, *Thlaspic*, Thysanocarpon, Tuesdalia, Turritis, Velar Vella, Vesicaria, Zilla.

Cruckshanksiées 11e tribu de la famille des Rubiacées : 2 genres, 5 espèces : Cruckshanksia ou Rotheria, Oreopolus.

Crupina Centaurée vulgaire, plante des champs, feuilles et fleurs purpurines, une espèce, 5 variétés.   Composacées.

Crypsis Agrostis oculeata, plante 15-30°, feuilles engaînantes, fleurs en épi, une espèce.   Graminacées.

Cryptangiées 4e tribu de la famille des Cypéracées : 9 genres, 30 espèces.

Cryptanthus Plante à feuilles panachées, comme la peau de serpent, une espèce, 6 variétés.   Broméliacées.

Cryptocarya ou Muscadier d'Australie, arbuste à feuilles persistantes, fleurs jaunes, 45 espèces.   Lauriacées.

Cryptogames (mariage caché) Plantes dont les organes de reproduction ne sont pas visibles.

Cryptogames Plantes sans fleurs ni graines apparentes par Linné en 1735 (Agames par Lamarck).

Cryptogames ou Acotylédones sans racines : Alguacées, Champignonacées, Lichenacées (cellulaires).

Cryptogames ou Acotylédones sans racines mais avec feuilles : Hépaticacées Moussacées (cellulaires).

Cryptogames ou Acotylédones avec racines et feuilles : Equisétacées, Fougéracées, Lycopodiacées (vasculaires).

Cryptogyne ou Eriocephalus 1732, Arbuste 100-130°, feuilles à 3 ou 4 lanières, fleurs blanches, 17 esp.   Composacées.

Cryptolepis Arbuste de serre 100-120°, feuilles 20°, fleurs blanches, 14 espèces.   Asclépiadacées.

Cryptoméria-Japonica 1844, arb. d'orn., feuill. élégant, aspect du Genévrier, dev. roux-brun en hiver.   Coniféracées.

Cryptonémiées groupe de la famille des Alguacées : 9 genres.

Cryptostégia Plante liane à fleurs pourpre-rougeâtre, donne un caoutchouc, 2 espèces.   Asclépiadacées.

Cubeba-piper Arbuste grimpant, fruits en grappe, 1815 en Europe, poivre à queue de Sumatra.   Pipéracées.

Cucubale à baies Plante des haies 50-140°, souvent grimpantes ; fleurs blanc-vert, une espèce.   Caryophyllacées.

Cuculliforme en forme de capuchon ou de cornet, les fleurs de l'Ancolie sont cuculliformes.

Cucumérinées 1e tribu de la famille des Cucurbitacées : 61 genres, 407 espèces.

Cucumis-colocyntis Coloquinte, plante grimpante, fruit comme petite orange, peu comestible, 3 espèces.   Cucurbitacées.

Cucumis-melo Melon, plante potagère à tiges couchées, fruits sucrés jusqu'à 5 kilos, 37 variétés.   Cucurbitacées.

Cucumis-sativus Concombre, plante rampante, fruits pour condiments, hors d'œuvre, salades, 16 variétés.   Cucurbitacées.

CUCURBITACÉES 83e famille des Dicotylédones : 8 tribus, 86 genres, 633 esp. (du latin Cucurbita : Courge).

CUCURBITACÉES Principaux genres et espèces : *Alobra*, Actinostemma, Adenopus, Alsomitra, Anguria, Apodanthera, Benincasa, Bryone, Calebasse, Cayaponia, Cephalandra, Ceratosanthes, Chayote, Chocho, Citrouille, Coccinia, Cogniauxia, Coloquinte, Concombre, Corallocarpus, Cornichon, Courge ou Cucurbita, *Cucumis*, *Cyclanthera*, Dendrosicyos, Ecbalium, Echinocystis, Elaterium, Eureiandra, *Fenillea* ou Fevillea, Gerrardanthus, *Gomphogyne*, Gourde, Gurania, Gymnopetalum, *Gynostemma*, Kedrostis, Lagenaria, Luffa, Melo, Melon, Melothria, Momordica, Peponia, Pestalozzia, Potiron, Sechium, Sicydium, *Sicyos*, Thladiantha, Trichosanthes, Trochomeria, Wilbrandia, *Zanonia*, Zucca.

Cudbear pulvérisé tiré de l'orseille des Canaries, donne aussi l'indigo du nord, l'indigo rouge.   Lichénacées.

Cudrania Arbrisseau 4-5m, petites feuilles ; de l'Asie, Australie, Nouvelle-Calédonie, 3 espèces.   Urticacées.

Culcasiées de la 1e tribu de la famille des Aroïdacées : 1 genre, 2 espèces : Culcasia ou Denhamia.

Culotte du père Adam Musa paradisiaca ; plante engainante à feuilles larges et longues, 120-150°.   Musacées.

Culotte de Suisse Plante grimpante, fleur en couronne, fruit forme œuf, fleur de la Passion.   Passifloracées.

Cumin ou Cuminum Plante aromatique, 1594 en Europe; entre dans le kummel et fromage de Holl., 2 esp.   Ombelliféracées.

Cumin des prés nom vulgaire du Carvi plante aromatique 30-50ᶜ, anis des Vosges.   Ombelliféracées.

Cunninghamia 1804 Grand arbre de la Chine, aspect de l'Araucaria, mais plus rustique feuil. piq. 1 esp.   Coniféracées.

Cunonia du Cap Arbuste 170ᶜ toujours vert, feuillage très fourni, fleurs blanches nombreuses, 6 espèces.   Saxifragacées.

Cunoniées 5e tribu de la famille des Saxifragacées : 21 genres, 107 espèces.

Cupaniées 9e tribu de la famille des Sapindacées : 35 genres, 230 espèces.

Cuphea-arabica Plantes à fleurs jaunes en tube, aspect d'une Euphorbe. 11 étamines.   Lythracées.

Cuphea-ignea Aspect d'un petit Fuchsia, petites feuilles, fleurs en tube rouge-jaune.   Lythracées.

Cupidone Catananche, plante velue, feuilles étroites, aspect du Bleuet, mais bleu ciel, 4 espèces.   Composacées.

Cupressinées 2 tribu de la famille des Coniféracées : 9 genres, 77 esp. : Callitris, Cyprès, Juniperus, Thuya, etc , etc.

Cupressus Cyprès, arbre d'ornement et d'utilité, très employé comme brise-vent contre le Mistral, 12 esp.   Coniféracées.

CUPULIFÉRACÉES 168ᵉ famille des Dicotylédones, 3 tribus, 10 genres, 420 espèces (cupule, porter : fruit en coupe).

CUPULIFÉRACÉES Aune, *Bouleau*, Castanopse, Charme, Châtaignier, *Chêne*, Coudrier, Hêtre, *Noisetier*, Ostrya, Ostryopsis.

Curare résine-poison des flèches, tirée du Strychnos, Woorali, Woorara, Woorari, Urari.   Loganiacées.

Curare du Vénézuela Malouetia-nitida, arbrisseau 2-5ᵐ, faux curare.   Apocynacées.

Curatella impériale Arbre 5-6ᵐ toujours vert, grandes feuilles coriaces 50-70ᶜ sur 10-15ᶜ, 2 espèces.   Dilléniacées.

Curcas (huile de) ou de Pignon d'Inde, du Jatropha-curcas, noix de Bardane.   Euphorbiacées.

Curculigo Plante de serre, feuilles 100-130ᶜ, plissées, fleurs jaunes penchées, 12 espèces.   Amaryllisacées.

Curcuma (du persan : kurkum) Safran ou Souchet de l'Inde, Arrow-root, fleur rouge-jaune, 30 esp.   Zingibéracées.

Curry ou Cari (poudre de) ou rentre du Curcuma-cardamome, pour condiment.   Zingibéracées.

Curtisia Arbrisseau d'Orangerie à feuilles de Hêtre, fleurs en panicules, une espèce.   Cornacées.

Cuscute ou Cuscuta Plante grimpante sans feuilles, enlace et étouffe les plantes, Teigne.   Convolvulacées.

Cuscutées 5· tribu de la famille des Convolvulacées : 1 genre, 80 espèces.

Cusparia-officinalis ou Galipea on en retire l'écorce d'Angusture, arbre toujours vert aspect palmier.   Rutacées.

Cuspariées 1ᵉ tribu de la famille des Rutacées : 14 genres, 55 espèces.

Cussonia du Cap Arbuste de serre à feuilles digitées, fleurs blanchâtres en grappes, 16 espèces.   Araliacées.

Cuve de Vénus Cardère, Chardon à foulon, feuilles opposées formant réservoir, 13 espèces.   Dipsacées.

Cyanophycées 5ᵉ tribu de la famille des Alguacées : Algues bleues : Bactérie, Nostoc, 124 genres, 2.766 espèces.

Cyanophyllum Miconia, Arbuste d'ornement à grandes feuilles à envers rouge, 490 espèces.   Mélastomacées.

Cyanus Centaurée, bleuet, barbeau panaché, casse-lunettes, fleur des blés et cultivée.   Composacées.

Cyathea Fougère en arbre, jusqu'à 10ᵐ de hauteur, à l'île Bourbon, feuilles argentées en bas. Alsophila.   Fougéracées.

Cyathéanées 3· tribu de la famille des Fougéracées : 7 genres, 456 espèces.

Cycas On retire du tronc, des fleurs ; deux fécules comestibles, au Japon et en Cochinchine, 16 espèces.   Cycasacées.

Cycas-revolutata Belle plante d'ornement 100-200ᶜ, feuilles pennées en couronne, fl. jaunes, Sagoutier, 1758.   Cycasacées.

CYCASACÉES 175ᵉ famille des Dicotylédones : 2 tribus, 9 genres, 83 espèces (Cycasium, Ville de la Triphylia).

CYCASACÉES Bowenie, Ceratozamie, *Cycas*, Dioon, Encéphalartos, Lépidozamie ou Macrozamie, Microcycas, Stangerie, *Zamie*.

Cycasées 1ᵉ tribu de la famille des Cycasacées : 1 genre, 16 espèces (on en retrouve à l'état fossile).

Cyclamen-cyclame Petite pl. bulbeuse à fl. sur tige de 10 à 15ᶜ, les rac. sont pain de pourceau, 12 esp. 16 var. cult.   Primulacées.

CYCLANTHACÉES 24ᵉ famille des Monocotylédones, 2 tribus, 6 genres, 44 espèces (du grec Kuklos, cercle ; anthos, fleur).

CYCLANTHACÉES *Carludovica, Cyclanthus*, Evodianthus, Ludovia, Salmia, Sarcinanthus, Stelestylis.

Cyclanthées 2· tribu de la famille des Cyclanthacées : 1 genre, 4 espèces. Cyclanthus ou Cyclosanthes ou Discanthus.

Cyclanthera Plante grimpante 4-5ᵐ, fleur jaune-vert, à fruits en pointe comme le cornichon, 39 espèces.   Cucurbitacées.

Cyclanthérées 3ᵉ tribu de la famille des Cucurbitacées : 4 genres, 76 espèces.

Cyclanthus Plante d'ornement, 250ᶜ à Paris, feuilles bilobées, 4 espèces.   Cyclanthacées.

Cydonia Cognassier Arbre à fruits employés pour sirops ou confitures, odeur forte, 4 esp, 30 variétés.   Rosacées.

Cylico Daphne-sebifera de Java, produit un suif végétal, Litsea, Tetranthera 125 espèces.   Lauriacées.

Cymbalaire Linaire, petite plante poussant sur les murs, Ruine de Rome, fleurs violette-rosée.   Scrofulacées.

Cymbidium belle orchidée, feuilles plissées à fleurs charnues pourpre-vif, 30 espèces.   Orchidacées.

Cymodocées 8ᵉ tribu de la famille des Naïadacées : 1 genre, 3 espèces : Cymodoce ou Phycagrostis.

Cymograma belle espèce de fougère à joli feuillage. Fougèrecées.

Cynanche Cynanchum, Scammonée de Montpellier, pl. grimpante donne un suc-résine purgatif. 100 esp. Asclépiadacées.

Cynanchées 3ᵉ tribu de la famille des Asclépiadacées : 84 genres, 584 esp.

Cynara Artichaut et Cardon : on mange les tiges du Cardon et le fruit de l'Artichaut, 6 espèces. Compocacées.

Cynarocéphales Artichaut, Bardane, bleuet, chardon, chausse-trape, carthame, centaurée, etc., etc... Composacées.

Cynarocéphales ou Flosculeuses (fleurs). Le bleuet n'a que des fleurons en tube à 5 dents. Composacées.

Cynaroïdées 11ᵉ tribu de la famille des Composacées : 39 genres, 1.170 espèces.

Cynips Insecte qui provoque les noix de Galles sur le chêne d'où on retire l'acide gallique, 2ᵉ opère la caprification.

Cynocrambe Theligonum petite plante aspect Chénopode, feuilles ovales, de la Provence, une espèce. Urticacées.

Cynodon-dactylon Gros chiendent, pied de Poule, gros fourrage à racines traçantes, 4 espèces. Graminacées.

Cynoglosse (Langue de chien)petite plante à feuille de lin, nombril de Vénus ; odeur désagréable,68 esp. Borraginacées.

— **Cynoglosse officinale** Plante à feuilles rudes, à fleurs pourprées, la racine était employée. Borraginacées.

Cynométrées 17ₑ tribu de la famille des Léguminacées : 10 genres, 52 espèces.

Cynomoriées 1ʳ tribu de la famille des Balanophoracées : 1 espèce : Cynomorium.

Cynomorium-Coccineum plante parasite charnue, rouge vif, aspect d'une morille, très petites fleurs. Balanophoracées.

Cynorrhodon Baies du Rosa-canina, églantier sauvage et du Rosa-Villosa, gratte-cul pour confiture. Rosacées.

Cynosurus-cristatus Cretelle des prés, produit un gazon durable avec le paturin et la fétuque, 5 esp. Graminacées.

Cyparissus ou Cyprès parce que le jeune Cyparisse fut métamorphosé en Cyprès par Apollon. Coniféracées.

Cypéracées Plantes herbacées vivaces à tiges sans nœuds, souvent triangulaires, feuilles à gaines non fendues.

CYPÉRACÉES 34ᵉ famille des Monocotylédones : 6 tribus, 66 genres, 2.200 espèces (du grec Kupeiros, nom du Souchet).

CYPÉRACÉES Principaux genres et espèces : Acrarrhenoe, Acriulus, Actinoschœnus, Androstrichum, Arthrostylis, Ascolepis, Asterochaete, Atratae, Becquerelia, Calyptrocarya, Calyptrostylis, *Carex*, Carpha, Caustis, Choin, Chorisandre, Chrysitlcrix, Cladium, *Cryptangium*, Cyathochoete, Cyclocampe, Cyperus, Dichromena, Diclidium, Didymia, Diplasia. Elyna, Elynanthus, Eriophorum, Eriospora, Evandra, Ficinia, Fimbristylis, Fintelmannia, Fuirena, Gahnia, Haplostylis, Heleocharis, Hemicarex, Hemicarpa, Hoppia, *Hypolytrum*, Kobresia, Kyllinga, Lagenocarpus, Laiche, Lepidosperma, Lepironia, Linaigrette, Lipocarpha, Mapania, Mesomelena, Millegrains, Odontostome, Oreobolus, Oyat, Papyrus Psilocarya,Pteroscleria,Pycreus,*Rhynchospora*,Schœnus,Scirpidium,*Scirpus*,*Scleria*,Souchet,Tricostularia,Tunga,Uncinia.

Cyperus-papyrus Souchet, pousse dans l'eau 100-160ᶜ, fl. en ombelle très élégantes jusqu'à 100 rayons. Cypéracées.

Cyphiées 2ᵉ tribu de la famille des Lobéliacées : 4 genres, 23 espèces : Cyphia, Cyphocarpus, Nemacladus, Parishella.

Cyphomandra Arbrisseau 3ᵐ à Paris, grandes feuilles palmées, fruit long ou œuf, 24 espèces. Solanacées.

Cyphosperma ou Cyphokentia palmier à feuilles pennisequées ou palmettes, 10 espèces. Palmacées.

Cyprés chauve Cyprès de Louisiane Taxodium distichum à feuilles caduques, 2 espèces. Coniféracées.

Cyprés chauve de Santa-Maria del Tule, intendance d'Oaxaca (Mexique). 38ᵐ de tour, 5 à 6.000 années. Coniféracées.

Cyprès d'Orient Arbre pyramidal, brise-vent dans la vallée du Rhône, 11 espèces, 16 variétés. Coniféracées.

Cyprès faux Thuya ou Cèdre blanc du Canada arbre des contrées marécageuses à résine odorante estimée. Coniféracées.

Cypripédiées 5ᵉ tribu de la famille des Orchidacées : 4 genres, 67 espèces.

Cypripédium Sabot de Vénus, plante 40-50ᶜ à fleur terminale en forme de sac, 50 espèces. Orchidacées.

CYRILLACÉES 49ᵉ famille des Dicotylédones, 3 genres, 7 espèces (de Cyrille, botaniste italien).

CYRILLACÉES Cliftonia, Costea, Cyrilla, Arbrisseaux de l'Amérique du Nord, 1765 en Angleterre.

Cyrille Arbrisseau non épineux feuilles alternes, fleurs en grappes blanches pendantes, 3 espèces. Cyrillacées.

Cyrtandrées 4ᵉ tribu de la famille des Gesnéracées : 14 genres, 253 espèces.

Cyrtanthera du Mexique Arbuste de serre 80-90ᶜ, tige rameuse, feuilles ovales, fleur ponceau en épi. Acanthacées.

Cyrthanthus Plante de serre, feuilles linéaires, fl. penchées d'un beau rouge, Posoqueria, 12 espèces. Rubiacées.

Cyronium Fougère à feuilles ovales, unies, fermes, alternent sur les tiges. Fougéracées.

Cyrtostachys Nouveau genre de Palmier de serre chaude à Paris, 2 espèces. Palmacées.

Cystides organes mâles des Champignons, cellules saillantes (Leveillé). Champignonacées.

Cystopteris belle Fougère à feuillage délicat et élégant. Fougéracées.

CYTINACÉES 146ᵉ famille des Dicotylédones : 2 tribus, 7 genres, 27 espèces (Cytinus : Calice de la fleur du Grenadier).

CYTINACÉES Aphyteïa, Apodanthes, Brugmansia, Cytinus, *Hydnora*, Krubul, Prosopanche, *Rafflesia*, Sapria, Sarna, Thyrsine, Zippetia : Herbes charnues parasites sur d'autres plantes.

Cytinus-hyposistis Plante parasite sur racines de ciste, tige charnue sans feuille, produit des baies.   Cytinacées.

Cytise ou cytisus Petit arbre ou arbrisseau, feuilles trilobées, fleurs jaunes en grappe, 40 espèces.   Léguminacées.

Cytise des Alpes ou Arbois ou Aubours ou bois d'Arc ou Ebène des Alpes, Faux ébénier, vénéneuse.   Léguminacées.

Cyttaria de Darwyn Champignon jaune, comestible, du Chili, que l'on trouve sur les racines des arbres.   Champignonacées.

Czackia Plante de serre velue, feuilles charnues, fleurs jaunes.   Liliacées.

Czackia-liliastrum lis de Saint-Bruno, Paridisia, fleur comme petit lis, une espèce.   Liliacées.

D

Dabœcia ou Menziesa, arbuste en buisson toujours vert, fleurs violettes, une espèce.   Ericacées.

Dacrydium 1825 faux Cyprès, Rimu, arbre toujours vert à branches retombantes, Lepidothamnus, 12 esp.   Coniféracées.

Dactylanthées 4e tribu de la famille des Balanophoracées, 1 esp. : Dactylanthus de la Nouvelle Zélande.

Dactyle ou Dactylis pelotonné, pl. 70-80', donne un bon four. en vert, les chiens se font vomir avec, 1 esp.   Graminacées.

Dactylon officinale Plante 20-30' à racine rampante, feuilles courtes, fleurs en épi. Cynodon, 4 esp.   Graminacées.

Daemonorops Nouvelle espèce de Palmier de serre chaude à Paris.   Palmacées.

Dahlia d'André Dahl 1751-1789, démonstrateur de botanique à Abo (Suède) par Cavanilles 5 espèces.   Composacées.

Dahlia Plante à grandes fleurs 1789 du Mexique, ancien : fleur double, moderne : fleur simple 90 variétés.   Composacées.

Dahlia à fleurs de Cactus, à fleurs de Chrysanthèmes frisées. 256 variétés.   Composacées.

Dahlia Impérialis Plante 3m, fl. blanches, grandes clochettes, tardives même à Nice, par Roezl en 1863.   Composacées.

Dais Arbrisseau 3-4n à feuilles de Fustet, fleurs pourpre-clair d'Australie, Madagascar. 2 espèces.   Thymelacées.

Dalbergia latifolia Arbre épineux qui fournit le bois de palissandre (de Dalberg, botaniste suédois).   Léguminacées.

Dalbergia sympathetica Plante grimpante de l'Inde à grandes épines de 20°.   Léguminacées.

Dalbergiées 9e tribu de la famille des Léguminacées : 29 genres, 338 espèces.

Dalea ou Petalostemum, plante 50' élégante, feuilles composées, petites fleurs pourpres. 23 espèces.   Léguminacées.

Dame nue Colchique d'automne, plante des prés, nuisible ; safran bâtard, fleur en entonnoir.   Liliacées.

Dame d'onze heures Ornithogale, fleurs blanches en ombelle, s'ouvrent à 11 h. se ferment à 18 h. 70 esp.   Liliacées.

Damiana ou Turnera-mycrophylla, plante aphrodisiaque, Trialis, Tribolacis, Bohadschia.   Turnéracées.

Damier Fritillaire, pintade ou méléagre 30-40' fleurs en carreaux, 40 espèces, 50 variétés.   Liliacées.

Dammara australis 1823 Agathis, bel arbre d'ornement, espèce d'Araucaria à feuilles vert foncé.   Coniféracées.

Dammara blanc des Moluques à branches verticillées, se redressent au sommet, donne résine odorante.   Coniféracées.

Danae ou Danaidia Ruscus-racemosus, plante de rocailles, sans fleurs, une espèce.   Liliacées.

Danaea Fougère avec sporanges en lignes droites horizontales.   Fougéracées.

Danais-fragrans liane vivace, grimpante, bois à dartres, liane de bœuf.   Rubiacées.

Dangereuses (fleurs) Aconit, anémone, belladone, bouton d'or, clématite, ciguë, colchique, datura, digitale, ellébore, genet, jusquiame, lis, violette, etc…, etc.

Danthonia Avena spicata, plante des collines 30-40', feuilles tortillées.   Graminacées

Daphne ou Gnidium Sain-bois, garou, écorce vésicante, teint en jaune, petit buisson fl. blanches et velues.   Thymélacées.

Daphne ou Lauréole Arbuste à belles feuilles coriaces, fleurs verdâtres, fruits verts puis rouge-noirâtre.   Thymélacées.

Daphne ou Mezereum Bois-Joli, arbuste à belles fleurs rose-lilacé parfumées, Bois-gentil, Mézéréon.   Thymélacées.

Daphniphyllum-glaucescens ou Goughia, arbuste à Paris ; arb. des pays chauds, 12 esp. de l'Afrique et Asie.   Euphorbiacées.

Dartrier Arbuste dont les feuilles sont employées comme le séné.   Léguminacées.

Dasylirion 1813 Bonapartea, plante à feuilles rigides comme fleurets, partant de la base, fleur 3-4m ; 50 esp.   Liliacées.

Dasypogonées 9e tribu de la famille des Liliacées : 1 genre. Dasypogon, 2 espèces de l'Australie.

DATISACÉES 85e famille des Dicotylédones : 3 genres, 4 espèces (de Datis personnage de la Perse).

DATISACÉES Datisca, Octomeles, Tetrameles. Datisca chanvre de Crête, 2 espèces.

Datte Fruit à noyau long et effilé, nous vient d'Afrique (murie rarement à Nice). Palmacées.

Dattier Phœnix-dactylifera (fruit forme de doigt) arbre produisant les dattes, 12 espèces. Palmacées.

Datura 1813 Stramoine, Arbuste ou arbrisseau, fleurs blanches en cornet, produit pomme épineuse, 12 esp. Solanacées.

Daubentonia Plante de serre à feuilles composées, fleurs coccinées, grandes gousses arquées, 30 esp. Léguminacées.

Daucus Carotte, plante potagère, rouge, jaune, blanche, courtes ou longues 20 espèces, 50 variétés. Ombelliféracées.

Dauphinelle Delphinium-consolida, pied d'alouette, fleur avec éperon, la graine enivre le poisson. Renonculacées.

Davallia Fougère avec sores ayant l'aspect de fleurs on la nomme aussi Polypodium lusitanicum. Fougéracées.

Davidia involucrata Arbuste à feuilles de noisetier à grandes fleurs blanches, une espèce. Cornacées.

Daviesia Arbuste 70-90e à larges feuilles, petites fleurs jaunes en grappe, 57 espèces. Léguminacées.

Decaisnea Arbrisseau à grand feuillage 19 folioles aspect Ailante, fruits bleus cylindriques, une espèce. Berbérisacées.

Declieuxia Arbrisseau de l'Amérique tropicale de la tribu des Psychotriées. 32 espèces. Rubiacées.

Dé de Notre-Dame Digitale, Gantelet, plante à tige droite, chargée de fleurs en tube, 18 espèces. Scrofulacées.

Décortication Dépouiller les Chênes de leur écorce, soit pour le liège ou pour les tanneries.

Décumaria-barbara Arbuste rampant feuilles épaisses, ovales, fleurs blanches en panicule, une espèce. Saxifragacées.

Deeringia Arbrisseau grimpant, toujours vert ou panaché de blanc, croissance rapide, 6 espèces. Amarantacées.

Delairia ou **Senecio** Pl. vivace, grimpante, vigoureuse, feuil. charnues, fl. jaunes, Lierre d'été en provence. Composacées.

Délidés ou **Tolidés** Amarantoïde-gomphrena, immortelle violette, globuleuse. Amarantacées.

Délimées 1e tribu de la famille des Dilleniacées : 7 genres, 74 espèces.

Delphinium Dauphinelle, Ancolie, pied d'alouette, pl. 50-120e, 70 espèces, 25. variétés cultivées. Renonculacées.

Deltoïde Œillet vivace mais petit, feuilles étroites pointues petites fleurs beau rouge. Caryophyllacées.

Demi fleurons les languettes des fleurs composées autour du disque, la couronne des Marguerites.

Dendrobium Dendrobe, belle orchidée, fleurs en longues grappes lilas et violet pourpre, 330 espèces. Orchidacées.

Dendrochilum Glumaceum, curieuse orchidée à fleurs tombantes, 4 espèces. Orchidacées.

Dendrologie Partie de la botanique qui s'occupe des arbres. Traité des arbres. Etude des arbres.

Dent de chien Cynodon dactydon ou gros chiendent pelotonné, les chiens se font vomir avec. Graminacées.

Dent de chien Erythronium, plante 10-15, feuilles marbrées de taches brunâtres, fleur en étoile, 7 esp. Liliacées.

Dent de lion Taraxacum, Pissenlit, petite plante en rosette, se mange en salade, 10 espèces. Composacées.

Dentaria Dentaire Plante à feuilles composées, 3-5-7 ou 9 folioles, fleurs lilas ou rosées. Cruciféracées.

Dentelaire Plumbago, Staticé-limonium, les fleurs se conservent longtemps sèches, 12 espèces. Plombaginacées.

Dentelaire d'Europe Malherbe, Herbe au Cancer, Plumbago Europaea, fleurs bleues en épis. Plombaginacées.

Dépiquage C'était dans le midi et en Italie, le battage du blé par le pietinement des chevaux.

Dervilla Japonica ou **Diervilla**, arbuste avec branches chargées de fl. roses Weigelia, 7 espèces. 20 var. Caprifoliacées.

Deschampsia plante 60-90e, feuilles plates, sillonnées, fleur petit épi, 2 espèces. Graminacées.

Désespoir du peintre Plante en bordure, feuilles en rosette, fleurs roses légères sur longues tiges. Saxifragacées.

Desfontainea Arbuste épineux ayant l'aspect du Houx, fleurs rouges écarlates, une espèce. Loganiacées.

Desmanthus ou **Darlingtonia**, petit mimosa 40-50'., fleurs blanches en capitules pédonculés. Léguminacées.

Desmazeria Plantes des sables maritimes 5-15e raide, couchée, fleur en épi, Brizopyrum, 4 espèces. Graminacées.

Desmidiées groupe d'Algues microscopiques lamellaires et rayonnantes (Brémisson). Alguacées

Desmodium Arbuste à rameaux pleureurs, fleurs pourpres ou bleuâtres en épi, 155 espèces. Léguminacées.

Desmodium du Canada Hedysarum, Sainfoin, tige 60', feuilles à 3 folioles, fleurs bleues. Léguminacées.

Detris ou **Agathea** Petite plante d'ornement, petite Marguerite bleue, Felicia, Detridium, 50 espèces. Composacées.

Deutzia Arbuste 120-150e, feuilles couvertes de poils, à fleurs blanc-neige ou rosées, 7 espèces. Saxifragacées.

Deutzia-Crenata Arbrisseau, aspect du Lilas, fleurs blanches inodores. Saxifragacées.

Diadelphes (étamines) réunies par leurs filets en 2 corps distincts comme dans fumeterre, haricot, etc., etc.

Dialypétale (corolle) ou Polypétale : à pétales libres et non soudés : fraise, giroflée, pavot, renoncule, rose, silène, etc.

Dianella Plante vivace, tige tortueuse 60-80e, à feuilles engaînantes, fleurs bleues en panicules, 12 esp. Liliacées.

Dianthus Œillet, l'espèce : tige de fer est remontante 50-60e, légère odeur de girofle, 225 espèces. Caryophyllacées.

DIAPENSIACÉES 105e famille des Dycotylédones, 2 tribus, 6 genres, 9 espèces, des pays froids (deux fois affligé).

DIAPENSIACÉES : Berneuxia, *Diapensia*, *Galax*, Pyxidanthera, Schizocodon, Shortia, Selenandra.

Diapensiées 1re tribu de la famille des Diapensiacées : 2 genres, 3 espèces : Diapensia, Pyxidanthera.

Diascia Diascordium, originaire de l'Afrique australe : 20 espèces.   Scrofulacées.

Diatomées 2e tribu de la famille des Alguacées 42 genres,1990 espèces (Hector de Toni, Padoue, 1894).

Diatomées ou Bacilles ou Bactéries ou Microbes ou Vibrions, Algues microscopiques.   Alguacées.

Dica (beurre de) tiré des graines de l'Irvingia (au Gabon : iba, oba).   Simarubacées.

Dicentra-spectabilis Cœur de Marie, plante légère, fleurs roses en cœur (1812 par Barkhausen) 13 esp.   Fumariacées.

DICHAPÉTALACÉES 46e fam. des Dicotylédones : 3 genres, 54 esp. (Pétales divisés en deux parties).

DICHAPÉTALACÉES Chailletia ou Dichapetalum, Stephanopodium, Tapura, plantes des régions tropicales.

Dichelostemma ou Brodiea ou Calliprora de la tribu des Alliés à fleurs bleues, 36 espèces.   Liliacées.

Dichogamie quand les fleurs mâles et les fleurs femelles ne se développent pas en même temps, chez les diclines.

Dichondrées 2e tribu de la famille des Convolvulacées : 2 genres, 7 espèces. Dichondra ou Steripha, Falkia.

Dichopsis ou **Gutta** ou Palaquium, arbre de l'Archipel indien, Sumatra, 60 espèces.   Sapotacées.

Dichorisandra Plante charnue à fleurs engaînantes, fleurs bleues en thyrse terminal, 28 espèces.   Commelinacées.

Dichotophyllum Plante aquatique submergée sans racines, feuilles verticillées, fruit noir, corné, 3 esp. Cératophyllacées.

Dicksonia Fougère arborescente comme Balantium frondes bipennées, coriaces.   Fougéracées.

Diclines (fleurs à 2 lits) fleurs unisexuelles : dioïques, monoïques ou polygames ; opposées hermaphrodites.

Diclines (plantes à fleurs) où les organes mâles et femelles ne sont pas réunis sur la même fleur.

Dicliptera plante 40-60 à souche vivace, tige annuelle, feuilles luisantes, fleurs rouge-orange.   Acanthacées.

Diclytra Dicentra ou Dielytra, ou Eucapnos ; Cœur de Marie, jolies fleurs roses pendantes, 13 espèces.   **Fumariacées.**

Dicotylédones Ce sont les végétaux les plus complets, ils sont tous pourvus de feuilles et de fleurs.

Dicotylédones Tous les grands arbres (sauf les Palmiers et le Draco de Ténérife) sont des Dicotylédones avec écorce.

Dicotylédones Ont souvent les feuilles opposées entières ou échancrées avec nervures très ramifiées.

Dicotylédones (plantes) Celles dont les graines ont 2 cotylédons, comme le haricot en germination, la fève, le pois.

LA CHANSON DU BOTANISTE (1)

Le botaniste est bon enfant,
Mais blagueur par tempérament ;
Je vais vous conter son histoire,
Ses vertus, ses défauts, sa gloire.
    Ah ! Ah ! Ah ! oui vraiment,
    Le botaniste est bon enfant !

Le botaniste jeune ou vieux,
Est toujours gai, toujours joyeux ;
En fait d'soucis, il n' connaît guère
Que le *calendula* vulgaire.
    Ah ! Ah ! Ah ! oui vraiment,
    Le botaniste est bon enfant !

Le botaniste est un luron,
Et près des belles, sans façon,
On prétend que les jours de pluie
Il fait de la cryptogamie.
    Ah ! Ah ! Ah ! oui vraiment,
    Le botaniste est bon enfant !

Le botaniste a sur le flanc
Une grosse boîte de fer-blanc, (2)
Et certes la *boîte de Flore*
Vaut mieux que celle de Pandore !
    Ah ! Ah ! Ah ! oui vraiment,
    Le botaniste est bon enfant !

Le botaniste n'est pas gourmand
Mais il mange agréablement,
Et sait s' contenter d'une om'lette
Pourvu qu'ell soit suivi d' côt'lette.
    Ah ! Ah ! Ah ! oui vraiment,
    Le botaniste est bon enfant !

Le botaniste sans humeur,
Boit d' la piquette ou du meilleur,
Et sur lui l' ciel trop d'eau déverse,
Pour qu'à table encor il s'en verse !
    Ah ! Ah ! Ah ! oui vraiment,
    Le botaniste est bon enfant !

1. Germain de Saint-Pierre, Paris, 1870, *Dict. de bot.*, p. 714. — 2. *Attribuée à Dillen dit Dillenius.*

Les chiffres indiquent l'ordre du classement botanique.

Dictame des anciens Origanum-dictamus plante à parfum 30-40°, fleurs blanches en boule, 30 espèces.　Labiacées.
Dictame des Antilles françaises. Arrow-root du Maranta arundinacea, plante à belles feuilles.　Zingibéracées.
Dictame de Crète Pl. aromatique très agréable, saveur âcre, origan, marjolaine, pl. velue, tige rougeâtre.　Labiacées.
Dictamnus Produisant des étincelles près d'une bougie par soirée orageuse, racines aromatiques.　Rutacées.
Dictamnus-Albus Fraxinelle, plante à fe. de frêne, 50-90°, couverte de glandes visqueuses, une esp.　Rutacées.
Dictyosperma Palmier à feuilles pinnatiséquées ou palmettes comme Kentia, 3 espèces.　Palmacées.
Dictyotées groupe de la famille des Alguacées : 6 genres.
Didiscus Plante 60-80° velue, feuilles alternes, fleurs bleu-céleste en ombelle, Trachymène, 14 esp.　Ombelliféracées.
Didymeles arbre dioïque, qui croît à Madagascar dénommé par Du Petit Thouars, 1 espèce.　Leitnériacées.
Didymocarpe Plante de serre en rosette, grande fleur bleue sur tige, Hova, Rottlera, 74 espèces.　Gesnéracées.
Didymocarpées 3° tribu de la famille des Gesnéracées : 37 genres, 293 espèces.
Dieffenbachia Plante verte de serre chaude à grandes feuilles panachées de 75°, parfois maculées, 6 esp.　Aroïdacées.
Dielytra ou Diclytra ou Dicentra ou Eucapnos ; c'est de Candolle en 1821, qui nomma Diclytra, 13 esp.　Fumariacées.
Dielytra spectabilis Pl. élégante, 30-50°, fl. rose vif en cœur, Cœur de Marie, série de cœurs suspendus.　Fumariacées.
Diervilla ou Weigela Arb. à tiges chargées de fl. rosées très élégantes, à 3 ou 4 ensemble 7 esp. 20 var.　Caprifoliacées.
Digitale Plante bisannuelle 100-130° à tiges droites remplies de fleurs pourprées, Doigtier, 18 espèces.　Scrofulacées.
Digitale (fausse) Dracocephalum ; plante velue 30-50° à fleurs bleues ou violacées, Moldavica, 30 esp.　Labiacées.
Digitalées 10° tribu de la famille des Scrofulacées : 18 genres, 300 espèces.
Digitaria du genre Panicum, plante 30-50°, racine fibreuse, feuilles courtes et larges.　Graminacées.
Dika (beurre et pain de) avec les graines de l'Irvingia-gabonensis : amande plate.　Simarubacées.
Dillenia ou Colbertia Arbre superbe de Java, à Paris, arbuste de serre, feuilles 30-35°, fl. jaunes, 15 esp.　Dilléniacées.
DILLÉNIACÉES 2° famille des Dicotylédones : 3 tribus, 18 genres, 227 espèces (Dillenius, botaniste anglais, 1687-1747).
DILLÉNIACÉES Principaux genres et espèces : Acrotrema, Adrastea, Candollea, Colbertia, Crossosoma, Curatella, Davilla, *Delima*, *Dillenia*, Doliocarpus, *Hilbertia*, Lenidia, Leontoglossum, Pachenema, Pinzonia, Schumacheria, Tetracera, Trisema, Vanieria, Wormia.
Dilléniées 2° tribu de la famille des Dilléniacées : 5 genres, 49 espèces.
Dillwynia Arbuste 70-90° à feuilles de myrte, fleurs jaune-orange-maculé, 10 espèces.　Léguminacées.
Dimorphandrées 18° tribu de la famille des Léguminacées : 4 genres, 14 espèces.
Dimorphanthus de Mandchourie, Aralia de plein air à très belles feuilles, fleurs blanches.　Araliacées.
Dimorphotheca Anthemis double face, blanc et violet ou orange, Souci pluvial hygrométrique, 20 esp.　Composacées.
Diocléa Plante grimpante comme Glycine à fleurs rouge-très vif en long épi, Pachylobium, 16 espèces.　Léguminacées.
DIOIQUES (Plantes à fleurs) ont les fleurs mâles et les fleurs femelles sur des pieds différents et séparés.
DIOIQUES Les plantes à fleurs mâles dioïques n'ayant que des étamines ne portent ni fruits, ni graines.
DIOIQUES : (Principales plantes à fleurs) Aberia, Abobra, Acuida, Adelia, Ambaïda, Anagallis, Anarmita, Angourie, Antennaria, Anthospermum, Antidesma, Argousier, Aruncus, Astronium, Atalaya, Aucuba, Aulax, Balanops, Baquois, Batis, Benzoin, Biota, Boldea, Borassus, Broussonetia, Brucea, Bryone, Camarine blanche, Canarium, Cannabine, Cannabis, Caprifiguier, Carica, Caroubier, Casuarina, Caturus, Cecropia, Celastre, Cenocephale, Cephalotaxus, Ceratiole, Ceratozamia, Chamaedorea, Chanvre, Chavica,　　　　　　Cissampelos, Clavalier, Cliffortia, Clutia, Coelebogyne, Comocladia, Compagnon blanc, Coprosma, Coulequin, Couleuvrée, Croton, Cubèbe, Cycas, Cytinus, Dacrycarpus, Dacrydium, Dammara, Daphnidium, Dasylirion, Datisca, Dattier, Dicypellium, Didymeles, Dioscorea, Diplocos, Doumier, Drymis, Elodea, Empetrum, Encephalartos, Euclea, Ephedra, Epinard, Eurya, Excaecaria, Feuillée, Fevillea, Filao, Flacourtia, Forestiera, Fothergilla, Fragon, Galé, Garcinia, Garrya, Genevrier, Gingko, Gnaphalium, Gnetum, Gui, Gynerium, Gyrostemon, Hachettea, Hedycaria, Herwingia, Hevea, Hippophae, Houblon-Humulus, Hydrocharis, Hyphœne, Idesia, If, Igname, Irésine, Juniperus, Kiggelaria, Knema, Kotchubea, Lardizabala, Latania, Laurier-sauce, Leitneria, Lentisque, Leucadendron, Lindera, Litsea, Lodoicea, Lontarus, Loranthus, Loureira, Maba, Macaranga, Maclura, Macropiper, Macrozamia, Menispermum, Mercuriale, Monimia, Montinia, Morrène, Muehlembeckia, Muscadier, Myosurandra, Myrica, Myristica, Naïade, Napaea Nepenthes,　　　　　　Nyssa, Obetia, Ochrocarpus, Oreodaphne, Ortie (grande), Osier, Osyris, Pandanus, Papayer, Pareire, Perebea, Peumus, Peuplier-Populus, Phœnix, Phyllocladus, Phytelephas, Phytolacca ou Picurnia, Piment-Royal, Pin-Pignon, Pisonia, Pistachier, Podocarpus, Rafflesia, Rajania, Restiole, Rhamnoïde,

Rheedia, Rhodiola, Rondier, Rotang-liane, Rottfera, Rouvet, Ruizia, Ruscus, Salisburia, Salix-Saule, Salsepareille-Smilax, Sassafras, Sciodopitys, Selaginelle, Serratule, Shephardia, Simarouba, Siphonia, Spinacia, Stachycarpus, Stratiote, Sumac, Tamier, Taxus, Telfairia, Terebinthus, Testudinaria, T etranthera, Torreya, Treculie, Tremble, Trinia, Trophis, Valériane des marais, Vallisneria, Vaquois, Velvote, Viscum, Wriddingtonia, Zalacca, Zamia, Zanonia, Zanthoxylon.

Dionaea-muscipula Petite pl. des marais, feuilles à cils, attrape-mouches, sensitive, fl. blanche, une esp. Droséracées.

Dioon comestible Cycas 1844 Tronc gr. et court, feuil. de 90ᶜ, à 60 paires de fol. aiguës, en couronne, 2 esp. Cycasacées.

Dioscorea 1855 Plante grimpante 5ᵐ, feuilles en flèches fleurs en grappes, racine comestible 150 espèces. Dioscoréacées.

Dioscorea ou Tamnus Plante à tubercules comestibles qui a une grande importance aux colonies. Dioscoréacées.

DIOSCORÉACÉES 11ᵉ famille des Monocotylédones : 9 genres, 170 espèces (Dioscorides, médecin, 77 ans, ap. J. C.).

DIOSCORÉACÉES Borderea, Dioscorea, Helmia, Oncus, Petermannia, Rajania, Stenomeris, Tamier ou Tamnus ou Thamnus, Testudinaria, Trichopus

Diosma-Crenata Plante verte ayant l'aspect de la Bruyère ou du Thym, fl. roses. Bucco, Buchu. Rutacées.

Diosmées 3ᵉ tribu de la famille des Rutacées : 11 genres, 180 espèces. Ebénacées.

Diospyros Les greffes du kaki de Nice, proviennent du jard. de l'empereur de Chine 1860, du Japon 1871. Ebénacées.

Diospyros de Ceylan Arbre qui donne un bois d'ébène noir plus lourd que l'eau, ne nage pas. Ebénacées.

Diospyros kaki Arbre ; fruit grosseur et couleur de la tomate, goût d'abricot se mange blet. Ebénacées.

Diospyros lotus Plaqueminier d'Italie, arbre à fruit rond et vert, 5ᶜ de diamètre, se mange blet. Ebénacées.

Diospyros de Virginie Arbre à petit fruit non comestible, sur lequel on greffe celui de Chine et du Japon. Ebénacées.

Diotis Plante des sables maritimes 20-40ᶜ, feuilles blanches, fleurs jaunes, Armoise blanche, une espèce. Composacées.

Diotostemon du genre Cotylédon plante grasse d'ornement, Adromischus, Courantia, Pistorinia. Crassulacées.

Dipcadé ou Dupcadé Muscari odorant, Nard, fleur jaune-teinté-violet, Zuccagnia, Tricharis, 22 espèces. Liliacées

Diplachne De la tribu des fétuques. Plante des lieux arides, 30-50ᶜ, feuilles courtes, épi violacé, 14 esp. Graminacées.

Diplacus ou Mimulus Plante verte à petites feuilles minuscules, fleurs jaune pâle ou rouge. Scrofulacées.

Dipladenia Plante 50ᶜ à feuilles ovales veloutées, fleurs roses en bouquet, rose des champs, 40 espèces. Apocynacées.

Diplopappus-Alpigenia Aster à fleurs rouges ou dorées ou blanches, double aigrette. Composacées.

Diplostephium ou Linochilus, pl. 100ᶜ, nombreuses fleurs blanches, aspect aster, 18 espèces. Composacées.

Diplotaxis Plante des champs, vignes, fausse roquette, aspect cresson, Pendulina, 22 espèces. Cruciféracées.

DIPSACÉES 94ᵉ Famille des Dicotylédones : 5 genres, 157 espèces (du grec Dips : idée de soif, les feuilles forment un godet.)

DIPSACÉES : Cardère, Cephalaria, Chardon à foulon, Dipsacus, Knautia, Lepicephalus, Morina, Pterocephalus, Scabieuse, Succisa, Trichera, Triplostegia, Vidua.

Dipsacus Plante épineuse 120-140ᶜ, cardère, chardon à peigne, à foulon, fleurs rosées, 13 espèces. Dipsacées.

Diptera Saxifrage sarmenteuse, arbuste à grandes feuilles à deux ailes. Saxifragacées.

Dipteracanthus ou Ruellia arbuste à feuilles aiguës, fleurs écarlates en tube courbe. Acanthacées

DIPTÉROCARPACÉES 31ᵉ Famille des Dicotylédones : 17 genres, 182 espèces, (Dipteros, à deux ailes, Karpos, fruit).

DIPTÉROCARPACÉES Principaux genres : Ancistrocladus, Anisoptera, Camphrier, Dipterocarpus, Doona, Dryobalanops, Hopea, Isauxis, Lophira, Monoporandra, Monotes, Pachynocarpus, Parashorea, Pentacme, Rétinodendron, Shorea, Vateria, Vatica.

Dipterocarpus-alatus Arbre de la Cochinchine, produit l'huile pour laquer le bois. Diptérocarpacées.

Dipteryx Coumarouna, donne le bois de Gaïac de la Guyane et la fève Tonka, 8 espèces. Léguminacées.

Dirca des Marais Bois cuir, plante souple et tenace, fleurs blanc-verdâtre, pendantes en Cornet, 2 esp. Thymélacées.

Dircée de Cooper Plante feuil. épaisses, drapées, grandes fl. rouges en tube, Dircaea du genre Gesnera. Gesnéracées.

Disamare ou Samare double : fruit de l'érable, faux sycomore, etc... Acéracées.

Disciflores Division des Dicotylédones, fleur avec disque à la base de l'ovaire, ou sont insérées les étamines et les pétales.

Discipline de religieuse Amarante, queue de renard, roupi de dinde, fl. longue cramoisi, se propage seule. Amarantacées.

Discomycètes 16ᵉ tribu de la famille des Champignonacées : 26 genres. Helvelles, Morilles, Pezizes, etc., etc.

Disemma coccinea Arbrisseau grimpant, fl. tubuleuse rouge brique et ext. rouge pâle, baie ovoïde. Passifloracées.

Disque partie centrale des fleurs composées-radiées couverte par des fleurons : Anthemis, Pâquerette, Soleil, etc., etc.

Disque ou Torus partie des organes de la fleur placée sous ou autour de l'ovaire en Couronne.

Dissochaétées 9ᵉ tribu de la famille des Mélastomacées : 12 genres, 144 espèces.

Distéganthus-basilateralis Ananas de la Guyane, à belles feuilles charnues, épineuses, 2 espèces.   Broméliacées.
Divi-Divi Gousses provenant du Caesalpinia-coriaria des Antilles, riches en tannin.   Léguminacées.
Djamala nom indien du Cannabis-indica dont on obtient le Haschich, 1 espèce.   Urticacées.
Dodécathéon ou Gyroselle, plante en rosette, feuilles vert pâle, petites fleurs roses sur tige de 30ᵉ 3 esp.   Primulacées.
Dodécathéon de Virginie 1744 en Europe, petite plante de printemps, à 12 fleurs jaunes tombantes.   Primulacées.
Dodonaea Arbrisseau pour belles haies vives, supporte la taille, feuilles persistantes, fruits. 42 espèces.   Sapindacées.
Dodonaées 12ᵉ tribu de la famille des Sapindacées : 4 g. 46 esp. : Dodonea, Diplopeltis, Distichostemon, Loxodiscus.
Doemia ou Cynanchum Liane volubile couverte d'un duvet, fleurs blanches en grappes.   Asclepiadacées.
Doigt de la Vierge Digitale, gant de Notre-Dame, Berjue, Gantelée, Péterelle, Doigtier, 18 espèces.   Scrofulacées.
Doigt de Mort Scorsonère ou Salsifis noir, plante laiteuse à racine pivotante, fleur jaune.   Composacées.
Dolic-asperge Haricot des Antilles, d'Egypte et du sud de l'Europe.   Léguminacées.
Dolichos des Colonies Petit haricot, qualité ordinaire, fleurs nombreuses pourpre rose, gousses longues.   Léguminacées
Dolichos-urens Produit une gousse couverte de poils raides, de là le poil à gratter.   Léguminacées.
Dolique Petit haricot œil noir, résiste à la sécheresse. (Dolichos : nom grec du haricot).   Léguminacées:
Dolique d'Egypte Plante grimpante, tige violette, fl. rose-violacé, garnit beaucoup, variété à fl. blanches.   Léguminacées.
Dolique de Provence Bannette ou Mongette, en 1819, aux environs de Toulon.   Léguminacées:
Dolo ou bière de mil Du Sorgho ; on en tire également un alcool, plante à feuilles engainantes, Millet.   Graminacées.
Dombeya ou Dombey Plante ligneuse 4-5ᵐ, rameaux épars, feuilles en cœur dentées, fl. blanches, 30 esp.   Sterculiacées.
Dombeyées 5ᵉ tribu de la famille des Sterculiacées : 7 genres, 62 espèces.
Dompte venin Asclépiade blanche, plante de 60-80ᶜ, fleurs en cimes, vénéneuse.   Asclépiadacées.
Donax ou Arundo Canne de Provence, plante 4-6ᵐ pour clôture, haie, panier, quenouille, 6 espèces.   Graminacées.
Dondouma Petit roseau du Sénégal pour l'industrie.   Graminacées.
Donia-squarrosa Plante 60ᶜ feuilles alternes, fleurs jaune-vif, Grindelia, Aurélia.   Composacées.
Doon-édule Plante du Mexique dont les graines sont comestibles, Platyzamia-Dioon, 2 espèces.   Cycasacées.
Doradille Asplénium, Capillaire dorée sur les vieux murs, Ceterach, Rue de muraille.   Fougéracées.
Doratoxyllées 13ᵉ tribu de la famille des Sapindacées : 7 genres, 8 espèces.
Dorelle Plante de 40-50ᶜ, feuilles alternes, fleurs jaunâtre, Linosyris, Chrysocoma, 8 espèces.   Composacées.
Dorema ammoniacum plante 140-160 feuilles très divisées, produit une gomme résine.   Ombelliféracées.
Dorine Chrysosplenium, plante des endroits humides, 10-20ᶜ, fleurs jaunes, Cresson doré, 45 espèces.   Saxifragacées
Doronic Doronicum, Arnique, Tabac des Vosges, à fleurs jaunes sur tiges, Aronicum, 15 espèces.   Composacées.
Doronic des Alpes Plante 50-90ᶜ, à grandes fleurs jaunes en corymbe, Plantin des Vosges.   Composacées.
Doronic du Caucase espèce naine et rustique pour bordure, fleurs jaune-vif-brillant.   Composacées.
Dorsténie Plante de serre, feuilles composées, petites fleurs sur tige de 25-30ᶜ, Kosaria, 45 espèces.   Urticacées.
Doryanthe Amaryllis géante, belles feuilles, fleurs sur hampe centrale rouge-brun, 3 espèces.   Amaryllisacées.
Dorycnium aspect des Lotus, plante des collines, fleurs blanches, fruit en gousse, Bonjeania, 6 espèces.   Léguminacées.
Dorycnopsis Plante des sables de la Méditerranée 20-70ᶜ, fleurs roses en capitule, du genre Anthyllis.   Léguminacées.
Double (fleur) est une métamorphose des étamines transformées en pétales (souvent sans graines).
Douce-amère Morelle grimpante, plante vivace ligneuse, baies rouges, vigne de Judée.   Solanacées.
Doucette-campanule Miroir de Vénus, petite plante annuelle, en août, donne fleurs violet-foncé.   Campanulacées.
Doucette ou Mache Valérianelle, plante potagère en rosette ; se mange en salade, 9 variétés cultivées.   Valérianacées.
Doum Palmier d'Egypte qui se divise en 2 branches à 5-6ᵐ du sol, on fait des colliers avec ses graines.   Palmacées.
Doumier de la Thébaïde Douma ou Hyphœne ; avec les feuilles on fait des cordages, Cucifera, 9 espèc.   Palmacées.
Douve (grande) Renonculus lingua, plante aquatique 80-100ᶜ feuilles alternes, fleur jaune-brillant.   Renonculacées.
Douve (petite) Renonculus flammula ou petite flamme, toute la plante est vésicante.   Renonculacées.
Doux-Jean ou Doux-Guillaume : Œillet de poète, plante 30-40ᶜ, grosses fleurs maculées.   Caryophyllacées.
Douze-dieux ou Dodécatheon de Virginie, plante de printemps à 12 fleurs jaunes tombantes, 3 espèces.   Primulacées.
Draba ou Drave Plante à feuilles en rosette, coriaces, poilues, petites fleurs, 80 espèces, 170 variétés.   Cruciféracées.
Dracaena Plante de serre à feuillage uni ou panaché très élégant, Terminalis, 36 espèces.   Liliacées.
Dracaena arborea Dragonnier ; s'élève en serre à Paris à 4-5ᵐ, aspect plumeau, 10 espèces.   Liliacées.

Dracaena indivisa ou Cordyline ou Dragonnier jusqu'à 6ᵐ à Nice en plein air.   Liliacées.

Dracaénées 12ᵉ tribu de la famille des Liliacées : 9 genres, 140 espèces.

Draco Gigantesque Arbre des îles Canaris aspect d'un Palmier, 29ᵐ de haut, 15 de tour, âgé de 6.000 ans.   Liliacées.

Dracocephalum Plante 30-50ᶜ velue, à fleurs violacées ou bleues, Tête de dragon, 30 espèces.   Labiacées.

Dracontium de la Guyane, sans tige. feuilles digitées, fleurs violet-pourpre et jaune, Sothos, 6 espèces.   Aroïdacées.

Dracunculus ou Serpentaire plante 80-90 fleur en cornet à un seul pétale, mauvaise odeur, 2 espèces.   Aroïdacées.

Drageon Tige partant du pied d'un arbre ou de ses racines ; l'Acacia en a beaucoup, sert à multiplier.

Dragonnier ou **Draco** Le plus grand arbre des monocotylédones ; fournit une résine : Sang-dragon.   Liliacées.

Dragonnier-indivis Cordyline, arbrisseau de 4 à 7ᵐ feuilles comme un plumeau, 10 espèces.   Liliacées.

Dragonnier de Ténérife Draceana, 12ᵐ de circonf., 20ᵐ de hauteur, âgé d'au moins 6.000 ans à Orotawa.   Liliacées.

Drave ou **Draba** Plante des rochers, murs, prés, 5-40ᶜ à fleurs blanches ou jaunes.   Cruciféracées.

Drépane Plante 20-60ᶜ feuilles en rosette, fleurs jaunes, graines en faux, 18 variétés.   Composacées.

Drimys-Winteri Arbuste à écorce aromatique, feuilles épaisses, fleurs femelles blanchâtres, 10 esp.   Magnoliacées.

Drosera-Rotondifolia plante insectivore ; les poils se replient sur l'insecte.   Droséracées.

Drosera Ros-solis ; Rosée du soleil, plante à poils glanduleux, fleurs sur tige.   Droséracées.

DROSÉRACÉES 69ᵉ, famille des Dicotylédones : 6 genres. 109 espèces (du grec, droseros, couvert de rosée).

DROSÉRACÉES Aldrovandia, Byblis, Dionaea, Drosera, Drosophyllum, Ergaleium, Rorella, Roridula, Rossolis.

Drouiller Alisier blanc, Allier, Allouchier, bois très dur pour tabletterie.   Rosacées.

Drupacées Ancienne tribu des Rosacées ; comprenait : Abricotier, pêcher, prunier.

Drupe Fruit avec noyau au centre, comme l'abricot, l'amande, la cerise, la pêche, la prune.

Dryade Dryas octopetala, plante des montagnes, prés, 5-20ᶜ, feuilles et fleurs blanches, 2 espèces.   Rosacées.

Dryandra Aleurites lactifère, produit une gomme dont on fait la laque, Camirium, 3 espèces.   Euphorbiacées.

Dryandra ou Josephia arbuste à feuilles coriaces à dents épineuses, fleurs jaune soufre.   Protéacées.

Drymis-Winteri Arbuste à écorce aromatique, feuilles épaisses, fleurs femelles blanchâtres, 10 esp.   Magnoliacées.

Drymonia Plante à tige épaisse et charnue ; feuilles ovales velues ; fleurs jaunes frangées, 14 espèces.   Gesnéracées.

Drymophlacus Palmier élégant à feuilles palmettes ou pinnatiséquées comme Kentia, 13 espèces.   Palmacées.

Drynaria Plante de serre chaude avec feuilles fertiles comme peau de serpent.   Fougéracées.

Duboisia-myoporoïdes de la Nouvelle-Calédonie, les feuilles sont employées, une espèce.   Solanacées.

Duchesnea Fraisier des Indes, plante pour suspension, fleurs jaunes, fruits rouges.   Rosacées.

Duguetia ou Abcremoa ou Cardiopetalum, ou Yari-Yari de la Guyane, plante à parfum, 12 espèces.   Anonacées.

Dunalia ou Dierbachia petit arbuste couvert d'un duvet, fleurs blanches, petites baies.   Solanacées.

Durante de Plumier Arbuste de serre, feuilles ovales, fleurs bleues, fruits charnus dans le calice, 5 esp.   Verbénacées.

Durian ou **Durio** Grand arbre de la Malaisie, Siam, donne un gros fruit épineux 30/15, 7 espèces.   Malvacées.

Durian Durio-Zibethinus, a comme variétés : Babi, Cassomba, Manka.   Malvacées.

Duvaua Arbuste épineux à feuilles épaisses, dentées en rameaux pendants.   Anacardiacées.

Dyckia Plante avec feuilles charnues, épaisses, luisantes, fleurs orangé en grappe sur tige, 6 espèces.   Broméliacées.

Dypsis Palmier nain de Madagascar, à port de roseau, feuilles pennées, 6 espèces.   Palmacées.

Dysophille Plante annuelle 25ᶜ feuilles verticillées, fleurs violet-pourpre en épi, Chotekia, 15 espèces.   Labiacées.

Dyssapotées 1ʳᵉ série de la famille des Sapotacées : 10 genres, 76 espèces.

E

EBENACÉES 111ᵉ famille des Dicotylédones : 6 genres, 250 espèces (du grec Ebenos, latin Ebenus).

EBÉNACÉES : Brachynema, Cavanillea, Diospyros, Ebénier, Euclea, Guaïacana, Kaki, Lotier, Maba, Melonia, Plaqueminier, Rospidios, Royena, Tetraclis.

Ebénier de Chine Diospyros-ebenum, arbre à feuilles caduques, produit le kaki.   Ebénacées.

Ebénier de Crète Arbuste 90-120e, tige droite, rameaux soyeux, fleurs pourpres en épis.   Léguminacées.

Ebénier (faux) Cytisus-laburnum; arbre à fleurs jaunes en grappes pendantes, 40 espèces.   Léguminacées.

Ebénier d'Orient Mimosa ou Acacia Lebbeck, produit la gomme du bois noir.   Léguminacées.

Ecbalium ou Ecbalie Plante couchée des endroits incultes, 20-60e, fl. jaunes, fr. allongé, une esp.   Cucurbitacées.

Eccremocarpus-scaber 1824 plante grimpante 4-5m garnissant vite ; fl. rouge-orangé en tube, 3 esp.   Bignoniacées.

Ecdysanthera Produit un caoutchouc de liane du Laos, Dendrocharis, 5 espèces.   Apocynacées.

Echalas Tuteur du cep de vigne, souvent en acacia, châtaignier, chêne, etc., etc.

Echalote Allium ascalonicum, plante potagère bulbeuse, employée dans l'alimentation.   Liliacées.

Echeandia plante à feuilles en lames d'épée, fleurs jaunes sur hampe, 3 espèces.   Liliacées.

Echelle de Jacob Polemonium plante à tiges nombreuses avec fleurs bleues en roue.   Polémoniacées.

Echéveria Ké Plante grasse, feuilles comme petit artichaut, s'emploie en mosaïque ou bordure.   Crassulacées.

Echéveria plante grasse avec feuilles en rosette de différentes formes. 36 espèces.   Crassulacées.

Echinacea Ki ou Rudbeckia ou Centrocarpha, ou Obeliscaria ou Helichroa, etc., etc, 25 espèces.   Composacées.

Echinacea-purpurea Pl. viv. 100e, fl. comme gr. marg. roses ou pourpres, disque noir, étalées ou pendantes.   Composacées.

Echinaria Ki Plante des coteaux arides, 10-20e avec poils, fleur en capitule avec pointes, une espèce.   Graminacées.

Echinocactées 1e tribu de la famille des Cactacées : 11 genres, 892 espèces.

Echinocactus Plantes charnues globuleuses, oblongues ou cylindriques avec épines, fl. jaunes, 260 esp.   Cactacées.

Echinocereus Plantes charnues sans feuilles mais avec fortes épines, fruit vert puis rouge à maturité.   Cactacées.

Echinochloa Crus-galli, plante voisine du Panicum 40-70e, nombreux épis en grappe.   Graminacées.

Echinophorées 4e tribu de la fa. des Ombelliféracées : 2 genres, 15 espèces : Echinophora ou Anisoscladium, Pycnocycla.

Echinops-ritro Plante 70-80e, grand chardon, les fl. boules azurées à reflets métalliques très élégantes.   Composacées.

Echinopsis Plante charnue, tige comme petit Cereus avec cannelures, fleurs jaunes, blanches ou roses.   Cactacées.

Echinospermum Plante des endroits incultes 20-60e, fleurs bleues en capitules, Lappuda, 50 espèces.   Borraginacées.

Echites suaveolens Plante grimpante, grandes fleurs blanches odorantes.   Apocynacées.

Echitidées 3 tribu de la famille des Apocynacées : 60 genres, 580 espèces.

Echium ou Vipérine, plante de 40-80e, tige couverte de poils, fleurs bleues en grappe, 20 espèces, 50 var.   Borraginacées.

Eclaire Hypericum-calycinum plante à racines traçantes à grandes fleurs jaunes.   Hypéricacées.

Eclaire (grande) Chelidonium majus, 20-70e, plante laiteuse des murs, champs; fleurs jaunes, une esp.   Papavéracées.

Eclaire (petite) Ficaire, fausse renoncule, plante 8-10e couchée, fleurs jaunes; Eclairette.   Renonculacées.

Eclopes ou Relhania Arbuste ou Arbrisseau du Cap, rameux, poilu, fe. lances, fl. jaunes en capitule.   Composacées.

Ecorce des arbres La cannelle, le liège, le quinquina ; celle du chêne fait le cuir ; du houx la glu, des conifères la résine, etc.

Ectoderme (au dehors) la couche la plus extérieure des végétaux.

Ecuelle d'eau Hydrocotyle, plante rampante, endroits humides, fleurs blanches ou rosées, 60 espèces   Ombelliféracées.

Ecussonner La greffe en écusson se fait au printemps et fin août avec fil de laine blanche ou écrue.

Edelweiss Noble-Blanche, Leontopodium des Alpes, Pied de lion, Gnaphale, Fl. de montagne, 5 esp.   Composacées.

Edgeworthia Arbuste de serre sans feuilles, fleurs jaunes d'or. Vient de la Chine et Japon, 2 esp.   Thyméléacées.

Edwardsia-microphylla Pl. verte à fe. composées 33-41 folioles velues, fl. jaunes en grappe, Sophora.   Léguminacées.

Edwardsia-papyrifera ou Midzumata, Mûrier à papier, arbre du Japon et du Tonkin.   Urticacées.

Egilope ou Aegylops Plante du bord des routes du midi de la France; blé sauvage ?   Graminacées.

Egilops Chêne velani dont le gland fournit un colorant jaune.   Cupuliféracées.

Eglantier Rosa-canina, Rosier sauvage, sur lequel on greffe une rose choisie, bois très dur.   Rosacées.

Eglantine Reproduction en argent ou en or de la rose de l'Eglantier décernée aux lauréats des jeux floraux à Toulouse.

Eglantine (ai) Aquilegia, Ancolie; plante vigoureuse, fleurs bleues ou rosées, 8 espèces.   Renonculacées.

Egopode Podagraire, plante des prés, bois, 50-70e fleurs blanches en ombelle, Aegopode 2 espèces.   Ombelliféracées.

Egrin ou Egrain Jeune poirier ou pommier de semis, réservé pour être greffé.   Rosacées.

Ehrétia-serrata Arbuste de serre 60-70e à fe. ovales, fl. blanches ou purpurines, petits fr. comestibles.   Borraginacées.

Ehretiées 2e tribu de la famille des Borraginacées : 8 genres, 90 espèces.

Ekebergia Arbrisseau de serre, 3m à Paris venant d'Afrique et d'Australie, Trichilia, 8 espèces.   Méliacées.

Elaeocarpus Arbrisseau et arbuste feuilles alternes, fl. blanches en grappes, fruits à noyau, 65 esp.   Tiliacées.

Elaeodendron Arbuste 120ᶜ à feuilles épaisses, à belles fleurs jaunes, Crocoxylon, Neerija, 32 espèces.   Célastracées.
Elaïs ou Elaeis ou Eleide palmier à fruits charnus, Corozzo, donne huile de palme, 2 espèces.   Palmacées.
Elatèrium Momordique, plante couchée 30-40ᶜ, petit Concombre sauvage, Rytidostylis, Giclet.   Cucurbitacées.
ELATINACÉES 27ᵉ famille des Dicotylédones : 2 genres, 25 espèces (du grec elaté : sapin, pour l'aspect des feuilles).
ELATINACÉES : Bergia ou Lancretia ou Merimea, Elatine ou Birolia ou Crypta.
Elatine Petite plante aquatique rampante 4-15ᵐ, fleurs roses ou blanches, poivre d'eau 10 espèces.   Elatinacées.
ELÉAGNACÉES 156ᵉ famille des Dicotylédones : 3 genres, 31 espèces (du grec élaia, olivier; agnos, pur, chaste).
ELÉAGNACÉES : Argousier, Chalef ou Eléagne, Griset, Hippophaë, Lapargyréia ou Shepherdia.
Eléagnus Chalef, arbrisseau 4ᵐ, fe. argentées, fleurs jaunes, baies rouges, Olivier de Bohême, 12 esp.   Eléagnacées.
Elégante de Bruxelles Cynoglosse à feuilles de lin, Myosotis blanc, nombril de Vénus, pl. des bois 20-60ᶜ, fl.
   bleuë-violacée, ou blanches.   Borraginacées.
Eléide de Guinée arbre dont on tire l'huile, dite de Palme : Elaeis, Alfonsia, 2 espèces.   Palmacées.
Elemi du Brésil Arbre dont l'écorce produit une gomme résine, Canorium, Protium, Icica.   Burséracées.
Eléocarpées 7ᵉ tribu de la fa. des Tiliacées : 5 genres, 78 esp. : Aristotelia, Brazzeia, Dubouzetia, Eleocarpus, Tricuspis.
Eléocarpus-cyaneus Arbuste à fleurs blanches, fruits bleus, nommé aussi : Aceratium, Ganitrus.   Tiliacées.
Eléocharis ou Héléocharis, plante aquatique ou marécageuse, roseau des étangs, 90 espèces.   Cypéracées.
Elettaria Amomum repens; son fruit est la Cardamome (Curry) condiment, 2 espèces.   Zingibéracées.
Eléusine de l'Inde Plante à graines comestibles, remplace le riz les années de disette, Acrachne.   Graminacées.
Eleuthérococcus simonji Arbuste rustique, venant de Chine (rare), une espèce.   Araliacées.
Elichrysum ou Helichrysium, Immortelle de la Malmaison, fleurs blanches et jaunes, 270 espèces.   Composacées.
Ellébore blanc Varaire, Vératrum, plante dont la racine est employée en pharmacie, 9 espèces.   Liliacées.
Ellébore fétide ou Hellebore, plante vivace, feuilles comme pivoine, fleurs vertes, 6 espèces, 17 variétés.   Renonculacées.
Elléborine Veratrum-album, feuilles grandes, plissées, fleurs en panicule blanc-verdâtre.   Liliacées.
Elléborine Epipactis, Orchidée des blés, bois; fleurs pourpres, Serapias, 10 espèces.   Orchidacées.
Ellen-Roc Superbe jardin à la pointe du cap d'Antibes; visible mardi et vendredi.
Elœis ou Elaeis Arbre produisant l'huile de palme pour bougies et savons, 2 espèces.   Palmacées.
Elœis guineensis Palmier produisant des régimes d'amandes pour l'huile de palme.   Palmacées.
Elsholtzia plante annuelle buissonnante 30-50ᶜ, feuilles dentées, fleurs rosées très serrées, 21 espèces.   Labiacées.
Elymus arenarius Elyme des sables, plante à racines traçantes, chiendent, feuilles blanchâtres, cornées.   Graminacées.
Elyna-spicata Plante des Alpes à feuilles étroites, raides, enroulées, Kobresia, Trilepis, 4 espèces, 8 var.   Cypéracées.
Embothriées 6ᵉ tribu de la famille des Protéacées : 6 genres, 33 espèces.
Embothrium Arbuste toujours vert, beau feuillage; fleurs rouges ou jaunes ou pourpres, 4 espèces.   Protéacées.
Emilia ou Cacalia sagittata, plante 60-80ᶜ, feuilles en flèches, fleurs rouge-orangée, 5 espèces, 15 variétés.   Composacées.
Emodi Rheum-officinalis, Rhubarbe de Chine, 1828 en Europe importée par Wallich.   Polygonacées.
Empel Jardin d'acclimation de la maison Vilmorin, au cap d'Antibes (Alpes-Maritimes).
EMPÉTRACÉES 171ᵉ famille des Dicotylédones : 3 genres, 4 espèces (idée de paître ; qui croît sur les rochers).
EMPÉTRACÉES : Camarine, Ceratolia, Corema, Empetrum, Oakesia ou Tuckermannia.
Empetrum Camarine, petit arbuste toujours vert, aspect de la Bruyère avec baies noires, une espèce.   Empétracées.
Emplectocladus petit Prunier de Californie, aspect Amandier, petites feuilles rapprochées, fl. blanches.   Rosacées.
Empleurum Rentre dans les feuilles de Buchu (Sud de l'Afrique), une espèce.   Rutacées.
Enanthe ou Oenanthe, faux boucage à feuilles de persil, fleurs blanches, 20 espèces.   Ombelliféracées.
Enarthrocarpe Plante des chemins, fossés; fleurs jaunes, silique 8-9 graines, Hussonia, 4 espèces.   Cruciféracées.
Encens Mélange de Benjoin, Oliban, Badiane, etc...
Encens Encensier Nom vulgaire du Romarin officinal, fleurs bleu-pâle.   Labiacées.
Encens en larme Oliban, gomme résine du Boswellia-serrata ou Libanus ou Ploesslea.   Burséracées.
Encens liturgique Composé de Galbanum, Myrrhe, Oliban.
Encephalartos Plante de serre à feuilles pennées folioles lances ou aiguës ou dentées, 12 espèces.   Cycasacées.
Encholirion Ananas à beau feuillage panaché, rigide, Prionophyllum, 6 espèces.   Broméliacées.
Enchylaena petit arbuste gris-blanchâtre, rameaux grêles, petites feuilles, fl. blanchâtres, baies rouges.   Chenopodiacées.

Encolie ou **Ancolie** Aquilegia, fleurs rosées en cornet, gants de bergère, 8 espèces.   Renonculacées.

Encrine ou **Crinoïde**, Animal ayant l'aspect d'un Lis sur tige, surtout à l'état fossile.

Encyphylartos ou Zinnia, plante 60-80ᵉ à feuilles opposées, à fleurs doubles; 12 espèces.   Composacées.

Endive Plante potagère : chicorée, scarole étiolée en cave, chicorée blanche, cichorium augustifolium.   Composacées.

Endogènes (végétaux). Les Monocotylédones dont les fibres se développent au centre de la plante.

Endomyxées groupe de la famille des Champignonacées : 26 espèces.

Endosmose et **Exosmose** Organes féminins de la fleur. Membranes poreuses de l'ovaire en forme d'anneau.

Endosperme Organe de fécondation contenant des corpuscules reproducteurs chez les gymnospermes.

Endostome et **Exostome** Organes féminins de la fleur : ouvertures des enveloppes de l'ovaire.

Endressie Plante des Pyrénées, fleurs blanches en ombelle, 20-30 rayons.   Ombelliféracées.

Endymion Scilla, Jacinthe sauvage, Scille penchée, fleur en grappe bleu violet.   Liliacées.

Engaînantes (feuilles) Les Cypéracées, les Graminacées, Canna, Musa, etc. etc., le Maïs serait le type.

Engrain petit blé de montagne 50-80ᵉ épi à deux rangs, Locular.   Graminacées.

Engrais verts Gesse, lupin, lupuline, luzerne, serradelle, trèfle hybride, vesce velue, etc. etc.   Léguminacées.

Enkyanthus Arbuste 80', feuilles ovales, coriaces, 5 fleurs pendantes carmin et blanc, 5 espèces.   Ericacées.

Enothère Ænothera, Onagre, Belle de nuit, plante bi-annuelle sur tige ou rampante, 100 espèces.   Onagracées.

Entada ou Adenopodia. Arbrisseau grimpant, feuilles luisantes en dessus, fleurs blanches, 11 espèces.   Léguminacées.

Entelea Arbrisseau couvert de poils étoilés, feuilles dentées, fleurs blanches, une espèce,   Tiliacées.

Enterolobium Mimosa, arbre très élevé des Antilles; s'acclimate chez nous, 5 espèces.   Léguminacées.

Entomophthore Champignon parasite des vers à soie, 8 espèces.   Champignonacées.

Entomophthorées ancien groupe des Champignonacées : Basidiobole, Completorie, Conidiobole Empuse, Entomophtose et Piloboles.

Entonnoir (les corolles en) n'existent pas à l'état fossile. Ce sont les fleurs les plus récentes.

Eomecon-chyonantha Plante originaire de la Chine à racines traçantes, feuilles radicales, une espèce.   Papavéracées.

Eouse Quercus-ilex, chêne-vert ou chêne-yeuse en Provence avec petits glands.   Cupuliféracées.

Epacrées 2ᵉ tribu de la famille des Epacrisacées : 10 genres, 106 espèces.

Epacris Epacride, Arbuste 90-120', terminé par une épine, fleur en épi rouge et blanc, 27 espèces.   Epacrisacées.

EPACRISACÉES 104' famille des Dicotylédones : 2 tribus, 26 genres, 325 espèces (du grec epi, sur; akros, sommet).

EPACRISACÉES Principaux genres : Acrotriche, Andersonia, Archeria, Astroloma, Brachyloma, Coleanthere, Conostephium, Cosmelia, Cyathodes, Cyathopsis, Dracophyllum, *Epacris*, Jaquinotia, Leucopogon, Lissanthe, Lysinema, Melichrus Monotoca, Pentachondra, Pleuranthus, Richea, Sphenotoma, Sprengelia, Stenanthera, *Stypheliq*, Tasmania, Trochocarpa. Arbustes et arbrisseaux de l'Australie, aspect Bruyère.

Epeautre Variétés de froment : la grande, Triticum spella; la petite, Triticum-monococcum.   Graminacées.

Epée de Saint-Victor Arum-dracunculus, Serpentaire commune, herbe des sabres, fleur en cornet.   Aroïdacées.

Eperon Prolongement de la fleur en arrière : Ancolie, Capucine. Dauphinelle, Linaire, Pied d'alouette, Violette, etc. etc.

Epervière Piloselle, plante avec feuilles velues, oreilles de rat, veluette, fleur jaune-capucine.   Composacées.

Epervière Hieracium, plante 30ᵉ en rosette, feuilles découpées, fleurs jaune-orangé, 200 espèces.   Composacées.

Ephedra Plante des sables maritimes à tige et feuillage charnus très légers, Uvette, fl. jaunes, 20 esp., 30 var. Gnétacées.

Ephedra altissima 1860 Arbrisseau grimpant, f. cylindr. vert sombre, envahit les arb., petites fl. jaunes.   Gnétacées.

Ephémerine de Virginie 1629 Tradescantia, pl. 50ᵉ à fl. bleues ou bl. ou viol. ou roses. Misère, 32 esp.   Commelinacées.

Epi Disposition des fleurs autour d'un axe, toutes les céréales ont l'épi composé, le plantin est simple.

Epi de blé Axe allongé portant 3 ou 4 rangées de grains, jusqu'à 48 graines, 15 espèces, 300 variétés.   Graminacées.

Epi de blé Bois industriel, dessin comme épi : Andira-inermis, bois palmiste, 18 espèces.   Léguminacées.

Epi du vent Agrostis-spica-venti donne un bon fourrage fin.   Graminacées.

Epi de la Vierge Ornithogale, plante bulbeuse, 10-30ᵉ; fleur blanche s'ouvre à onze heures, 70 espèces. Liliacées.

Epiaire laineuse Stachys-lanata; plante velue en bordure; oreille de lapin, feuilles argentées.   Labiacées.

Epiaire des Marais Stachys; plante des fossés, ortie rose, ortie morte; fleurs disposées en épi.   Labiacées.

Epicea Pinus, faux sapin; feuilles à 2 aiguilles, cône 10-15ᵉ pendant, on en tire la poix.   Coniféracées.

Epices : Cannelle, Girofle, Laurier, Muscade, Poivre, Thym, etc., etc.

Epicharis-loureiri Arbre de l'Indo-Chine, donne un bois de Santal, Disoxylum.   Méliacées.

Epidendrées 1re tribu de la famille des Orchidacées, 89 genres, 2.540 espèces.

Epidendrum genre d'Orchidée à fleurs renversées, sur hampe de 20-80°, 420 espèces.   Orchidacées.

Epigea Arbuste rampant à feuilles persistantes en cœur, coriaces, fleur tube carnées, 2 espèces.   Ericacées.

Epigyne Pétales et étamines insérés sur l'ovaire, comme Cornouiller, Fenouil, Garance, Iris, Orchidée, Thamnus.

Epillet en panicule Comme l'épi d'Avoine, et beaucoup d'autres graminées en panache.

Epilobe Epilobium-spicatum, laurier de saint Antoine, osier fleuri, graines en tubes, 60 espèces.   Onagracées.

Epilobe ou Antonine. Neriette, plante ligneuse 100-130°, feuilles aspect osier, fleurs rouges ou blanches.   Onagracées.

Epimède des Alpes Plante 30° à 3 branches au sommet, feuilles velues en cœur, fleurs rougeâtres.   Berbérisacées.

Epimédium Chapeau d'évêque, petite plante à belles feuilles. 9 espèces, 15 variétés.   Berbérisacées.

Epinard cultivé Spinacia-Oléracea, légume annuel 10-25° comestible. 4 espèces, 11 variétés.   Chénopodiacées.

Epinard de Malabar Basclle, plante grimpante à tige rouge, feuilles en cœur, une espèce.   Chénopodiacées.

Epinard de la Nouvelle Zélande Tétragone cornée, plante potagère, épinard d'été, 20 espèces.   Ficoïdacées.

Epinard-patience Variété à feuilles allongées et pointues, moins acide que l'oseille commune.   Polygonacées.

Epinard sauvage Ansérine Bon-Henri; feuilles triangulaires en fer de flèche ou patte d'oie.   Chénopodiacées.

Epine Benoîte Groseiller épineux. Castillier, Gadellier, Agrassou, Uva-crispa.   Saxifragacées.

Epine blanche Crataegus, arbre et arbuste épineux pour haie, clôture; épinette.   Rosacées.

Epine de Bœuf Plante épineuse 20-50' à fleurs roses, ononis, bugrane, mache noire, 60 espèces.   Léguminacées.

Epines du Christ Argalou, Paliurus épineux, arbrisseau 230-250' du midi; fruit en chapeau, 2 espèces.   Rhamnacées.

Epine fleurie Prunellier arbuste épineux formant des clôtures, haies, petits fruits.   Rosacées.

Epine noire Prunus spinosa; donne un petit fruit : la prunelle comestible en boisson.   Rosacées.

Epine rose Petit arbre ou arbuste d'ornement à belles fleurs roses au printemps.   Rosacées.

Epine-vinette Berberis, Vinettier, arbuste épineux 2-3 m. héberge la Puccinie (champignon), 60 esp.   Berbérisacées.

Epines du Christ Gléditschia, Février d'Amérique, arbre épineux, 1700 en France, grandes gousses, 5 esp.   Léguminacées.

Epinette noire Prunus-spinosa, Prunellier; arbrisseau des haies, donne petits fruits noirs.   Rosacées.

Epinette rouge Mélèze du Canada, petites feuilles, cônes très petits, sapin, larix, 8 espèces.   Coniféracées.

Epipactis petites Orchidées des prés, bois; 20-30° à fleurs pourprées, 10 espèces.   Orchidacées.

Epiphyllum Plante grasse d'ornement comme petit Phyllocactus; fleurs rouges, 3 espèces.   Cactacées.

Epiphytes (plantes) qui croissent sur d'autres plantes sans en tirer leur nourriture : Lycopodes, Orchidées.

Epipogon Orchidée des collines boisées, fleurs blanchâtres en capuchon, 2 espèces.   Orchidacées.

Episcia bicolor Plante de serre vivace 10-15°, grandes feuilles velues, fleur tube blanc bordé pourpre.   Gesnéracées.

Eponge d'églantier Excroissance moussue causée par une piqûre d'insecte : le diplopède.   Rosacées.

Eponge marine C'est un animal et non un végétal comme l'avaient dit Linné et autres jusqu'en 1748.

Eponge végétale Luffa ou Loofah aspect Concombre, c'est le squelette du fruit; 30-40° de long., 7 esp.   Cucurbitacées.

Eprault Berle, Sium, Ache d'eau, Persil des marais, Céleri sauvage, 6 espèces.   Ombelliféracées.

Epurge Euphorbia-lathyris-ginousette, grande catapuce jusqu'à 100° fleurs capsules.   Euphorbiacées.

EQUISÉTACÉES 8e famille des Acotylédones : 20 genres, 71 espèces (cheval, soie, comme soie de cheval).

EQUISÉTACÉES Annulaire, Asprêle, Asterophyllite, Prêle ou Equisetum, Queue de cheval, avec ou sans hampe.

Equisétinées ancien nom de la famille des Equisétacées. A l'état fossile, on trouve des prêles géantes.

Equisetum (Ekui) 1er prêle des champs; 2e prêle d'hiver; 3e prêle talmatée 1m50; prêle géante 8 à 9 m.   Equisétacées.

Erable ou Acer Arbre d'avenue et pour l'industrie; fleurs en grappe, fruit samares, 84 espèces.   Acéracées.

Erable cotonneux Acer erio-carpum, à feuilles panachées; 12 variétés.   Acéracées.

Erable à feuilles d'obier Petit arbre des montagnes; feuilles presque rondes.   Acéracées.

Erable à feuilles de platane Bel arbre, feuilles dentées, panachées, ondulées, faux-sycomore.   Acéracées.

Erable negundo Arbre d'ornement à feuilles de frêne; croissance rapide, mais cassant, 3 espèces.   Acéracées.

Erable nepaul Arbre d'ornement à feuilles panachées; 1688 en Europe.   Acéracées.

Erable plane d'abord à écorce lisse; feuilles dents très aiguës; fleurs vert jaunâtre, griffon, plêne.   Acéracées.

Erable rouge de Colchide à feuillage rouge, bronzé, orangé et jaune d'or.   Acéracées.

Erable à sucre 1735 en Europe Acer saccharinum, arbre des Etats-Unis; fl. jaun., 2 à 3 kil. de sucre par an.   Acéracées.

Erable sycomore Pseudo-platanus; arbre à feuilles blanches en dessous, fleurs pendantes, 12 variétés. Acéracées.

Eragrostis Plante des champs, sables, bord des rivières 10-40°; les épillets ne se recouvrent pas, 100 esp. Graminacées.

Eranthe d'hiver Helléborine anémone; plante 10°; fleurs beau jaune, un peu odorantes, 5 espèces. Renonculacées.

Eranthemum Plante 70°. à belles feuilles panachées; fleurs bleues ou blanches, Ruellia, 45 espèces. Acanthacées.

Erechthites Plante 5° à Paris; c'est le Neoceis des tropiques (par Cassini), 12 espèces. Composacées.

Erémostachys laciniata Plante tige carrée 140-170° feuilles très découpées; fleur en long épi rose. Labiacées.

Eremurus Plante vivace; grosse souche, nombreuses tiges, feuilles lances, grosses fl. bleues en épi, 18 esp. Liliacées.

Ergot du seigle Produit par le champignon parasite: Sclerotium-Clavus ou Claviceps purpura, 59 esp. Champignonacées.

Erianthus ravenne Plante 140-180', feuilles rubannées, fleurs violettes, puis grises, épi-plume. Graminacées.

Erible rouge Arroche, Atriplex-hortensis, plante potagère, 15-20° fleurs verdâtres, irible. Chénopodiacées.

Erica arborea Bruyère arborescente 120-180°, avec des milliers de petites fleurs. Ericacées.

ERICACÉES 102° famille des Dicotylédones : 5 tribus, 53 genres, 1.080 espèces (du grec ereiko-briser, fragile).

ERICACÉES Principaux genres et espèces : Agarista, Agauria, Amelía, *Andrómeda*, *Arbousier* ou Arbutus, Arctostaphylos, Azalée, Beforia ou Bejaria, Bleria, Bruyère, Bryanthus, Calluna, Cassandre, Cassiope, Chimaphila, Clethra, Daboecia Dipharche, Diplycosia, Elliottia, Enkianthus, Epigea, Eremia, *Erica*, Ericinelle, Fraise en arbre, Gaultheria, Grisebachia, Kalmia, Ledum, Leiophyllum, Leucothœ, Loiseleuria, Lyonia, Menziesia, Moneses, Pernettya Philippia, Phyllodoce, Pieris, *Pyrola*, *Rhododendron*, Rhodora, Rhodothamnus, Rosage, Sàlaxis, Scyphogyne, Simocheilus, Sympieza, Tsusia, Zenobia.

Ericées 3° tribu de la famille des Ericacées : 14 genres, 545 espèces

Erigeron du grec érion, poil, et gérôn, vieillard ; parce que les fl. se couvrent de soies blanches, 110 esp. Composacées.

Erigeron du Canada Synanthère, Conyse, plante 100-140°, fleurs blanches, disque jaune. Composacées.

Erigeron vergerette Pl. 60-80° ; belles fleurs rouge-orange ou blanches, ou violettes, queue de renard. Composacées.

Erigeron vittadinia Plante cultivée, fe. lances, fl. comme Paquerettes, mais plus délicates, 7 esp. Composacées.

Eriné des Alpes Erinus alpinus, pl. des rochers 4-14°, feuilles velues, fleurs rose-violacé, 1 esp. Scrofulacées.

Erinosé de la vigne Maladie causée par un Acarien (Landois, 1864).

Eriobotrya Bibacier, Arbre à fruits comestibles, néflier du Japon, 1784 en Europe, 1830 à Toulon. Rosacées.

ERIOCAULACÉES 31° famille des Monocotylédones : 6 genres, 338 espèces (Erio : laineux ; Caule : tige, tige velue).

ERIOCAULACÉES Eriocaulon, Lachnocaulon, Lasiolepis, Mesanthemum, Pepalanthus, Philodice, Tonina

Eriocaulon ou Joncinelle plante à feuilles radicales, fleurs sur tiges, 111 espèces. Eriocaulacées.

Eriocephalus Arb. aromatique 100-130 fe. en lanières, fl. blanches comme millefeuilles, 17 espèces. Composacées.

Eriocnema Petite plante à feuilles de diverses nuances; fleur roulée en crosse, 2 esp. Mélastomacées.

Eriodendron Produit un fruit contenant une sorte de coton-kapok, Ceiba ou Kapokier, 9 esp. Malvacées.

Eriogonées 1° tribu de là famille des Polygonacées : 3 genres, 163 espèces : Chorizanthe, Eriogonum, Oxytheca.

Eriolaénées 3° tribu de la famille des Sterculiacées : 1 genre, 7 espèces : Eriolena ou Jackia.

Eriophorum Pl. des Alpes à racines traçantes, tige et fe. coriaces, fleur épi, Linagrostis, 13 esp. Cypéracées.

Eriophylle (adjectif) qui a les feuilles velues (Eriopétale, pétales velus).

Eriostemon Arbuste élégant à feuilles comme buis ; nombreuses fl. d'un blanc de neige, 16 espèces. Rutacées.

Eritrichium Pl. des rochers 2-9°, feuilles en touffes, fl. bleues en grappe, Krynitzkial, 70 espèces. Borraginacées.

Erodium Bec de Héron, pl. 30-60', à belles fleurs en ombelle, 10 étamines dont 5 stériles, 160 espèces. Géraniacées.

Ers-ervum Lentille-fourrage, Ervillier, Faux Orobe ; pl. 30°, feuilles fougères. Léguminacées.

Erucastrum Eruca, Erucaire, Roquette, Rapistre ; pl. des fossés, décombres 30-40° mauvaise odeur. Cruciféracées.

Ervum-lens Lentille comestible, en terrain sec, léger, vieille fumure si possible, 3 espèces, 8 variétés. Léguminacées.

Eryngium Panicaut, Chardon Roland, Chardon à 100 têtes; feuilles argentées, fleurs bleues, 100 esp. Ombelliféracées.

Eryngium-maritimum Chardon du bord de mer, feuilles bleuâtres ; au sommet fleurs bleues. Ombelliféracées.

Erysimum ou Velar Giroflée de Petrowski; belles fleurs orangées en épi ou jaune d'or, en bordure. Crucifóracées.

Erythea Palmier feuilles éventail argentée bleuâtre, originaire de la Californie, 2 espèces. Palmacées.

Erythrée Petite centaurée, plante de 5-30° des bois, champs, prés, à fleurs roses, 25 espèces. Gentianacées.

Erythrina Arbre corail à cause de ses fleurs, qui apparaissent avant les feuilles, 45 espèces. Léguminacées.

Erythrina-Crista-Galli Arbuste à feuilles par 3 ; belles fleurs en casque, crête de coq, 1771 en France. Léguminacées.

Erythrobulbus Plante bulbeuse à oignon rouge 100°, feuilles engainantes, fleurs jaunes en épis. Hémodoracées.

Erythrone Dent de chien, pl. des bois, 10-20ᶜ, fleurs renversées violettes ou roses, 7 espèces.   Liliacées.

Erythroxylées 3e tribu de la famille des Linacées : 3 genres, 103 espèces : Aneulophus, Erythroxylon, Hebepetalum.

Erythroxylon Arbre de très grande taille de la Californie, à bois rouge, Redwood, Sethia.   Linacées.

Erythroxylon Arbuste dont les feuilles donnent la coca et cocaïne, Amérique du Sud, 100 espèces.   Linacées.

Escallonia Arbuste toujours vert 150-180ᶜ, à feuilles rondes, fleurs rouges ou rosées, 45 espèces.   Saxifragacées.

Escalloniées 4ᵉ tribu de la famille des Saxifragacées : 20 genres, 85 espèces.

Escarole Plante potagère d'automne et hiver, se mange en salade, Scarole, 8 variétés.   Composacées.

Eschscholtzia de Californie Plante étalée 30-45ᶜ; fleurs à 4 pétales jaunes, roses ou oranges.   Papavéracées.

Escheholtzia-tennifolia Plante 20ᶜ, petites fleurs jaune-pâle, puis verdâtre.   Papavéracées.

Eschynanthe (Aesch) Pl. sarmenteuse ; fe. épaisses, charnues, fl. tube rouge-cocciné-pourpre, 65 esp.   Gesnéracées.

Escourgeon Variété d'orge carré cultivé quelquefois comme fourrage vert, à résemer dans l'année.   Graminacées.

Esculus pour Aesculus, marronnier d'Inde, arbre d'ornement ; 1615 à Paris, 14 espèces.   Hippocastanacées

Esobis de la Bible Hyssopus ; plante aromatique 30-80ᶜ, à fleurs bleues en épi, Hysope, une espèce.   Labiacées.

Espalier (en) Plante palissée le long d'un mur : vigne, pêcher, poirier, pommier, cerisier, abricotier.

Esparcette Onobrychis-sativa 20-60'; bon fourrage, Bourgogne, fleurs roses striées, Sainfoin.   Léguminacées.

Espargoutte ou Matricaire, fausse Camomille, plante avec belles fleurs jaunes.   Composacées.

Espargoutte Spergule géante bon fourrage en vert ; 10-40ᶜ, fleurs blanches, 2 espèces.   Caryophyllacées.

Espèces émollientes feuilles de. bouillon blanc, guimauve, mauve et pariétaire.

Espenille-citron ou Hispanille ; bois jaune, odeur de citron de l'Erithalis-fructicosa.   Rubiacées.

Essence de rose découverte en 1612, par la princesse Nour Djihànn, femme du grand mogol Djihanguyes.

Essence de rose Tirée généralement des roses, mais aussi du Géranium rosat et des arbres bois de rose.

Estragon Armoise âcre, Serpenteau, Targon, plante vivace, très petites fleurs, odeur d'absinthe.   Composacées.

Estragon Artemisia-dracunculus plante aromatique, 50-70ᶜ employée comme condiment.   Composacées.

Esule ronde Euphobia-peplus, pl. 10-30' avec feuilles plus larges vers le haut.   Euphorbiacées.

Etamines Organes mâles de la fleur portant le pollen et entourant le stigmate (organe femelle)

Etendard Pétale supérieur des fleurs de léguminacées.

Eternelle Immortelle à couronne, fleurs jaunes en bouquet, Helichrysum.   Composacées.

Ethionème du mont Liban'; plante 20ᶜ à feuilles de Coris ; fleurs roses en grappe.   Cruciféracées.

Ethulie Pl. 80ᶜ ; feuilles alternes, fleurs rose, violet pâle, Kahiria ou Pirarda, 2 espèces.   Composacées.

Ethuse ou Aethuse Petite ciguë, Faux persil à fleurs blanches, plante dangereuse, une espèce.   Ombelliféracées.

Etiepe aigrettée ou Stipe plumeuse, plante en touffe 40-50', fleurs en épillets.   Graminacées.

Etoile de Berger Damasonium, plante aquatique, fluteau, flute de Berger 4 espèces.   Alismacées.

Etoile de Bethléem Ornithogale-pyramidale, plante bulbeuse 50-60ᶜ, fleurs blanc pur, épi de lait.   Liliacées.

Etoile blanche Ornithogale en ombelle ; Dame d'onze heures ; fl. s'ouvrant à 11 h. et se fermant à 3 h.   Liliacées.

Etoile des bois Stellaria nemorum plante rampante 10-40 tige avec poils, fleurs blanches.   Caryophyllacées.

Etoile d'eau Callitriche ; plante aquatique ; petites feuilles très petites fleurs solitaires 2 espèces.   Haloragéacées

Etoile du matin Ipomée, plante grimpante 3ᵐ fleurs bleues ou pourpres, belle de jour.   Convolvulacées.

Etoile de mer Stapelia ; plante charnue sans feuilles, 50'; fleur lie de vin.   Asclépiadacées.

Etoile du Printemps Callitriche Verna, plante des mares et ruisseaux, fruit à carène ailée.   Halorageacées.

Eubalanophorées 5ᵉ tribu de la famille des Balanophoracées : 1 genre 11 espèces : Balanophora ou Cynopsole.

Eubasellées 11' tribu de la famille des Chénopodiacées : 3 genres, 3 espèces : Basella, Tournonia, ullucus.

Euburmanniées 1' tribu de la famille des Burmanniacées : 5 genres, 40 espèces.

Eucaespiniées 13' tribu de la famille des Léguminacées : 16 genres, 102 espèces.

Eucalyptus Décrit le 6 mai 1792 par le Botaniste La Billardière en Australie (du grec : bien coiffé).   Myrtacées.

Eucalyptus Planté à Paris en 1800 par Guichet au Jardin des Plantes, Jeunesse tige carrée.   Myrtacées.

Eucalyptus Grand arbre à feuilles cintrées lourdes par P. Ramel ; 1854 en Algérie, 1860 en France.   Myrtacées.

Eucalyptus d'Australie le Jarrah et le Karri rivalisent avec l'Acajou, 140 espèces, 200 variétés.   Myrtacées.

Eucharidium Plante 20-25ᶜ ; feuilles petites, grisâtres ; fleurs rose carmin, pourpré 2 espèces.   Onagracées.

Eucharis ou Mathieua ; originaire de la Colombie et du Pérou 4 espèces.   Amaryllisacées.

Euchlaena ou Réana ou Téosinté, plante fourragère annuelle aspect du maïs, vient du Mexique 1 esp.   Graminacées.
Euclea ou Rymia Arbrisseau touffu feuilles coriaces persistantes petites baies rouges ou noires 9 esp.   Ebenacées.
Eucnide ou Mentzelia Plante étalée, puis dressée 25-35°, fe. poilues et épaisses ; fl. jaunes. 40 esp.   Loasacées.
Eucomis-punetata Plante 50° à feuilles rayées, ondulées ; fleurs vertes en gros épi.   Li'iacées.
Eucommia-ulmoïdes Plante ligneuse 80° ; produit une gomme-gutta, Excaecaria,   Euphorbiacées.
Eucyrtandrées de la 3ᵉ tribu de la famille des Gesnéracées : 13 genres, 252 espèces.
Eudémis Teigne de la vigne, comme le Cochylis, Tordeuse 1910.
Eudogènes (végétaux) ou Monocotylédones (Exogènes ou Dicotylédones).
Eugénia Ar. produisant : cerise de Cayenne, Goyave, Jamelongue, Jamrose, Baies cannelées, 560 esp. 760 var.   Myrtacées.
Eugénia des Abeilles Plante verte avec petites feuilles, petits fruits, Luma   Myrtacées.
Eugénia Caryophyllus Giroflier introduit à la Réunion en 1772, par Poivre.   Myrtacées.
Euhaemodorées 1ᵉ tribu de la famille des Hémodoracées : 10 genres, 36 espèces.
Eulalia du Japon Chiendent panaché à grand plumet ; feuilles ruban pour gerbes 120ᵉ. 25 esp.   Graminacées.
Eulinées 1ʳᵉ tribu de la famille des Linacées : 4 genres 105 espèces : Anisademia, Linum, Radiola, Reinwardtia.
Euloganiées 2ᵉ tribu de la famille des Loganiacées : 26 genres, 310 espèces.
Euloranthées 1ʳᵉ tribu de la famille des Loranthacées ; 2 genres, 351 espèces : Acrostachys ou Loranthus, Nuytsia.
Eumimosées 22ᵉ tribu de la famille des Léguminacées : 4 genres, 305 espèces : Desmanthus, Leucaena, Mimosa, Schrankia.
Eumolpe ou Achimènes ; plante vivace rampante ; feuilles ovales, grandes fleurs blanches. 20 espèces.   Gesnéracées.
Eumyrsinées 2ᵉ tribu de la famille des Myrsinacées : 18 genres, 477 espèces.
Eupapavérées 2ᵉ tribu de la famille des Papaveracées : 13 genres, 69 espèces.
Eupatoire Chanvrine, plante vigoureuse, 100°, fleurs en ombelles rosées ou blanches ou rougeâtres.   Composacées.
Eupatoire des Teinturiers. Les feuilles donnent un colorant bleu, plante du bord des eaux, fossés.   Composacées.
Eupatoriées 2ᵉ tribu de la famille des Composacées 43 genres, 938 espèces.
Eupatorium-agératoïdes. Plante très développée avec quantité de petites fleurs blanches.   Composacées.
Eupatorium-Cannabinum ou Origan des marais ou herbe de Sainte Cunégonde : Eupatoire commune.   Composacées.
Eupaulliniées 1ʳᵉ sous-tribu de la fa. des Sapindacées : 4 genres, 300 espèces : Cardiospermum, Paullinia, Serjania, Urvillea.
Euphorbe médecin du roi Juba II, 52 av. — 18 ap. J.-C. — Musa frère d'Euphorbe.
Euphorbe Pl. très commune ; en coupant la tige il en sort un liq. blanc qui engourdit le poisson 635 esp.   Euphorbiacées.
Euphorbe Le suc est plus caustique à l'époque de la fécondation (Vaillant, voyage d'Afrique).
Euphorbe des Canaries. Pl. charnue, sans feuilles, comme Cereus, avec bosses et épines jusqu'à 2ᵐ50.   Euphorbiacées.
Euphorbe hétérophylle. Poinsettia plante de serre 60-90° à bractées rouges entourant la petite fleur.   Euphorbiacées.
EUPHORBIACÉES 160ᵉ famille des Dicotylédones : 6 tribus, 212, genres 3.000 espèces, (Euphorbe, médecin du roi Juba).
EUPHORBIACÉES Principaux genres et espèces : Acalypha, Actephila, Actinostemon, Adelia, Adenochlaena, Adenocline, Adriana, Agrostistachis, Agynéia, Alchornea, Aleurites, Alphandia, Amanoa, Amperea, Andassu, Andrachne, Anisophyllum, Anomospermum, Anthostema, Antidesma, Aporosa, Arbre du diable, Argithamnia, Baccaurea, Baliospermum, Baloghia, Bernardia, Bertya, Beyeria, Blachia, Bischofia, Bocquillonia, Bonania, Breynia, Bridelia, *Buis*, Burlavia, Caletia, Calycopeplus, Camirium, Caperonia, Cassave, Chrozophora, Cicca, Cladoles, Claoxylon, Cleidion, Cleistanthus, Cléodora, Cluytia, Coccoceras, Codiaeum, Coelodiscus, Colliguaja, Cometia, *Croton*, Cumiria, Curcas, Cyclostemon, Dalechampia, Dalembertia, Daphniphyllum, Dimorphocalyx, Discocarpus, Dissiliria, Dryandra, Drypetes, Eleococca, Emblica, Endospermum, Eremocarpus, Eremsophyton, *Euphorbe*, Euphyllanthus, Excecaria, Fluggea, Fontainea, *Galeria*, Garcia, Gavarretia, Gelonium, Glochidium, Gymnanthes, Hemicyclia, Hevea, Hippocrepandra, Hippomane, Homalanthus, Hura, Hyaenachne, Hyeronyme, Hymenocardie, Iatropha, Kirganelia, Leidesia, Lepidoturus, Leptonema Linostachys, Mabea, Macaranga, Mallotus, Mancenillier, Manihot, Manioc, Manniophyton, Mappa, Maprounea, Maurelle, Médicinier, Mercuriale, Micranda, Micrantheum, Microdesmia, Monotaxis, Neoboutonia, Nonopetalum, Omphale, Ophthalmoblapton, Ostodes, Pachysandra, Palissya, Palma-christi, Pedilanthus, Pera, Poranthera, *Phyllanthus*, Pimeleodendron, Plukenetia, Poinsettia, Psettdantus, Pycnocoma, Reidia, Richeria, Ricin, *Ricinocarpus*, Sagotia, Sapium, Sarcococca, Sauropus, Savia, Sebastiania, Securinega, Senefeldera, Siphonia, Stachystemon, Stillingia, Styloceras, Synadenium, Synostemon, Tetractinostigma, Tetrorchidium, Tragia, Thécacoris, Tithymale, Trewia, Tricera, Trigonostemon, Tritaxis, Uapaca, Williama, Xylophylla.

10

Euphorbiées 1ʳᵉ tribu de la famille des Euphorbiacées : 5 genres, 657 espèces : Anthostema, Calycopeplus, Euphorbia, Pedilanthus, Synadenium.

Euphraise officinale Plante de 15-20ᵉ ; fleurs en épi ; luminet, parasite des blés, casse-lunettes.   Scrofulacées.

Euphrasiées 12ᵉ tribu de la famille des Scrofulacées : 22 genres, 335 espèces.

Euphytolaciées 2ᵉ tribu famille des Phytolaccacées : 4 genres, 14 espèces : Anisomeria, Barbenia, Ercilla, Phytolacca.

Eupodostémées 3ᵉ tribu de la famille des Podostemacées : 10 genres, 41 espèces.

Eupolygonées 3ᵉ tribu de la famille des Polygonacées, 7 genres, 260 espèces.

Euptelea Plante ligneuse, 60-70ᵉ à feuilles dentelées, alternes, caduques, petites fl. puis samares, 3 esp.   Magnoliacées.

Eurotia ou Diotis ou Ceratospermum plante blanche-laineuse à feuilles persistantes, 3 espèces.   Chénopodiacées.

Eurya Arbuste 70-120ᵉ à feuilles panachées, coriaces, persistantes, fruits charnus, 15 espèces, 35 var.   Théacées.

Euryale-ferox Plante aquatique comme le Victoria, feuilles 60ᵉ, rondes, à épines, fl. violettes, 1 esp.   Nymphéacées.

Eurybia ou Olearia Pl. 60ᵉ ; f. dentées en scie, fl. bleu-lilas, disque jaune, odeur de musc 85 esp.   Composacées

Euryops Arbuste buissonnant à cime arrondie, feuilles persistantes, fleurs jaunes, 28 espèces.   Composacées.

Eusapotées 3ᵉ série de la famille des Sapotacées : 11 genres, 130 espèces.

Eustrephus Arbrisseau grimpant feuilles lances nervures fines, petits fruits en boule, une espèce.   Liliacées.

Eutaxia Arbuste à petites feuilles de Myrte, fleurs jaune-orangé maculées de mordoré, 8 espèces.   Léguminacées.

Euterpe. Eleïde de Guinée ; on en tire l'huile dite de Palme, Elaeis, Alfonsia, 10 espèces.   Palmacées.

Eutémidées 2ᵉ tribu de la famille des Ochnacées : 1 genre, 4 espèces : Euthemis.

Euthymélées 1ᵉ tribu de la famille des Thymélacées 29 genres, 380 espèces.

Eutoca ou Eutoque Plante 20-30ᵉ f. alternes, fl. bleues ou lilacées comme pied d'alouette, 53 esp.   Hydrophyllacées.

Euvacciniées 2ᵉ tribu de la famille des Vacciniacées : 10 genres, 175 espèces.

Evax Petite plante des champs du midi, 2-10ᵉ, fleurs jaunes en capitule, 10 espèces.   Composacées.

Evi Spondias-dulcis ; grand arbre à fruits comestibles, Prunier monbin, 5 espèces.   Anacardiacées.

Evodia Plante 60ᵉ à petites feuilles ; se nomme aussi Aubertia, Boymia, Lepta, Philagonia, 30 esp.   Rutacées.

Evonymus Fusain, arbuste à feuillage toujours vert ; bois tendre pour dessin, 45 espèces.   Célastracées.

Exacuées 1ᵉ tribu de la famille des Gentianacées : 5 genres, 61 espèces.

Exacum a grandes fleurs, plante de serre ; feuilles opposées ; fleurs violet foncé, 30 espèces.   Gentianacées.

Excorcaria ou arbre aveuglant des îles Moluques, 30 espèces.   Euphorbiacées.

Exochorda Arbuste d'ornement spirée à grandes fleurs blanc de neige, 2 espèces.   Rosacées.

Exogènes (végétaux) Les dicotylédones dont les fibres se développent autour de la plante (De Candolle).

Exogonium purga dont la racine est employée, Ipomea Batatas Jalapa.   Convolvulacées.

Exostemma Cariboeum Arbrisseau 3-4ᵐ ; faux quinquina des Antilles, 20 espèces   Rubiacées.

Extrorse se dit des anthères avec face tournée au dehors : et introrse avec face en dedans, la plus fréquente.

Eysenhardtia ou Varennea Arbuste à feuilles glanduleuses fleurs blanches en grappes, 5 espèces.   Léguminacées.

Ezigo Acajou rouge du Congo, du Pterocarpus-erinaceus, Bois de Corail, Santal.   Léguminacées.

F

Faba ou Fève Vicia faba major : fève de marais, vicia faba minor : fève naine dite Julienne.   Léguminacées.

Fabago Fagonia Fagabelle. Faux-caprier, plante vivace, 70ᵉ, f. 2 folioles, fl. rouge orangé, 60 esp.   Zigophyllacées.

Fabiana ou Fabienne Pichi, arbuste à longues tiges 80-120ᵉ à fl. jaunes, aspect de la bruyère 1832, 11 esp.   Solanacées.

Fabreguier Celtis ou Micocoulier de Montpellier, grand arbre, petites baies noires, 50 espèces.   Urticacées

Fabricia Arbuste à feuilles soyeuses, fleurs blanches avec filet rouge, Leptospermum, 25 espèces.   Myrtacées.

Fabricia ou Lavande Plante ligneuse 40-70ᵉ toujours verte, fleurs bleues en épi, 20 espèces.   Labiacées.

Face de loup Lycopside des champs à feuilles velues, fleurs bleues en grappes, 4 espèces.   Borraginacées.

Fagara ou Fagarier Arbrisseau épineux, écorce aromatique, fleurs en panicules   Rutacées.

Fagelia arbrisseau grimpant aspect glycine, feuilles par 3, fleurs jaunes pendantes, 1 espèce.   Léguminacées.

Fagopyrum Sarrasin ou Blé noir, plante à tige rouge, de 40-70', 2 espèces.   Polygonacées.
Fagus ou **Fayon** Fayard, Hêtre, arbre forestier pour chauf. et indus. Fau, Fouteau, Fain, Faine, 15 esp.   Cupuliféracées.
Faham ou **Faam** Orchidée parasite de l'île Maurice, employée en pharmacie, Angrecum-flagrans, 5 esp.   Orchidacées.
Faine ou **Fair** Fruit du Hêtre, on en tire une huile comestible, pèse 919ᵍʳ le litre, comme celle de l'olivier   Cupuliféracées.
Falkia Plante rampante, petites feuilles en cœur, fleurs roses campanules, 4 espèces.   Convolvulacées.
Fanes Feuilles vertes ou desséchées, qui ne sont pas fourragères : Carotte, Fève, Navet, etc., etc.
Farfugium Plante à grandes feuilles rondes tachées de jaune, fleurs blanc-rose ou jaune sur tiges.   Composacées.
Farigoule Thymus-alpinis, Thym sauvage et cultivé à fleurs bleu violet, 40 esp. 100 var.   Labiacées.
Farines résolutives (Les quatre) de fenugrec, fève, lupin et orobe.   Léguminacées.
Farouche ou **Farouch** Trèfle incarnat ; donne un très bon fourrage en vert ; fl. en épi blanc rosé.   Léguminacées.
Farsetia Plante des collines pierreuses ; fleurs jaunes, calice à 2 bosses, Fibigia, 20 espèces.   Cruciféracées.
Fasciculée se dit des feuilles réunies en faisceau comme le Cèdre du Liban et autres Mélèzes.
Faséole ou **Phaséole** de Phaseolus, haricot à bouquet, haricot à fleurs rouges, écarlates.   Léguminacées.
Fatsia papyrifera Arbuste à f. bien découpées, très ornementales, Echinopanax, Tetrapanax, 3 esp.   Araliacées.
Fau ou **Fouteau** Hêtre, grand arbre des forêts ; sa graine donne une huile comestible, 15 espèces.   Cupuliféracées.
Faucille Coronille bigarée ; plante des haies, moissons, fruit oblong comprimé.   Léguminacées.
Fausse réglisse Astragalus-glycyphyllos, plante des bois, racines sucrées, feuilles comme le robinia.   Léguminacées.
Faux Acorus Iris ou Flambe, plante 80-100°, feuilles droites, plates ; fleurs jaunes des marais.   Irisacées.
Faux café Astragale, Cassier, Gombo, Gymnocladus, Lupin ; ixora : caféier bâtard (rubiacées).   Léguminacées.
Faux cyprès Santoline, Aurone femelle, pl. en bordure, feuilles argentées, fl. jaunes, 8 espèces.   Composacées.
Faux ébénier Cytise, Arbre ou arbrisseau, à fleurs jaunes en grappes, 1792, 40 espèces.   Léguminacées.
Faux fraisier Potentille ; petite plante avec feuilles argentées ; Argentine.   Rosacées.
Faux indigo Galega officinal ; plante 120° ; on en tire un colorant bleu, 8 espèces.   Léguminacées.
Faux lierre Lierre terrestre, Glechoma, petite plante basse à feuilles rondes, Nepeta 130 espèces.   Labiacées.
Faux poivrier Schinus-molle, arbre d'ornement à Nice ; la feuille sent le poivre ; fruits baies rouges, 13 esp.   Anacardiacées.
Faux sycomore Acer platanoïdes, Erable à feuilles luisantes, vertes des deux côtés, 12 variétés.   Acéracées.
Faux turbith Thapsia villosa, plante à feuilles découpées comme une fougère.   Ombelliféracées.
Faux vernis du Japon Ailanthus-glandulosa, arbre d'ornement, 1751 en Europe, 4 espèces.   Simarubacées.
Favelle ou **Cystocarpe** Organe à l'aisselle des Algues contenant des spores.   Alguacées.
Favieu ou **Faiu** Nom provençal du Bouillon blanc, Verbascum, fleurs jaunes, 100 espèces, 140 variétés.   Scrofulacées.
Fayard ou **Fagus** Hêtre des bois, forêts jusqu'à 35 mètres, feuilles à poils sur le bord, 15 espèces.   Cupuliféracées.
Fayol ou **Haricot** (se prononce Fa-io, Littré), du latin Phaseolus, en provençal : Faïou, Fajou, 60 espèces.   Léguminacées.
Fayotier ou Agati de Cochinchine, variété de petit Haricot, couleur jaune.   Léguminacées.
Fécondation des fleurs : action du pollen sur les stigmates pour fructifier les ovules.
Fécule Substance blanche extraite de la pomme de terre, du blé, du maïs, du riz, etc...
Féculents (légumes) Fèves, haricots, lentilles, pois, pommes de terre et châtaignes.
Fédia Plante 15° à feuilles de réséda, fleurs comme Valériane, une espèce.   Valérianacées.
Fédre Fendlera, plante d'ornement avec fleurs sur longues tiges, une espèce.   Saxifragacées.
Feijoa-selowiana Arbre fruitier, produit une poire avec parfum de la fraise, une espèce.   Myrtacées.
Félicia ou **Félicie** Variété d'Aster, Detris, Agathea, petite marguerite bleue, disque jaune, 50 espèces.   Composacées.
Fellandre Fellandrium, plante aquatique, ciguë d'eau, œnanthe, 20 espèces, 40 variétés.   Ombelliféracées.
Femelle (Fleur) Celle qui ne possède que le pistil et l'ovaire, soit fleur monoïque ou dioïque, à deux lits.
Fenasse Mélange de fourrages : Dactyle, Fromental, Brome des blés, etc...   Graminacées.
Fendlera Petite plante d'ornement en pot à très petites feuilles, une espèce.   Saxifragacées.
Fenestrelle Giroflée cocardeau ; plante à feuilles longues et ondulées, fleurs rouges en grappes.   Cruciféracées.
Fenouil Aneth Plante consommée en Provence, en Italie, aspect de l'Anis, pied comme Céleri, fl. jaunes.   Ombelliféracées.
Fenouil d'eau Œnanthe, Phellandre aquatique, Mille feuilles aquatiques, de Foenum : Foin.   Ombelliféracées.
Fenouil doux ou officinal, plante 150-160°, qui fleurit en juillet, Foeniculum, 4 espèces.   Ombelliféracées.
Fenouil marin Crithmum-maritime, Perce-pierre ; plante à feuilles charnues comestibles, une espèce.   Ombelliféracées.

Fenouil Sauvage Grande ciguë, Ciguë de Socrate, Ciguë tachée, Cambrion, 2 espèces. Ombelliféracées.

Fenugrec ou Senegrain ; plante aromatique condimentaire, 40°, Trigonelle, fleurs blanches ou jaunâtres. Léguminacées.

Fenzlia-Gilia Plante touffue 12-15° à nombreuses fleurs comme œillets, diverses nuances. Polémoniacées.

Fer à cheval Hippocrépide, plante à fleurs jaunes en ombelle, gousse arrondie, 12 espèces. Léguminacées.

Fer à cheval Persicaire douce, Curage, Pied rouge, Pilingre renouée. Polygonacées.

Ferdinanda Plante tige droite 2 m. 50 à grandes feuilles comme soleil, 7 espèces. Composacées.

Ferdinanda Arbrisseau en buisson 3-4 mètres à Nice, bois tendre et cassant, larges feuilles. Composacées.

Ferdinanda-Augusta Arbuste de serre 130 , à Paris, feuilles argentées, fleurs jaunes, 5 espèces. Bignoniacées.

Fernambouc (bois de) d'un Caesalpinia-echinata pour lutherie et teinture. Léguminacées.

Férolier Ferolia, bois satiné, rubanné ou rouge de la Guyane et Guadeloupe, 40 espèces. Rosacées.

Ferraria Plante bulbeuse 30-50°, grandes fleurs en queue de paon, de peu de durée, 6 espèces. Irisacées.

Ferraria Tigride Tigrine ; Oignon du Mexique ; tige noueuse, fleurs panachées, veloutées. Irisacées

Férule ou Ferula Plante 200-250°, petites fleurs jaunes, on en tire une gomme résine : Assa-fétida, 80 esp. Ombelliféracées.

Férule commune Plante à feuillage vert foncé, très fin et très décoratif, fleurs jaune d'or. Ombelliféracées.

Festucées 11ᵉ tribu de la famille des Graminacées, 77 genres, 900 espèces.

Fétuque des prés Festuca, gazon très fin, poil de bouc, excellent fourrage, crin d'ours, 80 esp. 250 var. Graminacées.

Feuillées 8ᵉ tribu de la famille des Cucurbitacées, 4 genres, 9 espèces.

Feuilles (les) des arbres : pourraient être mieux utilisées comme nourriture ou litière des animaux.

Feuilles (bonnes) pour les animaux : Acacia, charme, frêne, orme, peuplier, saule, tilleul.

Feuilles composées qui ont plusieurs folioles ; la feuille d'Acacia a de 17 a 21 folioles, celle du trèfle à 3 folioles.

Feuilles pectorales Capillaire, Hysope, Lierre terrestre, Véronique.

Feuilles pennées comme les plumes d'oiseau : cocos, cycas, dattier-palmier-phénix, on dit souvent palmes à tort.

Fève de Calabar Graine du Physostigma-Venenosum, liane vivace, gr. f., gr. fl. pourpres, 1 esp. Léguminacées.

Fève cultivée Faba ; plante 80 à 120°, fleurs blanches ou rosées, 9 variétés cultivées. Léguminacées.

Fève du diable Fruit de Capparis-Cynophallaphora, Bois Mabouïa. Capparisacées.

Fève d'Egypte du Nelumbo-Speciosa, Lotus ou Lis rose du Nil, graines alimentaires, 2 espèces. Nymphéacées.

Fève de Loup Hellebore fétide ou pied de griffon à fleurs vertes, 6 espèces, 17 variétés. Renonculacées.

Fève de Malacca Semecarpus ou Anacardium, ou Oncocarpus des Indes orientales. Anacardiacées.

Fève de Marais Faba Major ; c'est la grosse variété à fleurs blanches. Léguminacées.

Fève marine Umbilicus pendulinus, Cotylet ombilic, sur le bord de la mer, plante rampante Crassulacées.

Fève Pichurim de l'Ocotea-Pichurim, plante à feuilles coriaces, luisantes, graines fort aromatiques. Lauriacées.

Fève pontique Nymphea lotus, du Nelumbo, plante aquatique à grandes feuilles, 2 espèces. Nymphéacées.

Fève de Pythagore du Caroubier, arbre d'Algérie et de la Rivièra ; produit des gousses, une espèce. Léguminacées.

Fève de Saint Ignace 1° provient du Feuillea ou Fevillea ou Hypanthera ou Nhandiroba, plante rampante. Cucurbitacées.

Fève de Saint Ignace 2° provient du Strychnos-ignatii, importé par le Père Camelli des Indes. Loganiacées.

Fève de Saint Jacques Noix vomique, provient du Strychnos-nux-vomica. Loganiacées.

Fève Tonka Graine noire longue du Coumarouna-Dipterix de la Guyane, Para, Surinam. Léguminacées.

Féverole Très petite fève arrondie ; févette, fève moyenne arrondie, 3 variétés cultivées. Léguminacées.

Févier d'Amérique Gléditschia ; grand arbre épineux, grandes gousses, 1700 en France, 5 espèces. Léguminacées.

Ficaire ou Ficaria Petite chélidoine, petite éclaire, pl. de 10-20° des lieux humides et ombragés, clair-bassin. Renonculacées.

FICOIDACÉES 87ᵉ famille des Dicotylédones : 3 tribus, 24 genres, 445 espèces (Figue, forme).

FICOIDACÉES Principaux genres et espèces : Acrosanthes, Adenogramme, *Aizoon*, Blepharolepis, Cœlanthum, Cypselea, Demidovia, Ficoïde, Galenia, Gaudinia, Gisekia, Glinus, Gunnia, Kolleria, Limeum, Macarthuria, Mallogonum, *Mesembrianthemum*, Mollugine ou *Mollugo*, Orygia, Pharnaceum, Psammotropha, Semonvillea, Sesuvium, Telephium, Tetragone, Triantheme.

Ficoïde Mesembrianthemum ; plante couchée, feuillage charnu, toujours vert, 300 espèces. Ficoïdacées.

Ficoïde glacial plante 60-80, tiges rampantes avec vésicules transparentes comme glace. Ficoïdacées.

Ficus-carica Figuier commun, arbre à cariques, produit la figue comestible, 24 espèces, 68 variétés. Urticacées.

Ficus-elastica Caoutchouc, arbuste et arbre d'ornement à grandes feuilles épaisses, luisantes, 1736. Urticacées.

Ficus-elastica de Monte-Carlo, arbre de 15 à 18ᵐ ; le plus grand de la Riviera, donne figues.   Urticacées.

Ficus de Nerbuddad avec 320 colonnes de racines adventives, couvre plus de 2.000 pieds de circonférences au nord de Bombay.

Ficus-repens Plante grimpante ; aspect du lierre ; à petites feuilles, 1721 de Chine, Urostigmate.   Urticacées.

Ficus Sycomorus Figuier d'Egypte ; ses feuilles étaient employées pour conserver les momies.   Urticacées.

Fiel de Terre Fumeterre, pisse-sang ; petite plante des champs, fleurs rosées, 10 espèces, 50 variétés.   Fumariacées.

Figue Fruit du figuier ; se conserve facilement, d'une grande utilité, très nourrissante.   Urticacées.

Figue-kake ou Kaki ; 1789 fruit du Plaqueminier ou Diospyros ; se mange blet, 5 espèces, 24 variétés.   Ebénacées.

Figue marine Fruit du Ficoïde linguaforme, plante rampante à feuilles charnues triangulaires.   Ficoïdacées.

Figuier la fructification est anormale, les organes des fleurs étant enfermés dans les figues.   Urticacées.

Figuier d'Adam Musa du Paradis ; plante à grandes feuilles engaînantes, 150-200°, 20 espèces.   Musacées.

Figuier de Barbarie Opuntia, vient à maturité à Nice, mais surtout en Algérie, sert de clôture, 200 esp.   Cactacées.

Figuier Carique Arbre à fruit comestible ; 60 variétés en Provence ; grande consomm. fraîche ou sèche.   Urticacées.

Figuier Maudit Clusia-rosea, arbuste parasite à feuilles coriaces, opposées, belles fleurs roses.   Guttiféracées.

Filago ou **Cotonnière** Plante aspect du Gnaphalium, fe. blanchâtres, fl. jaunâtres, immortelle, 10 esp.   Composacées.

Filago ou Casuarina Grand arbre ; aspect du pin à feuilles retombantes et toujours vertes, 23 esp.   Casuarinacées.

Filaria ou **Phillyrea** ; arbuste et arbrisseau en buisson et de clôture, fe. fermes, fl. blanches, 4 esp.   Oléacées.

Filasse Fils retiré de la tige du Chanvre, de l'Agave, du Jute, du Phormium, de l'Ortie, du Lin, de la Ramie, etc., etc.

Filet de l'étamine : Organe mâle de la fleur, qui porte l'Anthère contenant le pollen.

Filinicées 3ᵉ division des Acotylédones, plantes avec racines et feuilles : Fougères, Lycopodes et Prêles.

Filipendule Plante tuberculeuse, 60-120°, Spirée à folioles opposées, fleurs blanches, roses en boutons.   Rosacées.

Filipendule Plante des Marais, fenouil d'eau, mille feuilles aquatiques, fleurs sur tige, 70°, ciguë.   Ombelliféracées.

Fimbristylis Plante 10-15°, voisine des Scirpus, fe. étroites, plates, fl. en épillets, 200 esp., 300 variét.   Cypéracées.

Fiorin ou **Fiorinia** Aira-traçante ; produit un fourrage fin et de bonne qualité, 6 espèces.   Graminacées.

Fissident-Adianthoïde Variété de mousse 2 à 6° en touffes larges d'un vert foncé.   Moussacées.

Fittonia Petite plante avec jolies feuilles vertes nuancées et veinées rouges, 2 espèces.   Acanthacées.

Fitz-Roya Arbuste de la Patagonie, feuillage comme le Thuia ; très petits cônes, 2 espèces.   Coniféracées.

Flabelliforme (feuille) plissée comme un éventail : Borassus, Brahea, Chamaerops, Pritchardia, Subal, etc.

Flacourtia ou Prunier malgache, arbre 4-5ᵐ ; feuilles rondes, fruits comme prunes, 14 espèces.   Bixacées.

Flacourtiées 3ᵉ tribu de la famille des Bixacées : 18 genres, 113 espèces (de Flacourt, gouverneur de Madagascar).

FLAGELLARIACÉES 20ᵉ famille des Monocotylédones : 3 genres, 7 espèces (du latin Flagellum : fouet).

FLAGELLARIACÉES Flagellaria, Joinvillea, Susum ou Hanguana.

Flageolet 1º Haricot flageolet blanc ; 2º Flageolet vert d'Arpajon ; 3º Flageolet chevrier vert ; 4º fl. nain de Laon.   Léguminacées.

Flageolets Variétés de haricots moins larges que les Soissons ; Fajeol, Fageole du latin Phaseolus.   Léguminacées.

Flambe ou **Flamme** Iris ; sa racine, séchée, donne au linge une odeur agréable, 100 espèces.   Irisacées.

Flambe d'eau Plante aquatique à feuilles longues et plates, fleurs jaunes, Iris des marais.   Irisacées.

Flamboyant Colvillea-racemosa ; arbuste superbe avec ses fleurs écarlates, une espèce.   Léguminacées.

Flanelle d'eau Couche d'Algues qui couvre les prairies lorsque l'eau se retire.   Alguacées.

Flaveria ou Broteroa ou Vermifuga plante annuelle, fleurs jaunes de 2 façons, 8 espèces.   Composacées.

Flèche d'eau Plante aquatique, 120° avec feuilles triangulaires, fléchière, 15 espèces.   Alismacées.

Fléchière Plante aquatique élevée, avec feuilles en forme de flèche, Sagittaire, fleur blanche.   Alismacées.

Fléole Plante à épi cylindrique ; donne un très bon fourrage, Phleum, 10 espèces.   Graminacées.

Fleur Partie du végétal contenant les organes de reproduction, la fleur devient fruit puis semence.

Fleur Appareil de fructification, composé du calice, de la corolle, des étamines et du pistil ou ovaire.

Fleur de chair Plante parasite des blés, blé de vache, mélampyre, queue du renard, 9 espèces.   Scrofulacées.

Fleur de coucou Lychnis-flos-cuculi ; plantes des prairies à fleurs roses.   Caryophyllacées.

Fleur de crapaud Stapelia ; plante grasse toujours verte ; fleurs jaune pâle maculées de brun, 70 esp.   Asclépiadacées.

Fleur des Dames Héliotrope, plante rustique, à fleurs violettes, odeur suave, 120 espèces, 170 variétés.   Borraginacées.

Fleur double à pétales multipliés aux dépens des étamines ; souvent sans graines.

Fleur de Jupiter Agrostemma, Lychnis, Nielle des blés, Passe-fleur, Silène, Viscaria.   Caryophyllacées.

Fleur mâle : Qui n'a que des étamines ; **Fleur femelle** : qui n'a que le pistil et l'ovaire, dans les Dioïques et Monoïques.

Fleur de la Passion Passiflora, Grenadille, plante grimpante avec jolies fleurs, fruits jaunes, œuf.   Passifloracées.

Fleur de paon ou fleur de Paradis, Poinciana pulcherrima, variété du Mimosa flamboyant.   Léguminacées.

Fleur de porcelaine Hoya-Carnosa, plante de serre, fleurs superbes en couronne de perles doubles.   Asclépiadacées.

Fleur de Ste-Catherine Nigelle cultivée, plante toute épice ou quatre épices ; condiment.   Renonculacées.

Fleur du Vendredi-Saint Anémone des bois, plante 15-20ᶜ, fleurs blanches ou rosées.   Renonculacées.

Fleur de Veuve Scabiosa-atropurpurea, plante, odeur de musc, fleurs noir-pourpre.   Dipsacées.

Fleuron Chacune des petites fleurs dont la réunion forme le disque d'une fleur composée.

Fleuron (demi) la couronne des Marguerites, que l'on effeuille pour savoir si l'on est aimé.

Fleurs pectorales Bouillon blanc, Coquelicot, Guimauve, Jasmin, Laurier-rose, Lis, Mauve, Pas-d'âne, Pied de chat, Rose, Sureau, Tussilage, Violette.

Fleurs (quatre) Coquelicot, Mauve, Pas-d'âne, Pied-de-chat.

Flindersia des Moluques Arbre toujours vert, feuilles composées, vert pâle luisant, 12 espèces.   Méliacées.

Flore Ensemble des espèces végétales d'une contrée ; par extension à l'ouvrage qui les décrit.

Floridées ou Rhodophycées, 4ᵉ tribu de la famille des Alguacées (algues rouges), 444 genres, 2.800 espèces en 1905.

Florifère Se dit des parties qui portent des fleurs : rameau florifère, bourgeon florifère.

Flosculeuses (plantes) Deuxième division des Composacées, comprend 3 tribus Xᵉ, XIᵉ, XIIᵉ, sur les 13 de cette famille.

Flosculeuses (plantes) Souvent à feuilles épineuses ; fleurs tubuleuses, à 5 dents. Artichaut, Bardane, Chardon.

Flosculeuses ou Cynarocéphales (fleurs) comme le bleuet ; il n'a que des fleurons en tube avec 5 dents.

Flosculeuses (plantes semi-) Troisième division des Composacées ; ne comprend qu'une tribu XIIIᵉ : les Chicoriées.

Flosculeuses ou Chicoriées (fleurs semi-), la Chicorée, le Pissenlit n'ont que des demi-fleurons terminés en 5 languettes.

Flourensia thurifera C'est un petit Hélianthus produisant une résine très odorante.   Composacées.

Flouve odorante Plante avec petit épi, excellent fourrage ; parfum du foin coupé, Anthoxanthum, 4 esp.   Graminacées.

Flox ou Phlox Plante 30-130ᶜ avec poils ; fleurs également velues, 30 espèces, 110 variétés.   Polémoniacées.

Fluteau d'eau Alisma-plantago, plantain d'eau ; plante des fossés à fleurs blanc rosé, 10 espèces.   Alismacées.

Fluviales (plantes) Lemnacées et Naïadacées des rivières, ruisseaux et fossés.

Fœniculum Fenouil, plante alimentaire ; se mange crue, cuite ou en salade, 4 espèces.   Ombelliféracées.

Fœnum-Græcum nom latin du Fenugrec ou Senegrain ou Trigonelle.   Léguminacées.

Foin Herbes desséchées provenant de prairies naturelles ou artificielles.

Foin On donne aussi ce nom aux aigrettes et aux fleurs du receptacle de l'artichaut.   Composacées.

Foirolle des lapins Mercuriale, plante nuisible, ramberge, vignole, aremberge ; pousse partout, 6 espèces.   Euphorbiacées.

Folioles Parties d'une feuille composée, la feuille d'Acacia est formée de 17 à 21 folioles ; celle du trèfle a 3 folioles.

Follette Arroche des Jardins, Atriplex-Hortensis, Bonne Dame pl. : 15-20ᶜ.   Chenopodiacées.

Follicules de Séné Feuilles et gousses de cassia-acutifolia ou obovata.   Léguminacées.

Fontainea-Pancheri Petit arbre de la Nouvelle Calédonie ; donne huile purgative, une espèce.   Euphorbiacées.

Fontanesia Arbrisseau 5ᵐ à petites feuilles de Filaria, fleurs blanches en grappe ; une espèce.   Oléacées.

Fontinale (de fontaine) petites plantes qui habitent les eaux courantes.   Moussacées.

Forestiera Arbuste 160ᶜ, à Paris, petites fleurs avant les feuilles opposées, 9 espèces.   Oléacées.

Forêt Grande étendue de terrain boisé ; retient l'eau des pluies, divise le vent et protège les cultures.

Forsythia ou arbre de fortune ; atteint 5ᵐ de haut de Paris, à fleurs jaunes d'or, 2 espèces.   Oléacées.

Fossiles (plantes) du terrain carbonifère : 55 genres, 400 espèces. Algues : 2 genres, 8 espèces ; Fougères : 20 genres, 219 espèces ; Equisétacées : 3 genres, 19 espèces ; Lycopodiacées : 9 genres, 91 espèces ; Conifères : 1 genre, 3 espèces ; Monocotylédones : 8 genres, 19 espèces ; familles incertaines : 12 genres, 41 espèces (J.-J.-N. Huot, *Manuel de géologie*, Paris, 1840, Roret, pp. 111-112).

Fothergilla Arbuste 70ᶜ, rameaux cotonneux, fleurs blanches en épi ; fruit s'ouvrant vivement, une espèce.   **Hamamélisacées.**

FOUGÉRACÉES 6ᵉ famille des Acotylédones : 8 tribus, 149 genres, 7.920 espèces, 15.787 variétés (du latin Filix, même sens).

FOUGÉRACÉES Principaux genres : Acrostic, Adiantum, Allosorus, Alsophile, Althyrie, Aneimie, Angiopteride, Aquiline, Aspidium, Asplenium, Athyrium, Balantum, Blechnum, Borosma, Botrychium ou Botryche, Capillaire, Ceterach, Cheilanthe, Chrysode, Cibote, *Cyathéa*, Cyrtonium, Cystopteris, Danée, Darea, Davallie, Dicksonie, Dictyoglossum, Diplazium, Doradille,

Drynaria, Dydimochleana, Geratopteride, Gibotium, *Gleichenie*, Gonophelium, Grammitis, Gymnogramme, Halminthostachys, Hémitelie, *Hymenophylle*, Ralfussie, Lastrea, Lomaria, Loxsome, Lygodium, *Marattie*, Matonia, Mertensie, Microgonium, Microlepia, Mohrie, Neottopteris, Nephrodium, Nephrolepide, Nothochlaena, Onoclea, Onychium, *Ophioglosse*, *Osmonda*, Parkeria, Phegopteris, Pillea, Platycère, Platyzome, Polybotrie, *Polypode*, Polystic, Pteris, Pychnopteris, Rhozocarpe, *Schizée*, Scolopendre, Struthioptéride, Todée, Trichomane, Woodsia, Woodwarsia.

Fougère commune Pteris-aquilina; pousse partout dans les bois, chemins, talus, etc...   Fougéracées.
Fougère femelle Athyrium ou Doradille en souche épaisse 60-90°.   Fougéracées.
Fougère mâle Aspidium-Filix-mas ; on en tire une huile verte ténifuge, Nephrodium.   Fougéracées.
Foulsapate à l'île Maurice c'est l'Hibiscus-rosa-sinensis.   Malvacées.
Fouquiérées 3e tribu de la famille des Tamarisacées : 1 genre, 3 espèces : Bronnia ou Fouquiera.
Fourcroya Plante comme l'Agave sur tige 50° mais feuilles moins épaisses, épineuses, 15 espèces.   Amaryllisacées.
Fourcroya giganthea Plante produisant une fibre résistante : le Chanvre de Maurice, fleurs fétides.   Amaryllisacées.
Fournitures pour salades : Ail, capucine, cerfeuil, ciboule, civette, estragon, échalotte, oignon, piment, pimprenelle, poivre, etc., etc.
Fourrages Végétaux pour la nourriture des animaux domestiques herbivores.
Fourvre Carie des céréales; blé noir, mauvaise odeur, cloque, uredo, 388 espèces ou variétés.   Champignonacées.
Fovilla pour **Favilla** (fine poussière) liquide épais contenu dans les grains de pollen.
Fragaria ou **Fraisier** Fraisier de Virginie, 1629 en Angleterre ; fraisier du Chili, 1715 en France; 6 esp.   Rosacées.
Fragaria-indica Plante rampante à fleurs jaunes, fruits rouges, pour suspensions ou rochers.   Rosacées.
Fragon ou **Ruscus** Petit houx, 50-70° ; plante feuillage vert, épais, piquant, fl. rouge sur la feuille, 3 esp.   Liliacées.
Fragon à grappes Ruscus-racemosus, Laurier d'Alexandrie, plante toujours verte.   Liliacées.
Fraisier Plante basse 10-20° ; produit un fruit charnu : la Fraise, 6 espèces, 36 variétés.   Rosacées.
Fraisier en arbre Arbousier, arbrisseau à fruit aspect de la Fraise, arbuste à Paris, 10 esp.   Ericacées.
Fraisier-framboisier Ronce à fleurs blanches, à fruits écarlates ; arbuste jusqu'à 180°.   Rosacées.
Fraisillon Cornouiller sanguin : bois-punais; sert pour manches de parapluie : Pimiente.   Cornacées.
Framboisier Arbuste fruitier épineux 120-180°, fruits en petites drupes charnues, 24 variétés.   Rosacées.
Framboisier du Canada Ronce odorante à grandes feuilles décoratives, fleurs blanches, Rubus.   Rosacées.
Franciscea oú **Brunfelsia** Mercure végétal, arbuste du Brésil, fleurs pourpres deviennent blanches, 20 esp.   Solanacées.
Francoa Plante 50-90°, belles feuilles, 8 nervures, fleurs sur tiges blanc carné ou roses, 2 espèces.   Saxifragacées.
Francoées 2e tribu de la famille des Saxifragacées : 2 genres, 3 espèces : Francoa, Tetilla.
Frangipanier Arbuste de serre à grosse tige, fleurs blanches, ou jaunes, ou rouges, Himatanthus.   Apocynacées.
Frangipanier plumeria Arbre des Colonies, fleurs odeur de frangipane, Bois de lait, Plumeria, 15 esp.   Apocynacées.
Frangula ou **Rhamnus** Petit arbre à feuilles longues et étroites, Bourgène, Bourdaine, Aune noir.   Rhamnacées.
Frankenia Plante couchée des rochers maritimes, petites fleurs violacées, Hypericopsis, 30 espèces.   Frankéniacées.
FRANKÉNIACÉES 23e famille des Dicotylédones : 3 genres, 32 esp. (du botaniste G. Franke, mort à Copenhague en 1704).
FRANKÉNIACÉES Beatsonia, Frankenia ou Hypericopsis, Niederleinia, plantes vivaces.
Franklandiées 3e tribu de la famille des Proteacées : 1 genre, 2 espèces : Franklandia.
Franseria petit arbuste à feuilles ovales, cordées, dentées, un peu visqueuses, 12 espèces.   Composacées.
Fraxinées 3e tribu de la famille des Oléacées : 2 genres, 31 espèces : Frêne, Fontanesia.
Fraxinelle Dictamnus-albus, plante 100° à feuilles de frêne, odeur citron, fleurs en grappes, 1 espèce.   Rutacées.
Fraxinelle par temps chaud et sec, dégage une sorte de gaz, qui s'enflamme à l'approche d'une lumière.
Fraxinus Frêne, arbre forestier et d'ornement ; son fruit est une samare ailée, 30 espèces.   Oléacées.
Fraxinus-ornus Frêne à fleurs ; arbre à fleurs blanches en panicules ; produit la manne.   Oléacées.
Freesia Plante bulbeuse 30-40°, à fleurs tubuleuses blanches avec macule, odeur suave, 2 espèces.   Irisacées.
Frémontia de la Californie 1846 Arbuste ou arbrisseau à grandes fleurs jaune vif, 1 espèce.   Sterculiacées.
Frémontiées 4e tribu de la famille des Sterculiacées : 2 genres, 2 espèces : Cheirostemon, Fremontia.
Frêne Arbre et arbrisseau à branches toujours opposées, fleurs jaunâtres en grappes, 30 espèces.   Oléacées.
Frêne élevé Fraxinus, arbre des forêts ; son bois est recherché par l'industrie : 40 variétés.   Oléacées.
Frêne pleureur Fraxinus pendula arbre d'ornement à beau feuillage.   Oléacées.
Frênela ou **Callitris**, arbre pyramidal, à bois très dur pour meubles, comme Thuya, 15 espèces.   Coniféracées.

Frésillon Troëne, bois noir, Puin, Puine, raisin de chien, bois dur, tenace, 25 espèces.   Oléacées.

Freylinia Bel arbuste d'ornement, aspect Mimosa, du sud de l'Afrique fl. odorantes, 2 espèces.   Scrofulacées.

Friesia ou **Aristotelia** Arb. de serre, f. opposées, dentées, d'un vert luisant, pet. fl. blanches, 7 esp.   Tiliacées

Fritillaire ou Couronne impériale ; plante vénéneuse 50-80°, fleurs en couronne, 1570 par Clusius.   Liliacées.

Fritillaire Damier ou Méléagre, plante 30-40°, tige droite cylindrique, fleurs en cornet.   Lil'acées.

Fritillaria Son bulbe contient une fécule comme celle dont on fait le Salep, 40 espèces, 50 variétés.   Liliacées.

Fromageon Mauve sauvage, fleurs veinées lilas foncé, beurrat, fouassier.   Malvacées.

Fromager ou Cotonnier mapore, bel arbre avec bois mou, poreux, fruits s'ouvrant en 5 valves.   Malvacées.

Fromager épineux Bombax : arbre dont le fruit contient une sorte de coton fin et soyeux, 27 espèces.   Malvacées.

Froment Triticum, Blé ; plante 80-150°, à 4 ou 5 feuilles engainantes, fleur en épi, 15 espèces, 700 variétés.   Graminacées.

Fromental Avena-elatior ; rentre dans la Fenasse : Avoine-fromentale pour prairie.   Graminacées.

Fromental panaché Petit chiendent panaché Arrhenantherum-bulbosum, 3 espèces.   Graminacées.

Frondes Certaines feuilles d'Algues, de Fougères, d'Hépatiques, de Lichens, de Prêles portant des spores.

Fructification Phénomène du mariage des fleurs et du développement des fruits.

Frugivores Animaux qui se nourrissent de fruits, les Ecureuils, les Singes sont frugivores.

Fruit Production des végétaux, qui succède à la fleur et servent à leur reproduction.

Fruits à noyaux Abricot, cerise, datte, jujube, micocoulier, nèfle, olive, pêche, prune, etc., etc

Fruits pectoraux Dattes, figues sèches, jujubes, raisins secs.

Frutescent (de frutex, arbrisseau) végétal, ligneux, rameux dès sa base comme les groseilliers.

Fuchsia (Fuch-sia) de Léonard Fuchs, naturaliste bavarois du xvi° siècle.   Onagracées.

Fuchsia Arbuste à fleurs pendantes des Antilles et du Chili, 1788, 50 esp., 130 var., toutes gracieuses.   Onagracées.

Fucoïdées 3° tribu de la famille des Alguacées 75 genres dont les Sargasses et Varechs. 1047 espèces (en 1895).

Fucus Plante marine, goémon, varech, que la mer rejette sur le rivage,   Alguacées.

Fucus crispus C'est en pharmacie : *le Lichen blanc*, pour tisane ou sirop iodé.   Alguacées.

Fucus vésiculosus varech, chêne-marin, plante fixée au rocher par des crampons. Sargasse.   Alguacées.

Fumagine Moisissure noire sur les orangers, vignes, etc., causée par la Capnodium, 17 espèces.   Champignonacées.

Fumana Hélianthemum, plante des endroits secs, 10-40° à fleurs jaunes renversées, 35 espèces, 160 var.   Cistacées.

Fumaria Fumeterre, plante des champs et cultivée, à fleurs rosées, blanches ou jaunes, 10 esp., 50 var.   Fumariacées.

FUMARIACÉES 11° famille des Dicotylédones : 7 genres, 136 espèces ; (de fumaria : fait pleurer les yeux).

FUMARIACÉES Adlumia, Corydalis, Dicentra ou Diclytra, Fumaria ou Fumeterre, Hypecoum, Pteridophyllum, Sarco-
capnos.

Fumeterre 1° Fumaria-officinalis ; 2° grimpante ; 3° à petites fl. ; 4° de Vaillant ; 20 var. cultivées à Paris.   Fumariacées.

Funaire (de corde) Mousse qui se tord sur elle-même par un temps sec et s'allonge à l'humidité.   Moussacées.

Funkia ou Hosta. Plante vivace à grandes feuilles ovales 40°, fleurs violettes, Libertia, Saussurea, 5 esp.   Liliacées.

Funtumia ou **Kickxia** Arbrisseau produisant le caoutchouc du Lagos, Kibatalia, Hasseltia, 2 espèces.   Apocynacées.

Furcraea ou **Fourcroya** plante aspect Agave mais sur tige de 50-80°, 15 espèces.   Amaryllysacées.

Fusain Evonymus, arbuste à feuillage toujours vert luisant, et son bois pour charbon à dessiner, 45 esp.   Célastracées.

Fuseau Pyramide, Vase, Taille des pommiers et poiriers à l'aide de tuteurs pour donner une forme.

Fuselée Crépide rouge, plante 15-20°, tiges nombreuses, grandes fleurs rose tendre.   Composacées.

Fusicladium-pyrinum La Tavelure des poires, taches foncées sur les feuilles, Fusicladium, 7 espèces.   Champignonacées.

Fustet jaune Rhus-sumac, Rouvre, Vinaigrier ; feuilles rondes donne une teinture orange.   Anacardiacées.

Futaie Forêt composée de grands arbres, selon le sol, on coupe de 40 à 60 ans et même un siècle.

G

Gaertnérées 3° tribu de la famille des Loganiacées : 4 genres, 41 espèces. Gardneria, Gaertnera, Hymenocnemis, Pagamea.

Gagée Gagea ou Ornithoxanthum plante à fleurs jaunes et vertes en corymbe, 25 espèces.   Liliacées.

Gaïac (bois de) Diospyros (Ebénacées) ; Dipterix et Schotia (Léguminacées), Gayac, Guaiacum.   Zygophyllacées.

Gaillarde Plante 50-60ᶜ velue, avec belles fleurs rouge-orangé, disque brun 8 espèces.   Composacées.

Gaillet ou Galium-verum Petite plante à fleurs jaunes ; caille-lait ; petit muguet, fleur de la Saint Jean. Rubiacées.

Gaillet ou Grateron Plante grimpante sur les haies ; ses feuilles et graines collent aux habits, Grippe.   Rubiacées.

Gainier ou Cercis Arbre de Judée, à feuilles rondes, fleurs roses, avant les feuilles, 4 espèces.   Léguminacées.

Galacinées 2ᵉ tribu de la famille des Diapensiacées : 4 genres, 6 espèces : Bernauxia, Galax, Schizocodon, Shortia.

Galactite Centaurée à feuilles blanches 20-40ᶜ des chemins ; fleurs purpurines, 3 espèces.   Composacées.

Galactodendron Arbre à suc laiteux, même composition chimique que le lait de vache, 10 espèces.   Urticacées.

Galam (beurre de) du Bassia-butyracea (Sapotacées) ou du Pentadesma.   Guttiféracées.

Galane Chelone, Plante 50-120ᶜ, fleurs bizarres, en épis, tortues, museau de chien, 5 variétés.   Scrofulacées.

Galanga des marais Acore aromatique comme Iris, racines parfumées. fleurs jaunâtres en épis, 2 esp.   Aroïdacées.

Galanga officinal Alpinia ou Catimbium, arbuste 150-180ᶜ, racines à odeur forte, fleurs blanches, 45 esp.   Zingibéracées.

Galant du jour Arbrisseau de serre 250-350ᶜ, feuilles ovales, fleurs blanches ou violettes ou rouges.   Solanacées.

Galant de nuit Cestrum ou Habrothamnus; arbrisseau toujours vert, 2-3ᵐ, fleurs jaune orangé, 100 esp.   Solanacées.

Galanthe des neiges Plante à deux feuilles, perce-neige, galantine ; fl. 3 div. blanches maculées, 3 esp.   Amaryllisacées.

Galardie ou Gaillarde pl. tige 50-60ᶜ rameuse, velue, feuilles cotonneuses, fleurs à disque brun, 8 esp.   Composacées.

Galatella Plante 80-90ᶜ, espèce d'aster ; feuilles alternes ; fleurs bleu violet.   Composacées.

Galathea ou Alpinia Plante alimentaire des Antilles, Brésil, Guyane : donne une fécule, Calathea.   Zingibéracées.

Galax Plante de rocailles, feuilles en cœur persistantes, fleurs blanches en grappe, une espèce.   Diapensiacées.

Galaxia Plante à tige cylindrique, 5 feuilles engaînantes ; fleurs violettes ou purpurines, 3 espèces.   Irisacées.

Galba des Antilles ou Calophyllum-calaba ; bois très dur, donne suc résineux, Apoterium, 35 esp.   Guttiféracées.

Galbanum-mou résine du Bubon ou Peucedanum ou Oreoselinum ou Pasticana.   Ombelliféracées.

Galbanum-sec Gomme résine provenant de la Ferula-galbanifera, Acanthopleura, Polylophium.   Ombelliféracées.

Galbule ou Cypre Fruit du Cyprès, Genévrier, Thuya, de forme presque ronde, cône ou baie.   Coniféracées.

Galé ou Myrica ou Piment royal ; arbuste 80ᶜ aromatique feuilles en coin, pointillées, 40 espèces.   Myricacées.

Galeandra Orchidée à feuilles plissées, aiguës, fleurs en grappes, 6 espèces.   Orchidacées.

Galéariées 5ᵉ tribu de la famille des Euphorbiacées : 5 genres, 20 espèces.

Galega Plante à tige verte 120ᶜ ; feuilles du Robinia, fleurs violettes, roses, ou blanches, pendantes.   Léguminacées.

Galega officinal Faux indigo ; feuille 15-17 folioles, donne un colorant bleu, herbe des chèvres, 3 esp.   Léguminacées.

Galégées 5ᵉ tribu de la famille des Léguminacées : 65 genres, 2.450 espèces.

Galénie d'Afrique Arbuste 100-120ᶜ, à tiges droites, feuilles charnues, petites fleurs en panicule, 17 esp.   Ficoïdacées.

Galéopsis ou Galeobdolon Ortie jaune ; plante des bois, champs, haies, tiges à poils piquants, 3 esp.   Labiacées.

Galéruque insecte parasite de l'orme, de l'aune, du saule ; le ramasser fin juin, à la descente de l'arbre.

Galiées 25ᵉ tribu de la famille des Rubiacées : 12 genres, 482 espèces.

Galin soga ou Sogalgina, plante 50-60ᶜ, feuilles alternes, fleurs jaune doré, Vargasia, 5 espèces.   Composacées.

Galiniera ou Ptychostigma, originaire de l'Abyssinie, arbuste feuilles opposées, fruit charnu, 1 esp.   Rubiacées.

Galipea-febriguga Arbre toujours vert, aspect du Palmier, donne l'écorce d'Angusture, fleurs blanches.   Rutacées.

Galipot ou Barras Provient du Pin des Landes après épuisement de la térébenthine.   Coniféracées.

Galium 1° Gaillet grateron ; 2° verum ; 3° anglicum ; 4° tricome, 170 espèces. 300 variétés.   Rubiacées.

Galle ou Bedegar du chêne, du rosier, excroissances produites par les piqûres d'insectes cynips ou pucerons.

Gallon du Levant Chêne Aégilops, Vélanède ; le fruit donne une teinture, fausse galle.   Cupuliféracées.

Galtonia plante bulbeuse, feuilles en rosette, superbe fleur bleue ou blanche, 2 espèces.   Liliacées.

Gambir ou Gambier-nauclea Produit une résine qui entre dans le Bétel.   Rubiacées.

Gambir ou Ourouparia Plante grimpante 2 à 3ᵐ ; de ses feuilles on tire un cachou, un caria, 32 espèces.   Rubiacées.

Gamolépis Œillet d'Inde ; plante 15-20ᶜ, feuilles alternes, fleur jaune pâle, disque plus foncé, 12 esp.   Composacées.

Gamolepis-minuta Petite plante en bordure ; fleurs jaunes comme petites Marguerites.   Composacées.

Gamopétale ou Monopétale fleur dont les pétales sont soudés ensemble : Bourrache, Digitale, etc., etc.

Gampi du Japon Wickstroemia-canescens ou Hœmocharis ou Laplacea ou Lindleya, 13 espèces.   Théacées.

Gandasuli ou Hedychium, plante 70-120ᶜ à grandes feuilles velues, fleurs odorantes blanc sale, 25 esp.   Zingibéracées.

Ganille Plante des marais à fleurs jaunes, caltha, populage, souci d'eau, 9 espèces.   Renonculacées.

Ganitre ou Elaeocarpus arbre et arbuste feuilles alternes, fleurs en grappes, fruits à noyau, 65 esp. Tiliacées.
Gant de Bergère Ancolie Aquilegia, plante 80-120ᶜ, fleurs bleues ou roses en cornet, 8 espèces. Renonculacées.
Gant de Notre-Dame Digitale, Gantière; plante 60 à 120ᶜ, feuilles velues, fleurs vénéneuses. 18 esp. Scrofulacées.
Gant de Notre-Dame Trachelium, plante 30-50, fleurs bleues en clochettes, 5 espèces. Campanulacées.
Garance Rubia-tinctorium ; plante industrielle à feuilles collantes; le suc jaune devient rouge. 38 esp. Rubiacées.
Garbanzos (mot espagnol), Pois chiche, base de la nourriture en Espagne. 7 espèces. Léguminacées.
Garcinia-indica Arbre produisant le beurre de kokum et la gomme-gutte par incision. Guttiféracées.
Garcinia ou **Mangostana** Grand arbre produisant des fruits comestibles parfumés. 150 espèces. Guttiféracées.
Garciniées 3ᵉ tribu de la famille des Guttiféracées : 5 genres, 180 espèces. Asie et Afrique tropicale.
Garde-robe Santoline ; plante ligneuse, feuilles argentées en bordure, fleurs jaunes. 8 espèces. Composacées.
Garden Alex. Médecin et botaniste dans la Caroline du Sud ; Linné donna son nom au Gardenia.
Gardenia 1778 Arbrisseau toujours vert, 100-150ᶜ à belles fleurs blanc de cire. 70 espèces. Rubiacées.
Gardeniées 10ᵉ tribu de la famille des Rubiacées : 51 genres, 430 espèces.
Gardoquia Plante 80-90ᶜ à feuilles de Betoine, fleurs en épi interrompu rose lilas. 28 espèces. Labiacées.
Garidella ou Nigelle, à petites fleurs d'un blanc panaché de rougeâtre. Renonculacées.
Garou Daphné-Gnidium, sain-bois, écorce vésicante, teint en jaune. Thymélacées.
Garoube ou Garousse : gesse cultivée dans le midi. Léguminacées.
Garouille Petit chêne 100ᶜ où vivent les insectes hémiptères : kermès ou Cochenilles. Cupuliféracées.
Garoupe Plante 70ᶜ à petites feuilles lance, fleurs jaunes, baies vertes. Simarubacées.
Garoupe 3 coques Cneorum tricoccum, camelée, petit olivier, aspect olivier. 2 espèces. Simarubacées.
Garrigue Chêne à Cochenilles, arbuste de la zone de l'olivier, aspect de l'Yeuse. Cupuliféracées.
Garrya elliptica Arbrisseau 2-3ᵐ toujours vert, feuilles gris sale, fleurs vertes en chenille, 15ᶜ. Cornacées.
Garuga ou **Thyrsodium** arbre élevé, rameaux cendrés, fe. composées 14-20 fol., fruits à noyaux, 4 esp. Anacardiacées.
Garuleum Arbuste 90ᶜ, feuilles découpées, dentées, fleurs bleues en capitule, disque jaune, 3 esp. Composacées.
Gasteria Plante à feuilles opposées partant de la base, fleurs rouges et vertes. 35 esp. Liliacées.
Gastéromycètes 15ᵉ tribu de la famille des champignonacées :
Gastonia palmata Arbre toujours vert, très grandes feuilles palmées, fleurs blanc-verdâtre, une esp. Araliacées.
Gastridium Plante des champs stériles, 20-30ᶜ, fleur en épi cylindrique. 2 espèces. Graminacées.
Gastrolobium Arbuste 100-120ᶜ, feuilles bilobées, fleurs en corymbe jaune foncé et pourpre, 34 esp. Léguminacées.
Gattilier Vitex-agnus-castus, arbuste 2ᵐ50, branches flexibles, fleurs blanches en épis longs, 75 esp. Verbénacées.
Gaude Plante cultivée pour faire une teinture jaune, herbe à jaunir, donne aussi un stil de grain. Résédacées.
Gaudichaudiées 4ᵉ tribu de la famille des Malpighiacées : 5 genres, 35 espèces.
Gaudinia Avena fragilis, plante des lieux secs 20-40ᶜ, feuilles velues, Arthrostachya, 2 espèces. Graminacées.
Gaultheria-repens Petit arbuste couché 10-15ᶜ toujours vert, fleurs en grelot, baies rouges. Ericacées,
Gaultheria-tinctoria Arbre à feuillage persistant, fleur blanc rose en grelot, fruits délicieux. Ericacées.
Gaura Plante ligneuse 100-150ᶜ, feuilles opposées, fl. rouges ou rosées en papillons, petits fruits, 20 esp. Onagracées.
Gaya Plante aspect des Ligusticum 10-20ᶜ, à fleurs blanches ou purpurines. Ombelliféracées.
Gayac ou **Guaïac** Arbre des Antilles, du Brésil ; c'est le bois le plus dur, ne reste pas sur l'eau, 8 esp. Zygophyllacées.
Gaylussacia Arbuste à feuilles opposées raides, fleurs rouge-écarlate en grappes, 40 espèces. Vacciniacées.
Gazania Plante vivace, fleur comme marguerite avec le centre brun, pour bordure, 24 esp. Composacées.
Gazon Surface du sol couverte d'herbe, pelouse, prairies, tapis vert. Graminacées.
Gazon anglais Ivraie vivace, Ray-grass; plante des prés 10-80ᶜ Lolium, 6 espèces, 20 variétés. Graminacées.
Gazon d'Espagne, de Hollande, d'Olympe : Armeria marit. en bord. fl. roses en boule, 7 esp. 50 variétés. Plombaginacées.
Gazon de Marie Alysse odorant, Alysse maritime, Corbeille d'argent, fleurs blanches. Cruciféracées.
Gazon turc Saxifrage-hypnoides, petite plante en bordure vert foncé, petites fleurs blanches. Saxifragacées.
Gazon de Versailles Julienne ou Giroflée de Mahon, plante basse, en bordure. Cruciféracées.
Geigera Arbrisseau à rameaux légers, feuilles coriaces, petites fleurs blanches. Rutacées.
Geissomeria du Brésil Arbuste 70-120ᶜ, f. ovales ondulées, longues fl. en épi rouge et jaune, 10 esp. Acanthacées
Geitonoplesium pl. liane vivace, longues tiges chaque année, les jeunes pousses sont comestibles, 9 esp. Liliacées.

Gélasine Plante bulbeuse 35-50ᶜ, feuilles plissées, fleurs en étoile bleu d'azur en ombelle, une esp. Irisacées.

Gélidie Algue dont les hirondelles construisent leurs nids, Chine et Tonkin. Alguacées.

Gélidiées groupe de la famille des Algues, 5 genres.

Gelidium-corneum D'où l'on tire l'agar-agar ou Kantem, Algue du Japon, mousse de Jafna. Alguacées.

Gelsémiées 1ʳᵉ tribu de la famille des Loganiacées : 4 genres, 8 esp. : Coinochlamys, Gelsemium, Mostuca, Plocosperma.

Gelsemium ou **Jasmin** de la Caroline ; plante grimpante, fl. jaunes en entonnoir, odeur agréable, 3 esp. Loganiacées.

Gemella ou **Giamella** Jasmin d'Arabie, arbuste sarmenteux, fl. blanches, Allophyllus, 94 esp. Sapindacées.

Gemme Partie d'une plante qui reproduit sans graine ; les boutures, les marcottes, etc., sont des gemmes.

Gemmule ou **Plumule** le premier bourgeon de la plante, qui naît au sommet de la tigelle.

Génépi Armoise des glaciers, plante des Alpes 5-15ᶜ, fleurs jaunâtres en capitule. Composacées.

Génépi ou **Genipi** Armoise employée dans l'absinthe suisse, Artemisia-glacialis-congestum. Composacées.

Genêt à balais Sarothamnus-scoparius-genista, la fleur dans le vinaigre sert de condiment. Léguminacées.

Genêt blanc du Portugal Cytisus-albus, belle espèce à fleurs blanches nombreuses. Léguminacées.

Genêt épineux Ajonc, jonc marin, genêt sauvage, on en chauffe les fours ; haies, lande, ulex. Léguminacées.

Genêt d'Espagne Spartium, Jonc en arbre, arbuste à fleurs jaunes, Genette, Griot, une espèce. Léguminacées.

Genêt floribonde Arbuste à petites feuilles, jolies fleurs jaunes en grappes. Léguminacées.

Genette 1ᵒ Genêt des teinturiers (Légumineuses) ; 2ᵒ Narcisse des poètes, fleur blanche centre jaune. Amaryllisacées.

Genetyllis (Faux fuchsia) Arbuste 30-50ᶜ, feuilles sur 4 rangs, aromatiques, fl. rouges comme fuchsia. Myrtacées.

Genévrier-cade Arbrisseau épineux, produit une résine blanche : la sandaraque, 31 espèces. Coniféracées.

Genévrier Juniperus Arbuste épineux à feuillage gris ; la baie est recherchée par les grives ; Sabine. Coniféracées.

Genévrier de Virginie Cèdre à crayons, cèdre rouge de Floride, cèdre de Virginie. Coniféracées.

Gengeli ou **Gangili** (Huile de) provenant d'une variété de Sésane-gengili. Pedalinacées

Genièvre Liqueur faite d'alcool de grains, aromatisée avec le fruit de Genévrier. Coniféracées.

Genipe ou **Genipayer** Arbre à fruits comestibles Brésil Pérou, Mexique, 8 espèces Rubiacées.

Genipi ou **Genepi** Armoise des montagnes de la Savoie et de la Suisse : Ar. glacialis, mutellina, spicata Composacées.

Genista ou **Genet** Arbuste ou arbrisseau à fleurs jaunes ou blanches, ou maculées, 80 espèces. Léguminacées.

Genista-laburnum faux ébénier des Alpes, petit arbre à fleurs pendantes, 3 espèces. Léguminacées.

Génistées 2ᵉ tribu de la famille des Léguminacées : 43 genres, 943 espèces.

Genouillet Polygonatum, grand muguet, sceau de Salomon ; fleur printanière, 13 espèces. Liliacées.

GENTIANACÉES 118ᵉ famille des Dicotylédones : 4 tribus, 49 genres, 575 espèces (de Gensius, roi d'Illyrie).

GENTIANACÉES Principaux genres et espèces : Arenbergia, Bartonia, Belmontia, Canscora, *Chironia*, Chlora, Cicendia, Cotylanthera, Coutoubea, Crawfurdia, Curtia, Dejanira, Enicostema, Erythrea, Eustoma, *Exacum*, Faroa, Fleurogyne, Frasera, Geniostemon, Gentiane, Goeppertia, Halenia, Hippocentaurea, Hoppea, Jeschkea, Leianthus, Limnanthemum, Lisianthus, *Menyanthes*, Microcala, Neurotheca, Obolaria, Orphium, Orthostemon, Pagea, Petasostylis, Pleurogyne, Prepusa, Sabbatia, Schultesia, Sebea, *Swertia*, Tachia, Tachiodenus, Tapeinostemon, Villarsia, Voyria, Zonanthus, Zygostigma.

Gentiane ou **Gentiana** Plante 70-90ᶜ avec f. en godets contenant les fl. jaunes ou bleues, 180 esp. Gentianacées.

Gentili Amomis, Amomon, arbuste en pot, feuilles vert foncé, baies rouges, oranger de cordonnier. Solanacées.

Geonoma-gracilis Petit palmier, tige 150ᶜ avec 8 à 10 feuilles pennées bifurquées au sommet. Palmacées.

Georgina Dahlia à fleurs rouge-coccing avec disque jaunâtre, 5 espèces. Composacées.

GÉRANIACÉES 40ᵉ famille des Dicotylédones : 7 tribus, 26 genres, 986 espèces (Bec de grue, forme de la graine).

GÉRANIACÉES Avenhoa, Balbisia, *Balsamine*, Biebersteinia, Biophytum, Capucine, Cesarea, Connaropsis, Eichleria, Erodium, Floerkea, *Geranium*, Hydrocera, Impatiens, Isopetalum, *Limnanthes*, Linostigma, Monsonia Oca, *Oxalis*, Pelargonium, Rhynchotheca, Salcocaulon, Trèfle à quatre feuilles, Trimorphopetalum, Tropeolum, *Viviania*, *Wendtia*.

Géraniées 1ʳᵉ tribu de la famille des Géraniacées : 5 genres, 288 espèces : Biebersteinia, Erodium Géranium, Monsonia, Sarcocaulon.

Géranium la graine a l'aspect d'un bec de grue, calice sans éperon ; 110 espèces, 230 variétés. Géraniacées.

Géranium Plante à tige souvent noueuse, 5 pétales égaux, le Pelargonium a 3 grands et 2 petits. Géraniacées.

Géranium, 2ᵉ Erodium, 3ᵉ Pelargonium, selon la forme des porte-graines. Géraniacées.

Géranium à feuilles de Lierre 80 variétés cultivées pour suspension, Peltatum : grandes feuilles.   Géraniacées.

Géranium-robert Ger.-molle, Ger.-rotondifolium, petites plantes sur les murs, dans les champs.   Géraniacées.

Géranium-rosat 1690 en Europe, avec 1.000 kg de ses feuilles on obtient 600 gr. d'essence dite de roses.   Géraniacées.

Gérardia Rehmannie glutineuse, plante 20-40° poilue, fleurs rouges ou chocolat comme digitale, 2 esp.   Gesnéracées.

Gérardia ou Dasystoma ou Otophylla ou Virgularia, plante venant d'Amérique, 30 espèces.   Scrofulacées.

Gérardiées 11ᵉ tribu de la famille des Scrofulacées : 26 genres, 184 espèces.

Gerbe d'or ou Verge d'or ; Solidago du Canada ; pl 90 à 120°, f. alternes, fl. jaunes en grappes, 80 esp.   Composacées.

Gerbera Plante à feuilles très découpées, fleurs sur tiges de 70°, 20 espèces.   Composacées.

Gerbera jamesoni 1888 en France ; plante à feuilles longues 35° ; fleurs Marguerites, pétales séparés.   Composacées.

Germaine ou Germanea ou Plectranthus, pl. 50-60°, vert rougeâtre ; feuilles en cœur, fl. bl. cl. en gr. 80 esp.   Labiacées.

Germandrée ou Teucrium Petite plante des bois 15-30° ; petit chêne, chênette, chasse-fièvre, 30 esp.   Labiacées.

Germandrée maritime, plante tige cotonneuse, feuilles velues, dentées, fleurs purpurines, Marum.   Labiacées.

Geropogon-glaber Plante des Alpes, feuilles allongées à fleurs roses.   Composacées.

Gesnera Plante de serre à tiges velues comme les feuilles, fleurs en ombelle brun rouge, 60 espèces.   Gesnéracées.

GESNÉRACÉES 128ᵉ famille des Dicotylédones : 4 tribus, 83 genres, 980 esp. (du botaniste C. Gessner, 1516-1565).

GESNÉRACÉES Principaux genres : Achimènes, Aeschynanthus, Agalmyla, Alloplectus, Anetanthus, Anodiscus, Asteranthera, Bea, Boeica, Bellonia, Besleria, Campanea, Chirita, Codonanthe, *Columnea*, Coronanthera, Cyrilla, *Cyrtandra*, Cyrtandromea, Diastema, Dichrotrichum, Dicyrta, Didissandra, *Didymocarpus*, Drymonia, Episcia, Epithema, Eumolpe, *Gesnera*, Gloxinia, Heppiella, Houttea, Hypocyrta, Isolema, Klugia, Ligeria, Locheria, Lysionatus, Mandirola. Miquelia, Mitraria, Monophyllea, Monopyla, Naegelia, Napeanthus, Nematanthus, Niphea, Oreocharis, Paliavana, Pentarhaphia, Phinea, Piphea, Ramondia, Rehmannia, Rhynchoglossum, Rhynchotechum, Rhytidophyllum, Sarmienta, Sinningia, Solenophora, Stauranthera, Streptocarpus, Trevirana, Trichantha, Trisepalum, Tussacia.

Gesnérées 1ʳᵉ tribu de la famille des Gesnéracées : 23 genres, 277 espèces.

Gesse cultivée Lathyrus des prés, donne un bon fourrage ; Lentille d'Espagne.   Léguminacées.

Gesse odorante Plante cultivée, Pois de senteur ; s'obtient en toute saison, Lathyrus odoratus.   Léguminacées.

Gesse sans feuilles Lathyrus-aphaca, Pois de serpent, tige avec vrilles, graines vénéneuses.   Léguminacées.

Geta-lahoé Cire végétale de Sumatra ; paraît provenir du Ficus-cerifera.   Urticacées.

Geum ou Benoîte Plante des bois, haies, prés, rochers 10-80°, à graines en boules, Galiote, 30 espèces.   Rosacées.

Gevuin du Chili Arbrisseau 7-8 m., feuilles alternes, fl. blanches, fruit comme noisette, Guevina, une esp.   Protéacées.

Ghi (beurre de) Ghee en anglais, retiré du Bassia-butyracea de l'Inde, beurre de Galam.   Sapotacées.

Ghourou du Soudan ou Sterculia-acuminata, produit la noix de Kola ou Cola.   Sterculiacées.

Giclet Ecbalium-élatérium, Concombre sauvage, fruit aspect œuf de pigeon, vomitif, une espèce.   Cucurbitacées.

Gigartinées gr. de la famille des Alguacées : 7 genres, dont la mousse de Corse : Gigartina-helminthocorton.

Gigot Iris fétide, plante 70°, Glaïeul puant, fleur jaune pâle, marbré violet   Irisacées.

Gileadensis ou Amyris, Opobalsamum, arbre à résine des pays chauds, Baume de Judée.   Burséracées.

Gilia Plante 50 60° à feuillage léger très découpé, fleur pompon, bleu violeté, 70 espèces.   Polémoniacées.

Gillenia Plante poilue, rustique, 50-80°, fleurs rose-pâle ou blanches, 2 espèces.   Rosacées.

Gillenia-trifoliata Plante vivace 70°, variété de spirée, mais fleurs plus grandes, blanches et roses.   Rosacées.

Gingembre Plante aromatique employée comme aliment, condiment et médicament.   Zingibéracées.

Gingembre Plante 80-120°, aspect du roseau, vient des Indes, Antilles, Mexique, 23 espèces, 33 variétés.   Zingibéracées.

Gingko-Biloba Arbre, 1754 en Angleterre, 1780 en France, 1823 fructifié à Trianon, une espèce.   Coniféracées.

Gingko ou Salisburia ou l'arbre aux 40 écus, à feuilles bilobées, caduques, fruits aspect cerises vertes.   Coniféracées.

Ginseng ou Ninzin de la Chine, pl. 30-50° dont la racine est réputée comme un fortifiant, Panax-Ginseng.   Araliacées.

Girarde Julienne cultivée, fleurs doubles, dégage le soir une odeur agréable.   Cruciféracées.

Giraumont potiron biscornu : bonnet turc, turban, est comestible.   Cucurbitacées.

Girofle (clou de) 10.000 clous de girofle pèsent un kilo, fleur recueillie avant maturité.   Myrtacées.

Giroflée ou Cheiranthus Plante cultivée et sur les murs 20-70°, fleurs jaune-rouille, 12 esp., 110 var. cul.   Cruciféracées.

Giroflée double, Plante cultivée, à grosses fleurs blanches, roses, violettes.	Cruciféracées.
Giroflier Caryophyllus, arbre toujours vert, feuilles coriaces, sa fleur est le clou de girofle.	Myrtacées.
Giroflier Originaire des îles Moluques, introduit à l'île Bourbon en 1772 par Poivre.	Myrtacées.
Girole ou **Chanterelle** Champignon comestible à côtes saillantes, Cantarellus, 35 espèces.	Champignonacées.
Gitage ou **Githago** Nielle, Lychnis, plante des champs, chemins, 30-120', fl. roses, à l'état sauvage, 26 var.	Caryophyllacées.
Glaciale Ficoïde Plante couverte de vésicules brillant au soleil comme diamants, Mesembryanthemum	Ficoïdacées.
Gladiolus Glaïeul des moissons, plante 40-90°, fleurs roses ou pourprées, Gladiole.	Irisacées.
Glaïeul Plante 40-80°, à feuilles plates, fleur en série sur la tige, 90 espèces.	Irisacées.
Glaïeul des marais Iris pseudo-acorus, flambe d'eau à fleurs jaunes.	Irisacées.
Gland du chêne sert de nourriture aux porcs, aux volailles et autres animaux, Quercus, 300 espèces.	Cupuliféracées.
Gland doux d'Espagne, du Chêne ballotte, goût de noisette ; on en fait un café.	Cupuliféracées.
Gland de terre Gesse tubéreuse, Anette, Marcasson, plante à fleurs d'un rose vif en grappe.	Léguminacées.
Glaucie Plante aspect vert de mer, 40-60', fleur jaune ou rouge brique, Chelidoine cornue.	Papavéracées.
Glaucienne Glaucium, pavot cornu, plante à belles fleurs jaune-orange, 9 espèces.	Papavéracées.
Glaucium Plante 50-70', feuilles argentées ; plusieurs espèces à fleurs jaunes ou rouges.	Papavéracées.
Glaux maritime Pousse sur les côtes, se mange en salade ; Herbe au lait étant cuite, une espèce.	Primulacées.
Glebionis Chrysanthème ou Pinardia, ou Centrospermum, ou Ismelia, ou Heretoniera.	Composacées.
Glechoma Lierre terrestre, petite plante basse à feuilles rondes, unies ou panachées.	Labiacées.
Gleditschia Févier d'Amérique, 1700 en France, arbre à grandes épines, grandes gousses, 15 esp.	Léguminacées.
Gleditschia de Chine. 1748 en France, arbre épineux ; produit longues gousses.	Léguminacées.
Gleicheniées 2' tribu de la famille des Fougéracées : 2 genres, 80 espèces.	
Globba Plante de serre à grandes feuilles de 70°, fleurs blanc panaché en cornet, 24 espèces.	Zingibéracées.
Globe du Soleil Eschscholtzia de Californie ; plante 30-45°, fleurs à 4 pétales jaune ou orange, 15 esp.	Papavéracées.
Globulaire Turbith, Herbe terrible, Séné de Provence, arbuste 70-90', fleurs bleuâtres, 13 espèces.	Sélagonacées.
Globuléa plante charnue, tige épaisse, feuilles connées luisantes, petites fleurs blanchâtres.	Crassulacées.
Glomeraria Amarante bicolore, se nomme aussi : Amblogyne, Euxolus, Mengea, Sarratia.	Amarantacées
Glomérule floral réunion de fleurs en une tête irrégulière, comme les fleurs du buis.	
Gloriosa Méthonique du Malabar ; plante 150-200°, fe. terminées en vrille, grandes fl. ondulées, 3 esp.	Liliacées.
Glossocomia ou **Codonopsis** Plante grimpante, aspect d'une Clématite, du Japon.	Campanulacées.
Glouteron sans épines : petite Bardane ; 2° avec épines : Xanthium.	Composacées.
Gloxinia Plante de serre à larges feuilles, superbe fleur en cloche, semence bulbe, 6 espèces.	Gesnéracées.
Gloxinia Se reproduit avec une bouture de la tigelle, 8 variétés cultivées à Paris.	Gesnéracées.
Glu des oiseleurs Provient de l'écorce du Houx, du Gui, Huile de lin chauffée, etc.	
Glume ou **Glumelle** Balle ou Paillette : Bractée ou Calice ou Ecaille qui constitue l'épillet des Graminacées.	
Gluttier ou **Sapi** Arbre à suif, toujours vert, feuilles glanduleuses, fleurs en chaton, graines cireuses.	Euphorbiacées.
Glyce maritime Alysse odorant, petite plante 10 à 15° à fleurs blanches en boule.	Cruciféracées.
Glycerie flottante Brouille, Chiendent flottant du bord des eaux, fossés ; donne un bon fourrage, 16 esp.	Graminacées.
Glycine-apios Plante grimpante 3-4'", feuilles 5-7 folioles, fleurs pourpres en grappes.	Léguminacées.
Glycine de la Chine 1825 Plante très vigoureuse, avec grappes de fleurs violettes ou blanches. 16 esp.	Léguminacées.
Glycine soja plante 120° grimpante, petites fleurs en grappes, donne le Dolichos-soja	Léguminacées.
Glycine Wistaria L'ornement par excellence de nos grilles ; s'enroule de gauche à droite, 1724 en France.	Léguminacées.
Glycine Wistaria Donne avant les feuilles de belles fleurs en grappes bleuâtres ou blanches.	Léguminacées.
Glycyrrhiza Réglisse, arbuste 120-150°, sa racine est le bois de réglisse, feuilles comme l'Acacia, 12 esp.	Léguminacées.
Gmelina arborea Arbuste de serre ; grandes fleurs duveteuses jaune foncé. 8 espèces.	Verbénacées.
Gnaphale Plante des champs, rochers, sables ; fleurs jaunes, jaunâtres, en capitule.	Composacées.
Gnaphale d'Orient 1629 en Europe ; plante tige cotonneuse, fleurs immortelles, 100 espèces.	Composacées.
Gnaphalium Edelweiss : Noble blanche. Plante des montagnes 8-25°, fleurs veloutées blanches 5 esp.	Composacées.
Gnavelle ou **Scléranthus**. Plante des champs, rochers, sables 5-15°, fleurs vertes ou verdâtres. 10 esp.	Illécébracées.
GNÉTACÉES 173e famille des Dicotylédones : 3 genres, 36 espèces : (Gnetum nom Malais, par Rumphius.)	

GNÉTACÉES : Ephédra, Gnetum, Uvette, Welwitschia.

Gnetum ou Gnet Arbre et arbrisseau donne à la Guyane : une amande comestible.   Gnétacées.

Gnidia ou Gnidienne Arbuste 60-100ᵉ à feuilles de Bruyère, fleurs jaunes, odeur suave, 40 espèces.   Thymélacées

Gnidium ou Garou ou Daphné ou Sain-bois, écorce vésicante, teint en jaune.   Thymélacées.

Goa (poudre de) Gomme résine de l'Andira-araroba du Brésil.   Léguminacées.

Gobe-mouches Apocyn, Arum, Lychnis, Silène, plantes avec matières gommeuses.

Godetia Plante 50-70ᵉ à fleur blanche, rose, carmin, rouge, cramoisi, 28 variétés cultivées.   Onagracées.

Goémon Plantes marines pour engrais des terres. surtout en Bretagne.   Alguacées.

Goémon : Fucus, Chondrus, Laminaria, Varech rejetés par la mer.   Alguacées

Goguier Noyer, arbre à fruit comestible et oléagineux; son bois est très dur.   Juglandacées.

Goldfussia à feuilles de pêcher, fleurs en épis lilas clair remontantes, Strobilanthes, 180 espèces.   Acanthacées.

Gomart (résine ou essence de) tirée par incision de Symphonia ou Chrysopia.   Guttiféracées.

Gombo On tire de ses fruits la pâte et le sirop de Nafé, Calalou des Antilles.   Malvacées.

Gombo ou Ketmie Hibiscus, plante produisant la Fève comestible des Peaux-Rouges.   Malvacées.

Gombo Légume Hibiscus esculentus, plante avec fleurs jaune soufre, faux café Gombeau.   Malvacées.

Gomme adragante Provient de l'Astragalus-gummifer, arbre petites feuilles composées, fleurs jaunes.   Léguminacées.

Gomme ammoniaque résine tirée du Dorema ou Diserneston, de la Perse, 4 espèces.   Ombelliféracées.

Gomme arabique Produite par plusieurs Mimosas surtout au Sénégal, Maroc, etc., etc.   Léguminacées.

Gomme copal Gomme résine provenant de l'Hymenea-Verrucosa.   Léguminacées.

Gomme glu-indigène sur le tronc des Abricotiers, Amandiers, Cerisiers, Pruniers.   Rosacées.

Gomme-gutte tirée du Garcinia-indica par incision sur l'arbre, Hebradendron.   Guttiféracées.

Gomme-gutte Résine tirée du Xanthochymus; son fruit est le Mangostan.   Guttiféracées.

Gommier d'Amérique Eucalyptus, red-gum ; c'est le bois de Noyer satiné d'Australie.   Myrtacées.

Gommier bleu de la Tasmanie ou Eucalyptus observé par L'Héritier en 1788, 140 espèces, 200 variétés.   Myrtacées.

Gommier du Nil Mimosa ou Acacia arabica ; produit la gomme arabique.   Léguminacées.

Gommier de Sainte-Hélène Coniza-balsamifera arbrisseau donne matière gommeuse.   Composacées.

Gomphocarpus 1714 Plante 50-180ᵉ à feuilles de saule, fleurs blanches, fruits en vessie. 80 espèces.   Asclépiadacées.

Gomphogynées 6ᵉ tribu de la famille des Cucurbitacées : 2 genres, 5 espèces : Actinostemma, Gomphogyne ou Triceros.

Gompholobium Arbuste à fe. composées, velues ; fl. jonquilles ou roses ou violacées en corymbe, 24 esp.   Léguminacées.

Gomphostigma arbuste glabre ou cendré, rameaux rigides, feuilles fermes, fl. en grappes terminales.   Loganiacées.

Gomphrena-globosa Plante industrielle, annuelle, cultivée, immortelle à boutons.   Amarantacées.

Gomphrénées 3ᵉ tribu de la famille des Amarantacées : 14 genres, 236 espèces ou variétés.

Gonidie (semence) Poussière reproductrice chez les Lichens : le thalle; et les frondes des Hépatiques.

Gonidies Cellules d'Algues qui s'associent aux Hyphes (filaments de Champignons) pour former les Lichens.

Goniolimon Statice de Tartarie ; plante vivace, rameuse ; feuilles lances, fleurs rouge vif en épis.   Plombaginacées.

Gonolobe Plante grimpante ; on en tirait un lait qui empoisonnait les flèches.   Asclépiadacées.

Gonolobées 4ᵉ tribu de la famille des Asclépiadacées : 21 genres, 121 espèces.

Gonospermum Arbuste des Canaries, feuilles dentées molles, fleurs jaunes en corymbe. 4 espèces.   Composacées.

Gonostemon ou Stapelia plante charnue 30-40ᵉ sans feuilles, fleur lie de vin, 70 espèces.   Asclépadiacées.

Goodia Arbuste de serre 40-80ᵉ, feuilles à 3 découpures, à fleurs jaunes ou pourpres, 2 espèces.   Léguminacées.

Goodyeria ou Goodière Pl. rampante des bois, f. vertes et lie de vin, fl. blanches en épi ou spirale, 25 esp.   Orchidacées.

Gordonia-lasianthus Arbuste à feuilles coriaces, grandes fl. blanches, très odorantes, fruit en capsule.   Théacées.

Gordoniées 5ᵉ tribu de la famille des Théacées : 10 genres, 78 espèces.

Gorteria Arbuste de serre, feuilles velues, soyeuses, fleurs jaunes ou jaunâtres, 4 espèces.   Composacées.

Gossypium arboreum Cotonnier en arbre, Arbris. 2-3ᵐ, f. persist., fl. jaunes, capsule : ouate et graines.   Malvacées.

Gossypium herbaceum Cotonnier herbacé, pl. 50ᵉ, feuilles rondes à 5 lobes courts, grandes fl. jaunes.   Malvacées.

Gouaniées 5ᵉ tribu de la famille des Rhamnacées : 4 genres, 38 espèces : Crumenaria, Gouania, Helinus, Reissekia.

Goudenia Plante tige droite, rameaux alternes, feuilles ovales aiguës, fleurs jaune doré, 76 esp.   Goudéniacées.

GOUDÉNIACÉES 98ᵉ famille des Dicotylédones : 12 genres, 210 esp. (de Goodenough, bot. et évêque de Carliste, 1743-1827)

GOUDÉNIACÉES : Anthotium, Brunonia, Calogyne, Catosperma, Dampiera, Diaspasis, Goudenia, Latouria, Leschenaultia,. Monochila, Sarcocarpus, Scevola, Selliera, Velleia, Verreauxia.

Goudron végétal Tiré de la combustion dans des fours, de pins épuisés par la térébenthine, Brai, Poix. Coniféracées.

Gouet Arum, Langue de bœuf, Pied de veau, Serpentaire, Vaquette, 20 espèces. Aroïdacées.

Gouet Arum d'Italie, plante des fossés à feuilles panachées, fleur jaune à un seul pétale. Aroïdacées.

Gouette Renoncule à feuilles de graminée ; plante 10-20ᶜ, fleurs jaune brillant. Renonculacées.

Goufféie Plante des lieux rocailleux comme Alsine, Arenaria. Caryophyllacées.

Goumi du Japon Eleagnus edulis, arbuste à petites fleurs odorantes, baies rouges. Eléagnacées.

Gourbet Plante à racines traçantes pour fixer les sables, Oyat, Laiche. Cypéracées.

Gourde ou Calebasse Fruit de Cucurbita-lagenaria en forme de pèlerine, vessie, trompette, etc... Cucurbitacées.

Gourgane Petite Fève d'Algérie très cultivée pour chevaux et chèvres. Léguminacées.

Gourou (noix de) Fruit du Kola acuminata, arbre du Soudan : Siphoniopsis Sterculiacées.

Gousse Enveloppe des graines des plantes léguminacées, fruit allongé parfois cintré.

Gousse Fruit des léguminacées : caroube, genêt, haricot, lentille, pois, robinier, vesce : Gousse d'ail ou Caïeu.

Gousse ou Légume Fruit qui s'ouvre en deux valves, mais la graine est souvent d'un seul côté.

Goutte de sang Adonide d'été ; plante 30ᶜ œil de faisan, anémone, 6 espèces, 20 variétés. Renonculacées.

Goyave Fruit du Goyavier ; nombreuses variétés, rameaux et feuilles aromatiques. Myrtacées.

Goyavier du Chili Eugenia-ugni, arbuste toujours vert, fleur blanc rose, petit fruit rouge. Myrtacées.

Goyavier ou Psidium Arbre tortueux 6 à 7ᵐ ; donne des fruits comestibles grosseur citron. Myrtacées.

Grabowskia ou Lycium du Pérou, arbris. épineux. f. coriaces. fl. blanches veinées, fruits à 2 noyaux. Solanacées.

Grâce de Dieu Graciolet, petite digitale, séné des prés, plante 30-40ᶜ. Gratiola, 20 espèces. Scrofulacées.

Grain Fruit et semence des céréales ; récolte des grains de blé, d'orge, etc. etc...

Graine Semence renfermée dans le fruit des végétaux apte à reproduire

Graine La graine est l'ovule fécondé dans l'ovaire par le pollen et arrivé à maturité.

Graine d'amour ou graine perlée, nom vulgaire du Gremil officinal. Borraginacées.

Graines d'Avignon du Rhamnus infectorius ; donnent un colorant vert : Nerprun à fruits jaunes. Rhamnacées.

Graines des Canaris Alpiste, Millet long, donne du lustre au plumage des pigeons, 10 espèces. Graminacées.

Graines des Capucins Staphysaigre Delphinium ; plante 100-120ᶜ ; fleurs bleues. Renonculacées.

Graines Musquées de l'Hibuscus-abelmoschus ou Ambrette, arbrisseau à fl. jaunes, ne durent qu'un jour. Malvacées.

Graines de Paradis ou Maniguette ; fruit d'un Amomum ; sert à falsifier le poivre. Zingibéracées.

Graines de Pavot 33.000 par pied. Tabac : 36.000 (Ray)· Cuscute : 29 000 ; Pissenlit : 2.500 ; Nielle : 2.000 (Menault).

Graines de Perroquet Carthame des teinturiers ; Chardon bénit ; colorant rose et rouge, 20 espèces. Composacées.

Graines de Perse Fruits non mûrs d'un arbrisseau, qui donnent un colorant jaune : le stil de grain. Rhamnacées.

Graines de Tilly du Croton Tiglium, petit arbre d'Asie, petits Pignons d'Inde. Euphorbiacées.

Grains d'Amérique Petites graines rouge vif de l'Abrus-precotorius, Jequirity. Léguminacées.

Graminacées ou Graminées Plantes herbacées à tige cylindrique creuse à nœuds d'où partent les feuilles.

GRAMINACÉES 35ᵉ famille des Monocotylédones : 13 tribus, 315 genres, 3.500 espèces (de gramen : gazon, herbe).

GRAMINACÉES Principaux genres et espèces : Aegilops, Agropyrum, *Agrostis*, Aira, Airopsis, Alfa, Alopecurus, Ammophila, Ampelodesma, Amphipogon, *Andropogon*, Anomochloa, Anthenantia, Anthoxanthum, Aristida, Arrhenatherum, Arthraxon, Arundinaria, Arundinella, Arundo, Asprella, *Avena* ou Avoine, Baldingera, *Bambou* ou Bambusa, Barbon, Bardanette, Beckmannia, Blé, Blépharidachne, Boutelona, Brachypodium, Briza, Bromus, Calamagrostis, Canche, Canne de Provence, Canne à sucre, Chiendent, *Chloris*, Cinna, Coix, Cotula, Crypsis, Ctenium, Cynodon, Cynosurus, Dactylis, Dactylotenium, Danthonia, Deschampsia, Digitaria, Dimeria, Douax, Echinaria, Echinochloa, Egilops, Ehrarhta, Eleusine, Elymus, Epeautre, Eragrostis, Eriachne, Erianthus, *Fétuque*, Fléole, Flouve, Froment, Garnotia, Gastridium, Gaudinia, Glyceria, Gymnapogon, Gynerium, Heleochloa, Hierochloa, Holcus, Hordeum, Houque, Ichnanthus, Imperata, Ischemum, Ivraie, Kœleria, Lagurus, Lamarckïa, Larmille, Lasiagrostis, Leersia, Leptochloa, Lepturus, Lolium, Luziola, Lygeum, Macrochloa, *Maïs*, *Melinis*, Melique, Meteil, Mil, Milium, Millet, Miroba, Miscenthus, Monerma, Muehlenberghia, Nard ou Nardùs, Nassella, Nastus, Ochlandra, Olyra, Oplismenus, Oreochloa, *Orge*, Oryza, Oryzopsis, *Panicum*, Pappophorum, Paspalum, Paturin, Penicillaria, Pennisetum, *Phalaris*, Phleum, Phragmites, Pharus, Piptatherum, Poa, Pollinia, Polypogon,

Prionanthium, Psilurus, Reimaria, Rhytachne, *Riz*, Roseau, Rottbellia, Saccharum, Schismus, Scleropogon, Secale ou Seigle, Sesleria, Setaria, Sorgho, Spartina, Sporobolus, Stipa, Tetropogon, Themeda, Thuarea, Thurberia, Trachypogon, Trichloris, Tricholena, Trichopteryx, Triodia, Trisetum, Triticum, Uniola, Uralepsis, Vetiveria, Vulpin, Yvraie, Zea, Zizania, *Zoysia*.

Grammanthes plante annuelle du Cap, feuilles charnues opposées, fleurs jaunes en tube. — Crassulacées.

Grammatocarpus Scyphanthus, pl. vivace. 150-200ᶜ, pour balcon, palissade, fl. jaunes sessiles, 1 espèce. — Loasacées.

Grammitis Plante des rochers humides 10-20ᶜ, pétiole pourpre à la base. — Fougéracées.

Granatum-punica Grenadier; arbrisseau à petites f. luisantes, fl. rouge vif. gros fruit, Punica 1 esp. — Lythracées.

Grape-fruit Gros fruit jaune citron comme Pamplemousse, comme la Pomme d'Adam. — Rutacées.

Grappe Fleurs ou fruits réunis sur un pédoncule commun ; fleurs : Acacia, glycine ; fruits : groseilles, raisins.

Graptophyllum ou Carmantine peinte. Arbuste 2ᵐ ; feuilles panachées : fleur écarlate en épi, 5 espèces. — Acanthacées.

Grassette Pinguicula, petite plante ; feuilles en rosette ; fleur sur longue tige, caille-lait, 30 espèces. — Lentibulariacées.

Grateron Bardane ; les fleurs desséchées se collent aux vêtements, grippe, teigne, 7 espèces. — Composacées.

Grateron Gaillet et Aspérule odorante dont les fleurs sèches accrochent. — Rubiacées.

Gratiole Gratiola ; plante des prairies humides, 20-40ᶜ ; fleurs blanches ou rosées, 20 espèces. — Scrofulacées.

Gratiolées 9ᵉ tribu de la famille des Scrofulacées : 40 genres, 330 espèces.

Gratte-cul ou Cynorrhodon, fruit rouge ou jaune de l'églantier, Rosa-Canina. — Rosacées.

Gratteron Gaillet, plante grimpante des haies, nuisible ; s'attache aux habits. — Rubiacées.

Gravelin Chêne, Châgne, Rouvre, pour le Chêne commun ou pédonculé, Quercus. — Cupuliféracées.

Greenovia petite plante des Canaries en rosette, feuilles aiguës, fleurs jaune d'or, — Crassulacées.

Greffe en fente, en écusson, en couronne, en flûte, en navette, à l'anglaise, à œil dormant, par approche, etc.

Greffer Mettre un bourgeon ou rameau sur un sujet déjà fort, par temps couvert et même un peu humide.

Grégoria ou Dionysia ; plante 8-10ᶜ, feuilles lances, fleurs jaune orangé, 12 espèces. — Primulacées.

Greigia plante de serre du Chili, feuilles jusqu'à 80ᶜ sur 3-4ᶜ, fleurs brun-roux en tube. — Broméliacées.

Grelot blanc Nivéole du printemps ; plante 2 ou 3 feuilles ; fleurs blanches ; Perce-neige Nivenia, 20 esp. — Amaryllisacées.

Grelot de St-Jacques Fruit du Sophora biflora. — Léguminacées.

Gremil ou Lithospermum Plante à petites fleurs bleues en cornet ; Pentalophus, 40 espèces. — Borraginacées.

Gremil tinctorial Orcanette, Anchuse, donne un colorant rouge, Gremillet, 30 espèces. — Borraginacées.

Grenade Fruit du Grenadier, rempli de pépins ; volume d'une grosse pomme. — Lythracées.

Grenadier Punica granatum ; arbrisseau fruitier et d'ornement ; produit la Grenade, une espèce. — Lythracées.

Grenadille Passiflore, fleur de la Passion ; plante grimpante avec vrilles ; Passiflora, 175 espèces. — Passifloracées.

Grenadille Fruit forme œuf des Passiflores comestibles, pomme liane. — Passifloracées.

Grenadille (bois de) Dalbergia melanoxylon, Ébène du Sénégal, le bois du Congo. — Léguminacées.

Grenadille (bois de) Anthyllis ; arbuste ou arbrisseau à feuilles argentées, soyeuses, 20 espèces — Léguminacées.

Grenadille de Cuba Bois de Gayac, cœur jaune brun ; grenadille jaune, vraie grenadille, 8 espèces. — Zygophyllacées.

Grenadin ou Œillet à ratafia, pour parfumer les essences, liqueurs, etc. — Caryophyllacées.

Grenouille Très utile dans un jardin ; se nourrit d'insectes, de larves, de limaces.

Grenouillette Plante vivace, Renoncule acre, bouton d'or, jauneau, 30 variétés. — Renonculacées.

Grenouillette aquatique Renoncule scélérate ; mort aux vaches, plante des bords des marais. — Renonculacées.

Grevillea-longifolia Arbuste à feuilles palmées comme l'Aralia ; fleurs rouges en goupillon, fruit en capsule. — Protéacées.

Grevillea Robusta Arbre avec feuilles découpées comme fougères, fleurs jaunes en épi, 160 esp., 180 var. — Protéacées.

Grévillées 5ᵉ tribu de la famille des Protéacées : 18 genres, 375 espèces, 1824 en Europe par Cunningham.

Grewia ou Microcos Arbuste de serre, à f. opposées, fleurs pourpres ou bleues ou roses en étoile, 80 esp. — Tiliacées.

Grewiées 2ᵉ tribu de la famille des Tiliacées : 12 genres, 147 espèces.

Greyia de Sutherland 1859 Arbuste à feuilles rondes dentelées, fleurs pourpres pendantes, 1 espèce. — Méliantbacées.

Griffe de Chat Bignonia-unguis pl. liane à la Martinique à fleurs d'un beau jaune. — Bignoniacées.

Griffe de Loup ou Patte de loup, soufre végétal, lycopode, plante de la Suisse. — Lycopodiacées.

Griffes d'asperges Le meilleur moyen de reproduction ; on récolte la deuxième année, 5 var. cultivées. — Liliacées.

Griffinia Beau genre de Jacinthes à superbes fleurs bleues sur hampe de 30ᶜ, 8 espèces. — Amaryllisacées,

Grindélie Plante vivace 50-60ᵣ, feuilles alternes ; fleurs jaune vif. Aurelia, Donia, donne résine, 30 esp.   Composacées.

Griottier Arbre fruitier ; son fruit est comme la guigne, mais à chair noirâtre à maturité, 13 variétés.   Rosacées.

Grisard ou Grisaille Peuplier à feuilles blanc-cendré en dessous ; son bois se polit bien.   Salicacées.

Griselinia Plante verte à feuilles ovales, unies, brillantes, fleurs verdâtres, variété à grandes feuilles.   Cornacées.

Griset Hippophae, Argousier, arbrisseau à petites baies jaunes, une espèce.   Eléagnacées.

Grislée Arbuste de serre 60-90ᵣ, tige cotonneuse, fleurs rouge vif, 2 espèces   Lythracées.

Grisolle Millet à balai à Toulouse : millet blanc, millet d'Italie, millet rouge, 850 variétés.   Graminacées.

Groin d'âne Barkausie à feuilles de pissenlit ; se mange en salade à Lyon.   Composacées.

Groseillier Arbrisseau en buisson à fruits rouges, blancs, noirs ou cassis ; Ribes, 75 espèces.   Saxifragacées.

Groseillier épineux Arbuste 70-100ᶜ à gros fruits ; groseilles à maquereaux, 7 variétés.   Saxifragacées.

Grossulariées Ancienne dénomination de la tribu des Ribésiées.   Saxifragacées.

Gruau d'avoine Avena-Sativa, semence d'avoine décortiquée et mondée.   Graminacées.

Grubbiées 4ᵣ tribu de la famille des Santalacées : 1 genre, 2 espèce, Grubbia ou Ophira.

Guaco ou Aristoloche ou gymnolobus ou pistolochia, plante grimpante, grandes feuilles.   Aristolochacées.

Guaco ou Huaco ou Mikanier, arbrisseau grimpant 10-15ᵐ, feuilles charnues, fleurs jaunes   Composacées.

Guaïac ou Gaïac Arbre à bois très dur, 7 à 10ᵐ, à fleurs bleues, de Cuba, Martinique. 8 espèces.   Zygophyllacées

Guaïac ou Guaïacum On en tire une résine qui se colore en vert ou en bleu.   Zygophyllacées.

Guaïacum-sanctum Bois de Gaïac de Bahama, Floride, sud des Etats-Unis.   Zygophyllacées.

Guarana Semences de Paullinia-Sorbilis, liane grimpante volubile, caféine.   Sapindacées

Guarania ou Richeria, plante du Brésil et de la Guyane. 3 espèces.   Euphorbiacées.

Guayeuru (racine de) de la Statice-braziliensis plante comme Gazon d'Olympe.   Plombaginacées.

Guède ou Pastel Isatis-tinctoria, plante à longue tige avec fleurs jaunes, 30 espèces, 65 variétés.   Cruciféracées.

Guerit-tout Collinsonia-canadensis pl. 30-60ᵣ, feuilles dentées, fleurs jaunes.   Labiacées.

Guernesienne Fleurit tous les 3 ans ; Lis de Guernesey avec fleur rouge cerise parsemées de points d'or.   Amaryllisacées.

Guernina (en Algérie) Scolyme d'Espagne, racine comme salsifis, Scolymus, 3 espèces.   Composacées.

Guettarda Arbuste avec feuilles en cœur, fleur avec tube, fruit à noyau, 50 espèces.   Rubiacées.

Guettardées 13ᵣ tribu de la famille des Rubiacées : 11 genres, 153 espèces

Gueule de loup Antirrhinum, muflier, pantoufle, plante 40-60ᶜ cultivée et sur les murs, 25 espèces.   Scrofulacées.

Gueure Arachide du Sénégal, cacahuëte en espagnol, pistache de terre, 7 espèces.   Léguminacées.

Guevina ou Quadria Noisetier du Chili ; arbre vert à feuillage cotonneux, fruit comme noisette, 1 esp.   Protéacées.

Gui ou Viscum Plante ligneuse parasite, nuisible ; fruit rond ; les oiseaux le propagent, 30 espèces.   Loranthacées.

Guichenotia ou Sarotes Arbuste à feuilles persistantes, cendrées, bords roulés, 5 espèces.   Sterculiacées.

Guidoulier Jujubier, arbre épineux à fruits grosseur cerise, noyau long, Zizyphus, 65 espèces.   Rhamnacées.

Guiguier Arbre fruitier, produit la guigne ; plus ferme que la cerise : 13 variétés.   Rosacées.

Guilandina ou Bonduc Arbuste de serre, feuilles composées, graines curieuses, pois quenique.   Léguminacées.

Guimauve ou Althaea Plante 100-150ᶜ ; feuilles plissées, dentelées ; sa racine est très utile, 15 espèces.   Malvacées

Guimauve officinale plante des terrains humides : les racines, les feuilles, les fleurs sont très employées.   Malvacées.

Guizotia Plante oléagineuse, donne l'huile de Niger, le Kalatif des Indes, Ramtilla, 3 espèces.   Composacées.

Gunnera-scabra Plante à grandes feuilles plissées, rugueuses, comme rhubarbe, Misandra.   Haloragéacées.

Guntharia ou Gaillardia, plante 60-70ᶜ, feuilles alternes, fleur jaune brillant en corymbe, 8 espèces.   Composacées.

Gurjun (baume de) Extrait des Dipterocarpus, est souvent substitué au Copahu, Gurgum.   Dipterocarpacées.

Gutierrezia Plante 50-60ᶜ, feuilles alternes, fleurs d'un beau jaune, Brachiris, 20 espèces.   Composacées.

Gutta-percha L'Isonandra produit un suc laiteux : 1842 en Europe, 8 espèces.   Sapotacées.

Gutta-percha du Laos, produit par le Palaquium ou Dichopsis, 60 espèces.   Sapotacées.

Gutta-percha rouge du Mimusops-Balata ou Achras ou Imbricaria.   Sapotacées.

Gutta-percha du Sénégal, Niger. du Butyrospermum, ou Karité ou Bassia ou Micadania, 1 espèce.   Sapotacées.

Gutta-Terrow-Mera le Palaquium à Malacca, Palaque ou Dichopsis.   Sapotacées.

GUTTIFÉRACÉES 29ᵣ famille des Dicotylédones : 5 tribus, 28 genres, 370 espèces (Goutte, porter, la gomme-gutte).

GUTTIFÉRACÉES Balboa, Brindonnier, Calabe ou *Calophyllum*, Chrysochlamys, *Clusia*, *Garcinia*, Havetia, Havetiopsis,

12

Hébradendron, Kayea, Mammea, Mangoustier, Mesua, Montrousiera, *Moronobea*, Ochrocarpe, Pentadesme, Platonia, *Quiina*, Renggeria, Rengifa, Rheedia, Symphonia, Tovomita, Xanthochymus.

Guzmania tricolor Plante au port d'Ananas, feuilles sans épines, fleur rouge cocciné, 5 espèces.   Broméliacées.

Gymnocladus Arbrisseau grimpant à bois rouge jaunâtre, feuilles bipennées, fleurs blanches, 1 espèce. Léguminacées..

Gymnogramma-aurea Genre de fougère, le dessous des fe. est couvert d'une poudre jaune, 9 variétés. Fougéracées.

Gymnopsis Plante 100-140°, couverte de poils, feuilles dentées. fleurs jaune orangé, 20 espèces.   Composacées.

Gymnoscarpes Champignons qui portent leurs semences à la surface externe (Persoon, 1801).   Champignonacées.

GYMNOSPERMES 3 FAMILLES N°ˢ 173, 174, 175
CONIFÉRACÉES, CYCASACÉES, GNÉTACÉES

Gymnospermes Plantes avec ovaire sans enveloppe (B. Mirbel) ; opposées Angiospermes.

Gymnospermes Plantes sans ovaire clos, les ovules sont à nu (Rob. Brown).

Gymnospermes Plantes dont les graines sont portées sur des écailles (Brongniart).

Gymnospermes Plantes dicotylédones; sans aucune hésitation (E.-H. Baillon).

Gymnospermes Plantes dont les organes de reproduction sont à nu, sans style ni stigmate.

Gymnospermes Plantes dont les graines ne sont pas renfermées dans un fruit.

Gymnothrix 1816, Bambou. Pennisetum jusqu'à 3ᵐ, bord de l'eau ou pelouse, 40 espèces.   Graminacées.

Gynécée Organe femelle de la fleur, l'ensemble des carpelles, du pistil ou ovaire, style et stygmates.

Gynerium-argenteum 1850 en Europe, herbe des Pampas (Brésil), herbe à plumet, forme buisson, 3 esp.   Graminacées.

Gynocardia-odorata Grand arbre d'Asie, on en tire l'huile de Chaulmoogra, une espèce.   Bixacées.

Gynophore Organe femelle plus élevé que les étamines comme chez le Caprier, Fraisier, Magnolia, etc., etc.

Gynostème Résultat de la soudure des étamines au style dans les orchidées.

Gynostemmées 5ᵉ tribu de la famille des Cucurbitacées, 2 genres, 6 espèces : Gynostemma, Schizopepon.

Gynura ou Crassocéphalum, plante herbacée, feuilles ovales veloutées, fleurs orangées. 20 esp.   Composacées.

Gypsophila peniculata Plante 80-90°, à tiges et fleurs très légères, brouillard, pour garnir.   Caryophyllacées.

Gyrocarpées 2ᵉ tribu de la famille des Combrétacées : 3 genres, 12 espèces : Gyrocarpus, Illigera, Sparattanthelium.

Gyrole ou Girole ou Chanterelle, champignon comestible à côtes saillantes, 35 espèces.   Champignonacées.

Gyroselle ou Dodecatheon de Virginie, plante vivace 30°, avec 12 fleurs roses ou jaunes.   Primulacées.

Gyroselle ou douze divinités, plante donnant 12 fleurs, 1744 en Europe, 3 espèces.   Primulacées.

Gyrostemonées 3ᵉ tribu de la famille des Phytolaccacées, 7 genres, 12 espèces.

H

Habenaria Belle plante, jolies fleurs violet tendre ou rosées, Celoglossum, Sieberia, 450 espèces.   Orchidacées.

Habine Dolichos-monophtalmus, variété de haricot à œil noir de la Riviera.   Léguminacées.

Habranthus Plante de serre chaude, bulbeuse ; donne 4 ou 5 feuilles, 5 à 10 fleurs carmin, Hippeàstrum.   Amaryllisacées.

Habrothamnus Cestrum, arbrisseau toujours vert, 2 à 3ᵐ à Nice, fl. rouges tubuleuses en panicules, 100 esp.   Solanacées.

Hachettea plante de la Nouvelle Calédonie 20-30°, rouge vif, fleurs sessiles, une espèce.   Ba'anophoracées.

Hachich préparation enivrante et narcotique tirée du chanvre indien, Canabis.   Urticacées.

Haematoxylon bois de Campêche, arbre 12-14ᵐ épineux, petites fleurs jaunâtres, une espèce.   Léguminacées.

Hakea ou Vaubier. Arbuste velu, feuilles en cuillère, fl. rouges ou blanches en pompon, 98 esp.   Protéacées.

Halesia ou Pterostyrax arbrisseau 4 à 5ᵐ, petites fleurs blanches en clochettes : 2 ailes, 4 ailes, 6 esp.   Styracées.

Halidrys Chêne de mer, Algue marine avec vésicules à air, pour la soutenir à la surface.   Alguacées.

Halimium Plante 70 à 120° ; feuilles blanchâtres, fleurs nombreuses, jaune et brun.   Cistacées.

Halimodendron-argenteum petit arbre à feuillage soyeux, blanchâtre ; fleurs rosées, une espèce.   Léguminacées.

Halleria Arbuste de serre 140-160 ; feuilles opposées, luisantes, fleurs rouge-foncé, 8 espèces. Scrofulacées.

Hallier réunion de buissons fort épais, broussailles, etc., etc.

HALORAGÉACÉES 72e fa. des Dicotylédones : 9 genres, 85 esp. aquatiques (du grec hals : sel, mer ; Rageis, coupé, fendu).

HALORAGÉACÉES Callitriche, Gonocarpus, Gunnera, Haloragis, Hippuris ou Pesse, Laurenbergia, Loudonia, Meionectes, Misandra, Myriophyllum, Proserpinaca, Serpicula, Trixis, Volant d'eau.

Haloxylon Arbuste et arbrisseau dont le tronc est tortueux et bosselé, même au désert, 11 espèces. Chénopodiacées.

Halymenia Palmata et edulis, algues comestibles des côtes d'Ecosse et d'Irlande. Alguacées.

Hamamélide de Virginie Arb. étalé 100-150c, feuilles dentées, fleurs jaunes en croix, petit fruit (1743). Hamamélisacées.

Hamamelis Virginica ou Witch-Hazel (Nois. de la sorcière); les Indiens en guérissent les varices, 2 esp. Hamamélisacées.

HAMAMÉLISACÉES 70 famille des Dicotylédones : 19 genres, 40 espèces (Hama : en même temps, melon : que les fleurs).

HAMAMÉLISACÉES Altingia, Bucklandia, Copalme, Corylopsis, Dicoryphe, Disanthus, Distylium, Fothergilla, Hamamelis, Lianidambar, Loropetalum, Maingaya, Myrothamnus, Parrotia, Rhodoleia, Sycopsis, Trichaladus.

Haméliées 8e tribu de la famille des Rubiacées : 6 genres, 65 espèces.

Hamma Jardin botanique ou Jardin d'essai de 70 hectares à trois kilomètres d'Alger.

Hampe tige sans feuilles qui supporte les fleurs, comme Grassette, Primevère, etc., etc.

Hancornia Arbre du Brésil, produisant un caoutchouc, 3 espèces. Apocynacées.

Hanebane Jusquiame noire ; plante 50-60, tige velue, fleur jaune veinée de noir, Hyoscyamus, 9 esp. Solanacées.

Hardeau Viorne ; arbrisseau grimpant, feuilles ovales, fruits noirs, Viburnum. Caprifoliacées.

Hardenbergia Arb. ou Arbrisseau grimpant ou palissé à fl. blanches, violacées, rouges ou roses, 3 esp. Léguminacées.

Hardwickia-pinnata Grand arbre, produit une résine comme le copahu. Léguminacées.

Haricot plante potagère par excellence 1e naine, 2o grimpante, 60 espèces, 125 variétés. Léguminacées.

Haricot d'Espagne Plante grimpante à belles fleurs rouges et variées. Phaseolus-coccineus. Léguminacées.

Hariota Rhipsalis, plante grasse ; aspect du Phyllocactus ; Lepismium, Pfeiffera. Cactacées.

Harlem (huile de) Mélange d'huile de cade et d'huile de baies de genièvre. Coniféracées.

Harpalium petit Soleil pour fleurs coupées, jaune d'or en capitules, Viguiera, 70 espèces. Composacées.

Harpulliees 14' tribu de la famille des Sapindacées ; 11 genres, 31 espèces.

Hart Lien fait d'une branche ou pousse tordue ; d'osier, châtaignier, noisetier, saule, etc...

Hartogie Arbuste toujours vert en touffe, tiges 80-90c, feuilles dentées, pointues, une espèce. Célastracées.

Haschisch Tiré des Feuilles du Chanvre indien, Herbe des Fakirs, narcotique, Cannabis, une espèce. Urticacées.

Hasseltia arborea ou Kibatalia ou Kickxia dont on retire un suc laiteux dangereux, 2 espèces. Apocynacées.

Haworthia Petite plante charnue, comme petit artichaut très fin, fleurs grisâtres, 59 espèces. Liliacées.

Hayo ou **Coca** Arbrisseau de l'Amérique du Sud, les feuilles sont très précieuses, Erythroxylon. Linacées.

Hazigne ou Petit Vougo, Symphonia, arbre de Madagascar, produit un suc épais, 6 esp. Guttiféracées.

Hébécladus-biflorus Plante de serre à fleurs pendantes en tubes, bleues et jaunes. Solanacées.

Hébéclinium Plante 40-80c, rameaux étalés, fleurs violettes ou rosées avec poils, 560 espèces. Composacées.

Hébenstreitia Plante 25-30c, feuilles alternes, dentées, fleurs blanchâtres en épis, odeur le soir 20 esp. Sélagonacées.

Hechtia Plante de serre, à belles feuilles charnues, striées, épineuses, fleurs sur tige, 3 espèces. Broméliacées

Hedera ou **Helix** Lierre, pl. ligneuse grimpante ou rampante à feuilles brillantes, baies noires, 2 esp. Araliacées.

Hédéracées Ancienne dénomination de la famille des Araliacées.

Hédérées 4e série de la famille des Araliacées : 9 genres, 117 espèces.

Hedwigia Arbre produisant un suc résineux, Bois cochon, sucrier ou chibou 3 esp. Burséracées.

Hedychium Plante à grandes feuilles de 50c, fleurs en long tube blanc jaune ou en épi, 25 esp. Zingibéracées.

Hedyosmum Nutans ou Tafalla : arbre de l'Amérique tropicale, feuilles antinévralgiques, 20 esp. Chloranthacées.

Hédyotidées 6e tribu de la famille des Rubiacées : 31 genres, 423 espèces.

Hédypnois Plante des champs et des chemins, à feuilles très diverses, fleurs jaunes, 5 esp. Composacées.

Hédysarées 6e tribu de la famille des Léguminacées : 48 genres, 702 espèces.

Hédysarum ou Echinolobium, plante à feuilles composées, 11 à 19 folioles, fl. nombreuses, 60 espèces. Léguminacées.

Hédysarum Coronarium Sainfoin d'Espagne. Pl. des champs et cultivée 20-50c, gousse 2 ou 3 grains. Léguminacées.

Hedyscepe Palmier à feuilles penniséquées ou palmettes comme Kentia, une espèce. Palmacées.

Heimia Arbuste ou Arbrisseau jusqu'à 3ᵐ à feuilles de saule, fleurs jaunes à longs épis, 3 espèces. Lythracées.
Helba Graines de Trigonella fenugraecum, dont les Juives de Tunis se servent, 60 espèces Léguminacées.
Hélénie ou Helenium Plante 240ᵉ fleurs jaunes, comme petits soleils, graines en boule, 18 espèces. Composacées.
Hélénioïdées 6ᵉ tribu de la famille des Composacées, 63 genres, 339 espèces.
Hélénomonium ou Heliopsis, plante 70-90ᶜ, fleurs en petit soleil jaune, 7 espèces. Composacées.
Héléocharis Plante des marais aspect des Scirpus, sans feuilles, petit épi, roseau, 90 espèces. Cypéracées.
Hélianthe ou Helianthus Soleil, plante cultivée à graines comestibles pour la volaille, 50 esp. Composacées.
Hélianthe tubéreux Topinambour, fl. jaunes, petits soleils, à tubercules comestibles, 6 var. à Paris. Composacées.
Hélianthemum Plante des endroits secs, 10-50ᶜ à bordure, rocaille, 35 espèces, 160 variétés. Cistacées.
Hélianthoïdées 5ᶜ tribu de la famille des Composacées : 149 genres, 1284 espèces.
Hélianti Helianthus doronicoïdes, plante à racines comestibles comme Salsifls. Composacées.
Helichrysum 1629 Plante industrielle depuis 1815, immortelle jaune séchée à couronne, 270 espèces. Composacées.
Héliconia à feuilles étroites, avec fleurs curieuses en bec et huppe d'oiseau, plante de serre. Musacées.
Héliconia ou Balisier-bihaï Plante grandes feuilles 130ᶜ, aspect bananier, fleurs orangées, 25 esp. Musacées.
Hélictérées 2ᶜ tribu de la famille des Sterculiacées : 6 genres, 67 espèces.
Héliocharmos ou Ornithogale à ombelles, plante à fleurs blanches, Dame d'onze heures. Liliacées.
Héliophile Plante 20-25ᶜ, poilue, feuilles alternes linéaires, fleurs bleu-azuré, 40 espèces, 70 variétés. Cruciféracées.
Héliopsis Plante 90-150ᶜ, avec grandes fleurs jaune foncé ou jaune d'or, 7 espèces. Composacées.
Héliotrope Fleurs violettes (1757 en Europe, par Joseph de Jussieu) 120 espèces, 170 variétés. Borraginacées.
Héliotrope Plante grimpante (sur la Riviera). couvre les murs des maisons, odeur suave. Borraginacées.
Héliotrope d'hiver Plante à grandes feuilles 10-15, Nardosmia ou Petasites, odeur vanille, 13 espèces. Composacées.
Héliotropiées 3ᶜ tribu de la famille des Borraginacées : 3 genres, 280 espèces : Cochranea, Héliotrope, Tournefortia.
Héliotropium Plante des chemins, guérissait autrefois les verrues ; fleurs bleuâtres, odeur de vanille. Borraginacées.
Hélipterum ou Acroclinium, plante à tiges grêles cassantes, fleurs blanc rosé, séchant vite, 50 espèces. Composacées.
Hellébore ou Ellébore Plante des bois 20-40ᶜ, fleurs vertes, Rose de Noël, pied de griffon. Renonculacées.
Hellébore blanc (Veratrum-album) plante vivace très fournie à feuilles plissées, fleurs blanc-verdâtre. Liliacées.
Hellébore cultivé Plante vivace ; fleurit en hiver, fleurs vert et pourpre, 6 espèces, 40 variétés. Renonculacées.
Helléborées 4ᵉ tribu de la famille des Renonculacées : 17 genres, 247 espèces.
Helléborine Eranthe d'hiver, plante 10ᶜ, fleurs jaunes sur tiges un peu odorantes, 5 espèces. Renonculacées.
Helléborine ou Serapias, plante des bois, prés, 20-30ᶜ à fleurs verdâtres, intérieur rougeâtre, 5 esp. Orchidacées.
Helléborus Mis en oreille, rend l'ouïe aux sourds ! (Dioscoride, 1ᵉʳ siècle). Renonculacées.
Helléborus Plante cultivée, 40 variétés, blanc, rose, rouge foncé, vert, Hellébore ou Ellébore. Renonculacées.
Helmia ou Dioscorea, plante grimpante, racines comestibles, feuilles en pointe de flèche. Dioscoréacées.
Helminthia fausse vipérine, plante des champs, chemins, couverte de poils, fleurs jaunes, Picris. Composacées.
Helminthochorton ou mousse de Corse, plante marine vermifuge, Gigartina. Alguacées.
Hélonias Plante en rosette, feuilles engaînantes, aiguës, fleur rose pourpre sur tiges de 30-40ᶜ, 1 esp. Liliacées.
Helosciadium Plante aquatique, 50-100ᶜ, feuilles composées, fleurs en ombelle, Berle, Sium, Apium. Ombelliféracées.
Hélosidées 7ᶜ tribu de la famille des Balanophoracées : 4 genres, 12 espèces.
Helvelle Champignon comestible avec chapeau plissé, le pied est souvent crevassé, 59 espèces. Champignonacées.
Helwingia plante à feuilles de Fragon, fleur sur la feuille, fruit à noyau, 2 espèces. Araliacées.
Helxine petite plante 3-5ᶜ à racines traçantes pour bordure ou gazon, petites feuilles très fournies. Urticacées.
Hémanthe ou Tulipe du Cap de Bonne Espérance, plante bulbeuse, tige pourprée, fleur sang. Amaryllisacées.
Hématoxylon Haematoxylon, bois de Campêche, ou bois rouge, arbre de forêt épineux, fl. jaunâtres, 1 esp. Léguminacées.
Hémérocalle Plante à f. longues et étroites ou plissées, fl. en petit lis sur hampe, 5 esp., 8 var. à Paris. Liliacées.
Hémérocallées 7ᶜ tribu de la famille des Liliacées : 6 genres, 38 espèces, sans bulbe.
Hemidesmus-indicus plante liane des Indes-Orientales dont la racine est employée, 2 espèces. Asclepiadacées.
Hémimeridées 7ᶜ tribu de la famille des Scrofulacées : 8 genres, 76 espèces.
Hémiméris ou Hemitomus ou Alonzoa, Arbuste toujours vert à fleurs rouges en plat à barbe, 4 espèces. Scrofulacées.
Hemlock-spruce Sapin du Canada, tiges rameuses, peut se tailler comme l'if, petits fruits ovales. Coniféracées.

HÉMODORACÉES 7ᵉ famille des Monocotylédones; 4 tribus, 27 genres, 125 espèces (Emoderor : calmer la douleur).

HÉMODORACÉES : Aletris, Anigozanthos, Bulbospermum, *Conanthera, Conostylis,* Cyanella, Dilatris, Erythobulbus, *Hemodorum,* Lacknanthes, Lanaria, Liriope, Odontostomum, *Ophiopogon,* Péliosanthes, Phlebocarya, Sansevieria, Teco- philea, Tribonanthes, Wachendorfia. Xiphidium, Zephyra.

Hémolepis ou Héliopside, plante 80-120ʳ, fl. en petits soleils jaunes ; Hélénomonium ou Nemolepis, 7 esp. Composacées.

Hemophyton plante rustique en buisson, feuilles petites comme buis, fleurs rouges. Cruciféracées.

Henné Provient des feuilles réduites en poudre du Lawsonia-Alba ou Inermis, 1 espèce. Lythracées.

Hennebane ou Jusquiame noire, pl. tige velue, 50-60ʳ, fleurs jaune veinée de noir, 9 espèces. ' Solanacées.

Hennequen Agave rigida et Sisalana, belle espèce, chanvre de Sisal. Amaryllisacées.

Henrietta-Succosa Arbrisseau de la Guyane, écorce et feuilles utilisées, fruit comestible. Melastomacées.

Henriqueziées 3ᵉ tribu de la famille des Rubiacées. 2 genres, 5 espèces : Henriquezia, Platycarpum du Brésil.

HÉPATICACÉES 5ᵉ famille des Acotylédones; se divise en 4 tribus, 164 genres, 3.965 espèces (rapport au foie)

HÉPATICACÉES : Aneure, *Anthocère,* Blasie, Blyttie, Boschie, Calypoge, Corsinie, Dendrocère, Diplolène, Fégatelle, Fimbriaire, Fossombronie, Frullaine, Geocalice, Grimaldie, Gymnomitre, Haplomitre, *Jougermanne,* Lajeunie, Lepidogie, Linulaire, Madothèce, *Marchantie,* Mastigobryum, Metzgerie, Monocle, Myxomycète, Notothyle, Oxymitre, Pellie, Pla- giochasme, Plagiochile, Preissie, Radule, Reboulie, *Riccie,* Scapanie, Sphérocarpe, Symphyogyne, Targione. A l'état fossile, 10 genres, 40 espèces.

Hépatique anémone Plante persistante, 5-10, fe. trilobées, d'un vert foncé, fleurs violettes, roses, 1 esp. Renonculacées.

Hépatique blanche Plante des marais, ruisseaux, 10-40ᶜ, fleur blanche, houppe dorée. Saxifragacées.

Hépatique étoilée Aspérule Plante à fleurs bleues odorantes ; petit muguet, reine des bois. Rubiacées.

Hépatique de Fontaine ou puits : Marchantia, petite plante des endroits humides. Hépaticacées.

Hépatiques Petites plantes rampantes avec petites feuilles ou croûtes foliacées. Hépaticacées.

Heptapleurum Plante 100ʳ, feuilles épaisses, coriaces, digitées, fleurs en grappe, 60 espèces. Araliacées.

Herac'eum ou Berce Plante 100-150ʳ, Grande Berce, Branc-Ursine, grandes f. divisées, fl. blanches, 60 esp. Ombelliféracées.

Herbacée (tige) lorsqu'elle est molle et facile à briser, opposée à la tige ligneuse aspect du bois.

Herbacées (Plantes). Les plantes herbacées ne donnent pas de bois; les plantes ligneuses en donnent.

Herbe Plante annuelle ou bisannuelle, qui meurt à l'automne après avoir fructifiée.

Herbe aux Abeilles. Spirée ulmaire ou Reine des Prés, fleurs en panicule, Filipendula, 50 espèces. Rosacées.

Herbe à l'ail Sisymbre, Alliaire, odeur d'ail, Velar, Tortelle, Moutarde des haies. Cruciféracées.

Herbe amère Tanasie, Barbotine, Semen-Contra, plante vivace, fleurs jaunes. Composacées.

Herbe aux améthystes Coïx-lacrima, curieuse plante des Indes, Larmille, Larmes de Job. 4 espèces. Graminacées.

Herbe d'amour 1ᵉ Réséda; 2ᵉ Brisa; 3ᵉ Mimosa pudique ; 4ᵉ Myosotis, Mignonnette, Sensitive.

Herbe aux Anes Onagre sauvage Œnothera-biennis, Jambon de saint Antoine, Mâche rouge. Onagracées.

Herbe des Anges Angélique ou racine du Saint-Esprit, 2 à 3ᵐ, Archangélique, 5 espèces. Ombelliféracées.

Herbe à l'Araignée Phalangium, Anthericum, très curieuse en suspension. Liliacées.

Herbe à l'Araignée Nigelle de Damas, Cheveux de Vénus, Patte d'araignée ; fl. bleues ou blanches. Renonculacées.

Herbe de la baie d'Hudson ou Bishop-gras (1836), variété de Paturin, fourrage excellent. Graminacées.

Herbe au bedeau Massette à larges feuilles ; quenouille, Roseau de la passion, 10 esp. Typhacées.

Herbe bénite Geum urbanum, benoîte ; plante 30-50ʳ, à fleurs jaunes Galiote, 30 esp. Rosacées.

Herbe des Bermudes Cynodon-dactylon, donne un fourrage précoce, mais un peu gros, 4 espèces. Graminacées.

Herbe aux Blattes Blattaire-molène, détruisait les blattes, mites, etc.., Verbascum, 100 espèces. Scrofulacées.

Herbe bleue Jasione des montagnes, sa fleur est bleue, sur tige, fausse scabieuse, 12 espèces. Campanulacées.

Herbe aux Bœufs Helleborus-fœtidus, pied de griffon, fleurs vertes pendantes. Renonculacées.

Herbe du Bon Henri Chenopode-Blitum, épinard de fortune, patte d'oie, Sarron. Chénopodiacées.

Herbe aux Boucs Grande Chelidoine, Chelidonium-majus, suc jaune ; sent mauvais. Une esp. Papavéracées.

Herbe Britannique Patience aquatique, Rumex-Hydrolapathum, parelle. Polygonacées.

Herbe au Cancer ou Malherbe-plumbago, dentelaire d'Europe, Herbe de la Rache. Plombaginacées.

Herbe du Capucin Nigella damascena, plante 50ᶜ, fleurs comme cheveux. Renonculacées.

Herbe carrée Scrofularia-aquatica et Nodosa, plantes dépuratives. Scrofulacées.

Herbe à cent goûts Armoise vulgaire ; plante 90-120ᶜ, qui pousse sur talus, décombres.	Composacées.
Herbe au Centaure Centaurée, plante de 15 à 25ᵉ à fleurs roses ou blanches.	Gentianacées.
Herbe aux Cerfs Peucedanum, plante 80-120ᶜ, des bois, côteaux, feuilles composées.	Ombelliféracées.
Herbe au Chagrin Phyllanthus, plante 40-60ᶜ, petit tamarin blanc Cicca, Glochidium.	Euphorbiacées.
Herbe aux Chantres Erysimum, Velar officinal, Tortelle, teinture jaune pl. en bordure.	Cruciféracées.
Herbe aux Chapeaux Petasites vulgaris plante vivace des lieux humides, 13 espèces.	Composacées.
Herbe à Chapelets Coïx-lacrima, Larmille, Larmes de Job, pl. 80-90ᵉ ; autrefois f. pilées pour bles. 4 esp.	Graminacées.
Herbe aux Charpentiers Sedum telephium, Sedum Orpin, Pl. 30-60ᵉ, la var. cul. à fl. rouge pourpre.	Crassulacées.
Herbe aux chats Cataire nepeta, plante 60-70ᵒ, fleurs violettes en épis, aromatique.	Labiacées.
Herbe aux chats Germandrée maritime ou marum, plante 35-45ᵉ, fleurs pourpres en grappes.	Labiacées.
Herbe aux chats Valeriana-officinalis, plante cultivée et des murs, fleurs rouges.	Valérianacées.
Herbe aux chevaux Hyoscyamus-niger, Jusquiame noire, plante dangereuse, 9 espèces.	Solanacées.
Herbe à Chiron Petite centaurée, 15-25ᶜ, fleurs roses, fiel de terre, herbe à la fièvre.	Gentianacées.
Herbes aux chutes Arnica, Bétoine, plantain des Alpes, Tabac des Vosges, 10 espèces.	Composacées.
Herbe à la Cigogne Pélargonium, la graine a la forme d'un bec de cigogne, 175 espèces.	Géraniacées.
Herbe au Citron Melisse officinale, Thé de France, Piment des ruches, Poincirade.	Labiacées.
Herbe à cochon Cyclamen à racine bulbeuse aspect de la truffe, coquette, 12 espèces.	Primulacées.
Herbe à cochon Polygonum avicularum, trainasse, renouée des oiseaux,	Polygonacées.
Herbe aux coliques Achillée, mille fouilles ; on frotte entre les mains et on aspire, 100 esp.	Composacées.
Herbe collante Gaillet-grateron plante commune dans les haies, petites graines rondes.	Rubiacées.
Herbe au coq Tanaisie, plantes des haies, décombres ; menthe coq, Balsamite barbotine, 30 esp.	Composacées.
Herbe de coq Renoncule scélérate, mort aux vaches, grenouillette, bouton d'or, 30 variétés.	Renonculacées.
Herbe aux Corneilles Lysimaque, donne une couleur blonde pour les cheveux.	Primulacées.
Herbe aux Cors Sempervivum-tectorum, joubarde des toits, petit artichaut, barbajou.	Crassulacées.
Herbe à coton Asclépias cornuti, pl. 150ᶜ, f. ovales, épaisses, cotonneuses, graines comme ouate.	Asclépiadacées.
Herbe à coton Filago ; toute la plante est couverte de poils cotonneux, 10 espèces.	Composacées.
Herbe à la coupure Sedum telephium, orpin, sur blessure, calme la douleur, 3 espèces.	Crassulacées.
Herbe aux coupures Symphitum, consoude, à grandes feuilles, fleurs roses, 17 esp.	Borraginacées.
Herbe aux couronnes Romarin, encensier, plante ligneuse 40-60ᶜ, fl. violettes, rose marine, une esp.	Labiacées.
Herbe à Couteaux Ivraie énivrante, pl. nuisible ; sa f. a l'aspect luisant, celle du blé est terne 6 esp. 20 var.	Graminacées.
Herbe à 5 coutures Plantago media, plantain blanc, langue d'agneau.	Plantaginacées.
Herbe aux Crapauds Poivre d'eau, Persicaire brûlante, Curage, Piment aquatique, 10 espèces.	Polygonacées.
Herbe aux Cuillers Cochlearia officinalis, cranson, herbe au scorbut, fleurs blanches.	Cruciféracées.
Herbe aux Cure-dents Ammi, Visnage ; pousse près de la mer, fenouil annuel, 7 espèces.	Ombelliféracées.
Herbe aux Cures Bugrane-Ononis, arrête-bœuf, fortes racines, girard, mache noire, 60 espèces.	Léguminacées.
Herbe divine Siegesbeckia-d'orient, guérit vite, Herbe de Flacq, fait cracher, 3 espèces.	Composacées.
Herbe d'or Cistus helianthemum ou fleur du soleil ou Hyssope des Garrigues ; plante 10-15ᶜ.	Cistacées
Herbe dorée Ceterach officinal (fougères) 2ᵒ Seneçon Jacobée, jonc à mouches.	Composacées.
Herbe dragonne Arum masculatum, pied de veau, Gouet, Serpentaire, Vaquette.	Aroïdacées.
Herbe dysenterique Pulicaria ; plante à petites fleurs jaunes, aunée, inule, 30 espèces.	Composacées.
Herbe aux écrouelles Scrophularia-nodosa, plante 50-80ᶜ, des bois humides, feuilles aiguës.	Scrofulacées.
Herbe aux écrouelles Xanthium-Strumarium, Lampourde, petite bardane glouteron.	Composacées.
Herbe à écurer Charagne, plante aquatique submergée, à odeur désagréable, lustre d'eau.	Alguacées.
Herbe aux écus Lysimachia-nummularia, chasse-bosse ; tue les moutons.	Primulacées.
Herbe aux écus Lunaire, monnaie du Pape, passe-matin, médaillé de Judas, 2 espèces.	Cruciféracées.
Herbe aux enchantements Verbena-officinalis, verveine, petite plante des lieux incultes.	Verbénacées.
Herbe d'enfer Nénuphar blanc, lis des étangs, baratte, cruchon, lune d'eau.	Nymphéacées.
Herbe aux engelures Jusquiame noire, potelée, porcelet, Hennebane, mort-aux-poules, 9 espèces.	Solanacées.
Herbe à l'épervier Hypochæris-radicata, porcelle, salade de porc, longues racines.	Composacées.

Herbe à l'esquinancie Asperula-Cynanchica, plante 25ᵉ couchée, racine tinctoriale, fleurs violettes.	Rubiacées.
Herbe à l'esquinancie Géranium Robert, petite plante des chemins, feuilles rondes, fleurs roses.	Géraniacées.
Herbe à éternuer Achillea-ptarmica, plante nuisible aux bestiaux, boutons d'argent.	Composacées.
Herbe aux fées Hellebore, plante fétide à fleurs vertes, rose de serpent, pattes d'ours.	Renonculacées.
Herbe aux femmes battues Tamus, Tamier, Haut liseron, pl. grimp. fe. luisantes, gr. racines, 2 esp.	Dioscoréacées.
Herbe de feu Armoise. Plante commune des fossés ; feuilles vertes et blanches dessous.	Composacées.
Herbe de feu Ellebore ou Hellebore noir ; plante des bois 20-40ᵉ, fleurs vertes, fève de loup, 6 esp.	Renonculacées.
Herbe au fic Petite Chélidoine, ficaire, petite éclaire, pousse partout, fleurs jaunes.	Renonculacées.
Herbe à la fièvre Erythrée, petite centaurée à fleurs roses ou blanches, fiel de terre.	Gentianacées.
Herbe aux fous Alyssum saxatile ; guérissait la folie et la rage, fleurs jaunes.	Cruciféracées.
Herbe à gaine Buplèvre ou oreille de lièvre, arbuste à feuilles renversées, petites fl. jaunes, 10 esp.	Ombelliféracées.
Herbe Germaine Plectranthus-fruticosus, plante à belles feuilles comme coleus, fleurs bleu-clair.	Labiacées.
Herbe à la glace Ficoïde cristalline, plante charnue, en pots ou suspensions. Mesembrianthemum.	Ficoïdacées.
Herbe aux goutteux Aegopodium-podagraria, ancien remède contre la goutte petite pl. traçante.	Ombelliféracées.
Herbe grasse Grassette commune, langue d'oie, tue brebis, pinguicula.	Lentibulariacées.
Herbe à la grue Géranium à 5 pétales égaux, la graine a l'aspect d'un bec de grue, 110 esp. 230 var.	Géraniacées.
Herbe aux gueux Clématite des haies, plante vésicante et vénéneuse, Clematis vitalba, fl. blanches.	Renonculacées.
Herbe de Guinée Panicum virgatum, millet élevé, panis, feuilles en rubans, 150ᵉ.	Graminacées.
Herbe aux hémorrhoïdes Ficaire, plante couchée, 8-10ᵉ, fl. d'un jaune luisant, petite chelidoine.	Renonculacées.
Herbe aux hernies Herniaria-glabra, herniaire, turquette, très petite plante rampante.	Illécébracées.
Herbe au héron Erodium, plante à fe. alternes, le porte-graine a l'aspect d'un bec de héron, 160 esp.	Géraniacées.
Herbe à l'hirondelle Grande chélidoine, grande éclaire, fleurit à l'arrivée des hirondelles, une esp.	Papavéracées.
Herbe d'hiver Chimaphila, plante à feuilles diurétiques, Pyrola-umbellata.	Ericacées.
Herbe insecticide Pyrethrum-rigidum, naine, à fleurs blanches, cœur jaune.	Composacées.
Herbe d'ivrogne Ivraie, Lolium témulentum, grains vénéneux, stupéfiant, Vorge.	Graminacées.
Herbe à jaunir Gaude, réséda-lutéola, herbe aux Juifs, fleurs jaunes en épis.	Résédacées.
Herbe à jaunir Genêt des teinturiers, Genestrolle, Genette, Gilbe.	Léguminacées.
Herbe aux Juifs Réséda Gaude ; au moyen âge, les juifs devaient porter un chapeau jaune.	Résédacées.
Herbe aux Juifs Solidago, Verge d'or, plante 100-120ᵉ, fleurs jaunes en panache.	Composacées.
Herbe aux ladres Véronique officinale, plante des bois, thé d'Europe, du Nord.	Scrofulacées.
Herbe au lait Polygala ; plante des prairies, fleurs bleues ou violettes ; polygalon.	Polygalacées
Herbe au lait Glaux maritime, pousse sur les côtes, fleurs jaunes, une espèce.	Primulacées.
Herbe au lait de N.-D. Pulmonaire officinale ; ses feuilles sont tachées de blanc.	Borraginacées.
Herbe Louise Verveine des Indes, citronnelle, plante à parfum à 3 feuilles (Pérou).	Verbenacées.
Herbe aux loups Aconit, tue-loup ; plante 120-140ᵉ, feuilles alternes, fleurs jaune soufre.	Renonculacées.
Herbe au magicien Morelle noire, raisin de loup, fleurs blanches, petites baies noires.	Solanacées.
Herbe à la magicienne Circée ; plante des bois humides, d'aspect bizarre, 6 espèces.	Onagracées.
Herbe de mai Camomille matricaire, fausse camomille, petite marguerite blanche.	Composacées.
Herbe au mal d'estomac Kaempféria-longa, plante à grandes et belles feuilles.	Zingibéracées.
Herbe au mal de ventre Jatropha-gossypifolia ; plante laiteuse, feuilles épaisses, coriacés.	Euphorbiacées.
Herbe à la manne Glycérie flottante, brouille, fétuque penchée, paturin, bon fourrage.	Graminacées.
Herbe de mars Anémone hépatique, fleurs bleu violet, les premières fleurs.	Renonculacées.
Herbe aux massues Lycopodium clavatum, poudre de Lycopode, griffe de loup.	Lycopodiacées.
Herbe du Maure Réséda odorata ; 2ᵉ Solanum nigrum ; 3ᵉ Phyteuma spicata.	
Herbe à méchant Arum-hederaceum, odeur désagréable. attrape-mouches.	Aroïdacées.
Herbe à la meurtrie Valeriana officinalis, valériane sauvage, herbe au chat.	Valérianacées.
Herbe à mille florins (ou fleurons). Erythraea-centaurium, petite centaurée, chironia.	Gentianacées.
Herbe aux mites Verbascum, molène, blattaire, bouillon blanc batard, fleurs jaunes, 100 espèces.	Verbenacées.
Herbe du mort Baume aquatique, Menthe à feuilles rondes, comme dans les cimetières.	Labiacées.

Herbe aux mouches Conyza-squarrosa, Arbrisseau à feuilles luisantes et très visqueuses ; fl. jaunes.	Composacées.
Herbe au musc Mimule, plante poilue, visqueuse, 10-15ᵉ, fleurs jaunes.	Scrofulacées.
Herbe musquée Ambrette, Ketmie musquée; Abelmose, graines de musc.	Malvacées.
Herbe aux nonnes Discipline de religieuses, queue de renard, Amarante, fleurs en queue de rat.	Amarantacées.
Herbe de N -Dame Pariétaire, casse-pierre, perce-muraille, espargoule, épinard de muraille, 8 esp.,	Urticacées.
Herbe aux oies Potentille, Ansérine Argentine, feuilles argentées au bord des fossés.	Rosacées.
Herbe d'oiseau Paturin comprimé, Poa, plante des prairies bon fourrage.	Graminacées.
Herbe à l'ophtalmie Euphrasia-officinalis, plante 15-20 brise-lunette, Luminet.	Scrofulacées.
Herbe d'or Fleur du soleil, grille-midi ; plante 150-250ᵉ, graines pour les oiseaux.	Cistacées.
Herbe à l'ouate Asclépias-cornuti, plante 80-140ᶜ, fleurs roses, graines soyeuses.	Asclépiadacées.
Herbe à pain Arum maculatum, Pied de veau, Vaquette, Langue de bœuf, Gouet.	Aroïdacées.
Herbe des pampas Gynerium-argenteum. herbe géante, herbe à plumets, décorative, 3 espèces.	Graminacées.
Herbe de panaris Drave (cruciféracées) ; polygonatum ou sceau de Salomon ; mettre dans l'alcool.	Liliacées.
Herbe aux panthères Doronicum-pardalianche, mort aux panthères, marguerites jaunes.	Composacées
Herbe à la paralysie Primevère; on s'en servait contre l'apoplexie, brairelle, coucou.	Primulacées.
Herbe au pauvre homme Gratiola officinalis, Grâce de Dieu, petite digitale, Séné des prés.	Scrofulacées.
Herbe aux pêcheurs Arnica-bétoine; plantain des Alpes, tabac des Vosges.	Composacées.
Herbe aux perles Gremil lithosperme petite plante des bois, petits fruits blancs.	Borraginacées.
Herbe à la peste Pétasite commun, plante commune, pousse partout, décombres, talus.	Composacées.
Herbe aux piqûres Hypericum-perforatum, mille pertuis, par cœur, toute saine.	Hypéricacées.
Herbe à pisser Chimaphila, plante à feuilles diurétiques, Pyrola-umbellata.	Ericacées.
Herbe aux plaies Salvia-sclarea, orvale, toute bonne. plante à fleur bleuâtre.	Labiacées.
Herbe aux plateaux Nénuphar blanc, lis des étangs, volant d'eau, feuilles rondes nageantes.	Nymphéacées.
Herbe à plumet Gynérium-argenteum, Herbes des Pampas, fleurs blanches sur hampes, 3 espèces	Graminacées.
Herbe aux poules de Guinée Phytolacca, Pipi, Petiveria, raisin d'Amérique.	Phytolaccacées
Herbe aux poumons Hieracium (Comp.) ; Pulmonaire (Borrag.) ; Sticta (Lichenacées.) ; Marchantia.	Hépaticacées.
Herbe aux poux Actaea-spicata, Delphinium, plante des bois, 40-50ᶜ, feuille palmées.	Renonculacées.
Herbe aux poux Pédiculaire, plante 25-30ᶜ, des prés, fleurs roses, la tartarie.	Scrofulacées.
Herbe du Grand Prieur ou du Grand Seigneur : Tabac Nicotiana 35 espèces 50 variétés.	Solanacées.
Herbe à printemps Ansérine Botrys, plante 40-60ᶜ, fleurs verdâtres en épis.	Chénopodiacées.
Herbe aux puces Plantago-psyllium, plantain pucière, feuilles longues et étroites petites fl. blanches	Plantaginacées.
Herbe à récurer Charagne, plante aquatique submergée, à odeur désagréable, feuilles verticillées.	Alguacées.
Herbe à la reine Tabac (1560). Jean Nicot l'offre à Catherine de Médicis (en poudre).	Solanacées.
Herbe à Robert Géranium-robertianum, plante couchée feuilles rondes et fleurs légères.	Géraniacées.
Herbe à la rosée Drosera rossolis, rosée du soleil, rorelle, herbe de la goutte.	Droseracées.
Herbe royale Basilic, plante 20-30ᶜ, à odeur très forte, était la plante sacrée des Indous, 45 espèces.	Labiacées.
Herbe à ruban Phalaris, roseau panaché pour garniture de gerbes et liens, 10 espèces.	Graminacées.
Herbe des sabres ou Epée de Saint-Victor, Arum-draconculus, ou Serpentaire commune, 2 espèces.	Aroïdacées.
Herbe sacrée 1° mélisse sauvage ; 2 sauge ; 3° verveine ; 4ᵉ tabac.	
Herbe sainte ou sacrée : Tabac, Petun, Herbe à tous maux, Panacée.	Solanacées.
Herbe sainte Artemisia-absinthium, par corruption d'absinthe, 150 espèces.	Composacées.
Herbe Sainte Appolyne Jusquiame, pour les dents des enfants. c'était un narcotique, 9 espèces	Solanacées.
Herbe Sainte Barbe Barbarea vulgaris, Barbarée, Girarde jaune, Velar, gr. en tubes sur tiges, 7 esp.	Cruciféracées.
Herbe Saint Benoit Benoite officinale, Galiote, Geum, fl. jaune, herbe bénite, sanicle de montagne.	Rosacées.
Herbe de Sainte Catherine Impatiens Noli-tangere ; pl. à tige carrée rougeâtre, balsamine, 225 esp.	Géraniacées.
Herbe de Sainte Catherine Nigelle, Araignée, Poivrette, Cumin noir, Nielle sauvage.	Renonculacées.
Herbe de Saint Christophe Actée des Alpes, h. sans couture, faux ellébore noir, pl. des bois, 40-60ᶜ, 2 esp.	Renonculacées.
Herbe de Sainte Cunégonde Chanvre aquatique, chanvrin, Eupatoire à fl. groseilles, Origan des marais.	Composacées.
Herbe du Saint Esprit Angélique ou Archangélique (Linné) plante 140-200ᶜ, tige creuse aromatique, 5 esp.	Ombelliféracées

Herbe de Saint Fiacre Héliotropium du Pérou, fl. des dames; fl. lilas-grisâtre; odeur de vanille, 120 esp.   Borraginacées.

Herbe de Saint Fiacre Verbascum ou Bouillon blanc pl. 100-140° fe. veloutées, fl. jaunes. 100 esp.   Scrofulacées.

Herbe à Saint Georges Valériane ; plante vivace des murs, talus, et cultivée ; fl. groupées, 150 esp.   Valérianacées.

Herbe de Saint Guérin Tussilage, Pas d'âne, Pétasite-farfara, Taconnet, pied de poulain, une espèce.   Composacées.

Herbe de Saint Guillaume Eupatoire (Composacées) ; Aigremoine des anciens.   Rosacées.

Herbe des Saints Innocents Polygonum aviculare, renouée, trainasse, pousse partout même dans l'eau.   Polygonacées

Herbe de Saint Jacques Seneçon-Jacobée, Toute-venue, plante commune à fleurs jaunes.   Composacées.

Herbe de Saint Jean Armoise commune, Couronne de Saint Jean, Aurone, remise.   Composacées.

Herbe de Saint Jean Glechoma-hederacea, lierre terrestre, bon pour les rhumes.   Labiacées.

Herbe de Saint Jean Hypericum perforatum, Millepertuis, parcœur, toute saine.   Hypéricacées.

Herbe de Saint Jean Sedum-album, orpin, herbe grasse, joubarbe des vignes, reprise. 3 espèces.   Crassulacées.

Herbe Saint Joseph Succise, Mors-du-diable, Scabiosa-succisa.   Dipsacées.

Herbe Saint Julien Sarriette, plante ann. potagère et aromatique, plus grande que le thym. 15 esp.   Labiacées.

Herbe Saint Laurent Ajuga reptans, Bugle rampante, Ivette, Chamaepithys, sans odeur.   Labiacées.

Herbe Saint Philippe Pastel des Teinturiers, Isatis, Guède ou Guesde, colorant bleu. 30 esp., 65 var.   Cruciféracées.

Herbe Saint Pierre Bacile, Criste-marine, perce-pierre; plante fcuilles cylindriques, une espèce.   Ombelliféracées.

Herbe Saint Pierre Primula officinalis à belles feuilles en rosette, très odorantes, fleurs jaunes.   Primulacées.

Herbe Saint Pierre Verbascum, plante cotonneuse 70-120° feuilles veloutées, fleurs jaunes.   Scrofulacées.

Herbe Saint Quirin Tussilage ou Pas-d'âne, racine de peste, taconnet, une espèce.   Composacées.

Herbe Saint Roch Pulicaria-dysenterica, Inule, plante à petites fleurs jaunes, chasse les puces.   Composacées.

Herbe Sainte Rose Pivoine officinale, fleur de mollet, rose de Notre-Dame, rose péone.   Renonculacées.

Herbe Saint Simon Malva, Alcea, petite mauve à feuilles rondes, fruits petits fromages, 16 espèces.   Malvacées.

Herbe Sainte Trinité Hépatica-triloba, Hépatique, plantes des bois, feuilles à 3 lobes.   Renonculacées.

Herbe sans couture Ophioglosse, langue de serpent, plante à feuilles sans nervure.   Fougéracées.

Herbe sans couture Actea-spicata, plantes des bois et cultivée, 40-60°, 2 espèces.   Renonculacées.

Herbe sardonique Renoncule scélérate des marais, Mort-aux-vaches.   Renonculacées.

Herbe à savon Saponaire officinale, savonnière, herbe à foulon.   Caryophyllacées,

Herbe au scorbut Cochléara-officinalis, Cranson, herbe-aux-cuillers, feuilles luisantes, fl. blanches.   Cruciféracées.

Herbe sensible Sensitive, Mimosa, plante 50-90°, tige épineuse, fleur blanc rosé.   Léguminacées.

Herbe aux sept têtes Statice armeria, gazon d'Espagne ; petites fleurs roses en boule.   Plombaginacées.

Herbe aux serpents Eupatoire Guaco ou Huaco, plante liane, feuilles charnues, fleurs blanches.   Composacées.

Herbe à sétons Hellébore-vert, pousse à l'ombre ; fleurit en hiver, 6 espèces, 40 variétés.   Renonculacées.

Herbe Sicilienne Androsème offinale plante des forêts, vulnéraire, fleurs rougeâtres.   Hypéricacées.

Herbe du Siège Scrofularia-aquatica, grande morelle, orvale d'eau.   Scrofulacées.

Herbe du soldat Piper augustifolium du Pérou, à feuilles étroites.   Pipéracées.

Herbe au sommeil Vigne vierge, plante grimpante vigoureuse, baies noires, Ampclopsis, 13 espèces.   Vitisacées.

Herbe aux sonnettes Fritillaire, couronne impériale, plante 70-90°, grandes fleurs pendantes, 8 var.   Liliacées.

Herbe à la sorcière Circaea-lutetiana, Circée, plante d'aspect bizarre.   Onagracées.

Herbe aux sorcières Verveine officinale, herbe du foie, herbe de sang, herbe sacrée.   Verbénacées.

Herbe aux sorciers Datura Pomme du diable, chasse-taupe, Stramoine, put-put, endormie 12 espèces.   Solanacées.

Herbe aux soucis Myrte, bouquet de la mariée (dans le Midi) ; petites fleurs blanches, 50 esp. 100 var.   Myrtacées.

Herbe à la tache Grande benoite, Geum rivale, Benoîte des ruisseaux.   Rosacées.

Herbe aux tanneurs Redoul, Coriaria Corroyère, utile aux teinturiers, 3 espèces.   Coriariacées.

Herbe à la taupe Datura Stramonium, Datura-tatula, fleurs blanches en cornet, 12 espèces.   Solanacées.

Herbe aux taureaux Orobanche-major, pl. parasite sur racines de luzerne, maïs, trèfle, etc.   Orobanchacées.

Herbe aux teigneux Arctium-lappa, Bardane, Petasite chapelière, 7 espèces.   Composacées.

Herbe terrestre Tribulus, Herse, Chevalier, Croix de Malte, Saligot terrestre, 15 espèces, 35 variétés.   Zygophyllacées.

Herbe terrible Arbuste des lieux secs, 70-90° ; feuilles en pointe, fleurs bleues. Globularia, 13 espèces.   Sélagonacées.

Herbe aux tonneliers Agripaume, Cardiaire, plante 50-100° à fleurs roses, queue de lion, 10 espèces.   Labiacées

Herbe à la toque Phytolacca decandra, raisin du Canada, raisin des teinturiers. — Phytolaccacées.

Herbe à tous les maux 1° Anarmita ; 2° Lysimachia-excelsa ; 3° Tabac ; 4° Verveine.

Herbe de la Trinité Anémone hépatique, plante des bois humide en talus, hepatica-triloba, une esp. — Renonculacées.

Herbe triste Mirabilis, faux jalap, merveille du Pérou, belle de nuit, fl. blanches, jaunes rouges 12 esp. — Nyctaginacées.

Herbe tubéreuse Nepeta ; plante 140° ; feuilles en cœur duvetées ; fleurs en épi pourpre, 130 variétés. — Labiacées.

Herbe turquoise Ophiopognon du Japon. Liriope, Turquette, gazon dur, baies bleu-turquoise, une esp. — Hémodoracées.

Herbe qui tue les moutons Lysimachia nummularia, éphémère, herbes aux cent maux. — Primulacées.

Herbe de vanille ou fleurs des Dames : Héliotrope, plante velue, fleurs bleuâtres, 120 esp. l70 var. — Borraginacées.

Herbe aux varices Carduus arvensis, serratula, chardon des teinturiers, 50-100°, fleurs roses. — Composacées.

Herbe du vent ou fleurs de Pâques, Anémone pulsatile, plante 20-25' ; jolie fleur bleu-violet. — Renonculacées.

Herbe aux verrues Grande Chélidoine ; son suc jaune est caustique et brûle la peau, une espèce. — Papavéracées.

Herbe aux vers Pyrethre, Matricaire, Tanaisie, tanacetum-vulgare, 30 espèces. — Composacées.

Herbe verte marine Ulva-compressa du groupe des Confervées. — Alguacées.

Herbe à la veuve Scabieuse, plante 30-60°, fleur en pompon sur longue tige, 110 espèces. — Dipsacées.

Herbe vierge 1° Marrubium-vulgare : 2° Renouée persicaire ; 3° Narcisse des poètes.

Herbe aux vipères Vipérine, Echium-vulgare ; plante couverte de poils blancs, fleurs bleues. — Borraginacées.

Herbe aux voituriers Achillea mille-feuilles ; plante des chemins, pelouses ; fleurs blanches, 100 esp. — Composacées.

Herbe des voleurs Datura. Stramoine, pomme du diable, épineuse, endormie, fl. en cornet, 12 esp. — Solanacées.

Herbe vive Sensitive (Léguminacées), Balsamine (Géraniacées).

Herbe vulnéraire Anthyllis, trèfle jaune, plante alpine et cultivée. — Léguminacées.

Herbe de zizanie Ivraie enivrante, plante nuisible, à feuilles luisantes, 6 espèces 20 variétés. — Graminacées.

Herbertia ou **Alaphia** petite plante bulbeuse à feuilles pliées ou ondulées, fl. panachées, 4 espèces. — Irisacées.

Herbier Collection de plantes sèches destinées à l'étude de la botanique, disposées par famille.

Herd-grass Agrostis d'Amérique, produit un fourrage bonne qualité. — Graminacées.

Hérisson ou Chenille, Scorpiurus, pl. grimpante, fl. jaunes, fruit de forme contournée, bizarre, 4 esp. — Léguminacées.

Hérisson Onobrychis-crête de coq, surprise pour salade. — Léguminacées.

Hérisson d'eau Sparganium-natans, ou ruban d'eau, roseau, feuilles longues, fl. en grappe, 6 espèces. — Typhacées.

Hermannia Arbuste 60-70° toujours vert ; petites fleurs jaunes odorantes, 90 espèces. — Sterculiacées.

Hermanniées 6e tribu de la famille des Sterculiacées ; 6 genres, 212 espèces.

Hermaphrodites (plantes à fleurs) qui portent sur la même fleur les organes mâles et femelles : Etamines et Pistil.

Hermaphrodites Environ les 3/4 des plantes à fleurs, sont à fleurs hermaphrodites, fleurs complètes ; opposées Diclines.

Herminium Plante 10-20' à tubercule des prairies ; fleurs jaune-vert, 6 espèces. — Orchidacées.

Hermione Variété de narcisse à trois fleurs, dont le Grand Monarque. — Amaryllisacées.

Hermodactylus-tuberosus Plante à longues feuilles ; fleur unique violet foncé 1 espèce 3 variétés. — Irisacées.

Hernandiées 4e tribu de la famille des Lauriacées ; 2 genres, 9 espèces : Hernandia, Massoia.

Herniaire glabre Turquette ; plante à très petites feuilles, comme le serpolet ; Hernaria, 10 espèces. — Illécébracées.

Herniaire velue Plante des champs, sables ; 5 à 30° tiges rigides ; fleurs verdâtres, velues. — Illécébracées.

Hernie du chou ou Gros-pied, maladie causée par le Plasmodiophore, c'est un Chytridium 33 espèces. — Champignoracées.

Hespestes ou Yerba du coulebra pl. rampante du Pérou guérissant les morsures de serpent. — Scrofulacées.

Herse ou Croix de Malte ou Tribulus pl. des lieux secs et sablonneux, fruit très épineux. — Zygophyllacées.

Hespéridées Ancien nom de la tribu des Aurantiées ; comprenait les citrons et oranges. — Rutacées.

Hespéridie fruit de l'oranger, c'est une baie avec loges gorgées de suc à la maturité. — Rutacées.

Hesperis Giroflée de Mahon, 70-80° Julienne blanche ou violette, fleurs odorantes 22 espèces. — Cruciféracées.

Hétérocladus ou Hétérophylleia ; arbrisseau touffu ; feuilles à teinture Coriaria, 3 espèces. — Coriariacées.

Heteromorpha Petit arbre élancé à feuilles persistantes par 3 ou 5, fleurs jaunâtres. — Ombelliféracées.

Heteronoma plante herbacée, vivace, glabre, feuilles ovales, fleurs en cymes lâches. — Melastomacées.

Heterophylle Plante avec feuilles de deux formes très différents : Eucalyptus, Lierre, Murier, Renoncule aquatique.

Hétéropteris Arbrisseau 250°, à feuilles ovales, épaisses, tribu des Banistériées, 80 espèces. — Malpighiacées.

Heterothalamus Arbrisseau aspect d'un petit sapin, feuilles vertes enroulées, fleurs jaunes, 6 espèces. — Composacées.

Heterotoma plante vivace, feuilles ovales 12-20' poilues, 2 faces, fleurs en croissant, 5 espèces.   Lobéliacées.
Hétolides Amarantoïde, 20-30' feuilles lance couvertes de duvet, fleurs violettes ou blanches.   Amarantacées.
Hêtre Fagus, arbre forestier, pour chauffage et industrie; son fruit donne une huile, 15 esp.   Cupuliféracées.
Heuchera Plante vivace 20'; feuilles vert foncé, en bordure; fleurs roses sur tige de 50-70', 20 espèces.   Saxifragacées.
Heuchera-sanguinea Plante 50-70' à fleurs soudées en clochettes.   Saxifragacées.
Hevea ou Jatropha Siphonia, Pao-seringa; arbre à caoutchouc de la Guyane, Para, Tonkin, 9 espèces.   Euphorbiacées.
Hexacentris ou Thunbergia Plante grimpante, fleurs en grappe très jolies, jaunes et pourpres.   Acanthacées.
Hia-Pou (toile d'été) très belle étoffe de Chine et Japon, provenant de la ramie.   Urticacées.
Hibbertia Plante grimpante; feuilles ovales, grandes fleurs jaunes, odeur désagréable. 80 espèces.   Dilléniacées.
Hibbertiées 3ᵉ tribu de la famille des Dilléniacées, 6 genres, 104 espèces.
Hibisciés 3' tribu de la famille des Malvacées, 13 genres, 253 espèces.
Hibiscus-alatus fournit la filasse de Cuba, pour attacher les cigares de la Havane.   Malvacées.
Hibiscus-esculentus ou Ketmie comestible, ou Gombo: plante 70-130', cultivée pour ses capsules.   Malvacées.
Hibiscus-mutabilis Plante à fleurs blanches le matin, roses à midi, rouges le soir.   Malvacées.
Hibiscus-sinensis Belle plante, à cinq pétales, rouge cramoisi, mauve rose.   Malvacées.
Hickory Carya-Alba; bois du noyer blanc d'Amérique, veiné, comme le frêne.   Juglandacées.
Hicorias Bois des Indes, pour ligne à pêche, carya-alba, pacanier.   Juglandacées.
Hieble ou Yeble Sambucus-Humilis, petit sureau; plante 100-150', fleurs blanches en cyme.   Caprifoliacées.
Hiéracium Plante à feuilles velues, avec fleurs en cymes jaunes; Epervière, Piloselle, 200 espèces.   Composacées.
Hile ou Ombilic Cicatrice à l'insertion de la graine sur le placenta, laissée par le funicule bien visible sur les pois.
Hillia Plante de serre grimpante, feuilles ovales, grandes fleurs blanches, à long tube, 5 espèces.   Rubiacées.
Hindsia Plante ligneuse, feuilles ovales rugueuses, fleur bleu violacé en tube Macrosiphon, 3 esp.   Rubiacées.
Hippeastrum Amaryllis à feuilles longues, étroites; fl. à odeur de cassis, Habranthus, Phycella. 50 esp.   Amaryllisacées.
Hippia Arbuste à odeur de Tanaisie, petites feuilles persistantes velues, fleurs jaunes, 4 espèces   Composacées.
Hippobromus alatus arbre résineux à port de Sorbier, fe. comp. 7-9, fol., fl. rouges veloutées. 1 esp.   Sapindacées.
HIPPOCASTANACÉES 56ᵉ famille des Dicotylédones : 2 genres, 16 espèces.(Cheval, châtaigne).
HIPPOCASTANACÉES Aesculus, Billia, Hippocastanum ou Marronnier d'Inde, Pavia.
HIPPOCRATÉACÉES 51ᵉ famille des Dicotylédones: 5 genres, 155 espèces (du médecin grec Hippocrate, Vᵉ siècle Av. J.-C).
HIPPOCRATÉACÉES Campylostemon, Coa ou Hippocratea, Slavea, Salacia, Siphonodon, Thermophila, Tontelea.
Hippocrépis Plante avec fleurs jaunes en ombelle; gousse articulée en fer à cheval 12 espèces.   Léguminacées.
Hippomane Plante dont on tirait un lait qui empoisonnait les flèches; Mancenillier 1 espèce.   Euphorbiacées.
Hippophaë du Canada ou Shepherdia jeunes rameaux bruns et dorés; larges fe. cotonneuses 3 esp.   Eléagnacées.
Hippophaë rhamnoïdes Argousier, Griset, faux-Nerprun arbre ou arb. à fe. grises, baies jaunes, 1 esp.   Eléagnacées.
Hippuris ou Pesse Petite plante aquatique; petites fleurs en épi allongé aspect prêle. 2 espèces.   Haloragéacées
Hiptage arbrisseau grimpant, feuilles persistantes 15-20' assez coriaces, fl. blanches en grappes, 5 esp.   Malpighiacées.
Hiraea ou Mascagnia Arbuste grimpant, fe. opposées, fl. en ombelle, fruits samares, 50 espèces.   Malpighiacées.
Hiraées 3' tribu de la famille des Malpighacées; 13 genres, 150 espèces.
Hoang-Nan Ecorce d'une plante Indo-Chinoïse : Strychnos-Gaulteriana ou Lasiostoma.   Loganiacées.
Hoematoxylon Bois de Campêche; arbre 12-14ᵐ, petites fleurs jaunâtres, Haematoxylon une esp.   Léguminacées.
Hœnida-maritima Petite plante avec fleurs blanches en boules.   Cruciféracées.
Hoferia ou Cleyera-Japonica. Arbuste de serre toujours vert, belle fleur en panache, 7 esp.   Théacées.
Hohenbergia plante à fe. épineuses 40-60' arquées, recourbées, fl. rouges en épi sur hampe. 3 esp.   Bromeliacées.
Hoitzia coccinia Arbuste 100-120', feuilles aiguës dentées, fleurs rouges, Lœselia, 10 espèces.   Polémoniacées.
Holbœllia-latifolia 1878 Plante grimpante toujours verte, fl. violacées odorantes, fr. comestibles. 1 esp.   Berbérisacées.
Holcus ou Houlque Plante rustique, pour paturage, prairie, très bonne en mélange, 8 espèces.   Graminacées.
Holcus ou Sorghum Sorgho à balais, plante très utile des pays chauds, graines comestibles.   Graminacees.
Holostée Alsine, Morgeline, Mouron blanc des oiseaux, le bon Stellaire.   Caryophyllacées.
Holosteum Plante des champs, fleur blanche ou blanc rosé, pétales dentés, mouron 3 espèces.   Caryophyllacées.
Holostigma Belle espèce d'onagre, 20-30', velue, fleur jaune vif, s'ouvre la nuit.   Onagracées.

Homalanthus ou Omalantus 1824. arbuste avec feuilles 8-12', fleurs vertes en grappes 8 espèces.   Euphorbiacées.
Homaliées 4' tribu de la famille des Samydacées : 9 genres, 46 espèces, plantes de Madagascar. la Réunion.
Homalium Arbuste de serre 130-150° toujours vert. petites fleurs blanc-verdâtre, 35 espèces.   Samydacées.
Homme pendu Acéras, Pentine, Orchidée des bois. prés ; 20-40° ; 1 espèce.   Orchidacées.
Homogyne Plante aspect des tussilages. fleurs blanches ou purpurines, 3 espèces.   Composacées.
Homophylle à feuilles toutes semblables ; opposé Hétérophylle à feuilles différentes : Croton, Eucalyptus, Murier, Lierre.
Honckenya Faux-pourpier, feuilles courtes. pointues, fleurs blanches. grosses graines Arenaria.   Caryophyllacées.
Honckenya-ficifolia Plante à grandes fleurs bleu violet ; produit un textile. 1 espèce.   Tiliacées.
Hopea-macrophylla Produit le suif végétal de Bornéo.   Diptérocarpacées.
Hordées 12° tribu de la famille des Graminacées : 20 genres, 136 espèces.
Hordeum Orge cultivé, tige 40-90° ; épi. barbu. à 4 ou 5 angles, Escourgeon 16 espèces.   Graminacées.
Horloge de Flore Changement de position des feuilles ou fleurs de certaines plantes à différentes heures.
Horminelle des Pyrénées Plante odorante, fe. ovales, crénelées, calice en cloche à 13 nervurés 1 esp.   Labiacées.
Hormosira-Boulsii Algue aspect éponge.   Alguacées.
Hornemannia Arbuste à feuilles persistantes, fleurs rouges, petits fruits grosseur d'un pois. 3 espèces.   Ericacées.
Hortensia Hydrangea, plante à grandes fleurs rosées en boule importée par Commerson, 33 espèces.   Saxifragacées.
Hoteia Japonica Plante à feuillage très découpé, fleurs blanches, très légères, en panicules, 6 esp.   Saxifragacées.
Hottonia Hottonie des marais, mille feuilles aquatiques, fleurs plumes 20-30°, 2 espèces.   Primulacées.
Hottoniées 1° tribu de la famille des Primulacées : 1 genre, 2 espèces : Hottonia ou Hottonie.
Houblon Humulus ; plante industrielle pour la bière, 6-7", grimpante, de droite à gauche 2 esp.   Urticacées.
Houblon à feuilles dorées Plante très vigoureuse envahit tout, fruits en cônes.   Urticacées.
Houblon du Japon Plante grimpante à feuilles panachées, végétation rapide.   Urticacées.
Houblon (chenille du) Hépialis-Lupuli, papillon ; pond de très petits œufs noirs qui éclosent en juin.
Houlque laineuse Plante des prairies ; donne toujours un bon fourrage. 8 espèces.   Graminacées.
Houmiri grand arbre de la Guyane, de son écorce coule un suc résineux.   Linacées.
Houstonia Arbuste à feuilles ovales, pointues, fleurs rouges ou bleues en ombelle, 20 espèces.   Rubiacées.
Houttea-pardina Plante à feuilles opposées, lance, fleurs rouges, tigrées, en tube, 3 espèces.   Gesnéracées.
Houttuynie Plante aquatique vivace à feuilles en cœur, fleurs blanc pur, Gymnotheca, 2 espèces.   Pipéracées.
Houx Ilex, arbrisseau rameux, 3-4", feuilles épineuses, toujours vertes, fruit rouge vif, 175 espèces.   Ilicacées.
Houx-frelon Ruscus à épines, arbuste en buisson toujours vert, fragon piquant, 8 espèces.   Liliacées.
Hovea Arbuste 70° à feuilles linéaires, raides, petites fleurs bleu vif, Platychilum, 11 espèces.   Léguminacées.
Hovenia-dulcis Arbre décoratif, aspect magnolia, fe. ovales trinervées, petits fr. charnus sucrés, 1 esp.   Rhamnacées.
Howea Palmier à feuilles palmettes comme Kentia ou Seaforthia, Grisebachia, 3 espèces.   Palmacées.
Hoya-Carnosa 1802 arbuste sarmenteux volubile, feuilles charnues persistantes, fleurs en couronne.   Asclépiadacées.
Hoya-impérialis Arbuste vigoureux, grandes fleurs brun violacé jaunâtre odorantes.   Asclépiadacées.
Hoya-umbellata Arbuste palissé, feuilles épaisses, fleurs en couronne odorantes (Hoya, 50 espèces).   Asclépiadacées.
Huegelia Plante 60-80° velue feuilles alternes, fleurs bleu céleste en ombelle, Trachymene 14 esp.   Ombelliféracées.
Huernia Plante du cap, charnue, nombreuses petites fleurs ponctuées de rouge, 15 espèces.   Asclépiadacées.
Hugoniées 2' tribu de la famille des Linacées : 2 genres, 16 espèces : Hugonia ou Penicillenthemum,   Roucheria.
Hugueninia ou Sisymbrium ; plante 60-100°, feuilles dentées, allongées, petites fleurs jaunes.   Cruciféracées.
Huile tirée de : amande, cade, arachide, cameline, chènevis, colza, coprah ou noix de coco, coton, croton, faine, fougère,
    jambosse, lin, moutarde, navette, noix, olive, œillette ou pavot, ricin, sésame, etc.
Huile de bois Suc résineux tiré des arbres de la famille des   Diptérocarpacées.
Huile de Macassar pour les chevaux, tirée du Schleichera (arbre du Ceylan), une espèce.   Sapindacées.
Huile de Macassar tirée de l'Uvaria-odorata ou Canang des Moluques donne aussi pommade Boribori.   Anonacées.
Huile de palme Provient de l'Elacis de Guinée et d'autres contrées, 2 espèces.   Palmacées.
Humboldtia Plante originaire du Ceylan dédiée au savant A. de Humbold, 1 espèce.   Léguminacées.
Huméa Plante 150-180°, feuilles alternes élégantes à odeur, fleur acajou clair, une espèce.   Composacées.
HUMIRIACÉES 37' famille des Dicotylédones : 4 genres, 32 espèces (umiri au Pérou ; Humi : humus, terre).

HUMIRIACÉES Aubrya, Helleria, Humiria ou Myrodendron, Sacoglottis, Vantanea, plantes à suc balsamique.

Humiriae plante ligneuse, feuilles coriaces, fleurs en grappe, fruit à noyau, 17 espèces.   Humariacées.

Humulus Houblon, plante grimpante vigoureuse, fleurs femelles en chatons, puis en cônes, 2 espèces.   Urticacées.

Hunnemannia Plante 40-50' à fe. de fumeterre, fleurs jaune vif, longue durée, silique 10-15ᶜ, 1 esp.   Papavéracées.

Hunnemanniées 3ᵉ tribu dela famille des Papavéracées : 3 genres, 17 espèces ; Dendromecon, Eschscholtzia, Hunnemannia.

Huppe et bec d'oiseau Fleur de Strelitzia bleu et jaune très vif ; fleur curieuse, 5 espèces.   Musacées.

Hura-Crepitens Arbre produisant un lait dont on empoisonnait les flèches. sablier, 3 espèces.   Euphorbiacées.

Hutchinsia Petite plante à tige grêle, à fleurs blanches, comme alyssum, 2 espèces.   Cruciféracées.

Hyacinthe ou Jacinthe, jolie plante de printemps ; pousse même dans l'eau, 30 espèces, 2.000 variétés   Liliacées.

Hybridation Opération de l'échange du pollen afin d'obtenir une nouvelle variété sur espèce du même genre.

Hydne-sinué Champignon, barbe de vache comestible. Hydnum 91 espèces ou variétés.   Champignonacées.

Hydnorées 2ᵉ tribu de la famille des Cytinacées : 2 genres 9 espèces ; Aphyteia ou Hydnora, Prosopanche.

Hydrangea Hortensia, plante ligneuse, fleurs en grosses boules rosées, sans parfum, 33 espèces.   Saxifragacées.

Hydrangea-paniculata nouvelle espèce à fleurs en panicules, petites feuilles.   Saxifragacées.

Hydrangées 3ᵉ tribu de la famille des Saxifragacées, 16 genres, 68 espèces.

Hydrastis du Canada sceau d'or, pl. à souche odorante et très amère dont on tire une teinture, 2 esp   Renonculacées.

Hydre cornue Ceratophyllum-submersum ; plante aquatique, fruit noir cornu, 3 espèces.   Cératophyllacées.

Hydriastèle Palmier à feuilles penniséquées ou palmettes comme Kentia, une espèce.   Palmacées.

Hydrillées 1ʳᵉ tribu de la famille des Hydrocharisacées, 3 genres, 16 espèces : Elodea, Hydrilla, Lagaro-Siphon.

Hydrocharis Morène aquatique, feuilles rondes 2ᵉ petit nénuphar à fleurs blanches, 1 espèce.   Hydrocharisacées.

HYDROCHARISACÉES 1ᵉ famille des Monocotylédones, 4 tribus, 14 genres, 46 espèces (eau, agrément).

HYDROCHARISACÉES Anacharis, Apalanthe, Blyxa, Boottia, Elodea, Enhalus, Halophila *Hydrilla*, Hydrocharis, Hydrotrophus, Lagarosiphon, Limnobium, Morrène, Ottelia, *Stratiote, Thalassia*, Udora, *Vallisneria*.

Hydrocleis plante aquatique nageante, fleurs jaunes dorées, 6 c. de diamètre, 4 espèces.   Alismacées.

Hydrocotyle plante rampante, feuilles rondes, fleurs blanches ou rosées, fruit gonflé, 60 espèces.   Ombelliféracées.

Hydrocotylées 1ʳᵉ tribu de la famille des Ombelliféracées. 9 genres. 147 espèces.

Hydroléa ou Steris arbuste épineux, glanduleux, poilu, feuilles lance, fleurs bleu pâle, 14 espèces.   Hydrophyllacées.

Hydrolées 4ᵉ tribu de la famille des Hydrophyllacées, 1 genre, 14 espèces : Hydrolea ou Sagonea ou Steris.

HYDROPHYLLACÉES 120ᵉ famille des Dicotylédones, 4 tribus, 17 genres, 130 espèces (Eau, Feuille).

HYDROPHYLLACÉES Codon, Conanthus, Draperia, Ellisia, Ellisiophyllum, Emmenanthe, Eriodictyon, Eutoca, Hesperochiron, *Hydrolea, Hydrophyllum*, Lemmonia, *Nama*, Nemophila, *Phacelia*, Romanzoffia, Tricardia, Whitlavia, Wigandia.

Hydrophylle de Virginie plante du fond des eaux, à fleurs bleues, du Canada à fleurs pourpres.   Hydrophyllacées.

Hydrophyllées 1ʳᵉ tribu de la famille des Hydrophyllacées, 3 genres, 19 espèces, Ellisia, Hydrophyllum, Nemophila.

Hydroptérides ou Rhizocarpées division des Lycopodiacées, comprend : Marsiléa et Salvinia.

Hydrostachydées 4ᵉ tribu de la famille des Podostémacées, 2 genres, 10 espèces : Hydrostachys, Velophylla.

Hygrophore olivacé blanc petit champignon comestible, 10 espèces.   Champignonacées.

Hymenaea arbre forestier, acclimaté en France, fruit en gousse, 8 espèces.   Léguminacées.

Hymenanthera-crassifolia arbuste nain pour rocaille, fleurs jaunâtres, baies blanches 4 espèces.   Violacées.

Hymenatherum plante 20-25' feuilles alternes, fleurs jaunes 14 espèces.   Composacées.

Hymenocallis plante 30' feuilles striées aiguës, fleurs sur hampe 35 c. blanc pur, odeur suave, 30 esp.   Amaryllisacées.

Hymenocarpus plante voisine du médicago, fe composées 5-9 fol. fl. jaunes gousse courbée. 1 esp   Léguminacées.

Hymenodictyon-excelsum ou Kurria dont l'écorce est employée comme le quinquina, 6 espèces.   Rubiacées.

Hymenodium belles fougères à grandes feuilles.   Fougéracées.

Hyménomycètes groupe de la famille des Champignonacées, 3.000 espèces.

Hyménophyllées 1ʳᵉ tribu de la famille des Fougéracées, 4 genres, 462 espèces.

Hyménophyllum Petites fougères de roches humides, 2 à 5, feuilles très diverses, nervures brunes.   Fougéracées.

Hymenosporum flarum Plante à grandes fleurs jaunes marquées d'orange à la gorge, une esp.   Pittosporacées.

Hymenoxys Schortia de Californie, plante 15-25', fleurs jaune vif en bordure, 5 espèces.   Composacées.

Hyophorbe nouveau genre de palmier de serre chaude à Paris, 3 espèces.   Palmacées.

Hyoscyamées 3ᵉ tribu famille des Solanacées, 5 genres, 29 esp : Datura, Hyoscyamus, Physochlaina, Przewalskia, Scopelia.

Hyoscyamus niger. Jusquiame noire Hannebane. porcelet potelée, fl. jaunes, tube pourpre veiné, 9 esp. Solanacées.

Hyoseris petite plante des fossés, des champs avec fleurs jaunes comme soucis, 4 espèces. **Composacées.**

Hypecoum-procumbeus plante couchée, tiges nues, fleurs jaunes, pétales inégaux, 7 espèces. **Fumariacées.**

HYPÉRICACÉES 28ᵉ famille des Dicotylédones, 3 tribus, 8 genres, 250 esp. (du grec uper : au delà ; Eiko : transparence.

HYPÉRICACÉES Androsème, Arungana, Ascyrum, *Cratoxylon*, Eliaea, Elodès, Endodesmia, Haronga, *Hypericum* ou Mille pertuis, Psorospermum, *Vismia*.

Hypéricées 1ʳᵉ tribu de la famille des Hypéricacées, 2 genres. 182 espèces : Ascyrum ou Isophyllum, Hypericum.

Hypeircum-calycinum plante rampante, à belles fleurs jaune d'or. **Hypéricacées.**

Hypericum-hircinum mille pertuis en buisson à odeur de bouc à grandes fleurs jaune d'or **Hypéricacées.**

Hypericum-moserianum arbuste 50ᵉ vivace à belles fleurs jaune d'or (poils transparents) **Hypéricacées.**

Hypericum-perforatum mille pertuis, produit une gomme gutta. **Hypéricacées.**

Hyphène de Thèbes arbre à fruits comestibles, Crucifera ou Douma. Arabie et Madagascar, 9 espèces. **Palmacées.**

Hyphes filaments incolore du champignon, qui s'associent aux gonidies (cellules vertes d'algue) et forment le lichen.

Hyphomyces champignons dont quelques-uns ont le thalle floconneux, 15 espèces. **Champignonacées.**

Hypne triangulaire mousse des jardiniers, avec frondes d'où partent des divisions. **Moussacées.**

Hypnées 1ʳᵉ tribu de la famille des Moussacées, 200 espèces.

Hypnum-triquetum mousse servant à préparer les desserts et emballages. **Moussacées**

Hypochaeris porcelle plante des bois, chemins, feuilles dentées, rudes, fleurs jaunes, 30 espèces. **Composacées.**

Hypociste cytinus-hypocistis, plante parasite contenant un suc, Hyposistis : Hypolepis. **Cytinacées.**

Hypocyrta plante de serre chaude, petites feuilles rudes, fleurs velues, rouge vif, 10 espèces. **Gesnéracées.**

Hypogé qui pousse sous terre, comme la truffe et autres champignons.

Hypogynes pétales et étamines qui s'insèrent à la base de l'ovaire comme dans : primevère, saponaire, tabac, renoncule, alisma, lis, tulipe.

Hypolytrées 2ᵉ tribu de la famille des Cypéracées, 9 genres, 78 espèces.

Hypopitys ou Monotropa herbe vivace au pied des pins et sapins, 15-30ᵉ feuilles en écailles, 2 espèces **Monotropacées**

Hypoxidées 1ʳᵉ tribu de la famille des Amaryllisacées, 3 genres, 65 espèces : Campynema, Curculigo, Hypoxis.

Hypoxis oignon du cap, hampes basses, charnues, feuilles courbées à terre, fleurs jaunes, 51 espèces. **Amaryllisacées.**

Hypoxyde champignon parasite de l'ancienne tribu des pyrénomycètes. **Champignonacées.**

Hypoxyle genre de champignon qui se développe sous le bois mort, 92 espèces ou variétés. **Champignonacées.**

Hysope Hyssopus ; plante aromatique 20-80ᵉ, fleurs bleues en épis, c'est l'Esobis de la Bible, 1 espèce. **Labiacées.**

Hysson (peau d') feuilles de rebut du thé hysson, variété de thé vert. **Théacées.**

I

Ibéride Ibéris, Thlaspi, plante 30-40, feuilles spatulées, fleurs blanches en ombelle, 20 espèces. **Cruciféracées.**

Icacinées 3ᵉ tribu de la famille des Olacacées, 26 genres, 120 espèces.

Icaquier arbre et arbrisseau, produisant une résine aromatique et un fruit comestible. **Rosacées.**

Icaranda Bois de Palissandre d'Afrique, Brésil, de l'Inde. Jacaranda, Dilobos, 30 espèces. **Bignoniacées.**

Icica Amyris, Bursera, Protium, produit le bois-encens des colonies et gomme-résine. **Burséracées.**

Idesia-polycarpa arbuste à feuilles caduques, fleurs jaunâtres recherchées des abeilles, fruits bruns, 1 esp. **Bixacées.**

If son bois est d'un beau rouge amarante, recherché des sculpteurs et tourneurs. **Coniféracées.**

If d'Irlande arbrisseau pyramidal, cephalotaxus, podocarpus, feuillage vert foncé. **Coniféracées.**

If ou Taxus-baccata arbre toujours vert, f. opposées, les racines, l'écorce, les f. sont vénéneuses, 8 esp. **Coniféracées.**

Igname plante grimpante, 4-5ᵐ feuilles en cœur, fruit baies rouges, vigne noire. **Dioscoréacées.**

Igname Dioscorea-alata, patate ou batate, plante grimpante à racines comestibles. **Dioscoréacées.**

Ilang-Ilang (Huile d') du Cananga-unona, arbre de 10ᵐ (1864 en Europe). **Anonacées.**

Ilex ou Houx arbuste toujours vert, feuilles épineuses, fleurs blanches, fruits rouges, 175 espèces.   Ilicacées.

Ilex-paraguayensis Maté, avec ses feuilles on fait le thé de l'Amérique du Sud.   Ilicacées.

ILICACÉES 48ᵉ famille des Dicotylédones, 4 genres, 181 espèces (du latin ilex, houx ; idée de tortillé).

ILICACÉES Byronia, Houx-Ilex, Maté, Nemopanthes, Nuttalia, Polystigma, Prinos Sphenostemon.

LLÉCÉBRACÉES 138ᵉ famille des Dicotylédones, 4 tribus, 20 genres, 90 espèces (illecebra : séduisant, plein d'attraits).

ILLÉCÉBRACÉES Anychia, Corrigiola, Dicheranthus, Dysphania, Gymnocarpos Habrosia, Haya, Herniaria, Illecebrum , Lochia, *Paronychia, Pollichia, Pteranthus, Scleranthus*, Siphonychia.

Illicium 1588 arbrisseau 2-3ᵐ feuilles persistantes, lances, fleurs jaunâtres, odorantes, 6 espèces.   Magnoliacées.

Illicium Badiane, Anis étoilé entre dans l'anisette, l'absinthe, l'encens, la cuisine.   Magnoliacées.

Illipé Bassia, arbre de l'archipel indien, on retire de ses noix une matière grasse   Sapotacées.

Illipé (beurre d') retiré des graines du Bassia-longifolia, de l'Hindoustan.   Sapotacées.

Imantophyllum Clivia, 1828 plante à longues feuilles partant toutes du pied ; fl. rouges ou saumon, 3 esp. Amaryllisacées.

Imbricaire arbre à gros fruits, bois de nattes. Bardottier, fleurs rouge-minium, 30 espèces.   Sapotacées.

Imbriquées (feuilles) en écaille se recouvrant comme les tuiles d'un toit : cônes de pin, sapin.

Immortelle plante industrielle, les fleurs coupées se conservent sans eau, 25 variétés cultivées.   Composacées.

Immortelle jaune à couronne, Helichrysum ou Gnaphale d'Orient jaune, 100 espèces.   Composacées.

Immortelle violette, Gomphrena globosa plante cultivée pour couronnes, 70 espèces.   Amarantacée.

Impatiens Balsamine, n'y touchez pas, pl. à tige jusqu'à 120ᶜ, pousse facilement, 225 espèces.   Géraniacées.

Imperata plante des sables du midi 30-60ᶜ fleurs soyeuses en épi compact, 5 espèces.   Graminacées.

Impératoire peucedanum, plante formant buisson 60-80ᶜ la racine est employée, fl. blanches   Ombelliféracées.

Impériale Fritillaria, tige 100ᶜ droite, feuilles lance fleur, safrané, rouge, en couronne, 40 esp., 50 var.   Liliacées.

Incarvillea plante bisannuelle 70-90 c., à belles feuilles, fleurs roses cornet, une espèce.   Bignoniacées.

Indéhiscent (fruit) qui ne s'ouvre pas naturellement à la maturité, comme les fruits charnus.

Indigofera arbuste à feuilles 11-13 folioles, comme le robinier, fleurs roses en épi odorantes.   Léguminacées.

Indigotier 1ᵉ anil, 2ᵉ argenté, 3ᵉ des Indes, 4ᵉ polyphylla, donnent le bleu indigo, 270 esp.   Léguminacées.

Indusium pellicules qui recouvrent les sporanges des fougères.   Fougéracées.

Inée ou Onage graine-poison du Strophantus-hispidus du Gabon.   Apocynacées.

Infusion boisson faite en versant de l'eau bouillante sur des feuilles ou fleurs : thé, tilleul, etc.

Inga arbre à fruits comestibles ; à Paris, arbuste à fleurs rouge-cramoisi, en goupillon, 140 espèces.   Léguminacées

Inga-guadalupensis arbuste épineux à fleurs, blanc-jaunâtre en épis.   Léguminacées.

Ingées 24ᵉ tribu de la famille des Léguminacées : 9 genres, 446 espèces.

Insertion (l') des étamines est toujours la même que celle des pétales : Epigyne, Perigyne et Hypogyne.

Inula ou Conysa plante des bois, chemins, 50-90 c. feuilles velues à fruits à aigrettes.   Composacées.

Inula ou Helenium grande aunée, 120 c. à grandes feuilles 40 c. fleurs jaunes comme petit soleil, 60 esp.   Composacées.

Inuloïdées 4ᵉ tribu de la famille des Composacées : 153 genres, 1200 espèces.

Iochroma coccineum Plante grimpante à fleurs, en grappes rouge-cocciné pendantes.   Solanacées.

Iochroma du Pérou Arbuste grimpant à petites feuilles, petites fleurs en tube, odeur agréable.   Solanacées.

Ionidium plante couchée des Antilles, Brésil, Colombie, donne le faux ipécacuanha, 50 espèces.   Violacées.

Ionopsidium petite plante annuelle, s'emploie en bordure, fleurs lilas à odeur de miel, 2 espèces.   Cruciféracées.

Ipécacuanha mot qui signifie : racine odorante rayée, racine de l'uragoga.   Rubiacées.

Ipécacuanha Ipéca, Uragoga, c'est la racine de cette plante qui est employée, 120 espèces.   Rubiacées.

Ipécacuanha Cephaelis arbuste rampant, Poaya du Brésil, 1672 en Europe, 1688 à Paris.   Rubiacées.

Ipécacuanha (faux) Psychotria-Emética ou Strempelia ou Myrstiphyllum, 425 espèces.   Rubiacées.

Ipécacuanha (faux) Hybanthus plante couchée surtout du Brésil, faux Ipéca, 2 espèces.   Violacées.

Ipomea-Ipomée plante grimpante 3 m. belle de jour, fleurs bleues ou pourpres, 350 espèces.   Convolvulacées.

Ipomea-batatas plante grimpante à racines tuberculeuses comestibles, des pays chauds.   Convolvulacées.

Ipomopsis plante élégante en petites clochettes, Ipomeria ou Gilia.   Polémoniacées.

Ipréau Orme, Ormeau, Tortillard, ce dernier pour les moyeux des voitures, 16 espèces.   Urticacées.

Irésine ou Xerandra plante rustique, avec feuilles colorées ou panachées, Rosea, 25 espèces.   Amarantacées.

Iriarté-des-Andes grand palmier dont on tire des feuilles : la cire de Carnauba, 10 espèces.   Palmacées.

Irible ou Erible Atriplex-hortensis, Arrode, Bonne-dame, Erode, Follette, Prude-femme, pl. potagère 15-20 c.   Chénopodiacées.

Iris pl. à racine tubéreuses, fe. plates comme sabre, sa fl. est le lys de l'écu de France, 100 espèces.   Irisacées.

Iris (faux) Flambe d'eau, flamme, plante aquatique, feuilles plates, fleurs jaunes.   Irisacées.

Iris fétide plante à odeur d'ail, fleurs jaune puis jolis fruits corail, gigot, glaïeul-puant.   Irisacées.

Iris de Florence à fleurs blanches, 2e germanique, fleurs bleues, 3e des marais, fleurs jaunes.   Irisacées.

Iris pseudo-acorus plante aquatique 200ᶜ feuilles, 3ʳ de largeur à fleurs jaunes.   Irisacées.

Iris (racines d') pour embaumer les armoires, les lessives et pour parfumeurs, poudre d'iris.   Irisacées.

Iris de Suse 1573 très belle espèce avec fleur presque noire, deuil, Susiana.   Irisacées.

IRISACÉES 8e famille des Monocotylédones, 3 tribus, 57 genres. 770 espèces (d'Iris, déesse de l'Arc-en-ciel).

IRISACÉES Principaux genres et espèces : Acidanthera, Alophia, Anisanthus, Anomotheca, Antholyza, Aristea, Babiana, Bermudiana, Bobartia, Calydorea, Chamelum, Cipura, Crocus, Cypella, Dierama, Diplarrhena, Eleutherine, Ferraria, Freesia, Galaxia, Geissorhiza, Gélasine, Gladiolus ou Glaïeul, Hermodactylus, Hesperanthe, Hexaglottis, Homeria, Iris, *Ixia*, Klattia, Lapeyrousia, Libertia, Marica, Micranthus, *Morea*, Nemastylis, Orthrosanthus, Patersonia, Rigidella, Romulea, Safran, Schizostylis, *Sisyrinchium*, Sparaxis, Sphenostigma, Solenomelus, Streptanthera, Symphyostemon, Synnotia, Syringodea, Tigridia, Trimezia, Tritonia, Vieusseuxia, Watsonia, Witsenia.

Irvingia du Gabon produit une amande plate pour stéarine, Beurre de Cay-Cay, 4 espèces.   Simarubacées.

Isatia-Densia ou Botrytis-Tenella, champignon pour combattre le ver blanc (Lemoult 1890).   Champignonacées.

Isatidées 8ᵉ tribu de la famille des Crucéferacées : 31 genres. 135 espèces.

Isatis-tinctoria Pastel. plante industrielle à longue tige, petites fleurs jaunes, 30 espèces, 65 variétés.   Cruciféracées.

Isnardie des marais plante 20-40 c., feuilles sans poils, fleurs verdâtres, Ludwigia, 20 espèces.   Onagracées.

Isoète plante aquatique 4-10ᶜ submergée, tige charnue en disque, feuilles étroites, 78 espèces.   Lycopodiacées.

Isoétées 2ᵉ tribu de la famille des Lycopodiacées, 49 genres, 78 espèces.

Isolépis plante 20ᶜ à feuilles vert-foncé ou panachées des bords de l'eau, Scirpus.   Cypéracées.

Isoloma plante à tiges cylindriques, velues, feuilles velues fleurs rouges maculées en tube, 60 espèces.   Gesnéracées.

Isomeris-arborea buisson touffu 100-150ᶜ blanchâtre. feuilles persistantes. fleurs jaune-vif, 1 espèce.   Capparisacées.

Isonandra produit un suc laiteux : la gutta-percha. 1842 en Europe, 8 espèces.   Sapotacées.

Isonandrées 8ᵉ tribu de la famille des Sapotacées, 2 genres, 26 espèces : Isonandra, Mimusops ou Payena.

Isoplexis ou Digitale des Canaries, plante de serre 70-90ᶜ fleurs jaunes safran, 2 espèces.   Scrofulacées.

Isopyrum plante des montagnes boisées, aspect Hellebore, fleurs à 5 pétales, 17 espèces.   Renonculacées.

Isotomia plantes 20-25 c. en touffe, feuilles alternes, fleurs bleu-azuré sur tige de 8-10ʳ, 9 espèces.   Lobéliacées.

Itea-Virginiana arbuste rustique, feuilles alternes, ovales aiguës, fleurs blanches en grappe, 5 esp.   Saxifragacées.

Iva quinquina du Mexique, arbrisseau avec beaucoup de petites fleurs.   Composacées.

Ivette Ajuga-chamaepitys, petite plante à parfum, teucrium, germandrée.   Labiacées.

Ivoire végétal Noix de Corozo ou de Tagua du Phytelephas macrocarpa, 3 espèces.   Palmacées.

Ivraie enivrante, plante des moissons, 30-70ᶜ feuilles plates. mauvaises graines.   Graminacées.

Ivraie vénéneuse Lolium témulentum plante 50-90ᶜ feuilles plates épillets oblongs.   Graminacées.

Ivraie vivace ray-grass, gazon anglais, gazon bien garni, lolium-perenne dans les prés.   Graminacées.

Ivrogne plante 40-80ᶜ Lychnide des Champs à fleurs doubles, roses.   Caryophyllacées.

Ixia plante bulbeuse donne des épis de fleurs étalées en coupe, 25 espèces.   Irisacées.

Ixia (roue d'Ixion) plante avec fleurs en épi sur tige légère, en roue, craint le froid.   Irisacées.

Ixiées 3ᵉ tribu de la famille des **Irisacées** : 19 genres, 324 espèces.

Ixiolirion ou Kolpakowskia, plante bulbeuse du Caucase, fleurs bleu-violet, 2 espèces.   Amaryllisacées.

Ixonanthées 4ᵉ tribu de la famille des **Linacées** : 6 genres, 12 espèces.

Ixora-coccinea arbuste à feuillage luisant, fleurs en gros bouquets écarlates.   Rubiacées.

Ixora-dixiana arbuste à feuilles fermes ; fleurs comme hortensia, Ixora, 135 espèces.   Rubiacées.

Ixora-odorata arbuste à feuilles de ficus élastica, fleurs blanc rosé, long tube, Caféier batard.   Rubiacées.

Ixorées 18ᵉ tribu de la famille des **Rubiacées** : 12 genres, 276 espèces.

J

Jaboranda ou Pilocarpus, arbre du Brésil, fleurs couleur acajou foncé à odeur forte, 12 espèces.   Rutacées.
Jaborosa plante vivace, herbacée, couchée, feuilles ovales, fleurs blanches en tube, 7 esp.   Solanacées.
Jacaranda à feuilles de Mimosa, arbuste de serre à fleurs bleu-violacé en panicules.   Bignoniacées.
Jacaranda bois de Palissandre d'Afrique, Brésil, de l'Inde. Icaranda, 30 espèces.   Bignoniacées.
Jacarandées 3e tribu de la famille des **Bignoniacées** : 5 genres, 50 espèces.
Jacea ou Centaurea nigra, guérissait les blessures du Centaure ; plante avec fleurs purpurines.   Composacées.
Jacée des prés plante des prairies 60-80e fleurs comme Bleuet violacé-rosée.   Composacées.
Jacinthe Hyacinthus 2.000 variétés en Hollande pousse même dans les vases avec de l'eau.   Liliacées.
Jacinthe fleur de printemps, se replante en septembre à 10e de profondeur, 30 espèces.   Liliacées.
Jacobée Senecio, plante bi-annuelle des sables. 50-80e avec beaucoup de fleurs jaunes.   Composacées.
Jacquier ou Jaca Artocarpus integrifolia, arbre des Indes à gros fruits ovoïdes 50-70e.   Urticacées.
Jacquinia arbuste de serre 80-90e feuilles oblongues, petites fleurs jaune orangé, 6 esp.   Myrsinacées.
Jalap ou Ipomaea racines de l'Exagonium-purga ou Taloupatl des Mexicains, pl. grimpante herbacée. Convolvulacées.
Jalap ou Xalapa plante purgative qui entre dans les biscuits purgatifs et l'eau de vie allemande. 1609. Convolvulacées.
Jalap (faux) ou Mirabilis ou Nyctago, plante grimpante, fleurs belle de nuit du Pérou, 12 espèces.   Nyctaginacées.
Jalousie Balsamine impatiens, merveille à fleurs jaunes, donne teinture rouge.   Géraniacées.
Jalousie Giroflée muret, ramoneuse, savoyarde, feuilles rouille.   Cruciféracées
Jalousie œillet de poète barbu, bouquet parfait, Dianthus barbatus, tunica.   Caryophyllacées.
Jambolin Jambos, prunier de Malabar, arbre de 4 à 6 m ; donne un fruit sucré.   Myrtacées.
Jambon des Jardiniers Enothère bi-annuelle ; les racines se mangent cuites ou en salade, 100 espèces. Onagracées.
Jambosa Eugenia, arbre dont les racines donnent une oléo-résine, fruit aspect goyave.   Myrtacées.
Jambosier arbrisseau de serre à Paris, feuilles luisantes, produit petite pomme, saveur de rose.   Myrtacées.
Jambosse ou Beref, graines de courges du Sénégal, pour huile à savon.   Cucurbitacées.
Jamelac Eugenia, arbre de 3-4m donne un fruit à odeur de rose peu recherché.   Myrtacées.
Jamelongue Eugenia, arbre des pays chauds donne un petit fruit, fait le vin de Myrte.   Myrtacées.
Jamesia arbuste du Mexique, touffu, aspect viburnum, fleurs blanches en panicule.   Saxifragacées.
Jamrose Jamerose, Jambosier, Eugenia, arbre de l'Asie, produit la pomme de rose.   Myrtacées.
Jaquier Artocarpus ou arbre à pain, produit un fruit très nourrissant, 40 esp.   Urticacées.
Jardin d'acclimatation de plantes coloniales à Nogent-sur-Marne (Seine) à l'Etat.
Jardin botanique de l'Ecole de Pharmacie à Paris entre le Luxembourg et l'Observatoire.
Jardin d'essai du Hamma à 3 kilomètres d'Alger, superficie 70 hectares, végétation luxuriante.
Jardin d'essai à Antibes, de Gustave Thuret 1856, au ministère de l'Instruction publique depuis 1875.
Jardin exotique 1922, de Monte-Carlo, 3.500 espèces 18.000 sujets ; aux Rivoires, altitude 126 mètres.
Jardin des îles Hespérides était planté d'Orangers, probablement : les Canaries et du Cap Vert.
Jardin de Kew aux environs de London, arbres et plantes rares, Musée très riche.
Jardin des plantes à Paris. 1635 par Guy de la Brosse, l'Acacia de Robin planté en 1636 ; le Cèdre du Liban en 1734.
Jardins flottants en Chine sur rivière comme à Canton sur des barques.
Jardot ou jardriaux, plante qui empoisonne les cultures de céréales.   Léguminacées.
Jarosse lathirus-cicera, gesse chiche, jarande, pois cornu pour pigeons (Ciceron de Cicer).   Léguminacées.
Jarosse d'Auvergne lentille à une fleur, fourrage annuel en mélange.   Léguminacées.
Jarrah Eucalyptus-marginatas d'Australie, bois très dur, nuance chocolat acajou   Myrtacées.
Jasione des montagnes ou herbe bleue, plante en rosette, fleurs bleues sur tige, 12 esp.   Campanulacées.
Jasmin arbuste ligneux 1629 en Europe, fleur à odeur très agréable, 100 esp., 130 variétés.   Oléacées.
Jasmin de la Caroline, Gelsemium, arbuste grimpant à belles fleurs jaunes, poison, 3 espèces.   Loganiacées.
Jasmin de Virginie Bignonia radicans donne fleurs rouge orangé en trompette, 25 espèces.   Bignoniacées.

Jasminanthes ou Stephanotis pl. ligneuse grimpante fruit vert avec coton, 14 espèces.   Asclépiadacées.
Jasminées 1re tribu de la famille des **Oléacées** : 3 genres, 145 espèces : Jasmin, Menodora, Nyctanthes.
Jasmincïde Lycium barbarum arbrisseau épineux feuilles lance fleurs blanc pourpre.   Solanacées.
Jatamensi plante à racines parfumées, produit le Nard de l'Inde, Nardostachys, 2 espèces.   Valérianacées.
Jatropha-curcas donne les Pignons d'Inde, on en fait une huile purgative feuilles en violon.   Euphorbiacées.
Jatropha-élastica ou Siphonia-cahuchu produit un caoutchouc Brésil et Guyane, Hevea, 9 esp.   Euphorbiacées.
Jatropha-manihot Saracine produit le Manioc, qui devient : Tapioca ou Sagou.   Euphorbiacées.
Jatropra-miniha Arbuste 200e des Antilles, du Brésil et de la Guyane, Jatropha ou Curcas, 70 espèces.   Euphorbiacées.
Jaunisse ou Ictère, lorsque les feuilles jaunissent par arrêt de végétation ou trop d'humidité.
Jeannette Narcisse des prés à fleurs jaunes. Aiault, porion, coucou, chaudron.   Amaryllisacées.
Jeannette blanche Narcisse des poètes, plante des bois, prés, 40-50e fleurs blanches.   Amaryllisacées.
Jeannette jaune faux narcisse, plante des bois, 20-40e fleurs jaunes.   Amaryllisacées.
Jeffersonia plante de rocaille, feuilles sur tige 8-10e fleurs blanches à 8 pétales, 2 esp.   Berbérisacées.
Jequirity Abrus précatorius, grains d'Amérique rouge vif ou pourpre pâle, 6 espèces.   Léguminacées.
Jericho (Rose de) Anastatique des sables de Syrie à l'état séchée elle se développe dans l'eau.   Cruciféracées.
Jet pousse d'une année sur la branche le tronc ou la souche d'un végétal.
Jet de Hollande ou Rotang ou Rotin ou jonc à canne : palmier-liane qui s'enroule.   Palmacées.
Jochroma ou iochroma, arbuste grimpant, petites feuilles fleurs odeur agréable, 15 espèces.   Solanacées.
Johnsoniées 14e tribu de la famille des **Liliacées**, 9 genres, 27 espèces.
Joliffia ou **Telfairea** plante liane, de ses fruits on retire une huile comestible, 2 esp.   Cucurbitacées.
Jonc en arbre Spartium, Genet d'Espagne, arbuste à fleurs jaunes, une espèce.   Léguminacées.
Jonc aromatique Vetiver, chiendent des Indes à racines parfumées on en fait des brosses, Andropogon.   Graminacées.
Jonc à canne ou Rotin ou Rotang ou Jet de Hollande ou d'Espagne, espèce de palmier-liane.   Palmacées.
Jonc épars Juncus, jonc creux, plante vivace, feuilles engainantes longues.   Joncacées.
Jonc fleuri Butome, plante à fleurs roses en ombelle du bord des eaux, une espèce.   Alismacées.
Jonc des marais plante à tige droite cylindrique, sans feuilles, fleurs, latérales 6 étamines   Joncacées.
Jonc marin ulex ajonc, genet épineux, plante vivace, ligneuses, pour clôtures, 12 espèces.   Léguminacées.
Jonc à nattes Scirpus de la Cochinchine à grosse tige nue.   Cypéracées.
Jonc des tonneliers Scirpe des lacs, tige arrondie, fleurs au sommet en épillets.   Cypéracées.
JONCACÉES 21' famille des Monocotylédones, 8 genres, 209 espèces (de Joncus : joindre, sert à lier).
JONCACÉES Distichia, Jonc ou Juncus, Luciola ou Luzula, Marsippospermum, Oxychloe, Prionium, Rostkovia, Thurnia.
Joncaginées ancienne famille réunie aux Naïadacées (Triglochin, Scheuchzeria palustres).
Jongermanniées 1re tribu de la famille des **Hépaticacées**, 129 genres.
Jonquille narcisse jaune-feu dont on extrait une huile parfumée, feuille cylindrique.   Amaryllisacées.
Joséphinia plante 60-90e tige noueuse, feuilles en cœur, fleurs jaunâtres en cloche, 4 espèces.   Pédalinacées.
Joubarbe des toits sempervivum-tectorum, petit artichaut aux jolies fleurs jaunes.   Crassulacées.
Joubarbe petit artichaut sauvage, on en fait des lettres, dessins, bordures, 30 variétés cultivées.   Grassulacées.
Jouet du vent Agrostis spica-venti, plante des champs 20-80', fleurs jaunâtres ou violacées.   Graminacées.
Joyote ou Cerbera ou Tanghinia, Arbre du Mexique, à fl. jaunes en cyme, tribu des pluмériées, 4 esp.   Apocynacées.
Jubaea ou **Jubé** palmier coquito du Chili, plus élégant que le phénix, produits un suc, Micrococos, 1 esp.   Palmacées.
JUGLANDACÉES 165' famille des Dicotylédones, 5 genres, 35 espèces (de Jupiter ; gland).
JUGLANDACÉES Carya, Engelhardtia, Hyckory ou Hicorias, Juglans ou Noyer, Platycarya, Pterocarya.
Juglans Noyer, arbre fruitier à bois dur pour les charrons et les sabotiers, 9 espèces, 12 variétés.   Juglandacées.
Jujubier Zizyphus, arbre fruitier à épines, fleurs jaunes, fruit grosseur cerise à noyau long, 65 espèces.   Rhamnacées.
Julibrissin Mimosa ou Acacia de Constantinople, 1745 en France, arbre sans épines.   Léguminacées.
Julienne plante 40-60e à feuilles lances fleurs rosées, Cheiranthus 12 espèces.   Cruciféracées.
Julienne Hesperis, espèce de Giroflée dont on tirait une mauvaise huile à brûler.   Cruciféracées.
Julienne de Mahon ou giroflée de Mahon, belle espèce à grosses fleurs.   Cruciféracées.
Julienne sèche conserve de légumes par Masson et Gannal 1845-1853.

Jumens plante à tige cylindrique sert à faire des cordes, nattes, paniers.   Joncacées.

Juncaginées 1ʳ tribu de la famille des **Naïadacées** ; 4 genres, 14 espèces : Lilea, Scheuchzeria, Tetroncium, Triglochin.

Juncus Jonc, plante cylindrique semi-aquatique, une espèce est zébrée 160 esp. 200 variétés.   Joncacées.

Jungermanniées 1ᵉ tribu de la famille des **Hépaticacées** ; 135 genres, 3587 espèces.

Junipérinées de la 2ᵉ tribu de la famille des **Coniféracées** ; 1 genre, 31 espèces : Juniperus ou Oxycedrus.

Junipérus argentea, 1664 de Virginie, arbuste d'ornement, cèdre rouge pour crayons.   Coniféracées.

Junipérus genevrier, arbuste et arbrisseau à feuillage un peu épineux produit petites baies.   Coniféracées.

Junipérus oxycedrus ou genevrier cade à baies rougeâtres donne l'huile de cade.   Coniféracées.

Jurinea plante bisannuelle 50-90ᶜ, feuilles blanches en dessous fleurs rose violacé, 40 espèces.   Composacées.

Jus d'herbes ou rentre feuilles fraîches de chicorée, cresson, fumeterre et laitue.

Jusquiame Hyoscyamus-niger plante vénéneuse 50-60ᶜ fleurs jaunes, veinées pendantes, 9 espèces.   Solanacées.

Jussiaea plante aquatique flottante, 3-4ᵐ à belles fleurs jaunes, Corynostigma, 40 espèces.   Onagracées.

Justicia ou **Sarotheca** arbrisseau et arbuste à belles feuilles, fleurs en épis 1669, 110 espèces.   Acanthacées.

Justiciées 5ᵉ tribu de la famille des **Acanthacées** : 82 genres, 900 espèces ou variétés.

Jute Corchorus-capsularis, Corète textile, 1725 en France, on en tire une filasse.   Tiliacées.

Jute ou **Corete** plante comestible à la Martinique.   Tiliacées.

Jute ou **Pitt** Corchorus-olitorus, chanvre de Calcutta, s'emploie beaucoup, 45 espèces.   Tiliacées.

K

Kadsura-Japonica ou Sarcocarpon, plante grimpante 2-4ᵐ fleurs blanches, 6 pétales, 7 espèces.   Magnoliacées.

Kaempferia plante de serre chaude à grandes et belles feuilles comme Maranta, fl. odorantes, 18 esp.   Zingibéracées.

Kageneckia arbuste du Chili à feuilles persistantes, coriaces, fleurs blanches en grappes, 4 espèces.   Rosacées.

Kaki 1789 du Japon, fr. du Diospyros, l'espèce à gros fr. de Nice vient de Chine 1860. 5 esp., 22 variétés   Ebénacées.

Kaki-ka-koumi espèce à très gros fruits, aplatis, bien colorés, aspect grosse tomate.   Ebénacées.

Kaki de Nice greffé par Geny en 1860, dans sa propriété à Saint-Roch, villa des Diospyros.   Ebénacées.

Kak-ul Mimosa ou Acacia-Stenocarpa, arbre produisant une gomme.   Léguminacées.

Kaladana grains de Pharbitis ou Ipomée plante grimpante, belle de jour.   Convolvulacées.

Kalanchœ plante à feuilles charnues, panachées, fleur longue tige, Calanchoe, 36 espèces.   Crassulacées.

Kalatil des Indes Guizotia, plante oléagineuse, donne l'huile de Niger, Ramtilla, 3 espèces.   Composacées.

Kali ou **Salsola** plante marine feuilles presque cylindriques, épineuses, pour la soude, 40 espèces.   Chénopodiacées.

Kali ou **Alcali** Chenopodium-maritimum, produit : Soude, Potasse, Ammoniaque.   Chénopodiacées.

Kalmia arbrisseau ou arbuste avec petites fleurs roses, rouges ou blanches, 1734 en France, 6 espèces.   Ericacées.

Kalysaïa espèce de quinquina jaune ou royal du Pérou, cinchona 36 espèces.   Rubiacées.

Kamala tirée du Rottlera-tinctoria arbre couvert de poils, teinture rouge pour la soie.   Euphorbiacées.

Kandelia arbre qui fournit un bois dur pour l'industrie, Colonies françaises, 1 espèce.   Rhizophoracées.

Kandis Lepidium, passerage, cresson des ruines, plante 70-90ᶜ fleurs blanches, 80 espèces, 100 variétés.   Cruciféracées.

Kantem algue alimentaire du Japon ou Agar-Agar, gélose, gelidie, nid d'hirondelle.   Alguacées.

Kanva (beurre de) tiré des graines de Pentadesma-butyracea, Afrique (ouest).   Guttiféracées.

Kapokier Eriodendron produit un fruit contenant une sorte de coton. Kapok, 9 espèces.   Malvacées.

Karat semence d'Erythrina-indica servait à peser l'or et les pierres précieuses, Kuara.   Léguminacées.

Karatas ou Nidularium, plante à grosses feuilles épaisses, fleur au centre, 3 espèces.   Broméliacées.

Kari mélange de Curcuma, girofle, muscade, piment et poivre.

Karité (beurre de) retiré des graines du Butyrospermum du Sénégal et du Soudan. Une espèce.   Sapotacées.

Karradooun Acacia horrida du cap de Bonne-Espérance.   Léguminacées.

Karri Eucalyptus-versicolor de l'Australie, bois très dur, couleur sang desséché.   Myrtacées.

Kaulfussia amelloïdes, plante 18-22ᶜ rameuse, à fleurs bleu d'azur ou rose. Une espèce.   Composacées.

Kaulfussia fougère des pays chauds, tribu des Marattiacées.   Fougéracées.

Ka-va-Kawa macropiper, arbrisseau 200ᵉ des Iles de l'Océanie, on en tire une résine, 6 espèces.　　　Pipéracées.

Kawa-ha-Utter Baquois ou Vaquois, on fait des nattes avec les fibres de ses feuilles, Barrotia, 50 esp.　　　Pandanacées.

Kayaputi (arbre blanc) Melaleuca, on en tire l'essence de Cajeput, 100 espèces.　　　Myrtacées.

Kédrostis africana sur tubercule, plante grimpante 120ʳ à petites feuilles, Caniandra, 12 espèces.　　　Cucurbitacées.

Kéfir Semences de Diapora-caucasia, font fermenter le lait, 33 espèces.　　　Champignonacées.

Keiroun ou Ciron petite mouche qui produit le ver de l'olive, faire une récolte hâtive.

Kennedya plante vivace palissée ou grimpante fleurs violacées blanches ou rouges, 17 espèces.　　　Léguminacées.

Kentia (Kincia) palmier à feuilles palmettes longues tiges, retombantes, fe. penniséquées, 3 espèces.　　　Palmacées.

Kentia de la Nouvelle-Calédonie, donne un chou palmiste comestible.　　　Palmacées.

Kentiopsis palmier à feuilles penniséquées ou palmette comme Kentia, 2 espèces.　　　Palmacées,

Kentrophyllum chardon à feuilles argentées, tige velue, fleurs jaunes, Carthamus, 20 espèces.　　　Composacées.

Kermès (chêne au) arbuste 100ᵉ de la riviera sur laquelle vit l'insecte hémiptère.　　　Cupuliféracées.

Kermès ou punaise du Pécher, insecte comme petite tortue minuscule.

Kernera plante à feuilles en rosette, fleurs blanches, silicules très convexe, 26 espèces.　　　Cruciféracées.

Kerria arbuste non épineux 100-150ᵉ, produit petites roses jaunes, 2 espèces.　　　Rosacées.

Kerria Japonica, arbuste à bois vert, donne quantité de fleurs jaunes remontantes.　　　Rosacées.

Kerria (faux) Rhodotypus-Kerrioïdes, arbuste à grandes fleurs blanches, une espèce.　　　Rosacées.

Ketmie comestible, produit la fève Gombo des peaux-rouges, Sabdariffa.　　　Malvacées.

Ketmie Hibiscus, Mauve en arbre, rose de Provence, 2-4ᵐ fleurs avec pétales soudés.　　　Malvacées.

Ketmie musquée, Ambrette plante couverte de poils, herbe musquée, fleurs jaune-soufre.　　　Malvacées.

Kew (Kiou) Jardin d'acclimatation aux environs de London. Musée de végétaux très riche.

Khaya ou Cailcedra, Garretia arbre fournissant l'acajou du Sénégal. 2 espèces.　　　Méliacées.

Kickxia ou Funtumia-elastica, arbrisseau donnant le caoutchouc du Lagos, 2 espèces.　　　Apocynacées.

Kif d'Algérie ou Telkouri, plante rugueuse à feuilles opposées, variété de chanvre.　　　Urticacées.

Kif ou **Kiff** tiré du chanvre d'Algérie, se fume comme l'opium, Cannabis-Sativa.　　　Urticacées.

Kigelia pinnata plante à fruit curieux comme la calebasse, 4 espèces.　　　Bignoniacées.

Kiggelaria arbuste à feuilles ovales dentées en scie, petites fleurs blanches jaunâtres, 3 espèces.　　　Bixacées.

Kina-Kina ou quinquina, arbre du Pérou, fleurs et parfums de nos lilas.　　　Rubiacées.

Kinarredoun (Confiture de) pour Cynorrhodon : Commerce important à Meyreuis (Lozère).

King Kleinia, Sénécio, plante à feuilles charnues pour rocailles.　　　Composacées.

Kinkeliba ou Combretum-Raimbaultii contre la fièvre hématurique bilieuse en Afrique.　　　Combrétacées.

Kino d'Afrique, gomme noire provenant du Pterocarpus-mursupium.　　　Léguminacées.

Kino d'Amboine ou de l'Inde provient du Nauclea et Uncaria ou Ourouparia.　　　Rubiacées.

Kino du Bengale, gomme laque tirée du Butea-frondosa, Quino.　　　Léguminacées.

Kino de la Colombie, tiré du Rhizophora-Bruguiera.　　　Rhizophoracées.

Kiris giroflée quarantaine à feuilles de cheiri, vertes et lisses, grandes fleurs jaunes.　　　Cruciféracées.

Kitaibelia plante velue, 200ᵉ, à feuilles de vigne, fleurs blanc-pur, graines poilues, 2 espèces.　　　Malvacées.

Kleinia articulata, plante à longues tiges et feuilles charnues, une variété est cotonneuse.　　　Composacées.

Klugia ou Glossanthus plante à feuilles coriaces, opposées, fleurs bleues en grappes penchées, 4 esp.　　　Gesnéracées.

Knautia scabieuse des prairies 30-90ʳ fleurs violettes sur longue tige.　　　Dipsacées.

Knightia petit arbre à feuilles persistantes, coriaces et dentées, 3 espèces.　　　Protéacées.

Kniphofia 1707 plante naine, vivace, avec fleur en tube, jaune-rouge-pourpre sur tiges, 20 espèces.　　　Liliacées.

Knowitonia ou **Anamenia** plante vivace herbacée, aspect hellébore, fleurs vert-jaunâtre, 6 espèces.　　　Renonculacées.

Knoxiées 14ᵉ tribu de la famille des **Rubiacées** : 3 genres, 12 espèces : Knoxia, Pentanisia, Synisoon.

Kô plante de Chine dont on fait une belle toile blanche et fraîche.　　　Urticacées.

Kobrésie plantes des Alpes, fleurs sous chaque écaille, graines nues, 4 espèces, 8 variétés.　　　Cypéracées.

Kochia plantes des champs, rochers, sables du midi, 3 espèces, à l'état sauvage 20-50ᵉ.　　　Chénopodiacées.

Kochia plante curieuse, verte en été devient rouge à l'automne, 30 espèces.　　　Chénopodiacées.

Kochia trichophylla, plante 100ᵉ feuilles charnues, fruits à l'aisselle.　　　Chénopodiacées.

Koco ou Cousso ou Brayera, arbre de l'Abyssinie, donne le Kousso, une espèce.   Rosacées.

Koclerie ou **Kœleria** plante des champs, chemins, sables 15-40° fl. à deux bractées, panachées, 15 esp. Graminacées.

Koëlreutéria ou Cururu, 1879, arbre 3-4ᵐ feuilles composées fleurs jaunes en panicule, 2 espèces.   Sapindacées.

Koëlreutériées 10° tribu de la famille des **Sapindacées**, 3 genres, 5 espèces : Erythrophysa, Kœlreuteria, Stocksia.

Koempferie plante de serre, racines à tubercules, grandes f. d'abord roulées, fl. odorantes, 8 espèces. Zingibéracées.

Koeniga-maritima plante à petites fleurs blanches comme l'Alyssum.   Cruciféracées.

Kœnigiées 2° tribu de la famille des **Polygonacées**, 6 genres, 9 espèces.

Kokum (beurre de) tiré des graines du Brindonier de l'Inde, on en fait aussi des gelées et sirops.   Guttiféracées.

Kola (noix de) ou du Soudan, Gourou, Ombène du Kola acuminata, Siphoniopsis, 11 espèces.   Sterculiacées.

Kombo arbre du Gabon, produit un suif végétal utile.   Myristicacées.

Konjak Amorphophallus du Japon, on en retire une fécule comestible.   Aroïdacées.

Kopsia arbuste de serre, feuilles coriaces opposées, fleurs rouges, odeur agréable, 4 espèces.   Apocynacées.

Kordelestris ou Jacaranda, arbuste de serre à feuilles de mimosa, fleurs violacées, 30 espèces. Bignoniacées.

Korokia ou Corokia petit arbuste toujours vert aspect du Cotoneaster, petites fl. jaunes en panicule, 2 esp. Cornacées.

Korthalsia ou Calmosagus palmier de serre chaude à Paris, Ceratolobrus, 19 espèces.   Palmacées.

Kotchubea arbre de la Guyane, feuilles opposées, fruits avec 6-7 noyaux, une espèce.   Rubiacées.

Koudrou du Japon plante textile : Pueraria-Thumbergiana, fleur bleue, 10 espèces.   Léguminacées.

Koukounaria sapin de Cephalonie découvert en 1824 par Napier, cône de 18°.   Coniféracées.

Koussotier arbre de l'Abyssinie, produisant la fleur Cousso ou Kousso (ténia). Brayera, une espèce. Rosacées.

Krameria arbuste avec belles feuilles, fleurs en ombelle blanches, Ratanhia, 25 espèces.   Polygalacées.

Krubul plante parasite avec fleurs de 2 pieds 9 pouces du Rafflesia de Sumatra, 4 espèces.   Cytinacées.

Kudsu ou Kudzu. Pueraria-Thumbergi, arbuste grimpant, fleur bleue, 10 espèces.   Léguminacées.

Kuhnie arbuste 15-20° en touffe à feuilles de romarin, fleurs d'un pourpre brun, une espèce. Composacées.

Kummel c'est le nom allemand du carum, carvi plante aromatique, Anis.   Ombelliféracées.

Kundmannie plante alpine 10-30° feuilles en triangle, fleurs blanches ou jaunes, 2 espèces. Ombelliféracées.

Kungia ou **Urena**-simata, plante textile des régions tropicales, 6 espèces.   Malvacées.

Kunthia ou **Garuga** arbre de l'Archipel indien à résine, 3 espèces.   Burséracées.

Kurbeta balsamodendron, arbre produisant la myrrhe ou baume de la Mecque.   Burséracées.

Kydia Arbrisseau à feuilles par 5, arbre de 40ᵐ aux Indes or, fleurs blanches en panicule, 3 esp. Malvacées.

Kyouy plante de Chine très employée, remplace le sel.

L

Labelle pétale inférieur pendant, de la fleur des Orchidées.   Orchidacées.

LABIACÉES 135° famille des Dicotylédons, 8 tribus. 142 genres, 2700 espèces (de labia : lèvre).

LABIACÉES principaux genres et espèces : Achyrospermum, Acinos, Acrocephale, Acrotome, Aeolanthus, Agripaume, *Ajuga*, Amaracus, Amethystea, Anisochilus, Anisomeles, Audibertia, Ballote, Basilic, Betoine, Brunelle, Bugle, Bystropogon, Calamintha, Cataire, Catopheria, Cedronelle, Ceranthera, Chairture, Chamepithys, Chamoedrys, Cléonie, Clinopode, Coleus, Collinsonia, Colquhounia, Crapaudine, Crosne, Cuminia, Cunila, Cymaria, Dysophylla, Dracocéphale, Elsholtzia, Epiaire, Eremostachys, Eriope, Galéopdelon, Galéopsis, Gardoquia, Geniospore, Germandrée, Glechoma, Glechon, Gomphostemma, Hedeoma, Hemigenia, Horminum, Hymenocrater, Hyptis, Hysope, Keithia, Lallemantia, Lamier, Lasiocorys, Lavande, Leonotis, Leonurus, Leucas, Lierre-terrestre, Lophantus, Lycope, Marjolaine, Marrube, Mélisse, Melitte, Menthe, Mesona, Microcorys, Micromeria, Molucelle, *Monarde*, Moschosma, Mosla, *Nepeta*, *Ocimum*, Origan, Orthosiphon, Ortie-blanche, Orvale, Otostegia, Patchouly, Peltodon, Perilla, Perowskia, Phlomide, Phyllostegia, Physostegia, Platystoma, Plectranthus, Pogogyne, Pogostemon, Poliomintha, Pouliot, *Prasium*, *Prostanthera*, Prunella, Pycnanthemum, Pycnostachys, Romarin, Salvia ou Sauge, Sariette, *Satureia*, Sclarea, Scutellaire, Serpolet, Sideritis, Sphacele, Spica, *Stachys*, Stenogyne, Syncolostemon, Teucrium, Thym, Tinnea, Toque, Trichostema, Westringia, Yermolofia, Ziziphora.

Labiées plantes à tiges carrées, feuilles opposées, fleurs à l'aisselle des feuilles ou terminales.   Labiacées.

Labiées plantes aromatiques, par excellence, la corolle est bilabiée, de là son nom. — Labiacées.

Lablab Dolique d'Egypte, à fleurs violettes, gousses violet-pourpre, variété d'haricot. — Léguminacées.

Labramiées 3ᵉ tribu de la famille des **Sapotacées**, 2 genres, 2 espèces : Labramia, Northea.

Laburnum Cytise à belles grappes de fleurs jaune d'or, Podocytisus, 3 espèces. — Léguminacées.

Lacepeda arbrisseau en buisson 3-4ᵐ toujours vert, fleurs blanches en grappes, 8 espèces. — Staphyléacées.

Laceron Sonchus, Laitron, Laitue de lièvre, régal des lapins, 30 espèces. — Composacées.

Lachenalia 1774 plante de serre, bulbeuse, f. engaînantes, fleurie en mars, avril, odorante, 30 espèces. — Liliacées.

Lachnée arbuste 70-100ᶜ de serre tempérée, feuilles linéaires, fleurs cotoneuses blanches, 18 espèces. — Thymélacées.

LACISTÉMACÉES-170ᵉ famille des Dicotylédons, 1 genre, 16 espèces (déchirure, couronne).

LACISTÉMACÉES Didymandra ou Lacistema ou Nematospermum de l'Amérique tropicale.

Lactaire-orangé champignon comestible, nom vulgaire Viau. Lactarius, 5 espèces. — Champignonacées.

Lactaire-poivre variété de champignon comestible, vache blanche. — Champignonacées.

Lactuca laitue, plante comestible, se mange surtout en salade, 65 espèces. — Composacées.

Ladanum substance résineuse produite par le cistus-cyprinus de Chypre et de Crète. — Cistacées.

Laelia-purpurata belle espèce d'orchidée avec fleurs superbes, Laelia, 20 espèces. — Orchidacées.

Lagenaria gourde pelerine, ou forme vessie ou en trompette, etc., etc., 1 espèce. — Cucurbitacées.

Lagerstroëmia flos-reginea Arbuste 150ᶜ, à fleurs roses le matin et pourpres le soir, Munchausia. — Lythracées.

Lagerstroëmia indica Arbrisseau 3ᵐ, élégant, feuilles ovales, fleurs pourpres frisées, ou roses, 21 esp. — Lythracées.

Lagetta-lintearia Arbre des Antilles, 10ᵐ, fleurs en panicule, écorce vésicante, bois-dentelle, 2 esp. — Thymélacées.

Lagunaria-patersoni Arbre branches opposées, petites f. ovales blanchâtres en-dessous, fl. roses, 2 esp. — Malvacées.

Lagunea Arbrisseau 200-250ᶜ, feuilles longues, pointues, grandes fleurs rose violacé. — Polygonacées.

Lagurus ou **Lagure** plante des prés avec graine en pompon velouté, épi laineux, 1 espèce. — Graminacées.

Laiche carex, plante à tiges triangulaires, feuilles à petites dentelures, mauvais fourrage. — Cypéracées.

Laiche-des-Sables carex arenaria, durée 3 ans, racines traçantes, oyat, gourbet, belles feuilles. — Cypéracées.

Lait végétal 1º du Galactodendron, 2ᵒ Tabernaemontana-utilis, 3º Cocotier et certains palmiers.

Laiteron sonchus, laitron, liarge, lait d'âne, pain et laitue de lièvre, belles fleurs jaunes, 30 esp. — Composacées.

Laitue lactuca, plante potagère pour salade, 65 espèces, nombreuses variétés. — Composacées.

Laitue batavia variété très grosse à feuilles ondulées sur les bords — Composacées.

Laitue frisée chicorée à feuilles très divisées pour cuire ou en salade, 16 variétés. — Composacées.

Laitue de mer ulva-lactuca, se mange en salade, aspect zostère, régal des tortues. — Alguacées.

Laitue pommée sauf la frisée et la romaine toutes les laitues sont pommées, 61 variétés. — Composacées.

Laitue romaine ou chicon à feuilles longues et non pommée, salade tendre, 19 variétés. — Composacées.

Laitue vireuse plante des chemins champs pierreux 50-120ᶜ, fleurs jaunes (suc: Thrydàce). — Composacées.

Lakaby ou **Lakmi** Sève du palmier-dattier, comestible et parfois d'un grand secours. — Palmacées.

Lallemantia ou Dracocéphale, plante 20-25ᶜ, velue, fleurs bleu tendre, 30 espèces. — Labiacées.

Lalo feuilles du Baobab séchées et pulvérisées employées comme aliment et médicament. — Malvacées.

Lamarchea arbre originaire de l'Australie occidentale, 1 espèce. — Myrtacées.

Lamarckia plantes des rochers, sables du midi, 10-30ᶜ devenant d'un jaune doré. — Graminacées.

Lambertia arbuste 150-180ᶜ, feuilles argentées en dessous, fleurs roses en capitule conique, 8 esp. — Protéacées.

Lambrusque plante sarmenteuse pour tonnelle, grandes feuilles cotonneuses, gros raisin. — Vitisacées.

Lamier-blanc fausse ortie des fossés, à fleurs blanches, ne piquant pas. — Labiacées.

Lamier-couleurs plante 50-65ᶜ à feuilles panachées, s'emploie en bordure ou massif. — Labiacées.

Laminaire plante marine jusqu'à 3ᵐ de long que la tempête rejette sur la plage. — Alguacées.

Laminaire-sucrée longues et larges feuilles, chauffage en Bretagne, calcougne. — Alguacées.

Laminaria-digitata la tige en s'imbibant de liquide se gonfle considérablement. — Alguacées.

Lamirum plante 60ᶜ, tiges carrées, rougeâtres, feuilles en cœur, grandes fleurs blanches. — Labiacées.

Lampette lychnis, nielle des blés, à fleurs roses, œillet de Dieu, ivrogne-mierge. — Caryophyllacées.

Lampourde Xanthium, petite bardane, glouteron avec ou sans épines 20-80ᶜ, fl. jaunes, 4 esp. : 20 var. — Composacées.

Lampsane lampsana hedypnoïde, plante des champs 20-80ᶜ, décombres, f. dent., 4 esp., 9 variétés. — Composacées.

Lanceana arbre d'ornement, variété de mimosa, à fleurs jaunes.   Léguminacées.
Lande genêt épineux, ajonc marin, mauvais fourrage, sert à chauffer le four.   Léguminacées..
Landes terres incultes souvent recouvertes d'ajoncs, de bruyères, de genêts, abris pour le gibier.
Landolphia liane de Madagascar, produisant du caoutchouc, 17 espèces.   Apocynacées.
Lanessalia arbuste à suc laiteux, feuilles alternes, fleurs pendantes, 2 espèces.   Urticacées.
Langsdorfflées 6ᵉ tribu de la famille des **Balanophoracées** ; 2 genres, 2 espèces : Langsdorffia, Thonningia.
Langue de bœuf Arum maculatum, gouet, pied de veau, pain de lièvre.   Aroïdacées.
Langue de bœuf anchusa, plante avec feuilles rugueuses, fleurs bleues.   Borraginacées.
Langue de cerf Scolopendrium, fougère à belles feuilles larges frisées des puits.   Fougéracées.
Langue de chien petite plante à feuilles de lin, nombril de Vénus, cynoglosse, argentine.   Borraginacées.
Langue de femme briza-média, amourette, tremblette, remue toujours, pl. des fossés, prairies.   Graminacées.
Langue d'oiseau Stellaire, Alsine, Gouffeia, plante rafraîchissante, laxative. Arenaria.   Caryophyllacées
Langue de serpent Ophioglossum vulgatum, fougère à une seule feuille.   Fougéracées.
Langue de vache Consoude, plante 140ᶜ à grandes feuilles, fleurs roses, oreilles d'âne.   Borraginacées.
Languettes ou Ligules ou demi fleuron (fl. en) la couronne des marguerites que l'on effeuille, pour savoir si l'on est aimé.
Lantana arbuste 70-130ᶜ feuilles rudes à odeur, fleurs en corymbe 53 variétés cultivées.   Verbenacées.
Lantana-viburnum viorne-mancienne, feuilles ovales dentées, fruit noir cotonneux.   Caprifoliacées.
Lanterne-chinoise physalis-cerise en chemise, fruit jaune enveloppé, Coqueret, Alkekenge, 30 esp. Solanacées.
Lapageria roséa, plante grimpante, feuilles coriaces, fleurs comme lis, violet et bleu foncé, 1 esp. Liliacées.
Lapeyrousia plante 30-40ᵉ rameuse, feuilles engaînantes, fleurs roses ou bleues en épis, 18 esp. Irisacées.
Lappa Bardane, plante 70-120ᵉ grandes feuilles, sur talus, décombres, fruit petit artichaut, 7 esp. Composacées.
Lappula ou Echinospermum plante des décombres, f. velues, petites fl. bleues en grappes, 50 esp. Borraginacées.
Lapsana plante des champs chemins, tiges dressées, fleurs jaunes, 4 espèces, 9 variétés.   Composacées.
Laque phytolacca-decandra, raisin d'Amérique, pl. 200-250, baies noires.   Phytolaccacées..
Lardizabala-Biternata plante grimpante, fleurs lilas-violacé ou pourpres en grappes, pendantes.   Berbérisacées
Lardizabalées 1ʳᵉ tribu de la famille des **Berbérisacées**, 7 genres, 13 espèces.
Laricio de Corse variété de pin très rustique comme pin noir d'Autriche, 2 feuilles dans la gaine. Coniféracées.
Larix ou Mélèze grand arbre, la résine sort du bois et de l'écorce, f. en faisceaux caduques, 8 esp. Coniféracées.
Larmes de Job coïx-lacrima, larmille, graines comme perles grises pour chapelets, de l'Inde.   Graminacées.
Larmille ou coïx herbe à chapelet, plante 80-90ᵉ, feuilles rubanées, fleurs en épis ; 4 esp.   Graminacées.
Laser ou Laserpitium, pl. des bois, prés, rochers 50-120ᶜ, fl. blanches, fr. dur. ovale, 20 esp. Ombelliféracées..
Laserpitiées 9ᵉ tribu de la famille des **Ombelliféracées**, 9 genres, 37 espèces.
Laserpitium ou Archangelica plante aromatique, donne par incision un parfum ; fleurs blanches.   Ombelliféracées..
Lasiagrostis plante 70-100ᵉ, feuilles raides puis enroulées, fleurs jaunâtres avec poils, 100 espèces. Graminacées.
Lasiandra plante en petit buisson, feuilles velues, grandes fleurs bleu foncé violacé, 174 espèces. Mélastomacées..
Lasioïdées 4ᵉ tribu de la famille des **Aroïdacées** ; 19 genres, 82 espèces.
Lasiopétalées 8ᵉ tribu de la famille des **Sterculiacées**, 8 genres, 70 espèces.
Lasiopétalum arbuste 40-70ᶜ velu, étalé, fleurs purpurines, en grappes, 30 espèces.   Sterculiacées.
Lasthénia plante 30-40ᶜ, petites fleurs jaunes Rancagua. Hologymne, Xantho, 3 espèces.   Composacées.
Lastrea-Filix-mas Polystic, fougère mâle, plante 60-120ᶜ très developpée   Fougéracées.
Latania palmier à grandes feuilles en éventail ou plutôt ombrelle, bords épineux.   Palmacées.
Latanier palmier-éventail, avec ses feuilles on fait des tissus, des chapeaux, 3 esp.   Palmacées.
Lathraea plante cultivée et des bois, clandestine ; fleurs violettes en grappe, 3 espèces.   Orobanchacées..
Lathraea plante parasite de la luzerne et du sainfoin, 3-20ᶜ, écailles colorées, 42 variétés.   Orobanchacées..
Lathyrus 1° gesse cultivée, 2° pois de senteur, 3° Jarosse, fleurs bleues, 120 espèces.   Léguminacées.
Laurelia aromatica arbre toujours vert très odorant, au Pérou il porte des fruits, 2 espèces.   Monimiacées.
Laurella 1546 en France, Nerium, laurier-rose arbuste ou arbrisseau, 3 espèces.   Apocynacées.
Laurencella plante tige vivace, rameuse, feuilles velues, fleurs roses en capitules, Helichrysum. Composacées.
Lauréole Daphne, Bois gentil, plante d'ornement, feuilles persistantes.   Thymélacées.

Lauretin ou Laurier-tin : Viburnum-tinus, arbuste toujours vert, fleurs blanches.   Caprifoliacées.

LAURIACÉES 152ᵉ famille des Dicotylédones, 4 tribus, 42 genres, 900 espèces (du latin Laurus, même sens).

LAURIACÉES Principaux genres et espèces : Acrodiclidium, Actinodaphne, Ajouea, Alseodaphne, Ampelodaphne, Avocatier, Aydendron, Beilschmiedia, Benzoin, Camphrier, Cannellier, *Cassytha*, Cinnamomum, Cryptocaria, Cyanodaphne, Dehaasia, Dedocadenia, Endiandra, *Hernandia*, Laurier, Lindera, *Litsea*, Machilus, Mespilodaphne, Misanteca, Nectandra, Ocotea, Oreodaphne, *Persea*, Phœbe, Pleurothyrium, Ravensara, Sassafras, Sassafridium, Tetradenia, Tetranthera, Umbellularia.

Laurier-d'Alexandrin plante ligneuse, toujours verte, fruits en grappes. Ruscus-racemosus.   Liliacées.

Laurier-amande ou laurier-cerise ou palme, arbuste à feuilles persistantes, 1576 en Europe.   Rosacées.

Laurier d'Apollon ou laurier-sauce ou laurus-nobilis, arbrisseau toujours vert, se taille facilement.   Lauriacées.

Laurier avocat Persea, arbre des Antilles, fruit violet, grosseur d'une poire, goût agréable.   Lauriacées.

Laurier (beurre ou huile de) est retiré des baies du laurus nobilis. Laurus. 2 espèces.   Lauriacées.

Laurier camphrier arbrisseau à feuilles persistantes, produit une résine.   Lauriacées.

Laurier cerise prunus-laurocerasus, laurier-amande, arbuste d'ornement.   Rosacées.

Laurier des poètes ou d'Apollon, laurus nobilis, toujours vert, luisant, feuilles épaisses.   Lauriacées.

Laurier du Portugal (azarero) variété de Laurier-cerise, bois rouge, feuillage épais, luisant.   Rosacées.

Laurier rose nerium-oleander, arbuste d'ornement à fleurs blanches, roses ou jaunes, 3 espèces.   Apocynacées.

Laurier rose l'ennemi de cette plante est l'Aspidiotus-nerci ; employer le jus de tabac à 15 0/0.   Apocynacées.

Laurier de Saint-Antoine epilobium-spicatum, epilobe à épi, 120ᶜ fleurs lilas, graines en tube, 6 esp.   Onagracées.

Laurier sauce laurus nobilis, d'Apollon, arbrisseau toujours vert, fleurs blanches.   Lauriacées.

Laurier tin viburnum-tinus, arbuste toujours vert, feuilles luisantes, petites baies bleues.   Caprifoliacées.

Laurophylle du Cap arbuste de serre toujours vert, très petites fleurs jaunâtres en panicules, 1 esp.   Anacardiacées.

Laurus-Benzoin arbuste, feuilles ovales, pointues, odorantes, baies rouge vif, sassafras.   Lauriacées.

Laurus-camphora arbuste élevé, feuilles pointues, fruits pourpres 1675 en France.   Lauriacées.

Laurus-nobilis laurier-sauce, d'Apollon, arbrisseau d'ornement 3-4ᵐ feuilles dures, coriaces.   Lauriacées.

Laurus nobilis c'est cette espèce qui se taille en boule ou en pyramide, Laurus 2 espèces.   Lauriacées.

Laurus persea avocatier, arbre de 8-15ᵐ Antilles, donne fruit recherché forme poire, 100 esp.   Lauriacées.

Lavande lavandula-officinalis, plante ligneuse 20-50ᶜ avec fleurs bleues en épis.   Labiacées.

Lavande spica on en tire l'huile d'aspic ou spic, odeur très aromatique, 20 espèces.   Labiacées.

Lavanèse galega-officinal plante 120-150ᶜ feuilles alternes, fleurs bleu pâle, rue de chèvre, 3 espèces.   Léguminacées.

Lavatère plante 120-160ᶜ feuilles 3-5 lobes blanchâtres, grandes fleurs mauves, roses, blanches, 21 esp.   Malvacées.

Lawn-grass bromus-erectus, brome dressée, donne un bon fourrage.   Graminacées.

Lawn-grass gazon rustique en terrain sec, se mélange au gazon anglais.   Graminacées.

Lawrencella pl. tige vivace, rameuse, feuilles velues, fleurs roses en capitules, Hélichrytum.   Composacées.

Lawsonia arbuste ou arbrisseau de l'Arabie, Perse, Maroc, beau feuillage, fleurs blanches, une espèce.   Lythracées.

Lawsonia-alba les feuilles réduites en poudre donnent le Henné pour teinture des cheveux.   Lythracées.

Layia ou Madaroglossa plante 30-50ᶜ avec fleurs jaunes, aspect marguerite, callichroa, 12 esp.   Composacées.

Layia ou ormosia plante 120ᶜ avec fleurs jaunes, se nomme aussi Macrotapis, 21 espèces.   Léguminacées.

Léard peuplier noir Suisse, Liardier, Bouillard, peuplier franc, Carolin.   Salicacées.

Lebeckia Arbuste blanc-soyeux, feuilles composées 3 folioles, fleurs jaune-rougeâtre, 24 espèces.   Léguminacées.

Lecanora parella variété de lichen pour teinture : Orseille d'Auvergne.   Lichenacées.

Lechenaultia arbuste ayant l'aspect d'une bruyère, fleurs pourpre écarlate, 18 esp.   Goudeniacées.

Lecythidées 4ᵉ tribu de la famille des **Myrtacées**; 10 genres, 135 espèces.

Lecythis guyanensis arbre à gros fruit comestible, Marmite de singe, opercule formant couvercle.   Myrtacées.

Ledenbergia arbre à feuilles brunes, originaire de la Colombie et Vénézuéla, 1 espèce.   Phytolaccacées.

Ledum-latifolium arbuste toujours vert 140-160ᶜ velu, feuilles épaisses, petites fleurs blanches.   Ericacées.

Ledum ou Ledon plante naine, feuillage persistant, fleurs blanches, bordure, rocaille, 5 espèces.   Ericacées

Leersia (faux-riz) plante 60-120ᶜ des bords des eaux, tige velue, feuilles rudes, Asprella, 5 espèces.   Graminacées.

Léea 2ᵉ tribu de la famille des vitisacées 1 genre, 44 espèces : Leea ou Aquilicia, ou Ottilis.

Légnotidées 2ᵉ tribu de la famille des Rhizophoracées, 11 genres, 31 espèces.

Légume ou **Gousse** fruit qui s'ouvre en 2 valves (pas la Casse) ; récolte sur une pl. potagère, cueillir, recueillir.

Légumes herbacés Asperges, Better., Carottes, Champignons, choux, cresson, épinards, navets, oseille, tomates, truffes, etc.,

Légumes secs Fèves, Haricots, Lentilles, Pois, Pois-cassés, Pois chiches, faire tremper 12 heures.   Léguminacées.

Légumes verts frais ; pour les cuire, les mettre dans l'eau bouillante.   Léguminacées.

LÉGUMINACÉES 65e famille des Dicotylédones, 24 tribus, 434 genres, 7000 espèces (du latin legere : cueillir, recueillir).

LÉGUMINACÉES principaux genres et espèces : Abrus, *Acacia*, *Adenanthera*, Adenocarpe, Adesma, Aeschynomène Afzelia, Ajonc, Albizzia, Alysicarpus, *Amherstia*, Amorpha, Amphicarpea, Amphithaléa, Anagyris, Andira, Anthyllis, Aotus, Apios, Arachide ou Arachis, Arbre de Judée, Argyrolobium, Arthrolabe, Aspalathus, Astragale, Baguenaudier, Baphia, Baptisia, *Bauhinia*, Bisserrula, Bonaveria, Bourgogne, Brachyseme, Bresillet, Brongniartia, Buceras, Bugrane, Cadier, Calliandra, Calophaca, Calycotome, Campèche, Caragana, Carmichelia, Carnavalia, Caroubier, Casse, *Cassia*, Cassier Castanospermum, Caulinia, Ceratonia, Cercidium, Cercis, *Cesalpinia*, Chiche, Chorizema, Cicer, Cicerole, Cleobulia, Clitoria, Cologania, Colutea, Copaïfera, Copal, Coronille, Coumarouna, Courbaril, Crotalaria, Crudia, Cyclopia, *Cynometra*, Cytise, *Dalbergia*, Dalea, Daubentonia, Desmanthus, Desmodium, Dichilus, *Dimorphandra*, Dioclea, Diplotrepis, Dolichos, Dorycnium, Drepanocarpus, Ebenus, Ecastaphyllum, Entada, Enterolobium, Eriosema, Ers, Ervum, Erythrina, Esparcette, Eutaxia, Eysenhardtia, Fève, Févier, Fenugrec, Flemingia, Gainier, Galactia, *Galéga*,, Gastrolobium, *Genet*, Gesse, Gleditschia, Glycine, Glycyrrhiza, Gymnocladus, *Haricot*, *Hedysarum*, Hematoxylon, Hippocrepis, Hosackia, Hovea, Hymenée Indigotier, *Inga*, Inocarpus, Jacksonia, Kennedya, Kramerie, Laburnum, Lathyrus, Latrobea, Lebeckia, Lens, Lentille Leptis, Leptodosmia, Leptononis, Lessertia, Lonchocarpus, Lotier, *Lotus*, Lupin, Luzerne, Machaerium, Macrolobium, Medicago, Mélilot, Melolobium, Milletia, *Mimosa*, Mirbelia, Mucuna, Muellera, Myroxilon, Onobrychis, Ononis, Ormocarpum Ornithope, Orobus, Oxydium, Oxylobium, Oxytropis, Pachyrhizus, Palissandre, *Parkia*, Parkinsonia, Pentaclethra, Petalostemon, Phaca, Phascolus, *Piptadenia*, Pisum, Pithécolobium, Platylobium, *Podalyria*, Poinciana, Pois, Priestleya Prosopis, Psoralea, Pterocarpus, Pueraria, Pultenea, Rafnia, Réglisse, Rhynchosia, Robinia, Rothia, Sainfoin, Sarothamnus, Sartoria, Schotia, *Sclerolobium*, Scorpiurus, Securigene, Senegrain, Sensitive, Sesbania, Smithia, *Sophora*, Spartium, Spartholobus, Spherolobium, Stenocarpe, Stylosanthe, Swainsona, *Swartzia*, Sweetia, Tamarin, Tamarindus, Tephrosia, Tetragonolobe, Thermopsis, *Trèfle*, ou trifolium, Trigonelle, Ulex, Uraria, *Vesse*, ou Vicia, Vigna, Vilmorenia, Virgilia, Wistaria, Zornia.

Légumineuse (plante) qui a une gousse pour fruit comme : Fève, genet, haricot, lentille, lupin, pois, etc.

Léiophylle arbuste toujours vert, en buisson, feuilles de thym, petites fleurs blanches, inodores, 2 esp.   Ericacées.

LEITNERIACÉES 164e fam. des Dicotylédones, 2 genres, 3 espèces, Didymeles, Leitneria (Didymèle-doubles, testicules).

Léjolisia algue minuscule, très petites feuilles, de la Méditerranée.   Alguacées.

Lemna plante d'eau douce stagnante, lenticules couvre l'eau, la plus petite plante à fleurs, 7 espèces.   Lemnacées.

LEMNACEES 27e famille des Monocotylédones, 2 genres, 19 espèces (du grec Lemna : lentille d'eau).

LEMNACÉES Bruniera, Eulemua : Grantia, Horkelia, Lemna, Spirodela, Telmatophace, Wolffia.   ,

Lemonia ou **Ravenia** plante de serre, feuilles 3 folioles, persistantes fleurs 2 ou 3, rose-foncé-vif, 2 esp.   Rutacées.

LENNOACÉES 106e famille des Dicotylédones, 3 genres, 4 espèces (Corallophyllon, corail ; feuille).

LENNOACÉES Ammobroma, Corallophyllum ou Lennoa, Pholisma.

LENTIBULARIACÉES 126e famille des Dycotylédones, 4 genres, 203 espèces, plantes aquatiques (petite lentille).

LENTIBULARIACÉES Genlisca, Grassette, Lentibularia, Pinguicula, Polypompholyx, Tetralobus, Utricularia.

Lenticule ou **Lemna** plante d'eau douce, nageante, recouvre la surface des eaux, feuilles, petites, rondes. Lemnacées.

Lentille d'eau lemna minor, lenticule, plante d'eau douce nageante, 7 espèces.   Lemnacées.

Lentille d'Espagne gesse blanche, cultivée, donne un bon fourrage, très petites feuilles.   Léguminacées.

Lentille à la Reine lentillon blond, se cultive pour le grain et le fourrage.   Léguminacées.

Lentille ou **Vicia-lens** plante potagère, c'est le légume le plus nourrissant que nous ayons, 3 espèces.   Léguminacées.

Lentisque arbuste et arbrisseau poussant facilement, sur lequel on greffe le Pistachier, 8 espèces.   Anacardiacées.

Léonotis plante 70-100·, tiges ligneuses, fleurs et feuilles en verticilles, 12 espèces.   Labiacées.

Leontice ou **Gymnospermium** plante herbacée, à gros tubercule, feuilles comme pivoine, 8 espèces.   Berbérisacées.

Léontodon plante des prés, rochers, 10-40· fleurs jaunes en aigrettes.   Composacées.

Léontopodium-alpinum Edelweiss-plante 10-15·, fleur blanche en étoile et veloutée, 5 espèces.   Composacées.

Léontopodium de Sibérie fleurs plus grandes que l'Edelweiss des Alpes.   Composacées.

Léonurus queue de lion, plante 130ᶜ, tiges ligneuses, fleurs rouges, longues en épi, 10 espèces.   Labiacées.

Leopoldinia palmier du Brésil, 4 espèces.   Palmacées.

Lepachys ou Rudbeckia, plante vivace, feuilles lance, fleurs jaune d'or à rayons, 25 espèces.   Composacées.

Lépidinées 6e tribu de la famille des **Cruciféracées**, 25 genres, 196 espèces.

Lépidium-sativum ou Cresson alénois, passerage cultivée, saveur piquante.   Cruciféracées.

Lépidocaryées 4e tribu de la famille des **Palmacées**, 14 genres, 275 espèces.

Lépidodendrées 6ᵉ tribu de la famille des **Lycopodiacées**, 10 genres tous fossiles (tribu éteinte).

Lépisanthées 5ᵉ tribu de la famille des **Sapindacées**, 12 genres, 42 espèces.

Lépismium ou Rhypsalis plante de serre à Paris, tiges charnues, fleurs roses, queue de souris, 30 esp.   Cactacées.

Leptadénia spartium Jonc du Sénégal et de Madagascar, employé dans l'industrie, 12 espèces.   Asclépiadacées.

Leptandra ou Véronique de Virginie ou pseudolysimachia, le rhizome est employé.   Scrofulacées.

Leptodermis arbuste 80ᶜ à Paris, feuilles ovales, velues, fleurs blanches, sessiles, 2 rangs, 4 espèces.   Rubiacées.

Leptogyne ou Pluchea plante à tige irrégulière, feuilles cylindriques, fleurs anthémis, 35 espèces.   Composacées.

Leptomitus Algues très petites, incolores dans les liquides, parfois obstruantes.   Alguacées.

Leptosiphon plante 25-30ᶜ très fragile, feuilles opposées à fleur d'androsace, gilia à tube mince.   Polémoniacées.

Leptospermées 2ᵉ tribu de la famille des **Myrtacées**, 33 genres, 575 espèces.

Leptospermum arbuste de serre 120 à Paris, petites f. piquantes, fl. blanchâtres ou pourpres, thé, 25 esp.   Myrtacées

Leptosyne plante à feuilles très fines fleurs comme anthemis avec disque, 5 espèces.   Composacées.

Lepturus plante des pâturages maritimes 10-30ᶜ tiges grêles, feuilles enroulées, petit épi, 6 espèces.   Graminacées.

Leschenaultia arbuste de serre tempérée à port de bruyère, plante très élégante, 18 espèces.   Goudéniacées.

Lespedeza-bicolor arbrisseau, nombreuses panicules de fleurs rose pourpre, trèfle.   Léguminacées.

Lessertia arbuste 30-60ᶜ toujours vert, feuilles composées, fleur rose panachée en grappe, 30 espèces.   Léguminacées.

Lessonia plante marine de l'océan, 3ᵐ tige grosseur du bras, qui se divise ensuite.   Alguacées.

Letchys du Japon Petit légume tortillé, comestible comme Crosne.   Labiacées.

Lettsomia plante grimpante de la Chine et Malaisie, Moorcroftia, 32 espèces.   Convolvulacées.

Leucadendron Arbre d'argent 4ᵐ, feuilles soyeuses argentées, fl. en écailles, 10-14ᶜ, Conocarpus, 70 esp.   Protéacées.

Leucadendron plumosum Arbuste 70ᶜ, feuilles longues argentées 13-14ᶜ, fleurs en écailles aiguës.   Protéacées.

Leucaena Arbre forestier, donne un bois de marqueterie, 9 espèces.   Léguminacées.

Leucanthemum marguerite des champs, des prés, à fleurs blanches, Chrysanthème des prés.   Composacées.

Leucanthemum cultivée Grande marguerite de juin ; 9 variétés à grandes fleurs.   Composacées.

Leucastérées 3ᵉ tribu de la famille des **Nyctaginacées** ; 3 genres, 4 espèces : Andradea, Cryptocarpus, Leucaster.

Leuchtenbergia du Prince Plante cylindrique à mamelons, fleurs jaune clair en épi. Une espèce.   Cactacées.

Leucoïum Niveole, fleurs blanches en clochettes sur tige, Acis, Erinosma, 9 espèces.   Amaryllisacées.

Leucophyllées 1ʳᵉ tribu de la famille des **Scrofulacées** ; 3 genres, 5 espèces : Ghiesbreghtia, Heteranthia, Leucophyllum.

Leucophyta Plante naine à feuillage blanc d'argent pour bordure ; Calocephalus, 10 espèces.   Composacées.

Leucopogon Plante de serre 100ᶜ, feuilles persistantes, fleurs blanches en grappes. 130 espèces.   Epacrisacées.

Leucopsidium des Arkansas Plante 60ᶜ, f. alternes, fl. blanc rosé comme marguerite des prés. 5 esp.   Composacées.

Leucospermum ou Diastella arbuste d'Australie à fleurs jaunes en capitules avec Bractées.   Protéacées.

Leuzea Centaurea-conifera Plante 20-30ᶜ des Alpes, feuilles blanches en dessous, fleurs pourpres, 3 esp.   Composacées.

Levisticum officinalis, ache de montagne, Livèche plante vivace, fleurs jaunes, 1 espèce.   Ombelliféracées.

Levure de bière, de vin, etc... champignon saccharomyces, 1 espèce.   Champignonacées.

Leycesteria-formosa 1837 arbrisseau élégant 2-5ᵐ fleurs grenat ou blanc rosé en épi, 2 espèces.   Caprifoliacées.

Leyssera petite plante, 5ᶜ, tiges et feuilles aspect cheveux, Apteropterus, Callicornia, 4 espèces.   Composacées.

Lézard petit reptile utile dans un jardin se nourrissant d'insectes.

Lianes plante grimpante s'enroulant autour des arbres, grilles, treillages : Aristoloche, Viorne, etc., etc.

Liatris-spicata plante vivace 40-80ᶜ feuilles linéaires, fleurs pourpres en épi cylindrique.   Composacées.

Libanotis plante des Alpes ; à fleurs blanches, fruits couverts de petits poils raides, 40 espèces.   Ombelliféracées.

Liber (le) Nouvelle couche, qui chaque année, quitte l'écorce pour s'ajouter au bois de l'arbre.

Libertie élégante petite plante feuilles lances, fleurs blanches successives.   Commélinacées.

Libocedrus Thuia gigantea, cyprès rouge, arbre superbe, vert foncé, élancé et conique, 8 espèces.   Coniféracées.

Libonia ou Jacobinia plante touffue, à fleurs jaunes et rouges en tube parfois brun-jaunâtre, 30 esp.   Acanthacées.

Licaria bois de rose mâle, de la Guyane, bois très dur jaune pâle.   Lauriacées.

Lichen Le lichen est l'association d'un fragment d'algue et d'un fragment de champignon.   Lichenacées.

Lichen blanc, c'est le Fucus-crispus, qui sert à faire une excellente tisane iodée pour bronchite.   Alguacées.

Lichen d'Islande cetraria, fournit une sorte de farine aux pauvres Islandais.   Lichenacées.

Lichen pulmonaire stricta, employé dans la fabrication de la bière des pays du Nord.   Lichenacées.

Lichen de Rennes cladonia et cenomyce servent à la nourriture des rennes.   Lichenacées.

LICHENACÉES 3e famille des acotylédones, 3 tribus, 190 genres, 4 580 espèces (du grec Leichên : goûter, lécher, dartre).

LICHENACÉES (principaux genres) Alectorie, Anaptychia, Arthronie, Beomyce, Borrère, Bryopogon, Calycium, Cenogoné Cenomyce, Cetraire, Cladonia, *Callêma*, Corniculaire. Cystocole, Endocarpe, Ephèbe, Ephebelle, Euchylium, Evernie, Graphis, Gyalecte, Gyrophore, Heppie, Imbricaire, Isidie, Lecanore, Lecidée, Leprarie, Leptoge, *Lichen,Myriangium*, Nephrome, Ombilicaire, Omphalaire, Opegraphe, Pannaire, Parmélie, Patellaire, Peltigère, Pertusaire, Physcie, Phylliscum, Placode, Polychidium, Porine, Porocyphe, Psora, Pyrenule, Racoblenne, Ramaline, Rhizocarpe, Roccelle, Solorine, Spherophore, Spilome, Squamare, Stereocaule, Sticte, Synalisse, Thélotrème, Urceolaire, Usnée, Variolaire, Verrucaire, Xylaire.

Lichenées 1re tribu de la famille des **Lichenacées**.

Lichens (les) sont des champignons parasites d'algues (Tulasne 1852).

Lichens (les) sont produits par l'association des gonidies d'algues, avec les hyphes (filaments de champignons).

Lichens (les) sont des végétaux membraneux, coriaces, ayant l'aspect de mousse.

Lichens (les) et mousses ne nuisent pas aux arbres, et forment sur le sol une couche d'humus.

Liciet ou Lycium arbrisseau épineux à fleurs lilas, baies rouges sert pour clôtures, haies, 70 esp.   Solanacées.

Licuala palmier à grandes feuilles bien découpées, serre chaude à Paris, 36 esp.   Palmacées.

Liebigia ou Chirita plante 50-70e grandes feuilles ovales fleurs blanc-jaune pendantes, 36 esp.   Gesnéracées.

Liège écorce de chêne-liège pousse dans le Var, en Corse, Algérie, Espagne, etc.   Cupuliféracées.

Liem ou Lim arbre du Tonkin Baryxylum ou Balansa, ou Chaerophyllum.   Léguminacées.

Lierne Clématite des haies, plante ligneuse grimpante, parfois envahissante.   Renonculacées.

Lierre d'été ou Delairea, plante vivace, grimpante, feuilles charnues, fleurs jaunes.   Composacées.

Lierre ou Hedera ou Helix pl. qui grimpe et se cramponne aux arb. aux murs, baies noires 2 esp.   Araliacées.

Lierre rampant Hedera-prostata, variété qui reste sur le sol, sans fleurs ni fruits.   Araliacées.

Lierre terrestre gléchoma petite plante rampante à fleurs lilas, violette, rondote.   Labiacées.

Ligeria plante à tige carrée, feuilles ovales, fleurs bleu-violacée pendantes 16 esp.   Gesnéracées.

Ligneuse (tige) les plantes ligneuses donnent du bois ; les plantes herbacées n'en donnent pas.

Ligneuse (tige sous) lorsque la base seule est dure : Bruyère, Douce-amère, Lavande, Rue, Sauge, Thym.

Ligulaire de Sibérie plante des prairies 40-90ᵉ feuilles engaînantes dentées et bordées.   Composacées.

Ligularia ou Farfugium plante à grandes feuilles rondes fleurs jaunes sur tiges.   Composacées.

Ligules ou Languettes (fleurs en) la collerette des fleurs composées du demi-fleuron : pissenlit, souci, etc.

Ligusticum plante des Alpes, fe. très divisées à fl. blanches ombelles, 5-20 rayons, 25 espèces.   Ombelliféracées.

Ligustrina pekinensis variété de lilas blanc de Chine, Syringa.   Oléacées.

Ligustrum Troène, arbuste ou arbrisseau toujours vert, fe. opposées fl. blanches baies noires, 25 esp.   Oléacées.

Lilas ou Syringa Arbrisseau, 3-5ᵐ fleurs lilas, blanches ou rougeâtres, 6 espèces, 126 variétés.   **Oléacées.**

LILIACÉES 13e famille des Monocotylédones 23 tribus, 205 genres, 2300 espèces (du grec leirion : lis blanc).

LILIACÉES Principaux genres et espèces : Acanthocarpus, Agapanthe, Agraphis, Ail, albuca *Aloës*, Améanthium, Androcymbium, Androstephium, *Anguillaria*, Anthéric, Anthropodium, Aphyllanthus, Apicra, Arthropodium, *Asperge, Asphodèle*, Asphodeline, *Aspidistra*, Astelia, Baxteria, Beaucarnea, Behnia, Bellevallia, Bessera, Blandfortia, Borya, Botryanthus, Bowiea, Brodiea, Bulbine, Bulbinella, Bulbocodium, Caesia, *Calectasia*, Calliprara, Calochortus, Camassia, Chamaescilla, Chamaexeros, Chionodoxa, Chionographis, Chlorogalum, Chlorophytum, Ciboule, Civette, Clintonia, *Colchique, Convallaria*, Cordyline, Corynotheca, Czackia, Danae, Dasurus, Dasylirion, *Dasypogon*, Dasystachis, Daubenya, Dianella, Dichopognon, Dipcadi, Dipidax, Disporum, *Dracaena*, Dragonnier, Drimia, Drimiopsis, Drymophila, Echalotte, Echeandia, Elacanthera, Endymion, Eremurus, Eriospermum, Erythronium, Eucomis, Eustrephus Excremis, Fragon, Fritillaire, Funkia, Gagea, Galtonia, Gasteria,

Geanthus, Geitonoplesium, Gilliesia, Gloriosa, Gonioscypha, Haworthia, Helonias, Heloniopsis, *Hemerocallis*, Hemiphylacus,. Herreria, Hesperocallis, Heterosmilax, Hodgsonia, Hookera, Hosta, Hyacinthus, Iphygénie, Jacinthe, *Johnsonia*, Kingia, Kniphofia, Lachenalia, Lapageria, Laxmannia, Leucocoryne, Leucocrynium, Liliastrum, Lis, Littonia, Lloydia, *Lomandra*, Lomotophyllum, *Luzuriaga*, Maianthemum, Martagon, Massonia, *Medeola*, Melanthium, Merandera, Methonica, Miersia, Milla, Milligania, Muguet, Muscari, Myogalum, Myrsiphyllum, *Narthecium*, Nectaroscordum, Niobe, Nolina, Nothoscordum, Notosceptrum, Oignon, Oligobotrya, Ornithogale, Ornithoglossum, Paradisia, Paris-Parisette, Phalangium, Philesia, Phormium, Poireau, Polyanthus, *Polygonatum*, Polyxena, Puschkinia, Reineckea. Rhipogonum, Rhodea, Rocambole, Ruscus, Sabadille, Salsepareille, Sanseviera, Schelhammera, Schizobasis, Schoenocaulon, Schoenolirion, *Scille*, Scoliopus, Semele, Simethis, Smilacina, *Smilax*, Soverbaea, Steinmannia, Stenanthium, Streptopus, Stypandra, Synsiphon, Theropognon, Thysanotus, Tofieldia, Tricharis, Tricoryne, Tricyrtis, Trillium, Tristagma, Triteleia, Tritoma, Tubéreuse, Tulbaghia, *Tulipe*, Tupistra, Urginea, Uropetalum, *Uvularia*, Veltheimia, *Veratrum*, Walleria, Wurmbea, Xanthorrhœa, Xeronema, Xerophyllum, Yucca, Zygadenus.

Liliastrum plante à feuilles linéaires, hampe nue fl. blanches en grappe, 1 esp.   Liliacées.

Limaçon plante dont la gousse est en spirale, surprise pour salade.   Léguminacées.

Limettier arbre produit des fruits : limette ou lumie, comme orange mais couleur citron.   Rutacées.

Limettier ou bergamotier petit arbre épineux, grandes feuilles, petits fruits forme poire.   Rutacées.

Limnanthe plante 25ᵉ charnue feuilles linéaires, fleurs jaunes et blanches, 5 pétales, 3 esp.   Géraniacées.

Limnanthées 3ᵉ tribu de la famille des **Géraniacées** ; 2 genres, 4 espèces : Floerkea, Limnanthe.

Limnanthemum plante aquatique faux nénuphar, feuilles en cœur, fleurs jaunes, 13 esp.   Gentianacées.

Limnocharis plante aquatique vivace, feuilles en cœur, grandes fleurs jaune soufre, 4 esp.   Alismacées.

Limodorum plante des bois, coteaux et cultivée 48-50ᵉ feuilles plissées fleurs violettes, panachées.   Orchidacées.

Limodorum ou Tankervillea 1778 en Europe, pl. de serre 60ᵒ à fe. engainantes plissées fl. panachées.   Orchidacées.

Limon ou Citron fruit du Citronnier ou Limonier, baie globuleuse, le fruit le plus sucré.   Rutacées.

Limonade boisson préparée avec le limon ou citron et sirop, se boit froide.   Rutacées.

Limonia ou Hesperethusa arbuste 70-90ᵉ toujours vert, feuilles à 3 folioles, fruits rouges 3 esp.   Rutacées.

Limoniastrum arbrisseau fleurs bleuâtres en entonnoir comme staticé, 2 espèces.   Plombaginacées.

Limonier citrus limonum, citronnier arbre 3-6ᵐ vint de l'Inde vers III ou IV siècles en Italie 5 espèces.   Rutacées.

Limonier c'est le vrai citronnier épineux à l'état sauvage, mais greffé, sans épine, 88 variétés.   Rutacées.

Limonium plante feuilles en rosette, Statice-oleofolia, fleurs bleues sur longues tiges.   Plombaginacées.

Limoselle aquatique plante des étangs 40-80ᵉ fleurs roses sur longs pédoncules, 6 espèces.   Scrofulacées.

Lin ou Linum plante textile 40-80ᵉ cultivée pour sa tige et sa graine, souvent, fleurs bleues, 100 espèces.   Linacées.

Lin des marais linaigrette jonc à duvet, houppes soyeuses blanches, 13 espèces.   Cypéracées.

Lin maudit Cuscute, plante parasite sans feuilles, fleurs blanc-rosé, 80 espèces.   Convolvulacées.

Lin de la Nlle Zélande phormium-tenax, pl. d'ornement et textile, 1772 en Europe par la Billardière, 2 esp. Liliacées.

LINACÉES 36ᵉ famille des Dicotylédones, 4 tribus, 15 genres, 235 espèces (du grec Linon, du latin Linum).

LINACÉES Aneulophus, Anisadenia, Durandea, *Erythroxylon*, Hebepetalum, Houmiri, *Hugonia*, *Ixonanthes*, *Lin*, Linopsis, Macrolinum, Ochthocosmus, Phyllocosmus, Radolia, Reinwardtia, Rhodoclada, Roucheria, Sarcotheca, Steudelia.

Linaigrette eriophorum mauvais fourrage, fleurs comme petits plumeaux, 13 espèces.   Cypéracées.

Linaire Velvote des champs, petite plante à feuilles rondes, velvote femelle.   Scrofulacées.

Linaire ou Linaria petite plante des champs, murs, rochers, sables et cultivée 10-60ᵒ, 130 espèces.   Scrofulacées.

Linaire ou Linaria Cymbalaria jolie petite plante sur les murs, fleurs violet pâle, ruine de Rome.   Scrofulacées.

Lindera-triloba ou Laurier Sassafras-officinal ou Laurier-benzoin Daphnidium, 60 espèces.   Lauriacées.

Lindernie plante des marais, étangs 30-50ᵒ fleurs rosées, Vandellia Hornemannia, 30 espèces.   Scrofulacées.

Lindheimera plante originaire du Texas 30-40ᵉ feuilles par 3, fleur jaune doré, une espèce.   Composacées.

Lindleya mespiloïdes Arbrisseau du Mexique f. persistantes, fleurs blanc-rosé centre jaune, une esp.   Rosacées.

Linéaires (feuilles) comme celles des Graminées, du Lin, de l'Œillet.

Lingot de Picardie variété de haricot blanc à grain droit, parfois carré au bout.   Léguminacées.

Linnée ou Linnea-borealis plante alpine 30ᵉ formant tapis petites fleurs blanc et rose en grelot, 1 esp.   Caprifoliacées.

Linospadix palmier à feuilles penniséquées ou palmettes comme Kentia, 5 espèces.   Palmacées.

Linosyris ou Bigelovia plante 80-120ʳ feuilles très rapprochées, fleurs jaunes, 24 espèces.   Composacées.
Liondent plante des rochers, montagnes 10-40ᶜ fleurs jaunes en aigrette. Leontodon.   Composacées.
Liparia sphérique, arbuste 130ʳ feuilles piquantes, fleurs jaunes en bouquet pendant, 4 espèces.   Léguminacées.
Liparis plante des tourbières à deux feuilles 10-20ʳ fleurs jaune verdâtre en épi, 120 espèces.   Orchidacées.
Lippia ou Verveine-citronnée, plante à parfum 30-40ʳ en Europe, 1784, Aloysia.   Verbénacées.
Liquidambar arbre à feuilles palmées rougissant à l'automne, secrète un baume très odorant.   Hamamélisacées.
Liquidambar donne le baume d'ambre ou baume copalme, arbre à feuilles palmées, 2 espèces.   Hamamélisacées.
Liriodendron arbre d'ornement à feuilles tronquées, 1732 en Europe, tulipier : fleurs en tulipe, 1 espèce.   Magnoliacées.
Liriope-spicata Ophiopogon plante vivace en bordure, vert-foncé, aspect gazon, 1 espèce.   Hémodoracées.
Lis blanc Lilium candidum, l'une de nos plus belles fleurs, odeur mortelle en chambre, 45 espèces.   Liliacées.
Lis de Constantinople ou Hemerocalle à petites fleurs blanches panachées, 5 espèces.   Liliacées.
Lis des étangs nymphaea, nénuphar à feuilles rondes, fleurs blanches ou jaunes, 25 espèces.   Nymphéacées.
Lis Matthiole plante des bords de mer, fleurs blanches en entonnoir, odorantes, 4 espèces   Amaryllisacées.
Lis Saint-Bruno liliastrum des Alpes (Chartreuse) fleurs comme petit lis, Czackia, 1 espèce.   Liliacées.
Lis St Jacques amaryllis fleur rouge vif, saupoudré de poudre d'or. Sprekelia, 1 espèce.   Amaryllisacées.
Lis de la vallée en arbre, ou Andromeda, arbuste feuilles persistantes, 1 espèce.   Ericacées.
Lis des vallées muguet plante des bois 5-30ᶜ feuilles longues, fleurs petits grelots blancs, 1 espèce.   Liliacées.
Liseron Convolvulus pousse partout sur les haies, chemins, fleurs petites clochettes   Convolvulacées.
Liseron cultivé ipomée plante grimpante avec belles fleurs en cloche, 350 espèces.   Convolvulacées.
Lisianthus arbuste touffu 70-90ᶜ feuilles lances, fleurs orangé en tube, 50 espèces   Gentianacées.
Listera plante des bois 40-50ᶜ à deux grandes feuilles ovales, fleurs verdâtres, 10 espèces.   Orchidacées.
Litchi ou Li-tschi fruit du Nephelium arbre 5-8ᵐ des pays chauds, noix longan, 1 espèce.   Sapindacées.
Lithospermum ou gremil plante à petites fleurs bleues en cornet, colorant rouge. Pentalophus, 40 esp.   Borraginacées.
Lithraea arbuste à feuilles ondulées, luisantes en dessus, petites fleurs blanches velues, 3 espèces.   Anacardiacées.
Litsea ou Tétranthera arbre à grandes feuilles, coriaces, persistantes, petites fl. poilues, 125 esp.   Lauriacées.
Litseasées 2ᵉ tribu de la famille des Lauriacées, 10 genres, 282 espèces.
Littorelle plante des étangs, 5-10ᵉ feuilles étroites partant toutes de la base, 2 espèces.   Plantaginacées.
Livêche levisticum officinal âche de montagne, plante vivace 120-160ᶜ fleurs jaunes, 1 espèce.   Ombelliféracées.
Livistona 1827 en Europe palmier feuillage décoratif en éventail comme Latania, 36 espèces.   Palmacées.
Lloydia plante des Alpes 10ʳ petites fleurs blanches jaunâtres à la base, striée de rose, 3 espèces.   Liliacées.
Loasa pl. grimpante à f. comme la tomate mais piquantes, fl. orangé en étoile, graine en spirale, 50 esp.   Loasacées.
LOASACÉES 80ᵉ famille des Dicotylédones, 13 genres, 115 espèces (Loasa par Adanson).
LOASACÉES Bartonia, Blumenbachia ou Caiophora, Cevallia, Grammatocarpus, Gronovia Illairea, Kissenia, Klaprothia,
     Loasa, Loasella, Mentzelia ou Microsperma, Petalonyx, Sclérothrix, Sympetaleia.
Lobata-mina plante grimpante jolies fleurs en grappe blanc rosé, ipomea, quamoclit.   Convolvulacées.
LOBÉLIACÉES 99ᵉ famille des Dicotylédones, 2 tribus, 28 genres, 540 espèces (du botaniste M. Lobel, 1538-1616).
LOBÉLIACÉES Apetalia Brighamia, Burmeistera, Centropogon, Clermontia, Clintonia, Colenboa, Cyanea, *Cyphia*, Cypho-
     carpus, Delissea, Dialypetalum, Downingia, Haynaldia, Hemipogon, Heterotoma, Howellia, Hypsela, Isotoma, Kittelia,
     Laurentia, *Lobelia*, Lysipoma, Monopsis, Nemacladus, Parishella, Pratia, Rapuntium Rhizocephalum, Rollandia, Sclero-
     theca, Siphocampylus, Solenapsis, Trimeric, Tylomium.
Lobélie ou Lobelia petite plante en bordure, fleurs bleues vénéneuses, 30 variétés à Paris.   Lobéliacées.
Lobélie-cardinale plante 70ᶜ feuilles ovales, lances, grandes fleurs bleues ou écarlates.   Lobéliacées.
Lobélie-syphilitique plante originaire d'Amérique, à odeur vireuse, la racine est employée.   Lobéliacées.
Lobéliées 1ʳᵉ tribu de la famille des Lobéliacées, 24 genres, 517 espèces. Lobelia, 200 espèces.
Lobularia-maritima Alysse odorante plante étalée 20-25ʳ feuilles vert cendré, fleurs blanches.   Crucifèracées.
Lochneria-rosea Pervenche de Madagascar pl. petit buisson, 30ʳ f. opp. fleurs velues rose pourpre.   Apocynacées.
Locular variété de froment peu cultivé 60-90ʳ petit épéautre, épi 2 rangs.   Graminacées.
Loddigésia arbuste délicat 60-70ᶜ feuilles 3 folioles fleurs rose-pourpre en papillon, 1 espèce.   Léguminacées.
Lodoïcée des Séchelles, palmier, feuilles de 6 à 7ᵐ, gros fruit de 0,50ʳ de long : coco de mer. Une esp.   Palmacées.

Lœfflingia plante des sables du midi à très petites fleurs 3-5 pétales, 1 espèce, 5 variétés. — Caryophyllacées.

Lœselia ou Hoitzia plante vivace glanduleuse, feuilles ovales, fleurs écarlates, 10 espèces. — Polémoniacées.

Logania Arbuste de l'Australie à feuilles opposées, lancéolées, fleurs blanches panicules. — Loganiacées.

LOGANIACÉES 117e famille des Dicotylédones 3 tribus, 34 genres, 365 espèces (J. Logan, botaniste, 1674-1751).

LOGANIACÉES principaux genres et espèces: Anthocleista, Bonyunia, Brinvillière, Buddleia, Canala, Chilianthus, Couthovia, Desfontainea, Emorya, Fagrea, *Gaertnera*, Gardneria, *Gelsemium*, Geniostoma, Gomphostigma, Hymenocnemis, Labordia, *Logania*, Medicia, Mitrasacme, Mitreola, Mostuca, Nicandra, Nicodemia, Noix-vomique, Nuxia, Pagamea, Peltanthera, Polypremum, Spigelia, Strychnos, Usteria, Vomiquier.

Loges ou Carpelles Cavités intérieures du fruit: le coing, la poire, la pomme ont 5 carpelles, où sont les pépins.

Loiseleuria petit arbuste des Alpes, 10-30e petites feuilles coriaces petites fleurs roses, 1 espèce. — Ericacées.

Lolium Perenne ivraie-vivace ou Ray-grass, gazon anglais bien garni, bon fourrage. — Graminacées.

Lolium-temulentum ivraie-enivrante à feuilles luisantes pl. 30-60' des moissons, nuisible. — Graminacées.

Lomandrées 10e tribu de la famille des **Liliacées**, 4 genres, 43 espèces.

Lomaria-cycadifolia Fougère arborescente de l'Uraguay, feuilles pennées, dressées. — Fougéracées.

Lomatia à feuilles de Silaus arbuste 60e à feuilles très étroites fleur jaune-soufre en grappe, 9 espèces. — Protéacées.

Lomentacé (fruit) en forme de gousse, mais divisée en plusieurs loges: coronille, moutarde, sainfoin.

Lonas inodore pl. 25-30e à tige raide, feuilles alternes. fleurs jaune doré très vif, 1 espèce. — Composacées.

Lonchitis plante avec feuilles comme angélique. — Fougéracées.

Longanier Nephelium, arbre des pays chauds donne un fruit rose: Longan, 1 esp. — Sapindacées.

Lonicera chèvrefeuille, plante grimpante, décorative, 13 variétés cultivées à Paris. — Caprifoliacées.

Lonicérées 2e tribu de la famille des **Caprifoliacées**, 11 genres, 136 espèces.

Lontarus ou Borassus ou Ronier, palmier éventail donne le vin de palme, une espèce. — Palmacées.

Lopezia plante 90' fleurs comme petits papillons rose pourpre. fruit en boule, 15 esp. — Onagracées.

Lophanthus plante vivace herbacée, feuilles aiguës, blanches en dessous, fleurs bleues, 6 espèces. — Labiacées.

Lophira-alata de la Casamance, produit un suif végétal, 1 espèce. — Diptérocarpacées.

Lophophytées 8e tribu de la famille des **Balanophoracées**, 3 genres, 7 esp. Lathrophytum, Lophophytum, Ombrophytum.

Lophospermum plante grimpante avec feuillage palmé, fleurs roses en tube avec taches. 6 esp. — Scrofulacées.

Loque carline, chardouse, plante des chemins, 30-60e à fleurs jaunâtres, 14 espèces. — Composacées.

LORANTHACÉES 157' famille des Dicotylédones, 2 tribus, 13 genres, 520 espèces (courroie, lanière, fleur).

LORANTHACÉES Acrostachys, Allobium, Antidaphne, Arceuthobium, Dendrophthora, Eremolepis, Eubrachion, Gaiadendron, Ginalloa, Gui, Heteranthus, Lepidoceras, Loranthus, Myrtobium, Nuytsia, Notothixos, Phœnicanthemum, Phoradendron, Tupeia, Viscum.

Loranthus plante parasite comme le gui, se nomme aussi Phœnicanthemum, 350 espèces. — Loranthacées.

Loroglossum à odeur de bouc, plante des prés, coteaux, 40-60e fleur blanchâtre tachée de rouge. — Orchidacées.

Lotées 4e tribu de la famille des **Léguminacées**: 8 genres, 168 espèces.

Lotier Lotus-siliquosus, trèfle cornu, assez bon fourrage, cornette, fleurs jaunes. — Léguminacées.

Lotier cornicule 1' à fleur jaune 2' lotier à petites fleurs pourpres, dans les prés, chemins. — Léguminacées.

Lotier odorant melilot à fleurs bleues, baumier, trèfle musqué, bon fourrage. — Léguminacées.

Lotus plante grimpante, tige comme asperge, petit feuillage argenté soyeux, 55 espèces, 100 variétés. — Léguminacées.

Lotus des Egyptiens plante aquatique, Nelumbium, lis rose du Nil, fève d'Egypte, 2 espèces. — Nymphéacées.

Loubia c'est le haricot cultivé des Arabes, variété naine. noire d'Alger. — Léguminacées.

Loupe ou broussin, excroissance sur le tronc ou branche d'un arbre, dérange les veines du bois.

Loxococcus palmier élégant à feuilles palmettes ou pinnatiséquées comme Kentia, une esp. — Palmacées.

Loxopterygium gros arbre à la Plata, mais arbrisseau en France, feuilles vert-pâle, fl. panicule, 4 esp. — Anacardiacées.

Loydie plante des Alpes à souche bulbeuse, allongée, une seule fleur dressée. — Liliacées.

Lucet Airelle ou Myrtille arbuste des bois 30-60e fleurs rose verdâtre, baies noires, 110 esp. — Vacciniacées.

Luculia arbuste 140e feuilles opposées, grandes, plissées, fleurs roses en hiver, 2 esp. — Rubiacées.

Luculia-gratissima arbuste feuillage luisant, fleurs roses, charnues, odorantes. — Rubiacées.

Luffa ou Amordica ou Poppia plante grimpante 5-6m fleurs jaunes, gros fruits, 7 esp. — Cucurbitacées.

Luffa cylindrica éponge végétale; c'est le squelette du fruit forme concombre, 25-30°, Buffa, 1792.   Cucurbitacées.
Lumie ou limette fruit du limettier, forme orange mais couleur citron.   Rutacées.
Lunaire (de Lune) lunaria, monnaie du pape, herbe aux écus, fl. rose-lilas, fruits ronds soyeux, 2 esp.   Cruciféracées.
Lunetière biscutella, plante des rochers 20-40° feuilles à poils raides, fleurs jaunes, 5 esp.   Cruciféracées.
Lunifa nénuphar blanc, lis d'eau, lis des étangs à feuilles rondes.   Nymphéacées.
Lupin ou lupinus plante avec fleurs en grappes, souvent fleurs bleues, 95 espèces   Léguminacées.
Lupin faux-café, se cultive aussi comme fourrage et engrais vert, 6 var. cultivées.   Léguminacées.
Lupulin poussière jaunâtre aromatique à la base des cônes du houblon.   Urticacées.
Lupuline ou minette dorée, fleurs jaunes, très bon fourrage, medicago.   Léguminacées.
Lupuline bicolore plante cultivée avec fleurs colorées, graines en tire bouchon.   Léguminacées.
Lustre d'eau ou chara, plante aquatique, tige grêle, feuilles verticillées.   Alguacées.
Luxemburgiées 3e tribu de la famille des **Ochnacées**, 6 genres, 18 espèces.
Luzerne en arbre arbuste toujours vert, feuilles par 3, fleurs jaunes, Coronille, 20 espèces.   Léguminacées.
Luzerne cultivée medicago; sativa, plante fourragère, fleurs violeté, graine en spirale, 40 esp.   Léguminacées.
Luzule ou Luzula plante des prairies 10-60°, fleurs en épis, du brun au blanc, 40 espèces.   Joncacées.
Luzule blanche plante des bois, pâturages, 10-20°, fleurs blanches argentées.   Joncacées.
Luzuriagées 3e tribu de la famille des **Liliacées**, 8 genres. 14 espèces.
Lycaste de Skinner Orchidée à grandes fleurs, 15-18° fleurie automne et hiver, 25 espèces.   Orchidacées.
Lychnis plante cultivée et sauvage, toutes nuances, Lychnide, Lychnise, 40 espèces   Caryophyllacées.
Lychnis plante commune 12 variétés à l'état sauvage 20-120°, bois, chemins, prés, moissons.   Caryophyllacées.
Lychnis-chalcedonica croix de Jérusalem plante vivace 100° f. lances, fleurs rouges en croix de Malte.   Caryophyllacées.
Lychnis-flos-cuculi fleur de coucou, plante des prairies 30-50° fleurs roses, lampette, robinet déchiré.   Caryophyllacées.
Lychnis-nielle des blés plante 50-80° poilue, fleurs roses, silène, œillet de Dieu.   Caryophyllacées.
Lycium ou lyciet arbrisseau épineux, grimpant pour clotures, haies, à fleurs lilas, baies rouges, 70 esp   Solanacées.
Lycium barbarum arbrisseau à épines, vivace, petites feuilles blanchâtres, fleurs blanches.   Solanacées.
Lycope ou lycopus d'Europe chanvre d'eau, forme des f. : pied de loup, fl. blanches avec rouge, 2 esp. Labiacées.
Lycoperdon champignon en poche fermée, rempli d'une poussière verte ou brunâtre, 152 espèces.   Champignonacées.
Lycoperdon vesse de loup comestible à l'état jeune, desséché, sa fumée est utile pour la récolte du miel. Champignonacées.
Lycoperdon ou tuber ou truffe comestible, se trouve au pied de certains chênes et châtaigniers, 38 esp. Champignonacées.
Lycopersicum tomate, se mange à Paris depuis le mois d'août 1792, bataillons marseillais, 4 esp., 24 var. Solanacées.
Lycopode plante à tige garnie de petites feuilles insérées en spirale, petit pied de loup.   Lycopodiacées.
Lycopode plante des bois, pâturages, rochers 5-20°, aspect fougère, sans fleurs apparentes.   Lycopodiacées.
Lycopode petite plante formant gazon, pour bordures, rocailles et même sur les murs.   Lycopodiacées.
Lycopode-clavatum plante utile pour saupoudrer les enfants, rouler les pilules, feux de théâtre.   Lycopodiacées.
LYCOPODIACÉES 7e famille des Acotylédones, se divise en 6 tribus, 544 genres, 1.122 espèces (loup. pied).
LYCOPODIACÉES Azolle, Bothrodendre, Halonie. *Isoète*, Knorrie, *Lépidodendre*, Lepidophlée, *Lycopode, Marsilea*, Phyllo-
    glosse, Pilularia, Poroxyle, Psilophyte, Psilote, *Salvinia, Sélaginelle*, Sigillaire, Sigillariopse, Sphenophylle, Tmesipteride,
    Ulodendre.
Lycopodinées 1re tribu de la famille des **Lycopodiacées** : 94 genres, 384 espèces.
Lycopside des champs grippe des champs, feuilles velues, fleurs bleues en grappes, 4 espèces.   Borraginacées.
Lycoris plante bulbeuse de serre tempérée, fleur lis jaune doré sur hampe, 65°, 4 espèces.   Amaryllisacées.
Lygée ou Lygeum plante servant à faire de la sparterie, aspect jonc, tige pleine sans nœud, 1 espèce   Graminacées.
Lygode ou Lygodium fougère grimpante, tige grêle, à feuilles volubiles pennées, atteignant 10m.   Fougéracées.
Lygustrum-Egyptiacum ancien nom du Henné, feuilles du Lawsonia-alba ou inermis, une espèce.   Lythracées.
Lynosiris ou Linosyris plante 75°, feuilles lances, petites fleurs d'Aster.   Composacées.
Lyonnétie espèce d'anthemis des bords de la Méditerranée, l'une des 70 espèces.   Composacées.
Lypéria plante à feuilles dentelées, retombantes, fleurs lilas à l'aisselle des feuilles, 30 espèces.   Scrofulacées.
Lyriodendron ou Liriodendron ou Tulipier grand arbre à feuilles tronquées, fleurs en tulipe, 1 esp.   Magnoliacées.
Lysimachia-nummularia plante des fossés, prés humides, tiges rampantes, fleurs jaunes.   Primulacées.

Lysimachées 3e tribu de la famille des **Primulacées**, 9 genres, 108 espèces.

Lysimaque plante des endroits humides, 15e feuilles argentées, fleurs jaunes, tue les moutons. — Primulacées

Lysimaque cultivée plante 80-100e, fleurs jaunes, Herbe aux cent maux, monnoyère. — Primulacées.

LYTHRACÉES 77e famille des Dicotylédones, 2 tribus, 33 genres, 365 esp. (de Lythrum : sang coagulé).

LYTHRACÉES Principaux genres et espèces : Adenaria, *Ammannia*, Antherylium, Chiratia, Crypteronia, Cuphea, Diplusodon, Dodecas, Duabanga, Ginora, Grenadier, Grislea, Heimia, Henné, Lafoensìa, Lagerstremia, Lawsonia, *Lythrum*, Nesea, Olinia, Pentaglossum, Peplis, Pleurophora, Punica, Rotala, Salicaire, Sonneratia, Strephonema, Suffrenia, Thorelia, Woodfortia.

Lythrées 2e tribu de la famille des **Lythracées**, 27 genres, 315 espèces.

Lythrum salicairia plante aquatique 150-220e, fleurs groseille ou rouge foncé en épi, 23 espèces. — Lythracées.

M

Macadamia ternifolia petit arbre toujours vert, à fl. blanches en épi 10-15e à fr. comestibles comme noix, — Protéacées.

Macassar bois industriel, nuance brun foncé de la Malaisie. — Ebénacées.

Maceron Smyrnium olusatrum, plante 60-100e sur décombres fleurs jaune verdâtre, une espèce. — Ombelliféracées.

Machaeranthera aster tanacetifolius plante vivace herbacée, fleurs blanches maculées. — Composacées.

Machaerium arbre d'ornement, se développant très vite, de l'Amérique tropicale, 60 espèces — Léguminacées.

Mâche ou doucette petite plante en rosette se mange en salade, accroupie, Boursette, 9 variétés. — Valérianacées.

Mâche noire ononis, bugrane, plante épineuse 20-50 à fleurs roses. — Léguminacées.

Mâche rouge onagre, Jambon de Saint-Antoine, Herbe aux Anes. — Onagracées.

Macis deuxième enveloppe de la noix de muscade, on en retire une essence — Myristicacées.

Macjon ou Macion ou Magjon ou gland de terre : Gesse tubéreuse, donne un bon fourrage. — Léguminacées.

Mackaya bella plante 60e à feuilles ondulées, fleurs lilas pâle, Asystasia, Henfreya, 25 espèces. — Acanthacées.

Mackinlayées 2e série de la famille des **Araliacées**, 1 espèce : Mackinlaya de l'Australie.

Macleania arbuste 100-140e feuilles grandes en cœur fleurs rouges, orangé vif, 12 espèces. — Vacciniacées.

Macleya plante 120-180e feuilles en cœur blanches dessous, fleurs blanches en panicule, 3 espèces. — Papavéracées.

Maclou ou Aconit, Anthore plante 60e tige velue feuilles en lanières fleurs jaunes. — Renonculacées.

Maclura arbre ou arbris. épin. fl. maculées, les peaux rouges se jaunis. le visage avec le fr. orangé. 1 esp. — Urticacées.

Macre ou trapa châtaigne d'eau, marron d'eau, truffe d'eau, Cornuelle, partie comestible, 4 cornes, 3 esp. — Onagracées.

Macrocarpa ou vesce cultivée à gros fruits, cosses charnues et épaisses. — Léguminacées.

Macrochloa Alfa sparte plante 70e ayant l'aspect du jonc mais fibreux, Stipa, 100 espèces. — Graminacées.

Macrocystis algue gigantesque de l'océan pacifique avec trou et se développant jusque 500m. — Alguacées.

Macromeria plante à tiges velues, feuilles lances, rudes, fleurs jaunes en entonnoir, 8 espèces. — Borraginacées.

Macropiper arbuste en buisson 2-3m feuilles lisses, vert clair, persistantes, poivrier, 6 espèces. — Pipéracées.

Macrotys racemosa plante 50-60e feuilles alternes petites fleurs blanches en grappes — Renonculacées.

Macrozamia arbrisseau sur tige, feuilles pennées, recourbées à pointes piquantes, 14 espèces. — Cycasacées.

Madagascar impatiens-sultana variété de balsamine à petites fleurs rouges. — Géraniacées.

Madagascar ou rogiera, plante de serre, feuilles opposées, petites fleurs roses, odeur suave, 60 esp. — Rutacées.

Madaria madia, élégante plante 80, 90e tiges et feuilles velues, fleurs jaunes en capitule. — Composacées.

Madia ou madi 1829, plante oléagineuse à fleurs jaunes, fourrage, engrais vert, 8 espèces. — Composacées.

Madia-sativa on retire de ses graines l'huile de Madi du Chili (comme huile de lin). — Composacées.

Madriette ou Aconit-napel, plante 120e vivace, feuilles alternes, fleurs bleues en épi. — Renonculacées.

Maésées 1re tribu de la famille des **Myrsinacées**, 1 genre, 40 espèces : Maesa ou Siburatia.

Mafuraire (beurre de) retiré des graines de Tüchilia-emetica (Afrique orientale). — Méliacées.

Magnolia de Magnol professeur de botanique à Montpellier puis à Paris, a posé le jalon des familles des plantes, 1638-1715.

Magnolia arbre à feuilles coriaces, luisantes, fleurs blanches ou rouges, gros fruits, 15 espèces. — Magnoliacées.

Magnolia-glauca arbre du Castor 1688 en Europe, 1732 à Nantes, arbrisseau 4-6m fleurs blanches. — Magnoliacées.

MAGNOLIACÉES 4e famille des Dicotylédones, 4 tribus, 14 genres, 86 espèces (Magnol Pierre, botaniste, 1638-1715).

MAGNOLIACÉES : Anis étoilé, Badianier, Cercidiphyllum, *Drymis*, Euptelia, Illicium, Kadsura, Liriodendron, Liriopsis, *Magnolia*, Manglietia, Michelia, Sarcocarpon, *Schizandra*, Spherostemma, Talauma, Tasmannia, *Trochodendron*, Tulipier, Wintera, Zygogynium.

Magnoliées 3e tribu de la famille des **Magnoliacées**, 5 genres, 49 espèces. En France par Plumier.

Maguey nom de l'agavé au Mexique, on en tire le pulque, boisson des Indiens, la huitième année.   Amarylisacées.

Magydaris tomentosa plante vivace à tige pleine, striée, fe. amples, ondulées, fl. blanches une esp.   Ombelliféracées.

Mahaleb cerisier de Sainte-Lucie, bois à odeur agréable, on en fait des pipes.   Rosacées.

Mahernia arbuste toujours vert, feuilles lances, dentées fleurs jaunâtres ou rouges. 33 espèces.   Sterculiacées.

Mahogany mot anglais (acajou) ce mot revient souvent dans le commerce des bois.   Méliacées.

Mahonia arbuste feuilles persistantes comme le houx avec fleurs jaunes en épi 60 esp. 100 variétés.   Berberisacées.

Mahonille on Malcolmia, Julienne de Mahon, fleurs blanches, rouges, violettes, 26 espèces.   Cruciféracées.

Mahot ou Couratari, arbre industriel des colonies, Cariniania ou Lecythopsis, 15 espèces.   Myrtacées.

Maïantheme petit muguet, plante des bois, 2 feuilles en haut de la tige, fleurs blanches, une espèce.   Liliacées.

Maïs ou zea ou mays plante alimentaire par excellence. Blé de Turquie, vient d'Amérique, 25 var. cult.   Graminacées.

Maïs plante à tige épaisse, noueuse, 80-200`, feuilles engaînantes, épi 20-25°, une espèce.   Graminacées.

Maïs du Japon plante à feuilles panachées de blanc, de jaune, de rouge.   Graminacées.

Maïs de Guinée nom donné dans l'Argentine au Sorgho brun.   Graminacées.

Maïs (stigmates de) fleurs femelles Les fleurs mâles sont à la partie supérieure de la plante.

Maïs (champignon parasite du) Dothidea, 284 espèces ou variétés.   Champignonacées.

Majorana origanum ou Marjolaine plante à parfum et condimentaire, 1573 en Europe.   Labiacées.

Mal de Brou fait périr les animaux qui broutent au printemps les pousses de chêne.   Cupuliféracées.

Malachie aquatique plante des étangs 40-80°, fleurs blanches, l'une des 85 espèces de Stellaria.   Caryophyllacées.

Malachodendron arbuste 120-180° feuilles grandes, ovales, fleurs blanches, maculées, frangées, 6 esp.   Théacées.

Malaheb (cerisier) ou de Sainte-Lucie, arbre des Vosges 5-6ᵐ petits fruits très amer, noirâtres.   Rosacées.

Malanga ou Cara, chou caraïbe, plante à grandes feuilles ornementales, 6 espèces.   Aroïdacées.

Malaxis petite orchidée des marais à fleurs verdâtres, une espèce.   Orchidacées.

Malcolmia-maritima giroflée de Mahon, Julienne blanche ou violette, rouge, odeur agréable.   Cruciféracées.

Malcolmia parviflora plante 10-20°à duvet blanc, fleurs violettes.   Cruciféracées.

Mâle (fleur) celle qui ne possède que des étamines, soit monoïque ou dioïque (à 2 lits).

Malesherbiées 1e tribu de la famille des **Passifloracées**, 2 genres, 8 espèces : Gynopleura, Malesherbia.

Malherbe plumbago, dentelaire, herbe au cancer, pl. fe. radicales, fl. bleutées, 12 esp.   Plombaginacées.

Malherbe Thapsia, Villosia, plante 60-90° feuilles velues sur les deux faces, fleurs jaunes, 4 espèces.   Ombelliféracées.

Mallotus arbuste de serre 160° belles feuilles, fleurs jaunes, Melanolepis, 70 espèces.   Euphorbiacées.

Malmaison Astragale des haies, clôtures, arbuste, 60-80° à feuilles composées.   Léguminacées.

Malope plante 60-90° feuilles par 3, grandes fleurs blanches roses ou veinées, 3 espèces.   Malvacées.

Maloukang (beurre de) ou Aukalaki, tiré des graines du Polygala-butyracea.   Polygalacées.

MALPIGHIACÉES 38e famille des Dicotylédones, 4 tribus, 53 genres, 600 esp. (Malpighi M. botaniste 1628-1694).

MALPIGHIACÉES principaux genres : Acmanthera, Acridocarpus, Aspicarpa, Aspidopterys, *Banisteria*, Blepharandra, Brachypteris, Bunchosia, Bunsosia, Burdachia, Byrsonima, Camarea, Diacidia, Dinemagonum, Dinemandra, Diplopteris, Fumbriaria, Galphimia, *Gaudichaudia*, Heladena, Heteropterys, Hiptage, *Hiraea*, Janusia, Jubelina, Lasiocarpus, Lophantera, *Malpignia*, Monreillier, Peixotoa, Ryssopterys, Schwannia, Spachea, Sphedamnocarpus, Stigmaphyllon, Tetrapterys, Thryallis, Triaspis, Trioupterys, Tristellateia, Verrucularia, cette famille a peu ou pas de représentant en Europe.

Malpighiées 1re tribu de la famille des **Malpighiacées**, 21 genres, 176 espèces.

Malt poudre d'orge germée, séchée. contenant un ferment qui transforme l'amidon en sucre.   Graminacées.

Malus pommier, arbre fruitier, 636 variétés cultivées en France, fleurs roses ou blanches.   Rosacées.

Malus baccata petits pommiers cultivés pour les fleurs, 59 variétés.   Rosacées.

Malva officinalis Mauve, on emploie racines, feuilles et fleurs en infusion et décoction.   Malvacées.

MALVACÉES 33e famille des Dicotylédones, 4 tribus, 65 genres, 800 esp. (du latin Malva : idée de douceur, mollesse).

MALVACÉES principaux genres et espèces : Abelmoschus, Abutilon, Achania, Adansonia, Alcée, Althca, Ambrette, Anoda, Arcynospermum, Baobab, Bastardia, *Bombax*, Boschia, Callirhoe, Cavanillesia, Ceïba, Chorisia, Coelostegia, Cotonnier, Cristaria, Deceschistia, Dicallostyles, Durio, Eriodendron, Fromager, Fugosia, Gaya, Goethea, Gossypium, Gu:- mauve, Hampea, *Hibiscus*, Hoheria, Kapokier, Ketmie, Kitaibelia, Kosteletzkya, Kydia, Lagunaria, Lagunea, Lavatera, Malachra, Malope, *Malva*, Malvastrum, Malvavisque, Matisia, Mauve, Modiola, Napea, Neesia, Ochroma, Pachira, Palava, Pavonia, Plagianthus, Pourretia, Quararibea, Rose-Tremière, Sida, Sidalcea, Sphaeralcea, Stegia, Thespesia, *Urena*, Wissadula.

Malvaviscus ou Achania, arbuste buissonnant à larges feuilles, fleurs remontantes, 6 espèces.	Malvacées.
Malvavisque arbrisseau 3ᵐ feuilles en cœur persistantes, fleurs rouges écarlates.	Malvacées.
Malvées 1ᵉ tribu de la famille des **Malvacées** ; 24 genres, 410 espèces.	
Mamillaria plante grasse, épineuse, forme boule, sans feuilles, originaire du Mexique, 360 espèces.	Cactacées.
Mammea Arbre à gros fruits des Antilles 15-20ᵐ. Abricotier de Saint-Domingue, 5 espèces.	Guttiféracées.
Mancenillier Arbre des Antilles à bois dur, compact, bien veiné, donne latex âcre, caustique.	Euphorbiacées.
Mancenillier hippomane, son lait empoisonnait les flèches (dans l'Africaine), une espèce.	Euphorbiacées.
Manchettes de la Vierge, liseron des haies, feuilles sectionnées du bas, fleurs blanches.	Convolvulacées.
Mancienne Viorne lantane plante grimpante des bois, fleurs blanches, fruits noirs.	Caprifoliacées.
Mancinella arbre poison, produit un fruit comme petite pomme, une espèce.	Euphorbiacées.
Mancone (écorce de) provenant de l'Erythrophlaeum-guineense ou Fillea ou Mavia, 2 espèces.	Léguminacées.
Mandarinier petit arbre fruitier la mandarine mûrit à Nice, Beaulieu, Saint-Jean, 1848 venant de Sicile.	Rutacées.
Mandarinier citrus madurensis, arbre plus petit que l'oranger, feuilles également plus petites.	Rutacées.
Mandevilla arbuste de serre, grimpant, 100ᶜ, à feuilles ovales, fleurs blanches, parfumées, 30 esp.	Apocynacées.
Mandiane pyrèthre, malherbe, petite plante comme camomille, fleur petite marguerite.	Composacées.
Mandragore atropa, plante vivace, grandes feuilles 45 × 12, fruits ronds, dangereux, 1 esp., 5 variétés.	Solanacées.
Manettia arbuste grimpant, feuilles opposées en cœur, fleurs en tube, pendantes, 30 espèces.	Rubiacées.
Mange-tout haricot sans parchemin, se mange avec la gousse, 30 variétés.	Léguminacées.
Mange-tout pois sans parchemin, se mange avec la gousse, 7 variétés.	Léguminacées.
Mangifera Manguier, Mango, arbuste de serre, fleurs rougeâtres, fruit forme poire, 30 espèces.	Anacardiacées.
Mangiférées 1ᵉ tribu de la famille des **Anacardiacées**, 7 genres, 164 espèces ou variétés.	
Manglier fruit du Rhizophora, contient du tannin et des principes colorants, 5 esp.	Rhizophoracée:.
Mangouste (racine de) racine d'or, racine de Mongo de l'Ophioxylum serpentinum ou Rauwolfia.	Apocynacées.
Mangoustier Garcinia, grand arbre 20-25ᵐ de Ceylan, Indo-Chine, fruit parfumé, forme orange, 150 esp.	Guttiféracées.
Mangue ou mango fruit à noyau du manguier goût de térébenthine, comestible.	Anacardiacées.
Manguier mangifera-indica, arbre 12-14ᵐ grandes feuilles, petites fleurs, fruit comestible, 30 esp.	Anacardiacées.
Maniguette graine de Paradis de l'Amomum paradisii, fruit de 8-10ᵉ Condiment (Curry), une esp.	Zingibéracées.
Maniguette ou poivre des nègres de l'Uvaria aromatica, Fitzalania 44 espèces.	Anonacées.
Manihot carthaginensis petit arbre à feuilles composées de 12 ou 13 folioles.	Euphorbiacées.
Manihot Glaziowic arbre produisant le caoutchouc de Ceara.	Euphorbiacées.
Manihot ou manioc amer 2ᵉ Manihotarpi ou Manioc doux ou Camanioc.	Euphorbiacées.
Manihot palmata manioc doux, inoffensif, Camanioc devient tapioca.	Euphorbiacées.
Manihot utilissima manioc amer, vénéneux à l'état frais, devient le tapioca.	Euphorbiacées.
Manioc tiré du Jatropha Curcas, ce produit devient Sagou ou tapioca.	Euphorbiacées.
Manne matière sucrée et purgative qui s'écoule du Frêne de Calabre et du frêne d'Alep.	Oléacées.
Manne de Briançon provenant d'une Mélèze-larix.	Coniféracées.
Manne du Liban qui découle de l'écorce et des feuilles du Larix-cedrus.	Coniféracées.
Manne ou Parmélie comestible, que le vent transporte sur certaines graminées.	Lichenacées.
Manne du Sinaï qui sort du Tamarix gallica après la piqûre du Coccus Manniporus.	Tamarisacées.
Mansienne viburnum lantana ; plante liane grimpante, feuilles cotonneuses, baies noires.	Caprifoliacées.
Manteau royal Ancolie, Aquilegia, plante, fleurs bleues ou roses.	Renonculacées.
Mantisia plante de serre curieuse, d'abord fleurs bleues en grappes, puis feuilles engainantes, 2 esp.	Zingibéracées.

Manulea ou Nemia, plante 20-30ᶜ feuilles opposées fleurs blanc rosé, nombreuses, 25 esp. Scrofulacées.

Manulées 8ᵉ tribu de la famille des **Scrofulacées**, 8 genres, 116 espèces.

Maple nom anglais de l'Erable, bois employé pour meubles et crosses de fusil. Acéracées.

Mappe Variété de ricin des îles Moluques dont on retire une huile. Euphorbiacées.

Maraichère (culture) auprès des villes, donnant 3-4 récoltes de légumes dans l'année.

Maranta belle plante cultivée pour ses feuilles avec jolis dessins zébrés, 15 espèces. Zingibéracées.

Maranta arundinacea c'est cette plante qui donne le véritable arrow-root. Zingibéracées.

Marantées 2ᵉ tribu de la famille des **Zingibéracées**, 12 genres, 152 espèces (Maranta, botaniste. Venise, 1554).

Marasca Cerise acide avec laquelle on fait le Marasquin de Zara. Rosacées.

Marasmius faux mousseron ou mousseron godaille, champignon comestible, 16 esp. Champignonacées.

Marattinées 7ᵉ tribu de la famille des **Fougéracées** ; 5 genres, 118 espèces.

Marcasson ou Lathyrus tuberosus ou gland de terre fleurs rose-vif en grappe, Anette. Léguminacées.

Marceau ou Marsault, Salix caprea, arbre à feuilles grises, saules des chèvres. Salicacées.

Marcgraviées 2 tribu de la famille des Théacees, 5 genres, 38 espèces (racines diurétiques).

Marchantia-polymorpha plante des ruisseaux, fontaines, bords des puits, rochers. Hépaticacées.

Marchantinées 4ᵉ tribu de la famille des **Hépaticacées**, 22 genres, 165 espèces.

Marcottage (de la vigne) creuser une fosse, y coucher un sarment voisin, jusqu'à ce qu'il prenne racines.

Margarine de Margarita (perle) petits points blancs dans l'huile d'olive : Margarine 72, Oléine 28 parties.

Margousier Melia-azedarach, grand arbre d'ornement, on en tire l'huile de Margosa, une esp. Méliacées.

Marguerite mot général pour Anthemis, Bellis, chrysanthemum, Leucanthemum, Vittadinia, etc. Composacée.

Marguerite des jardins ou reine-marguerite, pl. à fl, très fournies, Callistephus de chine, une esp. Composacée.

Marguerite des moissons chrysanthemum segetum, à belles fleurs jaunes, zizanie. Composacées.

Marguerite des prés à fleurs blanches ou chrysantème 40-70 feuilles très divisées. Composacées.

Marguerite (reine) ou Callistephus, aster de Chine 1730, pl. rustique de juillet aux gelées 144 variétés. Composacées.

Marica ou Cipura plante à feuilles 90ᵉ, fleurs bleues sur tige 120ᵉ, serre chaude, 4 espèces. Irisacées.

Marie-tambour des Guyanes fruit des passiflores comestibles, pomme liane, forme ovale. Passifloracée.

Mariette campanula médium plante 65ᵉ feuilles en rosette, fleurs bleu violet. Campanulacées.

Marjolaine origanum majorana, plante à parfum, 1573 en Europe, Dictame de Crête, 30 esp. Labiacées.

Marjolaine sauvage Origan vulgaire, plante des pâturages, 30-60ᶜ fleurs roses. Labiacées.

Marmite de singe fruit du Lecythis à la Guyane, opercule formant couvercle, Japucaya, 65 esp. Myrtacées.

Maroute Anthemis cotula, plante des moissons vertes, glabre, fétide, fleurs blanches. Composacées.

Maroute ou Camomille puante, plante 40-70ᶜ feuilles composées, fleurs blanches, disque jaune. Composacées.

Marron comestible châtaigne sans cloisons intérieures, surtout en Corse, Castanea, 2 espèces. Cupuliféracées.

Marron d Inde fruit du marronnier est parfois donné aux moutons. Hippocastanacées.

Marron de Lyon du Castanea macrocarpa, arbre à gros fruits : châtaigne. Cupuliféracées.

Marronnier blanc grand arbre, 1581 en Autriche, 1615 à Paris, par Bachelier, feuil. 7 folioles, 14 espèces. Hippocastanacées.

Marronnier rouge pavia, arbre d'ornement se greffe sur le blanc, 1812 en France, 1730 en Angleterre. Hippocastanacées.

Marrube plante vivace 30-80ᵉ sur les chemins, décombres, feuilles gauffrées, fleurs blanchâtres 33 esp. Labiacées.

Marsault Salix-caprea, saule des chèvres, arbre ou arbrisseau à feuilles grises. Marceau, Boursault. Salicacées.

Marsdenia plante ligneuse 5ᵐ grimpante, le Marsdenia Verrucosa donne un caoutchouc. Asclépiadacées.

Marsdeniées 5ᵉ tribu de la famille des **Asclépiadacées**, 36 genres, 323 espèces.

Marsilea-quadrifolia plante flottante rivières et marais, aspect du trèfle à 4 feuilles. Lycopodiacées.

Marsiliasées 4ᵉ tribu de la famille des **Lycopodiacées**, 46 genres, 84 espèces.

Marsiliées plantes aquatiques à souches rampantes, sporanges à la base des feuilles. Lycopodiacée.

Martagon plante bulbeuse 30-60ᵉ fleurs en cloche violet-rose et taches carmin. Liliacées.

Martinezia nouveau genre de palmier de serre chaude à Paris, 7 espèces. Palmacées.

Martynia cornaret, plante 30-40ᵉ velue, feuilles rondes, belles fleurs, graines en corne du diable, 10 esp. Pédalinacées.

Martiniées 1ʳᵉ tribu de la famille des **Pédalinacées** ; 3 genres, 13 espèces : Craniolaria, Martynia, Vatkea.

Marum Teucrium cortusi, plante 25-35ᵉ aspect du thym, fleurs pourpres en grappes. Labiacées.

Marute ou **Cotule** Amouroche, camomille puante, œil de vache, petite plante commune.   Composacées.
Massette d'eau ou roseau des étangs, 120-150', est employée pour chaises, nattes, paillassons.   Typhacées.
Massette ou typha plante aquatique ou marécageuse, fleur mâles en baguette d'artifice, 10 espèces.   Typhacées.
Mastic en larmes résine provenant du Pistachier-lentisque petit arbre ou arbrisseau.   Anacardiacées.
Maté arbre 4-6^m de serre chaude à Paris, herbe de Saint Barthélemy.   Ilicacées.
Maté-yerba Houx du Paraguay, c'est le thé de l'Amérique du Sud.   Ilicacées.
Matico Artanthe-elongata ou piper-augustifolium, feuilles employées.   Pipéracées.
Matico Steffensia-elongata, arbuste 2-3^m feuilles velues, fleurs jaunes, goût amer et âcre.   Pipéracées.
Matricaire plante 50-70', feuilles alternes, fleurs centre jaune, tour blanc, 23 espèces.   Composacées.
Matricaire-camomille fausse camomille, œil de vache, petite marguerite blanche.   Composacées.
Matthiola plante des rochers, bord de mer 10-50', fleurs blanches, lilas ou rougeâtre.   Cruciféracées.
Matthiola giroflée d'hiver, grosse espèce, des fenêtres, cheirantus.   Cruciféracées.
Maurandia plante grimpante 3-4^m feuilles alternes, fleurs violet foncé ou blanc, ustéric, 6 espèces   Scrofulacées.
Maurelle ou Tournesol, croton des teinturiers, bleu du Languedoc, 6 espèces.   Euphorbiacées.
Mauret arbuste des bois 30-60, petites feuilles ovales fleurs rose-verdâtre, baies noires.   Vacciniacées.
Mauritia palmier avec feuilles en éventail sur longues tiges à Paris, 9 espèces.   Palmacées.
Mauritia arbre de 30-40^m aux Antilles et au Brésil, on en tire un sagou.   Palmacées.
Mauve d'Alger plante 100-130', belles feuilles alternes fleurs en grappe, diverses nuances.   Malvacées.
Mauve en arbre arbuste soit Lavatère ou Ketmie ou Althea-frutex.   Malvacées.
Mauve frisée plante 150-200' feuilles arrondies, ondulées, petites fleurs blanches.   Malvacées.
Mauve rose à Grasse on désigne sous ce nom, le Géranium rosat, y est très employé.   Géraniacées.
Mauve sauvage plante 70-90' fleurs veinées lilas foncé ; 2° petite mauve couchée.   Malvacées.
Max movitzia-sinensis plante grimpante à feuilles caduques, de la tribu des Schizandrées.   Magnoliacées.
MAYACACÉES 17° famille des Monocotylédones, 1 genre, 7 espèces (Mayaquez, ville de l'île de Porto-Rico).
MAYACACÉES Biaslia ou Coletia ou Mayaca ou Seyna.
Mayaque plante de l'Amérique ayant l'aspect du jonc, mayaca 7 espèces.   Mayacacées.
Maydées 1re tribu de la famille des **Graminacées** : 7 genres, 15 espèces.
Mazus-pumilio ou Hornemannia, pl. tracante, fleur élégante fruit bivalve, 6 espèces.   Scrofulacées.
Méchoacan ou Jalap blanc ou Bryone d'Amérique ou rhubarbe blanche.   Convolvulacées.
Méconopsis plante vivace, feuilles d'un vert gai, contenant un suc jaune, fleurs jaunes, 9 espèces.   Papavéracées.
Médéola plante grimpante, feuillage léger et élégant, s'emploie comme chemin de table, une espèce.   Liliacées.
Médéolées 22° tribu de la famille des **Liliacées** ; 5 genres, 31 espèces : Clintonia, Medeola, Paris, Scoliopus. Trillium.
Médicago-arborea luzerne en arbre, arbuste toujours vert, feuilles 3 folioles, fleurs jaunes.   Léguminacées.
Médicago-scutelata variété de luzerne, donne une graine en vrille.   Léguminacées.
Médicinier arbuste 200' feuilles palmées, avec sa racine : manioc, cassave, couac, tapioca.   Euphorbiacées.
Médicinier Jatropha curcas, donne noix de Bardane, ou gros pignons d'Inde, 70 espèces.   Euphorbiacées.
Médinilla arbuste de serre chaude, avec superbes fleurs roses en grappes retombantes, 75 espèces.   Mélastomacées.
Mélaleuca de Mélas, noir et Leukos, blanc ; arbre venant d'Australie, 100 espèces.   Myrtacées.
Mélaleuca arbre toujours vert, on tire de ses feuilles une huile verte 1793 en France.   Myrtacées.
Mélaleuca arbre à écorce feuilletée, petites fleurs blanches, produit l'huile de Cajeputi, Gomenol.   Myrtacées.
Melampsora champignon en poussière jaunâtre, des Euphorbes, lins, peupliers, saules, 29 espèces.   Champignonacées.
Mélampyre mauvaise plante qui pousse dans les blés 30-60' fleurs roses, graines noires, 9 espèces.   Scrofulacées.
Mélanthium plante bulbeuse, nombreuses variétés avec fleurs en roue, 3 espèces.   Liliacées.
Mélastoma du Malabar, arbuste de serre 70' feuilles rudes des 2 côtés, fl. roses en hiver, 44 espèces.   Mélastomacées.
MÉLASTOMACÉES 76° famille des Dicotylédones, 13 tribus, 133 genres, 2.500 espèces (noir, bouche).
MÉLASTOMACÉES principaux genres et espèces : Aciotis, Acipetalum, Acisanthera, Adelobotrys, Allomorphia, Amphi-
blemma, Anerincleistus, Anplectrum, Appendicularia, Arthrostemma, *Astronia*, Axinaea, Axinandra, Behuria, Bellucia,
Bertolonia, *Blakea*, Brachyotum, Calophysa, Calycogonium, Calyptrella, Calvoa, Cambessedesia, Carionia, Centradenia,
Centronia, Chaetolepis, Chaetostome, Charianthus, Clidemia, Comolia, Conostegia, Desmoscelis, Dichaetanthera, Diolen

Dionycha, *Dissochaete*, Dissatis, Eriocnema, Ernestia, Fothergilla. Fritzschia, Graffenrieda, Gravesia, Heeria, Henriettea, Henriettella, Heterotrichum, Huberia, Kibessia, Lasiandra, Lavoisiera, Leandra, Loreya, Macairea, Macrocentrum, Maieta, Marcetia, Marumia. Mecranium, Medinilla, Melastoma. *Memecylon*, *Meriana*, *Miconia*, Microlepis, *Microlicia*. Monochaetum, Monolena, Mouriria, Myrmidone, Ochthocharis, *Osbeckia*. Ossea, Otanthera, *Oxyspora*, Pachicentria, Pachyanthus. Pachyloma, Phyllagathis, Platycentrum, Pleiochiton, Pleroma, Poteranthera, Pternandra, Pterogastra, Pterolepis, Pyramia, *Rhexia*, Rhynchanthera, Rousseauxia. Sarcopyramis, Sakersia, Salpinga, Schwackaea, Siphanthera, *Sonerila*, Stenodon, Tetrazygia. *Tibouchina*, Tococa, Topobea, Trembleya, Triolena, Tristemma, Veprecella.

Mélatte Nyctanthe, arbrisseau aux fleurs nocturnes tres odorantes, une espèce. Oléacées.

Mélèze des Alpes on en tire la térébenthine de Venise, sort du bois et de l'écorce, fl. femelles pourpres. Conifèracées.

Mélèze ou larix arbre élevé, à feuilles en rosaces, caduques, cones ovales, écailles minces, 8 espèces. Conifèracées.

Melia-azedarach arbre à chapelet des pays chauds 10-12 ᵐ, fruits à noyaux percés, une espèce. Méliacées.

Melia-azedarach arbuste de serre 70-100 à Paris, à fleurs lilas en panicules, lilas des Indes. Méliacées.

MÉLIACÉES 45ᵉ famille des Dicotylédones, 4 tribus, 38 genres, 550 espèces (du grec Meli, miel).

MÉLIACÉES principaux genres et espèces : Acajou, Aglaia, Amoora, Azedarach, Beddomea, Cabralea, Calodryum, Carapa, *Cedrela*, Cedrus, Chailletia, Chisocheton, Chloroxylon, Chukrasio, Cipadessa, Dasycoleum, Didymocheton, Disoxylum, Ekebergia, Elutheria, Flindersia, Garretia, Guarea, Hearnia, Heynea, Khaya, Lansium, Mahogani, Margousier, *Melia*, Munronia, Owenia, Quivisia, Racapa, Sandoricum, *Swietenia*, Synoum, *Trichilia*, Turrea, Vavea, Walsura.

MÉLIANTHACÉES 58ᵉ famille des Dicotylédones, 3 genres, 10 espèces (miel, fleur).

MÉLIANTHACÉES Bersama, Dipherisma, Greyia, Melianthus, Natalia, Rhaganus.

Mélianthus grande plante 2-3ᵐ très décorative à feuilles comme l'angélique, petite fleur rouge, 5 esp. Mélianthacées.

Mélicoccées 6ᵉ tribu de la famille des **Sapindacées**, 9 genres, 48 espèces.

Méliées 1ʳᵉ tribu de la famille des **Méliacées**, 9 genres, 60 espèces.

Mélier ou Blakea arbrisseau 2-3ᵐ, fe ovales à 3 nervures, grandes fl. roses très belles, 25 esp. Mélastomacées.

Méliguette ou Maniguette, fruit de l'Elettaria-Cardamomum, pour condiment, 1 esp. Zingibéracées.

Mélilot ou mélilotus trèfle de cheval, plante des chemins, jusqu'à 120, odeur suave, 10 espèces. Léguminacées.

Mélilot des champs trigonella-cœrulea ; 2ᵈ mélilot bleu 60ᵉ ; mélilot à fleurs jaunes, lotier odorant. Léguminacées.

Mélinet Cérinthe, plante alpine, velue, fleurs bleues, tachées de pourpre, 4 espèces, 10 variétés. Borraginacées.

Mélique ou Melica plante des bois, rochers, 30-80 feuilles aiguës, épillets longs, 30 espèces. Graminacées.

Mélisse abeille plante 40-80 feuilles velues, fleurs jaunâtres puis violacées ou blanches, 4 espèces. Labiacées.

Mélisse turque Dracocéphale de Moldavie, plante 50-60, fe. opposées à odeur pénétrante, fl. bleu pâle. Labiacées.

Mélitte ou Mellitis mélisse des bois, plante 30-50, fe. ovales, dentées, odeur forte, fl. blanches panachées. Labiacées.

Mélocactus plante grasse, 10-20ᵉ en boule, charnue, cannelée, surmontée d'un pompon, 30 espèces. Cactacées.

Melon ou Cucumis-melo produit un gros fruit sucré, fondant, souvent à côtes, 37 var. cultivées. Cucurbitacées.

Melon plante cultivée sous chassis, climat de Paris, en France, depuis Charles VIII. Cucurbitacées.

Melon d'eau Pastèque, très recherché en été, aux bords de la Méditerranée, 6 variétés cultivées. Cucurbitacées.

Melongène l'aubergine violette est comestible ; la blanche est un poison, 6 variétés. Solanacées.

Meloposperma-andicola, plante vivace du Chili, feuilles opposées, fruits en capsules, une espèce. Scrofulacées.

Melopospermum Seseli ou Ciguë de la tribu des Amminées, Couscuille, une espèce. Cmbelliféracées.

Mémécylées 13 tribu de la famille des **Mélastomacées**; 3 genres, 155 espèces ; Aximandra, Memecylon, Mouriria.

MÉNISPERMACÉES 6 famille des Dicotylédones, 4 tribus, 62 genres, 255 espèces (Croissant de lune sur noyau).

MÉNISPERMACÉES principaux genres : Abuta, Anamirta, Anomospermum, Antitaxis, Antizoma, Arcangelisia, Aspidocarya, Burasaia, Chasmanthera, Chondrodendron, *Cissampelos*, Clypea, *Cocculus*, Coscinium, Cyclea, Fibraurea, Hyperbena, Iatcorhiza, Limacia, Lophophyllum, Menispermum, Odontocarya, *Pachygone*, Parabena, Sciadotenia, Stephania, Sychnosepalum, Tinomiscium, *Tinospora*, Trichisia. Menispermacées.

Menispermum plante à tige ronde, sans feuilles, comme prêle, petites fleurs papillons. Menispermacées.

Menispermum plante à belles feuilles octogones, fleurs ponceau, 2 espèces. Menispermacées.

Menispermum du Canada, plante grimpante pour tonnelles, treillages, feuilles en cœur, fl. verdâtres. Menispermacées.

Menthe ou Mentha plantes cultivées et sauvages, à odeur très forte, 25 espèces, 300 variétés. Labiacées.

Menthe-coq Balsamite odorante, plante 80-100ᶜ, fleurs blanches, Tanaisie, Chrysanthemum. Composacées.

	FAMILLES
Menthe-poivrée plante aromatique très forte, fleurs en épi, Peppermint des Anglais, Pouliot.	Labiacées.
Mentzelia Bartonia, arbuste 60-80^c feuilles découpées en violon, fleurs rouges, safranées, 40 espèces.	Loasacées.
Menuchon anagallis, mauvais mouron, fleurs rouges ou bleues, 17 espèces.	Primulacées.
Menyanthe trifoliata, trèfle aquatique plante vivace 50^c fleurs roses ou blanches en grappes, 2 esp.	Gentianacées.
Menyanthées 4e tribu de la famille des **Gentianacée»**, 4 genres, 41 espèces : Limmanthemum, Liparophyllum, Menyanthes.	
Menziesia bruyère rampante à grosses fleurs violettes en épis allongés, Andromède, 7 espèces.	Ericacées.
Mera bois de fer de Madagascar, essayé pour le pavage des rues de Paris; Mesua.	Guttiféracées.
Merandère bulbocode, petite plante, feuilles étalées, fleur solitaire pourpre, une espèce.	Liliacées.
Meratia ou Chimonanthus, arbuste 150-250^c feuilles lances, luisantes fleurs blanches, 2 espèces.	Calycanthacées.
Mercure végétal Lobelie syphilitique ou Cardinale bleue plante à odeur rance.	Lobéliacées.
Mercure végétal Franciscea ou Brunfelsia Arbuste du Brésil et d'Asie à fl. pourpres, 20 esp.	Solanacées.
Mercuriale plante très commune, fossés, décombres, fleurs verdâtres en épi pour oiseaux, 6 esp.	Euphorbiacées.
Mercuriale de chien plante vivace des champs, chemins, feuilles ovales, foirolle caquenlit.	Euphorbiacées.
Merde de Cormoran sorte de varech desséché, comprimé noirâtre comme la tourbe.	Alguacées.
Merde du Diable Asa fœtida, gomme résine tirée de la Férule persique.	Ombelliféracées.
Mère de cacao au Mexique, c'est l'Erythrina-umbrosa qui abrite le cacao.	Léguminacées.
Mère du chêne c'est la Ronce sous laquelle le gland du chêne pousse, 600 variétés en France.	Rosacées.
Mère de famille pâquerette très fournie, rouge et blanche, fleurs doubles.	Composacées.
Mérianiées 5e tribu de la famille des **Melastomacées**, 11 genres, 107 espèces.	
Merisier arbre non greffé, produit une petite cerise dont on fait le kirsch.	Rosacées.
Mertensia plante 60^c rustique, feuilles longues, obtuses, fleur bleue en bouquet pendant, 15 espèces.	Borraginacées
Mervelle du Pérou ou Belle de nu t, 80-90 feuilles en cœur, fleurs s'ouvrant le soir.	Nyctaginacées.
Mescal au Mexique, eau-de-vie tirée la 8 année, de la sève de l'Agavé ou Maguey.	Amaryllisacées.
Mesembryanthémées 1e tribu de la famille des **Ficoïdacées**, 2 genres, 320 espèces : Mesembryanthemum. Tetragonia.	
Mesembryanthemum pl. rampante, à feuilles charnues, pour bordures, rocailles, suspension, 300 esp.	Ficoïdacées.
Mésocarpe (milieu fruit) c'est la chair ou pulpe du fruit des poires, pommes, pêche, abricot, etc. etc.	
Mespilus néflier, petit arbre à fruits contenant 5 noyaux ne mûrissent pas sur l'arbre, 2 esp.	Rosacées.
Mespilus-canadensis Amélanchier du Canada, arbrisseau à épines.	Rosacées.
Mesquite (gomme de) tirée du Prosopis-glandulosa ou Adenopis ou Strombocarpus.	Léguminacées.
Méteil mélange de froment et de seigle, fait un pain de 2 ou 3e qualité.	Graminacées.
Methonica plante de serre tubéreuse, feuilles longues en vrilles, fleurs aurore éclatant, 3 esp.	Liliacées.
Metrosideros bois de fer de la Malaisie et de la Nouvelle-Zélande, fleurs en goupillons, 20 esp.	Myrtacées.
Metrosideros semperflorens, 1800, plante de serre 140^c à Paris avec beau feuillage, fleurs rouges.	Myrtacées.
Metroxylon arbre de 10-12^m, on le coupe au ras du sol, pour retirer du tronc le sagou, 7 esp.	Palmacées.
Meum anethum anticum, fenouil des Alpes, plante 10-30 feuilles d'asperges, fl. blanches, une esp.	Ombelliféracées.
Meunier des laitues causé par le Peronospore-gangliiforme, 59 espèces ou variétés.	Champignonacées.
Meyenia plante de serre chaude, élégante, fleurs violet foncé, intérieur jaune, 45 esp.	Acanthacées.
Mezereum ou Daphné ou Bois gentil, arbuste 70-90^c feuilles caduques, petites fleurs odorantes, 80 esp.	Thymélacées.
Mibora du printemps, plante des sables, murs, 4-10^c tiges en petites touffes, fleurs violacées, une esp.	Graminacées.
Michauxia plante tri-annuelle velue, 100 à 150^c feuilles aiguës, fleurs en grappes blanches, 4 espèces.	Campanulacées.
Michelia ou Champaca arbre à parfum, en Europe depuis 1779, fleurs jaunes odorantes, 12 esp.	Magnoliacées.
Micocoulier ou celtis grand arbre, tronc lisse, feuilles dentées, fruit noir à noyau, 50 espèces.	Urticacées.
Micoderma aceti et Vini Champignon qui cause le vinaigre et le vin piqué ou plat, 7 esp.	Champignonacées.
Micogone-rosea cause la maladie du champignon de couche (molex).	Champignonacées.
Miconiées 10e tribu de la famille des **Mélastomacées**, 25 genres, 1000 espèces.	
Micrandra ou Hevea ou Siphonia, arbre à caoutchouc, 9 espèces, Brésil, Guyane.	Euphorbiacées
Micrechites nepeensis produit un caoutchouc de liane au Annam.	Apocynacées.
Microbe (dénomination du mot) par le docteur Sédillot, mars 1878.	Alguacées.
Microbes ou Bacilles ou Bactéries ou Diatomées ou Vibrions 1990 espèces.	Alguacées.

Micrococus Ce sont des infiniment petits, qui propagent les maladies contagieuses.   Alguacées.

Microliciées 1ᵉ tribu de la famille des **Mélastomacées**, 15 genres, 250 espèces.

Micromeria piperella Thymus, plantes des Alpes, ligneuse à la base, fleurs roses.   Labiacées.

Micropus plante des lieux arides à feuilles blanchâtres, fleurs jaunes laineuses, 4 esp.   Composacées.

Microsperma plante annuelle, feuilles ovales, aiguës, grandes fleurs jaunes en aigrette.   Loasacées.

Microsporon champignon microscopique qui se développe sur le corps humain : Pityriasis, teigne, etc.   Champignonacées.

Midzumata Edwarsia papyrifera, mûrier à papier, arbre du Japon.   Urticacées.

Mignardise Dianthus-plumarius, petit œillet employé en bordure, souvent fleurs blanches, ou rosées.   Caryophyllacées.

Mignonnette chamagrostis plante des lieux sablonneux 2-5ᶜ fleur en épi, une espèce.   Graminacées.

Mignonnette réséda, petite plante vivace, cultivée pour son doux parfum, 30 espèces   Résédacées.

Mignonnette Saxifraga-umbrosa, désespoir du peintre, amourette, fleurs légères   Saxifragacées.

Mignotise à Genève : le thym, farigoule en Provence, plante des rochers, 40 espèces, 100 variétés.   Labiacées.

Mikania ou Delairia, seneçon grimpant, lierre d'été, plante à fl. jaunes en corymbe, 100 esp. 140 var.   Composacées.

Mil ou Sorgho 3 variétés : blanc, noir, rouge, nourrit le quart de la population terrestre.   Graminacées.

Mil étalé petite plante formant gazon, à feuilles longues et fines.   Graminacées.

Mil d'Inde Millet d'Italie, Sorgho à balais, Millet à chandelle   Graminacées.

Mildiou de la betterave ; 2ᵉ mildiou du trèfle, maladies causées par les Peronospora, 59 esp.   Champignonacées.

Mildiou de la pomme de terre, par le Phytophore-infectans, une espèce.   Champignonacées.

Mildiou Mildew, maladie de la vigne produite par le Peronospora Viticola 1878.   Champignonacées.

Milium plante des rochers 30-100ᶜ feuilles étroites puis enroulées, fleur en épillets, 6 esp.   Graminacées.

Miliusées 5ᵉ tribu de la famille des **Anonacées** 11 genres, 64 espèces ou variétés.

Millefeuille ou Achillée plante qui pousse partout, fleurs blanches en ombelles, 100 espèces.   Composacées.

Millefeuille aquatique ciguë-phellandre, œnanthe, fenouil d'eau, à feuilles de Coriandre.   Ombelliféracées.

Millefeuille cornue variété de renoncule aquatique dont le fruit est en cornes.   Renonculacées.

Millefeuille à épis ou Myriophylle à épis, plante aquatique à petite fleurs bleues.   Haloragacées.

Millefeuille marine variété de varech, à feuilles très divisées.   Alguacées.

Mille fleurs nom vulgaire du Thlaspi des champs et des prairies.   Cruciféracées.

Millepertuis plante aromatique à fleurs jaunes, chasse diable.   Hypéricacées.

Millepertuis perforé plante des bois, chemins, 30-70ᶜ feuilles dans l'huile contre blessures.   Hypéricacées

Millet-blanc 2ᵉ Millet rouge de Bordeaux, en grappe, tiges pour balais, 850 variétés.   Graminacées.

Millet de Chine ou Millet d'Afrique, plante alimentaire, Alopecurus Pennisetum.   Graminacées.

Millet des Indes (gros) maïs, blé de Turquie, originaire d'Amérique, une espèce.   Graminacées.

Millet d'Italie panicum, millet à chandelle, millet perle, Sorgho à balais.   Graminacées.

Millet des oiseaux Setaria, Alpiste, plante élevée, sa graine pour volailles et oiseaux, 10 esp.   Graminacées.

Millet sauvage plante des coteaux, 80-120ᶜ, feuilles planes, épillets nombreux, violacés.   Graminacées.

Miltonia de Morel espèce d'orchidée à belles fleurs d'un violet pourpre éclatant.   Orchidacées.

Mimosa arbre acclimaté sur la riviera, fleurs jaunes en hiver, 280 espèces.   Léguminacées.

Mimosa-cassier ou Acacie de Farnèse, depuis 1656 en Europe venant de Saint Domingue.   Léguminacées.

Mimosa-Julibrissin Acacia de Constantinople, arbre très ornemental.   Léguminacées.

Mimosa-pudica ou sensitive, les folioles se contractent lorsqu'on y touche.   Léguminacées.

Mimosées 3ᵉ division de la famille des **Léguminacées**, 6 tribus, 29 genres, 1360 espèces.

Mimulus plante 30-60ᶜ, on cultive 22 variétés, pouvant s'hybrider facilement, 50 espèces.   Scrofulacées.

Mimulus-moschatus plante 15ᶜ à fleurs jaunes, à odeur de musc. Herbe au musc.   Scrofulacées.

Mimusops ou balata arbre produisant la gutta-percha rouge.   Sapotacées.

Mimusops-elengi grand arbre, produit la prune de Malabar, ovale, jaune, comestible.   Sapotacées.

Mina-lobata ipomée, plante grimpante, vigoureuse, fleurs en grappes rouges.   Convolvulacées.

Minette médicago-lupuline, bonne espèce de luzerne, aspect d'un trèfle.   Léguminacées.

Minette dorée luzerne lupulaire : trèfle jaune, excellente pour les moutons.   Léguminacées.

Mirabelle petites prunes jaunes pour confitures et compotes, en août   Rosacées.

Mirabiliées 1e tribu de la famille des **Nyctaginacées**, 16 genres, 112 espèces.

Mirabilis plante grimpante de 80-90e fleur en tube, belle de jour, faux Jalap, 12 espèces.   Nyctaginacées.

Mirbane (essence de) c'est l'essence d'amande amère artificielle, 1834 par Mitscherlich.

Mirbelia arbuste 65e tige grêle, feuilles piquantes vert foncé, fleur rose pourpre, 16 esp.   Léguminacées.

Miriofle voiant d'eau, plante des eaux dormantes, feuilles verticillées fleurs bleu-ciel, 18 espèces.   Halorageacées.

Mirliton souci-officinal, plante 25-30e étalée, fleurs doubles jaune avec disque, 10 esp. 20 variétés.   Composacées.

Miroir-du-temps anagallis, ménuchon, mouron à fleurs rouges. bleues, ou roses, 17 espèces.   Primulacées.

Miroir de Vénus Spécularia, plante 20-40e fleurs bleues ou pourpre-violet, 8 espèces.   Campanulacées.

Mischophlœus nouvelle variété de palmier de serre chaude à Paris, 1 espèce.   Pa'macées.

Misère (la) Tradescantia, plante à feuilles retombantes panachées ou colorées, suspension, 32 esp.   Commelinacées.

Mitchella plante tige grêle, rameaux couchés, petites f. en cœur, petites fl. blanches, fr. corail, 2 esp.   Rubiacées.

Mitraria-coccinea arbuste grimpant, petites f., fl. violettes renversées, venant de l'île de Chiloé, 1 esp.   Gesnéracées.

Mitréphorées 3e tribu de la famille des **Anonacées**, 13 genres, 62 espèces ou variétés.

Mocan ou **Visnea** arbuste de serre, 120e à fleurs blanc-rougeâtre, Mocanera, 1 espèce.   Théacées.

Modeccées 3 tribu de la famille des **Passifloracées**, 5 genres, 25 espèces.

Mœhringia petite plante comme mousse, feuilles très découpées, petites fleurs blanches.   Caryophyllacées.

Mœnchia-erecta plante des mares, 5-10e, feuilles aiguës d'où partent les porte-graines, Panicum.   Graminacées

Mogori ou **Mogorium** Jasmin d'Arabie, Sambac, arbuste de serre, fl. bl. cultivées pour le parfum.   Oléacées.

Moha (graines de) pour les petits oiseaux des Iles comme petit millet, Panicum-italicum, 3 var.   Graminacées.

Moha de Hongrie plante fourragère se contente de terres médiocres.   Graminacées.

Mohwah (beurre de) retiré des noix de Bassia-latifolia (tue les poissons).   Sapotacées.

Moisissures les fourrages moisis ou rouillés sont mauvais, champignons du genre Mucor, 77 espèces.   Champignonacées.

Moka café d'Arabie, c'est la variété réputée la meilleure (lieu d'origine).   Rubiacées.

Moldavie ou Dracocéphale, à fleurs bleues ou blanches, verticillées, odorantes, 30 esp.   Labiacées.

Môle ou **Molex** du champignon de couche, maladie causée par le Micogona-rosea.   Champignonacées.

Moléne Verbascum, plante à longue tige, grandes feuilles velues, fleurs jaunes, 100 espèces.   Scrofulacées.

Molineria plantes des collines 30-80e, feuilles étroites puis enroulées, petits épillets, 3 espèces.   Graminacées.

Molinia-bleue plante des bois 40-100e, les tiges ont 2 à 4 feuilles, épillets développés. 1 esp.   Graminacées.

Mollé-Schinus poivrier d'Espagne, arbre ou arbrisseau, feuilles ailées sentant le poivre, 13 espèces.   Anacardiacées.

Mollucelle épineuse, plante aromatique annuelle, fleurs avec grand calice en entonnoir, 2 esp.   Labiacées.

Mollugine plante des Pyrénées orientales, feuilles verticillées, fruit en capsule à 3 loges, 13 esp.   Ficoïdacées.

Molluginées 3e tribu de la famille des **Ficoïdacées**, 14 genres, 73 espèces.

Molopospermum ou Livèche, plante 130-150, f. très divisées, petites fl. blanc jaunâtre, 1 esp.   Ombelliféracées.

Moly ail magique ou ail doré, plante 20-30e à deux feuilles, belles fleurs jaunes.   Liliacées.

Mombin ou Spondias-lutea, arbre à fruit comestible, prune Mombin, 5 espèces.   Anacardiacées.

Momordica plante rampante, feuilles palmées, velues. fleurs jaune-pâle, fruit oblong, 25 esp.   Cucurbitacées.

Monarde bergamotte sauvage, menthe de cheval, plante vivace, 50-60e, fleurs roses, jaunes, 9 esp.   Labiacées.

Monardées 3e tribu de la famille des **Labiacées**, 11 genres, 495 espèces, tête de nègre.

Monder nettoyer les arbres des parasites, mousses lichens, guis, etc...

Moneses (écorce de) arbrisseau de la tribu des Pyrolées, une espèce.   Ericacées.

Monesia (écorce de) du Chrysophyllum, glycypholœum, ou Cainito ou Oxystemon, arbre à fruits   Sapotacées.

Mongette ou Bannette, haricot dolic à œil noir, 1819 aux environs de Toulon.   Légum'nacées.

MONIMIACÉES 151e famille des Dicotylédones: 2 tribus, 23 genres, 150 espèces (Monime, reine du Pont).

MONIMIACÉES *Atherosperma*, Conuleum, Glossocalyx. Hedycarya, Hennecartia, Kibara, Laurelia, Mollinedia, *Monimia*, Palmeria, Pavonia, Peumus, Siparuna, Tambourissa, Tetratome, Trimenia.

Monnaie du Pape lunaria-biennis, plante à fleurs rondes, semelle du Pape, 2 espèces.   Cruciféracées.

Monnoyère Thlaspi arvense, plante à odeur d'ail, à fleurs blanches, tabouret.   Cruciféracées.

Monoblépharidées groupe de la famille des **Champignonacées**, 1 genre : Monoblépharide aquatique.

Monochlamydées 4e division des Dicotylédones dont la fleur n'a qu'une seule enveloppe extérieure, sans pétales.

Monocotylédones (Plantes) dont l'embryon n'a qu'un seul cotylédon, souvent feuilles engaînantes: froment, maïs.

MONOCOTYLÉDONES 35 FAMILLES

Les chiffres indiquent l'ordre du classement botanique

Alismacées	29	Graminacées	35	Pandanacées	23
Amaryllisacées	9	Hémodoracées	7	Philydracées	15
Aroïdacées	26	Hydrocharisacées	1	Pontédéracées	14
Broméliacées	6	Irisacées	8	Rapatacées	19
Burmanniacées	2	Joncacées	21	Restiacées	33
Centrolépisacées	32	Lemnacées	27	Stémonacées	12
Commélinacées	18	Liliacées	13	Taccacées	10
Cyclanthacées	24	Mayacacées	17	Triurisacées	28
Cypéracées	34	Musacées	5	Typhacées	25
Dioscoréacées	11	Naïadacées	30	Xyrisacées	16
Eriocaulacées	31	Orchidacées	3	Zingibéracées	4
Flagellariacées	20	Palmacées	22		

Monodora arbre des Antilles, fleurs odorantes, fruit muscade de Calebasse, 6 espèces.   Anonacées.

Monogramme espèce de fougère très petite.   Fougéracées.

MONOÏQUES (Plantes à fleurs) ont les fleurs mâles et les fleurs femelles distinctes et séparées sur le même pied.

MONOÏQUES Presque tous nos grands arbres sont à fleurs monoïques.

MONOÏQUES (Principales plantes à fleurs) : Abies, Acalypha, Acharia, Acrocomia, Actinostemma, Actinostrobus, Adelonia, Agyneia, Akebia, Aleurites, Alevris, Alocasia, Amarantus, Ambora, Ambroisie, Ambrosie, Amorphophallus, Andrachne, Andropogon, Anguine, Anguria, Anthostema, Antiaris, Anubias, Aponogeton, Aquilicia, Araucaria, Areca, Arenga, Arisarum, Arthrotaxis, Artocarpus, Arum. Astrocaryum, Attalea, Aune, Aurone, Axyris, Azolia, Bactris, Balanophora, Balanopteris, Bancoulier, Begonia, Betula-Bouleau, Biarum, Bœhmeria, Bourgène, Brachychiton, Brosimum, Buis-Buxus, Caladium, Calebasse, Callitriche, Carex, Carludovica, Carpinus, Carya, Caryota, Cassave, Castanea, Castilloa, Caulinia, Cèdre, Cembra, Centella, Ceratiosicyos, Ceratocarpus, Ceratophyllum, Ceratosanthes, Chamaeciparis, Chara, Charme, Châtaignier, Chayotte, Chêne, Chloranthus, Chrozophora, Cicca, Clibadium, Cobresia, Cocos, Codiacum, Coix, Colocasia, Coloquinte, Comptonia, Concombre, Contrayerva, Copalme, Cornifle, Corylus-Coudrier, Courge, Covellia, Cryptocoryne, Cryptomeria, Cucumis, Cucurbita, Culcasia, Cunninghamia, Cupania, Cupressus, Curcas, Cyclanthus, Cynocrambe, Cynomorium, Cyprès, Cytinus, Dalechampia, Desmoncus, Dieffenbackia, Dioon, Diplothemium, Dorstenia, Dracunculus, Drymophlaeus, Ecbalium, Elaeis, Elaterium, Engelhardia, Eriocaulon, Euchlaena, Euphorbe, Euterpe, Excaecaria, Fagus, Ficus-Figuier, Fléchière, Forskalea, Frenela, Geonoma, Glouteron, Glyptostrobus, Gnetum, Gouet, Guettarda, Guihelme, Hacquetia, Helicophyllum, Hernandia, Hêtre, Hickory, Hippomane, Homalonema, Hura, Hydrosme, Hydrostachys, Iriartea, Isoëte, Iva, Jaquier, Jatropha, Jubaea, Juglans, Kadsura, Lacrima, Laiche, Lampourde, Lanessania, Larix, Larmille, Leea, Lemna, Lenticule, Léopoldinia, Libocedrus, Liquidambar, Lithocarpus, Littorelle, Luffa, Lycopode, Mabea, Maïs, Mancenillier, Manicaria, Manihot, Marsilea, Massette, Mauritia, Maximiliana, Medicinier, Mélèze, Melon, Melothrie, Metroxylon, Microcachrys, Mithridatea, Modecca, Mollavi, Mollinedia, Momordica, Murier-Morus, Myriophyllum, Naïade, Nephelium, Ninuri, Nipa, Noisetier, Noyer, Olyra, Omphalea, Orbignya, Oreodoxa, Ortie (petite), Ostrya, Pachysandra, Parthenium, Pedilanthus, Pepo, Pharmacosycea, Pharus, Philodendron, Phyllanthus, Picea, Pilularia, Pimprenelle, Pin-Pinus, Pinellia, Piratinera, Pistia, Platane, Plukenetia, Posidonia, Poterium, Potiron, Pterocaria, Quercus, Raphia, Retinospora, Ricin, Ricinocarpus. Rima, Rubanier, Sablier, Sagittaire, Sagus-Sagoutier, Salvinia, Sapin, Sapium, Schismotoglottis, Schizandra, Scleria, Sechium, Sequoia, Serpicule, Sicyos, Sparganium, Sparthicarpa, Staurostigma, Stillingia, Strobus, Stylochiton, Sycomore, Syngonium, Tambourissa, Taxodium, Theligonum, Thomsonia, Thuiopsis, Thuya, Tithymale, Toesinte, Tragia, Trichosanthes, Tripsacum, Tsuga, Tueda, Typha, Uncinia, Urostigmate, Urtica, Volant-d'eau, Xanthium, Zannichellia, Zantedeschia, Zea, Zizania, Zomicarpa, Zostere.

Monolopia plante 30 40 étalée, feuilles opposées, linéaires, fleurs jaunes en capitule, 3 espèces   Composacées.

Monopétale (fleur) ou Gamopétale qui n'a qu'un seul pétale comme les campanules, les primevères, etc., etc.

Monotropa ou Sucepin plante charnue au pied des arbres, 10-30e feuilles blanchâtres en écailles, 2 esp.   **Monotropacées.**

17

MONOTROPACÉES 103ᵉ famille des Dicotylédones : 9 genres, 12 espèces (de mono et tropos : une seule manière).

MONOTROPACÉES : Allotropa, Cheilotheca, Hypopithys, Monotropa, Newberrya, Pleuricospora, Pterospora, Sarcodes, Schweinitzia, Sucepin.

Monoyère Tabouret, Thlaspi, plante des chemins, fossés, 10 30ᵉ fleurs blanches.   Cruciféracées.

Monsonia plante vivace 20-25ᵉ feuilles bipennées, fleurs blanc rosé ou rouge veiné, 12 espèces.   Géraniacées.

Monstéra plante grimpante, feuilles à trous, fruits comestibles, 15 espèces.   Aroïdacées.

Monstérées de la 2ᵉ tribu de la famille des **Aroïdacées**, 9 genres, 59 espèces.

Montanea à feuilles de berce, arbre de 4ᵐ à feuilles opposées, grandes, 14 espèces.   Composacées.

Montbretia plante 30-60ᵉ à feuilles plates comme le glaïeul. fl. jaune-orange-vif, Tritonia, 34 espèces. Irisacées.

Monte au ciel ou Persicaire du Levant, plante 2-3ᵈ feuilles alternes fl. rouge et blanc, renouée d'Orient. Polygonacées.

Montia ou Montie des fontaines pl. des sables humides, 20-25ᵉ souvent en touffes, fl. blanches, 3 esp.   Portulacées.

Montmorency variété de cerise à courte-queue. grosse, rouge vif pour conserves.   Rosacées.

Montrichardiées de la 4ᵉ tribu de la famille des **Aroïdacées** ; 1 genre, 4 espèces : Montrichardia.

Moraea Morée de la Chine, pl. tubéreuse, feuilles plates, fleurs jaunes tigrées de rouge, 40 espèces.   Irisacées.

Moraées 1ᵉ tribu de la famille des **Irisacées** ; 12 genres, 188 espèces.

Morée de la Chine moraea, plante 50ᵉ aspect de l'Iris commun, fleurs safranées tachées de rouge.   Irisacées.

Morées 4ᵉ tribu de la famille des **Urticacées** ; 24 genres, 94 espèces.

Morelle ou **douce amère** plante dès bois, haies, 100-160ᵉ fl. violettes. fruits rouges, Vigne de Judée. Solanacées.

Morelle furieuse Belladone, fruit rouge puis noir, on en retire l'atropine. 2 espèces.   Solanacées.

Morelle noire à fleurs blanches, tue-loup, Solanum-nigrum, herbe aux magiciens.   Solanacées.

Morelle tubéreuse pomme de terre, plante alimentaire. 1000 variétés cultivées.   Solanacées.

Morène ou **Hydrocharis** Plante aquatique. petit nénuphar à fleurs blanches, une espèce.   Hydrocharisacées.

Morettie plante de la haute Egypte, tige rameuse blanchâtre, 5 espèces.   Cruciféracées.

Morfée ou Fumagine, ou Noir, maladie des figuiers et oliviers.   Champignonacées.

Morgeline le bon mouron à fleurs blanches, alsine, stellaire, 85 espèces.   Caryophyllacées.

Moricandie Brassica-arvensis, plante 40-50ᵉ feuilles alternes, fleur violet clair 5 espèces.   Cruciféracées.

Morille champignon comestible, très recherché des gourmets, Morchella, 16 espèces.   Champignonacées.

Morina longifolia plante 40-60ᵉ, à fleurs blanches passant au rose, 8 espèces.   Dipsacées.

Morinda citrifolia arbuste à petites fleurs blanches, donne en teinture un colorant écarlate.   Rubiacées.

Morinda-royoc par infusion on obtient un liquide noir comme l'encre.   Rubiacées.

Morindées 19ᵉ tribu de la famille des **Rubiacées** ; 10 genres, 58 espèces.

Moringa aptera, Ben aptère, arbre ayant l'aspect du saule, donne l'huile de Ben.   Moringacées.

MORINGACÉES 63ᵉ famille des Dicotylédones, 1 genre, 3 espèces : Moringa ou Anoma (Anoma irrégulier).

Morisonia ou arbre du Diable de l'Amérique centrale, racines en massue, 4 espèces.   Capparisacées.

Morna ou Chrysocéphale, plante 50-60ᵉ feuilles laineuses, fleurs d'un jaune doré.   Composacées.

Moronobées 2ᵉ tribu de la famille des **Guttiféracées** ; 5 genres, 14 espèces : Montrousiera, Moronobea, Pentadesma, Platonia, Symphonia.

Mors du diable Scabieuse succise, pl. des pâturages, feuilles dentées 30-120ᵉ fleurs bleues.   Dipsacées.

Mort aux chiens Colchique petite plante cultivée et des prairies à fleur lilas-rose.   Liliacées.

Mort des vaches renoncule scélérate des marais, grenouillette aquatique.   Renonculacées.

Mortola (la) Jardin d'Acclimatation à 5 kilomètres de Menton, visible les lundi et vendredi (1861 par D. et T. Hambury).

Morue (bois de la) bois des colonies pour l'industrie.   Vitisacées.

Morus mûrier ; 1° blanc, 2° rouge, 3° multicaule pour vers à soie, 5 espèces, 12 variétés.   Urticacées.

Moschatelline adoxe, plante des bois 10-15ᵉ à odeur de musc, feuilles à 3 divisions, une espèce.   Caprifoliacées.

Mosselote avoine à chapelet, chiendent à perles à pâtenôtre, nuisible.   Graminacées.

Mou ou **faux-houp** de la Nouvelle-Calédonie, pour confiture c'est la Garcinia-Collina   Guttiféracées.

Moucenna Albizzia-anthelminthica, arbre élégant de l'Abyssinie, aspect mimosa, donne gousses.   Léguminacées.

Mouche ou œillet sur les poires et pommes, débris des sépales et des étamines soulevés en forme de petite couronne.

Moulin à vent Narcisse des poètes, Herbe à la Vierge, œil de faisan, Jeannette, Genette, Rose de la Vierge. Amaryllisacées.

Moureillier arbuste de serre toujours vert, fe ovales, piquantes, baies comestibles, plusieurs variétés.   Malpighiacées.

Mourerées 2ᵉ tribu de la famille des **Podostemacées**, 9 genres, 51 espèces.

Mouron des alouettes Cerastium, plante 10-30ᶜ des champs, chemins, très commun.   Caryophyllacées.

Mouron en arbre Anagallis du Maroc, arbuste 50ᶜ feuilles persistantes, fleurs écarlates.   Primulacées.

Mouron d eau Samolus-Valerandi, plantes des marécages, f.eurs blanches, 8 espèces.   Primulacées.

Mouron (faux) à fleurs bleues, rouges ou rosées, Anagallis, 5 étamines, tue les chiens, 17 espèces.   Primulacées.

Mouron des oiseaux fleurs blanches : 1º Alsine, 2º Morgeline, 3º Stellaire ; 6 dents ou valves, 85 espèces.   Caryophyllacées.

MOUSSACÉES 4ᵉ famille des Acotylédones, 5 tribus, 397 genres, 14067 espèces (du grec : Bruon ; du latin : Muscus).

MOUSSACÉES *Andréa*, Archide, Atric, Aulacomnium, Barbule, Bartramie, *Bryum*, Buxbaumie, Ceratodon, Conomitre, Dicrane, Distiche, Ephémère, Fabronie, Fissident, Fontinale, Funaire, Grimmie, Gymnostome, Hookerie, Hymenostome, *Hypnum*, Leucobryum, Mnium, Neckera, Orthotric, *Phasque*, Polytric, Pottie, Schistotège, *Sphaigne*, Spirident, Splachne, Tetraphis, Trichostome, Voitié.

Mousse petite plante à feuilles menues formant un gazon moelleux.   Moussacées.

Mousse de Corse Plante marine vermifuge, 1775 en France, Gigartina-helminthochorton.   Alguacées.

Mousse de Ceylan ou de Jafna ou Agar-Agar : algue alimentaire et industrielle.   Alguacées.

Moussena (écorce de) de l'Albizzia-anthelminthica ou Zygia de la tribu des Ingées.   Léguminacées.

Mousseron godaille ou faux-mousseron, Marasme, champignon comestible, 16 espèces.   Champignonacées.

Mousses petite plante des bois, des lieux humides, pourrait faire la litière des chevaux.   Moussacées.

Mousseux (Vin) de Champagne 1698, par Dom Pérignon de l'abbaye de Hautvillers né 1638 décédé 1715.

Moussonìa élégans plante à grandes feuilles veloutées, fleurs écarlates en grappes pendantes, 60 esp.   Gesnéracées.

Moutarde blanche Sinapsis-alba, plante 60-80ᶜ tige et feuilles velues, fleurs jaunes, 3 variétés.   Cruciféracées.

Moutarde blanche ses graines sont laxatives, plante au beurre, en vert aux vaches.   Cruciféracées.

Moutarde des champs qui pousse dans les moissons, 40-80 Sanve. Sangle. Sénevé, Reveluche.   Cruciféracées.

Moutarde (graines de Sénevé) 500 grammes ont produit 279 kilos sur 46 ares (Arnou).   Cruciféracées

Moutarde des moines Raifort, radis de cheval, plante à grandes feuilles.   Crubiféracées.

Moutarde noire Sinapis-nigra, plante à 60-120ᶜ fleurs jaunes en grappes (Rigollot 1867)   Cruciféracées.

Moutarde de Pékin 1849 en France, à feuilles de chou, pour cuire ou salade.   Cruciféracées.

Moutardon ou Sénevé moutarde sauvage, qui envahit les avoines, les blés, les orges.   Cruciféracées.

Mozambé Cléome piquant, tige rameuse 120ᶜ feuilles alternes 3-5-7 folioles fleurs violet pourpre.   Capparisacées.

Mucorinées ou Mucédinées tribu de la famille des **Champignonacées** 73 espèces ou variétés.

Mucuna-pruriens plante grimpante, à fleurs bleu violacé en casque, Dolichos.   Léguminacées.

Mucuna-urens pois à gratter, plante grimpante, carpopogon, citta, Negretia.   Léguminacées.

Mudar Calotropis-gigantea donne une racine très amère contre maladie de peau.   Asclépiadacées.

Mueblembeckia plante ligneuse, grimpante, petites feuil. rondes, devient envahissante, la ruine, 15 esp.   Polygonacées.

Muflier antirrhinum, plante cultivée et sur les murs, tête de mort, gueule de loup, mufle de veau, 25 esp.   Scrofulacées.

Muguet convallaria-maïalis, plante des bois, 15-30ᶜ, fleurs blanches, en grelots Lis de mai, une espèce.   Liliacées.

Muguet (petit) Asperula-odorata-pl. 20ᶜ à fleurs bleues ou blanches, reine des bois.   Rubiacées.

Mulgedium-Bourgaei plante se couvrant de grandes panicules de fleurs bleues.   Composacées.

Mulgedium-plumiéri belle plante vivace, laiteuse, fleurs bleu violet.   Composacées.

Mulinées 2ᵉ tribu de la famille des **Ombelliféracées**, 9 genres, 36 espèces, produit gomme-résine.

Mungo-Lablad-Lubia variété de haricot d'Egypte à fleurs violettes.   Léguminacées.

Mûre fruit du mûrier presque ronde blanchâtre ou noire.   Urticacées.

Mûre des chemins fruit de la ronce, framboise sauvage noire à sa maturité, comestible.   Rosacées.

Muret giroflée jaune simple ou ravenelle, pousse sur les murs, 12 espèces   Cruciféracées.

Muriées 9ᵉ tribu de la famille des **Sapotacées** ; 6 genres, 9 espèces.

Mûrier blanc arbre utile dont se nourrissent les vers à soie 1494 de Chine en France, fl. blanc sale.   Urticacées.

Mûrier noir arbre à belles et grandes feuilles, les poules recherchent le fruit rouge-noir 5 esp. 12 var.   Urticacées.

Mûrier à papier Broussonetia, arbre de 8-10ᵐ, mûrier de Chine, 1751 ; 2 feuilles différentes, 3 espèces.   Urticacées.

Mûrier à papier Midzumata du Japon, on en fait du papier et des cordes.   Urticacées.

Mûrier des teinturiers Broussonetia, maclura, bois jaune, fustique, fruit Syncarpe   Urticacées.

Murraya-exotica bois de Chine, arbuste de serre 80-120°, feuilles composées, fl. odorantes, 4 espèces.   Rutacées.

Murucuja ou Passiflora, arbrisseau grimpant. petites feuilles bilobées. fl. rouge feu avec couronne.   Passifloracées.

Musa ou Banani r produit la banane qui arrive rarement à maturité en France à Eze et Villefranche.   Musacées.

Musa ou Encete cultivée comme plante d'ornement, grandes et belles feuilles,1581 à Padoue, 20 esp.   Musacées.

Musa fétiche ou religiosa, espèce à feuilles épaisses résistantes au vent.   Musacées.

Musa paradisiaca plante d'ornement à Paris. 3-4ᵐ grandes feuilles engainantes.   Musacées.

Musa paradisiaca produit les bananes à consommer cuites. Culotte du père Adam.   Musacées.

Musa sapientum produit les bananes à consommer crues. la rose est de qualité inférieure.   Musacées.

MUSACÉES 5ᵉ famille des Monocotylédones, 5 genres, 53 espèces (Musa, médecin d'Auguste, 1ᵉʳ siècle Av. J -C.).

MUSACÉES Bananier, Ensete, Héliconiopsis ou Héliconia, Musa, Orchidantha, Phenacospermum ou Ravenala, Strelitzia, Urania

Musanga-Smithii arbrisseau à feuilles persistantes pour abri, vient de l'Afrique tropicale une esp.   Urticacées.

Musc mimulus-moschatus, petite plante 10°à fleurs jaunes à odeur de musc.   Scrofulacées.

Muscade petite noix. ridée, dure, ovale, brun cendré, fruit du Muscadier sous 2 enveloppes.   Myristicacées.

Muscade de calebasse fruit du Monodora, arôme de la Muscade, Gabon, Antilles.   Anonacées.

Muscade (beurre de) retiré des graines du Muscadier-Myristica-Fragrans, feuilles jusqu'à 35°.   Myristicacées.

Muscadier arbre produisant la noix muscade, pour condiment et médicament.   Myristicacées.

Muscadier arbre 10-12ᵐ aspect du poivrier, des îles Moluques, introduit à l'île Bourbon, 1770-1772.   Myristicacées.

Muscadier porte-suif, arbre produisant une matière grasse pour bougie ou savon, 90 espèces.   Myristicacées.

Muscadier à Paris, arbrisseau de serre. feuilles ovales d'un beau vert, fleurs blanches.   Myristicacées.

Muscardine maladie des vers-à-soie, causée par le Botrytis-Basidiobolus.   Champignonacées.

Muscari Jacinthe à toupet, petite plante à fleur bleue, charnue, inodore. 40 espèces.   Liliacées.

Muscari en grappe, ail des chiens panache de Vénus, odeur de prune, Vaciet.   Liliacées.

Muscinées (plantes) sans racines et avec feuilles ; Mousses, Hépatiques 18.032 espèces.

Muscipula des jardiniers, Silène à bouquets à tiges visqueuses, arrête les insectes.   Caryophyllacées.

Museau de Chien Chelone ou Galane plante velue 50-80', fleurs en épi, contournées, purpurines.   Scrofulacées.

Mussaendées 7 tribu de la famille des **Rubiacées** ; 38 genres, 220 espèces.

Mussinia plante 60' feuilles spatulées, grandes fleurs jaunes avec rayure. Gazania, 24 espèces.   Composacées.

Mutisia plante grimpante, feuilles composées terminées en vrilles, fleur pourpre en capitule, 40 espèces.   Composacées.

Mutisiasées 12ᵉ tribu de la famille des **Composacées**, 61 genres, 432 espèces.

Myagrum-Sativum Cameline, plante oléagineuse, fleurs jaunes, fruit allongé, une espèce.   Cruciféracées.

Mycelium l'ensemble des cellules qui constitue la portion végétative des champignons.   Champignonacées.

Mycelium plante dont le champignon est le fruit ou porte graines.   Champignonacées.

Mycelium le blanc de champignon de l'agaric cultivé est le mycelium.   Champignonacées.

Mycelium ou Thal ensemble de filaments cellulaires ou en cordelettes ou enfeutrés du champignon.   Champignonacées.

Mycoderma-aceti et Vini Champignon qui cause le vinaigre, le vin piqué, 7 espèces.   Champignonacées.

Mycogone-incarnata cause la môle du champignon de couche, 4 espèces.   Champignonacées.

Mycologie ou Mycétologie la science des champignons, Saccardo comptait en 1913 : 66.620 espèces (ou variétés).

MYOPORACÉES 132 famille des Dycotylédones, 5 genres, 78 espèces (Mouche, Pore, Trou).

MYOPORACÉES : Bontia, Erémophila, Myoporum, Oftia, Pholidia, Stenochilus.

Myoporum arbre d'ornement à Nice avec feuilles perforées, le vrai Mille-pertuis, 20 espèces.   Myoporacées.

Myosotidium nobile plante de serre à fleurs blanches, à centre bleu une espèce.   Borraginacées.

Myosotis petite plante des Alpes et des lieux humides, fleurs bleu-ciel, Grémillet, Grémil, 40 espèces.   Borraginacées.

Myosotis petite plante avec fleurs bleues. Ne m'oubliez pas, Pensez à moi, Aimez-moi,24 var. cult. à Paris.   Borraginacées.

Myosotis-Victoria à fleurs bleues, blanches ou roses, compactes (Rat-Oreille).   Borraginacées.

Myosurus-minimus queue de souris, plante des champs 3-15' fleur en épi, 5 espèces.   Renonculacées.

Myriangiées 3ᵉ tribu de la famille des lichenacées.

Myrica-cerifera Cirier de la Louisiane, 1699 en Europe, produit une cire végétale recueillie sur les feuilles.   Myricacées.

Myrica ou gale myrte bâtard, bois sent bon, piment royal, arbuste 90°, odeur aromatique,   Myricacées.

MYRICACÉES 166 famille des Dicotylédones, 1 genre, 40 espèces (de tamarix, parfum, distiller).

MYRICACÉES Comptonia ou Gale ou Morella ou Myrica ; arbrisseau à feuilles couvertes de glandes.

Myricaria arbuste des rochers, sables, torrents ; 1 à 2 ᵐ variété de Tamarix, 4 espèces.   Tamarisacées.

Myriophyllum plante aquatique, feuilles verticillées, petites fleurs bleu-ciel en épi, 18 espèces.   Haloragéacées.

Myristica ou Muscadier, arbrisseau de serre 2-4 ᵐ fruit charnu, grosseur abricot.   Myristicacées.

MYRISTICACÉES 150° famille des Dicotylédones, 1 genre, 90 espèces (parfum propre à parfumer).

MYRISTICACÉES Gymnacranthera ou Knema, ou Kombo, ou Muscadier, ou Myristica, ou Pyrrhosa, ou Virola.

Myrobolan variété de prunier à petit fruit rond de la grosseur et de la couleur d'une cerise.   Rosacées.

Myrobolan fruit des Balanites d'Egypte (petit arbuste à Paris) fruit purgatif, oléagineux, sucré, 2 espèces.   Simarubacées.

Myrobolan fruit du Terminalia-bellerica ou Badamia ou Myrobalanus, 90 espèces.   Combrétacées.

Myrospermum produit le baume de Tolu rouge, roux ou de thomé, une espèce.   Léguminacées.

Myroxylon produit le baume du Pérou blanc, brun, noir ou en coque, 6 espèces.   Léguminacées.

Myrrhe d'Arabie produit du Balsamodendron ou Kurbeta, arbre à résine, 45 espèces   Burséracées.

Myrrhe de l'Inde gomme tirée de l'Amyris Kataf ; c'est le Googool ou Googula, 50 espèces.   Burséracées.

Myrrhis odorata cerfeuil musqué, 80° à feuilles de fougères, fleurs blanches, fruit aromatique, 4 esp.   Ombelliféracées.

MYRSINACÉES 109 famille des Dicotylédones ; 3 tribus, 24 genres, 550 espèces (de Myrte : parfum).

MYRSINACÉES Principaux genres et espèces : Antistrophe, Ardisia ou Bladhia, Caballeria, Celastrus, Clavija, Como-
myrsine, Conomorpha, Corynocarpus, Cybianthus, Deherainia, Egiceras, Embelia, Geissanthus, Grammadenia, Hyme-
nandra, Jacquinia, Labisia, *Maesa*, Malaspinea, *Myrsine*, Oncostemon, Parathesis, Pimelandra, Rapanea, Reptonia, Samara,
Tapeinosperma, *Theophrasta*, Wallenia, Weigeltia.

Myrsine d'Afrique arbuste 160° fe. persistantes, d'un vert sombre, croissance lente, fl. pourpres, 8 esp.   Myrsinacées.

Myrsiphillum-asperagoïdes ou Medeola, plante grimpante, tige très fine, chemin de table, une espèce. Liliacées.

MYRTACÉES 75° famille des Dicotylédones ; 6 tribus, 87 genres, 2100 espèces (Myrte : parfum).

MYRTACÉES Principaux genres et espèces : Acicalyptus, Actinodium, Agonis, Allantoma, Angophora, Anticoryne,
Astartea, Backhousia, Balaustion, *Barringtonia*, Beaufortia, Beckea, *Belvisia*, Bertholletia, Callistemon, Calothamnus, Ca y-
colpus, Calycorectes, Calyptranthes, Calythrix, Campomanesia, Careya, Caryophyllus, *Chamelancium*, Cloezia, Clou
de girofle, Couratari, Couroupita, Darwinia, Decaspermum, Eremea, Eucalyptus, Eugenia, Feijoa, Fenzlia, Genetyllis,
Goyavier, Grias, Gustavia, Homalocalyx, Hypocalymna, Jambosa, Jamelongue, Jamerose, Jarrah, Jugastrum, Karri, Kunzea,
Lecythis, *Leptospermum*, Lhotzkya, Lophostemon, Lumea, Marliera, Melaleuca, Metrosideros, Micromyrtus, Myrcia, *Myrtus*,
Phymatocarpus, Pileanthus, Piliocalyx, Pimenta, Planchonia, Psidium, Psiloxylon, Punicella, Regelia, Rhodamnia,
Rhodomyrtus, Scholtzia, Syncarpia, Syzygium, Thryptomene, Triphelia, Tristania, Verticordie, Wehlia, Xanthos-
temon.

Myrte, ou Myrtus arbre ou arbuste, feuillage toujours vert, son bois est dur, pour cannes, marquetterie.   Myrtacées.

Myrte arbuste, petites feuilles, petites fl blanches des bouquets de mariées, fruits noirs, 50 esp., 100 variétés   Myrtacées.

Myrte-piment Arbre des Antilles, produit des baies violettes, cueillies avant maturité donne la toute-épice.

Myrtées 3° tribu de la famille des **Myrtacées**, 19 genres, 1750 espèces.

Myrtille arbuste des bois 30-60° donne petites baies noires, Airelle, Vaccinium, 110 espèces.   Vacciniacées.

Mystropétalées 3° tribu de la famille des **Balanophoracées** ; 1 genre, 2 espèces. **Mystropetalon.**

Myxomycètes 1ʳ ordre de la famille des **Champignonacées** ; aspect d'écume, muqueux, fleur de tan.

Myxophycées 5° tribu de la famille des Alguacées (algues bleues) 124 genres, 2766 espèces en 1907.

N

Naegelia plante bulbeuse, avec tiges chargées de fleurs d'un riche coloris, 6 espèces.   Gesnéracées.

Nagelia ou Cotoneaster, arbrisseau couché pour rocaille, petites feuilles rondes, 18 espèces.   Rosacées.

NAIADACÉES 30° famille des Monocotylédones, 8 tribus, 16 genres, 126 espèces (Naïade : naviguer, flotter).

NAIADACÉES Althenia, Amphibolis, *Aponogéton*, Caulinia, *Cymodocea*, Lepilaena, Lilea, *Naïade*, Ouvirande, Phycagrostis, Phyllospadix, *Posidonie, Potamot*, Ruppie, Scheuchzérie, Tetroncium, *Triglochin* ou Troscart, *Zannichellia, Zostère*.

Naïade naïas, plante aquatique d'eau douce, feuilles dentées, nourriture des carpes   Naïadacées.

Naïadées 7ᵉ tribu de la famille des **Naïadacées**: 1 genre, 10 espèces: Caulinia ou Fluvialis ou Naias ou Najas.

Namées 3· tribu de la famille des **Hydrophyllacées** 3 genres, 28 espèces: Eriodictyon, Nama, Wigandia.

Nandina élégant petit arbuste japonais, fleurs blanc verdâtre, baies rouges, une esp.   Berbérisacées.

Nannorhops palmier de la Perse avec feuilles en éventail ou flabelliformes, une espèce.   Palmacées.

Napée ou **Napœa** plante vivace 200-220· feuilles lobées, se mange comme épinard fleurs blanches, 3 espèces   Malvacées.

Napel ou aconit, capuchon, plante 100-120· feuilles alternes d'un beau vert, 19 espèces.   Renonculacées.

Napoleona-Withfield, arbuste de serre, feuilles comme les passiflores, 1786, Belvisia, 2 espèces.   Myrtacées.

Narcisse ou Narcissus, plante bulbeuse, vivace, feuilles planées, fleurs odorantes, 20 esp. 150 variétés. Amaryllisacées.

Narcisse (faux) fleur jaune double, aiault, chaudron, coucou, porillon, bulbe vénéneux.   Amaryllisacées.

Narcisse jonquille grand, moyen et nain, on en tire une huile parfumée.   Amaryllisacées.

Narcisse des Poètes fleurs blanches avec centre jaune bordé de rouge. Genette.   Amaryllisacées.

Narcisse des prés Jeannette, fleurs jaunes, clochettes des bois, fleurs de coucou.   Amaryllisacées.

Narcisse trompette grandes et belles fleurs à deux corolles superposées.   Amaryllisacées.

Narcotiques (plantes) Belladone, Jusquiame Laitue, Morelle, Pavot, Stramoine, Tabac, etc.

Nard celtique Valeriana celtica, plante vulnéraire, fleurs terminales en épis.   Valérianacées.

Nard de l'Inde tiré du Jatamensi, plante à racines parfumées, Nardostachys, 2 espèces.   Valérianacées.

Nard raide plante des côteaux, prés, 10-40· tiges raides, épillets bleuâtres, Nardus, une esp.   Graminacées.

Nardosmia-fragrans tiges rondes, feuilles arrondies, 10-12·, fleurs violettes, odeur de vanille.   Composacées.

Nardine ou Nardus Plante des endroits incultes, 8-15·, épillets bleuâtres d'un seul côté, une esp.   Graminacées.

Nardurus tenellus plante des lieux arides. 10-30· feuilles étroites puis enroulées, épi raide, Festuca   Graminacées.

Narthécie-ossifrage plante des marais, 150-200· feuilles lisses, fleurs en grappe, 5 espèces.   Liliacées.

Narthéciées 20· tribu de la famille des **Liliacées**, 13 genres, 36 espèces.

Nasca plante ligneuse, pousse partout (à Nice) à fleurs jaunes, jnula-viscosa.   Composacées.

Nasturtium officinal, cresson de fontaine, pousse dans l'eau courante 25 espèces, 90 variétés.   Cruciféracées.

Nattier imbricaire à gros fruits, Bardottier, bois de nattes, fleurs rouge-minium. 5 espèces.   Sapotacées.

Nauclea Gambir. Gambier, produit une résine qui entre dans le bétel, 32 espèces.   Rubiacées.

Nauclées 1· tribu de la famille des **Rubiacées**, 9 genres, 100 espèces.

Naudinia ou Astronia ou Euastronia, arbre de la Malaisie et Pacifique, 24 espèces.   Mélastomacées.

Navet brassica-napus, plante potagère à grosses racines comestibles, 40 variétés.   Cruciféracées.

Navet (Choux) est blanc et pivote en terre, le Navet Rutubaga est jaune, 10 var.   Cruciféracées.

Navet du Diable navet-galant, bryone, couleuvrée, vigne blanche, plante envahissante, 8 esp.   Cucurbitacées.

Navette brassica-rapa, plante oléagineuse, rabette, ravette, petite racine, 2 var.   Cruciféracées.

Navette (huile de) provient d'une plante semée après la moisson, navette d'hiver.   Cruciféracées.

Nectandra bois de fer de la Guyane, Greenheart des Anglais, Itauba, Bibiru, 70 espèces.   Lauriacées.

Nectar ou Nectaire liquide sucré à la base de la fleur qui attire les insectes, surtout chez les diclines.

Nectarine ou Brugnon, fruit à noyau libre, entre la pêche et la prune, à peau lisse.   Rosacées.

Nectarinier arbre fruitier, aspect du pêcher, fruit comme grosse prune, brugnon.   Rosacées.

Nectaroscordum plante à tige cylindrique, 100· grandes fleurs rougeâtre-sale, vertes à la base.   Liliacées.

Nectria Champignon causant les Chancres des poiriers et pommiers, 104 espèces.   Champignonacées.

Néflier du Japon, 1784 Eriobotrya, bibacier, arbre à fruits jaunes, 2, 3, 4, 5 noyaux, premiers fruits.   Rosacées.

Néflier mespilus petit arbre à fleurs blanches, fruit couleur brune, contenant 5 noyaux, 3 variétés.   Rosacées.

Négélia naegelia, plante avec tige chargée de fleurs comme digitale, 6 espèces.   Gesnéracées.

Negundo érable, arbre à feuilles blanches ou panachées, vient des Etats-Unis, 3 espèces.   Acéracées.

Neillia-Torreyii arbuste à rameaux chargés de fleurs blanches en ombelle, 5 esp.   Rosacées.

Neja-Grèle plante 50· velue, feuilles linéaires, fleurs terminales crème-jaune, 5 esp.   Composacées.

Nelsoniées 2· tribu de la famille des **Acanthacées**, 5 genres, 60 espèces ou variétés.

Nelumbium ou fève d'Egypte ou rose du Nil ou lis rose des Egyptiens ; n'existe plus sur le Nil.   Nymphéacées.

Nelumbium plante aquatique à grandes feuilles 35-70ᶜ en coupe fleurs 20-25ᶜ sur tiges.   Nymphéacées.

Nelumbo-nucifera plante aquatique, vivace, l'ancien lotus sacré des Egyptiens, graines alimentaires.   Nymphéacées.

Nelumbonées 3ᵉ division de la famille des **Nymphéacées**, 1 genre, 2 espèces : Cyamus ou Nelumbium ou Nelumbo.

Némaliées groupe de la famille des **Alguacées** ; 9 genres

Nematanthus arbuste de serre 120-180ᶜ feuilles arrondies, fleurs rouges pendantes. 4 esp.   Gesnéracées.

Nemaur parfum d'Orient, tiré de l'andropogon-calamus.   Graminacées

Nemesis ou Nemesia plante 20-30ᵗ feuilles lance petites fleurs, sur longue tige, nuances variées, 20 esp.   Scrofulacées.

Ne me touchez pas *Noli me tangère* nom donné par Linné à la Balsamine sauvage.   Géraniacées.

Nemolepis plante 60-90ᵗ feuilles serrées, aiguës, fleurs jaunes sur tige, 7 espèces.   Composacées.

Nemolepis ou Heliopside-blanchâtre, plante buissonnante, 80-90ᵗ fleurs jaune orange.   Composacées.

Nemopanthes ou Nuttallia, arbuste velu, hérissé, 80-90ᵉ grandes fleurs mauves, une-espèce   Ilicacées.

Nemophile plante basse 15ᶜ fleurs bleu pâle et centre blanc ou maculées, 8 espèces   Hydrophyllacées.

Ne m'oubliez pas myosotis, petite plante à fleurs bleues, pensez-à-moi, aimez-moi, 40 espèces   Borraginacées.

Nengella palmier à feuilles penniséquées ou palmettes comme Kentia, 2 espèces   Palmacées.

Nénuphar nymphaea, plante d'eau nageante, à grandes feuilles, fleurs épaisses (le jaune est simple).   Nymphéacées.

Nénuphar lis des étangs, feuilles rondes, nageantes, belles fleurs blanches ou jaunes, 25 espèces.   Nymphéacées.

Nénuphar (faux) Villarsie ou Renealmia, plante aquatique, fleurs jaunes doré, 12 espèces   Gentianacées.

Nénuphar victoria plante avec une feuille de 100ᵗ de diamètre, Tête d'or à Lyon, 1851 à Kew, 3 espèces.   Nymphéacées.

Neoceis ou Erechthites plantes des tropiques, à Paris petite plante 5ᶜ, 12 espèces.   Composacées.

Néottie nid d'oiseau, plante de serre, 30-40ᶜ feuilles écailles brunes, fleurs jaune roux, 3 espèces.   Orchidacées.

Néottiées 3ᵉ tribu de la famille des **Orchidacées** ; 82 genres, 783 espèces.

Néottopteris espèce de fougère à très grandes feuilles.   Fougéracées.

NÉPENTHACÉES 145ᵉ famille des Dicotylédones, 1 genre, 31 espèces (du grec, nê, sans ; Panthos, douleur, deuil).

NÉPENTHACÉES Nepenthes ou Phyllamphora, arbrisseau grimpant.

Népenthès arbrisseau grimpant avec le bout des feuilles en poche (ascidie) plante carnivore, 31 espèces.   Népenthacées.

Nepeta-caloment plante des coteaux pierreux, 30-50ᵗ fleurs en grappes violettes ou blanches.   Labiacées.

Nepeta ou Cataire plante 70-90ᶜ avec fe. blanchâtres en dessous, fl. violettes ou bleues en grappe, 130 esp.   Labiacées.

Népétées 4ᵉ tribu de la famille des **Labiacées**, 8 genres, 185 espèces.

Néphéliées 8ᵉ tribu de la famille des **Sapindacées**, 12 genres, 45 espèces.

Nephélium arbre fruitier des pays chauds donne litschi, longan et pulu, une espèce.   Sapindacées.

Nephelium arbuste de serre 200ᶜ à Paris Rambutan ou Ramboutan.   Sapindacées.

Nephrodium filix-max au Polystic, fougère mâle, plante des bois, fossés, 70-100ᵗ.   Fougéracées.

Nephrolopis espèce de fougère à très petites folioles frisées.   Fougéracées.

Nephthytidées de la 4ₑ tribu de la famille des **Aroïdacées** ; 3 genres, 4 espèces : Nephthytis, Oligogynium, Rhektophyllum.

Neriette ou Epilobium plante ligneuse 100-200ᵗ aspect osier, fleurs rouges ou blanches, 60 espèces.   Onagracées.

Nérine sarniensis lis de Guernesey, fleurs rouge cerise, ne fleurit que la troisième année, 9 espèces.   Amaryllisacées.

Nerium ou Oleander laurier-rose, arbrisseau 2-4ᵐ toujours vert, fl. roses ou blanches, nérion, 3 esp.   Apocynacées.

Néroli (essence de) provient des fleurs du bigaradier, entre dans l'eau de Cologne.   Rutacées.

Nerprun ou rhamnus arbre ou arbuste, bourdaine, bourg-épine, produit petites baies, 66 espèces.   Rhamnacées.

Nertera-Depressa plante naine, à fruits rouge orangé, grosseur d'un pois, 6 espèces.   Rubiacées.

Nervure médiane de la feuille : celle du milieu, qui prolonge le pétiole ou la queue de la fleur.

Nésée ou Nésea arbuste 2-3ᵐ à feuilles de saules, fleurs jaunes tout l'été, Nesaea, 27 espèces.   Lythracées.

Neslie ou Neslia plante des champs arides, 30-60ᶜ feuilles entières, fleurs jaunes, fruit boule, une esp.   Crucifénacées.

Nestléra ou Polychartia Senecio du cap de Bonne-Espérance, Columellea, 10 espèces.   Composacées.

Neumannia Plante de serre ; feuilles étalées en lanières, fleurs jaunes sur tige, Pitcairnia, 70 espèces.   Broméliacées.

Neuradées 9ᵉ tribu de la famille des **Rosacées**, 2 genres, 4 espèces : Grielum, Neurada.

Neviusa-alabamensis Arbuste à feuilles caduques, fruit à noyau, une espèce.   Rosacées.

Nez-coupé Staphylier ; arbre à feuilles ailées, arbre à la Pistache, graines ferrugineuses, 4 espèces.   Staphyléacées.

Nhandiroba-feuillza ou Hypanthera. Ses graines sont les fèves de Saint-Ignace, 6 espèces. — Cucurbitacées.

Niaouli Melaleuca, arbre à parfum, toujours vert ; produit la mélaleucine, le goménol. — Myrtacées.

Nicandra Plante rameuse à fleurs bleu-clair-violacé, Calydermos, une espèce. — Solanacées.

Nicotiane Tabac. Plante cultivée avec grandes feuilles ; 1520 en Europe, 35 espèces, 50 variétés. — Solanacées.

Nid d'hirondellz Construit avec la Gélidie, Gélose algue alimentaire, en Chine et au Tonkin. — Alguacées.

Nid d'oiseau Neottie, orchidée des bois, fleurs d'un jaune roux, 3 esp. — Orchidacées.

Nids Mercuriale, plante très commune ; cause la diarrhée des lapins ; foirolle, 6 espèces. — Euphorbiacées.

Nidularium Plante à grosses feuilles épaisses en scie, la fleur violette au centre, Karatas, 3 espèces. — Broméliacées.

Nielle des blés Lychnis-githago. Pousse dans les moissons, fl. lie-de-vin, silène, petite graine noire. — Caryophyllacées.

Nierembergia Plante 70-90ᵉ ; très petites feuilles ; fleurs lilas en clochettes, 20 espèces. — Solanacées.

Nigelle des champs Plante 10 30ᵉ ; fleurs blanc-bleuâtre ; araignée, poivrette. — Renonculacées.

Nigelle de Damas Cheveux de Vénus ; plante 40-50ᵉ à fleur bleu pâle ; herbe à l'araignée. — Renonculacées.

Nigelle ou **Toute-épice** Tige velue, fleurs bleues ou blanches, odeur de citron. — Renonculacées.

Niger (huile de) tirée du Ramtilla, ou Guizotia, ou Veslingia d'Afrique et Indes or, 3 espèces. — Composacées.

Nigritella Plante alpine, avec petites fleurs en épi roses, pourpres ou vertes. — Orchidacées.

Nipa palmier de l'Asie et de l'Australie, une espèce. — Palmacées.

Niphée ou **Niphaea** Plante vivace, velue, feuilles oblongues, fleurs blanches sur tige, 3 espèces. — Gesnéracées.

Nitella Plante aquatique, 10-90ᵉ submergée, verte, tige grêle, de la tribu des Charagées. — Alguacées.

Niveole ou **Leucoïum** Plante vivace bulbeuse 20-40ᵉ, 1 à 2 fleurs en cloche, Perce-neige, 9 espèces. — Amaryllisacées.

Noble-blanche Edelweiss, fleur de montagne, comme étoile ; blanc velouté, 5 espèces. — Composacées.

Nocca ou **Noccaea** ou Lagascea ; Arbrisseau des pays chauds d'Amérique, 8 espèces. — Composacées.

Noisetier du Chili Guevina ; arbre à feuillage cotonneux persistant ; petits fr. comestibles au Chili, 1 esp. — Protéacées.

Noisetier corylus-avellana Arbrisseau fruitier, fleurs mâles en chatons, donne noisettes, 7 esp., 14 var. — Cupuliféracées.

Noisetier de Saint-Domingue Omphalea diandra et triandra à fruits comestibles. — Euphorbiacées.

Noisetier de la Sorcière Hamamelis, arbuste 150ᵉ à Paris (1743), fleurs jaunes en croix, 2 espèces. — Hamamélisacées.

Noix Fruit du noyer ; recouvert d'un brou vert ; l'amande est divisée en 4 lobes. — Juglandacées.

Noix d'Acajou Fruit du Cassuvium pomiferum, Acajuba-occidentalis ; oléagineux. — Anacardiacées.

Noix des bardanes du Jatropha-curcas ; donne gros pignons d'Inde ; huile de curcas. — Euphorbiacées.

Noix du Brésil Fruit triangulaire brun du Bertholletia ; on en tire l'huile de Para, 2 espèces. — Myrtacées.

Noix et huile de Carapa de la Guyane, pour éclairage et savon, 6 espèces. — Méliacées.

Noix de Corozo ou de Tagua, du Phytelephus-macrocarpa ; fruit hérissé à 4 noix. — Palmacées.

Noix de Galles excroissance sur le chêne, causée par la piqûre d'un insecte : cynips-gallae. — Cupuliféracées.

Noix de Karite Fruit oléagineux du Butyrospermum-Parkii, arbre du Dahomey, une espèce. — Sapotacées.

Noix de Kola ou **Cola** Provient du Sterculia-acuminata ; Ghourou du Soudan, Gourou. — Sterculiacées.

Noix de Malabar Provient du Sterculia-balanghas ; on en fait une huile. — Sterculiacées.

Noix de muscade Fruit du muscadier odorant, pour huile ou condiment. — Myristicacées.

Noix et huile de Touloucouna du Carapa du Sénégal et du Crab de la Guyane, 6 espèces. — Méliacées.

Noix vomique Fruit du Strychnos nux-vomica, on en retire la Brucine. — Loganiacées.

Nolana Plante 15-20ᵉ rustique ; fe. un peu charnues, alternes ; fleur aspect belle du jour, 7 espèces. — Convolvulacées.

Nolanées 3ᵉ tribu de la famille des **Convolvulacées** ; 5 genres, 27 espèces.

Nolina plante à feuilles rigides comme fleurets, Roulina, Beaucarnea, 10 espèces. — Liliacées.

Nombril de Vénus Plante des bois 20-60ᵉ ; cynoglosse à feuilles de lin, fleurs bleu-violacé ou blanche. — Borraginacées.

Nombril de Vénus Umbilicus-Veneris ; pl. des vieux murs ; fe. rondes, fleurs en grappe jaunâtre. — Crassulacées.

Nonnée Plante du Midi, à fleurs bleues ; calice en vessie à la maturité, 30 espèces. — Borraginacées.

Nopal à cochenille ; espèce d'opuntia, coccus-cacti où vît l'insecte. — Cactacées.

Nostoc Crachat de la lune, fleur du ciel, Algue aspect gélatine, élastique et gluante. — Alguacées.

Nostocanées groupe de la famille des **Alguacées** ; 21 genres.

Nothochlaena-marentea espèce de fougère des rochers 10-20ᵉ ; Acrostichum. — Fougéracées.

Noué (fruit) Lorsque le pistil est fécondé, l'ovaire commence à grossir.

Noyau Enveloppe dure de la graine de certains fruits : abricot, cerise, datte, jujube, olive, pêche, prune, etc.

Noyer de Ceylan Justicia ; arbuste toujours vert ; grandes feuilles, à fleurs blanches, Carmantine, 110 esp. Acanthacées.

Noyer ou Juglans Arbre à fruits comestibles et oléagineux ; son bois est recherché pour l'industrie ; 9 esp. Juglandacées.

Noyer noir Arbre élevé, droit ; produit des fruits non comestibles, 1656 à Paris. Juglandacées.

Nucules ou noyaux libres ou soudés que renferment certains fruits : Bibace, Cornouille, nèfle, etc., etc.

Nummulaire-Lysimaque Plante des prés, couchée, 20-50ᶜ ; fleurs jaunes, tue les moutons. Primulacées.

Nuphar nénuphar, à fleurs jaune d'or, centre cocciné, 4 espèces. Nymphéacées.

Nuttallia ou Callirhoé, arbuste velu, hérissé 80-90ᶜ feuilles alternes, grandes fleurs mauves. 7 espèces. Malvacées.

Nyctage mirabilis, plante grimpante, fleurs belle de nuit du Pérou, s'ouvre pendant la nuit, 12 esp. Nyctaginacées.

NYCTAGINACÉES 137ᵉ famille des Dicotylédones, 3 tribus, 25 genres, 220 espèces (de nuit : la belle de nuit).

NYCTAGINACÉES Abronia, Acleisanthes, Belle de nuit, Boerhaavia, Boldoa, Bougainvillea, Cephalotomandra, Collignonia, Cryptocarpus, Hermidium, *Leucaster*, *Mirabilis*, Neea, Nyctaginia, Okenia, Oxybaphus, *Pisonia*, Reichenbachia, Selinocarpus, Senkenbergia, Timeroya, Tinantia, Tricycla.

Nyctanthes somnambule arbrisseau à fl. blanches, tube orange, ne s'ouvrant que la nuit, une espèce. Oléacées.

Nyctère-Solanum arbuste de serre 150-180ᶜ grandes feuilles ovales, fleurs bleues en grappes courbées. Solanacées.

Nyctérinia petite plante, s'emploie en bordure, fleurs très fines, 5 pétales, 16 espèces. Scrofulacées.

Nymphaea nénuphar, plante aquatique, du blanc au rouge, 41 variétés, lis d'eau, 25 espèces. Nymphéacées.

Nymphaées 2ᵉ série de la famille des **Nymphéacées** ; 5 genres, 31 espèces.

NYMPHÉACÉES 8ᵉ famille des Dicotylédones ; 3 séries, 8 genres, 35 espèces (du grec Nymphe : jeune fille).

NYMPHÉACÉES Barklaya, Brasenia, *Calomba*, Euryale, Lotus des Egyptiens ou *Nelumbium*, Nénuphar, Nuphar, *Nymphaea*, Victoria, Volet, Les nymphes des eaux.

Nyssa aquatique arbre dont les feuilles se colorent en rouge sang à l'automne. Cornacées.

Nyssa-villosa arbre 3-4ᵐ feuilles réunies en rosettes, fleurs verdâtres, fruit bleu. Cornacées.

N'y-touchez-pas balsamine, impatiens, plante à tige carrée, 90-150ᵗ fleurs rosées, 225 espèces. Géraniacées.

N'y-touchez-pas sensitive pudique, mimosa, tige épineuse, fleurs blanc rosé, ou soufre. Léguminacées.

O

Obeliscaria ou Rudbeckia, plante 40-60ᶜ feuilles alternes, fleurs jaunes, centre brun, 25 espèces. Composacées.

Obier Viburnum-opulus, arbuste, fleurs blanches, boule de neige, viorne. Caillebotier. Caprifoliacées.

Obione plante du bord de mer, 20-50ᶜ feuilles argentées, fleurs en épi sur tige, 20 espèces. Chénopodiacées.

Obolaire ou Shultzia, petite plante avec fleurs à deux bractées, 1 espèce. Gentianacées.

Ochlandra Beesha des Indes, Arundo-scriptoria de Linné, Calamus des écrivains, 3 espèces. Graminacées.

OCHNACÉES 43ᵉ famille des Dicotylédones, 3 tribus, 12 genres, 160 espèces (du grec Ochnê : aspect du poirier).

OCHNACÉES : Blastemanthus, Brackenridgea, Cespedesia, Elvasia, *Euthemis*, Godoya, Gomphia, Hostmannia, *Luxemburgia* Ochna, Ouratea, Pecilandre, Plectranthera, Tetramerista, Wallacea.

Ochnées 1ʳᵉ tribu de la famille des Ochnacées ; 5 genres, 138 esp. : Brackenridgea, Elvasia, Ochna, Ouratea, Tetramerista.

Ochoco (suif d') provient d'un Dryobalanops du Gabon, arbre à camphre. Diptérocarpacées.

Ochroleuca Corydalis, plante formant touffe, très rustique, à fleurs jaunes ou blanches. Fumariacées.

Ochroma arbre à bois très léger comme liège, écorce textile, ouattier, 1 espèce. Malvacées.

Ocillaire petite algue de fond, sous forme de gelée jaune-bleuâtre. Alguacées.

Ocimoïdees 1ᵉ tribu de la famille des Labiacées, 22 genres, 570 espèces.

Ocimum ou Ocymum Basilic, plante aromatique, à odeur très forte, condiment et médicament, 45 esp. Labiacées.

Ocotea plante 100ᶜ à feuilles coriaces, luisantes, Oreodaphne, Gymnobalanus, 150 espèces. Lauriacées.

Ocuba (cire d') ou d'Ocoba retirée des graines du Myristica ou Virola-Sebifera. Myristicacées.

Odontites plante des moissons et des bois, 30-50ᶜ fleurs rouges, roses ou jaunes, 60 espèces. Scrofulacées.

Oecidium de l'épine vinette qui deviendra la Puccinie des graminées (cornu) 286 espèces. Champignonacées.

Œdogonium Algue verte des eaux douces stagnantes.   Alguacees.

Œil ou œillet ou mouche petite couronne : à la partie de la poire ou pomme opposée au pédoncule ou queue.

Œil de bœuf buphtalmum, plante à grandes feuilles en fer de lances, fleurs jaunes, 4 espèces   Composacées.

Œil de bœuf grande marguerite ou chrysanthème des prairies en juin.   Composacées.

Œil de bouc pyrèthre, plante insecticide, aspect de la camomille.   Composacées.

Œil de bourrique graine de Dolichos-pruriens, on en fait le poil à gratter ou pois à gratter.   Léguminacées.

Œil de cheval aster des prés, conize des prés, inule, aulnée, herbe aux puces.   Composacées.

Œil du Christ myosotis des marais, petite plante à fleurs bleues.   Borraginacées.

Œil de dragon ou Longanier, nephelium, arbre fruitier des pays chauds, donne le longan, 1 espèce.   Sapindacées.

Œil de faisan adonide d'été, goutte de sang, anémone, petite fleur ronde, 6 espèces, 2 variétés.   Renonculacées.

Œil d'oiseau bois d'érable d'Amérique pour placage, très recherché des ébénistes, tourneurs.   Acéracées.

Œil de paon tigridie, queue de paon, plante bulbeuse à grandes fleurs jaunâtres, 7 esp.   Irisacées.

Œil de perdrix œillet des chartreux, deltoïde des bois non humides, fleurs beau rouge.   Caryophyllacées.

Œil de vache matricaire, fausse camomille, petite marguerite blanche.   Composacées.

Œillet Dianthus, plante cultivée pour les fleurs, 10 étamines, 225 espèces, 500 variétés.   Caryophyllacées.

Œillet d'amour gypsophila, plante à tiges et fleurs très légères, brouillard.   Caryophyllacées.

Œillet de Belleville immortelle, plante 50-60ᶜ velue, laineuse. fleurs blanchâtres, Xeranthenum, 5 esp.   Composacées.

Œillet des Chartreux plante des bois, pelouses, 20-40ᶜ feuilles engainantes, fleurs rose foncé.   Caryophyllacées.

Œillet de Dieu Silène des blés, fleurs roses, Lychnis-nielle, agrostemme, coquelourde.   Caryophyllacées.

Œillet d'Inde tagète, chasse-les-moustiques, rose d'Inde, odeur forte 20 espèces.   Composacées.

Œillet de Janséniste Lychnide-visqueuse, attrape-mouche, Bourbonnaise, fleurs roses ou pourpres.   Caryophyllacées.

Œillet mignardise plante pour bordure à fleurs simples ou doubles, blanches, rouges ou rosées.   Caryophyllacées.

Œillet de poète Dianthus-barbatus, bouquet parfait, barbu, jalousie. tunica.   Caryophyllacées.

Œilleton d'artichaut partie de la plante servant à la reproduction, bourgeon près des racines.   Composacées.

Œillette (huile d') tirée de la graine du pavot aveugle ou pavot gris, huile comestible.   Papavéracées.

Œillette papaver-album, pavot à opium, employé de préférence en pharmacie.   Papavéracées.

Œnanthe chervi des marais, à feuilles de persil, filipendule, fleurs blanches en ombelle.   Ombelliféracées.

Œnanthe faux Boucage. racines en tubercules, faux navet plante vénéneuse.   Ombelliféracées.

Œnanthe phellandrie aquatique, fenouil d'eau, mille feuilles aquatique, 20 espèces.   Ombelliféracées.

Œnothera onagre bisannuelle, plante 100ᶜ cultivée et sur talus, décombres, fleurs jaunes, 100 espèces.   Onagracées.

Œnothera macrocarpa, plante rampante à belles fleurs jaunes, belle de nuit.   Onagracées.

Œuf de Vanneau fritillaire méléagre, plante bulbeuse, tige 25-40ᶜ fleur pourpre roussâtre.   Liliacées.

Ogana du Gabon Xylopia-aethiopica ou poivrier de Guinée, Coelocline, Habzelia. 40 espèces.   Anonacées.

Oïdium (conidie) maladie de la vigne observée en 1845 par Tucker, en France 1847, 42 espèces.   Champignonacées.

Oignon ou ognon plante potagère à fleurs blanches ; Oignon se dit aussi pour d'autres bulbes.   Liliacées.

Oignon de cuisine Allium-cepa. plante à tige cylindrique. à odeur forte mais saine, 37 variétés.   Liliacées.

Oiseau (bec d') fleur jaune et bleu du Strelitzia en aigrette, 5 espèces.   Musacées.

OLACACÉES 47ᵉ famille des Dicotylédones, 4 tribus, 63 genres, 277 espèces (olax : qui exhale une odeur).

OLACACÉES Anacolosa, Apodytes, Aptandra, Cansjera, Cardiopteris, Cathedra, Endusa, Erythropalum, Gomphandra, Gonocaryum, Heisteria. *Icacina*, Iodes, Liriosma, Mappia, Miquelia, Ochanostachys, *Olax*, *Opilia*, Pennantia, *Phytocrène*, Platea, Pleuropetalum, Ptychopetalum, Pyrenacantha, Rhyticaryum, Sarcostigma, Schœpfia, Stemonurus, Strombosia, Valetonia, Villarezia, Ximenia.

Olacinées 1ʳᵉ tribu de la famille des **Olacacées**, 20 genres, 123 espèces.

Oldenlaudia ou Hedyotis, donne la teinte rouge aux foulards de Madras. Kokautia, 80 espèces.   Rubiacées.

Olea ou Olivier arbre cultivé dans le midi de la France, Algérie, Tunisie, petite feuille grise, 36 esp.   Oléacées.

OLÉACÉES 113ᵉ famille des Dicotylédones, 4 tribus, 19 genres, 300 espèces (olea : olive, olivier, huileux).

OLÉACÉES Bigelovia, Chionanthus, Fontanesia, Forestiera, Forsythia, Fraxinus ou *Frêne*, *Jasmin*, *Lilas*, Ligustrum, Linociera, Menodora, Myxopyrum, Noronhia, Notelea, Nyctanthes, Olea-*olivier*, Ornus, Osmanthus, Phillyrea, Rhysospermum, Schrebera, Syringa, Tessarandra, Troëne.

Oléander-Nerium Laurier-rose, arbuste et arbrisseau, fleurs roses, blanches ou jaunes, 3 esp.   Apocynacées.

Olearia-dentata arbuste à feuilles persistantes, cotonneuses, fleurs aster, Eurybia, Shawia, 85 esp.   Composacées.

Oléïnées 4e tribu de la famille des **Oléacées**; 11 genres, 136 espèces.

Oliban ou Encens gomme-résine, provenant du Boswellia-Thurifera ou Libanus ou Ploesslea, 13 esp.   Burséracées.

Olive fruit de l'olivier à noyau allongé, on en tire l'huile pesant 919 grammes le litre.   Oléacées.

Olivier ou olea arbre toujours vert-grisatre, son fruit est l'olive, pour huile ou condiment, 36 esp.   Oléacées.

Olivier à feuilles de houx, arbuste à feuilles persistantes, vert-foncé.   Oléacées.

Olivier de Bohême hippophaé-rhamnoïde, argousier feuilles grises, fruits baies jaunes, 1 espèce.   Eléagnacées.

Olivier de Bohême chalef éléagne, arbrisseau 4-6m, feuilles argentées, fleurs jaunes, petites baies.   Eléagnacées.

Olluco ou ullucus plante alimentaire à tubercule (1848) demande un climat chaud, Melloca, 1 esp.   Chénopodiacées.

Omalocline plante des Alpes élevées, fleurs comme marguerite, graines rétrécies aux deux bouts, crépis.   Composacées.

OMBELLIFÉRACÉES 88e famille des Dicotylédones, 9 tribus, 180 genres, 1400 espèces (du latin ombelle; je porte).

OMBELLIFÉRACÉES Principaux genres et espèces : Ache, Aciphylla, Actinotus, Aegopodium, Aethusa, Alepidea, *Ammi*, Anesorhiza, Anethum, Angelica, Anis doux, Anis vert, Anthriscus, Apium, Apleura, Archangelica, Arctopus, Arracacia, Asteriscium, Astrantia, Athamanta, Azorella, Berce, Berle, Bifora, Boucage, Bowlesia, Brignolia, Bunium, Bupleurum, Cachrys, Caldasia, Capnophyllum, Carotte, Carum, Carvi, *Caucalis*, Céleri, Centella, Cerfeuil, Cervaria, Chardon-Roland, Cherophyllum, Chervis, Cicuta, Ciguë, Cnidium, Conium, Conopodium, Coriandrum, Cortia, Crithmum, Cuminum, Cymopterus, Daucus, Deweya, Diposis, Discopleura, Dondia, Dorema, Ducrosia, *Echinophora*, Edosmia, Elaeoselinum, Eleutherospermum, Endressia, Eryngium, Eulophus, Falcaria, Fellandra, Feniculum, Fenouil, Ferula, Gaya, Helosciadium, Heracleum, Hermas, Hippomarathrum, Hohenackeria, Huanaca, *Hydrocotyle*, Imperatoria, Johrenia, Kundmannia, Laretia, Laser ou *Laserpitium*, Lefeburia, Levisticum, Libanotis, Lichtensteinia, Ligusticum, Livêche, Maceron, Malabaila, Melopospermum, Meum, Micropleura, *Mulinum*, Musenium, Myrrhis, Oenanthe, Oliveria, Opopanax, Oreosciadium, Oreoselinum, Orlaya, Ostericum, Ottoa, Pachypleurum, Palimbia, Panais, Panicaut, Pastinaca, Peigne de Vénus, Persil, Petagnia, Petitia, Petroselinum, *Peucedanum*, Phellandrium, Physospermum, Pichleria, Pimpinella, Pituranthos, Pleurospermum, Podagraria, Polylophium, Prangos, Psammogeton, Pteroselinum, Ptychotis, Pycnocycla, Renarda, Rhabdosciadium, Rhyticarpus, *Sanicula*, Scandix, Schultzia, Selinum, *Seseli*, Siebera, Silaus, Siler, Sison, Sium, Smyrnium, Terre-noix, Thapsia, Thaspium, Thysselinum, Tinguarra, Todaroa, Tordilium, Torilis, Trachydium, Trachymene, Trinia, Trochiscanthes, Turgenia, Vicatia, Walbrothia, Xanthosia, Xatardia, Zosimia.

Ombilic plante en rosette à feuilles rondes des endroits humides, fleurs en épi 5-10e.   Crassulacées.

Ombilic cicatrice observée sur certaines graines ou fruits notamment, haricot, pois, poire, pomme, coing, figue.

Ombilic ou Œil ou Mouche des poires, pommes, coings, partie opposée au pédoncule ou queue.   Rosacées.

Omphalier arbrisseau des Antilles, feuilles alternes, fleurs en panicule, fruits comestibles.   Euphorbiacées.

Omphalodes plante 5-10e, feuilles de lin, fleurs bleues, odeur désagréable, Picotia, 15 espèces.   Borraginacées.

Omphalodes printanières plante 15e, feuilles persistantes en cœur, fleurs bleu azur.   Borraginacées.

ONAGRACÉES 78e famille des Dicotylédones, 23 genres, 330 espèces (âne, herbe aux ânes).

ONAGRACÉES Châtaigne d'eau, Circea, Clarkia, Epilobium, Eucharidium, Fuchsia, Gaura, Gayophytum, Godetia, Hauya, Isnardia, Jussieua, Lopezia, Ludwigia, Macre, Montinia, Oenothera ou Onagre, Trapa.

Onagre plante bi-annuelle 80-100c, fleurs jaunes, belle-de-nuit, sur talus ou cultivée.   Onagracées.

Onagre ou Jambon des jardiniers, sa racine est comestible cuite ou en salade, 100 espèces.   Onagracées.

Oncidium orchidée à fleur comme papillon jaune zébré, 250 espèces.   Orchidacées.

Oncobées 2e tribu de la famille des **Bixacées**, 9 genres, 34 espèces.

Ongle de chat unguis-cati : Bois néphrétique, variété de mimosa du Mexique.   Léguminacées.

Ongles du diable ou Martynia à trompe, plante 40-50c, velue, feuilles rondes, graines cornues, 10 esp.   Pédalinacées.

Onglet partie de la fleur : base des pétales de l'œillet, de la rose, etc., etc.

Onobrychis sativa, bon fourrage : bourgogne, esparcette, sainfoin, 70 espèces, 90 variétés.   Léguminacées.

Onoclea-sensibilis variété de fougère, 30-50e pour rocailles.   Fougéracées.

Ononis bugrane plante épineuse, à fleurs roses, racines traçantes, arrête-bœuf, 60 espèces.   Léguminacées.

Ononis-rotundifolia arbuste à feuilles trifoliées, à jolies fleurs roses.   Léguminacées.

Onopordon-acanthium chardon des ânes, 80-160c, belles feuilles, fleurs roses ou purpurines, 15 esp.   Composacées.

Onosma plante velue à grandes feuilles, 30´, fleurs bleues ou jaune pâle, colorant rouge, 70 esp.   Borraginacées.

Onychium ou Dendrobium, orchidée à fleurs en longues grappes, 330 espèces.   Orchidacées.

Oomycètes 2´ ordre de la famille des **Champignonacées** ; 7 tribus ; moisissures. Oospora.

Ophioglosse fougère à une seule feuille, langue de serpent, herbe sans couture.   Fougéracées.

Ophioglossées 8´ tribu de la famille des **Fougéracées**, 3 genres, 78 espèces.

Ophiopogon Japonica. petite plante en bordure, à baies bleues, herbe aux turquoises, 1 esp.   Hémodoracées.

Ophiopogonées 3´ tribu famille des Hémodoracées ; 4 genres, 23 esp. : Ophiopogon, Peliosanthes, Liriope, Sansevieria.

Ophiorhiza plante de l'Asie, passe dans l'Inde comme le grand remède contre la morsure des serpents.   Rubiacées.

Ophioxylon-serpentinum bois de couleuvre, racine de Mangouste, Rauwolfia, racine d'or.   Apocynacées.

Ophrydées 4´ tribu de la famille des **Orchidacées**, 33 genres, 840 espèces.

Ophrys genre d'orchidée, acère, homme pendu, ophrys abeille, araignée, mouche, 30 espèces.   Orchidacées.

Opiliées 2ᵉ tribu de la famille des Olacacées, 5 genres, 16 espèces : Agonandra, Cansjera. Chlenandra, Lepionurus, Opilia.

Opium produit tiré du pavot blanc, en Egypte, en Perse, à Smyrne (morphine, papaverine).   Papavéracées.

Oplisménus pied-de-cop. plante des champs, chemins, 30-60´, feuilles plates, fleurs épillets. 4 esp. 20 var.   Graminacées.

Opopanax arbuste 50-120´, fleurs jaunes. fournit une gomme résine très précieuse en parfumerie, 3 esp.   Ombelliféracées.

Opuntia ou Opontia pl. charnue, épineuse. produit des figues, raquette, figuier de barbarie, fl. jaunes.   Cactacées.

Opuntia 1731 plante souvent dénommée Cactus, originaire du Mexique. nopal, figuier d'Inde, 200 esp.   Cactacées.

Opuntiées 2ᵉ tribu de la famille des Cactacées ; 4 genres, 246 espèces : Nopalea, Opuntia, Pereskia, Rhipsalis.

Orangeade boisson préparée avec des feuilles et plus souvent avec le fruit de l'oranger.   Rutacées.

Oranger arbre à fruits (43 variétés. Risso) les bonnes oranges viennent d'Espagne et Sicile : Valence.   Rutacées.

Oranger de Savetier Amomon, petit arbuste à baies rouges, pseudo-capsicum.   Solanacées.

Orbignya plante de l'Amérique du Sud, feuilles alternes, fleurs en grappes axillaires, 3 espèces.   Sapindacées.

Orcanette anchusa-tinctoria, plante à grandes feuilles, fleurs bleues, colorant rouge, 30 esp.   Borraginacées.

ORCHIDACÉES 3ᵉ famille des Monocotylédons, 5 tribus, 370 genres, 5000 espèces (testicule, bulbe).

ORCHIDACÉES Principaux genres et espèces : Aceras, Acineta, Aerides, Agrostophyllum, Anacamptis, Angrecum, Ansellia, Apostasia, Appendicula, Arachnanthe, Arpophyllum, Arundina, Aspasia, Barkeria, Barlia, Bifrenaria, Bletia. Brassavola, Brassia, Bulbophyllum, Burlingtonia, Caladenia, Calanthe, Calypso, Camaridium, Catasetum, Cattleya, Centropetalum, Cephalanthera, Chlorea, Chysis, Cirrhaea, Cirrhopetalum, Cleisostoma, Cochlioda, Cœlia, Cœloglossum, Cœlogyne, Comparettia. Corallorhiza, Coryanthes. Corycium, Corymbis, Corysanthes, Cranichis, Cremastra, Cycnoches, Cymbidium, Cynorchis, *Cypripedium*, Cyrtopodium, Dendrobium. Dendroclinium, Dichaea, Didynoplexis, Diplodium, Diplomeris, Dipodium, Disperis, Disa, Diuris, Doritis, Earina, Elleanthus, *Epidendron*, Epigogum, Epipactis, Epistephium, Eria, Eriopsis, Eulophia, Fleurothallis. Galeandra. Galeola, Gastrodia, Geodorum, Glossodia, Gomeza, Gomphichis, Gongora, Goodyera, Govenia, Grammatophyllum, Gymnadenia, Habenaria, Helcia, Helleborine, Herminium, Heteria, Hexadesmia, Holothrix, Hormidium, Houlletia, Ionopsis, Isias, Isochilus, Laelia, Leiochilus, Lepanthes, Limodorum, Liparis, Lissochilus, Listera, Lockhartia, Loroglossum, Luisia, Lycaste, Lyperanthus, Malaxis, Masdevallia, Maxillaria, Megoclinium, Microstylis, Microtis, Miltonia, Monadenia, Mormodes, Mystacidium, Neuwiedia, Niemeyera, Nigritella, *Nœttia*, Notylia, Oberonia, Octomeria, Odontioda, Odontochilus, Odontoglossum, Oncidium, *Ophrys*, Orchis, Ornithidium, Ornithocephales, Otochilus, Pachystome, Pelexia, Phajus, Phalænopsis, Pholidota, Phreatia, Physosiphon, Physurus, Platanthera, Platyclinis, Pleuranthium, Pleurothallis, Podochilus, Pogonia, Polystachya, Ponera, Ponthieva, Prasophyllum, Prescottia, Renanthera, Restrepia, Rodriguezia, Saccolabium, Sarcanthus, Sarcochilus, Sarcopodium, Satyrium, Scaphyglottis. Schomburgkia, Selenipedium, Serapias, Sobralia, Sophronitis, Spathoglottis, Spiranthes, Stanhopea, Stelis, Tainia, Telipogon, Tetramicra, Thelasis. Thelymitra, Tinea. Trichoceros, Trichoglottis, Trichopilia. Tricocentrum, Trigonidium, Tropidia, *Vanda*, Vanilla, Xylobium, Yellow-King, Zeuzine. Zygoglossum, Zygopetalum.

Orchidées pl. à souche rampante ou à tubercule, fleurs à formes bizarres : araignée, mouche. sabot.   Orchidacées.

Orchidées les fleurs sont souvent doubles, l'une formant calice et l'autre en entonnoir.   Orchidacées.

Orchidées pl. cultivées, 2000 espèces et 1500 variétés hybrides (J. Costantin).   Orchidacées

Orchis des prés plante 15° à fleurs violetées, lilas, jaunes ou rosées, pentecôte, 25 variétés.   Orchidacées.

Oreille d'âne symphytum, consoude, à grandes feuilles de 60´ fleurs roses, 17 espèces.   Borraginacées.

Oreille de géant Bardane, plantes à grandes feuilles, bouillon noir, Lappa, 7 espèces.   Composacées.

Oreille d'homme Asarum, plante à odeur de poivre, dissipait l'ivresse, cabaret, 13 espèces.   Aristolochacées.
Oreille de Judas Variétés de champignons des genres Cantharellus, Peziza, et Tremella.   Champignonacées.
Oreille de lapin Stachys lanata, épiaire laineuse, plante en bordure, feuilles argentées et veloutées.   Labiacées.
Oreille de lièvre buplèvre, arbuste très vigoureux, à feuilles épaisses, petites fl. jaunes, 10 espèces.   Ombelliféracées.
Oreille d'ours primula-auricula, plante en rosette, feuilles épaisses, fleurs variées.   Primulacées.
Oreille de rat épervière, piloselle, à feuilles velues, veluette, fleurs jaune-capucine.   Composacées.
Oreille de souris Ceraiste, argentine, petite plante velue pour bordure, fleurs blanches, 45 esp. 115 Var.   Caryophyllacées.
Orelie Arbrisseau grimpant, fe. verticillées, fleur en cyme jaune or, fruit épineux, 12 espèces.   Apocynacées.
Oreochloa plante des Alpes 10-20' à rejets rampants, feuilles molles, épi noirâtre. 2 espèces.   Graminacées.
Oreodoxa-oleracea produit le chou palmiste des Antilles, légume à goût d'artichaut, 6 espèces.   Palmacées.
Oreopanax arbre d'ornement à grandes feuilles ovales, unies, épaisses, 80 espèces.   Araliacées.
Oreoselin plante des coteaux secs, Peucedanum, carotte ou persil de montagne.   Ombelliféracées.
Orge ou Hordeum plante cultivée 50-70' feuilles engaînantes, épi barbu (bière) Zeocriton, 16 espèces.   Graminacées.
Orge carrée Hexasticon à épillets sur 6 rangs de fleurs, tons égaux à la maturité, soucrion   :   Graminacées.
Orge des rats plante des bords des chemins 20-40' voleur, épi barbu, queue de souris.   Graminacées.
Orgeat sirop composé d'amande, sucre, eau, autrefois on le faisait avec de l'orge (Souchet).
Origan origanum, pl. à parfum petites fe. opposées, fleurs blanches en boule, marjolaine, 30 espèces.   Labiacées.
Orlaya caucalix plante des moissons, aspect de la carotte. à fleurs blanches.   Ombelliféracées.
Orme ou Ulmus arbre forestier et d'avenue, ses graines sont des samares, 16 espèces.   Urticacées.
Orme de Samarie à trois feuilles, trèfle de Virginie, arbuste Ptelea. ou arbre, 7 espèces.   Rutacées.
Orme des Sourds et Muets rue Saint-Jacques, planté sous Henri IV 5^m de circonférence, 50'" de haut.   Urticacées.
Orme (parasite de l') le Galéruque, le bon remède est de le ramasser fin juin à la descente.
Ormeau petit orme arbuste et arbrisseau des bois, haies, fruits ailés. aplatis. samare.   Urticacées.
Ormenis-nobilis ou Camomille romaine ou Anthemis-nobilis, plante vivace, fleurs, odeur agréable.   Composacées.
Ormin ou Horminum ou Sauge Hormin, plante 15-20' en rosette, fleurs en grappe bleu-violacé, une esp.   Labiacées.
Ormosia-Dasycarpa arbrisseau à grandes fleurs bleues en panicules, Layia.   Léguminacées.
Orne d'Europe frêne à fleurs, arbre 6-10^m feuilles composées 7-9 folioles, produit la manne, Ornus.   Oléacées.
Ornithogale à ombelle 15-20' à fleurs blanches, étoile blanche, odorante, dame d'onze heures   Liliacées.
Ornithogale pyramidale tige 60-90' fleurs d'un blanc pur, épi de lait, épi de la Vierge   Liliacées.
Ornithopus serradelle, plante 20' feuilles opposées, très serrées, fleurs lilas, pied d'oiseau, 7 espèces.   Léguminacées.
Ornitrophe ou Allophylus ou Toxicodendron donne une huile, un vernis, 94 espèces.   Sapindacées.
Ornus ou orne arbre de Sicile, à feuilles rondes, la sève est la manne du commerce.   Oléacées.
OROBANCHACÉES 125' famille des Dicotylédones, 12 genres, 150 esp. (vesce, lentille ; j'étrangle).
OROBANCHACÉES Æginetia, Aphyllon, Boschniackia, Boulardia, Christisonia, Cistanche, Clandestine, Conopholis, Epifagus. Gymnocaulis, Lathrea, Mylanche, Orobanche, Phacellanthus, Platypholis, Phelipea.
Orobanche plante parasite, sur les racines de Cardère, Luzerne, Maïs, Tabac, Trèfle, Thym, etc.   Orobanchacées.
Orobanche pl. vivace nuisible, de couleur brun rouge, la souche a 8-15' de profondeur, 100 esp., 150 var.   Orobanchacées.
Orobe ou orobus plante des bois. rochers, 20-60' aspect de la Vesce à fleurs roses ou bleues, Lathyrus.   Léguminacées.
Oronge vraie champignon comestible, chapeau rougeâtre, uni, odeur agréable.   Champignonacées.
Oronge fausse champignon vénéneux, chapeau rougeâtre écaillé, du genre Amanita, 35 espèces.   Champignonacées.
Orontium-japonicum plante de serre, feuilles enroulées et panachées, une espèce.   Aroïdacées.
Orphium arbuste de serre à feuilles en croix épaisses, fleurs rose vif en roue, une espèce.   Gentianacées.
Orpin brûlant sedum âcre, poivre de muraille, telephium, trique-madame, 3 espèces.   Crassulacées.
Orseille d'Auvergne Lecanora Parella, sur les rochers volcaniques, donne couleur rouge.   Lichenacées.
Orseille des Canaries Roccella, donne la pourpre pour la laine et la soie.   Lichenacées.
Orseille de la Colombie teinture rouge fournie par le lichen : Lecanora-Parella.   Lichenacées.
Orthoselis-pilosa ou Heliophile poilue, plante 20-25' fleurs bleu azuré-tachées, 40 espèces, 70 variétés.   Cruciféracées.
Orthospermées 2' série de la famille des **Cucurbitacées** ; 8 genres, 144 espèces.
Ortie bâtarde mercuriale, foirolle des lapins, plante commune des fossés, décombres, 6 espèces.   Euphorbiacées.

Ortie blanche lamier à fl. blanches, ne piquant pas, pl. des fossés, 30-60ᶜ, lamium-album. Labiacées.
Ortie brûlante urtica-urens, plante des chemins 20-50ᶜ petites feuilles, frotter piqûres avec de la terre Urticacées.
Ortie de Chine argentée ramie blanche, chinagrass, plante textile et fourragère, Boehmeria. Urticacées.
Ortie cotonneuse Apoo des Chinois, toile d'été, plante textile des pays chauds. Urticacées.
Ortie cotonneuse plante 100ᶜ à tiges nombreuses, grandes feuilles ovales, blanc de neige en dessus. Urticacées.
Ortie morte épiaire des fossés, marais 40-90ᶜ, fleurs roses tachées de blanc. Labiacées.
Ortie piquante urtica-dioïca, plante à tige carrée à poils, 40-100ᶜ, feuilles ovales dentées, fleurs en chatons. Urticacées.
Ortie puante Stachys des bois, épiaire, ortie rose, pain de poulet. Labiacées.
Ortie romaine plante 50-60ᶜ à grandes feuilles, fleurs en boules vertes. Urticacées.
Ortie utile Boehmeria-nivea, plante à grandes feuilles, comme ramie. Urticacées.
Orvale ou Lamium plante velue 90-120ᶜ tige carrée, feuilles opposées, fleurs blanc lilas. Labiacées.
Orvale ou Sclarée Toute bonne, tige glanduleuse, feuilles en cœur laineuses, fleurs violet-clair. Labiacées.
Oryza ou riz plante qui pousse dans l'eau, nourrissait la moitié du monde, 6 espèces, 20 variétés. Graminacées.
Oryzées 6' tribu de la famille des **Graminacées**, 16 genres 50 espèces.
Osbeckia arbuste de serre à feuilles blanchâtres, fleurs lilas violacé, 40 espèces. Mélastomacées.
Osbeckiées 3ᵉ tribu de la famille des **Melastomacées**, 12 genres, 163 espèces.
Oscillaires petites algues comme des fils, qui abondent parfois dans les eaux thermales Alguacées.
Oseille de Belleville plante comestible des env. de Paris, à larges feuilles plus douces que l'acétose. Polygonacées.
Oseille comestible rumex-acetosa, plante vivace, repousse facilement. Polygonacées.
Oseille des prés des champs, rumex-scutatus, plante 60-100ᶜ feuilles alimentaires. Polygonacées.
Oseraie terrain planté d'osier généralement en terrain humide. Salicacées.
Osier ou salix osier des vanniers, arbuste flexible, 8 variétés, vime, verdiau. Salicacées.
Osier blanc Viminalis ; osier brun : triandra ; osier rouge, purpura ; osier jaune : Vitellina , Salicacées.
Osier fleuri épilobe à épi, laurier de Saint-Antoine, la racine rend le vin gai. Onagracées.
Osmanthus arbuste 60-140ᶜ à feuilles vert foncé comme le houx, 8 espèces. Oléacées.
Osmonda fougère royale 60-90ᶜ à grandes feuilles, les sporanges sont réunies en grappe. Fougéracées.
Osmondées 5ᵉ tribu de la famille des **Fougéracées**, 8 genres, 17 espèces.
Osteomeles plante 120ᶜ à petites feuilles composées, fruits rouges puis noirs, 12 espèces. Rosacées.
Osteospermum-moniliferum arbuste 130-150ᶜ feuilles persistantes, fleurs jaunes, fruits pour collier. Composacées.
Ostério plante des coteaux secs, rameaux verticillés au sommet, fleurs blanches, 30 espèces. Ombelliféracées.
Ostrya arbre de taille moyenne à feuilles ovales, plissées, dentées, fruit lisse. Cupuliféracées.
Ostrya arbre à feuille de charme, charme-houblon, bois supérieur à notre charme, 5 espèces. Cupuliféracées.
Osyridées 2' tribu de la famille des **Santalacées**, 19 genres, 75 espèces.
Osyris-alba arbuste des Alpes 60-100ᶜ feuilles persistantes, fleurs jaunes, fruit rouge. Santalacées.
Osyris-tennifolia petit arbre de Zanzibar, qui fournit un bois de santal blanc. Santalacées.
Otanthe plante des bords de mer, aspect de la santoline, fleurs jaunes, Diotis, une espèce. Composacées.
Othonna crassifolia, plante vivace, cultivée, demande l'hiver une couverture, fleurs jaunes. Composacées.
Othonnopsis petite plante à petites feuilles épaisses, fleurs jaunes, 8 espèces. Composacées.
Otoba (cire d') provenant des graines du Myristica-cumara ou Otoba. Myristicacées.
Otontile rouge Euphrasia, à fleurs en épi, fourrage dur, 20 espèces. Scrofulacées.
Ottoa variété de seseli qui croît aux environs de Quito, 1 espèce. Ombelliféracées.
Ouate nom vulgaire de l'Asclépiade syriaque, herbe à l'ouate, racines traçantes, grosses fleurs. Asclépiadacées.
Ouattier arbre à bois très léger comme le liège, écorce textile, ochroma, 1 espèce. Malvacées.
Ourouparia ou uncaria de ses feuilles on tire un cachou, le Gambir, le Kino d'Amboine, 32 espèces. Rubiacées.
Ouvirandra plante aquatique de Madagascar à tubercules comestibles. 23 espèces. Naïadacées.
Ovaire organe femelle de la fleur, embrion du fruit avant la fécondation.
Ovaire ou Gynécée partie inférieure du pistil qui renferme les ovules : après la fécondation devient le fruit ou les fruits.
Ovules organes femelles de la fleur, futures graines attachées au placenta par le funicule.
Oxalide oxalis, alleluia, surelle commune, petite plante de rocaille, à 3 feuilles. Géraniacées.

Oxalidées 6· tribu de la famille des **Géraniacées**, 7 genres, 235 espèces.

Oxalis plante basse, feuilles en cœur par 3 sur chaque tige, pain de coucou, 205 espèces.   Géraniacées.

Oxalis acétosella surelle, oseille à 3 feuilles dont on tire le sel d'oseille, fleurs blanches veinées.   Géraniacées.

Oxalis corniculée à fleurs jaunes d'or en été, puis pourpres.   Géraniacées.

Oxalis-crenelée 1829 en Europe, plante alimentaire, tubercules à saveur d'oseille.   Géraniacées.

Oxalis-deppei trèfle à quatre feuilles, plante annuelle sur tubercule.   Géraniacées.

Oxalis-esculenta plante 10ᵣ trèfle à quatre feuilles du Pérou, Oca tubercule comestible.   Géraniacées.

Oxalis-tetraphylla trèfle à quatre feuilles du Mexique fleurs rouge-violacé.   Géraniacées.

Oxyanthus plante de serre à feuilles aiguës, fleurs en tube blanc, rose, puis violette, 20 espèces.   Rubiacées.

Oxycedrus Juniperus genevrier dont on retire l'huile de cade.   Coniféracées.

Oxycoccos des marais petite plante à fleurs roses, fruits rouges retombants.   Vacciniacées.

Oxycoccus ou Schollera plante à fe. persistantes, fl. blanc rosé en grelots. 2 esp.   Vacciniacées.

Oxylobium arbrisseau de serre 3ᵐ feuilles blanchâtres, fleurs jaunes en tête. Callistachys, 26 esp.   Léguminacées.

Oxypetalum plante 30-40ᵉ couverte d'un duvet grisâtre, feuilles opposées, fleurs bleu azuré. 50 esp.   Asclépiadacées.

Oxyria plante des Alpes 10-20ᵉ aigrelette, feuilles en rosette, fruit ailé, 2 espèces.   Polygonacées.

Oxysporées 6· tribu de la famille des **Mélastomacées** : 13 genres, 34 espèces

Oxythecées 1· tribu de la famille des **Sapotacées**, 3 genres, 5 esp. : Amorphospermum, Niemeyera, Oxythece.

Oxytropis arbuste des Alpes, feuilles 15-31 folioles, fleurs jaunes, bleues ou pourpres, 200 espèces.   Léguminacées.

Oxyura Layia, plante annuelle avec fl. comme marguerite, disque jaune et rayons blancs, 12 espèces.   Composacées.

Oyat des Dunes Carex arenaria, Gourbet, laiches des sables, 30-60ᵉ, avec racines traçantes, fl. en épi.   Cypéracées.

Ozanne Buis commun Buxus-sempervirens : toujours vert, bois bénit 20 espèces.   Euphorbiacées.

P

Pacanier ou Carya-alba grand arbre fruitier à fe. composées, 13-15 f., fl. en châtons, fr. grosseur olive.   Juglandacées.

Paccouri ou Andira bois du commerce de Paris avec dessins en ailes d'oiseau, Saint-Martin, 18 esp.   Léguminacées

Pachira aquatica châtaignier de la Guyane, fruits recherchés des habitants et des singes.   Malvacées.

Pachira du Maroni, arbre à feuilles composées de 7 folioles, fleur blanc-jaune en aigrette, 4 espèces   Malvacées.

Pachygonées 4· tribu de la famille des **Ménispermacées** : 23 genres, 40 espèces.

Pachyphytum variété de Cotylédon, aspect de petit artichaut, feuilles blanc-argent.   Crassulacées.

Pachyplèvre plante de montagnes élevées, fleurs blanches, fruits à côtes épaisses, 25 espèces.   • Ombelliféracées.

Pachypodium ou Belonites arbre de Madagascar à fleurs jaunes, fruits en corne, 5 espèces.   Apocynacées.

Pachyrhizus Cacara, Quechot, plante textile de la Nouvelle Calédonie, 2 espèces.   Léguminacées.

Pachysandra plante 15ᵉ charnue, épineuse, fleurs blanches ou roses odorantes, 2 espèces.   Euphorbiacées.

Paddy ou Nelly c'est le grain de riz avant d'être décortiqué, ensuite il est riz pelage, puis riz blanc.   Graminacées.

Padouk bois de rose de Birmanie et des Iles Andaman, Bumèse-Rosewood.

Paedériées 22· tribu de la famille des **Rubiacées**, 7 genres, 26 espèces.

Paeonia pivoine ou rose péone, plante touffue 60-80ᵣ, feuilles divisées, fleurs inodores, 7 espèces.   Renonculacées,

Paeoniées 5ᵉ tribu de la famille des **Renonculacées**, 1 genre, 7 espèces, 115 variétés cultivées.

Pagarille ou Capucine, plante naine et grimpante, 40 espèces, 52 variétés cultivées.   Géraniacées.

Paille tiges ou chaumes desséchés de l'avoine, du blé, de l'orge, du seigle..., etc.   Graminacées.

Paille de mer Posidonia caulini, plante marine qui rejette ses débris sur les côtes de la Méditerranée.   Naïadacées.

Paillettes ou Bâles ou glumelles : enveloppes des grains d'avoine, blé, orge, seigle.   Graminacées.

Pain de Dika fait avec l'amande d'un Mangifera du Gabon, arbre de 15 à 20ᵐ.   Anacardiacées.

Pain de grenouille plantain d'eau, plante en rosette, fleurs sur tige 70-80ᵉ blanc-rosé.   Alismacées.

Pain d'oiseau Sedum brûlant, plante à tiges nombreuses, fleurs jaune vif.   Crassulacées.

Pain de pourceau cyclamen à rac. bulb., à petites fl. rouges violettes ou panachées, 12 esp., 16 var.   Primulacées.

Pain de Saint Jean Ceratonia, Caroubier, arbre à gousses comestibles pour les chevaux, vaches, une esp. Léguminacées.

Palafoxia plante du Mexique 40-60°, feuilles alternes, d'un vert terne, fl. roses puis violacées, 6 esp.   Composacées.

Palaquiées 7° tribu de la famille des **Sapotacées** : 3 genres, 96 espèces. Bassia, Palaquium, Pycnandra.

Palaquium palaque, arbre produisant la gutta-percha rouge, Dichopsis, 60 espèces.   Sapotacées.

Palava-flexuosa plante 30° très fournie, fleurs en cloche, lilas rose, 2 espèces.   Malvacées.

Paletuvier Bruguiera, bois dur des colonies françaises pour l'industrie Manglier, 8 espèces.   Rhizophoracées.

Paletuvier le fruit et l'écorce de cet arbre contiennent 50 0/0 de matière tannante.   Rhizophoracées.

Palimbie plante des prés humides. 60-80° fleurs blanc-verdâtre, ombelle 6-12 rayons.   Ombelliféracées.

Palissandre bois de Dalbergia-latifolia, grand arbre épineux (bois de Sainte-Lucie).   Léguminacées.

Palissandre bois de l'Icaranda d'Afrique. Brésil et de l'Inde, 30 espèces.   Bignoniacées.

Palisser disposer les branches d'un arbre contre un mur ou un treillage.

Paliurus ou Argalou ou Porte-chapeau, arbrisseau très épineux pour haies, fleurs jaunes.   Rhamnacées.

Paliurus arbrisseau du Midi, 2-2^m50, épineux fleurs jaunes, fruit en chapeau, 2 espèces.   Rhamnacées.

Palma-christi (huile de) retirée des graines du Ricinus communis (Huile de Castor) une espèce.   Euphorbiacées.

PALMACEÉS 22° famille des Monocotylédones, 7 tribus, 129 genres, 1100 espèces (palme : paume de la main).

PALMACÉES principaux genres et espèces : Acanthophenix, Acanthorhiza, Acrocomia, Actinorhythis, Alfoncia, Ancistrophyllum, Archontophenix, *Areca*, Arenga, Artrocaryum, Asterogyne, Attalea, Bactris, Bacularia, *Borassus*, Brahea, Calamus, Calyptrocalyx, Calyptrogyne, Cardulovica, Caryota, Ceroxylon, Chamedorea, Chamærops, Chrysalidocarpus, Clinostigma, *Cocos*, Cocotier, Collinia, Copernicia, *Corypha*, Cucifera, Cyphokentia. Cyrtostachys, Daemonorops, Desmoncus, Dictyosperma, Didymosperma, Diplothemium, Doum, Douma, Doumier, Drymophlœus, Dypsis, Elaeis, Elate, Eremospathe, Erythea, Euterpe, Gembenga, Geonoma, Gronophyllum, Hedyscepe, Hovea, Hyophorbe, Hyphaene, Iguanura, Iriartea, Jessenia, Jubaea, Kentia, Kentiopsis, Korthalsia. Kunthia, Latania, *Lepidocaryum*, Licuala. Linospadix, Livistonia, Lodoïcea, Martinezia, Mauritia, Maximiliana, Médémia, Metroxylon, Micrococos, Miscophlœus, Morenia, Munbaca, Nenga, Nengella, Nipa, Oenocarpus, Oncosperma, Orbignya, Oreodoxa, Phenicophorium, *Phenix* ou Phœnix, Phloga, Plectocomia, Pholidocarpus, *Phytelephas*, Pinanga, Pritchardia, Ptychococcus, Ptychoraphis, Ptychosperma, Raphia, Rapidophyllum, Reinhardtia, Rhapis, Rhopalostylis, Ronier, Sabal, Seafortia, Stevensonia, Trachycarpus, Thrinax, Trithrinax, Tucuma, Veitchia, Verschaffeltia, Wallichia, Welfia, Weltinia, Washingtonia, Zalacca.

Palme (beurre de) extrait du Palmier-avoira, Elaeis-guineensis, 2 espèces.   Palmacées.

Palmette (feuille) ou Penniséquée : Hovea, Kentia, Kentiopsis, Linospadix, etc.   Palmacées.

Palmier à dattes Phœnix-dactylifera (fruit de la forme du doigt) Elate, Fulchironia, Phoniphora, 12 esp.   Palmacées.

Palmier à huile Elaeis-guineensis ou palmier-avoira-aouara, huile de palme, 2 espèces.   Palmacées.

Palmier nain Chamaerops-humilis, arbuste, arbrisseau à feuilles en éventail.   Palmacées.

Palmiers à sucre dont on tire la sève (Jagre) pour faire de l'alcool (Arach) soit pour faire le vin de palme (Callou ou Toddy), soit pour confiserie et pâtisserie : Arenga, Borassus, Caryota, Cocotier, Elaeis, Jubaea, Mauritia, Nipa, Oenocarpus, Phœnix, Raphia.

Palmiste (beurre de) provenant de l'Oreodoxa-oleifera du Sénégal, chou-palmiste.   Palmacées.

Palmistes ou Chamaerops à feuilles en éventail ou flabelliformes. 2 espèces.   Palmacées.

Palommier ou Gaultherie ou thé de Labrador, plante 15-20° fleur blanc-rosé en grelot, 95 espèces.   Ericacées.

Palypogon plante des prairies, donne un foin élevé, Polypogon, Santia, 10 espèces.   Graminacées.

Pampelmousier Citrus-decumana, petit arbre produisant de très gros fruits.   Rutacées.

Pamplemousse fruit du Pamplemousier, 15° de diamètre, couleur citron, Pomme d'Adam.   Rutacées.

Pampre sarments de la Vigne chargés de feuilles et de fruits.   Vitisacées.

Panacée de Chiron Gomme-résine du Pasticana-Opopanax, 3 espèces.   Ombelliféracées

Panache de Vénus muscari à toupet, ail des chiens, Jacinthe chevelue, petite plante odeur prune.   Liliacées.

Panacoco Bois de fer, bois de perdrix, de bocoa, du Robinia-prouasensis, inocarpus   Léguminacées.

Panais pasticana, pl. potagère, 120-140°, ne craint pas la gelée, tige anguleuse. f. dentées, fl. jaunes 3 esp. Ombelliféracées.

Panama (bois de) écorce du Quillaja-Saponaria du Chili, Brésil, Mexique, 4 espèces.   Rosacées.

Panaxées ou **Panax** 3 série de la famille des **Araliacées**, 28 genres, 206 espèces.

Pancicia plante 40° des bois. persil de bouc, fleurs blanches en ombelle, Pimpinella, 75 espèces.   Ombelliféracées.

Pancrais plante des sables du midi. Pancrace maritime, Scille blanche.   Amaryllisacées.
Pancratium plante bulbeuse, 20-50°, fleurs blanches en entonnoir, odorantes, Cearia, 12 espèces.   Amaryllisacées.
Panda du Congo produit un fruit rond, oléagineux, grosseur mandarine.   Pandanacées.
PANDANACÉES 23° famille des Monocotylédones, 2 genres, 84 espèces (de Pangdang : non Malais de cette plante).
PANDANACÉES Barrotia, Bryantia, Freycinetia ou Jezabel, Marquartia, Pandanus ou Vaquois ou Rykia, ou Tuckeya,
     Victoriperrea.
Pandanus arbrisseau 4-5^m en spirale, à feuilles en scie 160°, on en fait des nattes   Pandanacées.
Pandanus-edulis arbre de Madagascar. 5-6^m à fruits comestibles   Pandanacées.
Pandanus-Weithii plante 3^m avec racines aériennes, feuilles comme phormium mais en scie.   Pandanacées.
Pandipave ou Momordique plante élégante, grimpante, 2^m, à feuilles de vigne, fruit vert   Cucurbitacées.
Pandorea arbuste grimpant, feuillage très décoratif, fleurs en tube, Bignone de Norfolck.   Bignoniacées.
Pangiées 4° tribu de la famille des **Bixacées**, 9 genres, 16 espèces.
Panic d'ornement Herbe de Guinée, 60-150°, feuilles en rubans, fleurs en plumet.   Graminacées.
Panic ou Panis ou Panicum pl. fourragère on recueille la graine pour les oiseaux, 280 esp. 850 var.   Graminacées.
Panicaut ou eryngium chardon roland, chardon levrault, à feuilles argentées. fleurs bleues   Ombelliféracées.
Panicées 5° tribu de la famille des **Graminacées** ; 22 genres, 1350 espèces.
Panicule (fleurs en) en pyramide comme Avoine. épipastis, goodiera, lilas, listera. troëne, etc., etc.
Panicum-plicatum plante d'ornement, feuilles longues et plissées, petites fleurs.   Graminacées.
Panke-acaulis plante de pelouse à grandes feuilles comme rhubarbe, fleurs en cône.   Haloragéacées.
Panna Polypodium quercifolium, fougère de l'Afrique australe, tenifuge.   Fougéracées.
Pantine accras, variété d'Orchidée des bois, prés, 20-40° fleurs vert jaunâtre. Une espèce.   Orchidacées.
Pantoufle ou Muflier plante 50-80° très rustique, fleurs nombreuses, talus, toit et cultivée. 25 esp. Scrofulacées.
Papaver-rhocas coquelicot des blés, petit pavot, ponceau, coprose, fleurs rouges.   Papavéracées.
PAPAVÉRACÉES 10° famille des Dicotylédones, 3 tribus, 19 genres, 94 espèces (de pavot : mauvais suc).
PAPAVÉRACÉES Arctomecon, Argemone, Bocconia, Canbya, Cathcartia, Chelidonium, Chryseis, Coquelicot, Eomecon,
     Eschscholtzia, Glaucium, Grande éclaire, *Hunnemannia*, Meconopsis, *Papaver-pavot*, Platystemon, Platystigma, Roemeria,
     Romneya. Sanguinaria, Stylophorum.
Papayécées 5° tribu de la famille des **Passifloracées** ; 4 genres, 26 espèces : Carica, Jacaratia, Papaya, Physena, Soyauxia.
Papayer ou carica Arbre à melon 7 à 10^m, aspect du palmier (Papaïne, pepsine végétale).   Passifloracées.
Paphinia ou Colax ou Lycaste, orchidée du Mexique, Pérou, 25 espèces.   Orchidacées.
Papilionées 1° division de la famille des **Léguminacées** ; 11 tribus, 319 genres, 4720 espèces.
Papri buis des Indes, jusqu'à 0^{m}40 de djamètre, pour tourneurs, navettes, mètres.   Euphorbiacées.
Paprika ou Papikra Poivre de Hongrie, poivre rouge, pour condiment.   Pipéracées.
Papyrier du Japon Broussonetia, 1751 en France, mûrier à papier, 2 feuilles différentes, 3 esp.   Urticacées.
Papyrus Cyperus des Egyptiens, pousse dans l'eau, faisait le bon papier des anciens.   Cypéracées.
Pâquerette bellis petite marguerite : 1° non cultivée ; 2° des jardins ; 3° double : mère de famille. 9 esp. Composacées.
Pâquerette ou Vittadinia Plante en bordure, fleurs plus légères, plus fines, que la bellis, 7 espèces. Composacées.
Para Caoutchouc de plantation de l'Hevea-Brasiliensis, 9 espèces.   Euphorbiacées.
Para (huile de) tirée des fruits du Bertholletia du Brésil, 2 espèces.   **Myrtacées.**
Paradis (graines de) la Maniguette et la grande Cardamone, fruit de 8 à 10°, Amomum.   Zingibéracées.
Paradis des jardiniers Saule pleureur, parce qu'il porte beaucoup d'ombrage.   Salicacées.
Paradisia plante de serre velue, feuilles charnues fleurs jaunes, une espèce.   Liliacées.
Parameria-barbata produit un caoutchouc, et le crin tagal, en Cochinchine, 3 espèces.   Apocynacées.
Parangon ou Albertine Variété d'Anémone, toute la plante est vénéneuse.   Renonculacées.
Paraphyses enveloppes des organes mâles et femelles des lichens, mousses et hépatiques.
Parasites (plantes) qui vivent sur d'autres : Clandestine, Cuscute, Cytinet, Gooderia. Gui, Listera, Noettia, Orobanche.
Parasol du Grand Seigneur Saule pleureur de Babylone à ramifications pendantes, 1692 en Europe.   Salicacées.
Paratropia Arbrisseau à f. long. épaisses, d'un beau vert.fl. brunes en grappe, Heptapleurum, 60 esp. Araliacées.
Paratudo Gomphrena-officinalis du Brésil tonique et stimulante.   Amarantacées.

19

Pardanthus ou Belamcanda, Morée de Chine, plante 60ᵉ, fleurs jaunes, une espèce.   Irisacées.
Parechites Arbuste grimpant à suc laiteux aspect du jasmin. 6 espèces.   Apocynacées.
Parechites ou Trachelospermum ou Rhynchospermum. plante d'Asie orientale.   Apocynacées.
Pareira Racines 1 Chondrodendron (vrai), 2º Cis-ampelos, 3ʼ Abuta (jaune).   Menispermacées.
Pareira-brava racines du Cocculus-platyphylla ou Epibaterium ou Cabatha ou Nephoia, 10 espèces.   Menispermacées.
Parelle Petite oseille, surette, vinette, feuilles veinées de rouge ou rougeâtre.   Polygonacées.
Parelle ou Orseille d'Auvergne qui pousse sur les rochers, donne couleur rouge.   Lichénacées.
Pariétaire officinale, pousse sur les murs, tige rougeâtre, 20-60ᵉ. feuilles velues, fleurs verdâtres.   Urticacées.
Pariétaire Plante commune tige rouge qui pousse sur décombres ; casse-pierre, 8 esp.   Urticacées.
Parinarium Arbre de la Guadeloupe et de la Guyane ; donne un bois satiné, fruit comestible. 40 espèces.   Rosacées.
Paris-Quadrifolia plante des Alpes. feuilles ovales aiguës, fleur vert-jaunâtre, baies noirâtres. 7 esp.   Liliacées.
Parisette ou Paris plante à quatre feuilles, raisins de renard, produit un fruit vénéneux noir bleu.   Liliacées.
Parkiées 19ᵉ tribu de la famille des Léguminacées, 2 genres. 28 espèces : Parkia, Pentaclethra.
Parkinsonia Genet épineux des Indes. arbuste petites feuilles, fleur jaune brillant, 3 espèces.   Léguminacées.
Parmelie comestible ou Manne. lichen servant à la nourriture des Septentrionaux.   Lichénacées.
Parmélie des murs lichen avec thalle jaune sur les pierres, toits, rochers   Lichénacées.
Parmentière morelle tubéreuse, pomme de terre (de Parmentier A A.1737-1813), 1000 variétés   Solanacées.
Parnassie des Marais, plante vivace des ruisseaux, 10-40ʼ fleurs blanches, houppes dorées, 14 espèces   Saxifragacées.
Paronychées 2 tribu de la famille des Illecébracées ; 9 genres, 67 espèces.
Paronyque ou Paronychia pl. à tiges couchées sur le sol. fl. très simples souvent un seul filet. 45 esp.   Illécébracées.
Pas-d'âne Tussilago-farfara, f. rondes festonnées, à 12 nervures, sur talus, très commun, une esp.   Composacées.
Passe-fleur coquelourde, plante 40-60ᵉ rustique, fleurs pourpres, œillet de Dieu, Robinet,   Caryophylacées.
Passe-pierre petite plante des bords de mer à rameaux articulés, charnus, comestibles, 8 espèces.   Chénopodiacées.
Passé-pierre on perce-pierre, fenouil marin, criste ou crête marine, Basile, Crithmum maritimum.   Ombelliféracées.
Passerage lepidium-latifolium plante. 80-120ʼ à fleurs blanches, cresson des ruines.   Cruciféracées.
Passerage cultivée cresson alénois, plante 30-50ᵉ comestible, fleurs blanches en boules, 6 variétés.   Cruciféracées.
Passerine plante des champs, 20-50ᵉ feuilles allongées fleurs verdâtres ou rouges, 4 espèces.   Thymélacées.
Passerine du Cap arbuste au ramage léger. petites feuilles étroites, persistantes, fleurs rouges.   Thymélacées.
Passe-rose rose trémière, rose de Damas, d'outre-mer, plante 150 250ᵉ, 20 variétés.   Malvacées.
Passe-velours crête de coq, célosie, fleurs rouge-vif ou cramoisi, 35 espèces.   Amarantacées.
Passiflora des pays chauds. à fruits comestibles, comme un œuf, la grenadille ;   Passifloracées.
Passiflora-coerulea plante grimpante avec vrilles, belles fl. d'abord vertes en collerette, puis lilas.   Passifloracées.
PASSIFLORACÉES 82ᵉ famille des Dicotylédones. 5 tribus, 27 genres ; 295 espèces (passion, fleur).
PASSIFLORACÉES *Acharia*. Barteria, Basananthe. Blepharantus. Carica, Deidamia, Dilkea, Grenadilla. Gynopleura, Jacara-   Gynopleura, Jacara-
    tia. *Malesherbia*. Mitostemma. *Modecca*. Ophiocaulon, *Papaya*, Paropsia, *Passiflora*, Tacsonia, Tetrastylis. Tryphostemma.
Passiflore la fleur en forme 4 superposées, 1ʳ blanche, 2ᵉ bleu, 3 jaune 4 brune. 175 espèces.   Passifloracées.
Passiflore fleur en couronne d'épines. fruit œuf pigeon. vert, puis orangé, parfois comestible.   Passifloracées.
Passiflorées 2ᵉ tribu de la famille des **Passifloracées**, 13 genres, 227 espèces.
Pastel plante fourragère, très précoce, se contente de terrains secs, feuilles lance 20ᵉ.   Cruciféracées.
Pastel ou isatis-tinctoria plante industrielle, 60-120ʼ, fleurs jaunes, colorant bleu. 30 esp. 65 variétés.   Cruciféracées.
Pastenade plante avec racine blanche comestible, Panais de Siam, Girole. fleurs jaunes. 3 espèces.   Ombelliféracées.
Pastèque melon d'eau, forme ovale. vert foncé. contenant beaucoup de liquide, 6 variétés.   Cucurbitacées.
Pasticana ou opoponax produit une gomme-résine, arbuste 50-120ʼ tige cannelée fleurs jaunes, 3 esp.   Ombelliféracées.
Patate Convolvulus-batatas. plante grimpante. produit des tubercules alimentaires.   Convolvulacées.
Patate douce Ipomea-batatas. donne dans les pays chauds des tubercules jusqu'à 5 kilos.   Convolvulacées.
Patchouly ou Patchey Pogostemon, plante à parfum 60-90ʼ, fl. blanches, 1824, en Europe, 32 esp.   Labiacées.
Patellaria genre de champignon en forme de coupe sur vieux bois. 102 espèces.   Champignonacées.
Patenôtrier ou Staphylea Arbre et arbrisseau avec ses graines on fait des chapelets.   Staphyléacées.
Patersonia plante à feuilles linéaires de 35ᵉ fleurs bleu-pâle sur hampe, 19 espèces.   Irisacées.

Pathologie **végétale** qui enseigne les altérations ou les maladies des plantes.

Patience rumex, oseille sauvage, plante 100-120° grandes feuilles, sont comestibles.   Polygonacées.

Patience d'eau rumex, tiges, 130-180' feuilles de base 40-70' fleurs en épis.   Polygonacées.

Patience sang-dragon oseille à tige et nervures rougeâtres, plante des bois 80-100°.   Polygonacées.

Patisson petite courge à côtes en pointes saillantes, s'emploie en ornement, 3 variétés.   Cucurbitacées.

Patte d'araignée nigelle de Damas, cheveux de Vénus, plante à fleurs bleues.   Renonculacées.

Patte de mouche armeria-dianthus, plante gazonnante, fleurs blanc nacré sur tiges 20-25°.   Caryophyllacées.

Patte d'oie ansérine, épinard sauvage, feuilles en flèches, Bon Henri. Agathophytum.   Chénopodiacées.

Patte d'ours Acanthe à feuilles molles, très ornementales, Acanthus, 15 espèces.   Acanthacées.

Paturage ou herbage lieu où l'on fait paître les bestiaux, où on laisse les vaches tout l'été.

Paturin des prés poa, plante à tige fine et longue, très bon fourrage, racines fibreuses, 100 esp. 200 var.   Graminacées.

Paullinia liane grimpante, volubile, de ses graines on tire le Guarana au Brésil, 125 espèces.   Sapindacées

Paulliniées 2° tribu de la famille des **Sapindacées**, 5 genres, 310 espèces.

Paulownia arbre à grandes feuilles opposées, 1834 en France, par Siebold, fleurs violettes en mai, une esp.   Scrofulacées.

Paumelle Hordeum distichum, variété d'orge, épis à 6 rangs dont 2 saillants.   Graminacées.

Pavetta arbuste de serre, 35°, feuilles persistantes ondulées, fleurs jaunes odorantes, 75 espèces.   Rubiacées.

Pavia macrostachya, arbrisseau buissonnant à beau panache blanc, le centre jaunâtre.   Hippocastanacées.

Pavia rubra marronnier rouge, se greffe sur le blanc, 1730 en Europe, fruit lisse.   Hippocastanacées.

Pavia spicata arbrisseau à fleurs blanches en épi allongés.   Hippocastanacées.

Paviot variété d'abricot très gros, sucré, parfumé, mais tardif.   Rosacées.

Pavonia-spinifex arbrisseau d'ornement à fleurs jaunes ou roses. Laurelia, 2 espèces.   Monimiacées.

Pavot plante somnifère : simple, double et naine. Papaver 20 espèces, 48 var. cult. à Paris.   Papavéracées.

Pavot-cornu Glaucier, Corblet, plante du bord de la mer, à fleurs jaunes.   Papavéracées.

Pavot ou papaver plante oléagineuse, on en tire de l'huile, opium, laudanum, morphine.   Papavéracées.

Pavot-somnifère plante cultivée, 60-120° fleurs violettes, chaque pied donne 32 à 33.000 graines.   Papavéracées.

Paypayrolées 2° tribu de la famille des **Violacées**, 3 genres, 9 espèces : Amphirrhox, Isodendrion. Paypayrola.

Peau du serpent prunier produisant la prune d'Agen ou prune d'Ente pour pruneaux.   Rosacées.

Pêche de Montreuil provient d'arbrisseau, planté en espalier bien exposé et abrité.   Rosacées.

Pêche de Montreuil par Edme Girardot de Bagnolet en 1656 qui employa la méthode d'Arnault d'Andilly.   Rosacées.

Pêche de vigne provient d'arbres et d'arbrisseaux plein-vent, non-greffé fruit jaune ou rosé.   Rosacées.

Pêcher Brugnonnier arbrisseau fruit à peau lisse, à noyau adhérent, chair ferme.

Pêcher Montreuil arbrisseau, fruit à peau veloutée, à noyau libre, chair fondante.   Rosacées.

Pêcher Nectarine arbrisseau, fruit à peau lisse, à noyau libre, chair fondante.   Rosacées.

Pêcher Pavie arbrisseau, fruit à peau veloutée, à noyau adhérent, chair ferme.   Rosacées

Pectorales (espèces) feuilles sèches de Capillaire, Hysope, lichen-blanc, lierre-terrestre, véronique.

Pectorales (fleurs) Coquelicot, guimauve, mauve, molène, pas-d'âne, pied-de-chat, violette.

Pectoraux (fruits) dattes, figues, jujubes, raisins secs.

Pédaliées 2° tribu de la famille des **Pédalinacées**, 5 genres, 11 espèces.

PÉDALINACÉES 130° famille des Dicotylédones, 4 tribus, 15 genres, 46 espèces (Pedalium : cap de l'île de Chypre).

PÉDALINACÉES, Cornaret, Craniolaria, Harpagophytum, Josephinia, *Martynia. Pédalium, Pretrea*, Pterodiscus, *Sesamum* Uncaria, Vatkea.

Pédane ou onopordon chardon aux ânes, plante 80-160° fleurs roses ou pourpres, 15 espèces.   Composacées.

Pédiculaire des bois plante 20-60°, à petites feuilles, fleurs roses ou jaunes en épi.   Scrofulacées.

Pédiculaire des marais plante 10-30° nuisible, donne le pissement de sang aux animaux.   Scrofulacées.

Pédilanthus plante grasse de serre, tige, 100-120° feuilles ovales, fleurs rouges, forme sabot, 15 esp.   Euphorbiacées.

Pédolobium ou Podolobium arbuste de serre, feuilles blanchâtres verticillées, fleurs jaunes en épi, 26 esp.   Léguminacées.

Pédoncule tige ou queue qui supporte les fleurs ou les fruits, pédoncule ou queue de cerise.

Péganum ou harmala plante vivace, à odeur forte, désagréable, les semences enivrent gaiement, 4 esp.   Rutacées.

Peigne de Vénus cerfeuil à aiguillettes, petites fleurs blanches, fruits très longs, Scandix, 12 espèces.   Ombelliféracées.

Peignerolle Cardon à foulon têtes mâles pour couvertures, têtes femelles pour draps fins, 13 esp.　Dipsacées.

Peki (beurre de) provient du Pekea ou Caryocar ou Rhizobolus, arbre de la Guyane, 11 espèces.　Théacées.

Pélargoniées 2ᵉ tribu de la famille des **Géraniacées**, 2 genres. 215 espèces: Capucine, Pelargonium.

Pélargonium (bec de cigogne) plante à reproduction facile, 10 étamines dont 3 sans anthères, 175 esp.　Géraniacées.

Pélargonium fleurs à 5 pétales 3 grands et 2 plus petits, le géranium à 5 pétales égaux.　Géraniacées.

Pelargonium-Odoratissimum ou **Geranium-rosat**: 1000 kilos de feuilles donnent 600 gr. d'essence.　Géraniacées.

Pélegrine ou alstrœmeria lis des incas, feuilles contournées, fleur blanche tachée, 50 espèces.　Amaryllisacées.

Pélegrine ou capucine plante rampante ou grimpante, la feuille en parasol, 40 espèces, 18 var. cult.　Géraniacées.

Pellicules ou **Pityriasis** simple par le Champignon mycoderme (Malassey en 1874), 7 esp.　Champignonacées.

Pelouse d'agrément se sème en: 1° Ray-grass ; 2° graminées vivaces, 3° d'un peu de pâquerette et trèfle blanc.

Peltandra Virginica plante aquatique d'eau douce. se nomme aussi : Lecontia, Rensseleria, 2 esp.　Aroïdacées.

Peltandrées de la 5ᵉ tribu de la famille des **Aroïdacées** : 1 genre, 2 espèces. Peltandra.

Peltaria-alliacea plante 30-40ᶜ à fleurs blanches dès le printemps et remontantes, 3 espèces.　Cruciféracées.

Peltée (feuille) en parasol comme celle de la capucine, l'hydrocotyle, l'ombilic, etc., etc.

PÉNÉACÉES 155ᵉ famille des Dicotylédones, 4 genres, 20 espèces (Pénée. Peneus, fléaux de Thessalie).

PÉNÉACÉES Brachysiphon, Endonema, Gœissoloma, Penea, Sarcocolla : plantes à feuilles coriaces du Cap de B. E.

Penghawar-Djambi plante des Indes, Cibelium-Barometz, Polypode, poils de l'Agneau de Scythie.　Fougéracées.

Penicillaria-spicata plante du Sénégal, produisant le petit mil, épi forme gros cigare.　Graminacées.

Penicillum Champignon microscopique de la tribu des Mucorinées.　Champignonacées.

Pennée ou **Pinnée** (feuille) comme la plume d'oiseau : acacia ou robinia, Fraxinelle, Phénix, Vesce, etc...

Penn-séquée (feuille) en palmette comme celle du palmier Kentia (prononcer Kincia).　Palmacées.

Pennisetum-longistyllum plante élégante, épis plumeux et laineux retombants.　Graminacées.

Pensée ou viola-tricolor plante d'ornement, basse, en rosette, jolies fleurs, s'hybrides seules.　Violacées.

Pensée sauvage petite plante des champs à fleurs violet et blanc, pour tisane dépurative.　Violacées.

Pensées et violettes sont du même genre : 150 espèces 250 variétés.　Violacées.

Pensez-à-moi myosotis, petite plante des chemins, bois, ruisseaux, et cultivée, fleurs bleues, 40 esp.　Borraginacées.

Pentaclethra plante produisant une graine plate pour la stéarine, 3 espèces.　Léguminacées.

Pentapetes plante 70-120ᶜ feuilles dentées, fleurs écarlates penchées, une espèce.　Sterculiacées.

Pentarhaphia de Cuba, arbuste de serre 30-40ᶜ élégant, fleurs rouge-vermillon, 40 espèces.　Gesnéracées.

Pentecôte Orchis des prés plante 15ᶜ, à fleurs jaunes, lilas, violetées ou rosées.　Orchidacées.

Pentstemon plante vivace 50ᶜ à tige chargée de fleurs tubuleuses et ventrues, 75 espèces.　Scrofulacées.

Pentzia virgata plante de l'Afrique australe se reproduit par graines et rameaux, 11 espèces.　Composacées.

Peperomia ou Acropidium ou Erasmia, ou Micropiper ou Tildenia, 400 espèces.　Pipéracées.

Pépin graine plus ou moins dure contenue dans certains fruits : Pommes, poires, raisins, etc...

Pepinière terrain dans lequel on fait des semis d'arbres, où on élève des jeunes plants (de Pépin).

Peplis-portula petite plante, tige couchée des bords des mares, fleur rose pâle, péplide. 2 espèces.　Lythracées.

Pepo ou **Melopepo** ou **Peponide** ou **Cucurbita** : Courge, Melon, Potiron, etc..., etc...　Cucurbitacées.

Peppermint mentha-piperita, nom anglais de la menthe poivrée, fleurs en grapillon.　Labiacées.

Percefeuille buplèvre, arbuste à feuilles rondes, bec-de-lièvre, fleurs jaunes, 10 espèces.　Ombelliféracées.

Perce muraille pariétaire, casse-pierre, herbe de N. Dame, pousse partout sur les murs, 8 espèces.　Urticacées.

Perce-neige Galanthus, galanthe des neiges, galant d'hiver, 10-20ᶜ, 3 espèces.　Amaryllisacées.

Perce-pierre-maritime crithmum, fenouil marin, feuilles comestibles, une espèce.　Ombelliféracées.

Perce-pierre des champs plante à feuilles velues, petites fleurs verdâtres, alchemille, pied-de-lion.　Rosacées.

Perdrigon blanc, variété de prunes dont on fait les Brignoles, Pistoles et pruneaux fleuris.　Rosacées.

Perebea arbre laiteux de l'Amérique tropicale, fruit charnu, 5 espèces.　Urticacées.

Pereskia arbuste de serre 120ᶜ à Paris, à feuilles charnues, ondulées, fl. rosacées, fr. à écailles, 13 esp.　Cactacées.

Pergola allée ombragée, non en voûte. mais horizontalement, les traverses dépassant les montants.

Perianthe double enveloppes immédiates des organes sexuels de la fleur : Calice et Corolle.

Péricarpe ou **Périsperme** ensemble des enveloppes du fruit et de la graine d'une plante.

Périgone ou Périanthe simple lorsqu'il n'y a pas de calice comme dans presque toutes les monocotylédones.

Périgynes pétales et étamines qui s'insèrent autour de l'ovaire : cerisier, poirier, rosier, Asperge, Jacinthe.

Périlla de Nankin plante feuilles brunes ou violet foncé ou rouge pourpre, Dentidia. une espèce. *Labiacées.*

Periploca plante liane. son lait empoisonnait les flèches, arbre à soie, Campelepis. *Asclépiadacées.*

Periploca plante grimpante 5ᵐ à Paris, fleurs en étoiles, odeur désagréable. 12 espèces. *Asclépiadacées.*

Periplocées 1ᵉ tribu de la famille des **Asclépiadacées**, 32 genres, 88 espèces.

Périsporiées groupe de la famille des **Champignonacées**, 18 espèces.

Pernettya arbuste 120ᶜ petites feuilles aiguës, baies blanches, roses, rouges et noires, 15 espèces. *Ericacées.*

Péronia ou Thalia, plante aquatique 140-180ᶜ grandes feuilles 30-40ᶜ fleurs bleues et pourpres, 6 esp. *Zingibéracées.*

Péronospora-gangliformis cause le menier des laitues. se combat au Borate de soude. *Champignonacées.*

Péronospora-viticola champignon parasite de la vigne, Mildiou, Mildew, 1878 en France. *Champignonacées.*

Péronosporées tribu de la famille des **Champignonacées**, 59 espèces ou variétés.

Pérou (Baume du) provient du Myroxylon-Toluifera donne le baume blanc, brun ou noir, 6 espèces. *Léguminacées.*

Pérowskia arbuste à feuillage blanchâtre, fleurs bleues en épi à l'automne, 5 espèces. *Labiacées.*

Perruque cuscute, plante parasite sans feuille, cheveux du diable, 80 espèces. *Convolvulacées.*

Persea avocatier, arbre à fruit et produisant également une résine élastique. *Lauriacées.*

Perséatées 1ᵉ tribu de la famille des **Lauriacées**, 29 genres, 745 espèces.

Perséquier ou Brugnonnier produit des fruits à peau lisse et noyau adhérent *Rosacées.*

Persica ou pêcher arbrisseau cultivé en espalier à fruit très charnu, noyau sillonné. *Rosacées.*

Persicaire des Oiseaux renouée, plante qui rampe partout, même entre les pavés. *Polygonacées.*

Persicaire polygonum-cuspidatum, arbuste envahissant 2-3ᵐ belles feuilles. *Polygonacées.*

Persicaire polygonum, espèce naine, fleurs blanches très odorantes. *Polygonacées.*

Persicaire poivre d'eau, plante à petites fleurs rouges en grappes, renouée, 10 espèces. *Polygonacées.*

Persicaire des teinturiers 1776 en France, plante produisant un colorant bleu. *Polygonacées.*

Persil-bâtard Peucedanum, Selinum. persil des marais, encens d'eau. *Ombelliféracées.*

Persil de bouc Pimpinella-magna, Boucage, tige à sillons, fleurs blanches ou roses. *Ombelliféracées.*

Persil cultivé Petroselinum-sativum, plante potagère de condiment, fl. jaune-verdâtre, 7 variétés. *Ombelliféracées.*

Persil des marais ache d'eau, 50-60ᶜ, employé comme apéritif diurétique. Sium, 6 espèces. *Ombelliféracées.*

Persil odorant ache des chiens, petite ciguë, faux persil, fl. blanches mauvaise odeur, Aethusa, 1 esp. *Ombelliféracées.*

Persimmon de Virginie Diospyros, grand arbre à petits fruits sur lequel on greffe. *Ebénacées.*

Personnia arbuste très rameux, feuilles d'un beau vert, nombreuses fleurs jaunes, 60 espèces. *Protéacées.*

Personnées ancienne dénomination des scrofulacées (de *persona*: masque).

Persooniées 4ᵉ tribu de la famille des **Protéacées**: 9 genres, 73 espèces.

Pertusaria porina, porophora ; espèce de lichen perforé employé en teinture. *Lichénacées.*

Pervenche-major à feuilles panachées, larges fleurs bleues, graines nues, Vinca, 12 espèces. *Apocynacées.*

Pervenche-minor plante rampante à fleurs violettes : violettes des sorciers, violettes des morts. *Apocynacées.*

Perymenium-discolor arbuste originaire du Mexique et du Pérou, 10 espèces. *Composacées.*

Pesse ou Hippuris petite plante des fossés, marais, petites fleurs à l'aisselle des feuilles, 2 espèces. *Halorgéacées*

Pesse ou Epicea Picea, ou Abies-excelsa, grand arbre à branches horizontales, cônes pendants, 12 esp. *Coniféracées.*

Pétagnia plante curieuse : la fleur est placée sur le côté de l'ovaire, une espèce. *Ombelliféracées.*

Pétales folioles qui composent la fleur ou corolle (Rideaux du lit nuptial de la fleur, Linné 1746).

Pétales l'insertion des pétales est toujours la même que celles des étamines : dessus, autour ou sous l'ovaire.

Pétalostemon plante 50ᶜ, élégante, feuilles composées, fleurs pourpres en épi, 23 espèces. *Léguminacées.*

Pétasite Plante à feuilles radicales 10-12ᶜ. Nardosmia, héliotrope d'hiver, 13 espèces. *Composacées.*

Pet d'âne ou Chardon des ânes, Onoporton, plante 80-160ᶜ à fleurs roses ou purpurines, 15 esp. *Composacées.*

Pet du diable 1° Hurta-Crepitans (Euphorbiacées) ; 2° Morisonia-americana. *Capparisacées.*

Pétiole (petit pied) le support ou queue de la feuille le pétiole ; les feuilles sessiles n'en ont pas.

Petite absinthe Artemisia-pontica, Armoise amère ; Plante 50ᶜ, petites feuilles cotonneuses. *Composacées.*

Petite amourette brise tremblante, langue de femme, Briza-media, remue toujours, 12 espèces. *Graminacées.*

Petite angélique Aegopode, Podagraire; pied-de-chèvre, petite plante pour rocaille, 2 espèces.   Ombelliféracées.
Petite barbe de chèvre Spirée ulmaria, Reine des prés ; feuilles très divisées, fleurs légères.   Rosacées.
Petite bardane Xanthium-Strumarium, lampourde, glouteron ; plante des fossés, 4 esp., 20 variétés.   Composacées.
Petit bleu Alysse, Aubrietie, deltoïde ; plante 10-15° en rosette ; fleurs bleu lilas, 7 espèces.   Cruciféracées.
Petit boucage Carum-saxifraga, plante 20-30° ; odeur forte. donne un bon fourrage, Pimpinella.   Ombelliféracées.
Petite bourrache Omphalodes-verna ou Picotia ; plante en rosette, fleurs bleu raye de blanc, 15 esp.   Borraginacées.
Petite buglosse Lycopsis des champs. 20-40°, face de loup, feuilles velues, fleurs bleues, 4 espèces.   Borraginacées.
Petit buis Busserole, raisin d'ours ; plante couchée à fruit rouge comestible, teinture, 10 espèces.   Ericacées.
Petite centaurée Erythraca ; herbe à la fièvre ; plante 20-60°, en rosette ; fleurs roses ou blanches, 25 esp.   Gentianacées.
Petite centaurée maritime Lisianthus-exaltatus ; petit arbuste ; fleurs orangé, en tube.   Gentianacées.
Petite chélidoine Ficaire, Petite-éclaire, Plante 10-20°, des lieux humides, fleurs jaune-brillant.   Renonculacées.
Petit chêne Teucrium-chamaedrys ; Germandrée, petite plante ; fleurs en grappe.   Labiacées.
Petit chêne (faux) Veronica-teucrium ; petite plante à feuilles opposées, fleurs violettes.   Scrofulacées.
Petite ciguë Ache des chiens. Faux-persil, plante 10-60° ; odeur désagréable, une espèce.   Ombelliféracées.
Petite ciguë Aethusa-cynapium, tige sillonnée de lignes rougeâtres ; fleurs blanches.   Ombelliféracées.
Petite citronnelle Santoline, aurone femelle ; petite plante en bordure, joli feuillage argenté, 8 esp.   Composacées.
Petite consoude Ajuga-reptans Bugle, ivette, petite fleur bleue   Labiacées.
Petit corail Mespilus-pyracantha ; arbre de Moïse ; buisson ardent, Crataegus, 2 variétés.   Rosacées.
Petit cresson aquatique Cardamine-pratensis ; 30-40° ; cresson amer, cresson des prés.   Cruciféracées.
Petit cresson d'Inde Tropaeolum-minus ; Petite capucine teint la laine en jaune solide.   Géraniacées.
Petit cyprès Santolina-chamaecyparissus, plante 20-40°, très belles feuilles argentées, 8 espèces.   Composacées.
Petit cyprès Tithymale, aspect d'un galiet, avec suc laiteux vénéneux fl. vert-jaune.   Euphorbiacées.
Petite digitale graciole-officinale, grâce de dieu, Sené des prés, plante 30-40°.   Scrofulacées.
Petit douve Renonculus flammula. plante aquatique, 20-50° feuilles petites, fleurs jaunes.   Renonculacées.
Petit epeautre variété de froment, peu cultivé, locular, 60-90°, difficile à nettoyer, épi à 2 rangs.   Graminacées.
Petite éclaire ficaire, petite chélidoine, plante 10-20° des lieux humides.   Renonculacées.
Petite ésule Euphorbia-cyparissias, rhubarbe des pauvres, racine purgative, teint en jaune.   Euphorbiacées.
Petite flambe iris-nain, plante 20-25°, feuilles planes, étroites, fleurs violet foncé.   Irisacées.
Petit galanga racine de l'Alpinia. plante de serre 130-160°, feuilles 70°, fleurs blanches en grappe.   Zingibéracées.
Petit galanga Acore odorant, plante aquatique, 100° feuilles glaive uni, fleurs jaunes verdâtres, 2 esp.   Aroïdacées.
Petit houx ruscus-aculeatus, fragon piquant, plante 50-100°. feuilles vert-foncé. 3 espèces.   Liliacées.
Petite jacée pensée sauvage, plante des champs, sables. fleurs jaunes. violettes-blanches.   Violacées.
Petite joubarbe sedum acre. orpin brûlant, pain d'oiseau, petite plante, fleurs jaunes. 3 espèces.   Crassulacées.
Petite mauve à feuilles rondes, 20-70°, plante des chemins. fleurs blanches à veines roses.   Malvacées.
Petit muguet asperula odorata, reine des bois, plante 15 20° à fleurs blanches.   Rubiacées.
Petit muguet maïanthème à deux feuilles en cœur, fleurs blanches. fruit rouge, une esp.   Liliacées.
Petit myrte Airelle. myrtille, arbuste des bois, donne petites baies noires, 110 espèces.   Vacciniacées.
Petit nénuphar Hydrocharis des grenouilles, morène aquatique, fleurs blanches, jaunes à la base, une esp.   Hydrocharisacées.
Petit nerprun rhamnus-infectorius, épine puante, donne les graines d'Avignon.   Rhamnacées.
Petit olivier Cneorum-tricoccum petit arbuste toujours vert, garoupe, 3 coques, 2 espèces.   Simarubacées.
Petite orge Cevadille, queue de souris, voleur, orge des chemins.   Graminacées.
Petite oseille Rumex-acetosella, plantes des bois, chemins, 10-40°, feuilles diverses.   Polygonacées.
Petite oseille Oxalis-acetosella, oseille des brebis. vinette sauvage.   Polygonacées.
Petite pervenche Vinca-minor, violette des sorciers, bergère, provence, violettes des morts.   Apocynacées.
Petit pois chiche garoutte, petite gesse, lathyrus, jarosse, pois aux lièvres.   Léguminacées.
Petite prêle Equisetum-arvensis, asprêle, queue de chat, queue de renard.   Equisétacées.
Petite radiaire Astrance. plante 15-20°, tige grêle, petite fleur blanc-rosé, 6 espèces.   Ombelliféracées.
Petit raisin alyssum maritime à fleurs blanches en boule, thym blanc.   Cruciféracées.
Petit tamarin blanc de la Réunion, Phyllanthus, herbe au chagrin, plante 40-60°.   Euphorbiacées.

Petite véronique petite plante des fossés, prairies, à jolies petites fleurs bleues.   Labiacées.

Petite vrillée petit liseron des champs à tiges couchées ou enroulées sur les plantes.   Convolvulacées.

Petitie plante des Pyrénées orientales, feuilles rudes, fleurs verdâtres, une espèce.   Ombelliféracées.

Pétiveria herbe de Guinée, racine de pipi, petite plante à fleurs blanches, une espèce.   Phytolaccacées.

Petrea-volubilis plante grimpante fleurs pourpres ou bleues en longues grappes, 20 espèces   Verbénacées.

Petrocallis, ou draba plante des montagnes 2-10′, feuilles lobées, fleurs blanches ou jaunes.   Cruciféracées.

Petrophila arbuste 100ᵉ feuilles lance à trois lobes, fleurs jaunes en tête, 37 espèces.   Protéacées.

Petrosélinum plante des champs et-décombres à fleurs blanches, pétales presque ronds.   Ombelliféracées.

Petroselinum Persil cultivé 7 variétés ; le faux persil : petite ciguë à une odeur désagréable.   Ombelliféracées.

Pe-Tsaï chou de Chine, se consomme en salade ou cuit, une espèce.   Cruciféracées.

Petun ou **Petum** ou Catherinaire ou Panacée ou Herbe à la royne : tabac ou Nicotiana, 35 esp., 50 var.   Solanacées.

Petunia plante d'ornement avec fleurs en clochette ou Cornet ou frisée, odorantes. 15 esp. 35 variétés.   Solanacées.

Petunia Nicotiana-nyctaginiflora, se greffe sur pied de tabac glauque, fleurs blanches.   Solanacées.

Peucedan ou **peucedanum** plante 80-120′ feuilles divisées fleurs ombelle 10-20 rayons.   Ombelliféracées.

Peucédanées 7ᵉ tribu de la famille des **Ombelliféracées**, 13 genres, 334 espèces.

Peumus fragrans arbuste 60ᵉ feuilles opposées, fruit multiple 1-5 drupes aromatiques, une esp.   Monimiacées.

Peuplier blanc de Hollande 2ᵉ peuplier noir, Suisse 3ᵉ peuplier pyramidal d'Italie. Tremble.   Salicacées.

Peuplier ou **populus** arbre élevé, pousse facilement, fleurs en châton, 18 espèces   Salicacées.

Peuplier pyramidal Populus fastigiata ou Peuplier d'Italie n'a qu'un seul sexe : mâle (G. de Saint Pierre).   Salicacées.

Pezize champignon en coupe : Aleuria, Bulgeria, Olidea, Scypharia, 1430ᵉ esp. ou variétés.   Champignonacées.

Phaca ou **Astragalus** plante des Alpes 10-50′ à feuilles composées 9 à 31 folioles fl, jaunes ou blanches.   Ombelliféracées.

Phacelia tanacetifolia plante dont les feuilles sont recherchées des abeilles.   Hydrophyllacées.

Phaceliées 2ᵉ tribu de la famille des **Hydrophyllacées** ; 10 genres, 68 espèces.

Phaenocoma plante 50-80′ feuille arrondies, fleurs blanches et pourpres, une espèce.   Composacées.

Phagnalon plante des rochers à feuilles blanches en dessous, fleurs jaunes, 16 espèces.   Composacées.

Phalangium ou **anthericum** plante de serre, ses rejetons en suspension font la toile d'araignée.   Liliacées.

Phalangium esculentium Camassie comestible, plante bulbeuse, fleurs bleu cendré, 2 espèces.   Liliacées.

Phalaridées 7ᵉ tribu de la famille des **Graminacées** ; 6 genres, 60 espèces.

Phalaris ou **alpiste** bon fourrage en vert, les oiseaux sont friands de la graine, 10 espèces.   Graminacées.

Phalaris arundinacea chiendent à belles feuilles, ruban panaché pour garniture de gerbes.   Graminacées.

Phalaris roseau plante des terrains humides, tourbeux assainit les étangs.   Graminacées.

Phalériées 2ᵉ tribu de la famille des **Thymélacées** ; 4 genres, 17 espèces : Leucosmia, Peddiea, Phaaria, Pseudais.

Phalaenopsis plante aspect du bégonia simple venant d'Asie, 15 espèces   Orchidacées.

Phallus impudicus on morille fétide avec double chapeau qui se crève avec bruit.   Champignonacées.

Phanerogames plantes qui portent des fleurs et qui se reproduisent par les graines : opposées cryptogames.

Phanérogames angiospermes pl. à graines enveloppées : Monocotylédones et Dicotylédones sauf 3 familles.

Phanérogames gymnospermes plantes avec graines non enveloppées : les cycadacées, Coniféracées et Gnétacées.

Phaque ou **Phaca** plante des Alpes à gousses presque renflées, Astragale donne une gomme.   Léguminacées.

Pharbitis Ipomée, plante grimpante, liseron pourpre, belle-de-jour, fleurs bleues ou roses.   Convolvulacées.

Phascatées 3ᵉ tribu de la famille des **Moussacées**, Phasque petite mousse des gazons.

Phaséolées 8ᵉ tribu de la famille des **Léguminacées** ; 47 genres, 886 espèces.

Phaseolus caracalla plante grimpante à grandes fleurs blanches en tire-bouchon odorantes.   Léguminacées.

Phaseolus ou **Haricot** plante alimentaire : 1° naine, 2 grimpante, 60 espèces, 197 variétés cultivées.   Léguminacées.

Phasmodiophore champignon qui cause la hernie du chou ou gros pied.   Champignonacées.

Phélipée plante des champs 10-30′, tige rameuse, parasite sur le chanvre, le tabac etc., 2 espèces.   Orobanchacées.

Phellandre ciguë d'eau, fenouil d'eau, le fruit réduit en poudre est narcotique, 20 esp.   Ombelliféracées.

Phellodendron de l'amour arbre à feuilles opposées, pennées, fruit à cinq noyaux, 3 esp.   Rutacées.

Phenix ou **Phœnix** arbuste, arbrisseau ou arbre à feuilles pennées, l'arête de la fe. en dessus, 12 esp.   Palmacées.

Phenix ou Phœnix-dactylifera, arbre sans branches produisant les dattes, on dit Dattier.   Palmacées.

Phenope plante des vieux murs 40-80ᶜ feuilles étroites, fleurs jaunes en aigrette.   Composacées.

Phéophycées 3ᵉ ordre de la famille des **Alguacées** (algues brunes).

Phéosporées groupe de la famille des **Alguacées** ; 22 genres.

Philadelphus seringat, arbuste à fleurs blanches, odeur agréable (de Ptolemée, Philadelphe).   Saxifragacées.

Philadelphus arbuste de clôture et d'ornement, blancs et panachés, 12 espèces.   Saxifragacées.

Philibertia pl. vivace, grimpante, nombreuses fl. évasées jaunes, tigrées de pourpre, 35 espèces.   Asclépiadacées.

Phillyrea ou filaria, arbuste et arbrisseau de clôture et buisson, fleurs en grappes blanches, 4 esp.   Oléacées.

Philodendrées de la 5ᵉ tribu de la famille des **Aroïdacées** ; 19 genres, 182 espèces.

Philodendron pl. grimpante 200-250ᶜ à fe. 70ᶜ, découpées, ou à trous, pseudo-racines aériennes, 100 esp.   Aroïdacées.

PHILYDRACÉES 15ᵉ famille des Monocotylédones, 3 genres, 3 espèces (ami de l'eau).

PHILYDRACÉES Helmholtzia, Philydrum ou Garciana, Pritzelia.

Phleum ou fl. ole plante des prairies, petit épi cylindrique, très bon fourrage, 10 esp.   Graminacées.

Phlomide ou phlomis plante 50-80ᶜ feuilles veloutées, fleurs jaunes ou rouges en épi, 45 esp.   Labiacées.

Phlox plante vigoureuse jusque 130ᶜ velues, fleurs en étoile, 5 pétales, 30 esp.   Polémoniacées.

Phlox plante pour bordures, suspensions, massifs 110 variétés cultivées   Polémoniacées.

Phlox de Drummond phlox vivace en bordure, coloris variés, 19 variétés.   Polémoniacées.

Phœnicées 2ᵉ tribu de la famille des **Palmacées** ; 1 genre, 12 espèces

Phœnicopiorium Nouvelle espèce de palmier à Paris, venant des îles Seychelles, une espèce.   Palmacées.

Phœnix Dactylifera (fruit forme du doigt) palmier dattier, Elate par Linné, 12 espèces.   Palmacées.

Pholidocarpus palmier ; produit un fruit comme une grosse pomme, 5 espèces.   Palmacées.

Phoma-vitis Anthraenose ou charbon de la vigne ; se combat au sulfure de fer.   Champignonacées.

Phormium-tenax Plante textile et d'ornement, en France, par Labillardière, 1772, fleur verte, 2 esp.   Liliacées.

Photinia 1804 en France. Arbre et arbrisseau (à Nice) toujours vert, f. formes comme laurier fl. bl.   Rosacées.

Photinia-glabra Crataegus, arbuste (à Paris) toujours vert, petites baies rouges.   Rosacées.

Phragmites ou arundo Roseau des étangs, roseau à balais, tiges à nœuds, 80-200ᶜ, fl. violacées, 3 esp.   Graminacées.

Phrymées 1ᵉ tribu de la famille des Verbenacées 1 genre, 1 espèce : Phryma ou Leptostachya.

Phrynium Plante rampante à fruits aromatiques, donne le Dadi-goyo, 20 espèces.   Zingibéracées.

Phucagrostis Plante maritime rougeâtre, petites feuilles dentées, petits fruits en août, 3 espèces.   Najacacées.

Phuopsis stylosa Plante vivace, feuilles en verticille, fleurs roses avec tube, une esp.   Rubiacées.

Phygelius Plante 50ᶜ, feuilles vert foncé, fleurs rouge-corail et jaune soufre en tube, 2 espèces.   Scrofulacées.

Phygelius du Cap Plante 50ᶜ, avec nombreuses fleurs en tube rouge-corail   Scrofulacées.

Phylica Arbuste toujours vert, feuilles linéaires, fleurs blanches ou jaunes odorantes, 65 espèces.   Rhamnacées.

Phyllantées 4ᵉ tribu de la famille des Euphorbiacées : 54 genres, 830 espèces

Phyllanthus herbe au chagrin, plante 30 60ᶜ, petit tamarin blanc.   Euphorbiacées.

Phyllarthron de Madagascar Arbuste à feuilles linéaires, fruit comestible, 5 espèces.   Bignoniacées.

Phyllocactus Plante à feuilles épaisses charnues ; fleurs d'un beau rouge, 13 espèces.   Cactacées.

Phyllocladus Arbre à branches verticillées, feuilles aspect fougère, 3 espèces.   Coniféracées.

Phylloglossum plante aquatique feuille en forme de petite langue, une espèce   Lycopodiacées.

Phyllostachys-initis Bambou lisse de Chine ; à Nice arrive à 10-12ᵐ, 5 espèces.   Graminacées.

Phyllostegia Venant des îles Sandvic, où il y a 14 espèces de la tribu des Prasiées.   Labiacées.

Phyllotaenium Plante à belles feuilles panachées, forme lance, Xanthosoma, 20 espèces.   Aroïdacées.

Phylloxera Se combat avec le fraisier et le Rhus-coriaria plantés entre les pieds de vigne.

Phylloxera-vastatrix Puceron qui attaque le chevelu des racines de la vigne, ne vit pas sous l'eau.

Physalis ou alkekenge Coqueret, Potocam, Amour en cage, fruit enveloppé d'une vessie (calice) 30 esp.   Solanacées.

Physianthus Plante grimpante à suc laiteux ; petites fleurs blanches odorantes, Araujia, 14 espèces.   Asclépiadacées.

Physocalymna floribonda arbre du Brésil à odeur de rose, une espèce.   Lythracées.

Physosperme Plante de montagne en rosette, fleurs blanches, fruits à 5 côtes très fines, 5 esp.   Ombelliféracées.

Physostegia plante 70ᶜ-120ᶜ, feuilles dentées, fl. en grappes blanches ou rosées 3 espèces.   Labiacées.

Physostigma-venenosum Plante aspect du haricot à grandes f. produit la fève de Malabar, une esp.   Léguminacées.

Phytéléphantinées 7ᵉ tribu de la famille des **Palmacées** ; 2 genres, 4 espèces : Phytelephas, Nipa.

Phytelephas donne un fruit très dur dénommé « ivoire végétal » corozo, 3 espèces.   Palmacées.

Phyteuma Plante 20ᶜ vivace, Raiponce, petite fleur violette, racines comestibles, 50 esp.   Campanulacées.

Phythophthora Champignon qui cause la maladie de la parmentière, une espèce.   Champignonacées.

Phythophthora-infestans se combat avec la chaux et le sulfate de cuivre, 1844.   Champignonacées.

Phytocrénées 4ᵉ tribu de la famille des **Olacacées**, 11 genres, 35 espèces.

Phytogène qui est produit par des végétaux ; comme la houille, la tourbe.

Phytographie partie de la botanique qui s'occupe de la description des plantes.

Phytolacca-decandra Plante 2 à 3ᵐ avec baies noires en grappe comme raisins.   Phytolaccacées.

Phytolacca-dioïca belombra, 1768, arbre à grandes feuilles (Nice) bois spongieux, 10 espèces.   Phytolaccacees.

PHYTOLACCACÉES 141ᵉ famille des Dicotylédones ; 3 tribus, 21 genres, 55 espèces (végétal, laque).

PHYTOLACCACÉES Anisomeria, Bridgesia, Codonocarpus, Cyclotheca, Didymotheca, Ercilla, *Gyrostemon*, Ledenbergia
    Microtea, Petiveria, *Phytolacca, Rivina*, Seguieria, Stegnosperma, Trichostigma, ou Villamilla.

Phytologie Etude des plantes ; traité sur les plantes ; synonyme de botanique.

Phytonomie Partie de la botanique qui étudie les lois de la végétation.

Piassava se fabrique avec les nervures des folioles du Raphia, 5 espèces.   Palmacées.

Piassava on Piassaba Pour balais. fibres de l'Attalea-funifera du Brésil.   Palmacées.

Picea ou Pesse La résine sort du bois et de l'écorce, c'est un pin, on dit un faux sapin.   Coniféracées.

Picea excelsa Arbre des forêts, 1548 de Norwège. cône compacte, Epicea feuille à 2 aiguilles.   Coniféracées.

Pichepin ou Pitchepin Pin des Etats-Unis, Australie, Tœda, Mitis ou pin jaune.   Coniféracées.

Pichi ou Fabiana Arbuste ou arbrisseau, aspect de bruyère, fleurs jaunes en tubes, 11 espèces.   Solanacées.

Pickles Conserves au vinaigre de choux-fleurs, cornichons, oignons, piments. poivre et girofle.

Picnomon-acarna Plante des lieux arides, 20-40ᶜ, feuilles blanches, fleurs pourpres.   Composacées.

Picquetiane ou Psoralea Arbrisseau 2ᵐ30 à 2ᵐ50 à racines alimentaires, fe. composées, 105 espèces.   Léguminacées.

Picraena-excelsa Quassia jaune de la Jamaïque, bois amer, donne Bittera-febrifuga, 3 esp.   Simarubacées.

Picramniées 2ᵉ tribu de la famille des **Simarubacées** ; 12 genres, 38 espèces.

Picridium Plante du bord des champs, à fleurs jaunes, sonchus, laiteron 6 esp. 10 variétés.   Composacées.

Picris Plante rude velue, 40-90ᶜ, feuilles ondulées à la base, fleurs jaunes, 25 esp.   Composacées.

Picurnia ou Phytolacca dioica Arbre donnant beaucoup d'ombrage, bois très léger.   Phytolaccacées.

Pied d'alouette Delphinium, plante annuelle, 40 variétés cultivées, la graine enivre le poisson.   Renonculacées.

Pied d'alouette Plante 100-160ᶜ, feuilles très divisées, souvent fleurs bleues en épi de 60ᶜ.   Renonculacées.

Pied de baudet Tussilage, Pas d'âne, Pied de poulain, plante des fossés, talus, décombres une esp.   Composacées.

Pied de bouc Boucage, plante des bois humides, 20-100ᶜ, fleurs blanches ou roses.   Ombelliféracées.

Pied de chat Gnaphalium-dioïcum, immortelle, plante des prés secs, 10-30ᶜ fleurs roses.   Composacées.

Pied de chèvre Aegopode, podagraire, petite angélique, herbe aux goutteux, 2 espèces.   Ombelliféracées.

Pied de coq Panis, plante fourragère appelée aussi : crète ou ergot de coq, millard, 250 esp.   Graminacées.

Pied de griffon Helleborus-fœtidus, plante des bois 30-60ᶜ, feuilles en forme de griffes.   Renonculacées.

Pied de lièvre Trèfle des champs, plante des moissons, 20-40ᶜ, fleur capitule velue.   Léguminacées.

Pied de lion Leontopodium des Alpes, plante 10-15ᶜ, feuilles lance, fl. veloutées blanchâtres, 5 espèces.   Composacées.

Pied de lion Alchimille, plante des bois 10-30ᶜ à feuilles arrondies, dentées 40 espèces.   Rosacées.

Pied de loup Plante du bord des eaux 40-80ᶜ, Lycope, feuilles dentées, fleurs blanches, 2 espèces.   Labiacées.

Pied de mouche folle avoine qui pousse seule et envahit les récoltes.   Graminacées.

Pied d'oiseau Ornithope, plante des chemins, pelouses, 5 à 30ᶜ, feuilles composées, fl. jaunes, 7 esp.   Léguminacées.

Pied de poule Cynodon-dactylon, gros chiendent, plante vivace, racines traçantes, 4 espèces.   Graminacées.

Pied de poule à l'île Bourbon Toddalia-asiatica, plante grimpante, 8 espèces.   Rutacées.

Pied de poule Lotus-lotier, plante des prairies, 20-60ᶜ, fleurs jaune brillant.   Léguminacées.

Pied de veau Arum-gouet, plante à feuilles engainantes, fruits rouges charnus, 20 esp.   Aroïdacées.

Pigamon Plante 120-200ᶜ, feuilles bleues ; fleurs blanches, lilas, jaunes ; Thalictrum, fausse rhubarbe.   Renonculacées.

Pignerolle Centaurée-chausse-trappe, chardon étoile, pique-queue, fleurs jaunes.   Composacées.

Pignon (pin) Pinus-pinea, en forme de parasol; fruits comestibles.   Coniféracées.
Pignons doux Amandes, provenant des Cônes du Pin-pignon, pour confiseurs et pâtissiers.   Coniféracées.
Pignons d'Inde (petits) du Tiglium-officinal, petit arbre d'Asie, donne graines de Croton.   Euphorbiacées.
Pignons d'Inde (huile de gros) provient des graines du Jatropha-Curcas, Pulgherier.   Euphorbiacées.
Pilea-callitrichoïdes Plante à feu d'artifice lorsque les étamines s'ouvrent à l'humidité.   Urticacées.
Pilocarpus-racemosus Arbrisseau très riche en Pilocarpine au Brésil, 12 espèces.   Rutacées.
Pilocereus Cierge chevelu, plante sans feuille, les poils sont argentés.   Cactacées.
Pilogyne-suavia Plante grimpante; végétation rapide; feuillage vert foncé.   Cucurbitacées.
Piloselle Hiéracium épervière, plante des chemins, prés 10-20′, feuilles velues.   Composacées.
Pilularia Plante des fossés, marais, à tiges rampantes, sans feuilles ni fleurs, 7 espèces.   Lycopodiacées.
Pimelea Arbuste à feuilles étroites, à grosses fleurs blanches ou roses, aspect euphorbe, 76 espèces.   Thymélacées.
Piment ou capsicum Plante condimentaire; 1′ long; 2° carré; 3′ cayenne; 4° doux, 20 esp. 50 variétés.   Solanacées.
Piment des ruches Mélisse officinale, poncirade, herbe du citron pl. 40-60′, fl blanches, 4 espèces.   Labiacées.
Piment de la Jamaïque et de Tabago, fruit desséché avant maturité du Myrtus pimenta, 5 espèces.   Myrtacées.
Piment royal ou de Marais Myrica-gale arbuste 90° odeur aromatique, bois sent bon   Myricacées.
Pimiente Cornouiller sanguin pour manches de parapluies et cannes, 25 espèces.   Cornacées.
Pimiente Bois des Indes très recherché pour les manches de parapluies de luxe (bois rose).   Cornacées.
Pimouche Ivraie, Lolium temulentum, plante 50-90′, feuilles plates, épillets longs.   Graminacées.
Pimpinella Anis vert, 1557 en Europe, plante cultivée pour ses fruits aromatiques.   Ombelliféracées.
Pimpinella Boucage, persil de bouc, plante des bois; 30-100′, fleurs blanches.   Ombelliféracées.
Pimprenelle Plante assaisonnante pour la salade, donne bon goût au fourrage, 20 esp.   Rosacées.
Pimprenelle Poterium-sanguisorba pl. 10-20′ des prairies et cultivées, feuilles dentées, rondes.   Rosacées.
Pimprenelle-aquatique Samolus ou mouron d'eau : plante des marais 20-40° fl. blanches, 8 esp.   Primulacées.
Pin ou pinus Les feuilles du pin sont plusieurs dans une gaine, soit · 2-3-5 ensemble.   Coniféracées.
Pin La résine sort du bois et de l'écorce, 70 espèces, 53 variétés cultivées en France.   Coniféracées.
Pin cembra 1746, arbre des régions élevées, 5 aiguilles dans la gaine, Arole, Auvier, Heoux.   Coniféracées.
Pin des Landes donne résine vierge; on en tire l'essence de térébenthine, le résidu est la colophane.   Coniféracées.
Pin des Landes par l'Ingénieur Brémontier, en 1786, pour fixer le sable des Dunes.   Coniféracées.
Pin maritime fournit essence de térébenthine, Galipot, goudron, poix noire et poix résine.   Coniféracées.
Pin pignon Pinus-pinea, en forme d'ombrelle, son cône contient des amandes comestibles.   Coniféracées.
Pin sylvestre Pinus-sylvestris, écorce crevassée, écailleuse, Pin rouge de Haguenau, d'Écosse.   Coniféracées.
Pina Filasse blanc argenté retirée des feuilles d'ananas, batiste d'ananas à Marseille, 6 esp.   Broméliacées.
Pinanga Palmier élégant à feuilles palmettes ou penniséquées comme Kentia, 40 espèces.   Palmacées.
Pinardia-coronaria Variété de Chrysanthème sur vieux murs à fleurs jaunes.   Composacées.
Pincenéctétia Plante à tige cylindrique élevée, feuilles en touffes serrées retombantes, 10 espèces.   Liliacées.
Pinckneya Faux quinquina, arbuste à grandes feuilles aiguës, fl. blanches rayées de pourpre, une esp.   Rubiacées.
Pineau ou Pinot Variété de raisin, surtout cultivée en Bourgogne.   Vitisacées.
Piney ou Canara (Suif de) provenant du Vateria-indica, des îles Seychelles.   Diptérocarpacées.
Pinguicula Grassette, petite plante, feuilles en rosette, fl. bleu violacé ou blanc taché, 30 espèces.   Lentibulariacées.
Pinnatiséqués ou Pinnatiparties, feuilles pinnées dont chaque moitié est découpée en lobes jusqu'à ou près la nervure.
Pintade ou Fritillaire ou Damier; plante à tige cylindrique 25-40°, 40 espèces 50 variétés.   Liliacées.
PIPÉRACÉES 148° famille des Dicotylédones : 2 tribus, 11 genres, 1025 espèces (du latin piper : poivre).
PIPÉRACÉES Anemia, Arthanthe, Calliandra, Chavica, Cubeba, Enckea, Gymnotheca, Heckeria, Houttuynia, Lactoris,
    Macropiper, Nematanthera, Ottonia, Peltobryon, Péperomia, *Piper-poivre*, Potomorphe, Rhyncholepis, *Saururus*,
    Steffensia, Symbryon, Verhuellia, Zippelia.
Pipérées 2° tribu de la famille des Pipéracées, 7 genres, 23 espèces.
Pipi racine de Petiveria à odeur d'ail très forte, petite plante à fleurs blanches, une espèce.   * Phytolaccacées.
Piptadéniées 20° tribu de la famille des Léguminacées : 3 genres, 23 espèces : Entada, Piptadenia, Plathymenia.
Pipturus Velutipus, plante textile, son fil ne pourrit pas dans l'eau, 9 espèces.   Urticacées.

Pique-queue Centaurée, Chausse-trappe, Pignerolle, Chardon étoilé, fleurs jaunes.   Composacées.

Piquette Boisson économique, avec marc de raisin ou fruits secs: figues, poires, pommes, raisins de Corinthe, etc...

Piqûres d'ortie frotter les mains avec de la terre, ou mieux, appliquer de l'alcool camphré.

Piratinera Brosimum, bois de lettres moucheté, bois de la Guyane, Galactodendron.   Urticacées.

Piratinera Nommé aussi bois de chat, couleuvre, lézard, muscade, serpent, tigre, 10 espèces.   Urticacées.

Piriforme (de Pirum, poire) qui a la forme d'une poire.

Pirus ou Poirier Arbre fruitier, 564 variétés cultivées en France dont 26 pour le cidre.   Rosacées.

Pisaille Pisum-arvense, plante fourragère, la graine pour les volailles, pois de brebis.   Léguminacées.

Piscidia Plante dont les rameaux et les feuilles écrasés, énivrent les poissons.   Léguminacées.

Piscidia ou erythrina plante de la Jamaïque on emploie l'écorce de la racine, une espèce.   Léguminacées.

Pisoniées 2ᵉ tribu de la famille des **Nyctaginacées**, 6 genres, 95 espèces

Pisse-sang Fumeterre, Fiel de terre, petite plante des champs, fleurs rosées, 10 esp., 50 var.   Fumariacées.

Pissenlit Taraxacum, plante potagère en rosette, fleurs jaunes, graine en boule, 10 esp. 40 var.   Composacées.

Pistache Fruit du pistachier, petite noix obtenue en Perse, Provence, Sicile, Syrie, 8 espèces.   Anacardiacées.

Pistache de terre Arachide, pl. oléagineuse, cacahuète en Espagnol, grande culture au Sénégal, 7 esp.   Léguminacées.

Pistachier Pistacia, Betoum d'Algérie ; se greffe sur lentisque, arbre à fruits, 3ᵐ50 à Paris, 8 espèces.   Anacardiacées.

Pistachier (faux) Staphylier, arbuste à grandes fleurs blanches en panicule, 4 espèces.   Staphyléacées.

Pistia-Stratiotes plante aquatique flottante très employée en Egypte, 1 espèce (à tort Pistia).   Hydrocharisacées.

Pistil Organe femelle des végétaux ; se compose d'un ovaire du style et des stigmates.

Pistillée (fleur) fleur femelle chez les Unisexuelles ou Déclines ; opposée fleur staminée : fleur mâle.

Pistioidées 8ᵉ tribu de la famille des **Aroïdacées** ; 1 espèce : Pistia ou Apiospermum ou Limnonesis.

Pistorinia Plante couverte tout l'été de fleurs étoilées, variées de couleurs, Cotyledon.   Crassulacées.

Pisum Pois, légume alimentaire, 130 variétés cultivées, 1ᵉ mangetout, 2 nain, 3º à rame.   Léguminacées.

Pisum biflorum, plante rameuse, jusqu'à 2ᵐ, à grandes fleurs, esse.   Léguminacées.

Pitcairnia-purpurea belle plante de serre, 70ᶜ, très décorative, à fleurs rouge vif en grappes.   Broméliacées.

Pitcairniées 2ᵉ tribu de la famille des **Broméliacées**, 6 genres, 90 espèces : Brocchinia, Dychia, Encholirion, Hechtia, Pitcairnia, Puya.

Pitchpin (pin à résine) Pinus australis et Taeda des Etats-Unis, 3 aiguilles dans la gaine.   Coniféracées.

Pitchpin provient de pin et sapin à bois jaune (Yellow-pine) des Etats-Unis.   Coniféracées.

Pitchpin du Pinus rigida, bois dur, lourd, mais trop résineux pour meubles.   Coniféracées.

Pithecoctenium Bignonia chéréré, plante à grandes feuilles, fleurs pourpres au long tube (Kéréré).   Bignoniacées.

Pithecolobium-gummiferum ou bois d'Angico, d'Angika, s'emploie comme l'acajou.   Léguminacées.

Pithecolobium-guadalupensis Arbrisseau épineux à fleurs blanc-jaunâtre.   Léguminacées.

Pitone ou Pittonia faux héliotrope, plante 20-40ᶜ, très fournie, fleurs bleues inodores, Sonnea, 2 esp.   Borraginacées.

Pitte ou Agavé grosse plante jusqu'à 3ᵐ dont on tire le fil d'Aloës ou de Pitte (Algérie).   Amaryllisacées.

PITTOSPORACÉES 19ᵉ famille des Dicotylédones : 10 genres, 90 espèces (poix, graine).

PITTOSPORACÉES Billardiera, Bursaria, Chalepoa, Cheiranthera, Citriobatus, Hymenosporum, Labillardiera, Marianthus, Oncosporum, Pittosporum, Pronaya, Quinsonia, Senacia, Sollya, Spiranthera.

Pittosporum 1789 Arbre et arbrisseau toujours vert, fleurs blanches odorantes, baies orange, 55 esp.   Pittosporacées.

Pituri (feuilles de) du Duboisia-hopwoodii de l'Australie, succédané de l'atropine, 1 espèce.   Solanacées.

Pivoine en arbre Moutan, vient du Japon 100-150, magnifiques coloris variés, 1797 à Paris : Péone.   Renonculacées.

Pivoine ou Paeonia Plante vivace 30-70ᶜ à grandes fleurs. 7 espèces, 115 variétés cultivées.   Renonculacées.

Pivotante (racine) betterave, carotte, chicorée sauvage, luzerne, ont une racine qui plonge verticalement.

Pivotante (racine) Les plantes bisannuelles ont cette racine et ne donnent des graines que la 2ᵉ année.

Pixidium ou Pyxidium ou amarante mélancolique, plante 80-90ᶜ, fleurs rouge rosé vif.   Amarantacées.

Placenta Organe sexuel femelle de la fleur : tissu de l'ovaire où sont insérés les ovules.

Plagiospermées 1ᵉ série de la famille des Cucurbitacées : 61 genres, 407 espèces.

Plagius à grandes fleurs, 1786, plante 100ᶜ, vivace, feuilles en touffes, fleurs jaune-d'or.   Composacées.

Plançon ou plantard bouture d'osier, peuplier, saule, etc., dont on a retranché les rameaux et le sommet.

Planera Orme à feuilles serrées de l'Amérique du Nord, ou Sibérie ou Japon, 1 espèce.   Urticacées.

PLANTAGINACÉES 136 famille des Dicotylédones, 3 genres, 203 espèces : Bougueria, Littorelle, Plantain (par Pline).

Plantain ou plantago Pl. vivace, des chemins, fossés jusqu'à 50ᶜ, fl. en épi long (psyllium), 200 esp.   Plantaginacées.

Plantain d'eau fluteau alisma, pl aquatique, 60ᶜ, fl. blanches en verticille sur tige de 120ᶜ, 10 esp.   Alismacées.

Plantain (faux) Armeria-plantaginea, plante 10-50ᶜ, feuilles étroites, 3-7 nervures, 7 esp. 50 var.   Plombaginacées.

Plantard saule avec sommet coupé des terrains humides, bords des ruisseaux, rivières.   Salicacées.

Plantation de pins dans les dunes, par Brémontier, en 1786, pour fixer le sable.   Coniféracées.

Plante herbacée à tige annuelle, ne donne pas de bois, tige molle et compressible.

Plante ligneuse Lorsque la tige a l'apparence du bois, souvent vivace comme les arbustes.

Plante aux œufs Morelle-aubergine, aspect d'un œuf. non comestible.   Solanacées.

Plantes carnivores Aldrovendia, Dionaea, Drosera, Grassette, Nepenthes, Sarracenia, Utricularia. etc.

Plantes dangereuses pour les animaux : Bryone, Colchique, Euphorbe, l'If, les Renonculacées, les Solanacées, etc.

Plantule c'est l'embryon végétal, lorsqu'il se développe par la germination.

Plaqueminier Arbre fruitier, produit un fruit vert, rond, à pépins, on y greffe le Diospyros.   Ebénacées.

Plasmodïophora Champignon qui produit la Hernie du chou ou gros pied, Chytridium, 33 espèces.   Champignonacées.

PLATANACÉES 163ᵉ famille des Dicotylédones, 1 seul genre : Platane ; 6 espèces (Platanus bourg de Phenicie).

Platane ou platanus Arbre d'avenue à croissance rapide, la fl. mâle est sans poil, 1751 en France, 6 esp.   Platanacées.

Plateau Plante aquatique, feuilles ovales en cœur, fleur jaune foncé, nénuphar, Aillout d'eau.   Nymphéacées.

Platycarya ou Fortunea, arbre aspect du Sumac, feuilles composées, fleurs en chaton, 1 esp.   Juglandacées.

Platycerium Platycère, fougère maintenue par une feuille à la base comme un corset.   Fougéracées.

Platycerium grosse plante jusqu'à 80ᶜ avec feuilles bilobées, trilobées ou quatrilobées.   Fougéracées.

Platychilum arbuste à feuilles persistantes 130-160ᶜ, fleurs d'un beau bleu en grappes, 1 esp.   Léguminacées.

Platycodon Plante vivace, feuilles ovales, tige 65ᶜ, une fleur beau bleu, 1 espèce.   Campanulacées.

Platylobium Arbuste de serre, 70-80ᶜ, f. persistantes en cœur, fl. jaunes avec taches, 3 espèces.   Léguminacées.

Platylobium-Scolopendrium plante à feuilles longues, fleurs entraînées sur les feuilles.   Léguminacées.

Plectocephalus ou centaurée d'Amérique, plante 90-120ᶜ, feuilles alternes aiguës, fl. en capitule 8-9ᶜ.   Composacées.

Plectranthus-crassifolius Plante à parfum, Ocimum-zatarrhendi à feuilles épaisses.   Labiacées.

Plectranthus-fruticosus Arbuste de serre 70ᶜ à belles feuilles, fl. bleu clair en grappes, germaine.   Labiacées.

Plein-vent Arbre qui pousse librement ; le contraire est l'arbre en espalier, palissé, quenouille.

Plérandiées 5ᵉ série de la famille des Araliacées ; 4 genres, 8 espèces : Plerandra, Tétraplasandra, Triplasandra, Tupidanthus.

Pleroma ou Tibouchina Pl. de serre vigoureuse, fe. opposées, fl. violettes ou pourpres, 174 esp.   Mélastomacées.

Pleurosperme Plante des vallées des Alpes, à feuilles sur tige, fruit à 5 côtes creuses, 18 espèces.   Ombelliféracées.

Plombagées 2ᵉ tribu de la famille des Plombaginacées : 3 genres, 17 espèces : Ceratostigma, Plombago, Vogelia.

PLOMBAGINACÉES 107ᵉ famille des Dicotylédones : 2 tribus, 8 genres, 235 espèces (fleur couleur de plomb).

PLOMBAGINACÉES Acantholimon, Aegialitis. Armeria, Ceratostigma, Dentelaire ou *Plombago*, gazon d'Olympe, Goniolimon, Limoniastrum, Limonium ou *Staticé*, Schizopetalum, Siphonantha, Vogelia.

Plombago ou Plumbago Plante grimpante à longues tiges, fleurs bleues en tube, dentelaire, 12 esp.   Plombaginacées.

Plombago-staticé Plante à feuilles radicales fleurs mauves, bleues, légères, se conservent séchées.   Plombaginacées.

Pluie d'or Cytisus-laburnum, variété de Cytise à belles grappes jaune d'or.   Léguminacées.

Plumeria-alba. Frangipanier blanc, bois de lait, arbre à parfum, 3-6ᵐ, feuilles ovales.   Apocynacées.

Plumériées 2ᵉ tribu de la famille des Apocynacées ; 41 genres, 490 espèces ou variétés.

Poa ou Paturin Plante des prairies, 30-80ᶜ, fleurs en épillets, bon fourrage, 100 espèces 200 variétés.   Graminacées.

Podachœnium-emineus Plante 3ᵐ, à grandes feuilles opposées 35ᶜ comme Paulownia, une espèce.   Composacées.

Podagraire Plante vivace traçante, pour rocaille, bordure, Aegopodium, 2 espèces.   Ombelliféracées.

Podalyre de la Caroline Plante 60-80ᶜ à fleurs soyeuses jaunes, ou blanches, ou bleues, 17 espèces.   Léguminacées.

Podalyriées 1ʳ tribu de la famille des Léguminacées : 26 genres, 432 espèces.

Podocarpées 3ᵉ tribu famille des coniféracées, 4 genres, 54 espèces : Dacridium, Podocarpus, Microcachrys, Saxagothaea.

Podocarpus de Chine Arbuste d'un beau vert, feuilles tout autour de la branche, 40 esp. 60 var.   Coniféracées.

Podochilus ou Platysma ou placostigma, orchidée des Indes orientales, 12 esp.   Orchidacées.

Podolepis Plante 65ᶜ, tige rameuse, feuilles alternes, fleurs du rose au blanc, 12 esp.   Composacées.

Podolobium Plante de serre, 3ᵐ, feuilles blanchâtres, fleurs jaunes en grappes, 26 espèces.   Léguminacées.

Podophyllum-peltatum Plante souterraine, à chaque nœud poussent 2 feuilles, 2 esp.   Berbérisacées.

Podosperme Plante des décombres, 10-90ᶜ, à feuilles très divisées, fleurs jaunes, 5 esp.   Composacées.

PODOSTÉMACÉES 144ᵉ famille des Dicotylédones, 4 tribus, 23 genres, 116 espèces (po los : pied).

PODOSTÉMACÉES Angolea, Apinagia, Castelnavia, Ceratolacis, Devillea, Hydrobryum, *Hydrostachys*, Lacis, Ligea, Lophogyne, Marathrum, Mniopsis, *Mourera*, Oserya, *Podostemon*, Potamobryon, Rhyncholacis, Spherothylax, Terniola, *Tristicha*, Velophylla, Weddellina.

Podostème ou **Podostemon** Plante aquatique submergée, aspect d'Hépatique ou de Mousse, 20 esp.   Podostémacées.

Poëy Arbre de Chine ; l'acide de son fruit amollit le cuivre, non corrosif

Pogostemon Patchouly, plante à parfum 60-90ᶜ, 1824 en Europe, fleurs blanches. 32 espèces.   Labiacées.

Poil de bouc Fétuque, plante à tige très fine, très bon fourrage, Festuca, 80 espèces, 250 variétés.   Graminacées.

Poil à gratter provient de la graine du Mucuna-pruriens, œil de bourrique, pois à gratter, 26 esp.   Léguminacées.

Poinciana abbizzia Bel arbuste, une des variétés du mimosa flamboyant   Léguminacées.

Pionsettia-Jacquafolia plante avec petites fleurs écarlates tout le long des branches.   Euphorbiacées.

Poinsettia-Pulcherina Plante de serre curieuse, la fl. est entourée d'une collerette de 15 fol. rouges.   Euphorbiacées.

Poire fruit du poirier, forme globuleuse ou en toupie, 564 variétés cultivées en France.   Rosacées.

Poireau ou **Porreau** Allium-porrum, plante potagère, à feuilles engainantes. 9 var. cultivées.   Liliacées.

Poireau femelle ou muscari chevelu, ou Panache de Vénus, ou Ayault ou Vaciet, petite plante.   Liliacées.

Poirée ou **Beta-cicla** carde poirée, bette, blette, plante potagère surtout en Provence. 7 variétés.   Chénopodiacées.

Poirier ou **pirus** Arbre fruitier, bois très compact, 538 variétés cultivées, compote et couteau.   Rosacées.

Poirier à cidre Arbre fruitier, 26 variétés cultivées en Bretagne et Normandie   Rosacées.

Pois ou **pisum** Plante potagère grimpante 160-200ᶜ ou naine 30-50 fl. blanches, 2 espèces, 69 variétés.   Léguminacées.

Pois d'angole ou Pois Congo, Cytisus Cajan. Arbuste feuilles à odeur de rose, fl. jaunes en grappes.   Léguminacées.

Pois chiche Cicer arietinum, pois carré, pois cornu, gousse velue, à 2 graines, 7 espèces.   Léguminacées.

Pois de cœur Des cardiospermum pl. grimpante avec graines noires marquées d'un cœur.   Sapindacées.

Pois à gratter Graines du mucuna-pruriens, œil de bourrique ; plante grimpante. 26 espèces.   Léguminacées.

Pois à gratter Graines du Cnestis ou grattelier, arbre de Madagascar, 12 espèces.   Léguminacées.

Pois gris ou Pois de brebis. Bisaille, fourrage très estimé pour les moutons.   Léguminacées.

Pois mange-tout sans parchemin, 20 variétés ; se mange avec la gousse en otant les filets.   Léguminacées.

Pois de senteur Lathyrus, pois cultivé pour les fleurs, 40 variétés, massif ou grimpant.   Léguminacées.

Pois (parasite des) la Thielavia-bisicola, puceron vert et noir, à la racine.

Poivre Gouverneur des Iles de France et de Bourbon, 1719, 1786, a donné son nom à ce produit.

Poivre de Cayenne Capsicum, poivre rouge, piment enragé, baie allongée des Antilles.   Solanacées.

Poivre d'eau ou Hydropiper Persicaire brûlante, piment d'eau, renouée élatine, 10 espèces.   Polygonacées.

Poivre d'Espagne Piment, plante condimentaire ; les gros verts et jaunes, les petits rouges.   Solanacées.

Poivre de Guinée Capsicum, Piment de Cayenne, poivre rouge, piment enragé.   Solanacées.

Poivre de Guinée Graines d'un Amomum ; saveur chaude comme la racine du gingembre.   Zingibéracées.

Poivre long Chavica, Plante de Java, fruit en épi de 4ᶜ, saveur brûlante   Pipéracées.

Poivre de muraille Sedum acre, orpin brûlant, petite plante 8 à 12ᶜ, fleurs jaunes. 3 espèces.   Crassulacées.

Poivre noir ou Piper Fruit du poivrier, 20-30 grains sur la tige, de l'Indo-Chine, Java, Malabar.   Pipéracées.

Poivrea ou **Combretum** Plante sarmenteuse, 200-250ᶜ, feuilles opposées, fleurs écarlates, 140 esp.   Combrétacées.

Poivrier Arbrisseau grimpant, tiges noueuses et articulées, feuilles opposées, fleurs vert pâle.   Pipéracées.

Poivrier (faux) Schinus molle, arbre d'ornement à Nice, les f. sentent le poivre ; baies rouges 13 esp.   Anacardiacées.

Poivron ou **Capsicum** Piment vert ou jaune, plante potagère, sert de condiment comme cornichon.   Solanacées.

Poix des cordonniers substance résineuse provenant de certains Pins, Picea, Epicea.   Coniféracées.

POLÉMONIACÉES 119ᵉ famille des Dicotylédones ; 8 genres, 150 espèces (de Polémon : philosophe grec).

POLÉMONIACÉES Bonplandia, Cantua, Cobea, Collomia, Gilia, Huegelia, Ipomopsis, Leptodactylon, Leptosiphon, Linanthus, Lœselia, Navarretia, Phlox, Polemonium.

Polemonium Valériane grecque, pl. à tiges nombreuses, fleurs bleues ou blanches en corymbe, 9 espèces. Polémoniacées.

Polianthe tubéreuse, plante bulbeuse, 80-90'; fleurs aspect d'une grande jacinthe 3 espèces.   Amaryllisacées.

Pollen Poussière fécondante des fleurs souvent jaune, contenue dans les loges des étamines ou Anthères.

Pollichiées 1ᵉ tribu de la famille des **Illécébracées** ; 6 genres, 10 espèces

Polliées 1ᵐ tribu de la famille des **Commélinacées** ; 3 genres, 25 espèces : Athyrocarpus, Palisota, Pollia.

Polycarpées 3 tribu de la famille des **Caryophyllacées** ; 10 genres, 69 espèces

Polycnème Plante des champs arides, 20-40', feuilles piquantes, fleurs verdâtres.   Chénopodiacées.

Polycnémées 5ᵉ tribu de la famille des **Chénopodiacées** ; 3 genres, 15 espèces : Hemichroa, Nitrophila, Polycnemum.

Polygala Faux-buis, plante vivace, ligneuse, couchée, 20-30', feuilles alternes coriaces.   Polygalacées.

Polygala cultivé Arbuste et arbrisseau. feuilles très fournies, fleurs violettes ou roses.   Polygalacées.

Polygala Sénéga Herbe au lait, plante des prairies, petites feuilles, fleurs bleues ou rose pâle.   Polygalacées.

POLYGALACÉES 21ᵉ famille des Dicotylédones : 17 genres, 498 espèces (beaucoup, lait).

POLYGALACÉES Acanthocladus, Acosta, Badiera, Bredemeyera, Carpolobia, Comesperma, Isopteris, Krameria, Monnina. Montabea, Muraltia, Nylandtia, Polygala Salemonia, Securidaca, Trigonia, Xanthophyllum.

Polygames (plantes à fleurs). Sur un pied, 2 pieds et même 3 pieds : fleurs mâles, fleurs femelles, fleurs hermaphrodites.

Polygames (à fleurs). Acer, Ailanthus, Amarante, Andropogon, Anthospermum, Aphida, Arctopus, Arroche, Astelia, Astrantia, Atriplex-hortentis, Badamier, Balsamier, Barbon, Bougueria, Brabeium, Brucea, Camarine, Cannellier, Celastre, Celtis, Cenchrus, Ceratonia, Chamærops, Caïcot, Chrysithrix, Cinnamomum, Clusia, Croisette, Dalechampia, Diospyros, Empetrum, Erable, Euptelea, Figuier, Fraximus-Frêne, Fusanus, Fustet, Girocarpos, Gouania, Gymnocladus, Hermes, Holcus-Houque, Ischaemum, Leontopodium, Mangifera-Manguier, Manusurus, Mauritia, Melilotus, Micocoulier, Monbin, Nephalium, Ophioxylon, Ornus, Palmiste, Panax, Pariétaire, Petagnia, Pisonia, Planera, Plaqueminier, Ptelea, Racle, Redoul, Rhapis, Rhus. Scaforthia, Serpentine, Solandra, Spinifer, Spondias, Sponia, Stilbe, Sumac, Terminalia, Tithymale, Tupelo Valantia, Veratrum, Vernis du Japon.

POLYGONACÉES 143ᵉ famille des Dicotylédones : 6 tribus, 30 genres, 750 espèces (beaucoup d'angles ou genoux).

POLYGONACÉES Antigonon, Atraphaxis, Avicularia, Bistorte, Calligonum, Campderia, Chorizanthe, *Coccoloba*, Emex *Eriogonum*, Fagopyrum, Gonopyrum, Harfordia, Hollisteria, *Kœnigia*, Leptogonum, Liseron, Muehlembeckia, Oseille, Oxygonum, Oxyria, Oxytheca, Patience, Persicaire, Podopterus, *Polygonum*, Pteropyrum, Pterostegia, Rajania, Renouée, Rheum, Rhubarbe, *Rumex*, Ruprechtia, Sarcogonum, Sarrasin, Symmeria, Trainasse, *Triplaris*, Velasquezia.

Polygonatées 4ᵐ tribu de la famille des **Liliacées**; 7 genres, 42 espèces.

Polygonatum Plante cultivée 30-60', fleurs en tubes, baies noires, sceau de Salomon, gd muguet. 13 esp. Liliacées.

Polygonum-aviculare Renouée des oiseaux, plante étalée, pousse partout, petite fleur rose.   Polygonacées.

Polygonum-baldschnanicum Arbuste grimpant, fleurs en grappes neigeuses.   Polygonacées.

Polygonum ou fagopyrum. Sarrasin ; plante alimentaire, feuille à 3 pointes, fleurs rosées 2 espèces.   Polygonacées.

Polygonum du Levant. Grande plante à fleurs rouge vif en grappe.   Polygonacées.

Polygonum-siebaldi. Arbrisseau 2 à 3ᵐ, à beau feuillage, mais envahissant, fleurs blanches.   Polygonacées.

Polygynes fleurs qui contiennent plusieurs pistils : Fraisiers, Renoncules, Rosiers, etc. etc.

Polypétale (fleur) Qui a plusieurs pétales libres et distincts les uns des autres comme les crucifères, renoncules, etc.

Polypode du chêne Variété de fougère. 20-30ʳ sur vieux chênes, sporanges jaune d'or, mille pieds.   Fougéracées.

Polypodinées 4' tribu de la famille des **Fougéracées**, 116 genres, 4530 espèces.

Polypodium aureum Fougère 10-40ᵉ sur murs, rochers humides, vieux arbres, feuilles composées.   Fougéracées.

Polypogon-monspeliensis Plante 20-50ᵉ épi vert jaunâtre, bord de mer.   Graminacées.

Polypore genre de champignon poussant sur les troncs d'arbres, 219 espèces ou variétés.   Champignonacées.

Polystic ou Polysticum Plante des bois, fossés 80-120', 24 variétés, dont fougères mâles.   Fougéracées.

Polystigma ou Byronia, arbuste toujours vert, originaire de l'Australie, 3 espèces.   Ilicacées.

Polytric Asplenium-trichomanes, plante des murs et rochers, ombrages.   Fougéracées.

Polytricum mousse ayant l'aspect de capillaire à l'état sec, petite urne terminale.   Moussacées.

Pomaderris Arbuste 100-130ᵉ à Paris, feuilles blanchâtres en dessous, fl. blanc jaunâtre, 22 espèces.   Rhamnacées.

Pomées 10· tribu de la famille des **Rosacées**, 14 genres, 210 espèces.

Pomme d'Arménie Abricot fruit rond ou ovale jaune fondant lorsqu'il est bien mûr. Rosacées.

Pomme d'amour Petite tomate ronde du midi, se conserve facilement l'hiver. Solanacées.

Pomme **Cannelle** ou Anone ou Cachiman ou Cherimolia ou Cœur de bœuf fruit du Corossol 50 espèces. Anonacées.

Pomme **à côtes** : Rainette Calville ; pomme unie : reinette du Canada, ce sont les pommes de luxe. Rosacées.

Pomme **cythère** Fruit du Spondias dulcis, arbre des pays chauds, fruits comestibles, 5 espèces. Anacardiacées.

Pomme **épineuse** Datura, Stramoine, Pomme du diable, Herbe aux Sorciers, chasse-taupe, 12 espèces. Solanacées.

Pomme **de merveille** ou Momordique-Balsamine, plante grimpante, fruit jaune-orange vénéneux. Cucurbitacées.

Pomme **du Pérou** Tomate, en Espagne fin du XVI· siècle, pomme d'or, à Paris 1792. Solanacées.

Pomme **de terre** Morelle tubéreuse, Parmentière, 1000 variétés cultivées, dont 43 à Paris. Solanacées.

Pomme **de terre** Solanum tuberosum, plante alimentaire par excellence, 1585 en Europe. Solanacées.

Pommes de terre hâtives Doivent rester de 70 à 90 jours en terre, les autres à conserver 180 à 190 jours.

Pommier d'**Adam** Produit un gros fruit rond 15 Pampelmousse, couleur citron. Rutacées.

Pommier **cajou** Arbre de la Martinique, donne la pomme cajou comestible (et non acajou). Anacardiacées.

Pommier **de Chine** petit arbre d'ornement avec jolies fleurs d'un rose vif, odeur agréable. Rosacées.

Pommier **à cidre** Arbre fruitier, 148 variétés cultivées en Normandie et Bretagne. Rosacées.

Pommier **de cythère** Arbre des Antilles donne un fruit avec noyau épineux, ne pas y mordre. Anacardiacées.

Pommier **ou Malus** Arbre fruitier, 488 variétés cultivées, à couteau ou de table. Rosacées

Pommier **sauvage** Boquetier, Malus communis. sur lequel on greffe, feuilles petites Rosacées.

Pompadoura Calycanthus floridus, arbuste à belles feuilles, fleurs grenat aromatiques, 3 esp. Calycanthacées.

Pompoléon Pamplemousse, citrus decumana, produit un fruit très gros, amer 15· diamètre. Rutacées.

Ponceau Coquelicot, plante très commune dans les moissons, fleur rouge. Papavéracées.

Poncirade Mélisse officinale, plante 40·, graines à odeur agréable, 4 espèces. Labiacées.

Poncires Quartiers de cédrats confits au sirop pour confiseurs et pâtissiers. Rutacées.

Poncirier Variété de citronnier à gros fruits : Pomum syriacum, citrus-tuberosa. Rutacées.

Pongamia-glabra Arbrisseau oléagineux, fleurs calice rouge et corolle blanche, une esp. Léguminacées.

PONTÉDÉRACÉES 14· famille des Monocotylédones ; 5 genres, 36 espèces : (du botaniste Pontedera, 1688-1757).

PONTÉDÉRACÉES Eichhornia, Heteranthera, Hydrothrix, Leptanthus, Limnostachys, Monochoria, Pontederia, Reussia, Schollera, Unisema.

Pontederia Plante aquatique d'eau douce 60· feuilles en cœur par 3, fleurs bleu de ciel, 8 esp. Pontédéracées.

Pontique Artemisia-pontica, absinthe cultivée, plante 50·, petites feuilles cotonneuses. Composacées.

Poppya ou **Luffa** ou Amordica, plante grimpante 5-6ᵐ, fleurs jaunes, gros fruit 20-30·, 7 espèces Cucurbitacées.

Populage Caltha-palustris, souci des marais, Cocusseau, Ganille, fleurs jaunes, 9 espèces. Renonculacées.

Populage nageant espèce cultivée à fleurs blanches bordées de rougeâtre. Renonculacées.

Populus Peuplier, arbre élevé très rustique ; fleurs en chatons, 18 espèces. Salicacées.

Porcelaine (fleurs) de l'Hoya-carnosa, plante palissée, fleurs perles en couronne double. Asclépiadacées.

Porcelle Hypochaeris, plante des bois, champs chemins, 30-70·, fleurs jaunes, 30 esp. Composacées.

Porlieria Petit arbuste nain, rabougri à Paris, bois de Gaïac ? Zygophyllacées.

Porphyra-laciniata Algue alimentaire cultivée au Japon. Alguacées.

Porphyrocoma Arbuste de serre, feuilles opposées lances, fleurs pourpre-bleuâtre, 80 esp. Acanthacées.

Porte-chapeau Paliurus ou Argalou ; arbre très épineux, à fleurs jaunes, 2 esp. Rhamnacées.

Portiera ou **Porliera** Guaïacum, donne le bois de Gaïac du Chili, 3 esp. Zygophyllacées.

Portlandia-grandiflora Arbuste à grandes feuilles terminales, graines arrondies, ailées 8 esp. Rubiacées.

Portulaca Pourpier, plante potagère à tiges rouges, feuilles en rosettes pour potages, 20 esp. Portulacées.

Portulacaria Arbuste 100· à très petites feuilles rondes, charnues, aspect cotoneaster. une espèce. Portulacées.

PORTULACÉES 25ᵉ famille des Dicotylédones : 18 genres, 145 espèces (de Pourpier : pied de poulet).

PORTULACÉES Anacamperos, Calandrinia, Calyptridium, Claytonia, Montia, Portulaca, Pourpier, Silvaea, Spraguea, Talinum, Talmella.

Posidonia-caulini Plante marine près des côtes de la Méditerranée, petites feuilles, fruits charnus, 2 esp. Naïadacées.

Posidoniées 4ᵉ tribu de la famille des **Naïadacées** : 2 genres, 3 espèces : Amphibolis, Caulinia ou Posidonia.

Potager terrain destiné à la culture des légumes du ménage.

Potager de Versailles par Laquintinie 1678-1683 ; depuis 1883, école nationale d'horticulture : 9 hect. 28 ares 40 centiares.

Potamées 3ᵉ tribu de la famille des **Naïadacées**, 2 genres, 51 espèces Potamogeton, Ruppia.

Potamot ou **Potamogeton** plante aquatique des eaux douces, submergées, fleurs en épi. 50 esp.   Naïadacées.

Potentille Anserine, argentine, petite plante des fossés humides, fleurs jaunes 160 esp. 260 variétés.   Rosacées.

Potentille cultivée Plante et arbuste, 14 variétés à fleurs jaunes, blanches ou rouges, tormentille.   Rosacées.

Potentille rampante Quintefeuille, feuilles dentées argentées, tiges longues fl. jaunes.   Rosacées.

Potentillées 6 tribu de la famille des **Rosacées** : 14 genres, 320 espèces

Potériées 7ᵉ tribu de la famille des **Rosacées**, 11 genres, 129 espèces.

Poterium Pimprenelle, plante potagère et des prairies, donne bon goût aux salades 20 esp.   Rosacées.

Pothoidées 1ᵉ tribu de la famille des **Aroïdacées**, 11 genres, 246 espèces.

Pothos Plante de serre à feuilles luisantes en cœur, 30 espèces.   Aroïdacées.

Potiron plante rampante ou grimpante, très vigoureuse à grandes feuilles en cœur.   Cucurbitacées.

Potiron Cucurbita maxima, notre plus gros légume jusqu'à 70 kilos citrouille ou courge, 8 variétés   Cucurbitacées.

Potiron Ce nom était appliqué à un Champignon avant de l'être à une Cucurbitacée.

Potocan Physalis alkekengi, Coqueret, amour en cage ; fruit vert ou jaune sous vessie (calice) 30 esp.   Solanacées.

Pou d'éléphant ou noix d'Acajou, ou noix d'Atchin, fruit du Cassuvium, 8 espèces   Anacardiacées.

Poudre des capucins retirée du fruit sec de l'Asagraea officinalis, Sabadille.   Liliacées.

Poudre des Jésuites ancien nom du quinquina, cinchona 36 espèces   Rubiacées.

Poudre sternutatoire Composée de feuilles d'asarum, de bétoine, de marjolaine et de fleurs de muguet.

Poulard Gros blé cultivé, Pétanielle, Triticum, Turgidium, Carré blanc.   Graminacées.

Poule grasse Lapsana (composacées), mâche (valérianacées) mercuriale (euphorbiacées), chénopode blanc (chénopodiacées).

Poule pondeuse Morelle, plante aux œufs, 40ᶜ, fruits blancs en forme d'œufs de poule.   Solanacées.

Pouliot-royal Mentha-pulegium, plante 15ᶜ velue, fleurs roses, en épi, odeur forte.   Labiacées.

Pourpier Portulaca, petite plante potagère, à feuilles charnues, pour potages, salades.   Portulacées.

Pourpier des jardins Plante à grandes fleurs simples et doubles, 20 espèces, 12 variétés cultivées.   Portulacées.

Pourpier de mer Atriplex-halimus, plante ligneuse 50-140ᶜ, haie, feuilles argentées, fl. bleues.   Chénopodiacées.

Pourretia plante de serre et d'appartement à belles feuilles en scie 4 espèces.   Broméliacées.

Pourridie Champignon du mûrier : Agaricus-malleus ou Collybia-extuberans.   Champignonacées.

Pourriture humide de la pomme de terre, par le bacille amylobacter, se combat par l'acide phosphorique.   Alguacées.

Poussière fécondante Le pollen est jaune dans le lis, la rose ; cendré ou grisâtre chez les Papavéracées ; rouge aux Salix.

Poutériées 4ᵉ tribu de la famille des **Sapotacées** ; 6 genres, 35 espèces.

Prasiées 6ᵉ tribu de la famille des **Labiacées** ; 5 genres, 52 espèces.

Prasium Plante de Corse à tige ligneuse, fruits charnus, également aux îles Canaries. Une espèce.   Labiacées.

Pratelle champêtre Champignon de couche ; 2ᵉ Pratelle jaunissante, variété comestible. 2 espèces   Champignonacées.

Prêle ou équisetum Plante des fossés à tiges cylindriques ; queue de cheval, verrine, 20 genres, 70 espèces.   Equisétacées.

Prêle des tourneurs ou d'hiver, tige 50 à 120ᶜᵐ le haut semble fait au tour.   Equisétacées.

Premna scandens ou Baldingera. Les feuilles sur la tête arrêtent la migraine, 42 espèces.   Verbenacées.

Prenanthe Plante vivace à feuilles dentées, fleurs pourpre violet ou blanches 20 espèces.   Composacées.

Pretrées 4ᵉ tribu de la famille des **Pédalinacées**, 3 genres, 6 espèces ; Josephinia, Linariopsis, Pretrea.

Priestleya arbuste de serre, 70-90ᶜ, feuilles lancées, fleurs jaunes, 15 espèces.   Léguminacées.

Primeurs Fruits et légumes hâtifs ou obtenus artificiellement en serre, sous châssis ou sous bâches.

Primevère Primula, plante en rosette, feuilles ondulées, premières fleurs de l'année, 130 espèces.   Primulacées.

PRIMULACÉES 108ᵉ famille des Dicotylédones : 5 tribus, 25 genres, 315 espèces (premier, printemps).

PRIMULACÉES Anagallis, Androsace, Aretia, Asterolinum, Auricula, Centenille, Coride, *Coris*, Cortuse, Coxia, Cyclamen, Dionysia, Dodecathéon, Douglasia, Glause, Gregoria, *Hottonia, Lysimachia*, Mouron rouge, ou bleu, ou rosé, *Primevère*, *Samolus*, Soldanella, Steironema, Stimpsonia, Trientalis

Primulées 2ᵉ tribu de la famille des Primulacées ; 12 genres, 206 espèces.

Prinos ou **ilex** Apalache vert, arbuste 40-170ᵉ, feuilles aiguës, petites fleurs blanches odorantes, 175 esp. Ilicacées.

Prionium Plante vivace, feuilles en haut d'une tige ligneuse, fleurs de jonc, une espèce.   Joncacées.

Prismatocarpus speculum ; campanule des champs, miroir de Vénus, fleurs violet-éclatant. 16 espèces. Campanulacées.

Pritchardia-Washingtonia Arbre d'ornement, feuilles éventail avec filaments, longue tige, 7 espèces.   Palmacées.

Prockiées 5ᵉ tribu de la famille des **Tiliacées** ; 4 genres, 38 espèces, Hasseltia, Plagiopteron, Prockia, Ropalocarpus.

Procureur Aux Antilles. c'est le gros noyau de la poire l'Avocat du Persea.   Lauriacées.

Prosopis-glandulosa donne la gomme de mesquito, fleurs blanc et jaune en épis. Adenopis.   Léguminacées.

Prostanthéra Arbuste de serre, 90-160ᶜ, fe. lances dentées, fl. blanches tachées, en grappes 38 espèces. Labiacées.

Prostanthérées 7ᵉ tribu de la famille des **Labiacées** ; 7 genres. 92 espèces.

Protea ou **Protée** Arbuste ayant l'aspect d'une grande bruyère, fleurs blanc rosé ou rubis, 60 espèces.   Protéacées.

PROTÉACÉES 153ᵉ famille des Dicotylédones ; 7 tribus, 52 genres, 950 espèces (qui a diverses formes)

PROTÉACÉES Adenanthos, Aulax, *Banksia*, Beauprea, Brabeium, *Conospermum*, Dryandra, *Embothrium*, Euplassa, Faurea, *Franklandia*, *Grevillea*, Guevina, Hakea, Helicia, Isopogon, Kermadecia, Knightia, Lambertia, Leucadendron, Leucospermum, Lomatia, Macadamia, Mimetes, Nivenia, Orites, Panopsis, *Persoonia*, Petrophila, *Protea*, Roupala, Serruria, Sorocephalus, Spatalla, Stenocarpus, Stirlingia, Strangea, Symphyonema, Synaphea, Telopea, Xylomelum.

Protées 1ᵉ tribu de la famille des **Protéacées**; 14 genres, 355 espèces.

Protistes Bacteries ou Myxomycètes ou Schizomycètes, ce sont des microbes à peine visibles.   Alguacées.

Protium Amyris, Icica, arbre produisant une gomme résine Marignia, 50 espèces.   Burséracées.

Protococcus atlanticus produit la coloration des eaux de la mer et surtout de la mer rouge.   Alguacées.

Protococcus nivalis produit la neige rouge des Alpes, ce sont des algues minuscules.   Alguacées.

Protophytes ou Protistes ou Psychodiaires ou Microbes, Algues microscopiques de la tribu des Diatomées. Alguacées

Protomyces Champignons. sous les feuilles où ils font taches colorées 24 espèces.   Champignonacées.

Provin Branche de vigne couchée et coudée en terre où poussent des chevelus aux nœuds.

Provin Résultat du marcottage qui peut donner du produit dès la première année, puis on sépare la couche.

Provinage ou marcottage de la vigne, pour multiplier ou renouveler de vieilles souches.

Prudhomme ou sauge-hormin plante 30-50ᶜ à poils, fe. opposées, fl. blanc lilas, Horminum, une espèce. Labiacées.

Prumnopitys-podocarpus arbrisseau et arbuste se rapprochant de l'if, fe. vert foncé 40 esp. 60 variétés. Coniféracées.

Prune Produit du prunier, fruit charnu, noyau ovale, comprimé, 63 variétés cultivées en France.   Rosacées.

Prune d'Agen ou **d'Ente**, pour la conserve en pruneau, robe de sergent (Lot-et-Garonne).   Rosacées.

Prune de Sainte-Catherine fournit les pruneaux de Tours, fleurit blanc. qualité recherchée.   Rosacées.

Pruneaux Prunes de conserve séchées au four à plusieurs reprises.   Rosacées.

Prunées 2ᵉ tribu de la famille des **Rosacées** ; 5 genres, 120 espèces : Maddenia, Nuttallia, Prinsepia, Prunus, Pygeum.

Prunella ou Brunelle, plante des champs. prairies ; feuilles opposées, fleurs violettes, 3 espèces.   Labiacées.

Prunellier Arbuste épineux, épine noire, formant des clôtures, haies; son fruit est la prunelle.   Rosacées.

Prunier Prunus-domestica, arbre fruitier jusqu'à 7ᵐ, 63 variétés cultivées en France.   Rosacées.

Prunier de Chine Arbre épineux, 5 à 10ᵐ, fr. comestibles, Flacourtia, prunier café ; malgache 14 esp. Bixacées.

Prunier de Malabar Petit arbre 4 à 6ᵐ, donne un fruit grosseur noix. Pomme rose.   Myrtacées.

Prunier myrobolan Spondias lutea, grand arbre à fruit comestible, Antilles, 5 espèces.   Anacardiacées.

Prunus Arbre d'ornement pour la fleur double et le feuillage en couleur.   Rosacées.

Psalliota-verticillium cause la môle du champignon de couche, Micogona-rosea.   Champignonacées.

Psalliote ou agaric Champignon de couche ou champignon de Paris, le seul cultivé 3 espèces.   Champignonacées.

Psamma ou arenaria Plante des dunes, feuilles enroulées. piquantes. 40-80ᶜ, 4 espèces.   Graminacées.

Pseudolarix de Kaempfer Belle espèce de pin très rustique.   Coniféracées.

Pseudotsuga Abies douglasii, le seul des arbres à pichpin qui soit cultivable en France.   Coniféracées.

Psidium Arbrisseau rameux de 3 à 4 ᵐ, à feuilles ovales, à Paris 100ᶜ, 100, espèces.   Myrtacées.

Psidium pyriferum Goyavier. produit un fruit excellent. grosseur de poire, Eugenia.   Myrtacées.

Psilotum Plante vivace, nombreuses petites tiges, feuilles très petites. 2 genres, 8 espèces.   Lycopodiacées.

Psilurus-nardoides Plante 20-30ᶜ des lieux arides, fe. enroulées, épi très fragile, une étamine. Une esp. Graminacées.

Psoralea Arbuste 140 à 200ᶜ, feuilles ailées ou à 3-5 folioles, fleurs bleuâtres, une graine, 105 espèces. Léguminacées.

Psoralier arbuste glanduleux à gousses poilues, thé du Paraguay, thé du Chili, boisson enivrante.   Léguminacées.

Psychotriées 21ᵉ tribu de la famille des **Rubiacées** ; 32 genres, 1092 espèces.

Psyllium ou plantago Plante fourragère 10-30ʳ, semences laxatives comme graines de lin.   Plantaginacées.

Ptarmica ou achillea Plante cultivée et des chemins, jusqu'à 90ᶜ ; fleurs blanches ou jaunes, 100 espèces.   Composacées.

Ptelea Orme de Samarie, à 3 feuilles, trèfle de Virginie, arbuste et arbre, 7 espèces.   Rutacées.

Ptéranthées 3ᵉ tribu de la famille des **Illécébracées** ; 3 genres, 3 espèces : Cometes, Dicheranthus, Pteranthus.

Pteris-aquilina Fougère aigle, grandes feuilles très communes pour matelas, racine vermifuge.   Fougéracées.

Pterocarpus-indicus Fournit le bois de Santal rouge ou corail dur, donne gomme Kino, 18 espèces.   Léguminacées.

Pterocarya Arbre décoratif à beau feuillage vert luisant, odorant, fleurs verdâtres, 4 espèces.   Juglandacées.

Pteroselinum Plante des coteaux secs, fruits avec petites bandelettes, Peucedanum.   Ombelliféracées.

Pterospermum Arbuste de serre 200ʳ, feuilles 30-45ᶜ, tigelle au centre, fleurs blanc rouge, 16 esp.   Sterculiacées.

Pterostyrax ou halesia Arbrisseau d'ornement, à petites clochettes blanches, 2 ou 4 ailes, 6 espèces.   Styracées.

Pterotheca-nemansensis Pl. en rosette, des lieux cultivés et chemins, fl. jaunes, poils au centre, 3 esp.   Composacées.

Ptilomeris-aristata ou schortia californica ? feuilles de 4 à 8 lanières, fleur jaune, 6 esp.   Composacées.

Ptychococcus Nouveau Palmier de serre chaude à Paris, 3 espèces.   Palmacées.

Ptychosperma Palmier à feuilles palmettes comme Kentia et Seaforthia, 2 espèces.   Palmacées.

Ptychotis Carum-bunius, plante des champs pierreux à fleurs blanches, Carvi.   Ombelliféracées.

Puccinia-bullata champignon se développant sur l'épine-vinette, puis sur le blé.   Champignonacées.

Pucelle ou pucelage Grande pervenche, pl. rampante ou grimpante, fleur bleu violacé, Vinca, 12 esp.   Apocynacées.

Pucerons Détruits par les Botrytis bassiana et Sporotrichum-globuliferum, et les Coccinelles.

Pucière Herbe aux puces, plantin Psyllium, surtout en Provence, la graine gomme la mousseline.   Plantaginacées.

Pueraria thumbergiana Kudsu des Japonais, arbuste grimpant vigoureux, fleurs bleues, 10 esp.   Léguminacées.

Pulchra ou Jacinthe Plante bulbeuse 15-30ᶜ, fleur en forme d'entonnoir.   Liliacées.

Pulghère (huile de) Purgatif, tiré des pignons d'Inde du Jatropha-curcas.   Euphorbiacées.

Pulicaire Plante des fossés humides, 10-40ᶜ, feuilles frisées, fruit en aigrette, 30 espèces.   Composacées.

Pulmonaire Plante 30-60ᶜ velue fleurs bleues ou violacées ou blanches ou rouges, 6 esp. 15 var.   Borraginacées.

Pulmonaire de chêne Lobaria pulmonaria, Variété de lichen, Crapaudine.   Lichenacées.

Pulmonaire de Virginie Plante à feuilles tachées de 25ᶜ, Herbe aux poumons.   Borraginacées.

Pulqué ou Mamey au Mexique, boisson des Indiens, tirée de l'agave par incision, la 8ᵉ année.   Amaryllisacées.

Pulsatille noire Anémone pratensis, plante des prés secs, fleurs violettes velues, Coquelourde.   Renonculacées.

Pultenea Arbuste 70-150ᶜ, tiges longues et légères, très petites feuilles, fleurs jaunes, 75 esp.   Léguminacées.

Pulu Fruit du Ramboutan Nephelium, arbre de l'Asie, fruit chevelu sucré, une espèce.   Sapindacées.

Punaise de mariée Symphorine ; arbuste à feuilles rondes, fleurs rosées, fruits rouges, 6 espèces.   Caprifoliacées.

Punica-granatum Grenadier, arbre à fruit et d'ornement, jolies fleurs rouges, fruit dur, 1 esp.   Lythracées.

Purge ou Epurge ou Catherinette ou Catapuce plante 60-90ʳ, feuilles sur 4 rangs, fleur en croissant.   Euphorbiacées.

Putiet ou cerasus-padus Cerisier à grappes, bois puant, odeur fétide, pade, pultier, putier.   Rosacées.

Pycnomon acarna Plante des lieux arides 20-40ʳ feuilles blanches, fleurs pourpres, Picnomon.   Composacées.

Pyracantha ou Cratacgus, Buisson ardent arbrisseau épineux, baies rouges, 2 espèces.   Rosacées.

Pyrale-ambiguë Teigne des vignes de la Champagne, Cochylide (Lépidoptère).

Pyrale ou carpocapse C'est le ver des pommes et poires véreuses (Lépidoptère, qui dépose ses œufs sur les fleurs).

Pyramidium plante à tige effilée 150-180ʳ, feuilles en cœur, fleurs bleu pâle, une esp.   Cruciféracées.

Pyrénomycétes groupe de la famille des **Champignonacées** ; 15 espèces.

Pyrèthre Petite plante cultivée et des chemins aspect petite marguerite, 12 variétés cult.   Composacées.

Pyrèthre d'Afrique Anacyclus Pyrethrum, petite plante vivace à racine pivotante aromatique.   Composacées.

Pyrèthre anacyclus Malherbe, Maudiane, petite plante cœur jaune comme camomille.   Composacées.

Pyréthrum matricaire Plante 40-60ʳ fleurs blanches, disque jaune comme marguerite.   Composacées.

Pyrola ou Pyrole Plante des bois 20-40ʳ à feuilles arrondies, fleurs en grappe de 6 à 15ʳ de long., 16 esp.   Ericacées.

Pyrolées 5ᵉ tribu de la famille des **Ericacées** ; 4 genres, 47 espèces : Chimaphila, Clethra, Moneses, Pyrola.

Pyrus ou poirier Arbre fruitier, 564 variétés cultivées en France ; cidre et couteau.   Rosacées.

Pyxide ou Opercule qui recouvre la fleur : d'Anagallis, Eucalyptus, Jusquiame, Pourpier, etc., etc.

Pyxidium ou Amarante mélancolique, plante 80-90° fleurs rouge-rosé-vif. — Amarántacées.

Q

Quadria ou Guevina du Chili, arbrisseau 7ᵐ, feuilles alternes ailées, fleurs blanches, une esp.	Protéacées.
Quamoclit ou Ipomée, 200-250', feuilles dents de peigne, fleurs écarlate en tube, 7 variétés.	Convolvulacées.
Quarantaine giroflée, millionnaire, violier d'été jaune double, Matthiola, fleurs odorantes.	Crucifèracées.
Quarantaine grecque, kiris, giroflée à grosses fleurs, 6 variétés.	Crucifèracées.
Quarantaine Variété de pomme de terre de forme allongée.	Solanacées.
Quassia-amara Bois amer de Surinam, arbuste 1-2ᵐ, fleur rouge. 1756 en Europe, 2 esp.	Simarubacées.
Quassia-excelsa du Picraena excelsa ou Aeschryon ou Muenteria, 3 espèces.	Simarubacées.
Quat ou Thé arabe Catha ou Methys-cophyllum de l'Afrique tropicale, arbuste, une espèce.	Célastracées.
Quatre-épices ou Toute-épice, poivre de la Jamaïque, Pimenta, 5 espèces.	Myrtacées.
Quatre-fleurs Bourrache, Coquelicot, Mauve et Violette ou Tussilage ou Pied de chat (Gnaphalium).	
Quebracho Brise-Hache, Schinopsis, arbre pour l'industrie, 4 espèces.	Anacardiacées.
Quebracho Arbre du Brésil et de l'Argentine, riche en matière tannante et tinctoriale.	Anacardiacées.
Quebracho (écorce de) de l'Aspidosperma ou Macoglia ou Peltospermum, 35 espèces.	Apocynacées.
Quechot ou Cacara Pachyrhizus-montanus, plante textile de la Nouvelle-Calédonie, Robynsia, 2 esp.	Léguminacées.
Queneltier ou Melicocca-bijuga. Arbre fruitier à feuilles persistantes, Casimira, 2 espèces.	Sapindacées.
Quenot Cerisier-mahaleb, Bois de Sainte-Lucie, Malague, bois odorant.	Rosacées.
Quenouille Forme spéciale donnée aux arbres fruitiers, surtout aux poiriers.	
Quenouille Massette typha, plante des marécages 120-180, comme baguette d'artifice, 10 espèces.	Typhacées.
Quercinées 3ᵉ tribu de la famille des **Cupulifèracées**; 4 genres, 342 espèces : Castanea, Castanopsis, Chêne, Hêtre.	
Quercitron Chêne jaune ou chêne noir, l'écorce donne une teinte jaune-citron.	Cupulifèracées.
Quercus Chêne, grand arbre de nos forêts. Gravelin, rouvre, 300 espèces.	Cupulifèracées.
Quercus-ilex Chêne vert; le chêne truffier du Centre est un chêne vert.	Cupulifèracées.
Quercus-suber Chêne-liège dans le Var, province de Constantine, en Espagne, etc.	Cupulifèracées.
Quesnelia pl. avec feuilles en rosette, épineuses au bord, écailleuses, fl. en épi rougeâtre, 6 esp.	Broméliacées.
Questch ou Couetsch Prune longue, brune, pour confitures; on en tire de l'alcool.	Rosacées.
Queue de cheval Prêle, plante des fossés à tiges cylindriques, nuisible aux animaux, 27 esp.	Equisétacées.
Queue de lion Agripaume Cardiaque ou Leonurus, plante 80-120, fleurs roses, 10 espèces.	Labiacées.
Queue de loup Digitale pourprée, tige 100-130 poilue, fleurs pendantes, 18 espèces.	Scrofulacées.
Queue de paon Tigridie, plante bulbeuse, tiges 30-50', feuilles plissées, fleurs panachées, 7 esp.	Irisacées.
Queue de pourceau Peucedanum, plante 80-120, feuilles très divisées, fleurs en ombelle.	Ombellifèracées.
Queue de rat Prêle, asprelé, plante vivace des champs, fossés, 3 genres, 27 espèces.	Equisétacées.
Queue de rat Cereus. plante charnue, sans feuille, tiges comme tuyaux.	Cactacées.
Queue de renard Alopécurus, vulpin, faux-succotrin, fleur petit goupillon, 20 espèces.	Graminacées.
Queue de renard Amarante, discipline de religieuse, fleurs longues cramoisies.	Amaranthacées.
Queue de renard Betoine, plante des prés, rochers, et cultivées, 20-40', fleurs jaunes, stachys.	Labiacées.
Queue de renard Melampyre des champs, à belles fleurs roses, à gorge jaune.	Scrofulacées.
Queue de souris Myosurus-minimus, petite plante des champs, fruit en spirale, ratoncule.	Renonculacées.
Queue de souris Lepismium, plante charnue en suspension sans feuilles, fleur rose violet, 30 esp.	Cactacées.
Queue de souris Orge des chemins. voleur, orge des rats, plante très commune.	Graminacées.
Quiinées 5ᵉ tribu de la famille des **Guttifèracées**, 1 genre, 17 espèces, quiina.	
Quillaya à Nice, plante de 90' à feuilles rondes.	Rosacées.
Quillaya-saponaria Bois de Panama, 4 espèces au Brésil, Chili et Pérou, Fontenellea.	Rosacées.

Quillayées 4e tribu de la famille des **Rosacées**, 8 genres, 16 espèces.
Quina ou quinquina ou cinchona ou calisaya, écorces exotiques dont on tire la quinine. Rubiacées.
Quinorodon (confiture de) pour Cynorrhodon fruit de rosa-canina et Villosa, gratte-cul. Rosacées.
Quillobo du Congo Hibiscus esculentus à fruits comestibles, faux-café : Gombeau, Gombo. Malvacées.
Quinoa Plante alimentaire des Cordillières par sa feuille et sa graine, 1837 en France. Chénopodiacées.
Quinoa plante à tige rouge-violacé, feuilles comestibles comme l'épinard. Chénopodiacées.
Quinquina Ecorce amère, 1639 à Rome, 1640 en Espagne, 1679 en France. Rubiacées.
Quinquina Cinchona. de la Comtesse de Cinchon, épouse d'un vice-roi du Pérou. Rubiacées.
Quinquina Ecorce grise, rouge ou jaune (Calisaya), cinchona, 36 espèces. Rubiacées.
Quinquina Ercoce du Cinchona succirubra, arbre de l'Amérique Centrale. Rubiacées.
Quintefeuille Petite plante rampante, feuilles à 5 folioles dentées, fleurs jaunes, Potentille. Rosacées.
Quisqualis de l'Inde Arbrisseau grimpant 3-7ᵐ, feuilles opposées, fl. blanches, roses et rouge vif, 4 esp. Combretacées.

R

Rabas Nom vulgaire de la truffe dans le midi. Tuber, 38 espèces. Champignonacées.
Rabette ou **Rabioule** ou navette d'hiver, plante fourragère et oléagineuse, petite racine. Cruciféracées.
Racahout en arabe : gland de chêne ; Palamond ou Riz des Turcs, farine de riz.
Racahout dit des Arabes : mélange de cacao, fécule de pomme de terre, farine de riz, salep, sucre, vanille.
Rachis ou **Axe** tige centrale d'un épi ou d'une panicule.
Racine d Esule de l'Euphorbia-Esula ou Cyparissias ou Gerardiana ou Pityusa. Euphorbiacées.
Racine de femme battue Tamier, plante grimpante, fleurs en cloche, tubercule comestible, 2 espèces. Dioscoréacées.
Racine de Peste Tussilage, Pas-d'âne, Plante des champs 15-20ᶜ, fleur jaune, une espèce. Composacées.
Racine pivotante qui va droit en terre comme Betterave, Carotte, Navet, Radis, Salsifis, etc, etc...
Racine du Saint-Esprit Angélique des Confiseurs, plante à tige creuse aromatique, 5 espèces. Ombelliféracées.
Racine Vierge ou Bryone dioïque ou navet du diable, ou vigne blanche, plante grimpante, 8 espèces. Cucurbitacées.
Racines apéritives Ache, asperge, fenouil, petit houx et de persil.
Radiaire ou astrance élevée, plante 50-60ᶜ, feuilles alternes, fleurs blanc-rougeâtre 6 espèces. Ombelliféracées.
Radicales (feuilles) sans tige, partant toutes de la racine, en rosette : Pâquerette, Pissenlit Plantin : opposées : caulinaires.
Radicelles racines secondaires, chevelu ou fibrille dont l'ensemble constitue la racine.
Radiées (plantes) première division des Composacées, comprend 9 tribus sur les 13 de cette famille.
Radiées ou corymbifères (fl.) comme Marguerite, fleurons au centre et demi-fleurons à la circonf. Composacées.
Radiées (fleurs) Composées de fleurons au centre, et de demi-fleurons qui rayonnent autour. Composacées.
Radiole ou radiola Faux lin, petite plante au bord des étangs, fleurs blanchâtres, une espèce. Linacées.
Radis ou **raphanus-sativus** Plante potagère : 1ʳ rose ; 2ᵉ blanc ; 3ᵉ noir ; 6 espèces, 54 Variétés. Crucifuracées.
Radis de cheval Cochlearia, grand raifort sauvage, cran de Bretagne, grandes feuilles. Crucifératées.
Rafflésie de Sumatra Plante parasite, fleur fétide 7 à 8 kilos, 1 à 3ᵐ de circonférence 4 espèces. Cytinacées.
Rafflésiées 1ʳ tribu de la famille des **Cytinacées** ; 5 genres, 22 esp. : Apodanthis, Brugmansia, Cytinus, Rafflesia, Sapria.
Rafnia ou crotalaire Arbuste 80-90ᵉ, feuilles en cœur, 3 fleurs jaunes, grandes, 22 espèces. Légumineacées.
Ragouminier Cérasus, cerisier nain, à feuilles de persil, petites fleurs blanches. Rosacées.
Raifort d'eau Nasturtium-officinal, cresson de fontaine, la santé du corps. 25 espèces, 90 variétés. Crucifératées.
Raifort noir Plante cultivée, radis noir de forme longue, Raphanus, condiment. Crucifératées.
Raifort sauvage Plante à grandes feuilles 40-50ᶜ, cochlearia-armoriaca, cranson. Crucifératées.
Raiponce ou **Rapunculus** Plante potagère, 30ᶜ, se mange surtout en salade, Jolie fl. bleue en clochette. Campanulacées.
Raisin (uva) Fruit de la vigne en grappe : blanc, doré, noir, roux, 30 espèces, 97 variétés. Vitisacées.
Raisin d'Amérique Phytolacca decandra, plante 2 à 3ᵐ fruits noirs en grappes, aspect raisins. 10 esp. Phytolaccacées.
Raisin des bois Airelle-myrtille, petites baies noires comestibles, Mauret, Lucet, Cousine 110 espèces. Vacciniacées.

Raisin de chien Troëne, bois noir, Prim, Puine, Frésillon ; fleurs blanches, baies noires, 25 espèces. — Oléacées.
Raisin de loup Morelle, plante à fleurs blanches, baies noires, crève chien, pousse-partout. — Solanacées.
Raisin de mer Ephedra, plante des sables maritimes feuilles comme prêle 30-50ᶜ 20 espèces 30 variétés. — Gnétacées.
Raisin de mer plante marine Fucus, Goemon, Varech que la mer rejette sur le rivage. — Alguacées.
Raisin d'ours Arbutus-uva-ursi ; Busserole, arbuste couché, fruit rouge, 18 espèces. — Ericacées.
Raisin de rat Sedum-album, plante des murs, rochers, 10-20ᶜ, feuilles allongées, 3 espèces. — Crassulacées.
Raisin de renard Parisette à quatre feuilles, produit un fruit brun vénéneux, Paris, 7 espèces. — Liliacées.
Raisin sec Corinthe, Gata, Malaga, Samos, Smyrne, Thyra, Valence et Vourla. — Vitisacées.
Raisin des teinturiers Phytolacca-decandra du Canada, plante avec baies noires en grappe 10 espèces. — Phytolacacées.
Raisin de Thomery belle espèce sur treilles appelée chasselas à grandes grappes peu serrées. — Vitisacées.
Raisin des tropiques Sargasse, fucus flottant avec poches à air, tige jusqu'à 500ᵐ (mer des Sargasses). — Alguacées.
Raisinier ou Coccoloba arbre des Antilles 6-8ᵐ à grandes feuilles, fleurs blanches, fruit comestible. — Polygonacées.
Rajania Arbuste japonais, élevé, feuillage léger, fleur brun foncé, 6 espèces. — Dioscoréacées.
Raki Eau-de-vie de marc de raisin avec essence d'anis et diverses plantes.
Ramboutan Nephelium-lappaceum, plante avec baies acidulées, rafraîchissantes, une espèce. — Sapindacées.
Rameau d'or Giroflée jaune, bâton d'or, casse col, muret, ravenelle, violier. — Cruciféracées.
Ramie Boehmeria-nivea, plante textile 2ᵐ50. On en tire un fil brillant, 45 espèces. — Urticacées.
Ramie Importée à Montpellier, vers 1815, China-grass : ortie de Chine, racine blanche — Urticacées.
Ramie blanche Ortie de Chine argentée, plante vivace, traçante, bon fourrage, feuilles plissées. — Urticacées
Ramie de Chine On en tire des fils d'un blanc brillant à l'état naturel, racines vivaces. — Urticacées.
Ramola Plante potagère, gros radis jaunâtre à chair blanche. — Cruciféracées.
Ramondie des Pyrénées Plante en rosette à poils roux, fleurs pourpres sur tige, 8 à 15ᶜ 3 espèces. — Gesnéracées.
Ramontchi ou Flacourtia arbre 4-5ᵐ, feuilles rondes, fruits comme prunes, 14 espèces. — Bixacées.
Ram Tilla Guizotia-oleifera. On tire de ses graines l'huile du Niger, Ramtilla. 3 espèces. — Composacées.
Ranunculus Renoncule. 30 variétés à l'état sauvage, fleurs blanches, jaunes ou roses. — Renonculacées.
RAPATACÉES 19ᵉ famille des Monocotylédones, 6 genres, 22 espèces (rapa : rave.)
RAPATACÉES Céphalostémon, Rapatea, Saxo-Frédéricia, Schœnocephalium, Spathanthus, Stegolepis.
Rapette Asperugo, plante des champs, chemins, 30-50ᶜ, fleurs violettes, ou bleues une espèce. — Borraginacées.
Raphanées 10ᵉ tribu de la famille des Cruciféracées : 13 genres, 35 espèces.
Raphanus Radis cultivé, Plante dont on mange la racine en hors d'œuvre 6 espèces 54 Variétés. — Cruciféracées.
Raphia Palmier portant beaucoup de feuilles en éventail fruits grosses noix 5 espèces. — Palmacées.
Raphia Avec les fibres, on fait des liens, des nattes, des ouvrages de dame. — Palmacées.
Raphia Avec les nervures des folioles on a fait des balais de Piassava. — Palmacées.
Raphiolepis Arbuste ou arbrisseau à feuilles épaisses, fleurs blanches ou roses, 5 espèces. — Rosacées.
Raphistemma Arbuste de serre grimpant, feuilles en cœur, fleurs blanchâtres en grappes 2 espèces. — Asclépiadacées.
Rapidophyllum palmier à feuilles en éventail, Rhapidophyllum une espèce — Palmacées.
Rapistrum-rugosum Plante des chemins, fossés, fleurs jaune pâle, fruit velu. — Cruciféracées.
Rapontic ou Rhapontic Plante 150-160ᶜ, tige rougeâtre, grandes fe. veinées de rouge. Centaurea. — Composacées.
Rapuntium ou Lobelia, Hemipogon, Holostigma, Homochilus, Monopsis, Rhynchopetalum, Trimeris, 200 esp. — Lobéliacées.
Raquette Feuille charnue de l'Opuntia, souvent dénommé Cactus ou Figuier d'Inde, 200 espèces. — Cactacées.
Ratafia dit des quatre fruits : cassis, cerises, framboises, groseilles.
Ratanhia Tiré de la racine de Krameria, petit arbuste couvert d'un duvet, 25 esp. — Polygalacées.
Ratibida ou Rudbeckia, plante à feuilles frisées, fleurs grandes marguerites, 25 espèces. — Composacées.
Ratinospora Petit arbre d'ornement à feuillage retombant en plume, Retinospora, 4 espèces. — Coniféracées.
Ratoncule myosurus. Plante des champs. 5-15 fleurs en épi à 5ᶜ pétales verdâtres, queue de souris, 5 esp. — Renonculacées.
Rave ou Rabiole Plante potagère difficile à élever, souvent dévorée par des pucerons, navet, turneps. — Cruciféracées.
Rave de Saint-Antoine Renoncule bulbeuse, feuilles longues et découpées, fleurs jaunes. — Renonculacées.
Rave de serpent Bryone dioïque, Plante grimpante, envahissante, à belles fleurs jaunes, 8 espèces. — Cucurbitacées.
Ravenala arbre de voyageur aspect d'un palmier à Madagascar, feuilles en gouttière, gr. comestibles. — Musacées.

Ravenala Plante de serre 120-160', à Paris, feuilles engaînantes, fleur houppe, Urania, 2 espèces.   Musacées.
Ravenelle Raifort sauvage, mauvaise plante à fleurs jaunes dans les blés et seigles.   Cruciféracées.
Ravenelle giroflée à fleurs jaunes ou blanches, violier jaune des murailles.   Cruciféracées.
Ravison (huile de) Retirée des graines du Senevé, moutarde des champs.   Cruciféracées.
Ray-grass Plante nuisible, ivraie enivrante, feuilles plates, Lolium temulentum.   Graminacées.
Ray-grass d'Italie Plante vivace, les jeunes feuilles sont enroulées sur les bords.   Graminacées.
Ray-grass ou ivraie vivace plante 40-50' épi long et comprimé, bon gazon ou fourrage.   Graminacées.
Réaumuriées 2'tribu de la famille des **Tamarisacées**, 2 genres, 13 espèces, Hololachne, Reaumuria.
Réceptacle Partie des organes femelles des fleurs, placée sous l'ovaire chez les Thalamiflores.
Réceptacle du Capitule. Le fond de la fleur chez les composées : artichaut, camomille, pissenlit, soleil.
Redoul Coriaria, corroyère, arbuste pour haies, 180° feuilles et fruits vénéneux, 3 espèces.   Coriariacées.
Redwood (Bois rouge) Erythroxylon de Californie, arbre très grand, son fruit est la coca, 100 espèces.   Linacées.
Reevesia Arbuste de serre 90-130', feuilles alternes coriaces, fleurs blanc crème, 2 espèces.   Sterculiacées.
Regain Deuxième ou troisième coupe du fourrage dans les prairies non pâturées.   Graminacées.
Régime L'ensemble des fruits d'un bananier ou du dattier sur la même branche.
Réglisse Glycyrrhiza glabra, Arbuste 130-160', racines employées pour boisson ou zan, 12 espèces.   Léguminacées.
Réglisse sauvage Astragale, arbuste à tige droite, sa racine est aussi employée.   Léguminacées.
Rehmannia Plante 100° à tige chargée de fleurs, comme digitale, 2 espèces.   Gesnéracées.
Reine Claude Variété de prune de table et pour confiture de couleur jaune vert, bon fruit.   Rosacées.
Reine des eaux La Victoria-regia, feuille 100' à Lyon au Jardin botanique du Parc de la Tête d'or.   Nymphéacées.
Reine des bois Dianelle, plante à tige tortueuse, 70°, feuilles engaînantes, fleurs bleues, 12 espèces.   Liliacées.
Reine des bois Asperula odorata, plante des bois 10-50' ; fleurs blanches, petit muguet, 90 espèces.   Rubiacées.
Reine Marguerite Callistephus, Aster de Chine, 1730, pl. à grandes fl. une esp. 144 var. cult. à Paris.   Composacées.
Reine des prés Hoteia-japonica, plante cultivée, feuilles composées, fleurs blanches plumeuses, 6 esp.   Rosacées.
Reine des prés Spirea-ulmaria, plante 70', feuilles comme ronce, fleurs blanches en panache, 50 esp.   Rosacées.
Reineckea carnea Plante basse pour bordure, rocher, suspension, Liriope ou Sanseviella, une esp.   Liliacées.
Reinette Variété de pomme, la reinette Canada est unie, la Calville est à côtes.   Rosacées.
Reinwardtia Arbuste buissonnant, feuillage persistant, grandes fleurs jaune vif, 40 espèces.   Théacées.
Religieuse Arum maculatum, feuilles tachetées de noir, fruits rouges, charnus.   Aroïdacées.
Remontante (fleur) qui fleurit plusieurs fois dans la même année, le souci fleurit 12 fois à Nice.
Renanthera Tige de 2 à 6ᵐ grimpante, feuilles coriaces, fleurs rouge cocciné, 5 espèces.   Orchidacées.
RENONCULACÉES 1ᵉ famille des Dicotylédones : 5 tribus, 30 genres, 680 espèces (de Rana : petite grenouille)
RENONCULACÉES Aconit, Actea, Adonis, Albicans, Ancolie, *Anémone*, Aquilegia, Athragène, Calathodes, Callianthe-
    mum, Caltha. Ceratocephalus, Cimicifuga, *Clématite*, Coptis, Delphinium, Ellebore, Eranthis, Ficaria, Garidelle, Glauci-
    dium, Hamadrius, *Helleborus*. Hépatique, Hydrastis, Isopyrum, Knowltonia, Myosurus, Naravelie, Nigella, Oxygraphis,
    Paeonia, Pied d'alouette, Pivoine, Pigamon, Populage, Pulsatille, Ratoncule, *Renoncule*, Staphisaigre, Thalictrum, Trol-
    lius, Xanthorhiza, Xaveria.
Renoncule ou Renonculus, 200 espèces, toutes mauvaises pour les animaux.   Renonculacées.
Renoncule Acre Bouton d'or et bouton d'argent, sauvage : simple ; cultivé : double.   Renonculacées.
Renoncule Hepatica-trifolia, plante très fournie, feuilles à 3 lobes vert foncé, fleurs violettes.   Renonculacées.
Renoncule scélérate avait le don d'exciter le rire sardonique, empoisonne les vaches.   Renonculacées.
Renonculées 3ᵉ tribu de la famille des **Renonculacées** : 4 genres, 208 espèces : Hamadrias, Oxygraphis, Renoncule, Traut-
    vetteria.
Renonculier Cerisier-merisier, arbre à grandes fleurs doubles et nombreuses.   Rosacées.
Renouée brûlante persicaire brûlante, plante annuelle 50-90ᶜ fl. en épis.   Polygonacées.
Renouée douce Curage, fer à cheval, pied rouge, pilingre, fleurs épis, piment d'eau.   Polygonacées.
Renouée du Japon Plante à grandes feuilles, 1863 en Europe, envahissante, cuspidatum.   Polygonacées.
Renouée des oiseaux Plante étalée, pousse partout, même entre les pavés, traînasse, achée·   Polygonacées.
Reprise Sedum-telephium ou Anacampseros ou herbe grasse fleurs rouge-pourpre.   Crassulacées.

Reproduction gemmipare par bourgeons, boutures, marcottes soit par greffe ou écusson.

Réséda Plante des champs et cultivée, fleurs jaunâtres, odeur très agréable, 30 espèces.   Résédacées.

RÉSÉDACÉES 14ᵉ famille des Dicotylédones, 6 genres, 43 espèces (de latin Resedare : Calmer, Apaiser).

RÉSÉDACÉES Astrocarpus, Caylusea, Gauda, Ochradenus, Oligomeris, Randonia, Réséda, Sesamella.

Résine substance qui coule de certains arbres par incision, surtout des pins et sapins.

RESTIACÉES 33ᵉ famille des Monocotylédones ; 20 genres, 243 espèces (restis : corde).

RESTIACÉES Anarthria, Cannomois, Ceratocaryum, Dovea, Elegia, Hypodiscus, Hypolena, Lepidobolus, Leptocarpus, Lepyrodia, Loxocarya, Lyginia, Mesanthus, Restio, Staberoha, Thamnochortus, Willdenowia, plantes avec l'aspect de nos cypéracées.

Retama espèce de genêt à petites fleurs blanches odorantes, Genista, 70 espèces.   Léguminacées.

Retiniphyllées 12ᵉ tribu de la famille des **Rubiacées**, 4 genres, 13 espèces   Jackia, Kotchubea, Retiniphyllum, Scyphiphora.

Retinospora Cyprès du Japon, feuillage-compact, se greffe sur thuïa orientalis, 4 espèces.   Coniféracées.

Revalescière Mélange des farines d'avoine, lentilles, maïs, orge, pois et sorgho.

Rêve d'or Variété d'anthémis à belles fleurs jaunes ; Anthemis, 70 espèces, 80 variétés.   Composacées.

Réveille-matin Euphorbia-Hélioscopia il en sort un liquide blanc caustique.   Euphorbiacées.

Rhagadiolus-stellatus Plante commune des champs à fleurs jaunes, Hedypnois, 5 esp.   Composacées.

RHAMNACÉES 53ᵉ famille des Dicotylédones ; 5 tribus, 42 genres, 475 espèces (Rhamnus, Ville de Grèce).

RHAMNACÉES Principaux genres et espèces : Adolphia, Alaterne, Berchemia, Bourdaine, Bourg-épine, Ceanothus *Colletia*, Colubrina, Condalia, Crumenaria, Cryptandra, Discaria, Emmenospermum, Frangula, *Gouania*, Guidoulier, Helinus, Hovenia, Jujubier, Karwinskia, Lotos, Microrhamnus, Nerprun, Paliurus, Phylica, Pomaderris, Retinaria, Rhamnidium, *Rhamnus*, Sageretia, Sarcomphalus, Scutia, Smythea, Spyridium, Stenanthemum, Trymalium, *Ventilago*, *Zizyphus*.

Rhamnées 3ᵉ tribu de la famille des **Rhamnacées**, 19 genres, 293 espèces.

Rhamnus ou alaterne Arbuste toujours vert ; à Nice, à l'état sauvage ; nerprun, noirprun.   Rhamnacées.

Rhamnus ou frangula Petit arbre à feuilles très découpées, bourgène, aune noir, pouverne.   Rhamnacées.

Rhamnus-infectoria Arbre à feuilles velues sur les nervures, fruits jaunes, donne graines d'Avignon.   Rhamnacées.

Rhamnus-libanoticus Arbre à grandes et belles feuilles.   Rhamnacées.

Rhaphiolepis ou Raphiolepis, arbuste à feuilles épaisses luisantes ; fleurs blanches, 5 espèces.   Rosacées.

Rhapidophyllum Palmier avec feuilles flabelliformes, en éventail, une espèce.   Palmacées.

Rhapis palmier de la Chine et du Japon, aujourd'hui acclimaté, 5 espèces.   Palmacées.

Rhapis Plante de serre 2ᵐ50, feuilles en éventail par 3 ou 4 sur longue tige mince.   Palmacées.

Rhapontic Centaurée behen blanc ou rouge, Jacée des prés, tête de moineau.   Composacées.

Rhapontic Plante à feuilles comme rhubarbe, fleurs pourpres sur tige de 80-120ᶜ.   Polygonacées.

Rhazia-orientalis Plante vivace fournie, petites fleurs bleu pâle, 2 espèces.   Apocynacées.

Rheum ou rhubarbe Plante à très grandes feuilles à isoler sur pelouse (1828), 20 espèces.   Polygonacées.

Rhexie de Virginie Plante à tubercule, tige carrée 30-50ᶜ, feuilles poilues, fleurs rose carmin, 7 esp.   Mélastomacées.

Rhexiées 4ᵉ tribu de la famille des **Mélastomacées**, 3 genres, 37 espèces ; Monochetum, Pachyloma, Rhexia.

Rhinanthe Crête de coq, Plante à fleurs jaunes en épis, tartarelle, cocriste, 3 espèces.   Scrofulacées.

Rhinanthera-pentandra Arbuste de serre, 60-90ᶜ, tige grêle, fleurs violettes, Scolopia, 15 esp.   Bixacées.

Rhipidendron ou Kumara, aloès curieuse, arbre à carquois des Hottentots, tige triangulaire.   Liliacées.

Rhipsalis plante grasse, à tiges charnues, pendantes, Lepismium, Hariota, 30 espèces.   Cactacées.

Rhizobolées 1ᵉ tribu de la famille des **Théacées**, 2 genres, 14 espèces : Anthodiscus, Caryocar ou Rhizobolus.

Rhizocarpées Ancienne famille ; comprenait les Azolla, Marsilea, Pilularia, Salvinia, voir Lycopodiacées.

Rhizocephalum planté à feuilles radicales de la Cordillière des Andes, 4 espèces.   Lobeliacées.

Rhizome tige souterraine généralement horizontale, racine traçante d'où sort une nouvelle tige.

RHIZOPHORACÉES 73ᵉ famille des Dicotylédones, 3 tribus, 17 genres, 50 espèces (qui porte racine).

RHIZOPHORACÉES *Anisophyllea*, Blépharistemme, Bruguiera, Carallia, Cassipourea, Ceriops, Combretocarpus,

Crossotyles, Dactylopetalum, Gynotroches, Haplopetalum, Kandelia, *Legnotis*, Macarisia, Manglier, Palétuvier, Pellacalyx, Plesiantha, *Rhizophora*, Weihea.

Rhizophorées 1e tribu de la famille des **Rhizophoracées** ; 4 genres, 17 espèces : Bruguiera, Ceriops, Kandelia, Rhizophora.

Rhodanthe Plante 15-35e, tiges grêles cassantes, fleurs blanc rosé, séchant vite Helipterum. Composacées.

Rhodea du Japon Plante en bordure ou rocaille, fruits en épis serrés, Titragyne, Rohdea, une esp. Liliacées.

Rhodiela ou Orpin Plante 25-50' vivace, feuilles glauques, fleurs roses, racines odeur de rose. Crassulacées.

Rhodochiton Plante grimpante, feuilles en cœur, fleurs roses, pointillées pendantes, une espèce. Scrofulacées.

Rhododendron Arbuste et Arbrisseau très décoratif à grandes et nombreuses fleurs 1763, 170 espèces. Ericacées.

Rhododendron Rosage, Rose des Alpes, petit arbuste des montagnes, fleurs roses. Ericacées.

Rhodoleia de Champion, aspect camellia, arbuste feuilles persistantes, fleurs roses par 5. Hamamélisacées.

Rhodomélées groupe de la famille des **Alguacées**.

Rhodophycées ou **Floridées** 4e tribu de la famille des **Alguacées** : algues rouges, 444 genres, 2 800 espèces.

Rhodora du Canada Arbuste 70-90', feuilles ovales velues, fleurs pourpres à odeur, Rhododendron. Ericacées.

Rhodorées 4e tribu de la famille des **Ericacées** ; 16 genres, 218 espèces.

Rhodotypus Kerrioïdes Arbuste à palisser, à fleurs blanches, étamines jaunes, une espèce. Rosacées.

Rhodyméniées groupe de la famille des **Alguacées**.

Rhopalostylis Palmier à feuilles penniséquées ou palmettes comme Kentia, 2 espèces. Palmacées.

Rhubarbe Plante à très grandes feuilles jusqu'à 80e, la tigelle est comestible, 20 espèces. Polygonacées.

Rhubarbe Anglaise, rhapontic des moines, 1573 en Europe, tige 150e, feuilles 30'. Polygonacées.

Rhubarbe Rheum officinale de la Chine, en Europe en 1828 par Wallich. Polygonacées.

Rhubarbe (fausse) Thalictrum-flavum ou Pigamon pl 70-120e, feuilles bleues, fleurs jaunes. Renonculacées.

Rhus-cotinus ou fustet Arbuste à feuilles rondes, vinaigrier, donne une teinture orangée, une espèce. Anacardiacées.

Rhus-radicans Plante grimpante avec vrilles, couvre les murs et tonnelles, Sumac vénéneux. Anacardiacées.

Rhus-succedanea Produit la cire du Japon, très répandue dans le commerce. Anacardiacées.

Rhus-sumac Rouvre des corroyeurs, arbre avec feuilles vénéneuses, fleurs en panache. Anacardiacées.

Rhus-vernix Vrai vernis du Japon, fustet à laque, 10 variétés. Anacardiacées.

Rhynchanthera genre d'orchidée qui se nomme aussi : Chloidia, Hysteria, Macrostylis, 7 espèces. Orchidacées.

Rhynchocarpa Plante grimpante, 5-6m, fe. bien découpées, fl. verdâtres, petit fruit orange, 12 esp. Cucurbitacées.

Rhynchospermum Plante grimpante, à fleurs blanches très odorantes, Leptocoma, une espèce. Composacées.

Rhynchospora Plante des marais tourbeux 10-50e, épis blanchâtres ou bruns; 150 esp. 200 variétés. Cypéracées.

Rhynchosporées 3e tribu de la famille des **Cypéracées**, 21 genres, 444 espèces.

Rhyzocephalum plante à feuilles radicales de la Cordillère des Andes, 4 espèces. Lobeliacées.

Rib-grass Plantin des prés, plante fourragère en mélange, Herbe à cinq côtes, tête noire. Plantaginacées.

Ribes Groseilliers à fruits comestibles : 1º rouges, 2º blancs, 3º noirs, 4º à maquereaux, 75 espèces. Saxifragacées.

Ribes-uva-crispa Groseillier à maquereaux, arbuste épineux à gros fruits, 7 variétés. Saxifragacées.

Ribesiées 6e tribu de la famille des **Saxifragacées**, 5 genres, 82 espèces.

Ricciées 3e tribu de la famille des **Hépaticacées** ; 4 genres, 110 espèces.

Richardia Calla d'Ethiopie, espèce d'arum cultivée à belles fleurs blanches. Aroïdacées.

Ricin 1548 en Europe Pl. 50-200e à grandes feuilles palmées, 8 à 9 nervures partant du centre, une esp. Euphorbiacées.

Ricin Palma-Christi, donne l'huile purgative, 1767, usage en Europe, huile de castor, huile de Kerva. Euphorbiacées.

Ricin du Midi dont les feuilles nourrissent le ver-à-soie, Bombyx-cinthia. Euphorbiacées.

Ricotia Plante 25e avec petites fleurs roses, gousse comme lunaire, une espèce, 5 variétés. Cruciféracées.

Riedleia Plante textile, variété de filasse, 1733 en Europe, Melochia, 56 espèces. Sterculiacées.

Rigidella Plante bulbeuse, feuilles engaînantes et plissées, fleurs écarlates, 3 espèces. Irisacées.

Rignoche nom vulgaire d'un champignon du genre Hydnum, barbe de vache, de chèvre. Champignonacées.

Rimu ou **Dacrydium** Faux cyprès, arbre toujours vert, Lepidothamnus, 12 espèces. Coniféracées.

Rindère ailée Plante vivace 65e, feuilles lance, fleurs jaunâtres en girandoles, 15 espèces. Borraginacées.

Rivina-humilis Arbrisseau de serre, fleurs blanches, fruits écarlates en grappes, une esp. 5 variétés. Phytolaccacées.

Rivinées 1e tribu de la famille des **Phytolaccacées**, 10 genres, 30 espèces.

Riz Oriza-sativa, plante jusqu'à 130°, feuilles engaînantes, fleurs en panicules.   Graminacées.

Riz Se conserve facilement, nourrissait la moitié de la population terrestre, 6 esp. 20 variétés.   Graminacées.

Riz Les premiers riz vinrent d'Egypte en France pendant la famine de 1694.   Graminacées.

Robe de sergent Prunier produisant la prune d'Agen ou prune d'Ente, pour pruneaux.   Rosacées.

Robert (géranium) Plante rampante, pousse partout, feuilles rondes, fleurs roses.   Géraniacées.

Robertia Plante de Corse, feuilles en rosette, fleurs en aigrettes, Hypochaeris, 30 espèces.   Composacées.

Robinet Lychnis-dioïca, petit œillet, c'est le compagnon blanc des moissons.   Caryophyllacees.

Robinia hispida Arbre à fleurs roses en grappes pendantes, 3 variétés.   Léguminacées.

Robinia ou Pseudo-acacia Arbre à fleurs blanches odorantes en grappes pendantes.   Léguminacées.

Robinier L'arbre que tout le monde connaît sous le nom d'acacia, en France, par J. Robin, 1601.   Léguminacées.

Robinier Robinia pseudo-acacia, c'est l'acacia commun de nos avenues, 6 espèces, 15 variétés.   Léguminacées.

Rocambole Allium scorodoprasum, plante potagère, échalotte d'Espagne, ail rouge.   Liliacées.

Rocella Lichen fournissant la teinture rouge : l'orseille ou tournesol.   Lichenacées.

Rochea-falcata Plante de serre 90°, à quatre rangs de feuilles charnues, fleurs écarlates, 4 esp.   Crassulacées.

Rochelaise ou Cyclamen, plante en rosette 10-15°, fleurs à pétales renversés ou retroussés, 12 espèces.   Primulacées.

Rocou ou bixa Arbrisseau du Brésil, de ses fruits on retire une belle couleur rouge-brique, 2 espèces.   Bixacées.

Rocou (extrait de) Matière colorante en pâte molle pour le beurre (Danemark).   Bixacées.

Rocouyer d'Amérique Arbre de 4-5ᵐ à grandes feuilles d'un beau vert, fleurs en panicule blanc rosé.   Bixacées.

Rodgersia Plante à feuillage léger très découpé, aspect Hotéia, une espèce.   Saxifragacées.

Rodriguezia Plante de serre bulbeuse, vivace, feuilles raides, fleurs d'un beau rose, 28 espèces.   Orchidacées.

Roella ciliata Arbuste de 15-25°, feuilles aiguës, fleurs violettes en entonnoir, 11 esp.   Campanulacées.

Roemeria Plante des champs, chemins, aspect d'un petit coquelicot, fleurs violettes, 3 esp.   Papavéracées.

Roezlia ou Monochaetum Plante de rocaille, fleurs et feuilles panachées, 28 espèces.   Mélastomacées.

Rogiera Plante de serre, feuilles opposées, petites fleurs roses, odeur suave, Rondeletia, 60 espèces.   Rubiacées.

Rognon de Caux ou de Coq, bonne variété de haricot ayant la forme du rognon de coq.   Léguminacées.

Rohdea-Japonica Plante de serre à feuilles fermes, coriaces, roulées en cuiller, Titragyne, une esp.   Liliacées.

Rolette Bette poirée, plante potagère à grandes feuilles tendres, 5 variétés.   Chénopodiacées.

Romaine belle variété de laitue à fe. longues, craint la gelée, se mange en salade, chicon, 19 variétés.   Composacées.

Romarin Arbuste aromatique à fleurs violacées, donne le bon goût au miel de Narbonne, une espèce.   Labiacées.

Romarin de Bohême Ledum palustre, arbuste feuilles odorantes, fleurs blanches, 5 espèces.   Ericacées.

Romneya Belle plante vivace 60-90°, grande fleur blanche à cœur jaune, une espèce.   Papavéracées.

Romneyées 1ᵉ tribu de la famille des **Papavéracées** ; 3 genres, 5 espèces : Platystemon, Platystigma, Romneya.

Romulea Plante des lieux humides, feuilles 5-30°, petites fleurs en entonnoir, 54 espèces.   Irisacées.

Ronce cultivée Arbuste épineux, framboisier à fruit rouge ou blanc odorant, 24 variétés.   Rosacées.

Ronce noire Arbrisseau sarmenteux, produit une framboise sauvage, 600 variétés en France.   Rosacées.

Ronce odorante ou Framboisier du Canada. Arbuste 100-150° donne un fruit charnu.   Rosacées.

Ronce ou Rubus Arbrisseau épineux, formant des broussailles inextricables, couvert à gibier.   Rosacées.

Rondeletia Arbuste de serre, feuilles sessiles, fleurs tubuleuses écarlates et gorge jaune, 60 espèces.   Rubiacées

Rondeletiées 5ᵉ tribu de la famille des **Rubiacées** ; 15 genres, 130 espèces.

Ronier ou Borassus beau palmier éventail ; de ses feuilles on tire du papier, chapeaux, nattes, 1 esp.   Palmacées.

Ronier-Lontarus Borassus-flabelliformus, au Sénégal, arbre de 20 à 25ᵐ, vin de palme, une espèce.   Palmacées.

Ropala du corcovado Arbuste 3ᵐ à Paris, feuillage penné, Rhopala, Roupala, 33 espèces.   Protéacées.

Roquette Chou-roquette plante 30-40° sur les décombres ; odeur désagréable, eruca.   Crucifèracées.

Roquette cultivée Petite plante 15ᶜᵐ à feuilles charnues, pour salade.   Crucifèracées.

Roquette de mer cakile maritime, Bunias. Plante des dunes à feuilles charnues, 2 espèces.   Crucifèracées.

Roquette sauvage Cresson des bois ; pousse dans les ruisseaux et rivières, fleurs jaunes.   Crucifèracées.

Roripe Faux cresson, plante des endroits humides, 20-40° feuille du milieu divisée.   Crucifèracées.

ROSACÉES 66ᵉ famille des Dicotylédones, 10 tribus, 79 genres, 1000 espèces (se courber, être flexible).

ROSACÉES Principaux genres et espèces : Abricotier, Acena, Adenostoma, Aigremoine, Alchemille, Alisier, Amandier, Amolanchier, Amonia, Aphanes, Aria, Aubépine, Bencomia, Benoite, Bibacier, Bigarreautier, Brayera, Cercocarpus, Cerisier, Chamaemeles, Chamaerhodos, *Chrysobalanus*, Cliffortia, Cognassier, Comaret, Cormier, Cotoneaster, Couepia, Cowania, Crataegus, Cydonia, Dahbarda, Docynia, Dryas, Eriobotrya, Exochorda, Ferolia, Filipendula, Fragaria ou Fraisier, Framboisier, Geum, Gillenia, Grielum, Griffonia, Griottier, Guignier, Hirtella, Kageneckia, Kerria, Koussotier, Lecostemon, Licania, Mahaleb, Malus, Margyricarpus, Merisier, Mespilus, Moquilea, Néflier, Neillia, *Neurade*, Nuttullia, Osteomeles, Parinarium, Pêcher ou Persica, Photinia, Pimprenelle, Pirus ou Poirier, Polylepis, *Pommier, Potentille, Poterium,* Pourthiea, Prunier ou *Prunus,* Putiet, Pygeum, *Quillaja,* Raphiolepis, Rhodotypus, Ronce, Rosa ou *Rosier, Rubus,* Sanguisorbe, Sibbaldia, Sorbier, *Spirea,* ou Spirée, Stephanandra, Stranvesia, Stylobasium, Thollonia, Vauquelinia, Waldsteinia.

Rosage Rhododendron, Rose des Alpes, petit arbuste des altitudes élevées, fleurs roses.   Ericacées.

Rose des Alpes Rhododendron, Rosage, petit arbuste de montagne 20-30° fleurs roses.   Ericacées.

Rose à bâton Rose trémière, Althea-rosa, alcée passe-rose, rose papale, plante 2 à 3ᵐ, 20 variétés.   Malvacées.

Rose de Chien Eglantier commun sur lequelle on greffe à haute tige.   Rosacées.

Rose du ciel Coquelourde, Plante 40-50° feuilles opposées, fleurs rose tendre en calice à 5 côtés.   Caryophyllacées.

Rose de Damas Alcée, rose trémière, rose de mer, rose d'outremer, vient de Syrie.   Malvacées.

Rose de Geai Glaïeul commun, plante 40-50°, fleurs variées, Spatule, Victoriale ronde.   Irisacées.

Rose de Gueldres Viburnum, Boule de neige, Viorne obier ; fruits rouges.   Caprifoliacées.

Rose d'hiver Helleborus-viridis, herbe aux fées ; pousse à l'ombre, fleurs vertes, 6 esp. 40 variétés.   Renonculacées.

Rose d'Inde Tagetes-erecta, plante à grosse fleur jaune, odeur désagréable, 20 espèces.   Composacées.

Rose du Japon Camellia, Arbrisseau 3-4ᵐ feuillage persistant vert foncé vernissé 16 espèces, 700 variétés.   Théacées.

Rose de Jéricho Anastatica-hierochuntina, sur les sables maritimes de Syrie, une espèce.   Cruciféracées.

Rose de Junon Lilium-candidum, lis blanc né du lait de Junon, (odeur mortelle).   Liliacées.

Rose de loup Coquelicot ; la plante qui pousse partout, même dans les blés.   Papavéracées.

Rose Marine ou Romarin arbuste ligneux condimentaire 50-70 à fleurs violacées, une espèce.   Labiacées.

Rose du Nil Nelumbium-speciosum plante aquatique, grandes feuilles, fleur sur tige, 2 espèces.   Nymphéacées.

Rose de Noël Helleborus ou Ellébore noir à racines noires, fleurs vertes 6 espèces, 40 variétés.   Renonculacées.

Rose de N. Dame Pivoine officinale, rosa benedicta, plante en grosse touffe, rose peone 7 esp. 115 var.   Renonculacées.

Rose d'outremer Rose trémière, rose de mer, rose de Damas, rose papale, 20 variétés.   Malvacées.

Rose de Provence Ketmie, mauve en arbre : arbuste et arbrisseau jusqu'à 4ᵐ.   Malvacées.

Rose de Sérane Pivoine paradoxale, pl. 60-80, feuilles alternes, grosses fleurs.   Renonculacées.

Rose de serpent Helleborus, pied de griffon (forme de la feuille), patte d'ours.   Renonculacées.

Rose trémière à bâtons, de Damas, Passe-rose à fleurs simples ou doubles, 20 variétés.   Malvacées.

Roseau aromatique Acorus-calamus, jonc odorant, feuilles 120-130 largeur 2°, 2 espèces.   Aroïdacées.

Roseau à balais Arundo-phragmites, roseau des étangs, 80-200°, pour nattes et paillassons, 3 espèces.   Graminacées.

Roseau cigare plante aquatique 120-150 feuille 3 à 4° de larg. fleur mâle aspect cigare, 10 espèces.   Typhacées.

Roseau d'Egypte Saccharum, canne à sucre, 2-4ᵐ, fleurs panache plumeux, 12 espèces.   Graminacées.

Roseau Epineux Rotang ou Rotin plante liane jusqu'à 200ᵐ on en fait des cannes, cravaches, etc.   Palmacées.

Roseau panaché Arundo-phalaris, ruban, chiendent panaché pour gerbes de fleurs, 10 espèces;   Graminacées.

Roseau de la Passion Typha-massette, plante des étangs, 120-150° feuilles lame d'épée, 10 espèces.   Typhacées.

Roseau à plumet Gynerium argenteum, plante d'ornement, herbe des pampas du Brésil, 3 espèces.   Graminacées.

Roseau de Provence Arundo-donax, 4 à 6ᵐ, pour canne à pêche, panier, clôture, 6 espèces.   Graminacées.

Roseau à quenouille Arundo-sativa canne de Provence, pour abris, clôture panier.   Graminacées.

Rosées 8ᵉ tribu de la famille des **Rosacées** ; 1 genre Rosa, 55 espèces : 9000 variétés.

Roseraie de Bagatelle au bois de Boulogne à Paris. Le musée des roses à voir en juin (A la ville de Paris).

Roseraie de l'Hay (Seine) à Mʳ Gravereaux, plus de 9000 variétés, avec théâtre de verdure.

Rosette (feuilles en) partant toutes du pied, sans tiges, comme la pâquerette, pissenlit, plantin, etc, etc.

Rosettes de mai roses Banksia, petites roses blanches ou jaunes sur longues tiges, non remontantes.   Rosacées.

Quelques roses qui ornent nos jardins avec nom et date de l'obtention

Aimée Vibert blanche, par Vibert.......... 1828
Appert (Eugène) écarlate, par Trouillard.... 1856
Banks 1807 de Chine blanche, à Paris, par Boursault............................ 1819
Baronne Prevost Carmin-lilas, par Desprez.. 1842
Baronne A. de Rothschild Rose argenté, par Pernet père.......................... 1868
Bérard (Mme) Saumon, par Levet.......... 1870
Bobrinsky (Comte) carmin, Marest.......... 1849
Boncenne (Mr.) rouge nuancé, Liabaud..... 1864
Brunner fils (Ulrich) cerise, Levet père...... 1881
Captain Christy carné tendre, Lacharme..... 1873
Caroline Testout rose superbe, Pernet-Ducher. 1890
Château du Clos-Vougeot cramoisi, Pernet-Ducher............................ 1908
Chromatelle beau jaune, Coquereau........ 1843
Comte de Montebello cerise, Levèque....... 1896
Comte de Paris rose clair, Hardy.......... 1839
Coquette de Lyon jaune, Ducher.......... 1872
Etoile de France grenat et cerise, Pernet-Ducher............................ 1904
Félicité et Perpétue carné, Jacques......... 1828
France (la) rose argenté, Guillot fils........ 1867
France (la) de 89 rouge velouté, Moreau Robert. 1889
Gabriel Luiset (Mme) rose tendre, Liabaud.. 1855
Géant des Batailles rouge feu, Nérard...... 1846
Général Jacqueminot rouge velouté, Rousselet 1854
Gloire de Bourg-la-Reine écarlate, Margottin. 1879
Gloire de Dijon saumon, Jacotot........... 1853
Gloire de Lyon pourpre, Ducher.......... 1857
Gravereaux (Mme René) rose vif, Gravereaux 1902
Hardy (Mme) blanc rosé, Hardy père........ 1833
Herriot (Mme Edouard) rose panachée. Pernet-Ducher............................ 1912
Jean Liabaud cramoisi, Liabaud............ 1875
Juliet rouge-rose riche, W. Paul........... 1910
Karr (Alphonse) cramoisi, Nabonnand...... 1879
Lamarque (général) blanc, Maréchal........ 1830

Labarthe (Comtesse de) rose tendre, Bernède 1857
Lefebvre (Charles) rouge velouté, Lacharme. 1861
Magna Charta rose nuancé, W. Paul........ 1876
Maman Cochet rose et saumon, Scip. Cochet. 1892
Maréchal Niel jaune vif, Pradel............ 1864
Margottin (Jules) carmin, Margottin........ 1852
Marie Van Houtte rose et jaune, Ducher..... 1871
Merveille de Lyon blanc, Pernet père....... 1882
Monte Christo cramoisi ombré, Fontaine.... 1861
Niphetos blanc, Bougère.................. 1843
Papa Gontier carmin vif, Nabonnand........ 1883
Paul Nabonnand hortensia, Nabonnand..... 1878
Paul Neyron rose foncé, Levet père........ 1869
Perle d'or jaune nankin et orange, Dubreuil. 1883
Pompon de Bourgogne rose, Environs de Dijon.............................. 1735
Prince Noir pourpre foncé, Boyeau........ 1854
Récamier (Mme) carné, Lacharme.......... 1852
Reine (la) rose lilas, Laffay............... 1842
Reine des Neiges blanc pur Lambert P...... 1900
Rêve d'or jaune, Ducher................. 1869
Rouge Angevine, par Chedane et Pajotin.... 1907
Safrano beurre frais, Beauregard.......... 1839
Salet mousseuse rose, Lacharme.......... 1854
Soleil d'or jaune vif et or, Pernet-Ducher... 1900
Sombreuil blanc et saumon, Robert........ 1850
Soupert (Mme Mélanie), jaune-aurore-carminé, Pernet-Ducher...................... 1905
Souvenir du Champ-de-Mars pourpre brun, par Fontaine........................ 1867
Souvenir de la Malmaison chair, Beluze..... 1843
Triomphe de l'Exposition rouge velouté, Margottin............................ 1855
Turner's crimson rambler cramoisi, Turner. 1894
Victor Verdier rouge nuancé, Lacharme..... 1854
Victor Verdier (Mme) cramoisi, E. Verdier.. 1859
William Allen Richardson or en bouton, veuve Ducher............................ 1878

Liste des Rosiers aux catalogues de nos Horticulteurs

En Europe		Variétés
1789	Rosiers thés et leurs hybrides, 1809 à Paris ; 1853 Gloire de Dijon Jacotot ; 1867, la France, Guillot. .	1000
1836	Rosiers hybrides remontants La Reine par Laffay à Bellevue, 1842 et Baronne Prévost par Desprez.	850
1819	Rosiers Ile Bourbon de graines par Jacques à Neuilly ; 1843, Souvenir de la Malmaison par Beluze,.	80
1814	Rosiers Noisette et leurs hybrides, (Etats-Unis) ; 1828 Aimée Vibert ; 1843, Chromatelle, Coquereau.	80
1746	Rosiers Moussus à Carcassonne, Jeanne de Montfort 1857, par Robert ; 1854, Salet par Lacharme.	70
1898	Rosiers Pernetiana, Pernet-Ducher, 1900 Soleil d'or, 1907 Lyon-Rose, 1909 Beauté de Lyon. . . .	68
1873	Rosiers Polyantha et leurs hybrides ; 1875 Pâquerette par Guillot ; 1894 Turner's Crimson rambler	55
1789	Rosiers du Bengale et hybrides de Chine par W. Kee ; à Paris 1793, Le Vésuve 1825 par Laffay.	35
1784	Rosiers Rugueux et leurs hybrides. souvent en buissons ; 1900 Rose à Parfum de l'Hay, Gravereaux	30
xiiie s.	Rosiers Cent feuilles, 1827 Cristata par Vibert ; 1827 Pompon blanc par Mauget ; Anaïs Segalas 1837.	25
1804	Rosiers Multiflores sarmenteux, 1834 Laure Davoust ; 1863 Tricolore, par Robert ; Eiffel 1892 Levêque	25
1827	Rosiers Pleureurs en parasol, Félicité Perpétue par Jacques ; Crimson-rambler 1894 ; Rubin 1899.	20
1816	Rosiers de Provins panachés Adèle Heu 1816 Vibert ; Fatine 1820 Deschamps ; Jean Bart 1841 Vibert.	17
1860	Rosiers Wichuriana sarmenteux ; Crépin à Bruxelles, 1888 première fleur ; pour murs, rochers. .	17
xiiie s.	Rosiers Damas non remontants, 1768 Miller ; Mme Hardy 1833 par Hardy ; Botzaris 1856 par Robert.	10
1768	Rosiers Ayrshire d'Ecosse sarmenteux, Thoresbyana 1840 par Bennett (Rosiers Michigan).	8
1807	Rosiers Banks sarmenteux blancs ; 1819 à Paris par Boursault ; 1823 jaune simple à Paris, par Damper.	7
1753	Rosiers Sempervirens sarmenteux, 1821 princesse Marie, 1827 Félicité Perpétue. par Jacques. . .	7
1815	Rosiers de Miss Lawrence, Rosa Lawrenceana 1821 par Redouté, de Chartres 1838 par Laffay. . .	6
1812	Rosiers Portlands dits perpétuels, Rose du Roi, Lelieur, 1812 ; Blanc de Vibert 1847.	5
1586	Rosiers Capucine non remontants, Rosa Lutea 1768 Miller ; 1833 Persian Yellow par Willock, jaune d'or	4
1820	Rosiers Microphylles nains : 1863 Triomphe de la Guillotière et 1872 ma Surprise, par Guillot. .	4
1810	Rosiers Boursault, (Alpina), Amadis 1829 par Laffay, Mme de Sancy de Parabère, 1875, par Bonnet	3
1843	Rosiers à feuilles de ronce, Belle de Baltimore, Eva Corinna et Anna Maria par Feast	3
1768	Rosiers Lutea remontants, Miller obtenteur, Décrit par Dalechamps en 1586	2
1893	Rosiers de Lord Penzance, Lucy Bertram, Julia Mannering 1895 Catherine Seyton	2
1797	Rosiers de Macartney sarmenteux ou Bracteata, Maria Leonida 1832, Alba odorata, 1875 par Levet.	2
1762	Rosiers pimprenelle remontants très épineux (Linné), Stanwell par Lée Myriacantha par De Candolle.	2
1900	Rosier à parfum de l'Hay issu d'un rugosa, du Damas et du Général Jacqueminot	1

Nouveaux Rosiers Pernetiana : 1917 Mistriss Farmer, 1918 Golden Emblem, 1918 Pax Labor, 1919 G. Clemenceau, 1919 Mistriss Ramon Escoffet, 1919 La Somme, 1920 La Joconde, 1920 Jean Forestier, 1920 Souvenir de Claudius Pernet, 1920 Mme Al. Dreux, 1920 Jules Tabart, 1921 Souvenir de Georges Pernet, 1921 Julia Bartet, 1921 Princess Victoria, 1921 Mistriss Rindge, 1921 William Dreew.

Rosier à Hildeshein (Hanovre) tronc de 34ᵉ de diamètre, 6 branches de 5 mètres ; environ 1000 ans.   Rosacées.

Rosiers Arbustes et arbrisseaux épineux, feuilles par 3,5, 7,9,11,13,15 folioles, 55 espèces, 9000 variétés.   Rosacées.

Rosmarinus Romarin, plante ligneuse de montagne et cultivée 40-60ᶜ, à fleurs bleues, une espèce.   Labiacées.

Rossolis Drosera rotundifolia, plante des marais 5-15ᶜ, insectivore, petites fleurs blanches.   Droséracées.

Rotang liane ou jonc de l'Inde, fournit des cannes, joncs et rotins, palmier-jonc.   Palmacées.

Rotang sang-dragon Calamus-draco, produit une résine rouge.   Palmacées.

Rotin Calamus-rotang, palmier liane, à tige qui atteint 150 à 200ᵐ de longueur.   Palmacées.

Rottbolle Plante des sables maritimes, fleurs en 2 bractées à 3 étamines, 33 espèces   Graminacées.

Roubieva Plante des décombres près Hyères, Porquerolles, Toulon, 2 espèces.   Chenopodiacées.

Rottlère des teinturiers Arbre dont on retire une teinture rouge, Kamala, 2 espèces   Euphorbiacées.

Roucouyer arbrisseau 4-5ᵐ, grandes feuilles en cœur, fleurs rouges en panicule, urucu, 2 espèces.   Bixacées.

Rougeole Melampyre des champs, à belles fleurs roses, plante parasite, blé de vache, 9 espèces.   Scrofulacées.

Rouille blanche des Crucifères, causée par le champignon cystopus, 2 espèces.   Champignonacées.

Rouille du rosier et des fourrages, par l'uredo-rosœ. Uredo, 388 espèces ou variétés.   Champignonacées.

Rouille rouge C'est la puccinie des graminées qui vient de l'occidium de l'épine-vinette. Puccinia 286 var.   Champignonacées.

Rouvet Osyris-alba, arbuste de montagne 60-100ᶜ, petites fleurs jaunes, fruits rouges, 6 espèces.   Santalacées.

Rouvre ou Chêne Châgne, Gravelin, Drillard, Drille, Durelin, Roure, Quercus. 300 espèces.   Cupuliféracées.

Rouvre des corroyeurs Rhus-sumac, arbre avec feuilles comme l'ailante mais vénéneuses.   Anacardiacées.

Roxburghia ou Stemona, plante de l'Australie et des Indes orientales, 5 espèces.   Stémonacées.

Royena luisant Arbuste velu, vert foncé à fleurs blanches, Athecia, Forstera, 13 espèces.   Ebénacées.

Ruban d'eau Sparganium-ramosum, plante du bord des eaux, feuilles à 3 faces, 6 espèces.   Typhacées.

Rubanier Sparganium, plante des étangs, fossés 40-80ᶜ, feuilles à 2 ou 3 faces.   Typhacées.

Rubans feuilles de carex ou de phalaris, pour garniture de bouquet ou gerbe de fleurs.

Rubées 5ᵉ tribu de la famille des rosacées, 2 genres, 104 espèces : Dalibarda, Rubus

Rubia-tinctoria Garance, plante 40-100ᶜ, feuilles épineuses à petites fleurs jaunes, 38 espèces.   Rubiacées.

RUBIACÉES 92ᵉ famille des Dicotylédones : 25 tribus, 378 genres, 4.500 espèces (être rouge).

RUBIACÉES Principaux genres et espèces : Acranthera, Adina, Adenosacme, *Alberta*, Alibertia, Alseis, Amaioua, Aniso-phyllea, Anotis, Anthocephalus, *Anthospermum*. Antirrhea, Appunia, Argostemma, Asperula, Augusta, Basanacantha, Bathysa, Belonophora, Bertiera, Bikkia, Bobea, Bouvardia, Caféier, Callipeltis, Calycophyllum, Calycosia, Cascarilla, *Catesbea*, Cephaelis, Cephalanthus, Chasalia. *Chiococca*, Chione, Chomelia, *Cinchona*, Coccocypselum, Cœlospermum, Coffea, *Condaminea*, Coprosma, Cosmibuena, *Coussarea*, Coutarea, Crucianella. *Cruckshanksia*, Crusea, Cuviera. Danais, Declieuxia, Deppea, Diodia, Diplocrater, Diplospora, Duroia, Erithalis, Exostemma, Fadogia, Faramea, Ferdi-nandusa, Fernelia, Gaillet ou *Galium*, Gaillonia, Garance, *Gardenia*, Genipa, Geophila, Gonzalea, Greenea, *Guettarda*, *Hamelia*, Hamiltonia, *Hedyotis*, Heinsia, *Henriquezia*, Hillia, Hindsia, Hoffmannia, Houstonia, Hydnophytum, Hymenopogon, Ipeca ou Ipecacuanha, Isertia. *Ixora*. Kadua, *Knoxia*, Ladenbergia, Lasianthus, Lasiostoma, Limnosipania, Lindenia, Luculia, Machaonia, Macronemum, Malanea, Mallostoma, Manettia, Mapouria, Mitracarpum, *Morinda*, *Mussenda*, Myrioneuron, Myrmecodia. *Nauclea*, Nertera, Neurocalyx, Oldenlandia, Ophiorhiza, Otomeria. Oxyanthus. Oxyceros *Paederia*, Palicou-rea, Pavetta, Pentas, Perama, Petunga, Phialanthus, Plectronia, Plocama, Pogonopus, Portlandia, Posoqueria, Psilan-thus, *Psychotria*, Quinquina, Randia, Relbunium, Remijia, *Retinophyllum*, Richarsonia, *Rondeletia*, Rubia, Rudgea, Rustia, Rutidea, Sabicea, Saprosma. Sarcocephalus, Schradera. Scolosanthus. Serissa, Sherardia. Sipanea, *Spermacocé*, Ste-phegyne, Strempelia, Suteria, Tarenna, Teinosolen, Timonius. Tocoyena, Tricalysia. Triodon, Ulobolus, Uncaria, Ura-goya. Urophyllum. Vaillantia, *Vangueria*. Virecta, Wendlandia, Xanthophytum, Xerococcus,

Rubus ou ronce Arb. rampant épineux, en broussaille, petits fr. rouges, puis noirs 600 var. en France.   Rosacées.

Rubus-rosefolius Fraisier-framboisier-ronce à fleurs blanches, fruits écarlates, 24 variétés.   Rosacées.

Rudbeckia Plante 100-180ᶜ à feuilles trilobées, fleurs grandes marguerites, disque brun, 25 espèces.   Composacées

Rue ou Ruta Plante vivace 80-100ᶜ très fournie, petites feuilles vert foncé, fleurs jaunes, 50 espèces.   Rutacées.

Rue de chèvres Galega, plante à tige verte, feuilles composées, fleurs violettes en épis, 3 espèces.   Léguminacées.

Rue des Jardins Plante à tiges et feuilles à odeur forte et désagréable, chasse les puces des chiens.   Rutacées.

Rue des murailles Asplenium, capillaire noire, plante des murs, rochers, 10-30ᶜ doradille.   Fougéracées.

Rue des prés Pigamon ou Thalictrum plante 100-150° marécageuse, feuilles alternes, 70 espèces. Renonculacées.
Ruellia Plante vivace et arbuste, à feuilles avec dessins bariolés, fleurs en cornet, 15 espèces. Acanthacées.
Ruellia-Joncea arbuste aspect jonc, petit feuillage, fleurs en tubes. Acanthacées.
Ruelliées 3ᵉ tribu de la famille des **Acanthacées** : 37 genres, 538 espèces ou variétés.
Ruine (la) Muehlenbeckia-complexa, plante ligneuse, grimpante, envahissante, fe. rondes petites, 15 esp. Polygonacées
Ruine de Rome Linaire, jolie petite plante sur les murs, avec feuilles rondes, fleurs bleues. Scrofulacées.
Rumex-acetosa Oseille comestible ; Rumex scutatus, Oseille des champs, patience, 150 espèces. Polygonacées.
Rumicées 4ᵉ tribu de la famille des **Polygonacées** ; 4 genres, 174 espèces : Emex, Oxyria, Rheum, Rumex.
Rupette Asperugo, plante des chemins à tige couchée, feuilles rudes, petites fleurs bleu violet, une esp. Borraginacées.
Ruppia maritime Plante du bord de la mer, tiges très grêles en spirale, fruits ovoïdes, une espèce. Naïadacées.
Ruscus fragon piquant, plante à tige verte carrée, feuilles comme petit houx, 3 espèces. Liliacées.
Ruscus hypoglossum Plante à belles feuilles lancés, fleurs verdâtres, herbe aux langues. Liliacées.
Ruscus racemosus Laurier alexandrin ou d'Alexandrie à petites baies jaune orangé. Liliacées.
Russelia juncea Plante grimpante feuillage verticillé, aspect de prêle, fleur tube rouge, 5 espèces. Scrofulacées
Rutabaga Choux navet jaune pour les bestiaux, ne craint pas le froid, navet de Suède, 1792 en France. Cruciféracées.
RUTACÉES 41ᵉ famille des Dicotylédones, 7 tribus, 103 genres, 782 espèces (Amertume, plante amère).
RUTACÉES Principaux genres et espèces : Acmadenia, Acromychia, Adenandra, Aegle, Agathosma, Almeidia, Amyris, Asterolasia, Atalantia, Barosma, Bergamotier, Bigaradier, *Boronia*, Boronella, Buchu, Cedratier, Choisya, Citronnier, *Citrus*, Clausena, Clavalier, Correa, *Cusparia*, Dictamnus, *Diosma*, Eglé, Empleurum, Eriostemon, Erythrochiton, Esenbeckia, Euchetis, Evodia, Feronia, Fraxinelle, Galipea, Geigera, Glycosmis, Jaborandi, Limettier, Limonier, Lumie, Luvunga, Macrostylis, Mandarinier, Melicope, Micromelum, Murraya, Naudinia, Oranger, Pamplemoussier, Paramignya, Peganum. Pentaceras, Phebalium, Philotheca, Pilocarpus, Platydesma, Pompoléon, Ptelea, Raputia, Ravenia, Rue ou *Ruta*, Skimmia, Tetradiclis, Thamnosma, Ticorea, *Toddalia*, Triphasia, *Zanthoxylum*, Zieria.
Rutées 2ᵉ tribu de la famille des **Rutacées**, 7 genres, 60 espèces : Boenninghausenia, Dictamnus, Peganum, Psilopeganum, Ruta, Tetradiclis, Thamnosma.

S

Sabadille ou poudre des capucins tirée des graines de l'Asagrea officinalis, plante du Mexique. Liliacées
Sabal Palmier nain, feuilles en éventail, contourné, fruits noirs, 7 espèces. Palmacées.
Sabbatia Plante des champs et cultivée, en rosette, à fleurs d'un beau rose, 15 espèces. Gentianacées.
SABIACÉES 60ᵉ famille des Dicotylédones, 4 genres, 40 espèces (Ophiocaryon : serpent, noix).
SABIACÉES Androglossa, Meliosma, Ophiocaryon, Phoxanthus, Sabia ou Meniscosta ou Enantia.
Sabine ou Sabinier Juniperus, arb. toujours vert, f. mâles en cyprès, femelles en tamarin, fr. rond, 31 esp. Conifèracées.
Sablier ou Hura Arbre forestier laiteux, poison; son fruit est curieux, pet du diable, 3 esp. Euphorbiacées.
Sabline ou Alsine Arenaria, petite plante formant gazon court, à petites fleurs blanches. Caryophyllacées.
Sabline de Mahon Plante miniature, formant gazon très touffu, petites fleurs blanches. Caryophyllacées.
Sabline en ombelle Holosteum, très petite plante sur les murs, toits, pousse partout, 3 esp. Caryophyllacées.
Sabot de Vénus Cypripedium, pl. fe. ovales, fl. jaune tachée, forme bien le sabot, 50 esp. 10 var. cultivées. Orchidacées.
Saccharomyces-cerevisiae Champignon microscopique qui constitue la levure de bière, une espèce. Champignonacées.
Saccharum Aegyptiacum, Canne à sucre, variété rubanée, canne d'Otaïti, fl. avec poils soyeux, 12 esp. Graminacées.
Saccolabium Beau genre d'orchidée à fleurs jaunes, Gastrochilus, Robiquetia, 20 espèces. Orchidacées.
Safran C'est le mince filet orange qui se trouve au milieu de la fleur du Crocus-sativus. Irisacées.
Safran Crocus-sativus, fleurit en octobre avant les feuilles, fleurs violettes en long tube. Irisacées.
Safran Crocus-sativus, 138240 stigmates donnent 1 kilog. de safran sec, 67 espèces. Irisacées.
Safran bâtard Carthame, chardon bénit, colorant rose, rouge pour fard, 20 espèces. Composacées.
Safran de l'Inde (du Persan Kurkum) curcuma ou souchet ou arrow-root, fleurs rouge-jaune, 30 esp. Zingibéracées.
Safran sauvage Colchique d'automne, plante des prés à fleurs lilas clair, Dame nue, 30 espèces. Liliacées.

Sagapénum Gomme résine brunâtre tirée d'un peucedanum de Perse : ferula persica.   Ombelliféracées.
Sagesse des Chirurgiens Sisymbrium-sophia, plante des décombres d'un vert blanchâtre, 20-80ᶜ.   Cruciféracées.
Sagette nom vulgaire de la fléchière, ou sagittaire commune, fleur à 3 pétales, 15 espèces.   Alismacées.
Sagina-subulata Petite plante comme gazon très fin, toutes petites fleurs blanches.   Caryophyllacées.
Sagittaria Plante aquatique, 120ᶜ, feuilles triangulaires en flèche, fleurs blanches, 3 pétales, 15 espèces.   Alismacées.
Sagittées (feuilles) qui ont la forme d'un fer de flèche, comme Fléchière, Liseron, Sagittaire, Smilax, ou Salsepareille.
Sagou Fécule provenant de la moelle de plusieurs palmiers : 1ᵉ blanc, 2ᵉ gris, 3ᵉ rose.   Palmacées.
Sagou Provenant de l'Arengo, du Caryota, du Mauritia, du Métroxylon, du Talipot de Ceylan.   Palmacées.
Sagou-batard tiré du Cycas-circinalis et revoluta, 2° de l'encephalartos.   Cycasacées.
Sagoutier (le véritable est le métroxylon); Arbre de 10-12ᵐ, Malaysie, Siam, Sagus, 7 espèces.   Palmacées.
Saigne-nez Achillée, Mille-feuilles, plante des chemins, fossés, pelouses ; fleurs blanches, 100 espèces.   Composacées.
Sainbois ou Daphné, Gnidium ou Garou ; plante de serre 100ᶜ, fleurs en panicule, 40 espèces.   Thymélacées.
Sainfoin Plante fourragère cultivée, 20-60ᶜ, feuilles composées, fleurs roses striées.   Léguminacées.
Sainfoin Onobrychis-sativa, bourgogne, esparcette, produit un bon fourrage, 70 espèces.   Léguminacées.
Sainfoin d'Espagne Hedysarum-coronarium, plante 30-50ᶜ, belles feuilles rondes, à bouquet.   Léguminacées.
Saint-Joseph Petite plante des bois fleurs bleues en clochettes.   Liliacées.
Saint-Paulia Ignanta, plante feuillage charnu à fleur bleu violacé.   Papavéracées.
Sainte-Lucie (cerisier Malaheb ou de) arbre des Vosges 5 à 6ᵐ petits fruits noirâtres très amer.   Rosacées.
Sal Shorea-robusta, arbre de l'Inde à bois très dur pour l'industrie, 25 espèces.   Diptérocarpacées.
Salade de mer Passe-pierre, plante charnue 10-25ᶜ, feuilles comestibles, Salicornia, 8 esp.   Chénopodiacées.
Saladelle Staticé, limonium plante 50-60ᶜ, avec feuilles en rosette, en Provence fleurs violettes.   Plombaginacées.
Salades : Céleri, chicorée, cresson, escarole, laitue, mâche, pissenlit, pourpier, raiponce, romaine, etc. etc.
Salep fécule, extraite des tubercules de l'Ophrys, de la Perse et de la Turquie d'Asie.   Orchidacées.
Salep des Orientaux Extrait de l'Orchis mâle, de l'Orchis morio, de l'Orchis pyramidal.   Orchidacées.
SALICACÉES 169ᵉ famille des Dicotylédones, 2 genres, 178 espèces (Salix nommé par les Richard).
SALICACÉES Grisard, Marsault, Osier, Peuplier, Salix ou Saule, Saule pleureur, Tremble (Peuplier : être grand, élevé).
Salicaire Lythrum, plante du bord des étangs, 60-90ᶜ, fleurs groseilles en épi long, 23 espèces.   Lythracées.
Salicorne Plante charnue du bord de la mer, 10-25ᶜ feuilles cylindriques fl. épis serrés par 3.   Chénopodiacées.
Salicornia-herbacea Plante à rameaux articulés, on en retire de la soude, passe-pierre, 8 espèces.   Chénopodiacées.
Salicorniées 7ᵉ tribu de la famille des Chénopodiacées, 12 genres, 93 espèces.
Saligot ou Macre Trape, châtaigne d'eau à quatre cornes une partie est comestible, 3 espèces.   Onagracées.
Salisburia Gingko-biloba, arbre à feuilles caduques, fruit comme grosse cerise, une esp.   Coniféracées.
Salix-alba Saule blanc, arbre et arbuste des prairies, feuilles grises, fleurs jaunâtres.   Salicacées.
Salpichroa Plante grimpante, petit feuillage vert foncé, petites fleurs blanches en grelots, 10 espèces.   Solanacées.
Salpiglossidées 5ᵉ tribu de la famille des Solanacées, 18 genres, 120 espèces.
Salpiglossis Plante 70-90ᶜ, tige à poils visqueux, fe. alternes, fl. panachées en entonnoir, 3 esp. 7 var.   Solanacées.
Salsepareille Smilax aspera, pl. ligneuse, grimpante, épineuse, avec feuilles triangulaires, 200 esp.   Liliacées.
Salsepareille d'Allemagne Carex arenaria à racines traçantes comme celles du chiendent.   Cypéracées.
Salsifis blanc Tragopogon 1600, plante potagère dont on mange la racine, fleurs violettes 50 espèces.   Composacées.
Salsifis noir ou d'Espagne Scorsonère des Jardins à fleurs jaunes, laiteuses, 100 espèces.   Composacées.
Salsola Plante épineuse du rivage de la mer, feuilles charnues on en retire de la soude, 40 espèces.   Chénopodiacées.
Salsolées 9ᵉ tribu de la famille des Chénopodiacées, 21 genres, 127 espèces.
Salsolacées Ancienne famille maintenant réunie aux Chénopodiacées.
SALVADORACÉES 114ᵉ famille des Dicotylédones, 3 genres, 8 espèces (Salvador y Bosca, Barcelone, 1796).
SALVADORACÉES Actegeto, Azima, Dobera, Monetia, Salvadora, Schizocalyx ou Tomex.
Salvadore Arbuste et Arbrisseau, feuilles opposées, ovales, fleurs très petites en grappes, fr. baies.   Salvadoracées.
Salvia splendens sauge, plante avec fleurs rouges en épi très décoratif, du Brésil.   Labiacées.
Salvia-lanata Petite plante avec feuilles argentées et veloutées comme oreilles de lapin.   Labiacées.
Salvia-sclarea Toute bonne, orvale, plante 100ᶜ grandes feuilles crépues, fleurs violettes ou bleuâtres.   Labiacées.

Salvinie Plante flottante sans racine des eaux stagnantes, à feuilles absorbantes.   Lycopodiacées.
Salviniées 5ᵉ tribu de la famille des Lycopodiacées; 13 genres, 55 espèces.
Samare akène ailée, fruit de l'Ailante, Erable, Frêne, Hiraea, Orme, Paliurus, Thlaspi, Tulipier, Sycomore.
Samaridie groupe ou grappe de samares, fruit très aplati, léger, voltige parfois dans l'espace.
Sambac ou Mogorium Jasmin d'Arabie, arbuste cultivé pour la fleur à parfum   Oléacées.
Sambucées 1ʳᵉ tribu de la famille des **Caprifoliacées**, 3 genres, 93 espèces : Adoxa, Sureau, Viburnum.
Sambucus ou Sureau, arbre ou arbrisseau très commun, fruits : baies noires en grappes, 12 esp.   Caprifoliacées.
*Sambucus-racemosa** Arbrisseau avec fruits rouge-corail en grappes.   Caprifoliacées.
Samolées 5ᵉ tribu de la famille des **Primulacées**; 2 genres, 9 espèces , Samolus, Steirostemon.
Samolus Samole, mouron d'eau, plante des marécages. 20-40ᶜ, fleurs blanches en soucoupe, 8 espèces.   Primulacées.
SAMYDACÉES 79ᵉ famille des Dicotylédones ; 4 tribus, 20 genres, 160 espèces (fleuve et ville de la Carmanie).
SAMYDACÉES *Abatia, Banara.* Blackwellia, Calantica, *Casearia,* Crateria, *Homalium,* Iroucana, Kuhlia, Lunaria, Osmelia,
   Piparea, Pitumba, Racoubca, Samyda, Valentinia, Xyladenius, Zuelania.
Sanchezia-nobilis plante de serre 100ᶜ, à fleurs jaunes en tube, Ancylogyne, 8 esp.   Acanthacées.
Sandaraque Résine blanche, produite par le Génévrier-cade ou Callitris-quadrivalvis.   Coniféracées.
Sandaraque Résine blanche tirée du Callitris-quadrivalvis ou Thuïa-articulata (Maroc).   Coniféracées.
Sandoric Arbre produisant un fruit comestible, faux-mangoustan, 5 esp.   Méliacées.
Sang-dragon Rumex des bois 100ᶜ à tiges et nervures très rouges, Parelle, Patience.   Polygonacées.
Sang-dragon Résine rouge produit : 1ᵉ un calamus : 2ᵉ un dracaena, 3ᵉ un pterocarpus-draco.
Sanguenite Absinthe marine, Santoline, aurone femelle, garde-robe, petite feuilles blanchâtres, 8 esp.   Composacées.
Sanguinaire du Canada Plante de rocaille 12-15ᶜ, feuilles veines rougeâtres, fl. bl. suc rouge, une esp.   Papavéracées.
Sanguine (orange) Fruit obtenu à l'origine en greffant l'oranger sur un grenadier.   Rutacées.
Sanguisorbe officinale Plante des marais 40-80ᶜ, tige anguleuse, feuilles composées. fl. pourpre noir.   Rosacées.
Sanguisorbe ou poterium grande pimprenelle des jardins et prés secs, plante assaisonnante, 20 esp.   Rosacées.
Sanicle ou sanicula Plante aromatique 40-60ᶜ entre dans les vulnéraires, fleurs blanches, 12 espèces.   Ombelliféracées.
Sanicle femelle Astrantia-major, plante des prés, 50ᶜ petites fleurs blanches ou roses, 6 espèces.   Ombelliféracées.
Sanicle de montagne Geum-Benoite plante couleur noisette, donne un bon fourrage, fl. jaunes.   Rosacées.
Sanicle de montagne Saxifraga-granulata, plante basse, feuilles blanchâtres, fleurs blanches.   Saxifragacées.
Saniculées 3ᵉ tribu de la famille des **Ombelliféracées** : 10 genres, 135 espèces.
Sankalé du Sénégal C'est le Couscouss de l'Arabe avec le petit millet d'Afrique.   Graminacées.
Sansévieria Plante textile de l'Abyssinie dont on tire une filasse recherchée, 10 espèces.   Hémodoracées.
Sansevieria Plante de serre à tige cylindrique, longues feuilles panachées, fleurs blanches odorantes.   Hémodoracées.
Santal Bois de Santal blanc à odeur d'iris et de rose, il va au fond de l'eau, 8 espèces.   Santalacées.
Santal-citrin (essence de) tiré d'un Santalum à bois jaune, bois pour marqueterie.   Santalacées.
Santal rouge tiré du Pterocarpus-santalinus, et indicus donne aussi gomme Kino, 18 espèces.   Léguminacées.
SANTALACÉES 158ᵉ famille des Dicotylédones, 4 tribus, 28 genres. 200 espèces (de l'arabe ssandal).
SANTALACÉES *Anthobolus,* Arjona, Buckleya, Champereia, Choretrum, Colpoon, Comandra, Dendrotrophe, Exocarpus,
   Fusanus, *Grubbia,* Henslowia, Leptomeria, Mida, Myzodendron, *Osyris,* Phacellaria, Pyrularia, Quinchamalium, Santal,
   Thesidium, *Thesium.*
Santalum-album Arbre des Indes, et de Chine ; s'acclimate en France, bois parfumé, 8 espèces.   Santalacées.
Santolina-chamaecyparis Plante argentée persistante, avec fleur bouton d'or, petit cyprès, 8 espèces.   Composacées.
Santolina-tomentosa Plante à feuillage vert foncé, fleurs blanches.   Composacées.
Santonica-artemisia Plante à sommités vermifuges, fleurons sans oreillettes à la base.   Composacées.
Sanve ou Sauve moutarde sauvage dans les moissons, senevé, sinapis, reveluche, fleurs jaunes.   Cruciféracées.
Sanvitalia Plante basse à fleurs doubles très nombreuses d'un jaune vif doré ou orange, 9 espèces.   Composacées.
Sapin ou Abies Arbre des forêts et d'ornement, feuilles une à une autour des branches, 20 espèces.   Coniféracées.
Sapin de Norvège Epicea, c'est un pin, 2 feuilles dans la gaîne, Sapin du Nord !   Coniféracées.
SAPINDACÉES 55ᵉ famille des Dicotylédones, 14 tribus. 122 genres, 950 espèces (de savon, savonnier).
SAPINDACÉES Akania, Alectryon, Allophylus, *Aphania,* Arytera, Atalaya, Cardiospermum, Corindon, *Cossignia, Cupania*

Deinbollia, Diplopeltis, *Dodonea*, *Doratoxylon*, Elattostachys, Erioglossum, Euphoria, Guaiacum ou Guioa, *Harpullia*, Koelreuteria, Lepidopetalum, *Lepisanthes*, Litchi, Macphersonia, Matayba, *Melicocca*, Mischocarpus, Molinea, *Nephelium*, Orbignya, Otophora, *Paullinia*, Placodiscus, Pometia, Quenettier, Racaria, Rhysotaechia, *Sapindus*, Sarcopteryx, Savonnier, *Schleichera*, Serjania, Talisia, Toulicia, *Thouinia*, Tina, Urvillea, Vouarana, Xerospermum, Zollingera.

Sapindées 3ᵉ tribu de la famille des **Sapindacées**, 7 genres, 41 espèces.

Sapindus Savonnier, arbre à savon, 3-4ᵐ, feuilles composées, fleurs jaunes en panicules, 10 espèces.   Sapindacées.

Sapinette Variété de sapin, à feuilles blanches, bleues, noires, rouges, sapin du Canada.   Conifèracées.

Sapinière Plantation de sapins, se disait autrefois Sapine, Sapinaye.   Conifèracées.

Sapium ou Carumbium arbre à feuilles persistantes, fleurs en chaton, graines blanches, 25 espèces.   Euphorbiacées.

Saponaire Plante 40-80ᵉ, herbe à savon, fleurs lilas à 5 pétales, écume comme savon dans l'eau.   Caryophyllacées.

Saponaire naine S'emploie en bordure et rocaille, feuilles velues, fleurs roses, Soponaria, 35 esp.   Caryophyllacées.

Saponifères (plantes) Gypsophile, Olbergia, Quillaya, Sapindus, Saponaire, Struthirum.

SAPOTACÉES 110 famille des Dicotylédones ; 9 tribus, 40 genres, 400 espèces (de Sapote : fruit des Antilles).

SAPOTACÉES Achras, Argania, Balata, Bassia, *Bumelia*, Butyrospermum, Cainito, Calvaria, *Chrysophyllum*, Dichopsis, Dipholis, Hormogyne Illipé, Imbricaria, *Isonandra*, Labatia, *Labramia*, Labourdonnaisia, Lucuma, Mimusops, *Muriea*, Niemeyera, Omphalocarpum, Oxystemon, *Oxythece*, *Palaquium*, Payena, *Pouteria*, Pradosia, Pycnandra, Sapotier, Sapotillier, *Sideroxylon*, Sarcosperma, Villocuspis, Vitellaria.

Sapote fruit excellent des pays chauds, produit par l'Achras, Mammosa ou Sapotillier.   Sapotacées.

Sapotées 2ᵉ série de la famille des **Sapotacées** ; 17 genres, 178 espèces.

Sapotillier Achras, arbre de l'Amérique, 20ᵉ, feuilles coriaces, fruit grosseur pomme, 2 espèces.   Sapotacées.

Sappan (bois de) du Japon, de Sibucoa ou Caesalpinia-sappan, vient également au Brésil, 40 espèces.   Léguminacées.

Saprolégniées groupe de la famille des **Champignonacées**, 5 genres.

Sarania ou Lis du Kamtchatka, plante bulbeuse, tige 30-40ᵉ, feuilles lances, fleurs rouge foncé.   Liliacées.

Sarcobatidées 10ᵉ tribu de la famille des **Chénopodiacées**, une espèce : Sarcobatus ou Frémontia.

Sarcocéphale Plante produisant un fruit comestible, Cephalina, Platanocarpus, 8 espèces.   Rubiacées.

Sarcococca ou Lepidopelma ; plante 80ᵉ à feuilles lance ; aspect du buis, 3 espèces.   Euphorbiacées.

Sarcocollier Arbuste d'Ethiopie qui produit une substance résineuse : la sarcocolle, 10 espèces.   Penéacées.

Sarcophytées 2ᵉ tribu de la famille des **Balanophoracées**, 1 espèce : Sarcophyte ou Ichthyosma.

Sarcostemma Plante vivace grimpante, feuilles opposées, nombreuses fleurs jaunes panachées, 5 esp.   Asclépiadacées.

Sardonie Renoncule scélérate, avait la propriété d'exciter le rire sardonique, mort aux vaches.   Renonculacées.

Sargasse Fucus flottant qui se soutient sur l'eau au moyen de petites poches à air, tiges jusqu'à 500 mèt.   Alguacées.

Saribus ou Livistona, palmier, feuilles éventail, très décoratif, Licuala, 36 espèces.   Palmacées.

Sarment tiges ligneuses de la vigne que l'on coupe chaque année après le 22 janvier (la St-Vincent).   Vitisacées.

Sarmentacées Ancienne dénomination de la famille des Vitisacées.

Sarothammus-scoparius Genêt d'Espagne, 120-160ᵉ, genêt à balais, fleurs jaune d'or.   Léguminacées.

Sarracenia-purpurea Plante vivace des marais et de serre, f. en cornet rougeâtres, carnivores, 8 esp.   Sarracéniacées.

SARRACÉNIACÉES 9ᵉ famille des Dicotylédones, 3 genres, 10 espèces : Darlingtonia, Heliamphora, Sarracenia (des Sarrasins).

Sarrasin Polygonum-fagopyrum, plante de 40-80ᵉ, à tiges rouges, fleurs rosées ou blanches, 2 esp.   Polygonacées.

Sarrasin Blé noir, sert à la nourriture des faisans, pigeons et autres volailles, Bucail.   Polygonacées.

Sarrasine Plante grimpante 40-80ᵉ, à belles feuilles, Aristoloche-clématite à fleurs jaunes.   Aristolochacées.

Sarrète ou serratula Plante 60ᵉ, feuilles composées, fleurs rose violacé en capitule, chardon, 35 esp.   Composacées.

Sarriette Satureia, plante aromatique et condimentaire, 20-30ᵉ, aspect du petit romarin, 15 esp.   Labiacées.

Sassafras Acrodiclidium-chrysophyllum, donne le bois de rose femelle à la Guyane, 12 espèces.   Lauriacées.

Sassafras Son bois, ainsi que l'écorce et les racines sont aromatiques, baies bleues, une espèce.   Lauriacées.

Sassafras officinale : Lindera-triloba, Persea, le seul officinal, laurier-benzoin, eau athénienne.   Lauriacées.

Sassafras Ecorce aromatique de Massoia de la Nouvelle Guinée, une espèce.   Lauriacées.

Satinée Lunaire, monnaie du pape, fleurs rondes, vertes, puis blanches en séchant, 2 espèces.   Cruciféracées.

Satinier ou Swietenia-chloroxylon, arbre à bois satiné, résine aromatique, 3 espèces.   Méliacées.

Satureia ou Saccocalyx ou Sarriette, plante 20-30ᶜ aromatique et condimentaire, 15 esp.   Labiacées.

Satureinées 2ᵉ tribu de la famille des **Labiacées** : 43 genres, 806 espèces.

Satyrium Orchidée des bois, des coteaux arides et même des prairies, 60 espèces.   Orchidacées.

Satzuma Prunier japonais à gros fruit rouge et chair rouge.   Rosacées.

Sauge officinale Plante ligneuse, 20-70ᶜ, employée en cuisine, petite sauge, thé d'Europe.   Labiacées.

Sauge des prés Plante vivace avec longues feuilles et fleurs violettes en épi, fossés, talus.   Labiacées.

Sauge salvia Plante aromatique très répandue, on en compte 450 espèces (3 sans odeur).   Labiacées.

Sauge splendens Plante d'ornement à belles fleurs ponceau tout l'été, 2 étamines.   Labiacées.

Saule Arbre des prairies, écorce amère, feuilles grises allongées, fleurs jaunâtres, 20 variétés.   Salicacées.

Saule pleureur Arbre d'ornement, 1692 en Europe, branches retombantes, Salix Babylonica, sexe femelle.   Salicacées.

Saule en tétard Arbre coupé à 3 ou 4ᵐ du sol pour avoir plus de branches, bois flexible.   Salicacées.

Sauraujées 4ᵉ tribu de la famille des **Théacées**, 3 genres, 75 espèces : Actinidia, Saurauja, Stachyurus.

Sauromatum Arum des pays chauds, pl. tubéreuse, feuille en flèche, 6 espèces.   Aroïdacées.

Saururées 1ᵉ tribu de la famille des **Pipéracées** ; 4 genres, 5 espèces : Anemiopsis, Houttuynia, Lactoris, Saururus.

Saururus Plante aquatique vivace, fleur en longue grappe, devient épi, Spathium, 2 espèces.   Pipéracées.

Saussurea-depressa Petite plante des Alpes, feuilles blanches en dessous, fleurs rouges.   Composacées.

Sauterelle-locusta Insecte herbivore, ne pas confondre avec le criquet voyageur, Acridium d'Algérie.

Sauvageon Arbre fruitier à l'état sauvage, même par semis, pour le greffer ensuite.

Sauvagésiées. 4ᵉ tribu de la famille des **Violacées** ; 6 genres, 26 espèces.

Savonnier du Chili ou Quillaya dont l'écorce est le bois de Panama arbre du Brésil, Perou, 4 espèces.   Rosacées.

Savonnier de Chine Kœlreuteria-paniculata, arbre à fe. composées, fleurs jaunes en panicule, 2 esp.   Sapindacées.

SAXIFRAGACÉES 67ᵉ famille des Dicotylédones, 6 tribus, 87 genres, 650 espèces (pierre, briser).

SAXIFRAGACÉES Amourette, Argophyllum, Astilbe, Belangera, Boykinia, Brexia, Calobotrya, Cassis, Cephalotus, Chrysosplenium, Codia, *Cunonia*, Decumaria, Dedea, Désespoir, Deutzia, Donatia, Dorine, *Escallonia*, Fendlera, Forsythia, Francoa, Groseiller ou Grossularia, Heuchera, Hortensia, Hoteia, *Hydrangea*, Isomeria, Itea, Ixerba, Micranthes, Mitella, Pancheria, Parnassia, Philadelphus, Polyosma, Quintinia, *Ribes*, Russelia, *Saxifraga*, Schizophragma, Seringat, Tellima Tetilla, Tiarella, Vahlia, Weinmannia.

Saxifraga crassifolia Plante à grandes feuilles, fleurs roses en boules, sur tige.   Saxifragacées.

Saxifraga ligulata Plante à grandes et belles feuilles, 20ᵉ fleurs roses.   Saxifragacées.

Saxifraga umbrosa Plante à feuilles en rosette, fleurs légères, longues tiges, Désespoir du peintre.   Saxifragacées.

Saxifrage Plantes charnues basses, fleurs à dix étamines, aiment l'humidité, 180 espèces.   Saxifragacées.

Saxifragées 1ᵉ tribu de la famille des **Saxifragacées** ; 23 genres, 295 espèces.

Scabieuse ou scabiosa Pl. 30-60ᶜ, fl. en pompon sur longue tige, fl. des veuves, noir pourpre, 110 esp.   Dipsacées.

Scabieuse colombaire Plante des chemins, feuilles très divisées, fleurs groseille ou bleu-violet.   Dipsacées.

Scammonée Cynanchum, pl. grimpante, 350ᶜ fe. triangle, produisant un suc résine, 100 espèces.   Asclépiadacées.

Scammonée Plante grimpante volubile à souche charnue, tuberculeuse donne gomme résine.   Convolvulacées.

Scandix Cerfeuil à aiguillettes, peigne de Vénus, aiguilles de berger, fleurs blanches en aigrette, 12 esp.   Ombelliféracées.

Scarole Plante potagère, chicorée blanche se mange en salade l'hiver, 8 variétés.   Composacées.

Sceau de N.-Dame Tamus Communis, Tamier, vigne sauvage, plante vivace grimpante, 2 esp.   Dioscoréacées.

Sceau de Salomon grimpant Callixene-polyphylla ou Luzuriaga, à petit feuillage, 3 esp.   Liliacées.

Sceau de Salomon polygonatum Plante des bois et cultivée, Muguet anguleux, fl. blanchâtres, 13 esp.   Liliacées.

Scheuckzérie Plante des marais, 10-20ᶜ, feuilles alternes, fleurs vert-jaunâtre en grappe, une esp.   Naïadacées.

Schinopsis Donne le bois et l'écorce de Quebracho-Colorado de l'Argentine, 4 espèces.   Anacardiacées.

Schinus-molle Faux poivrier 1597, arbre d'ornement à Nice ; les feuilles à odeur de poivre, 13 espèces.   Anacardiacées.

Schinus à feuilles de térébinthe bois réputé incorruptible, en été sur l'eau les folioles se meuvent.   Anacardiacées.

Schismatoglottis Plantes à grandes et belles feuilles, 50ᶜ, baies rouges, 10 espèces.   Aroïdacées.

Schizandra Plante grimpante touffue, feuilles ovales, aiguës, petites fleurs variées, 6 espèces.   Magnoliacées.

Schizandrées 4ᵉ tribu de la famille des **Magnoliacées** ; 2 genres, 13 espèces : Kadsura, Schizandra.

Schizanthes ou Narcisse ou Ganymèdes ou Hermione ou Illus ou Diomèdes, Philogyne.   Amaryllisacées.

Schizanthus Plante annuelle rameuse, 40-60°, feuilles comme carottes, fleurs légères en papillon, 7 esp. Solanacées.
Schizénées 6° tribu de la famille des **Fougéracées** ; 4 genres, 118 espèces.
Schizolobium-excelsum Arbre forestier et d'ornement venant du Brésil et de Panama, 2 espèces.   Léguminacées.
Schizomycètes ou Micrococcus Algues infiniment petites qui propagent les maladies contagieuses.   Alguacées.
Schizopetalon de Walker, plante 30-60°, feuilles alternes lance, fleurs blanches, odeur d'amande, 5 esp. Cruciféracées.
Schizophragma-hydrangeoides Plante grimpante avec fleurs comme l'hortensia paniculata, une esp. Saxifragacées.
Shizostylis-coccinea Plante avec feuilles en épée, jolies fleurs en épi rouge écarlate, 2 espèces.   Irisacées.
Schleichérées 7° tribu de la famille des **Sapin**dacées ; 3 genres, 4 espèces : Haplocelum, Pseudopteris, Schleichera.
Schlumbergeria grosse plante de serre, feuilles charnues, fl. sur hampe blanches ou rouges, 3 espèces. Broméliacées.
Schœnus ou choin Plante 30-50° des endroits humides épilets noirâtres entourés de soies, 70 espèces. Cypéracées.
Schortia ou hymenoxys Plante de bordure 15-25°, feuilles opposées, fleurs jaune très vif, 5 esp.   Composacées.
Schotia donne le bois de Gaiac du Cap de Bonne-Espérance, fleurs rose carné.   Léguminacées.
Schotia arbuste de serre 100-130 feuilles persistantes, fleur d'un beau rouge, 5 espèces.   Léguminacées.
Schubertia ou cupressus-pinnata ou taxodium à feuilles caduques, 2 espèces.   Conifèracées.
Sciadocalyx ou Isoloma, superbe plante de serre, fleurs en tube pourpre sur jaune, 60 esp.   Gésnéracées.
Sciadophyllum Arbrisseau de serre avec belles feuilles épaisses d'un vert brillant, fl. brunes 25 esp. Araliacées.
Sciadopitys verticillata (1861) Arbre d'ornement à feuilles en parasol jusqu'à 20 m. une esp.   Conifèracées
Scille ou scilla Plante 10-80° à gros oignon à fleurs bleues en grappe, détruit les rats, 80 espèces. Liliacées.
Scille maritime Plante 80-120°, feuilles linéaires, fleurs blanches en longue grappe, oignon marin. Liliacées.
Scillées 16° tribu de la famille des **Liliacées** ; 23 genres, 377 espèces.
Scindapsus-pertusus Plante grimpante 150°, avec grandes feuilles découpées de trous ovales, 8 esp. Aroïdacées.
Scions jeunes pousses d'un arbre ou rejetons qui partent de la racine mais encore herbacés.
Scirpe ou scirpus Plante des prairies, fourrage dur et peu nourrissant. 200 espèces 300 variétés.   Cypéracées.
Scirpées 1° tribu de la famille des **Cypéracées**, 18 genres, 1.521 espèces.
Scirpus des étangs Gros joncs des chaisiers et tonneliers, 150-250°, fruits jaunâtres.   Cypéracées.
Scitaminées ancienne dénomination, maintenant ce sont les Zingibéracées.
Sclarea ou Orvale Sauge à tige glanduleuse, feuilles laineuses en cœur, fleurs violet clair.   Labiacées.
Scléranthées 4° tribu de la famille des **Illécébracées** ; 2 genres, 11 espèces : Habrosia ou Mesopotamia et Scleranthus.
Scléranthus Plante des champs, 5-15°, annuelle ; 2° dans les sables espèce vivace 5-15° : gravelle 10 esp. Illécébracées.
Sclériées 5° tribu de la famille des **Cypéracées** ; 5 genres, 115 espèces : Acriulus, Didymia, Eriospora, Kobresia, Scleria.
Sclerochloa-dura Petite plante, feuilles étroites, fleurs en grappe raide, une espèce.   Graminacées.
Sclérolobiées 12° tribu de la famille des **Léguminacées** ; 10 genres, 25 espèces.
Sclérophylle Plante des champs, vignes ; fleurs étalées en étoile à la maturité Phaecasium, 3 esp. Composacées.
Scléropoa Plante des coteaux, rochers, murs, 5-20°, tiges nombreuses, fleurs verdâtres, une esp.   Graminacées.
Sclérote Deuxième transformation du Champignon, cause de l'ergot du seigle.   Champignonacées.
Scolopendre Fougère des puits à feuille large ondulée sur les bords, langue de cerf, de bœuf.   Fougéracées.
Scolopia arbre des pays chauds, arbuste de serre à Paris 60-90°, fleurs violettes, 15 esp.   Bixacées.
Scolyme d'Espagne Plante épineuse 120° à longues racines, comme le salsifis, fleurs jaunes, 3 esp. Composacées.
Scoparia plante à balais, herbe de réglisse, fébrifuge au Pérou, 6 espèces.   Scrofulacées.
Scordium Germandrée plante des lieux humides, feuilles ovales, fleurs purpurines.   Labiacées.
Scorpione des marais ou Myosotis, plante 30°, fe. étroites. fl. bleu céleste en épis avec points jaunes. Borraginacées.
Scorpiurus Plante à fleurs jaunes, fruits bizarre en queue de scorpion, roulée avec épines, 6 espèces. Léguminacées.
Scorsonère Plante à fleurs jaunes, salsifis noir, se mange comme le salsifis blanc, 100 espèces.   Composacées.
SCROFULACÉES 124° famille des Dicotylédones ; 12 tribus, 167 genres. 2.000 espèces (du latin Scrofa : truie).
SCROFULACÉES Principaux genres et espèces : Adenosma, Alectorolophus, Alectra, Alonsoa, Anarrhinum, Angelonia, An-
    ticharis, *Antirrhinum*, *Aptosimum*. Artanema, Asarina, Bartsia, Beccabunga, Bellardia. Beyrichia, Bonnaya, Bouillon blanc,
    Buchnera, Buttonia, *Calcéolaire*, Campylanthus, Capraria, Castilleja, Celsia, Centranthera, Chamedrys, Chaenostoma, *Chelone*
    Collinsia, Conobea. Cordylanthus, Craterostigma, Cymbalaria, Diascia, Diclis, *Digitale*, Dopatrium, Erinus, *Euphrasia*,
    Franciscea, *Gérardia*, *Gratiola*, Gueule de loup, Halleria, Harveya, *Hémimeris*, Herpestis, Ilysanthes, Isoplexis, Lamourouxia,

Leucophyllum, Limnophila, Limoselle, Linaire, Lindenbergia, Lophospermum, Lyperia, *Manulea*, Maurandia, Mazus, Melampyrum, Melasma, Melosperma, Micranthemum. Mimulus, Molène, Muflier, Nemesia, Odontites, Ohlendorfia, Orontium Orthocarpus, Ourisia, Paulownia, Pedicularis, Peliostomum, Pentstemon, Phygelius, Phyllopodium, Polycarena, Pterostigma, Rhinanthus, Rhodochiton, Russelia, Scoparia, Scrofulaire, Seymeria, Sibthorpia, Sopubia, Sphenandra, Stemodia, . Striga, Tetranema, Torenia, Tozzia, Vandellia, *Verbascum*, Véronique, Zaluzianskia.

Scrofulaire aquatique. Plante à tige carrée. 100-120ᶜ, beau feuillage panaché.   Scrofulacées.
Scrofularia-nodosa Plante vivace des fossés, 50-80ᶜ, fe. grandes. ovales : à fl. pourpres en panicule.   Scrofulacées.
Scrofularia-vernalis Plante velue. glanduleuse, fleurs jaune-verdâtre en grappes.   Scrofulacées.
Scrofulariées ou Scrofularinées anciennes dénominations des Scrofulacées.
Scutellaria toquette, plante 10ᶜ avec fleurs rouges ou bleues en épi, comme la sauge des prés 100 esp.   Labiacées.
Scyphanthe ou Grammatocarpus, plante velue grimpante 200ᶜ, fleurs jaune soufre, une espèce.   Loasacées.
Seaforthia ou Ptychosperma palmier à feuilles penniséquées ou feuilles palmettes comme Kentia. 13 esp.   Palmacées.
Sea-Kale ou Kakile, Cakile Crambe maritime, chou de mer comestible, 2 esp.   Cruciféracées.
Sebestier ou Cordia-myxa, Arbrisseau de serre toujours vert, fleurs crispées orange .   Borraginacées.
Secale ou Seigle Plante alimentaire, peu difficile pour le terrain, résiste au froid, 2 espèces.   Graminacées.
Secamone ou Scamonée ? plante produisant un suc résine purgatif. 24 espèces.   Asclépiadacées.
Sécamonées 2ᵉ tribu de la famille des Asclépiadacées ; 3 genres, 43 espèces : Genianthus, Secamone, Toxocarpus.
Sechium-édule Pl. grimp. à vrilles, envahissante, produit la Chayotte, légume de forme allongée une esp. Cucurbitacées.
Securidaca Coronilla-emerus. Arbuste 100', feuilles composées, fleurs jaune-rougeâtre, une espèce.   Léguminacées.
Securigera Plante d'Auvergne, voisine du sainfoin, gousse terminée en bec, une espèce.   Léguminacées.
Sedum-acre Petite plante sur les toits, orpin brûlant. pain d'oiseau, joubarbe, 3 espèces.   Crassulacées.
Sedum cultivé très employé pour dessins, mosaïques, rocailles, 30 variétés.   Crassulacées.
Sedum sempervivum Plante comme très petit artichaut, feuilles charnues, Sedum 150 espèces.   Crassulacées
Sedum spectabile Plante 40-60ᶜ, très rustique, feuilles charnues, fleurs roses.   Crassulacées.
Seigle ou sécale Plante alimentaire, 120-160ᶜ, résiste au froid. donne un pain sain et nourrissant 2 esp Graminacées.
Seigle ergoté Maladie causée par le Sclerotium-clavus ou Claviceps purpurea, les années pluvieuses.   Champignonacées.
Sélagine ou Selago Plante de serre 60ᶜ, petites fe. nombreuses. fl. bleu-clair ou blanches, 85 esp.   Sélagonacées.
Selaginelle Plante aspect fougère, drastique, émétique, emménagogue, vermifuge.   Lycopodiacées.
Selaginelle Plante à tige rampante, étalée 5-40ᶜ feuilles terminées en pointe aiguë.   Lycopodiacées.
Sélaginellées 3ᵉ tribu de la famille des Lycopodiacées; 334 genres, 512 espèces.
SÉLAGONACÉES 133ᵉ famille des Dicotylédones, 9 genres, 140 espèces (Je brille).
SÉLAGONACÉES Agathelpis, Cockburnia, Dalea, Dischisma, Gosela, Globularia, Gymnandra, Hebenstretia, Lagotis, Microdon, Selago, Turbith.
Selin ou Selinum à feuilles de carvi, tige de 50 à 90ᶜ fleurs lilas en ombelles, à 15-20 rayons, 25 esp. Ombelliféracées.
Semele androgyne Arbuste grimpant, 200ᶜ tiges vertes, feuilles aspect grand ruscus, une espèce.   Liliacées.
Semences chaudes (les quatre) Anis, Carvi, Coriandre, Fenouil ; (froides) : Calebasse, Concombre, Melon et Pastèque.
Semences froides (les quatre petites) : Chicorée sauvage, Endive, Laitue et Pourpier.
Semen-contra Semence sainte, graines de Zédoaire, Artémise d'Orient, barbotine.   Composacées.
Semen-contra fleurs non ouvertes d'une Artémisia, graines contre les vers, Artemisia-Santonica. .   Composacées.
Semi-flosculeuses (fleurs), avec demi-fleurons terminés en languettes comme la chicorée, le pissenlit.   Composacécs.
Semoules Pâtes alimentaires préparées avec des blés durs d'Egypte, de Russie et de l'Inde.   Graminacées.
Semper-viva Rose de Jéricho, Anastatica-Hierochuntina des sables maritimes de Syrie, 1 espèce.   Cruciféracées.
Sempervivum Plante à feuilles charnues en rosette ; souvent fleurs en épi, petit artichaut, 50 esp.   Crassulacées.
Sempervivum Sedum cultivé, pour bordures ou dessins, lettres, 30 variétés, Joubarbe.   Crassulacées.
Séné d'Alep Les feuilles et les fruits du Cassia-obovata, plante purgative.   \, Léguminacées.
Séné bâtard Coronilla emerus arbuste, feuilles purgatives, fleurs jaunes ; faux séné : faux baguenaudier. Léguminacées.
Séné des Prés Gratiola plante 30-40 grâce de Dieu, petite digitale, 20 espèces.   Scrofulacées.
Séné de Provence Globulaire, arbuste 70-90ᶜ, à fleurs d'un beau bleu en capitules, Turbith, 13 espèces. Sélagonacées.
Séné de la pulte (impôt) feuilles et gousses du Cassia-acutifolia d'Egypte.   Léguminacées.

Senebière Plante des décombres. 10-30ᶜ, feuilles très découpées, fruits ridés, corne de cerf, 6 esp.   Cruciféracées.
Senecio-Cinéraria Plante des sables, rochers, 30-70ᶜ, à fe. très divisées, blanches, velues, fl. jaunes.   Composacées.
Senecio-petasites Cinéraire à feuilles de platane, arbuste 140-200ᶜ, feuilles velues, fleurs jaunes.   Composacées
Senecio pulcher Seneçon de la Plata, plante vivace, fleurons étalés violet vif, disque jaune.   Composacées.
Sénécionidées 8ᵉ tribu de la famille des **Composacées**, 50 genres, 1360 espèces.
Seneçon Petite plante des champs très répandue à fleurs jaunes pour les oiseaux.   Composacées.
Seneçon en arbre Baccheris, arbrisseau, 2-3ᵐ, feuilles ovales avec points blancs.   Composacées.
Seneçon de la Chine Plante à grandes feuilles rondes comme bardane.   Composacées.
Seneçon grimpant Delairea scandens ou Mikania, plante très vigoureuse, feuilles charnues, fl. jaunes.   Composacécs.
Seneçon Jacobée Plante des bois, sables, prés, pousse partout 40-100ᶜ, feuilles très divisées, fl. jaunes.   Composacées.
Senega Polygala de Virginie, plante ligneuse, vivace, feuilles coriaces, alternes, grandes fleurs.   Polygalacées.
Senegrain Fenu grec. plante 40ᶜ condimentaire, aromatique, produit gousses, Trigonelle.   Léguminacées.
Senevé Moutarde sauvage, sanve, reveluche, sauve, dans les moissons, fleurs jaunes, Sinapis.   Cruciféracées.
Sensitive ou Impatiens, espèce de balsamine qui lance ses graines au moindre toucher.   Géraniacées.
Sensitive Mimosa-pudica, les folioles se contractent lorsqu'on y touche, fl. rouge, violet.   Léguminacées.
Senteur (Pois de) Lathyrus odoratus, plante grimpante dont on décore les fenêtres, 20 variétés.   Léguminacées.
Sépale Organe protecteur de la fleur, le sépale est au calice ce que le pétale est à la fleur.
Sépales Ce sont les divisions du calice de la fleur ; la rose a cinq sépales verts.
Septas du cap Plante vivace tubéreuse, feuilles un peu arrondies, fleurs calice rouge panaché.   Crassulacées.
Sequoia gigantea Wellingtonia, grand arbre, forme conique à feuilles de cyprès, 2 espèces.   Coniféracées.
Sequoia sempervivens Grand arbre, toujours vert jusqu'à 50ᵐ, en Californie jusqu'à 100ᵐ   Coniféracées.
Serapias Orchidée des bois, plante velue, fleurs rouge pâle et foncé, Helleborine, 5 espèces.   Orchidacées.
Serenté Pinus epicea des Alpes, Pesse, sapin-gentil, faux-sapin, feuille à deux aiguilles.   Coniféracées.
Seringat Philadelphus, arbuste à fleurs blanches odeur agréable de Jasmin, 12 espèces.   Saxifragacées.
Seriola Plante en rosette des champs et chemins à fleurs jaunes à longs poils étalés, 30 espèces.   Composacées.
Serissa Arbuste 40-90ᶜ, petites fe. persistantes comme myrte; fl. blanches en cloches, une espèce.   Rubiacées.
Serpentaire dracunculus, plante curieuse 80-90ᶜ, fleurs en cornet, mauvaise odeur, 2 esp.   Aroïdacées.
Serpentaire de Virginie plante vivace, belles feuilles, fleurs sessiles en pipe, odeur poivrée.   Aristolochacées.
Serpolet Thym-serpyllum, petite plante rampante à fleur violette, garenne, gazon.   Labiacées.
Serpolet (grand) Origan, jolie plante vivace des bois, bractées violettes, parfum du serpolet.   Labiacées.
Serradelle cultivée Plante annuelle pour pâturage, 1845 par Philippot du Portugal.   Léguminacées.
Serradelle ornithopus Petite plante 20ᶜ, feuilles très serrées, opposées, fleurs lilas, 7 espèces.   Léguminacées.
Serratula Chardon des teinturiers, 50-100ᶜ, fleurs roses, donne une couleur jaune, 35 espèces.   Composacées.
Serre chaude du Jardin des Plantes de Paris, la première en 1714, la deuxième en 1717, par les bons soins de Vaillant.
Sésame indicum Plante oléagineuse 50-60ᶜ, fe. opposées, donne l'huile de sésame ou de gengili, 10 esp.   Pédalinacées.
Sésamées 3ᵉ tribu de la famille des **Pédalinacées**, 4 genres, 17 espèces : Ceratotheca, Rogeria, Sesamothamnus, Sesamum.
Sesbania Plante textile, donne des fibres pour chapeaux, grosse filasse, papier de riz, 30 espèces.   Léguminacées.
Seseli Plante des coteaux, 60-100ᶜ, feuilles très découpées, fruits ovales velus à 5 cotes, 40 esp., 60 var.   Ombelliféracées.
Seseli d'Ethiopie Buplevre, arbuste 130ᶜ toujours vert, feuilles renversées, petites fleurs jaunes.   Ombelliféracées.
Seseli tortuosum ou de Marseille avec graines à odeur forte, peu agréable.   Ombelliféracées.
Seselinées 6ᵉ tribu de la famille des **Ombelliféracées**, 53 genres, 358 espèces.
Sesleria Plante des rochers, 20-50ᶜ, feuilles à gaine, fleurs bleuâtres en épillets, 10 espèces.   Graminacées.
Sessile Sans pétiole si c'est une feuille, sans pédoncule si c'est une fleur, sans queue.
Setaria ou Setaire Plante des champs, 20-70ᶜ, épillets courts avec barbes rudes, 10 espèces.   Graminacées
Sethia acuminata Arbrisseau et arbuste à bois rouge, les feuilles sont vermifuges.   Linacées.
Shamrock petit trèfle blanc, fleur nationale de l'Irlande (17 mars Saint Patrice).   Léguminacées.
Shawia-paniculata Alcaria, arbuste à feuillage clair, fleurs d'aster.   Composacées.
Shepherdia Petit arbuste feuilles cotonneuses en dessous, tiges couvertes d'écailles, 3 espèces.   Eléagnacées.
Shérardia-arvensis Plante des champs, 20-40ᶜ, fleurs violacées ou rose lilas en tubes, une espèce.   Rubiacées.

Shorea-vulgaris Arbre très employé au Tonkin pour barques, maisons, 25 espèces. — Diptérocarpacées.

Shortia-Californica Plante 15-20ᶜ en bordure, étalée, fleur jaune brillant disque plus foncé, 2 espèces. — Diapensiacées.

Shúltzia ou Obolaire, plante de l'Amérique du Nord, avec fleurs en grappe. Une espèce. — Gentianacées.

Sibbaldia Plante des Alpes, petites feuilles glauques, petites fleurs verdâtres en corymbe. — Rosacées.

Sibthorpia Plante des bords de l'Océan, fleur presque en roue à 5 lobes réguliers, 6 espèces. — Scrofulacées.

Sicopira Sebipira, Bowdichia, arbre du Brésil à fleurs blanches, tribu Sophorées, 2 espèces. — Léguminacées.

Sicyoïdées 4ᵉ tribu de la famille des **Cucurbitacées** ; 5 genres, 42 espèces.

Sicyos anguleux Plante grimpante, 3ᵐ, feuilles alternes, fleurs jaune vert, fruits ovales, 31 espèces. — Cucurbitacées.

Sida Plante d'ornement et textile, donne une filasse supérieure, belle fleur, 90 espèces. — Malvacées.

Sida vesicaria ou Hibiscus-Thunbergii, plante 70-75ᶜ, très rameuse, fleur jaune nankin. — Malvacées.

Sidalcea Plante vivace 40-80ᶜ, à tiges garnies de belles fleurs blanches, roses ou rouges, 8 espèces. — Malvacées.

Sideritis hyssopifolia Crapaudine, plante 15ᶜ, petites feuilles opposées, fleurs comme réséda, 45 esp. — Labiacées.

Sidéroxylées 5ᵉ tribu de la famille des **Sapotacées** ; 7 genres, 86 espèces. — Sapotacées.

Sidéroxylon inermis et tenax, donnent un bois de fer, Guadeloupe et Guyane, 70 espèces. — Caryophyllacées.

Sifflet Lorsque le fruit de silène est sec on en fait un sifflet.

Sigillaria grand arbre fossile jusqu'à 40 mètres, du terrain houiller, feuilles en gouttière. — Ombelliféracées.

Silaus cultivé Plante 170ᶜ, très fournie, feuilles composées très fines, 2 espèces. — Ombelliféracées.

Silaus des prés Plante 50-80ᶜ, feuilles rudes, fleurs jaunâtres, cumin des prés, ancien Peucedan. — Caryophyllacées.

Silène Plante des moissons 50-80ᶜ, à fleurs roses et blanches, 26 variétés à l'état sauvage. — Caryophyllacées.

Silène attrape-mouche Plante annuelle à tiges visqueuses arrêtant les insectes ; fleurs blanches. — Caryophyllacées.

Silène des jardins Plante d'ornement à fleurs blanches, roses ou rouges, 250 espèces, 480 variétés.

Silénées 1ʳᵉ tribu de la famille des **Caryophyllacées** 11 genres, 870 espèces. — Ombelliféracées.

Siler Plante des montagnes voisine des laser, fruit non ailé, 2 espèces. — Cruciféracées.

Silique ou Silicule Enveloppe des graines, choux, colza, etc., comme une petite gousse. — Composacées.

Silphium Plante brune à tubercules, 2-3ᵐ, fleurs jaunes comme topinambour, 11 espèces. — Ombelliféracées

Silphium de la Cyrenaïque suc résineux tiré des racines de Thapsia-Garganica, 4 espèces. — Composacées.

Silybum Chardon marie, plante des chemins, 30-90ᶜ, feuilles veinées de blanc, fleurs roses, une espèce. — Orchidacées.

Simarona Vanille c'est la 3ᵉ qualité au Mexique ; la première est Bova, la deuxième Leq. — Simarubacées.

Simaruba Arbre de l'Amérique tropicale ; l'écorce de la racine contient la quassine, petites fl. 4 esp.

SIMARUBACÉES 42ᵉ famille des Dicotylédones ; 2 tribus, 34 genres, 110 espèces (Quassia : grand homme, Sorcier).

SIMARUBACÉES Ailanthus, Balanites, Brucea, Brunellia, Castela, Cneorum, Dictyolóma, Harrisonia, Irvingia, Picraena, Picramnia, Picrasma, Quassia-amara, Samandura, Simaba, *Simaruba*, Souĺamea, Spathelia, Suriana, Vernis du Japon.

Simarubées 1ʳᵉ tribu de la famille des **Simarubacées** ; 22 genres, 73 espèces.

Simethis-bicolor Plantes à feuilles linéaires, fleurs sur hampe, blanches dedans, rose en dehors, 1 esp. — Liliacées.

Simples Nom donné à un grand nombre de plantes employées comme tisanes.

Sinapis Moutarde, plante cultivée et des champs, à graines en petites boules. — Cruciféracées.

Sinara ou ixora plante aspect des phlox, fleurs inodores en ombelles rouges, en buisson ardent. — Rubiacées.

Sipanea Plante de serre, 150ᶜ, feuilles grandes, fleurs blanc violet mais à la base, 9 espèces. — Rubiacées.

Siphocampylus Arbuste vivace 70-120ᶜ fleurs en tubes rouges et jaunes dedans, 100 espèces. — Lobéliacées.

Siphonées groupe de la famille des **Alguacées** ; 21 genres.

Siphonia-élastica Arbre dont on tire un caoutchouc, tribu des Crotonées. — Euphorbiacées.

Siphonia ou Hevea ou Micranda, arbre à caoutchouc, 9 espèces Brésil, Guyane. — Euphorbiacées.

Siphoniopsis Produit la noix de Kola d'Amérique et du Soudan, Gourou, 11 espèces. — Sterculiacées.

Sisal Plante textile dont on retire un fil très fin : chanvre de Sisal. — Amaryllisacées.

Sison-Segetum Plante des champs, haies 40-90ᶜ, f. composées, fl. en ombelles, 2 à 6 rayons, 1 esp. — Ombelliféracées.

Siste Smyrnium, céleri sauvage, tige sillonnée, 40-60ᶜ, fleurs jaune verdâtre, 1 espèce. — Ombelliféracées.

Sisymbriées 3ᵉ tribu de la famille des **Cruciféracées** ; 21 genres, 385 espèces. — Cruciféracées.

Sisymbrium Alliaire, barbarée, herbe à l'ail, plante 60-100ᶜ, fleurs blanches ou jaunes, 90 espèces.

Sisyrinchées 2ᵉ tribu de la famille des **Irisacées** ; 26 genres, 276 espèces.

Sisyrinchium Bermudianum, plante naine à petites fleurs violettes ou bleu ciel ou jaunes.   .Irisacées.

Sium Berle, Ache d'eau, plante des mares et ruisseaux, fleurs blanches, 6 espèces.   Ombelliféracées.

Skimmia Arbuste d'ornement 40ᵗ, à feuilles épaisses, fleurs blanches, baies rouges, 4 espèces.   Rutacées.

Sloanées 6ᵉ tribu de la famille des **Tiliacées** : 5 genres, 60 espèces.

Smilax Salsepareille, plante grimpante, épineuse, avec feuilles triangulaires, fruits rouges 200 espèces.   Liliacées.

Smilaxées 1ʳ tribu de la famille des **Liliacées** ; 3 genres, 210 espèces : Heterosmilax, Rhipogonum, Smilax.

Smyrnium Céleri sauvage, plante des décombres tige sillonnée, 50-60ᵗ, fleur jaune verdâtre, 1 espèce.   Ombelliféracées.

Soboles ou Caïeux pour reproduction des plantes bulbeuses, petits bulbes : Ail, Glaïeul, Iris, Lis, Oignon, Tulipe, etc.

Socotrin ou Sucotrin, Aloès soccotrina, fleurs rouges en épi (de l'île Socotora).   Liliacées.

Soda ou **Salsola** Plante marine, feuilles presque cylindriques que l'on brûle pour la soude, 40 espèces.   Chénopodiacées.

Sogalgine ou **Tridax** ou **Galinsoga**, plante 50-60ᵗ, feuilles alternes, fleurs d'un jaune doré, 7 espèces.   Composacées

Soie végétale à base de pâte de bois, 5 variétés : au sel de Cellulose, Collodion, Gélatine, Viscose, Xanthate.

Soie végétale avec les fils du Phormium-tenax mais ne résiste pas au lavage.   Liliacées.

Soja Haricot ou Dolichos de Chine, du Japon, de Mandchourie, feuilles ovales par 3.   Léguminacées.

Soja Dolichos ou fève d'Extrême-Orient, dont on retire de l'huile   Léguminacées.

Soja-Hispida Plante 50-60ᵗ, Dolichos-soja, légume alimentaire, condiment.   Léguminacées.

Soja-savi Glyciné des pays chauds, Bujacia, Leptolobium, Soya, 16 espèces.   Léguminacées.

SOLANACÉES 123ᵉ famille des Dicotylédones ; 5 tribus, 72 genres, 1500 espèces (du latin Solari : calmer, consoler).

SOLANACÉES Principaux genres et espèces : Acnistus, Anthocercis, Anthotroche, Athénea, *Atropa*, Aubergine, Bassovia, Belladone, Bouchetia, Brachistus, Browallia, Brunfelsia, Cacabus, Capsicum, *Cestrum*, Coqueret, Cyphomandra, Datura, Douce-amère, Dunalia, Fabiana, Habrothamnus, Hebecladus, *Hyoscyamus*, Iochroma, Ixandra, Jaborosa, Juanulloa, Jusquiame, Leptoglossis, Lyciet ou Lycium, Lycopersicum, Mandragore, Markea, Morelle, Nicandra, Nicotiana, Nierembergia, Parmentière, Petunia, Physalis, Piment, Poivre de Cayenne, Pomme de terre, Retzia, Salpichroa, *Salpiglossis*, Sarache, Schizanthus, Schwenkia, Scopolia, Sessea, Solandra, *Solanum*, Stramoine, Streptosolen, Tabac, Tomate, Whitleya, Withania.

Solandra Arbrisseau grimpant, fe. un peu charnues, fl. en entonnoir panachées, odorantes, 4 espèces.   Solanacées.

Solanées 1ᵉ tribu de la famille des **Solanacées**, 31 genres, 1196 espèces.

Solanum-capsicum Piment, plante condimentaire, son fruit a un goût de poivre, 20 esp. 50 var.   Solanacées.

Solanum-esculantum Aubergine, plante du midi de la France, fruit 15-20ᵗ, violet, 6 variétés.   Solanacées.

Solanum-jasminoïdes Plante grimpante à fleurs blanches odorantes, Lycium, 70 espèces.   Solanacées.

Solanum-lycopersicum Tomate, plante alimentaire, originaire du Pérou, 24 variétés à Paris.   Solanacées.

Solanum-pseudo-capsicum Amomon, petit arbuste à baies rouges, oranger du cordonnier.   Solanacées.

Solanum-tuberosum Pomme de terre, plante cultivée 30-70ᵗ fleurs violettes et blanches, 1000 var.   Solanacées.

Soldanella Calystegia plante grimpante des bords de mer 2-3ᵐ lis des haies, suc laiteux.   Convolvulacées.

Soldanelle des Alpes Plante 4-10ᵗ, feuilles rondes vert brillant, fleurs bleues retombantes, 4 esp.   Primulacées.

Soleil ou **Hélianthus** Plante 2-3ᵐ, alimentaire, oléagineuse, grandes fleurs jaunes, 50 esp. 20 var. cult.   Composacées.

Soleil rigide ou Harpalium, plante 80-100ᵗ, feuilles rudes, fl. 7-8ᵗ, jaune foncé, disque brun, 70 esp.   Composacées.

Solidago Plante 100-120ᵗ, à fleurs jaunes en panache étroit, verge d'or, 80 espèces.   Composacées.

Sollya-heterophylla Arbuste grimpant à fleurs bleu-purpurin, 2 espèces.   Pittosporacées.

Sonchus-Alpinus Plante à suc laiteux 80-90ᵗ, feuilles alternes, fleurs bleu foncé.   Composacées.

Sonchus ou laiteron Petite plante vivace des champs à fleurs jaunes, laitron, 30 esp.   Composacées.

Sonerila Petite plante avec feuilles portant des dessins en couleurs variées, 70 espèces.   Mélastomacées.

Sonerilées 7ᵉ tribu de la famille des **Mélastomacées** : 6 genres, 90 espèces.

Sonjo ou Saonjo de Madagascar ; c'est le Colocasia à tubercules comestibles, 6 espèces.   Aroïdacées.

Sophora Japonica Arbre, 1747 par graines en Europe, fe. composées, pennées ; fl. en grappe, 30 esp.   Léguminacées.

Sophora pendula Arbre pleureur à couvert épais, croissance rapide, graines en gousses.   Léguminacées.

Sophorées 10ᵉ tribu de la famille des **Léguminacées** ; 35 genres, 133 espèces.

Sophronitis plante naine, petites fleurs écarlates ou lilas-clair, 5 variétés.   Orchidacées.

Sorbier ou **Aria** Allouchier, Alisier blanc, bois dur pour tabletterie, fleurs en cyme.   Rosacées.

Sorbier aucupuria des oiseleurs. Sorbus, arbre à fl. blanches puis baies rouges en grappes, 20 esp. — Rosacées.
Sorbier domestica Arbre à fl. blanches, fr. jaunâtres ou rougeâtres comme petite poire. Cormier — Rosacées.
Sores Groupe de corpuscules reproducteurs petites capsules au dos de feuilles des fougères. — Fougéracées.
Sorgho à balai plante à feuilles engainantes, fleurs et graines comme gros millet, Holcus, 8 espèces. — Graminacées.
Sorgho-Doura se récolte en août, en Egypte, avant l'inondation qui dure 40 jours. — Graminacées.
Sorgo ou Holcus Gros millet dont les Arabes font le couscouss ; 1º blanc, 2ⁿ roux, 3ᵉ noir. — Graminacées.
Sorgo ou Sorghum Plante des tropiques ; sa graine nourrit le quart de la population de la terre. — Graminacées.
Sorgho sucré 1596 en Europe, graines noires ; on retire le sucre de ses tiges, Andropogon. — Graminacées.
Sotio Petite branche verte dont les Nègres se servent pour se nettoyer les dents. — Santalacées.
Souche racine des plantes ligneuses et même de certaines herbacées vivaces : Fenouil, Laserpitium, etc.
Souchet cyperus Amande de terre ; on en faisait l'orgeat ; racines comestibles. — Cypéracées.
Souchet long Plante des prairies humides 50-100, donne un mauvais fourrage ; fleurs en épis. — Cypéracées.
Souchet à papier Cyperus papyrus des anciens Egyptiens, fleurs verticillées, graines en parasol plat. — Cypéracées.
Souci des champs Calendula-arvensis 10-30 à feuilles poilues, toujours en fleurs, 10 espèces. — Composacées.
Souci d'eau Caltha des Marais, plante à belles fleurs jaunes, cocusseau, ganille, populage, 9 esp. — Renonculacées.
Souci des jardins Calendula plante en rosette, à fleurs doubles jaune souci, fl. chaque mois, 20 var. — Composacées.
Souci, mère de famille ou Souci à bouquet, une fleur double au centre, d'autres autour : 12 var. cult. — Composacées.
Souci pluvial Dimorphotheca, plante comme grande marguerite à fleurs orangé foncé, 20 espèces. — Composacées.
Souci de Trianon ou Souci à la reine, ou Souci anémone, fleurs jaune clair ou ocreux. — Composacées.
Soucrion ou Sucrion orge nue, variété à grains très farineux, Hordeum disticum nudum. — Graminacées.
Soude commune Salsola Soda, plante des bords de mer ; les cendres donnent la soude 40 espèces. — Chénopodiacées.
Soude ou Kali Salsola, arbuste tige couchée feuilles épineuses, charnues, fleurs petites, blanc sale. — Chénopodiacées.
Soufre végétal tiré des capsules du Lycopodium-Clavatum plante vivace souvent rampante. — Lycopodiacées.
Sous-arbrisseau Plante à base ligneuse ; Arbuste « sous-ligneux » serait mieux employé.
Sous-ligneux Petit arbuste : Bruyère, Douce-amère, Lavande, Romarin, Rue, Sauge, Thym, etc., etc.
Soutenelle Atriplex-Halimus, plante ligneuse en buisson, feuilles grises, fleurs bleues. — Chénopodiacées.
Souvenez-vous de moi ou Myosotis ; petite plante en bordure à fleurs bleu ciel, 40 espèces. — Borraginacées.
Sowerbea Plante vivace à feuilles de jonc, hampe 30, fleurs pourpres en ombelle, 3 espèces. — Liliacées.
Soya ou soja Graines alimentaires ou condimentaires de la glycine-hispida, 16 espèces — Léguminacées.
Soyeria Plante alpine 20-70ᶜ, fleurs jaunes laineuses, en corymbe. crépis, 14 variétés. — Composacées.
Spadice rameux Support des fleurs, puis des fruits des bananiers, dattiers et autres monocotylédones.
Spadice simple Fleurs en épi des Aroïdées, Naïades, pandanées, poivriers, typha, etc.
Spaendoncea Arbuste de serre, fe. composées 40 à 50 folioles, fleurs blanches, puis rose foncé, 3 esp. — Léguminacées.
Sparaxis Plante à feuilles engainantes, fleurs de diverses nuances, 5 espèces, 11 variétés. — Irisacées.
Sparcette ou Esparcette ou Bourgogne ou Sainfoin bon fourrage 20-80ᶜ fl. roses, 70 espèces. — Léguminacées.
Sparganier Plante des marais, des fossés ; roseau à longues feuilles, fleurs en grappe. — Typhacées.
Sparganium Plante aquatique très longue, Rubanier, Ruban d'eau, rosace, forme la tourbe, 6 espèces. — Typhacées.
Spargoute des Champs 10-40ᶜ, fourrage de disette, donne le meilleur lait, spergula, feuil. roulées, 2 esp. — Caryophyllacées.
Sparmannia africana 1790 Arbuste 150-200ᶜ, grandes feuilles velues, fl. blanches, centre jaune, 3 esp. — Tiliacées.
Sparte-alfa Macrochloa-Stipa-tenacissima, plante fibreuse, 60-75ᶜ, aspect du jonc, 100 espèces. — Graminacées.
Sparte-Lygeum Plante textile, les feuilles sont cylindriques, on en fait des cordes et paillassons. — Graminacées.
Spartianthe Genêt d'Espagne, Arbuste et arbrisseau, fleurs jaunes en épi lâche, Spartium. — Léguminacées.
Spartina Plante du bord de la mer, 30-50ᶜ, feuilles longues enroulées, épillets par 2-3-5, 7 espèces. — Graminacées.
Spartium Jonc en arbre, Genêt d'Espagne, arbuste avec fleurs jaune d'or en épi, une espèce. — Léguminacées.
Spathe Bractée qui enveloppe les fleurs de certaines plantes monocotylédones surtout dans les Orchidées.
Spathiphyllées de la 2ᵉ tribu de la famille des Aroïdacées, 2 genres, 19 espèces, Holochlamys, Massoura ou Spathi-
    phyllum.
Spathiphyllum Plante à grandes feuilles panachées, fleurs blanches. Massoura, 18 espèces. — Aroïdacées.
Spathodea-campanulata Arbuste de serre, à fleurs capucine-striée en grappe, 2 espèces. — Bignoniacées.

Spécularia Miroir de Vénus, Plante 20-40°, très petites feuilles à fleurs pourpre violacées, 8 espèces.	Campanulacées.
Spégula Plante des chemins, moissons, 5-20°, fleurs blanches, roses, lilas, 2 espèces.	Caryophyllacées.
Spergula-pilifera Toute petite plante comme gazon très fin, fleurs blanches.	Caryophyllacées.
Spergularia Plante des chemins et sables, feuilles planes, charnues, fleurs roses ou lilas, 4 espèces.	Caryophyllacées.
Spergule Plante des champs, la spergule géante donne un bon produit en fourrage vert.	Caryophyllacées.
Spermacocées 24° tribu de la famille des **Rubiacées**, 22 genres, 291 espèces.	
Spermogonies Organes mâles des algues, champignons et lichens (Tulasne).	
Sphaeralcea ombellata, plante 120-180°, feuilles larges, fleurs pourpres, 25 espèces.	Malvacées.
Sphaeria Le plus grand genre des champignonacées, 2047 espèces.	Champignonacées.
Sphaerogyne Arbuste 50-60', feuilles linéaires, fleurs jaunes et brun violacé, Tococa, 35 espèces.	Mélastomacées.
Sphaerostigma-bistorium ou Enothère de Veitch, plante étalée, fleurs jaune vif.	Onagracées.
Sphaignées 4° tribu de la famille des **Moussacées**.	
Sphaignes Mousses des marais qui forment la tourbe, on dit aussi Sphagne, Sphagnum.	Moussacées.
Sphenopus plante 10-20°, feuilles étroites, épillets très petits, une espèce.	Graminacées.
Sphérie ou **Sphaeria** très petit champignon sphérique noir, sur écorce, feuil. morte, fumier, etc., 2047 esp.	Champignonacées.
Spherolobium pliant Petit arbuste, feuilles comme jonc, fleurs jaunes tachées de rouge, 12 espèces.	Léguminacées.
Sphondile Heracleum, Angélique sauvage, Branc-Ursine, Acanthe d'Allemagne, 60 espèces.	Ombelliféracées.
Spic Huile d'aspic, tirée de la Lavande à fleurs bleues, lavandula-spica, 20 espèces.	Labiacées.
Spicanard ou Spikenard petite plante de montagne formant gazon, Nard, Nardus, une espèce.	Graminacées.
Spigelia Marylandica, plante employée au moment de la floraison contre le Ténia, 30 espèces.	Loganiacées.
Spigelie du Maryland, plante 15-30°, feuilles opposées, fleurs rouges et jaunes, odorantes.	Loganiacées.
Spilanthe ou Abécédaire ou Cresson du Brésil, plante rampante, fl. panachées, 20 espèces, 40 variétés.	Composacées.
Spinacia ou épinard Plante potagère, cultivée pour la feuille qui est comestible, 4 espèces, 9 variétés.	Chénopodiacées.
Spinovitis Vigne à épines, belles feuilles, a besoin d'être améliorée.	Vitisacées.
Spiraea Plante buissonnante à fleurs blanches ou roses, légères, 29 variétés cultivées à Paris.	Rosacées.
Spiraées 3° tribu de la famille des **Rosacées**, 10 genres, 68 espèces.	
Spiranthes Plante des prés 10-30°, fleurs blanches en épi, à odeur de vanille, 80 espèces.	Orchidacées.
Spirée filipendule Plante vivace, racines fines avec petits tubercules ronds, fleurs nombreuses.	Rosacées.
Spirée ou **Spiraea** Plante buissonnante 100-140°, à fleurs en épi ou ombelle (mai et juin), 50 espèces.	Rosacées.
Spirée ulmaire ou Reine des prés, plante à racines vivaces feuilles ailées, petites fleurs blanches, 5 pét.	Rosacées.
Spirillum Algues des eaux croupissantes infiniment petites contournées en spirale.	Alguacées.
Spondias Grand arbre des pays chauds à fruits comestibles, pomme cythère, prunier Mombin, 5 espèces.	Anacardiacées
Spondiées 2° tribu de la famille des **Anacardiacées**, 50 genres, 334 espèces ou variétés.	
Sporanges Petits sacs contenant la matière reproductrice chez certaines acotylédones : les spores des Fougères.	
Sporanges ou **Urnes** Organes des mousses contenant les corps reproducteurs, Sporidie.	
Spores Matière reproductrice, contenue dans les sporanges des fougères, prêles, hépatiques.	
Sporobolus Plante des sables maritimes 10-20°, feuilles raides, roulées au bout, 80 espèces.	Graminacées.
Sprekelia Lis ou Croix de Saint-Jacques, plante bulbeuse, fl. sur hampe rouge pourpre, une espèce.	Amaryllisacées.
Sprengelia Arbuste 70-120', tige grêle, feuilles aiguës, fleurs rose pâle en grappe, 3 espèces.	Epacrisacées.
Sprucea Arbre du Canada pour l'Industrie, tige rameuse, peut se tailler, une espèce.	Rubiacées.
Squamariées groupe de la famille des **Alguacées**, 5 genres.	
Squamules Enveloppes des grains de blé, balles, glumes, paillettes.	Graminacées.
Squine Smilax, Salsepareille de Chine, plante grimpante épineuse, bois sudorifique, 200 espèces.	Liliacées.
Stachydées 5° tribu de la famille des **Labiacées**; 37 genres, 700 espèces.	
Stachys-affinis Crosne du Japon, plante 20-30° poilue, tubercules noueux comestibles, 1882 en France.	Labiacées.
Stachys des Bois ou Épiaire, ou ortie puante, plante des fossés, haies, à fleurs roses.	Labiacées.
Stachys-lanata Epiaire laineuse, oreille de lapin, feuilles argentées et veloutées, en bordure.	Labiacées.
Staphytarpheta Arbuste velu 60-70°, feuilles ovales dentées. petites fleurs blanches en épi.	Verbénacées.

STACKHOUSIACÉES 52° famille des Dicotylédones, 2 genres, 21 esp. (du botaniste anglais John Stackhouse, 1740-1819).

STACKHOUSIACÉES Macgregoria, Stackhousia ou Tripterococcus ou Plockiostigma, plantes d'Australie, fleur en épis.

Stadmannia Australis, plante 70ᵉ à Paris, à grandes feuilles composées, une espèce.   Sapindacées.

Staehelina-rubia Plante des lieux arides, feuilles blanches en dessous, fleurs grenat en aigrette, 6 esp. Composacées.

Staminifère (fleur) fleur mâle des dioïques et monoïques, fleur portant seulement des étamines.

Stanhopea-tigrina beau genre d'orchidée à grandes fleurs charnues, 20 espèces.   Orchidacées.

Stapelia Plante charnue, comme petit cereus, 50ᵉ, fleurs lie de vin, étoile de mer, 70 espèces.   Asclépiadacées.

Stapéliées 7ᵉ tribu de la famille des **Asclépiadacées** : 16 genres, 140 espèces.

Staphenopsis ou **Stephanotis** Plante grimpante, fleurs blanches, fruit vert avec coton, 14 espèces.   Asclépiadacées.

Staphisaigre ou **Delphinium** plante 100-120ʳ à fleurs bleues, graines de capucin.   Renonculacées.

Staphylea de la Colchide, arbuste à grandes fleurs blanches en grappe, graines dures, 4 espèces.   Staphyléacées.

Staphylea-pinnata Faux Pistachier, arbuste 180ᵉ à Paris, feuilles composées à 5 folioles.   Staphyléacées.

STAPHYLÉACÉES 59ᵉ famille des Dicotylédones, 4 genres, 16 espèces (grappe, grain de raisin).

STAPHYLÉACÉES Euscaphis, Huertea, Patenôtrier ou Staphylea, Turpinia ou Zanthoxylum.

Staphylier-pinnata Nez coupé, arbre à feuilles ailées, graines ferrugineuses, patenôtrier.   Staphyléacées.

Staticé Plante des sables maritimes, hampe rameuse, fleurs en épi sur tige de 60ᵉ, 120 espèces.   Plombaginacées.

Staticé Gazon d'Espagne, de montagne, mousse grecque, Herbe à 7 tiges.   Plombaginacées.

Staticé ou **Armeria** rose Gazon d'Olympe, plante naine en bordure durable 7 espèces 50 variétés.   Plombaginacées.

Staticé limonium Pl. 30ᵉ, fe., radicales à fl. bleu-lilas sur tiges 60-70ᵉ, se conservent sèches, 12 esp.   Plombaginacées.

Staticé pseudo-armeria Petite plante en bordure, 8-12ᵉ, fleurs en capitules arrondis.   Plombaginacées.

Staticées 1ʳ tribu de la famille des **Plombaginacées** : 5 genres, 258 espèces.

Stauntonia Holbeollie, plante liane, à grandes feuilles, 1890 en Europe, fleurs blanches, 2 espèces.   Berbérisacées.

Staurostigmatées 7ᵉ tribu de la famille des **Aroïdacées** : 8 genres, 22 espèces.

Steenhammera Virginica ou Mertensia, plante 50-60ᵉ, fleurs bleues pendantes 15 espèces.   Borraginacées.

Stellaire intermédiaire Plante rampante 10-40ʳ, tige avec poils, feuilles opposées, fleurs blanches.   Caryophyllacées.

Stellaria-media le bon mouron des oiseaux, à fleurs blanches, Alsine, Morgeline, 85 espèces.   Caryophyllacées.

Stellera ou Dendrostellera, plante des champs arides, passerine, petit genet, 8 espèces.   Thymelacées.

STÉMONACÉES 12ᵉ famille des Monocotylédones, 3 genres, 7 espèces (du grec stemon : filament).

STÉMONACÉES Croomia, Roxburghia ou Stemona, Stichoneuron.

Sténactis ou **Phoenactis** plante 50-100ᵉ, feuilles bien divisées, fleurs blanches, fruits à aigrette.   Composacées.

Stenanthera Arbuste à feuilles de pin, fleurs rouge vif et blanc jaunâtre tubuleuses, 18 espèces.   Epacrisacées.

Stenocarpus Arbuste à feuilles persistantes, fleurs écarlate-orange en ombelle. 14 espèces.   Protéacées.

Stenochilus Arbuste 35-70ᵉ, feuilles glanduleuses, fleurs rouges tachées jaune, 40 espèces.   Myoporacées.

Sténolobiées 2ᵉ tribu de la famille des **Euphorbiacées** ; 10 genres, 67 espèces.

Stephanandra flexnosa, arbuste à port gracieux, feuillage bien découpé, 3 espèces.   Rosacées.

Stephanotis Plante grimpante, fleurs blanches très odorantes, fruit vert avec coton, 14 espèces.   Asclépiadacées.

Sterculia-acuminata Arbre du Soudan, produit la noix de kola, Siphoniopsis, 11 espèces.   Sterculiacées.

Sterculia-balanghes Petit arbre à Paris, à grandes feuilles longues, bel exemplaire à Kew.   Sterculiacées.

Sterculia-heterophylla Arbre d'ornement à feuilles trilobées persistantes, Sterculia, 85 espèces.   Sterculiacées.

Sterculia-platanifolia Arbre d'ornement à feuilles de platane ou de ficus avec longues tigelles.   Sterculiacées.

STERCULIACÉES 34ᵉ famille des Dicotylédones ; 8 tribus, 51 genres, 730 espèces (du latin Stercus : excrement).

STERCULACÉES Abroma, Ayenia, Brachychiton, Bubroma, *Buettneria*, Cacaoyer, Cola ou Kola, Commersonia, *Dombeya*, Eriolena, *Fremontia*, Gourou, Guazuma, Guichenotia, *Hélictères*, Heritiera, *Hermannia*, *Lasiopetalum*, Leptonychia, Mahernia, Melhania, Melochia, Myrodia, Pterospermum, Riedleia, Rulingia, Siphoniopsis, *Sterculia*, Theobroma, Thomasia, Trochetia, Ungeria, Waltheria.

Sterculiées 1ᵉ tribu de la famille des **Sterculiacées**, 8 genres, 118 espèces.

Sternbergia Plante bulbeuse 5 ou 6 feuilles, 20-25ᵉ, fleurs jaune vif en entonnoir, 12 espèces.   Amaryllisacées.

Stevensonia ou Phœnicophorium palmier à grandes feuilles pennées, une espèce.   Palmacées.

Stevia-pourpre Plante 40-60ᵉ, velue, feuilles alternes, fleurs en bouquet rose pourpre.   Composacées.

Stevia-serrata Plante 40-80ᵉ, fl. blanchâtres, odeur de citron prononcée, Stevia 80 esp. 100 variétés.   Composacées.

Stewartia Arbuste 150-180ᶜ, feuilles ovales dentées en scie, fl. blanches ou jaunes odorantes, 6 esp.   Théacées.

Sticte pulmonaire espèce de lichen servant à frauder le houblon, donne aussi une teinture.   Lichenacées.

Stifftia Plante à feuilles alternes et luisantes, fleurs jaune d'or en aigrettes légères, 5 espèces.   Composacées.

Stigmaphyllon Plante grimpante, feuilles en cœur, fleurs jaune vif en ombelle, 50 espèces.   Malpighiacées.

Stigmate organe femelle de la fleur, humide et spongieux au moment favorable.

Stigmates Parties supérieures du pistil, d'où le pollen est dirigé dans l'ovaire pour féconder les ovules.

Stigmates Les barbes ou chevelus des tiges de maïs sont des stigmates, organes femelles de la fleur.

Stilbées 2ᵉ tribu de la famille des **Verbenacées** : 4 genres, 7 espèces ; Campylostachys, Eurylobium, Euthystachys, Stilbe.

Stillingia Arbre produisant des graines dont on retire une sorte de beurre, de cire, 13 espèces.   Euphorbiacées.

Stillingia Sebifera ou arbre à suif des régions tropicales, feuilles alternes, fleurs en épi.   Euphorbiacées.

Stimulants (plantes ou fruits) : Anis, Angélique, Armoise, Arnica, Badiane. Boldo, Café, Camomille, Cannelle, Coca, Gingembre, Hysope, kola, Matricaire, Menthe, Poivre, Raifort, Romarin, Salsepareille, Sauge, Soya, Squine, Thé, Tolu, Vanille, Vin.

Stipa ou **Stipe** plante 40-50ᶜ, très fine en touffe, fl. retombantes en plumes tortillées flottantes, 100 esp.   Cypéracées.

Stipule Aiguillon ou bractée ou écaille ou vrille ou agrandissement de la base des feuilles.

Stoechas-arabique ou **Lavande** plante à tige sous ligneuse fleurs bleues, 20 espèces.   Labiacées.

Stoechas-citrinum ou **italicum** immortelle naine fleurs boutons d'or, Gnaphale.   Composacées.

Stokesia-cyanea Plante à tige rigide 40ᶜ, grandes fleurs bleu-barbeau ou blanches, une espèce.   Composacées.

Stolonifère Plante qui se reproduit par stolons : fraisier, lierre-terrestre, violette, etc. etc.

Stolons ou coulants du fraisier tiges rampantes, à racines adventives servant à la reproduction.   Rosacées.

Storax (baume de) tiré du Styrax officinale ou Cyrta ou Strigilia ou Trenanthus.   Styracées.

Stramoine Datura. Arbuste à fleurs blanches en grand cornet, fruit pomme épineuse, 12 espèces.   Solanacées.

Stramonium-fœtidum Arbuste ou arbrisseau à feuilles ovales, à grandes fleurs blanches.   Solanacées.

Stranvoetia arbre, feuilles épaisses, produit fruits rouges, 6 esp.   Rosacées.

Stratiotes Faux-aloès, plantes des mares, feuilles épineuses en glaive, fleurs blanches, une espèce.   Hydrocharisacées.

Stratiotées 3ᵉ tribu de la famille des **Hydrocharisacées**, 5 genres, 18 espèces.

Strelitzia Arbuste de serre, hampe 120ᶜ, feuilles ovales de 30ᶜ, fl. à 6 divisions, jaunes et bleues, 5 esp.   Musacées.

Strelitzia-regina Arbre et arbuste. La fleur a l'aspect de bec et huppe d'oiseau, rare, mais superbe.   Musacées.

Streptocarpus Plante de serre, velue, charnue, fleurs en cloches sur hampe, 19 esp.   Gesnéracées.

Streptopus Plante alpine 30-40ᶜ, tige très feuillée, fleurs blanches penchées, baies rouges, 4 esp.   Liliacées.

Streptosolen-jamesoni Plante grimpante à belles fleurs rouges et jaunes, une esp.   Solanacées.

Strobilanthes Arbuste à beau feuillage brillant, fleurs violettes, 180 esp.   Acanthacées.

Strobile ou **Cône**, fruit du Pin, Sapin, Aune, Bouleau, Cèdre, Cycas, Houblon, Mélèze, etc., etc...

Strobus Pin du Lord Weimouth, 5 feuilles dans la gaine, cône à forme de sabot, strobos.   Coniféracées.

Strophanthus Christya. Cercocoma, liane à suc laiteux, s'enroule autour des arbres, Inée, 20 esp.   Apocynacées.

Strumaria Plante bulbeuse, Strumaire à fleurs rouge-foncé crépues, 6 esp.   Amaryllisacées.

Struthiola Arbuste 100-120ᶜ, rameux, velu, fleurs jaune-pâle en tube, odorantes, 20 esp.   Thymélacées.

Struthiopteris Fougère des bois, 30-70ᶜ, avec feuilles de deux sortes.   Fougéracées.

Strychnos-Colubrina petit arbre à fruit rond, jaune-orangé-clair de 4 à 6ᶜ de diamètre.   Loganiacées.

Strychnos-nux-vomica Arbre dont les graines produisent la noix vomique.   Loganiacées.

Strychnos-Tieuté ou Upas-tieuté, grande liane des montagnes de Java, produit poison violent.   Loganiacées.

Stuartia Petit arbuste du Japon, fleurs comme Camellia. Malochodendron, 6 espèces.   Théacées.

Sturmia Plante des marais à fleurs jaunâtres avec filet allongé et ailé, Liparis 120 esp.   Orchidacées.

Stygmate ou **stigmate** Partie de l'organe femelle de la fleur, c'est le haut du pistil qui recueille le pollen.

Style Partie de l'organe femelle de la fleur : prolongement de l'ovaire terminé par le ou les stigmates.

Styles (plusieurs) ou tubes polliniques, répondent à chaque loge ou carpelle de l'ovaire.

Stylidium Arbuste de serre 25-35ᶜ, feuilles charnues, glanduleuses, fleurs jaune pâle, 5 esp.   Cornacées.

Stylochitonées de la 7ᵉ tribu de la famille des **Aroïdacées** ; 1 genre, 3 espèces : Spirogyne ou Stylochiton.

Styphelia Plante de serre, feuilles ovales à 3 fleurs rouges évasées, limbe jaune, 11 esp.   Epacrisacées.

Styphelia Arbuste à feuillage serré, à pointe piquante, fleurs en tube évasé rouge-jaunâtre. Epacrisacées.
Stypheliées 1ᵉ tribu de la famille des **Epacrisacées** ; 16 genres, 218 espèces.
Styphnolobium ou Sophora, grand arbre, feuilles composées, fleurs blanc jaune, 30 esp. Léguminacées.
STYRACÉES 112ᵉ famille des Dicotylédones, 7 genres, 235 espèces (de Styrax, nom d'une résine de Syrie).
STYRACÉES Alibouflier, Alstonia, Benzoin, Boba, Ciponima, Cyrta, Diclidanthera, Foveolaria, Halesia, Hopea, Lissocarpa,
   Pamphilia, Pterostyrax, Styrax, Symplocos, Tremanthus, Trichogamila.
Styrax benjoin Aliboufier, Arbre à gomme résine, fleurs blanches, fruit coriace, 60 esp. Styracées.
Styrax Liquide suc tiré du Liquidambar arbre à feuilles palmées rougissant à l'automne. Hamamélisacées.
Suaeda-fruticosa Plante verte à tige ligneuse 80ᵉ, petites feuilles charnues aspect romarin, 45 esp. Chénopodiacées.
Suaédées 8ᵉ tribu de la famille des **Chénopodiacées** ; 5 genres, 49 espèces : Alexandra, Bienertia, Borsczovia, Hypocylix,
   Suaeda.
Subéreux Comme du liège, écorce du chêne-liège et de l'ormeau subéreux.
Subulaire Plante des étangs, 1-8ᵉ, feuilles étroites partant de la base, fleurs blanches, 2 esp. Cruciféracées.
Succin ou Ambre jaune résine fossile, en langue grecque Elektron d'où vient le mot Electricité.
Succise Scabieuse, plante des pâturages, 30-100ᵉ, fleurs bleu violacé en capitule. Dipsacées.
Succotrin de l'île Socotora, Aloès des Indes, plante purgative, amer comme chicotin. Liliacées.
Sucepin Monotropa, plante parasite, au pied des arbres, 10-30ᵉ, feuilles blanchâtres, 2 esp. Monotropacées.
Sucepin Plante charnue, colorée, munie d'écailles sur chênes, pins, sapins. Monotropacées.
Sucre (canne à) Saccharum, plante 2 à 5ᵐ tige à nœuds, fleurs avec longs poils soyeux. 12 esp. Graminacées.
Sucre (plantes à) Arenga, Betterave, Canne, Erable, Ronier, Saccharum, Sorgho.
Sucrier (faux) Balisier ou Canna, plante à feuilles engainantes, une seule étamine, 30 esp. 149 var. Zingibéracées.
Sucrion ou Soucrion plante alimentaire et fourragère à grains très farineux, orge. Graminacées.
Sudorifiques (Plantes) Bardane, Bourrache, Genevrier, Houx, Jaborandi, Melisse, Salsepareille, Saponaire, Sureau.
Sudorifiques (4 bois) Gaïac, Salsepareille, Sassafras et Squine.
Sueda maritime Plante 20-40ᵉ à feuilles charnues, aiguës, plates dessus et bombées dessous, 45 esp. Chénopodiacées.
Suffrutescentes (plantes) Plantes ligneuses, ou sous-arbrisseaux : Bruyère, Romarin, Rue, Thym, etc... etc...
Suissard ou Ravenelle, variété de giroflée commune mais odorante. Cruciféracées.
Sujet Sauvageon ou arbre sur lequel on greffe une espèce différente pour améliorer.
Sulfatage du blé de semence, des feuilles de la vigne et des pommes de terre contre le champignon.
Sulla (en cosse) graines de Sainfoin d'Espagne ou Hedysarum-coronarium pl. 30-50ᵉ. Léguminacées.
Sumac des Corroyeurs arbre vénéneux avec tannin, du midi de la France, Espagne et Italie. Anacardiacées.
Sumac fustet Arbuste à feuilles rondes, vinaigrier, donne une teinture orange. Anacardiacées.
Sumac-rhus-cotinus Arbre à perruque brun-foncé d'un grand effet en panicule, une esp. Anacardiacées.
Sumbul Euryangium, plante vivace, variété de férule, feuilles très divisées. Ombelliféracées
Superbe du Malabar ! ou Methonica plante de serre tubéreuse. fe. à vrilles, fl. rouges pendantes, 3 esp. Liliacées.
Sureau ou Sambucus Arbrisseau à croissance rapide, fleurs blanches, baies noires, 12 espèces. Caprifoliacées.
Surelle Oxalis, petit trèfle à fleur rose ou jaune, vinaigrette, oxalide (au Pérou Oca). Géraniacées.
Surette Oseille, parelle, vinette. plante alimentaire vivace, grandes feuilles. Polygonacées.
Surgeon ou Marcotte branche avec racines ou chevelus pour former un nouveau sujet : Framboisier, vigne.
Surier Quercus-suber, chêne-liège, département du Var ; Alcornoque en Espagnol. Cupuliféracées.
Suron ou terre-noix ou Bunium plante des moissons, racines bulbeuses, fleurs blanches. Ombelliféracées.
Sutherlandia ou Baguenaudier d'Ethiopie; plante à feuilles composées, fl. rouges en grappes, une esp. Léguminacées.
Swainsona Arbuste à feuilles de Coronille, fleurs rose pourpre en grappe, cyclogyne, 28 esp. Léguminacées.
Swartziées 11ᵉ tribu de la famille des **Léguminacées** ; 6 genres, 71 espèces.
Swertia Plante des marais ; 20-60ᵉ, feuilles de la base en rosette, fleurs bleues ou violettes, 55 esp. Gentianacées.
Swertiées 3ᵉ tribu de la famille des **Gentianacées** ; 9 genres, 290 espèces.
Swietenia Acajou, Cèdre des Antilles, arbre élevé, bois à meubles, Huile de Carapa, 3 espèces. Méliacées.
Swieténiées 3ᵉ tribu de la famille des **Méliacées** ; 9 genres, 15 espèces.
Sycomore Ficus-sycomorus, Figuier de Pharaon, Ficus d'Egypte ; ses feuilles conservaient les momies. Urticacées.

Sycomore Pseudo-platanus, Erable à feuilles blanches en-dessous, fleurs pendantes, 12 variétés.   Acéracées.
Sycomore (faux) Erable à feuilles vertes sur les deux faces, fleurs jaunâtres dressées.   Acéracées.
Sycomore (faux) Melia-Azedarach, à Paris, arbuste 180°, feuilles composées dentelées, une espèce.   Méliacées.
Sylibe ou Sylibum Chardon-Marie, plante des chemins, feuilles tachées de blanc, une espèce.   Composacées.
Sylphium Plante à fleurs jaunes comme topinambour, Silphium, 11 espèces.   Composacées.
Sylvie Anémone des bois, plante 10-30°, feuilles opposées, fleurs blanches ou roses.   Renonculacées.
Symbiose végétale Association de deux organismes procurant des bénéfices réciproques, comme dans le lichen.
Symphorémées 7° tribu de la famille des **Verbénacées** ; 3 genres, 16 espèces : Congea, Sphenodesma, Symphorema.
Symphoria ou arbousier d'Amérique, arbuste avec fleurs en cloches, 6 espèces.   Caprifoliacées.
Symphoricarpos-racemosus Arbre aux perles, fleurs en grappe, fruits blanc d'ivoire, 6 espèces.   Caprifoliacées.
Symphorine Arbuste en buisson à feuilles rondes, fleurs rosées, fruits rouges, ramassés, 6 espèces.   Caprifoliacées.
Symphyandra Plante velue 40-60°, feuilles alternes, fleurs blanc jaunâtre en entonnoir, 7 espèces.   Campanulacées.
Symphytum Consoude, plante 140° à grandes feuilles, 50°, fleurs blanches, jaunes ou rosées, 17 esp.   Borraginacées.
Symplocarpées 2° tribu de la famille des **Aroïdacées**, 3 genres, 3 espèces : Lysichiton, Orontium, Symplocarpus.
Symplocos-racemosa Petit arbre 4-6ᵐ, petites fleurs roses en grappes.   Styracées.
Synanthérées Ancienne dénomination de la famille des Composacées.
Synanthérées (fleurs) avec étamines soudées par les anthères et formant un tube où passe le style : marguerite, soleil, etc.
Syncarpe (par Richard) fruit charnu de l'Ananas, du mûrier : fruits agrégés (Sorose par Mirbel).
Syncarpia-aurifolia Arbuste de serre à feuilles luisantes, Kamptzia, 2 espèces.   Myrtacées.
Syngoniées de la 6° tribu de la famille des **Aroïdacées** ; 2 genres, 12 espèces : Porphyrospatha, Syngonium.
Syringa Lilas arbre et arbrisseau, fleurs en grappes, odeur agréable, 6 espèces, 126 variétés.   Oléacées.
Syringées 2° tribu de la famille des **Oléacées**, 3 genres, 17 espèces.
Syzygium Arbuste 100° à Paris, à feuilles ovales, Jambosa, Eugenia.   Myrtacées.
Syzygium ou Caryophyllus Arbre produisant les clous de girofle, à Cayenne.   Myrtacées.

T

Tabac ou Petun 1520 en Europe, 1560 Jean Nicot à Catherine de Médicis, Nicotiana.   Solanacées.
Tabac Plante annuelle 120-150°, tige ronde, moelleuse, velue, grandes feuilles velues, fleurs en tube.   Solanacées.
Tabac Plante de culture industrielle, à grandes feuilles, 36.000 graines par pied, 35 espèces, 50 variétés.   Solanacées.
Tabac En France, 25 départements sont autorisés à le cultiver sous certaines conditions ; en Algérie, liberté.
Tabac Indien Lobélie du Canada, plante 50-60°, odeur nicotine, Lobelia-inflata.   Lobéliacées.
Tabac des Vosges Arnique, plante des bois, 20-60°, feuilles velues, fleurs jaunes.   Composacées.
Tabernaemontana Arbuste 50-70°, feuilles lance aiguë, fleurs bleu pâle ou blanches en cyme, 150 esp.   Apocynacées.
Tabouret thlaspi, plante des champs à odeur d'ail 20-40°, monnayère, fleurs blanches.   Cruciféracées.
Tacamaque résine provenant de l'Icica-tacahamaca ou de l'Icica-guianensis-tacamahaca.   Burséracées.
Tacca Plante à grandes feuilles, à tubercules comestibles, fleur noir violacé en coupe, 9 espèces.   Taccacées.
TACCACÉES 10° famille des Monocotylédones, 2 genres, 10 espèces (Pierre Tacca, mort vers 1640).
TACCACÉES Ataccia ou Chaitea, Schizocapsa, Tacca ou Vitiensis ou Cambare de Java.
Tacamahaca (gomme grise) du peuplier du Canada ! bois et bourgeons odorants.   Salicacées.
Taconnet ou Traconnet, tussilage, pas-d'âne, farfara, plante 10-15°, tige cotonneuse, une espèce.   Composacées.
Tacsonia Plante grimpante, vigoureuse, grandes fleurs en long tube feu, 25 espèces.   Passifloracées.
Tagal Crin végétal, tiré du Parameria, donne aussi un caoutchouc, 3 espèces.   Apocynacées.
Tagasaste des Canaries, Cytisus-Proliferus-albus, nouveau fourrage d'Algérie.   Léguminacées.
Tagète Plante de massif, rose d'Inde, œillet d'Inde, odeur désagréable, 20 espèces.   Composacées.
Taillis en forêt, bois sur souches, exploités périodiquement, de 14 à 20 ans, selon le sol.
Takamshaca Tamenaka, bois de fer de Madagascar, extrêmement dur. Mera, Calophyllum, 35 esp.   Guttiféracées.
Talauma Candollea Magnolia à fleurs blanc de lait, à odeur de tubéreuse.   Magnoliacées.

Talinum Plante rameuse, 50°, feuilles planes épaisses, petites fleurs rougeâtres nombreuses, 14 esp.   Portulacées.

Talipot palmier de Ceylan ou Corypha umbraculifera, fruits à noyaux pour chapelets, 6 esp.   Palmacées.

Talons d'alouette, ou Pied d'alouette, Delphinium, fleurs à éperon,, 25 variétés cultivées.   Renonculacées.

Tamar indien Tamarin, donne une gousse avec pulpe acidulée sucrée.   Léguminacées.

Tamarin Arbre à feuillage très léger, donne une gousse comme le caroubier.   Léguminacées.

Tamarindus indica Arbre d'ornement élégant, donne gousse laxative, une espèce.   Léguminacées.

Tamarinier Arbre produisant des gousses de 10-15°, on en tire la pulpe de Tamarin.   Léguminacées.

Tamaris Arbre et arbrisseau à feuillage très fin, jolies fleurs rosées, 25 espèces, 60 variétés.   Tamarisacées.

Tamaris d'Angleterre Arbrisseau et arbuste sur les bords de l'Océan et de la Manche.   Tamarisacées.

Tamaris de France Arbrisseau et arbre des rochers, sables, torrents jusqu'à 10ᵐ, fl. rosées, 9 var.   Tamarisacées.

TAMARISACÉES 26° famille des Dicotylédones, 3 tribus, 5 genres, 45 esp. (Tamaris, fleuve d'Espagne et d'Angleterre).

TAMARISACÉES *Fouquiera*, Hololachme, Myricaria, *Réaumuria, Tamaris* ou Tamarix ou Tamarisque.

Tamariscées 1ʳᵉ tribu de la famille des **Tamarisacées** ; 2 genres, 29 espèces : Myricaria, Tamarix.

Tambourissa Arbre de Madagascar, son fruit est la pomme de singe, Pot de Chambre, Jacob, 16 esp.   Monimiacées.

Tamier ou **Tamus** Plante grimpante f. en cœur, fl. en cloche, baies rouges, tubercule comestible.   Dioscoréacées.

Tamne ou **Tamnus** Pied d'éléphant, arbuste de serre, grosse souche, tige annuelle, fl. verdâtre, 2 esp.   Dioscoréacées.

Tamonea plante à feuilles dentées, fleurs épis terminaux, fruits à noyau, 4 espèces.   Verbénacées.

Tan Ecorce du chêne et d'autres arbres réduite en poudre pour tanner dés peaux.

Tanacetum-crispum Tanaisie cultivée 70-80°, beau feuillage, frisé et odorant, fleurs jaunes, 30 esp.   Composacées.

Tanaisie Plante des haies, décombres, 80-110°, Baume-Coq, menthe-coq, balsamite.   Composacées.

Tangue matière ramassée au bord de la mer et qui sert d'engrais sur les côtes de l'Océan et de la Manche.

Tangum ou **Tanguin** Cerbera, Tanghinia, arbre de Madagascar, produit voa-tanghing, 4 esp.   Apocynacées.

Tapenier Caprier, arbuste épineux couché ou pleureur, feuilles rondes, fleurs rosées, 135 espèces.   Capparisacées.

Tapioca Tiré des tubercules du Manioc ou jatropha-manihot.   Euphorbiacées.

Taro ou **Tallo** ou **Tallus** c'est le Caladium ou Colocase comestible de l'Océanie, 10 espèces.   Aroïdacées.

Taraspic ou Thlaspi ou Ibéris, petit arbuste 30-40°, fe. épaisses vert foncé, petites fl. blanches, 30 esp.   Cruciféracées.

Taraxacum officinale Leontodon, plante des prairies, feuilles en rosette, fleurs jaunes, 10 esp.   Composacées.

Taraxacum ou **pissenlit** Petite plante à fleurs jaunes, puis jolies graines en boules, 40 variétés.   Composacées.

Tarchonanthus Camphoratus, arbre 3ᵐ à Paris, feuilles argentées, 3 espèces.   Composacées.

Tartarelle Rhinanthe, plante des prairies à fleurs jaunes, cocriste, 3 espèces.   Scrofulacées.

Tasmanian Eucalyptus amygdalina, arbre originaire d'Australie, où l'on compte 140 esp. 200 var.   Myrtacées.

Tasmannia Arbuste à écorce aromatique, feuilles coriacées, fleurs blanchâtres, 10 esp.   Magnoliacées.

Tavelure des poires. Par le Fusicladium pyrinum ou virescens, 7 espèces.   Champignonacées.

Taxées 4° tribu de la famille des **Coniféracées**, 5 genres, 17 espèces : Cephalotaxus, Gingko, if, Phyllocladus, Torreya.

Taxode-distique ou Cyprès chauve, perd ses feuilles comme le Mélèze et le Ginkgo.   Coniféracées.

Taxodinées de la 1° tribu de la famille des **Coniféracées**, 7 genres, 12 espèces.

Taxodium disticum Cyprès chauve à feuilles caduques, linéaires, pointues, 2 espèces.   Coniféracées.

Taxodium sempervirens Sequoia, arbre à grande végétation, 2 espèces.   Coniféracées.

Taxoïdées 3° tribu de la famille des **Coniféracées** ; 4 genres, 74 espèces.

Taxonomie qui établit les règles de classification des plantes. Taxinomie serait mieux (Littré).

Taxus ou **if** Arbrisseau toujours vert, à feuilles opposées, plates, baies rouges, 8 espèces.   Coniféracées.

Taxus hibernica Arbrisseau toujours vert, à feuilles circulaires ou verticillées.   Coniféracées.

Tazette Narcisse de Constantinople, fleurs en bouquet blanc, jaune et orange.   Amaryllisacées.

Tchong-tsao Plante de Chine sans feuilles, forme d'un vers avec anneaux, condiment tonique.

Teck (bois de) ou Teack, Tectona, bois très dur et teinté, comme acajou, Teka ou Tekka, 3 espèces.   Verbénacées.

Tecoma Arbrisseau grimpant à fleurs rouges où rentre le doigt, Jasmin de Virginie, 25 esp.   Bignoniacées.

Tecomaxochitel Petit arbre à branches retombantes, à feuilles d'un vert gris, Kokoschkinia.   Bignoniacées.

Técomées 2° tribu de la famille des **Bignoniacées** ; 24 genres, 163 espèces.

Tectona Arbre élevé de l'Inde à grandes feuilles, donne le bois de Teck, 3 espèces.   Verbénacées.

Teesdalia Plante des chemins, 6-15°, feuilles en rosette, petites fleurs blanches, 2 esp.   Cruciféracées.

Teff ou Paturin d'Abyssinie cultivé dans ce pays comme céréale et donne une farine très blanche.   Graminacées.

Teigne Capitule de bardane, lappa, petite boule qui colle aux vêtements, 7 espèces.   Composacées.

Teigne ou Tignasse Cuscute, plante parasite sans feuilles, fleurs blanc-rosé, 80 espèces.   Convolvulacées.

Telanthera Plante pour bordure à feuillage vernissé rouge-brun brillant, 50 espèces.   Amarantacées.

Telekia Plante 120°, feuilles en cœur, fleurs jaunes, comme petit soleil, 2 espèces.   Composacées.

Telephium Plante alpine tiges couchées, feuilles épaisses, fleurs blanches en capitules, 3 esp.   Ficoïdacées.

Telfairea ou Liane Joliffe à feuilles composées, digitées, fleurs mâles en grappes, 2 espèces.   Cucurbitacées.

Tellima plante en bordure, feuilles vert foncé presque rondes, 7 espèces.   Saxifragacées.

Telopea Arbrisseau 2-3ᵐ velu, feuilles lances, jaunes et noires, fruit comme œuf d'oie, 2 esp.   Protéacées.

Teloxis Chenopodium-aristatum, petite plante des pays chauds, 3 espèces.   Chénopodiacées.

Templetonia Arbuste avec feuilles comme olivier, mais plus foncées, fleur huppe, 7 esp.   Léguminacées.

Tenthrède du rosier, poirier: mouche à scie, corps jaune, fausse chenille avec 6 pattes, 22 crochets.

Tephrosia Arbuste de serre à grandes fleurs rouges, fauves à l'intérieur, 125 espèces.   Léguminacées.

Teraspic ou Thlaspi, pl. des champs et cultivée 20-40° à odeur d'ail, petites fleurs blanches, 30 esp.   Cruciféracées.

Térébenthine brute ou gomme molle, provient principalement des pins et sapins.   Coniféracées.

Térébenthine de Venise provient du Mélèze des Alpes, sort du bois et de l'écorce.   Coniféracées.

Térébinthacées ancienne famille réunie aux Anacardiacées.

Térébinthe-pistacia Lentisque sur laquelle on greffe le bon pistachier, 8 espèces.   Anacardiacées.

Terminalia Benzoin, arbre à gomme-résine très odorante, Badamier.   Combrétacées.

Ternstrémiacées Ancienne dénomination de la famille des Théacées.

Ternstrémiées 3ᵉ tribu de la famille des Théacées, 14 genres, 112 espèces.

Terramerita ou Curcuma, racine tuberculeuse condimentaire, colore le beurre, le fromage, 30 esp.   Zingibéracées.

Terre-noix Bunium, plante des moissons à fleurs blanches, racine bulbeuse de Carvi.   Ombelliféracées.

Testa ou épisperme Enveloppe extérieure de la graine, pellicule.

Testudinaria Pied d'éléphant, pl. curieuse 120° de largeur, fl. verdâtres sur longues tiges, 2 esp.   Dioscoréacées.

Tétard Arbre coupé à 3 ou 4ᵐ du sol, le robinier pour l'ombrage, le saule pour ses branches, à faire des cerceaux.

Tête de dragon Dracocéphale d'Autriche, plante 30° velue, feuilles dentées, fleurs bleu-pourpre.   Labiacées.

Tête de méduse Mamillaria-caput-medusae, plante en boule épineuse.   Cactacées.

Tête de mort Antirrhinum-orontium, muflier des rochers, 20-50°, fleurs roses.   Scrofulacées.

Tétraclinis Arbre du Nord de l'Afrique à bois très dur pour meubles comme Thuïa.   Coniféracées.

Tétragone-cornue Epinard de la Nouvelle-Zélande, plante potagère, épinard d'été, tige carrée, 20 esp.   Ficoïdacées.

Tétragonolobe Plante des prairies humides, 20-40°, tige poilue, fleurs jaunes, gousses carrées.   Léguminacées.

Tétranema-mexicana Plante de serre en rosette, fleurs pourpre lilas sur tige, une espèce.   Scrofulacées.

Tetranthera Arbuste à feuilles épaisses en rosace, produit une baie noire, Litsea, 125 espèces.   Lauriacées.

Tetrapanax Fatsia, Aralia-papyrifera dont on fait le papier dit de Chine ou de riz, 3 espèces.   Araliacées.

Teucrium-argenteum Plante ligneuse, 60-150ᵐ petites feuilles argentées, petites fleurs bleues.   Labiacées.

Teucrium-germandrée Petit chêne, 10-20°, feuilles dentées longues, 30 espèces.   Labiacées.

Textiles (plantes) Agave, Alfa, Chanvre, coton, jute, lin, ortie, phormium, ramie, raphia, sparte, etc.

Thalame ou Torus évasement du réceptacle autour de l'ovaire d'où Thalamiflore.

Thalame ou Torus organe en bourrelet sous l'ovaire d'où partent les pétales et étamines.

Thalamiflores 1ᵉ division des Dicotylédones, fleurs à pétales et étamines insérés sur le réceptacle ou torus.

Thalassiées 4ᵉ tribu de la famille des **Hydrocharisacées**; 3 genres, 6 espèces : Enhalus, Halophila, Thalassia.

Thalassiophytes On donnait parfois ce nom aux algues marines.   Alguacées.

Thalia ou Peronia Plante aquatique, belles feuilles engainantes, fleurs pourpres sur tiges, 6 espèces.   Zingibéracées.

Thalibot Nom vulgaire du salsifis des prés, Barbe de Bouc, Tragopogon, 50 espèces.   Composacées.

Thalictrum Fausse rhubarbe, plante 70-130ᵐ, fleurs blanches, jaunâtres, violacées, 70 espèces.   Renonculacées.

Thalle Ce qui constitue les algues et les lichens, semblable à une tige ou à une feuille.

Thalle La partie foliacée ou fruticuleuse, qui constitue la tige chez les lichens.

Thallogènes (par Lindley) Les algúes, champignons et lichens.

Thallophytes (plantes) sans racines : les algues, champignons et lichens.

Thamnus ou Simocheilus plante ligneuse aspect bruyère, 34 espèces. — Ericacées.

Thamnus ou Tamnus Plante grimpante 1 à 3ᵐ, fe. en cœur, petite fl. jaunâtres baies rouges, 2 esp. — Dioscoréacées.

Thapsia garganica ou Silphium de la Cyrénaïque plante 30-50 à grosse racine, charnue, sucrée. — Ombelliféracées.

Thapsia-villosa Plante 60-90ᵉ à feuilles découpées velues, fleurs jaunes en boules, 4 espèces. — Ombelliféracées.

Thaspi-monnovère Plante avec fleurs rondes, petites, comme lunaire, Thaspium, 2 espèces. — Ombelliféracées.

Thé de l'Amérique Centrale Erythroxylon, arbre qui donne la coca et cocaïne, 100 espèces. — Linacées.

Thé de l'Amazone Aya-Pana-Eupatoire, plante 50-70ᵉ, aromatique. — Composacées.

Thé du Canada de Labrador, de Montagne, de Terre-Neuve, de la Gaultheria, 95 espèces. — Ericacées.

Thé de Chine 1602 en Europe par la Cⁱᵉ des Indes Hollandaises, 1636 à Paris, 1666 à Londres. — Théacées.

Thé de Chine Tscha, Theh, Tsja, Thea viridis, arbuste 200ᵉ à fleurs blanches ou jaunâtres, 16 espèces. — Théacées.

Thé d'Europe Véronique officinale, plante tiges couchées, feuilles velues, petites fleurs bleu pâle. — Scrofulacées.

Thé falsifié Ardisia-Crispa, arbrisseau feuilles crépues 40-50ᵉ, donne des fruits rouge corail. — Myrsinacées.

Thé de France Lithospermum, gremil, plante à petites fleurs bleues en cornet, 40 espèces. — Borraginacées.

Thé de France Mélisse, plante 40-80ᵉ, feuilles velues, fleurs jaunâtres puis violacées, 4 espèces. — Labiacées.

Thé de la Grèce Salvia-offinalis, plante 30-70ᵉ, fleurs violettes — Labiacées.

Thé du Harrar Celastrus-edulis ; le Catha des Egyptiens, petit arbuste vert foncé, luisant. — Célastracées.

Thé de l'île Bourbon Faham, Angraecum, plante parasite, on en retire la Coumarine. — Orchidacées.

Thé de Jersey Ceanothus, arbuste en buisson 50-150ᵉ, fleurs blanches, bleues ou roses en boules. — Rhamnacées.

Thé du Labrador Ledum-latifolium, arbuste à feuilles 8-10ᵉ de longueur sur 2 à 6ᵉ, petites fleurs blanches. — Ericacées.

Thé du Mexique Chenopodium-ambrosioïdes, plante aromatique 40-60ᵉ. — Chénopodiacées.

Thé du Paraguay Maté, les feuilles contiennent de la Caféine, digestif, stimulant. — Ilicacées.

Thé du pauvre Verveine citronnelle, plante à parfum, fleur blanc-violet, Lippia 1784. — Verbénacées.

Thé rouge ou thé Montain, Gaultheria, petit arbuste couché, fleurs engrelot, fruits rouge vif — Ericacées.

Thé de Saint-Germain Anis, fenouil, feuilles de Séné, fleurs de sureau, etc...

Thé de Sainte-Hélène Beatsonia plante vivace à feuilles de pourpier, une espèce. — Frankéniacées.

Thé Suisse feuilles de sommités d'Absinthe, de Bétoine, Hysope, Lierre terrestre, Mille-feuilles, Origan, Pervenche, Romarin, Sauge, Thym, Véronique ; fleur d'Arnica, Pied de Chat, Scabieuse et de Tussilage, par parties égales.

THÉACÉES 30ᵉ famille des Dicotylédones : 6 tribus, 42 genres, 310 espèces (du chinois Tcha : plante du thé).

THÉACÉES Principaux genres : Actinidia, Adinandra, Anthodiscus, Archytea, *Bonnetia*, Camellia, Caraïpa, Caryocar Dupinia, Eurya, Franklinia, Freziera, *Gordonia*, Haploclathra, Hémocharis, Hoferia, Kielmeyera, Laplacea, Mahurca, Makokoa, *Marcgravia*, Marila, Norantea, Palava, Pyrenaria, *Rhizobolus*, Ruyschia, *Saurauja*, Schima, Souroubea, Stachyurus, Stuartia, *Ternstrœmia*, Thea, Trochostigma, Visnea.

Thelipteris petite fougère des endroits humides, Achrosticum. — Fougéri cées.

Thelygonées 8ᵉ tribu de la famille des **Urticacées** ; une seule espèce : Thelygonum.

Thelygonum ou cynocrambe Plante des champs, des murs, feuilles ovales opposées et alternes. — Urticacées.

Thelymitra ou Macdonaldia orchidée de la Nouvelle-Calédonie, 20 espèces. — Orchidacées.

Theobroma ou Cacaoyer 1649 en Europe. Celui de Caracas est le plus fin, 15 espèces. — Sterculiacées.

Theobroma arbre à feuilles grandes, fleurs petites par paquets sur branches et tronc. — Sterculiacées.

Theophrasta Arbre à grandes feuilles de l'Amérique tropicale, Saint-Domingue, 3 espèces. — Myrsinacées.

Theophrastées 3ᵉ tribu de la famille des **Myrsinacées** ; 5 genres, 35 espèces.

Thèques Capsulés des mousses et lichens contenant les spores reproducteurs.

Thermopsis plante 50-60ᵉ velue, fleur jaune comme lupin en grappe longue, fève, 13 espèces. — Léguminacées.

Thésiées 1ᵉ tribu de la famille des **Santalacées** ; 5 genres, 129 espèces.

Thesium Thésion, plante parasite des pâturages, 20-30ᵉ ; droite ou couchée, 100 espèces. — Santalacées.

Thespesia-populnea Arbre donnant le bois de rose de la Nouvelle-Calédonie, de l'Océanie, 6 espèces. — Malvacées.

Thevetia Plante à feuilles étroites, très décoratives, grandes fleurs jaune-safran, poison, 4 espèces. — Apocynacées.

Thibaudia Arbrisseau à branches nues, fe. au sommet, fl. rouges veinées, en bouquet, 2 espèces. — Vacciniacées.

Thibaudiées 1ᵒ tribu de la famille des **Vacciniacées**; 17 genres, 165 espèces.

Thilco du Chili Fuchsia 1788 en Europe, arbuste à feuilles ovales, pointues, fleurs écarlates pendantes.   Onagracées.

Thinouiées de la 1ᵒ tribu de la famille des **Sapindacées**; 1 genre, 10 espèces : Petalodine ou Thinouia.

Thismiées 2ᵉ tribu de la famille des **Burmanniacées**; 3 genres, 10 espèces : Bagnisia, Geomitra, Thismia.

Thladiantha Plante grimpante, 6ᵐ, feuilles en cœur, fleurs jaunes. fruit œuf rouge, 5 espèces.   Cucurbitacées.

Thlaspi Pl. 30ᶜ en touffe avec fl. blanches en ombelle, tabouret, iberis, teraspic, 30 esp. 18 var. cult. à Paris.   Cruciféracées.

Thlaspidées 7ᵉ tribu de la famille des **Cruciféracées**, 16 genres. 105 espèces.

Thol (duc de) Tulipe Suaveolens, la seule qui a de l'odeur sur les 50 espèces.   Liliacées.

Thomasia-purpurea Arbuste 40-70ᶜ velu, fleurs pourpres en grappes pendantes, 25 espèces.   Sterculiacées.

Thonningia Plante du Mexique, charnue, parasite ; fleurs comestibles, on en tire une cire, une espèce.   Balanophoracées.

Thora ou Tore Aconit-napel, Char de Vénus, Capuchon, plante vénéneuse, fleurs bleues.   Renonculacées.

Thouiniées 2ᵉ tribu de la famille des **Sapindacées**; 6 genres, 111 espèces.

Thrinax Palmier à feuilles en éventail, argentées en dessous, 9 espèces.   Palmacées.

Thrincie hérissée, plante des terres arides, 5-30ᶜ, feuilles velues en rosette, fleurs jaunes, 40 espèces.   Composacées.

Thrydace Substance retirée des tiges de laitues montées, c'est un narcotique.   Composacées.

Thujone (Essence de) Retirée des sommités des branches et des feuilles de Thuya, Thuyone.   Coniféracées.

Thunbergia Plante grimpante, feuilles en cœur, à fleurs jaune orange, le centre est noir, 45 espèces.   **Acanthacéés**.

Thunbergiées 1ᵒ tribu de la famille des **Acanthacées**; 4 genres, 71 espèces : Mendoncia, Monachochlamys, Pseudocalyx, Thumbergia.

Thuret (Jardin) Jardin d'acclimatation au Cap d'Antibes, visible le mardi (à l'Etat depuis 1875, don du botaniste).

Thuya-articulata Arbre à bois très dur, produit une gomme résine, la sandaraque.   Coniféracées.

Thuya du Canada Arbre d'ornement, en France, sous François Iᵉʳ, arbre de vie, 4 espèces.   Coniféracées.

Thuya obtusa Arbre nain du Japon 40-50ᶜ, quoique très âgé, bois à odeur aromatique.   Coniféracées.

Thuya orientalis (1752) : Thuya boreolis 1860 de la Colombie ; Thuya Standischii 1861.   Coniféracées.

Thuyène ou Thuyone (Essence de) retirée du Thuya-occidentalis, plus légère que l'eau.   Coniféracées.

Thuyopsidinées de la 2ᵉ tribu de la famille des **Coniféracées**; 3 genres, 13 espèces : Libocedrus, Thuya, Thuyopsis.

Thuyopsis Arbre d'ornement avec feuilles épaisses, lourdes ; une variété est panachée, une espèce.   Coniféracées.

Thym ou Thymus Plante aromatique assaisonnante, cultivée et à l'état sauvage, 40 esp., 100 variétés.   Labiacées.

Thym-citron Plante rampante, petites feuilles lance, odeur de citron.   Labiacées.

Thym panaché Plante basse à feuilles vert et jaune, employée en bordure.   Labiacées.

Thym sauvage Plante à tige ligneuse, feuilles blanchâtres, fleurs roses ou blanches.   Labiacées.

Thym serpolet Petite plante rampante, feuilles ovales, petites fleurs roses ou pourpres.   • Labiacées.

Thymbza Sarriette, plante à tige ligneuse à Nice, aspect romarin, Satureia, une espèce.   Labiacées.

THYMÉLACÉES 154ᵉ famille des Dicotylédones: 3 tribus, 38 genres, 400 espèces (thym, huile).

THYMÉLACÉES Principaux genres: *Aquilaria*, Arthrosolen, Banksia, Calyptrostegia, Chlamydanthus, Cryptadenia, Dais, Daphné, Daphnopsis, Dirca, Drapetes, Funifera, Gnidia, Gyrinops, Lachnea, Lagetta, Lasiadenia, Lasiosiphon, Leucosmia, Linostoma, Lygia, Nectandra, Ovidia, Passerina, *Phaleria*, Pimelea, Stellaria, Struthiola, *Thymelea*, Wikstrœmia.

Thymélée Daphné-Cneorum, arbuste feuillage vert foncé, fleurs roses odorantes.   Thymélacées.

Thyrse (fleurs en) en panicule ovoïde comme Catalpa, Lilas, Marronnier, Paulownia, Troëne, etc.

Thysselinum Plante des prairies humides, fleurs blanches, fruits à côtes.   Ombelliféracées.

Tiarella Charmante plante à fleurs blanches, variété à fleurs pourpres, 5 espèces.   Saxifragacées.

Tibouchinées 2ᵉ tribu de la famille des **Mélastomacées**; 20 genres, 390 espèces.

Tige ligneuse qui donne du bois ou aspect du bois ; la tige herbacée est molle et compressible.

Tiglium officinal Petit arbre d'Asie, donne petits pignons d'Inde, graines de croton de Tilly.   Euphorbiacées.

Tigridia Plante bulbeuse à grandes fleurs éphémères curieuses, jaunâtre panaché, queue de Paon, 6 esp. Irisacées.

TILIACÉES 35ᵉ famille des Dicotylédones ; 7 tribus, 51 genres, 470 espèces (fibre déliée de l'écorce).

TILIACÉES Principaux genres: Alegria, Antichorus, Antholoma, *Apeiba*, Aristotelia, Belótia, Berrya, *Brownlowia*, Columbia, Corchorus, Corete, Diplodiscus, Echinocarpus, *Eleocarpus*, Erinocarpus, *Grewia*, Hasseltia, Heliocarpus, Honckenya, Luhea, Microcos, Mollia, *Prockia*, *Sloanea*, Sparmannia, *Tilia* ou *Tilleul*, Trichospermum, Tricuspis, Triumfetta, Vallea, Vincentia.

Tiliées 3. tribu de la famille des **Tiliacées** ; 14 genres, 76 espèces.

Tillandsia Plante de serre à feuilles épaisses, aspect de l'Ananas, fleurs vertes en épi, 220 espèces.　　Broméliacées.

Tillandsia-Tesselata plante épiphyte curieuse, vit et fleurit suspendue à une autre plante.　　Broméliacées.

Tillandsiées 3e tribu de la famille des **Broméliacées** ; 6 genres, 279 espèces.

Tillée ou Tillaea Plante grasse 4-5c, feuilles comme corde à nœuds, fleurs blanchâtres, 26 espèces.　　Crassulacées.

Tilletia-cariés Champignon, découvert par Tulasne, Carie du blé, cloque, fourvre, 10 espèces.　　Champignonacées.

Tilleul argenté Originaire de Hongrie, arbre 5 à 20ᵐ feuilles presque rondes, grises dessous.　　Tiliacées.

Tilleul ou Tilia Arbre d'ornement et d'avenue, la fleur est très recherchée pour infusion, 12 espèces.　　Tiliacées.

Tilleul ou Tillau 1° de Hollande, à grandes feuilles ; 2· du Canada ; 3· à petites feuilles.　　Tiliacées.

Tilleul (parasite du) l'insecte: Tetramycus major.

Tilli (graines de) du croton Tiglium petit arbre d'Asie, petits pignons d'Inde.　　Euphorbiacées.

Timothy anglais Fléole des prés, donne un très bon fourrage, un peu gros. Phleum, 10 espèces.　　Graminacées.

Tinospora-cordifolia Gulancha, arbuste grimpant à fruits en drupes rouges, 8 espèces.　　Menispermacées.

Tinosporées 1e tribu de la famille des **Ménispermacées** ; 15 genres, 48 espèces.

Tisane (du Grec ptisané : orge mondé) c'était la boisson des Anciens.

Tithonie Plante 150-180c, feuilles alternes crépues, fleurs jaune orange, 5 espèces.　　Composacées.

Tithymale Euphorbe, petit cyprès, plante vivace, à petites feuilles linéaires, fl. vert-jaune.　　Euphorbiacées.

Tmesipteris-phlegmaria en Australie on en compose des philtres.　　Lycopodiacées.

Toddalia Plante grimpante épineuse, petites fleurs blanches (Racine de Jean Lopez), 8 esp.　　Rutacées.

Toddaliées 6e tribu de la famille des **Rutacées** ; 13 genres, 53 espèces.

Toddi Boisson de l'Amérique centrale, faite avec la sève du Cacaoyer.　　Sterculiacées.

Toddy (mot anglais) Boisson des Indes tirée des palmiers quelle que soit l'espèce.　　Palmacées.

Todea d'Afrique Curieuse fougère d'une masse noirâtre sortent quantité de feuilles.　　Fougéracées.

Toesinte ou Euchlaena plante fourragère du Mexique, aspect Maïs, une espèce.　　Graminacées.

Tofieldia-calyculata Plante alpine 10-30c feuilles engaînantes, fleurs jaune verdâtre.　　Liliacées.

Toile d'araignée Phalangium ou Anthericum en suspension, une espèce.　　Liliacées.

Tolidès Amarantoïde, plante avec fleurs en bouton, blanches roses ou violacées.　　Amarantacées.

Tolmiea-menziezii Plante pour bordure, feuilles vert foncé, fleurs sur tige, une esp.　　Saxifragacées.

Tolomane (fécule de) Variété d'Arow-root des Antilles et du Brésil, tirée du Canna edulis.　　Zingibéracées.

Tolpis ou Drépane Plante pour bordure, feuilles vert foncé, fleurs sur tige, 18 espèces.　　Composacées.

Toluifera-balsamum Grand arbre du Brésil, on en tire le baume de tolu, Myrospermum, une espèce.　　Léguminacées.

Tomate Lycopersicum-esculentum originaire du Pérou, plante alimentaire, 4 espèces, 24 variétés.　　Solanacées.

Tomate Plante 50-90 soutenue avec tuteur, feuilles alternes, fl. jaunes, fruits rouges.　　Solanacées.

Tomex (beurre de) provient du Litsea ou faux-cerisier de Chine.　　Lauriacées.

Tonga Raphidophora, Epipremum- des nouvelles Hébrides, 8 espèces.　　Aroïdacées.

Tonka Asperula odorata, ou muguet des jardins, 20c, à fleurs blanches ou bleues en grelots.　　Rubiacées.

Tonka (Fève) graine noire longue de Coumarouna-dipterix de la Guyane, 8 espèces.　　Léguminacées.

Tonna au Mexique, c'est le fruit de l'Opuntia (la figue de Barbarie), 200 espèces.　　Cactacées.

Topinambour 1603, Plante potagère vivace 150-200c, fleurs jaunes, ne craint pas le froid, Crompire.　　Composacées.

Toquette Scutellaria-coccinea, plante avec fleurs rouges ou lilas en épi long, Toque.　　Labiacées.

Tordyle Plante des chemins, 30-80c, tige très velue, fleurs blanches, Tordylium, 12 espèces.　　Ombelliféracées.

Torenia Plante vivace contournée, feuilles opposées, fleurs bleues nuancées, 20 espèces.　　Scrofulacées.

Torile ou Torilis Plante des champs, chemins 20-80c, fleurs blanches, fruits à pointes courbées, 20 esp.　　Ombelliféracées.

Tormentille ou Potentille Plante des bois 20-40c, feuilles 3 folioles velues, fleurs jaunes.　　Rosacées.

Tornélie parfumée ou Monstera, plante grimpante feuilles avec trous, 15 espèces.　　Aroïdacées.

Torreya Caryotaxus ou Fœtataxus, arbuste toujours vert à feuilles plates, 4 espèces.　　Coniféracées.

Torus organe femelle autour ou sous l'ovaire des fleurs, d'où partent les pétales et étamines.

Touloucouna beurre végétal, provenant de Carapa-Guincensis ou Racapa ou Xylocarpus.　　Méliacées.

Tourbe Substance provenant de la décomposition des Conifères, Sphaignes, Sparganium, Algues, Mousses, etc.

Tourette ou Turritis plante des alpes 40-100ᵉ feuilles fer de lance, fleurs blanches en grappe.   Cruciféracées.
Tournefortie faux héliotrope, plante 20-40ᵉ, feuilles 3 folioles velues, fleurs jaunes, 100 espèces.   Borraginacées.
Tournesol Croton teinture tirée du Crozophore tinctorial, plante à feuilles grisâtres.   Euphorbiacées.
Tournesol ou Soleil Plante élevée à grandes fleurs jaunes, se tourne du côté du Soleil, 50 esp.   Composacées.
Toute bonne Orvale, Herbe aux plaies, plante 60-120ᵉ, grandes feuilles bullées, fl. bleuâtres.   Labiacées.
Toute épice c'est la baie desséchée du Myrte-piment des Antilles.   Myrtacées.
Toute épice ou Quatre épices ou giroflier de la Jamaïque, Pimenta.   Myrtacées.
Toute épice Graines aromatiques de Nigella damascena plante à tige velue.   Renonculacées.
Toute saine Plante 60-90ᵉ à grandes feuilles en cœur, fleurs jaunes, baies noires luisantes.   Hypericacées.
Toute venue Seneçon vulgaire, à fleurs jaunes, pour les oiseaux.   Composacées.
Toxicodendron ou Allophylus ; 94 espèces de toutes les *régions*, se nomme aussi Ornitrophe.   Sapindacées.
Toxicophlaea Arbuste à feuilles rondes épaisses, luisantes, fleurs blanches odorantes, 3 esp.   Apocynacées.
Tozzia Plante des Alpes à feuilles ovales, molles, fleurs jaunes à points rouges, une esp.   Scrofulacées.
Trac Arbre du Tonkin, 25-30ᵐ, c'est un Dalbergia, bois de fer.   Léguminacées.
Traçantes (racines) Celles qui se développent horizontalement, l'acacia, le chiendent, orme, sapin, etc.
Trachelium Plante 30-50ᵉ, fleurs bleues en clochettes, gant de Notre-Dame, 5 esp.   Campanulacées.
Trachelospermum Plante grimpante à nombreuses fleurs blanches odorantes, Parechites, 6 esp.   Apocynacées.
Trachycarpus-excelsa palmier à chanvre, feuilles éventail, 4 espèces.   Palmacées.
Trachymène-caerulea ou Didiscus, ou Hemicarpus, fleur bleue, 14 esp.   Ombelliféracées.
Traconnet Tussilage, Pas d'Ane, Bechion, Procheton, plantes à grandes feuilles, une esp.   Composacées.
Tradescantia Plante d'ornement en suspension, feuilles panachées colorées, Misère, 32 esp.   Commélinacées.
Tradescantia-virginica Ephémère de Virginie, plante 30-40ᵉ à fleurs bleues ou violettes, 1629.   Commélinacées.
Tradescantiées 3ᵉ tribu de la famille des **Commélinacées**, 19 genres, 137 espèces.
Tragopogon Salsifis, racine comestible tige laiteuse, belle fleur violette sur longue tige, 50 esp.   Composacées.
Tragopyron plante 70-90ᵉ, diffuse, fleurs en épi d'un blanc verdâtre, 17 espèces.   Polygonacées.
Tragus Plante 10-20ᵉ couchée à la base, feuilles courtes, fleurs violacées en grappe, une esp.   Graminacées.
Trainasse Agrostis alba, plante des champs, prés, 20-80ᵉ, feuilles plates, fleurs violacées.   Graminacées.
Trainasse Polygonum aviculare, renouée des oiseaux, pousse partout même entre les pavés.   Polygonacées.
Trainasse Plante étalée 10-50ᵉ, la plus répandue sur la surface du globe.   Polygonacées.
Tram-Toc Tram Kuong, parfum tiré du Vetiver ou Andropogon-squarosus.   Graminacées.
Trapa-natans Plante aquatique nageante, fleurs blanches ou verdâtres, macre, 3 esp.   Onagracées.
Treculia-africana arbre à fruits comestibles jusqu'à 15 kilos, donnent farine, 3 esp.   Urticacées.
Trèfle Trifolium repens, plante fourragère 20-60ᵉ, folioles ovales, fleurs en épis, 170 esp. 300 variétés.   Léguminacées.
Trèfle de Bokhara Melilot blanc de Sibérie pour prairie artificielle.   Léguminacées.
Trèfle Cornu ou Lotier corniculé ou pied de poule donne un bon fourrage.   Léguminacées.
Trèfle d'eau Menyanthe, plante des marais 20-60ᵉ, fleurs en grappe, roses ou blanches, 2 esp.   Gentianacées.
Trèfle à cinq feuilles Trèfle Eupinoster ou Pentaphyllum donne assez bon fourrage.   Léguminacées.
Trèfle à quatre feuilles Oxalis Deppei ou Oxalis tetraphylles à petit bulbe.   Géraniacées.
Trèfle à quatre feuilles Marsilea quadrifolia, plante aquatique nageante.   Lycopodiacées.
Trèfle jaune des sables Anthyllis vulnéraire 20-60ᵉ, se conserve vert sur pied.   Léguminacées
Trèfle rampant Contient de l'acide cyanhydrique nuisible à l'état vert.   Léguminacées.
Treille Culture de la vigne en espalier le long des murs blancs, souvent le chasselas.   Vitisacées.
TRÉMANDRACÉES 20ᵉ famille des Dicotylédones ; 3 genres, 27 espèces, de l'Australie (trou, mâle).
TRÉMANDRACÉES Platytheca, Tetratheca, Tremandra, Arbustes et Arbrisseaux à port de bruyères.
Tremble Populus-tremula, arbre des bois humides à feuilles argentées en dessous.   Salicacées.
Tremblette ou Brize ou langue de femme, plante très flexible, remue très souvent en fleurs, 12 esp.   Graminacées.
Trembleya ou Osbeckia, arbuste de serre, feuilles ovales, fleurs lilas violacé en panicule, 14 esp.   Mélastomacées.
Tremelle Champignon gélatineux sur écorces et bois mort, surtout sur sapins.   Champignonacées.
Tremellinées tribu de la famille des **Champignonacées** ; 81 espèces ou variétés.

Tremière (rose) ou d'outre-mer, à baton jusqu'à 2ᵐ avec fleurs simples ou doubles, 20 variétés. Malvacées.
Trémois Plante alimentaire, variété de froment de printemps, Blé de mars. Graminacées.
Trévirania Pl. de serre, 30-40ᶜ, tige rouge et velue, fe. verticillées par 3, fl. rouge cocciné, 20 esp. Gesnéracées.
Triancanthos Févier du Canada, 1700. Acacia noir, arbre épineux à fleurs d'un blanc sale, Gleditschia. Léguminacées.
Tribulus ou Tribule Pl. à tiges couchées, fl. jaunes, fruit épineux en croix de Malte, 15 esp. 35 var. Zygophyllacées.
Trichilliées 2ᵉ tribu de la famille des **Méliacées** ; 20 genres, 443 espèces.
Trichocladus Arbuste à feuilles persistantes (se nommait au xviiiᵉ siècle : Dahlia) 2 espèces. Hamamelisacées.
Trichodesmium très petites algues réunies en faisceaux d'un rouge sang, produisant la mer-rouge. Alguacées.
Tricholeana ou Panicum de Ténériffe, plante vivace à épillets velus pour bouquet, 10 espèces. Graminacées.
Tricholome équestre, champignon jaunâtre comestible, chevalier, 17 espèces. Champignonacées.
Trichophyton Champignon de la teigne tondante et de l'Herpes circini, une espèce. Champignonacées.
Trichosanthe Plante à tiges charnues, velues. à vrilles, grandes feuilles velues, fl. blanc pur, fruit 30ᶜ. Cucurbitacées.
Trichosanthe Couleuvre ou Serpent végétal, plante grimpante 2ᵐ, fruit long 120-150ᶜ. Cucurbitacées.
Trichosporées de la 3ᵉ tribu de la famille des **Gesnéracées** ; 5 genres, 76 espèces.
Tricratus ou Abronie Plante rameuse ou grimpante 150ᶜ, fl rose lilacé à odeur suave, 10 esp. Nyctaginacées.
Tricyrtis Hirta, Nigra, plante velue 50-80ᶜ feuilles alternes gaufrées, fl. blanches tachées, 5 esp. Liliacées.
Trientalis Plante des bois humides, 10-20ᶜ, feuilles entières, fleurs blanches, 7 étamines, 2 esp. Primulacées.
Trifolées 3ᵉ tribu de la famille des **Léguminacées** ; 6 genres, 471 espèces.
Trifolium Pratensis, Trèfle, plante fourragère, cultivée, à fleurs rouge violacé, 170 esp. 300 variétés. Léguminacées.
Triglochin Troscart, plante des marais 30-50ᶜ, fleurs en longues grappes effilées, 12 espèces. Naïadacées.
Trigonella Fenugroecum, c'est avec la graine que les dames Juives de Tunis s'engraissent. Léguminacées.
Trigonelle Plante à feuilles composées, fleurs blanchâtres ou jaunes, gousses courbées, 60 esp. Léguminacées.
Trillium ou Trillé, plante 10-25ᶜ, à 3 feuilles d'un vert sombre, fleurs pourpres, 3 pétales, 15 esp. Liliacées.
Trimardeau Variété de pensée, fleurs à grandes macules, Pensées et violettes, 150 esp. 250 var. Violacées.
Trinia Plante alpine 10-20ᶜ à fleurs blanches, ombelles nombreuses 5-9 rayons, 8 espèces. Ombelliféracées.
Trinitaire Anémone hépatique, la première fleur du printemps, pousse à l'ombre. Renonculacées.
Triodia Plante 30-50ᶜ d'abord couchée, fleurs en épillets, 26 esp. Graminacées.
Triolet Petit trèfle au bord des fossés, des chemins, et des prairies, bon pâturage. Léguminacées.
Triopteris Arbrisseau grimpant des pays chauds, fruits curieux comme papillons. Malpighiacées.
Triphasia Arbuste de serre 60-90ᶜ toujours vert, feuilles 3 folioles, fl. blanches, fruits rouges, une esp. Rutacées.
Triplaridées 6ᵉ tribu de la famille des **Polygonacées** ; 5 genres, 49 espèces.
Tripoli Algues fossiles de la Tribu des Diatomées, pour polir les métaux. Alguacées.
Trique madame Sedum acre, petite Joubarbe, orpin brûlant, poivre de muraille, 3 espèces. Crassulacées.
Trique-madame ou Tripe-Madame orpin réfléchi, pet. fe. cylindriques succulentes, fourniture de salade. Crassulacées.
Trisète Trisetum, plante des prés, talus 40-60ᶜ feuilles plates, épillets jaunâtres, 50 esp. Graminacées.
Tristania Arbuste 1 à 2ᵐ feuilles comme laurier-rose, fleurs jaune clair en corymbe, 10 esp. Myrtacées.
Tristéginées 4ᵉ tribu de la famille des **Graminacées**, 7 genres. 33 espèces.
Tristichées 1ᵉ tribu de la famille des **Podostémacées** ; 2 genres, 14 espèces : Terniola, Tristicha.
Triteleia ou Milla uniflora, plante bulbeuse 10-15ᶜ fleur odorante blanche, 36 esp. Liliacées.
Triticum Froment, blé, plante alimentaire à feuilles engaînantes, 100-150ᶜ, 15 esp. 300 variétés. Graminacées.
Tritoma Faux aloès, plante 50-120ᶜ, hampe de fleurs superbes, Kniphofia, 20 esp. Liliacées.
Tritonia crocota plante à feuilles engaînantes, 20-25ᶜ, fleurs ponceau. Irisacées.
TRIURISACÉES 28ᵉ famille des Monocotylédones ; 2 genres, 16 espèces, du Brésil, Vénézuela (par trois).
TRIURISACÉES Hyalisma ou Sciaphila, Peltophyllum ou Triuris (Peltophyllum : feuille en bouclier).
Trochiscanthes Pl. alpine 100 200ᶜ, tige grêle, très rameuse, fl. blanc verdâtre, Trochisque, une esp. Ombelliféracées.
Trochodendrées 1ᵉ tribu de la famille des **Magnoliacées** ; 3 genres, 5 espèces : Cercidiphyllum, Euptelea, Trochodendron.
Troëne du Japon Arbrisseau 3-4ᵐ, à Nice 6ᵐ, fe. en pointe, fl. blanches, baies noires, Ligustrum, 25 esp. Oléacées.
Trogopogon Salsifis blanc, plante potagère à longue racine, fleurs violettes, 50 esp. Composacées.
Trollius Trolle, plante cultivée 20-60ᶜ, fleurs odorantes jaune d'or ou orange foncé, 10 esp. Renonculacées.

Trollius Japonica Plante nouvelle, fleurs jaune-soucis, comme gros bouton d'or.   Renonculacées.
Trompe d'éléphant Rhinanthe, plante à feuilles vert clair, grandes fleurs rouge safrané, 3 esp.   Scrofulacées.
Trompette du Jugement Grand Datura, arbrisseau 3-4ᵐ fl. blanches odorantes de 3-5ᶜ en cornet, 12 esp.   Solanacées.
Trompette de Vénus Narcisse à double corolle jaune ; midi de la France.   Amaryllisacées.
Tronc d'arbre la partie principale qui supporte les branches.
Tropaeolum ou **Capucine** Plante souvent grimpante, feuilles rondes, saveur piquante, 40 espèces.   Géraniacées.
Tropaeolum tricolor Capucine avec fleurs en petit cône, fruits condimentaires.   Géraniacées.
Troscart-triglochin Plante des marais 30-50ᶜ, feuilles à la base, fleurs longues en grappes, 12 esp.   Naïadacées.
Truffe Champignon comestible, se trouve en terre au pied de certains chênes, châtaigniers, 25 esp., 38 var.   Champignonacées.
Truffe ou tuber Champignon cultivé et qui se reproduit de lui-même au pied de certains arbres.   Champignonacées.
Tsuga Sapin des Etats-Unis et du Canada, à bois jaune pour meubles, 6 espèces.   Coniféracées.
Tsuga Douglasii, arbre fournissant le bois de pitchpin pour meubles.   Coniféracées.
Tube pollinique organe femelle de la fleur où passe le pollen pour aller féconder les ovules dans l'ovaire.
Tubercule Masse charnue qui se développe à la racine ou sur la tige de certains végétaux : Patate, Pomme de terre,
     Orchidée, Stachis-affinis ou Grosne, Topinambour, etc.
Tubercules des pommes de terre parties renflées des tiges et non des racines.   Solanacées.
Tubéreuse bleue ou Agapanthe racine tuberculeuse feuilles radicales, fleur sur hampe, par 15 à 18.   Liliacées.
Tubéreuse double Pl. bulbeuse à fl. blanches sur longue tige 90-120ᶜ, odeur forte, Polianthes, 3 esp.   Liliacées.
Tubéreuse pulmonaire Plante 30-40ᶜ velue, fleurs en cyme blanches, bleues ou violacées.   Borraginacées.
Tubiliflores ou Flosculeuses (fleurs) division de la famille des **Composacées** : Artichaut, Bardane, Bleuet. Chardon, etc.
Tucum (beurre de) provenant de l'Astrocaryum-Vulgare du Brésil.   Palmacées.
Tue-chien Colchique d'automne, plante des prés, fleurs lilas clair, rose, nuisible, 30 espèces.   Liliacées.
Tue-loup Morelle noire, fleurs blanches, fruits baies noires, très commune.   ·   Solanacées.
Tue-mouche Apocyn, plante 60ᶜ fleurs roses ou bleues, produisant une matière gluante, 5 espèces.   Apocynacées.
Tulipe 1610 en France Plante bulbeuse 30-60ᶜ, fe. longues aiguës, fl. solitaire sans odeur, 50 esp.   Liliacées.
Tulipe duc de Thol Tulipa-suaveolens la seule à odeur, les souris sont friandes de son bulbe.   Liliacées.
Tulipées 17ᵉ tribu de la famille des **Liliacées** ; 7 genres, 210 espèces, venant de Constantinople en 1559.
Tulipier de Virginie Liriodendron, arbre à fe. tronquées, fl. en tulipe, à Saint-Germain, 1732, une esp.   Magnoliacées.
Tunica Casse-pierre, plantes à fleurs blanches pour rocailles, 12 espèces.   Caryophyllacées.
Tuniques peaux ou enveloppes concentriques des oignons et d'autres bulbes liliacées.
Tupelo ou Nyssa, arbre dont les feuilles deviennent rouge sang à l'automne, 6 esp.   Cornacées.
Turban Variété de potiron-giraumon biscornue à chair jaune orangé.   Cucurbitacées.
Turbith Globularia-alypum, plante à tige ligneuse, feuilles en pointe, fleurs bleues en capitule, 13 esp.   Sélagonacées.
Turbith-Athamate Plante des montagnes ; 50-60ᶜ petites fleurs blanches, racines purgatives, 3 esp.   Ombelliféracées.
Turbith (faux) ou Thapsia-Villosa pl. 60-90ᶜ feuilles velues, fleurs jaunes en boules, 4 esp.   Ombelliféracées.
Turbith noir Plante des marais, fossés, à fleurs en ombelles, fruit boursouflé, Tithymalus.   Euphorbiacées.
Turbith végétal Plante vivace, grandes fleurs blanches, entre dans l'eau-de-vie allemande, Ipomea.   Convolvulacées.
Turgenia-latifolia Plante des moissons, feuilles ailées à fleurs blanches ou purpurines, 20 espèces.   Ombelliféracées.
Turion Pousses de certaines plantes vivaces, avant les feuilles : les asperges, le houblon, la ronce, le souchet, etc.
Turneps ou **Turnip** Nom d'origine anglaise donné aux navets ; 2° navets de Laponie.   Cruciféracées.
Turnera Arbuste de serre 30-40ᶜ, tige rameuse, feuilles ovales. fleurs jaunâtres panachées, 54 espèces.   Turnéracées.
TURNÉRACÉES 81ᵉ famille des Dicotylédones, 6 genres, 85 espèces (du botaniste W. Turner, 1515-1568).
TURNÉRACÉES Bohadschia, Erblichia, Hyalocalyx, Mathurina, Piriquet, Streptopetalum, Turnera, Wormskioldia.
Turquette ou Herniaire-glabre, plante à très petites feuilles, comme le serpolet, 10 esp.   Illécébracées.
Turquette Ophiopogon du Japon, plante en bordure, herbe Turquoise, vert foncé. une espèce.   Hémodoracées.
Turquie (Blé de) ou **Turquet**, nom vulgaire du Maïs originaire d'Amérique, une espèce.   Graminacées.
Turritis ou **Arabis** ou **Tourette**, pl. des Alpes rampante 40-100ᶜ fe. en fer de lance, silique à 4 faces.   Cruciféracées.
Tussilage farfara Pas-d'âne, feuilles 10-15ᶜ, fleurs jaunes, sur talus, décombres, une esp.   Composacées.
Tussilage odorant Nardosmia-fragans, fleurs violet clair, Petasites, 13 espèces.   Composacées.

Tussilage Suaveolens Héliotrope d'hiver, fleurs sur tige violacées à odeur de vanille.   Composacées.
Tuteur Tige de fer ou de bois, pour soutenir un jeune arbre ou une plante grimpante, échalas, pieu, etc.
Tweedia-caerulea Plante 30-40' avec duvet fleurs bleu azuré en couronne, Oxypetalum, 50 espèces.   Asclépiadacées.
Tydaea Plante de serre, 80-90' velue tiges et feuilles pourpres, fleurs écarlates, Isolema, 60 espèces.   Gesnéracées.
Typha Plante aquatique 120-150', feuilles 2' de largeur, fleurs en baguette d'artifice, 10 espèces.   Typhacées.
TYPHACÉES 25e famille des Monocotylédones ; 2 genres, 16 espèces (Typha, nom grec d'un roseau).
TYPHACÉES Massette, Platanaria ou Rubanier ou Sparganium, Typha.
Tyrimnus-leucographus Plante des lieux arides, 30-60-, feuilles blanchâtres, fleurs pourpres, une esp.   Composacées.

U

Ugni arbre produisant la cerise de Cayenne, Goyave, Jamelongue.   Myrtacées.
Ulex Genêt, ajonc cultivé sans épines, à fleurs jaunes, ou panachées de rouge ou blanches, 12 espèces.   Léguminacées.
Ulex Genêt, ajonc épineux dans les Landes, sur les talus. fleurs jaunes odorantes.   Léguminacées.
Ulloa ou **Juanulloa** Arbuste de serre, feuilles ovales, fleur jaune orange avec tube, 7 espèces.   Solanacées.
Ullucus tubéreux 1874 en France, plante rampante à tige ronde, Melloca une espèce.   Chénopodiacées.
Ulmacées Ancienne famille qui comprenait : Micocoulier, Orme, Planera.
Ulmaire Spirea-ulmaria, reine des prés, plante 70-90', fleurs blanches en cyme terminale.   Rosacées.
Ulmées 1e tribu de la famille des **Urticacées** ; 4 genres, 19 espèces : Holoptelea, Orme, Phyllostylon, Planera.
Ulmus Orme, arbre d'ornement et pour l'industrie, borde les routes, 16 espèces.   Urticacées.
Uluxia ou Columellia, plante à feuilles opposées de l'Amérique australe, un genre, 2 espèces.   Columelliacées.
Ulva-Lactuca Algue verte, fétuque flottante, laitue de mer, aspect zostère, régal des tortues.   Alguacées.
Ulve intestinale algue d'eau douce, aspect d'un long boyau vert, dans les ruisseaux des environs de Paris.   Alguacées.
Umbellicus cotylédon à feuilles rondes des endroits humides. fleur jaune verdâtre en grappe.   Crassulacées.
Umbelliféracées ou **Ombelliféracées** ; 88e famille des Dicotylédones, 9 tribus, 180 genres, 1400 espèces.
Uncaria ou **Ourouparia** plante grimpante 2-3m de ses feuilles on tire un cachou, le Kino d'Amboine.   Rubiacées.
Uniola-latifolia Plante 40-60', sert souvent à la confection des bouquets, Trisiola, 5 espèces.   Graminacées.
Unisema-Obtusifolia ou Pontederia, plante 50-60', feuilles roulées, petites fleurs bleues, 8 espèces.   Pontédéracées.
Unisexuelles (pl. à fleurs) qui n'ont qu'un organe de reproduction soit monoïque, soit dioïque; opposées, Hermaphrodites.
Unonées 2e tribu de la famille des **Anonacées** ; 17 genres, 128 espèces ou variétés.
Upas tieuté tiré d'un Strychnos, dont les Javanais empoisonnaient la pointe des flèches.   Loganiacées.
Uragoga ou Cephaelis, racines d'ipécacuanha, arbuste feuilles opposées, fruit à noyau, 120 espèces.   Rubiacées.
Urania Arbre du voyageur. pl. avec tronc de palmier et feuilles de Strelitzia, Ravenala, 2 esp.   Musacées.
Urari ou **Curare** résine-poison tirée d'un Strychnos, plante liane de Java.   Loganiacées.
Urceola ou Chavannesia, arbre à caoutchouc de la Malaysie, 8 espèces.   Apocynacées.
Urcéolé se dit d'un organe ventru dans son milieu comme le calice de la Rose, la fleur de la Bruyère, etc.
Urédinées groupe de la famille des **Champignonacées**; aspect de poussière.
Uredo Charbon des Graminées, blé noir, carie, rouille, Uredo, 388 espèces ou variétés.   Champignonacées.
Uredo-rosae Rouille qui attaque principalement les pistils des rosiers.   Champignonacées.
Urénées 2e tribu de la famille des **Malvacées**; 5 genres, 90 espèces : Gœthea, Malachra, Malvaviscus, Pavonia, Urena.
Urginea Plante bulbeuse, feuilles roulées, fleurs petites, rose-violacé en épi, 24 espèces.   Liliacées.
Urnes ou **Ascydies** Bractée en forme de pipe au bout des feuilles : Cephalotus, Dionca, Nepenthes, Sarracenia, etc.
Urospermum Plante voisine des Tragopogons à grandes fleurs jaunes, parfois violacées dessous, 2 esp.   Composacées.
Urostigmate Ficus du Bengale avec quantité de racines adventives jusqu'à 320, figuier des Banyans.   Urticacées.
URTICACÉES 162e famille des Dicotylédones ; 8 tribus, 110 genres, 1560 espèces (du latin urtica : brûlure).
URTICACÉES Principaux genres et espèces : Aphananthe, Antiaris, *Artocarpus* ou Arbre à pain, Australina, Bagassa,
   Bœhmeria, Bosqueia, Brosimum, Broussonetia, *Cannabis* ou Chanvre, Castilloa, Cecropia, *Celtis*, Cenocephalus, Chloro-
   phora, Clarisia, Coussapoa, Cudrania, Cypholophus, Debregeasia, Diplocos, Dornstenia, Droguetia, Elatostema, Fabroguier,

Fatoua, Ficus, Figuier, Fleurya, Forskalea, Girardinia, Gironniera, Helicostylis, Helxine, Houblon ou Humulus, Jaquier, Kosaria, Lanessaria, Laportea, Leucosyke, Maclura, Malaisia, Maoutia, Mertensia, Micocoulier, Morocarpus, Morus ou *Murier*, Myrianthus, Noyera, Obetia, Olmedia, Orme, Ortie, Paratrophis, Pariétaire, Pellionia, Perebea, Phenax, Pilea, Pipturus, Planera, Plecospermum, Pourouma, Pouzolzia, Procris, Pseudolmedia, Sahagunia, |Sarcopus, Sorocea, Taxo-trophis, *Thelygonum*, Treculia, Trema, Trophis, *Ulmus*, Urera, Urostigma, *Urtica*, Villebrunea, Ypreau, Zelkova.

Urticées 7e tribu de la famille des **Urticacées** ; 40 genres, 550 espèces.

Urucu Bixa, rocouyer, arbrisseau de 4 à 5m donne laque et teinture rougeâtre, 2 espèces.   Bixacées.

Usnea-Barbata variété de lichen qui avait la vertu de faire croître les cheveux.   Lichenacées.

Usnée fleurie du Pérou variété de lichen qui pend des arbres et donne une teinture violette.   Lichenacées.

Usteria-scandens Plante grimpante 3-4m, feuilles en triangle, fl. violet foncé ou pourpre, une esp.   Loganiacées.

Ustilaginées groupe de la famille des **Champignonacées**.

Ustilago Vit sur les plantes et parfois à l'intérieur, 74 espèces ou variétés.   Champignonacées .

Utriculaire Plante aquatique 5-30´, feuilles à très petites dents épineuses, fleurs jaunes.   Lentibulariacées.

Utricularia Plante carnivore, attrape les petits poissons avec ses feuilles, 160 espèces.   Lentibulariacées.

Utricules 1° Petites poches maintenant les plantes sur l'eau, 2° enveloppe du fruit des carex.

Utricules Organes cellulaires pleins de sève entre le bois et l'écorce des arbres.

Uvaria-odorata Arbre à parfum très suave, on en tire l'Yland-Yland, 44 espèces.   Anonacées.

Uvariées 1´ tribu de la famille des **Anonacées** ; 14 genres, 123 espèces ou variétés.

Uva-Ursi Arctostaphylos. Busserole, plante ligneuse ; on en tire l'Arbutine, 15 espèces.   Ericacées. .

Uva-Ursi Raisin d'ours, arbuste ou arbrisseau, fruits rouges en grappe.   Ericacées.

Uvette ou Ephedra plante grimpante, tige et feuillage charnus très légers, fl. jaunes, 20 esp. 30 var.   Gnétacées .

Uvulaire Plante 30´, feuilles alternes ondulées à la base, fl. jaunes en cloche de 6 pétales, 5 espèces.   Liliacées .

Uvulariées 21e tribu de la famille des **Liliacées** ; 9 genres, 33 espèces.

Uzula ou Luzula Plante des montagnes boisées, aspect petit jonc, 40 espèces.   Joncacées.

V

Vaccaria ou Saponaire des vaches, petite plante des moissons, fleurs purpurines.   Caryophyllacées.

VACCINIACÉES 101e famille des Dicotylédones ; 2 tribus, 27 genres, 230 espèces (de Vacca : Vache d'où Vaccin).

VACCINIACÉES Principaux genres et espèces : Agapetes, Airelle, Anthopterus, Canneberge, Cavandishia, Chiogenes, Cerastostemma, Eurygania, Gaylussacia, Hornemannia, Macleania, Myrtille, Notopora, Orthea, Oxycoccus, Pentaptery-gium, Psammisia, Satyria, Siphonandra, Sophoclesia, Sphyrospermum, Symphysia, Themistoclesia, *Thibaudia, Vaccinium*.

Vaccinium ou Vaciet Airelle, Myrtille, petit arb. des bois, 30-60e, fl. rose verdâtre, baies noires, 110 esp.   Vacciniacées.

Vache blanche Nom vulgaire d'un Champignon comestible : Lactaire poivré, Lactarius, 5 espèces.   Champignonacées.

Vachellia ou Acacia Farnesia ou Cassis employé à Grasse pour la parfumerie.   Léguminacées.

Vaciet Muscari à toupet, Ail des chiens, panache de Vénus, Jacinthe chevelue, Vaccet.   Liliacées.

Vacoua Arbrisseau curieux feuilles en spirales de 100-130e autour de la tige, fl. odorantes, 50 espèces.   Pandanacées.

Vahea-gummifera Arbre à caoutchouc de Madagascar et d'Afrique tropicale, 2 espèces.   Apocynacées.

Vahlia ou Bistella, plante grimpante, aspect prêle, fleurs rouges en tube, 4 espèces.   Saxifragacées .

Vaillantia Plante 4-10e verticillées par 4, très petites fleurs, fruits avec 3 ou 4 cornes, 3 espèces.   Rubiacées.

Valdivia Arbre de 6 à 10m, à feuilles 60e, fleur blanche, donne un fruit à noyau, une espèce.   Saxifragacées .

VALÉRIANACÉES 93e famille des Dicotylédones ; 9 genres, 275 espèces (être en santé).

VALÉRIANACÉES Astrophia, Behen, Centranthus, Fedia, Mâche, Nordostachys, Odontocarpa, Patrinia, Phyllactis, Plec-tritis, Porteria, Siphonella, Valériane, Valérianelle.

Valériane Plante cultivée 80-100e, fleurs en panicules blanches, pourpres ou rouges, 150 espèces.   Valérianacées.

Valériane Pl. vivace des murs, talus, feuilles opposées à fleurs roses, barbe de Jupiter.   Valérianacées.

Valérianelle Mache, Doucette, Boursette, plante potagère, fleurs bleues ou roses, 9 variétés.   Valérianacées.

Vallisnérie en spirale, plante aquatique, feuilles linéaires, fécondation très curieuse, une espèce.   Hydrocharisacées.

Vallisnériées 2e tribu de la famille des **Hydrocharisacées** ; 3 genres, 3 espèces : Blyxa, Hydrotrophus, Vallisnerie.

Vallota plante 40°, à 6 feuilles enroulées, grandes fleurs rouge éclatant, une espèce.   Amaryllisacées.

Valoradia ou Dentelaire ou Ceratostigma, plante qui se conserve longtemps séchée, 4 espèces.   Plombaginacées.

Vampyrellées groupe de la famille des **Champignonacées** ; 8 genres.

Vanda orchidée d'un ravissant effet, difficile à obtenir, 20 espèces.   Orchidacées.

Vandées 2° tribu de la famille des **Orchidacées** ; 141 genres, 1.610 espèces.

Vandellia-diffusa ou Herbe du Paraguay, plante émétique et purgative.   Scrofulacées.

Vanguériées 17° tribu de la famille des **Rubiacées** ; 10 genres, 174 espèces.

Vanhallia ou Apama ou Bragantia, plante des Indes, Malaisie, 5 espèces.   Aristolochacées.

Vanille (gousse de) Fruit du Vanillier, jusqu'à 20° récolté avant maturité complète, 1510 en Europe.   Orchidacées.

Vanille Leg ou Légitime espèce la plus estimée du Mexique et de la Réunion.   Orchidacées.

Vanillier Plante parasite, ligneuse, grimpante, aromatique, 1739 cultivée en France.   Orchidacées.

Vanillier Plante liane feuilles épaisses 10-15° d'un vert brillant, gousses groupées, 20 espèces.   Orchidacées.

Vanillier du Mexique, donne la vanille, la plus estimée, se féconde artificiellement, à la main.   Orchidacées.

Vaquois ou Barrotia ou Baquois odorant à racines aériennes, produit le Kawa-Ka-Utter, 50 espèces.   Pandanacées.

Varaire ou Veratrum-album ou Ellébore blanc. plante 80-140°, f. alternes, gaufrées, 30° fl. blanches.   Liliacées.

Varaire noire Plante 120-150°, à feuilles larges et plissées, fleurs pourpres en grappe, 9 espèces.   Liliacées.

Varech ou Fucus, plante surnageant grâce à des vésicules nombreuses ; Sargasse.   Alguacées.

Varech Fucus-vésiculosus, plante de mer fixée sur les rochers par des crampons.   Alguacées.

Vasculaires (plantes) Les Monocotylédones, les Dicotylédones et dans les Acotylédones : Fougères, Lycopodes et Prêles.

Vaubier ou Hakea, arbuste velu, feuilles en capuchon, fleurs rouge vif ou blanches, 98 espèces.   Protéacées.

Vaucherie Plante d'eau douce et même de terre humide.   Alguacées.

Vaunage Croton des teinturiers ou Tournesol, donne teinture bleue, Chrozophora, 6 espèces.   Euphorbiacées.

Végétal Corps organisé, doué de vie, qui sait se nourrir et se reproduire.

Veillotte Colchique d'automne safran sauvage, plante des prés, fleurs lilas-clair.   Liliacées.

Veitchia palmier à feuilles penniséquées ou palmette comme Kentia, 4 espèces.   Palmacées.

Velaga ou Pterospermum, plante de serre, 200° fe. 30-45°, fleurs blanc-rouge, 16 espèces.   Sterculiacées.

Velar erysimum Alliaire, fausse giroflée. feuilles dentées allongées, petites fleurs jaunes.   Cruciféracées.

Velezia-rigida Plante à tige raide, rougeâtre, feuilles en gouttière, petites fleurs roses, 4 espèces.   Caryophyllacées.

Velloziées 5° tribu de la famille des **Amaryllisacées** ; 2 genres, 68 espèces : Barbacenia, Vellozia.

Veloutier arbre et arbuste du Brésil et de Madagascar. feuilles ornementales.   Borriginacées.

Veloutine ou **Tagète** Œillet d'Inde, plante 40-60°, feuilles aiguës, fleurs jaune-brun, 20 espèces.   Composacées.

Veltheimia ou faux aloès, plante à fleurs rouges pendantes en épis. 3 espèces.   Liliacées.

Vénéneuses (plantes) Aconit, Arum, Belladone, Ciguë, Colchique, Datura, Euphorbe, Laurier-cerise. Taxus ou If, etc., etc.

Venidium Plante 5-30°, feuilles alternes, fleurs de souci jaune orange, 18 espèces.   Composacées.

Ventenata Fausse avoine, plante des coteaux arides. 20-40° feuilles pliées en long.   Graminacées.

Ventilaginées 1° tribu de la familles des **Rhamnacées** ; 2 genres, 11 espèces : Smythea, Ventilago.

Veratre ou **Varaire** Veratrum, plante 160° feuilles plissées. larges, nombreuses, fl. panache, 9 espèces.   Liliacées.

Veratre Ellebore ou Hellebore blanc donne la Vératrine et de la Jervine.   Liliacées.

Vératrées 23° tribu de la famille des **Liliacées** ; 6 genres, 33 espèces.

Veratrum album Hellebore blanc, plante à feuilles plissées, fleurs blanc verdâtre en panicule.   Liliacées.

Verbascées 3° tribu de la famille des **Scrofulacées** ; 3 genres, 171 espèces : Celsia, Staurophragma, Verbascum.

Verbascum-pheniceum Plante à feuilles roses ou violettes, thé de Sibérie.   Scrofulacées.

Verbascum-thapsus Molène, bouillon blanc, plante 120-140°, feuilles veloutées, fl. jaunes en épi.   Scrofulacées.

Verbena Verveine ; c'était l'herbe sacrée des Grecs, et l'herba venerus des Romains, 80 espèces.   Verbénacées.

VERBÉNACÉES 143° famille des Dicotylédones ; 8 tribus, 65 genres, 740 espèces (du sanscrit Vardh : croître).

VERBÉNACÉES Principaux genres : Abena, Aegiphila, Amasonia, *Avicennia*, Baillonia, Billardiera, Bouchea, Callicarpa, Camara, *Caryopteris*, Cassolia, *Chloanthes*, Citharexylum, Clerodendron, Congea, Cornutia, Cyanostegia, Dicrastyles, Diostea, Duranta, Gattilier, Geunsia, Gmelina, Holmskioldia, Lachnostachys, Lantana, Leptocarpus, Lippia, Mamabea, Melasanthus, Newcastlia, Oxera, Petrea, *Phryma*, Pityrodia, Premna, Priva, Rhaphithamnus, Sphenodesma, Stachytarpheta, *Stilbe*,

Symphorema, Tamonea, Teack ou Teck, Tectona, Teucridium, Torreya, Tortula, *Verbena* ou Verveine, *Vitex*, Vitex-agnus-castus, Volkameria, Zapania.

Verbenées 4e tribu de la famille des **Verbénacées** ; 19 genres, 308 espèces.

Verdiau Salis purpurea, osier rouge employé pour la vannerie, 8 variétés.   Salicacées.

Verdure d'hiver Pyrola des bois, 20-40', fl. en grappe comme marguerite violette 6 à 15' de long, 16 esp.   Ericacées.

Verge à berger Cardon à foulon, plante épineuse 120-140', cultivée et à l'état sauvage, 13 espèces.   Dipsacées.

Verge de Jacob Asphodèle, plante 90-120°, feuilles petites, fleurs jaunes en épi 20-40', 7 espèces.   Liliacées.

Verge d'or Solidago-procera, plante vivace 80-100°, fleurs jaunes en panicule.   Composacées.

Verger Lieu planté d'arbres fruitiers de plein vent généralement près l'habitation, sert parfois de pature.

Vergerette Erigeron plante 80° fleurs blanches ou violettes ou rouge-orange, queue de renard.   Composacées.

Verjus 1° variété de raisin; 2° suc de raisin non encore mûr employé comme vinaigre.   Vitisacées.

Vermiculaire Sedum âcre ou brûlant, Marquet, plante vénéneuse souvent sur les toitures, 3 espèces.   Crassulacées.

Vermillon de Provence ou Carthame, à feuilles piquantes, donne un colorant, 20 espèces.   Composacées.

Verne ou **Vergne** Aune ou Aulne, Aulnée, Alnus glutinosa, Aune commun, arbre élancé, 14 espèces.   Cupulifèracées.

Vernis de Chine Cedrela sinensis, 1862 en France, cèdre rouge pour boîtes à cigares, 23 espèces.   Méliacées.

Vernis du Japon Ailanthus-glandulosa, 1751 en France, les folioles ont 2 glandes à la base, 4 esp.   Simarubacées.

Vernonia Plante vivace 160-200°, tige carrée, fleurs à capitules pourpre violet, 500 espèces.   Composacées.

Vernoniées 1e tribu de la famille des **Composacées**; 41 genres, 683 espèces.

Véronica-spicata Plante 30-40', avec feuilles crénelées, fleurs bleu vif en épis.   Scrofulacées.

Véronique naine Petite plante des fossés, chemins, petites fleurs bleues, 2 étamines.   Scrofulacées.

Véronique officinale Plante à tige rampante 20-30', feuilles velues, petites fleurs bleu pâle.   Scrofulacées.

Véronique de Sibérie Plante 130-150°, feuilles verticillées par 7, fleurs blanches en épis.   Rubiacées.

Véronique teucrium Plante cultivée 20', feuilles lances opposées, petites fleurs bleues.   Labiacées.

Verquet Viscum-album, le Gui, Gillois, Pommes hémorroïdales, Wydd plante parasite, 30 espèces.   Loranthacées.

Verrine Prêle des champs plus petite que celle des fossés.   Equisétacées.

Verrucaire Lichen des écorces, des pierres, des rochers.   Lichenacées.

Vers ou Chenille, ou Scorpiurus, fruit bizarre à forme contournée, 6 espèces.   Léguminacées.

Vers graines d'Astragalus-hamosus pour surprises dans les salades.   Léguminacées.

Vers palmistes comestibles, larves blanches du Calandra, sur l'Oreodoxa des Antilles.   Palmacées.

Verschaffeltia palmier de serre chaude à Paris, feuilles bilobées, une espèce.   Palmacées.

Verticille (feuilles en) en cercle, autour de la tige, toutes les Rubiacées, certaines plantes aquatiques.

Verticille (fleurs en) presque toutes les labiées, chicorée sauvage, cyperus-papyrus, etc.

Verveine ou verbena Plante aromatique 50-80°, feuilles opposées, fl. lilas pâle en épis, 80 esp.   Verbénacées.

Verveine citronnelle Arbuste à parfum, du Pérou, 1784 en Europe, thé du pauvre, fl. blanc violet.   Verbénacées.

Vesce Plante des champs, fossés, pelouses, belles fe. composées, 10-14 folioles, 100 esp. 200 variétés.   Léguminacées.

Vesce ou vicia Plante fourragère très rustique, se cultive facilement, fleurs roses violettes ou bleues.   Léguminacées.

Vesceron Vesce velue, petite lentille, bon engrais vert, gousses velues.   Léguminacées.

Vésicaire ou **Vesicaria** Plante 20-25°, feuilles alternes, fleurs en grappe jaune ocreux vif, 32 esp.   Crucifèracées.

Vesou Liquide retiré du Sorgho à sucre, on en extrait de l'alcool.   Graminacées.

Vespetro Liqueur où rentre l'angélique et la coriandre.   Ombelliféracées.

Vesse de loup Lycoperdon, champignon comestible mais à l'état jeune, 152 espèces ou variétés.   Champignonacées.

Vesse de loup Champignon en poche fermée, remplie d'une poussière verte ou brunâtre.   Champignonacées.

Vetiver ou **vetyver** Andropogon-squarosus, chiendent des Indes, racines parfumées, on en tire le tram-toc.   Graminacées.

Vetiver Barbon-murique, épillets à deux fleurs, une seule fertile.   Graminacées.

Veuède Pastel-isatis, Guède, Plante 60-120°, fleurs jaunes, colorant bleu, 30 espèces. 65 variétés.   Crucifèracées.

Veuves (fleur des) Scabiosa atropurpura, plante 30-60° à fleur noire pourpre.   Dipsacées.

Viau Nom vulgaire du champignon Lactaire orange, Lactarus, 5 espèces.   Champignonacées.

Vibrion-pyogène, Microbe ou Bactérie à qui l'on attribue les abcès phlegmoneux des hôpitaux.   Alguacées.

Viburnum lantana Viorne cotonneuse, bardeau, mancienne, plante grimpante, fleurs blanches.   Caprifoliacées.

2

Viburnum-opulus Viorne, obier, Boule de neige, arbuste et arbrisseau à fleurs blanches. — Caprifoliacées.

Viburnum-sterilis Boule de neige, Viorne, arbuste à fleurs en boule. — Caprifoliacées.

Viburnum-tinus Laurier-tin, arbuste qui donne les fleurs blanches en mars. — Caprifoliacées.

Vicia-sativa Plante fourragère, vesce à 10-14 folioles ovales, jolies petites fleurs rosées. — Léguminacées.

Viciées 7ᵉ tribu de la famille des **Léguminacées**; 6 genres, 343 espèces.

Victoria-regia Grand nenuphar, fe. de 100-120ᵉ de diamètre, 8 nervures, bords relevés, 1828-1837, 3 esp. — Nympheacées.

Victoriale ronde Glaïeul communis, tige 30-50ᵉ, feuilles aiguës, fl. en épis rouge pourpre. — Irisacées.

Vieusseuxia-martinicensis plante à feuilles longues, fl. blanches à taches bleues à la base, 40 esp. — Irisacées.

Vigne Arbuste ou arbrisseau sarmenteux à vrilles, fruit vert-doré ou noir en grappe, 30 esp. 97 var. — Vitisacées.

Vigne lors de la fécondation des fleurs, le pollen dégage une odeur suave vanillée.

Vigne (coulure de la) lorsque le pollen ne peut féconder le pistil, par suite de pluie ou brouillard.

Vigne Les portes de la cathédrale de Pise (Italie) sont en bois de vigne.

Vigne blanche Bryone, couleuvrée, plante envahissante des haies, buissons, 8 espèces. — Cucurbitacées.

Vigne de Judée Morelle grimpante, douce-amère, plante des champs, chemins; baies rouges. — Solanacées.

Vigne du Mont-Ida Vaccinium, airelle, myrtille, arbuste des bois, petites baies noires, 110 espèces. — Vacciniacées.

Vigne noire Tamier, plante grimpante, feuilles en cœur, fl. verdâtres, fruit comme cerise, 2 espèces. — Dioscoréacées.

Vigne vierge Ampelopsis, Arbrisseau ligneux grimpant, cultivé pour son feuillage, 13 espèces. — Vitisacées.

Vigne vierge Veitchii Plante grimpante, à feuilles vertes, puis pourpres, baies noires. — Vitisacées.

Vignea Une des 500 espèces des carex, à tige pleine, sans nœud, fourrage dur. — Cypéracées.

Vignole Mercuriale, foirolle des lapins, ortie bâtarde, poule grasse, plante des décombres, 6 esp. — Euphorbiacées.

Viguiera ou Harpalium ou petit Soleil de l'Amérique tropicale, 70 espèces. — Composacées.

Villarezia ou Citronella, plante verte avec grandes feuilles, thé du Chili, 14 espèces. — Olacacées.

Villarsia Nymphoïde, plante aquatique à petites fleurs jaune d'or tout l'été, 12 espèces. — Gentianacées.

Ville des Fleurs ou Paramaribo dans la Guyane hollandaise, 37085 habitants.

Vilmorinia Plante de serre, tige droite, fe. composées, fl. pourpres en grappes, une espèce. — Léguminacées.

Viminaria-denudata Arbuste aspect jonc, à fleurs jaunes en grappes, une espèce. — Léguminacées.

Vin Boisson nourrissante et tonique, provenant de la fermentation du raisin. — Vitisacées.

Vin Produit par les grains de raisin écrasés, foulés et fermentés. — Vitisacées.

Vin d'oseille au Sénégal, on prépare des confitures et le vin d'oseille avec un Hibiscus. — Malvacées.

Vinaigre des 4 voleurs où rentre neuf plantes et camphre, 15 jours dans le vinaigre (Marseille, 1720-1721).

Vinaigrier ou Rhus-glabra ou Sumac, arbre à feuilles composées, fruit rouge, odeur acide. — Anacardiacées.

Vinca ou Pervenche Plante rampante, à belles fl. violettes, ou bleuâtres, ou blanches, 12 espèces. — Apocynacées.

Vincetoxicum ou Cynanchum, Dompte-venin, plante 60-80ᵉ, petites fl. d'un blanc sale, 100 espèces. — Asclépiadacées.

Vinette Petite oseille des brebis, plante vivace des champs, 15-40ᵉ, feuilles étroites. — Polygonacées.

Vinettier Epine vinette, arbrisseau 2 à 3ᵐ, épineux, fleurs en grappe, fruit rouge, 60 espèces. — Berbérisacées.

Viola Le genre Viola comprend les Pensées et Violettes, 150 espèces, 250 variétés. — Violacées.

Viola-Mariana ou Campanule ou Carillon, plante velue 40-60ᵉ, fl. penchées, violet bleuâtre — Campanulacées.

VIOLACÉES 16ᵉ famille des Dicotylédones; 4 tribus, 25 genres, 270 esp. (de Vitulari : se réjouir, gambader).

VIOLACÉES Principaux genres : Agatea ou Agation, *Alsodeia*, Amphirrhox, Corynostylis, Gloiospermum, Hybanthus, Hymenanthera, Ionodium, Lavradia, Leonia, Melicytus, Neckia, Noisettia, *Paypayrola*, Pensée, *Sauvagesia*, Solea, *Viola* ou Violette, Vlamingia.

Violées 1ʳᵉ tribu de la famille des **Violacées**; 8 genres, 216 espèces.

Violette Viola odorata, petite pl. des bois; 2o des jardins; 3ᵉ des quatre saisons, 31 var. cultivées à Paris. — Violacées.

Violette de la Chandeleur ou Perce-neige, Galantine, pl. 12-15ᵉ, fleur blanc pur, 3 espèces. — Amaryllisacées.

Violette du diable Cyclamen, plante bulbeuse à fleurs nuances vives sur tiges, 12 espèces. — Primulacées.

Violette marine ou Campanule des jardins, plante palissée très décorative à fleurs bleues, — Campanulacées.

Violette des morts Pervenche, plante rampante, feuilles souvent en cœur, fl. violettes, 12 espèces. — Apocynacées.

Violette des sorciers Fait partie du thé suisse, Petite pervenche, Violette de serpent. — Apocynacées.

Violier Giroflée des murailles, plante velue 20-70ᵉ, fleurs jaunes ou rouges. — Cruciféracées.

Violier bulbeux ou Galantine, plante à 2 feuilles, perce-neige fleurs blanches maculées, 3 espèces.   Amaryllisacées.

Viorne Laurier-tin, Viburnum-tinus, arbuste, feuilles luisantes, baies bleues.   Caprifoliacées.

Viorne Mancienne, Viburnum-lantana, arbrisseau ligneux grimpant, fe. grisâtres, fl. blanches.   Caprifoliacées.

Viorne-obier Boule de neige sauvage et cultivée, feuilles dentées, fleurs blanches, fruit rouge.   Caprifoliacées.

Vipérine Echium, plante à poils piquants, 30-60ᵉ, feuilles allongées, fleurs bleues, 20 esp., 50 variétés.   Borraginacées.

Virgilia-virgilier Arbre à bois jaune avec fleurs blanches en longues grappes pendantes, 1 espèce.   Léguminacées.

Virola Arbre porte-suif, des pays chauds, Myristica-sebifera.   Myristicacées.

Viscaria-lychnis Petite plante avec fleurs blanches ou roses, sur longues tiges.   Caryophyllacées.

Viscées 2ᵉ tribu de la famille des **Loranthacées** ; 11 genres, 161 espèces.

Viscum-album Gui, plante ligneuse parasite, fe. vert jaunâtre, fl. jaunâtres, baies blanches, 30 espèces.   Loranthacées.

Vismiées 3ᵉ tribu de la famille des **Hypéricacées**, 4 genres, 43 espèces : Endodesmia, Haronga, Psorospermum, Vismia.

Visnage Ammi, plante qui pousse près de la mer. Herbe aux cure-dents, 7 esp.   Ombelliféracées.

Visnea-Mocanera Arbuste 120ᵉ, originaire des Canaries, fl. blanc rougeâtre, une espèce.   Théacées.

Vitellaria arbre à feuilles coriaces, fruits comestibles, 19 espèces.   Sapotacées.

Vitex-agnus-castus Gattilier, arbuste à rameaux souples, comme osier, fl. blanches ou bleues, 75 esp.   Verbénacées.

Viticées 5ᵉ tribu de la famille des **Verbénacées** ; 18 genres, 292 espèces.

Vitis-vinifera Arbuste ou arbrisseau sarmenteux, petites fleurs verdâtres en grappe, 30 espèces.   Vitisacées.

Vitis ou vigne Arbuste sarmenteux à vrilles, fruits en grappe vert-jaunâtre ou noirs, 97 variétés.   Vitisacées.

VITISACÉES 54ᵉ famille des Dicotylédones, 2 tribus, 11 genres, 439 espèces (de l'Hébreu iin : effervesçence).

VITISACÉES Principaux genres et espèces : Ampelocissus, *Ampelopsis*, Cagratia, Cissus, Clématicissus, Cyphostomma, Eucissus, Landukia, *Léea*, Muscadinia, Ottilis, Parthenocissus, Pterisanthes, Quinaria, Rhoicissus, Tétrastigma, Vigne-Vitis, Vigne vierge.

Vittadinia-triloba Plante de bordure 10-25ᵉ fleurs blanches, roses ou rouges, érigeron, 7 espèces.   Composacées.

Vittadinia-triloba Plante à fleurs comme pâquerette mais plus légère, plus fine, 1880 à Nice.   Composacées..

Vivace (plante) Plante dont la racine vit plusieurs années, asperge, fenouil, hellébore, violette, etc., s'oppose à annuelle.

Vivianées 4ᵉ tribu de la famille des **Géraniacées** ; 3 genres, 12 espèces : Caesarea, Tinostigma, Viviania.

Voamboana Dalbergia-baroni de Madagascar, c'est un bois de palissandre.   Léguminacées.

Voandzeia Plante rampante de Madagascar, sa graine oléagineuse est comestible, une esp.   Léguminacées.

VOCHYSIACÉES 22 famille des Dicotylédones ; 7 genres, 130 espèces (Trigonia : fruit à 3 angles).

VOCHYSIACÉES Callisthene, Cucullaria, Erisma, Lightia, Mainea, Qualea, Salvertia, Trigonia, Vochysia.

Vogelia Arbuste des pays chauds, feuilles alternes, fleurs en épis, 2 espèces.   Plombaginacées.

Volant d'eau Myriophyllum, pl. eaux dormantes, feuilles verticillées, fleurs bleu de ciel, 18 espèces ,   Haloragéacées.

Voleur Plante annuelle des chemins 20-50ᵉ, orge des rats, épis barbu .   Graminacées.

Volkameria Clerodendron arbuste vert 130-150ᵃ, à belles fleurs roses, très odorantes, 70 espèces.   Verbenacées.

Voltzia et Artisia Arbres fossiles avant l'aspect de conifères

Volubiles (plantes) grimpantes ; Aristoloche, Cuscute, Haricot, Houblon, Ipomea, Liseron, Volubilis, etc., etc.

Volubilis Plante grimpante s'enroule sur l'objet qu'elle rencontre, fleurs en clochettes.   Convolvulacées.

Vomiquier arbre à écorce grise, à fleurs blanches, fruits gélatineux, grosseur orange, noix vomique.   Loganiacées.

Vouacapoua andira Epi de blé, bois de la Guyane pour l'industrie, 18 espèces.   Léguminacées.

Vouéde ou Guéde Pastel, plante industrielle, fleurs jaunes, colorant bleu, 30 espèces, 65 variétés.   Cruciféracées.

Vriesea ou Tillandsia Plante d'ornement, à feuilles larges, charnues, fleurs rouges en couteau, 220 esp.   Broméliacées.

Vrilles Organes à l'aide desquels la plante s'accroche aux corps voisins : Bryone, Pois, Vesse, Vigne, etc.

Vrilles Stipulifères ou Stipulaires des Smilax-Salsepareilles avec épines   Liliacées.

Vrillée batarde Polygonum-convolvulus, plante 40-90ᵃ couchée ou grimpante.   Polygonacées.

Vrillée (petite) Liseron des Champs, plante grimpante 20-80ᵃ, fleurs blanches rosées.   Convolvulacées.

Vulnéraire Anthyllis, pl. alpine et cultivée 40-100ᵃ fe. composées 7-13, fl. jaunes ou rouges, 20 esp.   Léguminacées.

Vulnéraires (plantes) Achillée, Arnica, Aspérule, Genepi, Mille pertuis, Nard celtique, Pied de chat, Pied de Lion, Pirole.

Vulpia ou Festuca, plante des champs secs 20-50ᵉ, fleurs en panicule penchées, 80 esp. 250 variétés.   Graminacées.

Vulpin des prés Alopecurus, plante 40-70ᶜ, l'épi forme une petite queue de renard 20 esp. 40 variétés.   Graminacées.
Vulvaire plante couchée, farineuse, feuilles ovales, fleurs en grappes, odeur fétide.   Chénopodiacées.

W

Wacapou Vouacapoua, andira, bois de la Guyane, épi de blé. 18 espèces.   Léguminacées.
Wachendorfia ou pédilonia, plante bulbeuse, 100-120ᶜ, fe. engaînantes, fl. jaunes en épis 3 esp. 7 var.   Hémodoracées.
Wahlenbergia Campanille à feuilles de lierre, plante des bois, fleurs bleues.   Campanulacées.
Waitzia Plante 30-50ᶜ feuilles alternes, fleurs cotonneuses jaune d'or, 6 espèces.   Composacées.
Walchia arbre fossile des terrains houillers supérieurs, aspect de l'Araucaria.   Coniféracées.
Waldschmidia ou Limnanthemum, plante aquatique, feuilles en cœur, fleurs jaunes, 13 esp. 26 var.   Gentianacées.
Waldsteinia Plante pour bordure, rocaille, garnit bien. Comaropsis, 4 espèces.   Rosacées.
Wallichia Arbrisseau à feuilles alternes, carrées, bilobées, 3 espèces.   Palmacées.
Wallrothia Plante des Pyrénées à fleurs blanches, calice à 5 dents très distinctes, Seseli.   Ombelliféracées.
Wangenheimia Festuca d'Espagne à tige ronde avec nœuds une espèce.   Graminacées.
Washingtonia ou **Pritchardia** à feuilles en éventail ou Carludovica-palmata, 7 espèces.   Palmacées.
Washingtonia ou **Sequoia** Grand arbre d'ornement à feuilles lourdes, 2 espèces.   Coniféracées.
Watsonia Plante de serre, grandes feuilles, hampe 100ᶜ, à grandes fleurs roses, 25 esp.   Irisacées.
Weigelia roséa ou Diervilla. Arbuste à tiges chargées de fleurs en cloches, 7 esp. 20 var.   Caprifoliacées.
Weigeltia Arbrisseau du Brésil et de la Guyane, Cybianthus ou Peckia, 30 esp.   Myrsinacées.
Weihea ou Anstrutheria ou Richea, plante des pays chauds, Ceylan, Madagascar, 5 esp.   Rhizophoracées.
Wellingtonia-gigantea, en Californie 100ᵐ de hauteur, 30ᵐ de tour, âgé de 3000 ans.   Coniféracées.
Wélwitschia Plante d'Afrique n'ayant que deux feuilles opposées,1863, une esp.   Gnétacées.
Wendtiées 5ᵉ tribu de la famille des **Géraniacées** ; 3 genres, 6 espèces : Balbisia, Rhynchotheca, Wendtia.
Westringia Arbuste de serre 130-160ᶜ à feuilles de romarin, fl. blanches, 5 divisions, 11 esp.   Labiacées.
Whitfieldia Arbuste de serre, feuilles coriacées, ondulées, fl. rouge orange en grappes pendantes, 2 esp.   Acanthacées.
Whitlavia Gloximoïdes, plante 30-50ᶜ, feuilles alternes en cœur, fleurs bleu et blanc, 53 esp.   Hydrophyllacées.
Wickstroemia Canescens ou Gampi du Japon ou Hœmocharis, 13 esp.   Théacées.
Wigandia-caracas Plante 2 à 3ᵐ, grandes feuilles velues, fleurs violettes, 4 esp.   Hydrophyllacées.
Willemetie Plante des Pyrénées hérissée au sommet 60-80ᶜ, fruit à aigrette, Noltea, une esp.   Composacées.
Winter (écorce de) Provient du Wintera ou Drymis ou Tasmannia, Canelle de Magellan.   Magnoliacées.
Winter-green (essence de) Vert d'hiver, provient du Wintera ou Drymis, antiseptique.   Magnoliacées.
Winter-green provient de Gaultheria procumbens ou Palommier petit arbrisseau, thé rouge.   Ericacées.
Winterana–canella Donne l'écorce de canelle blanche des Antilles, 2 esp.   Canellacées.
Wintérées 2ᵉ tribu de la famille des **Magnoliacées** ; 3 genres, 17 espèces : Drymis, Illicium, Zygogynium.
Wistaria-sinensis Glycine, arbrisseau grimpant gauche à droite, fl. violet pâle en grappes, 3 esp.   Léguminacées.
Withania Plante grimpante couverte de poils, ses graines font coaguler le lait, 4 esp.   Solanacées.
Withania-frutescens Arbuste 160ᶜ, à Paris ; feuilles rondes.   Solanacées.
Witloof Variété de chicorée sauvage cultivée en cave, barbe de capucin pommée.   Composacées.
Witsenia Arbuste de serre 30ᶜ, touffe arrondie, feuilles en éventail, fl. bleu d'azur, une esp.   Irisacées.
Wolffia ou Bruniera, ou Grantia, ou Horkelia des pays chauds, 12 esp.   Lemnacées.
Woodsia fougère alpine à feuillage très fin.   Fougéracées.
Woodwardia fougère à longues feuilles des forêts.   Fougéracées.

X

Xalapa ou Jalapa ou Jalap : racines du Taloupatl des Mexicains, 1609 en Europe.   Convolvulacées.
Xanthisma ou Centauridium, plante 60-90ᶜ, feuilles alternes, fl. jaunes en aster, une esp.   Composacées.

Xanthium Lampourde, petite bardane, glouteron, avec ou sans épines, 4 espèces, 20 variétés.   Composacées.

Xanthoceras à feuilles de sorbier, fleurs blanches en thyrse, vient de Chine, une espèce.   Sapindacées.

Xanthochymus ou Garcinia, grand arbre à fruits comestibles parfumés et gommés, 150 espèces.   Guttiféracées.

Xanthochymus Produit la résine : gomme-gutte et un gros fruit : le mangostan.   Guttiféracées.

Xanthorrhiza Arbuste 100ᶜ à feuilles de persil, fleurs pourpres en grappes, une esp.   Renonculacées.

Xanthorrhiza-aprifolia Arbuste dont le bois est employé en teinture jaune.   Renonculacées.

Xanthorrhoea Plante comme cycas, feuilles en fleuret, rondes, lisses, vient de l'Australie, 11 espèces.   Liliacées.

Xanthosoma Plante à grandes et belles feuilles, choux caraïbes, 20 espèces.   Aroïdacées.

Xanthosoma Caladium, utile aux Antilles ; les feuilles et les tubercules sont comestibles.   Aroïdacées.

Xanthoxylum Clavalier, arbre épineux à feuilles de frêne, petites baies rouges, 110 espèces.   Rutacées.

Xanthoxylum-Turpinia Arbre des Antilles, donne un bois satiné dur comme le buis, 8 esp.   Staphyléacées.

Xantrophyllum ou Jackia, ou Macintyria, d'Asie et d'Australie, 15 esp.   Polygalacées.

Xénophonta ou Fulcaldea, ou Barnadesia ou Dolichostylis, plante d'Amérique, 10 esp.   Composacées.

Xérandra ou irésine, plante à feuilles colorées ou panachées, très rustique, 25 espèces.   Amarantacées.

Xéranthémum Plante 70ᶜ, cotonneuse, à fleurs d'immortelles rougeâtres, œillet de Belleville, 5 espèces.   Composacées.

Ximénésia Plante 100-120ᶜ, feuilles alternes, fleurs jaunâtres, velues, en fleurons, Verbesina.   Composacées.

Xipridium Plante de serre 30-60ᶜ, feuilles engaînantes, fleurs blanches en épi, une esp.   Hémodoracées.

Xylophylla Arbuste 250ᶜ, feuilles très étroites en faux, long. 15, fleurs rouge sang.   Euphorbiacées.

Xylopia acthiopica unona, uvaria, produit le poivre de Guinée.   Anonacées.

Xylopiées 4ᵉ tribu de la famille des **Anonacées**, 8 genres, 135 espèces.

Xylostéon Chèvrefeuille de montagne, très rameux, fleurs blanc jaunâtre, 4 variétés.   Caprifoliacées.

Xyris plante des marais à feuilles radicales, fleurs en capitule sur hampe, 40 esp.   Xyrisacées.

XYRISACÉES 16ᵉ famille des Monocotylédones, 2 genres, 47 espèces (rasoir, forme de ses feuilles).

XYRISACÉES Albolboda ou Chloerum, Schismaxon ou Xyris, ou Xyride.

Y

Yari-Yari Plante à parfum de la Guyane, le bois pour ligne à pêche, 12 espèces.   Anonacées

Yèble ou hièble Sambucus, petit sureau, Arbuste 80ᶜ-140ᶜ, fleurs blanches.   Caprifoliacées.

Yerba (herbe en espagnol) mot très employé avec ou sans adjectif le Maté c'est : Yerba.

Yerba-Mausa Anemiopsis, petite plante de marais à odeur de poivre, une espèce.   Pipéracées.

Yeuse Chêne vert, arbre de Provence à feuilles persistantes, produit des petits glands.   Cupuliféracées.

Yland-Yland Cananga odorata, arbrisseau grimpant à parfum très suave, 1864, 3 esp.   Anonacées.

Yland-Yland parfum retiré de l'uvaria-odorata, arbre des pays chauds.   Anonacées.

Yohumbéhé (écorce d') dont on tire une poudre aphrodisiaque : l'yohumbine.

Ypreau (d'Ypres, Belgique) peuplier de Hollande, peuplier blanc, Marsault.   Salicacées.

Ypreau Orme à larges feuilles vert foncé (d'Ypres)   Urticacées.

Yu Plante de Chine où l'on fait une toile plus chère que la soie.   Urticacées.

Yucca 1696 en Europe Arbuste ou arbrisseau, fleurit à la pleine lune, les fleurs se dével. la nuit, 20 esp.   Liliacées.

Yucca filamenteux Arbuste en rosette 80-90ᶜ, fleurs blanches en cloches sur hampe.   Liliacées.

Yulania ou Magnolia, Symbole de la candeur en Chine, arbre tige droite, grandes fleurs blanches.   Magnoliacées.

Yvette ou Ajuga Bugle rampante comme petit myosotis, fleurs bleues, sans odeur.   Labiacées.

Yvraie annuelle Plante nuisible des moissons 30-70ᶜ, feuilles plates, 6 espèces, 20 variétés.   Graminacées.

Yvraie vivace Gazon anglais, Ray-gras, plante des pelouses, prairies, Lolium perenné.   Graminacées.

Z

Zacintha plante des champs en rosette, fleurs jaunes remontantes une esp.   Composacées.

Zamia ou Zamie Plante de serre, à feuilles de cycas piquantes, fleurs mâles en cône, 30 espèces.   Cycasacées.

Zamiées 2ᵉ tribu de la famille des **Cycasacées**, 8 genres, 67 espèces.

Zamioculcasées de la 1ᵉ tribu de la famille des **Aroïdacées**, 2 genres, 2 espèces: Gonatopus, Zamioculcas.

Zannichellia Plante des marais, tiges et feuilles étroites, fruits à long bec, 1 espèce, 9 variétés.   Naïadacées.

Zannichelliées 5ᵉ tribu de la famille des **Naïadacées**; 3 genres, 14 espèces: Althenia, Lepilena, Zannichellia.

Zanonia Arbrisseau grimpant, la feuille en tombant reste longtemps dans les airs, 2 espèces.   Cucurbitacées.

Zanoniées 7ᵉ tribu de la famille des **Cucurbitacées**; 3 genres, 17 espèces : Alsomitra, Gerrardanthus, Zanonia.

Zantedeschiées de la 5ᵉ tribu de la famille des **Aroïdacées**, 2 genres, 8 espèces: Typhonodorum, Zantedeschia.

Zanthoxylées 5ᵉ tribu de la famille des **Rutacées**; 26 genres, 218 espèces.

Zanthoxylum Clavalier, arbre épineux, 3ᵐ à feuilles comp., 5 folioles curieuses, tigelle plate, 110 esp.   Rutacées.

Zanthoxylum Turpinia arbre des Antilles donne un bois satiné dur comme le Buis, 8 espèces.   Staphyleacées.

Zapania plante de serre 70-90ᵉ tige moelleuse, feuilles opposées fleurs rouges puis rose pâle.   Verbénacées.

Zapatero Bois de cordonnier, buis d'Amérique, pour navettes et mètres pliants.   Euphorbiacées.

Zauschneria-Californica Plante 20-40ᵉ, élégante, à fleurs rouges pendantes, une esp.   Onagracées.

Zéa ou Maïs Plante cultivée 80-200ᵉ à feuilles engainantes fruits en fuseau 20-30ᵉ, une esp.   Graminacées.

Zédoaire ronde Variété de Gingembre des Curcuma et Kæmpferia, faux Galanga.   Zingibéracées.

Zédoaire (graine de) Semen-Contra, semence sainte, d'une Artémisia d'Orient, Santonica.   Composacées.

Zelkova ou Abecelia ou Hemiptelea, plante ligneuse 70ᵉ à Paris, arbre au Japon, fe. dentelées.   Urticacées.

Zelkova-kéaki Arbre de l'Asie, donne un bois lourd à cœur coloré, petits fruits, 4 espèces.   Urticacées.

Zénobia Arbuste 70-90ᵉ, fleurs blanc de lait en clochettes, une esp.   Ericacées.

Zéphyranthes Plante bulbeuse, fleurs rose verdâtre, fleur de zéphir, vient de la Havane, 30 esp.   Amaryllisacées.

Zépinard de France C'est aux Antilles les feuilles de l'Amarantus-tristis.   Amarantacées.

Zépinard piquant C'est aux Antilles les feuilles de l'Amarantus spinosus. .   Amarantacées.

Zépinard rouge C'est à la Réunion, les feuilles de Pariétaire rouge.   Urticacées.

Zerumbet ou Zingiber plante de serre 130-150ᵉ, feuilles aiguës 70ᵉ, fl. cornet panaché, 23 esp. 33 var.   Zingibéracées.

Zeste Peau ou pellicule du citron, d'une noix, d'une orange.

Zexmenia ou Lasianthea ou Wedelioïdes, fleurs petit-soleil, 30 espèces.   Composacées.

Zeyheria Arbre du Brésil et de la Guyane, arbuste à Paris avec duvet étoilé, 2 esp.   Bignoniacées.

Zichya ou Kennedya, plante grimpante 5-7ᵐ, fleurs pourpres ou bleues, 17 espèces.   Léguminacées.

Zieria Arbuste de serre 70-90ᵉ, feuilles à 3 folioles, petites fleurs blanc rosé en panicules, 10 esp.   Rutacées.

Zingiber Plante à racine charnue, d'une saveur poivrée, donne le gingembre 23 esp., 33 variétés.   Zingibéracées.

ZINGIBÉRACÉES 4ᵉ famille des Monocotylédones, 3 tribus, 36 genres, 470 espèces (de l'arabe Zingiber, racine poivrée).

ZINGIBÉRACÉES Alpinia, Amomum, Arrow-root, Balisier, Calathéa *Canna*, Cardamome, Catimbium, Clinogyne, Costus, Ctenanthe, Curcuma, Elettaria, Galanga, Gastrochilus, Gingembre, Globba, Hedychium, Hitchenia, Ichnosiphon, Kempferia, Macropus, Mantisia, *Maranta*, Myrosma, Phrynium, Renealmia, Roscoea, Saranthe, Stromanthe, Tarchyphrynium, Thalia, Thaumatococcus, *Zingiber* (du pays de Gingi, dans l'Inde).

Zingibérées 1ᵉ tribu de la famille des **Zingibéracées**, 23 genres, 295 espèces.

Zinnia Plante 60-80ᵉ, feuilles opposées, fleurs doubles et simples, 12 espèces, 65 var. cultivées.   Composacées.

Zizania Plante aquatique 120-140ᵉ, feuilles 3-4ᵉ de largeur, hydropyrum, une esp.   Graminacées.

Zizanie Chrysanthème des moissons, marguerite dorée, plante nuisible.   Composacées.

Zizia ou Carum ou Carvi, plante aromatique 30-50ᵉ, anis des Vosges.   Ombelliféracées.

Zizygium Jamelongue, arbre fruitier très touffu en parasol, donne un fruit rouge.   Myrtacées.

Zizyphées 2ᵉ tribu de la famille des **Rhamnacées** ; 9 genres, 97 espèces.

Zizyphus Arbuste de serre 120ᵉ à Paris, à petites feuilles, fleurs jaunes, Jujubier, 65 espèces.   Rhamnacées.

Zoegea Zoégée d'Orient, plante 60-75ᵉ, feuilles oblongues à fleurs jaunes, 4 espèces.   Composacées.

Zomicarpées de la 7ᵉ tribu de la famille des **Aroïdacées** ; 4 genres, 6 espèces.

Zoospores ou Zygospores Corps reproducteurs de certaines algues sortant de leur cellule à la même heure.

Zostera Plante aquatique, avec racines, submergée à haute mer, feuilles en ruban 2 à 8ᵐ, 4 espèces.   Naïadacées.

Zostera ou Alga Pl. marine rampante, souche grêle jaunâtre, fe. à 3 nervures, fruit cylindrique.   Naïadacées.

Zostére Plante de la mer ou des eaux saumâtres, feuilles en rubans, Zostera : Ceinture.   Naïadacées.

Zostérées 6ᵉ tribu de la famille des **Naïdacées** ; 2 genres, 6 espèces : Phyllospadix, zostera.

Zoysiées 3ᵉ tribu de la famille des **Graminacées** ; 12 genres, 31 espèces.

Zucca (mot italien) Courge Momordica ; gourde séchée et vidée.   Cucurbitacées.

Zuccagnia Arbrisseau du Chili ; feuilles alternes, composées, fruit gousse courte, une esp.   Léguminacées.

Zuccarinia Arbre de Java, Cinchonia, Jackia à Borneo, une esp.   Rubiacées.

Zygnema-cruciatum, algue à deux tiges réunies comme le spirogyra.   Alguacées.

Zygopétalum Crinitum, orchidée à feuillage élégant, jolies fleurs, 50 espèces.   Orchidacées.

ZYGOPHYLLACÉES 39ᵉ famille des Dicotylédones ; 18 genres, 110 espèces (Joindre, Joug, couple, feuille).

ZYGOPHYLLACÉES Augea, Bulnesia, Fagonia, Guaiacum, Larrea, Nitraria, Porliera, Sisyndite, Tribulus, Zygophyllum

Zygophyllum Fabago, Fabagelle, arbuste, Faux-caprier, fleur rouge-orange, 60 espèces.   Zygophyllacées.

Zygophyllum Plante aquatique en étoile très fournie, feuilles rondes, graines en fève.   Zygophyllacées.

Z-Z Abréviation du mot Zingiber : gingembre.   Zingibéracées.

BEIGNETS DE PÊCHES

Roses, fraiches, fermes et belles,
Comme des seins de jouvencelles ;
De dix pêches, il est besoin
D'enlever la robe avec soin.

Dans un sirop que l'on compose
D'aromes odoriférants,
Pendant une heure l'on arrose,
Leur chair tendre et leurs tons friands.

J'avais oublié de vous dire
Qu'il faut couper vos fruits en deux.
Puis, faites une pâte à frire
De farine, de lait et d'œufs.

Trempez alors dans cette pâte
Chaque morceau séparément,
Que l'on précipite à la hâte
Dans la friture vivement.

Quand vos beignets sont d'un blond tendre,
Ainsi qu'en août on voit les blés ;
Sucrez et sans plus faire attendre
Servez aux gourmets assemblés.

Ce sont des délices suprèmes.
Que donne ce mets recherché ;
Nous l'aimerons comme nous-mêmes,
Qui sommes le fruit d'un pêché.

Achille Ozanne, né le 20 septembre 1846, à la Chapelle-la-Reine (Seine-et-Marne). Boulanger-Pâtissier, 55, Chaussée d'Antin, à Paris. Décédé à Fontainebleau, le 10 août 1896.

LES PETITS POIS

Voici donc juin qui vient nous rendre,
Légers et coquets à la fois,
Ces jolis écrins d'un vert tendre
Qui renferment les petits pois !

C'est là qu'ils poussent côte à côte,
Ainsi que des perles rangés ;
Il faut seulement qu'on les ôte
Une heure avant qu'ils soient mangés.

Les uns les mangent à l'Anglaise,
D'autres les préparent au lard ;
Moi — sans chauvinisme et sans fard
Je les préfèrent à la Française !

RECETTE

Mélangez bien vos pois avec du beurre frais ;
Maniez quelque temps. Puis ajoutez après
Ci : deux ou trois oignons, une laitue bien belle,
Des branches de persil, qu'on attache après elle.

Du sel, un peu de sucre ; et la quantité d'eau,
Qu'il suffit pour mouiller les pois à leur niveau.
Laissez-les mijoter environ trois quarts d'heure.
Retirez-les du feu, finissez-les au beurre.

Mais, lecteurs nous vous engageons
Pour changer un peu la coutume
Qui — n'en fait souvent qu'une légume
A mettre autour quelques pigeons.

(Ach. Ozanne, *Poésies gourmandes*, XV-139 pages.
Paris, in-12, 1900).

LES CAFÉIERS

Dès 1690, en dépit de peines rigoureuses édictées en Arabie, les Hollandais parvenaient à se procurer des pieds de caféier et les plantaient à Batavia, à Java, à Surinam.

Afin de conserver le monopole de la production. Ils en interdirent l'exportation sous peine de mort.

Malgré cette rigueur, Nicolas Witsen, bourgmestre d'Amsterdam, fondateur du Jardin Botanique de cette ville et gouverneur de la Compagnie des Indes, pressa en 1700, le gouverneur de Batavia : Van Hoorn de lui envoyer des pieds vivants de caféier, ce qui fut fait.

Ces pieds de caféier furent soignés au Jardin botanique d'Amsterdam et y portèrent des fruits. A la suite du traité d'Utrecht, avril 1713, Pancras, directeur du Jardin d'Amsterdam envoya un pied de caféier à Antoine de Jussieu à Paris, qui fit une description de l'arbuste dans *les Mémoires de l'Académie des Sciences* (page 292).

En 1714, Besson, consul de France à Amsterdam, obtint des Magistrats, un pied de caféier en bon état et couvert de fruits, que les ambassadeurs de Hollande apportèrent le 27 mai à Louis XIV.

On en prit grand soin, comme il convenait à un sujet de grand avenir. N'ayant pas de serre chaude à Versailles, on le déposa dans la serre de Marly. Il fut transféré à Paris cette même année par les soins de Sébastien Vaillant, aussitôt que la construction de la première serre chaude du Jardin des Plantes eût été achevée, et ce sont les rejetons de ce caféier qui prospérèrent et se multiplièrent. En 1716, un jeune sujet fut confié à Isambert officier de marine allant à la Martinique, mais la traversée s'étant prolongée, l'eau douce se fit rare à bord et le pauvre arbuste dessécha. Gabriel De Clieu, né en 1688, gentilhomme normand des environs de Dieppe, officier d'infanterie à la Martinique, vint en France en 1720. A force d'insistance, il parvint à se faire remettre un pied de caféier du Jardin des Plantes de Paris, qu'il reçut des mains d'Antoine de Jussieu.

Pendant la traversée De Clieu ne cessa d'entourer le délicat végétal des soins les plus assidus, partageant avec la précieuse plante la petite part d'eau qu'on ne distribuait qu'avec la plus grande parcimonie. A l'arrivée à la Martinique, le petit caféier fut aussitôt planté dans un terrain favorable. Au bout de dix-huit mois, on obtenait une abondante récolte de fèves, que De Clieu distribua aux habitants et dans l'espace de trois ans, la culture avait si bien prospérée que l'île se trouvait couverte de caféiers.

De la Martinique, les caféiers se propagèrent à la Guadeloupe en 1724, à la Jamaïque en 1728, et de là sur le continent américain, ils n'apparurent au Brésil qu'en 1773, à Costa-Rica en 1820, au Mexique en 1828, au Nicaragua en 1848.

De Clieu, qui avait apporté aux Antilles une source immense de richesses, resta presque pauvre. Il poussa le désintéressement jusqu'à refuser un don de 150.000 francs, que lui offraient les colons de la Martinique et de la Guadeloupe. Après avoir été Lieutenant du roi à la Martinique, De Clieu devint gouverneur de la Guadeloupe et revint en France en 1746. En 1759, il se distingua dans le commandement des batteries flottantes lors du bombardement du Havre. Il a quitté le service en 1760 et est mort à Paris le 29 novembre 1774 âgé de 86 ans. Louis XVI le fit grand croix de Saint-Louis la veille de sa mort. En 1805, on lui éleva un monument à la Martinique. Fort-de-France a le Jardin Des Clieux.

En 1715, l'île Bourbon (aujourd'hui île de la Réunion) possédait une espèce indigène de caféier.

Ce n'est toutefois qu'en 1717, que des pieds de caféiers-moka furent importés dans l'île et soumis à la culture par les soins de Dufougerais-Grenier de la Compagnie Française des Indes. Telle est l'origine de l'espèce très estimée, connue sous le nom de café Bourbon.

LES CAFÉS EN FRANCE

Le premier établissement pour la consommation du café fut ouvert à Marseille en 1654. Le café se vendait dans cette ville 120 francs la livre en 1660. A Paris, le premier café public fut ouvert en 1672, à la foire Saint-Germain par l'arménien Pascali et hors du temps de foire rue de Buci, puis quai de l'Ecole.

En 1675, deux employés de Pascali s'établirent, l'un rue des Fossés-Saint-Germain, vis-à-vis de la Comédie Française (aujourd'hui rue de l'Ancienne-Comédie), l'autre rue Mazarine. C'étaient François Procope de Palerme et Grégoire d'Alep.

En 1676, existait déjà la corporation des cafetiers-limonadiers. Le Dictionnaire Jal. pages 445-446, indique que Fr. Procope se maria à Saint-Sulpice le 26 février 1675. Il eut huit enfants de son premier mariage. L'un de ses fils lui succéda, ce dernier est mort le 22 décembre 1753. En 1769, le café Procope était tenu par Dubuisson, en 1800 par Zoppi.

CONSOMMATION DU CAFÉ EN FRANCE

Années	Kilos	Années	Kilos
1820....	6.951.854	1880....	57.733.430
1830....	8.239.936	1890....	67.912.296
1840....	14.372.444	1900....	81.998.764
1850....	15.363.535	1910....	111.827.600
1860....	34.356.546	1912....	111.238.600
1870....	76.009.547	1913....	115.281.900

CONSOMMATION DU THÉ EN FRANCE

Années	Kilos	Années	Kilos
1820.......	88.449	1880......	414.632
1830.......	87.067	1890......	614.285
1840.......	124.498	1900......	1.093.326
1850.......	92.863	1910......	1.260.600
1860.......	247.486	1912......	1.309.100
1870.......	422.949	1913......	1.206.700

LES THÉS NOIRS

Pekoë ou Peckao (Duvet blanc) première pousse, le plus fin.

Orange Pecco, menu frisé, noir foncé mélangé de jaune-orange.

Souchong ou Scaou-chung (petite espèce) 2° cueillette, petites feuilles.

Pouchong variété de Souchong à grandes feuilles, léger, noir-rougeâtre.

Congo du chinois Koong-foo, inférieur, boisson des chinois.

LES THÉS VERTS

Hyson ou Ibé-chun (heureuse fleur du printemps) feuilles roulées, longues.

Hyson-Chulan, choix de Hyson, mélange avec fleur d'olivier.

Hyswinou Yu-tsun (avant les pluies) petites feuilles, parfum violette.

Perlé ou thé poudre à canon, choix de Hyson, feuilles bien roulées.

Impérial ou gros perlé, 1er choix de Hyson, grandes feuilles en boules.

PROVENANCE DES THÉS

En 1826, on reconnut que l'arbrisseau à thé poussait dans l'Annam.

En 1834, on fit des essais de cette culture aux Indes Orientales.

En 1838, Londres recevait de ce nouveau thé indien.

En 1868, l'Angleterre a reçu 100 millions de livres de thé de Chine.

En 1868, l'Angleterre a reçu 7 millions de livres de thé des Indes.

En 1896, l'Angleterre a reçu 203 millions de livres de thé des Indes.

En 1896, l'Angleterre a reçu 24 millions de livres de thé de Chine.

(Léon Arnou, *Manuel de l'Épicerie*, Paris, in-16, 1904).

LES CÈDRES DU LIBAN

Bernard de Jussieu ayant fait en 1734, un voyage en Angleterre, y reçut en présent de Sloanes, directeur du Jardin botanique de Kew, deux tout petits

27

cèdres plantés chacun dans un pot de terre. De retour à Paris, Jussieu se rendit à pied de son domicile rue des Bernardins, 34, au Jardin des Plantes, le trajet était d'environ quinze minutes. En route, un des pots tomba et se cassa. Notre botaniste mit alors dans son chapeau le jeune cèdre et la motte de terre qui l'entourait et arriva ainsi à la butte du Labyrinthe où il planta l'arbuste qui prospéra et devint le bel arbre que nous admirons aujourd'hui. Il mesure à 2 mètres de hauteur 3ᵐ70 de circonférence. Loiseleur-Deslongchamps père, indique dans *le Journal de Botanique* de 1814, t. III, page 97, que ces deux jeunes cèdres rapportés à Paris en 1734, étaient issus de ceux plantés en 1683, dans le Jardin de Chelsea, près de Londres, et qu'un accident survenu en 1792 au cèdre du Labyrinthe enleva la cime de l'arbre.

Le deuxième des cèdres rapportés de Kew par Bernard de Jussieu fut planté dans le parc de Trudaine, le ministre de Louis XV, qui avait alors les directions des Ponts-et-chaussées, du Commerce, des pépinières, etc.

Le parc de Trudaine était à Montigny-Lencoup, près de Montereau.

Le jeune arbuste avait été placé par le jardinier Aubé, dans un des sites les plus pittoresques de la contrée.

Il mesure aujourd'hui au ras du sol 8ᵐ30 de circonférence

à 0ᵐ50 du sol 7ᵐ65   à 2ᵐ   du sol 7ᵐ90
à 1ᵐ   —   7ᵐ40   à 3ᵐ20   —   8ᵐ75

à 3ᵐ20 du sol partent trois branches, la première mesure 6ᵐ35 de circonférence, la deuxième 5ᵐ05, la troisième 4ᵐ60 ; à dix mètres de hauteur, la branche du milieu a 3ᵐ50 de circonférence avec une ramification de 2ᵐ40 ; douze autres branches ont une circonférence qui varie de deux mètres à trois mètres quarante-cinq.

En 1852, le parc ayant été morcelé, la commune de Montigny put avec l'aide d'une souscription, acheter un lot d'un hectare, 64 ares, 77 centiares et conserver le superbe cèdre, qui couvre une superficie de près de 1.000 mètres carrés.

Le 27 février 1860, un ouragan détruisit une belle branche de 2ᵐ50 de circonférence, qui fut envoyée à Melun. Elle a fourni la matière première de meubles qui ornent la Préfecture de Seine-et-Marne. Pendant le terrible hiver de 1878-1879, le cèdre de Montigny a de nouveau souffert surtout du côté du Nord. Les extrémités de plusieurs branches se sont rompues sous le poids du verglas.

Un troisième cèdre revendique l'honneur d'avoir été planté par Bernard de Jussieu dans une dépendance des pépinières de Trianon.

C'est celui qui est dans le Clos du Vaucheron à à Noisy-le-Roi, appartenant à la famille de Marines depuis 1806.

Le marquis de Cherville a publié sur le cèdre du Vaucheron, dans le Journal *le Temps* du 30 janvier 1891, un article des plus intéressants et des plus concluants sur l'origine de ce bel arbre plus élevé et plus beau que son frère du Muséum (1), il mesure 7ᵐ10 de circonférence à sa base et 4ᵐ75 à 1ᵐ20 de hauteur, tandis que l'autre n'atteint que 3ᵐ60.

Le cèdre du Muséum a eu la malchance de perdre sa flèche, non par un coup de foudre, mais par le plomb d'un chasseur mal avisé. (Terrade, *Versailles-illustré*, 1898-1899, page 83).

Un quatrième cèdre revendique également la fraternité du cèdre de Paris avec plus de raison que le troisième, il est à Vrigny (Loiret) au sud de Pithiviers, dans l'ancienne propriété de Duhamel-Dumonceau. Ce bel arbre très développé mesure à sa base 8ᵐ de circonférence.

« En 1734, Duhamel accompagnait Bernard de « Jussieu dans le voyage à Londres, ainsi que Dufay « et l'abbé Nollet » (*Biographie Didot*, 1862, *tome* 38, *colonne* 216).

LES CÉRÉALES

La production du blé sur toute la terre, qui était évaluée en 1880, à 600 millions de quintaux est passée en 1910, à près d'un milliard.

Cette augmentation en trente années est due à la mise en valeur de terres nouvelles et à l'emploi d'engrais chimiques. La superficie cultivée en 1880 était de

---

1. Bernard de Jussieu ne fut appelé à Trianon qu'en 1758.

62 millions d'hectares et passa en 1910 à plus 100 millions.

La culture du blé s'est surtout développée dans les pays neufs : Argentine, Australie, Canada. Sibérie.

La production du riz est évaluée également à près d'un milliard de quintaux. Cette céréale passait pour nourrir la moitié de l'espèce humaine, mais la consommation tendrait à diminuer. Une forte quantité de la récolte du riz est employée soit en brasserie, soit en distillerie ou pour la nourriture du bétail.

La minoterie emploie également le riz en le mélangeant en faible proportion à certaines farines pour les rendre plus blanches.

Les premiers riz consommés en France furent importés d'Egypte pendant la famine de 1694. C'est en cette même année 1694, que le riz fut apporté de Madagascar dans la Caroline où on commença à le cultiver.

L'Italie possède des rizières depuis 1521. Elles couvrent aujourd'hui 165.000 hectares facilement irrigables produisant environ huit millions d'hectolitres.

La production du riz en Espagne se monte à environ deux millions d'hectolites.

Le sorgho ou gros millet des pays chauds qui nourrissait le quart de la population terrestre a fait place au blé en beaucoup d'endroits.

L'emploi du maïs comme nourriture humaine est en diminution, mais son emploi industriel tend à augmenter. On en récolte 900 millions d'hectolitres.

La production de l'avoine est évaluée à environ 800 millions de quintaux.

Le seigle atteint 420 millions d'hectolitres dont la Russie récoltait à elle seule 270 millions.

L'orge arrive à peine à 175 millions d'hectolitres.

En dehors de la famille des graminacées, le sarrazin, qui est compris dans les céréales atteint environ 38 millions d'hectolitres.

LE JARDIN DES APOTHICAIRES RUE DE L'ARBALÈTE A PARIS

En 1578, le 2 janvier, l'école des jeunes apothicaires instituée aux Enfants-Rouges par Nicolas Houel apothicaire et épicier, fut transférée dans un hôpital de la rue de Lourcine, qui prit le nom de Charité-Chrétienne.

Telle fut l'origine du Collège et du Jardin des Apothicaires maintenant Ecole de Pharmacie. Le registre de la Confrérie des apothicaires et épiciers se trouve à la bibliothèque royale de Bruxelles, section des manuscrits. (Lefeuve, *Hist. des rues de Paris*, 1875, tomes 1er et 5, pp. 143, 171.)

Jean Robin, que Tournefort met au nombre des plus savants botanistes de son temps, fut nommé par Henri IV, en 1598, à la place de garde du Jardin des Plantes de Paris, la botanique absorbait toutes ses pensées...

Dès 1590, Robin avait établi, à ses propres frais un jardin dans lequel il élevait des plantes rares pour procurer des modèles nouveaux aux brodeuses de la Cour (*Dict. des Sciences médicales. Paris*, 1825, *tome VII, page 35*).

Jean Robin, qui en 1601, a le premier introduit l'Acacia en France, a publié en latin :

1° Le Catalogue des 1317 plantes tant indigènes qu'exotiques qu'il cultivait dans son jardin. Paris, 1601, in-12°.

2° Le Jardin du roy Henri IV, ou recueil de fleurs gravées par Pierre Vallet, brodeur du roy et décrites par Jean Robin avec une préface et un catalogue de quelques plantes étrangères qu'il avait apportées en 1603 de Guinée et d'Espagne. Paris, 1608, in-f°.

3° Histoire des plantes aromatiques. Paris, 1619, in-16.

Guy de La Brosse médecin de Louis XIII et professeur de botanique, écrit en 1636 ; sur les origines du Jardin des Plantes :

Il y a plus de soixante ans que le sieur Robin herboriste du roy, très curieux en la culture des plantes, a cultivé un petit jardin de plantes médicinales à Paris, pour lequel il était pensionné par le roy.

A ce Robin succéda dans l'entretien de ce jardin son fils Vespasien.

Le jardin de Robin s'ajoute à celui de Houel pour constituer les modestes précédents de notre Jardin des Plantes.

LE JARDIN-POTAGER
DE VERSAILLES

Jean de la Quintinye, avocat en parlement et plaidant même avec succès abandonna le barreau pour se livrer entièrement à l'horticulture et y devint maître-expert.

C'est lui qui organisa avec Le Nôtre le parc du surintendant Fouquet à Vaux près de Melun, l'une des merveilles de l'époque. Après la superbe fête du 17 août 1661 et la chute du financier, Le Nôtre et La Quintinye transformèrent le parc de Chantilly.

La Quintinye fut appelé à Versailles, par brevet du 12 mars 1670, pour donner ses soins aux arbres fruitiers des maisons royales (*Dict. Jul.*, p. 737).

En 1673, un premier potager avait été installé rue des Récollets à Versailles, il avait 260ᵐ de longueur sur 126ᵐ de largeur. Ce potager n'était qu'une transformation d'un jardin planté par Jacques Boyceau, sous Louis XIII, mais le chef-d'œuvre de La Quintinye fut la création du grand Potager-Royal de la rue de Satory, immense travail commencé en 1678 et terminé en novembre 1683. Il a heureusement pu être conservé tel qu'il était sous Louis XIV.

L'emplacement choisi était un mauvais marécage qu'il fallut aménager. Ce fut un travail très difficile à exécuter, il s'agissait de remuer des terres insalubres. On dût même y employer des soldats pour creuser la pièce d'eau des Suisses afin de pouvoir combler les étangs voisins.

Le terrain conquis en partie sur des marais fangeux était de 24 arpents, on y dépensa jusqu'à 1688, 1.477.231 livres, dont 467.364 livres pour les constructions et maçonneries (Leroy, *Histoire des rues de Versailles*, 1868, t. II, p. 344), somme considérable pour l'époque, mais c'était un travail de grande utilité. Il assainissait tout un quartier malsain qu'on voulait dessécher et permit aussi d'exécuter la route de Saint-Cyr. Il fallait précédemment monter sur le plateau de Satory pour aller dans la direction de Trappes.

L'emplacement du Potager avait été comblé d'une espèce de terre franche se réduisant en bouillie sous la pluie et se pétrifiant par la sécheresse. Il fallut remédier à un si grand inconvénient.

La Quintinye fit d'abord faire un aqueduc qui traversait tout le terrain et recueillait les eaux de la colline. Toute la surface reçut un épais lit de fumier recouvert d'une bonne couche de terre végétale.

Le Potager composé par La Quintinye, comprenait 28 jardins ou divisions formés par des murs de refend dirigés dans divers sens pour varier les expositions. Le principal compartiment est encore encadré de quatre grandes terrasses dominant le carré du milieu. Au centre, un grand bassin (26ᵐ de diamètre) pour les plantes aquatiques. La Quintinye arrangea des endroits propices spéciaux à chaque sorte d'arbres à fruits, de légumes et de primeurs et parvint à obtenir des résultats prodigieux qui surpassèrent tout ce qui avait été fait jusque-là.

Nos contemporains n'ont fait que perfectionner les moyens que cet homme habile avait si bien imaginés pour le développement de l'art horticole et le plaisir du Grand Roi.

La Quintinye est mort le 11 novembre 1688, à l'âge de 62 ans, deux mois après le décès de son fils Gabriel. Il laissa, en manuscrit, un très intéressant ouvrage, que son fils aîné, Michel, prieur de Saint-Privat et de Sainte-Colombe, publia en deux volumes in-4 : *Instructions pour les jardins fruitiers et potagers*. Paris, 1690, XXIV, 1092 pages. Travail remarquable successivement réédité en 1695, 1715, 1750, 1756 et toujours intéressant à consulter. Nicolas Bénard succéda à La Quintinye dans la direction du Potager, puis vinrent les quatre Le Normand de 1691 à 1782 et enfin Gondouin et Brown pour les primeurs jusqu'en 1793, époque à laquelle le Potager fut loué à huit locataires pour la faible somme de 2.780 francs.

En 1732, le Potager avait été augmenté de 12.200 mètres par l'addition du Clos aux asperges attenant au séminaire.

En 1793, on installa, au Potager du côté de la pièce d'eau des Suisses, le banc d'épreuve de la manufacture d'armes de Versailles.

En 1795, le 27 avril, par arrêté du représentant Baraillon, le Potager est réservé à l'établissement du Jardin Botanique de l'Ecole Centrale de la Seine-et-Oise. Antoine Richard, ancien chef jardinier de Trianon est chargé de conserver les plantes destinées à cet établissement. Toutefois ce plan ne reçut exécution que le 10 avril 1798, avec Duchesne, professeur d'histoire naturelle de l'Ecole Centrale, comme directeur. L'inauguration eut lieu en présence de Laurent de Jussieu et des notabilités du département.

De 1801 à 1809, la Société d'horticulture de Seine-et-Oise reçut la concession de six compartiments du Potager. Le Clos aux asperges fut également concédé à Antoine Richard, en vue d'y installer une pépinière fruitière.

En 1806, le Potager rentra dans le domaine de la couronne et fut rendu à son ancienne destination avec le comte Lelieur, comme directeur et Souchet, comme chef jardinier.

De 1819 à 1849, Placide Massey fut directeur du Potager, des Pépinières de Trianon et du Fleuriste de Sèvres. Ce maître horticulteur a sa statue à Tarbes près de la gare, dans un parc de 14 hectares, qui porte son nom.

En 1848, sous le nom d'Institut Agronomique de Versailles, le Potager fut converti en Ecole pour la culture des jardins sous la direction de l'habile horticulteur. A. Hardy qui, avec des titres différents, conserva la direction du Jardin-Potager jusqu'à sa mort survenue en 1891.

Avec le troisième empire, le Potager était rentré de nouveau dans le domaine de la couronne.

Nous empruntons la description qui suit, en grande partie, à Ed. André.

L'ECOLE NATIONALE D'HORTICULTURE

Créée par la loi du 16 décembre 1873 est établie au Potager de Versailles, l'ouverture des cours eut lieu le premier octobre 1874, sous la direction de A. Hardy, qui y rassembla tous les éléments nécessaires à la connaissance approfondie de la science qu'elle a pour but de préparer. Sous son habile directeur, le potager, tout en restant jardin de production fruitière et légumière est devenu, en même temps, un jardin d'études et d'essais, dont le but principal est l'instruction des élèves.

L'Ecole comprend les 9 hectares 28 ares 40 centiares de l'ancien potager, plus 4 hectares dans la plaine du Mail où sont les pépinières fruitières et un verger. C'est sur ce vaste champ d'expériences encore trop restreint pour tout ce qu'on y voudrait enseigner, que les élèves viennent s'instruire, s'exercer et qu'ils puisent cette chose absolument indispensable à l'application de toute science : la pratique.

L'entrée de l'école a lieu par les bâtiments situés rue Hardy n° 4. Dans la première cour, en face, sont la direction et les bureaux, à droite le magasin de vente au public, à gauche dans l'ancienne orangerie de La Quintinye : le musée et les salles d'études, au centre de la cour est le buste de Joigneaux, promoteur de l'école, érigé le 15 décembre 1895.

En entrant dans le jardin, on aperçoit au centre de cette luxuriante végétation le grand carré de 24.500 mètres.

Ce vaste jardin exposé aux vents d'ouest est abrité par de magnifiques terrasses excédant de deux mètres le niveau du sol sur lequel sont établies les cultures. Cette ingénieuse disposition de la Quintinye offre un bel aspect et procure en outre aux arbrisseaux un abri favorable. Leur floraison et leur fructification en sont mieux assurées.

Au milieu de la terrasse nord, est la statue en métal de La Quintinye inaugurée le 24 décembre 1876. Le grand horticulteur est représenté debout, regardant son Potager, et tenant une branche d'arbre dans la main gauche, la main droite tient la serpette dont il était l'inventeur.

Sur cette terrasse nord sont quatre serres adossées, de 35 mètres de longueur, pour les pêchers et les vignes.

En suivant est le Jardin d'hiver long de 48 mètres sur 10 mètres de largeur et 9 mètres de hauteur rempli d'arbres et arbrisseaux exotiques.

Le buste de l'organisateur de l'école, élevé le 19 mai 1898, est après le Jardin d'hiver, il est peu visible et serait beaucoup mieux placé à l'entrée du Jardin. Entre l'ancienne orangerie et le Jardin d'hiver, est le carré des serres et baches d'une surface de 6.400 mètres carrés.

Les cultures fruitières de l'école comptent 14.515 arbres et arbrisseaux appartenant à 1.177 variétés différentes en Abricotiers, Amandiers, Bibaciers, Brugnonniers, Cerisiers, Châtaigniers, Citronniers, Cognassiers, Cormiers, Diospyros, Figuiers, Framboisiers, Grenadiers, Groseilliers, Mûriers noirs, Néfliers, Noisetiers, Noyers, Oliviers, Orangers, Pêchers, Pistachiers, Plaqueminiers, Poiriers, Pommiers, Pruniers, Sorbiers et Vignes.

Les espaliers couvrent 11.352 mètres carrés de murs et les contre-espaliers présentent une surface de 13.550 mètres carrés, les cordons horizontaux se développent sur une longueur de 16.662 mètres et on compte 1.483 arbres cultivés en formes libres.

Les formes auxquelles les arbres fruitiers sont soumis sont de deux sortes : les formes usuelles et les formes de fantaisie, celles-ci servent à prouver qu'un bon jardinier peut faire ce qu'il veut d'un arbre, pour peu qu'il connaisse la marche de la végétation.

Quant aux formes usuelles, elles comprennent : pour le poirier, la pyramide ou cône, la pyramide à ailes, la pyramide à branches arquées, le fuseau, les palmettes à branches horizontales à plusieurs étages, et celles en contre-espalier, les palmettes à branches verticales, depuis celles qui n'ont que deux branches jusqu'à celles qui en comptent dix ; les formes dites Cossonnet, Verrier, le cordon unilatéral et le cordon bilatéral, ainsi que les arbres de haute tige ou de plein vent.

Le pommier est conduit sous les mêmes formes palissées que le poirier, et il y a également parmi les formes naines : le vase ou gobelet ; les cordons horizontaux à un ou plusieurs étages, soit unilatéraux, soit bilatéraux, et le contre-espalier en V formant par l'entrecroisement des branches, une sorte de haie en losange.

Le pêcher est dirigé suivant des dessins variés. On le trouve à l'école de Versailles, en palmette simple ou double à branches horizontales ou verticales, en carré, en candélabre, en U simple, en U double, en serpenteau, en oblique, en palmette Verrier et même en Cossonnet, bien que cette dernière forme n'ait été jusqu'à présent appliquée qu'au poirier et au pommier.

La vigne est tenue en palmettes simples et en palmettes alternes.

Des espaliers à la Thomery garnissent de grands murs et quelques cordons sont élevés en contre-espaliers à branches inclinées, d'après le système préconisé par le docteur Guyot, avec taille à long bois et production bisannuelle.

Trois fruitiers comprenant des installations différentes sont aménagés pour la conservation des fruits.

Les cultures potagères de l'Ecole comprennent :

En Légumes-Racines : Ail, Badiane-géante, Betterave, Capucine-tubéreuse, Carotte, Celeri-rave, Cerfeuil, Chervis, Chou-navet, Chou-rave, Crosne, Echalote, Igname de Chine, Navet, Oignon, Oxalide-crénelée, Panais, Patate, Persil à grosse-racine, Poireau. Pomme de terre, Radis, Raifort, Raiponce, Rave, Rocambole, Salsifis, Scolyme, Scorsonère, Souchet-comestible, Stachys, Topinambour.

En Légumes Herbacés : Angélique, Ansérine, Arroche, Artichaut, Asperge, Barbe de Capucin, Baselle, Basilic, Bette, Bourrache, Brocoli, Cardon, Celeri, Cerfeuil, Champignon de Couche, Chicorée-frisée, Chicorée-sauvage, Chou, Chou de Bruxelles, Chou-fleur, Ciboule, Ciboulette, Civette, Claytone, Crambe, Cresson-alénois, de fontaine, de terre, Criste, Endive, Epinard, Estragon, Fenouil, Ficoïde, Houblon, Laitue, Lavande, Mache, Marjolaine, Mélisse, Menthe, Moutarde, Nigelle, Oseille, Patience, Percepierre, Persil, Pimprenelle, Pissenlit, Plantin-corne-de-cerf, Poirée, Pourpier, Quinoa, Rhubarbe, Romarin, Romaine, Roquette, Sarriette, Sauge, Scarole, Tétragone, Valériane d'Alger, Witloof.

En Légumes Fruits : Alkekenge ou Coqueret, Ananas, Aubergine, Capre, Concombre, Courge, Fraisier, Melon, Pastèque, Piment, Potiron, Tomate.

En Légumes-Graines : Aneth, Anis, Capucine-ordinaire, Chenillette, Chiche, Coriandre, Dolique, Fève, Giraumon, Gombo, Haricot, Lentille, Limaçon, Macre, Patisson, Pois, Soja.

Des caves voûtées servent à conserver pendant l'hiver une partie de ces légumes, une de ces caves est spécialement aménagée pour la culture des champignons de couche et pour le forçage des racines de chicorée destinées à produire soit de la barbe de capucin, soit de l'endive ou Witloof.

Les cultures de végétaux d'ornement et de plein air soit représentés par un ensemble de 337 genres et 2.324 espèces ou variétés différentes, non compris les 1.593 espèces du jardin botanique représentant 150 familles.

Parmi les 2.324 variétés, les arbres et les arbustes figurent pour 1.030, les conifères pour 114, les plantes vivaces pour 474, les plantes bulbeuses pour 129, les plantes de terre de bruyère pour 57, etc.

Il existe également une remarquable collection de plus de 550 variétés de rosiers.

Les cultures des fleurs ornementales de serre comprennent 297 genres et 941 espèces ou variétés.

Le Jardin d'hiver renferme de beaux spécimens de palmiers : Areca, Astrocaryum, Caryota, Chamerops, Cocos, Corypha, Jubea, Kentia, Latania, Livistona, Phœnix, Rhapis, Seaforthia, Thrinax ; de très belles fougères arborescentes ; des Astrapea, Boehmeria, Canna, Coffea, Cycas, Dracena, Ficus, Globba, Heliconia, Jacaranda, Maranta, Musa, Pandanus, Phrynium, Strelitzia, Zamia, etc., etc.

LE PROGRAMME DES ÉTUDES COMPREND:

Arboriculture fruitière et de primeurs.
Arboriculture d'ornement et d'alignement.
Cultures potagères, de primeurs et coloniales.
Floriculture de plein air et de serre.
Botanique et pathologie végétale.
Zoologie et entomologie végétale.
Météorologie, Géologie, Physique et Chimie.
Géométrie, Dessin, lever de plan, Nivellement.
Comptabilité, langue française et anglaise.
Architecture des jardins et des serres.
Forge, Ajustage, Menuiserie, Charronnage.

La durée des études à l'Ecole Nationale de Versailles est de trois années, les élèves qui sortent avec la note 14 reçoivent du Ministère le diplôme de l'enseignement supérieur de l'horticulture, ceux qui obtiennent la note 12 n'ont que le certificat d'étude.

A la mort de Hardy en 1891, son successeur, J. Nanot ingénieur-agronome, petit fils et fils d'a-griculteurs-pépinistes créa le verger et la pépinière fruitière de la plaine du Mail, fit agrandir les bâtiments pour y installer de nouveaux laboratoires et des ateliers pour y exercer les élèves à la construction et à la réparation du matériel horticole, organisa les cours d'horticulture industrielle et commerciale, les cours de cultures méridionales et coloniales, les cours de pathologie végétale et de génie rural, etc, etc. C'est Nanot qui innova les excursions horticoles de fin d'études pour les élèves tant en France, qu'à l'étranger. La moyenne des élèves qui était de 60 en 1891 est montée à 120 en 1914. Aujourd'hui, l'Ecole de Versailles est seule en France, chargée de donner l'enseignement supérieur de l'horticulture.

L'ORANGER DE VERSAILLES

Cet oranger avait été apporté de Pampelune, alors capitale de la Navarre. Il se composait de cinq pieds primitifs, semés en 1421, qui s'étaient soudés en se greffant par approche. En 1499, Catherine de Foix héritière du royaume de Navarre, envoya cet oranger en présent à Anne de Bretagne, à l'occasion de son deuxième mariage avec Louis XII.

En 1523, cet arbre, déjà centenaire, figure dans l'inventaire des biens confisqués au Grand Connétable Charles, duc de Bourbon, châtelain de Chantilly, qui s'était révolté contre François 1er et pris le parti de Charles-Quint.

En 1532, on transporta l'oranger de Chantilly à Fontainebleau. Le transport fut payé 300 écus, on lui donna le nom de François 1er.

En 1687, on le transporta dans la nouvelle orangerie de Versailles, où on lui restitua son nom de Grand Connétable.

Ce dernier transport coûta 600 livres.

En 1848, Risso et Poiteau rapportent dans l'*Histoire naturelle des orangers* tome 1er, pages 74-75 que ce bigaradier conservé dans l'orangerie de Versailles où il est le plus âgé et le plus grand, mais aussi le plus vigoureux, le mieux portant et le plus fertile, et que l'an passé, on a cueilli dessus, une immense quantité de fleurs, et cette année, il est chargé de plus de mille fruits.

« Sa hauteur est de 22 pieds y compris la caisse, et sa tête a 45 pieds de conférence, sa tige très courte et de forme triangulaire paraît formée de trois tiges destinctes qui se seraient greffées dans leur jeunesse, elle a quatre pieds huit pouces de circonférence, elle se divise presque en sortant de terre en trois bras dont deux se subdivisent bientôt et forment en tout cinq grosses branches qui s'élèvent et s'éloignent les unes des autres, et qui, par leurs nombreuses ramifications constituent la tête de l'arbre, ses rameaux portent par ci par là quelques épines. »

Cet arbre vénérable qui a fait l'admiration pendant quatre siècles de tous les visiteurs de Chantilly, Fontainebleau et de Versailles a vécu jusqu'en 1891.

LES PÊCHES DE MONTREUIL

Edme Girardot à qui l'on attribue la création de la culture des pêches de Montreuil, n'a cependant fait que mettre en pratique, sur une large échelle, les théories publiées en 1652, par Robert Arnault d'Andilly de Port-Royal-des-Champs (1).

C'est Robert Arnault, qui le premier a cultivé la grosse pêche succulente que nous appelons : Pêche de Montreuil.

C'est lui qui imagina les espaliers et les contre-espaliers, tels que nous les employons, ainsi que le procédé des lisières ou petits morceaux de drap, procédé dénommé de nos jours : palisser à la loque.

Edme Girardot, né en 1621, fut d'abord mousquetaire ; en 1656, il s'établit à Bagnolet au lieu dit : les Malassis et se livra à l'arboriculture d'après les principes d'Arnault.

Girardot divisa son terrain, d'une contenance d'environ neuf arpents en 72 jardins, par des murs parallèles éloignés les uns des autres de quatre toises et surmontés de chaperons mobiles et de brise-vent, puis il couvrit tous les murs de pêchers, de là l'expression : murs à la Girardot.

La nouvelle méthode pour la taille, les soins, la prévoyance et tous les moyens qu'il employait lui réussirent.

Ses succès, comme arboriculteur dépassèrent bientôt toute espérance, il parvenait à se procurer des fruits, quand il n'y en avait point ailleurs ou à les obtenir meilleurs, plus beaux et surtout plus hâtifs.

Ses jardins attirèrent l'attention des cultivateurs voisins placés dans les mêmes conditions de sol et d'exposition, aussi vit-on peu à peu s'organiser un grand nombre de jardins pareils aux siens.

Telle est l'origine de la culture particulière de pêcher, qui eut pour berceau Port-Royal-des-Champs, puis Bagnolet et Montreuil (qui a tiré de là son nom : Montreuil-aux-Pêches) et se répandit ensuite partout en France.

Edme Girardot est mort à 60 ans et fut inhumé dans l'Eglise de Bagnolet, le 30 mai 1682.

Son plus jeune fils lui succéda dans la culture des pêchers, c'était René-Claude Girardot, né le 10 janvier 1665, à Bagnolet. Il fut officier des mousquetaires, 2e compagnie, puis lieutenant des chasses de la capitainerie de Vincennes, écuyer, chevalier de Saint-Louis. Il est mort en son château des Guesdons à l'âge de 67 ans et fut inhumé dans l'église de Bagnolet, sous la chaire, le 19 mars 1732. Il laissa à ses neuf enfants : 125 arpents de terre sur Bagnolet et les fiefs et seigneuries de La Salle, Bois-de-Bagnolet, Malassis (1), des Guesdons et sur Villemonble la seigneurie de Launay.

De ses sept fils, quatre étaient officiers aux mousquetaires, un cinquième était major au régiment de Bellefonds-cavalerie.

Le troisième et dernier des Girardot, qui se livra à la culture des pêchers fut Edme-Philippe Girardot, né à Bagnolet le 3 février 1710, il était le troisième fils de René-Claude. Le 27 juin 1743, étant officier des mousquetaires, il fut grièvement blessé à la bataille de Dettingen.

Après guérison, il se retira dans sa propriété de Bagnolet, aux Malassis. Edme-Philippe porta au plus haut point la culture du pêcher. Son jardin était devenu un but de promenade. On venait y manger des pêches et admirer la beauté des espaliers et

---

1. Robert Arnault publia sous le nom de l'abbé Legendre : *La manière de cultiver les arbres fruitiers.* Paris, 1652, 1 vol. in-16, XLVI, 239 pages.

1. Au terrier de Bagnolet en 1727, le chantier des Malassis a 31 propriétaires, la maison et clos de Girardot dans la partie Nord-Est, chemin de la Maison-Rouge, y figure pour 903 perches (soit trois hectares) plus 25 perches à l'angle de la rue de Malassis.

dans certains jours de la semaine, on comptait jusqu'à 50 et 60 carrosses à la porte de Girardot (*Biographie Michaud*, t. XVI, p. 574).

L'auteur de cette biographie se rappelait encore avoir vu en 1780, le vieux Girardot dans ses jardins : grand et droit comme un bel arbre, il ôtait devant chaque étranger son bonnet et s'inclinait poliment de sorte qu'en découvrant sa tête chauve, il vous montrait comme par hasard les deux sillons, que deux coups de sabre avait faits sur son crâne, et dont la croix de Saint-Louis pendante à sa boutonnière était la noble récompense.

En novembre 1787, à la mort de Jean-Baptiste Girardot son frère, Edme-Philippe devint seigneur de Launay, il est mort en son château de Villemonble le 12 mai 1793, étaient témoins à l'acte de son décès : son frère Bernard ancien mousquetaire âgé de 79 ans; son neveu et héritier Louis Balthazard Girardot né à Bagnolet le 5 octobre 1740. ancien mousquetaire à la 2ᵉ compagnie. chevalier de Saint-Louis, et pendant vingt-cinq ans, maire de Villemonble. Il est mort âgé de 95 ans en son château de Launay, le 3 juillet 1835. Barbe Vathier sa veuve est décédée le 7 février 1838, âgée de 92 ans.

A MONTREUIL EN 1745

Nous reproduirons textuellement :

« A l'égard de ceux qui plantent pour en retirer du profit, ils doivent se détacher du préjugé que les espalier de pêchers sont d'un plus grand rapport que les autres fruits :

On prétend que M. Girardot, ancien mousquetaire du roi, s'était fait jusqu'à 30.000 livres de rente, dans un fort petit espace de terre qu'il avait à Bagnolet. Cet exemple a séduit bien du monde, mais il faut distinguer les temps.

La culture de ce fruit n'était autrefois connue que de peu de personnes, aujourd'hui tout le monde s'en mêle, les plantations se sont multipliées extraordinairement, et ce fruit devenu plus commun, a diminué de sa valeur à proportion de son abondance. On allègue encore pour exemple le village de Montreuil qui n'a dit-on d'autre produit que ses pêches et quelques fruits rouges, et qui sur ce simple revenu, paye

au roi tous les ans, pour 50.000 livres d'impositions à quoi il faut ajouter le loyer de la terre de 200, 250 et jusqu'à 300 livres l'arpent.

Le produit de ces pêches est partagé entre 4.000 habitants, qui ne sont appliqués qu'à cette culture et qui y sont pour ainsi dire, bercés. » De Combles, *Traité de la culture des pêchers*, Paris, 1745, p. 2 à 4).

LES PÉPIN DE MONTREUIL

« Nicolas Pépin le père, ancien officier chez le roi, a été un agriculteur trop célèbre à Montreuil pour n'en pas faire ici, une mention honorable.

Il faisait un commerce de fruits très considérable, et fut constamment honoré de la protection des princes et des seigneurs qui venaient admirer ses arbres. Tous les ans, il présentait au roi des pêches de son jardin aux armes de Sa Majesté.

Depuis sa mort, arrivée en 1761, à l'âge de 77 ans, son fils héritier de ses talents, a préféré la direction des potagers des grands, à la culture des possessions de son père, qu'il a presque toutes vendues à différents particuliers de Montreuil » (Schabol, *La Théorie du jardinage*. Paris, 1774, p. 5).

LES POLYPIERS

On trouve à certaines époques de l'année sur nos plages de sable de la Manche et de la mer du Nord des quantités de polypiers. Ces polypiers ont tout à fait l'aspect de plantes. Ce sont des Antennulaires, des Flustres, des Sertulaires, des Tubulaires. Les flustres foliacées se trouvent en abondance. Nous attirons l'attention sur ces sujets parce que souvent on continue à classer ses polypiers parmi les végétaux.

En 1725, le docteur Peyssonnel de Marseille annonça le premier que les prétendues fleurs de corail sont de véritables animaux.

En 1727, le docteur, nommé médecin-botaniste à la Guadeloupe, put y continuer et développer ses recherches et confirma sa découverte à l'Académie des Sciences, qui ne tint pas compte de l'importance de la communication.

Ce n'est que treize années plus tard après les expériences de Trembley en 1740, sur le Polype d'eau douce, que l'on reconnut que cet animal se reproduit par bouture comme une plante. En 1742, Bernard de Jussieu ayant constaté le fait sur des Flustres et des Tubulaires, admit la vérité des assertions de Peyssonnel.

En 1744, Trembley publia son travail sur le développement et la multiplication de l'Hydre ou Polype d'eau douce, Leyde, un vol. in-4. On fut désormais d'accord sur le caractère animal des polypes, et dès lors avec Jussieu et Réaumur, on les nomme des Polypes et leurs habitations des Polypiers.

Ce ne fut donc aussi qu'à partir de la sixième édition de son *Système naturel* (1748), que Linné cessa de classer les Polypiers ou Lithophytes parmi les végétaux, pour les reporter dans le règne animal parmi les vers (Ch. D'Orbigny; *Dict. d'Hist. nat.*; 1846, t, X, p. 391).

LES ÉPONGES MARINES

Après les découvertes de Trembley et de quelques autres sur les Polypes, Linné retira les éponges du règne végétal dans lequel il les plaçait antérieurement, à l'exemple de Belon, Magnol, Tournefort, Vaillant et de tous les botanistes des xvie et xviie siècles (*Ibid.*, 1844, t. V, p. 375).

LA POMME DE TERRE

La pomme de terre n'est ni le fruit, ni la racine de la plante. Les tubercules des pommes de terre sont des rameaux souterrains de la tige.

Les Batates des Patates sont des racines renflées en tubercule.

Les tubercules des Topinambours sont également des racines (Turpin P. J. F., *Mémoires du Museum*, 1828, t. XIX, 3 planches).

Les pommes de terre sont originaires du Chili. On les trouve encore à l'état sauvage dans la partie sud de ce pays (Ch. Darwin, *Journal of the voyage.* London, 1852, p. 285).

HISTORIQUE

En 1531, lors de la conquête du Pérou par François Pizarre, les Espagnols constatèrent que les tubercules de Papas étaient une des principales ressources alimentaires de cette région.

En 1553, Pierre Cieca, dans sa *Chronique du Pérou* publiée à Séville, et Lopez Gomara, dans son *Histoire générales des Indes occidentales* publiée à Médina, donnent une bonne description des Papas.

Ces tubercules étaient ainsi nommés à cette époque et on ne les connaît encore aujourd'hui dans l'Amérique du sud et au Mexique que sous ce nom de Papas.

En 1557, dans un livre publié à Bâle, le grand mathématicien italien : Girolamo Cardan les nomme également des Papas.

En 1565, l'Anglais John Hawkins rapporte de Virginie des tubercules, mais c'était des Batates ou Patates et non des Papas.

En 1585, les Espagnols introduisent en Europe la culture des Papas, qu'il appelèrent des Patatas. En 1586, Thomas Herriott, compagnon de Walter-Raleigh, rapporte en Irlande des Papas de Virginie.

Avant 1588, des Carmes déchaussés apportent en Toscane des tubercules venant d'Espagne, qui furent dénommés Taratouffli (*Truffe de terre*).

En 1588, Philippe de Sivry, seigneur de Waldheim, gouverneur de Mons, reçoit d'un familier du légat du Pape dans les Flandres : deux tubercules, qu'il adressa à Charles de L'Ecluse, qui était alors à Vienne en Autriche.

En 1590, Joseph d'Acosta dans son *Histoire Nat. et morale des Indes occidentales* publiée à Séville décrit des tubercules de Papas.

En 1596, Gaspard Bauhin dans son *Plantarum ab Herberiis* les nomme du nom latin, qui a prévalu : *Solanum-tuberosum.*

En 1597, John Gérard dans son *Herball of general history* publié à London, décrit et donne page 781, la figure des Papas.

En 1600, Olivier de Serres dans le *Théâtre d'Agriculture* décrit sous le nom de Cartoufle, les tubercules cultivés dans sa terre du Pradel (Ardèche).

En 1601, Charles de L'Ecluse dans son *Rariorum Plantarum historia* publié à Anvers donne page 79, la description et figures des Papas Peruanorum, d'après les deux tubercules qu'il avait reçus de Philippe de Sivry en 1588.

En 1620, on cultive des tubercules à Nieuport dans les Flandres.

En 1629, John Parkinson publie à London son *Paradis* et ·y donne une description des Virginia Potatoes.

En 1632, P. Laurenberg de Rostock les nomme. Adenes Virginiani.

En 1634, culture en Angleterre dans le Lancashire,

En 1660, première culture des tubercules au Jardin des Plantes de Paris.

En 1662-1663, culture en grand des Potatoes en Angleterre.

En 1665, Antoine Vallot, surintendant du Jardin des Plantes de Paris, dans son *Hortus regius* donne la description des tubercules cultivés depuis 1660.

En 1683, culture en Ecosse.

En 1704, culture à Bruges.

En 1716, Frezier dans la Relation d'un voyage aux Côtes du Chili et du Pérou, donne pour la première fois aux tubercules, le nom de Pommes de terre.

En 1717, grande culture en Saxe ; 1738, en Prusse.

En 1723, Sébastien Vaillant dans son *Botanicon Parisiensi* décrit la Patate ou Truffe rouge cultivée aux environs de Paris.

En 1737, Lestiboudois père, de Lille, publie un mémoire où il recommande instamment la culture et la consommation des tubercules.

En 1749, De Combles dans l'Ecole du Jardin Potager, fait la description de deux variétés de truffe, l'une rouge et l'autre blanc-jaunâtre.

De 1755 à 1779, Duhamel-Du-Monceau dans ses publications préconise la culture et la consommation de ces tubercules.

En 1766, Antoine Richard de Trianon rapporte de Hollande des tubercules supérieurs à ceux que l'on cultivait alors en France.

Parmentier né en 1737, était élève apothicaire à Paris rue Croix-des-Petits-Champs, lorsque la guerre de Hanovre éclata en 1756. Il s'engagea en 1757 et fut employé dans l'armée française en qualité d'apothicaire. Appelé à porter ses secours sur les lignes de combat, Parmentier s'exposait avec un tel mépris du danger qu'il fut blessé et qu'à cinq reprises, les ennemis le firent prisonnier.

Pendant la durée de ses captivités, Parmentier eut l'occasion d'observer, que la pomme de terre était le principal élément de la nourriture et qu'il n'en résultait aucun inconvénient pour la santé des populations, contrairement à ce que l'on croyait en France, où les tubercules ne servaient qu'à la nourriture des animaux.

En 1763, après les sept années de guerre, la paix ramena Parmentier à Paris ; il s'y préoccupa de parfaire son éducation scientifique, suivit les cours de physique de l'abbé Nollet, ceux de chimie de Rouelle aîné et prit part aux herborisations de Bernard de Jussieu.

En 1766, Parmentier obtint au concours une place d'apothicaire-adjoint aux Invalides.

En 1772, il reçut le brevet d'apothicaire-major.

En 1771, l'Académie de Besançon ayant proposé au concours le sujet suivant : Indiquer les végétaux qui pourrait suppléer en temps de disette à ceux qu'on emploie communément à la nourriture des hommes. Parmentier concourut et obtint le premier prix.

En 1773, il publia : *Examen chimique des pommes de terre*, Paris, in-12. C'est à partir de cette époque qu'il commença à démontrer les nombreuses qualités alimentaires de la pomme de terre et à faire ressortir toutes les ressources culinaires qu'on en pouvait tirer. Pendant les quarante années qui lui restaient à vivre, Parmentier devait se consacrer entièrement à cette question et sans jamais se lasser, par les livres, par les journaux, par les revues et même par des démonstrations pratiques, il conduisit inlassablement sa propagande nonseulement pour la vulgarisation de la pomme de terre, mais aussi pour tous ce qui intéressait directement la nourriture de l'homme.

En 1785, année de disette, le blé manque. Parmentier parvient jusqu'au roi, obtint de Louis XVI, la concession de deux arpents de sable aux Sablons de Neuilly, et six arpents dans l'île des cygnes, les fait labourer et ensemencer de pommes de terre, qui y poussèrent admirablement. Le roi s'intéresse à la récolte, les premières fleurs vont orner la boutonnière de son habit.

Enfin les pommes de terre arrivent à maturité, on fait monter la garde par des soldats autour des terrains pendant le jour seulement, mais la nuit venue, on venait piller les tubercules. Tout le monde en veut avoir, tous en veulent goûter. C'en était fait, l'énergie d'un modeste savant avait triomphé des préventions injustes. Dès lors, la pomme de terre devient, avec le pain, le premier aliment de l'humanité.

En 1786, l'expérience de Neuilly, fut renouvelée sur quatorze arpents dans la plaine de Grenelle et sur trente-cinq arpents aux Sablons avec le même succès.

On connaissait la pomme de terre en France, bien avant Parmentier, il lui manquait cependant d'être appréciée à sa valeur et exploitée utilement pour le bien général. C'est en cela même que consiste le rôle de Parmentier. Il enseigna tout le profit qu'on pouvait tirer de la pomme de terre et d'un tubercule méprisé, dédaigné, il fit l'un des aliments les plus précieux et les plus employés à la table du pauvre aussi bien qu'à celle du riche. Parmentier est mort à Paris rue des Amandiers nº 12, le 17 décemdre 1813, entouré des témoignages de l'admiration et de la reconnaissance de tous les Français, son tombeau est au Père Lachaise. Montdidier sa ville natale lui éleva une statue en juin 1848.

Une deuxième statue fondue en 1865, lui a été élevée à l'école de pharmacie.

Neuilly-sur-Seine lui éleva également une statue en 1888, sur l'emplacement du champ d'expérience de 1785 et 1786.

LES RAISINS DE THOMERY

Ces raisins sont issus de la fameuse treille du parc de Fontainebleau longue de 1 200 mètres, qui à elle seule produit dans les bonnes années plus de 3.000 kilos de chasselas. Cette treille fut plantée sous le règne de François 1er.

En 1534, au mois de novembre, Jean de Rival dit Prince, Vigneron de Cahors, partit pour Fontainebleau avec vingt barriques de vin pour le roi et trente mulets chargés de plants de vigne de Cahors, pour diriger la plantation d'un clos (*Archives de Cahors*, 1534, *livre tanné*). Ce ne fut que longtemps après, vers l'année 1730, qu'un cultivateur de Thomery, nommé François Marneux, emprunta à la treille royale des sarments pour créer un espalier. Ce premier essai ayant réussi encouragea des imitateurs, mais ce n'est qu'à partir de la fin du xviiⁱᵉ siècle que la culture du chasselas prit une grande extension. Cette culture se fait en espalier sur des murs blancs d'environ 2ᵐ50 de hauteur avec chaperon saillant et placés à 7 ou 8 mètres de distance les uns des autres. La longueur des murs varie de 40 à 220 mètres selon la disposition du terrain.

Ces murs sont garnis de fils de fer galvanisé ou étamé qui ont remplacé lattes et treillages. Ces derniers avaient l'inconvénient de tenir la vigne éloignée du mur et de favoriser les insectes. Les raisins de Thomery sont à grandes grappes peu serrées, à gros grains d'un jaune-verdâtre doré ou ambré du côté du soleil et contenant un, deux, trois ou quatre pépin. Le chasselas préféré n'a qu'un seul pépin. La quantité considérable de longs murs, que l'on aperçoit de la ligne de chemin de fer, rive droite de la Seine, entre Melun et Montereau, ne représente que le tiers de la culture des raisins de Thomery.

LA REINE DES FLEURS

Les poètes de nos jours comme ceux de l'antiquité saluent la Rose du nom de Reine des fleurs. Nulle autre ne fut jamais tant célébrée. Dans presque toutes les langues, elle a été prise comme l'emblème des plus belles choses, le terme des comparaisons les plus riantes et les plus aimables. Elle est le symbole de la pudeur, de l'innocence et en même temps celui de la grâce et de la beauté. C'est qu'en effet, la rose l'emporte sur les autres fleurs par la beauté et l'élégance de ses formes, l'éclat de ses couleurs les plus agréables et le charme de son doux parfum. La rose est venue d'Asie. Vers le xiiⁱᵉ siècle avant notre ère, les Chaldéens n'avaient qu'une seule rose (*rosa canina*). Les Grecs au ivᵉ siècle avant Jésus-Christ n'en possédaient que deux : une cent feuilles et la rose des Monts Pangée (rosa gallica).

Dans le 1er siècle après Jésus-Christ les Romains cultivaient par grandes quantités six variétés : la rose de Paestum (Damascena), la rose de Campanie (alba), la Coronéole (rosa sempervirens), la rose de Milet (gallica), la Moscouton (rosa moschata), la spinéole (rosa myriacantha).

En 512, on n'avait à Constantinople qu'une seule rose (rosa pumila), employée en pharmacie.

Puis l'histoire de la rose rentre dans les ténèbres pendant six siècles, faute de documents.

Au XII° siècle, un savant arabe Ibn-el-Awam, qui vivait près de Séville, laissa un manuscrit traduit par Clément-Muller, *Le livre de l'Agriculture*. Paris, 3 vol. in-8, 1864-67.

On y trouve la description de quatre roses : une jaune, une capucine, une violette et une blanche camphrée.

Il nous faut ensuite franchir encore quatre siècles pour avoir, en 1535, le premier ouvrage imprimé sur l'Horticulture par Antoine Mizault : *De Re Hortensi*, dans lequel quatre variétés de roses se trouvent décrites.

En 1600, Olivier de Serres, dans son *Théâtre d'Agriculture* ne parle que des variétés suivantes : les rouges sont celles de Provins propres à faire la conserve ; les incarnates dites de Provence, d'où se distille la bonne eau de roses ; l'une des blanches, outre la couleur, est au reste semblable à l'incarnate ; l'autre est la Damasquine ou musquate, ainsi dite par sa précieuse senteur.

En 1612, Emmanuel Swert nomme neuf roses.

En 1629, Parkinson, dans son *Paradisi in sole*, décrit 25 variétés.

En 1630, Claude Mollet le père, ancien premier jardinier de Henri IV, puis de Louis XIII, n'en cite que 6.

En 1659, Dionis Joncquet, professeur de botanique au Jardin des plantes de Paris, indique 35 variétés.

En 1688, La Quintinye n'avait au potager de Versailles que 14 variétés de roses.

En 1694, Tournefort dans ses *Éléments de Botanique* ne mentionne que 13 roses, mais en 1700, dans ses *Institutiones rei herbariae*, il en décrit 53 variétés.

En 1753, Linné dans *Species plantarum* ne fait figurer que 14 espèces.

En 1760, Miller-Philippe, dans son *Gardeners Kalender*, énonce 35 roses.

En 1785, Carolus Allioni de Turin dans sa *Flora Pede Montana* ne signale que 21 roses.

En 1795, J.-J. Filassier dans son *Dict. du Jardin Français* en cite 25.

En 1800, Guillemeau dans son *Histoire de la Rose* mentionne cent variétés, dont un tiers environ ne donne que des fleurs simples.

C'est à ce moment, qu'une femme, qui aimait les fleurs avec passion et particulièrement la rose, donna à la culture de cette fleur un élan prodigieux, qui devait se poursuivre pendant tout le cours du XIX° siècle pour aboutir au splendide épanouissement de roses et de roseraies dont nous sommes les témoins.

Joséphine de Beauharnais devenue Mme Bonaparte acheta en octobre 1798, de Lecouteux le domaine de la Malmaison pour la somme de 160.000 fr. Dès cette même année 1798, on obtenait de Madrid, où ils étaient conservés jalousement depuis 1739, les premiers camélias introduits en France et c'est à la Malmaison qu'ils furent apportés.

Pour donner un plus grand développement à son goût favori, Joséphine s'attacha un savant botaniste : Ventenat l'Académicien et un peintre de fleurs P.-J. Redouté.

En 1804, Ventenat publia en deux volumes grand in-folio *Le Jardin de la Malmaison* avec 120 planches coloriées par Redouté. C'était une merveille. Redouté a su porter la peinture florale à un degré de perfection inconnu avant lui. Ses fleurs sont admirables autant par une exactitude parfaite sous le rapport de la science botanique que par l'éclat des couleurs, la délicatesse et la légèreté de la touche.

Redouté s'est spécialement attaché à rendre avec la plus grande précision les divers caractères adoptés par les botanistes pour classer chaque espèce de rose, en même temps qu'il emploie toute la finesse de son pinceau pour exprimer les organes apparents qui diversifient les nombreuses sœurs d'une même famille.

Aimé Bonpland publia en 1813 : *Les Plantes rares*

cultivées à Malmaison et à Navarre avec 64 planches de Redouté, in-folio de 160 pages.

Redouté publia de 1817 à 1824, sous les auspices de sa bienfaitrice :

Les Roses en trois volumes grand in-folio avec 180 planches doubles, noires et coloriées, texte de Thory ; Ventenat était décédé en 1808.

C'est à l'aide de ces ouvrages, que notre dévoué contemporain, le savant rosiériste-amateur Jules Gravereaux a pu en 1911 réussir à reconstituer exactement au Parc de la Malmaison : 198 roses en 21 espèces sur 230 variétés qui pouvaient y être cultivées lors du décès de l'ex-impératrice, survenu le 29 mai 1814, trois jours après la visite courtoise de l'empereur de Russie.

En 1814, il n'existait pas plus de 230 variétés de roses.

Tous les horticulteurs et amateurs de France, d'Angleterre et de Hollande avaient contribué à la formation de la collection de la Malmaison, qui comprenait toutes les roses connues à cette époque.

En 1809, le professeur de botanique Desfontaine, décrit les 120 roses, que possédait André Dupont, l'horticulteur parisien de la rue d'Enfer, fournisseur de la Malmaison.

En 1811, l'Almanach des Roses de Guerrapain contient 170 variétés de roses.

En 1813, le catalogue d'André Dupont atteint le nombre de 218 roses.

C'était sans doute le maximum existant à cette époque exception faite des quelques variétés nouvelles récemment arrivées à la Malmaison et qui n'avaient encore pu être reproduites.

C'est donc grâce à l'impulsion donnée par Joséphine à la culture des fleurs que nos horticulteurs fleuristes se sont livrés à l'Hybridation des roses, appelée à cette époque croisement ou métissage.

André Dupont, que nous pouvons considérer comme le premier des rosiéristes français ayant fait de l'Hybridation, continua après 1814, à recueillir toutes les roses nouvelles dans sa pépinière de la rue Fontaine-au-Roi et en 1829, il en décrivait 878 variétés provenant de 55 espèces types.

En 1840, au Jardin du Luxembourg, le savant horticulteur Hardy (le père) avait réuni à l'Ecole des Rosiers 1714 variétés.

Aujourd'hui Gravereaux au Rosarium de l'Hay en possède plus de 9.000 variétés.

Paul Hariot dans son superbe LIVRE D'OR DES ROSES, Paris, 1904, page 34, nous indique les rosiéristes ayant obtenu le plus grand nombre de variétés nouvelles : Vibert 587, Laffay 321, Eugène Verdier 231, Miellez 205, Nabonnand 187, Prévost 176, Pradel 173, Lévêque 151, Robert 136, Les Moreau 126, Vigneron 109, Fontaine 98, Hardy père 98, Lacharme 98, Guillot 90, Oger père 90, Ducher 86, Levet 84, Guillot fils 82, Margottin père 82, Pernet père 80.

LES ROSERAIES

A tout seigneur, tout honneur.

Il convient de commencer l'énumération des grandes roseraies par la Roseraie de L'Hay créée en 1892, qui est non seulement le modèle et la perfection du genre par son organisation, mais encore la plus complète entre toutes les roséraies.

La Roseraie de L'Hay possède toutes les roses existant sur terre. Chaque rosier figurant à L'Hay a un numéro d'ordre et un dossier individuel indiquant son origine, sa provenance et son obtenteur s'il s'agit d'une rose hybridée.

C'est au milieu de cette superbe organisation que vivait son créateur Jules Gravereaux, qui ne reculait devant aucune difficulté pour maintenir son œuvre au degré de perfection déjà atteint, en s'efforçant de l'améliorer encore. Il est difficile de se faire une juste idée de l'énorme travail et des soucis que peut donner une roseraie de cette importance (1).

Au centre de la roseraie s'élèvent un laboratoire, un musée et une bibliothèque dans laquelle chaque rosier possède sa fiche individuelle classée.

1. La rose a une quantité d'insectes ennemis et seulement quelques bons amis comme les carabiques, les coccinelles qui détruisent en été, tout un monde de pucerons dotés d'une fécondité extraordinaire. De mars à septembre, ces pucerons peuvent se reproduire pendant onze générations sans union et ce n'est qu'à la douzième que le mâle intervient à la ponte d'un œuf qui passera l'hiver et n'éclora qu'au printemps suivant.

C'est grâce aux observations d'un jeune savant de vingt ans, Charles Bonnet, que cette curieuse découverte fut faite en 1740, et dénommée Parthénogenèse.

Les roses nouvelles ne sont définitivement introduites au répertoire qu'après avoir été soigneusement étudiées, comparées et identifiées.

Un théâtre de verdure est attenant à la roseraie de L'Hay.

ROSERAIE DE BAGATELLE

En 1906, le grand rosiériste amateur J. Gravereaux fit don à la Ville de Paris de 1.500 rosiers et offrit son concours pour la création d'une roseraie.

L'emplacement choisi fut Bagatelle, l'un des plus charmants endroits du Bois de Boulogne. Plusieurs horticulteurs parisiens voulurent apporter leur contribution à cette heureuse création. Chaque année au mois de juin, on organise à Bagatelle une exposition de roses nouvelles et l'obtenteur de la plus belle reçoit une médaille d'or.

C'est un des plus jolis spectacles que l'on puisse voir.

Quel charme pour les yeux des amateurs du Beau !

Aussi lors de la floraison, tous les chemins conduisant à la roseraie sont emplis d'une foule avide de voir et d'admirer la Reine des fleurs.

ROSERAIE GEORGES TRUFFAUT

En arrivant à Versailles par la ligne rive gauche, on domine à droite cette superbe installation type, avec pergola, pylones, pièces d'eau, petite rivière, gué, rustiques, dont l'entrée se trouve au n° 90 de l'Avenue de Paris.

Une autre belle collection de rosiers (visible en déclinant son nom chez le concierge) existe au grand Potager de Versailles, à l'Ecole d'Horticulture.

Parmi les plus importantes et les plus jolies roseraies, nous sommes heureux de citer celles d'Aix-les-Bains appartenant à miss Wilmot, de Boursonne (Oise), à M. Halinbourg, de Charnoz (Ain), à Mme Messimy, de Melun, à Mme Sommier, de Neuilly-sur-Seine, à M.-J. Potin, de Rochefort-en-Yveline, à Mme Porgès, du Val-d'Aunay (Seine), à M. Croux, de Bellevue, à M. Nourry, de Carentan, à M. Lecuyer, de Gretz, à M. Tiran, de Lamastre, à Mme Soubey-

rau, de Pinceloup, à M. Thomé, de Saint-Cloud, à Mme Boursin, de Sainte-Egrève, à Mme Chapin, de Vauville, à M. Vauderbilt, de Villegenis, à M. Goray.

EN ANGLETERRE

Aldenham-House, Downside, Gatton-Park, Hatfield, Knebworth, Tigbourne-Court, Warlet.

UN DESCENDANT DU SAULE DE SAINTE-HÉLÈNE

Le Saule pleureur qui se trouve dans le jardin de la Préfecture à Versailles, arbre énorme et de toute beauté, provient directement du tombeau de Napoléon. Le lieutenant de vaisseau Drouville, au cours de l'un de ses voyages, toucha à Sainte-Hélène et malgré qu'il eut à essuyer des coups de fusils des Anglais, réussit à rapporter trois boutures. L'une de ces boutures fut confiée à MM. Polonceau et Lacroix, professeur à l'Ecole Normale de Seine-et-Oise, qui se trouvait alors sur l'emplacement de la Préfecture actuelle.

De cette bouture plantée dans le jardin de l'école est issu l'arbre superbe que nous admirons (Terrade, *Versailles-illustré*, 1898-1899, pages 102-103).

LE SUCRE DE CANNE

La canne à sucre parait être originaire de l'Inde et c'est de l'Inde qu'elle passa, vers le x⁰ siècle, en Arabie, en Syrie et en Egypte. Elle était connue à Jérusalem en 1095, fut introduite en Europe au xiⁱ siècle et les Siciliens furent des premiers à la planter.

En 1170, Guilllaume II, roi des Deux-Siciles, de la dynastie normande, donna au monastère de Montréal un moulin pour moudre les cannes à miel, qui étaient cultivées autour du couvent.

Vers 1190, la canne à sucre était un produit important de l'île de Chypre. En France, on recevait le sucre brut sous le nom de poudre de Chypre. En 1354, dans une ordonnance du roi Jean, le sucre est désigné sous le nom de Cafetin.

Pendant longtemps, il fut considéré comme médicament rare et cher, et c'était aussi un produit de luxe, qu'on offrait en présent comme une chose de haute valeur.

Du xiv° au xv° siècle le sucre de Damas se vendait 15 francs la livre.

Eustache Morel dit Deschamps, poète normand, mort en 1420, disait que parmi les dépenses occasionnées par les femmes, il fallait compter le sucre blanc pour les tartelettes.

En 1420, la culture des cannes à sucre fut apportée à Madère par Henri, régent de Portugal, puis aux Canaries par Henri le Navigateur.

Dès 1493, Christophe Colomb essaya d'introduire la canne à Saint-Domingue, mais ce n'est qu'en 1506, que l'Espagnol Pierre d'Aranca y réussit cette culture en grand, puis successivement à la Jamaïque, à la Barbados, au Brésil.

Sous Henri IV, le sucre était encore un produit de consommation de luxe, importé en France par les Espagnols et les Portugais, qui se vendait chez les apothicaires à raison de six sous l'once soit 5 francs a livre.

En 1644, les Français commencèrent la culture des cannes à Saint-Christophe et à la Guadeloupe. En 1650, Amsterdam, Dresde et Hambourg avaient des raffineries de sucre. Sous Louis XIV, les apothicaires avaient seuls le droit de vendre cette substance. En 1744, un Vénitien trouva un procédé à l'aide duquel il obtint du sucre blanc en pain.

Avant cette invention, on vendait le sucre à l'état brut dit cassonade.

Le sucre brut est déjà cristallisé à l'aide de chaux.

Pour raffiner le sucre, on le fond de nouveau dans l'eau, puis on y ajoute du charbon fin, de l'albumine ou du sang de bœuf.

On chauffe et l'albumine en se coagulant entraîne avec elle toutes les matières étrangères. Le sirop est ensuite évaporé et mis dans des formes où il se cristallise. En 1745, l'Amérique exportait 125 millions de kilos de sucre.

Des raffineries existaient à Bordeaux, à Nantes, au Havre, à Rouen et à Orléans.

Le sucre considéré tout d'abord comme un médicament devint bientôt un aliment, mais un aliment de luxe, dont le prix élevé devait forcément restreindre l'emploi.

Cependant les importations devinrent de plus en plus fortes et le prix de cette denrée se fit plus abordable.

L'usage s'en répandit peu à peu et on s'était si bien habitué à cette matière qu'au moment du blocus continental (1805-1815), alors que les sucres exotiques cessaient d'arriver en Europe, il fallut demander à une autre plante, la betterave, ce que l'on ne pouvait plus obtenir de la canne à sucre.

LE SUCRE DE BETTERAVE

En 1600, Olivier de Serres, a signalé le premier dans son *Théâtre d'Agriculture et Mesnaye des Champs* la présence du sucre dans la betterave.

En 1747, le chimiste Margraaf, au cours de ses expériences avait constaté dans les betteraves blanches et rouges et dans le chervis la présence d'un sucre identique au sucre que l'on retirait de la canne.

Plus tard, Achard Frédéric Charles né en 1753, descendant d'un français réfugié en Allemagne après la révocation de l'Edit de Nantes, chercha le moyen de retirer le sucre de la betterave.

En 1796, il se livra à la culture des betteraves et en réunit 22 variétés. En 1799, le onze janvier, il présenta au roi Frédéric Guillaume III, un premier échantillon de sucre pesant dix livres. Mais ce n'est qu'en 1802, aidé par une subvention de 60.000 thalers prélevée sur la cassette royale, qu'Achard put monter à Kunern-sur-l'Oder la première fabrique de sucre de betterave.

A son imitation deux autres fabriques s'installèrent l'une à Krayn en Silésie, l'autre à Althaldensleben en Bohême.

Puis en 1810, une quatrième à Augsbourg et une cinquième à Battendorf (Saxe).

Cependant la fabrication du sucre de betterave ayant à supporter la concurrence du sucre de canne ne prit pas un bien grand développement, et l'on vit même les Allemands négliger peu à peu cette nouvelle branche d'industrie.

En France, Benjamin Delessert monta en 1802, sa

première fabrique de sucre de betterave à Passy-les-Paris, deux autres fabriques existaient, l'une à Saint-Ouen, l'autre à Chelles, ces dernières eurent peu de durée.

En 1811, il y avait en France 40 fabriques en activité, cette même année, Pierre Figuier, professeur de chimie à Montpellier découvrit le moyen de décolorer le sucre en vase clos, à l'aide du noir animal et c'est avec le procédé Bonmatin, que la fabrique de Passy arriva à la perfection du sucre bien cristallisé en grand.

Le 2 janvier 1812, Benjamin Delessert annonça ce résultat au savant ministre Chaptal, qui aussitôt en fit part à l'Empereur. Ce dernier voulut immédiatement se rendre compte par lui-même. Accompagné de son ministre, il part pour Passy, y arrive avant Benjamin Delessert, qui fut obligé de parlementer avec l'escorte du souverain pour pouvoir pénétrer chez lui.

Dès que Napoléon l'aperçut, il vint au devant de lui, le félicita et au milieu des ouvriers le décora de sa propre croix.

En 1814, Delessert avait dix fabriques de sucre : aux environs de Paris, dans le Pas-de-Calais, à Montargis, Blois et Nantes. Après la visite de Passy, l'empereur convoqua une réunion de savants pour donner à l'industrie naissante un essor remarquable, d'où est véritablement sortie la fabrication européenne du sucre de betterave.

Par décret du 15 janvier 1812, Napoléon consacra un million à cette œuvre en créant cinq écoles spéciales de chimie pour la fabrication du sucre de betterave dans des usines qui venaient de s'installer à Pantin, à Caltelnaudary, à Douai, à Strasbourg et à Wackenheim ; il fit établir quatre fabriques impériales dont une dans le domaine de Rambouillet, accorda 500 licences pour la fabrication du sucre et fit semer de la betterave sur une superficie de 32.000 hectares.

Dès lors la fabrication du sucre de betterave était créée et devait en quelques années se répandre dans toute l'Europe.

Au moment de la levée du régime prohibitif (1814-1815), établi par le blocus continental, les sucres exotiques revinrent sur nos marchés, et la fabrication nouvelle eut une concurrence redoutable à supporter. Mais la culture de la betterave se perfectionna, le travail de la sucrerie se modifia sous les efforts de Barruel, de Derosne, de Descostils, de Payen, de Rousseau, de Vilmorin, les besoins de la consommation augmentèrent et les sucres de betterave purent dès lors marcher de pair avec les sucres de canne.

Aujourd'hui encore les uns et les autres après avoir subi le raffinage entrent au même titre dans la consommation.

LE TABAC

Dans les premiers jours de novembre 1492, Christoff Colomb côtoyant avec ses caravelles l'île de Cuba envoya dans l'intérieur une délégation portant une lettre du roi d'Espagne aux autorités cubaines.

Ces envoyés parmi lesquels était l'espagnol Luis de Torre parlant plusieurs langues, furent surpris de voir les habitants de l'île fumant des feuilles roulées d'une plante dénommée par eux Tabaco. Les délégués apprirent vite à fumer et lorsqu'ils revinrent au navire le dix novembre, le quatrième jour après leur départ, c'était un tison à la bouche.

Les matelots espagnols les imitèrent et lorsqu'ils quittèrent les Antilles le 16 janvier 1493, ils rapportèrent en Europe de nombreux échantillons de Tabaco.

Au retour une tempête poussa la flottille sur les côtes de Portugal où elle séjourna du 4 au 13 mars 1493, à l'embouchure du Tage, et n'arriva à Palos son point de départ, que le 15 mars.

C'est ainsi que par le Portugal et l'Espagne la nouvelle plante fut connue dans l'ancien continent dès la fin du XVe siècle.

En 1518, Fernand Cortez étant à Cuba, envoya à Charles Quint, avant de partir pour la conquête du Mexique, des graines de Tabaco.

Jacques Cartier dans le récit de son deuxième voyage, du 19 mai 1535 au 16 juillet 1536, parlant des indigènes du Canada, lorsqu'il pénétra dans le fleuve Saint-Laurent, dit « Ils ont aussi une herbe dont ils font grand amas durant l'été, pour l'hiver ; ils la font sécher au soleil et la portent à leur cou, en une petite peau de bête, en guise de sac, avec un cornet de pierre ou de bois, puis, à toute heure, ils font poudre de ladite herbe et la mettent à l'un des bouts dudit cornet, puis, ils mettent un charbon de feu dessus et soufflent par l'autre bout, tant qu'ils s'emplissent le corps de fumée, tellement qu'elle leur sort par la bouche et les narines, comme par un tuyau de cheminée.

Ils disent que cela les tient sains et chaudement et ils ne vont jamais sans les dites choses » (Gondolff È., *Le Tabac*. Vesoul, 1910, page 2).

Mais l'habitude de fumer et de priser se serait limitée à un milieu de marins si, en France, la mode ne s'en était mêlée. André Thevet, moine-cordelier né à Angoulême en 1502, et qui plus tard, devint aumônier de la reine-mère, rapporta d'un voyage en 1556, une herbe appelée Petun au Brésil, où on la dit fort salubre pour faire distiller et consumer les humeurs superflues du cerveau (A. Thevet, *La France antarctique*, Paris, 1558).

En 1560, Jean Nicot, ambassadeur de France au Portugal, fit parvenir à Catherine de Médicis, qui souffrait de fréquentes migraines, un nouveau remède infaillible, c'était du Tabac en poudre. Pleine de confiance la reine-mère se mit à priser et toute la cour suivit son exemple.

L'usage médical du tabac fut bientôt préconisé comme une panacée. On lui attribua les vertus les plus merveilleuses et l'habitude de s'introduire du tabac dans le nez devint à la mode dans toutes les classes de la société.

En juillet 1586, l'Admiral Francis Drake introduit le Tabac en Angleterre en rapatriant des colons anglais de la Virginie « l'an de grâce mil cinq cents huictante six. »

En 1600, Olivier de Serres dans son *Théâtre d'Agriculture* dit que la culture du tabac n'était pas sortie des jardins, et ses feuilles ne servaient qu'à des usages médicaux.

Si l'usage du tabac à priser et à fumer fut vite introduit en France, il n'en fut pas de même à l'étranger. »

Jacques Ier, roi d'Angleterre, défendit l'usage du tabac et menaça de faire pendre tous les fumeurs, mais comme il aurait ainsi décimé son royaume, il se contenta de faire décapiter à la Tour de Londres,

le 29 octobre 1618, Walter Raleigh, âgé de 66 ans, qui avait introduit sous le règne précédent en 1595, la culture du Tabac en Irlande et avait rapporté de Virginie des modèles de pipes qui eurent un grand succès dans toute l'Angleterre.

En 1619, le même Jacques Ier se montra très dur pour les fumeurs et les priseurs dans son traité le *Misocapnos* : pour cette habitude dégoutante à la vue, repoussante par l'odorat, dangereuse pour le cerveau, malfaisante pour la poitrine, qui répand autour du fumeur des exhalaisons aussi infectes que si elles sortaient des antres infernaux. Les Jésuites polonais opposèrent aux écrits du roi Jacques un autre ouvrage l'*Anti-Misocapnos* (Bère, *Les Tabacs*, 1895. Paris, page 10).

En 1622, Jean Neander, publia : *Tabacologia*, un vol. in-4°, Brême.

En 1624, une bulle du pape Urbain VIII, défend sous peine d'excommunication l'usage du tabac à priser dans les églises.

En Turquie, le sultan Amurat IV, s'appuyant sur le Coran, proscrit le tabac et fait pendre les fumeurs.

Abbas Ier, septième schah de Perse, faisait couper les lèvres des fumeurs et le nez des priseurs.

En 1626, un livre de 344 pages fut publié à Lyon, avec le titre suivant : *Traicté du Tabac, ou Nicotiane, ou Panacée, ou Petun, autrement Herbe à la Reyne.*

Avec la préparation et son usage, pour la plupart des indispositions du corps humain, ensemble les diverses façons de le falsifier et les marques pour le recognoistre. Composé premièrement en latin par Jean Neander, médecin à Leyden, et mis de nouveau en françois par J. Veyras, œuvre très utile, non seulement au vulgaire, mais à tous ceux qui font la médecine et notamment à ceux qui voyageants n'ont moyen de porter quantité de médicament.

A Lyon, chez Barthélemy Vincent, rue Mercière à l'enseigne de la Victoire, M. D. C. XXVI, avec privilège du roy.

Achevé d'imprimer pour la première fois le 30 octobre 1625.

Jal, dans son dictionnaire page 1160, nous indique le décès de deux vendeurs de tabac à Paris, l'un le 23 janvier 1627 et l'autre le 8 mai 1628.

En 1628, Raphaël Thorius publie : *Hymnus Tabaci.*

En 1629, dans une déclaration royale, il est dit à propos du tabac : nos sujets, à cause du bon marché, en prennent à toutes heures, dont ils reçoivent grand préjudice et altération à leur santé.

1629, 17 novembre, Richelieu décrète un impôt sur le tabac.

En 1634, dans l'ordonnance sur la marine du Commandeur De Laporte, on lit : Nul ne pourra pétuner soleil couché, sur peine d'être callé trois fois et battu de tout l'équipage.

Trois coups de cale et la bouline, c'était payer cher une pipe de tabac.

Il est vrai que la rigueur de la punition était motivé par la crainte d'incendie sur les vaisseaux (Jal, page 1160).

En 1640, le Tsar Michel III, ayant vu Moscou en partie consumée par un incendie, dû à l'imprudence d'un fumeur, défendit l'entrée et l'usage du tabac dans ses Etats, en infligeant aux délinqùants d'abord la bastonnade, puis la peine capitale.

En 1661 et 1675, l'Etat de Berne (Suisse) défend l'usage du tabac.

En 1677, le 6 juillet, Martin de Prade publia un volume : *Histoire du Tabac*. On le prend en poudre, en machicatoire, en fumée ; on en tire l'eau, le sel, le cristail. On en fait des parfums, des trochisques, des pillules, des extraicts, des vomitifs, des sirops, des conserves, des clystères, des fomentations, des cérats, des baùmes, des onguents et des emplâtres (Paris, in-16°, xii-178 pages, avec trois figures).

En 1720, on créa en France, un tabac spécial pour la troupe, au prix réduit de douze sols la livre.

De nos jours, la culture du tabac constitue une branche très importante d'industrie et de commerce et une source de revenus considérables pour les Etats et au lieu de l'intolérance des premiers moments il ne rencontre plus que protection et encouragement.

Le tabac règne aujourd'hui en maître, il entre partout, il se mêle à l'air qu'on respire, s'attache aux habits, jaunit les doigts et noircit les dents de ses adorateurs, empoisonne les générations naissantes et tend par son abus à faire baisser le niveau de l'intelligence, mais par contre il fait monter fortement les recettes des budgets.

Les pays de plus grandes consommations du tabac étaient avant 1914 : la Belgique et la Hollande, puis l'Espagne, Allemagne, Autriche, Danemarck, Norvège, Hongrie, France, Russie, Roumanie, Suède, Angleterre, Italie, Portugal, Turquie, Bulgarie, Grèce et Serbie.

RÉGIE DES TABACS EN FRANCE
1810

Années	Kilos vendus	Dépenses	Bénéfices
1815..	9.753.537	21.749.534	32.123.303
1820..	12.645.227	21.952.206	42.219.604
1830..	11.169.554	20.508.287	46.782.408
1840..	16.018.495	25.077.072	70.111.157
1850..	19.218.406	33.198.790	88.915.001
1860..	29.580.668	51.562.683	143.762.793
1870..	31.349.131	74.972.960	169.285.302
1880..	33.560.461	63.564.996	282.584.356
1890..	36.205.232	67.182.747	305.918.473
1900..	38.467.508	80.900.739	333.872.825
1910..	41.516.936	89.580.089	407.330.821
1913..	44.056.607	105.450.284	436.340.262
1920..	....	638.172.000	812 713.000
1921..	....	560.000.000	1.040.000.000
1922..	....	463.000.000	1.199.000.000

De 1810 à fin 1913 : bénéfices, 18.795.475.449 fr.

Comme plante d'ornement la culture du tabac n'est que tolérée par la régie et pour un nombre de pieds très restreint. Généralement, ce nombre est de cinq pieds. Un seul pied de tabac peut produire jusqu'à 360.000 graines. On arrive à ce résultat en comptant un centimètre cube, qui contient en moyenne 5.000 graines (Bère, *Les Tabacs*, 1895, Paris, in-8°, pages 22 et 61).

BIBLIOGRAPHIE BOTANIQUE

A

1757-1819 ACHARIUS (Eric.). — Methodus qua omnes detectos lichenes ad genera, species, etc. fig. color. Stockholm,in-8°,1863
  — Lichenographia universalis, 14 pl. in-4°, 1810. Synopsis methodica lichenum. Lund, in-8°, 1814.
  ACLOQUE(A.).—Flore de France avec 2.165 figures, 816 pages, 1894. Flore des Vosges et Alsace-Lorraine. Paris,
  in-12, 1904.
1580 ACOSTA (Christoval.). — Tractato de las drogas de las indias orientales (en partie copie de Garcia). Burgos, in-4°,1578.
1539-1600 ACOSTA (Joseph.). — Historia naturel y moral de la Indias. Seville, in-4°, 1590.
1727-1806 ADANSON (Michel.). — Histoire naturelle du Sénégal (où il resta 5 années, 1748-1753). Paris, in-4°, 1757.
  — — Familles naturelles des plantes, 1.615 genres en 58 familles. Paris, 2 vol. in-8°, 1763.
1785-1859 AGARDH (K. Ad.).—Systema algarum, 312 pages in-8°, 1824. Développement intérieur des plantes. Lund,in-8°,1829.
1813-1901 AGARDH (J. Geor.). — Species, genera et ordines algarum, 1848-1876. Lund, 4 vol. in-8°, 1876.
  — — Florideérnes morphologi avec 33 planches coloriées. Stockholm, in-4°, 1879.
1807-1873 AGASSIZ (Louis.). — Familles naturelles des plantes de la Suisse. Neuchatel, in-8°, 1833.
  — ARTCHISON (J.). — Flora of the kuram walley, in 1880-1881 avec pl. The botany of the Afghanistan, 48 pl.
  London, in-4°, 1887.
1731-1793 AITON (Will. père). — Hortus kéwensis, 3 vol., in-8°, 1789. Seconde édition par Aiton fils, R. Brown et J. Dryander, 1810-1813. London, 5 vol. in-8°, 1813.
1248 AL BEITHAR. — Recueil de médicaments simples, 2.000 espèces, manuscrit arabe. Bibliothèque de L'Escurial
  xiii° siècle.
  ALBOFF (Nicolas). — Flore de la Transcaucasie, 1894-1896; Flore de la Terre de Feu avec 12 planches. La Plata,
  2 vol. in-8°, 1896.
1522-1605 ALDROVANDI (Ul.). — Dendrologia naturalis scilicet arborum historiae libri duo. Bologne, in-8°, 1567.
1725-1804 ALLIONI (Carolus). — Flora pedemontana, avec 92 planches et portrait. Turin, 3 vol. in-f°, 1785.
  ALLORGE (A.-P.). — Géographie botanique des hauteurs de l'Hautie et dépendances avec 3 planches. Paris,in-8°,1912.
  ALPAGO (André). — Traduction latine du manuscrit arabe de Al Beithar. Paris, in-4°, 1602.
1817-1891 ALPHAND (A.). — Arboretum et fleuriste de Paris, 1874. Promenades de Paris, avec 80 pl. 517 fig., 1867-1873. Paris,
  2 vol. in-f°, 1873.
1553-1617 ALPINI (Prosper). — De plantis Aegypti liber, avec figures, première description du Cafeier. Venise, in-4°, 1592.
1736-1796 ALSTROEMERE (Cl.).—Stirpium, 1757. Beskrifning på Svenska slok granon. Fingll für alweln. Stockholm,in-8°,1770.
1707-1740 AMMAN (J. C.). — Stirpium rariorum, avec 35 planches. Saint-Pétersbourg, in-4°, 1739.
  AMO (don M. del). — Las familias cruciferas, Léguminosás, etc. de la Peninsula Iberica, 400 p. Madrid, in-4°, 1872.
1821-1880 ANDERSSON (N. J.). — Atlas de la flore scandinave, 1849. Traité de Botanique, 1851-1853. Stockholm, in-8°, 1853.
  ANDERSSON (G.). — Om talltorkan i ofra Sverige Varen avec une carte col. et fig. 1903-1905. [Stockholm, in-8°, 1905.
1840-1912 ANDRÉ (Edouard). — Plantes à feuillage ornemental, 250 p. in-16, 1866. L'Art des jardins, 11 pl., 500 fig., 900 pages.
  Paris, in-8°, 1869.
1828 ANDREWS (Henry). — Botanist repository, 664 pl., 1797-1804. Les roses avec 129 planches, 1787-1805-1828. London, 2 vol. in-4°, 1828.
  ANET (Claude). —Intendant de Mme de Warens et professeur de botanique de J.-J. Rousseau, 1733-1737.

ANGREVILLE (d'). — La flore Valaisanne, viii-218 pages. Genève, in-18, 1863.

1500-1570 ANGUILLARA (L. Al.). —Simplici dell eccellente, 14 lettres. Dir. du Jardin de Padoue de 1546 à 1561. Ven., in-8°, 1561.

ANSBERQUE (Edme). — Flore fourragère de la France, 272 pages, 270 fig. Lyon, in-f°, 1866.

1780-1838 ANTOMMARCHI (Fr.). — Esquisse de la flore de Sainte-Hélène, dans le tome II du Mémorial de Las-Cases. Paris, 8 vol. in-8°, 1823.

ARCANGELI (Giov.). — Compendio della flore italiana, 890 pages. Turin, in-8°, 1882.

ARDENNE (J.-P.-R. d'). — Traité des Renoncules, Paris, 1746. Traité des œillets, 1762. Traité des Tulipes. Avignon, in-12, 1765.

ARDISSONE (Fr.). — Enumerazione delle alghe de Sicilia, Gênes, 1864. La floridée italiche. 14 pl., 2 vol. Milan, 1875.

ARDOINO (H.). — Flore analytique des Alpes-Maritimes, 2.466 plantes xv-470 pages(2e 1879). Menton, in-12, 1867.

ARECHAVALETA. — Les graminées et la flora de l'Uruguay, 1895, 1898, 1900 et 1904 avec 12 pl. Montevideo, 4 vol. in-4°, 1904.

1811 ARESCHOUG (J. E.). — Phyceae Scandinavicae marinae, avec 12 planches, 1850; Confervées, 1866. Upsal, in-4°, 1850

1505-1578 ARETIUS (Bened.). —Stockhornii et Nessi Helvetiae descriptio, avec les œuvres de Val. Cordius Strasbourg, in-f°, 1561.

1589-1674 ARNAULT D'ANDILLY (l'abbé Legendre). — La manière de cultiver les arbres fruitiers, xlvi-239 pages. Paris, in-16, 1652.

ARNELL (H. W.). — Beitrage zur Moos flore der Spitzbergischen inselgrippe. Stockholm, in-8°, 1900.

ARVET TOUVET (C.). — Les Hiéracium des Alpes françaises, 140 pages. Lyon, in-8°, 1887.

1720-1778 AUBLET-FUSÉE (Ch.). — Histoire des plantes de la Guyane Française, 400 espèces nouvelles, 392 planches. Paris, 2 vol. in-4°, 1775.

AUTRAN et DURAND. — Hortus Boissierianus : plantes cultivées à Valleyres et à la Pierrière (Suisse), 572 pages. Genève, in-8°, 1896.

AYRES and ASHE. — The southern appalachian forests avec 35 planches. Washington, in-4°, 1905.

B

1786-1848 BABEY (Ph.). — Flore Jurassienne, plantes des montagnes et des plaines. Paris, 4 vol. in-8°, 1845.

1808-1889 BABINGTON (Ch. Card.). — Flora Bathoniensis, Flora of the Channel Islands (lichens). Cambridge, in-8°, 1852.

BAGNIS (C.). — Micologia Romana avec 2 planches coloriées. Rome, in-4°, 1871.

BAGUET (Ch.). — Annotations nouvelles à la flore de la province de Brabant, 1876-1884. Bruxelles, in-8°, 1884.

BAILEY (L.-H.). — Lessons with plants avec figures. New-York, in-8°, 1898.

BAILLARD (Edme). — Discours sur le tabac en poudre, 1668. Réimprimé en 1671 et 1693. Paris, in-12, 1668.

1827-1895 BAILLON (E. Henri). — Adansonia. recueil d'observations botaniques avec 138 planches, 1860-1870. Paris, 12 vol. in-8°, 1870.

— — Anatomie et physiologie végétale, viii-30 pages avec figures. Paris, in-8°, 1882.

— — Botanique médicale phanérogamique avec 3.488 figures, 1500 pages, 1883-1884. Paris, 2 vol. in-8°, 1884.

— — Jardin botanique de la Faculté de médecine de Paris avec plan, iv-180 p. Paris, in-18, 1884.

— — Guide d'herborisation et de botanique pratique (Les herborisations parisiennes 1890). Paris, in-12, 1886.

— — Botanique médicale cryptogamique,   figures, 376 pages. Paris, in-8°, 1889.

— — Dictionnaire de botanique avec 34 planches et nombreuses figures, 1876-1892. Paris, 4 vol. in-4°, 1892.

— — Monog. des cyperiacées, Restiacées et Eriocaulacées, 36 fig. 1893; Monog. des Graminées avec 119 fig. Paris, in-8°, 1894.

— — Les Euphorbiacées 636 et atlas4, 1858. Histoire des plantes, 1866 à 1894. Paris, 13 vol. in-8°, 1894.

— —Iconographie de la flore française. 500 planches coloriées, 1885-1895. Paris, 5 vol. in-16, 1895.

— BAILLON et DRAKE (del Castillo). — Les plantes de Madagascar avec 573 planches, 1886-1903, Grandidier. Paris, 5 vol. in-4°, 1903.

— BAINIER (G.). — Etude sur les mucorinées avec 10 planches. Paris, in-4°, 1882.

— BAKER (J.-G.). — Les Lycopodiacées et les Equisétacées, 1887. (The british roses, in-8°, 1869). London, in-8°, 1887.

1765-1831 BALBIS J.-B.). — Horti academici Taurinensis, 7 pl. Turin, 1810. Flore Lyonnaise, 1827-1828. Lyon, 2 vol. in-8°, 1828.

1804-1884 BALFOUR (John H.). — Manuel of botany.   Glasgow, in-8°, 1849.

BALL (J.). — Flore du sud-ouest de l'Amérique : Patagonie et Andes du Pérou, 1884, 1885, 1886, 1890. London, 4 vol. in-8°, 1890.

BALTET (C.). — Arbres et arbustes d'ornement, les rosiers et les fleurs, la vallée suisse. Troyes, in-8°, 1872.

1692 BANISTER (J. B.). — Plantarum in Virginia, inséré dans le tome II de l'Historia plantarum de Ray. London, 3 vol. in-f°, 1686.

1743-1820 BANKS (Joseph). — Short accourt of the cause of the disease in corn (Roxburg 1819). London, in-8°, 1805.

1709-1779 BARBEN-DUBOURG. — Le botaniste français avec les familles naturelles d'Adanson. Paris, 2 vol. in-8°, 1767.

BARBEY (G. et W.). — Herborisations au Levant avec 11 pl. et 1 carte 1882. Botanique de Samos 14 pl. Lausanne, in-4°, 1892.

BARBICHE. — Promenade botanique aux environs de Charleville. Paris, in-8°, 1885.

1757-1830 BARCLAY (Robert). — Collaborateur assidu au Botanical-Magazine. London, in-8°, 1830.

1810-1856 BARKER-WEBB (J.). — Plantarum rariorum vel novar- Hispainæ, avec 46 planches. Paris, in-f°, 1853.

BARKER WEBB et BERTHELOT (S.). — Hist. naturelle des îles Canariés avec 13 cartes et pl. in-f°. Paris, 2 vol. in-8°, 1832.

1817-1896 BARLA (J.-B.). — Les champignons comestibles, suspects et vénéneux, avec 48 pl. coloriées. Nice, in-4°, 1859.

—   — Flore illustrée de Nice et des Alpes-Maritimes avec 63 pl. Orchidées. Nice, in-4°, 1868.

—   — Flore mycologique illustrée avec propriétés utiles ou nuisibles, 64 pl. col. 1888-1892. Nice, in-4°, 1892.

1754   BARON (Alexis). — Flore de Tarn-et-Garonne et des départements méridionaux. Montauban, in-8°, 1823.

BARRAL (J. A.). — Histoire de la botanique, complément du règne végétal, et géographie botanique, 534 pages. Paris, in-8°.

BARRAL et SAGNIER. — Dictionnaire d'Agriculture avec nombreuses gravures, 1886-1892. Paris, 4 vol. in-8°, 1892.

1606-1673 BARRELIER (Jacq.). — Icones plantarum, de France, d'Espagne et d'Italie, 334 pl., 1392 fig. publié par Ant. de Jussieu. Paris, in-f°, 1714.

BARTHELAT (G. J.). — Etude histologique des zingibéracées avec 4 planches. Lons-le-Saulnier, in-4°, 1893.

1616-1680 BARTHOLINUS (K. T.). — Epistolá de simplicibus medicamentis inqual. Francfort, in-8°, 1669.

1798-1875 BARTLING (Fr. T.). — Ordines naturales plantarum. Gottingue, in-8°, 1830.

1776-1815 BARTON (B. S.). — Elements of botany, 1803. Flora virginica, 1812. Philadelphie, in-8°, 1812.

1787-1855 BARTON (W.-P.-C.). — A flora of north-america, avec 70 planches coloriées. Philadelphie, 2 vol. in-4°, 1821.

1811-1897 BATEMAN (J.). — A second century of orchidaceous plants, 100 pl. col., 1867. Odontoglossum 30 pl. col. London in-f°, 1874.

1784-1846 BASTARD (Touss.). — Essai sur la flore de Maine-et-Loire, 1809. Supplément en 1812. Angers, in-12, 1809.

BATTA, TONI (de) et LEVI. — Flóra algologia della venezia, 400 p. (voir De Toni), 1885-1888. Venise, 2 vol. in-8°, 1888.

BATTANDIER et TRABUT. — Flore de l'Algérie : monocotylédones, 250 pages. Dicotylédones, 825 pages, 1888-1895. Alger, 2 vol. in-8°, 1895

BAUCROFT (K.). — A the fungus diseases of west indian plants avec fig. London, in-8°, 1910.

1760-1826 BAUER (Ferd.). — Illustrationes florae Novae Hollandiae, 966 pl. col. Texte de Robert Brown, 1813-1826. London, in-f°, 1826

1541-1613 BAUHIN (Jean). — Historia plantarum universalis, 40 classes, 5.000 descriptions, 3.577 figures (posthume). Yverdon, 3 vol. in-f°, 1651.

1550-1624 BAUHIN (Gaspard). — Plantarum ab herbarüs, 2.460 espèces dont Solanum-tuberosum. Bâle, in-4°, 1596

—   — Pinax-Theatri botanici, 12 classes, 72 sections, 1596. L'édition de 1623 a 6.000 espèces. Bâle, in-4°, 1596.

1801   BAUTIER (Alex.). — Tableau analytique de la Flore parisienne, xvii-284 pages. Rouen, in-8°, 1827.

1622-1709 BAYLE (François). — Tractatis de plantis, publié dans son deuxième volume d'Institutiones. Toulouse, 3 vol. in-4°, 1700.

BEAUVISAGE (G.). — Genera Montrouzierana plantarum Novæ Caledoniae, 100 p. Paris, in-8°, 1901.

1752-1820 BEAUVOIS (Palisot de). — Flore d'Oware et de Benin, 2 vol. in-f°, 120 pl. 1802-1807. Nouveaux genres de graminées, 25 pl., 198 p. Paris, 2 vol. in-4°, 1812.

1843   BECCARI (O.). — La Malaisie, in-8°, 1881, importa l'Amorphophallus-titanus au Jardin de Florence. Florence, in-8°, 1881.

BÉCHIN et CAMUS (F.). — Muscinées récoltées en Valais. Paris, in-8°, 1894.

1739-1811 BECKMANN (J.). — Lexicon botanicum, exhibens etymologium, orthographium. Gottingue, in-8°, 1801.

BEDDOME (R. H.). — The ferns of southern India avec 310 planches et supp. 1873-1876. Madras, in-4°, 1876.

BEILLE (L.). — Botanique pharmaceutique, 1.838 pages, 1.168 figures, 1904-1909. Paris, 2 vol. in-8°, 1909.

BEL (J.). — Les plantes médicinales du midi de la France, 128 pages. Paris, in-8°, 1897.

1850   BELEZE (Mlle M.). — Plantes carnivores, 1889; Morelle noire, 1891, les roses et les rosiers, 1892. Bull. de Soc. d'hort. Eure-et-Loire. Chartres, in-8°, 1892.

1741-1826 BELLARDI (C. A. L.). — Observazioni botaniche, 1788. Collabora à la Flora pedemontana d'Allioni. Turin, in-8°, 1788

BELLAIR (G.). — Les plantes pour appartements et fenêtres avec 81 figures, 144 pages. Paris, in-8°, 1893.

BELLAIR et SAINT-LEGER. — Les plantes de serre de l'Europe avec 627 figures, xii-1672 pages. Paris, in-4°, 1900.

1564-1632 BELLEVAL (Richer de). — Recherches des plantes du Languedoc, 1603. Fondateur du Jardin botanique en 1596. Montpellier, in-4°, 1603.

1836   BELLEVAL (Ch. de). — Beautés de la flore, in-8°, 1826-1829. Nomenclateur botanique Languedocien. Montpellier, in-8°, 1830.

BELLOC (E.). — La flore algologique d'eau douce de l'Islande (Algues des lacs de Gascogne, 1895). Paris, in-8°, 1896.

BELLYNCK (A.). — Flore de Namur, plantes vasculaires, 354 pages. Cours de botanique, 676 pag., in-8°, 1876. Namur, in-8°, 1855.

—   — Les plantes carnivores, 1875. Sous le polymorphisme des champignons, 1874. Bruxelles, in-8°, 1875.

1518-1564 BELON (Pierre). — De arboribus coniferis resiniferis, avec figures : Grèce, Egypte, Judée. Paris, in-4°, 1553.

BELTREUMINI (F.). — Licheni Bassanesi avec 4 planches. Bassano, in-8°, 1858.

BELZUNG. — Anatomie et physiologie végétales, 1.700 figures, 1.320 pages. Paris, in-8°, 1900.

BENARDEAU et LABBÉ. — Flore forestière illustrée de France, 111 planches. Paris, 2 vol. in-f°, 1889.

BENNETT (A. W.). — The flora of the Alps avec 120 planches coloriées. London, 2 vol. in-8°, 1896.

1800-1884 BENTHAM (G.). — Plantes des Pyrénées, 128 pages, Paris, in-8°, 1826. Labiatorum genera et species. London, in-8°, 1836.

—   — Flora Hongkongensis in-8°, London, 1861. Classification and terminalogy in monocotylédone. London, in-8°, 1876.

BENTHAM et HOOKER'S. — Genera plantarum Phanérogames 200 familles, 1862-1883. London, 6 vol. in-8°, 1883.

BENTHAM et MULLER. — Flora Australiensis, 1863-1878. London, 7 vol. in-8°, 1878.

1821-1893 BENTLEY (Robert). — Manuel de botanique : Structure, fonctions, classification avec 1.200 fig. London, in-12, 1861.

BERARD (Pierre). — Theatrum botanicum, en manuscrit à la bibliothèque de Grenoble, 7 vol. in-f°, 1780.

BERE (F.). — Les tabacs : historique, botanique, culture et fabrication, 281 pages. Paris, in-8°, 1895.

1751-1813 BERGERET (J. P.). — Phytonomatotechnie universelle avec 328 planches, 1783-1785. Paris, 3 vol. in-f°, 1785.

1814   BERGERET (Jean). — Flore du département des Basses-Pyrénées. Pau, 2 vol. in-8°, 1803.

BERGERON (P.). — Flore du bassin d'Arcachon et des parages voisins, 2 pl. col. Bordeaux, in-8°, 1903.

1730-1790 BERGIUS (P. S.). — Semina muscorum delecta, 1750. Plantarum ex-Capita-Bonæ-Spei. Stockholm, in-8°, 1767.

1803-1889 BERKELEY (M. J.).—Introduction to cryptogamic botany, 127 fig. 1857; The fungi of Ceylan, 1870. London, in-8°, 1857.

BERKELEY and COOKE. — on the fungi of Brazil. London, in-8°, 1876.

BERLESE et JUNG. — Iconographie du genre Camellia, avec 300 pl. coloriées, 1841-1843. Paris, 3 vol. in-4°, 1843.

1749-1825 BERNARD (P.-F.). — Flore du Jura, Franche-Comté, Vosges et Alsace. Strasbourg, in-8°, 1823.

BERNARD (G.). — Champignons de La Rochelle et des environs, avec 56 planches. Paris, 2 vol. in-8°, 1882.

BERNARD, COUAILHAC, GERVAIS et LEMAOUT. — Le jardin des plantes, 127 pl., 3 portraits. Paris, in-8°, 1842.

1774-1840 BERNARDI (J.-J.). — Nouvelle espèce de vaisseau dans les plantes. Erfurth, in-8°, 1805.

BERON (Pierre). — La vie des plantes, Le déluge, 148 pages. Paris, in-8°, 1857.

1833-1886 BERT (Paul). — Recherches sur les mouvements de la sensitive avec fig. Paris, in-8°, 1867.

BERTHAULT (P.). — Recherches botaniques sur les solanum sauvages et cultivés avec figures. Nancy, in-8°, 1911.

BERTHELOT (S.). — Coup d'œil sur les forêts canariennes, changements et alternances, 7 pl. Paris, in-4°, 1836.

1775-1869 BERTOLONI (Ant.). — Flora Italica cryptogama, 2 vol. 1858-1867. Flora Italica et des îles, 1833-1864. Bologne, 15 vol. in-8°, 1864.

BERTRAND (C. A.). — Anatomie comparée des gnétacées et des conifères avec 12 planches. Paris, in-8°, 1875.

1903   BESCHERELLE (E.). — Florule bryologique de la Nouvelle-Calédonie avec planche, 62 pages. Paris, in-8°, 1898.

1561-1629 BESLER (Basile). — Hortus Eystettensis descriptio, avec 365 planches et 1.083 figures. Nuremberg, 2 vol. in-f°, 1613

BESNOU (Léon). — Flore du département de la Manche, 380 pages (2° éd. 1881). Coutances, in-8°, 1876.

1784-1842 BESSER (W.-S.-J.-G.). — Flore de Saint-Pétersbourg, 1839. Monog. artemisierum-dracunculi, dans Mém. Soc. Académique. Saint-Pétersbourg, 1845.

— — Emuneratio plantarum volhynie, Pedolia, Bessarabia, Odessam. VIII-111 pages. Vilna, in-8°, 1821.

BICKNELL. — Flowering plants and ferns the from Riviera avec 82 planches col. London, in-8°, 1885.

BIGEARD et GUILLEMIN. — Champignons de France comestibles et vénéneux, 1.607 variétés, 56 pl., 486 fig., 600 p. Châlon-sur-Saône, in-8°, 1909.

BIGEARD et JACQUIN. — Flore des champignons supérieurs du département de Saône-et-Loire. Châlon-sur-Saône, in-8°, 1898.

1796-1863 BILLOT (P.-C.). — Annotations à la flore de France et d'Allemagne, 4 planches, 242 pages. Haguenau, in-8°, 1855.

BILLOT et SCHULTZ. — Archives de la flore de France et d'Allemagne, 1842-1848. Haguenau, in-8°, 1848.

1794-1854 BISCHOFF (G.-W.). — Eléments de botanique médicale, in-4°, 1837. Dict. de botanique. Heidelberg, in-8°, 1839.

1808 BIXIO (Alexis). — Maison rustique du XIX° siècle, 2000 figures, 1835-1844. Paris, 5 vol. in-8°, 1844.

BLANCHE et MALBRANCHE. — Cat. des plantes du département de la Seine-Inférieure, 166 pages. Rouen, in-8°, 1864.

1780-1845 BLANCO (Manuel). — Flora de las Filippinas-manila, LXXVII-887 pages. Manille, in-8°, 1837.

1805 BLANCO (M.). — Flora de las Filippinas-Manila, avec 472 planches col. 1877-1880. Manille, 7 vol. in-f°, 1880.

BLARINGHEM (L.). — Parthénogénèse des végétaux supérieurs avec fig. 1909 (Disjonction des hybrides, 1911). Paris, in-8°, 1909.

BLONDEAU (H.). — Méthode de culture intensive des plantes en appartements. Paris, in-12, 1896.

1805-1837 BLUFF (M.-J.). — Compendium floræ germanicæ, avec Nées, Schauer et Wallroth, 1821-1837. Berlin, 5 vol. 8°, 1837.

1796-1862 BLUME (C. L.). — Flore des Indes Hollandaises (coll. de la flore des serres de Van Houtte). Batavia, in-8°, 1825.

— — Museum botanicum Lugduno-Batavum avec planches. 1849-1851. Leyde, in-8°, 1851.

BLUME et FISCHER. — Flore de Java et des îles environnantes avec 238 planches col. et 23 pl. Bruxelles, 3 vol. in-f°, 1829

BLYTT (A.). — Christiana omegns phanerogamer og bregner in-8°, 1870. Norges flora, 1874-1879, supp. Christiania, 3 vol. in-8°, 1879.

1597-1679 BOBART (J., père). — Catalogus plantarum horti medici oxoniensis (Fondation 1632). Oxford, in-8°, 1648.

1640-1719 BOBART (J., fils). — Le 2° volume de l'hist. univ. des plantes de Morison: cypéracées et graminées, 655 p. Oxford, in-f°, 1696.

1633-1704 BOCCONE (Paul S.). — Museo di planti Sicilia, Malta, Corsica, Italia, Piemonta et Germania, 133 pl. Venise, in-4°, 1697.

1834 BOCQUILLON (H.). — Revue des verbenacées, 20 pl., 185 p. 1861-1863. La vie des plantes, 374 p. Paris, in-12, 1868.

BOCQUILLON-LIMOUSIN. — Plantes médicinales coloniales et exotiques. Paris, in-18, 1905.

BODART (P. H.). — Cours de botanique médicale comparée. Paris, 2 vol. in-8°, 1800.

BODIN (E.). — Les champignons parasites de l'homme avec figures. Paris, in-8°, 1902.

1668-1738 BOERHAAVE (H.). — Index plantarum quæ in horto academico Lugdano, 278 pages. Leyde, in-8°, 1710.

1723-1803 BOERHMER. — Spermatologia vegetalis, 1777-1784. Leipzig, 7 vol. in-4°, 1784.

BOHLIN (K.). — Flore algologique d'eau douce des Açores avec 1 pl. Stockholm, in-8°, 1901.

BOIS (D.). — Les plantes d'appartements et de fenêtres, 360 pages, 150 fig. Paris, in-18, 1891.

— — Atlas des plantes de jardins et d'appartements, origines, usages, 320 pl. coloriées. Paris, 3 vol. in-4°, 1896.

— — Dictionnaire d'horticulture, 959 figures, 6 plans, 1.232 pages, 1893-1899. Paris, in-8°, 1899.

— — Arbres et arbrisseaux du Yunnan et du Su Tchnen (Chine occ.) avec fig. Paris, in-8°, 1900.

1801-1879 BOISDUVAL (J.-B.-A.). — Flore française de la collection Roret (Entomologie horticole, 1867). Paris, 3 vol, in-16, 1828.

1810-1889 BOISSIER (Edm.). — Botanique du sud de l'Espagne, avec 208 planches col. 1839-1845. Genève, 2 vol. in-4°, 1845

— — icones euphorbiarum avec 110 planches. Genève, in-f°, 1866.

— — Flora orientalis : Grèce, Turquie, Egypte, 6 pl. 1867-1888. Genève, 6 vol. in-8°, 1888.

— — Bulletin de l'Herbier, direction Autran et Beauverd. 1895-1907. Genève, 29 vol. in-8°, 1907.

BOISTEL (A.). — Nouvelle flore des lichens avec 1.178 figures. Paris, in-8°, 1902.

1787-1859 BOITARD (Pierre). — Botanique des dames, 4 vol. in-12, 1821. Botanique et l'herbier des demoiselles, 1832-1835. Paris, 4 vol. in-8°, 1835.

—   — L'amateur de roses, leur histoire, leur monographie, 367 pages. Paris, in-8°, 1836.

—   — Traité des fleurs et arbustes d'agrément avec v. Bréant, 540 pages. Paris, in-12, 1855.

BOITEL (A.). — Mise en valeur des terres pauvres par le pin maritime avec fig. (2e éd.). Paris, in-8°, 1857.

1808-1852 BOIVIN (L. Hya.).—5.000 pl. des Comores, Madagascar, Seychelles, Zanzibar, pub. dans Jaubert. Paris, 5 vol. in-4°,1857.

BOJER (W.). — Plantes exotiques et indigènes de l'île Maurice, 456 pages. Maurice, in-8°, 1837.

BOLDT (R.) — Desmidieer fran Gronland avec 2 planches. Stockholm, in-8°, 1888.

1795 BOLTON. — Filices Britannicæ avec 46 planches coloriées, 1785-1790. Leeds,in-4°, 1790.

BOMMER (J. E.). — Notice sur le jardin botanique de Bruxelles. Gand, in-8°, 1871.

BONHOMME (J.). — Notes sur des algues d'eau douce, avec 2 planches. Rodez, in-8°, 1858.

1720-1793 BONNET Charles). — Traité sur l'usage des feuilles dans les plantes pour l'histoire de la végétation, 31 planches. Leyde, in-4°, 1754.

—   — Œuvres d'histoire naturelle et de philosophie avec planches, 1779-1783. Neuchâtel, in-8°, 1783.

BONNET (Edmond). — Flore parisienne, 540 p. in-8°, 1883. Plantes de la Tunisie avec Baratte, 519 p., 15 pl. Paris, 2 vol. in-8°, 1896.

1853-1922 BONNIER (Gaston). — Les plantes des champs et des bois avec 30 pl., 873 fig., 600 pages. Paris, in-8°, 1887.

—   — Biologie végétale, anatomie et physiologie des végétaux avec 345 fig., 272 pages. Paris, in-8°, 1889.

BONNIER et MANGIN. — Sur la respiration et la transpiration des végétaux avec pl. 1884-1886. Paris, in-8°, 1886.

1773-1858 BONPLAND (Aimé). — Plantes équinoxales, 140 pl., 2 vol. in-f°, 1805. Plantes du Mexique et de Cuba, 144 pl. Paris, 2 vol. in-f°, 1809.

—   — Plantes rares cultivées à Malmaison et à Navarre avec 64 pl. de Redoute, 160 pages. Paris, 2 vol. in-f°, 1813.

—   — Mimosées, 60 pl. in-f°, 1819. Nová genera et species plantarum, 1815-1820. Paris, 7 vol. in-f°, 1820.

1599-1631 BONTIUS ou BONDT (Jacq.). — Hist. naturales et medicæ Indiæ-Orientalis, publiée par Pison. Amsterdam, in-f°, 1658.

1803-1875 BOREAU (Alex.). — Flore du Centre de la France, Nevers, 1840. Flore du Centre de la France et Loire, 3e éd. Paris, 2 vol. in-8°, 1857.

BORG (V.). — Flora und vegetation der finnischen Fjelde avec une carte col. in-f°, 180 pages. Hedsingfort, in-8°, 1904.

1760-1806 BORKHAUSEM (M. B.). — Manuel de la botanique forestière, 1er vol. Giessen, 1800. 2e vol. à Darmstadt, 1803. Darmstadt, 2 vol. in-8°, 1803.

1828-1911 BORNET (Edouard). — Algues de Madagascar récoltées par Ch. Thiébaut. Paris, in-8°, 1885.

BORNET et THURET. — Etudes phycologiques : Algues ou phycées, 1878. Sur les algues, 50 pl., 1876-1880. Paris, in-8°, 1878.

1780-1846 BORY DE SAINT-VINCENT. — Dict. d'Hist. Nat., 17 vol. in-8°, 1822-1831. Paris, 17 vol. in-8°, 1831.

BORY et CHAUBARD. — Nouvelle flore du Peloponèse et des cyclades avec 42 pl. col. Paris, in-f°, 1838.

BORY, COSSON et DURIEU. — Flore de l'Algérie avec 90 planches dont 81 coloriées, 1846-67. Paris, 3 vol. in-4°, 1867.

BORZI (A.). — Ricerche sulla biologia delle algue avec 31 tableaux, 1883-1895. Messine, 2 vol. in-4°, 1895.

1759-1828 BOSC (L.-A.-G.). — Dictionnaire d'histoire naturelle, 1803-1804. Paris, 24 vol. in-8°, 1804.

1858 BOSE (J.-Ch.). — Plant responce as a means of phisiological investigation avec figures. New-York, in-8°, 1906.

1809-1897 BOSSU (Antonin).— Plantes médicinales indigènes, 2 vol.in-8°,1854. Dict. d'Hist.nat.1857-59.Paris, 3 vol.in-4°,1859.

BOTANICAL MAGAZINE, 1797-1799 par Curtis; 1799-1826 par Sims; 1826-1865 par W. Hooker; London, in-8°.

1729-1811 BOUGAINVILLE (L.-A. de). — Sur une canne à sucre, dans l'Annuaire du Museum. Paris, 1806.

BOUISSON (A.-G.). — Plantes du département des Bouches-du-Rhône avec figures, 453 pages. Marseille, in-8°, 1878.

BOULANGER (E.). — Les mycelium truffiers blancs et germination de l'ascopore de la truffe, 5 planches. Paris, 2 vol. in-4°, 1903.

BOULAY. — Muscinées de la France; Mousses et Hépatiques, 1884-1904, 863 pages. Paris, 2 vol. in-8°, 1904.

BOULY De LESDAIN. — Lichens de Spa 1905, de Luxeuil 1906, des environs de Versailles 1907, de Dunkerque, 1910. Dunkerque, in-8°, 1910.

1829-1892 BOURGUIGNAT (J.-R.). — Plantes vasculaires du département de l'Aube, VIII-184 pages. Paris, in-8°, 1856.

1774-1842 BOUTELOU (Claudio). — Tratado de las flores, 1804. Madrid, in-8°, 1804.

BOUVET (G.). — Flore de Maine-et-Loire, plantes utiles et nuisibles, 300 pages. Angers, in-8°, 1884.

—   — Les rubus de l'Anjou, in-8°, 1889. Muscinées de Maine-et-Loire et suppléments. Angers, in-8°, 1896.

BOUVIER (J.). — Flore des Alpes, de la Suisse et de la Savoie, 812 pages (2e éd. 1882). Paris, in-8°, 1878.

BOUYGUES (H.). — Structure, origine et développement du pétiole des dicotylédones, 140 p. Bordeaux, in-8°, 1902.

1812-1841 BOVÉ (Nicolas). — Botanique d'Egypte, Palestine et Syrie, publiée dans Ann. des Sciences Nat. 550 p. Paris, 1834.

BOYCEAU (Jacq.). — Traité du jardinage avec 62 pl. de parterres, pelouses, bosquets, 87 pages (posthume). Paris, in-f°, 1638.

BOYÉ (E.). — Flore et agriculture des Alpes-Maritimes, 140 pages. Lille, in-8°, 1888.

1797-1856 BOYER-VENCESLAS. — Hortus Mauritianus (Ile Maurice). Port-Louis, in-8°, 1825.

BOYER (Léon). — Les champignons comestibles et vénéneux de la France, 50 pl. col. Paris, in-8°, 1891.

BOYLE (Fr.). — The Woodlands orchids avec planches coloriées. London, in-4°, 1901.

1659 BOYNE (Michel). — Flora Sinensis avec 23 figures, mort en Chine. Vienne, in-4°, 1656.

BRAITHWAITE (R.). — The british mossflora avec 128 planches, 1880-1905. London, 3 vol. in-8°, 1905.

BRANDZA (D.). — Prodomul florei Romane, plantelor in Moldovasi Valachia, 568 p. 1879-83. Bucarest, in-8°, 1883.

1500-1555 BRASAVOLA (Ant. dit Musa). — Examen omnium simplicium medicamentorum (Jardin bot. de Ferrare, 1533). Rome, in-f°, 1536.

1805-1877 BRAUN (Alex.). — La parthénogénèse chez les plantes avec planches, 560 p. 1851, in-4°,. London, in-8°, 1853.

BRAUN, MENEGHINI and COHN. — Development. of plants of the diatomeæ of protococcus, 6 planches. London, in-8°, 1853.

1812-1842 BRAVAIS (Louis). — Analyse d'un brin d'herbe ou examen de l'inflorescence des graminées. Le Mans, in-8°, 1840.

BRAVAIS (A.) et MARTINS (Ch.). — Recherches sur la croissance du pin sylvestre dans le nord de l'Europe, 1 pl. Bruxelles, in-4°, 1866.

1788-1867 BREDA (J. G. S. Van). — Orchidées et Asclépiades de l'île de Java. Gand, in-f°, 1827.

1798-1872 BRÉMISSON (Al. de). — Flore de la Normandie, 1e partie : phanérogames, XIV-430 pages (4e 1869). Caen, in-12, 1836.

—   — Flore de la Normandie, 2e partie : cryptogames 150 mousses, 1826-1839. Falaise, in-8°, 1839.

BRENNER (M.). — Sydtavaślandska och Nylandska hieracia, in-8°. Sydfinske piloscilæ, in-8°. Helsingfors, 2 vol. in-8°, 1903.

BREVIÈRE (L.). — Flore mycologique de l'Auvergne ; les ustilaginées. Le Mans, in-8°, 1904.

1637-1697 BREYN (Jacq.). — Prodromus rariorum, plantarum, primus en 1680, tome II en 1689. Dantzig, 2 vol. in-4°, 1689.

BRIARD (M.). — Plantes du département de l'Aube, 165 pages; supplément en 1888. Troyes, in-8°, 1880.

1761-1828 BRIDEL (S. El.). — Bryologia universalis, avec 15 planches, 1826-1827. Leipzig, 2 vol. in-8°, 1827.

BRIGANTI. — Historia fungorum régni Neapolitani avec 46 planches. Naples, 2 vol. in-4°, 1847.

BRIQUET (John). — Les labiées des Alpes-Maritimes avec figures, XVIII-184 p. Genève, in-8°, 1891.

— Etudes de biologie florale dans les Alpes Occidentales, avec 3 pl. Genève, in-8°, 1896.

1776-1854 BRISSEAU de MIRBEL. — Anatomie et physiologie végétale, 2 vol. in-8°, 1802. Hist. des végétaux par famille, 1802, 1826. Paris, 15 vol. in-8°, 1826.

BRISSON (T. P.). — Lichens de l'Aisne : environs de Château-Thierry. Châlons-sur-Marne, in-8°, 1880.

BRITTON and ROSE. — Lenophyllum, a new genus of crassulaceæ, 1904; Descriptions of genera of species cereus. Washington, in-8°, 1909.

1801-1851 BROMFIELD. — Flore de l'île de Wight, publiée par W. Hooker et Sulter. London, in-16, 1856.

1801-1876 BRONGNIART (Adolp.). — Histoire des végétaux fossiles avec 196 planches, 1828-1838. Paris, 2 vol. in-4°, 1838.

—   — Enumération des plantes cultivées au Museum (2e éd. 237 p. 1850). Paris, in-8°, 1843.

BRONGNIART et DECAISNE. — Botanique autour du monde, 1841-1844, sur la Venus et atlas de 28 planches. Paris, in-8°, 1846.

1586-1641 BROSSE (Guy de la). — De la nature, vertu et utilité des plantes avec 50 planches (2e 1628). Paris, in-f°, 1626.

—   — Description du Jardin des Plantes médicinales, 108 pages avec plan. Paris, in-4°, 1636.

1744-1828 BROTERO (F. de Av.). — Compendio de botanica, Paris, 1788. Flora Lusitanica. Lisbonne, 2 vol. in-8°, 1804.

BRÓTHERUS (V. F.). — Flora bryological of the Philippines, 1905; Flore bryologique de la Nouvelle-Calédonie, 1906-1911. Helsingfors, 4 vol. in-8°, 1911.

BROUMISCHE (E.). — Essai sur le mancenillier, famille des Euphorbiacées. Paris, in-4°, 1874 .

1761-1808 BROUSSONNET (Aug.). — Année rurale, 2 vol. in-12, 1787-1788. Elenchus plantarum horti Monspeliensis. Montpellier, in-8°, 1805.

1707-1755 BROWALLIUS (Jean). — De harmonia fructificationis plantarum. Abo, in-4°, 1744.

1720-1790 BROWN (Patrick). — Flore d'Irlande mousses et autres cryptogames. London, in-f°, 1790.

1773-1858 BROWN (Robert). — Prodromus florae Novæ-Hollandiæ et insula Van-Diemen, 592 pages, 1810, suppl. en 1840.London, in-8°, 1810.

—   — Œuvres botaniques de Robert Brown par Nées d'Esenbeck. Bonn, 2 vol. in-8°, 1825.

1628-1678 BROWN (William). — Catologus horti botanici oxoniensis. Oxford, in-8°, 1658.

BRUCH, SCHIMPER et GUMBEL. — Muscorum europæorum, avec 640 planches, 1836-1855, supp. 1866. Stuttgard, 6 vol. in-4°, 1855.

BRUNEAUD (Paul). — Herborisations mycologiques de la Charente-Inférieure, 1886-1890-1891-1892. La Rochelle, 5 vol. in-8°, 1892.

1470-1534 BRUNFELS (Othon). — Herbarum vivæ icones ad natura ,1530-1536. Strasbourg, 3 vol. in-f°, 1536.

BRUNOTTE (C.). — Rech. anatomiques et embryogéniques sur impatiens et tropœolum, 10 pl. Paris, in-8°, 1900.

1573-1665 BRUNYER (Abel père). — Hortus regius Blesensis, avec Marchant. Paris, in-4°, 1653.

1850 BUBANI (Pierre). — Flora Pyrenæa, 1897-1901. Milan, 4 vol. in-8°, 1901.

1774-1853 BUCH (L. de). — Catalogue des plantes des Iles Canaries avec 2 planches. Paris, in-8°, 1831.

1731-1807 BUCHOZ (P.-J.). — Hist. des plantes de la Lorraine et des 3 évéchés avec 202 pl. 1762-68. Nancy, 13 vol. in-8°, 1768.

—   — Hist. universelle du règne végétal avec 1.200 pl. Nancy, 25 vol. in-f°, 1772.

—   — Le Jardin d'Eden ou le Paradis terrestre à Trianon avec 200 pl. col. 1783-1785. Paris, 2 vol. in-f°, 1785.

1796 BUEK (H.-W.). — Tables complètes du Prodromus systematis de De Candolle, 1840-1842-1858-1874, 1.606 pages. Hambourg, 4 vol. in-8°, 1874.

1707-1788 BUFFON (G.-L. Leclerc de). — Statique des végétaux, traduction de Hales Stephen : vegetable statiks de 1727, (2e 1735). Paris, in-4°, 1731.

1742-1793 BULLIARD (Pierre). — Flore parisienne, 6 vol. in-8°, 1774. Plantes vénéneuses et médicinales, 209 pl. 1784-1788. Paris, 5 vol. in-8°, 1788.

—   — Histoire des champignons de la France avec 603 planches, 1791-1792. Paris, 7 vol. in-4°, 1792.

BULLIARD et VENTENAT. — Herbier de la France avec 602 planches, 1791-1812. Paris, 6 vol. in-f°, 1812.

1803-1899 BUNGE (Alex.). — Flore des steppes de l'Asie centrale, 369 pages. Pétrograde, in-4°, 1854.

—   — Die gattung acantholinon Boiss, avec 2 planches. Pétrograde, in-4°, 1872.

BURBIDGE-BAKER. — The narcissus avec 48 planches coloriées. London, in-8°, 1875.

1676-1738 BURCKHARD (J. H.). — Characterem plantarum naturalem. Sur la fécondation et la fructification. Wolfenbuttel, in-4°, 1702.

1830-1918 BUREAU (E.). — Les bignoniacées, 31 pl., 215 pages, in-4°, 1864. La botanique fossile du Museum. Paris, in-4°, 1893.

BUREAU et FRANCHET. — Plantes du Thibet et de la Chine occidentale avec 2 pl. Paris, in-8°, 1891.

1773-1824 BURGER (Jean). — Hist. du maïs, 1808. Le sucre par le suc des plantes indigènes. Vienne, in-8°, 1812.

BURGESS (H.-W.). — Eriodendron of the character and appearance of trees foreign and indigenous, 54 pl. London, in-f°, 1827.

1707-1780 BURMANN (Joann.). — Thesaurus Zeylanicus exhibens plantas in insula, avec 110 planches. Amsterdam, in-4°, 1737.

—   — Plantarum americanarum de Ch. Plumier avec 262 pl. 1755-1760. Amsterdam, 10 vol. in-f°, 1760.

1734-1793 BURMANN (N.-L. fils). — Specimen botanicum inauguralis : Geranium, Erodium, Pelargonium, 74 espèces. Amsterdam, in-4°, 1759.

1828-1920 BURNAT (Emile). — Les roses des Alpes-Mar. in-8°, 1879. Flore des Alpes-Maritimes, 1892-1899. Lausanne, 4 vol. in-8°, 1899.

BURNAT et GREMLI. — Les roses des Alpes-Maritimes, supplément aux Roses de Burnat, 1879-1883. Vevey, 2 vol. in-8°, 1883.

1694-1730 BUXBAUM (J. C.). — Plantarum circa Bysantium et in Oriente, avec 254 pl. 1728-40. Pétrograde, 2 vol. in-4°, 1740.

C

CAILLE (André). — Le Jardin médicinal. Le Guidon des apothicaires de Cordus valerius. Lyon, in-8º, 1578.

CAJANDER (A. K.). — Vegetation der urwaldes, in-4º, 1903. Vegetation der alluvironen des Nordlichen Eurasiens, 8 pl. Helsingfors, 3 vol. in-4º, 1909.

CALCEOLARIUS (F.). — Voyage au Mont Buldo, in-4º, 1566. Venise. Comm. de Matthide sur Dioscoride. Vérone, in-4º, 1571.

CALKINS (W.-W.). — The lichen flora of Chicago and vicinity. Chicago, in-8º, 1896.

CALLAY (A.). — Plantes du département des Ardennes, 455 pages et une carte. Charleville, in-8º, 1900.

1799-1863 CAMBESSEDES (Jacq.). — Plantarum quas in insulis Balearibus Collegit avec 9 pl., 168 pages. Paris, in-4º, 1827.

1534-1598 CAMERARIUS (Joach.). — De plantis epitome P. A. Matthioli, avec 1.000 figures de Gesner (Liebhart). Francfort· in-4º, 1586.

1665-1721 CAMERARIUS (R. J.). — De sexu plantarum, in-8º, 110 p, 1694. Plantarum infructificatione. Tubingue, in-4º, 1699.

CAMPBELL and DOUGLAS. — Morphology of the ophioglossaceæ and marattiaceæ, 13 pl., 192 fig. Washington, in-4º, 1912.

CAMUS (G.). — Guide pratique de botanique rurale avec 52 planches. Paris, in-8º, 1884.

CAMUS (E.-G.). — Catalogue des plantes de France, de Suisse et de Belgique, 325 pages. Paris, in-8º, 1888.

CAMUS (F.). — Muscinées de Nantes, 1892, de l'Ile de Croix, 1899, des Côtes du Nord, 1900, de Corse, 1901. Paris, 4 vol. in-8º, 1901.

CANCALON (V.). — Agriculture des Gaulois jusqu'à la mort de Charlemagne, 474 pages. Paris, in-8º, 1857.

CANDARGY (P.-C.). — La végétation de l'île de Lesbos (Mytilène) avec une carte et 3 pl. Lille, in-8º, 1889.

1778-1841 CANDOLLE (Aug. Pyr. de). — Histoire des plantes grasses avec 159 planches de Redouté, 1799-1803. Paris, 4 vol. 4º et fº, 1803.

—   — Essai sur les propriétés médicales des plantes : thèse du doctorat, 8 juin 1804, 148 pages. Paris, in-4º, 1804.

—   — Principes élem. de botanique, 1805 tirés de la Flore Française de Lamarck, 3e édition. Paris, in-8º, 1805.

—   — Synopsis plantarum in flora gallica : abrégé de la flore française de 1805, 425 pages. Paris, in-8º, 1806.

—   — Les 4 premiers volumes des Liliacées avec 240 pl. col. de Redouté, 1802-1808. Paris, 4 vol. in-fº, 1808.

—   — Théorie élém. de la botanique, 500 p., 1813. Cat. plantorum horti botanici Monspeliensis, 155 p. Montpellier. in-8º, 1813.

—   — Regni vegetabilis systema naturale, 1818. 2e volume en 1821. Paris, in-8º, 1818.

—   — Icones selectæ plantarum avec 100 fig. de Turpin, édité par B. Delessert, 1820-1846. Paris, 5 vol. in-4º, 1846.

—   — Plantes rares du Jardin bot. de Genève, in-4º, 1823. Les légumineuses, 70 pl., 525 p. Paris, in-4º, 1825.

—   — Plantarum historia succulentorum avec 191 planches coloriées, 1799-1829. Paris, 2 vol. in-fº, 1829.

—   — Organographie ou description des plantes avec 60 planches, 3e éd. Paris, 2 vol. in-8º, 1827.

—   — Botanicon Gallicum seu synopsis plantarum flora gallica avec Duby, 1828-1830. Paris, 2 vol. in-8º, 1830.

—   — Physiologie végétale, premier grand prix de la Soc. royale de London. Paris, 3 vol. in-8º, 1832.

—   — Mémoires pour servir à l'histoire du règne végétal avec 99 pl. 1828-1838. Paris, in-4º, 1838.

—   — Prodromus systematis naturalis regni vegetabilis, 1824-1839. Paris, 7 vol. in-8º, 1839.

—   — Mémoire sur la famille des Myrtacées, publié dans Mém. de la Soc. d'Arcueil. Genève, in-4º, 1842.

—   — Index du Prodromus, table complète par Buek H. W. 1840-1874. Hambourg, 4 vol. in-8º, 1874.

1806-1893 CANDOLLE (Alphonse de). — Introduction à l'étude de la botanique, xxx-994 pages avec planches. Paris, 2 vol. in-8º, 1835.

—   — Etude botanique et traité élémentaire. Bruxelles, in-8º, 1837.

—   — Organographie et physiologie végétale, 60 pl., 860 p., 4e éd. Paris, 2 vol. in-8º, 1844.

—   — Prodromus systematis naturalis regni vegetabilis, 1844 à 1852 (suite). Paris, 6 vol. in-8º, 1852.

—   — Géographie botanique raisonnée avec 2 cartes, 1.300 pages. Paris, 2 vol. in-8º, 1855.

—   — Lois de la nomenclature botanique, 64 pages (Les Bégoniacées 857 p. 1859). Genève, in-8º, 1867.

1806-1893 CANDOLLE (Alphonse de). — Prodromus systematis naturalis regni vegetabilis, 1856 à 1873 (suite). Paris, 4 vol. in-8°, 1873.

—   — Phytographie, in-8°, 1880. Origines des plantes cultivées avec 249 planches, viii-379 pages. Paris, in-8°, 1883.

1836   CANDOLLE (Casimir de). — Anat. comp. des feuilles chez les dicotylédones avec planches. Genève, in-8°, 1879.

—   — (avec son père). — Smilacées, Restiacées, Méliacées, ii-787 pages, 9 planches. Paris, in-8°, 1878.

—   — Mémoire sur la famille des pipéracées avec 22 planches, 1866-1881-1897. Genève, 3 vol. in-4°, 1897.

—   — (avec son père). — Suite au Prodromus : Monographie phanerogamanum, 1878 à 1906. Paris, 9 vol. in-8°, 1906.

        CAPITAINE (H.). — Répartition géographique du groupe des légumineuses avec carte. Paris, in-8°, 1909.

1761-1834 CAREY (William). — Fondateur du Jardin Bot. de Scrampour (Calcutta). Flora Indica de Roxburgh. Serampour, 2 vol. in-8°, 1824.

        CARDOT (J.). — The mosses of the Azores avec 11 pl., 1897. (De la Chine avec Theriot, 1904). London, in-8°, 1897.

        CARION (J. E.). — Plantes du département de Saône-et-Loire, viii-120 pages (1e 1859). Autun, in-8°, 1863.

        CARIOT. — Etudes des fleurs, 1864. (Le guide du botaniste à la grande Chartreuse, Lyon, in-8°, 1856.) Lyon, 3 vol. in-8°, 1864.

        — Flore Lyonnaise, clef analytique; Botanique descriptive, 1100 pages. Lyon, 2 vol. in-12, 1872.

        CARIOT et SAINT-LAGER. — Flore du bassin moyen du Rhône et de la Loire, 1.000 p., 8e éd. Lyon, 2 vol. in-8°, 1897

        CARLIER. — La flore des amateurs. Paris, 3 vol. in-8°, 1887.

        CARRIÈRE (E.-A.). — Les Conifères, xi-656 p. in-8°, 1855; 2e 1867. Les forêts et la civilisation, 330 pages. Paris, in-8°, 1867.

        CARRINGTON (B.). — British hepeticæ avec 16 planches. London, in-8°, 1875.

        CARUEL (M.-T.). — Jardin bot. de Pise, in-12, 1872. Pensieri sulla Tessimonia botanica. Rome, in-4°, 1881.

—   — La morfologia végétale avec 87 figures. Pise, in-8°, 1878.

1784-1832 CASSINI (A.-H.-G. de). — La phytotomie, 1821. Opuscules phytologiques sur les composées, 8 fig. 1826-1834. Paris, 3 vol. in-8°, 1834.

1781   CASSONE (Félice). — Flora medico-farmaceutica, avec 600 pl. coloriées, 1847-1852. Turin, 6 vol. in-8°, 1852.

        CASTAGNE (L.). — Pl. des env. de Marseille, 7 pl. 263 p. in-8°. Aix, 1845. Cat. des pl. des Bouches-du-Rhône. Marseille, in-8°, 1862.

1758-1832 CASTEL (R.-L.-R.). — Les plantes, poème avec 5 planches, 1797, 2e éd. 1799, 3e éd. 1802. Paris, in-12, 1797.

        CASTRACANE (F.). — Report on the diatomaceæ coll. by challenger avec 30 planches. London, in-4°, 1886.

        — Catalogue des pl. du jardin de MM. les apothicaires de Paris selon la méthode Tournefort, 160 p. Paris, in-8°, 1741.

1680-1750 CATESBY (Marc). — Hortus britanno-americanus, 85 arbres et arbrisseaux, pl. en couleurs. London, in-f°, 1763.

        CATOUILLARD (G.). — Catalogue de l'herbier de la Soc. des amis des Sc. nat. de Rouen, in-8°, 1900.

        CAUVET (D.). — Eléments d'histoire naturelle médicale avec 700 figures, 670 p. (Des Solanées, 1864, Strasbourg, 6 pl.). Paris, 2 vol. in-8°, 1869.

1745-1804 CAVANILLES (A. J.). — Icones et descriptiones plantarum hispaniæ, avec 601 pl. 1791-1804. Madrid, 6 vol. in-f°, 1804.

        CAVE (C.). — Structure et développement du fruit avec 4 planches. Paris, in-4°, 1869.

1692-1765 CAYLUS (A.-C.-P. de). — Dissertation sur le papyrus. Paris, in-4°, 1758.

        CAZIN (J.-F.). — Traité des plantes médicinales indigènes, 40 planches, 200 fig. 2e 1858, 3e 1886. Boulogne, 2 vol. in-8°, 1850.

        CELS, CAMUSET, etc. — Annales de Flore et de Pomone avec 250 planches. Col. 1832-1845. Paris, 14 vol. in-4°, 1845.

1670-1756 CELSIUS (Olaüs). — Catalogue des plantes qui naissent aux environs d'Upsal. 1745-1747. Upsal, in-8°, 1747.

        CEPÈDE (C.). — Diatomées marines du Pas de Calais. Reims, in-8°, 1907.

1759-1829 CERVANTES (Vicente). — Les plantes médicinales des environs de Mexico. Puebla, in-8°, 1832.

1519-1603 CESALPIN (André). — De plantis libri XVI, 15 classes, 47 sections, 840 espèces (suppl. en 1603). Florence, in-4°, 1583.

        CESATI, GIBELLI et PASSERINI. — Compendio della flora italiana avec 137 pl. 1868-1902. Milan, 2 vol. in-8°, 1902.

        CHABERT (Alf.). — De l'emploi populaire des plantes sauvages en Savoie. Genève, in-8°, 1895.

1730-1800 CHAIX (Dom.). — Plantæ vapuicenses, 1.600 espèces. Gap, in-8°, 1790.

        CHALON (J.). — Notes botanique expérimentale 339 pages, figures et planches, 2e éd. Namur, in-8°, 1901.

        CHAMBERLAND (Ch.). — Origines et développement des organismes microscopiques, 100 pages. Paris, in-4°, 1879.

1781-1838 CHAMISSO (A. de). — Plantes les plus utiles et les plus nuisibles de l'Allemagne du Nord. Leipzig, in-8°, 1827.

1472-1533 CHAMPIER (Symp.). — Rosa gallica, Nancy, in-12, 1512. Hortus gallicus. Lyon, in-8°, 1533.

CHANCEREL (Luc.). — Flore forestière du globe, 738 pages. Paris, in-8°, 1820.

CHAPAIS (J.). — Guide du sylviculteur canadien avec 126 gravures. Montreal, in-8°, 1883.

1803-1881 CHAPMAN. — Flora of the southern united states, Canada, Melbourne. New-York, in-8°, 1860.

CHARABOT et GATIN. — Le parfum chez la plante avec 21 figures (2e en 1912). Paris, in-12, 1908.

CHARENCEY (H. de). — Recherches sur la flore Aïno. Paris, in-8°, 1873.

CHARGUERAND (A.). — Plantations d'alignement et d'ornement de la ville de Paris, avec 333 fig., 332 pages. Paris, in-8°, 1896.

CHARTIER (L.). — Contributions à la flore de Carcassonne, in-8°, 1892. Noms patois des champignons. Carcassonne, in-8°, 1896.

1771-1855 CHASTENAY (V. de). — Calendrier de flore ou étude de fleurs d'après nature, 1802-1804. Paris, 2 vol. in-8°, 1804.

1813-1901 CHATIN -Adolphe). — Anatomie végétale, 1840. La truffe, 1869. Anatomie comparée des végétaux, 1856-1867. Paris, 13 vol. in-8°, 1867.

CHATIN (J.). — Etudes sur les valérianées et leurs produits, 1871; l'ovule et la graine, 1873; de la famille, 1874. Versailles, in-4°, 1871.

1785-1854 CHAUBARD (L.-A.). — Flore du Péloponèse et des cyclades avec Bory de Saint-Vincent, 42 pl. col. Paris, 4 vol. in-f°, 1838.

1775-1819 CHAUMETON (F.-P.). — Flore médicale avec Chamberet et Poiret, 414 pl. col. 1814-1820 (400 pl. 1846). Paris, 8 vol. in-8°, 1820.

CHAUVEAUD (L.-G.). — Recherches sur l'appareil laticifère, 4 pl. 1891; Sur la fécondation et reproduction, 120 p. Paris, in-8°, 1892.

1797-1859 CHAUVIN (F.-J.). — Fougères du Calvados, 1825. Organisation et fructification des algues, 175 esp. Caen, in-12, 1834.

1808-1879 CHENU (J.-Ch.). — Encyclopédie d'histoire naturelle avec table. Paris, 22 vol. in-4°, 1850-1858.

CHENU (J.-Ch.). — Traité complet de botanique avec 76 pl. et 525 fig. avec Dupuis. Paris, 2 vol. in-4°, 1860.

CHERMEZON (H.). — Recherches anatomiques sur les plantes littorales avec figures. Paris, in-8°, 1812.

CHESNOU. — Les plantes du département de l'Eure, 60 pages. Evreux, in-4°, 1846.

CHEVALIER (Aug.). — Les végétaux utiles de l'Afrique tropicale française avec pl., 1905-1917. Paris, 9 vol. in-8°, 1917.

CHEVALIER (Casimir). — Les Jardins de Catherine de Médicis à Chenonceau. Tours, in-8°, 1868.

CHEVALIER, BREMISSON (de), HEURCK (Van) et POUCHET (G.). — Traité théorique et pratique du Microscope en botanique. Paris, 1 vol. in-8°, 1865.

1796-1840 CHEVALLIER (F.-F.). — Flore générale des environs de Paris avec 18 pl. 1826-1827 (2e 1836). Paris, 3 vol. in-8°, 1827.

1672-1752 CHICOYNEAU (Fr.). — Discours sur les plantes sensitives. Montpellier, in-4°, 1732.

CHODAT (R.). — Principes de bot. 829 fig. Genève, in-8°, 1907. Le polymorphisme des algues, 21 pl. col. Genève, in-8°, 1909.

— Algues vertes de la Suisse : Pleurococcoïdes, Chroolepoïdes, avec 264 fig. xiii et 373 p. Berne, in-8°, 1902.

1799-1859 CHOISY (J. D.). — Plantæ Javanicæ... et e Japonia quædam oriuntæ. Genève, in-8°, 1858.

1671-1740 CHOMEL (P.-J.-B.). — Hist. des plantes usuelles, indigènes et exotiques avec 102 pl. (abrégé). Paris, 2 vol. in-8°, 1712.

CHRIST (H.). — Les roses de la Suisse, in-1873. Die Farnkräuter der Schweiz avec 28 fig. 188 p. Berne, in-8°, 1900.

CHRISTENSEN (Carl.). — Index filicum avec 2 suppléments en 1912 et 1917. Copenhague, in-8°, 1906.

CHRYSLER (M. A.). — The structure and relation ships of the potamogetonaceæ and allied families, 3 pl. Chicago, in-8°, 1907.

1654-1679 CIASSI (J. M.). — Meditationes de natura plantarum. Venise, in-12, 1677.

CIECA (Pedro). — Chronique du Pérou : sur les Papas. Séville, in-4°, 1553.

1734-1799 CIRILLO (Dom.). — Fundamenta, botanica, 2 vol. in-8°, 1787. Plantarum rariorum, 1788-1792, Naples, 2 vol. in-8°, 1792.

CLAIRE (Ch.). — Les Centaurées du Nord-Est de la France. Le Mans, 2 vol. in-8°, 1900.

1742-1830 CLAIRVILLE (J.-P. de). — Plantes et arbustes, in-8°, 1791-1794. Herborisation en Suisse et en Valais. Winterthur, in-8°, 1811.

CLARKE (C.-B.). — Plantes du Bengale. Calcutta, 1864, 95 pl. Plantes des Indes anglaises, 1875, 1879, 1884, 1889, 1898. London, 5 vol. in-8°, 1898.

CLAUDE (Bernard). — Les phénomènes de la vie des animaux et des végétaux. Paris, 2 vol. in-8°, 1878.

CLAVAUD (A.). — Flore de la Gironde : Thalamiflores et Caliciflores avec 12 pl. 1882-1884. Paris, in-8°, 1884.

CLAVEL. — 2.000 plantes, arbres et arbrisseaux avec 152 planches. Paris, 3 vol. in-8°, 1898.

1870 CLÉMENT-MULLET. — Le livre de l'Agriculture, trad. du manuscrit d'Ibn-el-Awam du xiie siècle, 1864-1867. Paris, 3 vol. in-8°, 1867.

CLERC (Louis). — Manuel de botanique : Anatomie et physiologie, 160 fig. col., 133 pages. Paris, in-4°, 1835.

1686-1774 CLIEU (Gab. de). — Introducteur du premier caféier aux Antilles, venant de Paris. Martinique, 1720.

1526-1609 CLUSIUS. — Rariorum plantarum historia, avec figures de l'officina Plantiniana. Anvers, in-f°, 1601.

COCHET-COCHET et MOTTET. — Les rosiers, avec 66 figures, xvi-371 pages. 4e éd. Paris, in-12, 1916.

COGNIAUX (Alf.). — Les cucurbitacées, 626 p. 1881. Les Mélastomacées, 1.256 p. dans Suite au Prodromus. Paris, 9 vol. in-8°, 1891.

COINCY (A. de). — Ecloga plantarum hispanicarum avec 59 planches, 1893-1899. Paris, 5 vol. in-4°, 1899.

COLLANDON (F.). — Hist. Nat. des Casses et des Senés employés en médecine avec 20 pl. Montpellier, in-4°, 1816.

COLMEIRO (M.). — Botanique de l'Espagne et du Portugal avec bibliographie complète. Madrid, in-8°, 1858.

1567-1650 COLONNA FABIO. — Phytobasanos, Naples, in-4°, 1592. Ecphrasis, 1606-1616, pose le principe des genres naturels. Rome, in-4°, 1616.

1er siècle COLUMELLE. — De Re Rustica, traducteurs : Cottereau 1551, Saboureux 1771, Dubois 1846. Rome, XIII libri, l'an 42.

COMBES (J.-L.). — Recherches paléontologiques et botaniques du Haut-Agenais. Agen, in-8°, 1855.

COMBLES (de). — Traité de la culture des pêchés, xi-164 p. in-12, 1745. Ecole du jardin-potager. Paris, 2 vol. in-12, 1749.

COMÈRE (Joseph). — Diatomées de Saint-Jean-de-Luz, 1891-1892. Florules des Conjuguées des env. de Toulouse, 1899-1901. Paris, 4 vol. in-8°, 1901.

1629-1692 COMMELIN (Jean). — Catalogus plantarum Bataviæ, in-8°, 1689. Horti-medici. Amsterdam, 2 vol. in-f°, 1697.

1727-1773 COMMERSON (Ph.). — Voyage botanique au Brésil, Buenos-Ayres, Magellan et Tahiti, dans Mercure. Paris, oct. 1769.

COMPANYO (L.). — Hist. Nat. de dép. des Pyrénées-Orientales avec pl. 1861-1863. Perpignan, 3 vol. in-8°, 1863.

CONARD (H. S.). — The waterlilies, monographia of the genre nymphæa avec 30 planches. Washington, in-4°, 1900.

1616 CONSTANTIN (Ant.). — Brief traité de la pharmacie provençale et familière. Lyon, in-8°, 1597.

CONSTANTIN (Paul). — Le monde des plantes avec 3.792 figures, 1.584 pages. Paris, 3 vol. in-8°, 1895.

CONSTANTIN et D'HUBERT. — La vie des plantes,   figures vi-812 pages. Paris, in-4°, 1901.

1570-1632 CONTANT (Paul fils). — Commentaires sur Dioscoride, synopsis plantarum cum etymologiis, 250 pages. Poitiers, in-f°, 1628.

1824 CONTEJAN (C.-L.). — Plantes des environs de Montbéliard, 247 pages avec carte. 1853-1854, supp. 1875. Besançon, in-8°, 1854.

COOKE (C.). — Mycographia seu icones fungorum, avec 113 pl. coloriées (Fungi, 8 vol. 1890). Paris, in-8°, 1879.

COPPEY. — Les muscinées des environs de Nancy. Nancy, in-8°, 1908.

CORBIÈRE (L.). — Nouvelle flore de Normandie, 716 pages. suppl. 1895-1898, 172 pages. Caen, in-8°, 1893.

— Muscinées du département de la Manche, 380 pages. Cherbourg, in-8°, 1889.

1800-1849 CORDA (A. C. T.). — Icones fungorum hucusque cognitorum, 1837-1842. (Flora des Vorwelt, 1845). Prague, 6 vol. in-f°, 1842.

CORDEMOY (J. de). — Gommes et résines, in-8°, 1900. Flore de l'île de la Réunion, 574 pages. Paris, in-8°, 1895.

— Sur les monocotylédones à accroissement secondaires, avec 3 planches. Lille, in-8°, 1894.

1515-1544 CORDIUS (Valer.). — Dispensatorium pharmacorum. Strasbourg, in-8°, 1535. Trad. Guidon des apothicaires. Lyon, in-8°, 1575.

CORDONNIER (An.). — Le chrysanthème à grande fleur avec fig., 220 pages. Paris, in-8°, 1896.

1486-1535 CORDUS (Euricius) (Eberwein). — Botanologicon, 1534. Inçidium de herbis et simplicibus. Cologne, in-8°, 1559.

CORENWINDER. — Sur l'assimilation du carbone par les feuilles des végétaux, 1859-1879, 9 fasc. Lille, in-8°, 1879.

CORNEVIN (Ch.). — Les pl. vénéneuses et empoisonnements qu'elles déterminent, 60 fig., 524 p. (2e 1893) Paris, in-8°, 1887.

CORNIL et BABES. — Les bacteries avec 12 planches et 385 figures noires et col. Paris, 2 vol. in-8°, 1890.

1600-1658 CORNUT (J.-Ph.). — Canadensium plantarum, du jardin des Robin à Paris, 60 pl. 238 pages (2e éd. 1662). Paris, in-4°, 1635.

CORREVON (H.). — Dir. du Jardin de Genève : La flore alpine avec 500 pl. coloriées (Orchidées 1893). Genève, 6 vol. in-8°, 1901.

CORRY (T. H.). — On asclepias cornuti avec 3 planches. London, in-4°, 1884.

1819-1890 COSSON (E.-St.-Ch.). — Voyage botanique en Algérie, 1857. Flore de l'Algérie, phanerogames, 1884-1887. Paris, 2 vol. in-8°, 1887.

COSSON et GERMAIN. — Flore des environs de Paris, 1.000 pages et Atlas de 42 planches, 1840-1845, 2e 1861. Paris, 2 vol. in-8°, 1845.

1791-1881 COSSONNET (M.-A.). — La taille des arbres fruitiers et de la vigne avec 21 planches, 104 p. Versailles, in-8°, 1849.

1580 COSTA (Chris. de) dit Acosta. — Tractado de la drogas... de las India-Or, d'après Garcia. Burgos, in-4°, 1578.

COSTA (A.-C.). — Introduction à la flora du Cataluna, 400 pages. Barcelone, in-12, 1877.

COSTANTIN (J.). — Les végétaux, 292 p. 171 fig. 1898; Tiges aériennes et souterraines,176 p., 1883; La nature tropicale, 166 fig. Paris, in-8°, 1899.

COSTANTIN et DUFOUR. — Flore des champignons, xxxviii-255 pages, 4.166 fig. 2e éd. Paris, in-12, 1891.

1858 COSTE (Hipp.). — Flore de la France et de la Corse avec 4.354 fig. 1901-1906. Paris, 3 vol. in-8°, 1906.

COULTER (J. M.). — The origin of gymnosperms and the seed habit, 1898. Phanerogams of the Texas 100 p. Washington, in-8°, 1891.

1843 COULTER (Thomas). — Thèse sur les Dipsacées avec 2 planches. Genève, in-4°, 1823.

COUPIN (Henri). — Physiologie végétale avec 59 figures, 199 pages; (Les fleurs expliquées, 1906). Paris, in-8°, 1896.

— Sur l'absorption et le rejet de l'eau par les graines, 221 pages. Paris, in-8°, 1896.

— Ce qu'on peut voir au microscope, 120 p. in-4 , 1905. Les plantes originales, 320 p. Paris, in-8°, 1905.

COURCHET (L.). — Traité de botanique avec 249 figures. Paris, 2 vol. in-8°, 1898.

COURCIÈRE (P.). — Graminées et cryptogames vasculaires de la flore du Gard. Nîmes, in-8°, 1862.

1806-1835 COURTOIS (R.-J.). — Les plantes de la Belgique, in-8°, 1826. Les tilleuls d'Europe. Liège, in-8°, 1834.

COURTOIS-GÉRARD. — Fleurs des petits jardins, des fenêtres dans les appartements,191 pages. Paris, in-8°, 1847.

COUTANCE. — Histoire de chêne dans l'antiquité et dans la nature avec tab. 555 p. Paris, in-8°, 1873.

COUVERCHEL. — Des fruits tant indigènes qu'exotiques, xvi-718 pages. Paris, in-8°, 1839.

COZETTE (P.). — Algues du Nord de la France 1903; Mousses et champignons 1909; graminées 1911; Algues marines, 1911. Paris, 4 vol. in-8°, 1911.

1722-1799 CRANTZ (H. J. N.). — Institutiones rei herbariæ, 1766. Suppléments en 1767-1769. Vienne, 2 vol. in-4°, 1766.

1er av. J.-C. CRATEVAS dit RHIZOTOME. — Traité des simples en manuscrit à Vienne. Lexique botanique, man. à la Bibl. Nat. Paris, in-4°. Av. J.-C.

CREPIN (François). — Flore de la Belgique, lxxv-237 p. in-12, 1860. Revue de la flore de Belgique, 460 p. Bruxelles, in-8°, 1863.

— Florule des environs de Han-sur-Lesse. Bruxelles, in-8°, 1873.

— Guide du botaniste en Belg., 420 p. in-8°, 1878. Manuel de la flore de Belgique, 483 p. 3e éd. Bruxelles, in-8°,1882.

1230-1310 CRESCENZI (Piétro). — Opus ruralium commodorum, libri XII, manus. de 1304, impr. à Augsbourg, in-fo, 1468.

1912 CRIÉ (Louis). — Végétation de la France à l'époque tertiaire avec 15 planches. Paris, in-8°, 1878.

— Eléments de botanique organographie et anatomie, 1.155 pages. Paris, in-8°, 1884.

CROMBIE (J. M.). — Monogr. of lichens found in Britain avec fig. 1878-1894 (Australian lichens 1879). London, 2 vol. in-8°, 1894.

1798-1871 CROUAN (frères). — Algues marines du Finistère comprenant 404 espèces. Brest, 3 vol. in-4°, 1852.

— Florule du département du Finistère avec 32 planches. Paris, in-8°, 1867.

CUBA (John de). — Hortus sanitatis, garden der Gesundheit, 509 figures. Augsbourg, in-f , 1485.

1709 CUNNINGHAM (J.). — Cat. des plantes de l'île de l'Ascension dans philos-trans-n° 255, t. XXI, p. 295. London,
          in-8°, 1695.
1791-1840 CUNNINGHAM (Allan). — Floræ insularum Novæ-Zeelandiæ, publiée dans Ann. Sc. Nat. Paris, in-8°, 1836.
1793-1835 CUNNINGHAM (R.-O.). — Histoire naturelle de Magellan. Jardin de Sydney. Edinbourg, in-8°, 1871.
          CURTEL (G.). — Recherches physiologiques sur la fleur, avec 4 planches, 308 p. Paris, in-8°, 1898.
1748-1799 CURTIS (William). — Flora Londinensis, 2 vol. in-f°, 420 p. 1777-1787. The [Botanical Magazine, 1787-1798. London,
          12 vol. in-8°, 1798.
          CUSIN et ANSBERQUE. — Herbier de la flore française, 2.000 planches. Lyon, 25 vol. in-f°, 1867.
          CUSIN (père et fils). — Revue des serres, des parcs et des jardins, avec figures, 44 n°s, 1893-1895. Lyon, in-8°, 1895.
1769-1832 CUVIER (Georg.). — Dict. des sciences naturelles avec 515 pl. de botanique, 1816-1845. Paris, 72 vol. in-8°, 1845.

D

1539-1600 D'ACOSTA (Joseph). — Historia natural y moral de las Indias. Seville, in-4°, 1590.
          DAGUILLON (A.). — Leçons élémentaires de botanique avec 640 figures, 760 pages, 2° en 1897. Paris, in-8°, 1895.
          DAGUIN et AUBRIOT. — Flore du département de la Haute-Marne. 541 pages et carte. Saint-Dizier, in-8°, 1885.
1751-1789 DAHL (André). — Observationes circa systema vegetabilium divi à Linné, Gottingue. Abo, in-8°, 1784.
          DAHL (O.). — Botaniske undessogelser indre Ryfylke. Christiania, 2 vol. in-8°, 1907.
1513-1588 DALECHAMPS (Jacq.). — Historia generalis plantarum, 2.731 plantes en 18 classes, avec 2.686 fig. Lyon, 2 vol.
          in-f°, 1586.
1703-1799 DALIBARD (T. F.). — Floræ parisiensis prodromus, avec 4 planches, 403 pages (2° 1769). Paris, in-8°, 1749.
          DANGEARD (P.-A.). — Le Botaniste (L'évolut. de la sexualité des végét., 1907). 1889-1911. Caen, 14 vol. in-8°, 1911.
          DANIEL L(.). — Champignons récoltés dans le département de la Mayenne. Angers, in-8°, 1892.
          D'ARDENE (J.-P.-R.). — Traité des renoncules avec 7 planches, X-284 pages. (3° 342 p. 1763). Paris, in-8°, 1746.
1731-1802 DARWIN (Erasme). The botanical garden, in-4°, 1789. Phytologia or the philosophy of agricultura. London, in-4°, 1800.
1809-1882 DARWIN (Ch. Robert). — Origin of species, 1859, en français 1862. Mouvements des plantes grimpantes. London,
          in-8°, 1875.
    —   — Variation des plantes sous la domestication, 2 vol. 1862. Les plantes insectivores, 30 fig. Paris, in-8°, 1877.
          DATTY. — Des plantations pour l'assainissement de l'air, 216 pages. Arles, in-8°, 1805.
1716-1799 DAUBENTON. — Son herbier avec 500 specimens et notes de la main de Daubenton. Paris, in-f°, 1798.
1826-1900 DAVID (Armand). — Plantæ Davidianæ ex Simarum imperio, publié par Franchet, 1884-1888. Paris, in-8°, 1888.
          DEBAT (L.). — Flore des genres et espèces des mousses du Sud-est. Lyon, in-8°, 1863.
          DEBEAUX (O.).—Flore de la Kabylie du Djurdjura, 468 p. 1894. Flore de Gibraltar, 280 p. 1889. Paris, in-8°, 1894.
          — Algues mar. et rosiers des Pyrénées, 3 vol. 1878. Flore du Roussillon 1882, des Pyr.-Orient., 1891. Paris, in-8°, 1891.
1807-1882 DECAISNE (Joseph). — Recherches anatomiques et physiologiques sur le Garance avec 10 pl. col., 77 p. Bruxelles,
          in-4°, 1837.
    —   — Flore des jardins et des champs avec Lemaout, 1855-1865. Paris, 3 vol. in-8°, 1865.
    —   — Le jardin fruitier du Museum avec 716 planches, col. 1852-1875. Paris, 9 vol. in-4°, 1875.
          DECAISNE et NAUDIN. — Manuel de l'amateur de jardins avec 751 figures. Paris, 4 vol. in-8°, 1880.
1812-1885 DECHAMBRE (A.). — Dict. encyclopédique des sciences médicales, 1864-1889. Paris, 100 vol. in-8°, 1889.
          DECOMBLES. — Traité de la culture des pêchers, XI-164 p. in-12, 1745 2° 1750. Ecole du Jardin-potager. Paris,
          2 vol. in-12, 1749.
          DEHERAIN (P.-P.). — Les plantes de grande culture, 1898. Chimie agricole : Nutrition de la plante, 1885. Paris,
          in-8°, 1898.
          DELACROIX (G.). — Flore mycologique du département de Saône-et-Loire avec 4 pl. 1892. Maladies des plantes,
          1908. Autun, in-8°, 1892.
1722-1811 DELARBRE (Ant.) — Flore d'Auvergne, 1re édition, in-8°, 1795-1797. 2° édition, 1800. Clermont, 2 vol. in-8°, 1800.
          DELAMARE, RENAULD et CARDOT. — Florule de l'île Miquelon. Lyon, in-8°, 1888.

31

DELAVAY. — Plantæ Delavayanæ, de la Chine, publié par Franchet, 1889-1900. Paris, in-8°, 1900.

DELCHEVALERIE (G.). — Nomenclature des orchidées cultivées. Plantés de serre, plantes ornementales. Paris, in-12, 1878.

1773-1847 DELESSERT (Benj.). — Icones selectæ plantarum, texte de Candolle, 256 p.,501 pl. de Turpin, 1820-1846. Paris. 5 vol. in-f , 1846.

— — Son herbier contenait en 1850 : 300.000 plantes dont plus de 86.000 espèces. A Paris puis Genève, 1850.

DELESTRE. — Flore du département de la Vienne. Poitiers, in-8°, 1842.

1753-1835 DELEUZE (J.-P.-F.). — Les amours des pl. tirées du poème d'Er. Darwin : The botanical garden. Paris, in-12, 1799.

— — Histoire du Museum d'histoire naturelle, vi-720 pages, 3 pl. 14 vues. Paris, in-8°, 1823.

1778-1850 DELILE (A. Raffen). — Flore de l'Egypte avec atlas in-folio de 62 planches, 1813-1824. Paris, 2 vol. in-8°, 1824.

1780-1841 DELISE (D.-Fr.). — Histoire des Lichens genre sticta avec 18 planches coloriées. Caen, 2 vol. in-8°, 1825.

DELOGNE (C. H.). — Flore cryptogamique de la Belgique, 1884. Flore de la Belgique, 655 p. Namur. Bruxelles, in-8°, 1884.

DELORD et GRANVILLE. — Les fleurs animées avec nombreuses figures coloriées, 364 pages. Paris, in-4°, 1847.

1742-1824 DEMETRA. — Monographie des rosiers du canton de Fribourg. Fribourg, in-8°, 1818.

DEMONTZEY (P.). — Reboisement et gazonnement des montagnes, 2e éd. Paris, in-8°, 1882.

DENBURGH (J. Van). — The species of the genus. Xantusia, in-8°, 1895.

DÉNIKER (J.). — Atlas de botanique, avec Riocreux, Cusin, Nicolet, etc. 3.380 figures Paris, in-4°, 1885.

DENS et PIETQUIN. — Catalogue des lichens observés en Belgique. Gand, in-8°, 1892.

DE PRADE (Martin). — Histoire du tabac, avec 3 figures, xii-178 pages. Paris, in-16, 1677.

DERBES et SOLLER. — De la physiologie des algues avec 23 planches coloriées. Paris, in-4°, 1856.

1775 DESCOURTILZ (E.). — Flore médicinale des Antilles avec 600 planches coloriées, 1821-1828. Paris, 8 vol. in-8°, 1828.

DESÉGLISE. — Plantes du Cher, Angers 1863. Rosiers du Centre et de la Loire, 1876. 1880. Plantes de France et Suisse. Genève, in-8°, 1880.

1750-1833 DESFONTAINES (R.-L.). — Organisation des monocotylédones et des dicotylédones, dans les Mém. de l'Institut. Paris, tome III, 1798.

— — Sur l'ailanthus-glandulosa, 1786. Flora atlantica avec 263 pl. 1778-1799. Paris, 4 vol. in-4°, 1799.

— — Arbres et arbrisseaux de France, 2 vol. in-8°, 1808. Cat. du Jardin des pl. de Paris. Paris, in-8°, 1829.

1775-1849 DESLONGCHAMPS (J.-L.). — Flora gallica avec 31 pl. 2 vol. 1828. La rose, son histoire, sa poésie, 127 pages. Paris, in-18, 1844.

1796-1862 DESMAZIÈRES (J. B. H.). — Agrostographie nord de la France, 1822. Cryptogames de France avec 650 pl. Lille, 14 vol. in-4°, 1827.

1530-1620 DESMOULINS (Jean). — Hist. générale des plantes de Dalechamps, traduite en Français. Lyon, 2 vol. in-4°, 1615.

DESMOULINS (Ch.). — Cat. des plantes de la Dordogne, 3 vol. 1840-1859. Végétation sur le pic du Midi, fig.,112 pages. Bordeaux, in-8°, 1844.

— Etudes organiques sur les cuscutes, avec 17 tableaux. Toulouse, in-8°, 1853.

1776-1856 DESPORTES (N.-H.-F.). — Les roses cultivées en France, 2.562 variétés, 1828-1829. Flore de Sarthe et Mayenne. Le Mans, in-8°, 1838.

DESVAULT (J.-P.). — Les plantes suspectes de la France. Lille, in-12, 1865.

1784-1856 DESVAUX (A.-N.). — Flore d'Anjou, 407 pages, 1827. Traité général de botanique, 1838-1839. Angers, 2 vol. in-8°, 1839

DE TONI (J. B.). — Les Algues vertes, brunes, rouges, bleues et Diatomées, 1889-1907. Padoue, 8 vol. in-8°, 1907.

DEVILLE (N.). — Histoire des plantes d'Europe, Afrique, Asie et Amérique. Lyon, 2 vol. in-8°, 1762.

DEWÈVRE (A.). — Etude des lianes-caoutchoucs du genre Landolphia d'Afrique. Louvain, in-8°, 1895.

D'HUBERT et BOUSSUS. — Note sur les végétaux panachés avec figures. Paris, in-8°, 1897.

DICKSON et JAMESON. — Stud-handbook of british mosses avec carte et 65 planches. Eastbourne, in-8°, 1904.

1800-1888 DIETRICH (N. D. F.). — Synopsis plantarum, 1839-1852. Flora universalis, 1831-1856. Iena, 5 vol. in-8°, 1856.

1687-1747 DILLENIUS (J. J.). — Hortus Elthamensis, 324 pl., 2 vol. f°, London, 1732. Historia muscorum, 600 esp., 85 pl. Oxford, in-4°, 1741.

1778-1855 DILLWYN (L. W.). — British confervæ avec 116 planches coloriées. 1809. London, in-4°, 1809.

77 ap. J.-C. DIOSCORIDES (Pedu). — De materia medica, en manuscrit, 600 plantes en 4 groupes, imprimé à Venise, in-f°, 1499.

1518-1585 DODAENS (Rambert). — Stirpium historiæ, premptades sex seve libri XXX, avec 1.303 fig., 900 pages (2e 1616). Anvers, in-f°, 1583.

1634-1707 DODART (Denis). — Mém. pour servir à l'hist. des plantes, avec planches de l'imprimerie royale. Paris, in-12, 1679,

DOISY (Ch.). — Essai sur l'Hist. Nat. du département de la Meuse. Verdun, 2 vol. in-8°, 1835.

DOLL. — Rheinische flora. Francfort, in-8°, 1843.

1777-1843 DOMBASLE (Mat-de). — Calendrier du bon cultivateur, 320 p. (Trèfle incarnat ou farouche, 1823). Nancy, in-12, 1821.

— — Mode de nutrition des plantes aux diverses époques de leur croissance. Paris, in-12, 1821.

1742-1793 DOMBEY (Jos.). — Flore du Brésil, du Chili et du Pérou, publiée en cachette par l'Héritier. London, in-8°, 1787.

1800-1840 DON (David). — Prodromus floræ Nepolensis, 1825. Lectures on botany. London, in-12, 1836.

1298-1360 DONDIS (Jacob de). — Promptuarium medicinæ, manuscrit de 1355. Le dispensaire imprimé à Venise, in-f°, 1481.

1798-1856 DON GEORGES. — A general system of gardening and botany, 1831-1838. London, 4 vol. in-4°, 1838.

1802-1857 DORBIGNY (Alcide). — Voyage dans l'Amérique méridionale, 2500 pl. nouvelles, 1834-1847. Paris, 9 vol. in-4°, 1847.

1806-1870 D'ORBIGNY (Ch. D.). — Plantes marines, 1820. Dict. d'hist. Nat., 1re éd. 288 pl. 1841-1849, 2e éd. 340 pl. 1869. Paris, 16 vol. in-8°, 1849.

DOSSIN (P.-E.). — Catalogue des plantes de la province de Liège. Bruxelles, in-8°, 1875.

1798-1834 DOUGLAS (David). — Plantes de l'Amérique du nord, 217 esp. nouv. (botanical coffeeberry, 1825). London, f° 1828.

DOUMET-ADANSON. — Mission botanique au Sahara et aux îles de la Tunisie, 124 pages. Paris, in-8°, 1888.

DOUTEAU (J.-J.). — Flore de Vendée, plantes vasculaires, 408 p. Paris, in-8°, 1896.

DRAZENDORFF (G.). — Analyse chimique des végétaux par Schlagdenhauffen. Paris, in-8°, 1885.

DRAKE DEL CASTILLO. — Illustr. floræ insularum Maris-Pacifici avec 50 planches, 408 pages, 1886-1892. Paris, 7 vol. in-f°, 1892.

DRÈGE (J. F.). — Cat. plantarum Africæ-australiaris publié par E. Meyer, 1835-1837. Kœnigsberg, in-8°, 1837.

DROIT (L.-G.). — Structure et fonctions des organes de protection chez les végétaux. Paris, in-8°, 1908.

DROUIN. — Flore des mousses et des hépatiques avec 1.296 figures. Paris, in-8°, 1910.

DRUDE (O.). — Manuel de géographie botanique avec 4 cartes coloriées. Paris, in-8°, 1897.

1748-1810 DRYANDER (John). — Cat. bibliotheca historico naturale de J. Banks, 1796-1800. Jardin bot. de Kiew. London, 5 vol. 8°, 1800.

DUBOIS (Fr.). — Les plantes médicinales qui croissent en France et en Belgique, 430 pages. Tournai, in-8°, 1848.

DUBOIS (Jacques). — Le Jardin médicinal traduit de Mizaud Antoine. Lyon, in-8°, 1578.

— La Pharmacopée de Sylvius Jacques; 2e éd. Paris 1611, 3e éd. 1625. Lyon, in-16, 1604.

DU BUYSSON (H.). — Etude historique et botanique de la Coca. Lyon, in-4°, 1892.

1798 DUBY (J.-E.). — Synopsis plantarum in flora gallica, 1828-1829 (avec De Candolle A. P.). Paris, 2 vol. in-8°, 1829.

1811-1894 DUCHARTRE (Pierre). — Revue botanique, 2 vol. 1846-1847. Éléments de botanique avec 510 fig. de Riocreux. Paris, in-8°, 1867.

— DUCHARTRE, JACQUES et HERINCQ. — Plantes, arbres et arbustes de l'Europe xlii-3.206 p., 1845-1857. Paris, 4 vol. in-12, 1857.

1747-1827 DUCHESNE (A.-N.). — Manuel de bot. 1764. Hist. des Fraisiers, 1766. Le jardinier prévoyant, 1771-1781. Paris, 11 vol. in-12, 1781.

1804-1869 DUCHESNE (E.-Ad.). — Traité du maïs, 1831. Plantes utiles et vénén. du globe, xlviii-572 pages. Paris, in-8°, 1836.

DUCOMET (M.). — Botanique populaire dans l'Albret, 1903. Géographie botanique d'un coin des Landes. Le Mans, in-8°, 1904.

1780-1865 DUFOUR (J.-M.-L.). — Propriétés des végétaux, 500 p. 1855. Les champignons comestibles des Landes, in-8°, Paris, in-8°, 1861.

DUGGAR (M.). — Variability in the spores of uredo polypodie. Boston, in-8°, 1895.

1700-1782 DUHAMEL-DU MONCEAU. — Traité des Arbres et des Arbustes, 2 vol. in-4°, 1755. La physique des arbres, 14 pl., 738 pages. Paris, 2 vol. in-4°, 1758.

— — Traité des Arbres fruitiers avec René Le Berryais, 357 variétés de fruits. Paris, 2 vol. in-4°, 1768.

1801-1860 DUJARDIN (Félix). — Flore d'Indre-et-Loire : Protozoaires, 472 pages et planches. Tours, in-8°, 1833.

1833-1895 DUJARDIN-BEAUMETZ. — Plantes médicinales avec Egasse, 40 pl.,1.034 fig.,850 p., 1889-1893. Paris, in-4°, 1893,

1790   DU MOLIN (J.-B.). — Etude sur les plantes des poètes anciens. Paris, in-8°, 1856.

1746-1824 DUMONT DE COURSET. — La botanique du cultivateur, 8.700 plantes, 1798-1805. Paris, 5 vol. in-8°, 1805.

1790-1842 DUMONT D'URVILLE. — Flore des îles du Pont-Euxin en 1819-1820, VIII-135 pages. Paris, in-8°, 1822.

—   — Flore des îles Malouines, dans les Mém. de la Soc. Linnéenne, t. IV, p. 572. Paris, in-8°, 1825.

1797-1878 DUMORTIER (B.-Ch.). — Florula Belgica, 1827. Sylloge Jungermannideæ Eurapæ, 2 pl. col. Tournai, in-8°, 1831.

—   — Mémoires sur la flore belge, 200 pages, 1862-1869. Monographie des roses de la flore belge. Gand, in-8°, 1867.

1777-1856 DUNAL (M.-F.). — Hist. Nat. des Solanum, 1813-1816. Monographie des Anonacé es, 33 pl., 144 pages. Montpellier
           in-4°, 1816.

1758-1831 DU PETIT-THOUARS AUBERT. — Cours de phytologie, 2 vol. in-8°, 1820. Flore des îles australes de l'Afrique.
           Paris, in-8°, 1822.

           DUPLESSIS (F.-S.). — Les végétaux résineux tant indigènes qu'exotiques. Paris, 4 vol. in-8°, 1802.

           DUPLESSIS DE GRENÉDAN. — Géographie agricole de la France et du monde, 425 pages, fig. Paris, in-8°, 1903.

           DUPONT et BOUQUET DE LA GRYE. — Les bois indigènes et étrangers, 552 pages. Paris, in-8°, 1875.

           DUPUIS (A.). — Arbrisseaux et arbustes d'ornement de pleine terre, 1859. Arbres d'ornement de P. T. 40 fig., 3° éd.
           Paris, in-12, 1889.

1812   DUPUY (D.). — Florule du Midi et Gers. Paris, 1868. Florule du département du Gers, 356 pages. Auch, in-18, 1847.

           DUPUY (H.). — De l'influence du bord de la mer sur les plantes annuelles avec pl. et fig. Bordeaux, in-8°, 1908.

1855-1912 DURAND (Théophile). — Catalogue de la flore liégeoise, 1878. Supplément en 1880. Gand, in-8°, 1878.

—   — Recherches sur les menthes de la flore liégeoise. Gand, in-8°, 1878.

—   — Index generum phanerogamorum, XXII-724 pages. Bruxelles, in-8°, 1888.

—   — Notice sur la flore de la Suisse et ses origines. Bruxelles, in-8°, 1884.

—   — Sylloge floræ Congolanæ avec sa fille Hélène, 746 pages. Bruxelles, in-8°, 1909.

           DURAND et AUTRAN. — Hortus Boissierianus : plantes cultivées à Valleyres et à la Pierrière (Suisse) 572 pages.
           Genève, in-8°, 1896.

           DURAND et WILDEMAN. — Flore du Congo, contributions et illustrations, 96 planches, 1898 à 1902. Bruxelles,
           8 vol. in-f°, 1902.

1730-1794 DURANDE (J.-F.). — Notions de botanique, in-4°, 1781. Flore de Bourgogne, 1781-1782. Dijon, 2 vol. in-8°, 1782

           DURANDO (G.). — Flore algérienne : plantes à bulbes, rhizomes ou tubercules, 1881-1882. Alger, in-8°, 1882.

1529-1590 DURANTE(Castor). — Herbario nuovo, 874 pl. in-f°, 1584, eut 10 éditions. Theatrum plantarum. Venise, in-f°, 1636.

           DURENNE et PETITMENGIN. — Promenade botan. dans les Alpes du Briançonnais avec carte. Le Mans, in-8°, 1904.

1611   DURET (Claude). — Histoire naturelle des plantes et herbes esmerveillables, 341 pages. Paris, in-8°, 1605.

           DURIEU DE MAISONNEUVE. — Nouveau Jardin des Pl. de Bordeaux. Flore de la Gironde. Bordeaux, in-18, 1855.

           — Flore cryptogamique d'Algérie avec Bory et Cosson, 1846, 1849, 1867. Paris, 3 vol. in-4°, 1867.

           — Atlas de la flore d'Algérie avec Cosson, 90 planches, 1846-1849-1869. Paris, 1 vol. in-4°, 1869.

           DUSS (le Père). — Flore phanérogamique des Antilles franç. : Guadeloupe et Martinique, 28-656 p. Mâcon, in-8°, 1897.

           — Flore cryptogamique des Antilles françaises, Guadeloupe et Martinique, 360 pages. Lons-le-Saunier, in-8°, 1904.

1776-1848 DUTROCHET (R. J.). — Endosmose et Exosmose, 1828. Hist. anatomique et physiologique des vég., 30 pl. Paris,
           2 vol. in-8°, 1837.

1572-1646 DUVAL (Guil.). — Doctrinum de plantis, 1614. Phitologia sive philosophia plantarum. Paris, in-8°, 1647.

1777-1814 DUVAL (H. Aug.). — Démontration bot. du fruit, in-12, 1808. La double flore parisienne. Paris, in-8°, 1813.

1810-1884 DUVAL-JOUVE (J.). — Etudes sur le pétiole des fougères, avec 3 planches, 1856-1861. Haguenau, in-8°, 1861.

—   — Hist. naturelle des Equisetum de la France, 11 pl., 33 fig., VIII-296 pages. Paris, in-4°, 1864.

—   — Etude anatomique de q. q. graminées et en particulier des agropyrum de l'Hérault, 5 pl. col. Paris, in-4°, 1870

           DUVAL (Clotaire). — Guide pratique pour les herborisations. Paris, in-12, 1894.

           DUVILLERS (F.). — Les parcs et jardins avec 80 planches. Paris, 2 vol. in-f°, 1871.

E

1776-1842 EATON (Amos). — The ferns of North america avec planches. Albany, 2 vol. in-4°, 1833.

1795-1868 ECKLON (Ch. fr.). — Enumeratio plantarum Africæ-australis, 1834-1837 avec Zeyler. Hambourg, in-8°, 1837.

ECLEY LECHMÈRE (M. A.). — Recherches sur moisissures provenant de la Côte d'Ivoire, 7 pl. Paris, in-8°, 1913.

ECORCHARD (D.). — Nouvelle théorie élémentaire de la botanique, 460 pages. Paris, in-12, 1877.

— Flore de l'ouest de la France. Paris, in-8°, 1877.

— Synopsis de la flore des environs de Paris, 310 pages. Paris, in-8°, 1878.

1742-1795 EHRHART (Fréd.). — Supplementum plantarum systematis vegetabilium : de Linné fils. Brunswick, in-8°, 1782.

1839-1887 EICHLER (A. G.). — Diagramme floraux, 2 vol. 1875-1878. Termina la Flora Brasiliensis de Martius. Munich, 15 vol. in-f°, 1906.

1799   EKART (T. P.). — Sinopsis jungermanniarum germanicarum, avec 11 planches. Cobourg, in-4°, 1832.

     1830 ELLIOT (Steph.). — Sketch of the botany of S. Carolina and Georgia, 1821-1824. Charlestown, in-8°, 1824.

ELWES (H. J.). — Monograp. of the genus lilium avec 48 planches coloriées. London, in-f°, 1880.

EMERY (Henri). — Sur le rôle physique de l'eau dans la nutrition des plantes. Paris, in-4°, 1865.

— Hist. des plantes à l'usage des gens du monde, 10 pl., 420 fig., 807 p. Paris. in-8°, 1878.

1804-1849 ENDLICHER (Steph.). — Prodromus floræ Norfolkicæ, avec figures de F. Bauer. Vienne, in-8°, 1833.

—   — Genera plantarum, 6.895 genres en 62 classes et 277 familles, 1836-1840. Vienne, in-8°, 1840.

—   — Iconographia generum plantarum, avec 125 planches, 1838-1840. Vienne, in-4°, 1840.

—   — Enchiridion botanicum, 800 pages, 1841. Synopsis coniferarum 168 p. Sangalli, in-8°, 1847.

—   — Genera plantarum floræ germanicæ avec Nees von Esenbeck, 1835-1849. Bonn, 8 vol. in-8°, 1849.

ENDLICHER et MARTIUS. — Flora Brasiliensis, livr. de I à XIII. 2e éd. Vienne, 1840, 3e Leipzig 1861. Leipzig, 13 vol. in-f°, 1861.

ENGELMANN (G.). — Cactaceæ of the Boundary avec 75 pl. (Botanical 103 pl. 1887). Washington, in-4°, 1857.

ENGLER (A.). — Das pflanzeniciek regni vegetabilis avec W. Engelmann. Leipzig, 6 vol. in-8°, 1905.

ENGLER et PRANTL. — Die natürlichen pflanzenfamilien. 1885-1911. Leipzig, 13 vol. in-8°, 1911.

1676-1734 ERNDL (Ch. Heinr.). — De flora Japonica, 1716. Cat. plantarum circa Varsoviam. Dresde, 2 vol. in-4°, 1730.

1858-1905 ERRERA (Léo). — Philosophie botanique : génération spontanée (respiration des pl., 1890). Bruxelles, in-8°, 1900.

—   — Botanique générale, avec portrait, pl. et 74 fig., vii-660 p. 1908-1909. Bruxelles, 2 vol. in-8°, 1909.

1796-1831 ESCHWEILER (F. G.). — Fructification des rhizomorphe, 1822. Systema lichenum. Nuremberg, 4°, 1824.

1746-1810 ESPER (E. J. Ch.). — Icones fucorum cum characteribus systematicis, 1797-1800. Erlanger, in-4°, 1800.

1504-1564 ESTIENNE (Ch.). — De rehortensi libellus, 1535. Prædium rusticum, 599 pages. Paris, in-4°, 1554.

ESTIENNE et LIEBAULT. — L'Agriculture ou Maison rustique. Paris, in-f°, 1583.

ETIENNE (G.). — Mousses de la Normandie avec 200 planches : méthode Schimper. Rouen, 5 vol. in-8°, 1874.

ETTINGSHAUSEN et POKORNY. — Physiotypia plantarum austria carum avec 530 planches coloriées. Vienne, 6 vol. in-f°, 1856.

F

1823-1915 FABRE (J.-Henri). — Lectures sur la botanique avec 71 figures, 293 pages. Paris, in-8°, 1881.

FABRE (L. A.). — La végétation spontanée et le régime des eaux, 2 pl. Dijon, in-8°, 1905.

—   — Les landes et les futaies sur les plateaux des Hautes-Pyrénées. Bagnères-de-Bigorre, in-8°, 1900.

1638-1718 FAGON (Guy). — Hortus regius parisiensis, après un voyage, y apporta plus de 4.000 plantes. Paris, in-4°, 1665.

FAIDEAU (Ferd.). — Herbier classique avec 162 figures, 1905; Botanique amusante, 59 fig., 379 p. Paris, in-16, 1894.

1808-1865 FALCONER (Hug.). — Report on the teak forests of the Tennasserim province, Calcutta. Sarahampour, 8°, 1852.

1764-1830 FALLEN (K. Fr.). — De irritabilitate motus caussa in plantis. Lund, in-4°, 1798.

FAVRAT (A.). — Les ronces du canton de Vaud. Lausanne, in-8°, 1881.

1842   FEBURIER (Rom.). — Végétation : sèves ascendante et descendante, 1812. Précis d'anat. végét. Paris, in-8°, 1824.

1789-1874 FÉE (A.-L.-A.). — Cryptogames des écorces exotiques officinales, 43 pl. col. 1824-1837. Paris, 2 vol. in-4°, 1837.
—   — Mémoires lichenographiques avec 6 pl. coloriées. Paris, in-4°, 1838.
—   — Les acotylédones du Brésil avec 108 planches, 1869-1873. Paris, in-4°, 1873.
        FÉE (M.). — Mimosa pudica, physiologie de la sensitive et des sommeillantes, 1 pl. Strasbourg, in-4°, 1849.
        FELTGEN (J.).— Vorstudien zu e Pilzflora v. Luxembourg : Ascomycetes, 1899-1903. Luxembourg, 3 vol. in-8°, 1903.
1808-1885 FENZL (Ed.). — Pugillus plantarum Syriæ et Tauri, 1842. Illustrationes, 1843. Vienne, in-4°, 1843.
        FENZL et GRAF. — Wulfen's Flora norica. Vienne, in-8°, 1850.
        FERMOND (Ch.). — Les feuilles, 13 pl. 1864. Phytogénie ou théorie de la végétation, 5 pl., 692 p. Paris, in-8°, 1867.
        — Phytomorphie ou causes qui déterminent les formes végétales, 13 pl. 1864-1868. Paris, 2 vol. in-8°, 1868.
1583-1654 FERRARI (J.-B.). — Flora seu de florum cultura, libri IV, avec planches, 2° 1646. Sienne, in-4°, 1634.
        FERRY DE LA BELLONNE (DE). — Sur les truffes et les truffières avec figures. Paris, in-12, 1888.
1660-1732 FEUILLÉE (Louis). — Plantes médicinales du Pérou et du Chili avec 200 pl., 1714-1725. Paris, 3 vol. in-4°, 1725.
        FEUILLOUX (J.). — De l'appareil tecteur et glandulaire des composées, avec 42 figures. Coulommiers, in-8°, 1901.
1819-1894 FIGUIER (Louis). — Histoire des plantes avec 415 figures, 656 pages. Paris, in-8°, 1864.
1736-1799 FILASSIER (J.-J.). — Culture de la grosse asperge, 1783. Dict. du jardinier français. Paris, 2 vol. in-8°, 1790.
        FILHOL, JEANBERNAT et TIMBAL-LAGRAVE. — Botanique et géologie du massif d'Arbas (Haute-Garonne),
            2 pl. Toulouse, in-8°, 1876.
        FINK (B.). — The lichens of Minnesota avec figures et 48 planches. Washington, in-8°, 1810.
        FIRENS (Pierre). — Theatrum floræ, grand album de fleurs du Museum. Paris, in-f°, 1632.
        FIRMINGER (T.). — A manual of gardening for Bengal and upper india, avec fig. 623 pages. Calcutta, in-8°, 1874.
1782-1854 FISCHER (F. E. L.). — Specimen de vegetabilium imprimis filicum propagatione Halæ. Pétrograde, 8°, 1804.
        FISCHER (E.). — Flore du Grand-Duché de Luxembourg avec 140 planches. Luxembourg, in-8°, 1871.
        FISCHER (Ed.). — Die Uredineen der Schweiz avec 342 figures, cxiv et 591 pages. Berne, in-8°, 1904.
        FITCH and SMITH. — Illustrationes of the British flora avec 1.306 figures. London, in-8°, 1880.
        FITZGERALD (R. D.). — Australian orchids drawn from nature avec 76 planches col. au pinceau, 1875. Sydney.
            in-f°, 1875.
1607-1660 FLACOURT (Et. de). — Relation botanique de l'isle de Madagascar. Paris, in-4°, 1658.
        FLAGEOLET. — Contributions à la flore mycologique de Saône-et-Loire. Autun, in-8°, 1891.
        FLAHAULT (Ch.). — Modifications des végétaux suivant les conditions physiques avec 4 pl. Paris, in-8°, 1892.
        — Distribution géographique des végétaux dans un coin du Languedoc avec 8 fig. Montpellier, in-8°, 1896.
        — Flore des Alpes et des Pyrénées avec 430 planches coloriées, 1906-1912. Paris, 3 vol. in-12, 1912.
    1815 FLEMING (John). — Catalogue des plantes médicinales et drogues de l'Inde, 72 pages, Calcutta. London, in-8°, 1810.
        FLEURY (DE LA ROCHE). — Les plantes bienfaisantes, 10.000 recettes, 300 figures, 387 pages. Paris, in-12, 1906.
        FLICHE (P.). — Flores de l'Aube et de l'Yonne, 1894; avec Grandeau : végétation forestière, 1878. Troyes, in-8°, 1894.
        — Flore fossile du Trias en Lorraine et en Franche-Comté, avec 22 pl. Nancy, in-8°, 1905.
        FLORAL CABINET (The) and magazine of exotic Botany, 135 pl. en couleurs hors texte. London, 3 vol. 8 , 1837.
        FLUCKIGER et HAMBURY. — Histoire des drogues d'origine végétale, 320 fig., 1.338 p. Paris, 2 vol. in-8°, 1878.
        FŒLIX (Comte). — Botanique et horticulture des dames, 2 planches, viii-132 pages. Paris, in-4°, 1847.
        FOLIN (de). — Le jardin d'acclimatation d'Orotava à Ténériffe. Bordeaux. in-8°, 1884.
        FONTAINE (W. M.).— Flora of virginia 54 pl., in-4°, 1883; The Potomac or younger Mesozoic flora, 180 pl. Washing-
            ton, 2 vol. in-4°, 1889.
        FONTENELLE (J. S. E.). — Dict. de botanique médicale et pharmaceutique avec fig. 3e éd. Paris, 2 vol. in-8°, 1836.
        FONVERT et ACHINTRE. — Les plantes vasculaires des environs d'Aix. Aix, in-8°, 1873.
1790-1823 FORBES (John). — Botany of the Himalaya mountains; Hortus Woburnensis, 1822. London, in-4°, 1838.
1815-1854 FORBES (Edw.). — Fauna and flore of the british isles, 98 pages. Edinbourg, in-8°, 1846.
        FORBES and HEMSLEY. — The plants known from China, Formose, Corea, 1886-1903. London, in-8°, 1903.
        FORCKEL (F.). — Arbres, arbustes et plantes ornementales de la Riviera, en 4 langues, 176 p. Nice, in-8° 1885.
        FOREL (F.-A.). — Monogr. limnologique du Léman avec grav., pl. et cartes, 1892-1904. Lausanne, 3 vol. in-8°, 1904.
        FORGUIGNON. — Les champignons supérieurs avec 105 figures. Paris, in-12, 1886.

1736-1763 FORSKAL (Pierre). — Flora Aegyptiaco-arabica, publiée par C. Niebuhr, 219 p. Copenhague, in-4°, 1775.
1728-1798 FORSTER (J. R. père). — Floræ Americæ septentrionalis. London, in-4°, 1771.
          FORSTER (père et fils). — Characteris generum plantarum, du voyage de Cook en 1772-1775. London, in-4°, 1776.
1754-1794 FORSTER (Georg. fils). — Histoire de l'arbre à pain de l'île des Amis. Cassel, in-4°, 1784.
   —   — Florulæ insularum australium prodromus : Ascension, Sainte Hélène. Halle, in-4°, 1786.
1813-1880 FORTUNE (Robert). — Deux voyages dans les pays du thé (2° 1854). Paris, in-8°, 1852.
          FOUCAUD (J.). — Plantes de la Charente-Inférieure, 1882. Herborisation en Corse, 1898, suppl. et 7 planches, 1900. La Rochelle, in-8°, 1898.
          FOURCADE (M.). — Atlas naturel de botanique avec 148 pl. desséchées (lichens mousses, 2 vol. f°). Paris, in-4°, 1884.
          FOURCY (L. de). — Vade mecum des herborisations parisiennes, xxxi-299 p. (4° éd. 309 p. 1881). Paris, in-18, 1859.
          FOURNIER (Eug.). — Les graminées du Mexique et Amér. centr., 160 p. (Fécondation, 1868). Paris, in-4°, 1886.
   — Les graminées mexicaines à sexes séparés; cryptogames avec 6 planches, 1877-1880. Bruxelles, 3 vol. in-8°, 1880.
          FOURREAU (J.). — Les plantes qui croissent le long du cours du Rhône. Lyon, in-8°, 1868.
          FRAIPONT (G.). — Le monde végétal : fleurs, plantes et fruits avec 9 pl., 842 pages. Paris, in-8°, 1899.
1834-1900 FRANCHET (Adrien). — Plantes du Turkestan, 1883. Flore de Loir-et-Cher et Sologne, 792 p. Blois, in-8°, 1885.
   —   — Plantes de Yunnam, 1886-1894. Carex nouveaux d'Asie orientale, 26 pl. Paris, 4 vol. in-4°, 1898.
   —   — Plantæ Davidianæ ex Sinarum imperio : Chine et Mongolie, 44 pl. Paris, 2 vol. in-4°, 1888.
          FRANCHET et SAVETIER. — Plantes du Japon. Paris, in-8°, 1875.
1800-1865 FRANCIS (G.-W.). — The little english flora popular. London, in-12, 1849.
          FRANÇOIS. — Dialogue entre un curieux et un jardinier solitaire, 1 pl. 440 pages. Paris, in-18, 1738.
1750-1828 FRANÇOIS DE NEUFCHATEAU. — Lettre sur le Robinier connu sous le nom impropre de faux Acacia, 314 p. Paris, in-12, 1803.
          FRANÇOIS (L.). — Recherches sur les plantes aquatiques avec figures. Paris, in-8°, 1908.
1644-1704 FRANKE (Georg.). — De soldanelle. Lexicon vegetabilium upsalium, 142 pages. Copenhague, in-12, 1672.
          FRANZ (Stephane). — Les hépatiques, le 5° vol. sous presse, 1900-1912. Genève, 4 vol. 8, 1912.
          FRAY (J.-P.). — Les plantes du département de l'Ain, 1878. (pl. de la Grande-Chartreuse, 1897). Bourg, in-8°, 1878.
          FRAYSSE (A.). — Contribution aux plantes phanerogames parasites, 170 figures. Montpellier, in-8°, 1906.
          FREMINEAU (H.). — Anatomie des cryptogames vasculaires de France avec 7 pl. col. Paris, in-8°, 1868.
          FRENCH (C.). — A handbook of the destructive insectes of victoria avec 138 pl. col. 1904-1911. Melbourne, 5 vol. in-8°, 1911.
1794-1878 FRIES (Elias M.). — Systema mycologicum, 1821-1823, Systems fungorum ordines, genera species, 1822-1829. Lund, 3 vol. in-12, 1829.
   —   — Lichenographia europæa reformata. Lund, in-8°, 1831.
   —   — Summa vegetabilium Scandinaviæ, 3.250 espèces, 1846-1849. Upsal, in-8°, 1849.
          FRIES (R.-E.). — Sveriges Abyxomyceter. Stockholm, in-8°, 1900.
          FRIGYES (H.). — A Mayar Birodalour Moh floraja, 280 pages. Budapest, in-8°, 1885.
          FRITSCH (K.). — Kalender der flora des horizontes von Prag. (mousses de Hongrie). Prague, in-8°, 1852.
1501-1566 FUCHS (Leonhart). — De historia stirpium commentarii, 400 espèces indigènes, 895 pages, pl. col. Bâle, in-f°, 1542.
1720-1778 FUSÉE-AUBLET (Ch.). — Hist. des plantes de la Guyane française, 400 esp. nouv., 392 pl. Paris, 2 vol. in-4°, 1775.

G

          GADEAU DE KERVILLE. — Les vieux arbres de Normandie, botanico-historique, 82 pl. 1890-1898. Paris, 4 vol. in-8°, 1898.
          GADECEAU (Em.). — Botanique de Belle-Isle en mer, avec carte, 300 pages, 4 pl. Nantes, in-8°, 1904.
1732-1791 GAERTNER (Jos.). — De fructibus et seminibus plantarum, avec 225 planches, le tome III en 1807. Stuttgard, 3 vol. in-8°, 1788.
          GAGNEPAIN (F.). — Botanique de Cercy-la-tour (Nièvre) avec carte, 300 p. (Pollens, 1898-1903). Autun, in-8°, 1900.
   — Contribution à la flore de l'Asie orientale, 27 mém., 350 pages, 1907-1912. Autun, in-8°, 1912.

GAGNEPAIN (F.). — Sur les Zingibéracées en 21 mémoires, 400 pages (sur le Gui, 1897). Autun, in-8°, 1902.

GAILLARD (A.). — Catalogue des champignons du départ. de Maine-et-Loire, 1903-1906. Angers, 4 vol. in-8°, 1906.

GAIN (L.). — Flore algologique des régions antarctiques et subantarctiques, avec 8 pl. doubles. Paris, in-4°, 1912.

GAL (M. C.). — Flore des environs de Grand-Jouan. Nantes, in-12, 1874.

GALLAIS (A.). — Monographie du Cacao, avec planche et une carte, 216 pages. Paris, in-8°, 1827.

131-200 GALIEN (Klaudios). — Ses œuvres publiées par René Chartier de 1639 à 1679. Paris, 10 vol. in-f°, 1679.

GAMIN (J.). — Catalogue des plantes nuisibles dans le dép. des Deux-Sèvres. Niort, in-8°, 1910.

GANDOYER (Michel). — Flore lyonnaise et départements du Sud-Est, 321 p. Paris, in-8°, 1875.

— Plantarum omnium in Europa, 27,000 espèces, 541 p. Paris, in-8°, 1910.

GARCIA ab ORTA. — Dialogue sur les drogues médicinales des Indes-Orientales (Huerta). Goa, in-4°, 1563.

GARCIN (A.-G.). — Recherches sur l'histogenèse des pericarpes, 4 pl., 400 pages. Paris, in-8°, 1890.

1730-1792 GARDEN (Alex). — Médecin et botaniste : Linné donna son nom au Gardenia. Charlestown.

GARDINIER, BRACE and DOLLEY. — The plants of the Bahama islands. Philadelphia, in-8°, 1889.

1812-1849 GARDNER (Georg.). — The royal botanic garden at Peradenia-Kendy (Ceylan). Colombo, in-4°, 1845.

1658-1737 GARIDEL (P. T.). — Histoire des plantes de la Provence avec 100 planches, 520 p. Aix, in-f°, 1715.

GARNIER et LARONDE. — Champignons et Lichens du Haut Valais et d'Evolène (Suisse). Paris, in-8°, 1909.

1691-1776 GARSAULT (F.-A. de). — Description, vertus et usages de 719 plantes, xiv-372, 743 flg. Paris, 4 vol. in-8°, 1767.

GASCARD (A.). — Les gommes laques des Indes et de Madagascar, une pl. et figures. Paris, in-8°, 1893.

GASILIEN. — Lichens d'Auvergne, 1891. Lichens des environs de Saint-Omer, 1894. Lichens du Plateau central. Paris, in-8°, 1898.

1877-1916 GATIN (C.-L.). — Rech. anatomiques et chimiques sur la germination des palmiers, 11 pl. Paris, in-8°, 1906.

—   — Arbres, Arbustes et Arbrisseaux, 100 planches col. 32 figures. Paris, in-16, 1910.

1789-1854 GAUDICHAUD (Ch.). — Organographie des végétaux, in-4°, 1841. Anatomie et physiologie, 1842-1847. Paris, 2 vol. in-4°, 1847.

GAUDICHAUD, MONTAGNE et LEVEILLÉ. — Bot. du voyage de la Bonite autour du monde, 120 pl., 1851-1866. Paris, 5 vol. in-8°, 1866.

1766-1833 GAUDIN (J.-F.-G.-P.). — Agrostographia alpina, 1808-1809. Flora Helvetica, 1828-1833. Zurich, 7 vol. in-8°, 1833.

GAUTIER. — Champignons parasites de l'homme et des animaux, 160 pages. Brest, in-8°, 1867.

GAUTIER (Gaston). — Catalogue de la flore du départ. des Pyrénées-Orientales, 551 pages. Perpignan, in-8°, 1897.

1800-1873 GAY (Claude). — Flore du Chili avec atlas de 135 planches, 1843-1852. Paris, 8 vol. in-8°, 1852.

1798-1864 GAY (Jacques). — Mon. des lasiopetalées, 1821. Nouvelle espèce de chêne français. Paris, in-8°, 1857.

GAYFFIER (E. de). — Herbier forestier de la France avec 200 planches, 1868-1873. Paris, 2 vol. in-f°, 1873.

GEERTS (A.). — Les produits de la nature japonaise et chinoise avec 17 pl. et une carte. Yokohama, in-8°, 1878.

GENDRE et VAILLANT. — Plantes des env. de Paris, du Botanicon, avec 33 pl. d'Aubriet. Leyde, in-f°, 1726.

GENEAU DE LAMARLIÈRE. — Recherches morphologiques et physiologiques sur les Ombellifères, 200 p. Lille, in-8°, 1893.

— Botanique du département de la Marne, 366 pages, 1898-1900. Reims, in-8°, 1900.

— Flore du Soissonnais, 1900. Flore de la montagne de Reims, 127 p. Reims, in-8°, 1901.

GENEAU DE LAMARLIÈRE et MAHEU. — Les muscinées des cavernes de l'Yonne avec fig. Paris, in-8°, 1892.

GENEVIER (L.-G.). — Monographie des rubus du bassin de la Loire, 478 p. 1869-1870-1873. Angers, in-8°, 1873.

— Flore régionale 16 départements ouest, 1877-1878. Paris, 2 vol. in-12, 1878.

GENTIL (Amb.). — Inventaire des plantes vasculaires de la Sarthe, 400 p. 1892-1894. Le Mans, in-8°, 1894.

1685-1752 GEOFFROY (Ch. J.). — Structure et usage des parties des fleurs, dans Mém. de l'Acad. des Sc.. Paris, in-8°, 1711.

1672-1731 GEOFFROY (E. Fr.). — Traité de la matière médicale, dont 3 volumes par Bernard de Jussieu, 1741-1750. Paris, 16 vol. in-12, 1750.

1545-1612 GÉRARD (John). — Cat. arborum plantarum, 1033 espèces, 1596. Herball of general history. London, in-f°, 1597.

1733-1819 GÉRARD (Louis). — Flora Gallo-provincialis, une carte, 19 planches, 585 pages. Paris, in-8°, 1761.

GÉRARD (M.). — La botanique à Lyon avant la révolution avec figures, 100 p. Paris, in-8°, 1896.

1751-1816 GÉRARDIN (S.). — Essai de physiologie végétale 1810, Dict. Botanique, 1817-1822. Paris, 2 vol. in-8°, 1810.

GÉRARDIN et DESVAUX. — Dictionnaire raisonné de botanique, 746 pages. Paris, in-8°, 1822.

GÉRARDIN et GUÉDE. — Botanique, anatomie et physiologie végétales avec figures. Paris, in-8°, 1895.

GERBER (Ch.). — Rech. sur la maturation des fruits charnus, 2 pl., 280 p. (Cistes 1902). Paris, in-8°, 1897.

— Rech. sur la thérapeutique et chimique du genre adansonia, 4 planches. Montdidier, in-8°, 1895.

1814-1882 GERMAIN (Ernest). — Guide du botaniste avec dict. raisonné de 832 pages. Paris, in-18, 1851.

—   GERMAIN de SAINT-PIERRE. — Dictionnaire de botanique avec 1.600 figures, xvi-1.388 pages. Paris, in-8°, 1870.

1516-1565 GESNER (Conrad). — Plantarum, en 4 langues, avec 1.586 fig. (il eut l'idée des genres). Zurich, in-f°, 1542.

GÈZE (J.-B.). — Etudes botaniques et agronomiques sur les typha et autres palustres, 7 pl. Paris, in-8°, 1912.

GIARD (A.). — Aide-mémoire de botanique générale avec 77 figures, 358 pages. Paris, in-8°, 1898.

GIDON (F.). — Rech. sur l'appareil conducteur dans la tige et dans la feuille des nyctaginées, 6 pl. Caen, in-4°, 1900.

1741-1814 GILIBERT (J.-E.). — C. Linnæi systema, 7 vol. in-8°, 1785-1787. Démonstrations de botan. Lyon, 3 vol. in-8°, 1789.

1747-1834 GILLET (F.-P.-N.). — Sur la fructification du Phormium tenax. Paris, in-8°, 1824.

GILLET. — Synopsis analytique de la flore du département du Gard, 348 pages. Paris, in-12, 1847.

GILLET (C.). — Les champignons de France avec 886 pl. coloriées, 1874-1898. Alençon, 3 vol. in-f°, 1898.

GILLET et MAGNE. — Nouvelle flore française avec 97 figures, 620 pages (5° éd. 1887). Paris, in-12, 1862.

GILLOT et LUCAND. — Catalogue des champignons du département de Saône-et-Loire, 6 pl. col. Autun, in-8°, 1891.

1790   GINGINS (F. C. J. de). — Mon. des lavandes, 1826. Mon. des violacées dans le Prodromus de Candolle, t. I, page 287. Genève, in-8°, 1826.

GINSBOURG (B.). — De la structure de la fausse cloison du fruit des astragalées. Paris, in-8°, 1908.

GIRARD (J.). — Les plantes étudiées au microscope avec 208 figures. Paris, in-8°, 1873.

GIRAUDIAS et BESNARD. — Plantes d'Asprières (Aveyron). Herborisations dans le Baugeois et le Saumurois. Angers, in-8°, 1892.

GIROD (P.). — Guide pour les travaux de physiologie végétale avec 20 planches. Paris, in-8°, 1887.

1745-1796 GISÈLE (P.-D.). — Systemata plantarum, in-4°, 1767. Termini botanici. Hambourg, in-8°, 1781.

1714-1786 GLEDITSCH (J. G.). — Systema plantarum a staminum sita, in-8°, 1764. Botanica medica. Berlin, in-8°, 1789.

1709-1755 GMELIN (J. G.). — Flora Siberica sive historia plantarum, avec 217 fig. 1747-1770. Pétrograde, 4 vol. in-4°, 1770.

1745-1775 GMELIN (S. T.). — Hist. fucorum, avec 72 pl. in-4°, 1768. Reise durch Russland. Pétrograde, 3 vol. in-4°, 1774.

GODET (Ch. H.). — Flore du Jura suisse et français, 872 p. 1853. Supplément, 220 p. 1869. Neufchâtel, 2 vol. in-8°, 1869.

GODFRIN et PETITMENGIN. — Flore de Lorraine et contrées limitrophes 1909; (Anatomie des Cotylédons, 1884). Paris, in-18, 1909.

1807-1880 GODRON (D. Al.). — Sur l'hybridité. Flore de Lorraine, 1843-1844 (2° 1857). Nancy, 3 vol. in-8°, 1844.

—   — De l'espèce et des races dans les êtres organisés (L'Atlantide et le Sahara, Nancy, in-8°, 1868). Paris, 2 vol. in-8°, 1859.

GOEBEL. — Outlines of classification and special morphology of plants. London, in-8°, 1887.

1800   GOEPPERT (H. R.). — Les genres de plantes fossiles comparées avec les modernes, 55 pl. 1841-45. Bonn, in-4°, 1845.

1749-1832 GOETHE (J. W.). — Théorie de la métamorphose des organes des végétaux, 1787-1790. Gotha, in-8°, 1790.

GOGENA (M. R.). — Flora Nicaraguense. Managua, 2 vol. in-8°, 1911.

GOHERY (Jacq.). — Instruction sur l'herbe nommée Petun ou Tabac. Paris, in-8°, 1572.

GOLA (G.). — Flora del Piemonte avec une planche. Turin, in-8°, 1910.

GOMARA (Lopez). — Histoire générale des Indes-Occidentales, pour les Papas. Medina, in-4°, 1553.

GONDOLFF (E.). — Le tabac dans le nord de la France, 197 pages. Vesoul, in-8°, 1910.

GONNET (P.-H.). — Flore élémentaire de la France, 900 pages. Paris, in-8°, 1847.

GOTTSCHE LINDENBERG et NEES. — Synopsis hepaticarum, 1844-1847. Hambourg, in-8°, 1847.

1733-1821 GOUAN (Ant.). — Hortus regius monspeliensis, in-8°, Lyon, 1762. Flora monspeliaca, 3 pl., 544 p. Lyon, in-8°, 1765.

GOUBARD D'AULNAY. — Monographie du Café, description et culture du Caféier, 215 p. Paris, in-8°, 1832.

GOUBE. — Traité de la physique végétale des bois, 2° éd. 1808. Paris, in-8°, 1801.

GOURDON et NAUDIN. — Nouvelle iconographie fourragère avec 125 planches coloriées. Paris, in-4°, 1871.

GOUREAU (Ch.). — Les insectes nuisibles aux arbustes et aux plantes de parterre. Paris, in-8°, 1869.

1805-1839 GRAHAM (J.). — Catalogue des plantes des environs de Bombay. Bombay, in-8°, 1839.

GRANDEAU (L.). — Ecole forestière : nutrition de la plante, 2 pl. et fig., 624 p. Paris, in-8°, 1879.

GRANT (Captain Bartle). — The orchids of Burma. Rangoon, in-8°, 1895.

GRANT, OLIVER and BAKER. — The Botany from Zanzibar to Egypt, avec 136 planches. London, in-4°, 1875.

GRANVILLE et DELORD. — Les fleurs animées, texte de Delord, planches col., 364 p. Paris, in-4°, 1847.

1844-1916 GRAVEREAUX (J.). — Les roses cultivées à L'Hay, 12 pl. 16 fig., 232 pages. Paris, in-8°, 1902.

— La Malmaison : les 198 roses de l'impératrice Joséphine, fig. 108 p. Paris, in-12, 1912.

1857 GRAVES (Louis). — Catalogue des plantes du département de l'Oise, xvi-302 pages. Beauvais, in-8°, 1857.

GRAVET (F.). — Description des mousses qui croissent en Belgique, 160 pages. Gand, in-8°, 1875.

GRAVIS (A.). — Recherches anatomiques sur l'urtica dioïca, 24 planches. Bruxelles, in-4°, 1885.

— Recherches anatomiques et physiologiques sur le tradescantia virginica, 27 planches. Bruxelles, in-4°, 1898.

1810-1888 GRAY ASA (A.). — Manuel of botany of the northern United-states, 20 pl., 721 p. (2e 1867). New-York, in-8°, 1848.

—   — Plantæ Wrightianæ Texano-Neo-Mexicanæ avec 14 pl. 1852-1853. Washington, 2 vol. in-4°, 1853.

—   — Genera floræ americæ-boreali-orientalis, planches par Sprague, 1848-1856. New-York, in-4°, 1856.

—   — Revision of some borragineous genera. Boston, in-8°, 1885.

GRAY and TORREY. — The flora of North-america, 1838-1843. New-York, 3 vol. in-8°, 1843.

GRAY, WELL and MORROW. — On the botany of Japon. Boston, 2 vol. in-4°, 1859.

GREENE. — Manual of the botany of San Francisco, 328 pages. Bay, in-8°, 1894.

GREENE (J.-R.). — Organs of secretion in the hypericaceæ, 1883. Ferments and fermentation. Cambridge, in-8°, 1899.

GREENE (E. L.). — Plantæ bakerianæ. Washington, in-8°, 1901.

GRÉGOIRE (Jacq.). — Hortus pharmaceuticus Lutetianus, 84 pages. Paris, in-12, 1638.

GRELOT (P.). — Origine botanique des caoutchouc et gutta-percha, 276 pages. Nancy, in-8°, 1899.

GREMLI (Aug.). — Flore analytique de la Suisse avec carte, VI-588 pages (2e 1898). Bâle, in-12, 1886.

1808 GRENIER (Ch.). — Phanérogames du Doubs, 1841. Flore de la chaine jurassique, 1865-69. Besançon, 2 vol. in-8°, 1869

— Tableau de la flore de France, 1874. Revue de la flore des monts du Jura. Besançon, in-8°, 1876.

GRENIER et GODRON. — Flore de la France et de la Corse, 2.305 pages, 1847-1852. Paris, 3 vol. in-8°, 1852.

1794-1866 GREVILLE (R. K.). — Scottish cryptogamie flora, avec 360 pl., 1823-1829 (Algœ 1830). Edinbourg, 6 vol. in-8°, 1829.

— — Collection of cryptogamie plants from the ioman islands (Diatomées, 1861-1866). London, in-4°, 1826.

GREVILLIUS (A. Y.). — Om vegetationens utveckling pa de Nybildade Hjelmar-Oarne une carte, 140 pages. Stockholm, in-8°, 1893.

1628-1711 GREW (Nehemie). — The anatomy of plants, avec 83 pl., il dénomma fleurons les fleurs composées. London, 3 vol in-f°, 1682.

GRIFFITH (Hughes). — The natural history of Barbados. London in-f°, 1750.

1810-1845 GRIFFITH (William). — Icones plantarum asiaticarum avec M' Clelland, 1847-1852. Calcutta, 4 vol. in-f°, 1852.

1827 GRIMARD (Ed.). — La plante, 315 fig. 2 vol. in-12, 1865. L'Esprit des Plantes, silhouettes végétales, 379 p. Paris, in-8°, 1868.

— La botanique à la campagne, xxxiii-670 pages. Paris, in-8°, 1877.

GRIS (A.). — Rech. microscopique sur la chlorophylle, 1857. Sur la moelle des plantes ligneuses, 9 pl. Paris, in-4°, 1870.

GRISARD et VANDENBERGHE. — Les palmiers utiles et leurs alliés, 16 chromos, 120 fig., 230 pages. Paris, in-8°, 1885.

1814-1879 GRISEBACH (A. H. R.). — Flora of british-west-indian islands, in-8°, 1864. Végétation selon les climats, 1.770 pages. Paris, 2 vol. in-8°, 1878.

GRISLEY (Gab.). — In epistola dedicatoria viridarium lusitanicum. Lisbonne, in-8°, 1661.

GROGNOT. — Cryptogames du département de Saône-et-Loire, tableau, 266 pages. Autun, in-8°, 1863.

1695-1762 GRONOVIUS (J. F.). — Flora virginica, 2 vol. in-8°, 1739-1743. Flora orientalis. Leyde, in-8°, 1755.

GROOM (P.). — Contributions to the knowledge of monocotyledonous avec 3 planches. London, in-8°, 1895.

GROSOURDY (R. de). — El medico botanico criollo, de las Antillas, 1.865 pages. Paris, 3 vol. in-8°, 1864.

GUBERNATIS (A. de). — La mythologie des plantes ou les légendes du règne végétal. Paris, 2 vol. in-8°, 1878.

1872-1915 GUEGUEN (Fern.). — Anatomie comparée du style et des stigmates, 478 pages, 22 planches. Paris, in-8°, 1901

— — Les champignons parasites de l'homme et des animaux. Paris, in-8°, 1904.

GUEIDAN (A.). — Manuel des jardins pour le midi de la France, 492 pages. Marseille, in-12, 1896.

1779-1858 GUÉPIN (J.-P.). — Flore du département de Maine-et-Loire, 360 p. 1830. 3 supp. en 1850-1856. Angers, in-12, 1830.

GUÉRIN-MENEVILLE. — Dictionnaire d'histoire naturelle avec 720 planches. Paris, 12 vol. in-4°, 1839.

GUÉRIN (Ch.). — Notes sur l'histoire naturelle du gui (viscum album). Caen, in-8°, 1892.

GUÉRIN (P.). — Germination et implantation du gui-viscum-album, 4 pl. Paris, in-4°, 1903.

GUEROULT (Guill.). — Hist. des plantes, in-4°, 1548. Les fleurs du livre des vertus des herbes. Lyon, in-4°, 1588.

1715-1786 GUETTARD (J. E.). — Observations sur les plantes, physiologie, Flore des env. d'Etampes. Paris, 2 vol. in-12, 1747.

1790-1867 GUIBOURT (N. J. B. G.). — Hist. naturelle des drogues simples, 900 fig. 1820-59 (4e éd. 1849). Paris, 4 vol. in-8°, 1869.

GUIGNARD (L.). — Sur l'embrion des phanérogames-angiospermes avec 5 planches. Montpellier, in-4°, 1882.

— Anatomie et physiologie de l'embryogénie des légumineuses, 8 pl. 166 p. Paris, in-8°, 1883.

— Phénomènes de la fécondation, 1890. Structure du noyau, Le pollen des cycadées, une pl. Paris, in-8°, 1899.

GUIGNEAU (Th.). — Sur l'utilité des cryptogames parasites. Bordeaux, in-8°, 1852.

GUIHENEUF (D.).—Plantes bulbeuses, tuberculeuses et rhizomateuses ornementales avec 227 fig. Paris, in-8°, 1895.

1520-1589 GUILANDINUS (M.).—Les papyrus de Pline, Padoue, 1572. Conjetanea synonymia plantarum. Francfort, in-8°, 1600.

1799 GUILLARD (Ach.). — Formation et développement des organes floraux, in-4°, 1834. Inflorescences. Paris, in-8°, 1857.

GUILLAUD (J.-A.). — Flore de Bordeaux et du Sud-Ouest de la France, 1883-1884. Bordeaux, 2 vol. in-8°, 1884.

— Rech. des tissus de la tige des monocotylédones, 6 pl. col. 176 pages. Paris, in-8°, 1878.

GUILLAUME (A.). — Flore de la Marne, considérations générales. Reims, in-8°, 1907.

1766-1850 GUILLEMEAU (J.-L.-M.). — Hist. naturelle de la rose, 2 pl., 340 pages, 1800. Supp. 83 p. en 1811. Niort, in-12, 1800.

1796-1842 GUILLEMIN (J.-Ant.). — Rech. sur le pollen, 1825. Icones plantarum australasiæ rariorum, 20 pl. Paris, in-f°, 1827.

GUILLEMIN, PERROTTET et RICHARD. — Floræ senegambiæ, 72 pl., 620 p.. 1830-1833. Paris, 2 vol. in-f°, 1833.

GUILLERMOND (A.). — Sur les levures et moisissures à formes levures, 12 pl. col. Lyon, in-8°, 1802.

GUIMARD (Ed.). — La plante, botanique simplifiée. Paris, 2 vol. in-12, 1865.

1787-1866 GUSSONE (Giov.). — Flora Sicila, 1829. Floræ Sicilæ synopsis, 1842-1844. Naples, 2 vol. in-8°, 1844.

GUIMARAES (J. D'Ascensao). — Monographie das orobanchaceas portuguezas avec 14 pl.. Lisbonne, in-4°, 1904.

GUSTAVE et HERIBAUD. — Flore d'Auvergne, LXVIII-576 pages. Clermont, in-8°, 1883.

1586-1641 GUY DE LA BROSSE. — Description du Jardin royal des plantes médicinales, 108 pages. Paris, in-32, 1636.

H

HACKEL (Edoardo). — Monographia festu carum europearum (A Ceylan, 1883, au Japon 1899). Cassel, in-8°, 1882.

HAGEM (O.). — Untersuchunger über Norwegische mucorineen avec 32 figures. Christiania, 3 vol. in-4°, 1908.

HAILLANT. — Flore populaire des Vosges. 220 pages. Paris, in-8°, 1885.

HALACSY. — Conspectus floræ Greciæ. Leipzig, 3 vol. in-8°, 1901.

1677-1761 HALES (Stephen). — Vegetable staticks, 144 expériences avec 19 figures, IX-379 pages. London, in-8°, 1727.

HALES (D.). — La statique des végétaux, 385 pages. Paris, 2 vol. in-8°, 1779.

1708-1777 HALLER (Albert de).— Hist. stirpium indigenatum Helvetiæ, 2486 espèces, 48 pl. 1742-68. Berne, 3 vol. in-f°, 1768.

HAMPE (E.).—Les mousses du Brésil central et des provinces de Rio de Janeiro et de San Paolo. Copenhague, in-8°, 1880.

HAMY (E.-T.). — Les derniers jours du Jardin du roi et la fondation du Muscum, 1893. Paris, in-4°, 1893.

1827-1886 HANCE (H.-E.). — Les cypéracées, publiées dans le Journal de botanique. Paris, avril 1877.

HANRY (Hipp.). — Cat. des plantes du département du Var, 295 p. Mousses Hépatiques, 22 p. Aix, in-8°, 1867.

HANSGIRG (A.). — Prodromus der algenflora von Bohmen, 1886-1892. Prague, 3 vol. in-8°, 1892.

HANSTEEN (B.). — Om œggehvides synthese i den gronne phanerogame plante. Christiania, in-8°, 1898

1822 HANSTEIN (Joh.) — Plantarum Vascularium, 1848, Marsilea à fruits comestibles, 2 planches. Paris, in-8°, 1862.

— — Pflanzensystems, 1867 : classification adoptée par J. Sachs. Bonn, in-8°, 1867.

HARDOUIN, RENOU et LECLERC. — Plantes du département du Calvados, 440 pages (1° 1839). Caen, in-8°, 1848.

1819-1891 HARDY (Aug.). — Catalogue des végétaux cultivés à la pépinière d'Alger, -2° 1850, 3° 1860). Alger, in-4°, 1844.

— — Traité de la taille des arbres fruitiers avec 140 figures, 412 p. (8e 1884). Paris, in-8°, 1865.

1854-1917 HARIOT (Paul). — Algues marines des Côtes de France, 108 espèces, 48 pl. col. 51 p. Paris, in-8°, 1892.
—   — Atlas des plantes médicinales, 148 espèces, 144 planches, 221 pages. Paris, in-18, 1900.
—   — Atlas des fleurs les plus faciles à cultiver, 128 pl. coloriées. Paris, in-12, 1902.
—   — Le livre d'or des roses avec 60 planches col. 136 pages. Paris, in-4°, 1904.
—   — Les uridinées. Paris, in-12, 1908.
           HARIOT et PETIT. — Botanique du Cap Horn avec 3 cartes et 9 planches coloriées. Paris, in-4°, 1889.
           HARMAND (J.). — Catalogue des lichens de Lorraine avec 30 pl. 1894-1898. Nancy, in-8°, 1898.
           — Les lichens de France avec 18 pl. 1905-1909 (du Portugal, 1906). Nancy, in-8°, 1909.
           HARMAND et CLAUDEL. — Les lichens de France, 450 espèces en 9 portefeuilles, 1903-1909. Nancy, 1909.
           HARMAND et MAIRE. — Les lichens de la Grèce. Nancy, in-8°, 1909.
           HARSBERGER (J.). — Structure of plants of bermuda, 1908, of the strand plants of New-Jersey, 1909. Sea water
                 and plants 2 pl. Philadelphia, in-8°, 1911.
1790-1849 HARTMANN (Ch. J.). — Flore scandinave, 1830. Genera graminum in Scandinavia, 136 p. Stockholm, in-8°, 1830.
1817-1866 HARWEY (W. Henry). — Algues du Cap, 1838. Phycologia Britannica avec 360 fig. 1846-51. London, 4 vol, in-4°, 1851.
—   — The marine algae of the Atlantic and Pacific coats avec 50 planches col. Washington, in-4°, 1858.
—   — Index generum algarum or a systematic, catalogue. London, in-8°, 1860.
           HARWEY and SONDER. — Thesaurus flora capensis, 1859-1865. Dublin, 3 vol. in-8°, 1865.
           HARZ (C. O.). — Einige neue hyphomyceten systematik derselben avec 5 pl. doubles. Moscou, in-8°, 1871.
           HASSALL (A. H.). — British freshwater algœ, avec 103 pl. coloriées, viii-402 p. London, 2 vol. in-8°, 1845.
           HASSE (E. H.). — The lichen flora of southern California, 140 pages. Washington, in-8°, 1913.
1722-1752 HASSELQUIST (Fr.). — De viribus plantarum; Egypte et Palestine. Upsal, in-8°, 1747.
           HAVILAND (G. D.). — A revision of the tribe naucleæ avec 5 planches. London, in-8°, 1898.
1772-1833 HAWORTH (Ad. H.). — Miscellaria naturalia, 1803. Synopsis plantarum succulentatum. London, in-8°, 1812.
           HAYATA (B.). — Materials for a flora of Formosa, avec 500 planches. Tokyo, in-4°, 1911.
           HAYNALD (L.). — Castanæ vulgaris. Ceratophyllum pentacanthum. Claudiopoli, 2 vol. in-8°, 1881.
1763-1832 HAYNE (F. G.). — Flore médicale avec 648 planches, 1805-1846. Berlin, 14 vol. in-4°, 1846.
           HEBERT (B.). — Sur les préparations officinales des loganiacées. Saint-Lô, in-8°, 1903.
           HECKEL (Edouard). — Du mouvement végétal, 160 p. 1875. Les kolas africains, 4 pl., 408 p. Paris, in-8°, 1893.
           — Les plantes médicinales et toxiques de la Guyane française (Globulariées). Paris, in-8°, 1894.
           — Annales de l'Institut botanico-colonial de Marseille, 1893-1903. Marseille, 10 vol. in-8°, 1903.
1730-1799 HEDWIG (Joh.). — Species muscorum. Generation et fructification des cryptogames, 1784-1798. Pétrograde, 4 vol.
                 in-f°, 1798.
           HEER (O.). — Beiträge zur fossilen flora Spitzbergens avec 32 pl. teintées. Stockholm, in-4°, 1876.
1743-1807 HEIM (G. Ch.). — Deutsche flora, 876 pages. Halle, in-8°, 1799.
           HEIM (F.). — Botanique et technologie végétale avec figures (Flore de la Guyane). Paris, in-8°, 1901.
1683-1758 HEISTER (Laurent). — Systema plantarum generale ex fructificatione. Helmstadt, in-8°, 1748.
           HELLBOM (P. J.). — Lafvegetationem pa öarne vid Sveriges veskust. Stochkolm, in-8°, 1887.
           HELVETIUS (Ch. père). — De studio botanici nobilitate oratio . Leipzig, in-4°, 1666.
1661-1727 HELVETIUS (J. A.). — Préconisa et propagea la racine d'ipécacuanha. Paris, 1688.
1785-1861 HENCKEL (L. V. F. G.). — Nomenclator botanicus sistens plantos omnes in caroli Linné, iv-677 p. Helæ, in-8°, 1803.
           HENEAU (A.). — Flore de la basse et de la moyenne Belgique. Bruxelles, in-8°, 1889.
           HENNEGUY (F.). — Les lichens utiles avec 18 figures. Paris, in-8°, 1883.
           HENRIQUES (J. A.). — Expedicao scientifica botanica à Serra da Estrella em 1881-1 pl. Lisbonne, in-4°, 1883.
           HEPP. — Les lichens d'Europe avec 100 planches coloriées et noires, 1853-1867. Zurich, in-4°, 1867.
           HÉRAIL (Joseph). — Fumariacées, 1883. Formation de l'œuf des plantes avec fig. 143 pages. Paris. in-4°, 1889.
           HEMSLEY (W. B.). — Flora of Bermudas, Molluccas, 765 p. 1884-1886; Flora of the Tonga or Friendly Islands,
                 3 pl. f°. London, 2 vol. in-8°, 1893.
           — Biologia centrali americana avec 111 planches. 1880-1888. London, 5 vol, in-4°, 1888.
           HERAIL et BONNET. — Botanique médicale et pharmaceutique, 36 pl. col. 228 fig. Paris, in-8°, 1891.

HÉRAUD (A.). — Dictionnaire des plantes médicinales avec 260 figures, 600 pages (2e 1875). Paris, in-8º, 1871.

HERDER (F.). — Botanischen gartens zu Saint-Pétersburg, 1863. Addenda ad plantes, in-8º, 1881; Moscou, in-8º, 1863.

HERIBAUD (Jos.). — Flore d'Auvergne (Les diatomées fossiles d'Auvergne 3 vol.) 563 pages. Clermont, in-8º, 1883·

— Les Diatomées d'Auvergne, 8 pl. 1893; Les muscinées, 1899. Disposition des Diatomées, 1903. Clermont, in-8º, 1903.

HERINCQ (F.). — L'Horticulteur Français avec planches coloriées, 1851-1872. Paris, 21 vol. in-8º, 1872.

HERINCQ, JACQUES et DUCHARTRE. — Manuel gén. des plantes, arbres et arbustes, LXII-3.206 p. 1845-1857. Paris, 4 vol. in-12, 1857.

HERINCQ, GÉRARD et REVEIL. — Traité de botanique générale avec 102 pl. coloriées. Paris, 4 vol. in-4º, 1865.

1646-1695 HERMANN (Paul). — Horti academici Lugdano-Batavi, in-8º, 1681-1687. Floræ Lugdano. Leyde, in-12, 1690.

HERMANDEZ (Franc.). — Pl. de la Nouvelle Espagne à usage de médecine, 203 fol. (posthume)' Mexico, in-4º, 1615.

HESS (R.). — Die hypogaeen deutschlands avec 22 planches dont 8 col. 1791-1794. Berlin, 2 vol. in-4º, 1894.

1800-1857 HEUFFEL (Joh.). — De distributiones plantarum geographiæ Hungariæ. Pest, in-8º, 1827

— Enumération plantarum in Banatu Temesieusi, 210 pages (posthume). Vienne, in-8º, 1858.

1816-1907 HEUZE (Gust.). — Les plantes industrielles avec 20 pl. col. et figures, 1859-1860. Paris, 2 vol. in-8º, 1860.

HEUZE, BOUQUET, MEUNIER, PIZZETTA et VERLOT. — Flore de la France, 82 pl. 1.000 fig. Paris, in-4º, 1887.

HIBBERD (Sh.). — Les roses du xixe siècle. Liège, in-8º, 1882.

HICKEL (R.). — Graines et plantules des arbres et arbustes de France. Mâcon, in-8º, 1911.

HIERONIMUS. — De rerum varietate libri XVII, 881 pages avec figures. Avignon, in-8º, 1558.

1098-1179 HILDEGARDE (abbesse de Saint-Rupert). — Opera omnia, physica en manuscrit : Le jardin de Sante, imprimé Strasbourg, in-fº, 1533.

HILL and DE FRAINE. — On the seedling structure of gymnosperms avec 2 planches. London, in-8º, 1910.

1716-1775 HILL (John.). — Herbarium britannicum, 195 pl. 1769. Sommeil des plantes et la sensitive. Genève, in-8º, 1773.

HILL (John). — The vegetal system or the internal structure, 1761-1775. London, 26 vol. in-fº, 1775.

HIMPSEL (J. S.). — Excursions flora für Lothringen. Metz, in-12, 1888.

HIRN (K. E.). — Z. Kenntniss'd, Desmi diaceen Finnlands avec 2 pl. Helsingfors, in-fº, 1903.

HITCHCOCK (A. S.). — Plantes grasses du Mexique et des Etats-Unis, 200 pages. Washington, in-8º, 1913.

HŒFER (F.). — Le monde des bois, plantes et animaux avec 291 figures, 414 pages. Paris, in-4º, 1868.

HOFFMANN et SCHULTES. — Noms indigènes des plantes du Japon et de la Chine (2e éd. Leyden, 1864). Paris, in-8º, 1853.

1766-1849 HOFFMANNSEGG. — Flore portugaise, en latin et en français avec 114 pl. (à coûté 200.000 fr.), 1809-1833. Sego, 2 vol. in-fº, 1833.

HOFMEISTER (W.). — On the germination and fructification of the cryptogamæ, 65 planches. London, in-8º, 1862,

1800-1869 HOGG and JOHNSON. — The wild flovers of Great Britain, avec 720 pl. coloriées, 1863-76. London, 9 vol. in-8º, 1876.

1773 HOLANDRE (J. J. J.). — Flore de la Moselle et principal. des env. de Metz (2e éd. 1842). Metz. 2 vol. in-8º, 1827.

HOLMBŒ (J.). — Planterester i Norscke torvmyrer avec 5 pl. et fig. Christiana, in-4º, 1903.

HOLMES (E. M.). — New marine Algœ from Japan avec 6 planches. London, in-8º, 1895.

1732-1794 HOLMSKIOLD (Th.). — Beata ruris otia fungis danicis impensa, 1790-1799. Copenhague, 2 vol. in-fº, 1799.

HOLTERMANN (C.). — Beitrage zur anatomie der combretaceen avec 2 planches. Christiania, in-8º, 1893.

1785-1865 HOOKER (W. J. père). — British Jungermanniæ, 1816. Exotic flora, 3 vol. 1823-1825. The british flora, 1830. London, in-fº, 1830.

—   — Icones filicum avec Greville, 200 pl. col. et 40 noires, 1829-1831. Paris, in-fº, 1831.

—   — Flora boreali-Americana avec 238 planches, 1829-1840. London, 2 vol. in-4º, 1840.

—   — Remarkable vegetable products of the museum of Kew, 76 pages. London, in-8º, 1855.

—   — Species filicum, avec 330 planches, 1846-1864. London, 5 vol. in-8º, 1864.

HOOKER et ARNOTT (W.). — British flora, sixième édition. London, in-8º, 1850.

1817-1911 HOOKER (J. D. fils). — Flora antarctica, avec 200 pl. col., 574 p. 1844-1847. London, 2 vol. in-fº, 1847.

—   — The rhododendrons Himalaya, 1849-1851. London, in-fº, 1851.

—   — Flora of New Zealand, cryptogamia avec 60 pl. coloriées. London, 2 vol. in-4º, 1855,

—   — The Flora of british-india, 1872-1897. London, 7 vol. in-8º, 1897.

HOOKER et BENTHAM. — Genera plantarum phanerogarum, 200 fam. 1862-1883. London, 6 vol. in-8°, 1883.

HOOLA (Van Noten). — Fleurs, fruits et feuillages choisis de Java, 40 pl. coloriées. Bruxelles, in-f°, 1863.

HOPPE (H. D.). — Ectypa plantarum Ratisbonensium avec 800 pl., in-4°, 1787-1793. Regensburg, 8 vol. in-f°, 1793.

1770-1841 HORNEMAN (J. W.). — Plantes économiques du Danemarck, 1795. Flora Danica, 1806-1840. Copenhague, 6 vol. in-f°, 1840.

1761-1834 HOST (N. Th.). — Graminum austriacorum, 1801-1809. Flora austriaca, 1827-1831. Vienne, 2 vol. in-8°, 1831.

1649-1709 HOTTON (Pierre). — Rei herbariæ historia, 1695. Thesaurus phytologicus. Nuremberg, in-4°, 1738.

HOUARD (C.).—Les 6000 Zoocecidiés des pl. d'Europe et de la Méditerranée, 2 pl., 1.365 fig. 1908-1914. Marseille, 1562 pages, 3 vol. in-8°, 1914.

1520-1584 HOUEL (Nicolas). — Fondateur de l'Ecole de pharmacie, rue de l'Arbalète à Paris, 2 janvier 1578.

HOUGH (F. B.). — Upon periodical phenomens in plants and animals from, 1851-1859-1864-232 p. Washington, in-4°, 1864.

HOULBERT (C.). — Rech. sur la structure du bois secondaire dans les apétales, 184 p., 8 pl. Paris, in-8°, 1893.

— Flore de l'arrondissement de Sens, 276 p. 1901 (Ulmacées, 2 pl. 1899). Sens, in-8°, 1901.

1695-1733 HOUSTON (Will.). — Seu plantarum in-america-meridionali, 25 pl. publié par Banks. London, in-4°, 1781.

1858-1898 HOVELACQUE (M.). — Recherches sur l'appareil végétatif de certains végétaux, 760 p., 648 fig. Paris, in-8°, 1888.

1807-1883 HOWARD (J. E.). — Les quinquinas, 1858. Botanique d'Espagne, 1852. East Indian, 1869-1876. Madrid, in-f°, 1858.

1750-1830 HUBER (François). — Influence de l'air dans la germin. des graines, 230 p. (aveugle à 20 ans). Genève, in-8°, 1801.

HUBERT (E. D.). — Rech. sur le sac embryonnaire des plantes grasses avec 3 planches. Paris, in-8°, 1896.

HUBERT (P.). — Plantes à parfums, in-8°, 1909. Le palmier à huile avec fig. Paris, in-8°, 1911.

1730-1793 HUDSON (William). — Flora anglica. London, in-8°, 1762.

1840-1917 HUE (Auguste). — Les lichens (Archives du Museum), 1.196 pages, 64 fig., 17 pl., 1892-1912. Paris, 3 vol. in-4°, 1912.

HUERTA (Garcia del).—Coliquios dos simples e drogas he cousas med. da India orientales, 217 foll. Goa, in-4°, 1563.

1767-1859 HUMBOLDT (Alex de). — Flora Fribergensis, 1793. Geographica plantarum, pl. col. 249 pages. Paris, in-8°, 1817.

— — Monographie des Mélastomacées, 1816-1823. Paris, 2 vol. in-f°, 1823.

HUMBOLDT et BONPLAND. — Essai sur la géogr. des plantes, avec herbier de 5000 pièces. Paris, in-8°, 1805.

HUMBOLDT, BONPLAND et KUNTH. — Mimosas du nouveau Continent, 60 pl. col., 223 p. Paris, in-f°, 1819.

HUMBOLDT, BONPLAND et KUNTH.—Nova genera et species plantarum, 715 pl. 1815-20. Paris, 7 vol. in-f°, 1820.

1783-1834 HUNDESHAGEN (J. C.). — Anatomie, Chimie et physiologie des plantes, 372 pages. Tubingue, in-8°, 1829.

HUSNOT (T.). — Muscologia gallica, 1884-1890. 458 pages et 125 planches. Paris, 2 vol. in-8°, 1890.

HUTEAUX et SOMMIER. — Catalogue des plantes du département de l'Ain. Bourg, in-8°, 1894.

HY (F.). — Characées récoltées à la section de la Rochelle, 1890. Fruit des muscinées, 1884. La Rochelle, in-8°, 1890.

I

XII° siècle IBN-EL-AWAM. — Libro d'Agriculturea, ms. arabe traduit par Clement-Müller, 1864-1867. Paris, 3 vol. in-8°, 1867.

IKANITZ (A.). — Plantas Romanie hucusque cognitas, 280 pages. London, in-8°, 1881.

1767-1856 ILMONI IMMAN. — Plantarum officinalium Fennian sponte inhabitantium. Helsingfors, in-8°, 1837.

IMBEAUX. — Destruction des algues dans les eaux potables. Nancy, in-8°, 1907.

1730-1779 INGEN HOUSZ Jan. — Experiments upon vegetables pour purifier l'air, 1 pl., 302 p. (2° 1789). London, in-8°, 1779.

J

JACKSON (B. D.). — Guide to the litterature of botany. London, in-8°, 1881.

1801-1832 JACQUEMONT (Vict.). — Plantæ rariores, des Indes, 180 pl., 183 p. publié par Cambessèdes et Dec. 1841-1844. Paris, 6 vol. in-4°, 1844.

1780-1866 JACQUES. — Cat. glossologique des plantes cultivées à Neuilly, 116 pages. Paris, in-12, 1838.

JACQUES HERINCQ et DUCHARTRE. — Manuel des plantes, arbres, arbustes, XLII-3.206 p. 1845-1857. Paris, 4 vol. in-12, 1857.

1727-1817 JACQUIN (N. J.). — Icones pl. rariorum, 100 pl., 14 vol. in-f°, 1781-1794. Plantæ, horti Schœnbrunnen. Vienne, 4 vol. in-f°, 1797.

JACZEWSKI (A. L.). — Flore mycologique du gouvernement de Smolensk. Moscou, in-8°, 1898.

JAMAIN, FORNEY et NAUDIN. — Les roses, histoire, culture, description, 136 p., 60 pl. col. Paris, in-8°, 1873.

JAMMES (L.). — Aide-mémoire de botanique pharmaceutique, 288 pages, 2. Paris, in-8°, 1892.

JANDEL (A.). — La botanique sans maître, 1.000 fl. ou pl., 420 p. (2e éd. 1868, XII-393 p.) Paris, in-8°, 1882.

JANSSEN (Ed.). — Végétaux à feuilles persistantes de la Rivière, 230 pages. Nice, in-12, 1883.

JARDIN (E.). — Le caféier et le Café, monographie historique, scientifique, carte et pl. 400 p. Paris, in-8°, 1895.

1798 JAUBERT (Hipp.). — La botanique à l'exposition universelle de Paris, en 1855. Paris, in-8°, 1855.

JAUBERT et SPACH. — Illustrationes plantarum Orientalium, avec 500 pl., 1842-1857. Paris, 5 vol. in-4°, 1857.

1772-1845 JAUME SAINT-HILAIRE. — Familles naturelles et de la germination des plantes, 2.337 genres, 4.000 espèces, 117 pl. Paris, 2 vol. in-8°, 1805.

— — Plantes de France, arbres et arbrisseaux avec 1.000 pl. col. 1806-1813. Paris, 10 vol. in-4°, 1813.

— — Les arbres forestiers, 96 pl. col. 1824. La flore et la pomone franç., 529 pl. col. 1828-1833. Paris, 7 vol. in-4°, 1833.

JEANBERNAT. — Florule du département du Tarn, avec Martrin-Donos, 1864-1867. Paris, 2 vol. in-8°, 1867.

JEANVILLE. — Atlas des plantes utiles des pays chauds, 100 planches noires et coloriées. Paris, in-8°, 1902.

JEHAN (L. P.). — Botanique et physiologie végétale avec figures. Tours, in-8°, 1847.

1803-1872 JENNER EDWARD. — Flora of Tunbridge Wells. XXII-136 pages, 2 tab. col. London, in-8°, 1845.

1802-1886 JOHNSON (G. W.). — Journal d'Agriculture et d'Horticulture, Dictionnaire, 1837-1841. Calcutta, 1846.

1860 JOHNSTON and CROALL. — British seaweeds, phitologia britannica, 222 pl. col. (Croall, 1809-1885). London, 4 vol. in-8°, 1860.

1815-1892 JOIGNEAUX (P.). — Traité des graines de la grande et petite culture, 162 pages. Paris, in-8°, 1867.

1817 JOLY-CLERC (Nic.). — Physiologie ou hist. naturelle des plantes avec atlas de 700 pl. Paris, 5 vol. in-8°, 1799.

1812-1885 JOLY (Nicolas). — Origine, génération et fructification de la levure de bière. Toulouse, in-8°, 1861.

1571 JONCQUET DIONYS. — Medici parisiensis hortus avec 2 planches, XII-137 pages. Paris, in-4°, 1659.

— — Hortus regius parisiensis, XXII-188 pages. Paris, in-f°, 1665.

JORDAN (Alexis). — Plantes nouv. rares ou critiques de France, 28 pl., 584 p. 1846-1849. Lyon, 3 vol. in-8°, 1849.

— De l'origine d'arbres fruitiers et autres végétaux cultivés. Paris, in-8°, 1853.

JORDAN et FOURREAU. — Breviarium plantarum novarum ad icones, 25 fasc. in-f°. Lyon, 2 vol. in-8°, 1866.

JOULIE (H.). — Le sorgho à sucre au point de vue botanique, 200 pages, planche. Paris in-4°, 1854.

JOURDAN (A. J. L.). — Diction. des Sc. médicales, Biographies avec portraits, 1820-1825. Paris, 7 vol. in-8°, 1825.

— Dictionnaire des termes usités dans les sciences naturelles. Paris, 2 vol. in-8°, 1834.

JULIEN (A.). — Flore de la région de Constantine. Constantine, in-8°, 1894.

1572-1653 JUNGERMANN (L.). — Plantarum quæ in horto medico et agro Altdorphino. Altdorf, in-4°, 1635.

1812-1864 JUNGHULM (F. G.). — Cryptogames Java, Batavia, 1838. Plantarum Java, Sumatra. Leyde, in-8°, 1851.

1686-1758 JUSSIEU (Antoine de). — Plantæ per Galliam, Hispanian et italiam, de J. Barrelier avec 1.392 fig. Paris, in-f°, 1714.

— — Progrès de la bot. au Jardin royal de Paris, avec éloge de Fagon, 31 mai 1718. Paris, in-4°, 1718.

— — Institutiones rei herbariæ, de Tournefort avec appendice. Lyon, 3 vol. in-4°, 1719.

1699-1777 JUSSIEU (Bernard de). — Hist. des pl. des env. de Paris, de Tournefort, nouvelle éd. revue et augmentée. Paris, 2 vol. in-12, 1725.

— — Examen des polypiers, dans les Mém. de l'Académie des Sc. p. 290. Paris, in-8°, 1742.

— — Cat. des 62 ordres naturels du Jardin bot. de Trianon en 1759 publié à Paris, in-8°, 1789.

1704-1779 JUSSIEU (Joseph de). — Litteratisne salubris caffeæ usus (en 1716, Fagon l'avait déjà traité). Paris, in-4°, 1741.

1748-1836 JUSSIEU (Ant. Laurent de). — Nouvel ordre des pl. du Jardin royal de Paris, dans Mém. de l'Acad. des Sc, Paris, in-8°, 1774.

— — Genera plantarum secondum ordines naturáles disposita, LXXII-498 p. Paris, in-8°, 1789.

— — Principes de la méthode naturelle des végétaux : 150 familles, 51 p. Paris, in-8°, 1824.

1748-1836 JUSSIEU (Ant. Laurent de). — Introductio in historiam plantarum, 111 p. (posthume). Paris, in-8°, 1837.
1797-1853 JUSSIEU (Adrien de). — De euphorbiacorum generi bus medicisque, 18 pl. (thèse du doctorat). Paris, in-4°, 1824.
—   — Monographie du genre phebalium avec 3 planches. Paris, in-4°, 1825.
—   — Méthode Nat. des Végétaux, in-8°, 1828. Structure des Monocotylédones. Paris, in-8°, 1839.
—   — Cours de botanique, in-12, 1840-1842. Les malpigniacées, 26 pl. 1843-1844. Paris, in-f°, 1844.

                                              K

           KAALAAS (B.). — Beiträge zur Lebermoos flora Norwegens avec fig. Christiania, in-4°, 1898.
1651-1716 KAEMPFER (Eug.). — Plantarum quas in Japonica, publié par Banks. London, in-f°, 1791.
.. 1708   KAMEL (Joseph) ou CAMELLI. — Herbarum Philippinarum in insula Luzone, dans Ray, tome III. London, 3 vol.
           in-f°, 1686.
           KAMPMANN. — Lichens recueillis en Alsace 1867 (Flore cryptogamique de l'Alsace, 1851-70). Colmar, in-8°, 1867.
1808-1890 KARR (Alph.). — Lettres écrites de mon Jardin, 1853. Le credo du jardinier. Paris, in-12, 1875.
           KARSTEN (P. A.). — Ascobolorum Fenniæ, in-8°, 1871. Mycologiam Fennicam, in-8°, 1880. Ofversigt of Finlands,
           in-8°. Helsingfors, 3 vol. in-8°, 1894.
1817   KARSTEN (Herm.). — Flora Columbiæ, avec 200 planches, 1857-1866. Berlin, 2 vol. in-4°, 1866.
—   — Anatomie und physiologie der pflanzen, VIII-459 pages, 25 tableaux. Berlin, in-4°, 1865.
           KAWAMOURA (S.). — Acclimatation en Chine et au Japon de végétaux étrangers. Paris, in-8°, 1890.
           KAYSER et MANCEAU. — Les ferments de la graisse des vins avec 32 planches. Epernay, in-8°, 1909.
1769-1830 KEITH (Patrick). — A system of physiological botany, avec figures. London, 2 vol. in-8°, 1816.
           KELAART (E. F.). — Flora Calpensis. The botany of Gibraltar avec 1 pl. London, in-8°, 1846.
           KENT (A. H.). — Veitch's manual of the coniferæ, avec figures. London, in-8°, 1900.
           KERCHOVE (Osw. de). — Les palmiers, noms des espèces connues, 40 pl. col., 228 fig., 348 p. Paris, in-4°, 1878.
           — Le livre des orchidées avec 31 pl., 320 fig., 601 pages. Gand, in-8°, 1894.
           KHOURI (J.). — Contribution à l'étude du psidium pomiferum. Lille, in-4°, 1895.
1803-1864 KICKX (Jean).—Cryptogames de Louvain, 1835. Flore cryptogamique des Flandres (posthume). Gand, 2 vol. in-8°, 1867.
           KIEFFERS (J. J.). — Cécidies recueillies aux Petites-Dalles (Seine-Inférieure). Rouen, in-8°, 1899.
1779-1862 KIESER (D. G.). — Sur la physiologie, 1808. Mémoire sur l'organisation des plantes. Haarlem, in-8°, 1812.
           KING and PANTLING. — The orchids of the Sikkim-Himalaya avec 453 pl. col. (king seul ficus, 1887-1890). Cal-
           cutta, 2 vol. in-f°, 1898.
1804-1869 KIRSCHLEGER (Fr.). — Flore d'Alsace, 352 p. 1836. Flore d'Alsace, guide du botaniste, 1852-1862. Strasbourg,
           3 vol. in-12, 1862.
—   — Flore Vosges-rhénane, 1870. Suite à la flore d'Alsace, 1863-1868. Paris, 2 vol. in-8°, 1870.
           KIRWAN (C. de). — Les conifères indigènes et exotiques, 106 fig., 623 pages, 1867-1868. Paris, 2 vol. in-12, 1868.
1757-1817 KITAIBEL (Paul). — Plantæ rariores Hungariæ, avec Waldstein, 280 pl. col. 1802-1812. Vienne, 3 vol. in-f°, 1812.
           KJELLMAND (F. R.). — The algæ of the arctic sea avec 31 pl. coloriées, 430 pages. Stockholm, in-4°, 1883.
           KLEINHANS (R.). — Mousses des environs de Paris, 30 pl. 1863-1869. Iconogr. des mousses, 30 pl. Paris, in-4°, 1871.
           KLOTZ (J.). — Flore du grand-duché de Luxembourg, 1.380 pages, 1873-1883. Luxembourg, 4 vol. in-8°, 1883.
1805-1860 KLOTZCH (J. F.). — Les Aristoloches, in-8°, 1859. Botan. de Ceylan et de l'Himalaya, 164 p. Berlin, in-4°, 1862.
1638-1694 KNAUT (Christ). — Enumeratio plantarum circa Halam. Leipzig, in-f°, 1687.
1654-1716 KNAUT (Christ). — Methodus plantarum genuira, 267 pages. Halle, in-4°, 1705.
           KNIGHT (C.). — Contribution to the lichenographia of new-south Wales avec 3 pl. London, in-4°, 1882.
           KNOWLTON (F. H.). — Fossil flora of the basin Oregon, avec 17 planches. Washington, in-8°, 1902.
           KOCH (K.). — Dendrologie du Nord et du Centre de l'Europe, 1869-1873. Erlangen, 2 vol. in-8°, 1873.
1771-1849 KOCH (W. D. J.). — Synopsis floræ germanicæ et helveticæ, 1835-1837. 944 pag. Leipzig, 2 vol. in-8°, 1837.
1733-1806 KOELREUTER (J. T.).— La sève des plantes, 1761. Le mystère de la cryptogamie découvert. Carlsruhe, in-8°, 1777.
1658-1731 KOENIG (Emm.). — Regnrm vegetabilium. Bâle, in-4°, 1680.

KOORDERS (S. H.). — Botanische unters uchungen uber einige in Java, 1907. Die piperaceæ de Java. Amsterdam, in-4°, 1909.

1831-1898 KORNER (Ant.). — Flore des Alpes allemandes, 1873. Jardins botaniques, 1874. Vie végétale. Vienne, 2 vol. in-8°, 1891

1813-1866 KOTSCHY (Théo). — Plantæ Arabiæ; Plantæ Tinneanæ; Plantæ Aethiopieæ, 6 pl. Vienne, in-8°, 1865.

— — Les chênes de l'Europe et de l'Orient, avec 40 planches coloriées. Paris, in-f°, 1864.

KREMER (J. P.). — Monographie des Hépatiques du dép. de la Moselle. Metz, in-8°, 1863.

1787-1823 KROCKER (A. J.). — Flora Silesiaca renovata. Korner, 4 vol. in-8°, 1823.

1788-1850 KÜNTH (Ch. Sig.). — Revision des graminées du Nova genera et species plantarum, 220 pl., 1833-1835. Stuttgard, 2 vol. in-f°, 1835.

— — Flora berolinensis (observations organographiques). Berlin, 2 vol. in-12, 1838.

— La science de la botanique, 1847. Graminées et autres monocotylédones, 1833-1850. Stuttgard, 6 vol. in-8°, 1850.

KUNTH, HUMBOLDT et BONPLAND. — Les graminées de l'Amérique du Sud, 220 pl. col. 1825-1833. Paris, 2 vol in-f°, 1833.

KUSNEZOW (H.). — Flora des Schenkurschen Kreises in Archangelsen gouvernment, 1 carte. Pétrograde, in-8°, 1888

1807-1893 KUTZING (F. T.). — Phycologia generalis, 1843. Species algarum, 922 pages. Leipzig, in-8°, 1849.

L

1755-1834 LA BILLARDIÈRE (H. de.). — Les flores de la nouvelle Hollande, avec 265 pl. 1804-1806. Paris, 2 vol. in-4°, 1806.

— — Icones plantarum Syriæ rariorum, 58 pl. 1791-1812. Paris, in-4°, 1812.

LABORIE (E.). — Recherches sur l'anatomie des axes floraux avec 29 planches. Toulouse, in-8°, 1888.

LABOUREUR (J.). — Recherches sur les convolvulacées médicinales avec une planche. Paris, in-4°, 1884.

LABRIE (J.). — De quelques plantes rares nouvelles pour la flore de la Gironde. Bordeaux, in-8°, 1904.

1586-1641 LA BROSSE (Guy de). — De la nature, vertu et utilité des plantes avec 50 planches. Paris, in-f°, 1626.

— — Description du Jardin des Plantes médicinales avec plan et 108 pl. Paris, in-4°, 1636.

LACE and HEMSLEY. — Végétation of British Beluchistan of new species avec 4 pl. et carte. London, in-8°, 1891.

1736-1800 LACHENAL (de). — Observationes botanico-medicæ. Bâle, in-4°, 1776.

LACHOT (Henry). — Flore de l'arrondissement de Semur, 1885-1899. Semur, 3 vol. in-8°, 1899.

LACOSTE (S.). — Species novæ muscorum archipelagi indici, avec 6 planches. Amsterdam, in-4°, 1873.

LACROIX. — Botanique à la baie et au phare d'Arcachon. Bordeaux, in-8°, 1863.

1670-1740 LAFITAU (J. Fr.). — Mémoire sur la précieuse plante Ging-Sang de Tartarie, (Ging-Sen). Paris, in-8°, 1718.

1776-1839 LAGASCA (Mar.). — Elenchus, pl. quæ in horto-regio-bot. Matritensi colebantur (genera et species, 1846). Madrid, in-4°, 1816.

LAGREZE-FOSSAT (A.). — Flore du département de Tarn-et-Garonne, 527 pages. Mautauban, in-8°, 1847.

LAGUNA et de AVILA. — Floral forestal espanola. Madrid, in-6°, 1883.

LA HARPE (Jean de). — Monographie des vraies joncées, 93 pages. Paris, in-4°, 1825.

1685-1727 LA HIRE (J. N.). — Théorie de l'accroissement des tiges des plantes. Paris, in-8°, 1725.

LALANNE (G.), — Sur les caractères anatomiques des feuilles persistantes avec 7 pl., 133 p. Bordeaux, in-8°, 1870.

LAMARCHE (C. de). — Les plantes d'eau douce. Paris, in-8°, 1894.

1744-1829 LAMARCK (M. de). — Flore française des pl. nat., 3 vol. in-8°, 1778. Dict. de l'Encyclopédie bot. 1783-1797. Paris, 4 vol. in-4°, 1797.

— — Synopsis plantarum in flora gallica descriptorum; 425 pages. Paris, in-8°, 1806.

LAMARCK et POIRET. — Suite du Dict. de l'Encyclopédie botanique avec 1.000 pl., 1797-1823. Paris, in-4°, 1823.

LAMARCK et MIRBEL. — Hist. Naturelle des végétaux par famille, 624 pl. 1802-1826. Paris, 15 vol. in-18, 1826.

LAMBERT (Ed.). — Traité pratique de botanique, 390 figures, 500 pages. Paris, in-8°, 1883.

1810-1877 LAMBERTIE (L. de). — Cat. des plantes de la Marne : 105 ordres, 130 genres, 1040 espèces (Le fraisier, 1864). Reims, in-8°, 1846.

1832-1905 LAMBOTTE (E.). — Flore mycologique belge, 2.109 pages. Verviers, 4 vol. in-8°, 1880.

LAMIC. — Plantes naturalisées dans le Sud-Ouest de la France, 122 pages. Paris, in-8°, 1885.

1821-1883 LAMOTTE (M.). — Plantes de l'Europe centrale, 1847. Flore du plateau central de la France, 624 p. 1877-81. Paris, 2 vol. in-8°, 1881.

LAMOUROUX (J. P.). — Précis de phytographie avec planches. Paris, in-8°, 1828.

LAMOUROUX (S.). — Les familles végétales avec 108 planches. Bruxelles, in-8°, 1839.

LAMY DE LA CHAPELLE. — Mousses hépatiques et Lichens de Cauterets, Lourdes, Mont-Dore et Haute-Vienne, 1875-1880-1884. Condé-sur-Noireau, 3 vol. in-8°, 1884.

LANDRY et BEHR. — Tableau de la flore du département des Landes. Dax, in-8°, 1881.

1843 LANESSAN (J. L. de). — Mémoire sur le garcinia et les propriétés de la gomme-gutte, 1 pl. Paris, in-8°, 1872.

— — Histoire des drogues d'origine végétale avec 320 fig., 1.338 pages. Paris, 2 vol. in-8°, 1878.

— — La botanique : évolution du règne végétal avec 142 figures. Paris, in-8°, 1882.

— — Flore de Paris, phanerogames et cryptogames, 202 fig. 950 pages. Paris, in-8°, 1884.

— — Introduction à l'étude de la botanique, le sapin, 276 pages. Paris, in-8°, 1885.

— — Les plantes utiles des colonies françaises, 991 pages. Paris, in-8°, 1886.

LANESSAN et BAILLON. — Flore médicale avec 150 planches coloriées. Paris, 6 vol. in-8°, 1869.

LANGE (Joh.). — Flore du Grœnland in-8°, 1880; Flore du Danemark et pays voisins, 2 pl. Copenhague, in-8°, 1882.

LANGERON (M.). — Flore fossile de Sezanne avec 9 planches, 1899-1902. Autun, in-8°, 1902.

— Les mousses du Palatinat. Paris, in-8°, 1903.

1744-1818 LA PEYROUSE (P. de). — Flore des Pyrénées, 43 pl., 4 vol. in-f°, 1795-1801. Plantes des Pyrénées, 758 p. Toulouse, in-8°, 1813.

LANZI (M.). — Funghi mangerecci e novici d'Italia, 1893-1895-1898 et 1902, 144 pl. col. Rome, 3 vol. in-4°, 1902.

1626-1688 LA QUINTINYE (J. de). — Instructions pour les jardins fruitiers, publiées par son fils Michel, 1178 pages. Paris, 2 vol. in-8°, 1690.

LASÉGUE (A.). — Musée botanique de Benjamin Delessert, 588 pages, plantes et bibliothèque. Paris, in-8°, 1845.

LASSIMOUNE et LAUBY. — Catalogue de botanique du Massif Central, 216 pages. Moulins, in-12, 1905.

1784-1858 LATERRADE (G. F.). — Flore bordelaise et du département de la Gironde (2e 1821, 3e 1829, 4° 1846), 591 p. Bordeaux, in-18, 1811.

1720-1793 LATOURETTE (A. L. C. de). — Chloris Lugdunensis, in-8°, 1770. Demonstrations élém. de botanique. Lyon, 2 vol. in-8°, 1780.

LAURENT (L.). — Flore des calcaires des Celas, 14 pl. et 4 cartes, 1899. Le tabac, 937 pages. Paris, in-8°, 1900.

LAVADOUX (G.). — Recherches sur l'anatomie des Verbascées, avec figures. Coulommiers, in-8°, 1902.

1820 LAVALLE (J.). — Traité pratique des champignons comestibles avec 12 planches, 147 p. Dijon, in-8°, 1852.

LAVALLÉE (A.). — Les clématites à grandes fleurs avec 24 planches. Paris, in-4°, 1884.

LAVIALLE (P.). — Sur le développement de l'ovaire en fruit chez les composées avec fig. Paris, in-8°, 1912.

LAVY (Jean.). — Etat général des végétaux originaires, 408 pages. Turin, in-8°, 1830.

1830 LAWRANCE (Mary). — Collection of roses from nature ingl, 1796-1799, 90 pl. col. London, in-f°, 1799.

LAWSON (P. et fils). — Les pins de la Grande Bretagne, 48 pl. 643 fig. 1866-1884. Edinburgh, 3 vol. in-f°, 1884.

1827-1912 LAYENS (Georg. de). — Nouvelle flore des environs de Paris, 2.173 fig., avec Gaston Bonnier, XXXIV-286 p. Paris, in-8°, 1887.

— — Flore complète de la France, 5.289 fig. avec Gaston Bonnier, 412 pages. Paris, in-8°, 1894.

— — Flore du nord de la France et de la Belgique, 2282 fig. avec G. Bonnier, 307 p. Paris, in-18, 1890.

LAZARO E IBIZA. — Flora de la peninsula iberica, 1906-1907, 2e éd. (1e éd. 1895). Madrid, 2 vol. in-8°, 1907.

1722-1807 LE BERRYAIS (L. R.). — Traité des jardins ou le nouveau La Quintinie, 1775. (Petit La Quintinie, 1791). Paris, 2 vol. in-8°, 1775.

LEBOEUF (God.). — L'Orchidophile avec planches coloriées, 1885-1892. Paris, 8 vol. in-4°, 1892.

LEBRETON (Mme). — A travers champs, botanique pour tous, avec 580 fig., 483 pages (2e 1884). Paris, in-4°, 1878.

LEBRETON et NIEL. — Champignons récoltés dans l'Orne, l'Eure et Seine-Inférieure, 1 pl. Rouen, in-8°, 1894.

LECLERC du SABLON. — Rech. sur l'enroulement des vrilles, 3 pl. Sur les fr. à péricarpe sec., 8 pl. Paris, in-8°, 1884.

— La structure et la déhiscence des anthères avec 3 planches. Paris, in-8°, 1885.

LECLERC du SABLON. — Nos fleurs, plantes utiles ou nuisibles, 502 fig., 132 p., 2e éd. Paris, in-4°, 1895.

— Traité de physiologie végétale et agricole, 136 fig. Paris, in-8°, 1911.

1526-1609 L'ECLUSE (Charles de). — Rariorum alignot plantarum per Hispanium, avec 229 figures. Anvers, in-8°, 1576.

— — Rariorum aliquot stirpium per pannoniam, champignons. Anvers, in-8°, 1583.

— — Hist. des Aromates et plantes de l'Inde, traduction de Garcias ab Horto. Anvers, in-8°, 1593.

— — Rariorum plantarum historia, description de la pomme de terre, p. 79. Anvers, in-f°, 1601.

— — Exoticorum plantorum aromatum, fructuum historiæ. Anvers, in-f°, 1605.

LECOINTE. — Fougères de la région nantaise avec 5 planches. Nantes, in-8°, 1900.

LECOMTE (Henri). — La chute des fleurs, planche et figures, 50 pages. Autun, in-8°, 1910.

— Les articulations florales, 94 p., 3 pl. (Le Café, 1901). Paris, in-4°, 1910.

1802-1871 LECOQ (Henri). — La coquetterie des végétaux, 1847. Les plantes du Plateau-Central, avec Lamotte. Clermont, in-8°, 1848.

— — Geographie botanique de l'Europe, 3 pl. coloriées, 1854-1858. Paris, 9 vol. in-8°, 1858.

— — La botanique populaire. Fécondation et hybridation. Paris, in-8°, 1862.

— — La vie des fleurs, 1861. Le monde des fleurs : botanique pittoresque, 508 p. Paris, in-8°, 1870.

LECOQ et JUILLET. — Dict. des termes de botanique et des familles naturelles, 714 p. Paris, in-8°, 1831.

1785-1851 LEDEBOUR (C. F. de). — Icones plantarum floram rossicam-altaicam, 500 pl. 1829-1834. Riga, 5 vol. in-f°, 1834.

LEDOUX (P.). — Sur la régénération des feuilles chez les légumineuses avec figures. Paris, in-8°, 1904.

1727-1774 LEERS (J. D.). — Flora Herbornensis, 288 pages. Herborn, in-8°, 1775.

LEFEVRE (Ed.). — Botanique du département d'Eure-et-Loir, viii-311 pages. Chartres, in-8°, 1866.

LEGALL. — Flore du département du Morbihan. Vannes, in-8°, 1852.

LEGAULT (A.). — Recherches anatomiques sur l'appareil végétal des géraniacées, fig. et 4 pl. Lille, in-8°, 1908.

1589-1674 LEGENDRE (l'abbé) ARNAULT d'ANDILLY. — La manière de cultiver les arbres fruitiers, XLVI-239 p. Paris, in-16, 1652.

— — Notice sur le traité d'arboriculture publié en 1652. Rouen, in-16, 1664.

— — Le Jardinier royal (posthume). Paris, in-16, 1677.

LEGRAND (A.). — Statistique botanique du Forez (suppléments 77 p. 1894) (Berry, 1887). St-Etienne, in-8°, 1873.

LEGUIZAMON (H.). — Yerba-Mate, observaciones sobre su cultivo i sus usos. Buenos-Ayres, in-8°, 1877.

1812 LE HERICHER. — Flore populaire de Normandie et d'Angleterre, 117 pages. Paris, in-8°, 1857.

1792-1860 LEHMANN (J. G. C.). — Monographia primula, 1817. Icones novæ, 1828-1837. Hambourg, 10 vol. in-4°, 1837.

LEIGHTON (W. A.). — Flora of Shropshire, 1841. British lichens, 1851. The lichen flore of Great Britain, Ireland, et Channel. Shrewsburg, in-8°, 1872.

1779-1858 LE JEUNE (A. L. S.). — Flore de Spa, 3 vol. in-8°, 1811-1816. Pl. de Belgique, 1825-1830. Liège, 2 vol. in-4°, 1830.

LEITGEB (H.). — Untersuchungen, u. d. lebermoose, 1874-81. Iena, 4 vol. in-f°, 1881.

1823 LE JOLIS. — Algues marines de Cherbourg avec 6 pl. (1e éd. 108 p. 1859). 168 p., 240 espèces. Paris, in-8°, 1880.

1765-1849 LELIEUR (Comte). — La pomone et traité de physiologie végétale, 592 pages (Rosier, 1811). Paris, in-8°, 1816.

1800 LEMAIRE (Ch.). — Le Jardin fleuriste avec 430 planches coloriées, 1851-1854. Gand, 4 vol. in-8°, 1854.

LEMAIRE (A.). — Rech. sur les racines latérales chez les dicotylédones avec 6 planches. Paris, in-8°, 1886.

1781-1829 LEMAN (D. Seb.). — Notice sur les roses, dans le Journal de Physique, tome 87, page 359. Paris, in-8°, 1818.

1800-1877 LE MAOUT (Emm.). — Le Jardin des Plantes de Paris, description complète, planches et fig. 1842-1843. Paris, 2 vol. in-8°, 1843.

— — Les trois règnes de la nature. Botanique, 385 pages, figures et 47 planches. Paris, in-4°, 1852.

— — Traité d'organographie et de physiologie végétale, 50 planches, 558 p. 2e éd. Paris, in-8°, 1857.

LE MAOUT et DECAISNE. — Flore des Jardins et des champs. Paris, 2 vol. in-8°, 1855.

— Botanique descriptive et analytique, in-4°, 750 p., 5.500 fig. 1867. Traité de Botanique. Paris, in-8°, 1868.

1645-1715 LEMERY (Nicolas). — Dictionnaire universel des drogues simples. Paris, in-4°, 1698.

LEMOINE (V.). — Caractères spécifiques des flores parisiennes et remoises, 31 planches, 1880-81. Reims, 2 vol. in-4°, 1881.

1717-1799 LEMONNIER (L. G.). — Botanique dans les Pyrénées, dans la Méridienne de Cassini, p. 4, 1744. Le Café. Paris, in-12, 1773.

LE MONNIER. — Recherche sur la nervation de la graine, avec 4 pl. Paris, in-8°, 1872.

LE MONNIER. — Anatomie et physiologie végétale avec figures, 188 pages. Paris, in-18, 1882.

LENDNER (Alf.). — Les Mucorines de la Suisse avec 2 planches et 59 fig., 182 pages. Berne, in-8°, 1908.

LENEVEUX (Mme). — Les fleurs emblématiques, leur histoire, leur symbole, leur langage, pl. Paris, in-16, 1833.

LENNIER (G.). — Notes et documents pour l'estuaire de la Seine. Le Havre, 3 vol. in-4°, 1885.

LEON (J. D. de). — Los plantios de ornato, avec figures. Mexico, in-8°, 1904.

LEPAGE. — Plantes du château de Gisors et des environs, Bulletin de l'Académie de médecine, T. XXIV, p. 910. Paris, 1861.

LEROLLE (Léon). — Les familles végétales en alliances et en classes naturelles. Paris, in-8°, 1887.

LESACHER et MARÉCHAL. — Botanique médicale avec 100 planches coloriées, 1875-1883. Paris, 4 vol. in-8°, 1883.

1773-1826 LESCHENAULT (L. T.). — Végétation de l'Australie de Van-Diemen, dans voyage de Péron. Paris, 2 vol. in-4°, 1816, a propagé dans nos colonies le caféier, la canne à sucre, le coton, etc.

LESQUEREUX (Léo). — Flore fossile des Etats-Unis avec 221 pl., 1874-1878-1891. Washington, 5 vol. in-4°, 1891.

1794-1849 LESSON (R. Pr.). — Flore des environs de Rochefort, 634 pages. Rochefort, in-8°, 1835.

1715-1804 LESTIBOUDOIS (J. B.). — Mémoire sur la pomme de terre, 1737. Carte de botanique. Lille, in-f°, 1774.

1815 LESTIBOUDOIS (F. J.). — De viribus plantarum, 1783. Botanographie Belgique, 22 figures. Lille, in-8°, 1781.

1797 LESTIBOUDOIS (T. G.). — Anatomie et physiologie végétale, 600 pages, 1826 (Le Canna, 1824). Lille, in-8°, 1826.

— — Flore du nord de la France et Belgique, 812 p. et pl. Lille, 2 vol. in-8°, 1827.

LESTIBOUDOIS (Th.). — Sur l'anatomie et la physiologie des végétaux, 292 pages, 21 planches. Lille, in-8°, 1839.

LETACQ (A. L.). — Flore phanérogames et muscinées du départ. de l'Orne, 1885-87-89. Argentan, 3 vol. in-8°, 1887.

LETACQ. — Plantes phanerogames et cryptogames vasculaires de l'Orne. Rouen, in-8°, 1907.

LE TURQUIER de LONGCHAMP. — Flore des environs de Rouen, xxxii-583 en 1816, 84 p. en 1825. Rouen, 2 vol. in-8°, 1825.

LE TURQUIER et LEVIEUX. — Concordance des cryptogames avec la nomenclature de Candolle, 1820-1826. Rouen, 2 vol. in-8°, 1826.

LEUBA (F.). — Les champignons comestibles et vénéneux avec 54 pl. col. Neuchâtel, in-f°, 1890.

1796-1870 LEVEILLÉ (J. H.). — Les champignons, 1826-1840. Iconographie des champ. de Paulet, 217 pl. Paris, in-4°, 1855.

LEVEILLÉ (Hect.). — Flore du département de la Mayenne, 252 p. (supp. 1896-1898-1908). Laval, in-12, 1895.

— Les saules du Japon, in-8°, 1906. Rubi Sinenses, in-8°, 1909, Paris.

1746-1800 LHÉRITIER (Ch. L.). — Stirpes novea, 84 pl. 2 vol. in-f°, 1784-1885. Plantes rares de Kew, 34 pl. Paris, in-f°, 1788.

— — Geranium, Erodium, Pelargonium avec 44 pl. 1787; Cornus, 6 pl. 1788. Paris, in-f°, 1787.

LICOPOLI (G.). — Sulla structura del fusto della Wistaria chinensis. Naples, in-4°, 1872.

LIEBMANN (F.). — Novarum plantarum mexicanarum generum (chênes de l'Amérique Trop. 1869). Copenhague, in-8°, 1854.

1735-1778 LIGHTFOOT (John). — Flora scotica, avec 33 planches, 531 pages. London, 2 vol. in-8°, 1777.

LIANAC (L.). — Anatomie comparée des Calycanthacées Mélastomacées et Myrtacées, 455 p., 18 pl. Paris, in-8°, 1887.

LIGNIER (O.). — Histoire du Jardin des Plantes de Caen avec 2 planches, 150 p. Caen, in-8°, 1904.

LINDBERG (S. O.). — Observationes de Muiaceis europœis; Musci novi Scandinavici. Helsingfors, 2 vol. in-8°, 1868.

LINDEN et RODIGAS. — Iconographie des Orchidées, 800 pl. coloriées, 1885-1907. Gand, 17 vol. in-f°, 1907.

1682-1755 LINDERN (B.). — Hortus Alsaticus plantas in Alsatia, 300 pages, 12 pl. Strasbourg, in-8°, 1747.

1799-1865 LINDLEY (John, P.). — To the natural system of botany, 1830. An introduction to botany, 6 pl. (4e 1848). London, in-8°, 1835.

— — Physiologie végétale et tableau des plantes, 180 pages (Rosarum, 1820). Paris, in-8°, 1838.

— — Genera and species of orchidaceous plants, 1837-1840. London, in-4°, 1840.

— — The vegetable Kingdon, 303 familles, 1845-1846. London, in-8°, 1846.

— — Botany structural, physiological, descriptive. London, in-8°, 1858.

LINDLEY and HUTTON. — The fossil flora of great Britain, avec 230 pl., 1831-1837. London, 3 vol. in-8°, 1837.

1829-1880 LINDSAY (L. W.). — The lichen flora of northern Europe, (Bristish lichens, 1856). London, in-8°, 1866.
1769-1851 LINK (H. Fr.). —Icones anatomico botanicæ, 1837-1842. Anatomia pl. illustrata, 1843-1847. Berlin, in-8°, 1847.
1707-1778 LINNÉ -Charles). — Hortus upsalandicus sive plantarum exoticarum, 160 pages. Upsal, in-8°, 1731.
   —   — Systema naturæ per classes, ordines, genera et species, 12 pages. Leyde, in-f°, 1735.
   —   — Fundamenta botanica, in-8°, 26 pages. Bibliotheca botanica plus 1000 de plantis. Amsterdam, in-8°, 1736.
   —   — Musa Cliffortiana florens Hartecampi prope Harlemun, 40 pages. Leyde, in-4°, 1736.
   —   — Flora laponica, 372 p. 1737 (1° en 1732 dans : Acta Litt. de Suède). Amsterdam, in-8°, 1737.
   —   — Hortus cliffortianus, 32 p. in-4°, 1736. Critaca botanica, 220 pages. Leyde, in-8°, 1737.
   —   — Genera plantarum, 935 (en 1764 : 1239)... fructificationis, 584 pages. Leydè, in-8°, 1737.
   —   — Classes plantarum seu systemata plantarum omnia, 656 pages. Leyde, in-8°, 1738.
   —   — Flora sueciæ, 392 p. in-8°, Leyde, 1745. Sponsalia plantarum. Stockholm, in-8°, 1746.
   —   — Systema naturæ, 2° éd., 80 p. 1740. 6° éd. 8 pl. 232 pages. Stockholm, in-8°, 1748.
   —   — Materia medicæ a regni vegetabili, 252 pages. Stockholm, in-8°, 1749.
   —   — Philosophia botanica in quæ explicantur fundamenta, 362 pages. Stockholm, in-8°, 1751.
   —   — Species plantarum exhibentes plantas... secundum systema sexuale, 1.200 p. Stockholm, 2 vol. in-8°, 1753.
   —   — Systema naturæ, 10° éd. 3 vol. 1758-1759. 12° éd..1766-1768. Stockholm, 4 vol. in-8°, 1768.
         LINNÉ et SPRENGEL. — Philosophia botanica, 471 p. 1824. Genera plantarum, 870 p. Halle, 2 vol. in-8°, 1830.
1741-1783 LINNÉ (Fils). — Plantarum rariorum horti upsaliensis, 20 pl., 40 p. 1762-1763. Stockholm, in-f°, 1763.
         LINOCIER (Geoff). — Hist. des plantes en François: avec leurs pourtraicts, noms, qualitez, 704 p. Paris, in-18, 1619.
          — Hist. des pl. de l'isle de Virginie cultivées au jardin de Robin à Paris, 648 p. Paris, in-12, 1620.
1563-1611 LINSCHOOTEN (J. H.). — Itinerarium, productions des Indes-Hollandaises. La Haye, in-f°, 1591.
         LIRO (F.). — Uredineæ Fennicæ Finlands (Rostsvarpar), avec fig. 700 pages. Helsingfors, in-8°, 1908.
         LITARDIÈRE (R.de).— Voyage botanique en Corse en 1908 (Flore de la Péninsule ibérique,1911). Paris, in-8°,1909.
         LISTER (A.). — Monog. of the mycetozoa avec 78 planches. London, in-8°, 1894.
   1896 LLOYD (James). — Flore de l'ouest de la France, 8 départ., 585 p. (3° 1868. ccxvi-644 p.; 5° 1906). Nantes, in-8°,1854.
         LLOYD and Françis GUAYULE. — A rubber plant of Chihuahuan desert, 46 pl., 20 fig. Washington, in-8°,1890.
1538-1616 LOBEL (Mathias de). — Plantarum seu stirpium historiæ, index en 7 langues, 1.086 pages. Anvers, in-f°, 1576.
   —   — Plantarum seu stirpium icones, 2.192 plantes, 1.000 planches, in-4°. Anvers, 2 vol. in-f°, 1581.
         LOEFGREN. — Flore de São Paulo (Brésil), 238 pages. São Paulo, in-8°, 1886.
         LOESENER (Ch.). — Monographia aquifoliacearum avec 15 planches. Halle, in-4°, 1901.
         LŒUILLART D'AVRIGNI. — Principes de botanique médicale, xviii-372 pages. Paris, in-8°, 1821.
1775-1849 LOISELEUR-DESLONGCHAMPS. — Plantes indigènes, 2 vol. in-8°, 1819. Herbier général de l'amateur, 1816-
         1827. Paris, 9 vol. in-4°, 1827.
   —   — Hist. du cèdre du Liban, in-8°, 1837. Flora gallica, 31 planches. Paris, 2 vol. in-8°, 1828.
   —   — La rose, son histoire, sa culture, sa poésie, 127 pages avec figures. Paris, in-18, 1844.
         LOISELEUR et LEMAIRE. — Nouvel herbier général de l'amateur, pl. col. 1839-1845. Paris, 4 vol. in-4°, 1845.
         LOISELEUR et DUHAMEL. — Traité des arbres et arbustes en pleine terre avec 500 planches coloriées. Paris,
         7 vol. in-f°, 1819.
1528-1586 LONICER (Adam).—Methodus rei herbariæ,in-f°,1550. Naturalis hist. opus novum, 1551-55. Francfort, in-f°, 1555.
         LORET et BARRANDON. — Flore de Montpellier : pl. vasculaires de l'Hérault, une carte, 962 pages (2° éd., 1886).
         Montpellier, 2 vol. in-16, 1876.
         LORETZ Y NIEDERLEIN. — Botanique du Rio-negro de la Patagonie avec 12 planches color. Buenos-Ayres,
         in-4°, 1887.
         LOREY et DURET. — Cat. des plantes de la Côte-d'Or, in-8°, 1825. Flore de la Côte-d'Or, 7 pl., 1.131 pl. Dijon, 2 vol
         in-8°, 1831.
         LORIS (D.). — Le thrésor des parterres de l'univers. Genève, in-4°, 1629.
         LORY. — Observations sur la respiration et la structure des orobanches. Paris, in-4°, 1847.
1783-1843 LOUDON (John Cl.). — Arboretum et fruticetum britannicum, 400 planches, 2.500 fig. London, 8 vol. in-8°, 1838.
   —   — Encyclopedia of plants, 16,710 espèces. 1829. London, 6 vol. in-8°, 1829.

1807-1858 LOUDON (Jane). — Ladies flower, 58 pl. col. in-4°, 1841. Flower garden, 1841-1846. London, 6 vol. in-4°, 1846.

1715-1796 LOUREIRO (João de). — Flora cochinchinensis, 2° éd. Berlin, 1793. Lisbonne, 2 vol. in-4°, 1790.

1802-1874 LOWE (R. T.). — Manual flora of Madeira, 1857-1864 (New-Zealand, 1861-1862). London, in-12, 1864.

LOWE (E. J.). — Ferns british and exotic (fougères) avec 479 pl., 1.384 p. 1861-1864. London, 8 vol. in-8°, 1864.

— New and rare ferns, 72 pl. 1865. Our native ferns. 74 pl. 1874. Fern growing 2 pl. portrait. London, in-8°, 1895.

LOWE and HOWARD. — Les plantes à feuillages colorés, 120 planches, 1865-1870. Paris, 2 vol. in-8°, 1870.

LOYNES (de). — Flore cryptogamique de l'ouest, Vienne et Deux-Sèvres. Niort, in-8°, 1892.

LUBBOCK (John). La vie des plantes, 271 fig., 311 p. Paris, 1889. The beauties of nature, pl. et fig. London, in-8°, 1892.

1897 LUCAND (M.). — Les champignons de la France avec 125 planches. Autun, 11 vol. in-4°, 1887.

LUDRE (H.). — Revision des rubus récoltés en Bavière par A. Progel, 1911. Paris, in-8°, 1911.

LUGARESI (E.). — Anatomie et physiologie du neflier du Japon (Eriobotrya) avec fig. Paris, in-8°, 1810.

LUNAN (John). — Hortus Jamaïcensis, viii-538 et 402 pages. Jamaïque, 2 vol. in-4°, 1814.

LUTZ (L. C.). — Etude des gommes, 3 pl. 1895. Sur la nutrition des plantes à l'aide de l'azote. Paris, in-8°, 1898.

1707-1789 LYONNET (Pierre). — Traité de la chenille qui ronge le bois du saule (la phaleine-cossus). La Haye, in-4°, 1740.

M

MABILLE (P.). — Les plantes de la Corse, 1869. Plantes de Dinan et Saint-Malo, 160 p. Bordeaux, in-8°, 1866.

MAC CLATCHIE (J.). — Les eucalyptus cultivés aux Etats-Unis, 91 pl., 106 pages. Washington, in-8°, 1902.

70 Av. 16 Ap. MACER AEMILIUS. — De herbarum virtutibus, en manuscrit, imprimé à Naples, in-f°, 1477.

MACOUN (J.). — Flora of the Gaspe peninsula, 1883. in-4°, Montréal; Pl. rares prov. Ontario. Edinburgh, in-8°, 1895.

MACQUART. — Les plantes herbacées d'Europe et leurs insectes, 184 p. (suppl. 37 p.). Paris, in-8°, 1853.

MAETERLINCK. — L'intelligence des fleurs. Paris, in-12, 1907.

MAGNIN (A.). — Botanique des monts du Lyonnais, 1880. Les rouilles des céréales. Besançon, in-8°, 1905.

— La flore des marais tourbeux du Lyonnais, d'Aranc, 1874-1900. Lichens de l'Ubbaye. Lyon, in-8°, 1877.

MAGNIN et HETIER. — Flore du Jura et du Lyonnais, 282 pages, 1894-1897. Besançon, in-8°, 1897.

1638-1715 MAGNOL (Pierre). — Botanicon monspeliense sive plantarum circa monspelium noscentium index. Montpellier. in-8°, 1676.

— — Prodromus hist. naturalis plantarum, 1.354 espèces, détermine la famille Montpellier, in-8°, 1689.

1676-1759 MAGNOL (Antoine). — Publia de son père : Novus character plantarum, 340 pages. Montpellier, in-4°, 1720.

MAHEU (J.). — Recherches anatomiques sur les menispermacées, 1902 (Flore Catalogne 1909). Paris, in-8°, 1902.

— Flore souterraine, in-8°, 1906. Flore des Catacombes de Paris, fig. Paris, in-8°, 1908.

MAILFAIT et CADIX. — Catalogue de la flore des Ardennes, 168 pages. Paris, in-8°, 1900.

MAIRE (R.). — La végétation de la Lorraine, 1908 (Plantes de Grèce avec Petitmeugin, 1907). Nancy, in-8°, 1908.

MALASSEZ (L. Ch.). — Note sur le champignon du Pityriasis simple, 1874. Dict. Sc. Med. T. 77, p. 463. Paris, in-8°, 1887.

MALBRANCHE (A.). — Catalogue des lichens de la Normandie avec suppl., 1870-1881, 2 pl. Rouen, in-8°, 1881.

MALMGREN, SIMMING, HISINGER, SELIN et SANMARK. — Flore cryptogamique finlandaise, 180 p. Helsingfors, in-8°, 1862.

1628-1694 MALPIGHI (Marc). — Anatome plantarum idea, avec 100 pl. 1675-1679 (profes. à Bologne et Pise). London, 2 vol. in-f°, 1679.

— — Opera omnia... botanico medico anatomicus, 93 planches. Leyde, 2 vol. in-4°, 1687.

MANGIN (L.). — Racines et modifications de la tige chez les monocotylédones, 8 pl., 362 p. Paris, in-8°, 1882.

— Observations sur le développement du pollen, 1889. La cryptogamie, 1904. Paris, in-8°, 1889.

— Cours élémentaire de botanique, 441 figures, 380 pages. Paris, in-18, 1891.

— La végétation dans les Vignes. Les plantations à Paris, avec fig. Paris, in-8°, 1900.

1632-1701 MAPP (Marc). — Historia plantarum alsaticarum, 1.700 plantes, publié par J. C. Thumann. Strasbourg, in-4°, 1742.

MAQUENNE. — Applications des méthodes physiques à la physiologie végétale. Paris, in-4°, 1880.

1554 MARANTA (Bart.). — Methodi cognoscendorum medicamentorum simplicium, libri tres. Venise, in-4°, 1559.

MARCELIA. — Ravista internazionale di Cecidiologia avec nomb. planches. 1902-1909. Avelino, 8 vol, in-8°, 1909.

1610-1644 MARCGRAF (Georg.). — Historiæ rerum naturalium brasiliæ (2° éd. par De Laet, 1648). Leyde, in-f°, 1646.

MARCHAIS (A.). — Les jardins de la région de l'Oranger. Antibes, in-12, 1883.

MARCHAND (E.). — Le jardin botanique alpin de l'Observatoire du Pic du Midi. Paris, in-8°, 1901.

MARCHAND (L.). — Des classifications et des méthodes en botanique, 108 p. 1867-1868. Angers, in-8°, 1868.

1833-1911 MARCHAND -L.). — Botanique cryptogamique pharmaco-médicale, 120 fig. 1880-1883. Paris, in-8°, 1883.

MARÈS et VIRGINEIX. — Cat. des plantes vasculaires des iles Baléares, 9 planches. Paris, in-8°, 1880.

MARIN et GUILLOT. — Culture pratique des fleurs annuelles, bisannuelles et vivaces, avec 237 fig. col. Paris, in-8°, 1886.

MARION (F.). — Les merveilles de la végétation avec 46 gravures. Paris, in-8°, 1872.

1620-1684 MARIOTTE (Edme). — Essay de la végétation des plantes, ascension de la sève, 180 pages. Paris, in-12, 1679.

MARNAC et REYNIER. — Flore phanérogamique des Bouches-du-Rh., 135 p., 1909-1910. Le Mans, in-8°, 1910.

MARON et FOURNIER. — Les fougères : organographie et classification, 320 figures. Paris, in-12, 1896.

MARQUAND (E. R.). — Flora of Guernsey and Channel Islands, 500 pages. London, in-8°, 1901.

1777-1828 MARQUIS (A. L.). — Esquisse du règne végétal : tableau des familles, VII-128 p. Rouen, in-8°, 1828.

MARRET (L.). — Icones floræ alpinæ plantarum, avec 120 planches. Paris, in-8°, 1908.

— Flore du Valais et des Alpes Lemaniennes, 1907. Du massif alpin, 1909. Paris, 2 vol. in-8°, 1909.

MARSCHALL (F. A.). — Flora taurico-Caucasica, 1808-1819. Charkow, 3 vol. in-8°, 1819.

1745-1818 MARSHAL (W. H.). — Arbres et arbrisseaux des Etats-Unis d'Amérique, 174 p. Philadelphie, in-8°, 1785.

MARSILLI (L. F. de). — Histoire physique de la mer, principal. des algues, avec planches. Amsterdam, in-8°, 1725.

MARSILLY (de). — Catalogue des plantes cultivées en Corse, 201 p. Paris, in-8°, 1872.

MARTEL (E.). — Contribuzione alla lichenologia et all'algologia del Piemonte. Turin, 2 vol. in-4°, 1911.

1699-1768 MARTIN (John). — Historia plantarum rariorum, 1728-1732. Cambridge, in-f°, 1732.

MARTIN. — Plantes des environs de Romorantin, 357 p. (2° éd. 533 p. 1894). Paris, in-8°, 1876.

MARTIN (G.). — Flore du département de la Creuse. Guéret, in-8°, 1891.

1806-1889 MARTINS (Ch.). — Geographie bot. de la France, 1845. Etapes d'un nat. du Spitzberg au Sahara, 620 p. Paris, in-8°, 1865.

1794-1868 MARTIUS (K. F. P. de). — Plantarum phanerogarum bresiliam, 300 pl.col. 1823-1832. Munich, 3 vol. in-f°, 1832.

— — Historia naturalis palmarum, 582 espèces, 245 pl. col. 1823-1850. Munich, 3 vol. in-f°, 1850.

MARTIUS (Th.). — Flora rustica, avec figures, 1792-1794. London, 4 vol. in-8°, 1794.

MARTIN-DONOS (de). — Florule du département du Tarn, XXIV-872 pages. Toulouse in-8°, 1864.

— et JEAN-BERNAT. — Cellulaires du Tarn, XXIX-278 pages. Paris, in-8°, 1867.

1699-1768 MARTYN (John). — Historia plantarum rariorum, decades V, 1728-1836. London, in-f°. 1736.

MASCLEF (A.). — Plantes du département du Pas-de-Calais, 215 pages. Paris, in-8°, 1886.

— Atlas des plantes de France, 400 planches, 368 p. 1891-1896. Paris, 3 vol. in-8°, 1896.

MASSALONGO (Ch.). — Hepaticæ in provincia Schen-si Chinæ interioris avec 14 planches. Verone, in-8°, 1897.

MASSARD (J.). — Géographie botanique de la Belgique avec 466 photos, 11 cartes. Bruxelles, in-4°, 1910.

MASSARD. — Un voyage botanique au Sahara avec 7 planches 150 pages. Bruxelles, in-8°, 1898.

MASSE (J.). — Plantes filamenteuses pour tissus et papier avec une planche. Lille, in-8°, 1864.

1741-1805 MASSON (Francis). — Stapeliæ novæ, avec 41 planches coloriées. London, in-f°, 1796.

MASSRA (G-F.) — Prodromo della flora Valtellinese, 219 pages et une pl. Sondrio, in-8°, 1834.

MASTERS (M-T.). — On the conifers of Japan avec 2 pl. et fig. 1881 (Cupressus 1895). London, in-8°, 1881.

MATHIEU (C.). — Flore générale de Belgique, 1.200 p. 1853-1854 (supp. 44 pages 1854). Bruxelles, 2 vol, in-8°, 1854.

MATOUSCHEK (F.). — Bryologisch floristische berträge aus Böhmen. Prague, in-8°, 1896.

1814 MATTHIEU (Aug.). — Flore forestière de France, XVI-384 p., 2° éd. 455 p. en 1860. Nancy in-8°, 1858.

1500-1577 MATTHIOLE (P. And.). — Commentari in sex hibros, 1565. Compendium de plantis omnibus. Venise, in-f°, 1571.

— Pedacii Dioscoridis de medico materia, fig. 956 pages. Venise, in-f°, 1572.

MAUMENÉ (Alb.). — Les arbres nains japonais, 12 planches, 4 figures, 60 pages. Paris, in-8° 1898.

MAUMENÉ (Ch.). — L'Art floral à travers les siècles, 88 figures, 105 pages. Paris, in-8º, 1900.

MAUMERIE (A.). — Ornementation florale des jardins avec 65 figures. Paris, in-8º, 1905.

1791-1836 MAURI (Ern.). — Romanarum plantarum centuria, avec Orsini et Tenore, 1829-1830. Naples, in-4º, 1830.

MAURY (P.). — Sur l'organisation et la distribution géographique des plombaginacées, 6 planches. Paris, in-8º, 1886.

MAURY (A.-L.-F.). — Les forêts de la Gaule et de l'ancienne France, 400 pages. Paris, in-8º, 1867.

MAXIMOWICZ (C.-J). — Plantarum novarum : Japon Mandshuriae, Asie, Mongolie et nord du Thibet, 1870-1884. Pétrograde, 7 vol. in-8º, 1884.

MAYOUX (A.). — Sur la valeur des appendices superstaminaux de la fleur des aristoloches, 3 pl. Paris, in-8º, 1892.

MAZE. — Etude de la flore de la Guadeloupe, 191 pages. Basse-Terre, in-8º, 1892.

MECHAN (T.). — Flovers and ferns of the United-States, 192 pl. col. 1879-1880. Boston, 4 vol. in-8º, 1880.

1736-1808 MEDICUS (Fr.). — Physiologie des plantes, 3 vol. 1803. Culture des végétaux exotiques. Leipzig, in-8º, 1806.

MEISSNER (K.-F.). — Plantarum vascularium genera, 1836-1843. Bâle in-fº, 1843.

MEISTER (Fr.). — Die kieselalgen der Schweiz avec 48 planches, 255 pages. Berne, in-8º, 1912.

MENAULT et ROUSSEAU. — Les plantes nuisibles, 80 planches coloriées, 316 pages. Paris, in-8º, 1902.

MENE (E.). — Des productions végétales du Japon, 592 pages. Paris, in-8º, 1885.

MENIER (Ch.). — Flore du département de la Loire-Inférieure, 128 p. 1898-1900. Nantes, in-8º, 1900.

1622-1701 MENTZELI (Christ.). — Index nominum plantarum multilinguis. Berlin, in-fº, 1682.

1780-1851 MÉRAT (Fr. Virt.). — Flore des env. de Paris, 420 p. in-8º, 1812, 4º éd. 2 vol. 1835; Revue de la flore 490 p. Paris, in-8º, 1843.

MERAT et DELENS. — Dictionnaire de matière médicale, 1829-1846. Paris 7 vol. in-8º, 1846.

MERCHE. — La botte de foin : les plantes quelle peut contenir, 99 fig. Paris, in-12, 1850.

MERINO (S.). — Monografa de las especies del genero romulea avec 17 planches. Sarragosse, in-8º, 1909.

MERRILL (E. D.). — A dictionary of the plant names of the Philippine islands, 1903-04-06. Manille, 3 vol. in-8º, 1906.

MERY. — Les fleurs mystérieuses, 140 pages. Paris, in-18, 1894.

MESCHINELLI et SQUINABOL. — Flora tertiaria italica. Patavi, in-8º, 1893.

1845-1916 METCHNIKOFF (Elie). — Sur la flore du corps humain, 1901, la Phagonytose, 1884. Manchester, in-8º, 1901.

METTENIUS. — Filices indicæ et Japonicæ. Amsterdam, in-fº, 1866.

1791-1858 MEYER (Er.-H.). — Commentarium de plantis africæ-australiaris de J. F. Drege. Kœnigsberg, in-8º, 1837.

—   — De plantis Labradoricus, 1830. Plantarum Surinamensium. Bonn, in-4º, 1825.

1795-1855 MEYER (Ch.-Ant.). — Florule de Tambow et de Wialka, 1844. Kleine beiträge... der flora russlands. Pétrograde, in-8º, 1854.

MEYRAN (O.). — Botanique du Briançonnais, 1880-1881. Lyon, in-8º, 1881.

MICÉ (L.). — Cryptogamie médicale avec 13 planches. Bordeaux, in-8º, 1872.

MICHALET (Eug.). — Botanique du Jura et départements voisins, 400 pages. Paris, in-8º, 1864.

MICHAUD (G.). — Rech. chimiques sur le rhizôme du cyclamen europeum. Genève, in-8º, 1886.

1746-1802 MICHAUX (A. père). — Flora boreali-americana, 51 pl. in-4º publiée par Richard père. Paris, 2 vol. in-8º, 1803.

1770-1855 MICHAUX (Fr. fils). — Les arbres forestiers de l'Amérique du nord, 72 pl. in-4º, 1810-1813. Paris 5 vol. in-8º 1813.

MICHEELS (H.). — Rech. sur les jeunes palmiers, 130 p., 1888. Rech sur les organes du Carludovica avec 11 pl. Bruxelles, in-8º, 1895.

MICHEL (Etienne). — Traité du Citronnier avec 21 planches, 82 pages. Paris, in-fº, 1816.

1679-1737 MICHELI (Ant. P.). — Nova pl. genera juxta Tournefortii methodum, 1.900 plantes, 108 fig. 234 pages. Florence, 2 vol. in-4º, 1729.

MICHELI, CHODAT, CANDOLLE et BRIQUET. — La flore du Paraguay avec 64 pl. 1883-1897. Genève, 7 vol. in-4º, 1897.

MIEGE, (E.). — Recherches sur le fagopyrum : Sarrasin, avec figures. Rennes, in-8º, 1910.

1789-1879 MIERS (J.). — Omphalocarpum, cordiaceæ, 1875; Barringtoniaceæ, 1876; olacaceæ, symplocaceæ, 1878. London, 6 vol. in-8º, 1878.

MIGOUT (A.). — Flore du département de l'Allier, xxiv-415 p. 24 pl., 1866. 2º éd. 500 p., 1890. Moulins, in-8º, 1866.

1691-1771 MILLER (Phil.). — The gardeners dict. 2 vol. in-8º, London, 1724. Gardeners Kalender, 300 fig. Chelsea, in-fº, 1760.

MILLER and STANDLEY (P.). — The North American species of nymphaca avec 13 pl. Washington, in-8°, 1912.

MILLET de la TURTAUDIÈRE. — Flore du département de Maine-et-Loire avec 88 pl., 1861-1865. Angers, 3 vol. in-8°, 1865.

MILLET (A.). — Les violettes avec 23 figures, 1898. Les fraisiers avec 52 gr., 1908. Paris, in-12, 1898.

MILLIN (A.-L.). — Eléments d'histoire naturelle. 444 pages. Paris, in-8°, 1792.

MILLSPAUGH et NUTTALL. — Flora of west virginia, 3 planches, 276 pages. Chicago, in-8°, 1896.

MILNE EDWARDS (M.). — De la famille des Solanacées, 137 pages avec 2 pl. col. Paris, in-8°, 1864.

1811-1871 MIQUEL (F. A. W.). — Flora indiæ batavæ, 3 vol. in-8°, 1855. Botanique néerlandaise. Leipzig, in-8°, 1861.

MIQUEL (F. A. W.). — Flora Japonica, plantæ novæ avec nombreuses planches, col. 1863-1870. Amstelod, 4 vol.. in-f°, 1870.

MIRANDE (M.). — Recherches physiologiques et anatom. sur les Cuscutacées, 284 p. avec 16 pl. Paris, in-8°, 1890.

1776-1854 MIRBEL (Brisseau de). — Anatomie et physiologie végétale, 2 vol. in-8°, 1802. Organisation végétale. Paris, in-8°, 1808.

—   — Mémoire sur les fluides contenus dans les végétaux avec 3 planches. Paris, in-4°, 1806.

—   — Physiologie végétale, 72 pl. 3 vol. in-8°, 1815. Hist. des végétaux par famille, 1802-1826. Paris, 15 vol. in-8°, 1826.

—   — Sur la structure et les développements de l'ovule végétale, 10 planches. Paris, in-4°, 1828.

MIRBEL et PAYEN. — Organographie et physiologie végétale avec 16 planches. Paris, in-4°, 1845.

MITTEN (W.). — The species of musci and hepaticæ recorded from Japan, 1 pl. London, in-4°, 1891.

1510-1578 MIZAULT (Ant.). — Hortorum secreta cultus et auxilia, 1560. Auxiliaris et medicus hortus. Paris, in-8°, 1565.

1744-1805 MOENCH CONRAD. — Methodus plantarum horti botanici marburgensis. Strasbourg, in-8°, 1794.

MOGGRIDGE. — Flora of Mentone and to a Winter-flora of the Riviera avec 99 pl. col. London, in-8°, 1871.

1805-1872 MOHL (Hugo de). — Anatomie et physiologie de la cellule végétale. Tubingue, in-8°, 1851.

MOISAN (Ch. A.). — Flore nantaise avec 2 planches, 725 pages. Nantes, in-8°, 1839.

MOJEVSNY. — La structure des fleurs doubles, en russe, avec 12 planches. Kasan, in-4°, 1886.

MOLLET (Claude). — Théâtre des plans et jardinages, fig., 411 pages. Manuscrit de 1630. Paris, in-4°, 1652.

MOLLET (André fils). — Le jardin de plaisir, avec figures. Stockholm, in-4°, 1651.

MOLLIARD (M.). — Recherches sur les Cécidies florales, 178 pages, 12 planches. Paris, in-8°, 1895.

1493-1588 MONARDES (Nicolas). — Historia de las drogas de las Indias occidentales. Seville, 2 vol. in-8°, 1565.

MONGUILLON (E.). — Lichens du Finistère. Paris, in-8°. Lichens du département de la Sarthe, 180 pages. Le Mans, 2 vol. in-8°, 1901.

MONIER (R.). — Les parasites de l'homme : végétaux et animaux, 72 fig. Paris, in-12, 1889.

1784-1866 MONTAGNE (Cam.). — Sylloge generum specierum que cryptogamarum. Paris, in-8°, 1856.

—   — Plantes Cellulaires des îles Canaries avec 9 pl. Paris, in-4°, 1840.

1601-1671 MONTALBANI (Ovide). — Index botanica, 1624. Bibliotheca botanica 1654. Hortus botanographicus. Bologne, in-4°, 1660.

1682-1760 MONTI (Joseph). — Cat. gramina 1719. Pl. varii indices ad usum demonstrationum. Bologne, in-4°, 1724.

MOORE (S.). — Of staminal pistillody in an acanthal 1875. Continuity of protoplasm, 3 pl. London, in-8°, 1885.

1821-1887 MOORE (Thomas). — Illust. of orchidaceous, 100 pl. col. 1857. Indes filicum, 64 pl., 1857-1863. London, in-8°, 1863.

—   — British ferns, 122 pl. col. 2 vol. in-8°, 1859-1860. History of ferns, avec 22 pl. col. London, in-12, 1862.

MOORE and LINDLEY. — The ferns of Great Britain and Ireland, avec 51 pl. fougères. London, in-f°, 1855.

1804-1863 MOQUIN-TANDON (A.). — Eléments de tératologie végétale, xII-403 pages. Paris, in-18, 1841.

—   — Bot. médicale, 133 fig. 1860. 2e, 1866. Végétaux utiles, nuisibles, vénéneux ou parasites. Paris, in-18, 1861.

1750-1816 MORDANT de LAUNAY. — Le bon jardinier de 1804- à 1815. Le premier vol. de l'herbier général. Paris, in-4°, 1816.

MORDANT et LOISELEUR. — Herbier général de l'amateur avec 572 planches, 1816-1828. Paris, 9 vol. in-4°, 1828.

MOREAU (M.). — Flore du Senonais et supplément à la flore de l'Yonne. Sens, in-8°, 1867.

MOREAU (L.). — Les plantes à tubercules des pays chauds, fig. 300 p. Bordeaux, in-8°, 1913.

MORELLE (E.). — Histologie comparée des gelsémiées et spilegiées avec 36 figures, 160 p. Commercy, in-8°, 1904.

1780-1854 MORICAND (M.-E.). — Plantes nouvelles d'Amérique, 100 planches, 1833-1846. Genève, in-4°, 1846.

MORIÈRE (J.). — Flore de la normandie, 518 pages. Paris, in-18, 1880.

MORIN (Pierre). — Catalogue des plantes à fleurs au jardin de P. Morin le troisième. Paris, in-8°, 1651.

1796-1869 MORIS (G.-G.). — Stirpium sardoarum elenchus, 1829. Flora sardoa, avec 111 pl. 1837-1859. Turin, 3 vol. in-4°, 1859.

1620-1683 MORISON (Robert). — Hortus regius blesiensis : Chez Gaston duc d'Orléans à Blois, 108 p. Paris, in-4°, 1665.

— — Plantarum historiæ universalis, 18 classes, 108 sections, 1.200 fig. 1669-1680. Oxford, 2 vol. in-f°, 1680.

1625-1695 MORLAND (Samuel). — Sur les parties des fleurs et leur usage. Dans Philosophical trans. 300 pl. London, in-4°, 1703.

MOROT (L.). — Journal de botanique avec nombreuses planches, 1887-1910. Paris, 19 vol. in-8°, 1910.

1807-1858 MORREN (Ch.F.A.). — Anatomie et physiologie végétale (Sur les Lobelias, 206 p. 1851). Bruxelles, 3 vol. in-4°, 1841.

— Dodonæa ou recueil d'observations de botanique avec 6 pl. Bruxelles, in-8°, 1841.

MORREN et DÉCAISNE. — Les jardins potagers, Liège 1837-1838 (Flore du Japon, Paris, 1834). Liège, in-8°, 1838.

MORTHIER (P.). — Flore analytique de la Suisse, 8° éd. 1905. Neuchâtel, in-8°, 1905.

MOTELAY et VENDRYES. — Monographie des isœtæ avec 10 planches col. Bordeaux, in-8°, 1897.

MOTTET (S.). — Guide élémentaire de multiplication des végétaux avec 85 figures, 194 pages. Paris, in-18, 1895.

1796-1858 MONGEOT (J.-B.). — Végétation spontanée des Vosges, 386 pages. Epinal, in-8°, 1845.

MONGEOT (A.). — Champignons des Vosges avec carte coloriée. Epinal, in-8°, 1887.

MOUILLEFERT (P.). — Traité des arbres et arbrisseaux, 195 pl. noires et Col. 1892-1898. Paris, 3 vol. in-8, 1898.

— Principales essences forestières avec 92 pl. de 630 gr., 545 pages. Paris, in-8°, 1903.

MOULINS (Ch. des). — Plantes de la Dordogne avec Dekleu de Maisonneuve. Bordeaux, in-8°, 1848.

MOUSNIER (J.). — Les champignons de la Charente-Inférieure avec figures. Paris, in-8°, 1873.

1769 MOUTON-FONTENILLE. — Systèmes de bot. 1798. Dict. des termes de bot. 1803. Les plantes de Linné, 1804-1805. Lyon, 5 vol. in-8°, 1805.

MOYEN (J.). — Traité élémentaire des champignons, 20 pl. coloriées. Paris, in-8°, 1900.

MOYNIER (R.). — Sur les canaux sécréteurs du fruit des ombellifères avec 3 planches. Paris, in-4°, 1878.

MUDD (W.). — A. Manual of british lichens avec 5 planches coloriées. Darlington, in-4 , 1861.

1798-1845 MUEHLENBECK (H. G. F.). — Docteur en médecine à Mulhouse.

1756-1817 MUEHLENBERG (H. L.). — Catalogues plantarum americæ septentrionalis, iv-112 p. Leucaster, in-8°, 1813.

1817-1870 MUELLER (Karl). — Synopsis muscorum frondosorum, 1849-1851 (voir Walpers). Berlin, 2 vol. in-8°, 1851.

1730-1784 MULLER (Othon Fr.). — Champignons 1763. Flora Friderichsdalina, 1767. Flore du Danemarck avec Oeder. Copenhague, 5 vol. in-f°, 1771.

1825-1896 MULLER (Ferd. de). — Plants indigenous to the colony of Victoria, avec 63 pl. 1860-65. Melbourne, 2 vol. in-4°, 1865.

— — Report on the forest ressources of Western Australia avec 20 pl. London, in-4°, 1879.

— — Fragmenta phytographiæ australiæ, avec pl. 1858-1881. Melbourne, 11 vol. in-8°, 1881.

— — Eucalyptographia, 1879-1882. Species of acacia of australian 1887-1888. Melbourne, in-4°, 1888.

MULLER and EWART. — Plants indigenous of the Colony of Victoria avec 110 pl. 1860-1910. Melbourne, 3 vol. in-4°, 1910.

1832-1889 MULLER (Ph. J.). — Les rubus. Monog. sur les ronces gallo-germaniques. Weissenbourg, in-8°, 1859.

MULLER (K.). — Les merveilles du monde végétal : voyage autour du monde, 1860-1862. Bruxelles, 2 vol. in-8°, 1862.

1813-1876 MUNBY (G.). — Flore de l'Algérie avec 7 planches (3° 1866, 2° 120 p. 1859). Paris, in-8°, 1847.

1626-1683 MUNTING Abrah. — Waare œffening der planten, 40 planches, 652 pages. Amsterdam, in-4°, 1672.

MURBECK (S.). — Flora von Subbosnier und der Hercegovina 1891 (Gentianen 1892). Lund, in-4°, 1891.

MURILLO. — Plantes médicinales du Chili, 235 pages. Paris, in-8°, 1889.

MURRAY (G.). — On new species of caulerpa with on the position of the genus avec 2 pl. col. London, in-4°, 1891.

1er Av. J. C. MUSA ANTONIUS, de la Betoine. — Était un médecin d'Auguste et de Marcellus, était frère d'Euphorbe. Rome, 1er av. J.-C.

1902 MUSSAT (E.). — Sylloge fungorum omnium hucusque cognitorum, 455 pages. Paris, in-8°. 1901,

MUSTEL. — Physiologie végétale. Traité théorique et pratique de la Végétation, 1781-1784. Paris, 4 vol. in-8°, 1784.

1795-1847 MUTEL (Aug.). — Flore du Dauphiné (768 pages en 1848), 916 pages. Grenoble, 2 vol. in-18, 1830.

— — Flore française destinée aux herborisation, 95 pl., 550 fig. 1833-1838. Paris, 6 vol. in-18. 1838.

N

NACCARI FORT (L.). — Flore de la prov. de Venise, 1826-1828 (algologie adriatica). Venise, 6 vol. in-4°, 1828.

NANOT et DELONCLE. — Hist. et descrip. de l'Ecole d'horticulture de Versailles, 335 p. Paris, in-8°, 1899.

NATHORST (A. G.). — Bidrag till Iveriges fossila flora avec 24 planches coloriées. Stockholm, 2 vol. in-4°, 1876.
— Contribution à la flore fossile du Japon, 16 pl. Stockholm, in-f°, 1883.

1815-1899 NAUDIN (Ch.). — Recherches sur l'hybridité dans les végétaux, 9 pl. col. 176 p. Paris, in-4°, 1861.

—   — Les plaqueminiers, ou diospyros cultivés à l'air libre dans les jardins de l'Europe, 3 pl. Paris, in-4°, 1880.

—   — Les plantes à feuillages colorés avec 120 pl. col., 246 pages. Paris, 2 vol. in-8°, 1874.

NAVAS (L.). — Reglas de nomenclatura botanica el en congreso de Viena de 1905. Barcelone, in-4°, 1907.

1585-1630 NEANDER (Jean). — Tabacologia : traduit en français par J. Veyras en 1626. Brême, in-4°, 1622.

1729-1793 NECKER (N. Jos.).—Physiologia muscorum, 1774. Trad. Physiologie des corps organisés, 1775. Bouillon, in-8°, 1774.

1786-1858 NÉES d'ESENBECK. — Les champignons, 2 vol. 1817. Genera plantarum floræ, 640 pl. 1833-1860. Bonn, 32 vol. in-8°, 1860.

NEIBREICH. — La flore de l'Autriche. Vienne, 2 vol. in-8°, 1859.

NEUFCHATEAU (Fr. de). — Le Robinier connu sous le nom impropre de faux Acacia, 314 p. Paris, in-12, 1803.

NEWBERRY (J. S.). — Flore fossile de l'ouest des Etats-Unis avec 152 planches, 1878-1895-1898. Washington, 3 vol. in-4°, 1898.

NICHOLSON (Henry). — Méthodus plantarum in horto medico Dublin, 35 pages. Dublin, in-4°, 1712.

NICHOLSON. — Dict. d'horticulture et de jardinage, 80 pl. 400 fig. 1892-1898. Paris, 5 vol. in-4°, 1898.

NICKLÈS (N.). — Végétation de l'arrondissement de Schlestadt. Colmar, in-8°, 1876.

1836-1905 NIEL (E.). — Pl. rares de l'arr. de Bernay, Caen, 1884. Plantes du département de l'Eure, 150 p. Rouen, in-8°, 1895.

NISARD. — Les agronomes latins : Caton, Columelle, Palladius Verron, 650 p. Paris, 7 vol. in-8°, 1877.

1780-1844 NODIER (Ch.). — Ses œuvres d'histoire naturelle avec portrait, publiées par A. Magnin. Paris, in-8°, 1911.

NOEL. — Florule du Mont-Duplan (Gard). Nîmes, in-8°, 1897.

1772-1849 NOISETTE (L. Cl.). — Le jardin fruitier, 2 vol. in-4°, 1813-1821. Manuel du jardinier avec Boitard, 1825-1827. Paris, 4 vol. in-8°, 1827.

NORMAN (J. M.). — Floræ arcticæ Norvegiæ plantarum vascularium. Christiania, in-8°, 1893.

NORRLIN (J. P.). — Bidrag till Sydöstra Tavastlands flora. Helsingfors, in-8°, 1871.

1805-1877 NOTARIS (G. de.). — Syllabus muscorum italia, 1838. Flora ligusticæ. Turin, in-8°, 1844.

NOTER (Raph. de). Orangers et Citronniers, 218 p. Palmiers de serre froide, 176 p. Jardins d'Algérie. Alger, in-12, 1883.

NOUEL (E.). — Plantes des environs de Vendôme à la suite de la guerre, 1870-71. Vendôme, in-8°, 1873.

1802 NOULET (J. B.). — Flore du bassin s. pyrénéen, 753 p., 1837. Flore de Toulouse et env., 370 p., 2e 1861. Toulouse, in-8°, 1855.

NOVARA. — Algues, champignons, lichens, mousses avec 37 planches. Vienne, in-4°, 1878.

1786-1859 NUTTALL (Thom.).— The genera of north-america plants (Physiological botany, in-8°, 1827). Boston, 2 vol. in-8°, 1818.

1822-1899 NYLANDER (Will.). — Lichenes Scandinaviæ, 1861. Lichenes exotici, 1888. Lichens env. de Paris. Paris, 3 vol. in-8°, 1893.
—Lichens des Pyrénées-Orientales en 1873 et 1891 (des Azores, 1898). Paris, 2 vol. in-8°, 1891.

NYLANDT PETRUS. — Der nederlandsche herbarius of Kruydt-Bœck, fig. 342, p. (2° 820 p. 1673), Amsterdam, in-4°, 1670.

NYMAN (C. F.). — Sylloge floræ europeæ, 519 pages, 1855-1865... Conspectus floræ eur. 1878-1890. Orebro, 3 vol. in-8°, 1890.

O

O'BRIEN (J.). — Orchidées avec 8 planches coloriées. London, in-8°, 1904.

1728-1791 OEDER (G. Chr.). — Icones plantarum Daniæ et Norvegiæ, 1762-1772. Copenhague, 3 vol. in-f°, 1772.

1816-1872 OERSTED (A. S.). — Hist. Nat. du règne végétal, 1839. Chênes de l'Amérique tropicale. Copenhague, in-4°, 1868.

1799-1851 OKEN LAURENT. — Systema orbis vegebilium, 448 familles, subdivisions par 4. Greifswald, in-8°, 1830.

OLIVER (D.). — Enumération des pl. du Kalimanjaro recueillies par H. H. Johnston avec 4 pl. London, in-4°, 1887.

OLIVA (P. S.). — Iter baldi, montis de Calceolarius. Venise, in-8°, 1574.

OLIVIER (D.). — First book Indian botany de 393 pages. London, in-8°, 1869.

OLIVIER (H.). — Les lichens de l'Orne et départements circonvoisins (lichens d'Europe, 1911-1912). Autheuil, 2 vol. in-8°, 1907.

1802-1857 ORBIGNY (Alc. D. D.). — Voyage dans l'Amérique méridionale, 1834-1847, 2.500 plantes nouvelles. Paris, 4 vol. in-4°, 1847.

1806-1876 ORBIGNY (Ch. D. D.). — Plantes marines, 1820. Dict. d'histoire naturelle, 1841-1849. Paris, 16 vol. in-8°, 1849.

ORMEZZANO et CHATEAU. — Florule raisonnée du Brionnais avec une carte in-f°. Autun, in-8°, 1906.

1730-1810 ORTEGA (Gomez de). — Tabulæ botanica. Madrid, in-4°, 1773.

OUDEMANS (C.). — Catalogue raisonné des champignons des Pays-Bas, avec planches, 1888-1897-1905. Amsterdam, 4 vol. in-8°, 1905.

OYSTER (J. H.). — Catalogue des plantes de l'Amérique septentrionale. Mexico ; Paola, in-8°, 1885.

P

PAGÈS (E.). — Florule de la Vallée supérieure de la Marne et les environs. Paris, in-8°, 1912.

PAILLEUX et BOIS. — 250 plantes comestibles peu connues ou inçonnues, 82 fig. 3e éd. 1899. Paris, in-8°, 1899.

PAILLOT, VENDRELY, FLAGEY et RENAULD. — Herbier de la flore de Franche-Comté avec pl., 1875-1881. Besançon, in-8°, 1881.

PALASSON. — Hist. Nat. des Pyrénées et pays adjacents, pl. 1815-1817. Paris, 3 vol. in-8°, 1817.

PALIBIN (J.). — Plantæ Sinico-Mongolicæ, 1895, in-8°. Conspectus floræ Horeæ: Renonculacées, Campanulacées. Petrograde, 2 vol. in-8°, 1898.

1752-1820 PALISOT de BEAUVOIS. — Flore d'Oware et de Benin, 120 p. 2 vol, 1807. Nouveaux genres de graminées, 25 pl. Paris. 2 vol. in-4°, 1812.

PALLADIUS (R. T. A.). — Rei rusticæ scriptores, manuscrit imprimé à Venise, in-f°, 1472.

1741-1811 PALLAS (Pierre Sim.). — Flora rossica per europam et asiam, 108 pl. 1784-1788. Petrograd, 2 vol. in-f°, 1788.

— — Flora de la Russie méridionale, 55 pl. Leipzig, 2 vol. in-4°, 1805.

PAMEL (L. H.). Anatomical Characters of leguminosæ, 182 pages, 28 planches. St-Louis, in-8°, 1899.

PAQUE (E. S. J.). — Guide de l'herborisateur en Belgique, 120 p. (Flore Cryptogamique, 1885). Namur, in-8°, 1900.

PARIS (E. G.). — Index bryologicus, distributione geographica, 1900-1906, 2e éd. Paris, 5 vol. in-8°, 1906.

PARISOT (L.). — Flore des environs de Belfort, 100 pages. Besançon, in-8°, 1858.

1567-1650 PARKINSON (John). — Paradisi in sole, paradisus terrestris, 109 fig., 612 pages. London, in-f°, 1629.

— — Theatrum botanicum, 3.800 plantes en 17 tribus, fig. London, in-f°, 1640.

1816-1877 PARLATORE (Fil.). — Flora panormitana, 1839. Flora italiana, avec Caruel, 1848-94. Florence, 10 vol. in-8°, 1894.

1737-1813 PARMENTIER (A. A.). — Recherches sur les végétaux nourrissans, 599 p. 1771-1781. Paris, in-8°, 1781.

— — Le Maïs apprécié sous tous les rapports. VI-303 p. Paris, in-8°, 1812.

PARMENTIER (P.). — Flore de la chaîne jurassique et de la Haute-Saône, 307 p. Autun, in-8°, 1895.

— L'espèce végétale en classification naturelle, 1898 (Les ébénacées 1892). Le Mans, in-4°, 1898.

PARODI. — Contributiones à la flora del Paraguay, 1877-1879. Buenos-Ayres, in-8°, 1879.

PARRIQUE (F. G.). — Lichens de la flore de France, 1904. Lichens des monts du Forez, 1906. Bordeaux, 2 vol. in-8°, 1906.

PATOUILLARD (N.). — Table analytique des champignons, 223 pl., 700 fig. col. 1883-1889. Paris, 7 vol. in-8°, 1889.

— Plantes cellulaires de la Tunisie avec 5 pl. coll. Barratte, Bescherelles, Hue, Sauvageau, Paris, 2 vol. in-8°, 1897.

1740-1826 PAULET (J. Jacq.). — Traité des champignons, 2 vol. in-4°, 1793. Traité complet sur les champignons. Paris, 3 vol. in-4°, 1835.

PAULET et LEVEILLÉ. — Iconographie des champignons avec 217 pl. color. 135 p. Paris, in-f°, 1855.

1603-1680 PAULLI (Simon). — Quadripartitum de simplicium medicamentorum facultatibus. Rostoch, in-4°, 1639.

PAUGUY (Ch.). — Flore de la Somme et des environs de Paris, 1831-1834. Amiens, in-8°, 1834.

PAVILLARD (J.).— Eléments de biologie végétale, 589 pag. 1901 (Flore de l'étang de Thau, 1905). Paris, in-8°, 1901.

1803-1865 PAXTON (Joseph). — Botanical dictionary avec J. Lindley 1840. xii-623 pages. London, in-8°, 1840.

—   — Magazine of botany and register of flovering plants, 700 pl. col. 1834-1849. London, 16 vol. in-8°, 1849.

PAYEN. — Sur le développement des végétaux, 16 pl. coloriées, 457 pages. Paris, in-8°, 1842.

1818-1860 PAYER (J.-Bte). — Mœurs des plantes, 1846. Bot. cryptogamique, 1850. Organographie de la fleur. Paris, 2 vol. in-8°, 1856.

—   — Organogénie végétale de la fleur avec 154 pl. 748 pages. Paris, 2 vol. in-4°, 1857.

—   — Botanique cryptogamique, 1.100 figures avec Bullon. Paris, in-8°, 1868.

PAYER et BAILLON. — Leçons sur les plantes dicotylédones, 408 pages. Paris, in-18, 1872.

PAYOT-VENANCE. — Florule du Mont-Blanc, phanérogames, 291 pages. Bonneville, in-4°, 1841.

PAYOT (V.). — Catalogue des lichens, fougères, prêles et Lycopodiacées du Mont-Blanc et env. pl. Lausanne, 2 vol. in-8°, 1860.

PEARSON (H.). — The hepaticæ of che british Islands avec 228 pl. coloriées (Welwitschia 1900). London, 2 vol. in-8°, 1902.

PECHOUTRE (F.). — Etude de l'ovule et de la graine des rosacées, 158 pages. Paris, in-8°, 1902.

PECK (C. H.). — Fungi of the state of New-York, 27 pl. Plants of north Elba (Essey County), 200 p. 1899. Albany, 3 vol. in-8°, 1900.

PELLETAN (J.).— Les diatomées avec 22 planches, 463 fig. 1889-1891. Paris, 2 vol. in-8°, 1891.

PENZIG (O.). — Flore coloriée du littoral méditerranéen, 144 p. col. 1902 (Orchidées 1895). Paris, in-8°, 1902.

PERAGOLLO (H. et M.). — Les diatomées marines de France, 137 pl. 1897-1908. Paris, 2 vol. in-4°, 1908.

PERARD (A.). — Les plantes de l'arrondissement de Montluçon, 1869-1871-1872-1881. Paris, 3 vol. in-8°, 1881.

PERARD et MIGOUT. — Botanique des montagnes du Bourbonnais. Moulins, in-8°, 1881.

PERKINS (J.). — Fragmenta floræ Philippinæ. London, in-8, 1910.

— The leguminosæ of Porto-Rico, 200 pages. Washington, in-8°, 1907.

1613-1688 PERRAULT (Cl.). — Sur la circulation de la sève des plantes : dans Œuvres de physique. Leyde, 2 vol. in-8°, 1721.

PERRET (V.). — Notice sur le caféier en Nouvelle-Calédonie. Nouméa, in-8°, 1895.

PERREYMOND et REQUIEM. — Plantes phanérogames des environs de Fréjus. Fréjus, in-8°, 1833.

PERROT et VILMORIN. — Le ginseng de Corée et de Mandchourie : Aralia des Chinois. Paris, in-8°, 1904.

1793-1870 PERROTTET (G. S.). — Plantes introduites à Bourbon et à Cayenne, 1824. Flore du Sénégal. Paris, in-8°, 1831.

PERROUD. — Flore de la Haute-Vallée du Gave de Pau. Lyon, in-8°, 1881.

1770-1836 PERSOON (C. H.). — Synopsis fungorum, 1801. Syn. plantarum, 2 vol. 1807. Les champignons. Paris, in-8°, 1819.

— Mycologia europæa avec 30 planches col. 1822-1828. Paris, 3 vol. in-8°, 1828.

PETIT. — Manuel de l'herboriste et du botaniste avec fig., 287 pages. Paris, in-8°, 1880.

PETITMENGIN (M.). — Primulaceæ Wilsonianæ et Primulaceæ chinoises. Paris, in-8°, 1907.

1749-1815 PETIT-RADEL (Ph.). — De amoribus Pancharitis et Zoroa, 1798 : trad. Le mariage des pl., 1800. Paris, in-8°, 1798.

1658-1718 PETIVER (James). — 400 ficicum variarum specierum americana, 20 pl. London, in-f°, 1712.

—   — English herball, 22 pl. in-f°, 1715. Graminum, Muscorum, Fungorum. London, in-f°, 1716.

1694-1759 PEYSSONNEL (de Marseille).—Découvre en 1725, que les Coraux ne sont pas des plantes, admis par Linné, en 1748.

PFEIFFER (L.). — Nomenclator botanicus, partibus, in-8°, 2 vol. in-4°, 1873-1874. Cassel, 3 vol. in-4°, 1874.

PHILIBERT (J. C.). — Exercices de botanique à l'usage des commençans, 458 p. Paris, 2 vol. in-8°, 1801.

— Dictionnaire universel de botanique. Paris, 3 vol. in-8°, 1804.

1801-1849 PHILIPPAR (F. H.). — Cat. des végétaux du jardin des plantes de Versailles, 13 pl., 284 p. Versailles, in-4°, 1843.

PHILIPPE (M.). — Flore des Pyrénées, Bagnères-de-Bigorre, 2 vol. 1859-1860 (1° 1852). Bagnères, 2 vol. in-8°, 1860.

PHILLIPI (F.). — Catalogus plantarum Chilensium, 377 pages. Santiago, in-4°, 1881.

PICOT de LAPEYROUSE. — Histoire des plantes des Pyrénées, une pl. 1813-1818. Toulouse, 2 vol. in-8°, 1818.

PICQUENARD (Ch.). — Pl. du Finistère et d'Ille-et-Vilaine, 1892-1897-1898-1899-1904. Nantes, 5 vol. in-8°, 1904.

PIERRE (L.). — Flore forestière de Cochinchine Française, 400 pl. 1888-1897. Paris, 5 vol. in-f°, 1897.

PIETERS (A. S.). — The plants of Western lake Erie avec 10 pl. Washington, in-4°, 1903.

PIPER (C. V.). — Flora of the state of Washington, 22 planches. Washington, in-8°, 1905.

— North american species of festuca, 13 planches. Washington, in-8°, 1906.

PIRÉ (L.). — Les mousses de la flore de Belgique, 1868-1869, avec pl. Gand, 2 vol. in-8, 1869.

PIRÉ et CARDOT. — Les mousses des environs de Spa. Bruxelles, in-8°, 1885.

PIRENS (Pierre). — Theatrum floræ, grand album du Muséum de Paris. 1632.

1611-1678 PISON (Willem). — Historia naturalis Brasiliæ, figures 298 pages. Leyde, in-f°, 1648.

— — De Indiæ utriusque re naturali d'après Marcgraf, Bondt et de Laet. Amsterdam, in-f°, 1658.

PITARD (J.). — Muscinées des îles Canaries, 1907 (Lichens des Canaries avec Harmand, 1911). Paris, in-8°, 1907.

PITTIER (H.). — New or note Worthy plants from Colombia and Central america, 20 p. 1909-1912. Washington, in-8°, 1912.

PIZON (A.). — Anatomie et physiologie végétale, 695 fig., 450 pages. Paris, in-8°, 1911.

PIZZETTA (J.). — Dictionnaire populaire d'histoire naturelle, fig. 1.164 pages. Paris, in-4°, 1890.

1833-1900 PLANCHON (Gustave). — Plantes des serres Domidoff à San-Donato, 255 p. 6 pl. 1854-1858. Paris, in-4°, 1858.

— — Flore de Montpellier, modifications depuis le xıv° siècle jusqu'à nos jours. Montpellier, in-4°, 1864.

— — Détermination des drogues simples d'origine végétale (6° éd. 1869). Paris, 2.vol. in-8°, 1875.

— — Des quinquinas 150 pages, 1864. Montpellier, in-8°, 1864.

1888 PLANCHON (J. E.). Hist. des botanistes de la Provence,1866. La truffe et les truffières,1875. Montpellier,in-8°.1866.

— — La végétation de Montpellier et des Cévennes (Thèse sur les Arilles, 1844). Montpellier, in-8°, 1879.

— — Ampelidées vraies, 32 pl., 349 pages : dans le 5° vol. de la suite au Prodromus. Paris, in-8°, 1887.

PLANCHON (Louis). — Les aristoloches, 280 pages. Montpellier, in-8°, 1891.

— Champignons comestibles et Vénéneux de la région de Montpellier et Cévennes. Montpellier, in-8°, 1888.

PLANCHON et TRIANA. — Mémoire sur la famille des guttifères, 366 pages avec 4 planches. Paris, in-8°, 1862.

PLANCHON et VAN HOUTTE (J. E.). — La Victoria regia, horticole et botanique, 13 pl. Gand, in-8°, 1851.

PLATEAU (A.).— Sur la partition et la marche des faisceaux foliaires dans la tige du physalis,1 pl. Paris,in-4°,1883.

PLÉE (Fr.). — Types de chaque famille des plantes de France, 160 pl. col. 1844-1864. Paris, 2 vol. in-4°, 1864.

23-79 PLINE (l'Ancien).— Hist. naturalis libri, XXXVII : les plantes X livres,remèdes V liv. imprimé à Venise,in-4°,1469.

1642-1706 PLUKENET (Léonard).—Phytographia sives tirpium illustriorum: I et II en 1661,III en 1692,IV en 1696.London, 4 vol. in-8°, 1696.

— — Opera omnia botanica, 6 vol. in-f°, 1691. Almagesta botanica, avec fig. London, in-4°, 1700.

1646-1706 PLUMIER (Charles). — Description des plantes de l'Amérique, avec 107 figures. Paris, in-f°, 1693.

— — Nova plantarum americanum genera, 40 pl. vııı-78 pages. Paris, in-4°, 1703.

— — Traité des fougères d'Amérique avec 172 planches. Paris, in-f°, 1705.

PODPÉRA (J.). — Bryologische boitrâge aus sudböhmen. Prague, in-8°, 1899.

POEPPIG (E. F.). — Nova genera et species plantarum du Chili, pl. 1827-1845. Leipzig, 3 vol. in-f°, 1845.

POEY (F.). — Plantilla descriptiva ictiologica. Madrid, in-8°, 1873.

1784-1834 POHL (Jean Em.). — Plantarum brasiliæ, avec planches, 1827-1831. Vienne, 2 vol. in-f°, 1831.

POIRAULT (J.). — Plantes du département de la Vienne, 127 pages. Poitiers, in-8°, 1875.

1755-1834 POIRET (J. L. M.). — Dict. de l'Encyclopédie bot., 900 pl. du 5 au 18° vol. 1798-1823. Paris, 14 vol. in-4°, 1823.

— Histoire des plantes usuelles de l'Europe, 160 pl. 1825-1829. Paris, 8 vol. in-8°, 1829.

POIRET et TURPIN. — Les leçons de Flore, Cours complet, 56 planches, 1819-1820. Paris, 3 vol. in-8°, 1820.

POISSON (H.). — Flore méridionale de Madagascar avec 17 planches. Paris, in-8°, 1912.

POISSON (J.). — Les casuarina de la Nouvelle Calédonie avec 4 planches. Paris, in-4°, 1876.

1766-1850 POITEAU (P. Ant.).—Jardin de l'Ecole de médecine de Paris,1816. Palmiers de la Guyane Franç.Paris,in-8°,1822.

— — Le voyageur botaniste, 1829. Pomologie française, 1838-1848. Paris, 4 vol. in-f°, 1848.

POITEAU et TURPIN. — La flore parisienne. 1803-1813. Paris, in-4°, 1813.

1740-1780 POLLICH (J. Adam). — Hist. plantarum en palatinatii u electori, 1200 pl., 1776-1777. Manheim, 3 vol. in-8°,1777.

POLLINIUS CYRUS. — Flora Veronensis, flore du nord de l'Italie, 1822-1824. Verone, 3 vol. in-8°, 1824.

POMEL (A.). — Nouveaux matériaux pour la flore atlantique, 1874-1875. Alger, 2 vol. in-8°, 1875.

1658-1699 POMET (Pierre). — Hist. des drogues-plantes, 400 fig. 1694. Cat. des drogues simples et composées. Paris, in-8°, 1695.

1594-1654 PONA GIAVANNI. — Plantæ son simplicie, Anvers, 1618. Paradiso de flore. Verone, in-4°, 1622.

PONS (Jacques). — In historiam generalium plantarum (rovillii). Lyon, 2 vol. in-8°, 1600.

1688-1757 PONTEDERA (G.). — Description de 272 pl. d'Italie, 1718. Anthologia sive de floris natura. Padoue, 3 vol. in-4°, 1720.

POPLU. — Flore des rives de la Touque et des falaises de Trouville, 100 pl. Paris, in-18, 1873.

POPOVICI (A. P.). — Flore cryptogamique de la Roumanie, 1902-1903. Jassy, 2 vol. in-8°, 1903.

1550-1615 PORTA (J. B.). — Phytognomomica qua plantarum animalium. Naples, in-f°, 1583.

PORTER and COULTER. — Synopsis of the flora of Colorado, 180 pages. Washington, in-8°, 1874.

POST (G. E.). — Plantæ Postianæ, 1892 (Plantarum novarum orientalium London, 1888). Lausanne, in-8°, 1892.

POST et KUNTZE. — Lexicon generum phanerogamarum, 720 pages. Stuttgart, in-8°, 1904.

POUCHET (G.). — Flore de l'île Jan-Mayen et du Spitzberg avec 23 planches. Paris, in-8°, 1894.

1810   POUCHET (F. A.). — Flore de Seine-Inférieure, 1834. Traité élém. de botanique appliquée. Paris, 2 vol. in-8°, 1835.

—   — Hétérogénie ou traité de la génération spontanée avec planches (1859). Paris, in-8°, 1859.

POUZOLZ (de). — Flore du département du Gard, 7 pl. col. 1857-1862. Nîmes, 4 vol. in-18, 1862.

1719-1778 POVELSEN BIARNO. — Plantorum maris Islandici Algoe. Havniæ, in-4°, 1749.

PRANTL et ENGLER. — Die natürlichen pflanzenfamilien. 1889.-1915 Leipzig, 13 vol. in-8°, 1915.

1806-1893 PRATT (Anne). — Flowering plants of Great-Britain, avec 325 pl. col. (Perns, 41 pl.). London, 6 vol. in-8°, 1855.

PRÉAUBERT (E.). — Flore du Maine-et-Loire 1884-1889-1898, 1902-1907. Angers, 5 vol. in-8°, 1907.

1791-1849 PRESL (J. Sw.). — Flora Sicula, in-8°, 1826. Manuel de botanique. Prague, 2 vol. in-8, 1846.

PREVOST (Jean). — Catalogue des plantes du Bearn, Navarre et Bigorre. Pau, in-8°, 1655.

PREVOST (fils). — Catalogue des espèces, variétés et sous var. du genre rosier avec supp. 309 p. Rouen, in-8°, 1830.

1733-1804 PRIESTLEY (Jos.). — Le phénomène de respiration des végétaux, 1771-1772 en français par Rozier. London, in-8°, 1772.

PRILLIEUX (Ed.). — Maladies des végétaux par les parasites, 484 fig., 1.013 p., 1895-1897. Paris, 2 vol. in-8°, 1897.

1816-1874 PRITZEL (G. A.). — Thesaurus litteraturæ botanicæ (2e éd. 1872-1874). Leipzig, in-4°, 1851.

PRITCHARD (Step). — List of plants of Saint Hélène. London, in-8°, 1886.

PRIVAT-DESCHANEL et FOCILLON. — Dictionnaire des Sc., viii-3768, p. 1864-1870. Paris, 2 vol. in-8°, 1870.

PROOST (A.). — Herborisation sur la Côte d'Azur. Louvain, in-8°, 1905.

PROVANCHER (L.). — Flore du Canada avec 400 figures. Quebec, in-8°, 1862.

PUEL et MAILLE avec KRALIK et BILLON. — Herbier Reliquiæ Mailleanoe de 2.053 numéros, 1857-1868. Paris, in-4°, 1868.

PUYDT (de). — Plantes de serre, Mons, 1866. Les orchidées, 50 pl. 242 fig. Paris, in-4°, 1880.

Q

QUANJER (H. M.). — Van geneeskrachtige indische planten avec 26 planches. Haarlem, in-4°, 1903.

QUATREFAGES (A. de). — Souvenirs d'un naturaliste. Paris, 2 vol. in-8°, 1854.

QUELET (L.). — Flore mycologique de la France et des pays limitrophes, 1872 à 1901. Paris, in-12, 1888.

QUEVA (C.). — Anatomie des monocotylédonées avec 11 pl., 163 pages. Lille, 2 vol. in-8°, 1899.

— Anatomie de l'appareil végétatif des taccacées et des dioscorées, 18 pl. Lille, in-8°, 1894.

1626-1688 QUINTINYE (de la). — Instructions pour les jardins fruitiers et potagers, xxiv-1.092 p. Paris, 2 vol. in-4°, 1690.

R

RADAIS (M.). — Anatomie comparée du fruit des conifères, 9 pl. 175 pages. Paris, in-8°, 1894.

1741-1783 RADERMACHER (J. C. M.). — Naamlyst der planten, de Java. Batavia, 3 vol. in-8°, 1782.

1778-1850 RAFFENEAU-DELILE. — Flore de l'Egypte avec atlas in-f° de 62 planches. Paris, 2 vol. in-8°, 1824.

RAFINESQUE (Sch.). — Medica flora, 1828-1830. New flora and botany of N. america. Philadelphie, in-4°, 1836.

1807-1890 RALFS (J.). — The british, desmidieæ avec 34 planches coloriées. London, in-8°, 1848.

RAMBOSSON (J.). — Hist. et légendes des plantes utiles et curieuses, 187 fig., 420 p. 2e 1869. Paris, in-8°, 1868.

RAMIREZ (J.). — El pileus heptaphyllus, in-4°, El mezguite, in 4°; ipomæ sidefolia, convolvulacea, 5 pl. Mexico, 3 vol. in-4°, 1903.

1871 RAMON de la SAGRA. — Histoire naturelle de l'île de Cuba. Paris, 2 vol. in-8°, 1842.

RAND (E. S.). — Orchids of Boston, 480 pages. New-York, in-8°, 1888.

RAPHAEL de NOTER. — Orangers et citronniers, 218 p. Palmiers de serre froide, 176 p. Jardin fleuriste algérien. Alger, in-12, 1883.

RAPIN (D.). — Botanique des cantons de Vaud, Genève et Valais. Genève, in-18, 1862.

1793-1878 RASPAIL (F. V.). — Nouveau système de physiologie végétale et de botan., 60 pl., 1.258 p. Paris, 2 vol. in-8°, 1837.

RAUCH. — Régénération de la nature végétale. Paris, 2 vol. in-8°, 1818.

RAULIN (V.). — Botanique de l'île de Crète, trois cartes, 18 planches, 434 p. 1859-1869. Bordeaux, 3 vol. in-8°, 1869.

RAUWENHOFF (N. W. P.). — De la germination des spores des cryptogames, une planche. Genève, in-8°, 1857.

RAVAUD. — Herborisation à la Choucherolle et env. in-8°. Guide du botaniste dans le Dauphiné. Grenoble, 2 vol. in-8°, 1898.

RAVIN (G.). — Plantes d'Europe qui viennent d'Asie, d'Afrique et d'Amérique, fig. Lyon, 2 vol. in-12, 1670.

RAVIN (Eug.). — Plantes du département de l'Yonne, 320 pages (2e éd. 1867, 3e éd. 1783). Auxerre, in-8°, 1860.

RAWTON (Oliv. de). — Les plantes qui guérissent et les plantes qui tuent, 130 fig., 352 p. Paris, in-8°, 1884.

1628-1704 RAY John (WRAY). — Methodus plantarum nova, 7 classes, 17 sections, 18.565 variétés. London, in-8°, 1682.

—   — Historia plantarum generalis, 1682-1686. Le supp. 4e vol. en 1704. London, 3 vol. in-f°, 1686.

—   — Synopsis methodica stirpium britannicarum, 1690. Supp. en 1696. London, 2 vol. in-8°, 1690.

RAYBAUD (L.). — Influence du milieu sur les mucorinées avec 5 pl. et fig. Marseille, in-4°, 1911.

RAYNAUD (Em.). — L'esprit des fleurs, symbolisme, science, 64 pl. col. 104 pages. Paris, in-4°, 1884.

1759-1840 REDOUTÉ (P. J.). — Les plantes grasses, 159 pl. texte de Candolle, 1799-1803. Paris, 4 vol. in-f°, 1803.

—   — Le Jardin de la Malmaison, 120 pl. texte de Ventenat. Paris, 2 vol. in-f°, 1804.

—   — La botanique de J. J. Rousseau, 65 planches. Paris, in-f°, 1805.

—   — Les Liliacées, 240 planches, texte de Candolle, de la Roche, Raffeneau. Paris, 8 vol. in-f°, 1816.

—   — Les plantes rares de la Malmaison, 64 pl. texte d'Aimé Bonpland. Paris, in-f°, 1813.

—   — Les roses, texte de Thory, 180 planches coloriées, 1817-1824. Paris, 3 vol. in-f°, 1824.

—   — Catalogue de 486 liliacées et de 168 roses. Paris, in-12, 1829.

REGNAULT (F. et G.) de NANGIS. — La botan. mise à la portée de tout le monde, 184 pl. col. Paris, 3 vol. in-f°, 1774

REGUIS (M.). — Plantes qui croissent dans la Provence (champignons de Vaucluse, 1886). Aix, in-8°, 1878.

1685-1775 REICHARD (Chr.). — Trésor des champs et des jardins, 1753-1755. Erfurt, 8 vol. in-8°, 1755.

1793-1879 REICHENBACH (A. L. T.). — Floræ germanicæ, helveticæ et media europæ, 1.000 pl. 1823-1856. Leipzig, 18 vol. in-4°, 1856.

REMY (E. J.). — Monografia de las Compuestas de Chile, de la flora chilense de C. Gay, 15 pl. in-4°, 600 p. Paris, in-8°, 1849.

1836-1904 RENAULT Bern. — Botanique fossile, 175 pl. 3 vol. in-4° (pl. fossiles, 1888). Cours de bot. fossile, 108 pl., 1881-1884. Paris, 4 vol. in-8°, 1884.

RENAULT et GRAND EURY. — Recherches sur les végétaux silicifiés d'Autun avec 12 pl. col. Paris, in-4°, 1906.

RENAULT et ZEILLER. — Flore fossile du bassin houiller de Commentry, 75 pl. in-f°. Paris, 4 vol. in-8°, 1905.

RENAULT (F.). — Mousses du bassin de la Durance, de Forcalquier et de la chaîne de Lure. Besançon, in-8° 1877.

RENAULT et CARDOT. — Hist. des mousses de Madagascar avec 163 pl. 1899-1906. Bruxelles, in-8°, 1906.

1560-1624 RENEAULME (Paul). — Specimen historiæ plantarum, avec 5 planches. Paris, in-8°, 1611.

1742-1821 RETZIUS (And. J.). — Flore économique de Suède. Lund, 2 vol. in-8°, 1806.

REUTER (G. Fr.). — Catalogue des plantes des environs de Genève, 1832-1843. Genève, 2 vol. 1843.

1821-1865 REVEIL (P. O.). — Physiologie végétale : action des poisons sur les plantes. Paris, in-8°, 1865.

REVEIL, GERARD, BAILLON, LANESSAN. — Le règne végétal avec 406 planches coloriées, 1865-1869. Paris, 17 vol. in-4°, 1869.

REVEL (J.). — Flore du Sud-Ouest de la France, 1885-1889. Villefranche, 2 vol. in-8°, 1889.

REVERCHON (E.). — Plantes vasculaires du département de la Mayenne (Mousses, 1872). Angers, in-8°, 1891.

— Botanique du massif de la Sagra et de Velez-Rubio (Espagne). Le Mans, in-8°, 1905.

REVIN. — Cat. des plantes du département de l'Yonne. Auxerre, in-8°, 1886.

REVOIL (Q.). — Flore des pays comalis. Afrique orientale, 6 planches, 463 pages. Paris, in-8°, 1882.

REY-PAILHADE (C. de). — Les fougères et selaginelles de France, 56 pl. et fig. Paris, 2 vol. in-8°, 1899.

REYNAUD (Emm.). — L'esprit des fleurs : symbolisme, science, 64 pl. col., 904 p. Paris, in-4°, 1884.

1632-1691   RHEEDE (Ad-Van). — Hortus Indicus- Malabaricus, avec 794 planches. 1678-1703. Amsterdam, 13 vol. in-f°, 1703.

1754-1821   RICHARD (L. C. père). — Dict. botanique. Amsterdam, in-8°, 1800. Analyse du fruit en général, 19 pl., 115 p. Paris, in-8°, 1808.

1794-1852   RICHARD (Ach. fils). — Bot. et physiologie végétale, in-8°, 1819. Nouveaux élém. de bot. et de phys. 8 pl., 487 p. Paris, in-8°, 1822.

—   — Monographie de la famille des éléagnées avec 2 planches, 1823. 2e éd. 1825. Paris, in-4°, 1823.

—   Hist. des médicaments, des poisons et des aliments tirés du règne vég. Paris, 2 vol. in-8°, 1823.

—   — Essai d'une flore de la Nouvelle Zélande avec atlas, voyage de l'Astrolabe (2e 1840). Paris, 2 vol. in-8°, 1832.

—   — Floræ Abyssinicæ, 990 p., 2 vol., 1847. Précis d'agriculture. Paris, 2 vol. in-8°, 1851.

RICHARD et MONTAGNE. — Flora Cubana, avec atlas de 122 planches, 1842-1862. Paris, 4 vol. in-f°, 1862.

RICHARD, MARTIN et de SEYNES. — Botanique et organogénie de la fleur, 380 fig., 700 pages. Paris, in-8°, 1876.

1802-1874   RICHARD (Thomas). — Flora of Madeira. 1857-1872. London, in-8°, 1872.

RICHER (P.). — Recherches expérimentales sur la pollinisation avec fig. Paris, in-8°, 1905.

RICHON (Ch.). — Les champignons du département de la Marne avec 4 pl., 600 pages. Vitry-le-Fr., in-8°, 1889.

RICHON et ROZE. — Les champignons comestibles et vénéneux, 72 pl. col., 249 p. Paris, 2 vol. in-4°, 1888.

RICHTHOFFEN (F.). — Flore de la Chine, les 2 atlas sont in-f°, 1878-1912. Berlin, 7 vol. in-8°, 1912.

RIGAUX (A.). — Plantes vasculaires et mousses des environs de Boulogne-sur-Mer. Boulogne, in-8°, 1877.

RIS-PAQUOT. — Le livre du bourgeois campagnard, 488 pages. Paris, in-8°, 1905.

1777-1845   RISSO (Antoine). — Hist. naturelle des orangers avec figures de Poiteau, 109 pl., 280 pages. Paris, 2 vol. in-4°, 1818.

—   — Hist. naturelle des env. de Nice et des Alpes-Maritimes, 2 cartes, 46 planches. Paris, in-8°, 1826.

—   — Flore de Nice et plantes exotiques naturalisées, 24 pl. 588 p. Nice, in-8°, 1844.

RIVIÈRE (A. et C.). — Les bambous du bassin méditerranéen, 62 figures, 472 p. Paris, in-8°, 1879.

RIVIÈRE, ANDRÉ et ROZE.—Les fougères décoratives et les sélaginelles, 155 pl. col. 1867-68. Paris, 2 vol. in-8°, 1868.

1652-1723   RIVIN (Aug. G.). — Ordo plantarum : Gymnospermes et angiospermes. Leipzig, in-f°, 1690.

ROBERT. — Plantes phanérogames des environs de Toulon avec carte, 116 pages. Toulon, in-8°, 1838.

1550-1629   ROBIN (Jean). — Catalogus stirpium... quæ Lutetiæ coluntur, 1.317 plantes. Paris, in-12, 1601.

—   — Histoire des plantes aromatiques qui croissent en l'Inde. Paris, in-16, 1619.

1579-1662   ROBIN VESPASIEN. — Pl. indigènes et exotiques que contient le jardin de J. et V. Robin, 1.800 plantes. Paris, in-12, 1623.

1821-1886   ROBIN (Ch.). — Végétaux qui croissent sur l'homme et les animaux vivants, 15 pl., 697 p. Paris, 2 vol. in-8°, 1853.

ROBINSON (W.). — The english flover garden and home grounds. London, 2 vol. in-8°, 1900.

ROBINSON (B. L.).—Studies in the eupatoriæ, 1906 (Flore of the Galopos islands, 3 pl., 280 p. 1902). Boston, in-8°, 1906.

ROBINSON and SCHRENK. — Notes upon the flora of Newfoundland. Toronto, in-8°, 1895.

ROCHEBRUNE (A. T. de). — Végétaux tox. et susp. de l'Afrique, 345 fig., 935 p., 1895-1899. Autun, 3 vol. in-8°, 1899.

ROCHEBRUNE et SABATIER. — Flore du département de la Charente, 295 pages (2e 1861). Paris, in-8°, 1860.

RODET (H.). — Botanique agricole et médicale avec 328 figures. Paris, in-8°, 1857.

RODIN (Hipp).. — Flore du dép. de l'Oise, Mém. Soc. Acad. de l'Oise, 156 pages. Beauvais, in-8°, 1864.

— Plantes médicinales des champs, jardins, forêts, 200 fig., 425 p. Paris, in-12, 1872.

RODRIGUES (Barb.). — Plantas novas no jardim botanico de Rio-de-Janeiro, 18 pl. 1891-1894, Rio-de-Janeiro. 4 vol. in-4°, 1894.

RODRIGUES (B.). — Palmæ amazonensis-novæ 23 planches (Orchidées, 2 vol. 1877-82). Manaos, in-8°, 1888.

1511-1568 RODRIGUEZ JUAN dit AMATUS LUSITANUS. — Index dioscoride. Anvers, in-f°, 1536.

ROGUET. — Monographie de la bulbe de la scille maritime. Péronne, in-4°, 1882.

ROLLAND (L.). — Champignons env. de Paris, 23 pl., 1887-1893 ; de Chamonix, 1889. Atlas des champignons de France, 120 p. Paris, in-8°, 1910.

ROQUES (Joseph). — Phytographie médicale, 2 vol. in-4°, 1825. Champignons Comest. et Vénén. Paris, in-8°, 1841.

— Traité des plantes usuelles pour la médecine et le régime alimentaire. Paris, 4 vol. in-8°, 1838.

1734-1793 ROSIER (François). — Dict. d'agriculture, les 3 derniers volumes par Thouin et Parmentier, 1785-1805. Paris, 12 vol. in-4°, 1805.

ROSTRUP (E.). — Norske ascomyceter. Christiania, in-4°, 1904.

ROTH (A. G.). — Novæ plantarum species indiæ orientalis, coll. Benj. Heynii, 411 pages. Halberstad, in-8°, 1821.

ROUJOU (M.). — Les lichens et les algues du département du Puy-de-Dôme. Châlons-sur-Saône, in-4°, 1878.

ROUMEGUÈRE (G.). — Cryptogamie illustrée, 23 pl. et 1.700 fig. de champignons, 1870-1873. Paris, in-4°, 1873.

— Plantes cryptogames et phanerogames des Pyrénées. Paris, in-8°, 1878.

— Botanique du département de la Haute-Garonne, 101 pages, 1 pl. Paris, in-8°, 1875.

1712-1778 ROUSSEAU (J.-J.). — La botanique de J. J. 34 lettres et Dict. 65 pl. col. de Redouté, xi-154 p. Paris, in-f°, 1805.

— — Essais élémentaires sur la botanique. Paris, in-8°, 1771.

ROUSSEAU et MASCLET. — Pl. médicinales et vénén. de France, 137 pl. col., 128 p. Paris, 2 vol. in-8°, 1887.

ROUSSEAU (Ph.). — Plantes vasculaires spontanées de l'île de Ré. Nantes, in-8°, 1899.

ROUSSEL. — Flore du département du Calvados, 184 pages et Carte. Caen, in-8°, 1806.

ROUX (H.). — Catalogue des plantes de Provence, 1881-1891. Marseille, in-8°, 1891.

ROUY (G.). — Suite à la flore de France de Grenier et Godron, 200 p. (Flore d'Espagne, 1881-82). Paris, in-8°, 1887.

ROUY (G.). — Illustrationes plantarum europæ rariorum, 163 pages, 500 planches, 1894-1905. Paris, in-8°, 1905.

ROUY, FOUCAUD et CAMUS. — Flore de France, 1893-1913. Rochefort. 14 vol. in-8°, 1913,

1750-1815 ROXBURG (G.). — Pl. du Coromandel pub. par Banks, 300 pl. col., 1819. Flora Indica par Carey et Wallich. Serampour, 2 vol. in-8°, 1824.

1759-1815 ROXBURG (Will). — Flora Indica, 1820, 1832 (Surintendant Calcutta garden, 1793-1814). Calcutta, 3 vol. in-8°, 1832.

1705-1799 ROYEN (Ad. Van). — Floræ Leydensis prodromus exhibens plantarum. Leyde, in-8°, 1740.

ROYER. — Flore du département de la Côte-d'Or, 1881-1883. Dijon, 2 vol. in-8°, 1883.

1805-1864 ROYLE J. FORBES. — Botanique de l'Himalaya et de Cashmire, 102 pl. col. London, 2 vol. in-4°, 1839.

ROZE et BESCHERELLE. — Muscinées des environs de Paris, 225 espèces, 1864-1865. Paris, in-12, 1865.

1630-1702 RUDBECH (Olaus). — Catalogus plantorum horti academici upsaliensis. Upsal, in-8°, 1658.

1771-1832 RUDOLPHI (C. As.). — (Suédois) Anatomie des plantes, 1807. Histoire nat. universelle. Berlin, in-8°, 1812.

1479-1539 RUELLE (Jean de la). — De natura stirpium, libri tres: un volume de 900 pages. Paris, in-f°, 1536.

— — Pedacius Dioscorides de materia medica (1° 1516 par H. Estienne). Lyon, in-12, 1546.

RUIZ et PAVON. — Flora peruviana et chilensis, 1798-1802. Madrid, 4 vol. in-f°, 1802.

RUPIN (E.). — Mousses, hépatiques et lichens de la Corrèze. Limoges, in-8°, 1895.

1627-1702 RUMPF (G. Edw.). — Herbarium amboinense, publié par J. Burmann, 669 pl. 1741-1755. Amsterdam, 7 vol. in-f°, 1755.

1814-1870 RUPRECHT (Fr. J.). — Cryptogamorum rossieo, 1845. Flora caucasi, 6 pl., 302 p. Petrograde, in-4°, 1869.

S

1845-1920 SACCARDO (P. A.). — La botanica in Italia. Venise, in-4°, 1893.

— — Sommario di und Corso di botanica, 3 pl., 340 pages. Padoue, in-8°, 1898.

—. — Sylloge fungorum omnium hujusque cognitorum, 66.615 espèces, 1882-1913. Padoue, 22 vol. in-8°, 1913.

SACCARDO et BIZZOZERO. — Flora briologica della Venezia. Venise, in-8°, 1893.

— SACCARDO et MUSSAT. — Table des Champignons des 14 volumes parus, 455 pages. Paris, in-8°, 1901.

—   SACCARDO et TRAVERSO. — Table générale des champignons. Padoue, in-8°, 1911.

1832-1897 SACHS(Julius). — Lehrbuch der botanik (méthode Joh. Hanstein), 492 fig. (2e, 1874). Leipzig, in-8°, 1868.

—   — Traité de botanique, traduction par Van-Tieghem, fig. 1.120, p. 1873-1874. Paris, in-8°, 1874.

—   — Histoire de la botanique du xvie siècle à 1860, 584 pages. Paris, in-8°, 1892.

     SADEBECK (R.). — Les Equisetacées, 23 fig., 89 dessins, dans le Prodromus Engler et Prantl. Leipzig, in-8°, 1900.

     SAELAN, KIHLMAN, HJELT. — Herbarium Musei Fennici, Plantæ Vasculares avec 2 tab. Helsingfors, in-8°, 1889.

     SAGOT et RAOUL. — Cultures tropicales et plantations des pays chauds, 734 pages, Paris, in-8°, 1893.

     SAHUT (F.). — La végétation dans le Limousin, 1892. Les fruits aux Etats-Unis, 1894. Montpellier, in-8°, 1892.

1748-1831 SAINT-AMANS (J. F. B. de). — Maladie des arbres, 1789. Flore agenaise avec Chaubard, 12 pl., 632 p., 1818-1821. Agen, in-8°, 1821.

     — Le bouquet du département de Lot-et-Garonne, avec 10 pl. Agen, in-8°, 1821.

     SAINT-GAL (M. L.). — Flore des environs de Grand-Jouan, 530 pages. Nantes, in-12, 1874.

1799-1853 SAINT HILAIRE (A' de). — Morphologie végétale, terminologie, 24 pl., 930 pages. Paris, in-8°, 1840.

     SAINT-HILAIRE, JUSSIEU et CAMBESSEDES. — Plantes usuelles des Brésiliens, 70 planches 1824-1827. Paris, 3 vol. in-4°, 1827.

     SAINT-LAGER. — Réforme de la nomenclature botanique, 156 p. et 55 en 1881. Lyon, in-8°, 1880.

     — La Vigne du Mont Ida et le vaccinium, 1896 (Flore du bassin du Rhône, 890 p. 1882). Paris, in-8°, 1896.

     SAINT-YVES (A.). — De l'utilité des algues marines. Paris, in-8°, 1879.

1761-1829 SALISBURY (R. A.). — Icones stirpium rariorum, avec planches. London, in-f°, 1791.

     SANDER (G.). — Reichenbachia, Orchids illustraded and described avec 102 pl. col., 1888-1894. London, 4 vol. in-f°, 1894.

     SAN-GIORGIO. — Catalogo poliglotto delle piante, 742 pages. Florence, in-12, 1870.

1823-1895 SAPORTA (Gast. de). — Le monde des plantes avant l'apparition de l'homme, 13 pl. col., 118 fig., 416 p. Paris, in-8°, 1879.

—   — Végétaux fossiles, 1875. A propos des algues fossiles, 10 pl. col. Paris, in-4°, 1883.

—   — Paléontologie française, plantes jurassiques avec 300 pl. col. en 4 atlas, 1873-1884. Paris, 8 vol. in-8°, 1884.

     SAPORTA et MARION. — L'évolution du règne végétal, phanerogammes, 1881-1885. Paris, 3 vol. in-8°, 1885.

     — L'évolution du règne végétal, cryptogames. Paris, in-8°, 1881.

1740-1799 SAUSSURE (H. B. de). — Observations sur l'usage de l'épiderme des feuilles et des pétales. Genève, in-12, 1762.

—   — Voyage dans les Alpes avec histoire nat. des environs de Genève (posthume). Neuchâtel, 8 vol. in-8°, 1803.

1767-1845 SAUSSURE (N. T. de). — Recherches chimiques sur la végétation, 1 pl., 330 pages. Paris, in-8°, 1804.

     SAUVAGEAU (C.) — Sur les feuilles des plantes aquatiques monocotylédones, 200 p., 1885-1891. Paris, in-8°, 1891.

     — Les algues d'eau douce récoltées en Algérie avec pl. (Potamogeton, 1894). Paris, in-8°, 1892.

   1767 SAUVAGES (B. de). — Methodus foliorum ou flora monspeliensis, une pl. in-f°. La Haye, in-8°, 1751.

     SAUVAIGO (Emile). — Flore du littoral : Provence, Liguria, Algérie, 115 fig., xxiv-318 p. Paris, in-12, 1894.

     — Plantes cultivées en Provence et Liguric de Marseille à Gênes. xxxi-413 p. Nice, 2 vol. in-12, 1899.

     SAUZÉ et MAILLARD. — Plantes du département des Deux-Sèvres, 1878-1880. Niort, 2 vol. in-8°, 1880.

     SAVATIER (L.). — Botanique Japonaise : Livres Kwa-wi, 155 pages. Paris, in-8°, 1875.

     SAVILLE-KENT. — The naturalist in Australia avec 59 planches. London, in-4°, 1897.

1769-1844 SAVY GAETANO. — Botanicum etruscum : 1.500 plantes de Toscane, in-4°, 1805. Elémen. de Botanique. Pise, in-8°, 1820.

     SAWYER (Ch.). — Odorographia : plantes aromatiques pour l'industrie des parfums, fig. London, 2 vol. in-8°, 1894.

1484-1558 SCALIGER (J. C. père). — In Theophrasti de causis plantarum commentarii. Genève, in-f°, 1566.

1540-1609 SCALIGER (J. J. fils). — Animadversiones in historias Guilandinus plantarum. Leyde, in-8°, 1602.

     SCHAARSCHMIDT (J.). — Notes of Afghanistan algæ, avec pl. col. London, in-8°, 1884.

1690-1768 SCHABOL (Roger). — La pratique du jardinage, 719 p., 1767. Dict. du jardinage, 608 p. Paris, 2 vol. in-12, 1770.

—   — La théorie du jardinage avec 6 planches, xliv-563 pages (posthume). Paris, in-12, 1774.

1814-1864 SCHACHT (Herm.). — Physiologie botanique, 1852. Structure et végétation des arbres. Bonn. in-8°, 1860.

     SCHEFFER et TREUB. — Annales du jardin botanique de Buitenzorg (Java) avec planches, 1876-1910. Leyde, 24 vol. in-8°, 1910.

SCHELLENBERG (H. C.). — Die Brandpilze der Schweiz avec 79 figures, xLc et 180 pages. Berne, in-8°, 1911.

1619-1671 SCHENK (J. Th.). — Hist. plantarum generalis, in-4°, 1656. Cat. plantarum horti medicis Jenensis. Iena, in-4°, 1659.

1684-1737 SCHEUCHZER (Joh.). — Agrostographia : Graminées, Joncées, cypéracées et groupes alliés, 512 p. Zurich, in-4°, 1719.

—   — Helveticus sive itinera alpina, 44 planches (in-4°, London, 1708). Leyde, 4 vol. in-4°, 1723.

1798-1880 SCHIMPER (A. W. P.). — Synopsis muscorum, Stuttgard, 1860. Paléontologie végétale, 190 pl. 1869-1874. Paris, 4 vol. in-8°, 1874.

SCHIMPER et MOUGEOT. — Plantes fossiles du grès bigaré des Vosges, avec 29 pl. col. Paris, in-4°, 1880.

SCHLAGDENHANFFEN et REELE. — Etude botanique, chimique, physiologique et thérapeutique du genre Coronille, 37 pl. Strasbourg, in-8°, 1897.

1794-1866 SCHLECHTENDAL (D. F. L.). — Eléagnacées du Prodromus de Candolle; Hortus halensis, 1841-53. Halle, in-8°, 1853.

SCHLEIDEN (J.). — La plante et sa Vie, traduction par Scheidweiler et P. Royer, 342 p. Bruxelles, in-8°, 1859.

1718-1792 SCHMIDEL (C. Ch.). — Icones plantarum, 1747. De medulla radicis ad florem. Nuremberg, in-f°, 1759.

SCHNEIDER (Ferd.). — Taschenbuch der flora von Basel, 340 pages. Bâle, in-12°, 1880.

SCHNEIDER. — The book of choice ferns avec nombreuses planches, 1892-1894. London, 3 vol. in-4°, 1894.

1868 SCHNIZLEIN (Ad.). — Familiarum naturalium regni vegetabilis, 320 pl. 1848-1870. Bonn, 4 vol. in-4°, 1870.

SCHODDUYN (R.). — Flore des algues des eaux douces et jaunâtres de Bergues (Nord). Paris, in-8°, 1909.

1811-1890 SCHOMBURGK (R.). — Flora south Australia, 1875; Botanical british Guiana, 1875; Botanic garden Adélaïde. Adélaïde, 3 vol. in-8°, 1878.

SCHOUSBOE (P. K. A.). — Sur le règne végétal au Maroc, avec 8 pl., 202 p. Paris, 2 vol. in-8°, 1874.

1789-1852 SCHOUW (J. Fr.). — Géographie universelle des plantes, 1822. Végétation de l'Italie. Copenhague, in-8°, 1839.

SCHRENK (El.). — Enumeratio plantarum novarum, avec 2 pl. 1841-1842. Petrograde, 2 vol. in-8°, 1842.

SCHRIBAUX et NANOT. — Elements de botanique agricole, carte, 2 pl., 260 fig., 328 pages. Paris, in-12, 1882.

SCHULTZ (A.). — Flora phanerogamen Skandinavischen halbinsel, 320 pages. Stuttgard, in-8°, 1900.

SCHULTZ (F.). — Archives de la flore de France et d'Allemagne, janvier 1842, février 1848. Bitche, in-8°, 1848.

1757-1830 SCHUMACHER (Ch. F.). — Flore de Copenhague, 1804. Flore médicale, 1825-1826. Copenhague, in-8°, 1826.

SCHUVENCK (Gasp.). — Catalogus stirpium silesiæ. Leipzig, in-4°, 1600.

1783-1821. SCHWEIGGER (A. F.). — Flora erlangensis, 2 vol, in-4°, 1804-1811. De plantarum classificatione naturale. Erlanger, in-4°, 1820.

1826 SCHWENDENER (Sim.), — Stomates, ascension de la sève, nomenclata, 1869. Flora, 1872. Bot. lichens. Bâle, in-8°, 1898.

1723-1788 SCOPOLI (G. A.). — Introductio ad historiam naturalem, 1777. Fundamenta botanica. Pavie, in-8°, 1783.

—   — Flora Carniolica : classes, genera, species, varietates avec 65 planches. Pavie, 2 vol. in-8°, 1772.

SCOTT (D. H.). — Structural botany, flowering plants, fig. 1895-1896 (2° 1897). London, 2 vol. in-8°, 1896.

SEBIRE (P. A.). — Les plantes utiles du Sénégal, indigènes et exotiques, fig. Paris, in-12, 1899.

SECKT Hans. — Contribution à la végétation de la République Argentine. Buenos-Ayres, in-8°, 1912.

SECRETAN (L.). — Description des champignons qui croissent en Suisse. Genève, 3 vol. in-8°, 1833.

SÈDE (P. de). — Conférence sur l'histoire naturelle avec carte, 756 pages. Paris, in-18, 1887.

1825-1871 SEEMANN (Berth). — Hist. populaire des palmiers, 1856. Flore Vitiensis, 1865-1868. London, in-4°, 1868.

1703-1784 SEGUIER (J. F.). — Bibliotheca botanica, in-4°, La Haye, 1740. Plantæ veronensis, 1745-54. Verone, 3 vol. in-8°, 1754

SEIGNETTE (A.). — Rech. anatomiques et physiologiques sur les tubercules, 4 pl., 106 p. Paris, in-8°, 1889.

1788-1867 SELBY (P. J.). — A history of british forest-trees avec 200 fig. London, in-8°, 1842.

1742-1809 SENEBIER (Jean). — Physiologie végét., 5 vol. in-8°, 1800. Rapports de l'air avec les êtres organisés. Genève, in-8°, 1807.

SÉNÉCLAUZE (A.). — Les Conifères tant indigènes qu'exotiques cultivés. Paris, in-8°, 1867.

1776-1858 SERINGE (N. Ch.). — Mélanges bot. in-8°, Berne, 1818. Hybridite des plantes, in-8°, 1835. Les Cucurbitacées, 5 pl. Genève, in-4°, 1825.

—   — Mémoire sur les Céréales européennes, 1847. Les mûriers, 1855. Lyon, in-8°, 1847.

—   — Flore des Jardins et des grandes cultures, 31 pl. 1845-1849. Lyon, 3 vol. in-8°, 1849.

—   — Flore du pharmacien et de l'herboriste, un tableau, 743 pages. Paris, in-18, 1852.

SERINGE (A. G.). — Descriptions et figures des céréales européennes avec 18 pl. in-f°, 1841-1842. Lyon, in-8°, 1842.

SERINGE et GUILLARD. — Formules botaniques et vocabulaire organographique. Paris, in-4°, 1836.

SERMEN (Fr.). — Flore d'Espagne des années 1906-1907. Paris, in-8°, 1908.

1539-1619 SERRÈS (Olivier de). — Théâtre d'agriculture et mesnage des champs, figures (murier blanc). Paris, in-f°, 1600.

1837-1912 SEYNES (J. de). — Flore mycologique de la région de Montpellier, 5 pl. 1 carte. Paris, in-8°, 1863.

— —— Flore des champignons du Congo français avec 3 pl. coloriées. Paris, in-4°, 1897.

1659-1728 SHERARD (Will.). — Schola botanica, 1689. Publia avec Bœrhaave le Botanicon de Vaillant, 1727. Amsterdam, in-8°, 1689.

SHUTTLEWORTH et HUET. — Catalogue des plantes de Provence. Pamiers, in-8°, 1889.

1643-1720 SIBBALD (Rob.). — Scotia illustrata plantarum. Edimbourg, in-f°, 1684.

1758-1796 SIBTHORP (John) and SMITH (J. E.). — Flora graeca prodromus, 966 grav. coloriées, 1806-1840. London, 10 vol. in-f°, 1840.

SICARD (G.). — Hist. Nat. des champignons comestibles et vénéneux, 75 pl. coloriées et n. Paris, in-4°, 1884.

SICLAIRE (R.). —- Atlas de poche pour champs, prairies, bois, 430 pl., 478 p., 1896-1899. Paris, 3 vol. in-12, 1899.

1796-1866 SIEBOLD (P. F. de). — Flora japonica, in-f°, 1835-1844. Flora Japonica avec Zuccarini, 1843-1846. Leyde, 4 vol. in-4°, 1846.

SIEBOLD et DEVRIES. — Flore des Pays-Bas, d'Amérique et d'Asie, 55 pl. col., 1858-62. Leyde, 4 vol. in-8°, 1862.

SIELAIN. — Plantes des champs, des prairies et des bois, 512 pl. col., 1906-1911 (2° éd.). Paris, 4 vol. in-8°, 1911.

SIGNO (A. de). — Flora fossilis formationis oolithicæ, 42 pl. 1856-1885. Padoue, 2 vol. in-f°, 1885.

SIMON et COCHET. — Nomenclature de tous les noms de roses, xxiv-175 pages. Metz, in-4°, 1899.

1786-1834 SINCLAIR (G.). — Hortus gramineus woburnensis avec 45 pl. col. 1816-1832. London, in-8°, 1832.

SINGER (Max). — Dictionnaire des Roses. Tournai, 2 vol. in-12, 1885.

1660-1753 SLOANE(H.J.).—Cat. plantarum in insula Jamaïca, Madera, Barbados, Nièves, Saint-Christophers. London, in-8°, 1696.

SMALL (J. K.). — Botanique du sud des Etats-Unis avec 2 pl., XII fasc., 1894-1897. New-York, in-8°, 1897.

SMÉE (Alfred). — Mon jardin, géologie, botanique, Hist. nat. 25 pl., 1.300 fig., 605 p. 1872-1876. Paris, in-8°, 1876.

SMIRNOW (M.). — Enumeration des espèces de plantes vasculaires du Caucase. Moscou, in-8°, 1885.

1759-1828 SMITH (J. Edw.). — Pl. icones hactenus ineditæ, in-f°, 1791. Flora britannica, 1800-1804. London, 3 vol. in-8°, 1804.

— — English botany avec planches, 1790-1814. London, 36 vol. in-8°, 1814.

— — The english flora avec W. J. Hooker et Berkeley, 1824-36. London, 5 vol. in-8°, 1836.

SMITH (A. M.). — Flora von Fiume. Vienne, in-8°, 1869.

1816 SMITH (Ch.). — Flora der cap-verdischen (norvégien mort au Congo en 1816). Heidelberg, in-8°, 1852.

SMITH (J. J.). — Orchideen von Java mit nachtrag, 32 planches, 1905-1908. Leyde, 3 vol. in-4°, 1908.

SMITH (W.). — Synopsis of the british diatomeceæ avec 69 planches, 1853-56. London, 2 vol. in-8°, 1856.

SMYTTERE (J. E.). — Phytologie pharmaceutique et médicale, figures, 266 pages. Paris, in-8°, 1829.

SODIRO (A.). — Cryptogamæ, vacsulares quitenses, avec 7 planches. Quiti, in-8°, 1893.

SOLAND (A. de). — Cryptogames du département de Maine-et-Loire, avec 1 planche. Angers, in-8°, 1858.

SOMMIER et LEVIER. — Enumeratio plantarum in Caucaso lectarum, 50 pl. 1890-1900. Petrograde, in-8°, 1900.

SORENSEN (W.). — Sur la structure du fruit de nos geraniacées à sa maturité. Copenhague, in-8°, 1911.

SOUBEIRAN (E.). — Traité de botanique élémentaire, fig., 498 pages. Paris, in-18, 1878.

SOUCHÉ (B.). — Flore du Haut-Poitou, 330 pages. Niort, in-12, 1894.

1757-1822 SOWERBY (J. E.). — English botany avec 2.749 pl. col. 1832-46, 2° éd. London, 12 vol. in-8°, 1846.

SOWERBY and SMITH. — Exotic botany, avec 120 pl. coloriées, 1804-1805. London, 2 vol. in-8°, 1805.

SOWERBY and JOHNSON. — The ferns of Great Britain avec 79 pl. col. London, 2 vol. in-8°, 1859.

SOYER-WILLEMET. — Plantes des environs de Nancy, 195 pages. Nancy, in-8°, 1828.

1801-1879 SPACH (Edouard). — Hist. Nat. des végétaux phanérogames, 152 pl. 1834-1846. Paris, 15 vol. in-8°, 1846.

— — Illustrationes plantarum orientalium, avec Jaubert, 500 pl. 1842-1857. Paris, 5 vol. in-4°, 1857.

SPEGAZZINI (C.). — Stipeæ platenses, 180 pages. Montevideo, in-4°, 1901.

SPENNER. — Flora Friburgensis. Bâle, 2 vol. in-18, 1827.

1766-1833 SPRENGEL (K. P. J.). — Floræ Halensis, 1806. Système Linné, 4 vol. Hist. rei herbariæ, 1807-1808. Halle, 2 vol. in-8°, 1808.

— — Systema Vegetabilium, 1825-1827. Halle, 2 vol. in-8°, 1827.

SPRING (A.). — Monographie des Lycopodiacées, 1842-1849. Bruxelles, 2 vol. in-4º, 1849.

1817-1893 SPRUCE (R.). — Palmæ Amazonicæ et des régiones Americæ équatoriales (Pyrénées, 1847). London, in-8º, 1869.

STANLEY (P. C.). — The allioniaceæ of the United-States, 1909. The allionaceæ of Mexico and Central Americ. Washington, 3 vol. in-8º, 1911.

STAPF. — Flora of mount kina Balu North Borneo, 10 pl. London, [in-4º, 1894.

STEIN (Henri). — Les Jardins de France avec 104 planches, 393 figures. Paris, in-fº, 1913.

STEPHANI (Franz). — Hépatiques, le 4e vol. en 1912, le 5º en cours. 1891-1912. Genève, 5 vol. 8º, 1912.

1761-1838 STERNBERG (Gasp.). — Botanique fossile, 1820-1838. Der böhmischen bergwerke, 1836-1838. Prague, in-fº, 1838.

STEUDEL (E.). — Nomenclator botanicus synonima tum generica tum specifica, 1821-1824 (2º éd. 1841). Stuttgard, 2 vol. in-8º, 1824.

STOLTZ (A. M.). — Ampélographie Rhénane avec 32 pl. coloriées. Paris, in-4º, 1852.

STRAIL (Ch. A.). — Florule de Chaudfontaine et de Magnée près Liége. Bruxelles, in-8º, 1900.

1844-1912 STRASBURGER (Ed.). — Manuel d'anatomie végét., 118 grav. 1886. Botanique prat. (2º 1897). Paris, in-8º, 1887.

STRASBURGER, NOLL, SCHENCK et SCHIMPER. — A text-book of botany, trad. Rorter, avec 594 fig. London, in-8º, 1898.

SUARD. — Catalogue des plantes du département de la Meurthe. Nancy, in-8º, 1843.

SUDRE (H.). — Les ronces tarnaises, in-8º, 1909. Les rubus du nord de la France. Paris, 2 vol. in-8º, 1911.

SULZBERGER (R.). — La rose : histoire, botanique, culture avec 10 planches, Namur, in-8º, 1898.

SUNDBURG (G.). — Flore, mines, agriculture de la Suède avec planches et cartes. Stockholm, 2 vol. 8º, 1900.

1691 SURIAN (J. D.). — Drogues et médicaments des Indes : dans le droguier de Pomet. Paris, in-8º, 1709.

SURINGAR (F. R.). — Illustrations des algues Gloiopellis avec 25 pl. coloriées, 1871-1872. Leide, in-4º, 1872.

SURINGAR (J. V.). — Nouvelles espèces du genre melocactus des Indes Neerlandaises, 1900-01. Amsterdam, 2 vol. in-4º, 1901.

1766-1827 SUTER. — Flora helvetica. Turin, 2 vol. in-12, 1802.

1703 SUTHERLAND (James). — Catalogues hortus medicus edinburgensis. Edinbourg, in-8º, 1692.

SVEDELIUS (N.). — Die juncacoen der ersten regnell'schen expection avec pl. coloriée. Stockholm, in-8º, 1897.

1760-1817 SWARTZ (Olaüs). — Species filicum, 1806. Floræ indiæ-occidentalis, 1797-1806. Stockholm, 3 vol. in-8º, 1806.

1783-1835 SWEET (Robert). — Flora australasica, 1827-1828. The british flower garden, 1823-1829. London, 3 vol. in-8º, 1829.

T

1515-1590 TABERNAEMONTANUS (J. Th.). — Icones plantarum seu stirpium, 5.800 espèces, 2.480 fig. Heidelberg, 3 vol. in-fº, 1588.

TARRADE. — Champignons comestibles et Vénéneux de la flore limousine avec 4 pl. col. Paris, in-12, 1870.

1781-1861 TENORE (Michel). — Flora neapolitana, avec 250 planches, 1811-1838-1845. Naples, 5 vol. in-fº, 1838.

TEODORESCO (E. C.). — Influence des radiations lumineuses sur la forme et la structure des plantes, 4 pl., 150 p. Paris, in-8º, 1899.

1542-1587 THALIUS (Joh.). — Sylva hercynia plantarum, avec 14 figures. Francfort, in-4º, 1558.

1765-1842 THEIS (A. E. G. de). — Glossaire de botanique à sources celtiques et orientales xxvi-542. p. Paris, in-8º, 1810.

371-264Av. THEOPHRASTE. — La végétation VI livres, Hist. des plantes IX livres : 500 espèces en 6 classes. imprimé à Venise; in-fº, 1498.

THERIOT (J.). — Les mousses du département de la Sarthe, 1888-98-1901. Des Alpes françaises, 1902. Vallée de la Romanche, 1908. Le Mans, 5 vol. in-8º, 1902.

1502-1590 THEVET (André). — Hist. naturelle des Indes occidentales : en manuscrit à Angoulême, in-4º, 1556.

THIBOUT (E.). — Rech. sur l'appareil mâle des gymnospermes, 16 pl. fig. Lille, in-8º, 1896.

THIELENS (A.). — Flore médicale belge, 355 p. 1862. pl. rares, 1865. Orchidées de Belgique et Luxembourg. 1873. Paris, in-18, 1862.

— Herborisation aux env. de Gœ, Welkeurœdt et la forêt d'Hertogenvald. Gand, in-8, 1871.

THOMAS (J.). — Anatomie comparée des feuilles souterraines, 4 pl. 130 pages. Lille, in-8º, 1900.

THOMÉ. — Flore d'Allemagne, Autriche et Suisse avec 616 planches col. 1886-1888. Gera, 12 vol. in-8º, 1888.

1773-1852 THOMSON (Th.). — La botanique du droguiste, traduite par Pelouze, en 1827. London, in-12, 1827.

THOMSON and HOOKER (J. D.). — Premier volume de la Flora Indica : Renonculacées et Fumariacées. London, in-8º, 1855.

THOMSON (H. S.). — Plantes recueillies au-dessus de 2440 mètres, sur les Alpes, carte. Paris, in-8º, 1908.

THOMSON and WATSON. — Gardener's, assistant 48 planches, 1.300 figures. London, 6 vol. in-4º, 1902.

THONNER (Fr.). — Flore analytique de l'Europe, phanerogames. Paris, in-12,1903.

1762-1823 THORE (Jean). — Chloris du département des Landes, 500 p. in-8º, 1803. Plantes des côtes du golfe de Gascogne., Dax, in-8º, 1810.

THORE (J.). — Algues des sources thermales de Dax avec 6 planches. Dax, in-8º, 1885.

THORY (Cl. Ant.). — Genre rosier, 190 p. in-18, 1820. Genre groseiller, 24 pl., 152 p. Paris, in-8º, 1829.

1747-1824 THOUIN (André). — Mon. des greffes, 13 planches in-4º, 1821. Culture et naturalisation des végétaux. Paris, 3 vol. in-8º, 1827.

THOUVENIN (M.). — Sur la structure des Saxifragacées avec 22 planches, 173 pages. Paris, in-8º, 1890.

THUILLIER (J. L.). — Le botaniste aux environs de Paris, une carte, 426 p. (2e 1824). Paris, in-18, 1807.

1743-1828 THUNBERG (Ch. P.). — Nova plantarum genera, figures. 1781-1798. Upsal, in-4º, 1798.

— — Icones pl. Japonicarum, 50 pl. 1794-1805. Flora Capensis, 578 p. 1807-1831. Upsal, in-8º, 1813.

1817-1875 THURET (Gustave). — Recherches sur les organes locomoteurs des spores des algues, 6 pl. Paris, in-8º, 1843.

— — R. sur les zoospores des algues et des anthéridies des cryptogames, 50 pl. Paris, 2 vol. in-8º, 1851.

— — Recherches sur la fécondation des fucacées, 4 pl. 1855-1857. Paris, in-8º, 1857.

THURET et BORNET. — Notes algologiques avec 50 planches, 1876-1880. Paris, in-4º, 1880.

THURMANN (J.).—Pl. de Porrentruy, in-8º,. Phytostatique ou dispersion des plantes, 7 pl. Berne, 2 vol. in-8º, 1849.

TILLI et FLORENTINO. — Catalogues plantarum horti pisani avec 50 planches, 187 pages. Florence, in-fº, 1723.

1889 TIMBAL-LAGRAVE. — Etudes sur la flore d'Aquitaine, 1854. Plantes de la Haute-Garonne employées en médecine. Toulouse, in-8º, 1859.

— Etudes pour l'hist. des génres Viola, Orchis et Dianthus, 1854-1867. Toulouse, in-8º, 1867.

TINANT (L. A.). — Flore Luxembourgeoise, 2e édition, 520 pages. Luxembourg, in-8º, 1855.

TISON (A.). — Sur la chute des feuilles chez les dicotylédones, 5 pl., 208 p. Caen, in-4º, 1900.

TISSERAND (E.). — La végétation dans les hautes latitudes avec 3 cartes in-fº. Paris, in-8º, 1876.

TODARO (Aug.). — Hortus botanicus Panormitanus avec 28 planches col. 1876-88. Panormé, 2 vol. in-4º, 1888.

TONI (J. Bte de). — Sylloge algarum : Diatomées, Algues Vertes, brunes, rouges, bleues, 1889-1907. Padoue, 8 vol. in-8º, 1907.

TORREND (C.). — Mycologie portugaise, in-8º, 1897. Champignons de l'île de Madère. Paris, in-8º, 1909.

TORREY (John). — Flora of North-America, 3 vol. in-8º, 1838-1843, avec Gray. Flora state of New-York, 162 pl. col. New-York, 2 vol. in-4º, 1843.

1656-1708 TOURNEFORT (J. P.). — Elemens de botanique ou méthode pour connoître les plantes, 452 pl. xx-582 p. Paris, 3 vol. in-8º, 1694.

— — De optima methodo instituenda in rem herbarium. Paris, in-8º, 1697.

— — Hist. des plantes des env. de Paris avec leurs usages dans la medecine, LVI-562 p. Paris, in-12, 1698.

— — Institutiones rei herbariæ, 478 pl., xx-698, p., 1700. Supp. 13 pl. en 1703. Paris, 3 vol. in-4º, 1700.

— — Relation d'un voyage au Levant en 1700-1702, avec 1.356 nouvelles espèces (posthume). Paris, 2 vol. in-4º, 1717.

TOURNON (J.). — Flore des environs de Toulouse, 393 pages. Toulouse, in-8º, 1811.

TOUSSAINT. — Plantes rares des Andelys avec une carte inf. Rouen, in-8º, 1894.

— Etude étymologique sur les flores normande et parisienne. Rouen, in-8º, 1906.

— Flores comparées des genres européens et américains, 650 p. Rouen, in-8º, 1912.

TOUSSAINT et HOSCHEDÉ. — Les muscinées de Vernon (Eure) et du Vexin. Le Mans, in-4º, 1898.

TRABUT (L.). — Précis de botanique médicinale avec 830 figures, 699 p. Paris, in-12, 1891.

— La caprification en Algérie avec figures. Alger, in-8º, 1901.

1608-1662 TRADESCANT (John).—Musœum Tradescantianum, à South-Lambeth: dans Phil. Trans., p.160. London, in-4°, 1749.

1498-1554 TRAGUS J. BOCK. — New. Krœuterbach, 165 fig. in-4°, 1539. De stripibus libri tres, 1.200 p. Strasbourg, in-8°, 1552.

TRAUTVETTER. — Incrementa floræ phanerog, 940 p., 1883-1884. Petrograde, in-8°, 1884.

TRAVERSO (J. B.). — Co-auteur avec Saccardo de la table générale des champignons. Padoue, in-8°, 1911.

1818-1896 TRECUL (A. A. L.). — Morphologie et Organogénie. Sur le fruit du prismotocarpus. Paris, in-8°, 1842.

— — Etude anatomique sur la Victoria-regia, avec 3 planches. Paris, in-8°, 1852.

— — Disposition des stomates sur les petioles des fougères. Paris, in-8°, 1871.

TRELEASE (W.). — Rumex, epilobium, north of Mexico, 69 pl. 1891; Yucca and Agave, 25 pl. 1892. Botanical. Azores, 67 planches. Saint-Louis, 4 vol. in-8°, 1897.

TREMBLAY (Lucas). — Fleurs du livre des vertus des herbes, trad. en vers du poème de Macer. Rouen, in-8°, 1588.

1700-1784 TREMBLEY (Abrah). — Histoire d'un genre de polype d'eau douce : expérience en 1740. Leyde, in-4°, 1744.

TREMEAU de ROCHEBRUNE et A. SAVATIER.—Plantes du départ. de la Charente, 293 p. Paris, in-8°, 1861.

1851-1910 TREUB Melch. — Dir. du jardin bot. de Buitenzorg (Java) sur l'embryogénie de q.q. orchidées avec 8 pl. Leyde, in-4°, 1879.

TREVIRANUS (L. C.). — Horti botanici vratislaviensis, in-4°, 1824.

1696-1769 TREW (Ch. J.).—Plantæ selectæ, in-f°, 1750-55. Cedrorum libani, 1752-57. Plantæ rarious. Nuremberg, in-f°, 1764.

1828-1890 TRIANA (José). — Flore de la Nouvelle Grenade avec Planchon, 4 pl. 366 pages. Paris, in-8°, 1862.

TRIMEN and HOOKER. — Handbook of the flora of Ceylon avec 100 planches color., in-4°, 1893-1900. London, 5 vol. in-8°, 1900.

1656-1708 TRIONFETTI (J. B.). — Syllabus plantarum horto medico romano additurum. Rome, in-4°, 1688.

TROTTIER (M.). — Le rôle de l'eucalyptus en Algérie, 85 pages. Alger, in-8°, 1876.

TROUSSART (d'E.). — Géologie, faune et flore des Côtes de France avec 149 fig. Paris, in-12, 1893.

1815-1885 TULASNE (Louis). — Histoire de 124 espèces de champignons hypogés, 9 pl. col. Paris, in-f°, 1851.

— — Embryogénie végétale, in-8°, 1849. Anatomie et physiologie des lichens. Paris, in-4°, 1852.

TULASNE (frères). — Selecta fungorum carpologia, avec 61 planches, 1861-1866. Paris, 3 vol. in-f°, 1866.

1864 TURCZANINOW (Nic.). — Flora baïcalensi dahurica, descriptio plantarum régionibus, 1842-1856. Moscou, 2 vol in-8°, 1856.

TURNER. — Botany of the darling, New south Wales of New-England. Sydney, 2 vol. in-8°, 1903.

1515-1568 TURNER (William).— New herbal wherein are contained the names of herbes, 1551-1552. London, 3 vol. in-f°, 1552.

1775-1858 TURNER DAWSON. — Synopsis of the british fuei, 1802 (Muscologia hibernica, 16 pl. 1804). London, 2 vol. in-8°, 1802.

— — The history of the fuci, avec 258 planches coloriées, 1808-1819. London, 4 vol. in-4°, 1819.

1775-1840 TURPIN (P. J. F.). —Iconographie élémentaire et philosophique des végétaux, 62 p. color. Paris, 3 vol. in-8°, 1819.

— — Sur les tubercules des Solanum et Hélianthus : 3 fig. Mém. du Muséum. Paris, t. XIX, 1828.

— — Sur l'organogénie et la physiologie des végétaux, une planche col. Paris, in-4°, 1838.

TURPIN et POIRET. — Les leçons de Flore, cours complet, 56 planches, 1819-1820. Paris, 3 vol. in-8°, 1820.

TURPIN et RICHARD.— Iconographie végétale avec 400 planches color. 1841-1846. Paris, 7 vol. in-8°, 1846.

TURQUET (J.). — Recherches anatomiques sur les combretum africains avec 2 planches. Paris, in-8°, 1910.

TUSSAC (F. R. de). — Flora antillarum : bot. économique, rurale, industrielle 1808-1827. Paris, 4 vol. in-f°, 1827.

TYLER (A.). — The nature and origin of stipules avec 3 planches. New-York, in-8°, 1898.

TYNDALL et PASTEUR. — Les microbes organisés : leur rôle dans la contagion. Paris, in-12, 1878.

U

ULINE (E. B.). — Higinbothamia a new genus, and other new dioscoreaceæ avec 3 planches. Chicago, in-8°, 1899.

1800-1870 UNGER (Franc). — Synopsis plantarum fossilium, 1845. Anatomie et physiologie des plantes. Vienne, in-8°, 1838.

— Tableau de la végétation des diverses périodes du monde primitif avec 16 pl. 2e édit. Vienne, in-4°, 1861.

1768-1801 USTERI (Paul).— Delectus opus botanicorum edidit notisque illustravit, 1790-1793. Zurich, 2 vol. in-8°, 1793.

V

VADAS (E.). — Plantation et culture des saules contre les inondations avec figures. Budapest, in-8°, 1899.

1749-1804 VAHL (Martin.). — Symbolæ botanicæ, 75 pl.,3 vol. in-f°, 1790-94. Icones pl. americanarum, 1798-99. Copenhague, in-f°, 1799.

VAHL. (M.). — Les types biologiques dans q. q. formations végétales de la Scandinavie. Copenhague, in-8°, 1911.

1669-1722 VAILLANT (Sébastien.). — Discours sur la structure des fleurs, leurs différences et l'usage de leurs parties. Paris in-4°, 1717.

— — Sermo de structura florum : avec le français en regard, 55 pages. Leyde, in-4°, 1718.

— — Botanicon parisiense, 33 pl., 300 fig. d'Aubriet : publié par Bœrhaave, LIII-205 p. Leyde, in-f:, 1727.

VALLEMONT (de). — Curiosités de la nature sur la végétation, 1705-1708 (2e, 1711). Paris, 2 vol. in-12, 1705.

VALLÈS (F.). — Amélioration des forêts aux points de vue financier, climatologique et hydrologique, 200 pages. Paris, in-8°, 1865.

VALLET (Pierre), brodeur du roi. — Le jardin du roi très chrétien Henri IV, 73 pl. (2e en 1623). Paris, in-f°, 1608.

1594-1671 VALLOT (Antoine). — Hortus regius parisiensis : Cat. de 4.000 plantes, avec Guy Fagon. Paris, in-4°, 1665.

1856 VALLOT (J. N.). — Histoire de la botanique en Bourgogne, 51 pages. Dijon. in-8°, 1828.

VALLOT (J.). — Flore du Sénégal, avec carte, 80 p. 1883. Paris, in-8°, 1883.

VALLOT (J.). — Plantes des env. de Fontainebleau, in-8°, 1882. Flore des rues de Paris, 122 p. Paris, in-18, 1884.

1731-1807 VALMONT de BOMARE. — Dict. universel d'histoire naturelle (4° édit. 15 vol. 1791). Paris, 5 vol. in-8°, 1764.

VALVOLET (R.). — De la flore du Beaujolais par A. Magnin, 120 pages. Lyon, in-8°, 1900.

1732 VANDELLI (Dom.). — Plantarum... generibus et speciabus, in-4°, 1771. Floræ lusitanicæ et brasiliensis. Lisbonne, in-4°, 1788.

VAN DEN BROECH. — Catalogue des plantes des environs d'Anvers, 68 pages. Gand, in-8°, 1883.

VAN DEVELDE (A.). — De Kieming der Zaadplanten, spermatophyten, 1897-1900. Gand, in-8°, 1900.

VAN GERRT. — Iconography of Indian azaleas avec 36 planches coloriées. Gand, in-4°, 1882.

VAN HEURCK. — Observations botaniques et descriptions de plantes nouvelles. Anvers, in-8°, 1870.

VAN HEURCK et de BEUCKER. — Flore d'Anvers, 192 pages. Anvers, in-8°, 1861.

VAN HEURCK et GUIBERT. — Flore médicale belge. 455 pages. Louvain, in-8°, 1864.

VAN HOUTTE (L.). — Flore des serres et jardins de l'Europe, 2.490 pl. col. 1845-1882. Gand, 23 vol. in-4°, 1882.

VAN HULTHEM. — L'Agriculture et la botanique dans les Pays-bas. Gand, in-8°, 1817.

VAN RYSSELBERGHE (F.). — Réaction des cellules végét. à la concentration du milieu. Bruxelles, in-8°, 1899.

1839-1914 VAN TIEGHEM. — Traité de bot. : traduit de J. Sachs : Lehbruch der botanik, 1.120 p. 1873-1874. Paris, in-8°,1874.

— — Structure des aroïdées, 1867, 140 pages). Traité de botanique, 803 fig. 1881-1884. Paris, in-8°, 1884.

— — Eléments de botanique (2e édit. 1891-3e, 1898). 1886-1888. Paris, 2 vol. in-12, 1888.

VAN TIEGHEM et COSTANTIN. — Eléments de botanique, 1.362 pages, 586 figures. Paris, 2 vol. in-12, 1918.

116-27 Av. VARRON (M. T.). — De re rustica, libri tres, en manuscrit imprimé à Venise, in-4°, 1472.

1763-1841 VAUCHER (J.P. E.).—Conferves d'eau douce,17 pl.in-4°,1803.Monog. des orobanches,16 pl. 72 p.Genève,in-4°,1827.

— — Monographie des prêles, 66 pages avec planches, 1822-1826. Genève, in-4°, 1826.

— — Histoire physiologique des plantes d'Europe. Paris, 4 vol. in-8°, 1841.

VAUPELL (Chr.). — Nizzas winterflora. Copenhague, in-8°, 1858.

VEITCH. — Manual of orchidaceous plants, 80 pl., 13 cartes et fig. 1887-1894. London, 2 vol. in-8°, 1894.

1812 VELLOSO (J. M. da C.).—Flore fluminensis 1790,quinografia portugueza,1799,icones, 1825.Lisbonne, 11 vol.f°,1827.

1757-1808 VENTENAT (E. P.). — Tableau du règne végétal selon L. de Jussieu, avec 24 planches. Paris, 4 vol. in-8°, 1799.

— — Plantes nouvelles du jardin de J. M. Cels à Paris, 100 pl. 100 pages. Paris, in-f°, 1800.

— — Le jardin de la Malmaison avec 120 pl. de Redouté. Paris, 2 vol. in-f°, 1804.

BIBLIOGRAPHIE BOTANIQUE

VERLOT (J. B.). — Les herborisations des environs de Grenoble. Paris, in-8°, 1860.

— Le guide du botaniste herborisant, 596 p. (édit. de 1886, 742 p.). Paris, in-18, 1865.

— Catalogue des plantes vasculaires du Dauphiné. Grenoble, in-8°, 1872.

— Les plantes alpines, 36 planches noires, 50 pl. col. 320 p. Paris, in-8°, 1873.

VERNET (G. L.). — Etude anatomique et modification du crampon du lierre, avec 2 pl. Paris, in-4°, 1881.

VERSCHAFFELT. — Iconographie des Camélias, 644 planches coloriées, 1848-1860. Gand, 13 vol. in-8°, 1860.

VESQUE et ARBOIS de JUBAINVILLE. — Les maladies des plantes et arbres cultivés, 7 pl. col., 328 pages. Paris, in-8°, 1878.

VETILLARD (M.). — Fibres végétales textiles employées dans l'industrie, 9 pl. col. Paris, in-8°, 1876.

VEYRAS (J.). — Traicté du tabac ou Nicotiane ou panacée ou pétun ou herbe à la reyne, 344 p. Lyon, in-8°, 1625.

VEZES (M.). — La récolte et le traitement de la gemme du pin maritime. Bordeaux, in-8°, 1910.

VIALLANES et ARBAUMONT. — Flore du département de la Côte-d'Or. Dijon, in-16, 1889.

VIAUD-GRAND-MARAIS et MENIER. — Plantes vasculaires de l'île d'Yeu. Nantes, in-8°, 1894.

VIBERT. — Sur la nomenclature et le classement des roses. Paris, in-8°, 1832.

VICAT (P. R.). — Histoire des plantes vénéneuses de la Suisse avec fig. Yverdon, in-8°, 1776.

VICQ, BLONDIN et BRUTELETTE. — Flore du département de la Somme, 562 p. 1865-1883. Abbeville, in-18, 1883.

VIDAL et OFFNER. — Les colonies des plantes méridionales des environs de Grenoble. Grenoble, in-8°, 1905.

VIEILLARD. — Plantes utiles de la Nouvelle-Calédonie. Paris, in-8°, 1862.

1815 VIETZ (F. G.). — Icones plantarum medico-œconomico-technologicarum, 1800-1822. Vienne, 10 vol. in-8°, 1822.

VIGIER (F. L.). — Gommes-résines des ombellifères, 125 pages. Paris, in-8°, 1869.

VIGNIER (L. G. A.). — Histoire nat. des pavots et argemones avec une planche. Montpellier, in-4°, 1814.

VIGNIER (R.). — Recherches anatomiques sur la classification des araliacées avec figures. Paris, in-8°, 1906.

VILLA (C.). — Flora delle alpi. Milan, in-8°, 1884.

1745-1814 VILLARS (Dom. M.). — Histoire des plantes du Dauphiné, 1786-1789. Grenoble, 4 vol. in-8°, 1789.

1824-1897 VILLE (Georges). — Recherches expérimentales sur la végétation avec 2 planches, 160 p. Paris, in-4°, 1853.

— — La production végétale et les engrais chimiques, 3 pl. et fig. Paris, 2 vol. in-8°, 1890.

1816-1860 VILMORIN (P. L. de). — Cat. synonymique des froments, 1850. Les plantes potagères. Paris, in-12, 1855.

1843-1899 VILMORIN (C. H. de). — Les fleurs de pleine terre, in-12, 1860. Les plantes de grande culture. Paris, in-12, 1892.

1872-1917 VILMORIN (Ph. de). — Les fleurs à Paris, 203 fig. in-12, 324 p. 1891. Le chrysanthème, 9 fig. Paris, in-4°, 1895.

— — Hortus vilmorianus, à Verrières le-Buisson, 28 pl., 105 fig. Paris, in-8°, 1906.

VINCE (B.). — Symbolæ ad floram comitatus Marmaros avec 2 planches. Bucarest, in-4°, 1889.

VIREY (J. J.). — Phénomène de l'organisation des végétaux, 512 pages. Paris, in-8°, 1835.

1800-1865 VITTADINI (C.). — Champignons comestibles et vénéneux de l'Italie, 44 pl. col. 364 pages. Turin, in-4°, 1835.

1798-1843 VOIGT (J. C.). — Cat. botanical garden Calcutta an Serampore, 800 pages. Calcutta, in-8°, 1845.

VOS (André de). — Flore complète de la Belgique, une carte, 721 pages. Mons, in-18, 1885.

VUILLEMIN (P.). — Les nombres des pétales chez le phlox subulata avec 9 planches. Nancy, in-8°, 1907.

W

1810-1857 WAHLBERG (J. A.). — Fungi natalensis, publié par Elias Fries. Stockholm, in-8°, 1848.

1780-1851 WAHLENBERG (G.). — Flora lapponica, 30 pl. 1812. Floræ suecica, 1824-1826. Upsal, 2 vol. in-4°, 1826.

WAINIO (E.). — Monographia cladonarium universalis, 1887-1897. Helsingfors, 3 vol. in-4°, 1897.

WALDSTEIN et KITAIBEL. — Plantarum rariorum hungariæ, 280 pl. col. 1802-1812. Vienne, 3 vol. in-f°, 1812.

1799-1868 WALKER-ARNOTT (G. A.). — Disposition méthodique des espèces de mousse. Edinbourg, 1825.

— — Prodromus floræ peninsulæ Indiæ avec Wight, 480 pages. London, in-8°, 1834.

WALKER-ARNOT and HOOKER. — The British flora. London, 1830.

WALKER (R.). — Flora of Oxfordshire avec 12 pl. Oxford, in-8°, 1833.

WALLACE (R.). — Palm trees of the Amazon and their uses, avec 47 planches. London, in-8°, 1853.

1887-1854 WALLICH (Nathan). — Plantæ asiaticæ rariores, 7.683 espèces, 300 pl. col. 1829-1832. London, 3 vol. in-f°, 1832.

1816-1852 WALPERS (W. G.). — Repertorium botanices systematica, 1842-1847. Leipzig, 6 vol. in-8°, 1847.

WALPERS et MUELLER. — Annales botanices systematica, 1848-1866. Leipzig, 7 vol. in-8°, 1866.

1740-1788 WALTER (Th.). — Flora caroliniana systemæ linnaei. London, in-8°, 1788.

WARBURG et de WILDEMAN. —Les ficus de la flore du Congo belge avec 27 planches. Bruxelles, in-4°, 1904.

WARD (L. F.). — The geographical distribution of fossil plants, 1891-99-1901-05 avec 494 planches. Washington, 4 vol. in-4°, 1905.

WARMING (E.). — Recherches sur les cycadées (en français et en danois), 5 pl. 1878-1879. Copenhague, in-8°, 1879.

— La botanique du Danemarck, 1882 (végétation of tropical america, 1899). Copenhague, in-8°, 1882.

WARNER and WILLIAMS (B.). — Select orchidaceous plants, 79 planches, 1862-1875. London, 2 vol. in-f°, 1875.

1713-1775 WARNER (Richard). — Flora for woodford. Oxford, 1771.

WATELET (Ad.). — Plantes fossiles du bassin de Paris, 60 pl., 264 pages, 1865-1866. Paris, 2 vol. in-4°, 1866.

WATERS (C. E.). — Ferns the Northeastern States avec nombreuses planches et gravures. New-York, in-8°, 1904.

1798-1853 WEBB (Ph. Barker).—Pl. d'Espagne et de Portugal, in-8°, 1838. Florulæ athiopico-ægyptiacæ. London, in-8°, 1854.

VEBB et BERTHELOT. — Phytographia canariensis, avec 261 planches, 1844-1850. Paris, 3 vol. in-4°, 1850.

1819-1877 WEDDELL (H. Alg.). — Les quinquinas, 32 pl. 1849. Chloris andina (cordillières). 89 pl. 1835-1857. Paris, 2 vol. in-4°, 1857.

— — Les lichens de Poitiers, 1869-73; de Ligugé, 1873; des laves d'Agde, 1874; de l'île d'Yeu et côte de Vendée. Cherbourg, 5 vol. in-8°, 1875.

WESENBERG-LUND (G.). — Sur les oegagagropila sauteri du lac de Soro avec une carte. Copenhague, in-8°, 1903.

WHITE (D.). — Fossil flora of the lover coal measures of Missouri, 73 pl. Washington, in-4°, 1899.

1842-1894 WHITE (Fr. Bu.). — Flora of Perthslure. Edinburgh, 1898.

1796-1872 WIGHT (Robert). — Icones plantarum Indiæ-Orientalis, 2.101 pl. 1840-1853. Madras, 6 vol. in-4°, 1853.

WIGHT et WALKER-ARNOTT. — Prodromus floræ peninsulae Indiæ-Orientalis, 480 pages. London, in-8°, 1834.

WIKSTROIN (J. E.). — Flore de la Suède. Holmiae, in-8°, 1831.

WILDEMAN (Em. de). — Plantes utiles ou intéressantes de la flore du Congo (Algues de Belgique, in-8°). Bruxelles, 2 vol. in-8°, 1903.

— Icones selecta horti Thenensis : iconographie des plantes de Tirlemont, 1889-1909. Bruxelles, 6 vol. in-f° 1909.

— Enumération des plantes récoltées au Congo par MM. Laurent avec 142 planches. Bruxelles, 4 vol. in-8°, 1907.

1765-1812 WILLDENOW (K. L.). — Principes de botanique, in-8°, 1792. Species plantarum de Linné, 1797-1810. Berlin, 10 vol. in-8°, 1810.

WILLE et ROSENVINGE. — Algues de la Nouvelle Zemble recueillies par Holn en 1883, avec 2 pl. Copenhague. in-8°, 1885.

1735-1807 WILLEMET (R. père). — Flore de Lorraine, Nancy, 1805. Phytographie ou flore économ. Paris, 3 vol. in-8°, 1808.

1762-1790 WILLEMET (P. R. fils). — An vires plantarum ex characteribus botanici. Nancy, in-12, 1782.

WILLIAMS (B. S.). — The orchidaceous album, 528 planches coloriées, 1882-1897. London, 11 vol. in-4°, 1897.

WILLIAMSON (W. C.). — The fossil plants of the coal measures, 102 pl., 1872-1888. London, 14 vol. in-4°, 1888.

WILLIS (J. C.). — Catalogue of the flowering plants and ferns of Ceylon, 188 pages. Colombo, in-8°, 1811.

1821-1895 WILLKOMM (A. M.). — Icones plantarum rariorum hispanice, 166 planches (2e éd. 1864. Leipzig, in-4°, 1852.

— Flore forestière de l'Allemagne et de l'Autriche. Dorpat, in-4°, 1875.

WILLKOMM et LANGE.—Prodromus floræ hispanicæ avec 182 pl. et cartes, 1881-1893. Stuttgard, 5 vol. in-f°, 1893.

1799-1871 WILSON (W.). — Bryologia britannica, the mosses of Great Britain and Ireland, 61 pl. London, in-8°, 1855.

WIMMER (F.). — Salices Europææ. Vratislaviæ, in-8°, 1866.

1741-1799 WITHERING (Will.). — Botanique de la Grande-Bretagne, 2 vol. in-8°, 1772. Botanical arrangement. Birmingham, in-8°, 1796.

WOLLE (F.).— Diatomacæ of the United States, avec 269 pl., 1884-87-94. Bethléhem, 3 vol. in-8°, 1894.

WOODS (J.). — A synopsis of the british species of rosa, 70 p. London, in-4°, 1818.

WOOTON and STENDLEY. — Description de nouvelles plantes du Mexique avec 3 pl. Washington, in-8°; 1913.

WORSDELL (W. C.). — Comparative anatomy of the cycadaceæ, 2 planches. London, in-4°, 1901.

WRIGHT and GRAY. — Plantæ Wrightianœ texano-neo-mexicanœ, avec 24 pl., 1852-53. Washington, in-4°, 1853.

1728-1805 WULFEN (P. X.). — Cryptogama aquatica, 1803. Plantarum rariorum descriptiones. Vienne, in-4°, 1805.

WULFF (Th.). — Observations botaniques faites au Spitzberg, avec 4 planches. Stockholm, in-4°, 1903.

Y

YDRAC (F. L.). — Recherches sur les Lobeliacées avec 18 figures. Lons-le-Saulnier, in-8°, 1905.

YOUNG (E.). — The ferns of wales avec 25 planches. Neath, in-4°, 1856.

Z

ZALUZIAN (Adam). — Methodi herbariæ, libri tres (organes sexuels), une planche. Prague, in-4°, 1604.

ZANARDINI. — Scelta di filicee dei mari Mediterraneo ed Adriatica, avec 32 pl. col. 1869-74. Venise, 4 vol. in-4°, 1874.

1615-1682 ZANONI (Giocomo). — Historia botanica all horto publico di Bologna. Bologne, in-f°, 1675.

1798-1868 ZAWADSKI (Alex). — Pl. de Galicie et de Bucovine. in-8°, 1835. Flora der stadt lemberg. Lemberg, in-8°, 1836.

1847-1915 ZEILLER (Ch. R.). — Flore fossile du bassin houiller de Valenciennes, 94 pl. 1886-1888. Paris, in-4°, 1888.

— Eléments de Paléobotanique (thèse), carte et figures. Paris, in-4°, 1900.

— Flore fossile des gites de charbon du Tonkin, avec 62 pl. 1902-1903. Paris, 2 vol. in-4°, 1903.

— Flore fossile du permien de Blanzy et du Creusot, avec 51 pl. Paris, 2 vol. in-4°, 1906.

1785 ZETTERSTEDT (J. W.). — De fœcundatione plantarum, in-4°, 1810. Cat. du Jardin de Lund, 1834-1837. Lund, in-4°, 1837.

ZETTERSTEDT (J. E.). — Plantes vasculaires des Pyrénées-Orientales, une carte, 310 p. Paris, in-8°, 1857.

— Musci et hepaticæ ælandiæ. Musci Pyrenaici, 1865-1869. Upsal, in-4°, 1869.

ZIGNO (A. de). — Flora fossilis formationis oolithicæ avec 42 planches, 1856-1885. Padoue, 2 vol. in-f°, 1885.

1727-1759 ZINN (John. Gott.). — Observationes quædam botanicæ et anatomicæ. Gottingue, in-8°, 1753.

ZITTEL (K.). — Traité de paléontologie végétale d'après Schimper. Paris, in-8°, 1887.

1818-1859 ZOLLINGER (Hein). — Catalogue des plantes de Java, avec Moritz, xxi-144 p. 1845-1846. Soleure, in-8°, 1846.

ZOLOTERITSKY (M.). — Les plantes aquatiques pour aquarium (en russe), avec figures. Moscou, in-8°, 1887.

1777-1848 ZUCCARINI (J. G.). — Oxalis americains, 1825. Flora japonica avec Siebold, 1843-1846. Leyde, 4 vol. in-4°, 1846.

— — Premier volume de Plantarum phanerogamorum Bresiliam de Martius, 1823-1830. Munich, 3 vol. in-f°, 1830.

1866 ZUMAGIINI (A. M.). — Flora pedamontana et liguria, 1849-1864. Biella, 2 vol. in-8°, 1864.

TABLE

Imprimerie Jouve et Cie, 15, rue Racine, Paris. — 6716-23